AF345053

DICTIONNAIRE

DES

SCIENCES MATHÉMATIQUES

Du même Auteur :

DICTIONNAIRE UNIVERSEL ET RAISONNÉ DE MARINE, contenant l'explication de tous les termes usuels de la marine, ainsi que l'exposition des principes fondamentaux de l'architecture navale, de la navigation, de la tactique navale, de l'astronomie nautique, avec les principales tables nécessaires aux marins; des recherches historiques sur la marine en général, et tout ce qui concerne l'organisation et la législation de la marine française; en collaboration avec MM. RIGAULT DE GENOUILLY, ingénieur de la marine, J.-B. PRAX, officier de marine, etc.

Un volume in-4° de 680 pages à doubles colonnes, avec 18 planches, prix. . . 20 francs.

PARIS. — IMPRIMERIE D'ÉDOUARD PROUX ET Cᵉ, RUE NEUVE DES-BONS-ENFANS, 3, ET RUE DE VALOIS-PALAIS-ROYAL, 18.

DICTIONNAIRE

DES

SCIENCES MATHÉMATIQUES

PURES ET APPLIQUÉES

PAR

A.-S. DE MONTFERRIER

MEMBRE DE L'ANCIENNE SOCIÉTÉ ROYALE ACADÉMIQUE DES SCIENCES DE PARIS, DE L'ACADÉMIE DES SCIENCES DE MARSEILLE
DE CELLE DE METZ, ETC., ETC.

DEUXIÈME ÉDITION

TOME SECOND

PARIS

CHEZ L. HACHETTE, LIBRAIRE DE L'UNIVERSITÉ DE FRANCE

12, RUE PIERRE-SARRAZIN

1845

DICTIONNAIRE

DES

SCIENCES MATHÉMATIQUES

PURES ET APPLIQUÉES.

F.

FABRI (Le Père Honoré), religieux de l'ordre des jésuites, fut un géomètre distingué du XVIIe siècle. Il a publié divers ouvrages qui ne sont point exempts d'erreurs, notamment un ouvrage sur la cycloïde, où les principaux problèmes proposés par Pascal sous le pseudonyme de *A. Dettonville*, sont éludés ; un écrit sur la mécanique et les lois du mouvement, et un mémoire dans lequel il s'est vainement efforcé de contredire l'explication donnée par Huygens du phénomène que présente l'anneau de Saturne ; mais il est juste d'ajouter que ce géomètre s'empressa de reconnaître le peu de fondement de sa critique et de rendre hommage à son illustre adversaire. Le nom du Père Fabri ne figurerait pas dans ce Dictionnaire s'il ne rappelait une importante décision de l'église relativement au système de Copernic, décision qui a été l'objet des plus violentes et des plus injustes critiques. Ce savant religieux était grand pénitencier de Rome à l'époque où la découverte du véritable système du monde excita à la fois l'attention des géomètres et les craintes exagérées de quelques hommes pieux, qui crurent y voir une contradiction manifeste avec divers passages des saintes écritures

Ce fut dans le but de maintenir le respect dû à ces livres sur lesquels reposent les fondemens de la foi et dont le vulgaire ne peut comprendre que la lettre, et ensuite dans d'autres vues qui ne peuvent être exposées ici, mais qui n'ont rien d'hostile à la science, que l'église dut maintenir une décision qui lui a été si injustement reprochée. Mais le père Fabri déclara que cette décision ne pouvait avoir d'autorité qu'autant qu'il ne serait donné aucune démonstration scientifique du mouvement de la terre. Ainsi l'église s'associait réellement au contraire au véritable progrès de la science, tout en prenant ses précautions contre des hypothèses moins fondées que celle de Copernic. Au surplus cette question était résolue d'avance par les Pères de l'église, qui, lisant pour ainsi dire au travers des siècles, avaient deviné le mouvement ascendant de l'intelligence humaine et fait une sage distinction entre les vérités morales et les vérités scientifiques qui ne sont point du domaine de la révélation et de la conscience.

FABRICIUS (David), pasteur d'un village de la Ost-Frise, a été un de ces observateurs qui ont tant contribué dans le XVIIe siècle aux progrès de l'astronomie. L'illustre Kepler cite avec éloge ses observations sur la planète de Mars et les idées qu'il avança sur la théorie de la Lune. David Fabricius découvrit en 1596 l'étoile changeante du col de la Baleine, et c'est surtout à cause de cette observation importante que son nom a dû prendre place dans les fastes de l'astronomie. Il a également observé la comète de 1607. Son fils Jean suivit la même carrière scientifique et on lui attribue l'honneur des premières découvertes faites au moyen du télescope. Le premier, il reconnut les taches du soleil et décrivit les révolutions de cet astre. Ses droits à la priorité de ces belles découvertes sont incontestablement établis dans l'ouvrage intitulé : *De maculis in sole visis et eorum cum sole revolutione narratio*, in-4°, qui parut à Wittemberg au mois de juin 1611 : mais hâtons-nous de dire que cet hommage, que nous rendons ici aux travaux maintenant oubliés de Jean Fabricius, ne peut diminuer en rien la gloire de Galilée.

FACE (*Géom.*). On désigne sous ce nom les plans qui composent la surface d'un polyèdre : ainsi les *faces* d'un cube sont les six carrés qui le limitent.

La *face* sur laquelle on suppose le solide appuyé prend le nom de *base*. Chacune des *faces* peut être prise pour la base.

FACETTE (*Géom.*). Diminutif de *face*. On emploie cette expression lorsque les plans du polyèdre sont très-petits. Les verres qui multiplient l'image d'un objet sont taillés à *facettes*.

FACTEUR (*Alg.*). Nombre qui entre dans la composition d'un autre par voie de multiplication. Par exemple, 12 étant considéré comme le résultat de la multiplication de 3 par 4, 3 et 4 sont dits les *facteurs* de 12.

En général a, b, c, d, etc., seront les *facteurs* de M, si l'on a

$$a.b.c.d.\text{etc.} = \text{M}.$$

Les *facteurs* d'un nombre se nomment aussi ses *diviseurs*, parce qu'il est évident qu'un nombre est exactement divisible par chacun de ses facteurs.

La recherche des facteurs d'un nombre ou la décomposition d'un nombre en ses facteurs est un objet très-important dans l'arithmétique et dans l'algèbre. Lorsqu'il s'agit des nombres entiers on sait que :

1° Tout nombre pair est divisible par 2.

2° Tout nombre dont le chiffre des unités est o ou 5 est divisible par 5; il est divisible en même temps par 2 et par 5, ou par 10, dans le premier cas.

3°. Tout nombre dont la somme des chiffres est un multiple de 3 est divisible par 3.

4° Tout nombre dont la somme des chiffres est un multiple de 9 est divisible par 9.

5° Tout nombre dont la somme des chiffres des rangs impairs, est égale à la somme des chiffres des rangs pairs, ou n'en diffère que d'un multiple de 11, est divisible par 11.

Ces propriétés éminemment simples se trouvent démontrées dans tous les ouvrages élémentaires. Appliquons-les à la recherche des facteurs de 12870.

D'abord, ce nombre est divisible par 2 et par 5 puisqu'il est pair et que son premier chiffre est o. Opé-

rant ces divisions nous aurons $12870 = 1287 \times 5 \times 2$. Maintenant en prenant la somme des chiffres de 1287, savoir : $1 + 2 + 8 + 7 = 18$, nous voyons que cette somme est un multiple de 9, et nous en concluons que 1287 est divisible par 9. En effet $1287 = 143 \times 9$, et par conséquent $12870 = 143 \times 9 \times 5 \times 2$. Le facteur 143 n'étant divisible ni par 2, ni par 3, ni par 5, comparons la somme de ses chiffres de rangs impairs avec celle de ses chiffres de rangs pairs, nous trouverons $(3+1)-4=o$, c'est-à-dire que 143 est divisible par 11. Nous aurons effectivement $143 = 13 \times 11$, et par suite

$$12870 = 13 \times 11 \times 9 \times 5 \times 2,$$

ou

$$12870 = 13 \times 11 \times 5 \times 3 \times 3 \times 2$$

à cause de $9 = 3 \times 3$. Or, le plus grand facteur 13 étant un nombre premier, n'est plus décomposable, et nous conclurons que les facteurs premiers de 12870 sont 2, 3, 5, 11 et 13.

Lorsqu'il entre, dans la composition d'un nombre, des facteurs autres que 2, 3, 5, 9 ou 11, leur recherche présente alors des difficultés telles qu'à l'exception de quelques cas particuliers on est forcé d'essayer successivement si parmi les nombres premiers plus petits que le proposé il s'en trouve qui puissent le diviser exactement. Ces derniers sont alors ses facteurs. C'est ainsi, par exemple, que pour découvrir les facteurs de 186611, il faut essayer successivement tous les nombres premiers depuis 1 jusqu'à 431, car ce nombre est formé par le produit des deux nombres premiers 181 et 1031. Quant aux règles particulières qu'on donne pour les facteurs 7, 13, 17, etc., il est encore plus prompt d'essayer immédiatement la division que de les employer.

FACTEUR ÉLÉMENTAIRE. Nom donné par M. Wronski, dans sa *Philosophie des Mathématiques*, au facteur idéal $1 + \mu \dfrac{1}{\infty}$, dont la puissance infiniment grande $\left(1+\mu\dfrac{1}{\infty}\right)^{\infty}$ donne la génération d'un nombre quelconque n.

Si nous supposons que l'exposant m de la puissance a^m croisse d'une quantité indéfiniment petite $\dfrac{1}{\infty}$, nous aurons

$$a^{m+\frac{1}{\infty}} = a^m \times a^{\frac{1}{\infty}}$$

et la quantité $a^{\frac{1}{\infty}}$ sera le *facteur élémentaire* de a^m, car ce n'est évidemment qu'à l'aide de ce facteur *idéal* que nous pouvons concevoir une *continuité indéfinie* dans la génération de la quantité a^m. Continuité indéfinie que réclame la raison pour que le troisième mode de construction des nombres (*voy.* ALGÈBRE, 19)

$$A^B = C$$

soit universellement possible. (*Voyez* PHILOSOPHIE DES MATHÉMATIQUES.)

Mais d'après la théorie des logarithmes (*voy.* ce mot) nous avons, en désignant par log a, le logarithme naturel de a,

$$\log a = \infty \left(a^{\frac{1}{\infty}} - 1\right),$$

ce qui nous donne.

$$a^{\frac{1}{\infty}} = 1 + \log a \frac{1}{\infty},$$

ainsi, la quantité $1 + \log a . \frac{1}{\infty}$ est le *facteur élémentaire* de la puissance a^m.

Nous verrons ailleurs l'extrême importance de ces facteurs. *Voy.* FACULTÉS et SOMMATOIRE.

FACTORIELLE (*Alg.*). Produit dont les facteurs sont en progression arithmétique.

Vandermonde a considéré le premier (voy. *Mémoires de l'Académie des Sciences*, 1772, première partie) les produits de la forme

$$a\,(a-1)\,(a-2)\,(a-3)\ldots\ldots(a-(m-1))$$

il les a nommés *puissances du second ordre* et les a désignés par la notation

$$[a]^m$$

conservée par Lacroix dans son grand traité du calcul différentiel. Suivant cette notation on a

$$[\,a\,]^1 = a$$
$$[\,a\,]^2 = a(a-1)$$
$$[\,a\,]^3 = a(a-1)\,(a-2)$$
$$\text{etc.} \qquad \text{etc.}$$

Après avoir examiné les propriétés principales de ces fonctions nouvelles, Vandermonde en a tiré plusieurs conséquences remarquables et entre autres cette belle expression de la circonférence du cercle

$$\sqrt{\tfrac{1}{2}\pi} = 2[\tfrac{1}{2}]^{\frac{1}{2}}$$

dont nous avons donné ailleurs une déduction. *Voyez* CERCLE, 33.

Depuis, Kramp a généralisé l'usage de ces fonctions en les appliquant à toutes les fonctions circulaires et à la détermination des intégrales des ordres supérieurs (voy. *Analyse des réfractions astronomiques*). Il leur avait donné d'abord le nom de *facultés numériques*, mais ensuite Arbogast, dans son traité des dérivations

les ayant désignées sous celui de *factorielles*, Kramp a cru devoir adopter cette dernière dénomination dans son *Arithmétique universelle*.

Nous désignerons donc, d'après ces géomètres, par le nom de *factorielle* un produit de la forme

$$a(a+r)\,(a+2r)\,(a+3r)\ldots.(a+(m-1)r),$$

l'accroissement r étant positif ou négatif, et nous conserverons la notation de Kramp qui est

$$a^{m|r}$$

de sorte que nous avons

$$a^{1|r} = a$$
$$a^{2|r} = a(a+r)$$
$$a^{3|r} = a(a+r)(a+2r)$$
$$a^{4|r} = a(a+r)(a+2r)(a+3r)$$
$$\text{etc.} \qquad \text{etc.}$$
$$a^{m|r} = a(a+r)(a+2r)\ldots.(a+(m-1)r)$$

Dernièrement enfin, M. Wronski a donné un nouveau degré d'importance à ces fonctions, en les considérant sous un point de vue entièrement nouveau et en substituant aux facteurs a, $(a+r)$, $(a+2r)$ etc., une fonction arbitraire de ces mêmes facteurs. Généralisées ainsi, ces nouvelles fonctions forment une des parties les plus importantes de la science des nombres; elles seront traitées dans ce dictionnaire au mot FACULTÉS ALGORITHMIQUES, nom adopté par le savant auteur de la *Philosophie des mathématiques*. Nous ne nous occuperons ici que des *factorielles* simples ou élémentaires, dont nous avons donné ci-dessus la construction, et qui peuvent être envisagées comme un cas particulier des *facultés algorithmiques*.

1. Dans le produit

$$a(a+r)\,(a+2r)\ldots\ldots(a+(m-1)r)$$

ou, ce qui est la même chose dans la factorielle,

$$a^{m|r}$$

le premier terme a se nomme la *base*; la différence r, l'*accroissement*; et le nombre m des facteurs, l'*exposant*.

2. On peut aussi exprimer ce même produit par

$$(a+(m-1)r)^{m|-r}$$

en prenant le dernier terme pour le premier et en considérant l'accroissement r comme négatif. On a donc

$$a^{m|r} = (a+(m-1)r)^{m|-r}$$

Par la même raison, la factorielle à accroissement négatif

$$a^{m|-r}$$

qui désigne le produit

$$a(a-r)(a-2r)\ldots\ldots(a-(m-1)r)$$

peut se mettre sous la forme

$$(a-(m-1)r)^{m|r}$$

3. La factorielle à exposant binome $a^{m+n|r}$ est équivalente au produit des deux factorielles monomes $a^{m|r}$, $(a+mr)^{n|r}$, ou bien encore à celui des deux factorielles $a^{n|r}$, $(a+nr)^{m|r}$. C'est-à-dire qu'on a

$$a^{m+n|r} = a^{m|r}(a+mr)^{n|r}$$
$$= a^{n|r}(a+nr)^{m|r}$$

En effet

$$a^{m|r}(a+mr)^{n|r} = \Big\{a(a+r)\ldots(a+(m-1)r)\Big\} \times$$
$$\Big\{(a+mr)(a+(m+1)r).(a+(m+n-1)r)\Big\}$$
$$= a(a+r)(a+2r)\ldots(a+(m+n-1)r)$$
$$= a^{m+n|r}$$

et de même pour le second produit.

4. La factorielle $a^{m-n|r}$, peut aussi se décomposer en

$$\frac{a^{m|r}}{(a+(m-n)r)^{n|r}}$$

car cette factorielle exprime le produit des m facteurs

$$a(a+r)(a+2r)\ldots\ldots(a+(m-1)r)$$

diminué ou plutôt divisé par les n facteurs

$$(a+(m-n)r)(a+(m-n+1)r)\ldots(a+(m-1)r)$$

ou par la factorielle

$$(a+(m-n)r)^{n|r}.$$

5. Si dans l'identité précédente

$$a^{m-n|r} = \frac{a^{m|r}}{(a+(m-n)r)^{n|r}}$$

on fait $m=n$, on obtient

$$a^{0|r} = \frac{a^{m|r}}{a^{m|r}} = 1$$

ainsi la factorielle à exposant *zéro* est, comme la simple puissance, égale à l'unité.

6. En faisant $m=0$, dans la même identité, elle devient

$$a^{-n|r} = \frac{1}{(a-nr)^{n|r}}$$

égalité qui détermine l'idée qu'on doit attacher aux factorielles à exposans négatifs.

7. On voit aisément qu'en faisant l'accroissement r égal à zéro, les factorielles se réduisent à de simples puissances et que les propriétés que nous venons de déduire, sont alors en effet celles des puissances. (*Voy.* ALGÈBRE, 23, 24, 25). A l'aide de cette considération on pourrait conclure, par analogie, que toutes les relations précédentes démontrées pour le cas des exposans entiers subsistent encore lorsque ces exposans sont des nombres fractionnaires, ce qui a lieu effectivement; mais comme c'est en étendant ainsi, par analogie, au cas de l'exposant quelconque, des décompositions qui ne peuvent s'effectuer généralement, que Kramp est tombé dans des contradictions mathématiques capables de lui faire mettre en doute les premiers principes de la science, nous nous réservons de démontrer rigoureusement ces propriétés fondamentales des factorielles, à l'article FACULTÉS où nous considèrerons ces fonctions dans toute leur généralité.

8. De toutes les propriétés des factorielles, la plus remarquable est qu'on peut, à l'aide de simples transformations, leur donner des bases ou des accroissemens quelconques. C'est ce qui résulte du théorème suivant:

La factorielle $a^{m|r}$ peut se décomposer en deux facteurs dont l'un est la simple puissance a^m et l'autre la factorielle $1^{m|\frac{r}{a}}$, qui a pour base l'unité. C'est-à-dire qu'on a

$$a^{m|r} = a^m . 1^{m|\frac{r}{a}}$$

car, en divisant successivement les facteurs

$$a,\ a+r,\ a+2r,\ \text{etc}\ldots\ a+(m-1)r$$

de la factorielle proposée, par la base a, ils deviennent

$$\frac{a}{a} = 1,\ \frac{a+r}{a} = 1+\frac{r}{a},\ \frac{a+2r}{a} = 1+2\frac{r}{a}\ \text{etc.}$$

et la factorielle elle-même peut se mettre sous la forme

$$a \times 1 . a \times \left(1+\frac{r}{a}\right). a \times \left(1+2\frac{r}{a}\right)\ldots$$
$$a \times \left(1+(m-1)\frac{r}{a}\right)$$

ou en réunissant les m facteurs a,

$$a^m \times 1\left(1+\frac{r}{a}\right)\left(1+2\frac{r}{a}\right)\ldots\left(1+(m-1)\frac{r}{a}\right)$$

ce qui se réduit en dernier lieu à

$$a^m . \; \mathbf{1}^{m|\frac{r}{a}}$$

9. En multipliant chaque facteur de la factorielle générale $a^{m|r}$, par une même quantité quelconque c, on obtient encore une autre transformation importante : en effet la factorielle devient

$$ac \, (ac + cr)(ac + 2cr) \ldots (ac + (m-1) \, cr)$$

ou

$$(ac)^{m|cr}$$

mais, comme multiplier chaque facteur par c revient à multiplier le produit des m facteurs par c^m, on a donc aussi

$$c^m . \; a^{m|r} = (ac)^{m|cr}$$

10. Ceci posé, on peut toujours transformer la factorielle $a^{m|r}$ en une autre dont la base soit une quantité quelconque b, car d'après (8) nous avons

$$a^{m|r} = a^m \mathbf{1}^{m|\frac{r}{a}}$$

d'où

$$\frac{a^{m|r}}{a^m} = \mathbf{1}^{m|\frac{r}{a}}$$

multipliant les deux nombres de cette égalité pour b^m, elle devient

$$\frac{b^m}{a^m} . \; a^{m|r} = b^m . \mathbf{1}^{m|\frac{r}{a}}$$

mais en vertu de (9) nous avons

$$b^m . \; \mathbf{1}^{m|\frac{r}{a}} = b^{m|\frac{br}{a}}$$

et, par conséquent,

$$\frac{a^m}{b^m} . \; a^{m|r} = b^{m|\frac{br}{a}}$$

on a donc définitivement, en divisant par le facteur $\frac{b^m}{a^m}$,

$$a^{m|r} = \frac{b^m}{a^m} . b^{m|\frac{br}{a}}$$

11. D'après les mêmes principes on peut aussi transformer la factorielle $a^{m|r}$ en une autre dont l'accroissement soit une quantité quelconque z. Car d'après ce qui vient d'être démontré

$$a^{m|r} = r^m . \left(\frac{a}{r}\right)^{m|1}$$

or, de cette égalité on tire

$$\frac{a^{m|r}}{r^m} = \left(\frac{a}{r}\right)^{m|1}$$

et, en multipliant de part et d'autre par z^m

$$\frac{z^m}{r^m} . \; a^{m|r} = z^m . \left(\frac{a}{r}\right)^{m|1} = \left(\frac{az}{r}\right)^{m|z}$$

d'où, enfin,

$$a^{m|r} = \frac{r^m}{z^m} . \left(\frac{az}{r}\right)^{m|z}$$

12. Une factorielle dont l'exposant est un nombre pair ne change pas de valeur lorsqu'on change les signes de sa base et de son accroissement et l'on a généralement, $2n$ désignant un nombre pair quelconque,

$$(\pm a)^{2n|\pm r} = (\mp a)^{2n|\mp r}$$

Car les facteurs du premier membre de cette égalité étant

$$+ (\pm a), \; + (\pm a \pm r), \; + (\pm a \pm 2r), \; + (\pm a \pm 3r), \text{ etc.}$$

si l'on change en même temps les signes de la base et de l'accroissement ils deviennent

$$+ (\mp a), \; + (\mp a \mp r), \; + (\mp a \mp 2r), \; + (\mp a \mp 3r), \text{ etc.}$$

ou

$$- (\pm a), \; - (\pm a \pm r), \; - (\pm a \pm 2r), \; - (\pm a \pm 3r), \text{ etc.}$$

c'est-à-dire, les mêmes que dans le premier cas, mais tous négatifs. Donc, puisque le nombre de ces facteurs est pair, le produit des derniers aura le même signe que le produit des premiers et comme de plus ces produits sont les mêmes, on a nécessairement

$$(\pm a)^{2n|\pm r} = (\mp a)^{2n|\mp r}$$

si l'exposant était un nombre impair $2n+1$, on trouverait avec la même facilité

$$(\pm a)^{2n+1|\pm r} = - (\mp a)^{2n+1|\mp r}$$

ainsi les factorielles se comportent à cet égard comme les simples puissances.

13. En remarquant, d'après (9), que la factorielle $(-a)^{m|-r}$ peut se décomposer en $(-1)^m . a^{m|r}$ et que d'après (8)

$$(-1)^m . \; a^{m|r} = (-1)^m . a^m \mathbf{1}^{m|\frac{r}{a}}$$

on peut en conclure que (a)

$$(-a)^{m|-r} = (-a)^m . 1^{m|\frac{r}{a}}$$

à cause de $(-a)^m . a^m = (-a)^m$. Mais cette décomposition, qui est rigoureusement exacte lorsque m est un nombre entier, n'a pas lieu généralement, ou pour toutes les valeurs de cet exposant : c'est ce que M. Wronski a démontré dans son *introduction à la philosophie des mathématiques*, en remontant aux principes supérieurs de la génération des quantités, et il a donné ainsi la solution des résultats étranges que Kramp avait obtenus en admettant faussement la généralité de cette expression (a).

14. Comme il est très-facile de démontrer que toutes les transformations précédentes ont encore lieu pour le cas de l'exposant entier négatif, nous ne nous y arrêterons pas davantage, et nous procéderons à la déduction des lois principales des factorielles.

Théorème. Une factorielle quelconque $a^{m|r}$ peut toujours se développer en une série

$$A_0 + A_1 r + A_2 r^2 + A_3 r^3 + A_4 r^4 + etc.$$

procédant par puissances progressives de l'accroissement r.

Pour démontrer ce théorème dans le cas de l'exposant m entier et positif, et pour trouver la loi des coefficiens A_0, A_1, A_2, etc., il ne faut que considérer la formation du produit de plusieurs binomes dont les seconds termes seuls sont différens; or on sait (*Voy.* MULTIPLICATION) que le produit des m binomes

$$(x+a)(x+b)(x+c) \ldots\ldots (x+m)$$

est égal à

$$x^m + B_1 x^{m-1} + B_2 x^{m-2} + etc. \ldots + B_m$$

B_1 étant égal à la somme des seconds termes des binomes, B_2 à la somme de leurs produits de *deux à deux*, B_3 à la somme de leurs produits de *trois à trois*, et ainsi de suite. Mais dans le cas des factorielles les seconds termes des binomes étant

$$or, \; 1r, \; 2r, \; 3r, \ldots\ldots (m-1)\,r$$

leur somme ou

$$or + 1r + 2r + 3r \ldots\ldots + (m-1)r$$

peut se mettre sous la forme

$$(0+1+2+3+ \ldots +(m-1))r, \text{ ou } (mI_1)r$$

en désignant par (mI_1), la somme des nombres naturels 0, 1, 2, 3, etc... m—1,

La somme des produits de *deux à deux* de ces seconds termes peut aussi prendre la forme

$$(1\times0+1\times2+2\times3+ etc \ldots) \, r^2, \text{ ou } (mI_2)r^2$$

(mI_2), désignant la somme des produits de *deux à deux* des nombres naturels 0, 1, 2, 3, etc... m—1 :

En général, la somme des produits de μ à μ des seconds termes des facteurs de la factorielle pourra s'exprimer par $(mI\mu) \, r^\mu$, $(mI\mu)$ désignant la somme des produits μ à μ des nombres naturels 0, 1, 2, 3 ... m—1.

Ainsi, observant que pour passer du développement du produit des m binomes à celui de la factorielle $a^{m|r}$, il ne faut que substituer a à x et les quantités

$$(mI_1)r, \; (mI_2)r^2, \; (mI_3)r^3, \; (mI_4)r^4, \; etc.$$

aux coefficiens B_1, B_2, B_3, etc., nous aurons définitivement (a)

$$a^{m|r} = a^m + (mI_1)a^{m-1}r + (mI_2)a^{m-2}r^2 + etc \ldots + (mIm-1)ar^{m-1}$$

le dernier terme B_m du développement du produit des m binomes étant ici *zéro* à cause du facteur *zéro* qui s'y trouve, le développement de la factorielle s'arrête au terme $(mIm-1)ar^{m-1}$.

Il ne nous reste plus à connaître que la loi qui lie les coefficiens (mI_1), (mI_2), etc. pour pouvoir les évaluer dans chaque cas particulier. Or, nous avons (3)

$$(a+mr)^{n|r} . a^{m|r} = a^{n|r} . (a+nr)^{m|r}$$

faisant dans cette égalité $n=1$, elle devient

$$(a+mr) . a^{m|r} = a(a+r)^{m|r}$$

et les développemens des deux nombres de cette dernière doivent être identiques.

Pour obtenir le développement du premier membre, il est visible qu'il faut multiplier par $(a+mr)$ celui de $a^{m|r}$; opérant cette multiplication on aura

$$(a+mr)a^{m|r} = a^{m+1} + (m+(mI_2))a^m r + (m(mI_1)+(mI_2))a^{m-1}r^2 + etc.$$

On obtiendra le développement du second membre en substituant d'abord $a+r$, à la place de a dans l'expression générale (a) et en multipliant ensuite par a.

L'expression (a) devient par cette substitution

$$(a+r)^{m|r} = (a+r)^m + (mI_1)(a+r)^{m-1}r + (mI_2)(a+r)^{m-2}r^2 + etc.$$

et l'on trouve, en développant les binomes $(a+r)^m$,

$(a+r)^{m-1}$ (*voy.* Binome), et en multipliant le tout par a,

$$a(a+r)^{m|r} = a^{m+1} + ma^m r + \frac{m(m-1)}{1.2} a^{m-1} r^2 + \text{etc..}$$
$$+ (mI1)a^m r + (m-1)(mI1)a^{m-1}r^2 + \text{etc...}$$
$$+ (mI2)a^{m-1}r^2 + \text{etc...}$$

ainsi ce développement devant être identique avec celui de $(a+mr)\, a^{m|r}$, nous aurons la suite d'egalités,

$$m + (mI1) = m + (mI1)$$
$$m\,(mI1) + (mI2) = \frac{m(m-1)}{1.2} + (m-1)(mI1) + (mI2)$$
$$m\,(mI3) + (mI2) = \frac{m(m-1)(m-2)}{1.2.3} +$$
$$\frac{(m-1)(m-2)}{1.2}(mI1) + (m-2)(mI2) + (mI3)$$
$$\text{etc.} \qquad = \qquad \text{etc.}$$

La première de ces égalités est une simple identité; retranchant des deux membres de la seconde le térme commun $(mI2)$, nous en tirerons ensuite (b)

$$(mI1) = \frac{m(m-1)}{1.2}.$$

opérant de même pour les égalités suivantes, nous obtiendrons (b)

$$2(mI2) = \frac{(m-1)(m-2)}{1.2}(mI1) + \frac{m(m-1)(m-2)}{1.2.3}$$
$$3(mI3) = \frac{(m-2)(m-3)}{1.2}(mI2) +$$
$$\frac{(m-1)(m-2)(m-3)}{1.2.3}(mI1) + \frac{m(m-1)(m-2)(m-3)}{1.2.3.4}$$
$$\text{etc.} \quad = \quad \text{etc.}$$

formules dont la loi est évidente et à l'aide desquelles on peut calculer les coefficiens du développement d'une factorielle quelconque. Un exemple suffira pour enseigner leur emploi; soit $a^{5|r}$, la factorielle dont on demande le développement: faisant $m=5$ dans les expressions (b), nous aurons

$$(mI1) = \frac{5.4}{1.2} = 10$$
$$2(mI2) = \frac{4.3}{1.2}.10 + \frac{5.4.3}{1.2.3} = 70$$
$$3(mI3) = \frac{3.2}{1.2}.\frac{70}{2} + \frac{4.3.2}{1.2.3}10 + \frac{5.4.3.2}{1.2.3.4} = 150$$
$$4(mI4) = \frac{2.1}{1.2}.\frac{150}{3} + \frac{3.2.1}{1.2.3}.\frac{70}{2} + \frac{4.3.2.1}{1.2.3.4}10$$
$$+ \frac{5.4.3.2.1}{5.4.3.2.1} = 96$$
$$5(mI5) = 0.\frac{96}{4} + 0.\frac{150}{3} + 0.\frac{70}{2} + 0.10 + 0$$
$$= 0$$

Tous les autres coefficiens se réduisant à zéro, le développement demandé n'a que les cinq termes suivans :

$$a^{m|5} = a^5 + 10a^4 r + 35a^3 r^2 + 50a^2 r^3 + 24ar^5$$

15. Lorsque l'exposant de la factorielle $a^{m|r}$ est un nombre entier négatif, son développement prend un nombre indéfini de termes et les coefficiens $(mI1)$, $(mI2)$, etc., qui se composaient des *sommes* des produits combinées des nombres naturels 1, 2, 3, etc., deviennent les *différences* des puissances de ces mêmes nombres. On peut encore trouver facilement la loi de développement, car nous avons (6)

$$a^{-m|r} = \frac{1}{(a-mr)^{m|r}}$$

ou

$$a^{-m|r} = \frac{1}{(a-r)^{m|-r}}$$

à cause de (*Voy.* n. 2),

$$(a-mr)^{m|r} = (a-r)^{m|-r}$$

on a donc aussi

$$a^{-m|r} = \frac{1}{a-r} . \frac{1}{a-2r} . \frac{1}{a-3r} \cdots \frac{1}{a-mr}$$

développant chaque facteur en particulier au moyen du binome de Newton nous aurons

$$(a-r)^{-1} = a^{-1} + a^{-2}r + a^{-3}r^2 + a^{-4}r^3 + \text{etc.}$$
$$(a-2r)^{-1} = a^{-1} + 2a^{-2}r + 4a^{-3}r^2 + 8a^{-4}r^3 + \text{etc.}$$
$$(a-3r)^{-1} = a^{-1} + 3a^{-2}r + 9a^{-3}r^2 + 27a^{-4}r^3 + \text{etc.}$$

et en général

$$(a-mr)^{-1} = a^{-1} + ma^{-2}r + m^2 a^{-3}r^2 + m^3 a^{-4}r^3 + \text{etc.}$$

et le produit de tous ces développemens, qui doit donner celui de $a^{-m|r}$ est nécessairement de la forme

$$a^{-m} + A_1 a^{-m-1}r + A_2 a^{-m-2}r^2 + A_3 a^{-m-3}r^3 + \text{etc.}$$

le nombre des termes étant indéfini. Or, cette expression est, à l'exception des coefficiens dont la loi ne nous est point encore connue, ce que devient le développement de $a^{m|r}$ en y substituant $-m$ à la place de m.

Pour trouver la loi des coefficiens $(mI1)$, $(mI2)$, etc., nous sommes partis en premier lieu de l'égalité

$$(a+mr)^{n|r} . a^{m|r} = a^{n|r} . (a+nr)^{m|r}$$

mais cette égalité subsiste encore lorsque m et n sont négatifs (*voy*. Facultés 17). Ainsi faisant $m = -m$ et $n = 1$ nous aurons aussi.

$$(a - mr)a^{-m|r} = a(a + r)^{-m|r}$$

opérant comme nous l'avons fait ci-dessus, nous obtiendrons pour les coefficiens A_1, A_2, A_3 etc. les valeurs suivantes :

$$A_1 = \frac{m(m+1)}{1.2}$$

$$2A_2 = \frac{(m+1)(m+2)}{1.2} A_1 - \frac{m(m+1)(m+2)}{1.2.3}$$

$$3A_3 = \frac{(m+2)(m+3)}{1.2} A_2 - \frac{(m+1)(m+2)(m+3)}{1.2.3} A_1 + \frac{m(m+1)(m+2)(m+3)}{1.2.3.4}$$

$$4A_4 = \frac{(m+3)(m+4)}{1.2} A_3 - \frac{(m+2)(m+3)(m+4)}{1.2.3} A_2 + \frac{(m+1)(m+2)(m+3)(m+4)}{1.2.3.4} A_1 - \frac{m(m+1)(m+2)(m+3)(m+4)}{1.2.3.4.5}$$

etc.   etc.

valeurs identiques avec celles qu'on obtiendrait en faisant m négatif dans les expressions (*b*). Ainsi le développement

$$a^{m|r} = a^m + (mI_1)a^{m-1}r + (mI_2)a^{m-2}r^2 + (mI_3)a^{m-3}r^3 + \text{etc} \ldots$$

dans lequel les coefficiens sont donnés par les expressions (*b*) se trouve démontré pour toutes les valeurs entières positives et négatives de l'exposant m.

On pourrait par d'autres considérations analogues démontrer la généralité de cette loi pour les valeurs fractionnaires ou autres, de l'exposant m; mais nous nous contenterons ici d'admettre par induction cette généralité, renvoyant à l'article Facultés la construction de l'idée qu'on doit attacher aux factorielles à exposant fractionnaires, ou aux *factorielles irrationnelles*.

16. Pour terminer l'exposition de la théorie des factorielles il nous resterait à exposer le théorème fondamental de ces fonctions, savoir que la factorielle à base binome

$$(a + b)^{m|r}$$

a pour développement l'expression

$$a^{m|r} + ma^{m-1|r}b^{1|r} + \frac{m(m-1)}{1.2} a^{m-2|r}b^{2|r} + \frac{m(m-1)(m-2)}{1.2.3} a^{m-3|r}b^{3|r} + \text{etc.}$$

formule dont le binome de Newton n'est qu'un cas particulier, celui où l'on a $r = 0$; mais nous en avons déjà donné, au mot Binome, une démonstration nouvelle, et de plus nous l'avons déduit d'une loi plus générale (*voy*. Coefficiens indéterminés III); de sorte qu'il se trouve démontré, dans ce dictionnaire, de la manière la plus rigoureuse pour toutes les valeurs de l'exposant m entières ou fractionnaires, positives ou négatives. Nous renverrons donc aux articles cités; comme aussi nous renverrons au mot Facultés pour la déduction du Facteur élémentaire, (*voy*. ce mot) de la factorielle générale $a^{m|r}$. C'est par la considération extrêmement importante de ce facteur, que M. Wronski a donné la clef des contradictions mathématiques trouvées par Kramp et dont nous avons parlé ci-dessus (7 et 13).

FACULES (*astr*.). Points du disque solaire plus brillans que le reste, dont l'apparition précède quelquefois celle des taches. *Voy*. Soleil.

FACULTÉS ALGORITHMIQUES (*Alg*.). Mode universel de génération des quantités à l'aide de facteurs liés entre eux par une loi.

1. Soit φx une fonction quelconque de la variable x, et soit ξ l'accroissement de la variable, nous nommerons *faculté algorithmique*, la fonction (*a*)

$$\varphi x^{m|\xi}$$

qui exprime le produit des m facteurs (*b*)

$$\varphi x . \varphi(x + \xi) . \varphi(x + 2\xi) \ldots \ldots \varphi(x + (m-1)\xi)$$

en prévenant une fois pour toutes que l'exposant m se rapporte à la fonction φx et non à la variable x.

2. Lorsque la fonction φx est simplement x, la *faculté* devient

$$x^{m|\xi} = x(x + \xi)(x + 2\xi)(x + 3\xi) \ldots (x + (m-1)\xi)$$

c'est-à-dire une *factorielle* (*voy*. ce mot). Les factorielles sont donc le cas le plus particulier des facultés.

3. Il résulte évidemment de cette construction que si l'on prend le dernier facteur de (*b*) savoir

$$\varphi(x + (m-1)\xi)$$

pour base de la faculté, il faudra considérer l'accroissement ξ comme négatif et que le produit (*b*) pourra s'exprimer encore par

$$\varphi(x + (m-1)\xi)^{m|-\xi};$$

de sorte qu'on a généralement l'identité

$$\varphi x^{m|\xi} = \varphi(x + (m-1)\xi)^{m|-\xi}.$$

4. On a encore par construction

$$\varphi x^{m|\xi} = \varphi x \cdot \varphi(x+\xi)^{m-1|\xi} = \varphi x^{2|\xi} \cdot \varphi(x+2\xi)^{m-2|\xi}$$
$$= \varphi x^{3|\xi} \cdot \varphi(x+3\xi)^{m-3|\xi} = \varphi x^{4|\xi} \varphi(x+4\xi)^{m-4|\xi}$$
$$= \text{etc.}$$

et en général (c)

$$\phi x^{m|\xi} = \phi x^{n|\xi} \cdot \phi(x+n\xi)^{m-n|\xi}$$

n étant plus petit que m.

Faisant dans cette expression $m-n=p$, d'où $m=n+p$, et substituant on a (d)

$$\phi x^{n+p|\xi} = \phi x^{n|\xi} \cdot \phi(x+n\xi)^{p|\xi}$$

5. L'expression (c) donne encore

$$\varphi x^{n|\xi} = \frac{\varphi x^{m|\xi}}{\varphi(x+n\xi)^{m-n|\xi}}$$

et, par conséquent, en faisant comme ci-dessus $m-n=p$, d'où $n=m-p$, on a (e)

$$\phi x^{m-p|\xi} = \frac{\phi x^{m|\xi}}{\phi(x+(m-p)\xi)^{p|\xi}}$$

6. En faisant $m=p$, dans l'expression (e) elle devient

$$\varphi x^{0|\xi} = \frac{\varphi x^{m|\xi}}{\varphi x^{m|\xi}} = 1$$

ainsi les *facultés* sont, comme les *puissances*, égales à *l'unité* lorsque l'exposant est *zéro*.

7. L'expression (e) donne encore l'idée qu'il faut attacher aux facultés à exposans négatifs, car en y faisant $m=0$ elle devient (f)

$$\varphi x^{-p|\xi} = \frac{1}{\varphi(x-p\xi)^{p|\xi}}$$

les expressions (d) (e) et (f) dans le cas de $\varphi x=x$, se réduisent à celles que nous avons données pour les *factorielles* aux numéros 3, 5 et 6.

8. En vertu de l'expression (d), on a généralement,

$$\varphi x^{m+n'|\xi} = \varphi x^{m|\xi} \cdot \phi(x+m\xi)^{n'|\xi}$$

ainsi faisant $n'=n+p$, on aura aussi

$$\varphi x^{m+n+p|\xi} = \varphi x^{m|\xi} \cdot \varphi(x+m\xi)^{n+p|\xi}$$
$$= \varphi x^{m|\xi} \cdot \varphi(x+m\xi)^{n|\xi} \cdot \varphi(x+(m+n)\xi)^{p|\xi}$$

on trouverait de même

$$\varphi x^{m+n+p+q|\xi} = \varphi x^{m|\xi} \cdot \varphi(x+m\xi)^{n|\xi} \cdot \varphi(x+(m+n)\xi)^{p|\xi}$$
$$\times \varphi(x+(m+n+p)\xi)^{q|\xi}$$

et ainsi de suite pour un nombre quelconque d'exposans.
Or, si l'on fait

$$m=n=p=q= \text{etc.}$$

on aura, en désignant par μ le nombre de ces quantités, (g)

$$\varphi x^{\mu m|\xi} = \varphi x^{m|\xi} \cdot \varphi(x+m\xi)^{m|\xi} \cdot \varphi(x+2m\xi)^{m|\xi} \ldots$$
$$\ldots \varphi(+(\mu-1)m\xi)^{m|\xi}$$

mais l'accroissement devant toujours être appliqué à la variable, on a évidemment, ψx étant une fonction quelconque de x,

$$\varphi x^{m|\xi} \cdot \psi x^{m|\xi} = (\varphi x \cdot \psi x)^{m|\xi},$$

puisque le premier membre de cette égalité désigne le produit

$$\left\{ \varphi x \; \varphi(x+\xi) \ldots \varphi(x+(m-1)\xi) \right\} \times$$
$$\left\{ \psi x \cdot \psi(x+\xi) \ldots \psi(x+(m-1)\xi) \right\}$$

et que le second désigne le produit identique

$$(\varphi x \cdot \psi x)(\varphi(x+\xi) \cdot \psi(x+\xi)) \ldots (\varphi(x+(m-1)\xi) \cdot \psi(x+(m-1)\xi))$$

d'après cette considération l'expression (g) devient

$$\varphi x^{\mu m|\xi} = \left\{ \varphi x \cdot \varphi(x+m\xi) \ldots \varphi(x+(\mu-1)m\xi) \right\}^m$$

et comme la quantité renfermée entre les accolades est égale à $\varphi x^{\mu|m\xi}$, on a définitivement (h)

$$\varphi x^{\mu m|\xi} = (\varphi x^{\mu|m\xi})^{m|\xi}$$

ou bien encore

$$\varphi x^{\mu m|\xi} = (\varphi x^{m|\xi})^{\mu|m\xi}$$

à cause de la propriété générale

$$(\varphi x^{p|\xi})^{q|\xi} = (\varphi x^{q|\xi})^{p|\xi}$$

qui résulte immédiatement de la construction de ces fonctions.

9. Si nous exprimons par ψx la faculté $\varphi x^{m|\xi}$ nous aurons l'égalité

$$\varphi x^{m|\xi} = \psi x$$

d'où

$$\varphi x = \sqrt[m|\xi]{\psi x}$$

en désignant par le radical $\sqrt[m|\xi]{\ }$ (à cause de l'analogie des facultés et des puissances) l'opération qu'il faut exécuter sur la faculté ψx pour remonter à sa base φx; opération que nous pouvons nommer *extraction des bases des facultés*.

D'après cette notation nous avons

$$\sqrt[m|\xi]{\varphi x^{m|\xi}} = \varphi x$$

10. En appliquant les considérations précédentes à l'égalité (h), elle fournit

$$\sqrt[\mu|m\xi]{\varphi x^{\mu m|\xi}} = \varphi x^{m|\xi}$$

uinsi faisant $\mu m = n$, d'où $m = \dfrac{n}{\mu}$, nous aurons (i)

$$\sqrt[\mu|\frac{n}{\mu}\xi]{\varphi x^{n|\xi}} = \varphi x^{\frac{n}{\mu}|\xi}$$

et la base pourra être extraite exactement tant que μ sera facteur de n. Dans tous les autres cas la quantité $\varphi x^{\frac{n}{\mu}|\xi}$ sera une quantité *irrationnelle* d'un ordre supérieur. L'expression (i) nous montre l'idée qu'il faut attacher aux facultés à *exposans fractionnaires*.

11. Il est facile de voir que le produit de deux facultés *radicales* de même exposant et de même accroissement donne l'identité

$$\sqrt[m|\xi]{\varphi x} \cdot \sqrt[m|\xi]{\psi x} = \sqrt[m|\xi]{\psi x \cdot \psi x};$$

car en faisant

$$\sqrt[m|\xi]{\varphi x} = \mathbf{X}, \quad \sqrt[m|\xi]{\psi x} = \mathbf{Z}$$

on tire

$$\psi x = \mathbf{X}^{m|\xi}, \quad \psi x = \mathbf{Z}^{m|\xi},$$

d'où (8)

$$\varphi x \cdot \psi x = \mathbf{X}^{m|\xi} \cdot \mathbf{Z}^{m|\xi} = (\mathbf{X} \cdot \mathbf{Z})^{m|\xi},$$

et par conséquent

$$\sqrt[m|\xi]{\varphi x \cdot \psi x} = \mathbf{X} \cdot \mathbf{Z} = \sqrt[m|\xi]{\varphi x}\sqrt[m|\xi]{\psi x}.$$

12. On trouverait de la même manière

$$\sqrt[m|\xi]{\left[\sqrt[n|\xi]{\varphi x}\right]} = \sqrt{\left[\sqrt[m|\xi]{\varphi x}\right]},$$

et plus généralement

$$\sqrt[m|z]{\left[\sqrt[n|\xi]{\varphi x}\right]} = \sqrt[n|\xi]{\left[\sqrt[m|z]{\varphi x}\right]}.$$

13. Si dans l'égalité

$$\sqrt[m|\frac{n}{\mu}\xi]{\varphi x^{n|\xi}} = \varphi x^{\frac{m}{\mu}|\xi}$$

(*voy*. n° 10) on fait $n = 1$ et $\dfrac{\xi}{\mu} = z$ on obtient (l)

$$\sqrt[\mu|z]{\varphi x} = \varphi x^{\frac{1}{\mu}|\mu z}$$

ceci posé, faisons

$$\sqrt[n|\xi]{\left[\sqrt[m|z]{\varphi x}\right]} = \mathbf{X}$$

nous en tirerons

$$\varphi x = \left[\mathbf{X}^{n|\xi}\right]^{m|z}$$

Mais en vertu de l'expression (h) (numéro 8) nous avons, en faisant $\xi = mz$,

$$\left[\mathbf{X}^{n|mz}\right]^{m|z} = \mathbf{X}^{nm|z}$$

d'où

$$\varphi x = \mathbf{X}^{nm|z}, \text{et } \sqrt[nm|z]{\varphi x} = \mathbf{X}$$

nous avons donc aussi

$$\sqrt[n|mz]{\left[\sqrt[m|z]{\varphi x}\right]} = \sqrt[mn|z]{\varphi x}$$

égalité qu'en vertu de l'expression (l) on peut encore écrire

$$\left[\varphi x^{\frac{1}{m z}|m z}\right]^{\frac{1}{n}|nmz} = \varphi x^{\frac{1}{nm}|nmz}$$

en se servant d'exposans fractionnaires.

Or, en faisant $nmz = r$, nous aurons $mz = \dfrac{r}{n}$ et cette dernière expression deviendra

$$\left[\varphi x^{\frac{1}{m}|\frac{1}{n}r}\right]^{\frac{1}{n}|r} = \varphi x^{\frac{1}{m}|r}$$

laquelle résulte immédiatement de l'expression (h) (n° 8) en y substituant $\dfrac{1}{m}$ et $\dfrac{1}{n}$ à la place de m et n. Ainsi cette expression a lieu encore dans le cas des exposans fractionnaires $\dfrac{1}{m}$ et $\dfrac{1}{n}$

Par des procédés semblables on démontrerait les identités plus générales (m)

$$\left[\phi x^{\frac{n}{m}|\frac{p}{q}\xi}\right]^{\frac{p}{q}|\xi} = \phi x^{\frac{np}{mq}|\xi}$$

$$\left[\phi x^{\frac{p}{q}|\xi}\right]^{\frac{n}{m}|\frac{p}{q}\xi} = \phi x^{\frac{np}{mq}|\xi}$$

14. Si dans la seconde de ces égalités on fait $m = 1$, elle devient

$$\left[\phi x^{\frac{p}{q}|\xi}\right]^{n|\frac{p}{q}\xi} = \phi x^{n\cdot\frac{p}{q}|\xi}$$

et son premier membre exprime le produit

$$\phi x^{\frac{p}{q}|\xi} \cdot \phi\left(x+\frac{p}{q}\xi\right)^{\frac{p}{q}|\xi} \cdot \phi\left(x+2\frac{p}{q}\xi\right)^{\frac{p}{q}|\xi} \cdots$$

$$\phi\left(x+(n-1)\frac{p}{q}\xi\right)^{\frac{p}{q}|\xi}$$

ou peut donc le mettre sous la forme

$$\phi x^{\frac{p}{q}|\xi} \cdot \left[\phi\left(x+\frac{p}{q}\xi\right)^{n-1|\frac{p}{q}\xi}\right]^{\frac{p}{q}|\xi}$$

qui se réduit, en vertu des expressions mêmes dont nous sommes partis, à

$$\phi x^{\frac{p}{q}|\xi} \cdot \phi\left(x+\frac{p}{q}\xi\right)^{\frac{p(n-1)}{q}|\xi},$$

de sorte que nous avons l'égalité

$$\phi x^{n\cdot\frac{p}{q}|\xi} = \phi x^{\frac{p}{q}|\xi} \cdot \phi\left(x+\frac{p}{q}\xi\right)^{\frac{p(n-1)}{q}|\xi}$$

Si, dans cette dernière, nous faisons $\dfrac{p(n-1)}{q} = \dfrac{r}{s}$ d'où $n = \dfrac{qr}{ps} + 1$, nous aurons définitivement

$$\phi x^{\frac{p}{q}+\frac{r}{s}|\xi} = \phi x^{\frac{p}{q}|\xi} \cdot \phi\left(x+\frac{p}{q}\xi\right)^{\frac{r}{s}|\xi}.$$

Ainsi la proposition du numéro 4

$$\phi x^{n+p|\xi} = \phi x^{n|\xi} \cdot \phi(x+n\xi)^{p|\xi},$$

se trouve démontrée pour toute valeur positive entière et fractionnaire des deux termes de l'exposant binome.

15. On prouvera de la même manière que

$$\phi x^{\frac{p}{q}-\frac{m}{n}|\xi} = \frac{\phi x^{\frac{p}{q}|\xi}}{\phi\left(x+\left(\frac{p}{q}-\frac{m}{n}\right)\xi\right)^{\frac{m}{n}|\xi}}$$

d'où l'on tire en faisant $\dfrac{p}{q} = 0$

$$\phi x^{-\frac{m}{n}|\xi} = \frac{1}{\phi\left(x-\frac{m}{n}\xi\right)^{\frac{m}{n}|\xi}}$$

expression qui donne la signification des facultés à exposans fractionnaires négatifs.

16. Les propriétés générales que nous venons de démontrer pour les exposans entiers et fractionnaires positifs peuvent s'étendre par analogie aux exposans négatifs, mais si l'on veut en obtenir la déduction directe on peut avoir recours à des transformations très-faciles dont nous allons donner un exemple.

m étant un nombre entier ou fractionnaire, nous avons (7 et 15)

$$\phi x^{-m} = \frac{1}{\phi(x-m\xi)^{m|\xi}}$$

et, conséquemment, n étant aussi un nombre entier ou fractionnaire nous avons encore

$$\phi x^{-(m+n)|\xi} = \frac{1}{\phi(x-(m+n)\xi)^{m+n|\xi}}$$

mais d'après 4 et 14

$$\phi(x-(m+n)\xi)^{m+n|\xi} = \phi(x-(m+n)\xi)^{m|\xi} \cdot \phi(x-n\xi)^{n|\xi}$$

donc

$$\phi x^{-(m+n)|\xi} = \frac{1}{\phi(x-(m+n)\xi)^{m|\xi} \cdot \phi(x-n\xi)^{n|\xi}}$$

or

$$\frac{1}{\phi(x-n\xi)^{n|\xi}} = \phi x^{-n|\xi}$$

$$\frac{1}{\phi(x-(m+n)\xi)^{m|\xi}} = \phi(x-n\xi)^{-m|\xi}$$

donc en substituant, on aura encore

$$\phi x^{-m-n|\xi} = \phi x^{-n|\xi} \cdot \phi(x-n\xi)^{-m|\xi}$$

et de cette manière la proposition du numéro 4 se trouve démontrée pour toutes les valeurs des deux termes de l'exposant binome.

C'est en opérant d'une manière analogue qu'on peut s'assurer que toutes les propriétés des facultés exposées dans les numéros précédens subsistent, quels que soient les exposans entiers ou fractionnaires, positifs ou négatifs.

17. Procédons maintenant à la déduction de la loi fondamentale des facultés.

Si nous désignons par Log. ϕx, le logarithme naturel de la fonction ϕx, nous aurons évidemment

$$\text{Log}(\phi x^{m|\xi}) = \log.\,\phi x + \log.\,\phi(x+\xi) + \cdots$$
$$+ \log.\,\phi(x+(m-1)\xi)$$

et nous obtiendrons, en développant les termes du second membre de cette égalité par la formule de Taylor, (*Voy.* Différentiel, 34) la suite d'expressions

$$\log. \varphi x = \log. \varphi x.$$

$$\log.\varphi(x+\xi) = \log.\varphi x + \frac{d\log.\varphi x}{dx}\cdot\xi + \frac{d^2\log.\varphi x}{dx^2}\cdot\frac{\xi^2}{1.2} + \text{etc.}$$

$$\log.\varphi(x+2\xi) = \log.\varphi x + \frac{d\log.\varphi x}{dx}\cdot 2\xi + \frac{d^2\log.\varphi x}{dx^2}\cdot\frac{4\xi}{1.2} + \text{etc.}$$

$$\log.\varphi(x+3\xi) = \log.\varphi x + \frac{d\log.\varphi x}{dx}\cdot 3\xi + \frac{d^2\log.\varphi x}{dx^2}\, 1.2$$

$$\text{etc.} \qquad \text{etc.} \qquad + \text{etc.}$$

$$\log.\varphi(x+(m-1)\xi) = \log.\varphi x + \frac{d\log.\varphi x}{dx}(m-1)\xi + \frac{d^2\log.\varphi x}{dx^2}\cdot\frac{(m-1)^2\xi^2}{1.2} + \text{etc.}$$

Ainsi désignant par

$M(m)_1$ la somme des nombres $0,1,2,3,4$, etc. jusqu'à $m-1$, par $M(m)_2$ la somme des secondes puissances de ces mêmes nombres et en général par

$M(m)_n$ la somme de leurs puissances n, ou

$$0^n + 1^n + 2^n + 3^n + 4^n + \text{etc.} \ldots\ldots + (m-1)^n$$

Nous aurons, en additionnant,

$$\text{Log.}\,(\varphi x^{m|\xi}) = m\log.\varphi x + M(m)_1\frac{d\log.\varphi x}{dx}\cdot\xi$$

$$+ M(m)_2\frac{d^2\log.\varphi x}{dx^2}\cdot\frac{\xi^2}{1.2} + \text{etc.}$$

ou simplement

$$\text{Log.}\,(\varphi x^{m|\xi}) = A_0 + A_1\xi + A_2\cdot\frac{\xi^2}{1.2} + A_3\cdot\frac{\xi^3}{1.2.3} + \text{etc}$$

en faisant pour abréger (m)

$$A_0 = m\log.\varphi x$$
$$A_1 = M(m)_1\cdot\frac{d\log.\varphi x}{dx}$$
$$A_2 = M(m)_2\cdot\frac{d^2\log.\varphi x}{dx^2}$$
$$A_3 = M(m)_3\cdot\frac{d^3\log.\varphi x}{dx^3}$$
$$\text{etc.} = \text{etc.}$$

Or, e étant la base des logarithmes naturels, on a généralement

$$e^{\,\log. X} = X,$$

ainsi

$$\varphi x^{m|\xi} = e^{A_0 + A_1\xi + A_2\cdot\frac{\xi^2}{1.2} + \text{etc.}}$$

Si nous désignons donc maintenant par $f\xi$ l'exposant de e et par $F\xi$ la puissance elle-même ou la faculté $\varphi x^{m|\xi}$, nous aurons

$$F\xi = e^{f\xi}$$

Mais $F\xi$ étant considérée comme une fonction de la variable ξ, son développement d'après la formule de Maclaurin (*Voy.* Différentiel, 36) est

$$F\xi = F\dot{\xi} + \frac{dF^{\cdot}}{d\xi}\cdot\xi + \frac{d^2F\,\dot{}}{d\xi^2}\cdot\frac{\xi^2}{1.2} + \frac{d^3F\,\dot{}}{1\,d\xi^3}\cdot\frac{\xi^3}{1.2.3} + \text{etc}$$

le point placé sur ξ indiquant la valeur *zéro* qu'il faut donner à cette variable après les différentiations.

Faisant donc

$$N_0 = F\dot{\xi}$$
$$N_1 = \frac{dF\dot{\xi}}{d\xi}$$
$$N_2 = \frac{d^2F\dot{\xi}}{d\xi^2}$$
$$N_3 = \frac{d^3F\dot{\xi}}{d\xi^3}$$
$$\text{etc.} = \text{etc.}$$

nous aurons pour le développement de $F\xi$ ou de $\varphi x^{m|\xi}$ l'expression (n)

$$\varphi x^{m|\xi} = N_0 + N_1\cdot\xi + N_2\cdot\frac{\xi^2}{1.2} + N_3\cdot\frac{\xi^3}{1.2.3} + \text{etc.}$$

et il ne nous reste plus à trouver que la loi des coefficiens, c'est-à-dire la loi des différentielles successives de la fonction $F\xi$.

Or de

$$F\xi = e^{f\xi}$$

nous tirons, en différentiant (*Voy.* Différentiel, 32)

$$dF\xi = d(e^{f\xi}) = e^{f\xi}.df\xi = F\xi.df\xi ;$$

nous aurons donc, en vertu de la loi fondamentale du calcul différentiel (*Voy* Différentiel, 27)

$$dF\xi = F\xi.df\xi$$
$$d^2F\xi = dF\xi.df\xi + F\xi.d^2f\xi$$
$$d^3F\xi = d^2F\xi.df\xi + 2dF\xi.d^2f\xi + F\xi.d^3f.$$
$$d^4F\xi = d^3F\xi.df\xi + 3d^2F\xi.d^2f\xi + 3dF\xi.d^3f\xi + F\xi.d^4f\xi$$
$$\text{etc.} = \text{etc.}$$

Ainsi divisant par $d\xi, d\xi^2, d\xi^3$, etc., et faisant $\xi = o$ après les différentiations, nous trouverons pour les coefficiens N_0, N_1, N_2, etc., les expressions

$$N_0 = F\dot{\xi}$$
$$N_1 = N_0.\frac{df\dot{\xi}}{d\xi}$$
$$N_2 = N_1.\frac{df\dot{\xi}}{d\xi} + N_0.\frac{d^2f\dot{\xi}}{d\xi^2}$$

$$N_3 = N_2 \cdot \frac{df\xi}{d\xi} + 2\,N_1 \cdot \frac{d^2 f\xi}{d\xi^2} + N_0 \cdot \frac{d^3 f\xi}{d\xi^3}$$

$$N_4 = N_3 \cdot \frac{df\xi}{d\xi} + 3\,N_2 \cdot \frac{d^2 f\xi}{d\xi^2} + 3\,N_1 \cdot \frac{d^3 f\xi}{d\xi^3}$$

$$+\, N_0 \cdot \frac{d^4 f\xi}{d\xi^4}$$

etc. = etc.

La détermination des valeurs des différentielles successives de $f\xi$, se fait sans aucune difficulté ; car puisque nous avons

$$f\xi = A_0 + A_1 \xi + A_2 \cdot \frac{\xi^2}{1.2} + A_3 \cdot \frac{\xi^3}{1.2.3} + \text{etc.}$$

nous obtiendrons successivement, en différentiant les deux membres de cette égalité et en faisant $\xi = 0$ après chaque différentiation,

$$\frac{df\xi}{d\xi} = A_1$$

$$\frac{d^2 f\xi}{d\xi^2} = A_2$$

$$\frac{d^3 f\xi}{d\xi^3} = A_3$$

et en général

$$\frac{d^n f\xi}{d\xi^n} = A_n$$

Si nous remarquons en outre que lorsque

$$\xi = 0, \text{ on a } f\xi = \varphi x^m$$

nous aurons définitivement, en substituant dans les expressions (n) toutes ces valeurs, ou plutôt celles de A_1, A_2 etc., données ci-dessus sous la marque (m), les expressions finales (p).

$$N_0 = \varphi x^m$$

$$N_1 = N_0 \cdot M(m)_1 \cdot \left(\frac{d\log.\varphi x}{dx} \right).$$

$$N_2 = N_1 \cdot M(m)_1 \cdot \left(\frac{d\log.\varphi x}{dx} \right) + N_0 \cdot M(m)_2 \cdot \left(\frac{d^2\log.\varphi x}{dx^2} \right)$$

$$N_3 = N_2 \cdot M(m)_1 \cdot \left(\frac{d\log.\varphi x}{dx} \right) + 2\,N_1 \cdot M(m)_2 \cdot \left(\frac{d^2\log.\varphi x}{dx^2} \right)$$

$$+\, N_0 \cdot M(m)_3 \cdot \left(\frac{d^3\log.\varphi x}{dx^3} \right)$$

et en général

$$N_\omega = N_{\omega-1} \cdot M(m)_1 \cdot \left(\frac{d\log.\varphi x}{dx} \right)$$

$$+ \frac{\omega-1}{2} \cdot N_{\omega-2} \cdot M(m)_2 \cdot \left(\frac{d^2\log.\varphi x}{dx^2} \right)$$

$$+ \frac{\omega-1}{1} \cdot \frac{\omega-2}{2} \cdot N_{\omega-3} \cdot M(m)_3 \cdot \left(\frac{d^3\log.\varphi x}{dx^3} \right)$$

$$+ \frac{\omega-1}{1} \cdot \frac{\omega-2}{2} \cdot \frac{\omega-3}{3} \cdot N_{\omega-4} \cdot M(m)_4 \cdot \left(\frac{d^4.\log.\varphi x}{dx^4} \right)$$

$$+\, \text{etc.}$$

Cette belle loi du développement des facultés est due à M. Wronski, qui l'a donnée, sans démonstration, dans la première note de sa *Réfutation de la théorie des fonctions analytiques*. Il suffit de se rappeler que toutes les propriétés des facultés ont généralement lieu, quels que soient les exposans entiers ou fractionnaires, pour pouvoir conclure qu'il en est nécessairement de même de leur loi fondamentale.

Nous verrons plus loin comment on évalue dans tous les cas les quantités $M(m)_1$, $M(m)_2$, etc.

18. Dans le cas où la fonction φx est simplement x, c'est-à-dire, lorsque la faculté peut être considérée comme une simple factorielle, on peut, en partant des relations connues

$$(mI1) = M(m)_1$$

$$2(mI2) = M(m)_1 \cdot (mI1) - M(m)_2$$

$$3(mI3) = M(m)_1 \cdot (mI2) - M(m)_2 \cdot (mI1) + M(m)_3$$

$$4(mI4) = M(m)_1 \cdot (mI3) - M(m)_2) \cdot (mI2) +$$

$$+\, M(m)_3 \cdot (mI1) - M(m)_4$$

etc. = etc.

qui existent entre les sommes de puissances $M(m)_n$ et les sommes de produits (mIn), réduire les expressions (p), en (q)

$$N_0 = x^m$$

$$N_1 = M(m)_1 \cdot x^{m-1} = (mI1) \cdot x^{m-1}$$

$$N_2 = \left\{ (mI1) \cdot M(m)_1 - M(m)_2 \right\} x^{m-2} = 1.2\,(mI2)\,x^{m-2}$$

$$N_3 = 2 \left\{ (mI2) M(m)_1 - (mI2) M(m)_2 + M(m)_3 \right\} x^{m-3}$$

$$= 1.2.3\,(mI3)\,x^{m-3}$$

etc. = etc.

et, en général,

$$N_\omega = 1.2.3.4\ldots\omega \cdot (mI\omega) \cdot x^{m-\omega}$$

nous aurons donc, dans ce cas particulier, (q)

$$x^{m|\xi} = x^m + (mI1) \cdot x^{m-1}\xi + (mI2) \cdot x^{m-2}\xi^2 +$$

$$+ (mI3) \cdot x^{m-3}\xi^3 + \text{etc.}$$

et tel est en effet le développement que nous avons trouvé pour les factorielles. *Voy*. FACTORIELLE, 14.

19. Il nous reste à déduire de la loi fondamentale des

facultés, le *facteur élémentaire* (*voy*. ce mot) de ces fonctions. Or en considérant p comme une quantité infiniment petite $\frac{1}{\infty}$, l'expression (c), n° 4, devient

$$\varphi x^{n+\frac{1}{\infty}|\xi} = \varphi x^{n|\xi}\cdot\varphi(x+n\xi)^{\frac{1}{\infty}|\xi}$$

et la quantité $\varphi(x+n\xi)^{\frac{1}{\infty}|\xi}$ est évidemment le facteur élémentaire de la faculté $\varphi x^{n|\xi}$. Dans le cas des factorielles on a

$$x^{n+\frac{1}{\infty}|\xi} = x^{n|\xi}\cdot(x+n\xi)^{\frac{1}{\infty}|\xi}$$

ainsi $(x+n\xi)^{\frac{1}{\infty}|\xi}$ est le facteur élémentaire de la factorielle générale $x^{n|\xi}$. Il suffit donc d'appliquer à ces deux facteurs les lois respectives des fonctions dont ils font partie pour obtenir leurs générations. Commençons par le facteur élémentaire des factorielles.

En vertu de la loi ($...$), (*voy*. FACTORIELLE, 14), rapportée ci-dessus sous la marque (q) nous avons (r)

$$(x+n\xi)^{\frac{1}{\infty}|\xi} = (x+n\xi)^{\frac{1}{\infty}} + \left(\tfrac{1}{\infty}I_1\right)\cdot\frac{\xi}{x+n\xi} + \left(\tfrac{1}{\infty}I_2\right)\frac{\xi^2}{(x+n\xi)^2}$$
$$+ \left(\tfrac{1}{\infty}I_3\right)\cdot\frac{\xi^3}{(x+n\xi)^3}\cdot + \text{etc.}\ldots$$

les coefficiens $\left(\tfrac{1}{\infty}I_1\right)$, $\left(\tfrac{1}{\infty}I_2\right)$, etc., étant ce que deviennent (mI_1), (mI_2), etc., dans le cas de $m=\frac{1}{\infty}$

Mais en substituant $\frac{1}{\infty}$ à la place de m dans les expressions (b) (*voy*. FACTORIELLE, 14) qui donnent les valeurs de (mI_1), (mI_2), etc., on voit que tous ces coefficiens deviennent des multiples de cette quantité infiniment petite et qu'ils sont tous affectés du signe $-$; désignons donc par $-\frac{1}{\infty}\theta_1$, $-\frac{1}{\infty}\theta_2$, $-\frac{1}{\infty}\theta_3$, etc., ce que deviennent dans ce cas les quantités (mI_1), (mI_2), etc., et en divisant de part et d'autre par $\frac{1}{\infty}$ nous obtiendrons les relations suivantes (s)

$$\frac{1}{2} = \theta_1$$
$$\frac{1}{3} = \theta_1 - 2\theta_2$$
$$\frac{1}{4} = \theta_1 - 3\theta_2 + 3\theta_3$$
$$\frac{1}{5} = \theta_1 - 4\theta_2 + 6\theta_3 - 4\theta_4$$
$$\frac{1}{6} = \theta_1 - 5\theta_2 + 10\theta_3 - 10\theta_4 + 5\theta_5$$
$$\text{etc.} = \text{etc.}$$

et en général

$$\frac{1}{n+1} = \theta_1 - \frac{n}{1}\theta_2 + \frac{n(n-1)}{1.2}\theta_3 - \frac{n(n-1)(n-2)}{1.2.3}\theta_4 +$$
$$+ \text{etc.}\ldots - (-1)^n\theta_{n+1}.$$

Si, à l'aide de ces relations, on effectue le calcul des quantités θ_1, θ_2, etc., on verra que toutes celles d'un

indice impair, comme θ_3, θ_5, θ_7, etc., seront égales à zéro, excepté le premier θ_1, et que toutes celles d'un *indice* pair sont alternativement positives et négatives. On trouve ainsi

$$\theta_1 = +\frac{1}{2}, \qquad \theta_8 = -\frac{1}{240}$$
$$\theta_2 = +\frac{1}{12}, \qquad \theta_{10} = +\frac{1}{132}$$
$$\theta_4 = -\frac{1}{120}, \qquad \theta_{12} = -\frac{691}{32760}$$
$$\theta_6 = +\frac{1}{152}, \qquad \theta_{14} = +\frac{1}{12}$$
$$\text{etc.} \qquad\qquad \text{etc.}$$

Ces nombres, d'un grand usage dans le calcul sommatoire, sont connus sous le nom de *nombres de Bernouilli*.

L'expression (r) devient donc

$$(x+n\xi)^{\frac{1}{\infty}|\xi} = (x+n\xi)^{\frac{1}{\infty}} - \frac{1}{\infty}\theta_1\cdot\frac{\xi}{x+n\xi} - \frac{1}{\infty}\theta_2\cdot\frac{\xi^2}{(x+n\xi)^2}$$
$$- \frac{1}{\infty}\theta_3\cdot\frac{\xi^3}{(x+n\xi)^3} - \text{etc.}\ldots$$

Ainsi désignant par $\Lambda\dfrac{\xi}{x+n\xi}$, la suite

$$\theta_1\cdot\frac{\xi}{x+n\xi} + \theta_2\cdot\frac{\xi^2}{(x+n\xi)^3} + \theta_3\cdot\frac{\xi^3}{(x+n\xi)^3} + \text{etc.}$$

et, remarquant que d'après la théorie des logarithmes (*Voy*. ce mot),

$$(x+n\xi)^{\frac{1}{\infty}} = 1 + \frac{1}{\infty}\log.(x+n\xi)$$

nous obtiendrons définitivement l'expression (t)

$$(x+n\xi)^{\frac{1}{\infty}|\xi} = 1 + \frac{1}{\infty}\left\{\log.(x+n\xi) - \Lambda\frac{\xi}{x+n\xi}\right\}$$

c'est-à-dire (t')

$$\text{fac. élém. } x^{m|\xi} = 1 + \frac{1}{\infty}\left\{\log.(x+n\xi) - \Lambda\frac{\xi}{x+n\xi}\right\}$$

Nous verrons ailleurs des applications importantes de ces expressions (*Voy*. SÉRIES HARMONIQUES).

Pour obtenir maintenant le facteur élémentaire de la faculté $\varphi x^{n|\xi}$, développons $\varphi(x+n\xi)^{\frac{1}{\infty}|\xi}$ par la loi fondamentale (n)

$$\varphi x^{m|\xi} = N_0 + N_1\cdot\xi + N_2\cdot\frac{\xi^2}{1.2} + N_3\cdot\frac{\xi^3}{1.2.3} + \text{etc.}$$

et, pour obtenir les valeurs des quantités $M(m)_1$, $M(m)_2$, etc., dans le cas de $m = \frac{1}{2}$, partons des relations connues qui existent entre ces quantités et les *nombres de Bernouilli*, savoir :

$$M(m)_0 = m,$$
$$M(m)_1 = \tfrac{1}{2} m^2 - \theta_1 m,$$
$$M(m)_2 = \tfrac{1}{3} m^3 - \theta_1 m^2 + 2\theta_2 m,$$
$$M(m)_3 = \tfrac{1}{4} m^4 - \theta_1 m^3 + 3\theta_2 m^2 - 3\theta_3 m,$$

etc. $=$ etc.

et en général

$$M(m)_n = \frac{1}{n+1} \cdot m^{n+1} - \theta_1 m^n + \frac{n}{1}\theta_2 m^{n-1} - {}$$
$$- \frac{n(n-1)}{1.2} \theta_3 m^{n-2} + \ldots + (-1)^n \theta_{n+1}.$$

C'est à l'aide de ces relations qu'on peut effectuer facilement l'évaluation numérique des quantités $M(m)_1$, $M(m)_2$, etc. pour toutes les valeurs de m positives ou négatives, entières ou fractionnaires.

Faisant donc $m = \frac{1}{\infty}$, nous trouverons

$$M(\tfrac{1}{\infty})_1 = - \theta_1 \cdot \tfrac{1}{\infty}$$
$$M(\tfrac{1}{\infty})_2 = + 2\theta_2 \cdot \tfrac{1}{\infty}$$
$$M(\tfrac{1}{\infty})_3 = - 3\theta_3 \cdot \tfrac{1}{\infty}$$
$$M(\tfrac{1}{\infty})_4 = + 4\theta_4 \cdot \tfrac{1}{\infty}$$

etc. $=$ etc.

Les expressions générales (p) deviendront en y substituant ces valeurs

$$N_1 = - \frac{1}{\infty} \cdot \theta_1 \left[\frac{d \log. \varphi(x+n\xi)}{dx}\right]$$
$$N_2 = + \frac{2}{\infty} \cdot \theta_2 \left[\frac{d^2 \log. \varphi'x+n\xi)}{dx^2}\right]$$
$$N_3 = - \frac{3}{\infty} \cdot \theta_3 \left[\frac{d^3 \log. \varphi'x+n\xi)}{dx^3}\right]$$

etc. $=$ etc.

et remarquant, en outre, que

$$N_0 = \varphi(x+n\xi)^{\frac{1}{\infty}} = 1 + \tfrac{1}{\infty} \cdot \log. \varphi(x+n\xi)$$

on obtiendra définitivement

$$fac.\ élém.\ \phi x^{n|\xi} = 1 + \frac{1}{\infty} \left\{ \log. \varphi(x+n\xi) - {}\right.$$
$$- \theta_1 \left[\frac{d \log. \varphi'x+n\xi)}{dx}\right] \cdot \xi$$
$$+ \tfrac{1}{1}\theta_2 \left[\frac{d^2 \log. \varphi(x+n\xi)}{dx^2}\right] \cdot \xi^2$$
$$- \frac{1}{1.2}\theta_3 \left[\frac{d^3 \log. \varphi(x+n\xi)}{dx^3}\right] \cdot \xi^3$$
$$\left. + etc\ldots\ldots\ldots\ldots\right\}$$

En faisant dans cette expression $\varphi x = x$, on retrouvera le *facteur élémentaire* des factorielles donné ci-dessus sous la marque (t').

20. Pour compléter la théorie des facultés algorithmiques, il nous resterait à examiner le cas des fonctions de plusieurs variables recevant chacune un accroissement différent, et surtout le cas plus général où les accroissemens de ces variables sont eux-mêmes des quantités variables; mais cet examen nous entraînerait trop loin, et nous sommes forcés de renvoyer nos lecteurs à l'ouvrage déjà cité de M. Wronski (*Réfutation de la théorie des fonctions analytiques*). Si nous nous sommes attachés à démontrer rigoureusement les propriétés fondamentales des facultés pour les valeurs fractionnaires des exposans, c'est que cela n'avait point encore été fait, et que l'extrême importance de ces fonctions nouvelles repose, principalement, sur les quantités *irrationnelles* supérieures auxquelles *l'extraction de leurs bases* donne naissance; cette considération nous fera pardonner les détails, peut-être minutieux, dans lesquels nous sommes entrés.

Nous verrons ailleurs le rang que les facultés occupent dans la science. *Voyez* MATHÉMATIQUES.

FACULTÉS EXPONENTIELLES. Facultés dont l'exposant est une quantité variable ou une fonction d'une quantité variable.

FAGNANO (LE COMTE JULES-CHARLES DE), marquis de Taschi et de San-Honario, est remarquable parmi les géomètres italiens les plus distingués de la fin du XVIIe siècle et du commencement du XVIIIe. Dès l'année 1719 il a publié dans les journaux italiens et les *actes de Leipsig* des mémoires fort remarquables sur divers problèmes de géométrie et d'algèbre. Ces pièces furent publiées plus tard, réunies en deux volumes in-4°, par le comte de Fagnano lui-même sous ce simple titre : *Produzzioni mathematiche*, Pesaro, 1750; Parmi les nombreux sujets qui y sont traités avec le plus de supériorité, on doit citer une *Théorie générale des proportions géométriques*, un traité *des diverses propriétés des triangles rectilignes*, et surtout des recherches sur les propriétés de la *Lemniscate*; une figure de cette courbe orne le frontispice de son livre. Son fils, Jean-François de Taschi de Fagnano, archidiacre de Sinigaglia, s'est aussi distingué dans la même carrière. Les mémoires remarquables qu'il a publiés sur un grand nombre de problèmes qui intéressent la géométrie et la science des nombres, ont été insérés dans les *Actes de Leipsig*. (*Voyez* ACTA ERUD., 1774, 1775, 1776.) Nous verrons à l'article LOGARITHMES plusieurs expressions très-remarquables de la circonférence du cercle au moyen des logarithmes des quantités *imaginaires*, qui appartiennent à ces deux géomètres.

FAUSSE POSITION (Règle de). (*Arith.*) Opération dont le but est de résoudre, à l'aide des nombres seuls, et sans le secours des formules algébriques, tous les problèmes déterminés à une seule inconnue qui concernent les quantités numériques.

Résoudre un problème numérique, c'est trouver un nombre qui satisfasse aux conditions énoncées dans ce problème. En algèbre, on désigne ce nombre inconnu par x, et après avoir exprimé, à l'aide des signes algébriques, les relations qui existent entre les quantités connues, qui sont les *données* du problème, et la quantité cherchée. x, on obtient une équation dont la solution fait connaître la valeur de x. Si l'on demandait, par exemple, quel est le nombre dont les *deux tiers* surpassent la *moitié* d'une seule unité ; en désignant ce nombre inconnu par x, ses deux tiers seraient exprimés par

$$\frac{2x}{3},$$ sa moitié par $\frac{x}{2}$, et l'on aurait la relation

$$\frac{2x}{3} = \frac{x}{2} + 1,$$

laquelle, traitée selon les règles des équations du premier degré (*Voyez* ce mot), ferait connaître la valeur de x, savoir : $x = 6$.

On fait une *fausse position*, lorsqu'au lieu de résoudre directement l'équation, on met à la place de l'inconnue x un nombre pris entièrement au hasard. Si l'on examine ensuite ce que devient par cette supposition la condition énoncée, on trouvera ordinairement qu'elle n'en sera pas satisfaite ; on verra conséquemment de combien il s'en faut qu'elle le soit, et cette quantité, exprimée en nombres, sera l'*erreur* de la *fausse position*.

Une seconde supposition également arbitraire, ou une seconde *fausse position*, fera connaître, de la même manière, une seconde *erreur*.

Ayant exécuté ces deux opérations préalables, voici la règle absolument générale à l'aide de laquelle on déterminera la véritable valeur de l'inconnue :

1° *Si les deux* erreurs *sont de même nature, c'est-à-dire, si elles sont toutes deux en plus ou toutes deux en* moins, *multipliez chacune des* suppositions *par* l'erreur *que l'autre aura produite, prenez la* différence *de ces produits, et divisez-la par la* différence des erreurs.

2° *Si les erreurs sont de nature différente, c'est-à-dire l'une en plus et l'autre en* moins, *multipliez de même chaque supposition par l'erreur de l'autre, prenez la somme de ces produits, et divisez-la par la somme des erreurs.*

Dans les deux cas le quotient sera la véritable valeur de l'inconnue.

En prenant, par exemple, le problème ci-dessus,

supposons d'abord que le nombre demandé soit 12 : alors, comme les deux tiers de ce nombre sont 8, et que sa moitié plus 1 est 7, nous voyons que la condition du problème n'est pas remplie, puisque 8 surpasse 7 de 1. L'*erreur* de cette première fausse position est donc 1 en *plus*. Supposons maintenant que le nombre cherché soit 18 : comme les deux tiers de 18 sont égaux à 12, et que sa moitié plus 1 est égale à 10, nous avons une seconde *erreur* en *plus* égale à 2. Ecrivons ainsi les résultats des fausses positions

$$1^{re} \text{ fausse position} = 12, \qquad 1^{re} \text{ erreur} = + 1.$$
$$2^{e} \text{ fausse position} = 18, \qquad 2^{e} \text{ erreur} = + 2.$$

Les deux erreurs étant de même nature, multiplions 12 par 2, 18 par 1, et divisons la *différence* 6 des deux produits 24 et 18, par la *différence* 1 des deux erreurs. Le quotient 6 est le nombre demandé. En effet, les $\frac{2}{3}$ de 6 sont 4, et sa moitié plus 1 est également 4.

La règle de *fausse position* ne donne des solutions rigoureuses que dans le cas où le problème proposé conduit à une équation du premier degré. Dans tous les autres cas, son application exige que par des moyens quelconques on se soit procuré une valeur approchée de l'inconnue, mais alors elle devient d'un usage d'autant plus précieux qu'elle égale au moins, si elle ne surpasse pas, toutes les méthodes algébriques connues en facilité.

Toutes les fois donc que l'inconnue déterminée par cette règle remplira la condition énoncée dans le problème, ce problème sera du premier degré ; si elle ne la remplit pas, il faudra conclure que le problème en question passe le premier degré.

Quant aux valeurs qu'on voudra supposer à l'inconnue, elles sont absolument arbitraires ; tous les nombres possibles entiers ou fractionnaires conduisent également au but ; mais comme les plus simples méritent la préférence, et qu'il n'en est pas de plus simples que *zéro* et *un*, on simplifiera beaucoup l'opération en prenant *zéro* pour la première *fausse position*, et *un* pour la seconde ; car l'un des produits devenant zéro, et l'autre étant seulement le produit de *un* par l'*erreur* résultante de la supposition zéro, c'est-à-dire cette première erreur elle-même, la règle pourra s'énoncer ainsi :

Divisez la première erreur par la somme ou la différence des deux erreurs, suivant que ces erreurs sont de nature différente ou de même nature.

Exemple. Partager 47 en deux parties telles qu'en divisant la plus petite par 3 et la plus grande par 5, la somme des quotients soit égale à 11.

Prenant o pour la plus petite partie, la plus grande sera 47. Or, o divisé par 3, donne o pour quotient, et 47 divisé par 5 donne 9 plus $\frac{2}{5}$. Ainsi la somme des quotients est $9 + \frac{2}{5}$, et diffère de 11 de $1 + \frac{3}{5}$, ou de $\frac{8}{5}$ *en moins.*

Prenant 1 pour la plus petite partie, la plus grande sera 46. Il en résultera pour les quotients les fractions $\frac{1}{3}$ et $\frac{4}{5}$ dont la somme $\frac{143}{15}$ est plus petite que 11 de $\frac{22}{15}$. Nous avons donc :

1re supposition $= 0$, 1re erreur $\frac{8}{5}$, en *moins.*

2e supposition $= 1$, 2e erreur $\frac{22}{15}$, en *moins.*

$\frac{8}{5}$ étant la même chose que $\frac{24}{15}$, la *différence* des erreurs est $\frac{2}{15}$; ainsi divisant $\frac{8}{5}$ par $\frac{2}{15}$, nous obtiendrons pour quotient 12, qui doit être la plus petite des parties cherchées. En effet, 12 étant la plus petite partie, 35 sera la plus grande, et l'on a

$$\frac{12}{3} + \frac{35}{5} = 11.$$

Pour démontrer l'exactitude rigoureuse de cette règle dans toutes les questions qui ne passent pas le premier degré, remarquons que ces questions se résolvent à l'aide d'une équation dont la forme générale est

$$A\,x + B = 0$$

Or, en substituant successivement à la place de x la suite des nombres naturels 0, 1, 2, 3, etc., on voit que le premier membre de cette équation devient

Pour $x = 0$,	la quantité,	B
$x = 1$,		$A + B$
$x = 2$,		$2A + B$
$x = 3$,		$3A + B$
etc.		etc.

C'est-à-dire que les valeurs successives de ce premier membre, forment une progression arithmétique du premier ordre dont la différence est A, et dont le *terme général* est $A\,x + B$, x désignant l'*indice* ou le rang des termes. Ainsi, la solution de l'équation $A\,x + B = 0$, se réduit à déterminer quel est le terme de la progression qui se réduit à *zéro*, ou en dernier lieu quel est l'*indice* x du terme *zéro*.

Cette question ne présente aucune difficulté, car (*voyez* Progression) en désignant simplement par

$$A_0, A_1, A_2, A_3, A_4, \text{etc...} A_m$$

les termes de la progression, nous savons qu'un terme quelconque A_m est égal au premier plus autant de fois la *différence* de la progression qu'il y a de termes avant lui. Ainsi en désignant par D la différence, nous avons pour un terme quelconque A_m, l'égalité

$$A_m = A_0 + mD$$

et pour un autre terme quelconque A_n, l'égalité

$$A_n = A_0 + nD$$

ce qui nous donne pour la valeur de la différence D l'expression

$$D = \frac{A_n - A_m}{n - m}$$

Mais il est évident que pour trouver l'*indice* du terme *zéro* de la progression, il suffit de diviser le terme A_m, ou le terme A_n, pour la différence D ; car le quotient de cette division indiquera combien de fois il faut ôter la différence de chacun de ces termes, pour le rendre égal à zéro, et conséquemment l'*indice* du terme zéro sera égal à l'un ou à l'autre des *indices* m, n diminués de ce quotient. Ainsi A_m et A_n divisés par D, donnant respectivement

$$\frac{nA_m - mA_m}{A_n - A_m}, \qquad \frac{nA_n - mA_n}{A_n - A_m}$$

l'*indice* demandé sera

$$m - \frac{nA_m - mA_m}{A_n - A_m}, \text{ ou } n - \frac{nA_n - mA_n}{A_n - A_m}$$

et par la nature du problème, ces deux expressions doivent être équivalentes. Elles se réduisent, en effet, l'une et l'autre à

$$\frac{mA_n - nA_m}{A_n - A_m}.$$

Ainsi pour trouver l'*indice* demandé, il faut multiplier chacun des deux termes par l'*indice* de l'autre, et diviser la différence des produits par celle des termes : ce qui est le principe de la règle de *fausse position.* Les conséquences ultérieures sont assez évidentes pour se passer de développemens.

Quelle que soit l'utilité de la règle de fausse position en arithmétique, son importance serait bien peu de chose si elle se bornait strictement aux problèmes du premier degré ; mais lorsque par d'autres procédés, ou seulement par le simple tâtonnement on s'est procuré une valeur approchée de l'inconnue, cette règle devient applicable à tous les problèmes déterminés quels qu'ils puissent être, et offre alors une ressource précieuse au calculateur, quand les moyens directs lui manquent ou sont trop compliqués. En effet, si dans une expression algébrique quelconque dépendant d'une quantité inconnue x, on substitue à la place de x une suite de nombres en progression arithmétique, les valeurs correspondantes de l'expression formeront elles-mêmes une suite de termes qui se rapprocheront d'autant plus d'une progression arithmétique, que la différence de la progression des nombres substitués sera plus petite. Aussi, l'application de la règle de fausse position à des questions au-dessus du premier degré, devra-t-elle donner des résultats d'autant plus près de la véritable valeur cherchée, que les suppositions seront elles-mêmes plus près de cette valeur.

Ayant donc trouvé une valeur approchée de l'inconnue, on en choisira une seconde prise à volonté, mais différant très-peu de l'autre; on appliquera à ces deux valeurs la règle de fausse position. Le résultat sera déjà plus proche de la véritable valeur que les deux nombres qu'on avait supposés. Cette seconde valeur approchée en fera trouver une troisième, par une nouvelle application de la règle, et ainsi de suite jusqu'à ce qu'on ait obtenu une approximation suffisante. Dans la plupart des cas, la troisième valeur sera exacte jusqu'à la sixième et même à la septième décimale.

L'exemple suivant suffira pour montrer la marche des opérations:

Exemple. *On demande un nombre tel, que si de son cube, on ôte sa racine carrée, il reste 1.*

Ce problème conduit à une équation du sixième degré, et la science ne possède encore aucun moyen direct de le résoudre. On voit facilement que le nombre demandé est plus grand que 1 et plus petit que 2, et en poussant un peu plus loin le tâtonnement on reconnaît qu'il doit être un peu moindre que 1,3; ainsi

1re *supposition*, $x = 1,3$; on trouve $x^3 = 2,197$ et $\sqrt{x} = 1,140175$, la différence de ces nombres est $1,056825$, il y a donc une erreur en *plus* de $0,056825$.

2e *supposition*, $x = 1,29$; on trouve $x^3 = 2,146689$, $\sqrt{x} = 1,140175$; la différence de ces nombres est $1,010907$, il y a donc une erreur en *plus* de $0,010907$.

Appliquant la règle, nous trouverons :

$$\text{Différence des produits} = 0,0591251$$
$$\text{Différence des erreurs} = 0,045918$$

la division donne $1,2876$ pour valeur approchée de l'inconnue. En effet, faisant $x = 1,2876$, on a

$$x^3 = 2,13472076, \text{ et } \sqrt{x} = 1,13472464,$$

quantités dont la différence $1,00000512$ ne diffère en *plus* de l'unité que de $0,00000512$. Une seconde opération en prenant pour seconde supposition $x = 1,28759$, ferait trouver la valeur de l'inconnue avec au moins dix décimales exactes.

FÉVRIER (*Calendrier*). Second mois de l'année, contenant 28 jours dans les années communes, et 29 dans les années bissextiles. *Voyez* CALENDRIER.

FERMAT (PIERRE), né à Toulouse vers l'an 1590, est un de ces grands géomètres du XVIIe siècle, dont l'histoire de la science honore le plus la mémoire et les importans travaux. On ignore dans quelles circonstances le goût des mathématiques put se développer en lui. Quoi qu'il en soit, les travaux de Fermat ont largement contribué aux progrès extraordinaires de l'algèbre et de la géométrie, à l'époque où l'illustre Descartes opérait une si heureuse révolution dans ces branches de la science. Fermat, qui occupait une charge de conseiller au parlement de Toulouse, ne révéla d'abord le génie dont il était doué que dans sa correspondance avec le père Mersenne et d'autres savans. Ses lettres forment un recueil important pour l'histoire des mathématiques. Dans le temps même où Cavalleri appliquait sa géométrie à la recherche des solides formés par les sections coniques, Fermat et d'autres géomètres français cherchaient à s'élever à la considération d'une multitude de courbes, comme ils s'appliquaient à déterminer leurs tangentes, leurs centres de gravité, et les solides formés par leur révolution. Dans une lettre adressée au père Mersenne, vers le milieu de l'année 1636, Fermat annonça qu'il avait considéré une spirale différente de celle d'Archimède. On sait, en effet, que dans cette nouvelle courbe, les arcs de cercle parcourus depuis le commencement de la révolution par l'extrémité du rayon, ne sont point, comme dans celle du géomètre de Syracuse, en même raison que les espaces parcourus par le point décrivant qui s'avance du centre vers la circonférence; mais en raison des carrés de ces espaces, de sorte que les arcs de cercle qui mesurent sa révolution, croissant uniformément, ce sont les carrés des distances au centre qui croissent aussi uniformément. On trouvera dans les lettres de Fermat la mesure de ces espaces, et la solution d'une foule de problèmes aussi difficiles que nouveaux, dont la considération des courbes était l'objet, et entre autres sa méthode pour trouver les centres de gravité des conoïdes; nous devons y renvoyer le lecteur.

Le génie de Fermat avait pour ainsi dire devancé celui de Descartes : sa correspondance, dont nous venons de parler, constate qu'il fut de bonne heure en possession d'une grande partie des plus brillantes propositions, que l'illustre auteur du *Discours sur la méthode* avance dans son *Traité de géométrie*, entre autres de la méthode des *Maximis et minimis*, de celle des tangentes et de celle de la construction des lieux solides. Un historien des mathématiques a donc eu raison de s'écrier, dans son admiration pour ce célèbre géomètre: « Si Descartes eût manqué à l'esprit humain, Fermat l'eût remplacé en géométrie. » Cependant ces deux hommes si supérieurs, si dignes de s'apprécier, eurent ensemble plusieurs démêlés, dans lesquels ils soutinrent tous deux leur opinion avec plus ou moins de raison ou de bonheur, mais avec une irritation peu philosophique

Nous ne pouvons entrer dans ces détails qui n'intéressent qu'imparfaitement aujourd'hui l'histoire de la science.

Pierre Fermat est mort au mois de janvier 1665 ; il laissa la réputation d'un juge intègre et éclairé, aussi bien que d'un grand géomètre, car jamais ses études scientifiques ne lui firent oublier un moment ses devoirs de magistrat. Il écrivait avec une élégance remarquable, non-seulement pour un géomètre, mais encore pour les littérateurs de son temps ; il avait l'esprit vif et brillant, et à ses connaissances profondes en mathématiques, il joignait celle de plusieurs langues anciennes et modernes qu'il parlait et écrivait avec une égale facilité. L'académie de Toulouse qui comprit enfin la perte que les sciences avaient faites en cet homme aussi distingué par son caractère que par ses talens, proposa long-temps après sa mort, pour sujet d'un prix qu'elle institua, l'appréciation de ses travaux ; il était énoncé sous cette forme : *De l'influence de Fermat sur la géométrie de son temps.* Ce fut la dissertation de Genty que l'académie couronna.

Les œuvres de Fermat furent recueillies et publiées à Toulouse en 1669 sous ce titre : *Opera mathematica*, 2 vol. In-4°. Outre son édition annotée de l'algèbre de Diophante, qui fut publiée séparément en 1670, ce recueil contient les ouvrages spéciaux suivans : I. *Méthode pour trouver la quadrature de toute sorte de paraboles.* II. *Méthode des maxima laquelle sert non-seulement pour la détermination des problèmes plans et solides, mais encore pour mener des tangentes aux courbes, trouver les centres de gravité des solides et la solution de questions concernant les nombres.* Cette dernière méthode a paru assez semblable à celle des fluxions de Newton, pour que quelques mathématiciens modernes aient voulu présenter Fermat comme le véritable auteur du calcul différentiel, prétention qui ne repose sur aucun fondement si l'on considère la nature abstraite de ce calcul tel qu'il a été découvert par Leibnitz. III. *Une introduction aux lieux géométriques plans et solides.* IV. *Un traité sur les tangentes sphériques*, où il démontre pour les solides ce que Viète avait démontré pour les plans. V. *Une restauration des deux livres d'Apollonius sur les lieux plans.* VI. *Une méthode générale pour la dimension des lignes courbes*, et enfin un grand nombre de mémoires et de lettres scientifiques.

FERNEL (Jean), médecin et mathématicien, s'est rendu célèbre par la première mesure d'un degré terrestre du méridien, qui ait été tentée en France. On a de lui un ouvrage de mathématiques pures, intitulé : *De proportionibus libri* II, Paris, 1528 in-fol. et deux ouvrages astronomiques le *Monalospherion* et la *Cosmotheoria* · ces écrits sont aujourd'hui complètement oubliés. Voici le moyen qu'employa Fernel pour déterminer la grandeur de la terre, par la mesure d'un degré du méridien. Il alla de Paris à Amiens, villes qui se trouvent à peu près sous le même méridien, et comptant avec exactitude les tours de roue de sa voiture, il s'avança vers le nord jusqu'à ce que la hauteur solsticiale du soleil fût d'un degré moindre qu'à Paris, et trouva ainsi pour le degré d'Amiens, 57070 toises. On sait que Picard détermina, depuis, ce degré à 57,060 toises. Et quoique cette détermination ait depuis subi quelques modifications, il est au moins curieux que Fernel ait pu arriver aussi près de la vérité, à l'aide d'une méthode si erronée et si insuffisante. On doit du moins lui savoir gré de sa tentative, en attribuant à un pur hasard le résultat qu'il obtint. Fernel, qui était né en 1497, mourut en 1558.

FERRARI (Louis), né à Milan en 1522, suivant Cardan, et à Bologne suivant Bombelle, est regardé comme le premier inventeur de la révolution des équations du quatrième degré. Cardan rapporte que Ferrari entra à son service à l'âge de quinze ans, les dispositions extraordinaires qu'il remarqua dans ce jeune homme le déterminèrent à le tirer de sa condition servile pour donner des soins à son éducation. Son généreux maître favorisa les penchans qu'il manifesta pour les mathématiques, et Ferrari profita si bien de ses leçons, qu'à l'âge de 17 ans il fut en état de professer cette science. Depuis cette époque, la fortune de Ferrari devint plus brillante que celle de son maître. Le cardinal de Mantoue, qui l'avait admis dans son intimité, lui fit obtenir du prince de Gonzague, son frère, l'importante mission de dresser la carte du Milanais. Il employa huit années à l'achèvement de ce travail, et après avoir mené une vie licencieuse et une conduite peu louable envers ses bienfaiteurs, il mourut âgé de 43 ans, empoisonné, dit-on, par une sœur que l'espoir d'obtenir sa riche succession avait excitée à commettre ce crime.

Ferrari fit sa découverte à l'occasion d'un problème proposé par Jean Calla et qui divisa quelque temps les mathématiciens. Il s'agissait de trouver trois nombres continuellement proportionnels, dont la somme fut 10, et le produit du second par le premier fut 6. Ferrari, à l'instigation de Cardan, s'occupa de ce problème et en trouva une solution ingénieuse. Elle consiste à ajouter à chaque membre de l'équation ordonnée d'une certaine manière, des quantités quadratiques et simples qui soient telles que l'extraction de la racine carrée de chacun soit possible. (Voy. *Biquadratique.*)

FERREO (Scipion) de Bologne, géomètre du XVI° siècle, est connu dans l'histoire de la science, comme ayant résolu le premier, les équations du troisième degré. (*Voyez* ALGÈBRE et CARDAN.)

FIGURE. Nom que l'on donne quelquefois , en *arithmétique*, aux chiffres simples 0, 1, 2, 3, 4, 5, 6, 7, 8, 9 de notre échelle numérique.

Figure en *géométrie*, désigne généralement la forme d'une partie de l'étendue, limitée par des lignes droites ou courbes, si c'est une *surface*; et par des surfaces planes ou courbes si c'est un *solide*.

Figure de la terre. *Voy*. Terre.

FIGURÉ (*Sciences des nombres*). On appelle *nombres figurés* des suites de nombres formant des progressions arithmétiques de divers ordres, dérivées les unes des autres par une loi constante.

Soit : 1, 2, 3, 4, 5, 6, 7, 8, etc., la suite des nombres naturels. Si l'on ajoute ensemble les termes de cette suite depuis le premier jusqu'à un terme quelconque, il en résultera les nombres 1, 3, 6, 10, 15, 21, etc. qui sont les *nombres figurés du second ordre*, nommés aussi *nombres triangulaires*.

Ajoutant de même les termes de cette dernière série, il en résultera la suite 1, 4, 10, 20, 35, 56, etc. qui sont les *nombres figurés du troisième ordre*; on nomme encore ceux-ci *nombres pyramidaux*.

De nouvelles additions des termes de cette dernière suite donneront les nombres 1, 5, 15, 35, 70, 126, etc. qui sont les *nombres figurés du quatrième ordre*.

Continuant de la même manière pour les ordres supérieurs et disposant ces suites par colonnes verticales, on formera le tableau suivant :

I	II	III	IV	V	VI	VII	VIII
1	1	1	1	1	1	1	1
2	3	4	5	6	7	8	9
3	6	10	15	21	28	36	45
4	10	20	35	56	84	120	165
5	15	35	70	126	210	330	495
6	21	56	126	252	462	792	1287
7	28	84	210	462	924	1716	3003
8	36	120	330	792	1716	3432	6435
9	45	165	495	1287	3003	6435	12870
10	55	220	715	2002	5005	11440	24310

qu'on peut prolonger à volonté. Les noms de nombres triangulaires et de nombres pyramidaux, donnés aux nombres figurés des second et troisième ordres, reposent sur des considérations géométriques aujourd'hui insignifiantes.

Ces suites, dans lesquelles le terme général de chacune est la même chose que le terme sommatoire de celle qui la précède, ont beaucoup occupé les premiers algébristes parce qu'elles leur donnaient le moyen de former aisément les puissances successives d'un binôme. En effet si l'on examine la formation de ces puissances

$$(a+b)^1 = a + b$$
$$(a+b)^2 = a^2 + 2ab + b^2$$
$$(a+b)^3 = a^3 + 3a^2b + 3ab^2 + b^3$$
$$(a+b)^4 = a^4 + 4a^3b + 6a^2b^2 + 4ab^3 + b^4$$
$$(a+b)^5 = a^5 + 5a^4b + 10a^3b^2 + 10a^2b^3 + 5ab^4 + b^5$$

etc.   etc.

on reconnaît aisément que les coefficiens numériques des seconds termes, sont les nombres figurés du premier ordre, ou les nombres naturels; que ceux des troisièmes termes sont les nombres figurés du troisième ordre, et ainsi de suite, de sorte qu'en disposant ces nombres en forme de triangle, comme il suit :

I	II	III	IV	V	VI	VII	VIII	IX	X
1									
2	1								
3	3	1							
4	6	4	1						
5	10	10	5	1					
6	15	20	15	6	1				
7	21	35	35	21	7	1			
8	28	56	70	56	28	8	1		
9	36	84	126	126	84	36	9	1	
10	45	120	210	252	210	120	45	10	1

on trouve immédiatement les coefficiens numériques d'une puissance de binôme, en prenant les nombres situés dans la colonne horizontale dont le premier nombre est l'exposant de cette puissance. Mais depuis la découverte du développement général donné par la formule de Newton, toutes ces considérations sont de peu d'importance. Nous verrons aux mots Progression Arithmétique et sommatoire, comment on obtient *le terme général* de chaque suite des nombres figurés.

FINÉ (Oronce), mathématicien et littérateur, né à Briançon en 1494, doit être mis au nombre des savans de cette période qui ont contribué par leurs travaux à répandre le goût des mathématiques et par conséquent à favoriser les progrès de cette science. Son mérite le fit choisir par François Ier pour professer les mathématiques au collége royal, on a de lui plusieurs traités sur les mathématiques, l'optique, la géographie et l'astronomie, ou plutôt l'astrologie, car sous ce dernier rapport, Oronce Finé, n'était point au-dessus des erreurs de son siècle. Il mourut en 1555. Ses divers écrits ont été réunis et imprimés sous ce titre un peu ambitieux : *Orontii Finei, Delphinalis protomathesis*, Paris, 1532, 42 et 56, in-fol.

FINI. Tout ce qui a des limites est *fini*. *Voy.* CALCUL DES DIFFÉRENCES 24, la distinction transcendantale des idées du *fini* et de *l'infini*.

FIRMAMENT (*Astr.*). Nom par lequel on désigne souvent le ciel en général.

FIXE (*Astr.*). On nomme *étoiles fixes*, les astres qui paraissent n'avoir aucun mouvement propre. *Voyez* ÉTOILE.

FLAMSTEAD (JEAN), célèbre astronome anglais, né le 19 août 1649 (1646?) dans une petite ville du Derbyshire, s'est surtout rendu recommandable par ses importantes et nombreuses observations. Un penchant naturel à la solitude et à la méditation le porta de bonne heure vers la contemplation du ciel. Le hasard ayant fait tomber dans ses mains, un traité de la sphère de Sacro-Bosco, il le lut avec avidité et ce fut son premier guide dans l'étude sérieuse de l'astronomie, à laquelle il se livra dès-lors avec toute l'ardeur dont les esprits austères et mélancoliques sont susceptibles. On ne sait point de quels maîtres il sollicita les conseils, ni quels instrumens il eut d'abord à sa disposition; mais ses progrès furent rapides, et il entra en maître dans la noble carrière que son génie lui avait ouverte. Dès l'année 1669, Flamstead présenta à la Société royale de Londres des éphémérides pour l'année suivante; travail remarquable qui appela l'attention des savans sur le jeune astronome, et prouva qu'il avait simultanément embrassé l'étude théorique de la science, et celle qui résulte de l'observation des phénomènes célestes. En 1672, il publia un mémoire sur l'*équation du temps* qui ajouta beaucoup à sa réputation et le mit en relation avec les principaux astronomes de l'Europe. Quelques années après, Flamstead publia un traité sur la théorie de la lune d'Horoxes. Cet astronome n'avait pas eu le temps d'en calculer les tables, et Flamstead, adoptant l'hypothèse qu'il proposait pour expliquer les mouvemens de ce corps céleste, remplit la lacune importante qu'on remarquait à regret dans son travail.

Déjà l'Angleterre comptait Flamstead parmi ses savans les plus remarquables; il vint à Londres vers l'année 1673, et sans abandonner ses études favorites il entra dans les ordres et fut pourvu d'un bénéfice qu'il laissa bientôt après pour les fonctions de directeur du nouvel observatoire royal de Greenwich, fondé par Charles II. Ce prince dissipé secondait ainsi le génie de l'illustre nation sur laquelle il régnait, et qui tient une

si grande place dans l'histoire de l'esprit humain, car elle a toujours devancé les autres nations de l'Europe, par ses institutions et ses recherches scientifiques. Dès ce moment, la vie de Flamstead est entièrement acquise à la science, et ses jours, marqués de peu d'événemens, ne se comptent que par ses travaux d'observation auxquels il se livra exclusivement. Le but principal de l'établissement de Greenwich avait été la rectification des lieux des fixes et l'observation de la lune, pour arriver à la production d'une théorie exacte de cette planète qui pût favoriser les progrès de la navigation. Flamstead s'occupa avec persistance de ces deux objets, et recueillit en même temps un nombre considérable d'observations générales. En 1712, l'illustre Halley, qui devait être le successeur de Flamstead, publia sous le titre de *Historia celestis Britannica* les observations de ce grand astronome. Cet ouvrage fut imprimé contre le gré du vénérable directeur de Greenwich, qui ne voulut point le reconnaître et qui entreprit lui-même la publication du recueil de ses observations; il parut sous le même titre plusieurs années après sa mort, en trois volumes in-folio. Cet ouvrage renferme, outre une foule d'observations importantes, des prolégomènes fort remarquables sur l'histoire de l'astronomie. Le catalogue des fixes que Flamstead y donne, est le plus complet de ceux qui avaient paru alors, il contient les lieux de trois mille étoiles, observées par lui et un catalogue particulier de soixante-sept étoiles zodiacales, dont l'occultation de la lune et des planètes rend l'observation si importante. On trouve dans le recueil mathématique de Jonas Moore, un mémoire de Flamstead, dans lequel il expose des idées nouvelles sur la sphère et où il donne une méthode pour calculer les éclipses de soleil par la projection de l'ombre de la lune sur le disque de la terre. Flamstead mourut à Londres le 30 décembre 1719 (1720?) Ses écrits peu nombreux sont : I. *De æquatione temporis diatriba*, Lond. 1672. in-4° II. *Inter opera Horoccii*: Lond. 1679, in-4° III. *Historia celestis britannica*. Lond. 1625, 3 vol. in-f°

FLÉAU (*Méc.*). Instrument composé de deux bâtons de bois dur, assemblés lâchement bout à bout par une courroie, et qui sert à battre le blé.

On nomme aussi *fléau*, la verge de fer aux extrémités de laquelle sont suspendus les bassins d'une balance. *Voyez* BALANCE.

FLÈCHE (*Géom.*). Nom donné par quelques auteurs au *sinus verse* d'un arc. *Voy.* SINUS VERSE.

FLÈCHE (*Ast.*). Nom d'une constellation boréale. *Voy.* CONSTELLATION.

FLUENTE (*Alg.*). Les Anglais, d'après Newton, nomment *Fluentes* ce que les géomètres du continent appellent *Intégrales*. *Voy.* FLUXION et INTÉGRAL.

FLUIDE (*Hydrost.*). Corps, dont les molécules

cèdent à la moindre pression et sont mobiles en tous sens.

Les *Fluides* se divisent en *incompressibles* et en *élastiques*. Les *Fluides incompressibles* sont ceux auxquels la pression ne peut faire changer de volume? Tels sont le mercure, l'eau, l'huile, le vin, etc. Les *Fluides élastiques*, au contraire, sont ceux dont la compression diminue le volume. Tels sont l'air, les différens gaz, les vapeurs d'eau, etc.

La nature des fluides est du ressort de la physique, les lois de leurs mouvemens constituent deux branches des mathématiques appliquées savoir: l'HYDROSTATIQUE, ou la science des lois de *l'équilibre* des forces qui meuvent les fluides, l'HYDRODYNAMIQUE, ou la science des lois de *l'action* des forces motrices qui meuvent les fluides. (*Voy.* ces divers mots.)

FLUX ET REFLUX (*Hydrog.*). Mouvement périodique journalier des eaux de la mer causé par l'action combinée des attractions du soleil et de la lune. *Voy.* MARÉES.

FLUXION (*Alg.*). En considérant une étendue quelconque comme engendrée par le mouvement d'une autre étendue, Newton donne le nom de *fluxion* à la *vitesse* avec laquelle chaque partie de la première étendue se trouve décrite.

CALCUL DES FLUXIONS. Ce calcul, l'une des plus brillantes découvertes de l'immortel Newton, est le même en dernier résultat que le CALCUL DIFFÉRENTIEL; mais sa conception primitive ou sa métaphysique n'en fait réellement qu'une méthode *dérivée*, qui ne peut être expliquée que par les véritables principes du calcul de *l'infini*, principes dont nous avons donné l'exposition au mot DIFFÉRENTIEL. C'est ce que nous allons facilement faire comprendre. Précisons d'abord ce que Newton entend par le rapport de deux *fluxions*.

Si l'on suppose, par exemple, une parabole engendrée par le mouvement d'une droite qui se meut uniformément, parallèlement à elle-même, le long de l'axe des abscisses, tandis qu'un point parcourt cette droite avec une vitesse variable telle que la partie parcourue est toujours moyenne proportionnelle entre une ligne donnée quelconque et la partie correspondante de l'abscisse; le rapport qu'il y a entre la *vitesse variable* de ce point à chaque instant et la *vitesse uniforme* de la droite, est celui de la *fluxion* de l'ordonnée à la *fluxion* de l'abscisse. C'est-à-dire que ce rapport est celui des *accroissemens* respectifs de l'ordonnée et de l'abscisse. On voit donc ici que Newton nomme *fluxion* ce que, d'après Leibnitz, nous nommons *différence*.

Mais, en désignant, comme c'est l'usage, par y l'ordonnée et par x l'abscisse d'une courbe quelconque, y sera nécessairement une certaine fonction ϕx de

l'abscisse, et l'équation de la courbe pourra s'exprimer généralement par (1)

$$y = \phi x.$$

Or, toutes les variations de grandeur de y, peuvent être immédiatement tirées de cette équation, à l'aide des variations correspondantes de x, car en supposant que l'abscisse x croisse de la partie δ, ou devienne $x + \delta$, si nous désignons par Δ la variation correspondante ou l'accroissement de y, nous aurons (2),

$$y + \Delta = \phi (x + \delta),$$

d'où nous obtiendrons en comparant avec (1)

$$\Delta = (x + \delta) - \phi x,$$

équation, qui fera connaître le rapport $\frac{\Delta}{\delta}$, et cela indépendamment de toute considération de *mouvement* et de *vitesse*; ces considérations, bien loin d'expliquer la nature des accroissemens Δ, δ n'étant elles-mêmes possibles qu'en vertu de l'expression (1). Il est donc évident que les *fluxions* ou les *différences* des quantités, tirent leur origine de la nature même des quantités numériques, et non de l'application de ces quantités aux figures géométriques; en un mot, la considération *abstraite* des *différences*, précède nécessairement et rend seule possible la considération *concrète* de ces mêmes différences.

Quoique les géomètres du dernier siècle, que l'INFINI épouvantaient, trouvassent la métaphysique de Newton beaucoup plus *lumineuse* que celle de Leibnitz, ils comprirent, et Newton avec eux, que l'idée de *vitesse* est non-seulement étrangère à la science des nombres, mais encore que lorsque le mouvement est variable, l'expression algébrique de cette vitesse exige précisément des *fluxions* ou des *différentielles*, lesquelles ne peuvent ainsi en tirer leur signification. Newton rejeta donc bientôt toute considération de mouvement, et dans son célèbre livre des *Principes*, il reproduisit son calcul sous un tout autre aspect, en présentant le rapport des *fluxions* de deux quantités, comme celui qu'elles ont dans la limite de leurs différences respectives, ou lorsque ces différences s'évanouissent. C'est sur ce dernier point de vue, que se trouve fondée la *méthode des limites* qu'on enseigne aujourd'hui généralement sous le nom de *calcul différentiel*.

Si les géomètres français ont montré peu de tact philosophique en préférant les procédés indirects de la méthode des limites, à ceux si éminemment simples du calcul différentiel proprement dit, ils ont du moins adopté la notation de Leibnitz. Cette dernière est à la vérité beaucoup plus commode que celle de Newton, dont les géomètres anglais se sont exclusivement servi pendant long-temps, mais dont ils commencent à abandonner l'usage. D'après Newton, x avec un point, tel que $\dot{x}$, désigne la fluxion du premier ordre ou la différentielle première de x; $\ddot{x}$ désigne la fluxion du second ordre ou la différentielle seconde; $\dddot{x}$, la fluxion du troisième ordre ou la différentielle troisième; et ainsi de suite.

LA MÉTHODE INVERSE DES FLUXIONS a pour objet de remonter aux quantités dont les fluxions sont données, ou de trouver les *fluentes* de ces fluxions; c'est proprement le calcul intégral. *Voy.* INTÉGRAL, *voy.* aussi FONCTION et LIMITE.

FOLIUM de Descartes (*Géom.*). Courbe du troisième ordre, qui tire son nom de la ressemblance d'une de ses parties avec une feuille. *Voy.* l'ANALYSE DES INFINIMENT PETITS, du marquis de l'Hôpital.

FOMALHAUT (*Ast.*). Étoile de la première grandeur, située à la bouche du *poisson austral*.

FONCTION (*alg.*) On nomme en général *fonction d'une ou de plusieurs quantités variables*, toute expression algébrique composée, d'une manière quelconque, de ces mêmes variables et de quantités constantes. Par exemple x, y, etc., désignant des quantités variables, et a, b, c, etc., des quantités constantes, les expressions

$$ax, \qquad ax^2 + b, \qquad \sqrt{ax+b+c^2}$$

$$(ax+b)^2 + cx \quad, \qquad \frac{a}{b}.x^m + cx^n, \text{ etc.}$$

sont toutes des *fonctions* de x. Et

$$ax+y, \quad \sqrt{x^2+y^2}, \quad \sqrt{ax-y^2}, + by, \text{ etc.}$$

des fonctions de x et de y, etc.

1. On divise communément les fonctions en *algébriques* et *transcendantes*. Les premières se forment par les opérations élémentaires de l'algèbre; les secondes contiennent en outre des quantités transcendantes, c'est-à-dire des *quantités exponentielles*, des *sinus*, des *logarithmes*, des *différentielles*, etc. Ainsi l'expression

$$\frac{a+bx^m-c\sqrt[n]{(2x+x^2)}}{a^2x - 3bx^2}$$

est une *fonction algébrique* de x, et les expressions $a^x + b$, $ax^m dx + bdx$, $\sin x + ax$, $a \text{Log}. x + bx$ sont des *fonctions transcendantes* de x.

2. Les fonctions algébriques se subdivisent en *fonctions rationnelles* et en *fonctions irrationnelles*. Les fonctions rationnelles sont celles qui ne contiennent que des puissances entières de la variable; les fonctions irrationnelles sont celles où la variable est affectée du signe radical. Par exemple, les expressions $a+x$, $\frac{a^2+x^2}{a-x}$, $ax^3 - bx^4$, etc., sont des fonctions rationnelles; et $\sqrt{x}$, $a + \sqrt{(a^2-x^2)}$, $\sqrt{(a+bx-cx^2)}$ etc., sont des fonctions irrationnelles.

3. Les fonctions rationnelles se subdivisent encore en *fonctions entières* et en *fonctions fractionnaires*. On nomme *fonctions entières* celles qui ne renferment que des puissances entières et positives de la variable et dans lesquelles cette variable ne se trouve mêlée à aucun dénominateur. Les fonctions fractionnaires sont celles où le contraire a lieu; ainsi la formule

$$a+bx+cx^2+dx^3+ex^4+ \text{ etc.}$$

représentera une fonction quelconque *entière*, et la formule

$$\frac{a+bx+cx^2+dx^2+cx^4+ \text{ etc.}}{a+\beta x+\gamma x^2+\rho x^3+\delta x^4+ \text{ etc.}}$$

une fonction quelconque *fractionnaire*, quelles que soient d'ailleurs les constantes a, b. c, α, β, γ etc., positives ou négatives, entières ou fractionnaires, rationnelles ou irrationnelles, et même transcendantes.

4. En remarquant que la valeur d'une fonction quelconque de la variable x dépend de la valeur qu'on attribue à cette variable, on peut considérer la fonction elle-même comme une quantité variable. Par exemple la fonction $ax+b$ devient successivement

$$a+b, \quad 2a+b, \quad 3a+b, \quad 4a+b, \text{ etc.}$$

en faisant $x = 1, x = 2, x = 3, x = 4$, etc. Ainsi désignant généralement par y, cette quantité variable $ax+b$, nous aurons l'équation

$$y = ax+b$$

dans laquelle y, ou la fonction de x, sera dite une *variable dépendante*, tandis que x est *la variable indépendante*.

5. Lorsqu'on représente par y une fonction quelconque de x, comme rien n'empêche de considérer cette quantité y comme une variable indépendante, et que, quelle que soit la valeur qu'on veuille lui attribuer, il en résulte nécessairement une valeur déterminée pour x, on peut donc toujours, réciproquement, considérer x comme une fonction de y. Par exemple, y étant comme ci-dessus la fonction $ax+b$, si l'on résout par rapport à x, l'équation

$$y = ax+b$$

on trouve

$$x = \frac{y}{a} - b$$

et l'expression $\frac{y}{a} - b$, ou x, se nomme alors *fonction réciproque* de y.

6. S'il est toujours facile d'obtenir la valeur d'une fonction entière correspondante à une valeur déterminée de la variable, il n'en est pas de même lorsque la fonction est irrationnelle ou transcendante; et dans le plus grand nombre des cas on est forcé d'avoir recours à des procédés de transformation que nous ne pouvons exposer ici. (*Voy.* l'*Introduction à l'analyse des infiniment petits* d'Euler.) Mais le grand moyen, connu des géomètres, pour évaluer toute espèce de fonctions, c'est d'obtenir par les séries une nouvelle génération des quantités qu'elles représentent, ce que l'on appelle développer une fonction en série : ce problème est aujourd'hui résolu complètement par les procédés du calcul différentiel, et nous devons renvoyer aux articles de ce Dictionnaire qui en traitent (*Voy.* Différentiel, 34,41 et Série), tout en faisant observer qu'il existe encore d'autres algorithmes capables de donner une solution exacte et quelquefois plus satisfaisante de la question que celle qu'on obtient au moyen des séries. *Voy.* Technie.

Théorie des fonctions analytiques. Obtenir tous les résultats du calcul différentiel sans avoir recours à aucune quantité infiniment petite ou évanouissante, déterminer les *véritables* principes de ce calcul, tel est le double problème dont notre célèbre Lagrange a cru donner la solution dans ses ouvrages sur la *théorie* et le *calcul des fonctions analytiques*. (Voy. *Théorie des fonct. analy.*, et *Leçon sur le calcul des fonct.*) Nous avons eu déjà l'occasion dans plusieurs articles de ce Dictionnaire de nous élever contre l'étrange prétention des géomètres modernes de vouloir repousser de la science l'idée de *l'infini* sans laquelle elle n'existerait pas, et nous pourrions nous contenter ici de déclarer, en nous appuyant sur les principes exposées au mot Différentiel, que, considérée sous le rapport métaphysique, la théorie de Lagrange est un véritable non sens philosophique ; mais les services éminens que ce grand mathématicien a rendus à la science, la nature même des erreurs dans lesquelles il est tombé, et surtout la polémique singulière dont ces erreurs ont été l'objet entre l'Institut de France et l'auteur de la *Philosophie des mathématiques* nous font un devoir d'entrer dans quelques détails capables d'éclaircir cette importante question.

Le point de départ de Lagrange est que la théorie du développement des fonctions en séries renferme les principes métaphysiques du calcul différentiel, et ses moyens sont de démontrer que les quantités dites *différentielles* ne sont en réalité qu'une espèce particulière d'algorithme des fonctions, ou comme il les nomme,

des *fonctions dérivées* d'une fonction primitive. Soit, dit-il, fx une fonction quelconque d'une variable x, si l'on suppose qu'à la place de x on mette dans cette fonction $x+i$, i étant une quantité quelconque indéterminée, elle deviendra $f(x+i)$ et on pourra la développer en une série de cette forme (a)

$$f(x+i) = fx + pi + qi^2 + ri^3 + \text{etc.}$$

dans laquelle les quantités p, q, r, etc., coefficiens des puissances de i, sont de nouvelles fonctions de x dérivées de la fonction primitive et indépendante de l'indéterminée i.

Quant à la possibilité même de la forme du développement (a), Lagrange suppose, pour la démontrer, qu'aucun terme de ce développement ne peut contenir des puissances fractionnaires de i parce que, vu la pluralité des racines, la série aurait plusieurs valeurs, ce qui serait absurde. Fondé sur cette raison que nous examinerons plus loin, il pose pour second principe de sa théorie l'expression (b).

$$f(x+i) = fx + iP$$

dans laquelle P est une fonction de x et de i qui ne peut devenir infinie lorsque i est égal à zéro, puisque dans ce dernier cas, cette expression doit se réduire à l'identité.

$$fx = fx$$

Mais P étant une nouvelle fonction de x et de i, on peut aussi en séparer ce qui est indépendant de i et qui par conséquent ne s'évanouit pas lorsque i devient nul. Soit donc p ce que devient P lorsqu'on fait $i = o$, p sera une fonction de x sans i et l'on aura encore.

$$P = p + iQ$$

iQ étant la partie de P qui devient nulle lorsque $i = o$ et Q une nouvelle fonction de x et de i. En poursuivant le même raisonnement on pourra former la suite d'égalités.

$$f(x+i) = fx + iP$$
$$P = p + iQ$$
$$Q = q + iR$$
$$R = r + iS$$
$$\text{etc} = \text{etc}$$

ce qui donnera en substituant successivement,

$$f(x+i) = fx + pi + qi^2 + ri^3 + \text{etc.}$$

c'est-à-dire une série de la forme en question (a).

Ceci posé, Lagrange démontre que chacune des fonctions p, q, r, s, etc. se dérive de celle qui la précède par un procédé unique de dérivation, de sorte que p étant la dérivée de fx, q est la dérivée de p, r la dérivée de q, etc. Il nomme alors p première dérivée ou *fonction prime*, q seconde dérivée ou *fonction seconde*, r troisième dérivée ou *fonction tierce*, etc., et désignant ces dérivées par la notation $f'x, f''x, f'''x$ etc., il parvient au développement final

$$f(x+i) = fx + f'x.i + f''x.\frac{i^2}{1.2} + f'''x.\frac{i^3}{1.2.3} + \text{etc.}$$

et il conclut que ces fonctions dérivées sont la véritable signification des coefficiens différentiels du théorème de Taylor.

$$f(x+i) = fx + \frac{dfx}{dx}.i + \frac{d^2fx}{dx^2}.\frac{i^2}{1.2} + \frac{d^3fx}{dx^3}.\frac{i^3}{1.2.3} + \text{etc.}$$

Il ne nous est point nécessaire de suivre Lagrange dans les conséquences ultérieures de ses principes, ni dans les nombreuses applications qu'il en fait ; ici le métaphysicien disparait pour faire place au géomètre : tout ce que la science et le génie peuvent offrir de ressources, se trouve employé par lui avec cette supériorité incontestable qui l'a placé au premier rang, et qui donne un haut degré d'utilité à l'étude de sa *théorie des fonctions analytiques*, malgré la fausse direction de cet ouvrage. Toute cette prétendue théorie repose évidamment sur les deux principes (a) et (b), et il nous suffit d'examiner la validité de ces principes pour nous former une idée de celle de la théorie elle-même.

Pour pouvoir poser comme principe la forme (a) du développement des fonctions en séries, il faudrait d'abord démontrer que toute fonction $f(x+i)$ est, en elle-même, *identique* avec le développement $fx+pi+qi^2+$ etc., ou qu'elle est simplement *équivalente* à ce développement, et déterminer la condition supérieure de cette identité ou de cette équivalence ; mais Lagrange se contente d'établir qu'il ne peut y avoir dans ce développement (a) des puissances fractionnaires de i, ce qui le conduit à son second principe (b) à l'aide duquel il prétend ensuite démontrer cette forme (a) justement en question ; or, sans relever ici le cercle logique qui résulte de la dépendance mutuelle des deux expressions (a) et (b), il est de fait que la démonstration de Lagrange sur les puissances fractionnaires de i est non-seulement insuffisante, mais de plus qu'elle est entièrement fausse, car rien n'empêche de faire entrer ces puissances fractionnaires dans le développement de la fonction $f(x+i)$, et dans ce cas les valeurs différentes des radicaux se compensent soit dans la génération même de la série, soit dans la quantité qu'elle donne de manière qu'il en résulte toujours la même valeur pour la fonction $f(x+i)$ (voy. Séries). La forme (a) des séries n'est donc nullement démontrée, et la théorie de Lagrange repose conséquemment sur une base hypothétique : ses deux principes (a) et (b) n'étant jusqu'ici vérifiés qu'à postériori.

Mais lors même que ces principes seraient rigoureusement établis, aucun d'eux n'est capable de donner une signification indépendante et absolue aux fonctions dérivées $f'x, f''x$, etc., sur lesquelles reposent, d'après Lagrange, la métaphysique et la possibilité du calcul différentiel, en effet, ces fonctions n'ont d'autre signification que d'être les coefficiens des termes de la série et leur position dans cette série n'est réellement que la donnée du problème qu'on peut se proposer sur la recherche de leur nature. Or, la *nature* d'une quantité consiste dans la réunion des opérations élémentaires ou systématiques à l'aide desquelles elle est formée, car c'est évidemment la réunion de ces opérations qui constitue la *signification* de cette quantité, signification qui est *absolue* lorsque les opérations sont *primitives* (addition, multiplication, puissance et leurs inverses), et seulement *relative*, lorsque les opérations sont *dérivées* (logarithmes, sinus, etc.,) (voy. Mathématiques). Par exemple, si nous désignons par a la diagonale d'un carré dont le côté est b, l'expression

$$\frac{b}{\sin. 45°}$$

sera la *signification relative* de la quantité a, parce qu'il entre dans cette expression la fonction *sinus* qui n'est point primitive, tandis que l'expression équivalente

$$b\sqrt{2}$$

sera la *signification absolue* de cette même quantité, celle qui fait connaître la *nature* irrationnelle de la diagonale. (*Voy.* Cercle, 45, un autre exemple pris sur le fameux nombre π.) Les fonctions dérivées de Lagrange $f'x, f''x$, etc., ne sont en réalité qu'un nom donné à certains procédés qu'il faut exécuter pour obtenir les équations dont la valeur de ces fonctions dépendent, et elles n'ont ainsi en *elles-mêmes* aucune espèce de signification ; bien loin donc de pouvoir expliquer la nature des quantités différentielles $\frac{dfx}{dx}$, $\frac{d^2fx}{dx^2}$, etc., elles ne sauraient être conçues qu'à l'aide de ces quantités, et c'est seulement parce qu'on a

$$f'x = \frac{dfx}{dx}, \quad f''x = \frac{d^2fx}{dx^2}, \quad f'''x = \frac{d^3fx}{dx^3}, \text{ etc.}$$

que ces fonctions dérivées reçoivent une signification qui les rend susceptibles d'être employées dans la science. (Voy. *Réfutation de la théorie des fonctions analytiques de Lagrange*, par H. Wronski, Paris 1812.)

FONTAINE ARTIFICIELLE (*Méc.*). Machine par le moyen de laquelle l'eau est versée ou lancée. De ces machines, les unes comme les *jets d'eau* (voy. ce mot) agissent par la pesanteur de l'eau, les autres comme la célèbre fontaine de Héron d'Alexandrie, dont nous allons donner la description, agissent par le ressort de l'air.

La fontaine de Héron se compose de deux boîtes de métal ez et xy (Pl. 15, *fig.* 2) auxquelles on donne une forme arbitraire, et qui sont réunies par des tuyaux de même matière wx, zy, et surmontées d'un bassin ae. Le bassin ab communique à la boîte supérieure ez par le tuyau bz ouvert en z et qui porte en b un ajutage qu'on y visse au besoin. Ce même bassin communique à la boîte inférieure xy par le tuyau wx ouvert aux deux bouts, et qui se rend vers le fond de la boîte. Enfin les deux boîtes communiquent ensemble par le tuyau yz ouvert en y, et qui traverse la boîte supérieure dans presque toute sa hauteur. Pour mettre cette fontaine en jeu, on emplit d'eau jusqu'au trois quarts par le tuyau bz la boîte supérieure ez. On en met ensuite dans le bassin ae, de manière à tenir toujours plein le tuyau wx. Cette colonne d'eau qui tend à se répandre dans la boîte inférieure xy, comprime par son poids la masse d'air dont elle est remplie : cet air ainsi comprimé s'échappe par le tuyau yz et va déployer son ressort sur la surface de l'eau contenue dans la boîte supérieure ez, et alors cette eau comprimée par le ressort de l'air, s'échappe en forme de jet par le tuyau bz. De cette manière, l'eau de la boîte supérieure ez, chassée par l'air, retombe dans le bassin ae, et à l'aide du tuyau ox, passe dans la boîte inférieure, et continue à comprimer de plus en plus l'air intérieur, ce qui fait durer le jet tant qu'il y a de l'eau dans le bassin supérieur. Après l'opération, on vide la boîte inférieure au moyen d'un robinet placé au-dessous.

Cette fontaine perfectionnée par Nieuventit contient le principe de toutes les machines hydrauliques qui agissent par le ressort de l'air. (*Voyez le Cours de physique de Musschenbrock.*) Nous allons faire connaître ici la construction et la théorie des plus importantes de ces machines.

Machine de Darwin.

R est le conduit supérieur qui fournit l'eau à la machine, R' le réservoir dans lequel on veut élever l'eau. C une capacité fermée placée au bas de la chute, c une autre capacité fermée placée au niveau du conduit R. Ces deux capacités communiquent

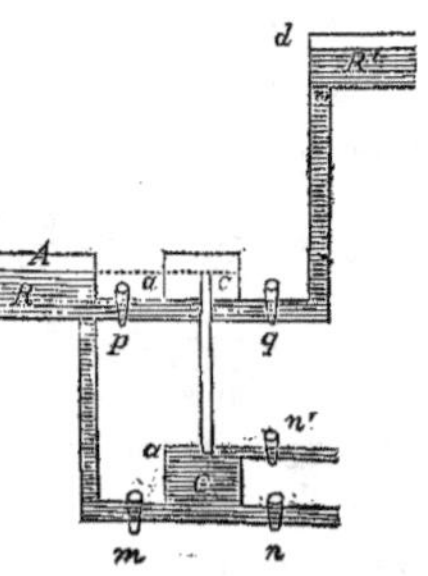

entre elles par un tube et avec les réservoirs R et R' par des tuyaux indiqués sur la figure et susceptibles d'être fermés par les robinets m, n, p, q.

Les robinets m, q étant fermés, et ceux p, n, n' ouverts, la capacité C se vide entièrement, et celle c s'emplit jusqu'au niveau aa' du bief supérieur. Fermant les robinets p, n, n', et ouvrant ceux m, q, la capacité C s'emplira d'eau, comme la figure l'indique. A mesure qu'elle s'emplira, l'air contenu dans cette capacité se comprimant, forcera l'eau contenue en c à monter en R'. La capacité C étant pleine, on fermera les robinets m, q; on ouvrira ceux p, n, n' et le même jeu recommencera.

Soient :

H la hauteur de la chute, comptée du niveau A au fond de la capacité C.

H' la hauteur à laquelle l'eau est élevée, comptée du niveau A au niveau L.

Ω, Ω' les aires des sections horizontales des capacités C, c supposées prismatiques.

h, h' les hauteurs sur lesquelles ces capacités s'emplissent et se vident à chaque oscillation,

μ la hauteur de la colonne d'eau qui fait équilibre à la pression atmosphérique $= 10^m,3$.

Supposant que les capacités C, c n'ont que les hauteurs h, h'; négligeant le volume de l'air contenu dans le tuyau qui établit la communication entre ces capacités; considérant l'instant où C est plein d'air, c plein d'eau, et où l'on vient de fermer le robinet n; on aura Ωh pour le volume d'air enfermé dans la machine, et soumis à la pression u. Considérant ensuite l'instant où C a été rempli d'eau, et c vidé, on aura $\Omega' h'$ pour le volume auquel aura été réduit l'air enfermé dans la machine. La pression de cet air sera donc devenu $\mu \dfrac{\Omega h}{\Omega' h'}$. Mais cette tension doit faire équilibre en c à la colonne d'eau $\mu + H' + h'$. Donc on a la relation.

$$\mu \frac{\Omega h}{\Omega' h'} = \mu + H' + h', \text{d'où } \Omega' h' = \mu \frac{\Omega h}{\mu + H' + h'}$$

Le rapport de l'effet produit par la machine à la quantité d'action dépensée est donc

$$\frac{\Omega' h'.H'}{\Omega h.H} = \frac{\mu H'}{(\mu + H' + h')H}$$

Pour rendre ce rapport le plus grand possible, il faut d'abord poser $h' = 0$. Il devient alors

$$\frac{\mu H'}{(\mu + H')H}.$$

Sa valeur augmente avec H'. Mais comme la pression de l'air enfermé, laquelle fait équilibre en c à la colonne $\mu + H' + h'$, doit faire équilibre en C à une colonne au plus égale à H — h, on ne peut pas prendre

$$H' + h' > H - h, \text{ ou } H' > H - h - h'$$

Ainsi pour obtenir le plus grand effet, il faudra poser encore $h = 0$, et faire $H' = H$. Le rapport devient

$$\frac{\mu}{\mu + H}$$

il est le plus grand possible quand $H = 0$, et égal à l'unité. D'où il résulte que

1°. La hauteur à laquelle on élève l'eau ne peut surpasser la hauteur de la chute, moins la hauteur des deux capacités.

2°. Pour obtenir le plus grand effet, il faut faire la hauteur des deux capacités infiniment petite et la hauteur à laquelle on élève l'eau égale à celle de la chute.

3°. L'effet obtenu ainsi est d'autant plus grand que la hauteur de la chute est plus petite, et égale à la quantité d'action dépensée quand cette hauteur est infiniment petite.

Lorsqu'on veut élever l'eau à une hauteur plus grande que celle de la chute, en employant le même appareil, on peut l'élever par reprises; au moyen de la disposition indiquée par la figure ci-contre. Les robinets n, p, p', p'' ayant été fermés, l'affluence de 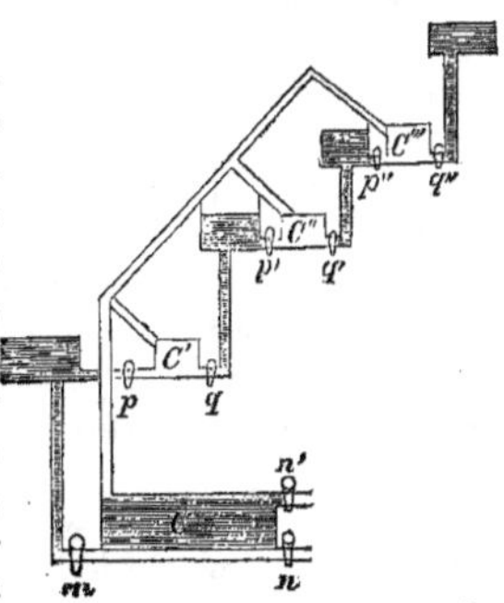 l'eau dans la capacité C a forcé l'eau contenue dans les capacités C', C'', C''', à s'élever dans les réservoirs situés respectivement au-dessus de chacune d'elle. Ouvrant ensuite les robinets susdits, et fermant ceux m, q, d' q'', la capacité C se vide d'eau, tandis que les autres capacités s'emplissent, et le même jeu recommence.

L'appareil qui vient d'être indiqué est décrit dans les ouvrages anglais sous le nom de Darwin. La machine telle qu'on la voit ci-dessus a été exécutée pour la première fois par Hoëll à Schemmitz en 1775. Il paraît qu'il y a quelque erreur dans le résultat annoncé sur son produit. Le jeu des robinets est exécuté par des ouvriers. On a proposé un régulateur dont la disposition paraît peu satis- 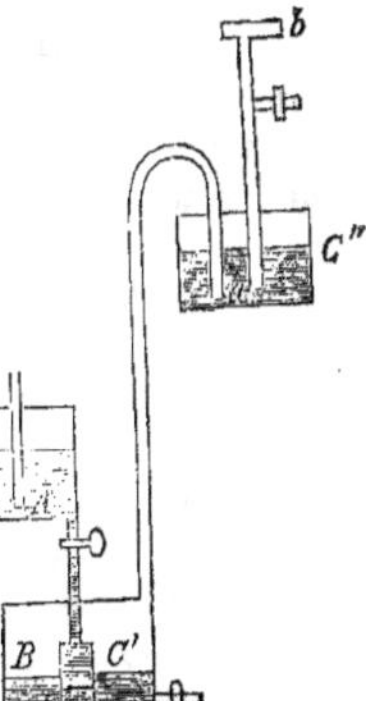 faisante, et dont on peut voir la description dans le traité de M. Hachette.

Principe de la machine de Darwin appliqué à l'élévation de l'huile dans les lampes.

Pour faire remplir à l'appareil précédent l'objet d'utilité dont il s'agit, il fallait constater la vitesse avec laquelle le fluide est poussé dans le réservoir supérieur. On y parvient de la manière suivante. C, C', C'', sont trois capacités fermées. Celles C, C'' sont d'abord remplies de fluide. Ce fluide s'écoule de C en C', avec une vitesse constante, due à la distance verticale des points A, B. L'air contenu dans C' y est comprimé, et y soutient la pression atmosphérique, plus celle de la colonne de fluide AB. La compression de cet air se transmet en a; et si la colonne $a\,b$ est égale à celle AB, il y a équilibre. L'écoulement de l'air de C en C' avec une vitesse constante, occasionne donc l'écoulement de l'air de C' en C'' et celui du fluide de C'' en b, avec des vitesses également constantes.

Machine de Détrouville.

Cette machine est analogue à la précédente. Elle en diffère en ce que l'action de la chute d'eau s'exerce par l'intermédiaire d'un volume d'air dilaté. C, C' sont deux capacités fermées, communiquant par un tuyau. R est le bief supérieur, fournissant l'eau. R' le réservoir dans lequel on veut en élever. Supposons l'appareil dans l'état indiqué par la figure, les robinets n, p fermés, ceux m, q, ouverts, la capacité C remplie d'eau fournie par la source, celle C' occupée par l'air atmosphérique. 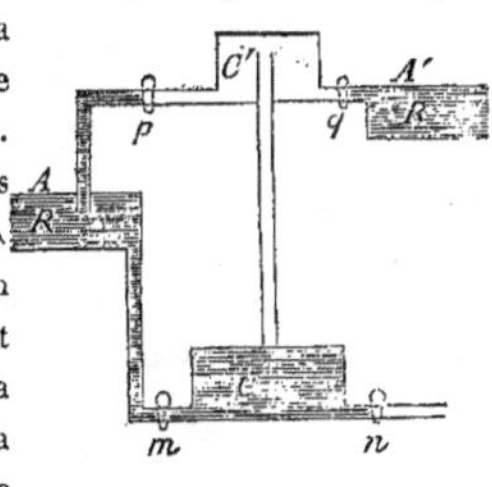 On fermera les robinets m, q, et on ouvrira ceux n, p. L'eau contenue en C s'écoulera par n, et l'air contenu en C' passera en C en se dilatant. La pression atmosphérique agissant sur R, fera monter de l'eau en C' par . L'eau cessera de sortir de C et d'entrer en C' quand les distances du niveau de A aux deux niveaux de l'eau, dans les deux capacités, seront égales entre elles, et à la différence entre les hauteurs des deux colonnes d'eau, qui représentent la pression atmosphérique; et la force élastique restant à l'air enfermé après sa dilatation. Pour que l'eau parvienne en C' il faut que la hauteur du fond de cette capacité au-dessus de A soit moindre que celle de la colonne d'eau qui représente la pression atmosphérique. L'eau ne peut d'ailleurs monter en C' à une hauteur au-dessus de A, qui surpasse la hauteur de la chute. Quand C′ sera rempli, on fermera les robinets p, n, et ouvrira ceux m, q, C′ se videra en R′, et C s'emplira de nouveau. Soit nommé :

H, la hauteur de la chute comptée du niveau A au fond de la capacité C.

H′, la hauteur à laquelle on élève l'eau, comptée de A au niveau A′ du réservoir supérieur.

Ω, Ω'. Les sections horizontales des deux capacités C, C′. h, h', les hauteurs dont le niveau de l'eau y varie à chaque oscillation.

μ, la hauteur de la colonne d'eau qui fait équilibre à la pression atmosphérique $= 10^m, 3$.

Faisant abstraction de l'air contenu dans les tuyaux de communication, et au-dessus de l'eau dans C, quand cette capacité vient d'être remplie, on a $\Omega' h'$ pour le volume de l'air enfermé. Quand C sera vidé, la pression de cet air sera $\mu - (H' + h')$, et parconséquent ce volume sera devenu $= \Omega' h' . \dfrac{\mu}{\mu - (H' + h')}$. Mais alors il est sorti le volume d'eau Ωh, et il est entré le volume $\Omega' h'$ donc Ωh est le volume qu'a pris l'air dilaté, et on a la relation

$$\Omega h = \Omega' h' . \frac{\mu}{\mu - (H' + h')}$$

Le rapport de l'effet utile à la quantité d'action dépensée est donc

$$\frac{\Omega' h' H'}{\Omega h H,} = \frac{(\mu - H' - h) H'}{\mu H}$$

Pour rendre ce rapport le plus grand possible, il faut d'abord supposer $h' = 0$; ce qui donne

$$\frac{(\mu - H') H'}{\mu H}$$

Faisant ensuite varier H′, la valeur correspondante au maximum sera $H' = \frac{1}{2}\mu$, et comme H′ ne peut surpasser H, cette valeur s'appliquera aux cas où H sera $> \frac{1}{2}\mu$. La valeur maximum du rapport de l'effet utile à la quantité d'action dépensée sera pour ces cas

$$\frac{\mu}{4H}$$

il sera d'autant plus grand que H sera plus petit et parconséquent sa limite correspondra à $H = \frac{1}{2}\mu$ et sera $\frac{1}{2}$.

Dans le cas ou H sera $< \frac{1}{2}\mu$ on aura le maximum d'effet en faisant H′ le plus grand possible, ou $= H$. La valeur du rapport devient

$$\frac{\mu - H}{\mu}$$

laquelle sera d'autant plus grande que H sera plus petit, et $= 1$ si $H = 0$. D'où il résulte 1° qu'en général l'effet que peut produire la machine est d'autant plus grand que la hauteur de la chute est plus petite. 2°. Que dans le cas où la hauteur de la chute surpasse, $5^m, 15$, il faut pour obtenir le plus d'effet, que l'eau soit élevée à $5^m, 15$ et que la limite de cet effet est la moitié de la quantité d'action dépensée. 3°.Que dans le cas où la hauteur de la chute est entre $5^m, 15$ et o, il faut pour obtenir le plus d'effet que la hauteur à laquelle on élève l'eau soit égale à celle de la chute et que la limite de cet effet est la quantité d'action dépensée.

Si on voulait élever l'eau à une hauteur plus grande que $10^m, 3$, ou plus grande que la hauteur de la chute, il faudrait l'élever par reprises, au moyen d'un appareil analogue à celui indiqué ci-dessous.

Cette machine a été proposée en 1790 par Detrouville, et elle a été l'objet d'un rapport de l'Académie des Sciences, rédigé par Meusnier. Elle n'a jamais été exécutée en grand. La difficulté d'empêcher l'air atmosphérique de pénétrer dans les capacités; l'effet de l'air qui se dégage de l'eau quand la pression est moindre, contribuent à en rendre l'emploi peu avantageux.

M. Manoury Dectot a présenté en 1812 et 1813, diverses machines à élever l'eau, fondées sur les mêmes principes que les précédentes. Ces machines offraient cette circonstance remarquable, que les robinets ou soupapes étaient supprimés en sorte que les nouveaux appareils n'avaient aucunes parties mobiles. Les alternatives d'affluence et d'écoulement de l'eau dans les capacités, s'opéraient par un jeu de syphons. Le plus remarquables de ces appareils était celui nommé par l'auteur *hydréole*, où l'élévation de l'eau était produite par l'aircondensé venant se mêler avec une colonne d'eau qu'il rendait spécifiquement plus légère. La description de ces machines, dont les modèles sont au Conservatoire des arts et métiers, n'a point été publiée.

FONTAINE DES BERTINS (Alexis), géomètre distingué du xviiie siècle, naquit à Claveyson, en Dauphiné, en 1705. Sa famille qui avait de l'aisance, lui fit donner une éducation conforme à sa position sociale. Il était destiné à la carrière du bareau, mais son goût pour les sciences l'amena à Paris, où il ne tarda pas à acquérir de la célébrité. C'était à la fois un homme d'esprit et un homme du monde, doué d'une imagination vive et d'un caractère ferme, quoiqu'un peu bizarre; il ne reculait devant aucune difficulté, et pouvait se livrer longtemps aux plus pénibles travaux du géomètre, sans éprouver ni lassitude ni découragement. Fontaine, dont on redoutait les sarcasmes hardis, et dont on appréciait les connaissances, devint membre de l'Académie des sciences : le recueil des travaux de cette illustre compagnie reçut un grand nombre de mémoires de ce géomètre sur diverses branches des sciences mathématiques, qui tous attestent un profond savoir et une originalité puissante. Il est surtout connu dans la science par son travail sur les tautochrones La solution du problème que présente ces courbes, est d'une grande importance théorique. On sait qu'il consiste à trouver une courbe telle, que tout corps pesant, descendant le long de sa concavité, arrive toujours dans le même temps au point le plus bas, de quelque point de la courbe qu'il commence à descendre. Huygens, Newton, Euler et Jean Bernouilli, ont tour à tour examiné ce problème, et l'ont résolu dans divers cas. Fontaine aborda cette théorie avec une méthode ingénieuse et nouvelle, et bien que la solution qu'il a donnée du problème ne fût pas assez générale, elle n'en parut pas moins l'œuvre d'un grand géomètre. Il eut l'honneur de voir sa méthode développée par Euler, qui lui donna d'ailleurs les plus grands éloges; il est certain que Fontaine a déposé dans ses travaux le germe de plusieurs découvertes importantes; ainsi, dans sa solution des tautochrones, il a démontré deux théorèmes qui ont peut-être servi de fondement au calcul des variations, et le premier, il a proposé une ingénieuse notation pour exprimer les coefficiens différentiels de tous les ordres, qui porte son nom, et dont on se sert encore. Fontaine est mort en Franche-Comté, en 1771. Il n'a publié que des Mémoires qu'on trouve dans les recueils académiques, mais qui cependant ont été réunis et publiés à part, en 1764. Condorcet a fait l'éloge de cet académicien.

FORCE (*Méc.*). Cause quelconque qui met un corps en mouvement, ou plus généralement, qui tend à mouvoir ou meut réellement un corps.

Selon cette définition, la puissance musculaire des animaux, tout aussi bien que la pesanteur, le choc de deux corps, la pression, etc., sont considérés comme des *forces* ou des sources de mouvement, parce qu'il est évident, par l'expérience journalière, que les corps exposés à la libre action de l'une de ces causes, sont mis en mouvement ou éprouvent des variations dans celui qu'ils peuvent avoir déjà.

Toutes les forces, quelque différentes qu'elles soient, se mesurent par les effets qu'elles peuvent produire dans une même circonstance. De cette manière, elles deviennent des quantités comparables, qu'on peut représenter par des nombres ou par des lignes, en les rapportant à une unité de leur espèce. Ainsi, quand on dit qu'une force est représentée par une ligne droite AB, cela signifie seulement que cette force agissant sur un corps placé au point A, lui ferait parcourir la droite AB dans un temps déterminé.

Les forces mécaniques peuvent se ramener à deux classes, savoir : celles qui agissent sur un corps en repos, et celles qui agissent sur un corps en mouvement. Les premières, que l'on conçoit comme résidant dans un corps supporté par un plan ou suspendu à un obstacle invincible, sont nommées *forces* de *pression*, de ten-

sion, *motrices* ou FORCES MORTES, elles peuvent toujours être mesurées par un poids. Dans cette classe de forces, on peut ranger les forces dites *centripètes* et *centrifuges* (*voy.* ces mots), quoiqu'elles résident dans un corps en mouvement, parce que ces forces sont homogènes avec des poids, pressions ou tensions de diverses sortes.

Les forces de corps en mouvement sont des puissances qui résident dans un corps aussi long-temps que le mouvement continue; on les nomme *forces mouvantes*, ou FORCES VIVES. Nous allons examiner successivement ces diverses forces.

FORCE MORTE. C'est, comme nous l'avons déjà dit, celle qui agit contre un obstacle invincible, qui consiste par conséquent dans une simple tendance au mouvement, et qui ne produit aucun effet sur l'obstacle sur lequel elle agit. Telle est par exemple, la *force* d'un corps pesant qui tend à descendre, mais qui est posé sur une table ou suspendu à une corde. Ce corps ne saurait descendre, parce que la résistance de la table ou de la corde l'en empêche, mais il *presse* la table ou *tend* la corde, et il montre par là sa tendance au mouvement, qui ne peut avoir d'effet tant que ces obstacles invincibles s'y opposent. Cette pression du corps pesant est donc sans effet dans les deux cas; ou plutôt, les effets qu'elle produit, c'est-à-dire, la pression de la table ou la tension de la corde, sont des effets qui n'épuisent point la cause pressante. Ainsi, cette cause pressante ne perd rien de sa force, parce qu'elle ne la déploie point, mais qu'elle tend simplement à la déployer. Lors donc que les obstacles sont invincibles, l'action de la force qui tend à les déplacer, est à tout moment détruite par ces obstacles, et à tout moment reproduite par l'effort continuel que fait la force pressante pour vaincre cette résistance.

La *force morte* d'un corps se mesure par le produit de sa masse ou de sa matière propre, multipliée par sa vitesse initiale, c'est-à-dire, par la vitesse qu'il aurait dans le premier instant, si l'obstacle qui le retient venait à céder.

FORCE VIVE. C'est celle d'un corps actuellement en mouvement, qui agit contre un obstacle qui cède et qui produit un effet sur lui. Telle est, par exemple, la *force* d'un corps, qui, par sa pesanteur, est tombé d'une certaine hauteur, et choque un obstacle qu'il rencontre. Telle est encore la force d'un ressort qui se débande contre un obstacle qu'il déplace.

On avait toujours pensé jusqu'à Léibnitz, que la *force vive* devait être évaluée ainsi que la *force morte*, par le produit de la masse multipliée par la simple vitesse, mais ce grand homme établit qu'il fallait l'estimer par le produit de la masse multipliée par le carré de la vitesse (voy. *Brevis demonstratio erroris memorabilis Cartesii et aliorum*. Act. trad. Leipsic. 1686 , page 161.) Quelque opposée que fût cette opinion aux principes connus et adoptés jusqu'alors , elle trouva d'ardens promoteurs , et fit naître entre les géomètres une dispute célèbre dont on peut voir les pièces dans les *Mémoires de l'Académie des Sciences*, 1728, et dans ceux de *St - Pétersbourg*, t. I. Sans entrer ici dans les raisons pour et contre qui ont été alléguées par les deux partis avec plus ou moins de justesse , nous allons éclaircir la question en précisant, d'après Cornat, ce que l'on doit entendre par l'expression de *force vive*.

Les hommes , les animaux et autres agens de même nature, peuvent exercer des forces comparables à celles des poids, soit en effet par leurs propres poids, soit par les efforts spontanés dont ils sont capables. Or, il se présente deux manières aussi naturelles l'une que l'autre d'évaluer l'action qu'ils exercent réellement. L'une consiste à voir quel fardeau un homme, par exemple, peut porter, ou quel effort évalué en poids, il peut soutenir, tout demeurant en repos. Alors la force de cet homme, est une force de pression équivalente à tel ou tel poids , et on peut la considérer comme une *force morte*.

La seconde manière d'évaluer la force d'un homme , d'un cheval, etc., est d'examiner l'ouvrage qu'il est en état de faire dans un temps donné; dans un jour, par exemple, par un travail suivi. Sous ce point de vue, pour arriver comme dans le premier cas à une évaluation précise, nous pouvons encore comparer le résultat de son travail, à l'effet de la pesanteur; car il est naturel d'évaluer ce travail, et par le poids qu'il peut élever dans un temps donné, et par la hauteur à laquelle il élève ce poids. C'est ainsi qu'on l'entend, lorsqu'on dit qu'un cheval équivaut, pour la force, à sept hommes ; on ne veut pas dire , que si sept hommes tiraient d'un côté et le cheval de l'autre, il y aurait équilibre, mais que dans un travail suivi, le cheval à lui seul élèvera , par exemple, autant d'eau du fond d'un puits, à une hauteur donnée, que les sept hommes ensemble, pendant le même temps. Quand on emploie des ouvriers, l'intérêt est de savoir ce qu'ils peuvent faire de travail dans un genre analogue à celui dont on vient de parler, bien plus que de savoir les fardeaux qu'ils pourraient portér sans bouger de place. Cette nouvelle manière d'envisager les forces, est donc au moins aussi naturelle et aussi importante que la première. Et comme il est sensible qu'élever un poids de cent kilogrammes à mille mètres de hauteur, est la même chose dans cette manière d'évaluer les forces, qu'élever deux cents kilogrammes à cinq cents mètres seulement : il suit que les forces, sous ce nouveau point de vue, doivent être considérées comme en raison directe des poids à élever et des hauteurs auxquelles il faut les porter, ou autres

travaux comparables à celui-là. Or, c'est sur cette considération qu'est fondée la notion usuelle des forces vives.

En effet soit M une masse, P son poids, g la gravité, dt l'élément du temps , et H la hauteur à laquelle P a été porté. Suivant cette nouvelle manière d'envisager les forces, celle qui a dû être employée pour élever P à la hauteur H , sera $P \times H$. Mais H étant l'espace parcouru, peut être exprimé par le produit d'une vitesse V et d'un temps T (*voy*. Mouvement). D'un autre côté on a $P = gM = \dfrac{gdt.M}{dt}$ (*voy*. Poids), et $g.dt$ exprime une autre vitesse V' (*voy*. Vitesse) donc $PH = MVV'\dfrac{T}{dt}$; donc dt et T étant deux quantités homogènes , PH sera le produit d'une masse par le produit de deux vitesses ou par le carré de la vitesse moyenne proportionnelle entre V et V'; donc la force PH se résume en un produit d'une masse par le carré d'une vitesse, comme Mu^2, en nommant u la vitesse moyenne proportionnelle entre V et V' (*voy*. Carnot, *Principes fondamentaux de l'équilibre et du mouvement*).

Les forces se distinguent encore en *uniformes* et *variables* (*voy*. Mouvement et Accéléré, *voy*. aussi Central).

Composition des forces. Lorsqu'un corps matériel que l'on peut réduire à un point est soumis à l'action simultanée de plusieurs forces qui agissent sur lui dans des directions différentes et qui ne se font point équilibre , il est certain qu'il doit se mouvoir dans une certaine direction et alors rien n'empêche d'attribuer le mouvement qu'il prend à une force unique agissant sur lui dans cette direction. Cette force est ce qu'on appelle la *résultante* de celles qui ont mis le corps en mouvement, et celles-ci sont nommées les *composantes* de la première; la propriété caractéristique de la résultante est de pouvoir remplacer identiquement les composantes et par conséquent de leur faire équilibre, quand on l'applique au point matériel, en sens contraire de sa direction, car alors ce point se trouve absolument dans le même état que s'il était sollicité par deux forces égales et directement opposées. Le problème de la composition des forces sur lequel repose toute la statique, consiste à déterminer la grandeur et la direction d'un nombre quelconque de forces données.

Si les forces données sont au nombre de deux, cas auquel il est facile de ramener tous les autres, en représentant ces forces par deux droites, il suffit d'une simple construction géométrique pour résoudre le problème. Soit, en effet, le point P sollicité dans la direction Pm par une force représentée par Pa, et dans la direction Pn, par une force représentée par Pb. Si l'on construit entre Pa et Pb le parallélogramme

P*acc*, la diagonale P*c* de ce parallélogramme sera la direction de la résultante et représentera sa grandeur.

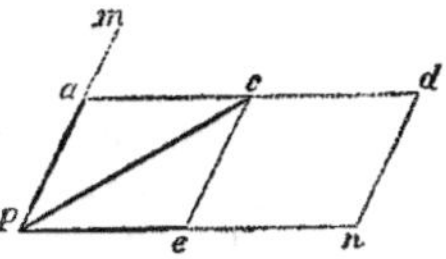

Pour démontrer cet important théorème on peut considérer le point P comme se mouvant de P en *a* sur le plan P*ace* en vertu de la seule force P*a*, tandis que ce plan lui-même se meut dans la direction P*n*, de telle manière qu'il se trouve occuper la position *cend* au moment où le point P arrive en *a*; or il est évident que par l'effet de ce double mouvement, le point *a*, et par suite P, arrive en *c*, au moment où P*acb* se trouve en *cend*, le point matériel P est donc arrivé de P en *c* par le concours des deux mouvemens, c'est-à-dire qu'il a décrit la diagonale P*c* et que cette diagonale représente en grandeur et en direction la résultante des forces P*a* et P*e*.

La démonstration directe de ce théorème qui porte le nom du *parallélogramme des forces* a été tentée par plusieurs géomètres; parmi toutes leurs démonstrations nous devons citer la démonstration *synthétique* ou géométrique de M. Duchayla qu'on trouve dans la plupart des ouvrages élémentaires, et surtout l'élégante démonstration algébrique ou, comme on le dit, *analytique* de M. Poisson (*Voy.* ses *Élémens de Mécanique*).

Une fois le parallélogramme des forces établi, il devient très-facile de trouver la résultante d'un nombre quelconque de forces, car après avoir trouvé la résultante de deux d'entre elles, on compose cette résultante avec une troisième force, ce qui donne une seconde résultante qu'on compose également avec une quatrième force, et ainsi de suite jusqu'à ce que l'on soit parvenu à la résultante finale.

Le parallélogramme des forces sert encore à *décomposer* une force donnée en plusieurs autres par des constructions géométriques qui ne présentent aucune difficulté.

Force animale. C'est celle qui résulte des puissances musculaires de l'homme et des animaux.

Désagulier, dans sa *Philosophie expérimentale*, rapporte plusieurs observations curieuses et utiles sur la comparaison des forces de l'homme et de celles des chevaux, et sur la meilleure manière de les appliquer. Nous devons renvoyer à son ouvrage pour les détails qui sortent entièrement de notre plan. (*Voy. Desagulier's experimental philosophy.*)

FORMULE (*Alg.*). Résultat général d'un calcul algébrique qui indique les opérations qu'il faut faire pour obtenir la quantité dont ce résultat exprime la génération. Par exemple :

$$x^2 + px + q = 0$$

étant une équation quelconque du second degré, on a pour la valeur de x

$$x = -\frac{p}{2} \pm \frac{1}{2}\sqrt{p^2 - 4q}$$

et, ce résultat absolument général et dans lequel il ne faut que substituer à la place de p et de q des nombres quelconques pour obtenir ensuite, à l'aide des opérations indiquées, les valeurs des racines d'une équation proposée du second degré, ce résultat, disons-nous, se nomme *formule*.

FORTIFICATION (*Mathém. appl.*). La fortification a pour objet de disposer un terrain donné qu'on a intérêt à défendre, de manière à mettre une armée en état de résister avec avantage à des forces qui lui sont supérieures.

Lorsque la position à défendre est d'un grand intérêt et que sa défense ne doit pas être immédiate, ou l'occupe par une place forte ; et la disposition la plus convenable qu'on doit donner à cette place, tout en dépendant de la configuration du terrain sur lequel elle est ssise s'appuie sur des principes dont le développement est du ressort de *la fortification permanente*.

Lorsqu'on n'a pour but que d'occuper momentanément une position, soit pour fournir un point d'appui à une armée, soit pour empêcher l'ennemi de s'y établir, on y construit des retranchemens dont le tracé et l'armement constituent *la fortification passagère*.

Aussitôt que les peuples se furent constitués en corps de nation et eurent fondé des villes, ils cherchèrent à les mettre à l'abri des incursions de leurs voisins. De là naquit l'art de la fortification. On se contenta d'abord d'enfermer d'une muraille le lieu qu'on voulait protéger. On la fit ensuite précéder d'un fossé afin d'en

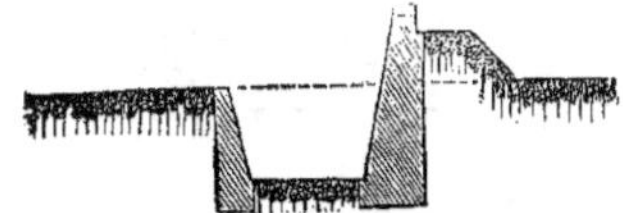

rendre l'accès plus difficile. Comme on s'aperçut bientôt qu'il était impossible de défendre ce fossé sans exposer les défenseurs aux coups des assiégeans, on construisit de distance en distance des tours rondes ou carrées qui permettaient de prendre des vues de flanc. Leur distance maximum était déterminée par la plus grande portée des armes alors en usage. Afin que l'enceinte présentât une plus grande résistance aux béliers et autres engins destinés à la battre en brèche, on la terrassa, c'est-à-dire qu'on appuya contre elle une masse de terre qui, terminée par un plan horizontal en contre-bas du sommet du mur, formait ainsi une banquette propre à recevoir les défenseurs.

L'attaque fut alors dirigée contre les portes qui présentaient une résistance moins grande. Afin de les défendre, on les surmonta de *machicoulis* qui permettaient de jeter toute sorte de projectiles sur les assaillans. Voilà quels furent les progrès de la fortification jusqu'à l'invention de la poudre à canon. Mais aussitôt qu'on employa l'artillerie contre les enceintes, on s'aperçut

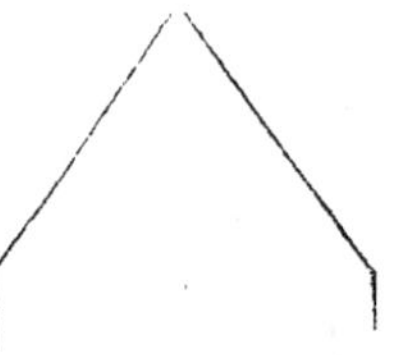

bientôt que la défense était dans un état d'infériorité bien marquée par rapport à l'attaque. Les tours destinées à flanquer le fossé, ne présentaient pas un logement convenable à l'artillerie. Alors on leur donna des dimensions plus considérables sans altérer leur forme. On les termina en flèche dont la pointe était tournée vers la campagne, et ainsi faites elles prirent le nom de *Bastion*. Une enceinte ainsi armée fut appellée *enceinte bastionnée*, et elle a conservé ce nom dans la fortification moderne.

Ce fut vers 1500 que ces améliorations eurent lieu. Errard, de Bar-le-Duc, qui vivait sous Henri IV, est le premier ingénieur français qui ait écrit sur la fortification. Son traité, qui porte pour titre : *La fortification démontrée et réduite en art*, date de 1594. Le tracé qui porte son nom se détermine de la manière suivante :

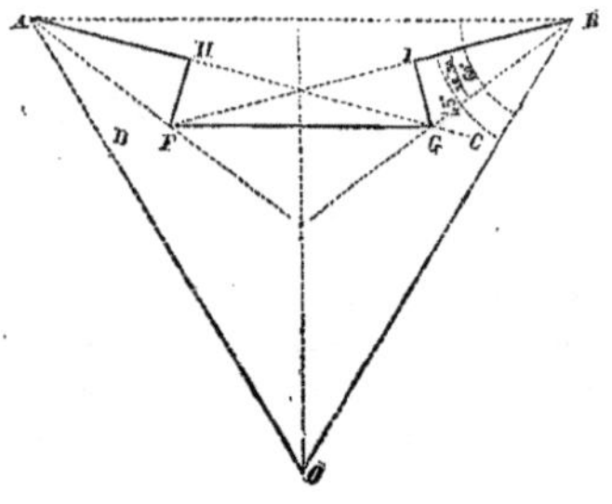

Soit AB le côté d'un hexagone régulier à fortifier. On mène les rayons A*o* et B*o*, et avec ces deux droites on fait aux points A et B, des angles de 45°. On divise

ces angles en deux parties égales, par les droites AF et BG ; leurs points de rencontre F et G, avec les droites AC et BD, sont joints par une droite FG, qui est parallèle à AB. Des points F et G, on abaisse des perpendiculaires FH et GI, sur les droites AC et BD, et le tracé en front est ainsi complètement déterminé. Les parties AM et BI, sont les *faces* des bastions, dont le saillant est en A et B ; FH et GI sont les *flancs*, et FG la *courtine*. En faisant les mêmes opérations sur les autres côtés de l'hexagone, on aura son tracé complet. Cette méthode est on ne peut plus vicieuse, car les flancs destinés à défendre le saillant du bastion, ne peuvent diriger leurs feux sur la courtine : de plus, ils sont d'une petitesse extrême.

3. Marolois, ingénieur hollandais, proposa un tracé qui présentait quelques avantages sur celui d'Errard son contemporain. (*Voy.* planch. 11, fig. 4.)

Par un point A d'une ligne indéfinie AB, soit menée une droite AO, faisant avec elle un angle égal à la moitié de celui de l'hexagone régulier. Par le même point A, menons une droite AD, faisant avec AO un angle de 40°, et prenons sur elle une longueur AE de 40 toises. Du point E abaissons la perpendiculaire EN sur AB. De N en I, portons une longueur de 72 toises qui sera celle de la courtine. Au point I, élevons une perpendiculaire IL égale à NE ; faisons IB égale à AN, et en joignant BL, ce sera la face de l'autre demi-bastion. Prolongeant la droite EN, on fera avec elle au point E un angle GEF de 55°, et par le point de rencontre F avec la droite A*o*, on mènera MF parallèle à AB. On prolongera les perpendiculaires EN et IL, jusqu'à leur rencontre en G et H, avec cette droite, et le front sera complètement déterminé.

Dans ce tracé, les flancs peuvent défendre les saillans des bastions, mais les vues sont très-obliques, et la défense est bien loin d'être efficace.

4. Le chevalier Antoine de Ville, ingénieur distingué sous Louis XIII, publia en 1628 un ouvrage ayant pour titre, *les fortifications du chevalier Antoine de Ville*, dans lequel se trouvait décrit le tracé suivant. (Planche 11, fig. 5.)

Soit AE le côté d'un hexagone à fortifier. On le divisera en 6 parties égales. On prendra les droites AC et ED, égales chacune à une de ces parties ; aux points C et D, on élèvera les perpendiculaires CL et DH, qu'on prendra égales à AC. On mènera les rayons indéfinis OA et OE. Du point L on abaissera LQ perpendiculaire sur AO, on prendra AM égale à QL, et la droite ML sera la face du bastion. On fera la même construction pour l'autre sommet du polygone. Le fossé doit être tracé parallèlement aux faces du bastion, et avoir une largeur de 20 toises. Afin de couvrir le flanc DH, on y pratiquait un *orillon* GKIH, dont la construction se déterminait ainsi. On divise DH en trois parties égales. On prend DG égale à l'une d'elles, et on joint MG; sur cette droite on prend GK égale à DG, et par le point K on mène une parallèle à DH. L'orillon se trouve ainsi déterminé. On le termine ordinairement par une partie arrondie, qui doit être tangente aux deux droites GM et RH. EF est un second flanc retiré, élevé au-dessus du flanc DG, ce qui donnait deux étages de feux.

Dans ce tracé, les flanquemens sont encore trop obliques; et les gorges des bastions tellement étroites, qu'il est bien difficile de pouvoir y loger tout ce qui est convenable à la défense.

5. Le comte de Pagan, mort maréchal-de-camp en 1665, a publié en 1645 un ouvrage ayant pour titre les *Fortifications du comte de Pagan*. Son tracé se construit de la manière suivante. (*voy.* Pl. 11, fig. 3). Soit AD le côté d'un hexagone régulier que nous supposerons de 180 toises. On le divisera en deux parties égales, et au point de division D, on élèvera la perpendiculaire DC de 30 toises. On mènera la ligne de défense CA. On prendra la face AC de 55 toises et du point E, on abaissera EM perpendiculaire sur la ligne de défense EC. MN menée parallèlement à AD sera la courtine. Afin d'augmenter les feux des flancs, on construit trois flancs élevés les uns au-dessus des autres. De plus on construit un second bastion intérieur au premier. Pour tracer ces flancs, on divise EN en deux parties égales du point G, et on mène AC que l'on prolonge indéfiniment, ainsi que la ligne de défense AN. On prend les parties NI, IL, LO chacune de 7 toises, et on mène les droites IH, LL et OP parallèles à FN; la droite passant par le point P est menée parallèlement à la face du bastion et à 16 toises en arrière. Le terre-plein du flanc supérieur est au niveau de celui du bastion; celui du second flanc est élevé de la moitié de la hauteur du bastion au-dessus de la campagne; et le terre plein du troisième est au niveau de la campagne. On entre dans ces deux derniers flancs par des souterrains pratiqués sous le rempart de la brisure de la courtine. Dans ce système, les feux de flancs défendent bien les saillans des bastions, puisqu'ils sont perpendiculaires aux lignes de défense, et le bastion intérieur est d'un excellent effet pour défendre la place jusqu'à la dernière extrémité.

6. Enfin parut l'homme qui devait faire faire un pas immense à l'art de la fortification, et qui a donné pour l'attaque et la défense des places des préceptes qui sont, à bien peu de chose près, ceux que l'on suit encore aujourd'hui. Sébastien Leprêtre de Vauban, naquit en 1633. Il mourut en 1707, directeur général des fortifications

et maréchal de France. Il fit 53 siéges, bâtit 33 places fortes et en repara un très-grand nombre.

Dans son premier tracé, le maréchal de Vauban suppose le côté de l'hexagone régulier de 180 toises. (*Voy.* Pl. 11, fig. 2.) Il le divise au point E en deux parties égales, par la perpendiculaire ED qu'il fait égale au 1/6 du côté extérieur ou à 30 toises. Les droites DO et DM sont les lignes de défense. Il prend les faces OL et MB égales aux 2/7 du côté extérieur, et les flancs LQ et BC sont menés perpendiculaires aux lignes de défense; la droite CQ, parallèle au côté extérieur, est la courtine. Les relations entre la longueur des faces, celle de la perpendiculaire et celle du côté extérieur sont extrêmement simples, et aussitôt que la longueur du côté extérieur est donnée, tout le tracé du front se trouve complètement déterminé. Dans la suite Vauban imagina un second et un troisième tracé, qu'il n'appliqua qu'aux places de Landau et New-Brisack, et comme c'est à peu près son premier tracé qui, modifié par Cormontaigne, a été généralement adopté, nous nous abstiendrons de faire connaître les deux autres.

7. En décrivant le front moderne, et en donnant les moyens de le tracer exactement, nous ferons connaître les différens ouvrages dont il se compose, indépendamment des bastions, qui constituent ce qu'on appelle le corps de place.

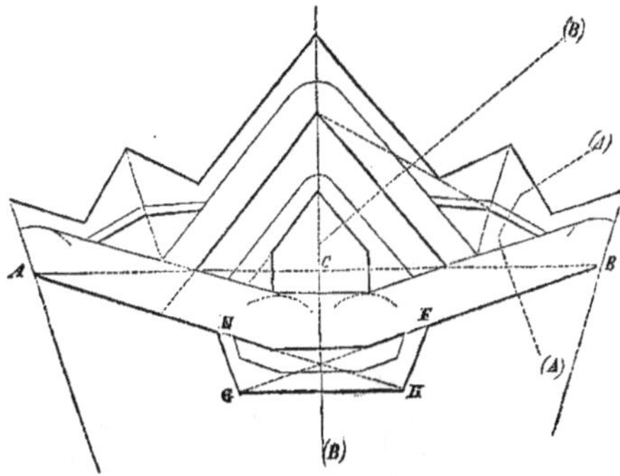

Nous supposerons le côté extérieur AB de 360 mètres; la perpendiculaire CD élevée sur le milieu le 1/6 de ce côté, ou 60 mètres; les faces ont le 1/3 de AB, ou 120 mètres. Les flancs EG et FH sont menés perpendiculairement aux lignes de défense. Afin de donner de la force à l'enceinte bastionnée on lui a ajouté des ouvrages qui prennent le nom général de dehors. Le premier est la *tenaille* placée en avant de la courtine, et destinée à couvrir le débouché de la poterne, ou passage servant à communiquer de l'intérieur à l'extérieur, et qui est pratiqué sous le milieu de la courtine. A 12 mètres et à 26 mètres de la courtine on mène deux droites parallèles à ses dimensions; la seconde est terminée aux lignes de défense du front. On laisse un passage de 10 mètres entre la tenaille et les flancs. La tenaille est terminée en arrière par deux droites menées parallèlement aux lignes de défense et à 14 mètres d'elles.

Des saillans des bastions comme centres on décrit des arcs de cercle d'un rayon de 30 mètres, et les droites menées tangentiellement à ces circonférences et à deux autres circonférences tracées des points *a* et *b*, comme centres avec des rayons de 34 mètres, limitent la largeur du fossé du corps de place et sont les *contrescarpes* de ce fossé. On appelle *escarpe* la limite intérieure du fossé.

De tous les ouvrages construits au-delà de la contrescarpe, le plus considérable est la *demi-lune*. Pour la construire, on prolonge la perpendiculaire élevée sur le milieu du côté extérieur du front, et on prend sur elle 96 mètres à partir de son point de rencontre avec le côté extérieur. Le point ainsi déterminé est le saillant de la demi-lune. En joignant ce point avec deux points pris sur les faces des bastions et à 36 mètres de l'angle de la face et du flanc, ou de *l'angle d'épaule*, on a la direction des faces de la demi-lune qui se terminent à la contrescarpe du fossé du corps de place. La demi-lune est précédée d'un fossé de 20 mètres de large et qui est arrondi au saillant.

Dans l'intérieur de la demi-lune on pratique un ouvrage qui porte le nom de *réduit de demi-lune*. Les faces sont tracées à 30 mètres des faces de la demi-lune et lui sont parallèles. En avant est un fossé de 10 mètres. Les faces sont arrêtées à 16 mètres de la contrescarpe du fossé du corps de place, et par ces points des droites menées parallèlement à la perpendiculaire au côté extérieur du front déterminent les flancs du réduit.

Le corps de place et la demi-lune sont environnés d'un *chemin couvert* large de 10 mètres, dans lequel les parties placées devant les saillants, prennent le nom de *places d'armes saillantes*. Les parties situées vis-à-vis le point de rencontre de la contrescarpe du corps de place et de la contrescarpe de la demi-lune, sont les *places d'armes rentrantes*. En voici le tracé. On prend 54 mètres sur la contrescarpe de la demi-lune et sur celle du corps de place, et par ces points on mène deux droites se rencontrant et ayant chacune 60 mètres. Dans l'intérieur de cette place d'armes rentrante, on pratique un *réduit* maçonné dont un des côtés de l'escarpe est déterminé par la droite joignant le saillant de la demi-lune, et un point pris à 40 mètres du point de rencontre de la contrescarpe du fossé du corps de place et de la

contrescarpe de la demi-lune et sur la première. Par le point où cette droite rencontre la capitale de la place d'armes, c'est-à-dire la droite la divisant en deux parties égales, et par un point pris à 40 mètres sur la contrescarpe de la demi-lune, on mènera une droite qui déterminera l'autre escarpe. En avant, on pratiquera un fossé de 5 mètres de large.

Dans ce tracé les demi-lunes placent les bastions dans des ceintures. Afin de leur donner une saillie on les entourera d'une demi-lune sans réduit, qui en soit séparée par un fossé, et qui alors prendra le nom de *contre-garde*.

Quelquefois en avant des bastions et sur leurs capitales on place des demi-lunes avec flancs; elles se nomment alors *lunettes*. On les entoure d'un chemin couvert, qui est quelquefois réuni à celui des demi-lunes adjacentes. Les ouvrages ainsi éloignés du corps de place prennent le nom général d'*ouvrages détachés* ou *avancés*. (*Voy*. Pl. 37.)

8. Après nous être ainsi occupés du tracé complet du front moderne, il nous reste à donner les moyens de déterminer exactement son relief, et les rapports de hauteur que doivent avoir entre elles ses différentes parties pour présenter la meilleure défense possible. Dans tout ce qui va suivre nous supposerons que la fortification est assise sur un terrain horizontal.

On appelle *relief* la hauteur d'un ouvrage de fortification au-dessus d'un plan quelconque choisi arbitrairement; ordinairement c'est par rapport au fond du fossé que toutes les hauteurs sont comptées.

Le *relief relatif*, ou la différence des hauteurs de deux ouvrages, par rapport au même plan, se nomme *commandement*.

Un *profil* est une coupe verticale, perpendiculaire à la projection horizontale de l'escarpe d'un ouvrage. A l'aide du profil (A), fait perpendiculairement à la face d'un bastion, et retournant d'équerre sur le réduit de la place d'armes rentrante; et du profil (B), fait perpendiculairement sur le milieu de la courtine, et retournant d'équerre sur la demi-lune et son réduit, nous allons expliquer les différentes parties du relief de la fortification. (Pl. 38, fig. 1 et 2.) Profil (A). Le point *a* est le sommet de l'escarpe du bastion, qui est couronné par un cordon en pierre de taille, destiné à rejeter les eaux pluviales. Le talus de ce mur de revêtement, qui a ordinairement 10^m, est au $1/10$, inclinaison que de nombreuses expériences ont fait regarder comme la meilleure. Ce mur a au sommet 2,50 mètres d'épaisseur, et par conséquent 3,50 mètres à la base. Il est fondé à 1 mètre au-dessous du fond du fossé, sur un empâtement faisant saillie de 0,60 mètres sur le pied du talus. Son parement intérieur est vertical.

La masse de terre appuyée contre ce mur, s'appelle *parapet*. Elle est terminée extérieurement par un talus qui est celui des terres abandonnées à elles-mêmes. Le point b appartient à la *crête intérieure* du parapet, déterminée de manière à ce qu'il ait 6 mètres d'épaisseur; la droite *bc* fait avec l'horizontale, un angle dont la tangente est comprise entre le $\frac{1}{8}$ et le $\frac{1}{6}$ de son rayon. C'est la *plongée*, et son prolongement doit passer à *un* mètre environ au-dessus du sommet de la contrescarpe. *ac* est le *talus extérieur*. Le *talus intérieur bd*, a 3 de hauteur sur 1 de base, afin de permettre aux défenseurs d'appliquer commodément leur fusil sur la plongée; la banquette *df* est à 1,20 mètres au-dessous de la crête intérieure, cette hauteur étant suffisante pour qu'on puisse tirer à son aise, sans trop se découvrir. La banquette se raccorde avec le terre-plein, situé à 2,50 mètres au dessous de la crête intérieure, par un talus qui a 1 de hauteur sur 2 de base. Une longueur horizontale de 13 mètres à partir de la crête intérieure détermine l'extrémité du terre-plein, qui est raccordé avec le sol de la place par un talus à terres coulantes. La contrescarpe du fossé est revêtue en maçonnerie; l'inclinaison est encore au $\frac{1}{15}$, mais les épaisseurs sont moindres que pour l'escarpe, puisque la masse des terres à soutenir est beaucoup moins considérable. Le chemin couvert qui a 10 mètres de large a une crête intérieure élevée de 2,50 mètres au-dessus du sommet de la contrescarpe, et elle se raccorde avec le terrain environnant par un plan dont l'inclinaison varie entre le $\frac{1}{15}$ et le $\frac{1}{30}$, et qui se nomme *glacis*. La crête du chemin-couvert ou du glacis doit être telle qu'elle couvre le mur d'escarpe des vues de l'ennemi; c'est-à-dire, qu'en menant par le sommet de l'escarpe et la crête du glacis un plan, il doit laisser au-dessous de lui tous les établissemens de l'ennemi, ou tout au plus leur être tangent.

La nomenclature des différentes parties qui composent le profil (B), est absolument la même que pour le précédent. Les relations de commandement existant entre ces différentes parties, sont celles-ci: Le plan des crêtes des glacis de la demi-lune passe à 3,85 mètres au-dessus du plan du terrain; le plan des crêtes intérieures de la demi-lune, passe à 5,70 mètres au-dessus du terrain; celui des crêtes du réduit à 6,35 mètres, et celui de la crête de la courtine, et par conséquent de toutes les crêtes du corps de place, à 7,00 mètres.

A l'aide de ces données, on pourra déterminer complètement le tracé et le relief d'un polygone à fortifier, en supposant que le terrain sur lequel il est assis est horizontal, ainsi que le terrain environnant

9. Lorsque le terrain qui environne la fortification n'est plus horizontal, le relief n'est plus le même que dans les cas dont nous venons de nous occuper. Les parapets des ouvrages doivent être tels que leurs terre-pleins ne puissent être vus de l'ennemi. Il est évident que l'on satisfera à cette condition, si le plan des crêtes intérieures passe au-dessus de tous les établissemens de l'assiégeant. On voit de suite que dans ce cas il n'est pas possible de tenir toutes les crêtes intérieures d'une place forte dans un même plan, et il faut alors chercher quel est le moindre nombre possible de plans qui peuvent résoudre le problème, en satisfaisant à la condition de ne pas se jeter dans des reliefs excessifs.

Le plan qui contient les crêtes intérieures d'un ouvrage s'appelle *plan de défilement*; et *défiler un ouvrage*, c'est déterminer ce plan, de manière à ce qu'il passe au-dessus des établissemens de l'ennemi. Comme on ne doit se défiler que des points qui peuvent battre avec quelque certitude, on a fixé la limite du défilement à 1400 mètres, portée de but en blanc des pièces du plus gros calibre. Au-delà, on ne tient plus compte des accidens du terrain.

Un des meilleurs moyens qu'on puisse employer pour défiler une place, est de le faire par front séparé. Alors on commence par déterminer la côte du fond du fossé, et en prenant sur le milieu de l'escarpe de la courtine un point à 10 mètres au-dessus, on le considère comme appartenant au plan de défilement. La question se réduit alors à faire passer par un point donné un plan passant à 1,50 mètres au-dessus des hauteurs connues. Et si on diminue les côtes de toutes les courbes horizontales déterminant le terrain de 1,50 mètres, il ne s'agira que de leur mener un plan tangent par ce point donné. (*Voy.* Défilement, Échelle de pente.)

Il arrive souvent qu'on ne peut défiler un front par un seul plan, alors on emploie deux plans de défilement se coupant suivant la perpendiculaire sur le milieu de la courtine. Dans ce cas, lorsque les deux plans se coupent en gouttière, on construit une *traverse* suivant la capitale de la demi-lune et du réduit, afin de préserver les défenseurs des vues de revers.

Il est souvent plus commode d'astreindre le plan de défilement à passer par une droite dont on se donne la position et les côtes. Cette droite s'appelle *charnière*. La question du défilement des ouvrages est une des plus difficiles de l'art de la fortification, et il est impossible de déterminer par avance quels seront les plans dont on devra faire choix. Ce n'est que par une grande habitude, et servi par un coup d'œil exercé qu'on pourra arriver à trouver rapidement quels sont les meilleurs moyens de préserver les défenseurs, non seulement des vues directes de l'ennemi, mais encore des vues de revers et d'enfilade.

Il est certaines positions pour lesquelles le problème est insoluble, à moins qu'on ne donne à la fortification des reliefs tout-à-fait exagérés.

Ce qu'on a de mieux à faire alors est d'abandonner une position qui ne peut jamais présenter une bonne défense.

10. Afin d'assurer les communications des différentes parties de la fortification entre elles, on établit sous le milieu des courtines un passage voûté qui débouche à 2,00 mètres au-dessus du fond du fossé; ce passage continue sous la tenaille, mais au niveau du fond du fossé. Afin qu'on puisse se rendre à couvert dans le réduit de la demi-lune, on construit de chaque côté du milieu de la tenaille et dans le fond du fossé un ouvrage en terre, qui se nomme *caponnière*. On monte dans la tenaille et dans le réduit de demi-lune par deux escaliers, appelés *pas de souris*. Un passage souterrain pratiqué sous le flanc du réduit de la demi-lune conduit dans son fossé, et vis-à-vis se trouve un pas de souris donnant entrée dans la demi-lune. Deux pas de souris conduisent dans le réduit de place d'armes rentrantes, dont la communication est permise avec le chemin couvert par deux passages souterrains, débouchant dans son fossé, qui est raccordé par deux rampes avec le terre-plein du chemin couvert. (*Voy.* planche 37.)

Un des grands défauts de ce tracé est de présenter des communications peu faciles. Les escaliers ou pas de souris sont étroits et raides, et comme ils n'ont point de rampe, ils sont d'assez difficile accès pour un soldat chargé de son sac et de son armement. L'artillerie ne trouvant point de rampes pour communiquer avec les ouvrages extérieurs, on est obligé de jeter les pièces et leurs effets dans le fossé du corps de place, et à l'aide de chèvres on les place dans les ouvrages à défendre. Moyen fort lent, et qui nécessairement endommage le matériel, quelque précaution qu'on puisse prendre.

Les branches du chemin couvert de la demi-lune, pouvant facilement être parcourues dans le sens de leur longueur par des projectiles, on y construit des traverses, afin de protéger les défenseurs. Les traverses qui pourraient être nécessaires sur les faces des demi-lunes, ne sont jamais faites que pendant le siége même, leur position la plus convenable ne pouvant être déterminée à l'avance.

11. On emploie avec avantage dans la défense des places, les *mines*. On appelle ainsi des cavités pratiquées dans la terre, remplies d'une certaine quantité de poudre à canon, destinée par son explosion à faire sauter tout le terrain qui se trouve au-dessus d'elle. On construit en maçonnerie des *galeries* souterraines dans différentes parties de la fortification, et c'est d'elle qu'on part pour construire pendant un siége des galeries plus petites qu'on appelle *rameaux*, aux extrémités desquelles on met la quantité de poudre nécessaire pour produire l'effet voulu. On appelle contre-mines, les galeries construites par avance.

12. Examinons maintenant quelles sont les propriétés du front de fortification, que nous venons de tracer. Imaginons que l'ennemi veut s'emparer de la place, parcourons rapidement les différentes époques du siége, et voyons quel secours peuvent se prêter les différentes pièces.

Pour commencer l'attaque d'une place forte, l'ennemi l'*investit*, c'est-à-dire qu'il envoie des troupes en avant pour s'emparer de toutes les avenues, intercepter toutes les communications, et empêcher que quoique ce soit puisse entrer dans la place ou en sortir. L'armée assiégeante prend ensuite ses positions. Elle assoie son camp de manière à être hors de la portée du canon des assiégés, et elle l'entoure de retranchemens destinés à la protéger contre une armée de secours, et contre les sorties de la garnison. On détermine quel est le point le plus favorable pour l'attaque, et on commence l'ouverture de la *tranchée*. On appelle tranchée, un fossé de 3 à 4 mètres de large sur un mètre de profondeur, dont on jette les terres du côté de la place. On forme ainsi un parapet, qui met à l'abri du feu des assiégés, les hommes qui sont dans le fond de la tranchée. La première tranchée est faite à 600 mètres des saillans des ouvrages attaqués et menée parallèlement aux ouvrages. (Voyez planche 38, fig. 3.) On l'appelle *parallèle*. Les Musulmans ont les premiers employés les parallèles au siége de Candie. La première parallèle communique par des tranchées avec des dépôts d'outils, qui sont disposés à quinze ou dix-huit cents mètres de la place. Une seconde parallèle est tracée à 300 mètres de la place. Elle communique avec la première, par des tranchées qui ont la forme de *zig-zags*, afin de n'être pas enfilées par les feux de l'assiégé. Les zig-zags ont reçu le nom de *boyaux*. Ils ont pour ligne milieu la capitale des ouvrages attaqués. Dans la seconde parallèle, on établit les batteries. Elles sont disposées perpendiculairement aux prolongemens des crêtes intérieures des ouvrages. On peut ainsi faire parcourir aux projectiles toute la longueur de la face d'un ouvrage. Ce sont des *batteries à ricochet*. On établit aussi des *batteries à plein fouet*, c'est-à-dire disposées parallèlement aux faces des ouvrages à battre. Peu de temps après que le tir à ricochet est commencé, l'assiégé se voit forcé d'abandonner les pièces qui arment les faces de la demi-lune, car elles sont bientôt démontées. Il n'est plus possible non-plus de tenir dans les chemins couverts. A peine quelques hommes protégés par les traverses, peuvent-ils se hasarder à venir examiner la marche de l'assiégeant, et à l'inquiéter par quelques coups de mousqueterie. Pendant ce temps, l'assiégeant construit des boyaux, qui le conduisent à la troisième parallèle, qu'il établit à 60 mètres des saillans. En avant, il dispose une quatrième parallèle, dans laquelle il établit des batteries de mortiers, destinées à chasser les défenseurs du chemin-couvert et des réduits de place d'armes rentrantes. De la troisième parallèle il se porte vers le saillant du chemin-couvert, en marchant sur la capitale, par une tranchée qui prend le nom de *sape*. A 3o mètres de la crête du glacis, la sape suit une direction parallèle à cette crête, jusqu'au prolongement de la contrescarpe de la demi-lune. Le parapet des sapes est construit à l'aide de *gabions*, espèce de panier sans fond, qui sont remplis de terre, et contre lesquels s'appuie la masse des terres provenant de la tranchée. La partie de la sape parallèle à la crête du glacis, reçoit une grande élévation à l'aide de trois étages de gabions, ce qui permet de plonger dans le chemin-couvert, et d'en chasser, à coups de fusils, les hommes qui pourraient encore s'y trouver. C'est un *cavalier de tranchée*. Lorsque le cavalier de tranchée a produit son effet, l'assiégeant reprend sa sape, qu'il conduit jusqu'à 4 ou 5 mètres de la crête du glacis, pour la continuer de part et d'autre du saillant, parallèlement à la crête. C'est le *couronnement du chemin-couvert*. C'est là qu'on dépose quatre *batteries de brèche*; deux contre le saillant de la demi-lune, et deux contre les deux bastions devant la trouée du fossé de la demi-lune.

Ici se fait sentir un des grands défauts du système de fortification. Les dehors devraient protéger le corps de place, jusqu'à la dernière époque du siége, et cependant à peine le couronnement du chemin-couvert est-il fait, qu'on peut faire brèche au corps de place. Aussitôt que cette brèche est praticable, c'est-à-dire aussitôt que les maçonneries et les terres éboulées ont formé une rampe qui permet d'arriver dans l'intérieur de la place, l'assiégeant ouvrira une galerie de mineur sous le chemin-couvert de la demi-lune, et il la fera déboucher au fond du fossé de cet ouvrage. Par son moyen il pourra se porter rapidement au pied de la brèche, et si son attaque de vive force réussit, il se sera emparé du bastion, et par conséquent de la place, sans avoir été obligé de prendre la demi-lune et son réduit. Un grand nombre d'ingénieurs s'est occupé de cette question importante, et beaucoup de dispositifs ont été proposés. L'expérience n'en a encore sanctionné aucun, de sorte qu'il est difficile de se prononcer. Car une attaque faite sur le papier, marche toujours au gré de celui qui la dispose, et il est impossible d'en rien conclure sur le plus ou moins d'avantages que présente telle ou telle disposition. On évite cependant une partie des inconvéniens signalés, en pratiquant un retranchement dans l'intérieur des bastions, puisque, de la perte de celui-ci, ne s'ensuit pas celle de la place; et qu'ensuite l'ennemi ne pourrait tenir dans le bastion, où il serait exposé au feu de la demi-lune et de son réduit. L'assiégeant sera donc

forcé de prendre la demi-lune, ce à quoi il ne pourra arriver, qu'après y avoir fait une brèche praticable, avoir pratiqué une galerie souterraine qui lui permette de descendre dans le fossé, et avoir donné l'assaut. La demi-lune prise, restera à prendre le réduit, pour lequel il faudra opérer d'une manière analogue. Mais ici, l'assiégeant ne se trouvera pas dans des circonstances aussi favorables que pour l'attaque de la demi-lune. Il ne pourra en effet y faire arriver son artillerie qu'avec beaucoup de peine, et le peu de largeur du terre-plein, lui donnera bien peu de facilité pour y disposer des batteries dans lesquelles il soit à couvert du feu du réduit. Cependant le réduit finira par être pris; car sa garnison sera toujours très-faible par rapport aux forces dont l'ennemi pourra disposer, et on ne peut espérer de le déloger de vive force de la demi-lune.

Aussitôt que l'ennemi se sera emparé du réduit de la demi-lune, il viendra s'établir à la gorge, pour y disposer des batteries destinées à faire brèche à la tenaille. L'utilité de cet ouvrage est mise ici tout-à-fait hors de doute, car s'il n'existait pas, l'assiégeant pourrait de suite faire brèche à la courtine, et par conséquent, donner immédiatement l'assaut au corps de place. L'occupation du réduit de demi-lune rend impossible le séjour de l'assiégé dans les réduits de place d'armes rentrantes, car il y serait vu à dos et plongé. C'est encore un des inconvéniens du système, car un ouvrage ne devrait jamais être rendu inutile qu'après avoir été attaqué directement. Il ne faudrait cependant pas en conclure que les réduits de places d'armes rentrantes sont inutiles. Leur principal but est d'offrir un refuge assuré aux défenseurs du chemin couvert, dans le cas où l'ennemi tenterait un mouvement de vive force. Lorsque l'ennemi s'est emparé de tous les dehors, il pousse ses tranchées vers le saillant du chemin couvert du bastion, il en fait le couronnement, établit ses batteries de brèche, et donne ensuite l'assaut au corps de place. Il ne reste plus alors à la place assiégée qu'à obtenir la capitulation la plus honorable.

Nous avons supposé que les demi-lunes étaient en saillie sur les bastions. Lorsque les saillants des deux bastions et celui de la demi-lune se trouvent à peu près sur une même ligne droite, on peut canonner à la fois le saillant des trois chemins couverts, et le siége se trouve abrégé d'autant, surtout si les bastions n'ont point de retranchement intérieur.

FORTIFICATION PASSAGÈRE.

Les retranchemens employés dans la fortification passagère, sont simples ou composés. Ces derniers prennent le nom de *lignes*.

Les retranchemens simples ou élémens des lignes, comprennent :

Le redan. Ouvrage composé de deux faces et ouvert à sa gorge. Il a peu d'étendue et ne sert qu'à couvrir une issue, un pont jeté sur un ruisseau.

La lunette. C'est un redan auquel on ajoute des flancs, dans le but de flanquer des ouvrages collatéraux, ou pour découvrir des parties de terrain qui sont dérobées à la vue des faces. La longueur des faces varie entre 30 et 60 mètres, et celle des flancs entre 12 et 15 mètres ; cet ouvrage est ouvert à la gorge.

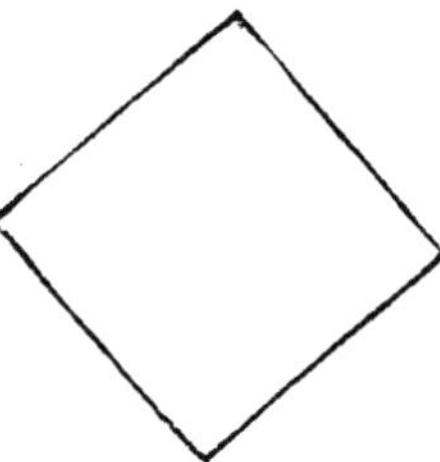

La redoute. C'est le plus simple des ouvrages fermés. Elle affecte ordinairement la forme d'un carré ; cependant elle est quelquefois polygonale. Comme elle n'a point d'angles rentrants, elle n'a que des feux directs, et par conséquent ne peut défendre son fossé. De plus, devant chaque saillant se trouve un *secteur privé de feux*, déterminé par le prolongement des deux faces.

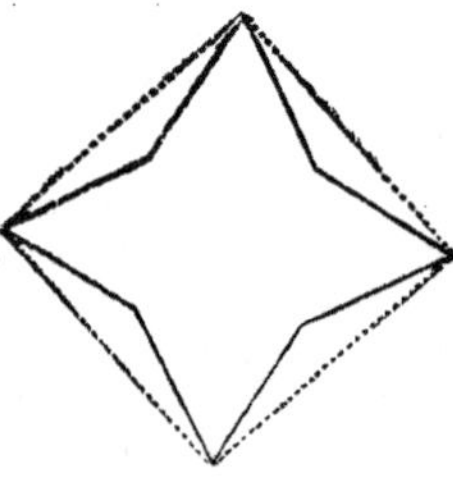

Le fort étoilé est une redoute dans laquelle on brise les côtés, afin d'avoir une défense des fossés. Cet ouvrage est mauvais. Sa capacité intérieure est extrêmement petite, et les secteurs privés de feux sont très-grands.

La crémaillère a été imaginée pour fournir des flanquemens à un retranchement en ligne droite. Les

faces ne doivent pas avoir plus de 80 mètres et les flancs 12 mètres.

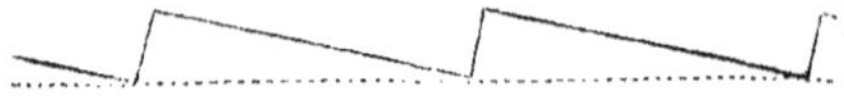

Le front bastionné, qui se compose des mêmes parties que dans la fortification permanente, ne doit pas avoir un côté extérieur de plus de 250 mètres. Il peut même quelquefois être réduit à 100 mètres. La longueur perpendiculaire est, pour le carré, du $\frac{1}{8}$ du côté extérieur ; pour le pentagone, du $\frac{1}{7}$; et pour les autres polygones, du $\frac{1}{6}$. Les faces ont les $\frac{2}{7}$ du côté extérieur.

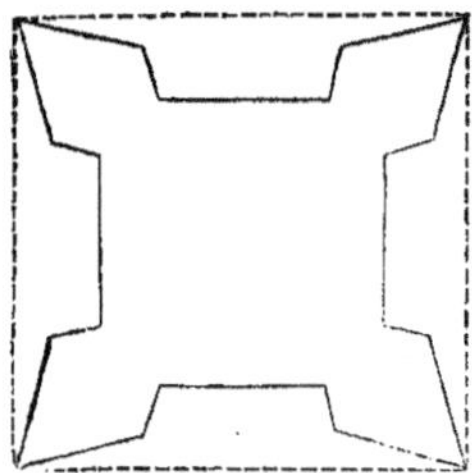

Dans les ouvrages fermés, la capacité intérieure doit être assez grande pour contenir facilement tout ce qui est nécessaire à la défense. Il existe donc une relation entre le développement d'un ouvrage et sa contenance. Soient x la longueur du côté d'une redoute carrée ; y le nombre des défenseurs ; v celui des hommes compris dans la réserve ; n le nombre de rangs d'hommes placés sur le parapet ; p celui des pièces de canon, et s l'espace nécessaire pour loger ce qui est nécessaire à l'artillerie exprimé en mètres carrés. On aura la relation.

$$(x-8)^2 = \tfrac{2}{3}y + s$$

en supposant que depuis la crête intérieure jusqu'au pied du talus de la banquette, il y a une distance de 4 mètres, et qu'un homme occupe les 2|3 d'un mètre carré.

D'un autre côté, $4x$ est égal à la longueur occupée au parapet par les défenseurs et par les pièces, ce qui donnera :

$$4x = \frac{y-v}{n} + 5p,$$

5 mètres étant l'espace occupé par une pièce de canon. Si dans cette dernière équation on fait $v=0$ et $n=2$, on exprimera que la redoute est défendue par deux rangs d'hommes, sans réserve, ce qui donnera évidemment le maximum de longueur de son côté. La première relation exprimant que l'espace est strictement nécessaire pour contenir ce qui est nécessaire à la dé-

fense, donnera le minimum du côté de la redoute. On obtiendra ainsi deux limites entre lesquelles on pourra osciller. Et à l'aide des deux équations ci-dessus, 4 des quantités qui les composent étant données, on pourra facilement trouver les deux autres.

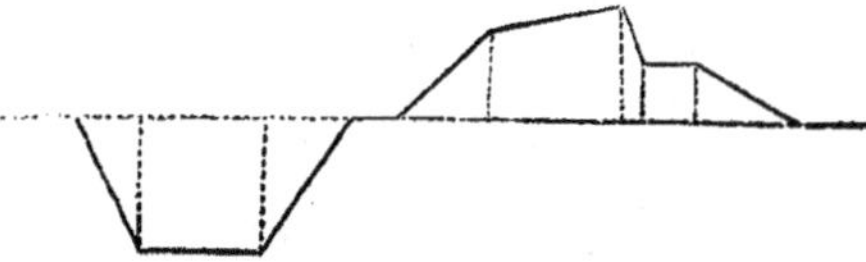

15. Le profil à donner à un ouvrage de campagne dépend de la qualité des terres à employer, de la nature de l'attaque qu'il a à soutenir, de la résistance qu'il doit présenter, de la durée présumée de son utilité, et du temps et des moyens qu'on peut consacrer à sa construction.

La crête intérieure devant mettre à l'abri les défenseurs placés sur le terre-plein, n'aura pas moins de 2,00 mètres d'excavation; elle en aura 2,50 mètres lorsque l'ouvrage contiendra des hommes à cheval. L'épaisseur du parapet dépend du poids des projectiles auquel il est exposé. Comme en général les ouvrages de fortification passagère ne sont attaqués que par de l'artillerie de campagne, on se contente de donner à leur parapet 3 mètres d'épaisseur. L'inclinaison de la plongée varie entre le 1|5 et le 1|6. Elle doit être telle que son plan prolongé passe à 1 mètre environ au-dessus de la contrescarpe du fossé. Le talus intérieur a 1 de base sur 3 de hauteur. Comme les terres sous cette inclinaison ne peuvent se tenir d'elles-mêmes, ce talus est revêtu en gazon ou en clayonnage. La banquette qui est à 1,20 mètres au-dessus de la crête intérieure a 1,20 mètres de large, et est raccordée avec le terre-plein par un talus qui a 2 de base sur 1 de hauteur. Le talus extérieur est à la pente naturelle des terres. Afin que le poids du parapet ne fasse pas ébouler le talus d'escarpe, on laisse au pied du talus extérieur une *berme* de 0,60 a 1,00 de large. Le talus d'escarpe a pour base les 2|3 de la base du talus naturel des terres, la hauteur restant la même; la base du talus de contrescarpe est la moitié de la base du même talus.

16. La question de la balance entre les remblais et les déblais d'un ouvrage est une des plus importantes de la fortification passagère. Dans certains cas, elle est fort pénible; mais, pour la simplifier autant que possible, nous supposerons que l'ouvrage est assis sur un terrain horizontal.

Soient R le volume du remblais; S la surface de son profil, et l la longueur du chemin parcouru par le centre de gravité de ce profil. On aura la relation,

$$R=Sl.$$

En désignant par D le volume du déblai, par S' la surface du profil du fossé, et par l', le chemin parcouru par le centre de gravité de ce profil, on aura la relation,

$$D=S'l'.$$

Si $\dfrac{1}{m}$ est le rapport du foisonnement des terres, nous aurons, pour exprimer que le déblai doit être égal au remblai, l'équation :

$$R=D\left(\frac{1+m}{m}\right).$$

D'où, en substituant pour R et D leurs valeurs, et dégageant S';

$$S'=S\frac{l'}{l}\left(\frac{m}{m+1}\right).$$

équation qui donne S' en fonction de l'. On obtiendra une approximation suffisante, en prenant pour l' la longueur de la ligne milieu du fossé.

Reste maintenant à déterminer, à l'aide de S', les dimensions du fossé, en l'astreignant pour les talus d'escarpe et de contrescarpe aux conditions sus-énoncées.

Soient x la largeur du fossé, y sa profondeur, et α l'angle du talus naturel des terres; nous aurons :

$$S'=y\left(x-\frac{7}{12}\,y\cot\alpha\right)$$

D'où :

$$x=\frac{7}{12}\,y\cot\alpha+\frac{S'}{y}$$

$$y=\frac{6}{7}\,\tan\alpha\left(x-\sqrt{x^2-\frac{7}{3}\,S'\cot\alpha}\right).$$

Dans la valeur de y on ne tient compte que du signe moins, parce que c'est le seul qui convienne à la question, puisque y doit diminuer quand x augmente, et *vice versâ*. En se donnant x ou y, on pourra toujours, à l'aide de ces relations, obtenir la valeur de l'autre variable; x étant astreint à avoir au moins 4 mètres, et y étant compris entre 2 mètres et 4 mètres. Lorsqu'en oscillant entre ces limites, on obtiendra pour y une valeur imaginaire, on changera alors l'inclinaison de la plongée, ce qui donnera une autre valeur de S', et permettra, au moyen de quelques tâtonnemens, d'obtenir une valeur réelle du radical.

Lorsque la fortification est assise sur un terrain accidenté, les crêtes intérieures ne peuvent plus être contenues dans un plan horizontal, puisque alors elles n'abriteraient pas les défenseurs placés sur le terre-plein. Il faut défiler l'ouvrage, et comme on n'a pas le temps de lever par courbes horizontales le terrain environnant, il faut nécessairement que les opérations de défilement se fassent immédiatement, sans avoir recours aux moyens employés dans la fortification permanente.

Supposons que nous voulions défiler une lunette d'une hauteur située en avant, et dont le point culminant soit bien déterminé. Le plan de défilement devant passer à 1,50 mètres au-dessus du terrain, nous le supposerons abaissé de cette quantité, et alors il deviendra tangent aux hauteurs. Nous déterminerons, sur la gorge de l'ouvrage, le point d'intersection de cette ligne avec la droite joignant le saillant de la lunette et le point culminant du terrain. Nous planterons en ce point un piquet de 1,00 mètres de haut, dont le sommet sera évidemment dans le plan de défilement. En faisant passer par ce sommet et par le point culminant un rayon visuel, il sera contenu tout entier dans le plan de défilement, et son intersection avec une perche plantée au saillant de l'ouvrage, déterminera un point appartenant à ce même plan. En le relevant de 1,50 mètres, on aura la hauteur de la crête intérieure du saillant.

Si on avait à se défiler de plusieurs hauteurs, l'emploi d'un seul plan conduirait le plus souvent à des reliefs excessifs. On emploiera alors deux plans qu'on fera se couper suivant la capitale de l'ouvrage, et suivant cette insersection, on construira une traverse destinée à préserver les défenseurs des vues de revers. Quelquefois on ne pourra plus se contenter d'une seule charnière, et on sera forcé d'en employer plusieurs. C'est à la sagacité de l'ingénieur à déterminer quels seront les meilleurs moyens à employer, en ne perdant jamais de vue que les reliefs doivent être aussi petits que possible. Dans tous les cas, lorsque les différens plans de défilement se couperont en gouttière, il faudra nécessairement construire des traverses suivant leur intersection.

Dans les cas dont nous venons de nous occuper, la balance des déblais et remblais ne pourra se faire que par faces, et même par portions de face. On aura recours alors au théorème de *Thomas Simpson*, ou *au profil moyen*. (*Voy.* Remblais).

18. La défense des retranchemens est confiée à des troupes d'infanterie, soutenues par un certain nombre de pièces de canon. Au saillant, on construit une barbette, afin de découvrir tout le terrain environnant, et d'avoir un champ de tir plus vaste. Sur les faces, les pièces sont à *embrasures*, la direction du tir pouvant se fixer par avance, et restant la même pendant toute la durée de l'attaque.

19. Indépendamment de ces moyens de défense, il en est d'autres, compris sous la dénomination générale de *défenses accessoires*.

On dispose le long de la contrescarpe des arbres couchés dont on tourne les branches vers l'ennemi. Ce sont des *abattis*. En avant du saillant qui est le point d'attaque, à cause du secteur privé de feux, on dispose des *trous de loup*. Ce sont des cavités affectant la forme d'un tronc de cône, la base supérieure étant la plus grande. Leur profondeur est d'environ 1,00 mètres et au centre est planté un fort pieu acéré. On hérisse le terrain de *petits piquets* saillans de 30 à 40 centimètres et espacés de 20 à 30. On répand des *chausse-trapes*, espèce de clous à quatre pointes, disposées de manière à ce qu'il y en ait toujours une en l'air. On plante des *palissades* dans le fond du fossé, au pied de la contrescarpe. On enterre sous le parapet des *fraises* ou palissades inclinées, qui font saillie sur le talus d'escarpe, et s'opposent à l'escalade. Lorsque les localités le permettent, on emploie les eaux comme défense accessoire, soit en tendant des inondations, soit en remplissant les fossés d'eau.

20. On appelle *lignes*, des retranchemens composés dans lesquels entrent comme élémens les différens ouvrages que nous avons précédemment décrits. Les lignes sont *continues* ou à *intervalles*.

Les premières, comme le dit leur nom, embrassent tout le terrain à défendre par une suite d'ouvrages entre lesquels il n'existe point de solutions de continuité. On y emploie, pour les parties les moins susceptibles d'attaque, la ligne à crémaillère, en ayant soin de faire retourner les crans de 3 en 3 mètres. Dans les autres portions on a recours au tracé bastionné. Les lignes offrent de grands inconvéniens. Leur grand développement exige un temps considérable pour leur construction, et un grand nombre d'hommes pour leur défense. Forcées en un point, elles deviennent complètement inutiles.

Les lignes à intervalles se composent de combinaison de redoutes, de lunettes, et de redans. On les dispose ordinairement sur deux lignes, et de manière qu'elles se flanquent réciproquement. Dans ce cas on ferme à la gorge les redoutes et les lunettes, soit par un fossé, soit par des *chevaux de frise*, ou des palissades; et cela, afin que de la cavalerie lancée au galop, ne puisse pas, après avoir franchi l'intervalle des lignes, venir prendre les ouvrages par la gorge.

21. Indépendamment de ces retranchemens construits exprès, un général habile sait utiliser tout ce qui se présente pour l'employer à sa défense. Les villages, les maisons isolées, les moulins, les églises, les cimetières etc. Le seul principe qui puisse être donné pour de telles dispositions, est que les défenseurs ne soient pas exposés à des feux de revers et d'enfilade, et, que dans le cas d'insuccès, leur retraite soit toujours assurée.

(*Voy.* les ouvrages de Vauban, de Cormontaigne, de Carnot, et le Mémorial de l'officier du génie).

FOURIER (Jean-Baptiste-Joseph-Baron), l'un des plus célèbres géomètres modernes, naquit à Auxerre le 21 mars 1768, d'une famille honorable, originaire de lorraine, et dans le sein de laquelle il trouva de nobles exemples à imiter. Pierre Fourier, réformateur et général de l'ordre des Prémontrés, était son oncle. On sait que ce religieux, aussi distingué par ses lumières que par ses hautes vertus, est le fondateur d'une congrégation de femmes vouées à l'éducation des jeunes filles pauvres, qui a servi de modèle à toutes les institutions semblables qui existent de nos jours.

Le jeune Fourier fit ses études à l'École militaire d'Auxerre, où il se distingua par la rapidité de ses progrès, l'aménité de ses mœurs et la vivacité de son esprit. Ce fut seulement à l'âge de treize ans qu'il commença l'étude des mathématiques, et son aptitude pour ces hautes sciences se manifesta avec plus d'éclat encore que celle qui l'avait fait distinguer dans ses premiers cours. Dès l'âge de dix-huit ans il occupa la chaire de mathématiques dans l'école où il avait étudié, et lors de la fondation de l'école normale, Fourier fut un des jeunes professeurs que le département de l'Yonne envoya à ce lycée scientifique pour se fortifier dans l'art si difficile d'instruire les autres. Il ne tarda pas à se rendre digne de cette honorable distinction, il s'attira l'attention de Monge et de Lagrange, et ces illustres maîtres le désignèrent au choix du gouvernement, pour professer les mathématiques à l'École Centrale des travaux publics, grande et puissante institution, devenue depuis si utile à la France et si célèbre en Europe sous le nom d'*École polytechnique*. Quoique Fourier n'eût encore publié aucuns travaux, il fut dès-lors considéré comme un géomètre du premier mérite, et il fut du nombre des savans que le Directoire permit au général Bonaparte d'emmener en Orient. Fourier devint nécessairement membre de l'Institut d'Égypte, et malgré sa jeunesse il s'y fit remarquer par l'activité de ses recherches et l'importance de ses travaux. D'ailleurs, les savans, les généraux et les soldats, tout était jeune dans cette glorieuse armée qui, à travers tous les périls, allait porter sur la terre désolée des Pharaons le drapeau, les lumières et les arts de la France! Nous regrettons de ne pouvoir entrer ici dans quelques détails honorables pour la mémoire de Fourier et qui se rattachent à cette immortelle expédition; quelques mots seulement encore sur sa vie publique. En 1802, l'illustre chef de l'armée d'Égypte devenu premier consul, s'entoura de tous les hommes distingués que l'orage révolutionnaire avait épargnés, et dans le double but d'honorer la science et de régénérer dignement l'administration du pays, il crut devoir arracher à leurs utiles travaux un grand nombre de savans qui devinrent les chefs des diverses branches de l'administration civile et militare, dans le vaste plan d'organisation qu'il avait conçu. Fourier ne put échapper à cette pensée qui a peut-être été funeste aux progrès de la science; il fut appelé à la préfecture du département de l'Isère, où le temps et les

révolutions, qui, depuis encore, ont troublé plusieurs fois les destinées de la France, n'ont pu faire oublier cet administrateur éclairé, bienveillant et juste.

Cependant Fourier, tout en se livrant avec zèle aux fonctions de la magistrature, alors importante, dans l'état dont il était revêtu, trouva les moyens de donner beaucoup de temps à l'étude et aux travaux scientifiques qui ont rendu son nom recommandable. L'Institut de France proposa, en 1806, un prix pour la solution de cette question : *déterminer les lois de la propagation de la chaleur dans les corps solides*. Fourier concourut, et son mémoire fut couronné. Mais il sentit lui-même que ses recherches n'avaient cependant rien encore de définitif et de concluant; car en 1811 il adressa de nouveau à l'Institut un second mémoire plus volumineux sur la même question. Ces deux écrits ont depuis formé les bases principales de sa *Théorie analytique de la chaleur*.

De grands événemens, qu'il nous est impossible de passer entièrement sous silence, vinrent peu d'années après troubler la carrière politique et scientifique de Fourier. En 1815, le retour imprévu de Napoléon, qui passa par Grenoble en rentrant en France, jeta dans une étrange perplexité un grand nombre de fonctionnaires que les Bourbons avaient conservés en place. Le préfet de l'Isère, voyant d'ailleurs l'impossibilité de résister à l'entraînement enthousiaste des populations et de l'armée en faveur de Napoléon, ne trouva rien de mieux à faire que de se retirer devant lui. Mais Napoléon, qui avait justement comparé sa marche au vol de l'aigle, retrouva Fourier à Lyon; il pardonna son hésitation à son ancien collègue de l'Institut d'Égypte, et le nomma préfet du Rhône. Peu de temps après, cependant, Fourier n'ayant point paru s'associer avec assez de dévoûment et d'énergie aux projets de Napoléon, fut disgracié. Il vint à Paris, où il s'est entièrement livré depuis aux travaux scientifiques pour lesquels il avait une aptitude plus réelle. En 1816, il lut à l'Académie des sciences un mémoire sur les vibrations des surfaces élastiques, qui fut accueilli avec une faveur marquée par cette compagnie, car dans le courant de la même année, elle appela Fourier dans son sein à la presqu'unanimité des voix. Le roi Louis XVIII, appréciant mal le caractère et la vie politique de ce savant, lui refusa sa sanction, mais en 1817, une unanimité aussi remarquable ayant de nouveau appelé Fourier à l'Académie des sciences, le roi s'empressa d'approuver son élection. Il partagea avec Cuvier les fonctions de secrétaire perpétuel, et devint bientôt un des membres les plus actifs et les plus distingués du corps savant qui avait insisté, d'une manière si honorable pour lui, à l'appeler dans son sein. A ses recherches sur la chaleur, il ajouta en 1820 la solution d'un problème fort compliqué, qui se rattache à ce phénomène. Il consiste à former les équations différentielles qui expriment la distribution de la chaleur dans les liquides en mouvement, lorsque toutes les molécules sont déplacées par des forces quelconques, combinées avec les changemens de température. Ces équations appartiennent à l'hydrodynamique générale. Enfin, en 1822, Fourier publia l'ensemble de ses travaux sur les diverses questions que présentent l'existence et la diffusion de la chaleur, dans un ouvrage spécial, qu'on peut regarder comme le plus important de ceux qu'il a composés. Nous n'entrerons point ici dans l'exposition systématique de la théorie de Fourier, qui d'ailleurs, comme il le dit lui-même, devrait, si elle était définitive, former une des branches principales de la physique générale. En effet, elle repose uniquement sur l'observation de quelques faits primordiaux, suivant lui, auxquels il rattache tous les principes des phénomènes que présente la chaleur, et dont il a voulu déduire la démonstration mathématique des lois qui les régissent. Nous dirons seulement avec cette franchise austère qui caractérise nos jugemens, et que ne saurait attiédir la vénération profonde que nous professons pour la mémoire de Fourier, qu'il ne s'est point placé dans un point de vue favorable à la découverte des lois du phénomène qui a été l'objet de ses études. Comme la plupart des géomètres modernes, dont le savoir est incontestable, Fourier manquait essentiellement de cette philosophie élevée qui peut seule initier la science à la connaissance des causes premières; il appartenait comme eux aux idées philosophiques du dernier siècle, et ses travaux consciencieux et recommandables ne s'élèvent point au-dessus des connaissances qui peuvent se déduire de la seule considération de l'expérience. Il ne faut qu'ouvrir son livre pour être confirmé dans cette opinion dès la lecture des premières lignes. » Les causes principales, dit-il, ne nous sont point connues, mais elles sont assujetties à des lois simples et constantes, que l'on peut découvrir par l'observation, et dont l'étude est l'objet de la philosophie naturelle. » Nous n'avons pas besoin de faire remarquer combien cette proposition est vide de sens philosophique.

Néanmoins, l'ouvrage de Fourier présente plusieurs parties fort remarquables, il contient quelques théorèmes nouveaux heureusement formulés et des intégrations qui attestent à un haut degré le mérite de l'auteur comme géomètre. En 1827, l'Académie française apprécia, en lui donnant ses suffrages, les connaissances littéraires que ses études sérieuses ne lui avaient pas fait négliger. Les écrits mathématiques de Fourier se font remarquer par un style élégant et pur, par la rectitude des idées et la manière heureuse avec laquelle elles sont exprimées. Ces qualités d'historien brillent surtout à un degré remarquable dans l'introduction du grand ouvrage sur l'Égypte, à la rédaction générale duquel il a beaucoup contribué, et dans les divers éloges qu'il a eu l'occasion de prononcer comme secrétaire perpétuel de l'Académie des sciences. Fourier, qui est mort à Paris en 1829, manquait de ce courage civil nécessaire aux hommes publics dans les temps de trouble et de malheur que nous avons traversés, mais il laisse dans l'administration, comme dans la science et les lettres, un nom recommandable et pur. Il était simple dans sa vie privée, spirituel et bienveillant; sa conversation était attachante, et il avait le rare talent de faire briller les personnes avec lesquelles il s'entretenait. Si, comme savant, la postérité, qui ne peut manquer de reconnaître en lui un habile géomètre, ne le place pas au premier rang de ceux qui ont agrandi le cercle de nos connaissances, elle lui assignera néanmoins une place distinguée parmi les hommes célèbres de la période historique dans laquelle nous vivons. Sa mémoire enfin sera toujours chère à ceux qui l'ont connu. On a de lui : I. *Discours préliminaire servant de préface historique au grand ouvrage sur l'Égypte*, Paris, 1810, 1 vol. grand in-f°. II. Un grand nombre de Mémoires sur diverses questions de physique générale et de mathématiques, insérés dans le recueil de l'Académie des sciences. III. *Rapport sur les établissemens appelés Tontines*, Paris, 1801, in-4°. IV. *Théorie analytique de la chaleur*, Paris, 1822, in-4°. V. Éloges de Delambre, de sir Williams Herschell et de Bréguet; divers discours sur les progrès des sciences mathématiques.

FOURNEAU (*Ast.*). Nom d'une constellation méridionale introduite par La Caille (*voy.* CONSTELLATION).

FOYER (*Géom. et opt.*). On désigne par ce nom, en *géométrie*, certains points pris dans l'aire des sections coniques, dont la propriété principale est de réunir les rayons qui viennent frapper la courbe, suivant des directions déterminées. *Voy.* ELLIPSE, HYPERBOLE, PARABOLE. En *optique*, on appelle *foyer d'un verre*, *foyer d'une lunette*, etc., le point où les rayons lumineux réfléchis ou réfractés par le miroir, viennent se réunir. *Voyez* CATOPTRIQUE, 5. *Voy.* aussi LENTILLE et MIROIR.

FRACTIONS (*Arith. et alg.*). Espèce particulière de *nombres*, que l'on considère populairement comme les *parties* d'une unité déterminée. Par exemple, l'ancienne livre, poids de marc, étant prise pour unité des mesures de pesanteur, la *moitié* de cette livre, son *tiers*, son *quart*, etc., sont des *fractions de la livre*. Nous avons vu (ALG. 13) l'origine de ces nombres, qui doivent naissance à la branche inverse du second mode élémentaire de la construction des nombres; nous avons vu également la manière de les exprimer et les propriétés fondamentales qu'ils tiennent de leur construction ; il nous reste donc seulement ici à exposer quelques considérations particulières qui leur sont propres.

1. Les fractions ne changeant pas de valeur, lorsqu'on multiplie en même temps ou qu'on divise leurs deux termes par le même nombre (ALG. 13. 3°), il s'en suit qu'une fraction peut être exprimée d'une infinité de manières différentes : c'est ainsi, par exemple, que chacune des fractions

$$\frac{1}{\,},\ \frac{2}{4},\ \frac{3}{6},\ \frac{4}{8},\ \frac{5}{10},\ \frac{6}{12},\ \frac{7}{14},\ \text{etc.}$$

exprime une seule et même quantité. L'expression la plus simple d'une fraction est celle dans laquelle les nombres qui forment son numérateur et son dénominateur sont les plus petits possibles, telle est $\frac{1}{2}$ dans la suite ci-dessus. Or, une fraction quelconque étant donnée, trouver son expression la plus simple, c'est ce qui constitue le problème de *réduire une fraction à sa plus simple expression.*

Désignons par $\dfrac{M}{N}$ une fraction quelconque susceptible de réduction, et par $\dfrac{a}{b}$ l'expression la plus simple de cette fraction, nous aurons

$$\frac{M}{N} = \frac{a}{b}$$

d'où nous tirerons

$$Mb = Na$$

égalité qui nous fournira les deux relations suivantes :

$$\frac{Na}{b} = M, \quad \frac{N}{b} = \frac{M}{a}$$

La première nous apprend que N doit être exactement divisible par b. En effet, le quotient de Na par b devant être un nombre entier, M et a n'étant pas divisibles par b, puisque $\dfrac{a}{b}$ est une fraction réduite à sa plus simple expression, il faut nécessairement que N soit exactement divisible par b, pour que le produit Na le soit lui-même. La seconde relation nous apprend que M doit être aussi exactement divisible par a, puisque le quotient de M, divisé par a, doit être égal à celui de N par b, qui, d'après ce que nous venons de voir, est un nombre entier. Ceci posé, désignons ce quotient par Q, nous aurons

$$N = bQ, \quad M = aQ \text{ et } \frac{M}{N} = \frac{a.Q}{b.Q}$$

Ainsi, pour réduire la fraction $\dfrac{M}{N}$ à la forme $\dfrac{a}{b}$, il faut déterminer le facteur Q commun à ses deux termes,

car en divisant chacun de ces termes par ce facteur, on aura évidemment

$$\frac{M : Q}{N : Q} = \frac{a}{b}$$

Mais ce facteur Q étant nécessairement composé de tous les facteurs premiers qui se trouvent en même temps dans M et dans N, le problème se réduit donc, en dernier lieu, à la recherche de ces facteurs.

Soit pour exemple la fraction $\dfrac{135}{315}$ qu'il s'agit de réduire à sa plus simple expression. En examinant les deux nombres 135 et 315, on voit d'abord qu'ils sont l'un et l'autre divisibles par 5 (*voy.* FACTEUR). Ainsi, puisque ce facteur premier 5 ne doit pas entrer dans les termes de la fraction réduite, divisons successivement 135 et 315 par 5, et nous aurons pour première réduction

$$\frac{135}{315} = \frac{27}{63}$$

En examinant de nouveau les nombres 27 et 63, on trouve facilement qu'ils sont tous deux divisibles par 9 (*voy.* FACTEUR), et en opérant la division, on obtient pour seconde réduction

$$\frac{27}{63} = \frac{3}{7}, \text{ ou } \frac{135}{315} = \frac{3}{7}$$

es nombres 3 et 7 étant premiers n'ont plus de facteurs communs, et l'on en conclut que $\dfrac{3}{7}$ est la plus simple expression de la fraction proposée $\dfrac{135}{315}$.

Revenons maintenant sur les détails de l'opération. Il résulte des décompositions précédentes que 135 est formé par le produit des trois facteurs 3.5.9 et que 315 est formé par le produit des trois facteurs 7.5.9, c'est-à-dire que ces nombres ont pour facteurs communs 5 et 7, et qu'ils sont conséquemment l'un et l'autre divisibles par 5 et par 9, ou par 54, produit de 5 et 9. Nous avons donc

$$\frac{135}{315} = \frac{3 \times 54}{7 \times 54}$$

et si nous avions pu trouver d'une manière sommaire 54, c'est-à-dire le *plus grand facteur commun* de 135 et de 315, nous aurions obtenu immédiatement la fraction réduite $\frac{3}{7}$ en divisant 135 et 315 par ce plus grand facteur. Ainsi, la manière la plus directe et heureusement la plus facile de réduire une fraction à sa plus simple expression, consiste à chercher le plus grand facteur commun, ou ce qui est la même chose, le *plus grand commun diviseur* de ses deux termes. En opérant ensuite les divisions, la fraction se trouve réduite.

L'opération de la recherche du plus grand commun diviseur de deux nombres, a été exposée au mot COMMUN DIVISEUR.

2. Lorsqu'une fraction irréductible, c'est-à-dire réduite à sa plus simple expression, est exprimée par de grands nombres, il est très-souvent utile de chercher d'autres fractions exprimées par de plus petits nombres, et dont la valeur ne diffère de celle de la proposée que le moins possible; on obtient ainsi des approximations suffisantes pour les moyens usuels. Ce problème, pris dans sa plus grande généralité, est complètement résolu à l'aide de la transformation de la fraction en *fraction continue*; (*Voy*. CONTINU).

Nous avons donné au mot CERCLE, 3o, un exemple de ces réductions, qu'Huygens a employées le premier pour la construction de son planétaire.

FRACTIONS DÉCIMALES. (*Voy*. DÉCIMALE). Pour les opérations élémentaires qu'on peut exécuter sur les fractions, tant ordinaires que décimales, voyez les mots : ADDITION, SOUSTRACTION, MULTIPLICATION, DIVISION, EXTRACTION DES RACINES et ÉLÉVATION AUX PUISSANCES. *Voy*. aussi PÉRIODIQUE.

FRACTIONS RATIONNELLES. On donne ce nom, en *Algèbre*, à toute fonction fractionnaire de la forme

$$\frac{A_1 x^m + A_2 x^n + A_3 x^p + \dots}{B_1 x^{m'} + B_2 x^{n'} + B_3 x^{p'} + \dots}$$

qui ne renferme que des exposans entiers.

Le problème de décomposer ces fractions en d'autres dont les dénominations soient plus simples, et qu'on désigne sous le nom de FRACTIONS PARTIELLES, se présente souvent dans le *calcul intégral*. Nous ne pouvons entrer ici dans les détails que ce sujet comporte. (*Voy*. le traité élémentaire du calcul différentiel de Lacroix. 1828. Pag. 243 et suiv.) Leibnitz est le premier qui ait considéré de semblables décompositions, devenues ensuite l'objet des recherches de Cotes, de Moivre, d'Euler, de Simpson et de Lagrange. Euler a particulièrement traité cette matière avec sa supériorité habituelle, dans le second chapitre de son bel ouvrage, *analysis infinitorum*.

FRÉNICLE DE BESSY, arithméticien du dix-septième siècle, et l'un des premiers membres de l'académie des sciences, doit plutôt la célébrité qu'il a acquise aux éloges de l'illustre Fermat et du savant père Mersennes, qu'à la valeur réelle et à l'utilité de ses travaux. Il faut cependant reconnaître avec ses contemporains, qu'il était doué d'une aptitude supérieure et toute spéciale puor la science des nombres, car il est certain qu'avec sa seule arithmétique, il résolut des problèmes numériques qui avaient inutilement occupé les méditations d'hommes tels que les Fermat, les Descartes, les

Roberval, les Wallis. Fermat s'exprimait ainsi sur son compte dans une de ses lettres : « Je vous déclare ingénument que j'admire le génie de M. Frénicle, qui, sans algèbre, pousse si avant dans la connaissance des nombres ; et ce que j'y trouve de plus excellent consiste dans la vitesse de ses opérations. » Les grands géomètres dont nous venons de parler, soupçonnèrent bien que Frénicle ne devait ses succès qu'à une méthode à l'aide de laquelle il pût généraliser les nombres, et qui lui permît ainsi de se passer de l'algèbre ; mais ils tentèrent de vains efforts pour la découvrir, et Frénicle en fit une espèce de secret qu'il refusa constamment de révéler, malgré les plus pressantes et les plus honorables sollicitations. Ce ne fut qu'après sa mort qu'on trouva dans ses papiers le mot de cette énigme scientifique. La méthode de Frénicle était la *méthode d'exclusion*, qui, depuis les progrès de l'algèbre, est devenue trop insuffisante pour être employée par les géomètres, pour lesquels elle ne peut plus être qu'un objet de curiosité, quoique Lagrange et Euler aient daigné s'occuper d'en démontrer les applications les plus compliquées. Frénicle a publié un traité des *carrés magiques*, dans lequel il a fait preuve d'une grande sagacité ; mais les problèmes numériques auxquels peut donner lieu la disposition des nombres qui porte ce nom, ne sont d'aucun intérêt pour la science et doivent être relégués parmi ces difficultés sans objet, qui ont dû entraver, dès ses premiers pas, la marche de l'esprit humain. On doit encore à Frénicle un traité des triangles rectangles, dans lequel, parmi plusieurs propositions remarquables, il démontre qu'il n'y a aucun triangle rectangle en nombres entiers, dont l'aire soit un carré ou un double carré. Frénicle, qui était né à Paris, dans les premières années du dix-septième siècle, entra en 1666 à l'Académie des sciences, et mourut en 1675.

FROTTEMENT (*Méc.*). Résistance qu'un corps éprouve à glisser sur un autre.

Toutes les fois que deux surfaces glissent l'une sur l'autre, il y a *frottement*, parce que ces surfaces, quelque polies qu'elles nous paraissent, ne le sont jamais parfaitement, et sont couvertes d'éminences et de cavités. Lors donc que deux surfaces se touchent, les éminences de l'une entrent dans les cavités de l'autre ; et pour les faire glisser l'une sur l'autre, il faut en arracher les parties engagées, en soulevant le corps pour les dégager, et, par conséquent, vaincre le poids de ce corps. Il faut donc une force réelle pour faire glisser un corps sur un autre, et ce qui résiste à cette force est ce qui constitue le *frottement*.

Amontons est le premier qui ait envisagé cette question avec toute l'attention que mérite son importance pour l'effet réel des machines. Il prétend (*Mém.*

de l'Acad., 1699) que le frottement est simplement proportionnel à la pression, c'est-à-dire, à la force qui applique les deux surfaces l'une contre l'autre, et ne dépend point de leurs grandeurs. Il évalue généralement le frottement comme le *tiers* de la pression. Les expériences postérieures de Bulfinger (Voy. *Mém. de Petersbourg, tom.* 4) semblent confirmer les idées d'Amontous, sauf la différence de l'évaluation du frottement qui, d'après ce physicien, n'est que le *quart* de la force de pression.

Parent ajouta plusieurs considérations ingénieuses à la théorie d'Amontons. Dans sa *nouvelle statique sans frottement et avec frottement,* insérée dans les mémoires de l'Académie, 1704 et 1712, il résolut plusieurs problèmes importans. Bientôt après, Camus (*Traité des forces mouvantes*), Musschenbroëk et Désaguliers, traitèrent la question, et ajoutèrent de nouvelles expériences. Il résulte des travaux de ces mécaniciens, que le rapport du frottement à la pression est différent, suivant les différentes espèces de matières qui frottent les unes contre les autres, et qu'il varie du sixième au tiers. Cependant il n'y a aucun inconvénient dans la pratique d'admettre le rapport d'Amontons, car il vaut mieux donner trop d'avantage à la puissance que de lui en donner trop peu. Musschenbroëk n'adopte pas non plus la proposition avancée par Amontons, savoir que le frottement n'augmente pas, quoiqu'on augmente les surfaces, pourvu que la pression soit la même. D'après les expériences de ce savant professeur, le frottement augmente quand les surfaces sont plus grandes, mais, à la vérité, dans un rapport beaucoup moindre que celui des surfaces.

Bossut et l'abbé Nollet ont distingué deux espèces de frottement, celui qui résulte d'une surface glissant sur une autre, et celui qui résulte d'un corps roulant sur une surface. La résistance occasionnée par le premier de ces frottemens est toujours plus grande que celle qui est produite par le second. Telle est en effet le résultat de toutes les expériences.

Fergusson et le professeur Vince de Cambridge se sont également occupés de la théorie du frottement dont il était réservé à l'illustre Coulomb de surmonter les principales difficultés. L'Académie des sciences ayant successivement proposé en 1779 et en 1782 pour l'objet d'un concours, la théorie des machines simples, en ayant égard aux effets du frottement et de la raideur des cordages, Coulomb, alors capitaine au corps royal du génie, remporta le prix qui était double, et son mémoire, l'ouvrage le mieux fait et le plus complet qui eût

encore été composé sur cette matière fut imprimé dans le dixième volume des savans étrangers. Nous ne pouvons rapporter ici en détails les résultats de Coulomb ; ils ont servi de base à Proni pour la théorie du frottement qu'il a donnée dans son *Architecture hydraulique.* Voici seulement les plus importans.

1. Le frottement des bois glissant à sec sur les bois, oppose, après un temps suffisant de repos, une résistance proportionnelle aux pressions, cette résistance augmente sensiblement dans les premiers instans du repos; mais après quelques minutes elle parvient ordinairement à son maximum ou à sa limite.

2. Lorsque les bois glissent à sec sur les bois avec une vitesse quelconque, le frottement est encore proportionnel aux pressions; mais son intensité est beaucoup moindre que celle qu'on éprouve en détachant les surfaces après quelques minutes de repos : on trouve par exemple que la force nécessaire pour faire glisser et détacher deux surfaces de chêne après quelques minutes de repos est à celle nécessaire pour vaincre le frottement lorsque les surfaces ont déjà un degré de vitesse quelconque, comme 9, 5 est à 2, 2.

3. Le frottement des métaux glissant sur les métaux sans enduit, est également proportionnel aux pressions; mais son intensité est la même, soit qu'on veuille détacher les surfaces après un temps quelconque de repos, soit qu'on veuille entretenir une vitesse uniforme quelconque.

4. Les surfaces hétérogènes, telles que les bois et les métaux, glissant l'une sur l'autre sans enduit, donnent pour leurs frottemens des résultats tout différens de ceux qui précèdent, car l'intensité de leur frottement relativement au temps de repos, varie lentement, et ne parvient à la limite qu'après quatre ou cinq jours et quelquefois davantage, au lieu que dans les métaux elle y parvient dans un instant, et dans les bois dans quelques minutes; cet accroissement est même si lent, que la résistance du frottement dans les vitesses insensibles est presque la même que celle que l'on surmonte en ébranlant ou détachant les surfaces après quelques secondes de repos. Ce n'est pas encore tout : dans les bois glissant sans enduit sur les bois, et dans les métaux glissant sur les métaux, la vitesse n'influe que très-peu sur les frottemens; mais ici le frottement croît très-sensiblement à mesure que l'on augmente les vitesses, en sorte que le frottement varie à très-peu près suivant une progression arithmétique, lorsque les vitesses croissent suivant une progression géométrique.

5. Il est toujours permis, dans les applications aux machines qui peuvent se présenter, de considérer la résistance du frottement comme composée de deux parties : 1° une partie proportionnelle à la pression, et qui est le *frottement* proprement dit ; 2° une partie proportionnelle à l'étendue des surfaces en contact, et qu'on regarde comme provenant de leurs *adhérences*. Les valeurs de ces deux parties peuvent être considérées, pour chaque nature de surfaces, comme ne variant pas sensiblement avec la vitesse du mouvement. Mais elles ne sont pas les mêmes en général lorsqu'il s'agit de détacher des surfaces qui ont été en contact pendant quelque temps, ou de continuer un mouvement commencé. On doit aussi distinguer le frottement des surfaces planes de celui des axes dans les mouvemens de rotation. Les tableaux suivans contiennent, sur ces divers objets, les principaux résultats fournis par l'observation.

1°. *Frottement des surfaces planes, qui ont demeuré en contact assez long-temps pour que la résistance soit à son maximum.*

INDICATION DES SURFACES EN CONTACT.	RAPPORT du frottement à la pression	OBSERVATIONS.
Chêne sur chêne, les fibres parallèles	0, 44	Le frottement parvient au *maximum* au bout de quelques secondes.
Les fibres parallèles, et la surface réduite à des arêtes arrondies	0, 42	Idem;
Les fibres croisées	0, 27	Idem.
Les surfaces garnies d'un enduit de suif renouvelé à chaque expérience	0, 38	Le frottement atteint son *maximum* en quelques jours. L'adhérence produit une résistance d'environ 19 kil. par mètre carré.
Les mêmes après un long user, en mettant du vieux oing	0, 21	Idem. L'adhérence produit une résistance d'environ 39 kil. par mètre carré.
Chêne sur sapin, les fibres parallèles	0, 67	Le frottement atteint son *maximum* au bout de quelques secondes.
Sapin sur sapin, les fibres parallèles	0, 50	
Orme sur orme, les fibres parallèles	0, 46	Idem.
Fer sur chêne	0, 20	Idem.
Cuivre sur chêne	0, 18	Il n'est point certain que le frottement eût atteint son *maximum*.
Fer sur fer	0, 28	Idem.
Cuivre sur fer	0, 26	Idem.
La surface réduite à des pointes émoussées	0, 17	Le *maximum* du frottement a lieu au bout de quelques secondes.
Les surfaces garnies d'un enduit de suif neuf	0, 11	Idem.
D'un enduit d'huile	0, 17	Idem.
D'un enduit de vieux oing	0, 14	Il a lieu au bout de quelques heures; la résistance de l'adhérence est d'environ 7 kil. par mètre quarré.
Pierre de liais (calcaire d'un grain très-fin), bien polie, sur une pierre semblable (Rondelet, *Traité de l'art de bâtir*, t. III, pag. 43)	0, 58	La valeur du frottement après que le mouvement est commencé ne peut pas différer sensiblement de celle qui a lieu à l'instant où le mouvement commence.
Pierre de Château-Landon (calcaire très dure) dont la surface était piquée ou bouchardée sur une pierre semblable (Boistard, *Expérience sur la main-d'œuvre, etc.*, page 58)	0, 78	Idem.
Caisse en bois glissant sur du pavé (Régnier, *Description du dynamomètre, Journal de l'École polytechnique*, 5° cahier)	0, 58	Idem.

2°. *Frottement des surfaces planes, quand le mouvement dure depuis un certain temps.*

INDICATION DES SURFACES EN CONTACT.	RAPPORT du frottement à la pression.	OBSERVATIONS.
Chêne sur chêne, les fibres parallèles	0, 11	
et la surface réduite à des arêtes arrondies	0, 08	
Les fibres croisées	0, 10	
et les surfaces réduites à des arêtes arrondies	0, 10	
Les fibres parallèles et les surfaces enduites de suif ou de vieux oing renouvelé à chaque essai	0, 035	L'adhérence des surfaces occasione une résistance d'environ 30 kil. par mètre carré.
La surface réduite à des arêtes arrondies, avec enduit, ou l'enduit essuyé et les surfaces restant onctueuses	0, 06	
Chêne sur sapin, les fibres parallèles	0, 11	
Sapin sur sapin	0, 17	
Orme sur orme	0, 10	
Chêne sur fer, les fibres étant parallèles, et la vitesse très-petite	0, 08	Le frottement augmente avec la vitesse, à moins que les surfaces n'aient été usées pendant long-temps.
La vitesse de 0m,5 par secondes	0, 17	
Les surfaces étant très-petites, sans enduit, mais restant onctueuses	0, 07	Le rapport du frottement à la pression est constant.
Fer sur fer	0, 28	Le frottement diminue quand les surfaces ont été usées long-temps. Le frottement après un long usé se réduit à 0,17.
Cuivre sur fer	0, 24	
Fer sur fer avec un enduit de suif renouvelé	0, 10	L'adhérence produit une résistance d'environ 14 kil. par mètre carré.
Cuivre sur fer avec un enduit de suif renouvelé	0, 10	L'adhérence produit une résistance d'environ 7 kil. par mètre carré.
Avec de l'huile sur un ancien enduit de suif	0, 12	L'adhérence peut être regardée comme nulle.
La surface réduite à des pointes émoussées, restant onctueuse; on a enduite de suif et d'huile	0, 12	

3°. *Frottement des axes, quand le mouvement dure depuis un certain temps.*

INDICATION DES AXES MIS EN EXPÉRIENCE.	RAPPORT du frottement à la pression.	OBSERVATIONS.
Axe de fer dans une boîte de cuivre	0, 155	
avec un enduit de suif	0, 085	
avec un enduit de vieux oing	0, 12	
Les surfaces étant pénétrées par le suif en restant onctueuses	0, 127	On voit par ce tableau que le frottement des axes est en général un peu moins considérable dans des circonstances semblables que le frottement des surfaces planes, et on peut juger aussi, d'après les résultats précédens, que dans tous les cas qui peuvent se présenter dans le mouvement des machines, où les surfaces sont ordinairement enduites de corps gras, le frottement est beaucoup au-dessous du tiers de la pression, en sorte que l'évaluation admise par Bélidor est tout-à-fait fautive.
avec un enduit d'huile	0, 13	
avec un enduit qui n'avait pas été renouvelé depuis long-temps quoique la machine eût servi continuellement	0, 138	
Axe de chêne vert, dans une boîte de gayac avec un enduit de suif	0, 033	
l'enduit étant essuyé et les surfaces restant onctueuses	0, 06	
après avoir servi long-temps sans qu'on ait rafraîchi l'enduit	0, 07	
Axe de chêne vert dans une boîte d'orme enduite de suif	0, 03	
l'enduit étant essuyé et les surfaces restant onctueuses	0, 05	
Axe de buis dans une boîte de gayac enduite de suif	0, 043	
l'enduit étant essuyé et les surfaces restant onctueuses	0, 07	
Axe de bois dans une boîte d'orme enduite de suif	0, 035	
l'enduit étant essuyé et les surfaces restant onctueuses	0, 05	

4°. *Frottement des voitures.*

CIRCONSTANCES DU MOUVEMENT.	RAPPORT du frottement à la pression.	OBSERVATIONS.
Voiture roulant sur un terrain horizontal, ferme et uni, les chevaux allant au pas ou au trot.........	$\frac{1}{25}$	Voyez les expériences de M. Boulard, *Journal de Physique*, 1785. Un mémoire du comte de Rumford, *Bibliothèque Britannique*, sciences et arts, tom. 47. Ces résultats conviennent aux roues d'une grandeur ordinaire, et non aux petites roues.
Sur du pavé de grès les chevaux allant au pas..............	$\frac{1}{25}$	
Les chevaux allant au grand trot	$\frac{1}{14}$	
Sur un terrain sablonneux, ou des cailloux nouvellement placés, au pas comme au trot...........	$\frac{1}{8}$	

En 1831, le capitaine d'artillerie Morin entreprit de reproduire toutes les expériences de Coulomb sur une échelle plus vaste, et à l'aide d'un appareil très-ingénieux, dont l'idée appartient à M. Poncelet, il put évaluer les résistances occasionées par le frottement avec un degré de précision supérieur à tout ce qui avait été fait avant lui. Un rapport de l'Académie des sciences ayant appelé l'attention du gouvernement sur ces expériences, M. Morin fut invité à les continuer par le ministre de la guerre, qui mit à sa disposition tous les matériaux nécessaires. Le travail de M. Morin forme aujourd'hui trois volumes in-4°, dont le dernier vient de paraître. (Voyez *Nouvelles expériences sur le frottement*, par le capitaine Morin. Paris, 1833, 1834.)

Les résultats consignés dans ce bel ouvrage confirment les lois générales découvertes par Coulomb; mais les évaluations numériques de l'intensité du frottement sont entièrement différentes, et tendent généralement à attribuer une valeur plus grande à cette intensité. Nous devons nous contenter ici de présenter quelques-uns des rapports de M. Morin, on pourra les comparer avec ceux que contiennent les tables précédentes.

SURFACES EN CONTACT.	DISPOSITIONS des fibres entre elles.	RAPPORT du frottement à la pression	
		après un contact de quelque temps.	en mouvement
Chêne sur chêne à sec..........	parallèles.	0,60 à 0,65	0,48
Id. id..........	perpendiculaires	0,54	0,32
Id. mouillé......	id.	0,71	0.25
Orme sur chêne à sec..........	parallèles.	0,69	0,43
id. id..........	perpendiculaires.	0,57	0,45
Frêne sur chêne à sec..........	parallèles.	0,50	0,40
Sapin sur chêne. id..........	id.	0,52	0,36
Hêtre sur chêne. Id..........	id.	0,53	0,36
Poirier sauvage sur chêne. id.....	id.	0,44	0,40
Fer forgé sur chêne. id.......	id.	0,62	0,62
Cuivre jaune sur chêne. id......	id.	0,62	0,62
Cuivre noir corroyé sur chêne. id.	id.	0,74	0,27
Cuir de bœuf pour semelle, et à plat. id.....	id.	0,61	0,52
Id. de champ sur chêne id......	id.	0,43	0,34
Id. id. mouillé.........	id.	0,79	0,20
Sangle de chanvre sur chêne à sec..	id.	0,04	0,52
Natte de petites cordes de chanvre sur chêne. Id.....	id.	0,50	0,32
Corde de chanvre de 0m,04 de diamètre sur chêne. Id.....	id.	0,80	0,52

FRUSTUM (*Géom.*). Mot latin qui signifie *morceau*, et dont quelques auteurs se sont servis pour désigner ce que nous exprimons par l'épithète de *tronqué*; ainsi, ils ont appelé *frustum de cône, de pyramide*, ce qu'on appelle *cône tronqué, pyramide tronquée*, etc. (*Voyez* ces mots.)

FULTON (Robert), célèbre mécanicien moderne, est né en Amérique, dans le comté de Lancastre, qui fait partie de l'état de Pensylvanie. Il appartenait à une famille pauvre qui ne put donner à son éducation tout le développement que son intelligence vive et précoce semblait réclamer. Il apprit d'abord à Philadelphie l'art du joaillier; il vint ensuite à Londres, où il s'adonna à la peinture, et arriva en dernier lieu à Paris, où il put faire des études conformes au génie dont il était doué pour la mécanique. Nous ne nous proposons ni de le suivre dans les vicissitudes de sa vie, ni d'exposer même ses divers travaux comme mécanicien; mais nous avons pensé que Fulton appartenait à l'histoire de la science, sinon comme inventeur, au moins comme le premier et le plus heureux propagateur de la navigation par la vapeur. Il est remarquable que le premier *steam-boat* ou bateau à vapeur ait été construit sous la direction de Fulton à Paris, et essayé sur la Seine. Personne ne comprit alors l'importance et l'utilité de cette puissante invention qui doit immortaliser le nom de Fulton. C'est le sort de cette France, qui est si fière de ses lumières et de sa civilisation, de méconnaître les œuvres du génie, jusqu'au jour où les applaudissemens du monde viennent lui apprendre qu'elle a dédaigné une gloire que lui offrait un de ses enfans ou quelque crédule étranger, qui, sur la foi de sa civilisation hospitalière et éclairée, était venu lui en faire hommage. La découverte de Fulton fut accueillie dans sa patrie avec une sorte d'enthousiasme, et elle n'a pas peu contribué à y faire naître cette prospérité inouie que les vieux états de l'Europe, à part l'industrieuse Angleterre, envient vainement à la fédération américaine. En attribuant à Fulton l'invention des bateaux à vapeur, nous n'ignorons pas qu'on a voulu lui en disputer la gloire, et que des Français même ont pu justement en réclamer la première pensée. Mais quelle importance l'amour-propre national peut-il mettre à réclamer la priorité d'une invention qu'aucun Français n'a pu trouver moyen de pratiquer en France, et qui a été dédaignée lorsqu'un étranger est venu au sein même de la capitale en démontrer la puissance et les avantages? D'ailleurs, aujourd'hui même que les bateaux à vapeur sillonnent les mers en tous sens, et que ce moyen prodigieux de navigation a établi des relations si fréquentes et si avantageuses entre les points opposés des plus vastes empires, la France n'en est-elle pas à compter encore le nombre de ses bâtimens construits d'après ce système?

Les apologistes maladroits de la France feraient beaucoup plus pour sa dignité et sa gloire si, au lieu de réclamer pour elle l'avantage des dates et des noms d'hommes, ils lui disaient sérieusement, qu'appelée par la Providence à de grandes destinées, elle défait elle-même son glorieux avenir en ne suivant que de très-loin les nations éclairées dans la carrière du progrès et des découvertes. Fulton mourut le 24 février 1815, à New-York. Sa dépouille mortelle fut suivie par les sociétés savantes et par tout le peuple de cette ville, qui porta le deuil durant trente jours.

FUNICULAIRE (*Méc.*). On nomme *machine funiculaire* un assemblage de cordes à l'aide desquelles des puissances et des résistances se font équilibre. Cette machine est considérée comme la plus simple des machines élémentaires.

On trouve les lois de l'équilibre dans cette machine en réduisant, d'une part, toutes les puissances à une seule par le principe de la *composition des forces* (*voy.* Force), et de l'autre toutes les résistances à une seule par le même principe. On arrive ainsi à ne plus considérer que deux puissances uniques qui doivent être égales et directement opposées pour se faire équilibre. (*Voy.* la *Mécanique* de Poisson et la *Statique* de Poinsot.)

FUSEAU (*Géom.*). Nom donné par quelques géomètres au solide que forme une courbe en tournant autour de son ordonnée ou autour de sa tangente au sommet.

On désigne plus généralement par le nom de *fuseau* un segment de sphère tracé sur un plan pour être ensuite collé sur une boule dans la fabrication des *globes célestes* ou *terrestres*.

FUSEAU (*Ast.*). Nom d'une constellation plus connue sous celui de *Chevelure de Bérénice*.

G.

GALILÉE (Galilei). Les hommes de génie qui, sous des points de vue différens, ont ouvert à l'esprit humain des routes nouvelles, ne peuvent être comparés entre eux ; chacun d'eux se présente à l'histoire de la science et à l'admiration du monde avec la spontanéité qui lui est propre, avec le signe auguste d'une mission spéciale. Il faut donc laisser aux amplifications académiques ce luxe stérile de parallèles impossibles qu'on s'attache si souvent à y étaler aux dépens de la raison. Descartes et Galilée eurent le malheur de ne point se comprendre, mais cette circonstance n'a pu établir ni opposition ni analogie entre les doctrines et les productions scientifiques de ces deux grands hommes, et l'on ne peut d'ailleurs supposer que des sentimens de jalousie indignes de leur génie aient en rien contribué à leur inspirer cet éloignement dont la cause doit rester à jamais cachée dans les profonds mystères du cœur humain.

Ce fut le 18 février 1564, à Pise, que naquit l'illustre Galilée, de Vincenzio Galilei, noble Florentin, et de Julie Ammanati. Ses parens ne possédaient qu'une fortune médiocre ; mais son père, versé dans les connaissances mathématiques, ne tarda pas à apprécier l'intelligence de son fils : il veilla avec soin sur son éducation, et lui inspira de bonne heure le goût de la science qu'il aimait, et dont on sait qu'il a fait d'heureuses applications à la théorie de la musique. L'enfance de Galilée fut remarquable, et comme tous les hommes supérieurs qui semblent avoir un pressentiment de leur avenir, il se joua pour ainsi dire avec les connaissances élémentaires qu'on lui communiqua, jusqu'au moment où la science, qu'il devait féconder par des découvertes immortelles, offrit un plus noble aliment à son esprit. Mais, chose étrange ! il avait déjà deviné les propriétés du pendule, en observant, dit-on, les oscillations réglées et périodiques d'une lampe suspendue à la voûte d'une église de Pise, découverte qu'il publia dans un âge plus avancé, et il n'avait point encore compris l'importance des mathématiques. « Il n'avait pas le moindre désir de les apprendre, dit un de ses principaux biographes, ne concevant pas en quoi des triangles et des cercles pouvaient servir à la philosophie. » Car alors cet esprit audacieux et créateur s'appliquait spécialement aux luttes philosophiques, et à cette époque où l'aristotélisme dominait l'école, où la double influence du pouvoir spirituel et du pouvoir temporel venaient en aide à son vieux despotisme, Galilée, à dix-huit ans, avait osé l'attaquer en pleine université. Mais enfin, diverses circonstances décidèrent de sa destinée, et il s'appliqua à l'étude des mathématiques avec toute l'ardeur dont il était capable. A peine fut-il en possession des vérités que la science lui révéla, que le jeune Galilée, saisi d'admiration et de joie, s'élança en maître dans la carrière où son génie l'appelait. Il abandonna dès-lors la médecine et les études littéraires qu'on lui faisait suivre, pour se donner tout entier à ces hautes spéculations dans lesquelles la liberté et la nouveauté de sa manière de discuter lui firent en peu de temps une réputation prodigieuse. Tels furent la rapidité et l'éclat de ses progrès, qu'à peine âgé de vingt-cinq ans, Guido Ubaldi, son maître et son ami, et les Médicis ses protecteurs, lui firent donner la chaire des mathématiques à l'université de Pise.

A part les malheurs qui affligèrent la vieillesse de Galilée, et dont il nous sera impossible de ne pas parler, nous croyons devoir maintenant ne nous occuper que de sa vie scientifique, car c'est sous le rapport de ses nobles travaux que nous devons surtout le considérer dans cette rapide notice.

Frappé de la méthode qu'avait employée Archimède pour, déterminer les proportions d'un alliage d'or et d'argent, Galilée voulut la rendre d'une application plus usuelle et plus commode, et il imagina un instrument dont la balance hydrostatique n'est qu'un perfectionnement. Ce fut peu de temps après qu'il fit à Pise, en présence d'un immense concours de spectateurs, son expérience victorieuse sur la chute des graves, en opposition manifeste avec les principes établis par Aristote. Nous avons consacré ailleurs un article historique spécial à cette importante découverte, et nous ne croyons pas devoir revenir ici sur les particularités qu'elle contient. (*Voy.* ACCÉLÉRATION DE LA CHUTE DES CORPS.)

Retiré, en 1597, dans une ville de l'état de Venise, à la suite des persécutions qu'attira à Galilée la démonstration de sa nouvelle théorie, il écrivit successivement pour les élèves que la renommée appelait à lui, des traités sur les diverses branches des mathématiques, que les progrès de la science ont depuis rendus moins importans. Ce fut à cette époque qu'il inventa le thermomètre, ou que du moins il en fit des essais qui durent avoir peu de célébrité, puisque cette invention fut attribuée à Drebbel, mais Galilée mérite bien d'en être cru sur sa parole. (*Voy.* DREBBEL.) Il produisit aussi alors un autre instrument auquel il donna le nom de *compas militaire*, parce qu'il était principalement destiné à l'usage des ingénieurs ; c'est le *compas de proportion*, et l'on a également disputé à Galilée le mérite de cette invention, qui fut attribuée à Byrge ; mais il est aujourd'hui établi d'une manière incontestable qu'il n'existe aucune analogie entre les deux instrumens. (*Voy.* BYRGE.)

Quoique dès cette époque le nom de Galilée brillât déjà d'un grand éclat dans l'Europe savante, ce ne fut réellement qu'après ces importantes découvertes astronomiques, dans les premières années du XVIIe siècle, qu'il parvint à ce haut degré d'illustration que la postérité lui a conservé. Il entra dans les travaux de cette branche de la science par sa dissertation sur l'étoile qui apparut tout-à-coup, en 1604, dans la constellation du Serpentaire. Il démontra, contre l'opinion de la philosophie péripatéticienne, que ce corps céleste, qui répandait un éclat extraordinaire, était fort au-delà de la prétendue région élémentaire présumée par les astronomes de cette école, et qu'il était même beaucoup

plus éloigné dans l'espace que tous les autres corps planétaires. En 1609, le bruit s'étant répandu à Venise qu'un Hollandais avait présenté au comte Maurice de Nassau un instrument d'optique qui rapprochait considérablement les objets les plus éloignés, Galilée, sur cette vague information, construisit le premier télescope, et le premier qui pût servir aux observations astronomiques. Il était dans la destinée de ce grand homme de se voir disputer une à une toutes ses découvertes, toutes ses inventions, et de souffrir pour la cause de la vérité. L'invention du télescope devint pour lui une source nouvelle de discussions et de tracasseries que lui suscita le pédantisme ou la jalousie des docteurs de l'époque. Mais Galilée, dans son *Nuncius sideris*, écrit dans lequel il annonça au monde les résultats de cette belle découverte, raconte lui-même avec une si noble simplicité les nombreux essais auxquels il se livra pour rendre utile à la science l'usage de la *lunette à longue vue* dont il avait entendu parler, qu'il fallut une mauvaise foi bien robuste pour l'accuser de solliciter un honneur qui ne lui appartenait pas. De l'aveu même de Galilée, il n'est donc point, à proprement parler, l'inventeur du télescope; mais quelle comparaison peut-on faire entre l'instrument incomplet de l'opticien hollandais et celui à l'aide duquel Galilée put lire plusieurs pages du grand livre du ciel ? Pourquoi celui qui, en Hollande, joignit par hasard des verres d'inégale courbure, s'il fut le véritable inventeur du télescope, ne le tourna-t-il pas aussitôt vers le ciel comme Galilée, et ne fit-il pas ainsi la plus belle et la plus sublime application de cet instrument?

Quoi qu'il en soit, aidé du télescope qu'il avait construit, Galilée fut le premier de tous les hommes qui put examiner la surface de la lune et en décrire les formes. Pour la première fois, les regards d'un mortel virent avec étonnement les hautes montagnes et les profondes vallées qui sillonnent les flancs de cette planète. Peu de temps après, il observa Vénus, dont les phases prouvent la forme sphérique, et il aperçut les quatre satellites de Jupiter, qui accompagnent dans son cours cet immense globe; il vit la voie Lactée, les nébuleuses et ces innombrables étoiles, trop éloignées pour être aperçues à la vue simple. Émerveillé de ce majestueux et nouvel aspect du ciel dont aucun astronome n'avait joui avant lui, Galilée fit partager son enthousiasme et sa joie à l'Europe savante, en lui communiquant ces précieuses observations, qu'il allait bientôt étendre à de nouveaux objets, et qui devaient enfin confirmer les théories de Copernic. Galilée, en observant Saturne, reconnut qu'il se présentait quelquefois sous la forme d'un simple disque, et quelquefois accompagné de deux appendices qui paraissaient être deux petites planètes. Mais la puissance de son instrument n'était pas assez forte pour lui permettre de déterminer dès-lors la constitution singulière de ce grand corps céleste et voir l'anneau dont il est environné. Ce bonheur ou cette gloire était réservé à Huygens. A ces grandes et importantes découvertes de Galilée, il faut ajouter celle des taches du soleil, dont il conclut la rotation de ce globe. Il tira de l'observation de celles qu'on remarque constamment dans la lune, la conséquence que cet astre nous présente toujours à peu près la même face, malgré l'espèce d'oscillation périodique qu'il éprouve, et à laquelle Galilée donna le nom de *libration*. C'est avec la même aptitude à découvrir les conséquences des choses, avec la même profondeur de jugement, que Galilée consacra une grande partie de sa vie à observer les satellites de Jupiter, afin de fonder une théorie de leurs mouvemens qui pût être appliquée à la résolution du problème des longitudes.

Un homme du génie de Galilée, en possession de tant de faits nouveaux, ne pouvait laisser à un autre l'honneur immortel de tirer de ses découvertes la preuve du vrai système de l'univers. La démonstration scientifique de la théorie de Copernic devint l'objet constant de ses travaux, le sujet de ses écrits et des conversations publiques auxquelles il se livrait avec les nombreux visiteurs que sa haute renommée lui attirait. Il rejeta comme des erreurs grossières, les doctrines astronomiques enseignées jusqu'alors et fit faire à la science un progrès immense, en tirant le système de Copernic de l'état d'hypothèse où il serait demeuré long-temps peut-être sans l'invention du télescope et les observations qui en furent la conséquence.

Copernic avait été livré sur un théâtre aux huées du peuple, en Allemagne; Galilée fut également voué au ridicule de ses concitoyens, qui le comparèrent à Astolphe voyageant dans la lune, comme Descartes fut après l'objet des plus ignobles persécutions en Hollande, où il s'était réfugié. Telles sont, même à des époques plus éclairées, les tristes circonstances qui accompagnent habituellement la production de la vérité. L'exemple de ces trois grands hommes ne semble-t-il pas prouver qu'il y a dans le monde un principe de mensonge qui lutte contre l'intelligence humaine, et arrête ses développemens, jusqu'au moment où la vérité dissipe par le vif éclat de sa lumière les orageuses ténèbres qui l'enveloppaient.

A cette époque, Galilée avait quitté Venise pour la cour de Florence. La protection que lui avait longtemps accordée cette puissante république, lui eût sans aucun doute épargné les graves injustices et les malheurs que lui suscitèrent le fanatisme des anciennes doctrines et le fanatisme religieux, plus dangereux encore et plus puissant. Les ennemis de Galilée, pour s'attaquer à ses opinions, firent d'abord proscrire la

doctrine de Copernic comme contraire au texte des écritures. Ce grand homme fut ensuite personnellement cité devant une commission de théologiens, qui lui donna connaissance de la déclaration suivante : « Soutenir que le soleil est placé immobile au centre du monde, est une opinion absurde, fausse en philosophie, et formellement hérétique, parce qu'elle est expressément contraire aux écritures; soutenir que la terre n'est point placée au centre du monde, qu'elle n'est pas immobile, et qu'elle a même un mouvement journalier de rotation, c'est aussi une proposition absurde, fausse en philosophie, et au moins erronée dans la foi. » En conséquence, défense fut faite à Galilée de propager à l'avenir l'opinion qui venait d'être condamnée.

On comprendra quelle dut être la profonde douleur de ce génie sur lequel l'ignorance jetait le voile respecté de la religion. Ce fut en vain qu'il soumit au Saint-Office les argumens les plus favorables à la vérité, ce fut en vain qu'il prouva que l'Ecriture avait dû parler le langage du vulgaire et que son texte n'avait rien de contraire à la doctrine de Copernic; on ne voulut point l'entendre et il fut contraint de se soumettre à une décision aussi erronée qu'illégale, car l'église dépositaire d'un ordre de vérités qui n'ont rien de commun avec les vérités scientifiques, n'avait aucun droit de s'immiscer dans une question exclusivement du domaine de la science.

Le désir de faire triompher la juste cause de la vérité, ne permit pas à Galilée de garder sa promesse, et l'on sait que dans son célèbre dialogue sur les deux systèmes du monde, où il met en présence un péripatéticien et un copernicien, tout l'avantage de la discussion reste à ce dernier. Malgré les précautions qu'il avait prises de paraître lui-même étranger à ce résultat, et de faire approuver d'avance son livre par le pape, l'envie qui s'attachait à sa gloire, ne le laissa pas en repos, et dénoncé à l'inquisition, il fut obligé, à l'âge de soixante-neuf ans, et affaibli par des douleurs rhumatismales, de comparaître devant ce redoutable tribunal. On ne peut lire sans attendrissement le récit qu'il a fait dans une de ses lettres de son triste voyage de Florence à Rome et des persécutions qu'il endura. Après de nombreuses comparutions devant les juges qu'on lui avait donnés, ses opinions furent dénoncées et flétries, et lui condamné à la prison pour un terme indéfini, et on osa lui dicter la formule d'abjuration, qu'il fut contraint de prononcer en ces termes: « Moi, Galilée, dans la soixante-dixième année de mon » âge, étant constitué prisonnier, et à genoux devant vos » Éminences, ayant devant les yeux les saints Évangiles, » que je touche de mes propres mains : j'abjure, je » maudis, je déteste l'erreur et l'hérésie du mouvement » de la terre. » Ce fut ainsi, et le 22 juin 1630, que le génie daigna s'humilier devant l'envie qui l'avait poursuivi et l'ignorance qui le condamnait ! Mais on dit que Galilée, grand encore, malgré cette dégradation, frappa vivement la terre du pied et s'écria à demi-voix: Pourtant elle se meut ! (E pur si muove.) C'était le dernier cri de la raison opprimée.

Nous avons à dessein abrégé les détails douloureux qui se rattachent à cet événement important dans l'histoire de la science, mais qui sont connus de tout le monde. Hâtons-nous de dire que du moins les droits sacrés de l'humanité ne furent pas davantage violés dans la personne de Galilée, et qu'aucun document ne prouve qu'il ait eu à souffrir les cruautés dont on prétend que l'inquisition usa envers lui. On lui donna pour prison le palais de l'ambassadeur de Toscane, et quelques années après, il recouvra entièrement sa liberté. L'indignation dont on ne peut se défendre après tant d'années, à l'aspect des maux dont fut frappé cet illustre vieillard, éclata partout hors de l'Italie et dans le sein de l'Église même, et c'est, en dernier lieu, l'inquisition qui supportera seule dans la postérité la honte de cet odieux attentat. Ce fut au comte de Noailles, ambassadeur de France à Rome, que Galilée confia ses derniers travaux, en manuscrit, ils furent imprimés à Leyde par les Elzevirs ; ce sont deux dialogues dans lesquels il créait une science pour ainsi dire nouvelle, en établissant les lois de la résistance des solides et celles du mouvement accéléré des corps graves. C'est aussi un Français, le père Mersenne, qui honorait à la fois la science et la religion, qui publia le premier la mécanique de Galilée, où l'on trouve la première démonstration des lois de l'équilibre et celle du principe des forces virtuelles.

Malgré le poids des années et des infortunes qui avaient troublé sa carrière, le grand Galilée observait encore avec le courage qu'il avait eu dans sa jeunesse, et il continuait ses tables des satellites de Jupiter lorsqu'il perdit la vue. Ainsi tous les malheurs qui peuvent torturer la vie, tombèrent sur cet homme prodigieux, exemple sublime de la résignation et de la constance nécessaires aux hommes qui se dévouent au triomphe de la vérité. Il ne pouvait plus voir le ciel, mais sa parole chaleureuse et brillante l'expliquait encore à ses nombreux élèves et à tous les hommes qui venaient à Florence lui apporter le tribut de leur respect et de leur admiration. Dieu mit enfin un terme à ses souffrances et à ses malheurs en le rappelant à lui, et le grand et noble Galilée entra dans l'immortalité le 9 janvier 1642 à l'âge de soixante-dix-huit ans. Ce fut dans la même année que Newton fut donné au monde. Il est à regretter que les œuvres de Galilée, qui forment une bibliographie considérable, n'aient jamais été réunies. Ce serait une entreprise digne de l'attention des savans et de la protection d'un gouvernement éclairé.

GASSENDI (Pierre). Ce nom appartient à la fois à la science, à la philosophie, aux lettres et aux arts. Il rappelle un de ces esprits vastes et hardis qui, dans la première moitié du XVIIᵉ siècle, donnèrent une impulsion extraordinaire à toutes les connaissances, à toutes les idées qui agitaient alors le monde intellectuel. Pierre Gassend ou Gassendi naquit dans un village voisin de Digne, en Provence, le 22 janvier 1592, d'une famille pauvre et obscure. Il reçut les premiers élémens de l'instruction de la charité du curé de son hameau, mais son enfance fut tellement hâtive et merveilleuse, que le généreux pasteur épouvanté d'une précocité qui tenait du miracle, présenta son élève à l'évêque de Digne qui le prit sous sa protection. On rapporte que dès l'âge de quatre ans, il répétait les sermons qu'il avait entendus prononcer, et qu'il se levait en secret pendant la nuit pour méditer et admirer le ciel.

A vingt-un ans Gassendi obtint au concours les chaires de philosophie et de théologie dans l'université d'Aix, et ce fut alors qu'il justifia toutes les espérances qu'avaient fait concevoir son enfance merveilleuse et sa laborieuse jeunesse. Il sentit de bonne heure ce qu'il y avait de faux et d'erronné dans les doctrines despotiques de l'école; mais obligé de se conformer aux méthodes reçues, il ne commença à manifester son opposition qu'en faisant soutenir des thèses pour et contre Aristote. Quelques années plus tard, pourvu d'un bénéfice à la cathédrale de Digne, il put se livrer avec plus d'indépendance à la libre manifestation de ses idées, et il publia les deux premières parties de son livre des *Exercitationes paradoxicæ adversùs Aristotelem* ; c'était alors un acte d'audace.

Les études et les recherches de Gassendi s'étendaient à toutes les branches du savoir, mais l'astronomie fut une des sciences pour laquelle il se sentait le plus d'attrait. Galilée venait alors de changer par ses découvertes la face de cette science, et Gassendi fut en France un des plus ardents zélateurs de sa doctrine. Il enseigna publiquement le mouvement de la terre, et contribua beaucoup à empêcher la Sorbonne parisienne de se déshonorer, en publiant une déclaration semblable à celle des théologiens de Rome. Galilée trouva encore en Gassendi un éloquent et savant apologiste, quand le père Casrée attaqua la célèbre théorie sur l'accélération des graves. Il est juste de faire observer ici en faveur des savants français du XVIIᵉ siècle, qu'ils accueillirent en général avec un louable empressement ces grandes et nouvelles doctrines, qui allaient régénérer le monde scientifique, et que, tandis que la théorie de Copernic était livrée en Allemagne à la risée publique, et que Galilée souffrait en Italie pour en avoir démontré l'exactitude, la France acceptait avec admiration l'œuvre de ces deux beaux génies. Tous deux trouvèrent en France

des disciples qui défendirent leur cause avec l'entraînement de la conviction et l'autorité que donne le savoir;
sous ce rapport le nom de Gassendi sera toujours cher à
la science.

On doit encore à cet homme célèbre une observation curieuse du passage de Mercure sous le Soleil. L'illustre Képler avait averti, dès 1629, les astronomes de
se préparer à observer ce rare phénomène le 7 novembre de l'année 1631; il annonçait également un passage
semblable de Vénus comme devant avoir lieu le 6 décembre de la même année. Gassendi fut assez heureux
pour jouir à Paris de la réalisation de la prédiction scientifique de Képler. Le jour indiqué par ce grand astronome, il tourna son télescope vers le soleil et aperçut
une petite tache noire et ronde déjà assez avancée sur
le disque de cet astre. Il l'observa avec attention, et ne
douta plus, d'après la rapidité de son mouvement, que ce
ne fût Mercure. Gassendi détermina ainsi les circonstances de cette occultation : il trouva que le centre de Mercure était sur le bord du disque solaire à 10 h. 28 m. du
matin, et que la conjonction avait eu lieu à 7 h. 58 m.
dans le 14ᵉ degré 36′ du Scorpion. Il en conclut le moment de l'entrée à 5 h. 28 m. du matin, et le lieu du
nœud voisin au 14ᵉ degré 52′ du Scorpion. Képler l'a-
vait placé au 15ᵉ degré 20′ de ce signe. Enfin Gassendi
estima à 20″ le diamètre apparent de Mercure, mais il
attendit vainement le passage annoncé de Vénus, qui
n'eut pas lieu ou ne fut pas visible en Europe : c'est pour
cela qu'il intitula l'écrit dans lequel il rendit compte de
son observation, *De Mercurio in sole visu et Venere
invisa.*

La haute renommée qui s'est attachée à Gassendi
comme philosophe, a diminué l'éclat de ses travaux
comme géomètre, mais ils n'en méritaient pas moins
d'être recueillis dans l'histoire de la science. Sous le premier de ces rapports la carrière de Gassendi fut brillante, sans doute, et ses doctrines seraient dignes d'un
examen approfondi ; mais nous ne saurions nous y livrer
ici sans sortir de notre plan. Nous nous bornerons à dire
que Gassendi n'a nullement basé d'une manière absolue
ses principes philosophiques sur ceux d'Épicure,
comme on l'a dit tant de fois. La vaste instruction
de cet homme célèbre l'avait familiarisé avec la connaissance des philosophies anciennes ; il chercha
dans la comparaison d'une foule de systèmes des
armes contre l'aristotélisme dont l'insuffisance était
démontrée à sa raison. Il n'est donc pas étonnant
que la philosophie *à priori* de Descartes l'ait eu pour
adversaire. Gassendi est en réalité, le véritable chef
de l'école éclectique en France. Il mourut à Paris le 14
octobre 1655. On a de la peine à comprendre l'immen-
sité des travaux de Gassendi, et l'aptitude étonnante
dont il était doué pour les connaissances si diverses sur

lesquelles il a écrit avec une remarquable supériorité.
Voici la liste de ses principaux écrits mathématiques:
I. *Parhelia, seu soles IV spurii qui circà verum, Romæ
Die 20 martis 1629 apparuerunt, etc.* Paris, 1630 in-4°.
II. *Mercurius in sole visus et Venus invisa*, Paris, 1631.
III. *Proportio gnomonis ad solstitialem umbram ob-
servata Massiliæ*, Paris, 1636. IV. *Epist. XX de apparente magnitudine solis, etc.* Paris, 1636. V. *De motu
impresso à motore translato.* Paris, id. VI. *Novem stellæ visæ circa Jovem*, Paris, 1643. VII. *De proportione
quâ gravia decidentia accelerantur, etc.*, Paris, 1646.
VIII. *Institutio astronomica*, Paris, 1647. IX. *Appen-
dix cometæ*, Lyon, 1658. etc. etc.

GÉBER ou GIABER, dont le véritable nom paraît
être Abou Moussah Djafar al Sufi, est un des plus célèbres alchimistes arabes. On a voulu lui faire honneur
de l'invention de l'algèbre, branche de la science à laquelle il aurait donné son nom. Cardan, qui le place au
nombre des douze plus subtils génies du monde, n'a pas
peu contribué à accréditer cette opinion. Mais Cardan
était lui-même très prévenu en faveur de l'alchimie, et
peut-être n'a-t-il fait que partager l'enthousiasme des
adeptes pour Géber. Les livres qui nous restent de cet
Arabe, qui suivant l'historien Aboulfeda vivait dans le
VIIIᵉ siècle, sont exclusivement consacrés à l'alchimie
et à la médecine empirique. On y trouve bien quelques
notions d'astronomie, mais rien qui indique la grande
découverte attribuée à leur auteur. On a donc pu penser
ou qu'il avait existé un autre Géber, ou que l'alchimiste
Géber n'était pas l'inventeur prétendu de l'algèbre.

GELLIBRAND (Henri), astronome et géomètre anglais né à Londres en 1597, fut l'ami et sans doute l'é-
lève de Henri Briggs qui le chargea en mourant de terminer son grand travail sur les logarithmes qu'il laissait
inachevé. Gellibrand se conforma à ses intentions, et publia cet ouvrage, dont il a composé tout le second livre,
sous le titre de: *Trigonometria britannica.*

Gellibrand était curé de la paroisse de Chiddingstone,
dans le comté de Kent, lorsqu'il fut saisi tout à coup
d'une étrange passion pour les mathématiques. Il abandonna la carrière ecclésiastique et vint s'asseoir comme
écolier sur les bancs de l'Université d'Oxford. Le zèle
avec lequel il se livra à l'étude le fit distinguer par Henri
Briggs qui lui fit obtenir la chaire d'astronomie de Gresham. Il est auteur de divers traités sur la navigation et
d'un ouvrage mathématique intitulé : *Institution trigonométrique*, qui a été imprimé plusieurs fois. Gellibrand
mourut jeune encore, en 1637, probablement des suites
d'un travail trop appliqué, car la nature ne l'avait pas
fait géomètre. Comme astronome il ne reste rien de Gellibrand, qui d'ailleurs partisan du système de Ptolémée,
traitait celui de Copernic d'absurdité

GÉMEAUX (les). (*Astr.*) Nom d'une constellation et du troisième signe du zodiaque, marqué ♊. *Voy.* BALANCE et CONSTELLATION.

GÉNÉRATEUR, GÉNÉRATRICE. En *Géométrie*, on donne ce nom à toute espèce d'étendue qui, par son mouvement, en engendre un autre. Ainsi on appelle *cercle générateur* de la cycloïde, le cercle dont un des points décrit la cycloïde pendant qu'il roule sur une droite. (*Voy*, CYCLOÏDE.)

GÉNÉRATION. Ce mot n'a été employé par les géomètres que pour désigner la construction d'une étendue déterminée, par le moyen d'une autre étendue supposée en mouvement. C'est de cette manière qu'on peut imaginer qu'une *sphère* est formée par la révolution complète d'un demi-cercle autour de son diamètre; ou qu'un *cône droit* est construit par la révolution d'un triangle rectangle autour de l'un des côtés de son angle droit. Dans ce cas la droite autour de laquelle s'opère le mouvement, prend le nom d'*axe de rotation* ou de *révolution*.

Nous nous sommes déjà servis, dans le cours de ce Dictionnaire, du mot *génération*, en le prenant dans une acception plus étendue, soit en l'appliquant aux nombres, soit en l'appliquant à l'espace; nous en fixerons le sens absolu au mot PHILOSOPHIE.

GÉOCENTRIQUE (de γῆ, *terre* et de κέντρον, *centre*). Se dit de tout ce qui a rapport aux planètes, en considérant la terre comme le centre de leurs mouvemens. Par exemple, on nomme *longitude géocentrique*, et *latitude géocentrique*, la longitude et la latitude d'une planète vue de la terre; et *mouvement géocentrique*, le mouvement propre, apparent, d'une planète sur la voûte céleste. *Voy.* LATITUDE, LONGITUDE et PLANÈTE.

GÉODÉSIE (de γῆ, *terre*, et de δαίω, *je divise*). Branche de la géométrie pratique qui a pour objet le partage des terres ou des surfaces, ou en général, la division d'une figure quelconque en un certain nombre de parties.

On donne maintenant au mot *géodésie* une acception beaucoup plus générale, en désignant par ce nom la science pratique non-seulement de la division, mais encore de la mesure des terrains; et on lui fait embrasser ainsi toutes les opérations trigonométriques et astronomiques nécessaires pour lever une carte, mesurer la longueur d'un degré terrestre, etc., etc. La *géodésie*, prise dans ce sens étendu, est proprement la géométrie pratique. Ses procédés font l'objet de plusieurs articles de ce Dictionnaire, auxquels nous renverrons. (*Voy.* LEVER DES PLANS, MÉRIDIENNE, MESURE DE LA TERRE. Ceux de nos lecteurs qui voudraient approfondir la science doivent consulter le *Traité de géodésie* de Puissant, et le *Nouveau traité géométrique de l'arpentage* e M. A. Lefèvre,

GÉOGRAPHIE (*math. app.*) (de γῆ, *terre*, et de γράφω, je décris). Science qui traite de tout ce qui a rapport à la terre. Elle se divise en *géographie physique* et en *géographie mathématique*. Cette dernière comprend les relations respectives des diverses parties de la terre entre elles et par rapport au ciel; elle est l'objet de plusieurs articles dans ce dictionnaire. *Voyez* LATITUDE, LONGITUDE, MÉRIDIENNE et TERRE.

GÉOMÉTRIE (de γῆ, *terre*. et de μέτρον, *mesure*). Malgré le sens restreint que lui donne son étymologie, *mesure de la terre*, c'est sous ce nom que l'on désigne la science générale de l'ÉTENDUE, l'une des deux branches fondamentales des mathématiques pures.

L'origine de la géométrie remonte à l'origine des sociétés. Dès la plus haute antiquité on trouve partout l'intelligence humaine en possession de quelques vérités mathématiques, produit nécessaire de ses premiers développemens. Mais ces vérités, d'ailleurs en très-petit nombre, étaient uniquement relatives aux besoins matériels des hommes : le partage et la mesure des propriétés, les limites des héritages, la figure et la dimension des matériaux propres aux constructions, tels furent incontestablement les objets dont elles étaient déduites, et, pendant une longue suite de siècles, l'Égypte, qu'on s'accorde à nous présenter comme le berceau de la géométrie, ne put s'élever au-dessus de ces considérations *concrètes* de l'étendue. C'est seulement à Thalès et à Pythagore que commence la considération *abstraite* des vérités géométriques, c'est-à-dire, LA SCIENCE, et sous ce rapport, comme sous tant d'autres, la Grèce s'est placée à la tête des nations alors civilisées.

Après Pythagore, à qui l'on doit le théorème du *carré de l'hypothénuse* (*voy.* ce mot), l'une des plus importantes propositions élémentaires, les philosophes grecs se livrèrent à l'envi à l'étude de la géométrie. Anaxagoras de Clazomène, persécuté pour avoir enseigné que les astres sont des corps matériels; Hippocrate de Chio, connu par sa fameuse et pourtant insignifiante quadrature des lunules; et le divin Platon, qui appelait Dieu *l'éternel géomètre*, doivent être cités parmi ceux qui contribuèrent aux progrès de la science, et dont Euclide recueillit plus tard les travaux lorsqu'il composa son célèbre ouvrage des *Elémens*. (*voy.* EUCLIDE). Comme les découvertes des géomètres de cette première période sont mentionnées dans leurs articles biographiques, pour éviter les répétitions, nous devons nous contenter ici de renvoyer à ces articles. *Voyez* APOLLONIUS, ARCHIMÈDE, etc. etc. *Voy.* aussi ÉCOLE D'ALEXANDRIE.

Malgré les immenses travaux de tous ces hommes illustres, la science demeura dans le cercle borné des propositions *particulières*, et plus tard, après la renaissance des lettres, lorsque l'Europe sortit de la longue barbarie qui suivit la destruction de l'empire romain, on se borna si exclusivement à traduire et à commenter les ouvrages des anciens, qu'il est presque impossible de citer un véritable progrès avant l'époque où Descartes vint ouvrir à la géométrie la nouvelle carrière qu'elle a parcourue depuis, d'une manière si brillante. C'est en 1637 que ce grand homme publia sa *Géométrie*; et quarante ans après, le calcul différentiel, découvert par Leibnitz et Newton, portait la science du géomètre à son plus haut degré de perfection, en la faisant définitivement passer des considérations *particulières* aux considérations *générales* ou *universelles*.

Cependant, tandis que Descartes, par *l'application de l'algèbre à la géométrie*, fondait une des branches les plus élevées de la géométrie générale, d'autres mathématiciens s'y frayaient aussi des routes nouvelles; Cavaliéri, par sa *méthode des indivisibles*, (Voy. ce mot.) Fermat et Barrow, par leur méthode des tangentes, préparaient les découvertes de Newton, en même temps que Desargues et Pascal, par leurs considérations sur les propriétés des projections et des transversales, jetaient les germes de la *géométrie descriptive*, de cette géométrie qui doit tout récemment à Monge son entier développement. C'est ainsi que commençait la nouvelle période de la science, et dès lors il ne s'agit plus de considérer, comme on l'avait fait uniquement jusqu'à ces derniers efforts de l'esprit humain, les nombres et les figures sous le seul rapport de la *relation*; la construction ou la *génération* des quantités tant numériques que géométriques, devint le but supérieur des géomètres de cette ère brillante qui date du XVIIe siècle et s'étend jusqu'à nos jours. Ces travaux importans sont consignés dans les articles consacrés aux mathématiciens à qui nous en sommes redevables, et nous ne pouvons qu'y renvoyer.

Aujourd'hui, toutes les branches de la SCIENCE DE L'ÉTENDUE sont constituées. Elles ont été l'objet de nombreuses investigations qui les ont successivement portées à un tel degré de développement, qu'il devient difficile de saisir leur ensemble, et d'apercevoir leur liaison. Mais cette unité de principe, dernier besoin de la raison, que l'on chercherait vainement dans les travaux des géomètres modernes, n'est plus du domaine de leur science; c'est à la PHILOSOPHIE seule qu'il appartient de fixer les lois des réalités matérielles et intellectuelles; c'est donc à cette *science des sciences* qu'il faut définitivement avoir recours pour établir les mathématiques d'une manière absolue. On comprendra facilement que, par philosophie, nous ne pouvons entendre cette logomachie puérile enseignée publiquement, sous ce

nom, dans nos écoles, et dont les résultats, bien loin d'être capables de favoriser le développement de la raison, ne font que retenir dans une ignorance honteuse de toute vérité supérieure la nation qui se prétend la plus éclairée de la terre. Si l'on veut désormais s'élever à de véritables connaissances rationnelles, si, comme l'impérieuse nécessité s'en fait sentir de toutes parts, on veut enfin remonter aux principes de la certitude, et sortir du chaos intellectuel dans lequel la société se trouve plongée, sous le triple rapport de la politique, de la religion et de la science, il faut se décider à reconnaître hautement le néant de cette grossière métaphysique des sensations, aujourd'hui si dominante, et le non-sens de cet échafaudage ridicule de notions psychologiques que, sous le nom *d'éclectisme*, on ne rougit pas de nous présenter comme le plus sublime effort de l'esprit humain.

Ce n'est point ici le lieu d'aborder la déduction philosophique des diverses branches de la géométrie générale, cette déduction sera l'objet d'un article spécial, dans lequel nous ferons connaître les principes supérieurs qui viennent enfin fonder et expliquer la science; il nous suffit, pour l'embrasser dans son ensemble, d'établir provisoirement la classification suivante.

La GÉOMÉTRIE, prise dans son sens le plus général, est la science de l'étendue. Elle se divise en deux branches principales.

La première de ces branches a pour objet les modes distincts et indépendans, ou les modes *individuels* de la génération et de la comparaison de l'étendue; la seconde, les modes *universels* de cette génération et de cette comparaison.

I. Les modes individuels de la génération et de la comparaison de l'étendue forment la science désignée sous le nom de *Géométrie élémentaire*. C'est proprement la géométrie des anciens. Nous allons la résumer en peu de mots.

Les élémens de toute génération primitive de l'étendue sont les *lignes*. Le premier mode de génération élémentaire primitive est la *ligne droite*; le dernier, la *ligne courbe*; et la transition entre ces deux modes, *l'angle*. En combinant ensemble les modes primitifs de la génération de l'étendue, on obtient une génération élémentaire dérivée, la *surface*; et par la réunion systématique de ces diverses générations, on obtient le *solide*.

Les lignes, les surfaces et les solides, tels sont donc les objets de la géométrie élémentaire, et par suite ceux de toute la géométrie générale.

D'après les anciens, de toutes les lignes courbes, on ne considère, dans la géométrie élémentaire, que la circonférence du cercle. *Voy.*, pour la construction des figures géométriques, les NOTIONS PRÉLIMINAIRES, et dans le cours de ce dictionnaire les mots : ANGLE , CERCLE, LIGNE, POLYGONE, SOLIDE, TRIANGLE, etc.

La *comparaison élémentaire* des figures géométriques porte sur l'égalité ou l'inégalité de ces figures. *Voy.* TRIANGLE et SIMILITUDE.

II. Les *modes universels* de la génération et de la comparaison de l'étendue forment plusieurs branches de la géométrie générale ; savoir :

La GÉOMÉTRIE DES TRANSVERSALES , qui a pour objet la génération primitive universelle de l'étendue par *intersection*. (*Voy.* TRANSVERSALE.)

La GÉOMÉTRIE DESCRIPTIVE, qui traite de la génération systématique universelle de l'étendue par *projection*. *Voy.* DESCRIPTIVE.)

La GÉOMÉTRIE dite ANALYTIQUE ou *l'application de l'algèbre à la géométrie*, dont l'objet est la génération systématique universelle de l'étendue par les *coordonnées*. Cette dernière a une partie élémentaire qui traite de la génération élémentaire universelle de l'étendue par la construction des *rapports* ou des *lieux géométriques*. (*Voy.* APPLICATION DE L'ALGÈBRE A LA GÉOMÉTRIE.)

La *comparaison* des figures géométriques envisagée sous le point de vue de l'*universalité* constitue les *fins géométriques* que l'on peut se proposer dans chacune de ces sciences ; dont le tableau suivant fera mieux voir la liaison.

GÉOMÉTRIE GÉNÉRALE. Lois de l'étendue.

- Modes distincts et indépendans, ou modes individuels de la génération et de la comparaison de l'étendue. — GÉOMÉTRIE ÉLÉMENTAIRE.
- Modes universels de la génération et de la comparaison de l'étendue.
  - Modes géométriques ou *primitifs*.
    - Partie élémentaire. — INTERSECTION. — GÉOMÉTRIE DES TRANSVERSALES.
    - Partie systématique. — PROJECTIONS. — GÉOMÉTRIE DESCRIPTIVE.
  - Modes algébriques ou *dérivés*.
    - Partie élémentaire. — LIEUX. — APPLICATION DE L'ALGÈBRE A LA GÉOMÉTRIE (sans coordonnées).
    - Partie systématique. — COORDONNÉES. — GÉOMÉTRIE dite ANALYTIQUE.

GÉRARD DE CRÉMONE, mathématicien et astronome du XIIe siècle, surnommé tantôt *Cremonensis* et tantôt *Carmonensis*, par les écrivains postérieurs à cette époque; ce qui a fait penser que cette dénomination pouvait s'appliquer à deux personnages différens. Il est aujourd'hui prouvé que ce n'est là qu'une confusion assez ordinaire aux chroniqueurs du moyen-âge. Gérard naquit à Crémone, en Lombardie, vers l'an 1114. Son goût pour la science l'attira en Espagne, où il passa une grande partie de sa vie. Il en rapporta l'*Almageste de Ptolémée*, qu'il traduisit en latin. Roger Bacon et Régio Montanus ont signalé les imperfections de ce travail, qu'il lui était peut-être impossible d'éviter, et qui n'a pas moins beaucoup contribué à favoriser l'étude de l'astronomie. Outre beaucoup de traductions d'ouvrages de médecine, on doit encore à Gérard de Crémone plusieurs ouvrages mathématiques qui sont venus jusqu'à nous ; ce sont I. *Theoria planetarum*. II. *Allaken de causis crepusculorum*. III. *Geomantia astronomica*. On trouve ce dernier écrit dans les œuvres de Cornelius Agrippa ; il a été traduit en français par De Salerne, sous le titre de *géomancie astronomique* : le traducteur aurait dû dire *astrologique*. Gérard de Crémone est mort dans sa ville natale en 1187, à l'âge de 75 ans.

GERBERT, né en Auvergne, d'une famille obscure, vers le milieu du dixième siècle, s'est distingué par son savoir à cette époque de profonde ignorance. Ses travaux marquent le point de départ du mouvement intellectuel qui s'opéra dans l'Europe occidentale, au sein de l'organisation féodale, et qui dissipa lentement les ténèbres et la barbarie, où les migrations des hommes du nord et les luttes sanglantes de plusieurs siècles avaient plongé cette partie du monde. Élevé à l'abbaye d'Aurillac, qui appartenait à cet ordre illustre de Saint-Benoit, à qui les sciences et les arts de la civilisation doivent leur régénération merveilleuse, Gerbert y reçut probablement les soins de quelque maître inconnu qui cultiva les dispositions dont il était doué. C'était dans ces pieux asiles que le savoir humain s'était retiré et qu'il y fut conservé comme un dépôt sacré, à l'abri des misères et des agitations qui désolaient alors le monde. Gerbert prit l'habit de l'ordre au sein duquel son enfance avait trouvé une si généreuse protection. Il était né avec le génie des mathématiques, et, tourmenté du désir de connaître, il obtint de ses supérieurs la permission de voyager. La renommée des Arabes le conduisit en Espagne. Il en rapporta en France le système de numération dont cette nation dispute l'invention aux Indiens, et qui est celui dont nous nous servons aujourd'hui. Peut-être est-ce à Gerbert que sont dues les premières notions de l'algèbre, qu'une similitude de nom a pu faire attribuer à un autre. Quoi qu'il en soit, le jeune moine acquit bientôt une grande renommée, et ses connaissances en mathématiques, prodigieuses pour son temps, le firent accuser de magie. Mais plus heureux que Roger Bacon, qui, religieux comme lui, eut encore, plusieurs siècles après, à se défendre contre cette absurde accusation, Gerbert parvint rapidement aux plus hautes dignités de l'église, qui admirait son savoir et sa piété. Successivement abbé de Bobbio, en Lombardie; supérieur de l'école de Rheims, où il eut pour disciple le roi de France, Robert; évêque de ce diocèse et ensuite de Ravenne où l'appela la faveur de l'empereur Othon III, Gerbert fut enfin élevé à la papauté et gouverna l'église catholique, sous le nom de Silvestre II.

Il y a quelque chose de merveilleux et qui mérite l'attention de l'histoire, dans la vie de ce religieux qui, né dans la classe malheureuse et opprimée des serfs, obtient la liberté, sous l'habit révéré de l'ordre de Saint-Benoit; sort du monastère, pélerin de la science, et foulant aux pieds les préjugés de son temps, va demander la lumière aux ennemis de sa religion, puis revient l'apporter à son pays barbare, où l'on attribue sa supériorité au démon. La providence ne l'abandonne pas; il lutte avec énergie contre cette fatale erreur, enseigne à ses contemporains les principes de la science, construit la première horloge à balancier dont on se soit servi en Europe, où l'on ne savait encore mesurer la marche du temps qu'à l'aide d'un instrument insuffisant, et enfin dans ces tristes jours d'ignorance fait monter le savoir sur la chaire de Saint-Pierre! Cet illustre pontife mourut le 11 mai de l'an 1003. Il ne reste de lui que le glorieux souvenir des services qu'il a rendus à la science.

GIRAFFE (*Ast.*). Nom d'une constellation australe, située entre la grande Ourse, Cassiopée, Persée et le Co-

cher. Elle est composée de 58 étoiles dans le catalogue britannique.

GIRARD (ALBERT). Géomètre hollandais, né vers la fin du 16ᵉ siècle. Il doit être signalé, dans l'histoire de la science, comme un des précurseurs de Descartes, quoiqu'il n'ait qu'entrevu plusieurs vérités qu'il était réservé à ce grand homme de développer. Son principal ouvrage qui est intitulé : *Invention nouvelle en algèbre*, et qu'il publia en 1629, in 4°, renferme, en effet, plusieurs aperçus nouveaux et qui annoncent de sérieuses études en géométrie et en algèbre. On y trouve une connaissance des racines négatives plus approfondie que dans les écrits contemporains sur le même sujet. Albert Girard donne dans cet ouvrage un essai ingénieux sur les angles solides et leur mesure, objet négligé jusqu'alors par les géomètres. Il y mesure, pour la première fois, la dimension en superficie, non-seulement des triangles sphériques, mais des figures quelconques tracées sur la surface d'une sphère par des arcs de grand cercle. Un des objets de ce livre est encore de démontrer que, dans les équations cubiques qui conduisent au cas irréductible, il y a toujours trois racines, deux positives et une négative. On sait que Viète avait déjà construit ces équations, mais il s'était borné à assigner les racines positives; Girard va plus loin et assigne les négatives qu'il appelle *par moins*, et il est glorieux pour lui d'avoir montré, plusieurs années avant Descartes, l'usage des racines négatives en géométrie. On doit encore à Albert Girard une édition des œuvres de Stevin, publiée à Leyde en 1634: il annonce dans la préface, qu'il vient de rétablir les trois livres des *porismes* d'Euclide; mais ce travail, qui a paru impossible à l'ingénieux et savant Simpson, n'a jamais été publié. Ce géomètre qui dévoua sa vie à des travaux utiles aux progrès de la science, mais peu brillans et surtout peu productifs, mourut dans l'indigence en 1634.

GLOBE. En *géométrie*, c'est un corps rond que l'on conçoit engendré par la révolution d'un demi-cercle autour de son diamètre; on l'appelle plus communément *sphère*. (*Voy.* ce mot).

On nomme GLOBE ARTIFICIEL en *géographie* et en *astronomie*, un globe de métal, de bois ou de carton, sur la surface duquel on représente la terre ou le ciel, avec les divers cercles que l'on imagine tracés sur eux. Les globes qui représentent la terre se nomment *globes terrestres*, et ceux qui représentent le ciel *globes célestes*. (*Voy.* planche 28, figures 9 et 11). Les limites un peu étroites, qui nous sont imposées pour ce second et dernier volume du *dictionnaire des sciences mathématiques*, ne nous permettent pas de donner ici la construction et l'usage de ces instrumens.

GNOMON. (*Ast*). Instrument qui sert à mesurer la hauteur du soleil. Ce nom vient du grec γνωμων.

(*Règle à droite, style droit*). Le gnomon, est ordinairement un pilier, une colonne, ou une pyramide élevée verticalement sur une surface plane, horizontale, en un point d'une ligne droite tracée sur cette surface, et qui représente la méridienne du lieu. (*Voy. pl.* 28 *fig.* 6). Pour connaître la hauteur du soleil dans le méridien, c'est-à-dire la hauteur du soleil au-dessus de l'horizon au moment du midi vrai, il suffit de mesurer la longueur de l'ombre projetée par le gnomon lorsque cette ombre tombe exactement sur la ligne méridienne, car dans le triangle rectangle formé par le gnomon, son ombre et le rayon lumineux, deux côtés étant connus, il devient facile de calculer l'angle de l'ombre et du rayon, qui mesure précisément la hauteur du soleil. Soit en effet CE. (*pl.* 28, *fig.* 6) un gnomon, dont nous exprimerons la hauteur par h, et soit o la longueur CA de son ombre, l'angle EAC sera la hauteur du soleil et nous aurons (*Voy.* TRIGONOMÉTRIE).

$$1 : \tang \text{EAC} :: o : h$$

d'où

$$\tang \text{EAC} = \frac{o}{h}$$

C'est de cette manière que, 320 ans avant notre ère, Pythéas trouva le jour du solstice d'été, à Marseille; la longueur de l'ombre était celle du gnomon, dans le rapport des nombres 120 et $41\frac{4}{5}$ ce qui donne pour la valeur de la tangente de l'angle de hauteur, le nombre $2\frac{82}{209}$; cet angle était donc alors de $70°\ 47'\ 42''$ qu'il faut réduire à $70°\ 31'\ 35''$, en tenant compte de la grandeur du demi-diamètre apparent du soleil et des effets de la réfraction. Ainsi, la hauteur de l'équateur étant à Marseille de $46°\ 42'\ 17''$, on peut en conclure que la distance du soleil à l'équateur, au moment du solstice, ou que l'obliquité de l'écliptique, était à peu près de $23°\ 49'$ du temps de Pythéas.

La méthode d'observer les hauteurs du soleil par l'ombre d'un gnomon, est sujette à plusieurs inconvéniens, dont le principal consiste dans le vague de la terminaison de l'ombre. On y a remédié en adoptant au sommet une plaque percée d'un trou circulaire, au moyen duquel l'image brillante du soleil est projetée sur la méridienne. Les observations les plus importantes sont celles de Cassini. (*Voy.* ce mot), faites à Bologne en 1656, et celles de le Monnier, faites à Paris, en 1743, dans l'église de St-Sulpice; elles ont constaté la diminution progressive de l'obliquité de l'écliptique. (*Voy.* ECLIPTIQUE). Pour plus de détails, voy. MÉRIDIENNE.

GNOMONIQUE, *science des cadrans solaires*. Ce nom est dérivé de *gnomon*, parce que les Grecs distinguaient les heures par l'ombre d'un gnomon.

On nomme *cadran solaire*, une surface quelconque sur laquelle on décrit une assemblage de lignes, telles que l'ombre d'une verge métallique, implantée dans cette surface, indique l'heure par sa coïncidence avec une de ces lignes. Les lignes du cadran se nomment les *lignes horaires*, et la verge métallique prend le nom de *style* ou d'*axe*, parce qu'on la considère comme faisant partie de l'axe du monde, dans la direction duquel elle est toujours placée.

1. Pour se rendre facilement compte des propriétés fondamentales des cadrans solaires, supposons que l'axe du monde, au lieu d'être une ligne imaginaire, soit une verge métallique, et que le plan de l'équateur soit capable de retenir l'ombre que fait naître l'interception des rayons solaires par cette verge. Dans son mouvement diurne apparent, le soleil décrivant sur la voûte céleste un cercle parallèle à l'équateur, l'ombre projetée par l'axe parcourra successivement le plan de l'équateur, et si l'on imagine ce plan partagé en 24 parties égales par des droites menées du centre à la circonférence, la coïncidence de l'ombre avec chacune de ces droites indiquera une heure déterminée ou une *vingt-quatrième* partie du jour solaire vrai. Nous nommerons *plans horaires*, les plans d'ombre, c'est-à-dire les plans qui à chaque instant passent par l'axe et par le centre du soleil.

2. Or, un point quelconque de la surface de la terre peut être considéré, sans erreur sensible, comme le centre de la sphère céleste, et tout plan parallèle à l'équateur, auquel ce point appartient, peut être pris pour le plan même de l'équateur. Si donc on établit un style AB (*Pl.* 41, *fig.* 1) dans la direction de l'axe du monde, et qu'on lui fasse traverser en un point C, un plan parallèle à l'équateur, on aura immédiatement un cadran solaire en décrivant du point C une circonférence de cercle, car il suffira, pour tracer les lignes horaires, de diviser cette circonférence en 24 parties égales par des droites menées du centre C, en ayant soin toutefois qu'une de ces droites, CD, rencontre la méridienne du lieu. Cette droite sera la ligne de *midi*, et les autres indiqueront les heures avant ou après midi, selon qu'elles seront dirigées à l'occident ou à l'orient de la méridienne. Le cadran dont nous venons de donner la description se nomme *cadran équatorial;* pour qu'il puisse servir toute l'année il faut qu'il ait deux faces, le soleil se trouvant pendant six mois dans l'hémisphère boréal et pendant six mois dans l'hémisphère austral.

Le tracé des lignes horaires ne présentant aucune difficulté dans ce cadran, on voit que sa construction demande seulement qu'on sache tracer une méridienne et placer le style. Nous allons nous occuper de ces problèmes dont la solution est également essentielle pour tous les autres cadrans.

3. Ayant choisi un plan bien horizontal, on décrira d'un point quelconque une circonférence de cercle, et l'on fixera, à ce point, une tringle de métal de quelques pouces de hauteur exactement perpendiculaire au plan. On observera avant midi l'instant où l'extrémité de l'ombre de la tringle atteindra la circonférence et l'on marquera le point où cette rencontre aura lieu ; après midi, on observera de nouveau l'instant où le même phénomène se représentera, et on marquera le nouveau point de rencontre. On divisera en deux parties égales l'arc compris entre les deux points ainsi déterminés, et, par ce point de division et par le centre, on mènera une droite indéfinie qui sera la méridienne. Comme une seule observation faite avant et après midi peut manquer de précision, il est plus convenable de tracer plusieurs circonférences concentriques pour pouvoir déterminer plusieurs points le matin et le soir ; on est alors certain de la bonté du résultat, si tous les points de division des arcs sont sur une même ligne droite. Il existe d'autres moyens plus exacts de tracer une méridienne que nous verrons ailleurs. (*Voy.* Méridienne.)

4. Le style devant être dans la direction de l'axe du monde, il faut qu'il soit situé dans le plan vertical qui passe par la méridienne, et qu'il fasse avec cette ligne un angle égal à la hauteur du pôle au-dessus de l'horison, ou à la latitude du lieu. Ces deux conditions peuvent être facilement obtenues à l'aide d'une équerre sur laquelle on trace l'angle demandé.

Pour placer le cadran, il suffit ensuite de faire passer le style par son centre, de manière qu'il soit exactement perpendiculaire à son plan, ce qu'on exécute encore par le moyen d'une équerre.

5. Nous pouvons maintenant nous proposer de tracer un cadran sur une surface plane dirigée d'une manière quelconque. Ce problème, pris dans sa plus grande généralité, consiste à trouver les intersections des plans horaires avec la surface donnée. Soit d'abord un plan horizontal.

6. *Cadran horizontal.* Ayant tracé la méridienne AB, et placé le style AC (Pl. 41, fig. 2.), de manière que l'angle CAB soit égal à la latitude du lieu, il ne reste plus qu'à décrire les lignes horaires ; or, ces lignes devant nécessairement se rencontrer au point A, supposé le centre de la sphère céleste, il suffit de déterminer pour chacune d'elles un second point qui lui appartienne. Imaginons un cadran équatorial dont le centre soit en un point quelconque du style, et dont le plan coupe le plan horizontal donné selon la droite MN. Cette droite sera la trace du plan de l'équateur sur celui de l'horizon. On la nomme l'*équinoxiale*. Si nous concevons maintenant que par l'axe AC et par chacune des lignes horaires DE, DP, etc, du cadran équatorial on fasse passer des plans, les intersections AE, AP, etc., de

ces plans avec le plan horizontal, seront les lignes horaires du cadran horizontal. On pourra donc tracer immédiatement ces lignes horaires en connaissant seulement les points E, P, etc., où les lignes horaires du cadran équatorial, prolongées suffisamment, rencontrent l'équinoxiale MN. Cette considération si simple va nous fournir les moyens, soit de calculer la grandeur des angles horaires EAB, PAB, etc., entre les lignes horaires cherchées et la méridienne AB, soit de construire graphiquement ces lignes.

Le triangle BAD, rectangle en D, nous donne (*Voyez* Trigonométrie.)

$$1 : \sin \text{DAB} :: \text{AB} : \text{BD}$$

et le triangle EBD, rectangle en B, nous donne

$$1 : \tan \text{EDB} :: \text{BD} : \text{BE}$$

De ces deux proportions nous tirons

$$\frac{\text{BE}}{\text{AB}} = \tan \text{EDB} \times \sin \text{DAB}$$

Mais le triangle BAE, rectangle en B, nous donne aussi

$$1 : \tan \text{BAE} :: \text{AB} : \text{BE}$$

donc, nous avons

$$\tan \text{BAE} = \frac{\text{BE}}{\text{AB}} = \tan \text{EDB} \times \sin \text{DAB}.$$

Ainsi, remarquant que l'angle BDE peut être un quelconque des angles horaires du cadran équatorial, et que l'angle BAE est l'angle horaire correspondant du cadran horizontal, que de plus l'angle DAB est la latitude du lieu, si nous désignons par h les angles horaires équatoriaux, par h' les angles horizontaux correspondans, et par λ la latitude, nous aurons définitivement l'expression générale (1).

$$\tan h' = \tan h . \sin \lambda$$

dans laquelle il ne reste plus qu'à substituer pour h les distances angulaires des différentes heures à midi, à raison de 15° par heure, puisque les lignes horaires, prises d'heure en heure, du cadran équatorial, divisent la circonférence en 24 parties égales ou de 15 en 15 degrés sexagésimaux.

S'il s'agissait donc de trouver les angles horaires d'un cadran horizontal, pour Paris, par exemple, où la latitude est de 48° 50', on ferait dans la formule (1), $\lambda =$ 48° 50' et h successivement égal à 15°, 30°, 45°, etc., on obtiendrait pour h' les valeurs suivantes : 11° 25' ; 23° 39' ; 36° 58', etc.

Comme les distances angulaires des lignes horaires

sont les mêmes avant et après-midi , ou à droite et à gauche de la méridienne, on aura donc la ligne de onze heures et celle de une heure , en faisant de chaque côté de la méridienne un angle de $11^\circ 25'$; on aura de même les lignes de dix heures et de deux heures , en faisant des angles de $23^\circ 39'$, et ainsi de suite. Si au lieu de diviser le cadran d'heure en heure, on voulait le diviser de demi-heure en demi-heure , on ferait successivement dans la formule (1) h égal à $7^\circ 30'$, 15°, $22^\circ 30'$, 30° etc., et l'on obtiendrait les valeurs suivantes pour les distances angulaires de la ligne de midi avec

	Matin.	Soir.		
la ligne de	XI $\frac{1}{2}$	XII $\frac{1}{2}$	5°	39'
	XI	I	11	25
	X $\frac{1}{2}$	I $\frac{1}{2}$	17	18
	X	II	23	29
	IX $\frac{1}{2}$	II $\frac{1}{2}$	30	1
	IX	III	36	58
	VIII $\frac{1}{2}$	III $\frac{1}{2}$	44	26
	VIII	IV	52	31
	VII $\frac{1}{2}$	IV $\frac{1}{2}$	61	11
	VII	V	70	24
	VI $\frac{1}{2}$	V $\frac{1}{2}$	80	5
	VI	VI	90	0
	V $\frac{1}{2}$	VI $\frac{1}{2}$	99	55
	V	VII	109	36
	IV $\frac{1}{2}$	VII $\frac{1}{2}$	118	49
	IV	VIII	127	29

7. La construction graphique du cadran horizontal est extrêmement simple. Soit A (*fig.* 3. PL. 41.) le centre de ce cadran, et AB la méridienne, on décrira l'angle DAB égal à la latitude du lieu, et d'un point arbitraire D pris sur AD, on élèvera sur cette droite une perpendiculaire DB prolongée jusqu'à sa rencontre en B avec la méridienne. Par ce point B on mènera la droite indéfinie MN perpendiculaire à la méridienne, ce sera l'équinoxiale. Sur le prolongement de la méridienne on prendra BC égal à BD, et avec BC comme rayon on décrira un demi cercle EBF. On divisera ce demi-cercle en 12 parties égales, et par chaque point de division on mènera des rayons que l'on prolongera jusqu'à leur rencontre avec l'équinoxiale MN. On joindra enfin le centre A à tous les points de rencontre par des droites, lesquelles seront les lignes horaires demandées. La ligne de six heures est parallèle à l'équinoxiale, et les lignes au-dessus de celle de six heures sont les prolongemens des lignes au-dessous.

La raison de cette construction est évidente, car si l'on redresse par la pensée le triangle ABD de manière que son plan devienne perpendiculaire au plan du cadran, et qu'on fasse tourner le demi-cercle EBF jusqu'à

ce que CB se confonde avec BD, on aura la disposition à l'aide de laquelle nous avons déterminé (PL. 41 *fig.* 2.) les valeurs des angles horaires. En effet C qui se confond avec D devient le centre du cadran équatorial ; AD est l'axe, et les points marqués, X XI, I, II etc., sont les intersections des lignes horaires avec l'équinoxiale.

8. *Cadran vertical.* On donne ce nom à tout cadran décrit sur une surface plane perpendiculaire au plan de l'horizon. Ce cadran prend divers noms, selon la direction de son intersection avec l'horizon. On le nomme *vertical méridional* lorsqu'il regarde exactement le pôle sud, ou qu'il est perpendiculaire au plan du méridien, c'est-à-dire dans le plan du premier vertical ; *vertical déclinant* lorsqu'il fait un angle quelconque avec le plan du premier vertical ; et particulièrement *vertical méridional* lorsque son plan est le même que celui du *méridien*. Ce dernier se nomme encore *cadran oriental* lorsque sa face regarde le levant, et *cadran occidental* lorsqu'elle regarde le couchant. Nous allons donner la construction de ces divers cadrans.

9. *Cadran vertical méridional.* Soit A (PL. 41 *fig.* 4.) le centre du cadran ; la ligne AC, déterminée par un fil à plomb, sera la ligne de midi ou l'intersection du plan du méridien avec celui du cadran. On placera le style AB dans la direction de l'axe du monde ; ce qui s'exécutera en l'adaptant bien exactement dans le plan du méridien, et de manière qu'il fasse avec la méridienne un angle BAC égal au complément de la latitude du lieu. Ceci posé, imaginons un cadran équatorial dont le centre soit en un point quelconque B du style, le plan de ce cadran coupera le plan vertical suivant une droite MN perpendiculaire à AC, laquelle sera l'équinoxiale du cadran demandé.

Ainsi joignant par des droites AD , AE , etc., le centre A avec les points D , E , etc., où les lignes horaires du cadran équatorial coupent l'équinoxiale, on aura les lignes horaires demandées du cadran vertical méridional. Cette construction nous donne immédiatement l'expression de l'angle horaire du cadran vertical, car le triangle CBA, rectangle en B, fournit

$$1 : AC : : \sin BAC : BC$$

d'où $AC = \dfrac{BC}{\sin BAC}$; le triangle CBD, rectangle en C, fournit

$$1 : \tan CBD : : BC : CD$$

d'où $CD = BC.\, \tan CBD$; et enfin le triangle ADC, rectangle en C, fournit

$$1 : \tan CAD : : AC : CD$$

d'où $\text{tang CAD} = \dfrac{\text{AC}}{\text{CD}}$, et par conséquent

$$\text{tang CAD} = \text{tang CBD} . \sin\text{BAC}$$

or, CAD est l'angle horaire du cadran vertical ; CBD, l'angle horaire du cadran équatorial, et BAC le complément de la latitude. Nous avons donc généralement, en donnant à $h\ h'$ et λ les mêmes désignations que ci-dessus,

$$\text{tang } h' = \text{tang } h \sin(90° - \lambda) = \text{tang } a . \cos\lambda$$

expression qui, en faisant successivement h égal à $15°$ $30°$, $45°$ etc, nous donnera les distances angulaires des lignes horaires à la ligne de midi. On en fera le calcul comme pour le cadran horizontal.

En comparant les dispositions de la fig. 4, avec celles de la fig. 2 qui nous a servi à trouver l'angle horaire du cadran horizontal, on voit que la construction graphique du cadran vertical méridional, est, à peu de chose près, semblable à celle du cadran horizontal, et que cette construction peut s'exécuter de la manière suivante.

Soit C, (Pl. 13, fig. 2) le centre du cadran que l'on veut décrire, menons la ligne CA qui fasse avec la méridienne CD un angle ACD égal au complément de la latitude du lieu ; d'un point A, pris sur AC, menons à AC une perpendiculaire AE, et du point E où cette perpendiculaire rencontre la méridienne menons BG perpendiculaire à CD. Ce sera l'équinoxiale. Prenons ED= AE, et du point D comme centre décrivons le quart de cercle EFQ. Divisons ce quart de cercle en dix parties égales, et par chacun des points de division menons des rayons prolongés jusqu'à leur rencontre, et par le centre C, menons les droites C11, C10, C9, etc. Ces droites seront les lignes horaires avant midi. Une même construction à la gauche de la méridienne nous donnera les lignes horaires après midi.

Le plus long-temps que le cadran vertical méridional puisse indiquer l'heure, c'est depuis six heures du matin jusqu'à six heures du soir, et cela a lieu au temps des équinoxes. Après l'équinoxe d'automne, le soleil éclaire la face méridionale du plan du premier vertical pendant tout le temps qu'il est sur l'horizon ; mais il se lève alors après six heures et se couche toujours avant. Après l'équinoxe du printemps, le soleil se lève avant six heures, mais il commence par éclairer la face nord de ce plan, et il est toujours plus de six heures lorsque ses rayons parviennent à la face méridionale, comme aussi le soir il cesse d'éclairer cette dernière avant six heures. Si l'on voulait construire un cadran vertical *septentrional*, ce qui s'exécuterait exactement de la même manière que ci-dessus, sauf que le style devrait faire

avec la méridienne un angle BAC (Pl. 41. fig. 4) égal au supplément de l'angle BAC, complément de la latitude, on voit que ce cadran ne pourrait servir que lorsque le soleil est au nord du premier vertical, et qu'il n'indiquerait même alors que quelques heures, le matin et le soir.

10. *Cadran vertical déclinant*. Ce cadran est celui qu'on décrit le plus communément sur les murailles. Aussi, nous allons, comme pour les précédens, enseigner la manière de calculer les distances angulaires des lignes horaires à la ligne de midi, obtenue immédiatement par le fil à plomb, et donner sa construction graphique.

Pour simplifier la question, supposons qu'on ait placé devant la muraille un cadran horizontal bien orienté. Le style de ce cadran, prolongé jusqu'à la muraille, marquera la place, la direction et la situation du style du cadran qu'on veut construire. Les lignes horaires, pareillement prolongées jusqu'à la muraille, y détermineront chacune un point par où doit passer la ligne correspondante du cadran vertical ; ainsi, le centre étant donné par le style, on pourra facilement tracer les lignes horaires sur le plan vertical déclinant.

Soit donc (Pl. 41. fig. 5.) A le centre du cadran horizontal, et AD son style prolongé indiquant en D le centre du cadran vertical. Soit de plus MN l'équinoxiale du cadran horizontal, et M'N' l'équinoxiale du cadran vertical déterminée sur son plan par l'intersection du plan horizontal. Alors l'angle M'BM sera l'angle de déclinaison du plan vertical, et BAE étant un angle horaire quelconque du cadran, BDC sera l'angle horaire correspondant du cadran vertical. Désignons par λ la latitude du lieu ou l'angle DAB, par δ la déclinaison du plan vertical en l'angle M'BM, par H l'angle horaire horizontal EAB, et par H' l'angle horaire vertical BDC. Les triangles ADB, ABE, tous deux rectangles en B, nous fournissent

$$1 : \text{tang. } \lambda :: \quad \text{AB} : \text{BD}$$
$$1 : \text{tang. } \text{H} :: \quad \text{AB} : \text{BE}$$

d'où nous tirerons

$$\text{BE} = \frac{\text{BD. tang H}}{\text{tang } \lambda}$$

D'autre part, le triangle CBE, nous donne

$$\text{BC} : \text{BE} :: \sin\text{CEB} : \sin\text{ECB}$$

Mais CEB est le complément de l'angle horaire H, et comme l'angle CBE est la déclinaison du plan vertical, nous avons

$\text{ECB} = 180° - \text{CEB} - \text{CBE} = 180° - (90°-\text{H}) - \delta = 90° + \text{H} - \delta$, conséquemment la proportion ci-dessus est la même chose que

$$BC : BE :: \sin(90° - H) : \sin(90° + H - \delta)$$
$$:: \cos H : \cos(H - \delta)$$

d'où nous avons

$$BC = \frac{BE.\cos H}{\cos(H - \delta)}$$

substituant dans cette valeur de BC celle de BE trouvée ci-dessus, elle deviendra

$$BC = \frac{BD.\,\tan H.\;\cos H}{\tan \lambda.\;\cos(H - \delta)}$$

ce qui nous donnera

$$\frac{BC}{BD} = \frac{\sin H}{\tan \lambda.\;\cos(H - \delta)}$$

en remarquant que $\tan H.\;\cos H = \sin H$.

Maintenant le triangle CBD, rectangle en B, nous fournit

$$1 : \tan H' :: BD : BC$$

d'où

$$\tan H' = \frac{BC}{BD}$$

et, définitivement (1)

$$\tan H' = \frac{\sin H}{\tan \lambda.\;\cos(H - \delta)}$$

Cette expression nous donnera les valeurs des angles horaires du cadran vertical, en y substituant à la place de H les valeurs angulaires des angles du cadran horizontal, lesquelles sont données par la formule (2)

$$\tan. H = \tan h.\;\sin \lambda$$

h étant l'heure comptée à partir de midi et convertie en degrés de l'équateur à raison de 15° par heure. (*Voyez* ci-dessus, 4.)

Dans cette construction nous n'avons considéré que la moitié du plan du cadran, celle qui reçoit les ombres après-midi; pour rendre la formule applicable à l'autre moitié, car ici les deux moitiés du cadran ne sont plus semblables, il faut faire H négatif, ce qui donne

$$\tan H' = -\frac{\sin H}{\tan \lambda.\;\cos(H + \delta)}.$$

le signe négatif de $\tan H'$ indique que l'angle H' doit être pris sur le cadran à l'occident de la méridienne.

En faisant tourner le plan vertical autour de sa ligne équinoxiale M'N' jusqu'à ce qu'il soit rabattu sur le plan horizontal, on trouve sans difficulté la construction graphique que nous allons exposer. Soit D (Pl. 41, fig. 6)

le centre du cadran vertical et BD la méridienne verticale; menons arbitrairement une droite M'N' perpendiculaire à BD, et par le point B menons une autre droite MN qui fasse avec M'N' un angle MBM' égal à la déclinaison du plan vertical. Du point B élevons sur MN une perpendiculaire indéfinie BA, elle représentera la méridienne du cadran horizontal. Pour trouver le centre de ce dernier, faisons au point D un angle BDA' égal au complément de la latitude et portons la distance BA' de B en A, A sera le centre du cadran horizontal. Il ne s'agit donc plus que de décrire ce cadran par le procédé donné ci-dessus (4), en prenant A pour centre et AB pour méridienne, et les intersections de ses lignes horaires avec l'équinoxiale M'N' du cadran vertical nous donneront les seconds points cherchés des lignes horaires de ce dernier. Mais pour nous servir des constructions déjà faites, abaissons du point B sur DA' la perpendiculaire BE, et portons la longueur BE de B en P, P sera le centre du cadran équatorial à l'aide duquel il faut construire le cadran horizontal. Décrivons donc le demi-cercle QBS, et divisons-le en douze parties égales; faisons passer des rayons par tous les points de divisions, en les prolongeant jusqu'à l'équinoxiale MN du cadran horizontal. Achevons ensuite ce cadran comme cela est indiqué dans la figure; les lignes horaires, ou leur prolongement, rencontreront M'N' en des points IX, X, XI, I, II, etc. Enfin menons du point D une droite à chacun de ces points, et le cadran demandé sera construit.

11. Un objet préalable important, soit qu'on veuille se contenter de la construction graphique, soit qu'on veuille calculer les distances angulaires des lignes horaires à la ligne de midi, par les formules (1) et (2), c'est de connaître avec exactitude la déclinaison du plan vertical. Nous allons indiquer un moyen très simple d'arriver à cette connaissance. L'axe AC (Pl. 41. fig 1.) étant établi, on sait qu'il doit toujours être dans le plan du méridien et dans la direction de l'axe du monde, par la pointe C de cet axe, on mènera une horizontale CD, et l'on marquera le point D où elle rencontre la méridienne A XII; cette dernière est donnée dans tous les cadrans verticaux par la direction d'un fil à plomb suspendu au centre A du cadran. Par ce point D, on mènera dans le plan du cadran une horizontale MDN, sur laquelle on marquera deux points M et N également distans du point D. Cela fait, on mesurera avec le plus grand soin tous les côtés des triangles MCD, DCN, et dans chacun d'eux on calculera l'angle en D. Dans tous les cas, ces deux angles doivent être supplémens l'un de l'autre, ce qui sert à vérifier l'opération; s'ils sont tous deux droits, le plan est sans déclinaison ou directement méridional; s'ils sont inégaux, leur différence est égale à la déviation du plan du cadran.

12. Lorsque la déviation du plan du cadran est égale à 90°, ce plan se confond alors avec celui du méridien et le cadran prend le nom d'*oriental* ou d'*occidental*, selon qu'il est tracé sur la face qui regarde l'orient, ou sur celle qui regarde l'*occident*. La construction est la même dans les deux cas.

Ici, le plan du cadran contenant l'axe ne peut recevoir son ombre, et l'on doit établir cet axe en dehors et parallèlement au plan. Soit donc pris à volonté un point A (pl. 13, fig. 4); on mènera d'abord dans le plan une horizontale indéfinie AB, et ensuite une droite AK qui fasse avec celle-ci un angle égal à la latitude du lieu. D'un point quelconque D on élèvera sur AK une perpendiculaire EDC, elle représentera l'axe du monde. Au point D on élèvera une verge ou faux style d'une longueur de quelques pouces, et à son extrémité on fixera le vrai style en l'inclinant parallèlement à EC. Ceci posé, on prendra DE égale à la longueur du *faux style*, et par le point E on mènera EG parallèle à AK, ce sera l'équinoxiale. Du point D comme centre, avec DE pour rayon, on décrira une circonférence EKC, dont on divisera la moitié inférieure en douze parties égales, et par chaque point de division on mènera un rayon qu'on prolongera jusqu'à sa rencontre avec l'équinoxiale EG. Par tous les points ainsi trouvés sur l'équinoxiale, on mènera des droites parallèles à EC, ces droites seront les lignes horaires demandées. EC est la ligne de six heures, c'est-à-dire qu'il est six heures du matin ou du soir lorsque l'ombre du style coïncide avec EC. Il est facile d'après cela de connaître quelles sont les heures indiquées par les autres lignes.

Le *cadran oriental* ne peut servir que depuis le matin jusqu'à midi, et le *cadran occidental* que depuis midi jusqu'à la nuit. Dans ces deux cadrans, les lignes horaires sont toutes parallèles entre elles et à l'axe du monde, parceque cet axe étant l'intersection commune de tous les plans horaires, et étant d'ailleurs parallèle au plan donné, les intersections des plans horaires avec celui-ci ne sauraient rencontrer l'axe et lui sont aussi nécessairement parallèles. On peut donc se rendre aisément compte de la construction que nous venons de donner.

13. *Cadrans inclinés.* On nomme généralement ainsi tous les cadrans dont le plan fait un angle quelconque avec le plan de l'horizon. Dans ce sens, le cadran équatorial et tous les cadrans verticaux sont des *cadrans inclinés*. Si l'intersection du plan du cadran avec l'horizon est une droite qui passe par les points d'orient et d'occident, le cadran est simplement *incliné*; dans tous les autres cas le cadran est dit *incliné* et *déclinant*.

La construction d'un *cadran incliné* ne présente pas plus de difficulté que celle d'un cadran horizontal ; il faut seulement substituer dans la formule

$$\tan h' = \tan h . \sin \lambda$$

Sin $(\lambda + i)$, à la place de sin λ, i étant l'inclinaison du plan, que l'on mesure à l'aide d'un quart de cercle gradué ; et, dans la construction graphique (pl. 41, fig. 3) faire l'angle BAD égal à $\lambda + i$. Le style doit faire aussi avec la méridienne du cadran un angle égal à $\lambda + i$. Toutes ces conditions sont assez évidentes pour qu'il suffise de les énoncer.

14. Il est cependant un cas remarquable que nous devons examiner, c'est celui où le plan donné passe par les pôles du monde, c'est-à-dire lorsque son inclinaison est égale à la latitude. L'axe se trouve alors compris dans le plan et toutes les lignes horaires lui sont parallèles. Le cadran tracé sur ce plan prend le nom de *cadran polaire*. Il y en a de deux espèces ; s'ils regardent le zénith, on les nomme *polaires supérieurs*, et s'ils regardent le nadir, *polaires inférieurs*. Les premiers marquent les heures depuis six heures du matin jusqu'à six heures du soir, et les derniers les heures du matin jusqu'à six heures, et les heures du soir depuis six heures jusqu'au coucher du soleil. Leur construction est la même ; la voici :

Sur le plan du cadran menez une droite horizontale AB (pl. 13, fig. 3) et ayant pris CE pour méridienne, d'un point D comme centre, avec DE pour rayon, décrivez un quart de cercle DGE. Divisez ce quart de cercle en six parties égales et du centre D, menez par les points de division les droites D1, D2, D3, etc., qui rencontrent l'horizontale AB. Portez les intervalles E1, E2, E3, etc., de l'autre côté de CF, et par tous les points de division élevez des perpendiculaires à AB, elles seront les lignes horaires. Enfin élevez en D un style perpendiculaire au plan du cadran et égal au rayon DE ; ou sur deux *faux styles* égaux à DE, et placés perpendiculairement l'un en E et l'autre en C, placez une règle parallèle à CE ; son ombre marquera les heures en tombant sur les lignes horaires marquées 1, 2, 3, etc.

Dans le *cadran polaire inférieur*, on supprime les heures d'avant midi, 9, 10 et 11, et celles d'après-midi 1, 2, 3, etc.; l'on ne conserve que les heures 7 et 8 du matin et 4 et 5 du soir, qui deviennent les heures 7 et 8 du soir et 4 et 5 du matin en retournant le cadran.

15. *Cadran incliné et déclinant.* C'est ici le cas le plus compliqué et le plus général de la gnomonique plane : cependant nous en obtiendrons la solution sans avoir recours à d'autres principes que ceux qui nous ont guidés jusqu'ici.

Soient (pl. 42, fig. 3) DB la méridienne du cadran demandé, MN son équinoxiale et DD' son axe. Prolongeons cet axe jusqu'au plan horizontal, que l'on peut concevoir passer par MN, et prenons le point A, où il rencontre ce plan, pour centre d'un cadran horizontal dont M′N′, mené perpendiculairement à la méridienne AB par le point B, et dans le plan horizontal, sera la ligne équinoxiale. Une ligne horaire quelconque AE du cadran horizontal coupera l'équinoxiale MN du cadran *incliné et déclinant* en un point C qui déterminera la ligne horaire correspondante DC de ce dernier cadran. Il ne s'agit donc plus que de calculer l'angle CDB. Or, désignons l'angle DAB ou la latitude du lieu par λ, l'angle MBM′ ou la déviation du plan donné par δ et enfin l'angle ABD ou l'inclinaison du plan par i; désignons de plus par H l'angle horaire BAE et par H′ son correspondant CDB. Ceci posé, le triangle ADB nous donne

$$AB : BD :: \sin(180 - \lambda - i) : \sin \lambda :: \sin(\lambda + i) : \sin \lambda$$

et le triangle ABE

$$1 : \tang H :: AB : BE$$

En combinant ces deux proportions on en tire

$$BE = \frac{BD . \sin(\lambda + i)\, \tang H}{\sin \lambda}$$

Le triangle CBE, dans lequel les angles sont CEB $= 90° - H$, CBE $= \delta$ et BCE $= 180° - 90 + H - \delta = 90 + (H - \delta)$, nous donne

$$BC : BE :: \cos H : \cos(H - \delta)$$

d'où

$$BC = \frac{BE . \cos H}{\cos(H - \delta)}$$

Substituant dans cette valeur de BC, celle de BE, nous obtiendrons

$$\frac{BC}{BD} = \frac{\sin(\lambda + i) . \sin H}{\sin \lambda . \cos(H - \delta)}$$

Mais le triangle BDC, rectangle en B, donne encore

$$1 : \tang H′ :: BD : BC$$

d'où l'on tire

$$\tang H′ = \frac{BC}{BD}$$

et, par conséquent, (a)

$$\tang H′ = \frac{\sin(\lambda + i) . \sin H}{\sin \lambda . \cos(H - \delta)}$$

Formule dans laquelle l'angle H du cadran horizontal est donné par l'expression

$$\tang H = \tang h \sin \lambda$$

h étant l'heure exprimée en degrés à raison de 15° par heure. On fera H négatif pour une moitié du cadran.

Cette expression générale (a) doit contenir comme cas particuliers toutes celles que nous avons trouvées précédemment. En effet si nous faisons $i = 90°$, ce qui est le cas des cadrans verticaux, nous avons sin $(\lambda + i) =$ $\sin(\lambda + 90° = \cos \lambda$, et comme $\frac{\cos \lambda}{\sin \lambda} = \frac{1}{\tang \lambda}$ (a) devient

$$\tang H′ = \frac{\sin H}{\tang \lambda . \cos(H - \delta)}$$

C'est la formule du n° 10.

Si dans cette dernière on fait $\delta = 0$, cas des cadrans verticaux sans déclinaison, on obtient

$$\tang H′ = \frac{\sin H}{\tang \lambda . \cos H} = \frac{\tang H}{\tang \lambda}$$

et, en substituant la valeur de $\tang H$,

$$\tang H′ = \frac{\tang h . \sin \lambda}{\tang \lambda} = \tang h . \sin \lambda.$$

C'est la formule du n° 6.

Enfin, si l'on fait dans (a), $\delta = 0$, on a le cas des *cadrans inclinés*, c'est-à-dire,

$$\tang H′ = \frac{\sin(\lambda + i) . \tang H}{\sin \lambda}$$

ou

$$\tang H′ = \tang h . \sin(\lambda + i)$$

en substituant la valeur de $\tang H$.

La construction graphique des *cadrans inclinés déclinans* s'exécute, à peu de chose près, de la même manière que celle des cadrans verticaux déclinans; par exemple, DB (pl. 42, fig. 2') représentant la méridienne et MN l'équinoxiale d'un tel cadran, on mènera du centre D une droite DO′ faisant avec DB un angle DBO′ égal à $180° - (\lambda + i)$, et par le point B une autre droite BA′, faisant avec DB l'angle DBA′ égal à l'inclinaison i. BA′ sera la distance du centre à l'équinoxiale, du cadran horizontal qui doit servir à la construction. Du point B on mènera encore BO′ perpendiculaire sur DO′, BO′ sera le rayon du cadran équinoxial à l'aide duquel on doit décrire le cadran horizontal. Ainsi ayant mené la droite M′ N′ qui fait avec MN au point B, un angle MBM′ égal à la déviation δ, et la droite AB perpendiculaire sur M′ N′, on prendra AB $=$ A′ B et BO $=$ BO′; du point O comme centre on décrira le demi-cercle QBS, et on achèvera la construction comme au n° 10 (pl. 41, fig. 6). Il est évident que BAE étant un angle horaire du cadran horizontal , BDC est l'angle correspondant du *cadran incliné déclinant.*

16. Dans tous les cadrans dont nous venons de parler, il y a un style parallèle à l'axe du monde; mais on peut encore trouver l'heure solaire par la hauteur du soleil , de plusieurs manières différentes, à l'aide de cadrans portatifs pour lesquels on n'a pas besoin de connaître la méridienne. Il nous devient impossible de décrire ces derniers et nous sommes forcés de renvoyer nos lecteurs aux ouvrages spéciaux , non-seulement pour ce qui concerne ces cadrans, mais encore pour beaucoup de détails de la gnomonique dans lesquels nous n'avons pu entrer. Nous donnerons au mot UNIVERSEL la construction d'un cadran de cette espèce à l'aide duquel on peut trouver l'heure avec ou sans le secours du soleil , et par le moyen d'un astre quelconque. Quant aux cadrans tracés sur des surfaces courbes, nous ne pouvons également nous en occuper; mais toute la gnomonique peut se ramener à un seul problème général qui est celui-ci : *Étant donnés douze plans qui se coupent tous à angles égaux dans une même droite , trouver leurs intersections avec une surface plane où courbe située d'une manière quelconque par rapport à ces plans.* Toutes les constructions précédentes ne sont que des cas particuliers de ce problème, et il en est de même de toutes les autres. Nous devons seulement ajouter quelques mots concernant la précision qu'on peut espérer des cadrans solaires.

La gnomonique suppose que le mouvement du soleil est parfaitement uniforme et s'exécute dans un cercle exactement parallèle à l'équateur. Ces deux hypothèses sont inexactes. Voyons si cette inexactitude peut entraîner de grandes erreurs. La durée de la révolution diurne du soleil varie depuis 23 h. 59' 40'' environ , jusqu'à 24 h. 0' 30''; cette différence de 50'' d'une limite à la limite opposée n'est que de quelques dixièmes de seconde entre deux jours consécutifs. On peut donc conclure que des arcs égaux sont parcourus par le soleil dans un même jour en temps sensiblement égaux et que l'heure solaire est bien représentée par un arc de 15° décrit autour de l'axe par le plan horaire. Quoique le mouvement du soleil ne soit pas lui-même bien représenté par des cercles parallèles à l'équateur, car il ne le serait réellement que par un filet de vis à pas inégaux et roulé autour de la zone sphérique , si l'on ne s'attache qu'aux heures qui s'éloignent peu de midi , on pourra encore considérer les arcs comme exactement circulaires et les inégalités seront insensibles. Mais il est d'autres causes d'erreurs qu'il est impossible d'éviter; ce sont la réfraction et la parallaxe qui élèvent inégalement le soleil aux différentes heures du jour et dans les différentes saisons de l'année. Comme, heureusement, ces causes ont peu d'influence sur les heures qui approchent le plus de midi et qu'elles n'en ont aucune sur l'instant de

midi même , on voit qu'on ne doit demander une grande précision aux cadrans solaires que dans les environs de midi.

Lorsqu'on veut qu'un cadran solaire indique le *midi moyen*, on construit autour de la ligne de midi une courbe qu'on nomme *méridienne du temps moyen* (*Voy.* MÉRIDIENNE.)

On construit aussi des *cadrans lunaires*; mais on peut se servir de tous les cadrans solaires pour trouver l'heure au moyen des ombres lunaires; il ne faut pour cela que connaître l'âge de la lune, ou le nombre de jours écoulés depuis la nouvelle lune. Ayant remarqué l'heure indiquée par la lune sur le cadran solaire, on ajoutera à cette heure les trois quarts de l'âge de la lune; la somme sera l'heure solaire. Ce procédé, qu'on ne doit regarder que comme une approximation , est fondé sur ce que la lune passe tous les jours au méridien trois quarts d'heure plus tard que le jour précédent. Comme le jour de la nouvelle lune elle passe au méridien en même temps que le soleil, le lendemain elle passe trois quarts d'heure après, le surlendemain deux fois $\frac{3}{4}$ d'heure et ainsi de suite. Si le nombre des jours multiplié par $\frac{3}{4}$ et ajouté au nombre d'heures est plus grand que 12 , il faut en ôter 12.

17. L'invention des cadrans solaires est attribuée à Anaximandre, mais elle paraît plus ancienne puisqu'il est question d'un de ces instrumens dans la Bible , sous le règne d'Achaz, c'est-à-dire, 775 ans avant notre ère (*Voy.* Rois IV, 20, 10). Leur usage était déjà commun en Grèce du temps d'Eudoxe, mais les Romains ne les connurent que très-tard. Le premier qui parut à Rome fut construit par les soins de Papirius Cursor, 306 ans avant J.-C. Beaucoup d'auteurs ont écrit sur la gnomonique; on doit à Clavius un ouvrage très-étendu, dont l'édition publiée en 1708, avec les additions de Sturmius et les méthodes de Picard et de la Hire pour tracer de grands cadrans , est encore ce que nous avons de plus complet sur cette matière. Depuis, Dechalles, Ozanam , La Hire , Wolf, Deparcieux , Rivard, Dom Bedos , Émerson , ont donné des traités de gnomonique plus ou moins détaillés. Delambre en a placé un très-curieux dans son *Histoire de l'astronomie ancienne.*

GONIOMÉTRIE. (*Géom.*) Ce mot dérive de γωνία, angle , et de μέτρον , mesure, et sert à désigner l'art de mesurer les angles comme aussi de tracer sur le papier des angles dont la grandeur en degrés est connue. (*Voy.* la *Goniométrie* de M. Francœur.) Nous avons expliqué au mot ANGLE pourquoi on se sert du cercle pour la mesure des angles, et ce que l'on doit entendre par le nombre de leurs degrés.

GRAPHIQUE. (*Géom.*) *Opération graphique.* C'est celle qui consiste à résoudre un problème par des figures géométriques tracées sur le papier. On peut s'en servir avantageusement pour obtenir une première approximation dans un grand nombre de questions astronomiques, et même dans de simples problèmes numériques. La méthode de solution des équations du troisième et du quatrième degré que nous avons donnée au mot CONSTRUCTION, est une opération graphique.

GRANDEUR. On définit ordinairement la grandeur, en mathématiques, tout ce qui est susceptible d'augmentation et de diminution ; c'est dans ce sens qu'un *nombre* est une *grandeur*, et qu'une étendue est une *grandeur*. D'Alembert a mis en doute, dans l'Encyclopédie, la justesse de cette définition, en disant que la lumière est susceptible d'augmentation et de diminution, et que cependant ce serait s'exprimer très-improprement si l'on regardait la lumière comme une grandeur. Mais nous pouvons faire observer qu'il s'agit ici de l'intensité de la lumière, intensité qu'on peut représenter par un nombre, et qui est conséquemment une véritable grandeur dans l'acception mathématique de ce mot.

GRAPHOMÈTRE. (*Géom. prat.*) Demi-cercle gradué dont on se sert dans l'arpentage pour relever les angles sur le terrain. Ce demi cercle est monté sur un pied et porte à son centre une règle ou *alidade* mobile, qui sert à viser les objets. Lorsque cette alidade est placée dans la direction d'un objet, et que le diamètre du demi-cercle est placé dans la direction d'un autre, l'angle formé par les droites que l'on suppose menées du centre de l'instrument à ces deux objets est mesuré par l'arc compris entre le diamètre et l'alidade, et l'on connaît immédiatement la grandeur de cet angle par le nombre des degrés de l'arc marqué sur l'instrument.

GRAVESANDE (GUILLAUME-JACOB S'), géomètre hollandais, né à Bois-le-Duc, le 27 septembre 1688, a surtout acquis de la célébrité durant le XVIIIe siècle, par ses recherches en physique et ses opinions en philosophie. Après avoir étudié les mathématiques avec beaucoup d'ardeur et de succès, il débuta dans la carrière des sciences par un *Essai sur la perspective*, qui fixa l'attention des géomètres, et mérita les suffrages de l'illlustre Jean Bernouilli. S'Gravesande prit ensuite une part active à la rédaction du *Journal littéraire*, devenu célèbre sous le titre de *Journal de la république des lettres*. Il y rendait compte des productions mathématiques, et en général des découvertes scientifiques de son temps ; ses articles remarquables par leur originalité et la profondeur des vues, forment des dissertations aussi complètes qu'intéressantes sur les plus graves questions. On peut citer entre autres son examen de la *Géométrie de l'infini*, de Fontenelle ; ses dissertations sur la *construction des machines pneumatiques*, et sur *la théorie des forces vives et du choc des corps en mouvement.* La machine pneumatique dut quelques perfectionnemens importans à l'ingénieuse discussion de S'Gravesande, et ses opinions sur la théorie des forces conformes d'ailleurs à celles de Leibnitz, devinrent l'occasion d'une longue et utile controverse parmi les géomètres.

En 1717, S'Gravesande fut promu à la chaire de mathématiques et d'astronomie à l'Université de Leyde, et il posa dans son discours d'introduction les principes de la philosophie qu'il a depuis professée avec éclat. Nous ne le suivrons pas néanmoins dans le développement de ces doctrines, dont l'influence n'a été que passagère. Nous nous bornerons à dire que sous le point de vue pratique de la science, S'Gravesande démontra les avantages de la méthode introduite par Galilée et Newton, et que dans la spéculation, ses opinions auxquelles on a donné le nom de *Philosophie*, ne sont en réalité qu'un éclectisme impuissant des doctrines de Descartes, de Leibnitz et de Locke. Après avoir refusé de quitter sa patrie pour faire partie des académies de St-Pétersbourg et de Berlin, S'Gravesande mourut le 28 février 1742, des suites de la profonde douleur que lui fit éprouver la perte inattendue de ses deux jeunes fils. Il a laissé dans la science un nom distingué et plusieurs ouvrages importans, parmi lesquels nous citerons : I. *Essai de perspective*, dont nous avons parlé, La Haye, 1711. II. *Physica elementa mathematica experimentis confirmata ; sive introductio ad philosophiam Newtoniam*, 2 vol. in-4. La Haye, 1720, 21-25-42. III. *Mathesos universalis elementa, quibus accedunt, specimen commentarii in arithmeticam universalem Newtoni, ut et de determinandâ formâ seriei infinitœ ad suntœ regula nova.* Leyde, 1727. in-8.

GRAVITATION. Tendance qu'un corps a vers un autre corps par la force de sa gravité. *Voy.* GRAVITÉ.

La physique céleste est fondée aujourd'hui sur le principe de la gravitation universelle, posé par Newton, en vertu duquel toutes les parties de la matière tendent les unes vers les autres avec une force qui varie en raison inverse du carré de la distance. Les démonstrations qui ont été données de ce principe ne laissent rien à désirer, et nous pouvons le considérer comme une des lois générales de la nature. Mais, quoique sa découverte suffise pour immortaliser l'heureux génie auquel la science et conséquemment l'humanité sont encore redevables sous tant d'autres rapports, ce serait être peu justes envers les prédécesseurs de Newton, que de leur refuser une part de l'éclatante gloire dont on l'a environné. Ici, comme pour toutes les grandes découvertes, nous voyons surgir des ténèbres un point lumineux ; à peine perceptible à sa naissance, il s'accroît avec lenteur, longtemps reste stationnaire, puis il s'accroît de nouveau, déborde enfin de toutes parts, et finit par porter la vie et la lumière au sein de la nuit profonde où il a pris naissance. Mais que d'obstacles à surmonter! Que d'efforts, trop souvent infructueux! Certes, si nous devons de la reconnaissance à ces êtres privilégiés qui savent d'une main hardie soulever le voile de la vérité, combien n'en devons-nous pas aussi à ceux dont les travaux, moins brillans, peut-être, mais non moins utiles, préparent le chemin, aplanissent la voie, et accumulent les matériaux!

La gravitation universelle a été entrevue dès la plus haute antiquité. Ce fut un des principes de la philosophie de Démocrite et d'Epicure, et nous avons vu que longtemps avant eux Anaxagoras (*Voy.* ce mot) donnait aux corps célestes une pesanteur vers la terre qu'il regardait comme le centre de leurs mouvemens. Lorsque le véritable système du monde, découvert ou plutôt ressuscité par Copernic, commença à se répandre, les idées des anciens sur la gravitation commencèrent aussi à germer. Copernic lui-même n'attribuait la forme sphérique des corps célestes qu'à la tendance de leurs parties à se réunir; mais il n'alla pas jusqu'à étendre cette tendance d'une planète à l'autre. Bientôt Kepler fit ce pas hardi, car dans la préface de son livre sur les mouvemens de Mars, il fait peser la lune sur la terre et *vice versâ*, de sorte, dit-il, que si elles n'étaient retenues loin l'une de l'autre par leur rotation, elles s'approcheraient et se réuniraient à leur centre commun de gravité. Plus tard, l'attraction ou la gravitation était signalée par Fermat comme la cause de la pesanteur. Suivant lui, un corps matériel ne tombait vers le centre de la terre que parce qu'il se prêtait autant qu'il était possible à la tendance qu'il avait vers toutes les parties de la terre. Il ajoutait même qu'il était moins attiré lorsqu'il était entre le centre et la surface, parce que les parties plus éloignées de ce centre commun l'attiraient en sens contraire des plus proches; d'où il concluait que, dans ce cas, la pesanteur décroît comme la distance au centre (*Voy.* Mersenne, *harm. univ.*, liv. II.), ce qui depuis a été rigoureusement démontré par Newton. Roberval prit aussi la gravitation universelle pour principe fondamental du système physico-astronomique qu'il mit au jour en 1644 sous le nom d'Aristarque de Samos. Dans cet ouvrage, Roberval attribue à toutes les parties de la matière dont l'univers est composé, la propriété de tendre les unes vers les autres; c'est là, dit-il, la raison pour laquelle elles s'arrangent en figure sphérique, non par la vertu d'un centre, mais par leur attraction mutuelle et pour se mettre en équilibre les unes avec les autres.

Mais, ainsi que nous l'avons déjà dit au mot ATTRACTION, personne, avant Newton, n'a mieux aperçu le principe de la gravitation universelle, ni plus approché d'en faire l'application la plus convenable au système de l'univers, que le docteur Hook. Il ne lui restait qu'à trouver la loi du carré des distances; et s'il y a encore bien loin des conjectures de ce savant aux sublimes démonstrations de Newton, nous verrons plus loin que son livre, publié en 1674, fut au moins l'occasion des découvertes de ce dernier.

Ce fut en 1666 que Newton, retiré à la campagne, pour fuir la peste qui cette année désola Londres et ses environs, tourna ses méditations sur la pesanteur des corps. Sa première réflexion, d'après ce que raconte Pimberton (*View of sir Isaac Newton Philosophy*, Londres, 1725) fut que la cause quelconque qui produit la chute des corps terrestres, agissant toujours sur eux à quelque hauteur qu'on les porte, il pouvait bien se faire qu'elle s'étendît beaucoup plus loin qu'on ne pensait, jusqu'à la lune même, et que ce pouvait être cette force qui retenait la lune dans son orbite, en contrebalançant la force centrifuge qui naît de sa révolution autour de la terre. Il considéra en même temps que, quoique la pesanteur ne parût pas diminuée dans les différentes hauteurs auxquelles nous pouvons atteindre, ces hauteurs sont trop petites pour qu'on puisse en conclure que son action est partout la même; et il lui parut au contraire beaucoup plus probable qu'elle devait décroître à mesure que la distance au centre augmenté. Pour découvrir la loi de cette diminution, Newton donna une grande extension à ses premiers aperçus; il pensa que si c'est en effet la pesanteur de la lune vers notre globe qui la retient dans son orbite; il doit en être de même des planètes principales à l'égard du soleil et des satellites de Jupiter à l'égard de cette planète. En comparant les temps périodiques des planètes autour du soleil avec leurs distances, il trouva que les forces centrifuges qui naissent de leurs révolutions, et par conséquent les forces centripètes qui les contrebalancent, sont en raison inverse des carrés des distances. La même chose ayant lieu pour les satellites de Jupiter, Newton conclut que la force qui retient la lune dans son orbite devait être la pesanteur diminuée dans le rapport inverse du carré de sa distance à la terre. Il ne s'agissait plus que de vérifier cette conclusion.

Or, si la lune dont la distance à la terre est d'environ 60 demi-diamètres terrestres, est forcée de circuler autour de celle-ci parce qu'elle tend vers elle avec une pesanteur diminuée suivant le carré de sa distance, c'est-à-dire $60^2 = 3600$ moindre qu'à la surface de la terre, la chute qu'elle ferait étant uniquement livrée à cette force pendant un temps déterminé, celui d'une minute par exemple, devra être la 3600 *ième* partie de l'espace que décrivent les corps pesans vers la surface de la terre pendant le même temps. Mais cette chute de là lune, ou cet espace dont elle s'approcherait de la terre, si elle obéissait uniquement à la pesanteur durant une minute, c'est le sinus verse de l'arc qu'elle décrit durant ce temps (*Voyez* FORCES CENTRALES). Donc ce sinus verse doit être la 3600 *ième* partie de l'espace parcouru en une minute par un corps pesant qui tombe librement à la surface de la terre. Newton entreprit les calculs nécessaires ; mais les résultats qu'il obtint alors lui firent abandonner toutes ses recherches. Ayant supposé, avec les géographes de sa nation, que le degré terrestre contenait 60 milles anglais, au lieu de 69 et demi qu'il contient environ, il ne trouva plus le rapport qu'il fallait pour vérifier sa conjecture ; et cette erreur de mesure, qu'il lui était impossible de supposer, faillit ruiner tout-à-coup le majestueux édifice qui commençait à s'élever.

Ce ne fut qu'en 1676 que Newton recommença ses calculs en se servant de la nouvelle mesure de la terre faite par Picard, et il est probable qu'il y fut engagé par la lecture de l'ouvrage de Hook. Quand, à l'aide de cette mesure, il eut déterminé exactement les dimensions de l'orbite lunaire, le calcul lui donna précisément ce qu'il cherchait (*voy*. GRAVITÉ), et après cette démonstration il n'hésita plus à conclure que la même force qu'éprouvent les corps voisins de la surface de la terre, la lune l'éprouve dans son orbite, et que c'est cette force qui l'y retient et l'empêche de tomber en ligne droite. Assuré de cette vérité, Newton poursuivit ses investigations ; il vit que les lois de Képler dont il donna la première démonstration théorique (*voy*. AIRES proportionnelles aux temps), n'étaient qu'une conséquence de son nouveau principe, et il l'établit enfin d'une manière inébranlable dans l'ouvrage qu'il publia en 1687 sous le titre de *Philosophiæ naturalis principia mathematica* ; ouvrage immortel, dont on n'a pas trop dit en le proclamant l'un des plus beaux que l'esprit humain ait jamais produits, et dont le succès si éclatant en Angleterre et si contesté dans le reste de l'Europe, finit par ruiner tous les anciens systèmes, en opérant une immense révolution dans la science à laquelle il apportait enfin une base.

En France, où les idées nouvelles n'excitent promptement l'enthousiasme que lorsqu'elles sont absurdes, une vive opposition s'éleva d'abord contre le système de la gravitation universelle. Si quelques amis de la vérité osèrent se déclarer en faveur de Newton, on les flétrit bien vite du nom *d'attractionnaires*: on rangea l'attraction au nombre des causes occultes, ses partisans, au nombre des songe-creux, et il ne fallut pas moins que l'immense ascendant de Voltaire sur son siècle pour faire revenir les esprits de leur jugement précipité. Ce génie brillant que les poètes regardaient comme un grand philosophe, et les philosophes comme un grand poète, se déclara le panégyriste de Newton dans un ouvrage qui décèle toutefois la plus complète ignorance des premières notions de la géométrie élémentaire; mais Voltaire était l'oracle de l'époque, et du moins cette fois la vérité n'eut pas à souffrir de son influence. Nous devons dire, à la louange de notre nation, que la réaction en faveur du nouveau système ne se fit pas long-temps attendre, et qu'elle fut aussi complète que générale.

Plusieurs auteurs, tels que Whiston dans ses *Prœlectiones physico-math.* et S'Gravesande, dans ses *Élémens et institutions*, ont tenté de rendre les découvertes de Newton accessibles au public non initié aux calculs supérieurs, en remplaçant les démonstrations mathématiques par des raisonnemens plus simples ou des expériences. Ces ouvrages, et particulièrement celui de Maclaurin, intitulé : *Exposition des découvertes du chevalier Newton*, traduit en français en 1756 par madame la marquise du Châtelet, ont contribué à répandre la doctrine de l'attraction. On doit aux pères Leseur et Jacquier, minimes, la traduction du livre même des principes avec un commentaire très étendu.

GRAVITÉ. (*Méc.*) Force par laquelle tous les corps tendent les uns vers les autres.

Tous les corps qui existent dans l'univers se comportent entre eux, comme s'ils s'attiraient mutuellement, ou comme s'ils étaient poussés les uns vers les autres par une puissance extérieure. Cette force, quelles que soient sa nature et son origine, agit en raison directe des masses et en raison inverse du carré des distances ; ses lois sont plus exactement connues que celles d'aucune autre force naturelle. Quant à la cause physique de la gravité, elle est entièrement ignorée, et aucun des systèmes imaginés pour en rendre raison n'est à l'abri d'objections auxquelles il est impossible de répondre. Les corps s'attirent-ils réellement les uns les autres ? ou sont-ils poussés les uns vers les autres ? C'est ce qu'il est impossible de décider dans l'état actuel de la science, et nous ne devons considérer la gravité ou la tendance mutuelle des corps que comme un fait général dont la cause supérieure ne sera révélée qu'avec le mystère de la création. Newton lui-même n'a jamais prétendu donner l'attraction comme la cause de la gravité; il dit expressément qu'il se sert seulement de ce mot pour énoncer le fait et non pour l'expliquer.

La gravité est la même chose que la pesanteur, cependant le mot *pesanteur* ne s'applique qu'à la force qui fait que les corps terrestres tendent vers la terre, tandis que *gravité* se dit généralement de la force par laquelle un corps quelconque tend vers un autre. Voici les preuves de l'universalité de cette force.

Un corps, matériel quelconque, mis en mouvement par l'effet d'une force unique, décrit nécessairement une ligne droite. Ainsi les corps qui, dans leurs mouvemens, décrivent des lignes courbes, y doivent être forcés par quelque autre puissance qui agit sur eux continuellement.

Il suit de là que les planètes, faisant leurs révolutions dans des orbites elliptiques, reçoivent l'action continuelle et constante d'une force qui les empêche de se déplacer de ces orbites et de décrire des lignes droites.

Mais il est prouvé, 1°. que tous les corps qui, dans leur mouvement, décrivent une ligne courbe sur un plan, et qui, par des rayons tirés vers un même point, décrivent autour de ce point des aires proportionnelles aux temps, sont poussés par quelque puissance qui tend vers ce point. 2°. Que lorsque plusieurs corps tournent autour d'un même centre dans des cercles concentriques, de manière que les carrés des temps périodiques de leurs révolutions, soient entre eux comme les cubes de leurs distances du centre commun, les forces centrales de ces corps sont en raison inverse des carrés de distances. (*Voy.* Forces centrales. 8.)

Or, Képler a reconnu, et après lui tous les astronomes, que les aires décrites par les rayons vecteurs des planètes sont proportionnelles aux temps de leurs révolutions, et que les carrés de ces révolutions sont entre eux comme les cubes des distances. (*Voy.* Lois de Képler.)

Ainsi, les planètes sont donc retenues dans leurs orbites par une puissance qui agit continuellement sur elles, dont la direction est vers le centre de ces orbites, et dont l'intensité diminue comme le carré de la distance augmente.

Il suffit maintenant de comparer cette force centrale ou *centripète*, avec la force de *gravité* des corps sur la terre pour s'assurer qu'elles sont exactement semblables.

Nous avons vu (Accéléré), que la pesanteur fait parcourir aux corps qui tombent librement, à la latitude de Paris, l'espace de 4,9044 mètres pendant la première seconde de leur chute, et comme on mesure les forces accélératrices par la vitesse acquise dans l'unité de temps, la force de la pesanteur est donc représentée par 9,8088 mètres. Mais cette force n'est pas précisément celle que nous avons besoin de connaître, puisqu'elle est diminuée par l'effet de la force centrifuge due à la rotation de la terre sur son axe. Pour pouvoir comparer la gravité à la surface de la terre avec ce qu'elle est à la distance des planètes, il faut d'abord la déterminer telle qu'elle est en elle-même; or, si nous désignons par G la force de gravité, par f l'effet de la force centrifuge et par g la force de la pesanteur donnée par l'expérience, comme agit en sens inverse de la gravité, nous aurons

$$g = G - f \qquad \text{d'où } G = g + f$$

à l'équateur $g = 9{,}7798$ (*voy.* Pendule), et f est le $\frac{1}{289}$ de la gravité (*voy.* Forces centrales 12); substituant ces valeurs, nous trouverons

$$G = 9{,}7798 + \frac{G}{289}$$

d'où nous obtiendrons en dégageant G,

$$G = 9{,}8137 \text{ mètres.}$$

Maintenant si nous désignons par G′ ce que devient la gravité G à la distance de la lune, en supposant que cette force décroît en raison inverse du carré de la distance, nous aurons, le rayon moyen de l'orbite lunaire égal à 60,314 demi-diamètres de la terre,

$$G : G' :: (60{,}314)^2 : 1$$

d'où nous tirerons

$$G' = \frac{G}{(60{,}314)^2} = \frac{9{,}8137}{(60{,}314)^2}$$

Tel sera donc l'effet de la gravité dans une seconde de temps, sur un corps qui serait à la distance de la lune.

Mais φ étant une force accélératrice, la formule générale du mouvement accéléré est (*voy.* Accéléré)

$$e = \frac{1}{2}\varphi t^2$$

Ainsi, mettant à la place de φ la valeur de G′, et supposant que le temps t soit d'une minute ou de 60″, nous aurons pour l'espace e qui devra être parcouru dans une minute de temps

$$e = \frac{1}{2} \cdot \frac{9{,}8137 \cdot (60)^2}{(60{,}314)^2} = 4{,}89 \text{ mètres.}$$

Ainsi, un corps placé à la région de la lune, parcourrait un espace de 4,89 mètres, en une minute, en tombant librement vers la terre, si la force de gravité s'étend jusqu'à cette distance. Voyons maintenant si l'expérience s'accorde avec ce résultat.

D'après la théorie des forces centrales, si la lune obéissait uniquement à la force centripète, elle tomberait vers la terre, en une minute, d'un espace égal au sinus verse de l'arc qu'elle décrit dans le même temps. Ainsi, la révolution sidérale de la lune autour de la terre s'effectuant dans une période de 27 jours 7 heures 43′ ou de 39343′, nous avons, pour la valeur de l'arc décrit dans une minute

$$\frac{360°}{39343} = \frac{129000''}{39343} = 32'',94$$

et, comme le sinus verse d'un angle quelconque μ pour un cercle dont le rayon est r^2 (*voy.* Sinus verse) est donné par l'expression

$$\frac{2r, \sin^2\left(\frac{\mu}{2}\right)}{R^2}$$

R étant le rayon des tables de sinus, nous aurons pour l'espace cherché

$$2\,(60,314)\sin^2(16'',47).\frac{1}{R^2}$$

Pour obtenir cette valeur en mètres il faut la multiplier par le rayon équatorial de la terre qui est de 6376466, et elle devient

$$2(30,314).6376466.\sin^2(16''47).\frac{1}{R^2} = 4,89 \text{ mètres.}$$

Ainsi la force centripète de la lune est la même que la force de la *gravité*, c'est-à-dire, procède du même principe. Donc la lune pèse vers la terre, et réciproquement celle-ci pèse sur la lune, ce qui est confirmé d'ailleurs par le phénomène des marées. (*Voy.* Marées.)

Le même raisonnement peut s'appliquer aux autres planètes, et il en résulte que la gravité est une force universelle. *Voy.* Pesanteur.

Centre de gravité. *Voy.* Centre.

GRÉGOIRE DE SAINT VINCENT (le Père).

Religieux de l'ordre de Jésus et célèbre géomètre du XVIIe siècle. Le problème de la quadrature du cercle a été l'objet constant des travaux de ce savant mathématicien, mais il n'y a de commun que cette prétention malheureuse, entre lui et la plupart de ceux qui ont eu en vue le même objet. Le livre du père Grégoire : *opus geometricum quadraturæ circuli et sectionum coni,* (Anvers 1647) qui, d'après son titre, semble spécialement destiné à l'explication de la prétendue découverte qu'il croyait avoir faite d'une solution, si inutilement cherchée, contient une foule de découvertes réelles et importantes. C'est, dit un historien des mathématiques, un vrai trésor, une mine riche de vérités mathématiques. On y trouve en effet un grand nombre de théorèmes curieux et exacts sur les propriétés du cercle, et de chacune des sections coniques, la sommation géométriquement déduite des termes et des puissances des termes des progressions; des moyens sans nombre de carrer la parabole et de mesurer les solides de cir-

convolution des sections coniques, etc., etc. La publication de ce livre fit beaucoup de bruit dans le monde savant, il devint bientôt l'objet d'une polémique animée entre les géomètres. L'illustre Huygens prit la plume pour combattre la solution erronée du problème que le père Grégoire donnait comme décisive ; mais ce dernier trouva de nombreux défenseurs. Son savant adversaire rendit hommage à son mérite et n'hésita pas à le placer au rang des géomètres les plus distingués, ce fut aussi l'opinion de Léibnitz qui est consignée dans les *Acta eruditorum* de l'année 1695. Grégoire de Saint-Vincent était né à Bruges en 1524 ; il professa les mathématiques à Rome et à Prague. Il était dans cette dernière ville lors de la célèbre bataille qui la livra aux Suédois. Entraîné par son zèle à porter des secours spirituels aux soldats de sa communion, sur le champ de bataille, il y fut dangereusement blessé, et malheureusement il perdit tous ses manuscrits, fruits de cinquante ans de travaux scientifiques, au milieu des dévastations dont les protestans vainqueurs accablèrent cette cité. Le père Grégoire de Saint-Vincent est mort en 1667.

GREGORY (Jacques), né en 1636 à New-Aberdeen en Ecosse, doit être mis au nombre des grands géomètres qui ont illustré ce prodigieux XVIIe siècle, si fertile en grands hommes. Après un voyage en Italie, entrepris dans le but d'entendre les professeurs célèbres que ce pays possédait alors, il revint dans sa patrie où il fut promu à la chaire de mathématiques du collége universitaire de Saint-André. Il remplit ses fonctions avec une distinction remarquable, et s'acquit en même temps par ses travaux une réputation européenne. Grégory devança, en effet, le grand Newton dans l'invention du télescope à réflexion. Il exposa sa découverte dans un ouvrage où l'on trouve un grand nombre d'idées neuves et hardies. Peut-être aurait-il attaché son nom aux perfectionnemens de l'optique qui ont augmenté les titres de gloire de Newton, s'il n'avait mis une importance trop grande à résoudre l'un des problèmes les plus difficiles de cette science, c'est-à-dire à chercher les moyens de remédier à l'incurvation des images dans les verres ou les miroirs sphériques, et s'il n'avait ainsi perdu beaucoup de temps en essais infructueux. Grégory publia ensuite ses *Exercices géométriques,* dans lesquels il a démontré la quadrature de l'hyperbole donnée par Mercator ; il y réduit à cette quadrature la figure des Secantes, dont dépend l'accroissement exact des méridiens dans les cartes réduites. La suite qu'il donne dans cet ouvrage pour exprimer la circonférence circulaire, est d'un usage très difficile. Il résulte de sa correspondance avec Collins qu'il avait découvert l'origine de l'expression d'une des suites que Newton avait trouvées pour le cercle ; il en envoya la continuation à ce géomètre, avec la suite nouvelle qui exprime l'arc par le sinus, et qui lui appartenait entièrement. On voit encore dans cette correspondance que Gregory était en possession de la méthode du retour des suites, et qu'il l'aurait publiée, s'il n'en avait été empêché par son respect et son admiration pour Newton, qui se proposait lui-même à cette époque de publier la sienne. (*Commercium Epistolicum*, édition in-4.)

Dans un autre ouvrage sur la vraie quadrature du cercle et de l'hyperbole, Grégory entreprend de prouver que cette quadrature est impossible, et qu'on ne peut résoudre ce problème que par approximation. Il y annonce la découverte d'une propriété des polygones inscrits et circonscrits aux sections coniques; mais elle fut contestée par beaucoup de géomètres, et notamment par Huygens. Enfin dans un traité de géométrie universelle, Grégory a donné un recueil de théorèmes curieux et utiles pour la transformation et la quadrature des figures curvilignes, pour la rectification des courbes, la nature de leurs solides et de leurs circonvolutions, et qui sont d'une grande élégance.

Grégory était pauvre; il refusa les bienfaits de Louis XIV, à qui il avait été désigné par l'Académie des sciences, comme un des savans étrangers qui en était le plus digne; mais les motifs de son refus qu'il exprime dans une de ses lettres à Collins, font honneur à sa modestie : « Je suis content de ma situation, lui disait-il, quelque peu avantageuse qu'elle soit; j'ai connu bien des savans, fort au-dessus de moi à tous égards, aveclesquels je ne voudrais pas changer de condition. » Une mort subite et imprévue vint tout-à-coup briser les nobles espérances que Grégory avait fait concevoir, au moment où, dans toute la force de l'âge et du génie, ses travaux pouvaient être si utiles au progrès de la science. Il mourut à 39 ans, en 1675. Les principaux écrits mathématiques de Grégory qui ont été imprimés sont : I. *Optica promota, seu abdita radiorum reflectorum et refractorum mysteria geometricè enunciata.* Lond. 1663, in-4. II. *Exercitationes geometricæ*, Padoue, 1666, in-4. III. *Vera circuli et hyperbolæ quadratura*, Padoue, 1667, in-4. IV. *Geometricæ pars universalis*, id. 1668, in-4.

GRÉGORY (David), neveu de Jacques Grégory fut un mathématicien distingué, mais il n'atteignit pas dans la science le rang élevé où s'était placé son oncle, quoiqu'il se soit exercé dans les mêmes branches des mathématiques, ou peut-être à cause de cela. Il était médecin et professeur d'astronomie à l'université d'Oxford, où il eut du moins la gloire d'expliquer publiquement, l'un des premiers, les doctrines de Newton, qui l'honorait de son amitié. Né à Aberdeen en 1661, il mourut à Maidenhead dans le Berkshire, le 10 octobre 1702. Voici la liste de ses ouvrages : I. *Exercitatio geome-*

trica de dimentione figurarum; sive specimen methodi generalis dimitiendi quasvis figuras. Edimbourg, 1684, in-4. II. *Catoptricæ sphericæ elementa*, Oxford, 1695. Le docteur Browne a traduit en anglais cet ouvrage estimé, et en 1735, Desagulier en a donné une édition plus complète III. *Astronomicæ, physicæ, et geometricæ elementa*, Oxford, 1702. in-fol. On doit encore à David Gregory une traduction en latin de la théorie de la lune, par Newton; une excellente édition d'Euclide avec le texte grec et sa traduction latine en regard. Oxford, 1703, in-fol., et enfin un grand nombre de dissertations insérées dans les *Transactions philosophiques* du temps.

GUERIKE (Otto de), l'un des plus célèbres physiciens du XVIIᵉ siècle, naquit à Magdebourg en 1502. C'est à lui qu'on doit la première idée de la machine pneumatique. Guerike fut aussi un des astronomes les plus distingués de son temps. L'un des premiers il annonça qu'on pouvait prédire avec exactitude le retour des comètes; l'expérience et les progrès de la science ont confirmé cette opinion. Il n'en est pas de même de celle qui lui faisait supposer que les taches du soleil n'étaient autre chose que des petites planètes, dont la révolution avait lieu dans un cercle trop rapproché de cet astre, et dont par conséquent il était presque impossible d'en mesurer la distance. Quelques astronomes ont pensé néaumoins que cette hypothèse n'était pas dénuée de fondement. Guerike, qui était en correspondance avec tous les savans de l'Europe, mourut à Hambourg en 1686. Ses travaux et ses principales observations ont été recueillis et publiés sous ce titre : *Experimenta nova, ut vocant, Magdeburgica, de pauco spatio, ab ipso authore perfectiùs edita, variisque experimentis aucta; quibus accesserunt certa quædam de aëris pondere circà terram, de virtutibus mundanis et systemate mundi planetario, sicut et de stellis fixis ac spatio illo immenso.* Amsterdam, 1672. fig. in-fol.

GUILLAUME IV, surnommé le *Sage*, landgrave de Hesse-Cassel, né le 14 juin 1532, l'un des princes les plus éclairés de son temps, s'est rendu illustre non-seulement par la protection qu'il accorda aux sciences, mais encore par ses propres travaux. L'astronomie lui doit surtout beaucoup; il fit construire à Cassel un des premiers observatoires qui aient existé en Europe et le munit des instrumens les plus perfectionnés qu'on possédait de son temps. On a de lui un grand nombre d'observations importantes qui ont été recueillies et publiées par Snellius en 1618. Il s'adjoignit ensuite Rothman et Juste-Byrge, deux astronomes estimés de cette époque qu'il ne cessa de combler de ses faveurs. Ce fut également à ses pressantes sollicitations que Tycho-Brahé dut les avantages que lui accorda le roi de Danemarck. Guillaume mourut en 1592. Le landgrave Maurice son fils et son successeur, imita son exemple et partagea ses goûts scientifiques.

GULDIN (le père PAUL), religieux de l'ordre de Jésus, dans lequel il entra après avoir abjuré la foi protestante, naquit à Saint-Gall en 1577. Ce géomètre s'est rendu célèbre par sa défense de la réforme du Calendrier grégorien, qu'il entreprit contre Calvisius, mais plus encore par une méthode d'appréciation du centre de gravité, qu'il a exposée dans un ouvrage intitulé : *De centro gravitatis trium specierum quantitatis continuæ*. Viennæ-Austriæ, 1635, 1640-41-42. Il est mort en 1643. *Voy.* CENTROBARIQUE.

H.

HALLEY (EDMOND). Ce grand astronome naquit le 8 novembre 1656, à Londres, où il étudia sous le savant Thomas Gale. L'étendue prodigieuse de ses connaissances et des travaux d'un ordre élevé, lui méritèrent dès sa jeunesse une de ces grandes renommées qui récompenseraient dignement une longue carrière scientifique. Il avait à peine dix-neuf ans quand il publia sa méthode directe pour trouver les aphélies et les excentricités des planètes, ouvrage remarquable, et qui annonçait ce que son auteur devait être un jour. Nous ne suivrons point ce grand homme dans tous les événemens de sa vie, nous nous bornerons à exposer succinctement les travaux importans, les observations et les découvertes qui en ont illustré le cours.

A l'époque où Halley manifestait ainsi le penchant qui entraînait son génie vers l'astronomie, les catalogues de Ptolémée et de Tycho étaient les documens les plus complets qu'on possédait sur la position des étoiles et la connaissance du ciel, et leur imperfection s'opposait aux progrès de la science. Hévélius et Flamstead s'occupaient, il est vrai, à combler la vaste lacune laissée par ces anciens observateurs dans cette partie importante de la science; mais leurs travaux ne pouvaient s'étendre audelà des horizons bornés de Londres et de Dantzig. Halley conçut le projet d'aller observer dans l'autre hémisphère, et de pénétrer vers le pôle austral plus avant que Richer. (*Voyez* ce mot.) Charles II, qui, malgré la dissipation et la légèreté de ses mœurs royales, protégeait les sciences, approuva ses desseins, et lui fit fournir tous les moyens d'exécution d'une aussi utile entreprise. Il s'embarqua en 1676 pour Sainte-Hélène. Il y passa une année et détermina la position de trois cent cinquante étoiles; il créa une nouvelle constellation à côté du *Navire*, à laquelle il donna le nom de *Chêne de Charles II*. Pendant son séjour dans cette île, Halley observa un passage de Mercure sur le disque du soleil, qui eut lieu le 28 octobre de l'année 1677. Mais sa sagacité lui révéla l'utilité que la science pouvait retirer de l'observation du passage des planètes inférieures au-devant du soleil. Il s'attacha surtout à se convaincre et à démontrer que le passage de Vénus donnerait la parallaxe exacte de cet astre. On sait que Halley, quoiqu'il soit parvenu à un âge très-avancé, n'a pu jouir du spectacle de ce rare et curieux phénomène, mais qu'on a retiré après lui de cette observation tous les résultats qu'il en attendait. De retour à Londres, Halley publia son Catalogue des étoiles australes, avec de savantes dissertations sur divers points de l'astronomie. C'est dans cet ouvrage qu'il expose sa méthode pour déterminer la parallaxe du soleil (*Voy.* VÉNUS). Peu de temps après, Halley voyagea en France, en Italie et en Allemagne, pour communiquer aux savans ses observations et recueillir de nouvelles connaissances. De retour en Angleterre, il se livra durant quinze ans aux recherches les plus importantes et les plus fécondes; l'on trouve dans les *Transactions philosophiques* de 1683 à 1687 un nombre considérable de mémoires et de dissertations qui attestent l'élévation de son génie et la prodigieuse multiplicité de ses connaissances. Parmi les travaux qui suffiraient pour illustrer son nom, on remarque sa théorie ingénieuse des variations de l'aiguille aimantée et des lois de ce phénomène; son histoire des vents alisés, et des mémoires sur les questions les plus controversées et les plus importantes, en astronomie, géométrie, algèbre, optique, physique, artillerie; Halley se livrait en même temps à des travaux scientifiques d'un autre ordre, et il publia à la même époque divers mémoires fort curieux sur l'histoire naturelle, les antiquités, la philologie, etc., qu'on trouve dans le même recueil.

En 1698, Halley entreprit de vérifier par l'expérience sa théorie des variations de la boussole : il s'embarqua de nouveau, pénétra jusqu'au cinquante deuxième degré de latitude australe, et parcourut en deux ans les mers des deux hémisphères sous les climats les plus opposés. Partout ses observations furent conformes à sa loi des variations magnétiques. Il revint heureux de cette certitude dans sa patrie, où il devait long-temps encore ajouter à l'illustration de son nom. Ami du grand Newton et fervent promoteur de ses doctrines, c'est à ses soins, à son zèle et à ses puissantes sollicitations que le monde dut la publication des *Principes*, livre immortel que son illustre auteur ne voulait point faire paraître. Bientôt après Halley appliqua la méthode de Newton à la détermination des orbites paraboliques des comètes. Il se livra à de longs et pénibles calculs, et ayant enfin pu comparer les orbites des comètes observées scientifiquement jusqu'à cette époque, il reconnut une parfaite analogie dans les élémens de celles des années 1531, 1607 et 1632. En remontant plus loin dans l'histoire il trouva l'indication de l'apparition d'une comète dans les années 1305, 1380 et 1456, et il ne douta plus que ce ne fût le même astre dont il venait de découvrir le retour périodique. Il établit en conséquence que cette comète avait une période de soixante quatorze à soixante seize ans, et annonça qu'elle reparaîtrait de 1758 à 1759; c'était en 1705 qu'il publiait sa découverte. (*Voy.* APIAN, CLAIRAUT et COMÈTE.) L'astronomie doit encore à Halley un perfectionnement de la théorie des mouvemens de la lune, dont la connaissance est d'une application si importante à la navigation. Cette idée l'avait préoccupé de bonne heure, mais ce fut dans son âge mur et riche de tant d'observations et de connaissances nouvelles, qu'il se livra à un travail sérieux sur ce sujet. On sait qu'il employa comme base de ses investigations le *saros*, période des Chaldéens, dont la durée est d'environ dix-huit ans, et qui ramène à peu-près la lune dans les mêmes circonstances par rapport à la terre et au soleil. Sous ce point de vue, le travail de Halley a été l'objet des critiques les mieux fondées: l'illustre Laplace, parmi beaucoup d'autres géomètres, a signalé un certain nombre d'inégalités séculaires de la lune qui ne pouvaient par conséquent être vérifiées dans le cours de la période chaldéenne; mais ce travail de Halley fut du moins pour lui l'occasion de découvertes réelles et utiles à la théorie qu'il avait en vue d'établir d'une manière définitive. En effet, il put en tirer les lois du mouvement de la lune, c'est-à-dire son équation séculaire et la connaissance des causes de son inégalité périodique, dont la principale est la variation des distances de la terre au soleil.

Ce fut en 1720, c'est-à-dire dans l'intervalle de ces travaux, que Halley remplaça à l'observatoire de Greenwich le célèbre et savant Flamstead; cette position lui fournit de vastes moyens de vérifier, par l'observation la plus soutenue, les théories dont il s'occupait alors. Nous indiquons plutôt ici que nous n'exposons les découvertes de ce grand et infatigable astronome; c'est dans ses ouvrages mêmes qu'il faut les étudier, pour mieux comprendre les ressorts de cette noble intelligence, et sa constance à poursuivre les conséquences des choses au-delà des limites qu'une philosophie inféconde voudrait fixer aux investigations de l'esprit humain. Nous devons ajouter que les écrits de Halley offrent une confirmation explicite, sous ce rapport, des doctrines philosophiques exposées dans ce dictionnaire. En effet, cet illustre astronome, bien qu'il ait préféré les théories de Newton à quelques hypothèses de Descartes, ne parlait pas moins de ce grand homme avec le profond respect que son génie inspirera toujours aux hommes qui cherchent consciencieusement la vérité. Il a suivi sa méthode dans tous les cas où l'*observation* lui a paru insuffisante. Ainsi quand il annonça le premier que la parallaxe et le diamètre des étoiles devaient être insensibles, parce que leur distance était infinie, il mit un terme à des recherches sans résultats réels, tant ces globes sont hors de la portée des instrumens les plus puissans, et il suppléa par l'autorité absolue de la raison à l'autorité pratique et bornée des méthodes empiriques. En déterminant la précession des équinoxes, en même temps que Lahire et Dominique Cassini, Halley s'éleva par la puissance du même principe philosophique à la connaissance du mouvement propre des étoiles, si intimement liée à celle du système de l'univers. Il reconnut que depuis Hipparque, les latitudes de quelques étoiles de première grandeur avaient subi des changemens considérables, et comme il se convainquit que ces changemens ne pouvaient être attribués à la diminution de l'obliquité de l'écliptique et à la précession des équinoxes, il en conclut que chaque étoile avait un mouvement qui lui était propre. Il tira bientôt de ces prémices des conséquences et des développemens non moins remarquables. Il déclara que la prétendue immobilité des *fixes* n'était qu'apparente et que ces corps changeaient de lieu dans l'espace, et que leurs changemens très-lents ne nous paraissaient d'ailleurs petits qu'en raison de la distance où ils se trouvent de notre globe. L'éloignement anéantit à peu près les variations qu'une longue accumulation de siècles peut seule rendre sensibles, et Halley en conclut que la destination de ces globes immenses ne pouvait être seulement de nous transmettre la faible et pâle lumière que nous en recevons et que vraisemblablement ils éclairaient, comme autant de soleils, des systèmes inconnus, dans l'espace. Ces idées paraîtront peut-être vulgaires aujourd'hui, mais à l'époque où Halley les produisit elles frappèrent d'étonnement par leur nouveauté et leur hardiesse philosophique. C'est le droit et le devoir de l'histoire de les rendre à leur illustre auteur, en les signalant dans la marche progressive de l'esprit humain. Le savant historien des mathématiques, Montucla, a suivi Halley dans tous les développemens de ses conjectures sur les comètes, qui se déduisent d'ailleurs de la théorie de Newton. Il a rappelé que, suivant lui, en rétrogradant de 575 en 575 ans on trouvait que la comète qui avait paru en l'an 46 avant Jésus-Christ, quelque temps après la mort de César, avait dû passer fort près de la terre, à l'époque où la chronologie fixe l'évènement du dernier cataclysme qui a bouleversé le monde et que probablement cette circonstance astronomique n'y fut pas étrangère. Halley et Newton, comme Pascal, ajoute cet écrivain, avec une ironie pleine de tristesse et dont on conçoit trop bien le motif, avaient encore cette faiblesse de croire en un Dieu!

Halley, dont les exigences de notre plan ne nous permettent pas de considérer avec plus de développemens les immenses et utiles travaux, mourut à l'âge de 83 ans, le 25 janvier 1742. « Il était, dit Mairan, franc et décidé dans ses procédés, équitable dans ses jugemens, égal et réglé dans ses mœurs, doux et affable, toujours prêt à se communiquer, désintéressé, etc. » Pour lui, la mort ne fut que le moment attendu avec une religieuse résignation d'une modification supérieure dans l'existence immortelle de l'homme. Frappé de paralysie depuis trois ans, ses forces s'éteignirent peu à peu sans qu'il perdît rien de la douce sérénité de son caractère et de cette gaité ou plutôt de cette assurance paisible qui environne de tant de grandeur les derniers momens d'un homme vertueux. Voici la liste de ses principaux ouvrages. I. *Methodus directa et geometrica investigandi excentricitates planetarum*, Londres, 1675 — 1677, in-4°. II. *Catalogus stellarum australium*, *ib.* 1678 — 1679, in-4°. III. *Théorie des variations de l'aiguille aimantée*; en anglais, *Trans. philos.* de 1683, en latin dans les *Acta eruditorum*, de 1684. IV. *Théorie de la recherche du foyer des verres optiques*, *Trans. philos.* de 1692. V. *Apollonii Pergæi de sectione rationis libri II ex arabico MS. latinè versi, accedunt ejusdem de sectione spatii, libri II restituti.* en Saxe, 1706, in-8°. VI. *Apollonii Pergæi conicorum libri VIII. et Sereni de sectione cylindri et coni, libri II.* ib. 1710, in-f°. VII. *Tabulæ astronomicæ*, ib. 1749, in-4°.

HARMONIQUE. Trois nombres sont en *proportion harmonique*, lorsque le rapport géométrique de deux de ces nombres est égal au rapport des différences de chacun d'eux avec le troisième. Par exemple, les nombres A, B, C seront en proportion harmonique si l'on a (1)

$$A : C :: A - B : B - C$$

le nombre du milieu B, prend alors le nom de *moyen harmonique*.

La valeur de ce *moyen* est donnée à l'aide de celles des *extrêmes* par l'expression (2)

$$B = \frac{2AC}{A+C}$$

que l'on tire facilement de la proportion (1).

L'opération indiquée par cette expression, et qui consiste à *diviser le double du produit des extrêmes par leur somme*, est nommée DIVISION HARMONIQUE, parce qu'elle renferme le principe de l'échelle diatonique de la musique. Pour comprendre la génération que nous allons donner de cette échelle, il est essentiel de se rappeler les notions fondamentales suivantes :

1°. La hauteur d'un *ton* quelconque est entièrement déterminée par le nombre des vibrations qu'il fait dans un temps donné, ou par la durée du temps pendant lequel il achève un nombre donné de vibrations.

2°. L'intervalle de deux tons est exprimé par le rapport des temps pendant lesquels ils font un même nombre de vibrations.

3°. Deux intervalles sont égaux, lorsque les temps des tons qui les composent forment entre eux une proportion géométrique.

Ceci posé, désignant par l'unité, le temps employé par un ton marqué ut_1, pour faire un nombre déterminé de vibrations, on sait par expérience que la fraction $\frac{1}{2}$ exprime rigoureusement l'*octave* de ce ton, en ut_2.

Prenant la *moyenne harmonique* entre 1 et $\frac{1}{2}$, c'est à-dire faisant $A = \frac{1}{2}$ et $C = 1$, nous obtiendrons $B = \frac{2}{3}$, et tel est le ton marqué *sol*, ou la *quinte* de ut_1.

L'intervalle de la *quinte* à l'octave est une *quarte*; cet intervalle est égal à $\frac{1}{2} : \frac{2}{3} = \frac{3}{4}$. On la marque *fa*.

La moyenne harmonique entre ut_1 et *sol*, ou entre 1 et $\frac{2}{3}$, est $\frac{4}{5}$, *tierce majeure*, ou *mi*.

La moyenne harmonique entre ut_1 et fa, ou entre 1 et $\frac{4}{5}$, est $\frac{8}{9}$; *seconde majeure*, ou *ré*.

La moyenne harmonique entre fa et ut_2, ou entre $\frac{3}{4}$ et $\frac{1}{2}$, est $\frac{3}{5}$, *sixte majeure* ou *la*.

L'intervalle de la tierce à la quarte est aussi celui de la *septième* à l'octave, il en résulte la proportion

$$\frac{3}{4} : \frac{4}{5} :: \frac{1}{2} : x = \frac{1}{2} \times \frac{4}{5} : \frac{3}{4} = \frac{8}{15}$$

$\frac{8}{15}$ est la *septième majeure* ou *si*.

Les sept tons de l'échelle diatonique seront donc représentés par les termes de la progression

$$1, \frac{8}{9}, \frac{4}{5}, \frac{3}{4}, \frac{2}{3}, \frac{3}{5}, \frac{8}{15}.$$

$$ut_1, \quad re, \quad mi, \quad fa, \quad sol, \quad la, \quad si.$$

on y trouve les trois intervalles

$$\frac{ut_1}{ré} = 1 : \frac{8}{9}, \quad \frac{fa}{sol} = \frac{3}{4} : \frac{2}{3}, \quad \frac{la}{si} = \frac{3}{5} : \frac{8}{15}.$$

égaux chacun à $\frac{9}{8}$, *tons majeurs*; les deux intervalles

$$\frac{ré}{mi} = \frac{8}{9} : \frac{4}{5}, \quad \frac{sol}{la} = \frac{2}{3} : \frac{3}{5}$$

égaux chacun à $\frac{10}{9}$, *tons mineurs*; et enfin les deux intervalles

$$\frac{mi}{fa} = \frac{4}{5} : \frac{3}{4}, \quad \frac{si}{ut_2} = \frac{8}{15} : \frac{1}{2}$$

égaux chacun à $\frac{16}{15}$, *semi tons majeurs*.

L'intervalle du *semi ton majeur* au *ton mineur*, se nomme *semi ton mineur*; et celui du *ton majeur* au *ton mineur* prend le nom de *comma*. Le premier est donc représenté par le nombre $\frac{25}{24}$, et le dernier par $\frac{81}{80}$

Si l'on veut intercaler des tons intermédiaires entre les tons primitifs de l'échelle diatonique pour former l'échelle qui procède entièrement par *demi tons* et que l'on nomme *échelle chromatique*, on pourra encore opérer de la même manière en se servant des intervalles adoptés par les musiciens. En effet :

L'intervalle de la quarte à la *septième mineure*, est lui-même une quarte parfaite; on a donc la proportion

$$ut_1 : fa :: fa : si\, bémol$$

d'où il résulte, $si\, bémol = \frac{9}{16}$.

L'intervalle de la *sixte mineure* à la septième mineure, est une seconde majeure. Cette égalité donne la proportion

$$ut_1 : ré :: sol\, dièse : si\, bémol$$

d'où l'on tire, en substituant les nombres, $sol\, dièse = \frac{81}{128}$

L'intervalle de la seconde majeure à la *quarte majeure* est une tierce majeure, d'où

$$ut_1 : mi :: ré : fa\, dièse$$

et par suite, $fa\, dièse = \frac{32}{45}$, *quarte majeure* nommé aussi *fausse quinte* ou *triton*.

L'intervalle de la seconde majeure à la quarte est une *tierce mineure*, d'où

$$ré : fa :: ut_1 : ré\, dièse$$

et $ré\, dièse = \frac{27}{32}$.

Enfin, l'intervalle entre *ré* et *ré dièse* est une *seconde mineure*, et comme celui de *ut* à *ut, dièse* doit être aussi une *seconde mineure*, on a

$$ré : ré\, dièze :: ut_1 : ut_1\, dièse$$

ce qui donne, $ut_1\, dièse = \frac{243}{256}$.

Les douze tons de la gamme complète *chromatique*, savoir: *ut*, *ut, dièse*, *ré*, *ré dièse*, *mi*, *fa*, *fa dièse*, *sol*, *sol dièse*, *la*, *si bémol*, *si*, *ut_2* auront donc pour valeurs numériques :

$$1, \frac{243}{256}, \frac{8}{9}, \frac{27}{32}, \frac{4}{5}, \frac{3}{4}, \frac{32}{45}, \frac{2}{3}, \frac{81}{128}, \frac{3}{5}, \frac{9}{16}, \frac{8}{15}, \frac{1}{2},$$

lesquelles sont toutes déduites du principe très simple de la *division harmonique* de l'octave. Nous devons dire cependant que tous les auteurs ne sont pas d'accord sur les valeurs des tons intercalaires; mais les précédentes sont généralement adoptées par les premiers harmonistes allemands.

HARRIOT (Thomas). Ce savant mathématicien, naquit à Oxford en 1560; dès l'âge de 19 ans, il avait obtenu le grade de maître-ès-arts, et n'ayant qu'une fortune médiocre il fut obligé de donner des leçons de mathématiques pour se procurer les moyens de continuer ses études. Plus tard il fut un des compagnons du chevalier Walter Raleigh, cet infortuné favori de la reine Elisabeth, qui conduisit une expédition anglaise dans la Caroline du nord, à laquelle on donna le nom de Virginie. Harriot leva la carte de ce pays, et publia à son retour à Londres la relation de ce voyage. Depuis lors il s'occupa exclusivement de mathématiques, mais naturellement modeste et habitué à une vie solitaire et méditative, ses travaux qui ont contribué aux progrès de la science, ne furent d'abord révélés qu'à quelque amis, et leur publication n'eut lieu qu'après sa mort. On lui doit l'importante découverte de la nature et de la formation des équations, que Viète avait déjà abordée, mais qu'il développa avec une sagacité et une supériorité remarquables. Il ne se borna pas à considérer les équations sous la forme usitée jusqu'alors, c'est-à-dire en égalant les termes où entre la quantité inconnue à celui qui contient la connue. Il fait passer dans l'occasion ce dernier terme du même côté que les autres, et l'affectant d'un signe contraire à celui qu'il avait, il égale toute l'expression à zéro. Mais il semble, comme l'ont remarqué plusieurs géomètres, qu'Harriot n'a pas senti lui-même tout l'avantage qu'on pouvait tirer de cette manière de considérer les équations, car il ne la mentionne pour ainsi dire qu'en passant, et emploie partout ailleurs que dans un seul chapitre de l'ouvrage où se trouve cette découverte la forme ordinaire, lorsqu'il propose une équation. Mais la découverte fondamentale d'Harriot, celle qui lui a fait assigner un rang élevé parmi les mathématiciens de son temps, est tout entière dans la remarque qu'il a faite, que toutes les équations d'ordres supérieurs sont des produits d'équations simples. L'on sait que de cette génération des équations découle une foule de vérités qui sont d'un haut intérêt en algèbre. Nous renvoyons au surplus, pour prendre une idée plus complète de cette partie des travaux d'Harriot, à l'ouvrage même où cette méthode est proposée : *Artis analytica praxis ad æquationes algebricas resolvendas*, Londres, 1631. in-fol.

Wallis a fait tort à la mémoire de Harriot en parlant avec exagération de ses découvertes et en lui attribuant, sans sagacité, celles de Descartes dont il avait la prétention de rabaisser le génie. Il a été jusqu'à le désigner comme l'inventeur des équations du second degré, dont la découverte appartient incontestablement à Viète. Harriot était en correspondance avec plusieurs savants célèbres de son temps, et notamment avec Képler; il résulte des lettres de ce dernier, qu'Harriot était en correspondance avec lui au sujet de la théorie de l'arc-en-ciel. Vers le milieu du dix-huitième siècle, on trouva dans un château du comté de Sussex, qui appartenait à la famille des ducs de Northumberland, un manuscrit d'Harriot, d'après lequel on pourrait présumer que ce géomètre avait reconnu les taches dans le soleil à peu près en même temps que Galilée. Cette circonstance n'est remarquable dans l'histoire de la science qu'en ce qu'on peut en tirer la conséquence qu'Harriot s'était procuré un télescope, ou qu'il en avait deviné la construction. Nous ferons remarquer que Drebbel, qui le premier apporta à Londres un microscope et un télescope qu'il avait acheté de Zacharie Jans, y fut accueilli par le roi Jacques en 1618, et qu'il est fort possible qu'Harriot ait tenu de cet homme, qu'on a beaucoup trop calomnié, la connaissance de ce dernier instrument. Cependant d'après ce manuscrit, Harriot aurait vu les taches du soleil en 1610, c'est-à-dire un mois après

Galilée, ce qui s'accorderait mal avec cette circonstance d'autant plus probable cependant que dans des lettres postérieures à cette époque, il ne parle pas de cette découverte; et il était assez naturel qu'il communiquât une pareille découverte à un astronome comme Képler. Il y a donc ici confusion ou erreur de date. Harriot est mort à Londres le 2 juillet 1621.

HAUTEUR. (*Géom.*) Élévation d'un objet au-dessus de la surface de la terre. La mesure des hauteurs tant accessibles qu'inaccessibles est l'objet de l'*Altimétrie* (*voy.* ce mot).

On se sert encore de ce mot pour désigner la distance d'un point à une ligne et celle d'une ligne à un plan. C'est ainsi qu'on nomme *hauteur* d'un triangle la perpendiculaire abaissée de son sommet sur sa base, ou, plus généralement, du sommet de l'un de ses angles sur le côté opposé à cet angle. La *hauteur* d'un parallélogramme est la perpendiculaire abaissée d'un point quelconque d'un de ses côtés sur le côté opposé.

HAUTEUR. (*Ast.*) On nomme *hauteur* ou élévation d'un astre, l'arc du cercle vertical compris entre l'astre et l'horizon.

Les hauteurs des astres se distinguent en *apparentes* et en *vraies*. La hauteur apparente est celle qu'on observe avec les instrumens et qui est influencée par la *réfraction* qui relève l'astre vers le zénith, et par la *parallaxe* qui l'abaisse vers l'horizon. La hauteur vraie est celle qu'on obtient par le calcul, en tenant compte des effets de la réfraction et de la parallaxe.

La hauteur méridienne, qui a lieu lorsque l'astre passe par le méridien, est la plus grande de toutes ; c'est l'arc du méridien compris entre l'astre et l'horizon. Son observation est essentielle dans un grand nombre de questions astronomiques, et principalement pour trouver la *déclinaison* de l'astre. (*Voy.* Déclinaison.)

La hauteur de l'équateur est la plus petite de ses deux distances à l'horizon mesurée sur le méridien. Elle est le complément de la hauteur du pôle.

La hauteur du pôle est égale à la latitude terrestre du lieu, et le problème si important pour l'Astronomie et la Géographie de trouver la latitude d'un lieu se réduit à trouver la hauteur du pôle au-dessus de l'horizon de ce lieu. (*Voy.* Latitude.)

Si l'étoile polaire était exactement située au pôle, il suffirait de mesurer sa hauteur pour avoir immédiatement la latitude; mais comme elle en est éloignée d'environ deux degrés, ce n'est qu'à l'aide de ses hauteurs méridiennes qu'on peut trouver le centre du petit cercle qu'elle décrit en 24 heures autour du pôle, c'est-à-dire le pôle lui-même. En effet, cette étoile passant deux fois au méridien dans le cours d'une révolution diurne, si nous désignons par h sa plus grande hauteur méridienne et par h' sa plus petite $h - h'$ sera le diamettre du petit cercle décrit par cette étoile, et conséquemment $h' + \dfrac{h - h'}{2}$ ou $\dfrac{h + h'}{2}$ sera la hauteur méridienne du cercle ou du pôle.

Toutes les étoiles circompolaires peuvent également servir pour obtenir la hauteur du pôle, en observant leur double passage au méridien; cette méthode est la meilleure de toutes celles qu'on emploie dans le problème des latitudes. Il est bien entendu que les hauteurs dont on prend ainsi la moyenne doivent être corrigées des effets de la réfraction.

Les hauteurs des astres observés hors du méridien servent encore à trouver en mer, ou sur terre, l'heure qu'il est au moment de l'observation. (*Voy.* Heure.)

Hauteurs correspondantes. On donne ce nom à deux hauteurs égales d'un même astre observées l'une avant le passage d'un astre au méridien, et l'autre après ce passage. Ces deux hauteurs servent à déterminer l'instant précis du passage de cet astre au méridien.

Par l'effet du mouvement diurne apparent, les astres paraissent décrire des cercles parallèles à l'équateur, dont les deux parties à droite et à gauche sont semblables; ainsi, une heure, par exemple, avant le passage au méridien et une heure après, les astres ont la même hauteur au-dessus de l'horizon dans un sens différent. Si l'on a donc observé, à l'aide d'une horloge, le moment où l'astre avait une hauteur quelconque avant son passage par le méridien, et le moment ensuite où il se trouve avoir la même hauteur en descendant vers le couchant, la moitié de la différence entre les temps des observations sera le temps que marquait l'horloge au moment du passage.

On se sert de cette méthode pour vérifier la marche des horloges et connaître la quantité dont elles avancent ou retardent, l'heure exacte du passage étant calculée à l'avance.

HAZARD. *Voy.* Probabilité.

HÉLIAQUE. (*Ast.*) On donne le nom d'*héliaque* au lever d'un astre, lorsqu'il sort des rayons du soleil, dont l'éclat empêchait de l'apercevoir, et qu'il devient visible le matin avant le lever du soleil.

On nomme aussi *coucher héliaque*, le coucher d'un astre qui entre dans les rayons du soleil, et qui cesse d'être visible.

HÉLICE. *Voy.* Spirale.

HÉLICOIDE. *Voy.* Spirale parabolique.

HÉLIOCENTRIQUE (*Ast.*) se dit de tout ce qui est relatif aux planètes vues du soleil. Ainsi le *lieu héliocentrique* d'une planète est le point de l'écliptique auquel nous rapporterions cette planète si nous étions placés au centre du soleil.

HÉLIOMÈTRE (*Ast.*) Instrument qui sert à mesurer le diamètre du soleil et celui des planètes.

HÉLIOSTATE (*Ast.*) Lunette mise en mouvement par un mécanisme d'horlogerie qui lui fait suivre le mouvement du soleil, et permet d'observer cet astre comme s'il était en repos.

HÉMISPHÈRE. (*Géom.*) Moitié d'une sphère terminée par un plan qui passe par son centre. (*Voy.* Sphère.)

HÉMISPHÈRE. (*Ast.*) Moitié du globe céleste. *Voy.* Armillaire.

HENDÉCAGONE. (*Géom.*) (de ενδεκα onze et de γωνια angle). Figure composée de onze côtés et de onze angles. *Voy.* Polygone.

HEPTAGONE. (*Géom.*) (de επτα sept et γωνια angle). Polygone de sept côtés. *Voy.* Polygone.

HERCULE. (*Ast.*) Constellation boréale, qui renferme 113 étoiles dans le catalogue de Flamstead. Elle est située entre le *Serpentaire*, la *Lyre* et la *Couronne* (*voy.* pl. 9). Son étoile principale marquée x, est de la seconde grandeur.

HÉRON (d'Alexandrie), géomètre du xie siècle avant Jésus-Christ, s'acquit dans l'antiquité une grande renommée par son habileté dans la mécanique. On a de lui un traité sur les machines à vent, dont la publication est due aux soins du savant Commandin : (*Heronis spiritalia, cura Frederici Commandini*, 1575, in-4°, *iterum*, 1647, *curá N. Allcoti*). Il paraît être l'inventeur des clepsydres à eau et de plusieurs machines à vent qui excitèrent l'admiration de ses contemporains. On voit dans les collections de Pappus que Héron avait aussi écrit un traité sur les différentes puissances mécaniques; mais il n'est que cité dans ce précieux recueil, et il n'est point venu jusqu'à nous.

HÉRON le jeune, qui vivait dans le viiie siècle, était un ingénieur remarquable pour son temps. On a de lui un traité des *machines de guerre*, digne d'attention. Il se trouve dans la collection des *Mathematici veteres*, édition du Louvre, 1693. On y a joint un autre traité de *géodésie*, c'est-à-dire de géométrie, qui est moins important, bien qu'on y trouve la méthode ingénieuse de mesurer la surface d'un triangle rectiligne par la connaissance seule des trois côtés, sans rechercher la perpendiculaire; mais elle n'est accompagnée d'aucune démonstration.

HERSCHELL (WILLIAMS), né à Hanovre en 1738, l'un des plus célèbres observateurs modernes, doit sa réputation à la découverte de la planète qui porte son nom et qu'il fit à l'aide d'un télescope d'une puissance extraordinaire qu'il avait construit lui-même. Herschell ne possédait pas des connaissances théoriques fort étendues, mais il était doué de la perspicacité et de la patience nécessaires aux observateurs des phénomènes célestes. Il ne fut d'abord qu'un musicien agréable; admis en cette qualité à l'église de Batti, il occupa ses loisirs à faire des télescopes. Jusqu'alors on n'avait pu obtenir de ces instrumens qu'un grossissement de 400 fois l'objet, il parvint successivement et après plusieurs essais à en construire un qui donnait un grossissement de 6000. Ce fut le 10 mars 1771 qu'il put découvrir avec ce gigantesque instrument la nouvelle planète placée au-dessus de Saturne, et à laquelle avec le nom de cet astronome on a aussi donné le nom d'*Uranus*. Plus tard, Herschell, en 1787 et en 1797 a découvert six satellites à sa planète. En 1789 il découvrit encore deux nouveaux satellites de Saturne, et enfin en 1790 il put observer sans interruption l'anneau de Saturne et s'assurer qu'il tourne sur un axe perpendiculaire à son plan, dans l'espace de 10 heures 32 minutes. Herschell est mort en 1822.

HERSCHEL. (*Ast.*) Nom que l'on donne quelquefois à la planète plus connue sous celui d'*Uranus* (*voy.* ce mot) parce qu'elle a été découverte par le célèbre astronome anglais Williams Herschel.

HÉTÉRODROME. (*Méc.*) Le *levier hétérodrome* est celui dans lequel le point d'appui est situé entre la puissance et la résistance. Nous le nommons *levier du premier ordre*. *Voy.* LEVIER.

HEURE, partie aliquote du jour naturel, habituellement *un vingt-quatrième*. L'origine du mot *heure* ou ωρα est, selon plusieurs auteurs, le nom d'*Horus* que les Égyptiens donnaient au soleil, le père des heures. D'autres le font dériver du mot grec οριζειν *terminer*. Une *heure*, parmi nous, est une durée du temps égale à la vingt-quatrième partie du jour naturel ou de la durée de la rotation diurne de la terre. On la divise en 60 minutes, la minute en 60 secondes, etc. La division du jour en heures est très-ancienne, mais les différens peuples n'avaient point adopté la même division.

Les Juifs et les Romains, avant la première guerre punique, ne connaissaient point la division en 24 heures égales; ils partageaient le jour artificiel, pris du lever au coucher du soleil, en quatre parties principales, *prime*, *tierce*, *sexte et none*, composées chacune de trois heures. Prime commençait au lever du soleil, tierce trois heures après, sexte à midi et none trois heures avant le coucher du soleil. Les heures étaient plus ou moins grandes dans les diverses saisons de l'année, suivant le temps plus ou moins long de la présence du soleil au-dessus de l'horizon : ce sont les *heures* judaïques, planétaires et inégales qu'on trouve encore indiquées dans les bréviaires. On divisait aussi la nuit en quatre parties de trois heures chacune.

Les Grecs commençaient à compter leurs heures (un vingt-quatrième du tour) à partir du coucher du soleil. Cette pratique a été celle de plusieurs peuples. Généralement aujourd'hui le jour civil commence a minuit, c'est-à-dire au moment du passage du soleil par le méridien inférieur.

Les astronomes distinguent trois sortes d'heures, les *heures sidérales*, les *heures solaires moyennes* et les *heures solaires vraies*. Les premières se rapportent au jour sidéral, qui est la durée d'une révolution complète de la sphère céleste; les secondes au jour solaire moyen, et les dernières au jour solaire vrai (*voyez* ÉQUATION DU TEMPS). Chacune de ces heures est $\frac{1}{24}$ du jour dont elle fait partie.

Les heures sidérales, ainsi que les heures solaires moyennes, sont respectivement égales entre elles et uniformes; mais les heures solaires vraies ne sont égales que pour un même jour, elles varient de grandeur d'un jour à l'autre.

Pour comparer les durées de ces diverses heures, nous prendrons l'heure sidérale comme terme de comparaison. Cette heure est d'après ce que nous avons dit, $\frac{1}{24}$ de la durée du temps écoulé entre deux passages successifs d'une étoile quelconque au méridien; or, les étoiles qui sont fixes, du moins sensiblement, et qui sont entraînées d'orient en occident par un mouvement commun, reviennent toujours au méridien à des intervalles égaux, après une révolution entière de 360°, tandis que le soleil qui a un mouvement propre d'occident en orient ne revient chaque jour au méridien qu'après avoir parcouru un cercle entier plus l'arc qu'il a décrit en sens inverse pendant cette révolution; ainsi, en 24 heures sidérales, le mouvement d'une étoile d'orient en occident est de 360°, et celui du soleil de 360° —A, A désignant l'arc rétrograde décrit par le soleil pendant ces 24 heures.

Si nous désignons par T, le temps sidéral qui doit s'écouler entre deux retours successifs du soleil au méridien, nous aurons donc

$$360° - A : 360° :: 24^h : T$$

ce qui nous donnera pour la valeur de T, ou pour la durée du jour solaire exprimée en heures sidérales

$$T = 24^h \cdot \left(\frac{360°}{360° - A} \right)$$

Mais le mouvement propre *moyen* du soleil étant de 58' 58", 642 en 24 heures sidérales, nous avons A = 58' 58", 642, et par conséquent

$$T = 24 \cdot \left(\frac{360°}{359° \, 1' \, 1'', 358} \right) = 24^h \, 3' \, 56'', 554$$

dont la vingt-quatrième partie, 1 h. 0' 9", 827, est la valeur de l'heure solaire moyenne en temps sidéral.

Si l'on veut prendre l'heure solaire moyenne pour terme de comparaison, on aura pour la valeur de l'heure sidérale exprimée en temps moyen

$$\frac{1}{1^h \, 0' 9'' 827} = 0h \, 59' \, 50'', 17$$

Celle du jour sidéral est donc 23 h. 56' 4", 0907 en temps moyen.

Ces rapports servent à passer de l'heure moyenne à l'heure sidérale et *vice versa* : réductions d'un usage continuel dans la pratique de l'astronomie. Quant à l'heure solaire vraie, sa grandeur étant variable, ses rapports avec l'heure sidérale le sont également.

HÉVÉLIUS (ou plutot Jean Heveik), l'un des plus célèbres astronomes du XIIe siècle, naquit à Dantzig le 22 janvier 1611, d'une famille patricienne et opulente. Il reçut une éducation conforme à cette position sociale, et appliqua d'abord exclusivement ses talens aux affaires publiques; mais le goût des sciences et l'ardeur avec laquelle il se livra à l'étude de l'astronomie le firent entrer plus tard dans une autre carrière où il n'acquit pas moins d'illustration. Hévélius était dans la force de l'âge, en 1647, lorsqu'il publia une description de la lune, qui commença sa renommée et révéla pour ainsi dire son génie à l'Europe savante. Cet ouvrage était surtout remarquable par l'exactitude avec laquelle Hévélius y décrivit les diverses inégalités qui forment des taches à la surface de cet astre : aussi voulut-il en graver lui-même les planches. Cependant les noms qu'il crut pouvoir donner à ces accidents du globe lunaire ne furent point adoptés par les astronomes, qui leur préférèrent la nomenclature proposée par le père Grimaldi, savant observateur de cette époque. Cet ouvrage a pour titre : *Selenographia, Gedani.* (*in-fol.* 1647).

Hévélius publia successivement depuis plusieurs ouvrages importans qui intéressent spécialement l'astronomie. Sa théorie du mouvement de libration de la lune et ses observations des phases de Saturne le placèrent au nombre des grands astronomes. (*De motu lunæ libraforio, Gedani,* 1651. in-fol. — *De nativa saturni facie, ejusdemque phænomenis etc. ib.* in-fol. 1656). En 1661, Hévélius publia son observation du passage de Mercure sous le soleil; il y joignit l'observation encore inédite d'Horoxes sur le passage de Vénus sous cet astre, qui avait eu lieu en 1639. On trouve à la suite de cette publication l'histoire de la nouvelle étoile découverte peu d'années auparavant dans le cou de la baleine, remarquable par la périodicité de ses mouvements, et que les observations d'Hévélius avaient beaucoup contribué à faire connaître. On doit encore à ce savant astronome une lettre sur les deux éclipses de l'année 1654, où ces phénomènes sont décrits avec un rare talent, et divers traités sur les comètes, qui ont beaucoup contribué à avancer la théorie de ces astres, quoique les hypothèses ou plutôt les conjectures qu'Hévélius y propose sur leur nature même laissent beaucoup à désirer.

On voit qu'Hévélius fut surtout un habile observateur; il possédait en effet un observatoire muni d'excellens instrumens, et qu'on pouvait comparer à celui de Tycho-Brahé; une imprimerie y était annexée, et c'est dans cette retraite scientifique qu'il s'était créée, que tous ses écrits virent le jour. Halley et Hooke ont fait remarquer qu'Hévélius, malgré la sagacité supérieure qu'il a si souvent montrée, tenait avec une étrange obstination à observer avec d'anciens instrumens, et ne voulut jamais faire usage du télescope, invention récente alors. Sous le titre de : *Machinæ celestis pars prior* (1673 infol.), Hévélius a donné la description de son observatoire et de ses instrumens; la seconde partie de cet ouvrage qui ut publiée peu de temps après, renferme les observations qu'il a pu faire durant une longue suite d'années. Il publia encore en 1685 un dernier volume d'observations, après le rétablissement de son observatoire qui avait été entièrement détruit par un incendie en 1680; il avait préparé deux nouveaux écrits, mais sa mort qui arriva en 1688 ne lui permit pas de les publier, et mit un terme à une carrière qui fut aussi longue qu'honorable et laborieuse. En 1690, on livra à l'impression ces deux ouvrages qui n'ajoutèrent rien à sa réputation.

HEXAÈDRE. (*Géom.*) C'est un des cinq solides réguliers de Platon. On le nomme aussi *cube* (*Voy.* Solide).

HEXAGONE. (*Géom.*) Polygone de six côtés. (*Voy.* Polygone).

Un Hexagone régulier est celui dont les angles et les côtés sont égaux. Comme tous les polygones réguliers peuvent être inscrits dans un cercle, (*Voy.* Cercle, 13), si nous supposons qu'on ait inscrit l'hexagone A B C D E F, et que du centre O, on ait mené deux rayons

O A, O B, l'angle au centre **A O B** ayant pour mesure

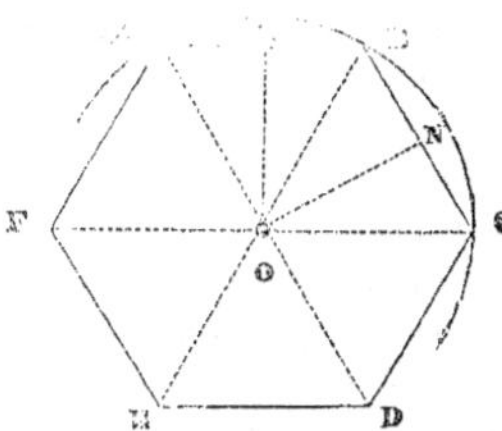

l'arc **A B,** qui est la sixième partie de la circonférence,

sera de $\dfrac{360°}{6} = 60°$; mais dans le triangle isocèle

A B O, les angles à la base **O A B, O B A,** sont égaux,

et chacun de $\dfrac{180° - 60°}{2} = 60°$, ainsi ce triangle a ses

trois angles égaux, et conséquemment aussi ses côtés le sont. Donc le côté de l'hexagone inscrit est égal au rayon.

Pour décrire un hexagone régulier dont le côté soit une droite donnée, il suffit de décrire un cercle avec cette grandeur pour rayon, et de la porter six fois sur la circonférence. En joignant les points de division par des droites, l'hexagone sera construit.

HIPPARQUE, de Nicée, en Bithynie. Ce grand astronome qui fut un des plus illustres maîtres de l'école d'Alexandrie, vivait dans le deuxième siècle avant notre ère. Ses immenses travaux marquent dans l'histoire de la science un point de départ tout nouveau que nous avons suffisamment caractérisé dans un autre article de ce dictionnaire. (*Voy.* École d'Alexandrie.) Nous ajouterons seulement ici que lorsqu'il eut reconnu le peu de fondement des théories adoptées de son temps, et qu'il eut résolu de refaire tout le travail de ses prédécesseurs, en apportant dans ses observations une précision jusqu'alors inconnue, il fut contraint de les comparer seulement à celles des premiers astronomes d'Alexandrie, pour établir sa théorie du soleil et de la précession des équinoxes, et de rejetter comme incertaines et inexactes, ces antiques observations si vantées des Égyptiens et des Chaldéens. C'est cependant sur ces connaissances dédaignées par Hipparque, deux siècles avant Jésus-Christ, qu'on a voulu s'appuyer de nos jours pour démontrer l'existence d'une civilisation qui placerait le berceau du monde dans un passé inconnu ! Hipparque a déterminé la durée de l'année tropique; il a donné les premières tables du soleil qui soient mentionnées dans l'histoire de l'astronomie; le premier aussi il a produit une théorie des mouvemens de la lune, fondée sur un nombre immense d'observations rigoureuses et il a

déterminé la parallaxe de cet astre, dont il a essayé de conclure celle du soleil. On lui doit aussi un catalogue d'étoiles, et des aperçus prodigieux sur les phénomènes célestes, et surtout la grande découverte de la précession des équinoxes. Hipparque a également porté une vive lumière dans la géographie, en donnant une méthode de fixer la position des lieux sur la terre, par leur latitude et leur longitude. C'est en se livrant aux nombreux calculs qu'exigèrent ces importantes recherches, qu'il perfectionna la trigonométrie sphérique. Il ne nous reste d'Hipparque que son commentaire critique de la sphère, ouvrage antérieur à la découverte de la précession des équinoxes. Tous ses autres écrits ont disparu, et c'est dans l'almageste de Ptolémée seulement que se retrouvent les traces de ses glorieux travaux.

HIVER. (*Ast.*) Quatrième saison de l'année, qui commence vers le 22 décembre, lorsque le soleil entre dans le signe du *capricorne,* et finit vers le 21 mars, lorsqu'il sort du signe des *poissons,* pour entrer dans celui du *bélier.* Sa durée est de 89 jours 2 heures. (*Voy.* Armillaire.)

Le premier jour de cette saison est le plus court de l'année.

HIPPOCRATE de Chio, l'un des plus anciens géomètres dont les travaux fassent époque dans l'histoire de la science, s'est rendu célèbre par sa quadrature des *lunules.* (*Voy.* ce mot.) Il s'est aussi distingué parmi les géomètres de l'antiquité qui abordèrent la solution du problème de la duplication du cube. Il était l'auteur d'un traité élémentaire de géométrie, que celui d'Euclide fit de bonne heure oublier.

HOMOCENTRIQUE. (*Ast.*) D'ὅμος *semblable,* et de κέντρον *centre.* C'est la même chose que concentrique. (*Voy.* ce mot.)

HOMODROME. Vieux terme de *Mécanique.* Le levier *homodrome* est celui dans lequel la puissance et la résistance sont toutes deux du même côté du point d'appui. *Voy.* Levier.

On considère deux sortes de *leviers homodromes*: l'un, que l'on nomme aujourd'hui *levier de la seconde espèce,* a la résistance entre l'appui et la puissance; l'autre, qui se nomme *levier de la troisième espèce,* a la puissance entre l'appui et la résistance.

HOMOGÈNE. (*Alg.*) On appelle *quantités homogènes,* celles qui ont le même nombre de dimensions. Par exemple, x^3, x^2y, xyz sont des quantités homogènes parce qu'elles ont chacune trois dimensions (*voy.* Dimension). Une équation est dite *homogène,* lorsque les variables ont le même nombre de dimensions dans tous les termes.

HOMOLOGUE. (*Géom.*) (d'ὅμος *semblable* et de

λόγος *raison*). Nom que l'on donne aux côtés opposés à des angles égaux dans les figures semblables. *Voy.* SIMILITUDE.

HOOK (ROBERT), géomètre et astronome anglais, est célèbre par le nombre et l'importance de ses observations, et par l'habileté avec laquelle il perfectionna les instrumens déjà connus et en imagina de nouveaux. Il est l'auteur d'un traité du micromètre (*micrographie*) qui renferme d'excellentes réflexions sur la construction et l'usage de cet instrument, dont il revendiqua mal à propos l'invention. Il avait eu également la prétention de disputer à Huygens la découverte du ressort spiral qui règle les oscillations du balancier dans les montres : mais il a beaucoup de titres réels et fondés à la gloire, parmi lesquels nous ne pouvons passer sous silence ses vues sur la gravitation universelle. Nulle part ce principe n'est aussi clairement énoncé et plus développé, avant Newton, que dans l'ouvrage de Hook, intitulé : *An attempt to prove the motion of the earth.* Lond. 1674, in-4°. Voici, en effet, dans quels termes précis ce géomètre s'exprime à ce sujet : « J'expliquerai un système
» du monde différent à bien des égards de tous les au-
» tres, et qui est fondé sur les trois propositions suivantes:
» 1° que tous les corps célestes ont non seulement une
» attraction ou une gravitation sur leur propre centre,
» mais qu'ils s'attirent mutuellement les uns les autres
» dans leur sphère d'activité.

» 2° Que tous les corps qui ont un mouvement sim_
» ple et direct continueraient à se mouvoir en ligne
» droite, si quelque force ne les en détournait sans
» cesse, et ne les contraignait à décrire un cercle, une
» ellipse ou quelque autre courbe plus composée.

» 3° Que l'attraction est d'autant plus puissante, que
» le corps attirant est plus voisin.»

Hook ajoutait qu'à l'égard de la loi suivant laquelle agit cette force, ce devait être l'objet de méditations et de recherches particulières auxquelles il n'avait encore pu se livrer, mais que son idée méritait d'être suivie et pouvait être très-utile aux astronomes. Ce livre parut en 1674, c'est à-dire douze ans avant la publication des principes de Newton. On sait au surplus que l'opinion, qui attribue la pesanteur à l'attraction mutuelle des corps, est antérieure aux travaux de ce grand homme et qu'elle se trouve surtout expressément exposée dans une lettre de Pascal et de Roberval à Fermat, en date du 16 août 1638. (*Voyez* NEWTON.) Hook est mort en 1702.

HOPITAL (GUILLAUME-FRANÇOIS DE L') l'un des géomètres les plus distingués de la fin du 17° siècle. Il révéla de bonne heure les plus heureuses dispositions pour la science, en faveur de laquelle il renonça à une existence brillante et à la carrière des armes où ses ancêtres s'étaient illustrés. A quinze ans il résolut un problème de Pascal sur la cycloïde, qui avait paru fort difficile aux plus habiles géomètres du temps. Lorsque la faiblesse de sa santé lui eut fourni, quelques années plus tard, un motif honorable de quitter les rangs de l'armée, le marquis de l'Hôpital se livra avec ardeur à l'étude des mathématiques. L'illustre Jean Bernouilli devint son ami et son maître, et ce fut pour lui qu'il composa les *leçons de calcul différentiel et intégral* ; l'élève ne tarda pas à devenir digne d'un tel professeur. L'Hôpital a attaché son nom à la solution des problèmes les plus difficiles et les plus remarquables dont l'histoire de la science à cette époque fasse mention, au nombre desquels est celui de *la courbe de la plus courte descente*, proposé par Jean Bernouilli.

Mais le plus beau titre de gloire de l'Hôpital est son *Analyse des infiniment petits*, qu'il publia en 1696. C'est dans cet ouvrage que fut exposé pour la première fois le calcul différentiel inventé par Leibnitz, et dont trois ou quatre géomètres de ce temps étaient seuls encore en possession (*Voy.* DIFFÉRENCE). L'Hôpital, qui était né en 1661, mourut à l'âge de quarante-trois ans, le 2 février 1704, avant d'avoir pu mettre la dernière main à son *Traité analytique des sections coniques et de la construction des lieux géométriques.* Ce livre qui fut imprimé en 1707 peut être encore aujourd'hui consulté avec fruit.

HORAIRE. (*Ast.*) Ce mot s'emploie pour plusieurs objets relatifs à l'heure ; par exemple, on nomme

Cercles horaires, ou cercles de déclinaisons, les grands cercles qui passent par les pôles de la sphère et qui, par leurs distances au méridien, marquent les heures. Ainsi quand le soleil est dans un cercle horaire éloigné du méridien de 15°, il est une heure ou onze heures, selon que cette distance est occidentale ou orientale.

Angle horaire, l'angle au pôle formé par le cercle horaire et par le méridien du lieu.

Mouvement horaire, l'espace parcouru en une heure de temps par un astre, ou la variation qu'éprouvent en une heure sa longitude et sa latitude.

Lignes horaires, les lignes qui marquent les heures sur un cadran solaire. (*Voy.* GNOMONIQUE.)

HORIZON. (*Ast.*) (de ὁρίζω je termine). Grand cercle de la sphère céleste qui sépare sa partie visible de sa partie invisible.

Lorsque, d'un point quelconque de la surface de la terre, on examine le ciel, il apparaît comme une voûte ou calotte sphérique, appuyée sur un plan qui est la terre. L'intersection de la voûte et du plan paraît à l'observateur un cercle dont il occupe le centre ; et c'est ce cercle qui sépare la partie supérieure et visible du ciel, de sa partie inférieure et invisible, qu'on nomme en général *l'horizon*.

On distingue l'horizon en *rationnel* et en *sensible*.

L'horizon rationnel ou *astronomique*, est un grand cercle de la sphère dont le plan passe par le centre de la terre, et qui a pour pôles le zénith et le nadir. Il partage la sphère en deux parties égales. *L'horizon sensible* ou *apparent* est un plan que l'on suppose toucher la surface de la terre et que l'on conçoit parallèle à l'horizon rationnel. Cet horizon partage la sphère céleste en deux parties inégales, mais le rayon de la terre n'é-

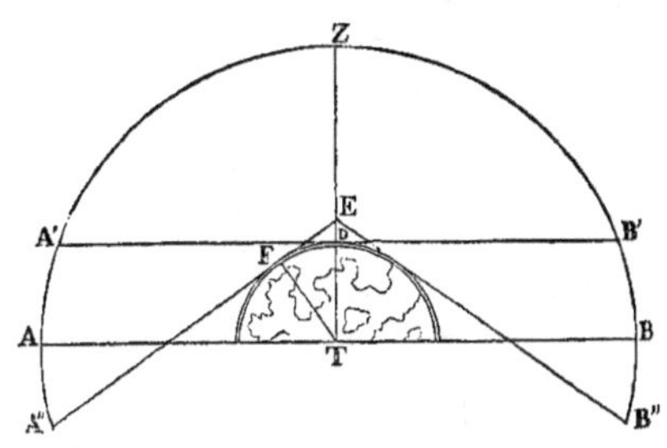

tant qu'un point par rapport à l'immense distance de la terre aux étoiles fixes, toutes les fois qu'il s'agit de ces astres on peut supposer rigoureusement que l'horizon sensible se confond avec l'horizon rationnel. Ainsi, pour l'observateur placé au point D, à la surface de la terre, et dont l'horizon rationnel est selon la droite AB, tandis que son horizon sensible est selon la droite A′ B′, les points A et A′ de la sphère céleste ne seront qu'un seul et même point, parce que l'arc AA′, ou le rayon DT qui le détermine, n'a aucune grandeur comparable avec le rayon AT de la sphère céleste. L'étoile fixe observée en A′ dans l'horizon sensible sera donc bien réellement en A dans l'horizon rationnel. Cependant comme il n'en est point ainsi pour la lune et pour les planètes dont les distances à la terre ne sont point infinies comparativement au rayon terrestre, la distinction des deux horizons est nécessaire.

Il est encore une autre espèce d'horizon qu'on appelle *visible* en *Géographie*; ce n'est autre chose que l'étendue de la terre ou de la mer que l'on peut apercevoir en regardant autour de soi autant que la vue peut s'étendre. La grandeur de cet horizon visible n'est pas toujours la même, car il est évident que plus l'œil est élevé, plus l'horizon sera grand. Un observateur placé sur le sommet d'une haute montagne découvre nécessairement une plus grande étendue de pays que s'il était vers le pied; et en mer, par exemple, la vigie aperçoit du haut d'un mât, un point B de la terre, avant qu'il puisse être visible pour ceux qui sont sur le pont du vaisseau. (*Voy.* pl. 35, fig. 4).

Lorsqu'on connaît la hauteur de l'œil au dessus de la surface de la terre, laquelle surface est toujours prise au niveua de celle de la mer, on peut facilement déterminer

le diamètre de l'horizon visible, car en supposant (fig. ci-contre), que E D soit cette hauteur, la droite E F, tangente à la terre, désigne le rayon visuel qui termine d'un côté l'horizon visible, lequel a pour demi diamètre l'arc F D qu'on peut considérer comme une ligne droite, cet arc étant toujours très-petit par rapport à la circonférence de la terre; or, dans le triangle T F E, rectangle en F, on a

$$1 : \sin FET :: TE : TF$$

ainsi, **T** F étant le rayon connu de la terre, **T** E ce rayon plus la hauteur donnée D E, on calculera la grandeur de l'angle F E T, d'où l'on conclura celle de son complément F T E. Mais l'angle F E T a pour mesure l'arc F D; on connaîtra donc de cette manière le nombre des degrés de cet arc, dont chacun vaut environ 111118 mètres (57012 toises). La grandeur du rayon moyen de la terre, qu'il faut employer dans ce calcul pour obtenir une approximation suffisante, est de 6366745 mètres.

En pleine mer où l'on observe la hauteur des astres par rapport à l'horizon visible ou à la tangente E F, ces hauteurs sont toujours trop grandes et l'on voit aisément, à l'inspection de la figure, qu'il faut les diminuer de l'arc AA″ ou de l'angle FTE pour avoir les véritables hauteurs au dessus de l'horizon rationnel. Tous les traités de navigation contiennent des tables qui donnent ce qu'il faut retrancher de la hauteur observée d'après l'élévation de l'œil au dessus du niveau de la mer.

L'horizon, soit rationnel, soit sensible, se partage en deux moitiés dont l'une est appelée *l'horizon oriental* et l'autre *l'horizon occidental*, parce que le premier est à l'orient et l'autre à l'occident. Ces deux horizons sont séparés l'un de l'autre par le méridien. (*Voy.* Armillaire 8 et 9.)

HORIZONTAL. (*Ast.*) On donne ce nom à tout ce qui est de niveau avec l'horizon, ou se rapporte à l'horizon.

Cadran horizontal. C'est celui qui est tracé sur un plan parallèle à l'horizon. (*Voy.* Gnomonique, 6.)

Plan horizontal. C'est un plan parallèle à l'horizon.

Ligne horizontale. Droite tirée du point de vue, dans la *Perspective*, parallèlement à l'horizon, ou intersection du plan du tableau et du plan horizontal.

Parallaxe horizontale. (*Voy.* Parallaxe.)

Réfraction horizontale. (*Voy.* Réfraction.)

HORLOGE. (*Méc.*) Nom sous lequel on désigne généralement toute machine propre à mesurer le temps.

HOROGRAPHIE. (*Ast.*) C'est l'art de faire des cadrans. On le nomme aussi *Horologiographie*, et plus communément *Gnomonique*. (*Voy.* ce mot.)

HOROPTÈRE. (*Opt.*) Nom que l'on donne à la ligne

droite tirée du point où les deux axes optiques concourent, et qui est parallèle à celle qui joint les centres des deux yeux ou des deux pupilles.

HOROXES (Jérémie), astronome du 17ᵉ siècle, né en Angleterre, dans le comté de Lancastre, vers l'an 1619. Il s'est rendu célèbre par la première observation qui ait été faite du passage de Vénus sous le soleil et qui arriva le 4 décembre 1639. Il détermina la position des nœuds et les autres élémens du mouvement de cette planète avec la plus grande exactitude, et réforma le calcul de Képler relatif à ce phénomène. Cette observation a été depuis d'une grande utilité en astronomie. Horoxes était un pauvre jeune homme qui, avec Guillaume Crabree, son ami, aussi pauvre que lui, se livrait avec toute l'ardeur du génie à l'étude de cette science et à l'observation des astres, presque sans livres et sans instrumens. Il a écrit au sujet du passage de Vénus sous le soleil un traité fort remarquable qu'il n'eut pas même la joie de voir imprimer, car il mourut subitement le 15 janvier 1641. Cet astronome, qui vécut dans la pauvreté et mourut à vingt-deux ans, a laissé d'autres travaux qui, réunis par les soins de Wallin, furent publiés à Londres en 1678, sous ce titre : *Horoccii opera posthuma*. On sait que Flamstead n'a pas dédaigné d'achever ses tables de la lune et qu'Hévélius a publié en 1661 son observation de la conjonction de Vénus. Crabree, le jeune ami d'Horoxes, mourut également à la fleur de l'âge dans une des guerres civiles qui troublaient alors l'Angleterre.

HUYGENS DE ZUYLICHEN (Christian). Il faudrait embrasser toute l'histoire de la science, durant la brillante période du 17ᵉ siècle, pour présenter ici une analyse, même succincte, de la longue série d'inventions et de publications dues à l'homme de génie qui a rendu ce nom si célèbre et si illustre. Déjà dans une multitude d'articles de ce dictionnaire nous avons eu l'occasion, qui se présentera souvent encore, de rappeler ses travaux, d'exposer ses théories, de citer ses opinions ; il ne nous reste donc qu'à faire connaître les particularités principales d'une vie si remarquable, si intimement liée à tous les progrès qui se sont effectués dans toutes les branches du savoir, à l'époque où elle s'est accomplie.

Huygens naquit à La Haye, le 14 avril 1629. Son père Constantin Huygens, secrétaire et conseiller des princes d'Orange, qui a fourni une honorable carrière dans les hautes fonctions publiques et dans les lettres, devina son génie et voulut être son premier précepteur. Le jeune Huygens montra surtout des dispositions extraordinaires pour les sciences exactes : des maîtres distingués furent chargés de les développer. Il étudia successivement à Leyde et à Breda, et ses premiers essais attirèrent l'attention de notre grand Descartes, qui

prononça dès-lors sur ce jeune homme un jugement dont il a réalisé toutes les prévisions et que la postérité a confirmé.

Ce fut en 1651 que Huygens publia son premier ouvrage, c'est-à-dire les *Théorèmes sur la quadrature de l'hyperbole, de l'ellipse et du cercle*, etc. avec la critique de l'ouvrage du père Grégoire de St.-Vincent sur le même sujet. Peu de temps après, il publia ses *découvertes sur la grandeur du cercle*. C'est vers l'an 1655 que, de retour de son premier voyage en France, il s'occupa de l'art de tailler et de polir les verres des grandes lunettes. Il parvint à construire un objectif de douze pieds de foyer, et ce fut à l'aide de cet instrument qu'il découvrit un satellite de Saturne, et qu'il put observer le phénomène bizarre qui distingue cette planète dans notre système et explique ainsi ses inégalités mal entrevues par Galilée ; mais ce ne fut que quelques années après qu'il put compléter sa découverte en perfectionnant encore son instrument. Il publia vers la même époque son *Art de conjecturer*, application ingénieuse du calcul aux jeux de hasard. Presque en même temps il communiquait à Schooten la rectification de la parabole cubique, à Wallis la mesure de l'aire totale de la cissoïde, à Sluze l'évaluation de la surface courbe du conoïde parabolique, en quantités dépendantes de la quadrature du cercle, à Pascal une détermination pareille, pour le conoïde hyperbolique, les sphéroïdes en général et la quadrature d'une portion de la cycloïde. En 1657, il publia son importante découverte de l'application du pendule aux horloges, que Galilée avait entrevue et qu'il eut la gloire de réaliser et de compléter. En 1659, à l'aide d'un objectif de vingt-deux pieds de foyer, il fut à même de préciser davantage ses premières observations sur Saturne, et il publia le *système* de cette planète, dont il acquit une connaissance assez certaine pour annoncer la disparition de l'anneau en 1671.

A cette époque, la gloire et la célébrité de Huygens, appuyées sur tant de travaux dont nous ne donnons ici qu'un énoncé incomplet, n'avaient point de rivales dans le monde. C'est qu'il était à peu près seul dans cette noble carrière où Kepler, Galilée, Descartes et Fermat avaient cessé de briller et où Newton et Leibnitz n'étaient pas encore entrés. De 1660 à 1663 ce grand homme voyagea en Angleterre et en France, et développa dans ces deux pays les brillantes théories dont il était en possession. Il y fut accueilli avec l'enthousiasme qu'inspire le génie, et devint membre de la Société royale des sciences de Londres, et de l'Académie royale des sciences de Paris. Louis XIV et son ministre Colbert, jaloux de la gloire que le travaux d'un tel homme pouvaient répandre sur l'académie naissante, ne négligèrent rien pour l'attacher plus intimement à la France. Touché de la bienveillance plus que de la munificence royale avec laquelle il fut accueilli, Huygens vint se fixer à **Paris**. Ce fut là qu'il publia ses traités sur la *Dioptrique* et sur le mouvement résultant de la percussion, et qu'il résuma enfin l'exposition de ses plus belles découvertes dans son *Horologium oscillatorium*. Ce grand ouvrage fut publié à Paris en 1673. Nous sommes forcés de passer sous silence un grand nombre de travaux et de découvertes d'Huygens dont il enrichit encore à cette époque la théorie de la science ; son perfectionnement n'était pas le seul objet de ses méditations, et il s'attachait aussi à en tirer des résultats pratiques d'une utilité générale. Ce fut dans cette pensée qu'il appliqua aux montres la théorie du pendule en y adaptant le ressort spiral pour régler les oscillations du balancier.

Tant de travaux avait profondément affecté la santé de ce grand homme. Plusieurs fois déjà il avait voulu chercher le repos et la solitude dans sa patrie, et cédant toujours aux pressantes sollicitations dont il était l'objet il avait consenti à revenir à Paris ; mais en 1681 il effectua irrévocablement le projet qu'il avait conçu de se retirer en Hollande, où le rappelaient l'intérêt de sa santé et les liens de famille qui furent toujours puissans sur son cœur. Mais il n'avait pas quitté la France sans laisser après lui de nouvelles traces de son génie si actif, si universel. Il avait perfectionné la construction du baromètre, inventé un niveau à lunette d'une vérification facile, recherché la démonstration rigoureuse des principes de la statique, l'équilibre du levier et des polygones funiculaires.

La retraite d'Huygens ne fut point de sa part un adieu à la science et aux recherches de ses applications d'utilité : les travaux de cette dernière période de sa vie ne sont ni moins importans, ni moins remarquables que ceux qui avaient jusqu'alors illustré sa carrière. Il construisit à cette époque un *automate planétaire* pour représenter les mouvemens réels des corps planétaires. En travaillant à cet ingénieux mécanisme, il fut mis sur la voie d'une de ses plus belles découvertes, celle de l'emploi des fractions continues, qui avaient été considérées par Brounker et Wallis, sans que ces géomètres eussent connu leurs principales propriétés. Huygens reprit vers le même temps ses recherches sur l'optique ; mais à cette époque une grande révolution se préparait dans la science, Leibnitz publiait la découverte du *calcul différentiel* et Newton le livre des *Principes*. Huygens passa en Angleterre pour voir l'auteur de ce dernier ouvrage ; il connaissait depuis long-temps Leibnitz, dont il avait encouragé les premiers essais, mais l'on doit dire qu'il ne rendit pas immédiatement justice à l'importance féconde de sa découverte. Il revint en Hollande en 1690, et publia en français deux de ses écrits les plus dignes de l'admiration de la postérité, le *Traité de la lumière* et le *Discours sur la cause de la*

pesanteur. **Les dernières années de sa vie furent remplies** par des recherches sur le calcul différentiel, dont il avait enfin saisi la puissance et la grandeur. Il écrivit à Fontenelle (1693) « qu'il voyait avec surprise et avec » admiration l'étendue et la fécondité de cet art ; que » de quelque côté qu'il tournât sa vue, il en décou- » vrait de nouveaux usages ; qu'enfin il y concevait un » progrès et une spéculation infinies. » Huygens mourut à La Haye le 8 juillet 1695. Ce grand homme était doué de cette bienveillance aimable qui ajoute à l'éclat du génie, il accueillait avec empressement les savans qui venaient le consulter, et surtout les jeunes gens qui entraient dans la carrière. Il avait compris le génie de Leibnitz, comme Descartes, pour lequel il professa toujours le culte du respect et l'admiration, avait compris le sien. L'illustre inventeur du calcul différentiel s'est plu à faire connaître toutes les obligations qu'il avait eues à ses entretiens avec ce grand géomètre. Il racontait dans la suite qu'un monde nouveau s'était ouvert pour lui depuis lors, et qu'il s'était senti un autre homme. Imprimer à un génie de cette trempe une direction si féconde, n'était-ce pas encore bien mériter de la société, s'écrie avec raison un biographe d'Huygens en rappelant cette particularité de sa vie privée. Les œuvres d'Huygens, à part divers mémoires qui se trouvent dans les *Transactions philosophiques*, ont été recueillies par S'Gravesande sous ces titres : *Christiani Hugenii Zulichemii, opera varia, in quatuor tomos distributa*, 1 vol. in-4° Leyde, 1724. — Id., *opera reliqua*, 2 vol. in-4°, *quorum secundum in duos tomos distributum, continet opera posthuma.* Amsterdam, 1728.

HYADES, (*Ast*). Étoiles rassemblées en forme d'**Y**, qui sont dans la constellation du *taureau*.

HYDRAULIQUE. (*Méc.*) Science qui a pour objet le mouvement des eaux, et la construction des machines propres à les conduire. C'est proprement la partie pratique de l'*hydrodynamique.* (*Voy.* ce mot).

Les machines dont on se sert pour tout ce qui concerne la conduite et l'élévation de l'eau, prennent en général le nom de *machines hydrauliques Voy.* **Fontaine, Jet d'eau, Pompe, Roue,** et **Syphon.**

HYDRE. (*Ast.*) Constellation méridionale nommée aussi *serpens aquaticus*, *asina coluber*, *echidna* ou *vipère.* Elle s'étend au dessus du Lion, de la Vierge et de la Balance. (*Voy.* pl. 9 et 10.)

HYDRODYNAMIQUE. (*Méc.*) Une des branches de la mécanique. Elle a pour objet les lois du mouvement des fluides.

Cette science se subdivise en deux branches, dont la première considère les lois du mouvement des liquides ; c'est proprement l'**Hydraulique,** et la seconde celles du mouvement des *gaz*, c'est la Pneumatique. (*Voy.* ce mot.)

L'hydrodynamique est la partie la plus difficile et la moins avancée de la mécanique; ses lois fondamentales sont entièrement inconnues, et le peu de lois particulières dont elle se compose aujourd'hui ne sont encore qu'un résultat de l'expérience; toutes les tentatives faites jusqu'ici pour les généraliser ou pour en obtenir la déduction mathématique à priori ont été sans succès, et nous pouvons prévoir qu'il en sera de même de toutes les tentatives ultérieures, tant que la constitution intime des *fluides* ou généralement celle de la *matière* ne sera pas dévoilée.

1. Il est connu, par expérience, que lorsqu'un fluide pesant contenu dans un vase s'échappe par une ouverture pratiquée au fond du vase, la surface extérieure du fluide conserve sensiblement une situation horizontale. Si l'on imagine donc que la masse du fluide soit partagée en tranches horizontales, ces tranches pourront être considérées comme parallèles à mesure qu'elles s'abaisseront et que le vase se videra, et les molécules qui les composent seront censées descendre verticalement. Cette hypothèse est loin sans doute d'être rigoureuse, puisque les molécules seront soumises à des mouvemens horizontaux, mais elle est au moins suffisante pour nous donner une solution approchée du problème de *l'écoulement des fluides*.

Soit EFCD, (pl. 43 fig. 1.) un vase dont la surface interne est donnée par l'équation $\varphi(x, y, z), = 0$; imaginons un plan horizontal A B, et prenons l'ordonnée $ez = z$ pour mesurer la distance d'une des tranches du fluide à ce plan. A l'aide de l'équation $\varphi(x, y, z)$, nous connaîtrons l'aire s, de la tranche qui répond à l'ordonnée z, et, la hauteur de la tranche étant supposée infiniment petite, en multipliant cette aire par la différentielle dz de z, nous aurons sdz pour le volume de la tranche. Or, comme dans l'hypothèse qui nous sert de base, toutes les molécules de cette tranche arrivent en même temps par un chemin vertical au plan horizontal qui lui sert de base, il est évident que ces molécules seront animées de la même vitesse. Mais si nous considérons deux tranches différentes, la vitesse cessera d'être constante. En effet le fluide étant incompressible, une tranche quelconque ne peut descendre de la hauteur dz dans le temps dt sans qu'il ne sorte par l'orifice C D une quantité de fluide égale au volume de cette tranche. Ainsi, si nous désignons par v la vitesse qui a lieu à l'orifice C D, par a l'aire de cet orifice; comme la vitesse est généralement égale à l'espace divisé par le temps (*Voy.* vitesse), l'espace vertical parcouru dans l'instant dt sera égal à vdt ; donc en multipliant l'aire a par cette hauteur verticale vdt, nous aurons $avdt$ pour la quantité du fluide écoulé par l'orifice C D pendant l'instant dt.

Cette quantité de fluide devant être égale à la tranche disparue, nous aurons l'équation

$$1\ldots\ldots sdz = avdt$$

d'où nous tirerons

$$2\ldots\ldots av = s.\frac{dz}{dt}$$

Si nous désignons par u la vitesse de la tranche après le temps t, nous aurons $u = \frac{dz}{dt}$ (*voy.* Vitesse); substituant cette valeur dans (2), nous obtiendrons

$$3\ldots\ldots av = su$$

équation qui nous apprend que les vitesses v et u doivent être en raison inverse des aires a et s. Ce qui du reste est évident.

Après l'instant dt, la vitesse u deviendra du, ou $\frac{du}{dt}dt$; mais si les molécules du fluide n'agissaient pas les unes sur les autres, la force accélératrice ou la pesanteur qui la sollicite étant exprimée par g, nous aurions

$$\frac{du}{dt} = g, \text{ et } du = gdt$$

Or, par l'action réciproque des molécules, chaque tranche perd toute la vitesse qu'elle aurait si ces molécules étaient libres, moins celle qui lui reste effectivement; ainsi la vitesse perdue par une molécule de la tranche s sera

$$gdt - \frac{du}{dt}dt$$

et, par conséquent, la force accélératrice due à cette vitesse aura pour expression

$$g - \frac{du}{dt}$$

Mais, d'après le principe de d'Alembert (*voy.* Statique) le fluide resterait en équilibre si chacune de ses tranches était sollicitée par des forces motrices capables de lui imprimer la vitesse qu'elle perd à chaque instant; supposons donc ces tranches sollicitées par de semblables forces, et l'équation d'équilibre des fluides incompressibles

$$dp = \delta g dz$$

dans laquelle p désigne la pression et δ la densité du fluide (*Voy.* Hydrostatique, n° 9.) deviendra, dans cette hypothèse, (4)

$$dp = \delta\left(g - \frac{du}{dt}\right)dz$$

Substituant à la place de du, sa valeur trouvée en différentiant l'équation (3), $av = su$, savoir :

$$du = \frac{asdv - avds}{s^2}$$

et éliminant ensuite $\frac{dz}{dt}$ au moyen de l'équation (1), l'équation (4) deviendra (5)

$$dp = \delta\left[gdz - a\frac{dv}{dt}\frac{dz}{s} + a^2v^2\frac{ds}{s^3}\right]$$

En intégrant par rapport à z, comme les quantités v et $\frac{dv}{dt}$ doivent être considérées comme constantes, puisqu'elles sont les valeurs particulières que prennent les quantités u et $\frac{du}{dt}$ à l'orifice, nous aurons (6)

$$p = \delta\left[gz - a\frac{dv}{dt}\int\frac{dz}{s} - \frac{a^2v^2}{2s^2}\right] + C$$

La valeur de la constante C qui est en général une fonction du temps t dépend de la pression que supporte la surface supérieure du fluide. Pour plus de simplicité nous supposerons que cette pression est celle de l'atmosphère et nous la désignerons par π. Désignons alors par z' la valeur de l'ordonnée z relative au niveau du fluide dans le vase, et par s' la surface de ce niveau ou ce que devient s lorsqu'on fait $z = z'$; si nous prenons l'intégrale $\int\frac{dz}{s}$ de manière qu'elle s'évanouisse pour cette valeur $z = z'$ nous aurons aussi pour cette même valeur (7)

$$\pi = \delta\left[gz' - \frac{a^2v^2}{2s'^2}\right] + C$$

Eliminant C dans (6) à l'aide de sa valeur prise dans (7), cette dernière équation devient définitivement (8)

$$p = \pi + \delta\left[g(z-z') - a\frac{dv}{dt}\int\frac{dz}{s} - \frac{a^2v^2}{2s^2} + \frac{a^2v^2}{2s'^2}\right]$$

et donne la valeur de la pression exercée sur un point quelconque du vase.

2. Pour obtenir la pression qui a lieu à l'orifice, désignons-la par ϖ, et comme dans ce cas z reçoit une valeur déterminée qui est la distance constante du plan AB à l'orifice, représentons par l cette valeur ; nommons de plus h la hauteur du niveau au-dessus de l'orifice, nous aurons $h = l - z$; et désignons enfin par N l'intégrale $\int\frac{dz}{s}$ prise dans toute l'étendue de h, c'est-à-dire depuis $z = z'$ jusqu'à $z = l$. Substituant ces valeurs dans (8) nous obtiendrons (9)

$$\varpi - \pi = \delta\left[gh - aN\frac{dv}{dt} + \tfrac{1}{2}\left(\frac{a^2v^2}{s'^2}\right)\right]$$

en remarquant que lorsque $z = l$ on a $s = a$.

Cette dernière équation fait connaître la valeur de la pression ϖ à l'orifice. Si l'on suppose les pressions ϖ et π égales, comme cela a lieu lorsqu'elles sont exercées seulement par le poids de l'atmosphère, $\varpi - \pi$ se réduit à zéro, le facteur commun δ disparaît et l'équation (9) devient (10)

$$gh - a\,N\frac{dv}{dt} + \tfrac{1}{2}\left(\frac{a^2v}{s'^2} - v^2\right) = 0$$

3. Le mouvement d'un fluide qui s'écoule par un orifice horizontal présente deux cas : celui où le fluide est entretenu constamment au même niveau, et celui où le niveau s'abaisse à mesure que le fluide s'écoule. Dans le premier cas, h, N et s sont des qualités constantes, et l'on peut intégrer sans difficulté l'équation (10), mais dans le second, h devient variable et cette intégration ne peut s'effectuer sous une forme finie que dans un très-petit nombre de cas. Nous ne pouvons examiner ici que les résultats les plus généraux de cette théorie.

Si l'on suppose l'orifice CD très-petit par rapport à la capacité du vase, on pourra négliger sans erreur sensible les termes multipliés par a dans l'équation (10), et elle deviendra

$$gh - \tfrac{1}{2}v^2 = 0$$

d'où nous obtiendrons (11)

$$v = \sqrt{2gh}$$

En comparant cette expression avec la formule 6, du mouvement accéléré (*Voy.* Accéléré), et en observant que dans cette dernière la quantité g est la même chose qu'ici $\tfrac{1}{2}g$, on découvre le théorème très important dont voici l'énoncé :

La vitesse d'un fluide qui sort d'un vase par un très petit orifice est égale à celle d'un corps pesant qui serait tombé de toute la hauteur du niveau au dessus de l'orifice.

Ce théorème a lieu dans les deux cas du niveau constant ou variable.

4. La vitesse v peut servir à trouver la quantité d'eau écoulée dans le temps t, ou ce qu'on appelle la *dépense du réservoir*. En effet si nous désignons par de l'espace parcouru dans le temps dt, nous avons

$$de = vdt$$

et, conséquemment $avdt$ exprime le petit filet qui s'est écoulé dans le temps dt, donc

$$\int avdt$$

est la quantité d'eau écoulée dans le temps t ou la *dépense*. Remplaçant v par sa valeur (11) et intégrant, nous obtiendrons (12)

$$dépense = a\sqrt{2g}\int dt\sqrt{h}$$

5. Si la hauteur h du niveau est constante, on a simplement,

$$\text{dépense} = at\sqrt{2gh}$$

ou, en désignant par D la dépense, (13)

$$D = \sqrt{2g}.\, at\sqrt{h}$$

pour Paris, où la quantité g est $9^m,80867$, nous aurons (14)

$$D = (4,42915)at\sqrt{h}$$

expression dans laquelle t doit être un nombre de secondes.

Lorsque l'orifice est circulaire, l'expression (13) peut encore se simplifier; car, en désignant par r le rayon de cet orifice et par π la demi-circonférence dont le rayon est 1, on a $a = \pi r^2$, et comme $\pi = 3, 1415926..$, on obtient, en réalisant le calcul des quantités constantes, (15)

$$D = (13,9145)\, r^2 t\sqrt{h}$$

formule dans laquelle on mettra ensuite les valeurs de r, de t et de h qui conviendront au cas particulier que l'on voudra examiner. La valeur de D sera donnée en mètres cubes, et comme le poids d'un mètre cube d'eau est de cent kilogrammes, on connaîtra immédiatement le poids de la dépense.

6. Si nous considérons un second vase qui, ainsi que le premier, se maintienne toujours plein, et que nous nommions D' sa dépense, a' son orifice et h' la hauteur de son niveau au dessus de l'orifice, l'équation (13) deviendra pour ce cas

$$D' = \sqrt{2g}.\, a't\sqrt{h'}$$

et en comparant D à D', nous obtiendrons la proportion

$$D : D' :: a\sqrt{h} : a'\sqrt{h'}$$

ainsi lorsque $a = a'$ ou lorsque les orifices ont la même ouverture, *les dépenses d'eau sont comme les racines carrées des hauteurs.*

7. La hauteur h' dont un mobile tombe dans un temps t, est donnée par l'équation (*Voy.* ACCÉLÉRÉ).

$$h' = \tfrac{1}{2}gt^2, \text{ d'où } t = \sqrt{\frac{2h'}{g}}$$

mettant cette valeur dans (13) nous aurons (16)

$$D = 2a\sqrt{hh'}$$

d'où l'on voit que la dépense, dans le cas du niveau constant, est égale au double du volume d'un cylindre dont l'orifice a serait la base et qui aurait pour hauteur une moyenne proportionnelle entre la hauteur du niveau et la hauteur de laquelle un corps grave descend dans le temps t.

8. La dépense d'eau calculée d'après les formules précédentes ne s'accorde pas avec celle qui résulte de

l'expérience, et la surpasse toujours en grandeur, dans un rapport qui ne varie ni avec la largeur de l'orifice ni avec la hauteur du niveau. On évalue ce rapport constant à 0, 62; de sorte qu'il faut, dans les applications, multiplier par 0, 62 (*Voy.* le mémoire de Prony *sur le jaugeage des eaux courantes*), les valeurs de D données par les formules 13, 14, 15 et 16. L'équation (15) devient ainsi (17)

$$D = (8,627)\, r^2 t\sqrt{h}$$

On attribue cette différence entre la théorie et l'expérience à la *contraction* que le fluide éprouve en sortant par l'orifice, contraction qui paraît elle-même résulter des directions concourantes que prennent les molécules en s'approchant de l'orifice, ce qui produit un rétrécissement dans la largeur de la veine fluide.

9. Les théorèmes des N°s 3 et 6 trouvent d'assez nombreuses applications dans la pratique de l'hydraulique, qui est heureusement beaucoup plus avancée que la théorie. *Voy.* l'*Hydrodynamique* de Bossut, et *la nouvelle Architecture hydraulique* de Prony. *Voy.* aussi dans ce dictionnaire le mot HYDROSTATIQUE.

HYDROGRAPHIE. (*Géographie*) (de ὕδωρ, eau et de γράφω, je décris.) Partie de la géographie qui a pour objet la connaissance des mers. Quelques auteurs ont étendu ce mot à l'art de naviguer.

HYDROSTATIQUE. (*Méc*). Une des branches de la mécanique. C'est la science de l'équilibre des fluides.

Le mot Hydrostatique, formé de ὕδωρ eau et de στατικος, *qui arrête*, désigne proprement la *statique de l'eau*, ou la science de l'équilibre des eaux ; mais on l'applique aujourd'hui à la statique de tous les fluides, tant liquide que gazeux : on donne cependant le nom particulier d'*Aérostatique*, à la statique de l'air(*voy.* ce mot). Cette science doit sa fondation à Archimide, qui en a donné les premières notions dans son traité *de insidentibus humido*.

Depuis le géomètre de Syracuse, jusqu'au géomètre flamand Stevin, c'est-à-dire, jusqu'à la fin du seizième siècle, l'Hydrostatique demeura sans développement, et l'on ne trouve, même pendant cette longue période, aucune trace de tentatives faites pour en perfectionner la théorie. Le premier traité méthodique sur cette matière, est celui de *l'équilibre des liqueurs* de Pascal, car l'ouvrage de Stevin se réduit presque exclusivement à la démonstration des propositions fondamentales trouvées par Archimide. Pascal ne se contenta pas d'établir d'une manière rigoureuse et uniforme les propriétés de l'équilibre des fluides, il résolut encore plusieurs difficultés importantes, et l'on doit certainement à ce grand homme les premiers progrès réels de cette science, qui se développa bientôt après par suite des travaux de Toricelli, de Guglielmini et de Mariotte.

Lorsque les lois principales de l'Hydrostatique eurent été posées empiriquement d'une manière incontestable, leur déduction mathématique devint le but des efforts des plus grands géomètres. Jean et Daniel Bernouilli, Newton, Maclaurin, D'Alembert, Clairaut, Lagrange, s'en occupèrent successivement avec plus ou moins de bonheur; mais comme la nature ou la constitution intime des fluides, est encore entièrement inconnue, tout ce que l'on a pu faire jusqu'ici, c'est d'établir la théorie mathématique des lois hydrostatiques, sur le principe expérimental de *l'égalité de la pression en tous sens*. Cette théorie, que nous allons exposer, est donc encore bien loin d'être définitive; et si elle paraît suffisante pour rendre raison des phénomènes connus, on ne peut guère en espérer des découvertes ultérieures.

1. Nous admettrons, comme un fait constaté par expérience, que toute pression exercée à la surface d'un fluide quelconque, est transmise également dans tous les sens. Pour préciser cette hypothèse fondamentale, et l'exprimer numériquement, considérons un vase **AF** (Pl. 43 *fig.* 2) de la forme d'un parallélipipède, et rempli d'un fluide incompressible que nous supposerons d'abord sans pesanteur. Si nous imaginons qu'à la surface *mnop* du fluide, on applique un piston qui couvre exactement cette surface sur tous ses points, et que l'on fasse agir un poids P perpendiculairement au piston, la base du vase ABCD sera pressée comme si le poids **P** lui était appliqué immédiatement, et chacune de ses parties supportera une pression proportionnelle à son étendue. Ainsi désignant par A la surface ABCD et par *a* une partie *abcd* de cette surface, nous aurons

$$A : a :: P : p$$

p désignant la pression que supporte *a*. Si nous prenons donc *a* pour l'unité de surface, nous aurons (1)

$$p = \frac{P}{A}$$

et, par conséquent une partie A*b'c'd'* de la surface ABCD qui contiendra ω fois l'unité de surface, supportera une pression **P'** donnée par l'équation (2)

$$P' = p\omega$$

Mais la pression que le poids P exerce à la surface supérieure du fluide se transmet par son intermédiaire, non-seulement sur la base du vase, mais encore sur toutes les autres parois qui sont également pressées: donc si la surface ω, au lieu d'être prise sur la base, était située sur l'une des parois latérales, elle supporterait encore la pression *p*ω.

2. En considérant la surface ω comme infiniment petite, elle peut être représentée par le rectangle élémentaire *dxdy* (*Voy.* Quadrature), et alors *pdxdy* devient la pression exercée contre un élément du vase, en quelque partie que cet élément soit situé et lors même que la surface du vase serait courbe.

3. Nous avons jusqu'ici considéré le fluide contenu dans le vase comme s'il était sans pesanteur: or, lorsque ce fluide est pesant, il transmet bien toujours de la même manière la pression qu'on exerce à sa surface, mais il exerce en outre contre les parois du vase une pression due à son propre poids, laquelle est variable d'un point à un autre de ces parois. Il en est encore de même lorsque les molécules d'une masse fluide, contenue dans un vase fermé de toutes parts, sont sollicitées par des forces accélératrices données, de telle manière que les parois du vase soient nécessaires pour maintenir l'équilibre, et qu'on ne puisse y faire une ouverture sans que le fluide ne s'échappe. Alors chaque point de ces parois éprouve une pression particulière dirigée de dedans en dehors, pression dont la grandeur dépend des forces accélératrices données, et de la position du point. En désignant par *p'* cette dernière pression, on voit qu'on ne peut la supposer constante que dans une étendue infiniment petite ω. Ainsi *p* étant la pression totale de l'unité de surface dont on peut concevoir chaque élément comme éprouvant la pression *p'*, on a l'équation (3)

$$p' = p\omega$$

La quantité *p* est ici ce qu'on nomme *la pression à chaque point du vase rapportée à l'unité de surface.*

4. Cela posé, dans le cas où la paroi supérieure du vase, ou seulement une de ses parties, serait remplacée par un piston, pour que l'équilibre subsiste toujours il faut évidemment appliquer au piston une force égale et contraire à la pression que la surface du vase éprouvait à cet endroit; car alors les conditions demeurent les mêmes. L'équilibre ne sera point encore troublé, si à cette première force on en ajoute une seconde P ; seulement la pression exercée par elle sur la surface du fluide en contact avec le piston, sera transmise par le fluide également en tous sens, et par conséquent la pression *p* se trouvera augmentée à chaque point du vase d'une quantité constante et égale à $\frac{P}{M}$; M désignant l'étendue de la surface du fluide qui reçoit la pression P (*voy.* ci-dessus (1). Ainsi la pression totale que supportent les parois d'un vase, lorsqu'il renferme un fluide en équilibre, se compose de la somme de deux espèces différentes de pressions, l'une variable d'un point à l'autre, due aux forces motrices des molécules élémentaires du fluide, l'autre, constante pour tous ces points, due à la pression exercée à la surface du fluide et transmise également dans toutes les directions par l'intermédiaire du fluide.

5. Cherchons maintenant l'équation générale de l'équilibre en rapportant la position d'une molécule fluide à trois plans rectangulaires coordonnées (*Voy.* Application, 29) et pour cet effet supposons que le plan des $x.y$ soit horizontal et situé au-dessus du fluide(*pl.* 43, *fig.* 3) dont nous concevrons le volume partagé en un nombre infini de parallélipipèdes élémentaires par des plans parallèles aux trois plans coordonnées. Désignons par m la masse du fluide ; dm sera celle de l'un de ces élémens, dont le volume sera exprimé par $dxdydz$, x, y, z étant les coordonnées de l'élément. Or, en désignant par δ la densité, supposée constante dans la molécule du fluide, la masse étant égale au produit du volume par la densité (*Voy.* Densité), nous aurons (4)

$$dm = \delta\, dxdydz$$

Désignons par X, Y, Z les sommes des composantes parallèles aux axes des x, des y et des z, des forces accélératrices qui agissent sur la molécule. Ces résultantes devront être considérées comme constantes dans toute l'étendue de l'élément dm ; les produits

$$X dm, \; Y dm, \; Z dm$$

représenteront les forces motrices de dm, parallèles aux axes. (*Voy.* Force morte et Mécanique.) Ces forces doivent contrebalancer les pressions que le fluide environnant exerce sur les six faces de l'élément dm.

Désignant par p, comme ci-dessus, la pression rapportée à l'unité de surface, la pression supportée par la surface supérieure mq ou $dxdy$ de la molécule, sera $pdxdy$; mais lorsque l'ordonnée $am = z$ devient $am + mn = z + dz$, la pression p qui varie avec z devient

$$p + \frac{dp}{dz}\, dz$$

et cette dernière quantité exprime la pression de l'unité de surface sur la base np du parallélipipède ; cette base éprouvera donc une pression

$$\left(p + \frac{dp}{dz}\, dz\right) dxdy$$

La différence des pressions verticales à la surface supérieure et à la base du parallélipipède, c'est-à-dire la différence entre la pression qui tend à élever la molécule et celle qui tend à l'abaisser sera donc

$$\frac{dp}{dz}.\, dxdydz$$

et comme cette différence doit faire équilibre avec la force motrice verticale Zdm, nous aurons

$$\frac{dp}{dz}\, dx\,dy\,dz = Zdm$$

ou, simplement (5)

$$\frac{dp}{dz} = \delta Z$$

en substituant à la place de dm sa valeur (4).

On obtiendra de la même manière, en désignant par q et r les pressions latérales exercées sur l'unité de surface et qui agissent contre les faces $ns = dxdz$, $mo = dydz$, (6)

$$\frac{dq}{dy} = \delta Y, \quad \frac{dr}{dx} = \delta X$$

Mais les pressions q et r ne peuvent différer de la pression p, car la pression $pdxdy$ qui a lieu sur la face $dxdy$ devant être transmise dans tous les sens, les pressions des faces verticales $dxdz, dydz$ seront composées des pressions $pdxdz$, $pdydz$ augmentées des pressions particulières dues aux forces motrices $X dm, Y dm, Z dm$. Ainsi les pressions totales $qdxdz, rdydz$ seront respectivement

$$qdxdz = pdxdz + M$$
$$rdydz = pdydz + N$$

M et N étant les pressions dues aux forces motrices. Or, M et N sont évidemment des quantités infiniment petites du troisième ordre, comme la masse dm ; ainsi elles sont nulles par rapport aux quantités infiniment petites du second ordre qui entrent dans les équations précédentes (*Voy.* Différentiel) et en les retranchant on trouve $q = p$ et $r = p$. Les expressions (5) et (6) se réduisent donc à (7

$$\frac{dp}{dz} = \delta Z, \quad \frac{dp}{dy} = \delta Y, \quad \frac{dp}{dx} = \delta X$$

d'où l'on déduit l'équation générale (8)

$$dp = \delta(X dx + Y dy + Z dz)$$

La valeur de p qu'on obtiendra en intégrant cette équation, exprime la pression, rapportée à l'unité de surface, que le fluide exerce en un point quelconque dont les coordonnées sont x, y, z. Lorsque le fluide est renfermé dans un vase, il suffira de mettre dans p la valeur des coordonnées d'un point de sa surface pour connaître la pression que ce vase éprouve à ce point, et qui sera toujours détruite par la résistance de la paroi, tant que cette résistance sera suffisante. Dans les endroits où le vase est ouvert, comme rien ne détruirait la pression du fluide, l'équilibre ne peut subsister, si la valeur de p ne devient nulle d'elle-même pour tous les points de la surface libre du fluide ; condition qui ne peut être remplie que pour des fluides incompressibles et lorsque la surface libre est la surface supérieure du fluide. Dans les fluides élastiques, la pression étant proportionnelle à la densité (*Voy.* Air), cette pression ne peut jamais devenir nulle tant que la densité ne l'est pas, et par conséquent un tel fluide ne peut rester en équilibre s'il n'est contenu dans un vase fermé de toutes parts.

16. Appliquons les considérations précédentes au cas des fluides incompressibles, et considérons un tel fluide, homogène dans toutes ses parties, renfermé dans un vase capable d'opposer à la pression une résistance indéfinie. La densité δ étant alors constante, la possibilité de déterminer la valeur de p pour un point dont les coordonnées sont x, y, z dépendra de celle de l'intégration de la formule.

$$X dx + Y dy + Z dz$$

intégration à laquelle on peut toujours parvenir lorsque cette formule est une différentielle exacte des variables x, y, z. Si une partie de la surface supérieure du fluide est libre, la pression p doit être nulle à cette partie pour que l'équilibre puisse subsister ; l'équation (8) devient (9)

$$X dx + Y dy + Z dz = 0$$

Cette dernière équation aurait encore lieu si la pression p était constante. Tel est le cas où l'atmosphère, par exemple, presse également sur tous les points de la surface libre. En effet la différentielle d'une quantité constante est zéro.

7. Mais dans le cas où l'expression (9) est une différentielle exacte, et que $dp = 0$, c'est-à-dire lorsque la pression, si elle existe, est constante, pour que le fluide puisse rester en équilibre, il faut nécessairement que la résultante des forces accélératrices qui agit de dehors en dedans, soit normale à la surface du fluide ; car dans le cas contraire on pourrait la décomposer en deux forces, l'une normale et l'autre tangente à la surface, et rien n'empêcherait cette dernière de faire glisser la molécule dm. Il résulte de cette considération, que lorsque le fluide n'est sollicité que par des forces accélératrices dirigées vers un centre fixe, sa surface extérieure doit être sphérique. En effet prenant le centre d'attraction pour l'origine des coordonnées, la distance du point x, y, z, à cette origine, aura pour expression

$$\sqrt{x^2 + y^2 + z}$$

Désignons par r cette distance et par φ la force d'attraction qui agit sur dm ; cette force fera avec les axes coordonnées des angles qui auront pour cosinus $\dfrac{x}{r}$, $\dfrac{y}{r}$, $\dfrac{z}{r}$. nous aurons donc

$$X = \varphi \frac{x}{r}, \quad Y = \varphi \frac{y}{r} \quad Z = \varphi \frac{z}{r}$$

et ces valeurs substituées dans (9) nous donneront, pour l'équation de la surface du fluide,

$$\frac{\varphi}{r}(x dx + y dy + z dz) = 0$$

ou simplement

$$x dx + y dy + z dz = 0$$

dont l'intégrale

$$x^2 + y^2 + z^2 = C$$

est l'équation d'une sphère (*Voy.* ce mot). Ainsi la surface du fluide est nécessairement sphérique.

8. Si le centre d'attraction est très-éloigné de la surface du fluide, comme, par exemple, le centre de la terre par rapport à la surface supérieure d'une eau stagnante, la courbure devenant insensible dans une petite étendue, on peut, pour cette étendue, la considérer comme plane.

9. Dans le cas où les forces accélératrices qui agissent sur un fluide se réduisent à la seule force de la pesanteur, nous aurons

$$X = 0, \quad Y = 0, \quad Z = g$$

g désignant la force de la pesanteur à la surface de la terre.

L'équation d'équilibre pour une masse fluide renfermée dans un vase ouvert à sa partie supérieure, et qui repose sur un plan horizontal, deviendra donc, en substituant ces valeurs dans (8)

$$(10) \dots \dots dp = \delta g dz$$

La surface supérieure du fluide, qui sera horizontale, comme nous l'avons vu ci-dessus, étant prise pour le plan des x, y.

L'intégration de cette équation, en considérant δ et g comme des quantités constantes, nous donnera (11)

$$p = \delta g z$$

Il n'y a pas besoin d'ajouter de constante parce que la pression doit être nulle à la surface du fluide, ou lorsque $z = 0$.

10. Soit h la distance comprise entre le niveau du fluide et un point de la surface intérieure ou de la base du vase. Pour ce point, z devenant h, nous aurons (12)

$$p = \delta g h$$

et telle sera la pression que supporte l'unité de surface de la base.

Mais nommons P la pression que supporte la base totale du vase égale à un certain nombre m d'unités de surface ; P contiendra m fois p, et l'on aura (13)

$$P = p m$$

ce qui devient, en substituant à p sa valeur (12)

$$14 \dots \dots P = \delta g m h$$

En remarquant que mh exprime le volume d'un prisme qui a m pour base et h pour hauteur ; et qu'en multipliant le volume par la densité, on obtient la masse du prisme (*Voy.* Densité) ; laquelle a son tour multipliée par la gravité g donne le poids (*Voy.* ce mot) ; on en conclura que la base m supporte une pression égale au poids du volume du prisme du fluide qui repose sur cette base. Ainsi cette pression est indépendante de la figure du vase. Nous obtenons ici un résultat très-remarquable et reconnu par l'expérience, c'est que, quelles que soient les capacités de plusieurs vases ayant des bases égales et dont les uns vont en s'élargissant de la base au sommet et les autres en diminuant (*Voy.* pl. 43, *fig.* 4), si on les remplit tous du même fluide pesant jusqu'à une même hauteur, les bases éprouveront des pressions égales quoique les quantités de fluide contenues dans ces vases soient entièrement différentes.

11. Pour trouver la pression que le vase éprouve sur ses surfaces latérales, nommons $d\omega$ l'élément de cette surface; la pression p que supporte l'unité de surface de l'élément $d\omega$ sera donnée par l'équation (11), en donnant à z pour valeur la distance de $d\omega$ au niveau du fluide; mettant cette valeur dans (13) et remarquant que m doit être remplacé par la surface élémentaire $d\omega$, nous obtiendrons $\delta g z d\omega$ pour une des forces élémentaires parallèles qui composent P, ainsi (15)

$$P = \int \delta g z d\omega$$

Lorsque la surface ω est donnée, les deux variables z et ω qui entrent dans cette équation, se réduisent aisément à une seule et l'intégration peut toujours s'effectuer. Nous ne pouvons entrer dans les détails ultérieurs.

12. La pression éprouvée par la surface inférieure d'un vase qui contient plusieurs fluides pesans de densités différentes et superposés les uns sur les autres, se trouve sans difficulté par les principes précédens; car en admettant qu'on ait versé sur l'eau en équilibre dans le vase (*fig.* 5, *pl.* 43) EFGH, un nouveau fluide plus léger, qui ait sa surface supérieure EF horizontale, comme celle de l'eau et qui s'élève à une hauteur h' au-dessus de la surface EF de l'eau, ces deux fluides resteront en équilibre dans le vase, et le nouveau fluide exercera une pression égale sur tous les points de la surface de l'eau qui forme sa base; ainsi cette dernière surface étant représentée par m' et la densité du fluide par δ', la pression totale de l'aire m' sera $\delta' g m' h'$, en vertu de 14. Mais cette pression est transmise, par l'intermédiaire de l'eau, sur le fond GH du vase, et il en résulte sur ce fond dont l'aire est m, une nouvelle pression égale à $\delta' g m h'$; d'où il suit que la pression totale que les deux fluides réunis exercent sur la base horizontale du vase, est égale à

$$P = \delta g m h + \delta' g m h'$$

Un troisième fluide, d'une densité encore moindre δ'', versé sur la surface du second jusqu'à la hauteur h'' au-dessus de cette force, produirait sur cette surface CD, dont nous désignerons l'aire par m'', une pression $\delta'' g m h''$; cette pression transmise par le second fluide sur la surface supérieure du premier deviendra $\delta'' g m' h''$, et cette dernière transmise sur la base du vase par le premier fluide sera enfin $\delta'' g m h''$; donc la pression totale des trois fluides réunis, sur la base du vase sera

$$P = \delta g m h + \delta' g m h' + \delta'' g m h''$$

et ainsi de suite pour un nombre quelconque de fluides.

13. Examinons actuellement les conditions d'équilibre des fluides contenus dans plusieurs vases qui communiquent de l'un à l'autre par des ouvertures latérales. Soient, pour cet objet, deux vases M et N (*pl.* 43 *fig.* 6) d'une capacité quelconque, réunis à leurs parties inférieures par un conduit mn. Si ces deux vases renferment un seul fluide homogène et incompressible, et qu'ils soient ouverts à leurs extrémités supérieures, il faudra nécessairement que le fluide s'élève à la même hauteur ou qu'il ait le même niveau dans l'un et dans l'autre de ces vases; car l'équilibre ne saurait subsister si la pression exercée dans le premier vase par la masse A$o m$ B de fluide, sur la couche oEFp du même fluide commune aux deux vases, n'est pas contrebalancée par la pression exercée dans le second vase par la masse fluide CnpD, sur la même couche commune : or ces pressions dépendent uniquement des hauteurs Ao et Cn (*Voy.* 10); donc, dans le cas d'équilibre, ces hauteurs sont égales.

14. Si nous imaginons que sur l'une des surfaces libres du fluide, sur AB, par exemple, on ait placé une paroi mobile, toute pression exercée sur cette paroi forcera une partie du fluide du vase M à se rendre dans le vase N, et conséquemment le niveau AB s'abaissera, tandis que le niveau CD s'élèvera. L'équilibre ne pourra s'établir que lorsque le niveau CD aura atteint une hauteur suffisante pour que la pression due à cette hauteur puisse contrebalancer la somme des pressions exercées dans le vase M par le fluide restant et par le poids qui agit à sa surface supérieure. L'équilibre aura encore lieu sans que le niveau AB s'abaisse, si l'on donne au fluide du vase N une hauteur convenable au-dessus de ce niveau, en augmentant sa quantité.

Désignons par P le poids qui presse la surface AB, et par h la hauteur, au-dessus du niveau ABCD, de la quantité de fluide qu'il faut ajouter pour conserver l'équilibre. La pression exercée par cette nouvelle quantité de fluide sur la surface de niveau CD sera $\delta g m h$, m étant l'aire de cette surface. Ainsi M étant l'aire de la surface AB, on aura pour la pression de l'unité de surface de la couche commune oEFp, d'une part $\dfrac{P}{M}$ et de l'autre $\dfrac{\delta g m h}{m} = \delta g h$, et par conséquent dans le cas d'équilibre.

$$\frac{P}{M} = \delta g h$$

D'où,

$$h = \frac{P}{M\delta g}$$

Il résulte de ces expressions que h est entièrement indépendant de la forme et de la capacité du vase N, de sorte que dans le cas où ce vase serait un cylindre d'un très-petit diamètre, il suffirait d'une petite quantité de fluide pour atteindre cette hauteur, et conséquemment pour faire équilibre à P, quelle que soit la grandeur de ce poids. C'est sur ce principe que reposent la construction et les propriétés de la *presse hydrostatique*. (Voy. Presse.)

15. La pression que l'atmosphère exerce sur les deux surfaces libres AB et CD du fluide ne peut en aucune manière troubler l'équilibre, puisque cette pression, rapportée à l'unité de surface, est la même partout; mais si l'on soustrait l'une de ces surfaces à l'action atmosphérique, en faisant le vide dans la partie supérieure du vase, il est évident que l'équilibre ne pourra plus subsister, et que le fluide s'élevera au-dessus du niveau dans celui des vases où il n'éprouve plus la pression de l'air. Pour trouver dans ce cas les conditions du rétablissement de l'équilibre, supposons que le vide ait été fait dans le vase N, et qu'on ait ensuite exactement fermé son orifice. La pression atmosphérique n'agissant plus que sur la surface AB du fluide, dans le vase M, forcera le fluide à monter dans le vase N, au-dessus du niveau ABCD en même temps qu'il s'abaissera dans le vase M au-dessous de ce niveau; l'équilibre n'aura lieu que lorsque la hauteur acquise dans le vase N sera suffisante pour contrebalancer la pression qui a lieu dans le vase M. Supposons que cette condition est remplie, et que ab soit devenu le niveau du fluide dans le vase M, et $c'd'$ son niveau dans le vase N. Nommons h la hauteur de $c'd'$, au-dessus de cd, pris dans le plan horizontal du niveau ab. D'après ce qui précède, c'est cette hauteur h qui contrebalance la pression de l'atmosphère ; ainsi la pression exercée sur la surface cd, par le fluide dont la hauteur est h, étant $\delta g h$ (cd), ou simplement $\delta g h$, en rapportant cette pression à l'unité de surface, si nous désignons par Π la pression de l'atmosphère, également rapportée à l'unité de surface, nous aurons :

$$16\ldots\ldots \Pi = \delta g h.$$

16. Cette expression conduit à plusieurs conséquences remarquables. On voit d'abord que l'élévation du fluide ne dépend ni de l'étendue de la surface qui reçoit la pression atmosphérique, ni de la forme des vases dans lesquels le fluide est contenu, mais seulement de la densité de ce fluide, et qu'elle est en raison inverse de cette densité. La pression de l'atmosphère sur

l'unité de surface étant égale au poids de toute la colonne atmosphérique, qui a cette surface pour base (*voy.* 10), et la pression $\delta g h$ étant également le poids de la colonne du fluide dont cette même unité de surface est la base, il suffira de connaître ce dernier poids, ce qui est toujours possible par l'expérience, pour connaître celui de la colonne atmosphérique. Enfin, connaissant l'élévation due à la pression de l'atmosphère d'un fluide quelconque, on pourra calculer l'élévation de tout autre fluide due à la même cause, si l'on connaît le rapport de sa densité à celle du premier.

17. On sait, par exemple, que la hauteur du niveau mn (Pl. 43, *fig.* 7) de l'eau, dans le vase fermé et privé d'air, au-dessus du niveau $abcd$ de l'eau dans le vase ouvert, est d'environ 10,4 mètres. Si nous prenons donc le mètre carré pour unité de surface, le volume du prisme d'eau, dont la base est un mètre carré et la hauteur 10,4 mètres, étant 10,4 mètres cubes, et le poids d'un mètre cube d'eau étant de 100 kilogrammes, le poids total du prisme sera 1040 kilogrammes. Ainsi, le poids de toute la colonne atmosphérique, qui a pour base horizontale un mètre carré, est également de 1040 kilogrammes.

18. L'élévation de l'eau dans le vase privé d'air va nous faire connaître celle de tout autre fluide. Pour le mercure, par exemple, dont la densité, comparée à celle de l'eau comme unité, est 13,598, h étant la hauteur du mercure, nous aurons :

D'où,

$$10^m, 4 : h :: 13,598 : 1$$

$$h = \frac{10,4}{13,598} = 0^m, 76.$$

Telle est, en effet, la hauteur moyenne du mercure dans les baromètres.

19. L'élévation des fluides due à la pression atmosphérique est la plus grande à la surface de la terre; elle décroît à mesure qu'on s'élève au-dessus de cette surface, parce qu'alors la colonne d'air diminuant, son poids diminue également. C'est sur ce décroissement qu'est fondée la méthode de calculer les hauteurs des montagnes à l'aide de la différence des hauteurs barométriques (*Voy.* Altimétrie). Toutes les influences atmosphériques qui peuvent tendre à changer le poids de la colonne d'air, tendent également à changer l'élévation due à ce poids.

20. Terminons cet article en examinant les conditions d'équilibre lorsqu'un corps solide est plongé dans un fluide.

Nommons v le volume du fluide déplacé par le solide, v' de ce solide, δ la densité du fluide, et δ' la densité du solide. Les poids respectifs des volumes v et v' seront $\delta g v$ et $\delta' g v'$.

Dans le cas où le corps est entièrement plongé dans le fluide, comme alors $\nu = \nu'$, la condition d'équilibre est

$$\delta g = \delta' g$$

c'est-à-dire, qu'il faut que la densité du corps soit la même que celle du fluide.

Si le volume du corps est plus léger que celui du fluide déplacé, on aura :

$$\delta' g \nu' < \delta g \nu$$

le corps remontera, et la force qui le fera mouvoir sera égale à

$$\delta g \nu - \delta' g \nu'$$

Si, au contraire, on a

$$\delta' g \nu' > \delta g \nu$$

le corps descendra, et la force qui le pressera sera égale à

$$\delta' g \nu' - \delta g \nu$$

Toutes ces conséquences résultent immédiatement des principes que nous avons exposés précédemment. En effet, le solide est poussé de haut en bas par son poids, ou, ce qui est la même chose, par une force verticale égale à son poids, et appliquée à son centre de gravité. Cette force ne peut être détruite que par les résultantes des pressions normales que le fluide exerce en tous sens contre le solide. Ainsi la résultante générale de toutes les pressions normales est verticale, et agit en sens inverse de la force due au poids du corps; d'où il suit que les pressions horizontales se détruisent. L'équilibre ne peut donc exister entre un corps et le fluide dans lequel il est plongé, que lorsque les centres de gravité du corps et du fluide déplacé sont sur la même verticale, et que lorsque le poids du liquide déplacé est égal au poids total du corps.

Ces principes trouveront ailleurs de nombreuses applications. *Voy.* Pesanteur spécifique, Pompe, Résistance des fluides, Syphon.

HYPATIA, fille de Théon, mathématicien célèbre d'Alexandrie, naquit dans cette ville vers la fin du IVe siècle. L'histoire de la science n'a point jusqu'à ce jour consacré la mémoire d'une femme plus remarquable par l'élévation de son esprit et l'étendue de ses connaissances. Elle fut l'élève de son père, et soit que la société des savans qui fréquentaient sa demeure eût exercé quelque influence sur sa jeune raison, soit qu'elle fût née avec des dispositions pour les études sérieuses, rares parmi les personnes de son sexe, elle fut regardée de bonne heure à Alexandrie comme un de ces phénomènes d'intelligence dont on suit les progrès avec autant d'intérêt que d'admiration. Hypatia consacra à l'étude tous les instans de sa vie, elle fit de rapides et étonnans progrès en mathématiques et en philosophie, et seule dans

une période de plusieurs siècles, la jeune fille se présenta en maître dans la chaire illustrée à Alexandrie par la parole de tant d'hommes célèbres. Elle avait préféré la doctrine de Platon à celle d'Aristote, et l'on doit s'étonner que cette heureuse direction de ses idées n'ait point influé sur ses convictions religieuses et prévenu la catastrophe dont elle fut plus tard la victime. Comme les philosophes de l'antiquité dont elle avait étudié les travaux, elle voyagea pour s'instruire et vint à Athènes suivre les cours des maîtres les plus renommés de son temps. Elle revint ensuite à Alexandrie, où sur l'invitation des magistrats, elle se livra à l'enseignement public de la philosophie. Ses cours commençaient par l'explication des principales vérités mathématiques; elle se souvenait ainsi de ces paroles inscrites sur le portique de l'école de son illustre maître : *Nul n'entrera ici s'il n'est géomètre.* (Socratis hist. lib. 7, cap. XV.)

Hypatia unissait aux graces de son sexe une vertu sévère qui la mit à l'abri des atteintes de la calomnie et imprima toujours le respect à la foule enthousiaste des jeunes gens, émerveillés de sa beauté et de ses talents, qui composaient son auditoire. Accusée par la rumeur publique d'exercer quelque influence sur Oreste, gouverneur d'Alexandrie, qui avait voulu réprimer plusieurs excès de zèle du patriarche Cyrille, elle fut lâchement massacrée dans une émeute populaire. Ainsi périt à la fleur de l'âge cette noble jeune fille à qui il n'a manqué que d'avoir été chrétienne, à une époque surtout où le polythéisme tombait de toutes parts devant l'Évangile. Ce fut au mois de mars 415 qu'arriva cet événement à jamais déplorable. Hypatia était l'auteur de nombreux écrits qui ont péri avec la bibliothèque d'Alexandrie, il ne nous reste rien d'elle; on sait seulement qu'elle avait composé un *Commentaire sur Diophante*, un *Canon astronomique* et un *Commentaire sur les coniques d'Apollonius de Perge*.

HYGROMÈTRE. (*Hydrod.*) Instrument qui sert à mesurer le degré de sécheresse ou d'humidité de l'air.

HYPERBOLE. (*Géom.*) Une des sections coniques. Elle est engendrée par un plan qui coupe obliquement un cône droit, de manière à pouvoir couper aussi un second cône semblable au premier, et qui lui serait opposé par le sommet. Cette courbe a toujours deux branches opposées, formées par les sections des deux cônes et du plan. Telle est la courbe dont une des branches est OEO, et l'autre LDO (pl. 19, fig. 1).

1. Pour trouver l'équation de cette courbe, nous la considérerons dans le plan générateur, et nous prendrons pour axe des abscisses la droite RR, section de ce plan, par *le plan principal* (*Voy.* Ellipse). Nous supposerons en outre, pour plus de simplicité, que le plan générateur est perpendiculaire en même temps au plan principal et à la base du cône.

Ceci posé, par le sommet E de la branche OEO, menons, dans le plan principal, la droite EE parallèle à la commune section AB de ce plan et de la base, les triangles semblables DEE, DBR, AER nous donneront les deux proportions

$$DE : EE :: DR : BR$$

$$DE : EE :: ER : AR$$

Multipliant terme par terme, nous obtiendrons

$$\overline{DE}^2 : \overline{EE}^2 :: DR \times ER : BR \times AR$$

Désignons maintenant DE par $2a$, EE par $2b$, et prenons le point E pour l'origine des abscisses. ER sera l'abscisse du point O de la courbe, et OR l'ordonnée de ce point; mais dans le cercle BOAOB on a $\overline{OR}= BR \times AR$, on aura donc $BR \times AR = y^2$ et de plus $DR = 2a + x$ et $ER = x$. Ainsi la proportion ci-dessus est la même chose que

$$4a^2 : 4b^2 :: 2ax + x^2 : y^2$$

D'où l'on tire (1)

$$y^2 = \frac{b^2}{a^2}(2ax + x^2)$$

Équation qui convient évidemment à tous les points de la branche OEO, puisque par chacun de ces points on peut concevoir un plan parallèle à la base du cône; et que les intersections de ce plan avec le plan générateur et le plan principal donneraient des relations semblables aux précédentes. On peut encore s'assurer facilement que cette équation convient à tous les points de la seconde branche LDO, en donnant à x des valeurs négatives. En effet, si l'on fait d'abord $x = -2a$, on obtient $y = 0$; ces valeurs répondent au sommet D de la seconde branche. Toutes les valeurs négatives de x plus petites que $-2a$, rendent les valeurs de y imaginaires, parce qu'il n'existe aucun point de la courbe entre les deux sommets E et D. Si l'on fait ensuite $x = 2a - x'$, la valeur y' de y deviendra

$$y^2 = \frac{b^2}{a^2}\left[2a(-2a-x') + (-2a-x')^2\right]$$

ou

$$y'^2 = \frac{b^2}{a^2}(2ax' + x'^2)$$

Équation que l'on obtiendrait pour tous les points de la branche LDO, en se servant des considérations à l'aide desquelles nous avons obtenu l'équation (1), et en prenant D pour l'origine des abscisses x'.

$2a$ se nomme le *premier axe* ou *l'axe transverse* de l'hyperbole, et $2b$ le *second axe* ou *l'axe non transverse*.

Ces deux axes se nomment aussi les *axes principaux*.

2. Pour placer l'origine des abscisses d'une manière symétrique par rapport aux deux branches de l'hyperbole, on fait choix du point milieu du grand axe auquel on donne le nom de *centre*. La relation entre les abscisses x' comptées du centre, et les abscisses précédentes x comptées du sommet, est évidemment $x' = a + x$, d'où $x = x' - a$; en substituant cette valeur dans l'équation (1), elle devient

$$y^2 = \frac{b^2}{a^2}(x'^2 - a^2)$$

Ou, en changeant x' en x

$$(2)\ldots\ldots\ y^2 = \frac{b^2}{a^2}(x^2 - a^2)$$

Telle est l'équation de l'hyperbole, rapportée au centre. L'équation (1) est celle de l'hyperbole rapportée au sommet.

3. En remarquant qu'on peut donner à l'équation de l'ellipse rapportée au centre (*Voy.* ELLIPSE 3) la forme

$$a^2y^2 + b^2x^2 = a^2b^2,$$

et que celle de l'hyperbole peut aussi devenir

$$a^2y^2 - b^2x^2 = -a^2b^2,$$

on voit que ces deux équations ne diffèrent que par le signe de la quantité b^2, et l'on peut en conclure que, quoique étant de forme très-différente, puisque l'une est limitée en tous sens et l'autre illimitée, les deux courbes doivent jouir de propriétés analogues. Nous allons vérifier cette conclusion.

4. Dans l'hyperbole comme dans l'ellipse, toutes les droites qui passent par le centre et se terminent de part et d'autre à la courbe, sont divisées en deux parties égales par ce centre.

Soit mM, une ligne quelconque (PL. 43, *fig.* 8) menée par le centre O. Son équation sera

$$y = mx$$

m étant la tangente trigonométrique de l'angle mOp. (*Voy.* APPLICATION II, n. 9). Les points M et m appartenant à l'hyperbole, on aura aussi pour l'équation de ces points

$$y^2 = \frac{b^2}{a^2}(x^2 - a^2)$$

et, par conséquent

$$m^2x^2 = \frac{b^2}{a^2}(x^2 - a^2)$$

d'où

$$x = \pm \frac{ab}{\sqrt{b^2 - a^2m^2}}$$

Cette valeur substituée dans $y = mx$, donne

$$y = \pm \frac{abm}{\sqrt{\,\cdot\,-a^2m^2}}$$

Les valeurs positives de x et de y seront les coordonnées OP et PM du point M, et les valeurs négatives de ces mêmes quantités, les coordonnées Op et pm du point m; et comme ces valeurs sont égales, indépendamment du signe, on a

$$\mathrm{O}p = \mathrm{O}p, \text{ et PM} = pm$$

Ainsi les triangles rectangles OMP, Omp sont égaux, et l'on a MO $= m$O.

5. De toutes les droites qui, passant par le centre, rencontrent les deux branches de l'hyperbole, la plus courte est évidemment le grand axe. Cependant il est utile d'examiner comment cette circonstance est exprimée dans les valeurs précédentes de x et de y.

En examinant ces valeurs, on voit que leurs grandeurs respectives dépendent entièrement du dénominateur commun $\sqrt{b^2 - a^2m^2}$, dont la grandeur elle-même dépend de la quantité variable m, ou de la tangente de l'angle que fait la droite avec l'axe des x. La valeur de $\sqrt{b^2 - a^2m^2}$ est la plus grande possible lorsque $m = $ o, c'est-à-dire lorsque l'angle est nul ou que la droite se confond avec l'axe. Dans ce cas, les valeurs de x et de y se réduisent à

$$x = \pm a, \quad y = \pm\, o$$

Ce sont les coordonnées des deux extrémités de l'*axe transverse*. En rendant m de plus en plus grand, les valeurs de $\sqrt{b^2 - a^2m^2}$, deviennent de plus en plus petites; mais elles cessent d'être réelles, c'est-à-dire que la droite ne peut plus rencontrer la courbe, lorsque a^2m^2 devient plus grand que b^2. La tangente du plus grand angle que puisse faire avec l'axe une droite qui rencontre l'hyperbole de part et d'autre et qui passe par le centre, est donc déterminée par la relation

$$b^2 = a^2m^2$$

qui donne

$$m = \pm \frac{b}{a}$$

Mais alors $b^2 - a^2m^2 = $ o et les valeurs de x et de y deviennent *infinies*, ce qui nous apprend qu'une droite dont la tangente trigonométrique, de l'angle qu'elle fait avec l'axe, est égale à $\frac{b}{a}$ ne rencontre l'hyperbole qu'à des *distances infinies*. Cette droite se nomme une *asymptote*. (*Voy.* ce mot.) Comme on peut mener par le centre O deux droites qui fassent, dans un sens opposé, le même angle avec l'axe, l'hyperbole a deux asymptotes.

Lorsqu'on connaît la grandeur des deux axes, la construction des asymptotes ne présente aucune difficulté; elle se réduit à décrire les droites, dont les équations sont

$$y = + \frac{b}{a}x, \quad y = -\frac{b}{a}x.$$

Ainsi, avec l'axe transverse $= 2a$, et la droite $de = 2b$, formant le rectangle $bcde$ (Pl. 43, *fig.* 9), les diagonales bd, ec prolongées seront les droites demandées. (*Voy.* Application II, 7.)

6. Nous avons vu que l'ellipse possède deux points très-remarquables; ce sont ses *foyers*. (Ellipse 5.) Cherchons si l'hyperbole nous offrira quelque chose d'analogue.

Les foyers de l'ellipse ayant pour coordonnées

$$x = \pm \sqrt{a^2 - b^2} \quad y = \pm\, o,$$

comme l'équation de l'hyperbole ne diffère de celle de l'ellipse que par le signe de b^2, déterminons sur l'axe des x deux points dont les coordonnées soient

$$x = \pm \sqrt{a^2 + b^2}, \quad y = \pm\, o$$

c'est-à-dire déterminons les points F et f (Pl. 43, *fig.* 10), tels que

$$\mathrm{OF} = + \sqrt{a^2 + b^2} \text{ et } \mathrm{O}f = - \sqrt{a^2 + b^2}$$

ce que l'on peut faire très-facilement en décrivant du centre O (Pl. 43, *fig.* 9), et avec le rayon Ob deux arcs bf et eF, car on a évidemment

$$\mathrm{OF} = \mathrm{O}f = \mathrm{O} \qquad \sqrt{\overline{\mathrm{O}a}^2 + \overline{ba}^2} = \sqrt{a^2 + b^2}$$

Ceci fait, menons deux droites FM et fM de ces points à un point quelconque M de l'hyperbole, et cherchons la relation de ces droites. Ayant abaissé l'ordonnée MP $= y$, les deux triangles rectangles FPM, fPM, nous donneront

$$\overline{\mathrm{FM}}^2 = \overline{\mathrm{FP}}^2 + \overline{\mathrm{PM}}^2$$

$$\overline{f\mathrm{M}}^2 = \overline{f\mathrm{P}}^2 + \overline{\mathrm{PM}}^2$$

Mais FP $= \mathrm{OF} - \mathrm{OP} = \sqrt{a^2 + b^2} + x$, $f\mathrm{P} = f\mathrm{O} + \mathrm{OP} = x - \sqrt{a^2 + b^2}$, et PM $= y$; ainsi les expressions précédentes deviennent, en substituant

$$\overline{\mathrm{FM}}^2 = (x + \sqrt{a^2 + b^2})^2 + \frac{b^2}{a^2}(x^2 - a^2)$$

$$\overline{f\mathrm{M}}^2 = (x - \sqrt{a^2 + b^2})^2 + \frac{b^2}{a^2}(x^2 - a^2)$$

Développant les carrés et réduisant, nous aurons

$$\overline{FM}^2 = \frac{(a^2+b^2)x^2 + 2a^2x\sqrt{a^2+b^2} + a^4}{a^2}$$

$$= \frac{(x\sqrt{a^2+b^2} + a^2)^2}{a^2}$$

$$\overline{fM}^2 = \frac{(a^2+b^2)x^2 - 2a^2x\sqrt{a^2x+b^2} - a^4}{a^2}$$

$$= \frac{(x\sqrt{a^2+b^2} - a^2)^2}{a^2}$$

ce qui donne, en prenant les racines carrées,

$$FM = \frac{x\sqrt{a^2+b^2}}{a} + a$$

$$fM = \frac{x\sqrt{a^2+b^2}}{a} - a$$

La somme de ces quantités reste variable à cause de la quantité x qu'elle renferme ; mais sa différence est :

$$FM - fM = 2a$$

D'où il suit que les deux points F et f jouissent de cette propriété remarquable que : *la différence des deux droites menées d'un point quelconque de la courbe aux points F et f est une quantité constante égale à l'axe transverse.* Ces points sont les *foyers* de l'hyperbole, et les droites telles que FM et fM, sont les *rayons* vecteurs de cette courbe.

7. La propriété fondamentale dont nous venons d'obtenir la déduction sert à définir l'hyperbole, lorsqu'on la considère d'une manière indépendante de sa génération dans le cône ; on dit alors que c'est une courbe dont la *différence* des distances de chacun de ses points à deux points fixes, est égale à une ligne donnée. En partant de cette définition on trouve son équation et l'on reconnaît que la ligne donnée est l'axe transverse. Cette propriété fournit aussi les moyens de construire facilement l'hyperbole.

Soient, en effet, F, f les foyers donnés de position sur une droite indéfinie Ff, et soit $2a$ la différence constante ou le grand axe de l'hyperbole qu'on veut décrire.

Prenons à partir du point O, (Pl. 44, (*fig.* 1.) milieu de Ff, deux distances OA, OB égales au demi premier axe a; les deux points A et B appartiennent à la courbe.

Pour obtenir d'autres points marquons sur la droite Of, un point arbitraire L, puis des points F, f, comme centres, avec les rayons AL, BL, décrivons successivement des circonférences qui se couperont en M et m; ces points appartiendront à la courbe, car, par la construction, la différence des droites menées de F et de f à M et m est égale à la différence des rayons AL et BL, laquelle est précisément le premier axe AB $= 2a$.

Réciproquement, des points f et F, comme centres, avec les mêmes rayons, décrivons des circonférences de cercle ; les points M' et m' où elles se couperont appartiendront à l'autre branche de la courbe.

En opérant de la même manière nous pourrons obtenir des points assez rapprochés les uns des autres pour pouvoir ensuite décrire les deux branches de l'hyperbole.

8. Nous tirons encore, de cette même propriété des rayons vecteurs, un procédé pour décrire l'hyperbole par un mouvement continu.

Soient I et H (Pl. 22, *fig.* 5) les deux foyers ; si l'on place en I, l'extrémité d'une règle IT, mobile en I, de manière à pouvoir tourner autour de ce point, et que l'on attache en H le bout d'un fil HRT, dont l'autre bout soit attaché à celui de la règle IT, et si de plus la différence des longueurs de la règle et du fil est égale au premier axe $2a$, il est évident qu'un style R, qui glissera le long du fil en le tendant et en l'appliquant contre la règle, décrira par son mouvement un arc d'hyperbole, puisqu'à chaque point R on aura IR$-$RH$=2a$.

9. Dans l'hyperbole, comme dans l'ellipse, on nomme *paramètre*, une droite troisième proportionnelle aux deux axes. C'est également, dans ces deux courbes, la double ordonnée qui passe par l'un ou l'autre foyer (*Voy.* Ellipse, 8.) En désignant par p le paramètre de l'hyperbole, nous aurons donc encore

$$\frac{p}{a} = \frac{b^2}{a^2}$$

et, en substituant cette valeur dans les équations (1) et (2) elles deviendront (3)

$$y^2 = \frac{p}{a}(2ax + x^2)$$

$$y^2 = \frac{p}{a}(x^2 - a^2).$$

Ces dernières se nomment *équations au paramètre.* La première est rapportée au sommet et la seconde au centre.

10. Lorsque les axes $2a$ et $2b$ sont égaux, les équations de l'hyperbole deviennent (4)

$$y^2 = 2ax + x^2$$

$$y^2 = x^2 - a^2$$

et cette courbe prend le nom d'*hyperbole équilatère.*

L'hyperbole équilatère est, par rapport à toute autre hyperbole, ce qu'est le cercle par rapport à l'ellipse.

11. En résolvant l'équation au centre de l'hyperbole équilatère par rapport à x, on obtient

$$x = \pm\sqrt{a^2+y^2}$$

expression de laquelle résulte une construction, par points, extrêmement simple, de cette courbe.

Divisons (Pl. 44, *fig.* 2) l'axe CM des *y*, en parties égales C*a*, *ab*, *bc*, *cd*, etc., et de chacun des points de divisions, menons des perpendiculaires indéfinies à cet axe ; prenons sur chacune de ces perpendiculaires une partie égale à la distance de son pied au sommet A, c'est-à-dire, faisons $aa' = a$A, $bb' = b$A, $cc' = c$A, etc. les points a', b', c', d', etc. appartiendront tous à l'hyperbole équilatère. En effet, si par l'un quelconque de ces points, g' par exemple, on abaisse la perpendiculaire $g'x$ sur l'axe des x, on aura $g'x = Cg$; mais le triangle rectangle CAg donne

$$\overline{Cg}^2 = \overline{Ag}^2 - \overline{AC}^2$$

ou

$$\overline{gx}^2 = \overline{Cx}^2 - \overline{AC}^2$$

à cause de A$g = gg' = Cx$. Or, cette dernière égalité est la même chose que

$$\overline{g'x}^2 = x^2 - a^2$$

ainsi $g'x$ est une ordonnée, et le point g' appartient à la courbe.

12. Tout ce qui a rapport au problème de mener des tangentes aux courbes devant être exposé au mot *Tangente*, nous nous contenterons ici de faire connaître un procédé particulier à l'hyperbole, dont la ressemblance avec celui que nous avons donné pour l'ellipse (*Voy.* Ellipse 9.) fait encore ressortir la grande analogie des deux courbes.

Soit O le point de l'hyperbole où il s'agit de mener une tangente (Pl. 44, *fig.* 3) ; des foyers F , f, menons les rayons vecteurs FO, fO, et prenons sur fO, Om égal à FO. Du point g, milieu de la droite qui joint les points F et m, menons TO ; cette droite sera la tangente demandée. En effet, cette droite ne peut avoir que le seul point O commun avec la courbe, car pour tout autre point o, en menant fo , mo, Fo, on ne peut avoir

$$fo - \text{F}o = 2a = \text{AA}',$$

propriété caractéristique des rayons vecteurs, puisque, si cela était, on aurait, par la construction,

$$fo - om = fo - \text{F}o = 2a = fm$$

d'où $fo = om + fm$, ce qui est absurde. Tout autre point que O, pris sur la droite TO, ne peut donc appartenir à la courbe et, par conséquent, cette droite lui s t tangente en O.

La construction précédente nous apprend immédiatement que *les angles formés par la tangente et les deux rayons vecteurs menés au point de contact sont égaux.* Car le triangle mOF étant isocèle, et TO passant par le milieu de sa base mF, les angles fOT et TOF sont égaux. Propriété commune avec l'ellipse.

13. On nomme *hyperboles conjuguées* deux hyperboles comme celles de la fig. 4 , pl. 44, qui ont le même centre et dont l'une a pour premier axe le second axe de l'autre. Les deux courbes ayant nécessairement les mêmes asymptotes, puisque ces droites sont données pour l'une et pour l'autre par les diagonales du même rectangle ACBD (*Voy*. ci-dessus n° 5), il en résulte que leurs branches prolongées ne se rencontrent qu'à l'infini, puisque ce n'est qu'à l'infini qu'elles atteignent leurs asymptotes communes.

14. Toutes les droites qui, passant par le centre, rencontrent les deux branches d'une hyperbole se nomment ses *diamètres*. Nous avons vu, n° 4, que le centre les partage en deux parties égales.

Lorsque deux diamètres, dont l'un appartient à une hyperbole quelconque, et l'autre à sa conjuguée, sont tels que le premier est parallèle à la tangente menée par l'un des points où le second rencontre sa courbe, ils prennent le nom de *diamètres conjugués*. Les deux axes forment un système de diamètres conjugués.

Si l'on prend deux diamètres conjugués pour axes des coordonnées, les coordonnées deviennent obliques, mais les équations ne changent pas de forme (*Voy*. Transformation) et l'on peut reconnaître facilement les propriétés suivantes, que nous devons nous contenter d'énoncer. 1° *Un diamètre quelconque partage en deux parties égales toutes les cordes menées parallèlement à son conjugué.* 2° *Le parallélogramme construit entre deux diamètres conjugués est équivalent au rectangle des deux axes principaux.* Ce parallélogramme et ce rectangle sont dits *inscrits* à l'hyperbole. 3° *La différence des carrés de deux diamètres conjugués est égale à la différence des carrés des axes.*

Il résulte de cette dernière propriété que dans l'hyperbole équilatère deux diamètres conjugués quelconques sont égaux.

15. On voit d'après ce qui précède que toutes les propriétés de l'ellipse se retrouvent dans l'hyperbole, sauf de légères modifications pour quelques-unes d'entre elles ; cependant il en existe de particulières à cette dernière courbe que nous devons signaler ; elles sont relatives aux asymptotes.

Pour obtenir l'équation de l'hyperbole rapportée à ses asymptotes il suffit de transformer les coordonnées rectangulaires de l'équation.

$$y^2 = \frac{b^2}{a^2}(x^2 - a^2)$$

en coordonnées obliques par les procédés connus. Substituons donc à la place de x et de y les valeurs générales (*Voy.* TRANSFORMATION).

$$x = x\cos\alpha + y\cos\alpha'$$
$$y = x\sin\alpha + y\sin\alpha'$$

Nous obtiendrons, après les réductions, (*a*)

$$\left.\begin{array}{c}(a^2\sin^2\alpha' - b^2\cos^2\alpha')y^2 \\ + (2a^2\sin\alpha\sin\alpha' - 2b^2\cos\alpha.\cos\alpha')xy \\ + (a^2\sin^2\alpha - b^2\cos^2\alpha)\,x^2\end{array}\right\} = -\,a^2b^2$$

Mais les angles α, α' étant ici les angles que font les asymptotes avec le premier axe, nous avons (*voy.* ci-dessus, n° 5)

$$\text{tng }\alpha. = \frac{b}{a}, \quad \text{tang }\alpha' = \frac{b}{a}$$

d'où

$$\cos\alpha = \frac{a}{\sqrt{a^2+b^2}}, \quad \sin\alpha = \frac{b}{\sqrt{a^2+b^2}}$$
$$\cos\alpha' = \frac{a}{\sqrt{a^2+b^2}}, \quad \sin\alpha' = \frac{b}{\sqrt{a^2+b^2}}$$

nous avons donc aussi

$$a^2\sin^2\alpha' - b^2\cos^2\alpha' = \frac{a^2b^2 - a^2b^2}{a^2+b^2} = 0$$
$$a^2\sin^2\alpha - b^2\sin^2\alpha' = \frac{a^2b^2 - a^2b^2}{a^2+b^2} = 0$$
$$2a^2\sin\alpha.\sin\alpha' - 2b^2\cos\alpha.\cos\alpha' = -\frac{4a^2b^2}{a^2+b^2}$$

L'équation générale (*a*) devient donc, en substituant ces valeurs

$$xy = \frac{a^2+b^2}{4}$$

Telle est l'équation de l'hyperbole rapportée à ses asymptotes. Elle nous apprend que le rectangle formé entre les coordonnées est une quantité constante; cette quantité, $\frac{a^2+b^2}{4}$, que nous désignerons par c^2, se nomme *puissance* de l'hyperbole.

15. Si vous multiplions les deux termes de l'équation

$$xy = c^2$$

par le sinus de l'angle que les asymptotes font entre elles, cet angle étant désigné par μ, nous aurons

$$xy\sin\mu = c^2.\sin\mu$$

Or, le second membre de cette équation est encore une quantité constante et le premier désigne le parallé"logramme construit sur les coordonnées, donc *tous les parallélogrammes construits sur des coordonnées parallèles aux asymptotes sont équivalens entre eux.* Il est facile de reconnaître que $c^2\sin\mu = \frac{ab}{2}$, ou que cette quantité est la moitié du rectangle construit sur les demi-axes.

16. Le produit xy étant une quantité constante, il en résulte que l'ordonnée y diminue à mesure que x augmente, mais que cependant elle ne peut jamais devenir nulle; ainsi l'asymptote se rapproche continuellement de la courbe sans pouvoir la rencontrer. C'est ce que les expressions du n° 5 nous avaient déjà appris, en nous montrant que ces lignes ne se rencontrent qu'à *l'infini*.

17. Dans l'hyperbole équilatère $a = b$, et par conséquent

$$\text{tang }\alpha = \frac{b}{a} = 1$$

l'angle α est donc de 45° et l'angle μ qui est son double est un angle droit. On a donc alors simplement

$$xy = 2a^2$$

et les coordonnées sont rectangulaires.

18. En combinant les équations de la tangente et de la sécante (*voy.* ces mots avec l'équation

$$xy = c^2$$

on découvre les propriétés suivantes que nous devons nous contenter d'énoncer :

La portion d'une tangente comprise entre les asymptotes est divisée en deux parties égales au point de contact.

Cette portion de tangente est toujours égale au diamètre conjugué de celui qui passe par le point de contact.

Tous les parallélogrammes inscrits à l'hyperbole ont leurs sommets placés sur les asymptotes.

Les deux parties d'une sécante comprises entre la courbe et les asymptotes sont égales entre elles.

19. La dernière de ces propriétés offre un moyen facile de décrire une hyperbole dont on connaît un seul point.

Soit m le point donné (PL. 44, *fig.* 5) qu'on pourra toujours obtenir par le procédé du n° 7 ; ayant construit les asymptotes (n° 5), on mènera par le point m des droites dans toutes les directions possibles et à partir des points a, b, c, d, où ces droites rencontrent l'asymptote AB, on prendra des parties an, bn', cn'', etc., égales aux distances $a'm$, $b'm$, $c'm$, etc., du point m à ceux où les mêmes droites rencontrent l'autre asymptote AC; les points n, n', n'', etc. appartiendront à la courbe. Chacun de ces points peut ensuite servir de la même manière pour en déterminer d'autres.

20. Nous verrons, au mot QUADRATURE, d'autres propriétés très-remarquables des asymptotes, comme aussi tout ce qui concerne la surface de l'hyperbole. Il sera

encore question de cette courbe dans d'autres articles. *Voy.* tangente et rectification. *Voy.* aussi polaire, pour *l'équation polaire* de l'hyperbole.

Hyperboles *des ordres supérieurs.* On donne ce nom à toutes les courbes qui sont représentées par l'équation $Ay^{m+n}=B(a+x)^m x^n$. Cette équation générale renferme, comme cas particulier, l'équation $Ay^2=B(ax+x^2)$, de l'hyperbole conique ou *apollonienne* (*Voy.* ce mot).

On nomme encore *hyperboles*, les courbes dont l'équation, rapportée à leurs asymptotes, est de la forme $x^m y^n = c^{m+n}$, qui renferme aussi, comme cas particulier, l'équation aux asymptotes, $xy=c^2$, de l'hyperbole conique.

Logarithmes hyperboliques. (*Voy.* logarithme.)

Sinus hyperboliques. (*Voy.* Sinus.)

HYPERBOLOIDE ou conoïde hyperbolique.(*Géom.*) Solide formé par la révolution d'une branche d'hyperbole autour de son premier axe.

Pour obtenir le volume de l'hyperboloïde il suffit de remplacer dans la formule générale

$$V = \int \pi y^2 dx$$

(*Voy.* Cubature), l'ordonnée y par sa valeur prise dans l'équation de la courbe génératrice. Or, en comptant les ordonnées du sommet, cette équation étant $y^2 = \dfrac{b^2}{a^2}(ax+x^2)$, (*voy.* Hyperbole, I), nous aurons

$$V = \pi \frac{b^2}{a^2} \int (ax+x^2) dx$$

dont l'intégrale est

$$V = \frac{\pi b^2 x^2}{a} + \frac{\pi b^2 x^3}{3a^2}$$

Il n'y a pas besoin d'ajouter de constante, parce qu'en faisant $x=0$ le solide s'anéantit.

Ainsi en désignant par h la hauteur du solide ou faisant $x=h$ on a, pour l'expression du volume de l'hyperboloïde,

$$V = \frac{\pi b^2 h^2}{a} + \frac{\pi b^2 h^3}{3a^2}$$

Dans le cas de *l'hyperbole équilatère*, ou lorsque $a=b$, cette expression devient

$$V = \frac{\pi h^2}{3} (3a+h)$$

d'où nous voyons qu'il existe toujours un rapport commensurable entre l'hyperboloïde équilatère et la sphère dont le rayon est égal à sa hauteur h. En effet, le volume de la sphère qui a h pour rayon est (*voy.* Sphère)

$$V' = \frac{4\pi h^3}{3}$$

ainsi

$$\frac{V}{V'} = \frac{3a+h}{4h}$$

Ce rapport nous apprend que si $h=a$, c'est-à-dire, que si la hauteur de l'hyperboloïde équilatère est égale à la moitié de l'axe transverse de l'hyperbole génératrice, le volume de ce solide est équivalent à celui de la sphère qui a cet axe pour diamètre.

Nous verrons au mot quadrature , comment on détermine la surface des solides de révolution.

HYPOTHÉNUSE. (*Géom.*) (de ὑπο *sous* et de τίθημι *je pose*) Nom par lequel on désigne le côté d'un triangle rectangle opposé à l'angle droit. (*Voy.* Triangle.) L'hypothénuse jouit d'une propriété très-remarquable dont la découverte est due à Pythagore, c'est que *le carré construit sur ce côté est équivalent à la somme des carrés construits sur les deux autres côtés*. Cette proposition se nomme le *Théorème de Pythagore.*

HYPOTHESE. Proposition ou partie de proposition que l'on pose comme base, ou comme point de départ, pour en déduire des conséquences relatives à un objet en question. Par exemple, dans la proposition : *Deux triangles qui ont leurs trois angles égaux chacun à chacun sont semblables ;* l'hypothèse dont on part est cette égalité des angles qui sert ensuite à reconnaître la seconde partie de la proposition, c'est-à-dire, la similitude en question des deux triangles.

ICHNOGRAPHIE. (*Géom.*) (de ἴχνος *trace* et de γράφω *je décris.*) Plan géométral d'un édifice ou tracé d'un objet quelconque sur le plan horizontal qui lui sert de base. *Voy.* Plan.

ICOSAÈDRE (*Géom.*) Solide régulier terminé par vingt triangles équilatéraux et égaux entre eux. C'est un des cinq corps réguliers. *Voy.* Solide.

IDENTIQUE. (*Alg.*)On nomme *équation identique*, celle dont les deux membres sont les mêmes, ou se réduisent à la même quantité. Telle est, par exemple, $(a+x)(a-x)=a^2-x^2$, qui après la réalisation des calculs indiqués devient $a^2-x^2=a^2-x^2$; d'où, en faisant tout passer dans le premier membre, $a^2-x^2-a^2+x^2=0$; c'est-à-dire $0=0$. Ces équations ne peuvent faire découvrir que les différentes formes de la *génération* des quantités , mais elles ne sauraient conduire à aucun résultat pour la solution des problèmes.

IDES. Terme du calendrier romain. *Voy.* Calendrier , 14.

IMAGE. (*Opt.*) Représentation d'un objet que l'on voit soit par réflexion , soit par réfraction à l'aide d'un appareil d'optique. (*Voy.* Miroir , Verre.) (*Voy.* aussi Catoptrique.)

IMAGINAIRE. (*Alg.*) On nomme, assez improprement, *quantités imaginaires*, les racines paires des quantités négatives dont la forme générale est

$$\sqrt[2m]{-\mathrm{A}}.$$

Ces quantités n'ont, à la vérité, qu'une existence ou qu'une *réalité idéale*, mais leur génération, que nous allons examiner, n'a absolument rien de commun avec les produits de la faculté psycologique nommée *imagination*.

1. Nous avons vu (ALGÈBRE, 38) que les nombres dits *imaginaires* tirent leur origine de la branche inverse du troisième et dernier mode de la génération élémentaire des quantités et qu'on pouvait ramener leur considération à celle d'une racine paire de (-1) puisqu'on a en général $\sqrt[2m]{-\mathrm{A}} = \mathrm{M}.\sqrt[2m]{-1}$, M étant la quantité *réelle* $\sqrt[2m]{\mathrm{A}}$. C'est donc seulement la génération de $\sqrt[2m]{-1}$, qui doit nous occuper.

Or la génération par PUISSANCE de l'unité *positive* ou *négative*, en prenant pour *base* l'unité négative, est évidemment de la forme

$$(-1)^\mu = \pm 1$$

Savoir $(-1)^\mu = +1$, lorsque μ est pair, et $(-1)^\mu = -1$, lorsqu'il est impair; μ étant d'ailleurs un nombre entier quelconque. Ainsi pour concevoir cette génération dans la *continuité indéfinie* dont elle est susceptible, nous devons considérer le nombre μ comme *infiniment grand*, et alors la base (-1) devient le *facteur élémentaire* (*voy* ce mot) de la puissance -1. Mais pour ne nous occuper ici que de l'unité négative, désignons par ∞' un nombre impair infiniment grand, nous aurons

$$(-1)^{\infty'} = -1$$

Qu'on ne s'étonne point de nous voir distinguer les *nombres infinis*, en *pairs* et *impairs*, car si ces nombres appartiennent à une sphère de grandeur ou plutôt à un ordre de connaissances entièrement différent de celui des nombres finis (*voy*. DIFFÉRENCE, 24), la RAISON, faculté supérieure de l'intelligence, dont ils sont le produit, peut établir entre eux toutes les relations qui existent entre ces derniers nombres, et ce n'est même qu'à l'aide de ces relations qu'elle peut arriver à son but mathématique, celui d'apporter la dernière unité intellectuelle dans la génération, non de la quantité finie elle-même, mais de la *connaissance* que nous avons de cette quantité.

En partant de cette génération indéfinie de l'unité négative, il devient évident que lorsqu'il s'agira de prendre une racine à exposant pair de cette unité, l'opération sera *impossible* en réalité et toutefois elle sera *possible* en idée, et c'est là l'opposition transcendantale, ou l'*antinomie* que présentent les quantités dites imaginaires qui, ne pouvant être ni *positives* ni *négatives*, semblent impliquer une absurdité, démentie cependant par l'exactitude rigoureuse de tous les résultats qu'on obtient en les employant. En effet, et nous nous contenterons ici de rapporter les propres paroles de l'auteur de la *Philosophie des mathématiques*, « on voi
» qu'en prenant une partie paire de l'exposant ∞', par
» exemple $\dfrac{\infty}{2m}$, *m* étant un nombre entier quelconque,
» on aura pour la racine $2m$ de l'unité négative une
» partie des facteurs élémentaires (-1) du *schema* (de
» la forme universelle), $(-1)^{\infty'} = -1$, exprimée par
» $\dfrac{\infty'}{2m} = \infty'' + \dfrac{p}{2m}$, ∞'' étant le nombre entier le plus
» grand contenu dans $\dfrac{\infty'}{2m}$, et *p* un nombre impair et
» plus petit que $2m$; de manière qu'après avoir pris
» ∞'' facteurs élémentaires (-1), il restera à prendre
» une partie $\dfrac{p}{2m}$ des facteurs élémentaires du second
» ordre, qui composent l'un des facteurs élémentaires
» (-1) du premier ordre. *On peut donc recommencer la*
» *même opération idéale sur le facteur restant du pre-*
» *mier ordre* (-1), *et on peut la continuer ainsi à*
» *l'indéfini.* Or ce sont les nombres correspondans à
» cette génération *idéale possible*, et dont le caractère
» consiste précisément dans cette possibilité de généra-
» tion idéale qui forment les nombres qu'on appelle
» très-inexactement *nombres imaginaires.*

» Telle est la déduction métaphysique de ces nom-
» bres vraiment extraordinaires qui forment un des phé-
» nomènes intellectuels les plus remarquables, et qui
» donnent une preuve non équivoque de l'influence
» qu'exerce dans le savoir de l'homme la faculté lé-
» gislatrice de la raison, dont ces nombres sont un pro-
» duit en quelque sorte malgré l'entendement. On voit
» actuellement que loin d'être *absurdes*, comme les en-
» visageaient les géomètres, les nombres dits imaginaires
» sont éminemment *logiques*, et, par conséquent, très-
» conformes aux lois du savoir ; et cela parce qu'ils éma-
» nent, et en toute pureté, de la faculté même qui
» donne des lois à l'intelligence humaine. De là vient la
» possibilité d'employer ces nombres, sans aucune con-
» tradiction logique, et dans toutes les opérations al-
» gorithmiques ; de les traiter comme des êtres privi-
» légiés dans le domaine de notre savoir, et d'en dé-
» duire des résultats rigoureusement conformes à la rai-
» son. (Wronski. *Introd. à la philosoph. des math.*)

2. Il résulte de ce qui précède que toutes les quantités dites *imaginaires* sont de la même nature, puisqu'elles ne diffèrent entre elles que par la valeur de l'exposant et qu'elles sont rigoureusement identiques dans ce qui concerne leur génération idéale ; ces quantités doivent donc avoir la même forme dans leur expression, ou pouvoir s'exprimer au moyen de l'une d'entre elles. Il est effectivement reconnu qu'on peut obtenir l'expression algébrique d'une quantité *imaginaire* quelconque à l'aide de la plus simple de ces quantités, savoir $\sqrt{-1}$. C'est ce que nous allons démontrer.

La forme générale des quantités imaginaires étant

$$\sqrt[2m]{-1}$$

pour plus de généralité, donnons un exposant quelconque n à cette quantité, et nous aurons

$$\left(\sqrt[2m]{-1}\right)^n = (\sqrt{-1})^{\frac{n}{m}}.$$

Or, quel que soit A, on a toujours $A = 1 - (1-A)$; ainsi l'on peut mettre la quantité proposée sous la forme d'un binome et en obtenir le développement par les formules connues (*Voy.* Binome de Newton). Nous avons donc

$$(\sqrt{-1})^{\frac{m}{n}} = (1-(1-\sqrt{-1}))^{\frac{n}{m}}$$

Et, par conséquent, (1)

$$(\sqrt{-1})^{\frac{n}{m}} = 1 - \frac{n}{m}(1-\sqrt{-1}) + $$
$$+ \frac{n(n-m)}{m^2 1.2}(1-\sqrt{-1})^2 + \text{etc..}$$

Mais les puissances successives $(1-\sqrt{-1})$, $(1-\sqrt{-1})^2$, etc., qui entrent dans ce développement peuvent être mises sous une même forme, puisque l'on a généralement, p étant un nombre entier quelconque

$$(1-\sqrt{-1})^p = 1 - p\sqrt{-1} - \frac{p(p-1)}{1.2} + $$
$$+ \frac{p(p-1)(p-2)}{1.2.3}\sqrt{-1}$$
$$+ \frac{p(p-1)(p-2)(p-3)}{1.2.3.4}$$
$$- \text{etc.....}$$

expression dans laquelle les termes sont alternativement réels et *imaginaires*. Désignant par a_p la somme des termes réels

$$1 - \frac{p(p-1)}{1.2} + \frac{p(p-1)(p-2)(p-3)}{1.2.3.4} - \text{etc.}$$

Et par b_p celle des coefficiens de $\sqrt{-1}$, nous aurons

$$(1-\sqrt{-1})^p = a_p + b_p\sqrt{-1}$$

Donc, dans les cas particuliers de $p = 1$, $p = 2$, $p = 3$, etc., les puissances de $(1 - \sqrt{-1})$ auront les formes

$$a_1 + b_1\sqrt{-1},\ a_2 + b_2\sqrt{-1},\ a_3 + b_3\sqrt{-1}, \text{etc...}$$

Substituant ces quantités dans le développement général (1), il deviendra

$$(\sqrt{-1})^{\frac{n}{m}} = 1 - \frac{n}{m}(a_1 + b_1\sqrt{-1})$$
$$+ \frac{n(n-m)}{m^2.1.2}(a_2 + b_2\sqrt{-1})$$
$$- \frac{n(n-m)(n-2m)}{m^3.1.2.3}(a_3 + b_3\sqrt{-1})$$
$$+ \text{etc.....}$$

Effectuant les multiplications indiquées, le second nombre de cette égalité sera composé de deux suites de termes, les uns réels et les autres *imaginaires* ; et désignant enfin par A la somme des termes réels

$$1 - \frac{n}{m}a_1 + \frac{n(n-m)}{m^2.1.2}a_2 - \frac{n(n-m)(n-2m)}{m^3 1.2.3}a_3 + \text{etc.,}$$

et par B la somme des coefficiens réels de $\sqrt{-1}$,

$$- \frac{n}{m}b_1 + \frac{n(n-m)}{m^2.1.2}b_2 - \frac{n(n-m)(n-2m)}{m^3.1.2.3}b_3 + \text{etc...}$$

nous parviendrons à l'expression finale

$$\left(\sqrt[2m]{-1}\right)^n = A + B\sqrt{-1}$$

dans laquelle A et B sont des quantités réelles positives ou négatives.

Il est donc démontré que toute quantité dite *imaginaire* $\sqrt{-1}$, et même que toute puissance de cette quantité peut s'exprimer au moyen de la seule racine seconde de -1, et que la forme de cette génération est $A + B\sqrt{-1}$.

3. Nous avons reconnu (*voy.* Élévation aux puissances) qu'une *racine* de l'unité pouvait admettre plusieurs valeurs différentes, et nous avons donné (*voy.* Équation, 29) l'expression générale de ces valeurs dont le nombre est précisément égal à celui de l'exposant de la racine. Il nous reste à examiner la possibilité de cette pluralité de valeurs ; c'est ce que nous allons faire en partant de la génération même de l'unité.

μ étant un nombre entier quelconque, y compris zéro, 2μ peut représenter tous les nombres pairs, $2\mu + 1$ tous les nombres impairs, et nous avons

$$(-1)^{2\mu} = +1 \text{ et } (-1)^{2\mu+1} = -1$$

Une racine du degré quelconque n sera donc

$$\sqrt[n]{+1} = (-1)^{\frac{2\mu}{n}}$$
$$\sqrt[n]{-1} = (-1)^{\frac{2\mu+1}{n}}$$

ou

$$\overset{n}{\sqrt{+1}} = (-1)^p.(-1)^{\frac{p'}{n}}$$

$$\overset{n}{\sqrt{-1}} = (-1)^q.(-1)^{\frac{q'}{n}}$$

p' et q' désignant les restes des divisions de 2μ et de $2\mu+1$ par n, et p et q les quotiens de ces divisions. Or μ étant un nombre arbitraire et par suite p' et q' étant aussi des nombres arbitraires compris entre les limites o et n, il est évident que les racines en question ont autant de générations différentes qu'on peut prendre de nombres différens pour p' et q'. D'abord, en commençant par l'unité positive, si n est un nombre pair, p' doit être pair aussi, puisque l'on a dans ce cas

$$2\mu = pn + p'$$

p' peut donc être indifféremment l'un des $\frac{n}{2}$ nombres o, 2, 4, 6, etc., jusqu'à $n - 2$, et comme en outre il peut être positif ou négatif, il s'en suit que $\overset{n}{\sqrt{+1}}$ admet n valeurs différentes, correspondantes aux n valeurs différentes du facteur $(-1)^{\frac{p'}{n}}$; parmi ces n valeurs, il y en a $\frac{n}{2}$ qui sont données par les valeurs positives de p', et $\frac{n}{2}$ par ses valeurs négatives, c'est-à-dire, qu'on a

$$\overset{n}{\sqrt{+1}} = (-1)^p.(-1)^{+\frac{p'}{n}}$$

$$\overset{n}{\sqrt{+1}} = (-1)^p.(-1)^{-\frac{p'}{n}}$$

p pouvant être d'ailleurs pair ou impair.

En faisant p pair, $(-1)^p$ devient $(+1)$, et en le faisant impair, $(-1)^p$ devient (-1). Chacune de ces suppositions fournit bien n valeurs pour $\overset{n}{\sqrt{+1}}$; mais elles sont les mêmes, et $\overset{n}{\sqrt{+1}}$ n'admet que n valeurs réellement différentes.

Si n est un nombre impair, p' peut être encore un nombre pair quelconque plus petit que n, positif, négatif ou zéro; alors p est nécessairement pair et l'on a

$$\overset{n}{\sqrt{+1}} = (-1)^{+\frac{p'}{n}}$$

$$\overset{n}{\sqrt{+1}} = (-1)^{-\frac{p'}{n}}$$

Ce qui ne donne encore que n générations différentes pour $\overset{n}{\sqrt{+1}}$, puisque des $\frac{n+1}{2}$ valeurs qui résultent de chacune de ces expressions, celles qui correspondent à $+ p' = o$, et à $- p' = o$ sont identiques et égales à $+1$.

Quant aux racines de l'unité négative, il se présente également deux cas, savoir : lorsque l'exposant n est pair, et lorsqu'il est impair; dans le premier, q' peut être un nombre impair quelconque, positif ou négatif, plus petit que n, d'où

$$\overset{n}{\sqrt{-1}} = (-1)^q.(-1)^{+\frac{q'}{n}}$$

$$\overset{n}{\sqrt{-1}} = (-1)^q.(-1)^{-\frac{q'}{n}}$$

q pouvant être indifféremment pair ou impair; dans le second cas, q' peut être un nombre pair quelconque, positif, négatif ou zéro, d'où

$$\overset{n}{\sqrt{-1}} = -(-1)^{+\frac{q'}{n}}$$

$$\overset{n}{\sqrt{-1}} = -(-1)^{-\frac{q'}{n}}$$

q étant nécessairement impair. Il est visible que dans l'un et l'autre cas $\overset{n}{\sqrt{-1}}$ reçoit n générations différentes.

De toutes ces valeurs des racines de l'unité positive et négative, il n'y a évidemment de réelles que les valeurs $+1$ et -1; toutes les autres sont *imaginaires*. Ainsi, lorsque n est pair, $\overset{n}{\sqrt{+1}}$, a *deux* racines réelles $+1$ et -1 et $n-2$ racines *imaginaires*; et $\overset{n}{\sqrt{-1}}$ a toutes ses racines *imaginaires*; lorsque n est impair, $\overset{n}{\sqrt{+1}}$ a *une* seule racine, $+1$, réelle, et $n-1$, racines *imaginaires*; et $\overset{n}{\sqrt{-1}}$, a *une* racine réelle -1, et $n-1$ racines imaginaires. C'est ce que l'on reconnaît facilement à l'inspection des formes générales qui précèdent.

4. Les quantités $(-1)^{\frac{p'}{n}}$ et $(-1)^{-\frac{p'}{n}}$ pouvant toujours se ramener à la forme

$$A \pm B\sqrt{-1}$$

puisque $(-1)^{+\frac{p'}{n}} = (\sqrt{-1})^{+\frac{2p'}{n}}$, il est évident que toutes les racines dites imaginaires de l'unité pourront être ramenées à la même forme, et qu'on peut poser en général

$$(-1)^p.(-1)^{\frac{p'}{n}} = a + b\sqrt{-1}$$

et

$$(-1)^p.(-1)^{-\frac{p'}{n}} = a - b\sqrt{-1}$$

les racines données par l'expression $(-1)^p.(-1)^{\frac{p'}{n}}$ ne devront différer de celles données par l'expression $(-1)^p(-1)^{-\frac{p'}{n}}$ que dans le signe de la quantité $\sqrt{-1}$.

Nous aurons également

$$(-1)^q \cdot (-1)^{\frac{q'}{n}} = a' + b'\sqrt{-1}$$

$$(-1)^q (-1)^{-\frac{q'}{n}} = a' - b'\sqrt{-1}$$

Il résulte de cette considération une propriété très-remarquable des racines de l'unité. En effet, multipliant terme par terme ces égalités, les deux premières donnent.

$$(a^2 + b^2) = (-1)^{2p} \cdot (-1)^0 = 1$$

et les deux secondes

$$(a'^2 + b'^2) = (-1)^{2q} \cdot (-1)^0 = 1$$

Ce qui nous apprend 1° *que le produit de deux racines imaginaires de l'unité qui ne diffèrent que par le signe de la quantité* $\sqrt{-1}$, *est toujours l'unité*; 2° *que la somme des carrés des deux quantités réelles qui entrent dans l'expression d'une racine imaginaire de l'unité, est toujours égale à l'unité*. Propriétés caractéristiques qui complètent la théorie de ces racines.

Il existe encore une autre espèce de quantités dites imaginaires, que nous examinerons ailleurs. (*Voy.* Logarithmes.)

I.

IMMERSION. (*Ast.*) Commencement d'une éclipse ou d'une occultation. (*Voy.* ces mots.)

IMPAIR.(*Arith.*)Nom que l'on donne, par opposition, à tous les nombres qui ne peuvent être exactement divisés par 2 ; les nombres divisibles par 2 se nommant nombres *pairs*.

La forme $2m+1$, dans laquelle m est un nombre quelconque, y compris zéro, peut représenter tous les nombres impairs; car si l'on y fait successivement $m=0$, $m=1$, $m=2$, etc., on obtient la suite des nombres impairs, 1, 3, 5, 7, etc.

IMPULSION. (*Méc.*) On nomme *force d'impulsion*, celle qui agit sur un corps avec une vitesse finie, pendant un instant d'une durée infiniment petite, ou du moins inappréciable. Par exemple le coup de raquette par lequel on lance une balle est une force d'impulsion.

INCIDENCE. (*Méc.*) Direction suivant laquelle un corps en frappe un autre.

En *Optique*, on nomme *angle d'incidence*, l'angle compris par un rayon incident sur un plan et la perpendiculaire élevée au point d'incidence. (*Voy.* Catoptrique.)

INCLINAISON. Ce mot qui désigne en général la tendance mutuelle de deux lignes, de deux surfaces, ou de deux corps l'un vers l'autre, reçoit diverses acceptions particulières suivant les objets auxquels on l'applique, ainsi :

L'inclinaison d'une droite par rapport à une autre droite, ou par rapport à un plan, est l'*angle* qu'elle forme avec cette droite ou avec ce plan.

L'inclinaison d'une planète, en *astronomie*, est l'angle du plan de son orbite avec le plan de l'écliptique.

L'inclinaison d'un plan, en *gnomonique*, est l'arc du cercle vertical compris entre ce plan et le plan de l'horizon.

INCLINÉ. On nomme plan incliné, en *mécanique*, celui qui fait un angle oblique avec le plan de l'horizon. Son usage est de soutenir un corps en le mettant en équilibre avec d'autres forces.

Si nous considérons un corps V placé sur un plan incliné, il faudra, pour empêcher ce corps de glisser, en vertu de sa pesanteur, lui appliquer une force P dont

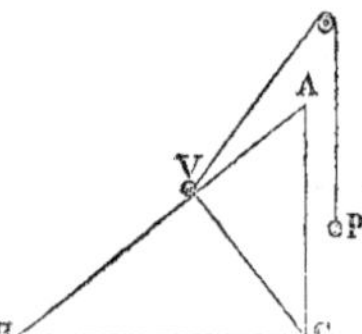

l'intensité devra varier suivant sa direction, et suivant l'inclinaison du plan; mais il sera toujours nécessaire, pour que l'équilibre puisse subsister, que la résultante du poids Q du corps et de la force P soit perpendiculaire au plan incliné, seul cas dans lequel la résistance de ce plan peut la détruire; il faudra donc encore que les directions de toutes ces forces soient comprises dans un même plan. Ainsi la direction de la force P sera dans un plan vertical mené par le centre de gravité du corps, et passant par la direction de la force Q. Supposons ces conditions satisfaites, et cherchons le rapport des forces P et Q dans le cas de l'équilibre.

1. Soit G (pl. 44, fig. 6) le centre de gravité du corps, GF la verticale qui représente la direction du poids, et OP la direction de la force P; prolongeons ces droites jusqu'à leur rencontre en O, et de ce point abaissons O*m* perpendiculaire sur AB, section du plan incliné par le plan vertical des forces. Puisque la résultante des forces P et Q doit être dirigée suivant O*m*, si nous prenons sur OF et sur OP des parties O*n* et O*p* proportionnelles aux forces P et Q, et si nous achevons le parallélogramme, O*nEp*,

sa diagonale OE, résultante de ces forces, sera dans la direction de Om, et nous aurons (1)

On : Op ou Q : P :: sin pOE : sin nOE

Mais l'angle nOE est égal à l'angle BAC d'inclinaison du plan ; ainsi l'on a

$$\text{Sin } n\text{OE} = \text{Sin BAC} = \frac{BC}{AB}$$

ou, sin nOE $= \dfrac{h}{l}$, en nommant l la longueur AB du plan incliné et h, sa hauteur BC. La proportion précédente deviendra donc

$$Q : P :: l . \sin p\text{OE} : h$$

Ainsi le rapport des forces P et Q dépend de l'angle pOE, que la force P fait avec la perpendiculaire Om, et cette force doit être d'autant plus grande que cet angle s'écarte plus de l'angle droit. Lorsque la force P est parallèle au plan incliné, l'angle pOE devient droit, et l'on a simplement

$$Q : P :: l : h$$

C'est-à-dire que, dans ce cas, *la force P est au poids Q, du corps auquel elle doit faire équilibre, comme la hauteur du plan incliné est à sa longueur.*

2. Si nous désignons par α l'angle O$n'm$ que fait la direction de la force Q avec la longueur AB du plan incliné, par α' l'angle POP' que fait la direction de la force P avec cette même longueur, comme il est facile de voir que α est le complément de nOE, et α' celui de pOE, nous pourrons mettre la proportion (1) sous la forme

$$Q : P :: \cos \alpha' : \cos \alpha$$

D'où nous obtiendrons (2)

$$Q \cos \alpha = P \cos \alpha'$$

pour l'équation d'équilibre sur le plan incliné.

3. Il est facile de conclure de ce qui précède que si deux poids V et P, tenus ensemble par un lien flexible et passant sur le sommet de deux plans inclinés, se faisaient équilibre, ils seraient entre eux dans le rapport

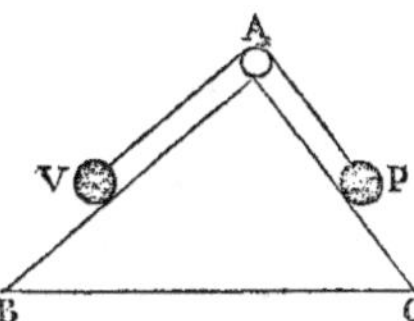

inverse des sinus des angles d'inclinaison de leurs plans respectifs, ou dans le rapport direct des longueurs de b, pluse ; c'est-à-dire qu'on aurait

$$V : P :: \sin. ACB : \sin. ABC$$

et

$$V : P :: AB : AC$$

4. Le frottement et l'adhérence des surfaces en contact pouvant être considérés comme des forces qui détruisent une partie de la force Q, modifient nécessairement, dans la pratique, les conditions d'équilibre sur le plan incliné. Pour en tenir compte, remarquons d'abord que la pression exercée par le corps sur le plan incliné, provient non seulement de la composante de Q, perpendiculaire en m, (PL. 44, *fig.*6) mais encore de la composante de P, perpendiculaire au même point, et que ces deux composantes agissent en sens inverse ; la première a pour expression Q sin. α, et la seconde P sin α' ; cette pression sera donc représentée par Q sin. α — P sin α'. Ainsi, en désignant par f le rapport du frottement à la pression, la force due à ce frottement sera

$$(Q \sin \alpha - P \sin \alpha') f$$

Quant à la force due à l'adhérence, si nous représentons par ψ l'intensité de cette force sur l'unité de surface, Aψ représentera son intensité pour la surface A du corps en question.

Mais nous devons considérer deux cas dans l'action de la force P : 1° celui où cette force doit faire monter le corps ; 2° celui où elle doit seulement l'empêcher de descendre. Dans le premier cas, la force P doit vaincre le frottement et l'adhérence ; l'équation d'équilibre est donc

$$P \cos \alpha' = Q \cos \alpha + (Q \sin \alpha - P \sin \alpha') f + A\psi$$

Dans le second, le frottement et l'adhérence agissent en faveur de P, et l'équation d'équilibre est

$$P \cos \alpha' = Q \cos \alpha - (Q \sin \alpha - P \sin \alpha') f - A\psi$$

D'où l'on tire, en général,

$$P = \frac{Q (\cos \alpha \pm f \sin \alpha) \pm A\psi}{\cos \alpha' \mp f \sin \alpha'}$$

les signes supérieurs et inférieurs répondant respectivement au premier et au second cas.

Lorsque P est parallèle au plan, on a $\alpha' = 0$, et

$$P = Q(\cos \alpha \pm f \sin \alpha) \pm A\psi$$

INCOMMENSURABLE. Deux quantités sont *incommensurables*, lorsqu'elles ne peuvent avoir une mesure commune. Par exemple, le côté d'un carré est incommensurable avec sa diagonale, parce que le côté étant représenté par 1, la diagonale est représentée par $\sqrt{2}$ et qu'il n'existe aucun nombre, quelque petit qu'il soit, qui puisse être contenu exactement dans $\sqrt{2}$, ou diviser exactement $\sqrt{2}$. De même la circonférence du cercle est incommensurable avec son rayon.

En général toutes les quantités de la forme $\sqrt{A}$ sont incommurables avec l'unité lorsqu'elles ne se réduisent pas à des nombres entiers par l'extraction des racines (*Voy.* ALGÈBRE, 28). Ces quantités prennent alors le nom de *Nombres irrationnels*. *Voy.* IRRATIONNEL.

INCONNUE. Nom que l'on donne à la quantité cherchée dans la solution d'un problème.

INCRÉMENT. C'est sous ce nom que Taylor et d'après lui plusieurs géomètres désignent l'accroissement d'une quantité variable, ou la DIFFÉRENCE de cette quantité. *Voy.* DIFFÉRENCE.

INDÉFINI. *Voy.* INFINI.

INDÉTERMINÉ. On nomme communément, en mathématiques, *quantités indéterminées* ou *variables*, celles qui peuvent changer de grandeur.

Un problème est *indéterminé*, quand il peut admettre un nombre infini de solutions différentes. Par exemple, si l'on demandait un nombre qui soit en même temps divisible par 2 et par 3, on proposerait un problème indéterminé, car ce nombre peut être 6, 12, 18, 24, 30, 36 etc. à l'infini.

On a donné le nom d'*Analyse indéterminée*, à la partie de l'algèbre qui traite de la solution des problèmes indéterminés.

ANALYSE INDÉTERMINÉE. Un problème est *indéterminé*, lorsque le nombre des équations qui expriment les conditions demandées est moindre que celui des inconnues ; car alors il devient nécessaire, pour les résoudre, de déterminer arbitrairement une ou plusieurs de ces inconnues. Si, par exemple, on demandait deux nombres tels que la somme du *double* du premier et du *triple* du second soit égale à 20, en désignant ces nombres par x et y on aurait l'équation

$$2x + 3y = 20$$

qui est insuffisante pour la détermination des inconnues (*Voy.* ÉQUATION, 3) ; or, en résolvant cette équation par rapport à x, on obtient

$$x = \frac{20 - 3y}{2}$$

et il est évident qu'en donnant à y une valeur arbitraire, on obtiendra toujours pour x une valeur correspondante, de manière que ces deux valeurs donneront la solution du problème, qui peut être ainsi résolu d'une infinité de manières différentes, puisqu'on peut prendre pour y tous les nombres entiers, fractionnaires et même irrationnels positifs, ou négatifs.

Mais si l'on posait, comme condition, que les deux nombres x et y fussent entiers et positifs, il n'y aurait plus que trois solutions possibles, savoir :

$$y = 2, \text{ qui donne } x = 7, \text{ d'où } 2.7 + 3.2 = 20$$
$$y = 4, \qquad\qquad x = 4, \qquad\qquad 2.4 + 3.4 = 20$$
$$y = 6, \qquad\qquad x = 1, \qquad\qquad 2.1 + 3.6 = 20$$

C'est proprement cette solution, en nombres *entiers positifs*, des équations indéterminées, qui forme l'objet de l'ANALYSE INDÉTERMINÉE. Lorsqu'il s'agit cependant d'équations de degrés supérieurs au premier, la solution générale comprend toutes les valeurs *rationnelles* positives et négatives qui peuvent les satisfaire.

Mais, considérée *in concreto*, la solution en nombres entiers ou généralement en nombres rationnels d'une équation indéterminée, se ramène toujours à la recherche d'une forme particulière de génération des nombres entiers ou fractionnaires capables de donner ceux qui peuvent satisfaire à l'équation. Par exemple, les deux formes

$$1 + 3t, \quad 6 - 2t$$

dans lesquelles t est un nombre quelconque, donneront toujours évidemment des nombres entiers pour toute valeur entière de t, et ces nombres, ainsi formés, seront positifs, seulement depuis $t = 0$ jusqu'à $t = 2$, car, pour $t = 0$, on a

$$1 + 3t = 1, \quad 6 - 2t = 6$$

pour $t = 1$,

$$1 + 3t = 4, \quad 6 - 2t = 4$$

pour $t = 2$,

$$1 + 3t = 76, \quad 6 - 2t = 2 ;$$

toute autre valeur de t donnerait des valeurs négatives. Ces deux formes renferment donc la solution en nombres entiers positifs de l'équation ci-dessus

$$2x + 3y = 20$$

solution qui repose effectivement sur les égalités

$$x = 1 + 3t$$
$$y = 6 - 2t$$

dans lesquelles t est un nombre entier, depuis 0 jusqu'à 2.

La recherche des formes particulières de la génération des nombres, ou, plus généralement, les propriétés, tant de *génération* que de *relation* des nombres, constituent une branche de l'algèbre nommée THÉORIE DES NOMBRES, dont l'*analyse indéterminée* est elle-même une partie : celle où les nombres que l'on considère dépendant de la valeur des quantités au moyen desquelles ils sont donnés, demeurent indéterminés. (*Voy.* THÉORIE DES NOMBRES.)

La Théorie des nombres ou du moins l'Analyse indéterminée, paraît être la partie de la science générale des nombres dont la connaissance est la plus ancienne. D'après quelques aperçus consignés dans l'ouvrage d'Euclide, on voit que des recherches assez étendues avaient été déjà faites, avant lui, sur les propriétés des nombres; et ce qui nous reste de Diophante n'est qu'un traité d'analyse indéterminée qui renferme des questions difficiles résolues avec une grande adresse. Il paraît également, d'après une *Algèbre indienne*, publiée il y a peu d'années, que les Indiens sont depuis très-long-temps en possession de diverses connaissances sur cette branche de la science et que dès le 12e siècle ils avaient découvert des règles pour la solution de certaines équations indéterminées. Quoi qu'il en soit de cette antiquité de la Théorie des nombres, ses véritables progrès ne remontent pas plus loin que le temps de Viète et de Bachet de Meziriac. C'est à ce dernier que l'on doit la première solution générale de l'équation indéterminée du premier degré.

Bientôt après, Fermat, l'un des plus grands géomètres de son siècle, fit faire un pas immense à la théorie des nombres, en découvrant un grand nombre de théorèmes intéressans, dont la démonstration de quelques-uns occupe encore les mathématiciens modernes; car, d'après la coutume des géomètres du 17e siècle qui cachaient leurs méthodes pour se proposer des défis, Fermat publia ses découvertes sans les démonstrations et parmi celles qu'on a retrouvées dans ses papiers, il est à regretter que les plus importantes manquent.

Euler, dont le nom s'attache à toutes les parties des mathématiques, ne pouvait laisser la théorie des nombres dans l'oubli qui succéda tout à coup à l'espèce d'enthousiasme qu'elle avait excitée jusqu'à la mort de Fermat. Oubli assez naturel alors, puisqu'il était causé par la direction nouvelle qu'apportait aux géomètres la découverte du calcul différentiel. Dans de nombreux mémoires, publiés dans les *commentaires de St.-Pétersbourg*, Euler a étendu nos connaissances sur les nombres et on lui doit une foule de découvertes, parmi lesquelles nous devons citer la résolution générale des équations indéterminées du second degré, dans le cas où l'on connaît d'avance une solution particulière. Enfin Lagrange, Legendre et Gauss, par leurs travaux ultérieurs, ont amené la théorie des nombres à un degré de développement égal à celui des autres branches de l'algèbre.

C'est Gauss particulièrement qui a donné une forme systématique à la théorie des nombres, en introduisant dans la science la considération du principe de *congruence* (*voy.* ce mot), dont nous exposerons ailleurs la déduction philosophique (*Voy.* THÉORIE DES NOMBRES). Nous nous bornerons, dans cet article, à faire connaître la résolution générale de l'équation indéterminée du second degré, due à Lagrange; celle de l'équation du premier degré ayant déjà été donnée au mot CONGRUENCE, (n° 10.) Quant aux équations des degrés supérieurs au

second il n'existe point encore de méthode générale pour les résoudre.

I. On peut toujours ramener une équation du second degré à deux inconnues à la forme

$$x^2 - My^2 = N$$

car, cette équation entièrement complète étant (*Voy.* EQUATION, 6.)

$$ax^2 + bxy + cy^2 + dx + cy + f = 0$$

nous pouvons d'abord l'écrire

$$ax^2 + (by+d)x = -cy^2 - dy - f$$

Multiplions ensuite les deux membres par $4a$ et ajoutons de part et d'autre la quantité $(by+d)^2$, nous aurons

$$4a^2x^2 + 4a(by+d)x + (by+d)^2 = (by+d)^2 - 4a(cy^2+ey+f)$$

mais, le premier membre étant un carré parfait, en extrayant la racine, il viendra

$$2ax + by + d = \sqrt{\left[(by+d)^2 - 4a(cy^2+ey+f)\right]}$$
$$= \sqrt{\left\{(b^2-4ac)y^2 + 2(bd-2ae)y \right.}$$
$$\left. + d^2-4af \right\}$$

ainsi faisant

$$b^2 - 4ac = A$$
$$bd - 2ae = g$$
$$d^2 - 4af = h$$

et désignant de plus le radical par t, nous obtiendrons les deux équations

$$2ax + by + d = t$$
$$Ay^2 + 2gy + h = t^2$$

multiplions maintenant la dernière par A, elle deviendra

$$A^2y^2 + 2gAy + Ah = At^2$$

ou, encore,

$$A^2y^2 + 2gAy + g^2 + Ah - g^2 = At^2$$

c'est-à-dire,

$$(Ay+g)^2 - At^2 = g^2 - Ah$$

faisant donc

$$Ay + g = u$$
$$g^2 - Ah = B$$

nous obtiendrons définitivement

$$u^2 - At^2 = B$$

ce qui est la forme en question.

En remontant à x et y, on a

$$y = \frac{u-g}{A}, \; x = \frac{t-by-d}{2a}$$

d'où l'on voit que tous les nombres qui satisferont à la transformée, donneront immédiatement la solution de l'équation générale.

2. Les nombres u, t, pouvant être des nombres entiers ou fractionnaires, si nous les supposons réduits au même dénominateur, ou si nous faisons en général,

$$u = \frac{x}{z},\; t = \frac{y}{z}$$

la transformée deviendra

$$x^2 - A y^2 = B z^2$$

dans laquelle x, y et z sont des nombres entiers. C'est donc cette dernière qu'il s'agit de résoudre.

3. Nous supposerons de plus, 1° que les nombres x, y, z sont premiers entr'eux, ce qui est toujours possible, puisque dans le cas où ces nombres auraient un commun diviseur, on le ferait disparaître en divisant; 2° que A et B n'ont aucun diviseur carré; car dans le cas contraire, si, par exemple, on pouvait poser $A = A'\alpha^2$, $B = B'\beta^2$; en faisant $\alpha y = y'$ et $\beta z = z'$ l'équation deviendrait

$$x^2 - A' y'^2 = B' z'^2$$

et réunirait alors les conditions demandées.

Cela posé, il est évident que deux quelconques des quantités x, y, z ne peuvent avoir aucun facteur commun, car si n divisait x et y, par exemple, n^2 diviserait x^2 et y^2, et devrait conséquemment diviser Bz^2, mais n^2 ne saurait diviser z^2, puisque x, y, z n'ont point de commun diviseur; il ne saurait non plus diviser B puisque ce nombre n'a pas de facteur carré; donc x et y sont premiers entr'eux et il en est évidemment de même de x et z et de y et z.

4. Soit donc proposée l'équation (1)

$$x^2 - A y^2 = B z^2$$

ayant toutes les conditions énoncées ci-dessus et dans laquelle nous supposerons en outre A et B positifs et B$>$A. Cette dernière condition est toujours possible, puisque l'équation proposée peut se mettre sous la forme

$$x^2 - B z^2 = A y^2$$

c'est-à-dire, qu'on peut prendre pour second membre le terme qui a le plus grand coefficient.

Or, si l'équation (1) est résoluble en nombres entiers, comme les valeurs de x sont dépendantes de celles de y, nous pourrons donner aux premières la forme

$$x = ny - By'$$

n et y' étant deux quantités indéterminées. Substituant cette forme à la place de x dans l'équation (1), nous obtiendrons, après avoir divisé par B, (2)

$$\left(\frac{n^2 - A}{B}\right) y^2 - 2n y y' + B y'^2 = z^2$$

mais B et y sont premiers entr'eux, car tout diviseur commun entre B et y^2 diviserait x^2 et nous avons vu que x et y sont premiers entr'eux; ainsi l'équation (2) ne peut subsister si $\left(\frac{n^2 - A}{B}\right)$ n'est pas un nombre entier. Faisons donc cet entier, que nous apprendrons plus loin à déterminer, égal à $B'k^2$, k^2 étant le plus grand carré qui puisse le diviser et (3) deviendra (4)

$$B'k^2 y^2 - 2n y y' + B y'^2 = z^2.$$

Faisons dans cette dernière, après l'avoir multipliée par $B'k^2$,

$$B'k^2 y - n y' = x',\quad kz = z$$

elle deviendra

$$x'^2 - A y'^2 = B' z'^2.$$

transformée exactement semblable à la proposée, mais dans laquelle B' sera plus petit que B. En effet, s'il y a une valeur quelconque de n qui rende $n^2 - A$ divisible par B, en ajoutant à cette valeur un multiple quelconque de B, ou en le retranchant, $n^2 \pm \mu B - A$ sera aussi divisible par B; ainsi on peut supposer que la valeur de n est comprise entre les limites 0 et B, et même entre les limites plus étroites 0 et $\frac{1}{2}$B; donc n étant plus petit que $\frac{1}{2}$B, $\frac{n^2 - A}{Bk^2}$ ou B' sera $< \frac{1}{4}$B, et en même temps positif.

Si l'on avait encore B'$>$A, on pourrait, en opérant de la même manière, transformer

en

$$x'^2 - A y'^2 = B' z'^2$$

$$x''^2 - A y''^2 = B'' z''^2$$

dans laquelle B'' serait $< \frac{1}{4}$B', et toujours positif. Dans le cas où l'on aurait aussi B''$>$A, on continuerait ce système de transformation jusqu'à ce qu'on soit arrivé à une équation

$$x^2 - A y^2 = C z^2$$

telle que C soit plus petit que A.

Alors après avoir fait passer dans le premier membre le terme qui a le plus petit coefficient, ce qui donne

$$x^2 - C z^2 = A y^2$$

On procèdera, comme ci-dessus, à la réduction du coefficient A, jusqu'à ce que l'on trouve une transformée

$$x^2 - Cz^2 = Dy^2$$

dans laquelle D sera $< $ C.

Continuant ces réductions, on parviendra nécessairement à une dernière transformée dont l'un des coefficiens sera l'unité, car les nombres B, A, C, D étant positifs et décroissans, doivent se terminer par l'unité. Arrivée à ce terme, l'équation finale qui sera

$$x^2 - y^2 = Mz^2 \quad \text{ou} \quad x^2 - z^2 = My^2$$

peut se résoudre immédiatement, et sa solution fera connaître celles de toutes les équations précédentes, et enfin celle de la proposée.

5. Avant de procéder à la solution de l'équation finale, nous devons faire remarquer que pour passer d'une transformée

$$x'^2 - Ay'^2 = B'z'^2$$

à la suivante

$$x''^2 - Ay''^2 = B''z'^2$$

on n'a pas besoin de remplir une nouvelle condition, et qu'ayant déjà trouvé

$$\frac{n^2 - A}{B} = B'k^2, \quad \text{d'où} \quad \frac{n^2 - A}{B'} = Bk^2$$

si l'on fait $n = mB' + n'$, et qu'on prenne l'indéterminée m de manière que n' soit $< \frac{1}{2} B'$, on aura nécessairement pour

$$\frac{n'^2 - A}{B'}$$

un nombre entier positif plus petit que $\frac{1}{4} B'$

6. Pour résoudre l'équation finale, que nous supposerons

$$x^2 - y^2 = Mz^2,$$

décomposons M en deux facteurs α, β, et concevons z décomposé aussi en deux facteurs p et q; nous aurons $M = \alpha\beta$, $z = pq$, et l'équation deviendra

$$x^2 - y^2 = (x+y)(x-y) = \alpha\beta p^2 q^2$$

Nous pourrons donc poser

$$x+y = \alpha p^2, \quad \text{et} \quad x-y = \beta q^2$$

ce qui nous donnera

$$x = \frac{\alpha p^2 + \beta q^2}{2}$$
$$y = \frac{\alpha p^2 - \beta q^2}{2}$$
$$z = pq$$

Ainsi les trois indéterminées seront exprimées au moyen de deux nombres arbitraires p et q. Si les valeurs de x et de y contenaient le facteur $\frac{1}{2}$, on le ferait disparaître en multipliant à la fois x, y et z par 2

La solution de l'équation $x^2 - y^2 = Mz^2$ comprendra donc autant de formules particulières qu'il y a de manières de décomposer M en deux facteurs. Par exemple, si $M = 15$, comme il n'y a que deux décompositions, savoir 1 et 15, 3 et 5, nous obtiendrons les deux solutions suivantes de $x^2 - y^2 = 15z^2$.

I	II
$x = p^2 + 15q^2$,	$x = 3p^2 + 5q^2$.
$y = p^2 - 15q^2$,	$y = 3p^2 - 5q^2$.
$z = 2pq$,	$z = 2pq$.

7. L'application de ces formules à des cas particuliers entraîne souvent de longs calculs que l'on peut abréger, lorsqu'on ne veut que des valeurs entières, par un grand nombre d'artifices; mais nous ne pouvons nous y arrêter. Nos limites nous empêchent également d'exposer la méthode plus directe de résolution, fondée sur les fractions continues, qui ramène la solution de l'équation.

$$x^2 - Ay^2 = \pm B$$

à celle de l'équation particulière

$$u^2 - nt^2 = \pm 1$$

Nous ne pouvons que renvoyer nos lecteurs à la *Théorie des nombres* de Legendre et aux *Disquisitiones arithmeticæ* de Gauss. Il existe une traduction française de ce dernier ouvrage due à M. Poullet-Delisle.

INDICTION. (*Calendrier.*) Cycle en usage dans le calendrier ecclésiastique et dont l'origine n'est point exactement connue. C'est une période entièrement arbitraire, qui ne repose sur aucune considération astronomique, comme les cycles *solaire* et *lunaire* (*Voy.* CALENDRIER). Sa durée est de 15 ans.

On trouve l'année de l'*indiction romaine* en ajoutant 3 au nombre de l'année de l'ère chrétienne, et en divisant ensuite par 15; le reste de la division, s'il y en a un, marque l'indiction de l'année proposée; s'il n'y a pas de reste, l'indiction est 15. Si, par exemple, on cherche l'indiction pour l'année 1836, il faut diviser 1836+3, ou 1839 par 15, le reste 9 est l'indiction demandée.

INDIVISIBLES. (*Géom.*) On désigne par ce mot les élémens infiniment petits, dans lesquels une figure géométrique peut être décomposée.

La *Méthode des indivisibles*, dont le principe philosophique repose sur la génération indéfinie de l'étendue, a été introduite dans la géométrie par Cavalieri en 1635, dans son ouvrage intitulé : *Geometria indivisibilium*; adoptée d'abord par un grand nombre de géomètres, au nombre desquels nous devons citer Torricelli, l'abus qu'on en fit bientôt, en voulant l'employer dans les propositions les plus élémentaires, fit ensuite mettre en doute l'exactitude de ses principes, et, malgré son utilité incontestable et sa fécondité prodigieuse, elle ne put échapper à l'ostracisme jeté par la prétendue philosophie du dernier siècle sur toutes les considérations mathématiques fondées sur l'idée de l'infini. Bien loin donc de développer une méthode qui n'est au fond, pour l'étendue, que ce qu'est le calcul différentiel pour les nombres, les géomètres modernes ont cru marcher dans la voie du progrès, en adoptant exclusivement la *Méthode d'exhaustion* des anciens, dont le procédé, purement inductionnel ne conduit à la vérité que par de longs détours (*Voy.* MÉTHODE).

INDUCTION. Jugement par lequel on conclut du particulier au général ou des faits aux lois. Par exemple, si, après avoir démontré, dans le cas où m et n sont des nombres entiers positifs, que

$$a^m \times a^n = a^{m+n}$$

on en concluait que cela doit avoir lieu pour toutes les valeurs possibles des exposans m et n, on jugerait par *induction*. Un tel procédé ne doit être employé qu'avec les plus grandes précautions, car il existe un nombre considérable de cas dans lesquels une expression algébrique dont la généralité paraît appuyée sur de nombreuses valeurs particulières, se trouve subitement en défaut. Telle est par exemple la formule remarquable

$$x^2 + x + 41$$

qui donne une suite de nombres premiers, en y faisant $x = 1, 2, 3, 4, 5$, etc.; elle fut présentée comme une loi générale, et cependant elle n'est exacte que jusqu'au quarantième terme.

L'*induction*, considérée comme fonction intellectuelle, porte sur la transition opérée entre les facultés de la Raison et de l'Entendement par la faculté intermédiaire du Jugement, à laquelle elle appartient. On voit donc d'après son origine, qu'elle ne peut conduire qu'à des résultats de plus en plus probables, mais qu'elle ne saurait par elle-même atteindre à aucune certitude.

INÉGALITÉ. (*Ast.*) Terme très-employé dans l'astronomie, pour désigner toutes les irrégularités des mouvemens des planètes. On dit *première inégalité, seconde inégalité,* etc. *Voy.* EQUATION, LUNE, PLANÈTE.

INFINI. Ce qui n'a point de bornes. Appliqué aux quantités, ce terme désigne celles qui sont plus grandes que toutes quantités assignables, ou pour lesquelles il n'existe pas de rapports avec les quantités finies. Nous avons déjà établi, au mot DIFFÉRENTIEL, la différence qui existe entre les quantités finies et infinies, et entre les quantités finies et infiniment petites; comme aussi la véritable acception du mot *indéfini*; nous y renverrons donc.

Une quantité infiniment grande, s'exprime en général par le signe ∞, et une quantité infiniment petite par $\frac{1}{\infty}$.

Par suite, ∞^2 est infiniment grand par rapport à ∞, et $\frac{1}{\infty^2}$ infiniment petit par rapport à $\frac{1}{\infty}$, aussi ∞^2 représente une quantité infiniment grande du *second ordre*, $\frac{1}{\infty^2}$ une quantité infiniment petite du *second ordre*; et ∞^3 et $\frac{1}{\infty^3}$ sont également des quantités infiniment grande et infiniment petite du *troisième ordre*, et ainsi de suite.

a étant une quantité finie quelconque, on a les relations.

$$\frac{a}{\infty} = 0 \qquad \frac{a}{0} = \infty \qquad 0 \times \infty = a$$

mais dans ce cas *zéro* doit être considéré comme une quantité infiniment petite et non comme un *zéro absolu*.

INFINITÉSIMAL. Le calcul *infinitésimal* n'est autre chose que le *calcul différentiel*, traité, comme nous l'avons fait, par la *méthode des accroissemens infiniment petits*, et non par la *méthode des limites* ou par toute autre méthode indirecte.

MÉTHODES INFINITÉSIMALES. *Voy.* MÉTHODE.

QUANTITÉ INFINITÉSIMALE. C'est une quantité infiniment petite.

INFLEXION. (*Géom.*) On nomme *point d'inflexion* dans une courbe, le point où de concave elle devient convexe et réciproquement.

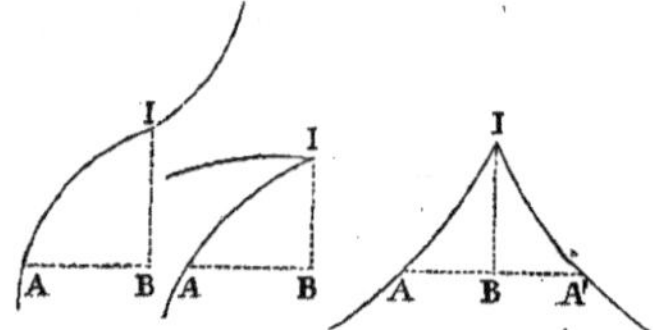

Par exemple, le point I ou la courbe AI, de la première figure, qui devient convexe par rapport à l'axe IB de concave qu'elle était avant, est un *point d'inflexion*.

Lorsque la courbe change brusquement de direction, comme dans la seconde et dans la troisième figure, et rebrousse son chemin, le point où cela a lieu prend le nom de point de *rebroussement*.

Les points tant d'*inflexion* que de *rebroussement*, sont compris sous la dénomination générale de *points singuliers. Voy.* POINT.

INFLECTION. (*Opt.*) Déviation qu'éprouvent les rayons de lumière, lorsqu'ils rasent les bords d'un corps opaque. C'est la même chose que ce que l'on appelle plus communément DIFFRACTION.

La découverte de cette singulière propriété, qui renferme le seul caractère matériel qu'on peut reconnaître dans la lumière, est due au père Grimaldi, savant jésuite; le docteur Hook l'avait également reconnue; mais c'est à Fresnel, qu'on doit la connaissance exacte de toutes les circonstances du phénomène.

INFORMES. (*Ast.*) Nom que les astronomes ont donné aux étoiles, nommées aussi *sporades*, qui ne se trouvent comprises dans aucune constellation.

INSCRIT. (*Géom.*) Une figure est dite *inscrite* dans un autre, quand les sommets de tous ses angles touchent le périmètre de cette autre.

Ainsi un polygone est inscrit dans un cercle, lorsque tous les côtés de ce polygone deviennent des cordes pour le cercle.

On nomme aussi *hyperbole inscrite*, l'hyperbole d'un degré supérieur, qui est entièrement renfermée dans l'angle de ses asymptotes, comme l'hyperbole apollonienne ou conique.

INTÉGRAL. — CALCUL INTÉGRAL. Seconde branche du calcul général des DIFFÉRENCES. Son objet est la considération des *différences inverses*, nommées aussi *sommes* ou *intégrales*. Voy. DIFFÉRENCE. 16 et 49.

Ce calcul, comme celui des *Différences directes*, se divise en deux parties savoir : 1°. le *Calcul intégral aux différences finies*, ou, comme on le nomme communément, le *Calcul inverse des différences*; 2°. le *Calcul intégral aux différences infiniment petites*, ou le *Calcul intégral* proprement dit. Nous allons les examiner successivement.

1. CALCUL INTÉGRAL AUX DIFFÉRENCES FINIES, ou *Calcul inverse des différences*. Le but général de ce calcul est d'obtenir la génération d'une différence d'un ordre quelconque $\Delta^m \varphi x$, au moyen de la différence supérieure $\Delta^{m+1}\varphi x$; φx étant une fonction quelconque de la variable x. Considérée ainsi par rapport à $\Delta^{m+1}\varphi x$, la quantité $\Delta^m \varphi x$ prend le nom de *somme*, pour des raisons que nous verrons plus loin, et la relation de ces deux quantités s'exprime par

$$\Delta^m \varphi x = \Sigma[\Delta^{m+1}\varphi x]$$

Σ étant la caractéristique qui désigne la *somme*. (Voy. DIFFÉRENCE. 16).

Nous avons expliqué, dans les paragraphes déjà cités de l'article DIFFÉRENCE, le sens des caractéristiques Σ^2, Σ^3, etc. et nous avons vu que les expressions $\Sigma^m \varphi x$ et $\Delta^{-m}\varphi x$ sont équivalentes. Nous supposerons donc dans ce qui va suivre que tout ce qui a rapport à la notation est connu.

1. Le problème de trouver la quantité φx dont on connaît la différence $\Delta \varphi x$, peut se ramener à celui de trouver la différence de l'ordre général m, de cette différence $\Delta \varphi x$. En effet, en désignant par $f(m)$, l'expression de $\Delta^m [\Delta \varphi x]$, si l'on y fait $m = -1$ on obtient immédiatement

$$\Delta^{-1} [\Delta \phi x] = \Sigma[\Delta \varphi x] = f(-1)$$

Mais en appliquant à la quantité $\Delta \varphi x$, la loi de génération des différences (*Voy.* DIFFÉRENCE. 14), on a évidemment

$$\Delta^m [\Delta \varphi x] = \Delta \varphi x - m\Delta \varphi(x - i) + \frac{m(m - 1)}{1 . 2} \Delta \varphi(x - 2i) - $$
$$\text{etc.} \ldots$$

i étant l'accroissement de x, dont dépend l'accroissement correspondant $\Delta \varphi x$ de la fonction φx.

Faisant donc dans cette expression $m = -1$, nous obtiendrons

$$\Sigma [\Delta \phi x] = \Delta \varphi x + \Delta(\varphi x - i) + \Delta \phi(x - 2i) + \Delta \phi(x - 3i) + $$
$$\text{etc.} \ldots$$

D'où nous voyons que $\Sigma[\Delta \varphi x]$ désigne une véritable *somme*. C'est ce qui résultait d'ailleurs d'une manière plus générale de l'expression (d) de l'intégrale $\Sigma^m \varphi x$, (*Voy* DIFF. 20).

La génération de la fonction φx est donc donnée ici par la *somme* de tous ses accroissemens.

2. L'intégration des différences polynomes peut toujours être ramenée à celle des différences monomes; car :

$$\Delta [\varphi x + \varphi y + \varphi z] = \Delta \varphi x + \Delta \varphi y + \Delta \varphi z$$

or, en prenant l'intégrale des deux membres de cette égalité, on a

$$\varphi x + \varphi y + \varphi z = \Sigma[\Delta \varphi x + \Delta \varphi y + \Delta \varphi z)$$

ou, ce qui est la même chose,

$$\Sigma \Delta \varphi x + \Sigma \Delta \varphi y + \Sigma \Delta \varphi z = \Sigma[\Delta \varphi x + \Delta \varphi y + \Delta \varphi z]$$

Ainsi nous ne nous occuperons que des différences monomes.

Nous devons encore remarquer que tout facteur constant de la fonction variable, peut être mis hors du signe d'intégration, ou que

$$\Sigma[A\varphi x] \text{ est la même chose que } A\Sigma \varphi x.$$

C'est une conséquence immédiate de ce que

$$\Delta [A\varphi x] = A . \Delta \varphi x.$$

3. Procédons d'abord à la recherche de l'intégrale de la fonction élémentaire x^m; l'accroissement de x étant toujours désigné par i.

Nous avons (DIFF. 21.)

$$\Delta x^n = nx^{n-1}i + \frac{n(n - 1)}{1 . 2} x^{n-2}i^2$$
$$+ \frac{n(n - 1)(n - 2)}{1 . 2 . 3} x^{n-3}i^3$$
$$+ \text{etc.} \ldots$$

En intégrant de part et d'autre, il vient

$$x^n = ni\Sigma x^{n-1} + \frac{n(n-1)}{1.2} i^2.\Sigma x^{n-2}$$
$$+ \frac{n(n-1)(n-2)}{1.2.3} i^3 \Sigma x^{n-3}$$
$$+ \text{etc.....}$$

Cette expression ferait connaître l'intégrale de x^m si l'on avait celles de x^{m-1}, x^{m-2}, x^{m-3} etc. Car en y faisant $n-1=m$, et en dégageant Σx^m, on obtient (1)

$$\Sigma x^m = \frac{x^{m+1}}{(m+1)i} - \left\{ \frac{m}{1.2} i\Sigma x^{m-1} \right.$$
$$+ \frac{m(m-1)}{1.2.3} i^2 \Sigma x^{m-2}$$
$$+ \frac{m(m-1)(m-2)}{1.2.3.4} i^3 \Sigma.x^{m-3}$$
$$\left. + \text{eté........} \right\}$$

Faisant successivement dans cette dernière $m=0$, $m=1$, $m=2$, etc. et substituant dans chaque valeur celles qu'on a obtenues précédemment, on trouvera

$$\Sigma x^0 = \frac{x}{i}$$
$$\Sigma x = \frac{1}{2}\frac{x^2}{i} - \frac{1}{2}x$$
$$\Sigma x^2 = \frac{1}{3}\frac{x^3}{i} - \frac{1}{2}x^2 + \frac{1}{2.3}xi$$
$$\Sigma x^3 = \frac{1}{4}\frac{x^4}{i} - \frac{1}{2}x^3 + \frac{1}{2.2}x^2 i$$
$$\Sigma x^4 = \frac{1}{5}\frac{x^5}{i} - \frac{1}{2}x^4 + \frac{1}{3}x^3 i - \frac{1}{5.6}xi^3$$
$$\Sigma x^5 = \frac{1}{6}\frac{x^6}{i} - \frac{1}{2}x^5 + \frac{5}{2.6}x^4 i - \frac{1}{2.6}x^2 i^3$$
$$\text{etc} = \text{etc.}$$

4. On peut obtenir l'expression générale de Σx^m sans passer par les sommes Σx^{m-1}, Σx^{m-2}, etc., en se servant de la méthode des coefficiens indéterminés. En effet, nous pouvons poser

$$\Sigma x^m = Ax^{m+1} + Bx^m + Cx^{m-1} + Dx^{m-2} + \text{etc.}$$

car telle est évidemment la forme de la génération de ces intégrales. Or, en prenant la différence première de chaque membre, on trouve

$$x^m = A\frac{(m+1)}{1}x^m i$$
$$+ A\frac{(m+1)m}{1.2}x^{m-1}i^2 + A\frac{(m+1)m(m-1)}{1.2.3}x^{m-2}i^3 +$$
$$\text{etc.....}$$
$$+ B\frac{m}{1}x^{m-1}i + B\frac{m(m-1)}{1.2}x^{m-2}i^2 + \text{etc...}$$
$$+ C\frac{(m-1)}{1}x^{m-2}i + \text{etc...}$$
$$+ \text{etc...}$$

comparant entre eux les termes affectés d'une même puissance de x, on découvrira entre les coefficiens indéterminés A, B, C, etc., les relations suivantes, qui serviront à les déduire facilement les uns des autres,

$$A = \frac{1}{(m+1)i}$$
$$B = -A\frac{(m+1)i}{2} = -\frac{1}{2}$$
$$C = -A\frac{(m+1)mi^2}{2.3} - B\frac{mi}{2}$$
$$D = -A\frac{(m+1)m(m-1)i^3}{2.3.4} - B\frac{m(m-1)i^2}{2.3} - C\frac{(m-1)i}{2}$$
$$\text{etc} = \text{etc.}$$

En effectuant le calcul de la partie numérique de ces coefficiens, on obtient (2)

$$\Sigma x^m = \frac{x^{m+1}}{(m+1)i} - \frac{1}{2}x^m$$
$$+ \frac{1}{2.3}\frac{mi}{2}x^{m-1} - \frac{1}{6.5}\frac{m^{3|-1}}{1^{4|1}}i^3 x^{m-3}$$
$$+ \frac{1}{6.7}\frac{m^{5|-1}}{1^{6|1}}i^5 x^{m-5} - \frac{3}{10.9}\frac{m^{7|-1}}{1^{8|1}}i^7 x^{m-7}$$
$$+ \frac{5}{6.11}\frac{m^{9|-1}}{1^{10|1}}i^9 x^{m-9} - \frac{691}{210.13}\frac{m^{11|-1}}{1^{12|1}}i^{11}x^{m-11}$$
$$+ \frac{35}{2.15}\frac{m^{13|-1}}{1^{14|1}}i^{13}x^{m-13} - \frac{3617}{30.17}\frac{m^{15|-1}}{1^{16|1}}i^{15}x^{m-15}$$
$$+ \frac{43867}{42.19}\frac{m^{17|-1}}{1^{18|1}}i^{17}x^{m-17} - \frac{1222277}{110.21}\frac{m^{19|-1}}{1^{20|1}}i^{19}x^{m-19}$$
$$+ \text{etc.....}$$

nous nous servons, pour abréger de la notation des factorielles (*Voy.* ce mot).

5. La différentiation d'une fonction de quantités constantes et variables faisant disparaître les quantités constantes qui entrent dans son expression et qui ne sont point facteurs des variables, il faut, en intégrant, ajouter une constante arbitraire que la nature de la question donne ensuite les moyens de déterminer. On a, par exemple, A et B étant des quantités constantes,

$$\Delta [A + B\varphi x] = B\Delta\varphi x$$

Ainsi, lorsqu'il s'agit d'intégrer $B\Delta\varphi x$, comme toute trace de la constante A a disparu dans cette expression, dont l'intégrale est

$$\Sigma B\Delta\varphi x = B\Sigma\Delta\varphi x = B\varphi x$$

il devient nécessaire, pour compléter l'intégrale, de lui ajouter une constante indéterminée; on écrit donc

$$\Sigma B\Delta\varphi x = B\varphi x + constante.$$

Dans un grand nombre de cas cette constante peut être *zéro*, mais dans d'autres elle change entièrement la valeur de l'intégrale, et il est toujours essentiel d'en tenir compte.

6. L'intégration que nous venons de donner de la fonction élémentaire x^m, renferme le principe de celle de toutes les fonctions algébriques rationnelles et entières, dans lesquelles la variable indépendante reçoit un accroissement constant. Proposons-nous, par exemple, d'intégrer la fonction

$$A_0 + A_1 x + A_2 x^2 + A_3 x^3.$$

nous avons

$$\Sigma[A_0 + A_1 x + A_2 x^2 + A_3 x^3] = A_0 \Sigma x^0 + A_1 \Sigma x^1 + A_2 \Sigma x^2 + A_3 \Sigma x^3$$

Ainsi mettant pour Σx^0, Σx^1, Σx^2, Σx^3, leurs valeurs, nous obtiendrons

$$\Sigma[A_0 + A_1 x + A_2 x^2 + A_3 x^3] = \frac{A_2 i^3 - 3A_1 i + 6A_0}{6i}\, x$$
$$+ \frac{A_3 i^2 - 2A_2 i + 2A_1}{4i}\, x^2$$
$$- \frac{3A_3 i - 2A_2}{6i}\, x^3$$
$$+ \frac{A_3}{4i}\, x^4$$
$$+ \ constante.$$

7. L'intégration de la factorielle $x^{n|i}$, lorsqu'on prend l'accroissement de la différence égal à celui de la factorielle, présente moins de difficulté que l'intégration de la simple puissance x^m. En effet, nous avons (Diff. 22.)

$$\Delta x^{m|i} = mi(x+i)^{m-1|i}$$

d'où, en intégrant ,

$$x^{m|i} = mi\, \Sigma(x+i)^{m-1|i}$$

égalité qui donne immédiatement

$$\Sigma(x+i)^{m-1|i} = \frac{x^{m|i}}{mi}.$$

Faisant $m - 1 = n$, et $x + i = x$, cette expression devient définitivement (3)

$$\Sigma x^{n|i} = \frac{(x-i)^{n+1|i}}{(n+1)i} + \ constante.$$

et telle est l'intégrale générale de la factorielle $x^{n|i}$, quel que soit l'exposant n entier ou fractionnaire, positif ou négatif.

Dans le cas de l'exposant négatif, la formule (3) devient (4)

$$\Sigma \frac{1}{(x-ni)^{n|i}} = -\frac{1}{(n-1)i(x-ni)^{n-1|i}}$$

à cause de

$$x^{-n|i} = \frac{1}{(x-ni)^{n|i}}, \quad (x-i)^{-n+1|i} = \frac{1}{(x-ni)^{n-1|i}}$$

(*Voy.* Factorielle 6.) Représentant, de nouveau, dans cette dernière la base $x - ni$ par x, nous obtiendrons (5)

$$\Sigma \frac{1}{x^{n|i}} = -\frac{1}{(n-1)i\, x^{n-1|i}} + \ constante.$$

Dans le cas où nous considèrerions les différences à *accroissemens négatifs*, comme alors la différence de $x^{m|i}$ est simplement ,

$$\Delta x^{m|i} = mi x^{m-1|i}$$

les formules (3) et (5) deviendront (6)

$$\Sigma x^{n|i} = \frac{x^{n-1|i}}{(n-1)i} + \ const.$$

$$\Sigma \frac{1}{x^{n|i}} = -\frac{1}{(n+1)i(x-i)^{n+1|i}} + \ const.$$

Nous verrons ailleurs des applications très-importantes de ces intégrations. (*Voy.* Sommatoire.)

8. Passons à l'intégration des fonctions transcendantes. La différence de la fonction exponentielle a^x, est (7)

$$\Delta a^x = a^x(a^i - 1)$$

Car on obtient cette différence en faisant varier x et en retranchant la fonction primitive de celle qui a reçu l'accroissement (Diff. 7), ce qui donne

$$\Delta a^x = a^{x+i} - a^x = a^x(a^i - i).$$

Ceci posé, en intégrant les deux membres de l'égalité (7), nous avons

$$a^x = \Sigma\left\{ a^x(a^i - 1) \right\} = (a^i - 1)\Sigma a^x$$

d'où (8)

$$\Sigma a^x = \frac{a^x}{(a^i - 1)}$$

9. Les intégrales des fonctions circulaires $\sin x$, $\cos x$, s'obtiendront par un procédé semblable au précédent. Nous avons

$$\Delta \cos x = \cos(x+i) - \cos i$$

et par suite (9),

$$\Delta \cos x = -2\sin \tfrac{1}{2}i \cdot \sin(x + \tfrac{1}{2}i.)$$

à cause de la relation générale (*Voy.* sinus)

$$\cos A - \cos B = -2 \sin \tfrac{1}{2}(A-B) \cdot \sin\tfrac{1}{2}(A+B)$$

On tire de l'égalité (9),

$$\sin(x + \tfrac{1}{2}i) = -\frac{\Delta \cos x}{2\sin\tfrac{1}{2}i}$$

ce qui devient, en remplaçant $x + \tfrac{1}{2}i$ par x,

$$\sin x = -\frac{\Delta \cos(x - \tfrac{1}{2}i)}{2\sin\tfrac{1}{2}i}.$$

On obtient donc, en intégrant, (10),

$$\Sigma \sin x = -\frac{\cos(x - \tfrac{1}{2}i)}{2 \sin \tfrac{1}{2}i} + const.$$

Une marche semblable, en se rappelant la relation générale

$$\sin A - \sin B = 2 \sin \tfrac{1}{2}(A - B) . \cos \tfrac{1}{2}(A + B)$$

nous conduirait à l'expression (11)

$$\Sigma \cos x = \frac{\sin(x - \tfrac{1}{2}i)}{2 \sin \tfrac{1}{2}i} + const.$$

10. La génération des intégrales du premier ordre, conduit très-facilement à celle des intégrales des ordres supérieurs, car $\Sigma^2 \varphi x$ est la même chose que $\Sigma(\Sigma \varphi x)$, $\Sigma^3 \varphi x$ que $\Sigma^2(\Sigma \varphi x)$ ou $\Sigma(\Sigma(\Sigma \varphi x))$ etc., etc. C'est ainsi, par exemple, que pour obtenir $\Sigma^2(\varphi x)$, on commence par prendre l'intégrale du premier ordre qui est

$$\Sigma x^2 = \frac{x^3}{3i} - \frac{x^2}{2} + \frac{xi}{6} + A$$

A désignant la constante. En intégrant cette dernière expression, on obtient

$$\Sigma^2 x^2 = \frac{1}{3i}\Sigma x^3 - \frac{1}{2}\Sigma x^2 + \frac{i}{6}\Sigma x + A\Sigma x^0 + const.$$

ce qui donne définitivement, en effectuant les intégrations indiquées

$$\Sigma^2 x^2 = \frac{x^4}{12 i^3} - \frac{x^3}{3i} + \frac{5x^2}{12} - \frac{ix}{6} + A\frac{x}{i} + const.$$

On voit que l'intégration introduit un nombre de constantes arbitraires égal à celui de l'exposant de l'ordre.

11. La génération de l'intégrale de l'ordre m d'une fonction quelconque φx, s'obtient d'une manière générale par les différentielles de cette fonction, et cette génération présente des particularités remarquables que nous devons signaler.

Si l'on développe la fonction $\Delta \varphi x$, par la formule de Taylor (*Voy.* DIFFÉRENCE, 34.) on trouve

$$\Delta \varphi x = \varphi(x + i) - \varphi x = \frac{d\varphi x}{dx}\frac{i}{1} + \frac{d^2\varphi x}{dx^2}\frac{i^2}{1.2} + \frac{d^3\varphi x}{dx^3}\frac{i^3}{1.2.3} + etc.....$$

et, en comparant ce développement avec celui de la fonction exponentielle e^y qui est

$$e^y = 1 + \frac{y}{1} + \frac{y^2}{1.2} + \frac{y}{1.2.3} + etc.$$

on voit, lorsque $y = \frac{d\varphi x}{dx}i$, ce qui donne

$$e^{\frac{d\varphi x}{dx}i} - 1 = \frac{d\varphi x}{dx}.\frac{i}{1} + \frac{(d\varphi x)^2}{dx^2}\frac{i^3}{1.2} + \frac{(d\varphi x)^3}{dx^3}\frac{i^3}{1.2.3} + etc.$$

que ce dernier développement ne diffère, dans sa forme, de celui de $\Delta \varphi x$ que par les exposans des puissances de $d\varphi x$. Ainsi on pourra poser (12)

$$\Delta \phi x = e^{\frac{d\varphi x}{dx}i} - 1$$

pourvu que dans le développement du second membre de cette égalité on transporte à la caractéristique d les exposans des puissances de $d\varphi x$. Condition essentielle sans laquelle l'égalité (12) n'a aucun sens; cette égalité ne devenant effective que par le développement du second membre.

Lagrange a remarqué le premier que cette analogie entre les différences et les puissances avait également lieu pour tous les degrés, et qu'on avait en général (13)

$$\Delta^m \varphi x = \left[e^{\frac{d\varphi x}{dx}i} - 1 \right]^m$$

en observant toujours qu'il faut développer le second membre et transporter à la caractéristique d les exposans des puissances de $d\varphi x$.

Cette relation (13), ayant été démontrée pour toutes les valeurs positives et négatives de l'exposant m, donne immédiatement (14)

$$\Delta^{-m} \varphi x = \Sigma^m \varphi x = \left[e^{\frac{d\varphi x}{dx}i} - 1 \right]^{-m}.$$

On écrit encore cette relation de la manière suivante

$$\Sigma^m \varphi x = \left[e^{\frac{d}{dx}i} - 1 \right]^{-m} \varphi x.$$

alors les exposans des puissances appartiennent immédiatement à la caractéristique d et par la réunion de la quantité φx on forme les différentielles successives $d\varphi x$, $d^2\varphi x$, etc.

12. Nous avons dû nous borner à présenter ici de la manière la plus succincte les principes fondamentaux du *Calcul inverse des différences*; quant à l'intégration des équations aux différences à plusieurs variables, elle entraîne des détails qui ne peuvent trouver leur place dans ce dictionnaire; et nous devons renvoyer au grand *Traité du calcul différentiel* de Lacroix.

II. CALCUL INTÉGRAL *aux différences infiniment petites.* C'est particulièrement à cette branche du *Calcul des différences inverses* qu'on a donné exclusivement le nom de CALCUL INTÉGRAL. Jusqu'ici les auteurs d'ouvrages élémentaires ont présenté le calcul des différences finies comme entièrement distinct du calcul différentiel, tout en reconnaissant cependant que ces calculs ont de grands points de ressemblance. Cette distinction qu'on a voulu établir entre les deux branches d'un seul et même calcul , (branches qui ne diffèrent entre elles que par la nature des *accroissemens* qu'on y considère) n'a aucun fondement; et si l'on remonte au principe même de l'existence des DIFFÉRENCES des fonctions, c'est-à-dire à la génération de ces différences, dont la conception primitive est donnée pour les expressions

Différences *réelles.* $\quad \Delta\varphi x = \varphi(x+\Delta x)-\varphi x$

Différences *idéales.* $\quad d\varphi x = d\varphi(x+dx)-\varphi x$

on reconnaît sans peine que les différences idéales ou *infiniment petites* ne sauraient avoir d'autres lois générales que celles des différences réelles ou *finies.* Nous avons en effet reconnu (DIFFÉRENCES), que les premières de ces lois ne sont que des cas particuliers des secondes, ceux où la différence Δx, devient dx, c'est-à-dire de *réelle*, devient *idéale*, et si alors les expressions se simplifient beaucoup par le retranchement des termes qui deviennent nuls, c'est uniquement en vertu de cette loi fondamentale des quantités infinitésimales , par laquelle l'égalité de deux quantités quelconques A et B, prises dans une même sphère de grandeur, ne peut être altérée par l'influence d'une autre quantité C, infiniment petite, comparativement avec les grandeurs de l'ordre A et B. Il en est évidemment de même des *différences inverses* ou *intégrales* et l'on peut toujours passer de l'intégrale $\Sigma\varphi x$ à l'intégrale $\int \varphi x$, en faisant l'accroissement i de la variable x, infiniment petit , et en faisant disparaître de son expression les termes affectés des puissances i^2, i^3 etc, qui sont autant de quantités infinitésimales nulles devant i ou dx. Par exemple , si dans l'intégrale donnée n° 4 , pour la puissance x^m on fait $i=dx$ cette intégrale se réduit à

$$\int x^m = \frac{x^{m+1}}{(m+1)\,dx}$$

Ce que l'on peut mettre sous la forme

$$\int x^m dx = \frac{x^{m+1}}{m+1}$$

parce que dx est considérée comme une quantité constante.

Cependant il est toujours beaucoup plus court de chercher directement la différentielle $d\varphi x$, que de l'obtenir de la différence $\Delta\varphi x$, en y faisant $i=dx$, et telle est l'immense avantage des différences infiniment petites que la génération d'une quantité quelconque peut être obtenue par leur moyen de la manière la plus simple possible. Nous allons donc procéder à la déduction directe des intégrales ou à la génération des fonctions primitives dont les différentielles sont données.

13. Soit d'abord proposée la différentielle $x^m\,dx$; puisque nous avons (DIFF. 43)

$$(15)\ldots\ d[x^n] = nx^{n-1}dx$$

nous obtiendrons, en intégrant les deux membres

$$\int d[x^n] = \int nx^{n-1}dx$$

ou , les deux signes $\int$ et d se détruisant,

$$x^n = \int nx^{n-1}dx = n\int x^{n-1}dx.$$

Nous avons déjà dit que les facteurs constans peuvent se mettre en dehors des caractéristiques.

Cette dernière égalité nous donne, en faisant $n-1=m$

$$\int x^m dx = \frac{x^{m+1}}{(m+1)}$$

Ainsi la règle générale pour obtenir l'intégrale de $x^m dx$ est celle-ci : *augmenter l'exposant d'une unité et diviser ensuite par le nouvel exposant et par dx.* On peut remarquer que cette expression est celle que nous avons obtenue ci-dessus en passant de Σx^m à $\int x^m$.

Pour obtenir l'intégrale complète, il est nécessaire d'ajouter au second membre de l'égalité précédente une quantité constante C, qui reste entièrement arbitraire, tant qu'aucune circonstance ne vient déterminer la valeur que doit avoir l'intégrale pour une valeur particulière de la variable x. En effet , quelle que soit la quantité constante C, on a

$$d[C+x^n] = dx^n = nx^{n-1}dx$$

et comme toute trace de C a disparu dans la fonction différentielle $nx^{n-1}dx$, on voit que cette différentielle est la même pour toutes les fonctions de la forme $M+x^n$, M étant une quantité constante quelconque; ainsi et réciproquant, l'intégrale de $nx^{n-1}dx$, c'est-à-dire $M+x_n$ peut avoir une infinité de valeurs , correspondantes à toutes les valeurs qu'on peut donner arbitrairement à M. Nous avons donc généralement pour l'intégrale de $x^m dx$, l'expression

$$(16)\ldots \int x^m dx = \frac{x^{m+1}}{m+1} + C$$

Si, d'après la nature de la question qui conduit à la différentielle $x^m dx$, son intégrale devait s'anéantir, ou devenir *zéro*, lorsque la variable x reçoit une valeur particulière b, cette circonstance exprimée dans (16) donnerait

$$o = \frac{b^{m+1}}{m+1} + C.$$

D'où l'on obtiendrait

$$C = -\frac{b^{m+1}}{m+1}$$

Alors la constante ne serait plus arbitraire, et l'intégrale complète serait, (17),

$$\int x^m dx = \frac{x^{m+1} - b^{m+1}}{m+1}$$

C'est par un procédé entièrement semblable que l'on peut déterminer la valeur de la constante dans toutes les intégrations où les intégrales doivent recevoir des valeurs particulières pour certaines valeurs de la variable.

14. L'expression (15) ayant lieu pour toutes les valeurs de l'exposant, il en sera de même de l'expression (16). Dans le cas de l'exposant négatif, on a donc aussi

$$\int x^{-m} dx = \frac{x^{-m+1}}{-m+1} + C$$

Ce qui est la même chose que

$$(18)\ldots\ldots\int \frac{dx}{x^m} = \frac{1}{(1-m)\,x^{m-1}} + C$$

Pour les valeurs fractionnaires positives et négatives de l'exposant, on aurait de même

$$(19)\ldots\int x^{\frac{n}{m}} dx = \frac{mx^{\frac{n+m}{m}}}{n+m} + C$$

$$(20)\ldots\int \frac{dx}{x^{\frac{n}{m}}} = \frac{m}{(m-n)x^{\frac{n-m}{m}}} + C$$

L'application de ces formules ne présente aucune difficulté. Par exemple, si l'on veut intégrer la quantité $ax^{\frac{4}{5}} dx$; en faisant dans (19), $n=4$, $m=5$, on obtient immédiatement

$$a\int x^{\frac{4}{5}} dx = a.\frac{5x^{\frac{9}{5}}}{9} = \frac{5}{9}.\,ax^{\frac{9}{5}} + C$$

La formule (20) ferait également trouver

$$\int dx \sqrt[3]{ax^{-2}} = \sqrt[3]{a}\int \frac{dx}{x^{\frac{2}{3}}} = \sqrt[3]{a}.\frac{3}{1.x^{-\frac{1}{3}}} = 3\sqrt[3]{a}.x^{\frac{1}{3}}$$
$$= 3\sqrt[3]{ax} + C$$

15. La formule générale (16) dont (18), (19) et (20) ne sont que des déductions, présente un cas particulier remarquable que nous devons examiner ; c'est celui où $m = -1$, car alors elle donne

$$\int \frac{dx}{x} = \frac{1}{0} + C$$

$\frac{1}{0}$, étant une quantité infiniment grande, ce résultat ne nous apprend rien, à cause de l'indétermination complète de la quantité C. Ainsi en admettant qu'il existe

une fonction ψx de x telle que sa différentielle soit $\frac{dx}{x}$, ou telle que l'on ait

$$d\psi x = \frac{dx}{x}$$

la formule générale (16) paraît insuffisante pour en donner la génération. Il n'en est rien cependant, car si cette fonction ψx existe, elle doit avoir une valeur quelconque b, correspondante à $x=0$, b pouvant être d'ailleurs lui-même égal à zéro ; et comme par cette considération l'intégrale complète, pour toutes les valeurs de l'exposant m, est (17)

$$\int x^m dx = \frac{x^{m+1} - b^{m+1}}{m+1}$$

cette intégrale, dans le cas de $m = -1$, devient

$$\int \frac{dx}{x} = \frac{x^0 - b^0}{0} = \frac{0}{0}$$

c'est-à-dire, une quantité indéterminée dont on peut trouver la valeur par le procédé donné au mot *Différence*, n° 47. En effet, considérant m comme la variable, dans l'expression générale, et différentiant les deux termes de la fraction, on obtient, en désignant par la caractérisque L, le logarithme naturel de la quantité qui en est affectée,

$$\frac{d[x^{m+1} - b^{m+1}]}{d[m+1]} = \frac{x^{m+1}.Lx.dm - b^{m+1}.Lb.dm}{dm}$$
$$= x^{m+1}.Lx - b^{m+1}.Lb$$

ce qui devient dans le cas de $m = -1$

$$Lx - Lb$$

Nous avons donc aussi

$$\int \frac{dx}{x} = Lx - Lb$$

ou

$$\int \frac{dx}{x} = Lx + C$$

Lb demeurant indéterminé. Cette difficulté qui se présente dans l'application de la formule générale (16) tient à la nature transcendante de la fonction Lx,

En partant de la différentielle

$$d Lx = \frac{dx}{x}$$

(*Voy.* DIFF. 31.) on aurait reconnu immédiatement que, (21),

$$\int \frac{dx}{x} = Lx + C$$

16. L'intégration de la fonction simple $x^m dx$, donne les moyens d'obtenir non seulement celle de toutes les

fonctions différentielles rationnelles et entières d'une seule variable x, mais encore celle d'un grand nombre de fonctions différentielles irrationnelles. C'est ce que nous allons faire voir.

Toute fonction différentielle rationnelle et entière d'une même variable peut se ramener à la forme

$$[Ax^\alpha + Bx^\beta + Cx^\gamma + Dx^\delta + \text{etc.}\ldots]dx.$$

or, en vertu de

$$\int (X + Y + Z + \text{etc.}) = \int X + \int Y + \int Z + \text{etc.}$$

on a

$$\int [Ax^\alpha + Bx^\beta + Cx^\gamma + Dx^\delta + \text{etc.}\ldots]dx = A \int x^\alpha dx$$
$$+ B \int x^\beta dx$$
$$+ C \int x^\gamma dx$$
$$+ D \int x^\delta dx$$
$$+ \text{etc.}$$

expression qui, en intégrant chaque terme en particulier, devient

$$\int [Ax^\alpha + Bx^\beta + \text{etc.}\ldots]dx = A\frac{x^{\alpha+1}}{\alpha+1} + B\frac{x^{\beta+1}}{\beta+1} + \text{etc.}\ldots + const$$

Il n'y a besoin d'ajouter ici qu'une seule constante arbitraire, car on voit aisément que si l'on en ajoutait une pour chaque monome leur somme serait encore représentée par une seule quantité arbitraire.

17. Les fonctions de la forme

$$(A + Bx + Cx^2 + Dx^3 + \text{etc.}\ldots)^m \, dx$$

pourront encore être intégrées de la même manière, puisqu'en développant la puissance on obtient une suite de termes dont la forme générale est

$$Mx^\mu dx$$

et, cette intégration peut avoir lieu d'après les formules (16), (18), (19) et (20), pour toutes les valeurs entières et autres de l'exposant m. Lorsque cet exposant est entier et positif l'intégrale se compose d'un nombre fini de termes; dans tous les autres cas, elle est représentée par une série indéfinie.

18. Il existe quelques fonctions de la forme ci-dessus dont on peut, à l'aide de certaines transformations, obtenir l'intégrale, sans avoir besoin de développer la puissance. Nous allons les examiner.

L'intégration de la fonction binone $(a+bx)^m dx$, est

d'abord dans ce cas, quel que soit même l'exposant; car faisons $a+bx = z$ ce qui donne

$$x = \frac{z-a}{b}, \text{ et } dx = \frac{dz}{b}$$

substituant ces valeurs dans la fonction donnée, nous obtiendrons

$$(a+bx)^m dx = \frac{z \, dz}{b}$$

et, par conséquent

$$\int (a+bx)^m dx = \int \frac{z^m dz}{b}$$
$$= \frac{z^{m+1}}{(m+1)b}$$

mettant pour z sa valeur, nous obtiendrons définitivement

$$\int (a+bx)^m dx = \frac{(a+bx)^{m+1}}{(m+1)b} + C$$

19. La même transformation peut encore être employée pour la fonction plus composée

$$(a+bx^n)^m x^{n-1} dx$$

en effet, faisant $a+bx^n = z$, on trouve

$$dz = d(a+bx^n) = bd(x^n) = nbx^{n-1}dx$$

et par suite

$$(a+bx^n)^m x^{n-1} \, dx = \frac{z^m dz}{nb}$$

Mais

$$\int \frac{z^m dz}{nb} = \frac{1}{nb} \int z^m dz = \frac{z^{m+1}}{(m+1)nb}$$

Donc

$$\int (a+bx^n)^m x^{n-1} dx = \frac{z^{m+1}}{(m+1)nb}$$
$$= \frac{(a+bx^n)^{m+1}}{(m+1)nb} + C$$

Comme en général $d\varphi x^m = m\varphi x^{m-1} \cdot d\varphi x$, toutes les fois que la quantité qui multiplie la puissance φx^{m-1} sera la différentielle de la base φx on pourra obtenir l'intégrale, par des considérations semblables aux précédentes, soit par exemple la fonction différentielle

$$(a+bx+cx^2)^m \cdot (b+2cx)dx$$

il est facile de reconnaître que $(b+2cx)dx$, ou que $bdx+2cxdx$, est la différentielle de $a+bx+cx^2$, car en faisant

$$z = a+bx+cx^2$$

on a

$$dz = bdx + 2cxdx$$

Cette fonction est donc la même chose que $z^m dz$, et par conséquent son intégrale est

$$\int (a+bx+cx^2)^m.(b+2cx)dx = \frac{(a+bx+cx^2)^{m+1}}{m+1} + C$$

20. Lorsque les transformations précédentes ne peuvent avoir lieu, il faut, comme nous l'avons déjà dit, développer la puissance et intégrer la série résultante terme par terme. Soit, par exemple, $(a-bx^3)^4 dx$ la fonction proposée; on obtient en développant

$$(a-bx^3)^4 dx = a^4.dx - 4a^3bx^3.dx + 6a^2b^2x^6.dx$$
$$- 4ab^3x^9.dx + b^4x^{12}.dx$$

Ainsi, intégrant chaque terme en particulier, on trouvera

$$\int (a-bx^3)^4 dx = a^4x - a^3bx^4 + \tfrac{6}{7}a^2b^2x^7$$
$$- \tfrac{4}{10}ab^3x^{10} + \tfrac{1}{13}b^4x^{13} + C$$

Si la fonction proposée était $\dfrac{dx}{\sqrt{1-x^2}}$, on aurait aussi

$$\int \frac{dx}{\sqrt{1-x^2}} = \int dx(1-x)^{-\frac{1}{2}} = \int \left[dx + \tfrac{1}{2}x^2 dx + \text{etc.} \right]$$

d'où

$$\int \frac{dx}{\sqrt{1-x^2}} = x + \frac{1}{2}\cdot\frac{x^3}{2} + \frac{1}{2}\cdot\frac{3}{4}\cdot\frac{x^5}{5} + \frac{1}{2}\cdot\frac{3}{4}\cdot\frac{5}{6}\cdot\frac{x^7}{7} + \text{etc.} + C$$

21. Les fonctions circulaires *sinus* et *cosinus* peuvent dans plusieurs cas dispenser de l'intégration par série, et fournissent alors des intégrales très-simples et très-utiles. Rappelons-nous (DIFF. 33) que

$$d\sin z = \cos z.dz$$
$$d\cos z = -\sin z.dz$$

D'après la nature de ces fonctions on a (*Voy.* SINUS)

$$\cos^2 z + \sin^2 z = 1$$

d'où l'on tire

$$\cos z = \sqrt{1-\sin^2 z}$$

Substituant cette valeur dans celle de $d\sin z$, il vient

$$d\sin z = dz.\sqrt{1-\sin^2 z}$$

Faisons maintenant $\sin z = x$, et nous obtiendrons l'expression

$$dz = \frac{dx}{\sqrt{1-x^2}}$$

dont l'intégration donne

$$\int \frac{dx}{\sqrt{1-x^2}} = z + C$$

Mais z est, ici, l'arc dont le sinus est égal à x, ainsi on a, (22),

$$\int \frac{dx}{\sqrt{1-x^2}} = arc\,(\sin = x) + C$$

22. On peut ramener à l'intégrale précédente celle de $\dfrac{dx}{\sqrt{a^2-x^2}}$, car en divisant les deux termes de la fraction par a, on obtient

$$\sqrt{\frac{\frac{dx}{a}}{1-\frac{x^2}{a^2}}}$$

et cette quantité étant composée en $\dfrac{x}{a}$, comme $\dfrac{dx}{\sqrt{1-x^2}}$ l'est en x, il en résulte

$$\int \frac{dx}{\sqrt{a^2-x^2}} = arc\left(\sin = \frac{x}{a} \right) + C$$

23. On trouverait en opérant comme ci-dessus,

$$(23)\ldots\ldots \int \frac{-dx}{\sqrt{1-x^2}} = arc\,(\cos = x) + C$$
$$(24)\ldots\ldots \int \frac{dx}{1+x^2} = arc\,(\tan g = x) + C$$
$$(25)\ldots\ldots \int \frac{dx}{\sqrt{2x-x^2}} = arc\,(\sin.\ \text{verse} = x) + C$$

Intégrales qui conduisent aux suivantes :

$$\int \frac{-dx}{\sqrt{a^2-x^2}} = arc\left(\cos = \frac{x}{a}\right) + C$$
$$\int \frac{dx}{a^2+x^2} = \frac{1}{a}.\,arc\,(\tan g = x) + C$$
$$\int \frac{dx}{\sqrt{2ax-x^2}} = arc\left(\sin.\ \text{verse} = \frac{x}{a}\right) + C$$

Ces expressions fournissent plusieurs conséquences remarquables que nous allons examiner.

22. Considérons en particulier l'intégrale (24), et cherchons-en une autre expression en intégrant par série. Nous avons

$$\frac{dx}{1+x^2} = (1+x^2)^{-1}dx$$

ce qui devient, par le développement de la puissance -1

$$\frac{dx}{1+x^2} = dx - x^2 dx + x^4 dx - x^6 dx + \text{etc.}$$

Ainsi intégrant terme par terme nous obtiendrons

$$\int \frac{dx}{1+x^2} = x - \frac{x^3}{3} + \frac{x^5}{5} - \frac{x^7}{7} + \text{etc.}\ldots$$

d'où, en comparant avec (24)

$$arc\ (\text{tang} = x) = x - \frac{x^3}{3} + \frac{x^5}{5} - \frac{x^7}{7} + \frac{x^9}{9} - \text{etc.}$$

Il n'y a pas besoin d'ajouter de constante parce qu'en faisant $x = 0$, l'arc se réduit à zéro.

Cette série qui donne l'*arc*, au moyen de la *tangente*, peut servir pour trouver la valeur de la circonférence du cercle dont le rayon est l'unité, car on sait que l'arc égal à la huitième partie de la circonférence a sa tangente égale au rayon, faisant donc $x = 1$, nous aurons $arc\ (\text{tang} = 1) = \frac{\pi}{4}$, π désignant toujours la demi-circonférence pour le rayon $= 1$, et, par conséquent, (25),

$$\frac{\pi}{4} = 1 - \frac{1}{3} + \frac{1}{5} - \frac{1}{7} + \frac{1}{9} - \frac{1}{11} + \text{etc.}$$

Opérant de même sur l'intégrale (22), nous trouverons, (26),

$$arc\ (\sin = x) = x + \frac{1}{2}\cdot\frac{x^3}{3} + \frac{1.3}{2.4}\cdot\frac{x^5}{5} + \frac{1.3.5}{2.4.6}\cdot\frac{x^7}{7} + \text{etc.}$$

expression qui n'a pas non plus besoin de constante, parce que l'arc dont le sinus est zéro s'anéantit. Comme le sinus du quart de la circonférence est égal au rayon, si l'on fait dans cette dernière expression $x = 1$, elle donnera la valeur de $\frac{\pi}{2}$; mais on peut obtenir une série beaucoup plus convergente, en remarquant que le rayon d'un cercle est égal au côté de l'hexagone régulier inscrit (*Voy.* HEXAGONE) et, par conséquent, que la moitié du rayon est égale au sinus de la douzième partie de la circonférence ; faisant donc $x = \frac{1}{2}$, nous aurons $arc(\sin = \frac{1}{2}) = \frac{\pi}{6}$, et

$$\frac{\pi}{6} = \frac{1}{2} + \frac{1}{2}\cdot\frac{1}{3.2^5} + \frac{1.3}{2.4}\cdot\frac{1}{5.2^5} + \frac{1.3.5}{2.4.6}\cdot\frac{1}{7.2^7} + \text{etc.}$$

série très convergente, car il suffit de 10 termes pour obtenir

$$\pi = 6(0,52359877..) = 3,14159262\ldots$$

valeur exacte jusqu'à la huitième décimale.

24. L'intégration par série appliquée à la fonction $\frac{dx}{a+x}$, nous donne encore une génération du logarithme naturel de $a+x$, que nous devons exposer. Il faut remarquer d'abord que, (27),

$$\int \frac{dx}{a+x} = L(a+x) + C$$

en effet, représentons $a + x$ par z, nous aurons

$$a + x = z,\ \text{et}\ d(a+x) = dz,\ \text{ou}\ dx = dz$$

ainsi $\frac{dx}{a+x} = \frac{dz}{z}$, et comme d'après la formule (21),

$$\int \frac{dz}{z} = Lz + C$$

si l'on substitue à la place de z sa valeur, on **trouve** l'expression (27).

Ceci posé, puisque $\frac{dx}{a+x} = (a+x)^{-1}dx$, on a

$$(a+x)^{-1}dx = \frac{1}{a}dx - \frac{x}{a^2}dx + \frac{x^2}{a^3}dx - \text{etc.}$$

dont l'intégrale est

$$\int \frac{dx}{a+x} = \frac{x}{a} - \frac{x^2}{2a^3} + \frac{x^3}{3a^3} - \frac{x^4}{4a^4} + \text{etc.} \ldots + C$$

nous avons donc aussi

$$L(a+x) = \frac{x}{a} - \frac{x^2}{2a^2} + \frac{x^2}{3a^3} - \text{etc.} \ldots + C$$

Pour déterminer la constante nous remarquerons que lorsque $x = 0$, cette équation devient $La = 0 + C$. Substituant cette valeur de C, il vient

$$L(a+x) = La + \frac{x}{a} - \frac{x^2}{2a^2} + \frac{x^3}{3a^3} - \text{etc.} \ldots$$

développement que nous avons trouvé ailleurs, pour le cas de $a = 1$, d'une manière bien différente (*Voy.* DIFFÉRENCE 37.)

25. Passons aux fonctions différentielles fractionnaires plus composées que les précédentes, et considérons d'abord la fonction

$$\frac{A x^m dx}{(a+bx)^n}$$

Si nous faisons $a + bx = z$, nous trouverons

$$x = \frac{z-a}{b},\ \text{et}\ dx = \frac{dz}{b}$$

substituant, la fonction proposée deviendra

$$\frac{A(z-a)^m dz}{b^{m+1} z^n}$$

ainsi, développant la puissance $(z-a)^m$, multipliant le

16

résultat par dz et divisant ensuite chaque terme par $b^{m+1}z^n$, on aura une suite de monomes à intégrer, et après l'intégration on remplacera z par sa valeur $a+bx$. L'exemple suivant va éclaircir ce procédé : soit la fonction proposée

$$\frac{Ax^2dx}{(a+bx)}$$

ici, l'on a $m=2$, $n=1$, et la fonction en z devient

$$\frac{A(z-a)^2dz}{b^2z}$$

Nous avons donc, en développant la puissance,

$$\frac{A(z-a)^2dz}{b^2z} = \frac{Azdz}{b^2} - \frac{2Aadz}{b^2} + \frac{Aa^2dz}{b^2z}$$

Intégrant d'après les règles (16) et (21) les monomes

$$\frac{A}{b^2}\cdot zdz\ ,\quad \frac{2Aa}{b^2}\cdot dz,\quad \frac{Aa^2}{b^2}\cdot\frac{dz}{z}$$

nous obtiendrons

$$\int\frac{A(z-a)^2dz}{b^2z} = \frac{Az^2}{2b^2} - \frac{2Aaz}{b^2} + \frac{Aa^2}{b^2}.Lz + C$$

Remettant pour z sa valeur, nous aurons définitivement

$$\int\frac{Ax^2dx}{a+bx} = \frac{A}{b^3}\left\{\frac{1}{2}(a+bx)^2 - 2a(a+bx)\right.$$
$$\left. + a^2L(a+bx)\right\} + C$$

26. Toutes les fonctions de la forme

$$\frac{Ax^mdx + Bx^ndx + Cx^pdx + \text{ete}\ldots}{(a+bx)^\mu}$$

pouvant se décomposer comme il suit

$$\frac{Ax^mdx}{(a+bx)^\mu} + \frac{Bx^ndx}{(a+bx)^\mu} + \frac{Cx^pdx}{(a+bx)^\mu} + \text{etc}\ldots$$

leur intégration s'effectuera en opérant sur chaque terme en particulier, comme nous venons de le faire ci-dessus.

27. Si nous désignons par U et V des fonctions rationnelles et entières dont la forme générale est

$$Ax^\alpha + Bx^\beta + Cx^\gamma + Dx^\delta + \text{etc}\ldots$$

la forme

$$\frac{Udx}{V}$$

représentera toutes les fonctions différentielles rationnelles et fractionnaires.

Nous devons d'abord remarquer que le plus grand exposant de x dans U peut toujours être supposé plus petit, au moins d'une unité, que le plus grand exposant de x dans V ; car dans le cas contraire une simple division pourra changer l'expression $\frac{U}{V}$, en $R + \frac{U'}{V}$; R désignant le quotient et V' le reste de cette division ; on aurait donc alors

$$\frac{Udx}{V} = Rdx + \frac{U'dx}{V}$$

Mais R étant une fonction entière et rationnelle, son intégration peut s'effectuer par les principes exposés ci-dessus ; il ne reste donc qu'à trouver l'intégrale de $\frac{U'dx}{V}$ dans laquelle le plus grand exposant de x est moindre dans U' que dans V.

Pour intégrer les différentielles de cette forme, il faut décomposer $\frac{U}{V}$ en *fractions partielles*, en se servant d'un procédé que nous allons indiquer et qui est fondé sur la méthode des coefficiens indéterminés. Proposons-nous pour exemple la fonction

$$\frac{(a^3+bx^2)dx}{a^2x-x^3}$$

Il faut d'abord décomposer le dénominateur en ses facteurs du premier degré, ce qui ne présente ici aucune difficulté, puisqu'on a

$$a^2x-x^3 = x(a^2-x^2) = x(a-x)(a+x)$$

Cette décomposition, fondement de toute l'opération, met la fraction sous la forme

$$\frac{a^3+bx^2}{x(a-x)(a+x)}$$

et, représentant par A, B, C, des quantités indéterminées, nous pouvons poser (28)

$$\frac{a^3+bx^2}{x(a-x)(a+x)} = \frac{A}{x} + \frac{B}{a-x} + \frac{C}{a+x}$$

Réduisant les fractions du second membre au même dénominateur, il vient pour leur somme,

$$\frac{Aa^2-Ax^2+Bax+Bx^2+Cax-Cx^2}{x(a-x)(a+x)}$$

quantité dont le dénominateur doit être identique avec

celui de la proposée. Égalant donc entre eux les coefficiens des mêmes puissances de x, on aura

$$B - A - C = b, \quad Ba + Ca = 0, \quad Aa^2 = a^3.$$

La dernière équation donne $A = a$, et cette valeur substituée dans les deux premières nous fait trouver ensuite

$$B = \frac{a+b}{2}, \quad C = -\frac{a+b}{2};$$

mettant les valeurs de A, de B et de C dans l'égalité (28), on trouve

$$\frac{(a^3 + bx^2)dx}{a^2 x - x^3} = \frac{adx}{x} + \frac{(a+b)dx}{2(a-x)} - \frac{(a+b)dx}{2(a+x)}$$

donc, en intégrant

$$\int \frac{(a^3 + bx^2)dx}{a^2 x - x^3} = aLx - \frac{(a+b)}{2} L(a-x)$$

$$- \frac{(a+b)}{2} L(a+x) + C$$

$$= aLx - (a+b) L\sqrt{a^2 - x^2} + C$$

27. L'intégration des fonctions différentielles rationnelles et fractionnaires repose donc sur la décomposition des fonctions fractionnaires en fractions partielles, décomposition qui repose elle-même sur celle du dénominateur de la fraction en ses facteurs du premier degré. Lorsque cette dernière décomposition peut s'effectuer l'intégration n'a aucune difficulté et l'on peut toujours opérer comme nous venons de le faire ; dans le cas cependant où tous les facteurs du premier degré sont inégaux ; car si le contraire avait lieu, cette méthode ne pourrait plus servir, ou du moins il faudrait lui faire subir des modifications. Sans entrer dans des détails de démonstration qui nous mèneraient trop loin, nous allons résumer le procédé qu'il faut alors employer.

$\frac{U}{V}$, étant la fraction rationnelle, supposons que les facteurs premiers de V soient $(x-a)$, $(x-b)$, $(x-c)$ etc., ou que l'on ait

$$\frac{U}{V} = \frac{U}{(x-a)(x-b)(x-c)(x-d).. \text{ etc.}}$$

si parmi ces facteurs, il s'en trouve d'une part m égaux entre eux, de l'autre n, et que les autres soient inégaux ; si, par exemple, on a

$$\frac{U}{V} = \frac{U}{(x-a)^m.(x-b)^n.(x-c)(x-d)... \text{ etc}}$$

on formera les fractions partielles

$$\frac{A + Bx + Cx^2 ... + Mx^{m-1}}{(x-a)^m},$$

$$\frac{A' + B'x + C'x^2 ... + M'x^{n-1}}{(x-b)^n}$$

$$\frac{A''}{x-c}, \quad \frac{B''}{x-d}, \quad \frac{C''}{x-e}, \text{ etc.}$$

dans lesquelles A, B, C, etc., A', B', C' etc, A'', B'', C'', etc. seront des coefficiens indéterminés, dont on trouvera la valeur en réduisant toutes ces fractions au même dénominateur et en prenant leur somme qui doit être identique avec $\frac{U}{V}$. En égalant les coefficiens des mêmes puissances de x, dans le numérateur de cette somme et dans U, on formera les équations de conditions nécessaires pour la détermination des quantités A, B, C, etc.

On peut encore, ce qui est plus simple, substituer aux fractions dont les numérateurs sont composés, une suite de fractions simples et dont les dénominateurs procèdent par puissances décroissantes depuis l'exposant m ou n jusqu'à 1 ; c'est-à-dire qu'on peut remplacer les deux premières fractions ci-dessus par les deux suites de fractions

$$\frac{A}{(x-a)^m} + \frac{B}{(x-a)^{m-1}} + \frac{C}{(x-a)^{m-2}} + \text{etc. jusqu'à} + \frac{M}{x-a}$$

$$\frac{A'}{(x-b)^n} + \frac{B'}{(x-b)^{n-1}} + \frac{C'}{(x-b)^{n-2}} + \text{etc. jusqu'à} + \frac{M'}{x-b}$$

Éclaircissons ce procédé par un exemple. Soit à intégrer la fonction

$$\frac{x^2 dx}{x^3 - ax^2 - a^2 x + a^3};$$

pour trouver les facteurs premiers du dénominateur, remarquons en général que si ces facteurs sont $(x-\alpha)$, $(x-\beta)$, $(x-\delta)$, puisqu'on doit avoir

$$x^3 - ax^2 - a^2 x + a^3 = (x-\alpha)(x-\beta)(x-\delta)$$

les quantités α, β, δ ne sont autre chose que les racines de l'équation

$$x^3 - ax^2 - a^2 x + a^3 = 0$$

(*Voy.* ÉQUATION, 15). Ainsi pour trouver les facteurs premiers de V, dans la forme générale $\frac{U}{V}$, il faut faire V $= 0$ et chercher les racines de cette équation. Dans le cas qui nous occupe il est facile de reconnaître qu'une des racines est a, car en faisant $x = a$, le premier membre se réduit à zéro. $x - a$ sera donc un des facteurs du premier degré de $x^3-ax^2-a^2x+a^3$; ainsi divisant cette quantité par $x-a$, le quotient x^2-a^2, qui est immédiatement décomposable en $(x-a)(x+a)$, fera connaître les deux autres. Nous avons donc

$$\frac{x^2}{x^3-ax^2-a^2x+a^3}=\frac{x^2}{(x-a)^2(x+a)}$$

Ainsi nous supposerons (a)

$$\frac{x^2}{(x-a)^2(x+a)}=\frac{A}{(x-a)^2}+\frac{B}{(x-a)}+\frac{C}{(x+a)}.$$

Réduisant le second membre au même dénominateur, nous obtiendrons pour la somme des fractions partielles

$$\frac{A(x+a)+B(x-a)(x+a)+C(x-a)^2}{(x-a)^2(x+a)}$$

ou , en développant ,

$$\frac{Aa-Ba^2+Ca^2+(A-2Ca)x+(B+c)x^2}{(x-a)^2(x+a)}.$$

Comparant le numérateur avec celui de la proposée et égalant entre eux les coefficiens des mêmes puissances de x, on obtient ces équations de conditions

$$Aa-Ba^2+Ca^2=0$$
$$A-2Ca=0$$
$$B+C=1$$

d'où l'on tire

$$A=\frac{1}{2},\quad B=\frac{3}{4},\quad C=\frac{1}{4}$$

au moyen de ces valeurs l'égalité (a) devient

$$\frac{x^2dx}{(x-a)^2(x+a)}=\frac{adx}{2(x-a)^2}+\frac{3dx}{4(x-a)}+\frac{dx}{4(x+a)}$$

Intégrant chaque terme en particulier par les méthodes précédentes , nous trouverons

$$\int\frac{x^2dx}{(x-a)^2(x+a)}=-\frac{a}{2(x-a)}+\frac{3}{4}.L(x-a)$$
$$+\frac{1}{4}L(x+a)+C$$

28. Nos limites ne nous permettant pas d'entrer dans de plus grands détails sur la décomposition des fonctions fractionnaires en fractions partielles. Cette théorie extrêmement importante pour le calcul intégral, doit être étudiée dans l'ouvrage d'Euler, l'*Introduction à l'analyse des infiniment petits*, ou dans le grand traité de Lacroix. Occupons-nous de l'intégration des fonctions irrationnelles.

Le procédé fondamental de cette intégration consiste à transformer les fonctions irrationnelles en d'autres qui soient rationnelles, ou du moins en une suite de monomes irrationnels, car ces derniers peuvent toujours être intégrés à l'aide des formules (19) et (20)

Soit, pour exemple,

$$(a\sqrt[3]{x}-b\sqrt[4]{cx^3})dx$$

En mettant cette fonction sous la forme

$$ax^{\frac{1}{3}}dx-bc^{\frac{3}{4}}.x^{\frac{3}{4}}dx$$

Chaque terme peut être immédiatement intégré et comme d'après la formule (19) on a

$$\int x^{\frac{1}{3}}dx=\frac{3}{4}x^{\frac{4}{3}},\qquad \int x^{\frac{3}{4}}dx=\frac{4}{7}x^{\frac{7}{4}}$$

l'intégrale cherchée sera donc

$$\int(a\sqrt[3]{x}-b\sqrt[4]{cx^3})dx=\frac{3}{4}a.\sqrt[3]{x^4}+\frac{4}{7}b\sqrt[4]{c}.\sqrt[4]{x^7}+C$$
$$=\frac{3}{4}a.\sqrt[3]{x^4}+\frac{4}{7}b\sqrt[4]{cx^7}+C$$

29. S'il s'agissait d'une fonction fractionnaire

$$\frac{a\sqrt[3]{x}-b\sqrt[5]{x}}{\sqrt[4]{x}+c\sqrt{x}}dx,\quad \text{ou}\quad \frac{ax^{\frac{1}{3}}-bx^{\frac{1}{2}}}{x^{\frac{1}{4}}+cx^{\frac{1}{3}}}$$

on réduirait les exposans fractionnaires à leur plus petit commun dénominateur, et, ayant trouvé que ce dénominateur est 12, on ferait

$$x=z^{12},\quad \text{d'où }dx=12z^{11}dz$$

et

$$x^{\frac{1}{2}}=z^6,\ x^{\frac{1}{3}}=z^4,\ x^{\frac{1}{4}}=z^3$$

substituant ces valeurs dans la fonction proposée, elle deviendrait

$$\frac{az^4-bz^6}{z^3-cz^4}12z^{11}dz=\frac{12az^{15}-12bz^{17}}{z^3-cz^4}dz$$

ou, définitivement, en retranchant le facteur commun z^3,

$$\frac{12az^{12}-12bz^{14}}{1+cz}dz$$

Pour intégrer cette dernière, on remarquera d'abord qu'on peut diviser le numérateur par le dénominateur; opérant la division, il vient

$$\frac{12az^{12}-12bz^{14}}{1+cz}dz = -\frac{12b}{c}z^{13}dz + \frac{12b}{c^2}z^{12}dz$$
$$+\frac{12(ac^2-b)}{c^3}z^{11}dz - \frac{12(ac^2-b)}{c^4}z^{10}dz$$
$$+\frac{12(ac^2-b)}{c^5}z^9dz - \frac{12(ac^2-b)}{c^6}z^8dz$$
$$+\frac{12(ac^2-b)}{c^7}z^7dz - \frac{12(ac^2-b)}{c^8}z^6dz$$
$$+\frac{12(ac^2-b)}{c^9}z^5dz - \frac{12(ac^2-b)}{c^{10}}z^4dz$$
$$+\frac{12(ac^2-b)}{c^{11}}z^3dz - \frac{12(ac^2-b)}{c^{12}}z^2dz$$
$$+\frac{12(ac^2-b)}{c^{13}}zdz - \frac{12(ac^2-b)}{c^{14}}dz$$
$$+\frac{12(ac^2-b)}{c^{15}}\cdot\frac{dz}{(1+cz)}$$

Intégrant chaque terme en particulier, et remarquant que d'après (27)

$$\int \frac{dz}{1+cz} = \frac{1}{c}\cdot L(1+cz)$$

nous obtiendrons, après avoir remis à la place de z sa valeur $\sqrt[12]{x}$

$$\int \frac{a\sqrt{x}-b\sqrt{x}}{\sqrt[4]{x}+c\sqrt[5]{x}}dx = -\frac{12b}{14c}x^{\frac{14}{12}} + \frac{12b}{13c^2}x^{\frac{13}{12}}$$
$$+12(ac^2-b)\left\{\frac{x^{\frac{12}{12}}}{12c^3} - \frac{x^{\frac{11}{12}}}{11c^4}\right.$$
$$+\frac{x^{\frac{10}{12}}}{10c^5} - \frac{x^{\frac{9}{12}}}{9c^6}$$
$$+\frac{x^{\frac{8}{12}}}{8c^7} - \frac{x^{\frac{7}{12}}}{7c^8}$$
$$+\frac{x^{\frac{6}{12}}}{6c^9} - \frac{x^{\frac{5}{12}}}{5c^{10}}$$
$$+\frac{x^{\frac{4}{12}}}{4c^{11}} - \frac{x^{\frac{3}{12}}}{3c^{12}}$$
$$+\frac{x^{\frac{2}{12}}}{2c^{13}} - \frac{x^{\frac{1}{12}}}{c^{14}}$$
$$\left.+\frac{1}{c^{16}}\cdot L(1+c\sqrt[12]{x})\right\} + C$$

On opérera de la même manière dans tous les cas semblables

30. Toutes les fois qu'il est impossible de ramener une fonction irrationnelle à une forme rationnelle par des transformations convenables, il faut la développer en série, ce qui produit toujours une suite ~~indéfinie~~ de monomes intégrables par les moyens exposés jusqu'ici. Mais comme il est beaucoup plus avantageux d'obtenir l'intégrale sous une forme finie, on ne doit avoir recours à ce dernier procédé que lorsqu'il est bien constaté qu'aucune transformation ne peut réussir. Nous allons considérer encore quelques formes particulières des différentielles irrationnelles auxquelles certaines méthodes de tranformations, dont nous n'avons point encore parlé, peuvent être applicables. φx étant une fonction rationelle de x, soit, par exemple, la différentielle

$$\frac{\varphi x.dx}{\sqrt{a+bx+cx^2}}$$

Pour rendre cette fonction rationnelle, posons

$$\sqrt{a+bx+cx^2} = x\sqrt{c}+z$$

En élevant au carré les deux membres de cette égalité, nous obtiendrons

$$a+bx+cx^2 = cx^2+2xz\sqrt{c}+z^2$$

d'où

$$x = \frac{a-z^2}{2z\sqrt{c}-b},$$
$$dx = \frac{-2(z^2\sqrt{c}+a\sqrt{c}-bz)}{(2z\sqrt{c}-b)^2}dz$$

et, par suite,

$$\sqrt{a+bx+cx^2} = \frac{z^2\sqrt{c}+a\sqrt{c}-bz}{2z\sqrt{c}-b}$$

substituant ces valeurs dans la fonction proposée, et désignant par ψz, la fonction en z qui résulte de φx, lorsqu'on donne à x la valeur ci-dessus, nous aurons (28)

$$-\frac{2\psi z.dz}{2z\sqrt{c}-b}$$

qui est une fonction rationnelle.

Dans le cas de $\varphi x=1$, on a simplement pour l'intégrale de la transformée

$$\int \frac{-2dz}{2z\sqrt{c}-b} = -\frac{1}{\sqrt{c}}\cdot L(2z\sqrt{c}-b)$$

d'où, remettant les valeurs, (29)

$$\int \frac{dx}{\sqrt{a+bx+cx^2}}$$
$$= -\frac{1}{\sqrt{c}}\cdot L\left\{2\sqrt{c}[(a+bx+cx^2)^{\frac{1}{2}}-x\sqrt{c}]-b\right\} + C$$

Pour donner au moins une application de la formule générale, proposons-nous la fonction

$$\frac{x^2 dx}{\sqrt{1+2x+4x^2}};$$

ici, nous avons,

$$\varphi x = x^2, \ a=1, \ b=2, \ c=4$$

par conséquent

$$x = \frac{1-z^2}{4z-2} = \frac{1-z^2}{2(2z-1)}$$

et

$$\psi z = \left[\frac{1-z^2}{2(2z-1)}\right]^2 = \frac{1-2z^2+z^4}{4(4z^2-4z+1)}$$

La transformée (28) en z, sera donc

$$-\frac{4z^5-z^4-8z^3+2z^2+4z-1}{2(4z^2-4z+1)}dx,$$

ce qui donne, en effectuant la division,

$$-\frac{1}{2}\left\{z^3 + \frac{3}{4}z^2 - \frac{3}{2}z + \frac{19}{16} + \frac{\frac{3}{4}z+\frac{3}{16}}{4z^2-4z+1}\right\}dx$$

quantité dont l'intégration ne présente aucune difficulté. On trouve pour l'intégrale totale, en opérant terme par terme, l'expression

$$-\frac{1}{2}\left\{\frac{1}{4}z^4 + \frac{1}{4}z^3 - \frac{3}{4}z^2 + \frac{19}{16}z - \frac{9}{32(2z-1)}\right.$$
$$\left. + \frac{3}{16}L(2z-1)\right\} + C$$

Le dernier terme, qu'on peut mettre sous la forme

$$\frac{3}{16}\frac{4z+1}{(2z-1)^2}dx$$

s'intègre par la méthode (n°27) des fractions rationnelles.

Ainsi substituant pour z sa valeur

$$-2x+\sqrt{1+2x+4x^2}$$

nous aurons, dans un nombre fini de termes, l'intégrale de la fonction irrationnelle.

$$\frac{x^3 dx}{\sqrt{1+2x+4x^2}}$$

31. Lorsque le coefficient c est négatif dans la quantité radicale $\sqrt{a+bx+cx^2}$ ou lorsque la fonction que nous venons de considérer est

$$\frac{\varphi x.dx}{\sqrt{a+bx-cx^2}}$$

la transformation précédente introduit dans l'intégrale des quantités dites *imaginaires* (*Voy.* ce mot.) En effet, dans le cas le plus simple, celui de $\varphi x=1$, la fonction transformée (28) est

$$\frac{2dz}{-b+2z\sqrt{-c}}$$

et son intégrale étant

$$\frac{\sqrt{-1}}{\sqrt{c}}.L(-b+2z\sqrt{-c}),$$

on a (30)

$$\int\frac{dx}{\sqrt{a+bx-cx^2}}$$
$$= \frac{\sqrt{-1}}{\sqrt{c}}.L\left[2(a+bx-cx^2)^{\frac{1}{2}}.\sqrt{-c}+2cx-b\right].$$

Cette intégrale peut être ramenée à un arc de cercle par une autre transformation très-simple. Faisons

$$x=u+\frac{b}{2c}$$

Nous aurons

$$\sqrt{a+bx-cx^2} = \left[a+b\left(u+\frac{b}{2c}\right)-c\left(u+\frac{b}{2c}\right)^2\right]^{\frac{1}{2}}$$
$$= \left[a+\frac{b^2}{4c}-cu^2\right]^{\frac{1}{2}}$$

et, par suite

$$\frac{dx}{\sqrt{a+bx-cx^2}} = \frac{du}{\sqrt{\left[\dfrac{b^2+4c}{4c}-cu^2\right]}}$$

$$= \frac{1}{\sqrt{c}}\frac{\dfrac{2c}{\sqrt{(b^2+4ac)}}.du}{\sqrt{\left[1-\dfrac{4c^2}{b^2+4ac}u^2\right]}}$$

En remarquant que cette dernière expression est de la forme

$$A.\frac{\alpha du}{\sqrt{1-\alpha^2u^2}}$$

et que l'on a (*Voy.* n° 21)

$$A\int\frac{\alpha du}{\sqrt{1-\alpha^2u^2}} = A.arc(\sin=\alpha u)$$

on en conclura (31)

$$\int \frac{dx}{\sqrt{a+bx-cx^2}} = \frac{1}{\sqrt{c}} . \; arc \left(\sin = \frac{2cu}{\sqrt{b^2+4ac}}\right)$$

$$= \frac{1}{\sqrt{c}} . arc\left(\sin = \frac{2cx-b}{\sqrt{b^2+4ac}}\right)$$

$$+ \; constante.$$

$$= -\frac{1}{\sqrt{c}} arc\left(\cos = \frac{2cx-b}{\sqrt{b^2+4ac}}\right)$$

$$+ \; constante.$$

La comparaison des deux valeurs si différentes que nous venons d'obtenir pour l'intégrale de

$$\frac{dx}{\sqrt{a+bx-cx^2}}$$

fait connaitre quelques propriétés singulières des quantités dites *imaginaires*, car en désignant par μ l'arc dont le cosinus est

$$\frac{2cx-b}{\sqrt{b^2+4ac}}$$

ou, posant

$$\cos\mu = \frac{2cx-b}{\sqrt{b^2+4ac}}$$

d'où

$$\sin\mu = (1-\cos^2\mu)^{\frac{1}{2}}$$

$$= \left[1 - \frac{(2x-b)^2}{b^2+4ac}\right]^{\frac{1}{2}}$$

on peut donner à l'intégrale *logarithmique* la forme (32)

$$\frac{\sqrt{-1}}{\sqrt{c}} . L\left(\cos\mu + \sin\mu\sqrt{-1}\right) + C$$

tandis que l'intégrale *circulaire* est simplement

$$-\frac{\mu}{\sqrt{c}} + C'$$

En effet, pour donner à l'intégrale (30) la forme (32), mettons y $u+\frac{b}{2c}$, à la place de x, elle deviendra

$$\frac{\sqrt{-1}}{\sqrt{c}} . L\left[2\sqrt{c}\left(\frac{b^2+4ac}{4c} - cu^2\right)^{\frac{1}{2}} . \sqrt{-1} + 2cu\right]$$

ce qu'on pourra transformer en (a)

$$\frac{\sqrt{-1}}{\sqrt{c}} L\left[\sqrt{b^2+4ac} . \left\{\left(1 - \frac{4c^2u^2}{b^2+4ac}\right)^{\frac{1}{2}} . \sqrt{-1} \right.\right.$$

$$\left.\left. + \frac{2cu}{\sqrt{b^2+4ac}}\right\}\right]$$

Ainsi, puisqu'on a

$$\frac{2cu}{\sqrt{b^2+4ac}} = \frac{2cx-b}{\sqrt{b^2+4ac}} = \cos\mu,$$

$$\left(1 - \frac{4c^2u^2}{b^2+4ac}\right)^{\frac{1}{2}} = \left(1 - \frac{(2cx-b)^2}{b^2+4ac}\right)^{\frac{1}{2}} = \sin\mu$$

l'expression (a) se réduit à

$$\frac{\sqrt{-1}}{\sqrt{c}} . L\left[\sqrt{b^2+4ac}\,(\cos\mu + \sin\mu\sqrt{-1}\,)\right] =$$

$$\frac{\sqrt{-1}}{\sqrt{c}} . L(\sqrt{b^2+4ac}) + \frac{\sqrt{-1}}{\sqrt{c}} L(\cos\mu + \sin\mu\sqrt{-1})$$

et comme il y a un terme constant, en l'ajoutant à la constante arbitraire on obtiendra la forme (32)

Nous avons donc

$$-\frac{\mu}{\sqrt{c}} = \frac{\sqrt{-1}}{\sqrt{c}} L\,(\cos\mu + \sin\mu\sqrt{-1}) + C''$$

C'' représentant la quantité constante qui résulte des constantes arbitraires des deux intégrales. Mais cette constante est *zéro*, car en faisant l'arc $\mu = 0$; il vient $\cos\mu = 1$, $\sin\mu = 0$, et cette dernière expression donne

$$0 = 0 + C'', \text{ d'où } C'' = 0$$

Nous avons donc définitivement, en multipliant les deux termes par $\sqrt{c}$ et par $\sqrt{-1}$, l'expression remarquable (33)

$$\mu\sqrt{-1} = L(\cos\mu + \sin\mu\sqrt{-1})$$

32. Si l'on fait dans cette expression $\mu = \frac{1}{2}\pi$, π étant la demi-circonférence du cercle dont le rayon est l'unité; comme alors $\cos\frac{1}{2}\pi = 0$ et $\sin\frac{1}{2}\pi = 1$; elle devient

$$\tfrac{1}{2}\pi\sqrt{-1} = L(\sqrt{-1})$$

ce qui nous donne une des générations idéales du logarithme de la quantité dite *imaginaire* $\sqrt{-1}$.

Cette même expression (33) ramène à la construction théorique des fonctions *sinus* et *cosinus*; car e étant la base des logarithmes naturels, on a en général

$$e^{Lx} = x$$

Ainsi

$$e^{L(\cos\mu + \sin\mu\sqrt{-1})} = \cos\mu + \sin\mu\sqrt{-1}$$

et par conséquent

$$e^{\mu\sqrt{-1}} = \cos\mu + \sin\mu\sqrt{-1}$$

(*Voy.* Sinus.)

33. Avant de passer à l'intégration des fonctions transcendantes, nous devons encore examiner les cas où la fonction binome

$$x^m dx (a+bx^n)^{\frac{p}{q}}$$

peut devenir rationnelle ; cette fonction étant d'un usage fréquent.

D'abord sans rien diminuer de sa généralité nous pouvons supposer que les exposans m et n sont des nombres entiers, car, dans le cas contraire, si l'on avait, par exemple,

$$x^{\frac{r}{s}} dx (a+bx^{\frac{t}{u}})^{\frac{p}{q}},$$

la somme des fractions $\frac{r}{s}$ et $\frac{t}{u}$, étant $\frac{ru+st}{su}$, on ferait $x=z^{su}$, d'où il résulterait

$$z^{ru} dx (a+bz^{st})^{\frac{p}{q}}$$

ce qui est la forme supposée. On peut aussi toujours regarder n comme positive puisqu'on transforme

$$x^m dx (a+bx^{-n})^{\frac{p}{q}}$$

en

$$-z^{-m} dz (a+bz^n)^{\frac{p}{q}}$$

par la substitution de $\frac{1}{z}$ à la place de z.

Ceci posé, donnons, pour plus de simplicité, la forme $x^{m-1} dx (a+bx^n)^{\frac{p}{q}}$, à la fonction binome et faisons

$$a+bx^n = z^q$$

alors

$$(a+bx^n)^{\frac{p}{q}} = z^p$$

et l'on trouve

$$x^n = \frac{z^q-a}{b}, \quad x^m = \left(\frac{z^q-a}{b}\right)^{\frac{m}{n}}$$

$$x^{m-1} dx = \frac{q}{nb} z^{q-1} \left(\frac{z^q-a}{b}\right)^{\frac{m}{n}-1}$$

On obtient donc, au lieu de la différentielle proposée, (34)

$$\frac{q}{nb} z^{p+q-1} dz \left(\frac{z^q-a}{b}\right)^{\frac{m}{n}-1}$$

qui devient évidemment rationnelle lorsque $\frac{m}{n}$ est un nombre entier.

Une autre transformation, due à Euler, va nous faire connaître une nouvelle condition qui, à défaut de celle que nous venons de trouver, permet de rendre rationnelle la fonction binome. Posons

$$a+bx^n = x^n z^q$$

d'où

$$x^n = \frac{a}{z^q-b}, \quad x = \frac{a^{\frac{1}{n}}}{(z^q-b)^{\frac{1}{n}}}$$

$$x^m = \frac{a^{\frac{m}{n}}}{(z^q-b)^{\frac{m}{n}}}, \quad x^{m-1} dx = -\frac{a^{\frac{m}{n}}.q.z^{q-1} dz}{n(z^q-b)^{\frac{m}{n}+1}}$$

et nous obtiendrons la fonction transformée (35)

$$-\frac{a^{\frac{m}{n}+\frac{p}{q}}.q.z^{p+q-1} dz}{n(z^q-b)^{\frac{m}{n}+\frac{p}{q}+1}}$$

laquelle devient rationnelle si $\frac{m}{n}+\frac{p}{q}$ est un nombre entier.

Soit, par exemple, la fonction binome,

$$x^5 dx (a+bx^3)^{\frac{4}{5}}$$

ici $m-1=5$, d'où $m=6$; $n=3$, $p=4$, $q=5$; ainsi $\frac{m}{n}=\frac{6}{3}=2$, nombre entier. Substituant ces valeurs dans la première transformation (34), il vient

$$\frac{5}{3b} z^8 \left(\frac{z^5-a}{b}\right) dz = \frac{5}{3b^2}(z^{13} dx - az^8 dx)$$

dont l'intégrale est

$$\frac{5}{3b^2}\left\{\frac{z^{14}}{14} - \frac{az^9}{9}\right\}$$

Remettant à la place de z sa valeur $\sqrt[5]{a+bx^3}$, on a donc

$$\int x^5 dx (a+bx^3)^{\frac{4}{5}} = \frac{5}{3b^2}\left\{\frac{1}{14}(a+bx^3)^{\frac{14}{5}} -\frac{1}{9} a(a+bx^3)^{\frac{9}{5}}\right\} + C$$

Si la fonction proposée était

$$x^4 dx (a+bx^3)^{\frac{1}{3}}$$

Comme alors $p=1$, $q=3$, $n=3$, $m-1=4$, d'où $m=5$

$\frac{m}{n} = \frac{5}{3}$ n'est pas un nombre entier, et la première transformation ne peut être employée. Mais on a $\frac{m}{n} + \frac{p}{q} = \frac{5}{3} + \frac{1}{3} = 2$, nombre entier; ainsi, substituant ces valeurs dans la seconde transformation (35) on obtient

$$-\frac{a^2 . z^3 dz}{(z^3 - b)^3}$$

expression qu'on peut intégrer par la méthode des *fractions partielles* (voy. n°27) et dans l'intégrale de laquelle il faudra remettre ensuite la valeur de z, savoir :

$$\sqrt[3]{b + \frac{a}{x^3}}$$

34. L'intégration de la fonction binome dont nous nous occupons, ne pouvant s'obtenir d'une manière générale sans avoir recours aux séries, et les cas où il est possible d'appliquer l'une ou l'autre des transformations précédentes étant très limités, il est important de simplifier l'opération en la décomposant de manière à faire dépendre une intégrale compliquée d'une autre plus simple. Le procédé qu'on emploie alors se nomme *intégration par parties*, et il est fondé sur la loi des différentielles d'un produit de fonctions variables

$$d[Fx . fx] = Fx . dfx + fx . dFx$$

(*Voy.* Différence.)

L'intégration des deux membres de cette égalité donne

$$Fx . fx = \int Fx . dfx + \int fx . dFx$$

d'où

$$\int Fx . dfx = Fx . fx - \int fx . dFx$$

Ainsi lorsqu'une fonction différentielle quelconque $\varphi x . dx$ pourra se décomposer en $PQdx$, P et Q étant deux fonctions de x; si l'on peut intégrer la différentielle Qdx, en désignant par V son intégrale, on aura

$$\int P . Q dx = PV - \int V . dP$$

ou (36)

$$\int P . dV = PV - \int V . dP$$

ce qui ramène l'intégrale générale à l'intégrale particulière $\int V dP$

35. Pour appliquer cette méthode, donnons à la fonction binome la forme

$$x^{m-n} . x^{n-1} dx (a + bx^n)^p$$

Tome II.

l'exposant p étant toujours un nombre fractionnaire quelconque; faisons

$$x^{m-n} = P, \quad x^{n-1} dx (a + bx^n)^p = dV$$

d'où (*Voy.* le n°19)

$$V = \frac{(a + bx^n)^{p+1}}{nb(p+1)}$$

D'après la formule (36), on a

$$\int x^{m-n} . x^{n-1} dx (a+bx^n)^p = \frac{x^{m-n} . (a+bx^n)^{p+1}}{nb(p+1)} + \int \frac{(a+bx^n)^{p+1}}{nb(p+1)} . d(x^{m-n})$$

Représentant, pour abréger, $(a+bx^n)$ par X, cette dernière expression deviendra

$$\int x^{m-1} dx . X^p = \frac{x^{m-n} . X^{p+1}}{nb(p+1)} + \frac{m-n}{nb(p+1)} \int x^{m-n-1} dx . X^{p+1}$$

Or, on a

$$\int x^{m-n-1} dx . X^{p+1} = \int x^{m-n-1} dx . X^p . X = a \int x^{m-n-1} dx . X^p + b \int x^{m-1} dx . X^p$$

et par suite (37)

$$\int x^{m-1} dx . X^p = \frac{x^{m-n} X^{p+1} - a(m-n) \int x^{m-n-1} dx . X^p}{b(pn+m)}$$

L'intégrale de $x^{m-1} dx . X^p$, se trouve donc ainsi ramenée à celle de $x^{m-n-1} dx . X^p$, et en opérant de la même manière, on ramenerait cette dernière à celle de $x^{m-2n-1} dx . X^p$, et ainsi de suite.

36. Si dans la formule (37) on change m en $m+n$ et p en $p-1$, elle devient

$$\int x^{m+n-1} dx . X^{p-1} = \frac{x^m . X^p - a(m-n) \int x^{m-1} dx . X^{p-1}}{b(pn+m)}$$

Mais en observant que

$$\int x^{m-1} dx . X^p = \int x^{m-1} dx . X^{p-1} . X = a \int x^{m-1} dx . X^{p-1} + b \int x^{m+n-1} dx . X^{p-1}$$

On obtient (38)

$$\int x^{m-1} dx . X^p = \frac{x^m . X^p + pna \int x^{m-1} dx . X^{p-1}}{pn+m}$$

Seconde formule de réduction qui fait dépendre l'intégrale de $x^{m-1} dx . X^p$, de celle de $x^{m-1} dx . X^{p-1}$.

37. Appliquons ces formules à l'intégrale

$$\int \frac{x^{m-1} dx}{\sqrt{1-x^2}}$$

17

nous avons $X = 1 - x^2$, $a = 1$, $b = -1$, $n = 2$ et $p = -\frac{1}{2}$; substituant dans (37), nous trouverons

$$\int \frac{x^{m-1}dx}{\sqrt{1-x^2}} = \frac{x^{m-2}\sqrt{1-x^2}}{m-1} + \frac{m-2}{m-1}\int \frac{x^{m-3}dx}{\sqrt{1-x^2}}$$

En vertu de cette même expression, nous aurons successivement

$$\int \frac{x^{m-3}dx}{\sqrt{1-x^2}} = \frac{x^{m-4}\sqrt{1-x^2}}{m-3} + \frac{m-4}{m-3}\int \frac{x^{m-5}dx}{\sqrt{1-x^2}}$$

$$\int \frac{x^{m-5}dx}{\sqrt{1-x^2}} = \frac{x^{m-6}\sqrt{1-x^2}}{m-5} + \frac{m-6}{m-5}\int \frac{x^{m-7}dx}{\sqrt{1-x^2}}$$

$$\int \frac{x^{m-7}dx}{\sqrt{1-x^2}} = \frac{x^{m-8}\sqrt{1-x^2}}{m-7} + \frac{m-8}{m-7}\int \frac{x^{m-9}dx}{\sqrt{1-x^2}}$$

$$\text{etc.} = \text{etc.}$$

Substituant chacune de ces intégrales dans celle qui la précède, et remplaçant $m-1$ par m, nous obtiendrons l'expression générale

$$\int \frac{x^m dx}{\sqrt{1-x^2}} = -\sqrt{1-x^2}\left\{ \frac{1}{m}x^{m-1} + \frac{(m-1)}{m\,{}^2|-2}x^{m-3} \right.$$

$$+ \frac{(m-1)^2|-2}{m\,{}^3|-2}x^{m-5}$$

$$+ \frac{(m-1)^3|-2}{m\,{}^4|-2}x^{m-7}$$

$$+ \text{etc.} \ldots \ldots$$

$$\left. + \frac{(m-1)^{\mu-1|-2}}{m^{\mu|-2}}x^{m-2\mu+1} \right\}$$

$$+ \frac{(m-1)^{\mu|-2}}{m^{\mu|-2}}\int \frac{x^{m-2\mu}dx}{\sqrt{1-x^2}} + constante.$$

μ étant un nombre entier quelconque.

Ainsi prenant μ de manière que $m-2\mu=0$, lorsque m est pair, et que $m-2\mu=1$, lorsque m est impair; la dernière intégrale de laquelle dépend la valeur de cette expression, sera : pour m pair

$$\frac{(m-1)^{\frac{m}{2}|-2}}{m^{\frac{m}{2}|-1}}\int \frac{dx}{\sqrt{1-x^2}};$$

et pour m impair,

$$\frac{(m-1)^{\frac{m+1}{2}-|-2}}{m^{\frac{m+1}{2}|-2}}\int \frac{x\,dx}{\sqrt{1-x^2}}.$$

Or, dans le premier cas, on a (*voy.* n° 21)

$$\int \frac{dx}{\sqrt{1-x^2}} = arc(\sin = x)$$

et dans le second, le coefficient de l'intégrale se réduisant à *zéro*, puisque l'on a, (*voy.* Factorielle, 2) pour le dernier facteur de son numérateur,

$$m-1-2\left[\frac{m+1}{2}-1\right] = m-1-m-1+2 = 0$$

cette dernière intégrale disparaît. Donc, dans le cas de m, nombre pair, l'intégrale générale dépend d'un arc de cercle, et dans le cas de m impair, elle est immédiatement donnée par une suite de termes algébriques.

Par exemple, pour $m=5$, d'où $\mu=2$, on a

$$\int \frac{x^5 dx}{\sqrt{1-x^2}} = -\sqrt{1-x^2}\left\{ \frac{1}{5}x^4 + \frac{4}{5.3}x^2 \right.$$

$$\left. + \frac{4.2}{5.3.1} \right\} + C$$

et, pour $m=6$, d'où $\mu=3$

$$\int \frac{x^6 dx}{\sqrt{1-x^2}} = -\sqrt{1-x^2}\left\{ \frac{1}{6}x^5 + \frac{5}{6.4}x^3 \right.$$

$$\left. + \frac{5.3}{6.4.2}x \right\}$$

$$+ \frac{5.3.1}{6.4.2}. \ arc(\sin = x) + C$$

38. Les formules (37) et (38) cesseraient d'être applicables si les exposans m et p étaient négatifs, car alors ces exposans augmenteraient au lieu de diminuer. Dans ce cas on renverse les formules de la manière suivante: on tire de (37)

$$\int x^{m-n-1}dx.X^p = \frac{x^{m-n}X^{p+1} - b(m+np)\int x^{m-1}dx.X^p}{a(m-n)}$$

et l'on substitue $m+n$ à la place de n; il vient (39)

$$\int x^{m-1}dx.X^p = \frac{x^m.X^{p+1} - b(m+n+np)\int x^{m+n-1}dx.X^p}{a\,m}$$

Par une semblable transformation (38) donne (40)

$$\int x^{m-1}dx.X^p = \frac{-x^m X^{p+1} + (m+n+np)\int x^{m-1}dx X^{p+1}}{(p+1)n\,a}$$

Ainsi dans le cas de m ou de p négatifs, on se servira des formules (39) et (40) : c'est-à-dire de (39) lorsqu'on voudra diminuer l'exposant de x, et de (40), lorsque la réduction devra porter sur celui de X. On ne doit employer les formules (38) et (40) que dans le cas où l'exposant de X est plus grand que l'unité.

Lorsque dans l'une des formules (37), (38), (39), (40) le dénominateur s'évanouit, la formule devient illusoire, mais alors la différentielle proposée se réduit à un monome ou à une fraction intégrable par les procédés exposés précédemment.

39. Nous allons procéder à l'intégration des fonctions transcendantes, c'est-à-dire, des fonctions de la forme

$$\varphi x.(Lx)^n dx, \ \varphi x(\sin x)^n dx, \ \varphi x(a^x)dx$$

φx étant une fonction élémentaire de x.

La méthode de l'*intégration par parties* nous offre encore ici le moyen de ramener les intégrales de ces fonctions à d'autres plus simples. En effet, prenons pour exemple la fonction logarithmique

$$x^m dx . (\mathrm{L}x)^n$$

et posons

$$x^m dx = d\mathrm{V}, \text{ d'où } \mathrm{V} = \frac{x^{m+1}}{m+1}$$

Alors en faisant $(\mathrm{L}x)^n = \mathrm{P}$, la formule (36); (n° 34), nous conduit à (41)

$$\int x^m dx . (\mathrm{L}x)^n = \frac{x^{m+1}(\mathrm{L}x)^n}{m+1} - \frac{n}{m+1} \int x^m dx (\mathrm{L}x)^{n-1}$$

expression qui fait dépendre l'intégrale proposée d'une intégrale plus simple, puisque la puissance de $\mathrm{L}x$ est diminuée d'une unité. Donc, dans le cas où n est un nombre entier positif, comme cette dernière formule donne immédiatement les suivantes, en y changeant successivement n en $n-1$, $n-2$, etc.

$$\int x^m dx . (\mathrm{L}x)^{n-1} = \frac{x^{m+1}(\mathrm{L}x)^{n-1}}{m+1} - \frac{n-1}{m+1} \int x^m dx (\mathrm{L}x)^{n-2},$$

$$\int x^m dx (\mathrm{L}x)^{n-2} = \frac{x^{m+1}(\mathrm{L}x)^{n-2}}{m+1} - \frac{n-2}{m+1} \int x^m dx (\mathrm{L}x)^{n-3};$$

etc. = etc.

on pourra toujours, en diminuant n jusqu'à ce qu'il devienne zéro, ramener l'intégrale générale à ne dépendre que de l'intégrale particulière $\int x^m dx$, laquelle est simplement $\frac{x^{m+1}}{m+1}$

La formule générale qu'on obtient par la substitution de chaque intégrale dans celle qui la précède est

$$\int x^m dx (\mathrm{L}x)^n = \frac{x^{m+1}}{m+1} \left\{ (\mathrm{L}x)^n - \frac{n}{m+1}(\mathrm{L}x)^{n-1} \right.$$

$$+ \frac{n(n-1)}{(m+1)^2}(\mathrm{L}x)^{n-2}$$

$$- \frac{n(n-1)(n-2)(\mathrm{L}x)^{n-3}}{(m+1)^3}$$

$$+ \text{etc.} \dots \dots$$

$$\left. + (-1)^n . \frac{n^{n-1}}{(m+1)^n}(\mathrm{L}x)^{n-n} \right\}$$

$$+ \textit{constante}$$

Dans le cas de $n = 3$, on a

$$\int x^m dx (\mathrm{L}x)^3 = \frac{x^{m+1}}{m+1} \left\{ (\mathrm{L}x)^3 - \frac{3}{m+1}(\mathrm{L}x)^2 \right.$$

$$+ \frac{3 . 2}{(m+1)^2}(\mathrm{L}x)$$

$$\left. - \frac{3 . 2 . 1}{(m+1)^3} \right\}$$

$$+ \mathrm{C}$$

La série se prolonge à l'infini, lorsque n est fractionnaire, et l'on peut encore l'employer ; mais quand n est négatif, il faut renverser l'expression générale (41), comme nous l'avons fait ci-dessus (n° 38), et l'on a alors (42)

$$\int \frac{x^m dx}{(\mathrm{L}x)^n} = \frac{x^{m+1}}{(n-1)(\mathrm{L}x)^{n-1}} + \frac{m+1}{n-1} \int \frac{x^m dx}{(\mathrm{L}x)^{n-1}}$$

d'où l'on tire, en supposant que n soit un nombre entier

$$\int \frac{x^m dx}{(\mathrm{L}x)^n} = - \frac{x^{m+1}}{(n-1)(\mathrm{L}x)^{n-1}} - \frac{(m+1)x^{m+1}}{(n-1)(n-2)(\mathrm{L}x)^{n-2}}$$

$$- \frac{(m+1)^2 x^{m+1}}{(n-1)(n-2)(n-3)(\mathrm{L}x)^{n-3}} - \text{etc} \dots$$

$$+ \frac{(m+1)^{n-1}}{n^{n-1}} . \int \frac{x^m dx}{\mathrm{L}x} + \mathrm{C}$$

Cette intégrale dépend donc, en dernier lieu, de celle de $\frac{x^m dx}{\mathrm{L}x}$, dont nous apprendrons plus loin à trouver la valeur.

Nous devons faire observer que lorsque $m = -1$, la formule (41) n'est plus applicable : mais l'intégrale s'obtient alors facilement par une des transformations enseignées ci-dessus ; car en faisant $\mathrm{L}x = u$, d'où $\frac{dx}{x} = du$, comme d'après (16)

$$\int u^n du = \frac{u^{n+1}}{n+1}$$

on a

$$\int \frac{dx (\mathrm{L}x)^n}{x} = \frac{1}{n+1}(\mathrm{L}x)^{n+1} + \mathrm{C}$$

Pour la même valeur -1, de m, la formule (42), donne

$$\int \frac{dx}{x(\mathrm{L}x)^n} = - \frac{1}{(n-1)(\mathrm{L}x)^{n-1}} + \mathrm{C}$$

quantité dont la partie variable devint infinie, lorsque $n = 1$. Ici, encore, l'intégrale peut être obtenue en faisant $\mathrm{L}x = u$, parce qu'on la transforme en

$$\int \frac{du}{u} = \mathrm{L}\, u$$

et qu'on obtient ainsi

$$\int \frac{dx}{x.(\mathrm{L}x)} = \mathrm{L}\,(\mathrm{L}x) + const.$$

40. Pour intégrer les fonctions exponentielles, il faut se rappeler que (*voy.* Différence. 32)

$$d\,(a^x) = a^x.\mathrm{L}a.dx$$

expression qui fournit

$$a^x d\,x = \frac{\mathrm{I}}{\mathrm{L}a}.d(a^x), \text{ d'où } \int a^x dx = \frac{a^x}{\mathrm{L}a} + const.$$

41. En opérant l'*intégration par parties*, sur l'intégrale $\int a^x x^n dx$, de laquelle dépend l'intégrale générale $\int \mathrm{P}a^x dx$, lorsque P est une fonction rationnelle et entière, on obtient : pour n positive (43)

$$\int a^x x^n\, dx = \frac{a^x x^n}{\mathrm{L}a} - \frac{n}{\mathrm{L}a} \int a^x x^{n-1} dx$$

et pour celui de n négative (44)

$$\int \frac{a^x dx}{x^n} = - \frac{a^x}{(n-1)x^{n-1}} + \frac{\mathrm{L}a}{n-1} \int \frac{a^x dx}{x^{n-1}}$$

42. Ces expressions, comme celles des numéros précédens, conduisent à des développemens dont nous devons nous contenter de signaler les particularités les plus importantes. Lorsque n est un nombre entier positif, (43) donne toujours dans un nombre fini de termes l'intégrale de la fonction exponentielle, sans la faire dépendre d'aucune autre intégrale ; mais lorsque n est un nombre entier et négatif, ce qui conduit à l'expression (44), l'intégrale générale dépend de l'intégrale particulière (45)

$$\int \frac{a^x dx}{x}$$

dont la valeur, comme celle de l'intégrale du n° 39, (46)

$$\int \frac{x^m dx}{\mathrm{L}x}$$

ne peut être obtenue qu'à l'aide des séries.

43. Pour obtenir la génération de ces deux intégrales particulières, remplaçons dans la fonction $a^x x^n dx$, a^x par son développement (*voy.* Logaritames),

$$a^x = 1 + \frac{(\mathrm{L}a).x}{\mathrm{I}} + \frac{(\mathrm{L}a)^2.x^2}{\mathrm{I}.2} + \frac{(\mathrm{L}a)^3.x^3}{\mathrm{I}.2.3} + \text{etc.}$$

nous trouverons, en intégrant ensuite chaque terme en particulier,

$$\int a^x x^n dx = \frac{x^{n+1}}{n+1} + \frac{x^{n+2}.\mathrm{L}a}{\mathrm{I}.(n+2)} + \frac{x^{n+3}(\mathrm{L}a)^2}{\mathrm{I}.2(n+3)} + \text{etc.} + \mathrm{C}$$

Cette série qui donne, pour toutes les valeurs positives de n l'intégrale de la fonction exponentielle générale, doit recevoir une modification dans le cas de n négative, il faut y remplacer le terme $\dfrac{x^{-n+n}}{-n+n}$, par $\mathrm{L}x$. Car ce terme est alors obtenu par l'intégration de

$$\frac{dx}{x^{-n+n+1}}$$

qui donne

$$\int \frac{dx}{x} = \mathrm{L}x$$

En ayant égard à cette particularité, on obtient, en faisant $n = -1$,

$$\int \frac{a^x dx}{x} = \mathrm{L}x + \frac{x\mathrm{L}a}{\mathrm{I}.2} + \frac{x^2(\mathrm{L}a)^2}{\mathrm{I}.2.2} + \frac{x^3(\mathrm{L}a)^3}{\mathrm{I}.2.3.3} + \text{etc.} + \mathrm{C}$$

44. Le développement de l'intégrale (45), nous conduit à celui de l'intégrale (46), en ramenant cette dernière à la forme plus simple $\int \frac{dz}{\mathrm{L}z}$, ce que l'on fait en posant $x^{m+1} = z$, car on a alors

$$x^m dx = \frac{dz}{m+1}, \quad \mathrm{L}x = \frac{\mathrm{L}z}{m+1}$$

et, par conséquent,

$$\int \frac{x^m dx}{\mathrm{L}x} = \int \frac{dz}{\mathrm{L}z}.$$

Supposons maintenant $z = a^{x'}$, il en résulte (*voy.* Logarithme)

$$\mathrm{L}z = \mathrm{L}(a^{x'}) = x'\,\mathrm{L}a,$$

d'où

$$x' = \frac{\mathrm{L}z}{\mathrm{L}a}, \quad \text{et } \mathrm{L}x' = \mathrm{L}\frac{\mathrm{L}z}{\mathrm{L}a} = \mathrm{LL}z - \mathrm{LL}a$$

on a donc

$$\int \frac{a^{x'} dx'}{x'} = \int \frac{dz}{\mathrm{L}z}$$

et, en substituant toutes ces valeurs dans le développement précédent, on obtient

$$\int \frac{dz}{\mathrm{L}z} = \mathrm{LL}z + \frac{\mathrm{L}z}{\mathrm{I}} + \frac{\mathrm{I}}{2}.\frac{(\mathrm{L}z)^2}{\mathrm{I}.2} + \frac{\mathrm{I}}{3}.\frac{(\mathrm{L}z)^3}{\mathrm{I}.2.3} + \text{etc.} + \mathrm{C}$$

$\mathrm{LL}a$ se trouve compris dans la constante C.

45. En observant que, d'après l'expression (22), on a

$$\frac{dx}{\sqrt{1-x^2}} = d\,[arc\,(\sin = x)]$$

on voit que l'intégrale d'une fonction

$$\varphi x.dx.\ \ arc\,(\sin = x)$$

qui contient un arc de cercle, peut toujours être obtenue facilement par le procédé de l'*intégration par parties*, lorsque $\varphi x.dx$ est une différentielle élémentaire, car en faisant $\int \varphi x.dx = U$, et $arc(\sin = x) = V$ ce procédé donne

$$\int \varphi x.dx.\, arc\,(\sin = x) = U.\, arc\,(\sin = x) - \int U\, dV$$
$$= U.\, arc\,(\sin = x) - \int \frac{U\, dx}{\sqrt{1-x^2}}$$

La dernière intégrale est comprise dans celles traitées ci-dessus.

Soit, par exemple, $\varphi x.dx = x_m dx$, il en résulte

$$U = \int x^m dx = \frac{x^{m+1}}{m+1}$$

et par suite

$$\int x^m dx.\, arc\,(\sin = x) = \frac{arc\,(\sin = x).x^{m+1}}{m+1} - \frac{1}{m+1} \int \frac{x^{m+1}dx}{\sqrt{1-x^2}}.$$

46. Quant aux différentielles qui ne contiennent pas l'*arc* immédiatement, mais son sinus, ou son cosinus, ou sa tangente, etc., en partant des différentielles primitives (Diff. 33)

$$d\sin x = \cos x.dx$$
$$d\cos x = -\sin x.dx$$

desquelles on déduit

$$d\sin mx = m\cos mx.dx$$
$$d\cos mx = -m\sin mx.dx$$
$$d\tang mx = \frac{mdx}{(\cos mx)^2}$$
$$d\cot mx = -\frac{mdx}{(\sin mx)^2}$$
$$d\séc mx = \frac{m\sin mx.dx}{(\cos mx)^2}$$
$$d\coséc mx = -\frac{m\cos mx.dx}{(\sin mx)^2}$$

on trouve

$$\int dx\cos mx = \frac{1}{m}\sin mx + C$$
$$\int dx\sin mx = -\frac{1}{m}\cos mx + C$$
$$\int \frac{dx}{(\cos mx)^2} = \frac{1}{m}\tang mx + C$$
$$\int \frac{dx}{(\sin mx)^2} = -\frac{1}{m}\cos mx + C$$
$$\int \frac{dx.\sin mx}{(\cos mx)^2} = \frac{1}{m}\séc mx + C$$

$$\int \frac{dx.\cos mx}{(\sin mx)^2} = -\frac{1}{m}\coséc mx + C$$
$$= -\frac{1}{m\sin mx} + C$$

Ces six intégrales donnent les moyens d'obtenir celles de toutes les fonctions rationnelles et entières de sinus et de cosinus.

47. Proposons - nous, par exemple, d'intégrer $(\cos x)^m dx$. Nous avons (*Voy.* Sinus.)

$$(\cos x)^m = \frac{1}{2^m}\left\{ \cos mx + \frac{1}{m}\cos(m-2)x \right.$$
$$\left. + \frac{m(m-1)}{1.2}\cos(m-4)x + \text{etc.} \right\}$$

Ainsi, remplaçant $(\cos x)^m$ par son développement, nous aurons une suite de termes de la forme

$$A dx.\ \cos(m-\mu)x$$

dont l'intégration s'effectuera par la première des formules précédentes.

Si $m = 4$, on trouve

$$(\cos x)^4 = \frac{1}{16}\left\{ \cos 4x + 4\cos 2x + 6\cos 0 + 4\cos(-2)x \right.$$
$$\left. + \cos(-4)x \right\}$$

ou, à cause de $\cos 0 = 1$, et de $\cos(-\mu x) = \cos\mu x$

$$(\cos x)^4 = \frac{1}{16}\left\{ 2\cos 4x + 2.4\cos 2x + 6 \right\}$$

et, par suite,

$$\int dx(\cos x)^4 = \int \left[\frac{1}{8}\cos 4x.dx + \frac{1}{2}\cos 2x.dx + \frac{3}{8}dx \right]$$
$$= \frac{1}{32}\sin 4x + \frac{1}{4}\sin 2x + \frac{3}{8}x + C$$

S'il s'agissait d'intégrer $(\sin x)^m dx$, on procéderait d'une manière analogue, en développant $(\sin x)^m$ par la formule connue (*Voy.* Sinus.)

48. Examinons le cas le plus général, savoir :

$$(\sin x)^m.(\cos x)^n dx;$$

m pouvant être paire ou impaire, désignons-la par $2m$ dans le premier cas, et par $2m+1$ dans le second, la fonction à intégrer sera alors

$$(\sin x)^{2m}(\cos x)^n dx, \text{ ou } (\sin x)^{2m+1}.(\cos x)^n dx.$$

Or, $(\sin x)^{2m} = (\sin^2 x)^m = (1-\cos^2 x)^m$, ainsi
$$(\sin x)^{2m}(\cos x)^n dx = (1-\cos^2 x)^m (\cos x)^m dx$$
$$= (\cos x)^n dx - m(\cos x)^{m+2}dx$$
$$+ \frac{m(m-1)}{1.2}(\cos x)^{m+4}dx$$
$$- \text{etc.} \ldots \ldots$$

expression dont on intégrera le second membre terme par terme, par le procédé précédent.

On a aussi

$$(\sin x)^{2m+1}.(\cos x)^n dx. = \sin x.(\sin x)^{2m}(\cos x)^n dx$$
$$= (1 - \cos^2 x)^m.(\cos x)^n.\sin x dx$$
$$= - (1 - \cos^2 x)^m.(\cos x)^n.d\cos x$$

Faisant donc $\cos x = z$, on changera le second membre de cette expression en

$$- (1 - z^2)^m.z^n dz,$$

qu'on intégrera terme par terme, après avoir développé la puissance.

On peut aussi appliquer immédiatement l'intégration par parties à ces sortes d'expressions.

49. Toutes les intégrales prises en laissant la quantité variable x entièrement indéterminée, se nomment *intégrales indéfinies*, elles doivent, ainsi que nous l'avons dit, renfermer une *constante arbitraire* pour être *complètes*, mais lorsqu'on détermine la variable ou que du moins on lui assigne des limites, l'intégrale prend alors le nom d'*intégrale définie*. Par exemple, si l'intégrale complète de la fonction $\varphi x.dx$ est

$$\int \varphi x.dx = fx + \mathrm{C}$$

fx désignant la fonction variable résultante de l'intégration, et que cette intégrale doivent s'évanouir pour la valeur $x = a$; la constante arbitraire se trouve déterminée par l'équation

$$0 = fa + \mathrm{C}, \text{ d'où } \mathrm{C} = -fa$$

et l'intégrale devient

$$\int \varphi x.dx = fx - fa$$

Il est évident que sous cette forme, l'intégrale n'est plus que la différence entre la valeur de la fonction fx lorsque $x = a$, et celle qui résulte, pour cette fonction, de toute autre valeur de x; pour $x = b$, on a alors

$$\int \varphi x.dx = fb - fa$$

Or, si l'on s'arrête à cette valeur b de x, on dit que l'intégrale $\int \varphi x.dx$ doit être prise depuis $x = a$, jusqu'à $x = b$, ou que l'intégrale commence lorsque $x = a$, et finit lorsque $x = b$. Ces deux valeurs de x, a et b se nomment, dans ce cas, les *limites* de l'intégrale.

La valeur de l'*intégrale définie* se trouve donc en calculant successivement ce que devint la fonction variable fx, de l'intégrale indéfinie $fx + \mathrm{C}$, pour les valeurs limites $x = a$. $x = b$, et en retranchant ensuite le premier résultat du second. On n'a plus besoin d'ajouter de constante arbitraire puisqu'elle est éliminée par la soustraction.

Pour indiquer une intégrale définie prise entre les limites a et b, on se sert généralement aujourd'hui de la notation de Fourier, qui est

$$\int_a^b \varphi x.dx$$

Euler a employé celle-ci, dans ces ouvrages,

$$\int \varphi x.dx \begin{bmatrix} x = a \\ x = b \end{bmatrix}$$

qui est moins simple.

Il résulte de cette notation que si a, b, c sont trois valeurs différentes de x telles que $c > b$, $b > a$, on a

$$\int_a^c \varphi x.dx = \int_a^b \varphi x.dx + \int_b^c \varphi x.dx$$

car cette égalité est la même chose que

$$fc - fa = fb - fa + fc - fb = fc - fa$$

50. L'expression générale de l'intégrale définie

$$\int_a^b \varphi x.dx$$

se tire facilement du théorème de Taylor (*Voy.* diff. 34) car, en désignant toujours par fx la fonction variable de l'intégrale indéfinie

$$\int \varphi x dx = fx + \mathrm{C}$$

on a, en vertu de ce théorème, lorsqu'on augmente x d'une quantité m,

$$f(x+m) = fx + \frac{dfx}{dx}.\frac{m}{1} + \frac{d^2fx}{dx^2}\frac{m^2}{1.2} + \text{etc.}$$

d'où (a)

$$f(x+m) - fx = \frac{dfx}{dx}.\frac{m}{1} + \frac{d^2fx}{dx^2}.\frac{m^2}{1.2} + \text{etc.}$$

Mais

$$\varphi x.dx = dfx$$

et par suite

$$\varphi x = \frac{dfx}{dx}, \frac{d\varphi x}{dx} = \frac{d^2fx}{dx^2}, \frac{d^2\varphi x}{dx^2} = \frac{d^3fx}{dx^3}, \text{etc.}$$

Ainsi substituant ces valeurs dans (a) et faisant $x = a$ et $m = b - a$ on obtiendra (47)

$$\int_a^b \varphi x dx = \varphi.\dot{x}.\frac{(b-a)}{1} + \frac{d\varphi\dot{x}}{dx}.\frac{(b-a)^2}{1.2} + \frac{d^2\varphi\dot{x}}{dx^2}\frac{(b-a)^2}{1.2.3} + \text{etc.}$$

le point placé sur x indiquant la valeur a qu'il faut donner à cette variable après les différentiations.

On trouverait une autre expression de la même intégrale en partant de $fx = f(x - m)$ et en faisant ensuite $x = b$, et $m = b - a$. Elle est (48)

$$\int_a^b \varphi x\,.dx = \varphi\dot{x}\frac{(b-a)}{} - \frac{d\varphi\dot{x}}{dx}\frac{(b-a)^2}{1.2} + \frac{d^2\varphi\dot{x}}{dx^2}.\frac{(b-a)^3}{1.2.3} - \text{etc.}$$

Le point placé sur x indique ici qu'il faut faire $x = b$, après les différentiations.

51. Les séries (47) et (48) sont en général d'autant plus convergentes que la différence $b-a$ est plus petite; lorsque cette différence est trop considérable on peut la partager en un nombre quelconque de parties susceptibles de former des différences suffisamment petites, et ensuite on calcule à part la valeur de l'intégrale relative à chacune de ces différences; mais tous ces détails sortent de notre plan, et nous devons terminer ici ce qui concerne l'intégration du premier ordre, en faisant connaître la formule remarquable de Jean Bernouilli, au moyen de laquelle l'intégrale d'une fonction différentielle quelconque $\varphi x\,.dx$ est donnée par les différentielles successives de la fonction φx.

La fonction différentielle $\varphi x\,.dx$ étant décomposée en ses deux facteurs φx et dx, si l'on intègre le second, ou a, par le procédé de l'intégration par parties,

$$\int \varphi x\,.dx = \varphi x\,.x - \int x\,.d\varphi x$$

et, par suite, en vertu du même procédé,

$$\int x\,.d\varphi x = \int \frac{d\varphi x}{dx}.x\,dx = \frac{1}{2}x^2\frac{d\varphi x}{dx} - \frac{1}{2}\int x^2.\frac{d^2\varphi x}{dx}$$

$$\int x^2.\frac{d^2\varphi x}{dx} = \int \frac{d^2\varphi x}{dx^2}.x^2\,dx = \frac{1}{3}x^3\frac{d^2\varphi x}{dx^2} - \frac{1}{3}\int x^3.\frac{d^3\varphi x}{dx^2}$$

$$\int x^3.\frac{d^3\varphi x}{dx^2} = \int \frac{d^3\varphi x}{dx^3}.x^3\,dx = \frac{1}{4}x^4\frac{d^3\varphi x}{dx^3} - \frac{1}{4}\int x^4.\frac{d^4\varphi x}{dx^3}$$

$$\int x^4.\frac{d^4\varphi x}{dx^3} = \int \frac{d^4\varphi x}{dx^4}.x^4\,dx = \frac{1}{5}x^5\frac{d^4\varphi x}{dx^4} - \frac{1}{5}\int x^5.\frac{d^5\varphi x}{dx^4}$$

$$\text{etc.} = \text{etc.} \ldots$$

Substituant successivement chacune de ces valeurs dans la précédente, on obtiendra (49)

$$\int \varphi x\,.ax = \varphi x.\frac{x}{1} - \frac{d\varphi x}{dx}.\frac{x}{1.2} + \frac{d^2\varphi x}{dx^2}.\frac{x^2}{1.2.3} - \text{etc.}\ldots$$

Pour que l'intégrale soit complète, il faut ajouter une constante à ce développement.

52. Une fonction quelconque différentielle de l'ordre m, est représentée par

$$\varphi x\,.dx^m$$

Ainsi en désignant par fx, l'intégrale de cette fonction, ou a l'équation

$$d^m fx = \varphi x\,.dx^m$$

et, pour obtenir la valeur de fx, il faut effectuer m intégrations successives sur la fonction $\varphi x\,.dx^m$, car on a évidemment

$$d^{m-1}fx = \int \varphi x\,.dx^m$$

$$d^{m-2}fx = \int\int \varphi x\,.dx^m$$

$$d^{m-3}fx = \int\int\int \varphi x\,.dx^m$$

$$\text{etc.} = \text{etc.}$$

d'où l'on voit qu'à chaque intégration on diminue d'une unité l'ordre de la différentielle de fx, et qu'après m opérations, on obtient

$$fx = \int^m \varphi x\,dx^m$$

Si, par exemple, la fonction proposée était $x^m dx^3$, une première intégration donnerait

$$\int x^m dx^3 = dx^2 \int x^m dx = dx^2 \frac{x^{m+1}}{m+1} + dx^2\,.C$$

parce qu'on considère dx, comme une quantité constante; C étant d'ailleurs la constante arbitraire. Intégrant une seconde fois on trouverait

$$dx \int \left[\frac{x^{m+1}dx}{m+1} + C dx\right] = dx\frac{x^{m+2}}{(m+1)(m+2)} + dx\,.C x + dx\,.C',$$

et, enfin, intégrant une troisième fois, on obtiendrait

$$\int \left\{\frac{x^{m+2}dx}{(m+1)(m+2)} + C x dx + C' dx\right\} =$$
$$= \frac{x^{m+3}}{(m+1)(m+2)(m+3)} + \frac{1}{2}C x^2 + C'x + C''$$

C′, C″ étant les constantes arbitraires introduites par les deux dernières intégrations. On a donc, en dernier lieu,

$$\int x^m dx^3 = \frac{x^{m+3}}{(m+1)(m+2)(m+3)} + \frac{1}{2}C x^2 + C'x + C''.$$

53. On ramène les intégrales des ordres supérieurs à celles du premier ordre, par le procédé si fécond de l'intégration par parties, en opérant comme il suit, Soit

$$\int \varphi x\,.dx = fx.$$

on aura

$$\int\int \varphi x \, dx^2 = \int fx.dx;$$

mais

$$\int fx.dx = fx.x - \int x.dfx,$$
$$= x.\int \varphi x.dx - \int x.\varphi x \, dx.$$

ainsi

$$\int^2 \varphi x \, dx^2 = x\int \varphi x \, dx - \int x.\varphi x \, dx.$$

A l'aide de cette valeur, on peut trouver ensuite celles de tous les autres ordres d'intégrales, car la substituant dans

$$\int^3 \varphi x \, dx^3 = \int dx \int^2 \varphi x \, dx^2.$$

il vient

$$\int^3 \varphi x \, dx^3 = \int x \, dx \int \varphi x \, dx - \int dx \int x.\varphi x \, dx$$

mais

$$\int x \, dx \int \varphi x \, dx = \frac{1}{2}x^2 \int \varphi x \, ax - \frac{1}{2}\int x^2 \varphi x \, dx$$
$$\int dx \int x\varphi x \, dx = x \int x\varphi x \, dx - \int x^2 \varphi x \, dx$$

et, par conséquent,

$$\int^3 \varphi x \, dx^3 = \frac{1}{2}\left[x^2\int \varphi x \, dx - 2x\int x\varphi x \, dx + \int x^2 \varphi x \, dx\right]$$

En continuant de la même manière on formerait ce tableau : (5o)

$$\int \varphi x \, dx = \int \varphi x \, dx$$
$$\int^2 \varphi x \, dx^2 = \frac{1}{1}\left[x \int \varphi x \, dx - \int \varphi x \, dx\right]$$
$$\int^3 \varphi x \, dx^3 = \frac{1}{1.2}\left[x^2 \int \varphi x \, dx - 2x \int x\varphi x \, dx + \int x^2 \varphi x \, dx\right]$$
$$\int^4 \varphi x \, dx^4 = \frac{1}{1.2.3}\left[x^3 \int \varphi x \, dx - 3x^2 \int x\varphi x \, dx + 3x \int x^2 \varphi x \, dx - \int x^3 \varphi x \, dx\right]$$

etc. = etc

Et, en général,

$$\int^m \varphi x \, dx^m = \frac{1}{1^{m-1}|1}\left[x^{m-1}\int \varphi x \, dx\right.$$
$$-(m-1)x^{m-2}\int x\varphi x \, dx$$
$$+\frac{(m-1)^2|-1}{1^2|1}x^{m-3}\int x^2\varphi x \, dx$$
$$-\frac{(m-1)^3|-1}{1^3|1}x^{m-4}\int x^3\varphi x \, dx$$
$$\left.+ \text{etc.....}\right]$$

Il ne faut pas oublier d'ajouter à chaque intégrale une constante arbitraire, parce que ces constantes sont affectées de diverses puissances de x, et demeurent irréductibles entre elles. Par exemple pour intégrer par ces formules la fonction $x^m dx^3$, on fera, dans la troisième, $\varphi x = x^m$, et on trouvera en effectuant les intégrations.

$$\int x^m dx = \frac{x^{m+1}}{m+1} + C.$$
$$\int x.x^m dx = \int x^{m+1}dx = \frac{x^{m+2}}{m+2} + C'.$$
$$\int x^2.x^m dx = \int x^{m+2}dx = \frac{x^{m+3}}{m+3} + C''.$$

substituant ces valeurs dans la formule, il viendra

$$\int^3 x^m dx^3 = \frac{1}{2}\left[\frac{x^{m+3}}{m+1} + Cx^2 - \frac{2x^{m+3}}{m+2} - 2C'x + \frac{x^{m+3}}{m+3} + C''\right]$$

ou

$$\int^3 x^m dx^3 = \frac{x^{m+3}}{(m+1)(m+2)(m+3)} + \frac{1}{2}Cx^2 - C'x + \frac{1}{2}C'',$$

parce que

$$\frac{x^{m+3}}{m+1} - \frac{2x^{m+3}}{m+2} + \frac{x^{m+3}}{m+3} = \frac{2x^{m+3}}{(m+1)(m+2)(m+3)}.$$

Cette valeur de l'intégrale en question est identique avec celle que nous avons trouvée dans le numéro précédent, car le signe de la constante C' est arbitraire, et C'' ou $\frac{1}{2}C''$ désignent également une constante arbitraire.

Nous nous contenterons de cet exemple qui nous parait suffisant pour indiquer l'emploi des formules (5o) et nous passerons à l'intégration des fonctions de plusieurs variables, dont nous devons donner au moins une idée pour compléter, autant que nos limites nous le permettent, l'exposition du calcul intégral.

54. Nous avons vu (DIFF. 51) que la différentielle totale, d'une fonction de plusieurs variables indépendantes, est égale à la somme des différentielles prises pour chaque variable en particulier comme si toutes les autres étaient constantes. Par exemple, u étant une

fonction quelconque des deux variables x et y, sa différentielle est

$$du = \frac{du}{dx}\,dx + \frac{du}{dy}\,dy,$$

$\frac{du}{dx}$ désignant la dérivée différentielle par rapport à x, et $\frac{dx}{dy}$ la dérivée différentielle par rapport à y.

En comparant cette forme avec une fonction différentielle à deux variables (51),

$$P\,dx + Q\,dy,$$

dans laquelle P et Q sont des fonctions primitives quelconques de x et de y, on reconnaît que cette fonction différentielle ne saurait être la différentielle totale d'une fonction primitive u, à moins que l'on n'ait

$$P = \frac{du}{dx}, \quad Q = \frac{du}{dy},$$

et, par suite,

$$\frac{dP}{dy} = \frac{d^2u}{dx.dy}, \quad \frac{dQ}{dx} = \frac{d^2u}{dy.dx}.$$

Mais

$$\frac{d^2u}{dx.dy} = \frac{d^2u}{dy.dx}$$

car la dérivée du second ordre prise par rapport aux deux variables x et y, c'est-à-dire, prise en différentiant d'abord par rapport à l'une des variables, et ensuite en différentiant par rapport à l'autre, est la même quel que soit l'ordre qu'on ait suivi dans les différentiations ; on a donc aussi, (52)

$$\frac{dP}{dy} = \frac{dQ}{dx},$$

équation de condition qui fera connaître si une différentielle à deux variables est la différentielle totale d'une fonction primitive de ces variables, car cette circonstance ne peut avoir lieu si l'équation (52) n'est pas possible, ou *si la dérivée différentielle de P prise par rapport à y, n'est pas égale à la dérivée différentielle de Q prise par rapport à x.*

55. Lorsqu'une différentielle à deux variables est totale son intégration ne présente aucune difficulté, car puisqu'on peut alors poser

$$\frac{du}{dx} = P, \quad \text{et } \frac{du}{dx}\,dx = P\,dx$$

on a, en intégrant cette dernière égalité, par rapport à x, (53)

$$u = \int P\,dx + Y.$$

Y étant une fonction de y, et tenant lieu de la constante arbitraire qu'il faut ajouter à chaque intégrale.

Pour déterminer cette fonction, prenons les dérivées

différentielles des deux membres de (53) par rapport à y et comme si x était constant, nous aurons

$$\frac{du}{dy} = \frac{d\int P\,dx}{dy} + \frac{dY}{dy}.$$

Or, puisqu'on a $\frac{du}{dy} = Q$,

$$Q = \frac{d\int P\,dx}{dy} + \frac{dY}{dy},$$

ce qui donne

$$\frac{dY}{dy} = Q - \frac{d\int P\,dx}{dy};$$

en intégrant cette dernière expression par rapport à y, on obtient

$$Y = \int dy \left[Q - \frac{d\int P\,dx}{dy} \right]$$

d'où l'on conclut définitivement (54),

$$u = \int P\,dx + \int dy \left[Q - \frac{d\int P\,dx}{dy} \right].$$

Telle est donc l'intégrale complète de la fonction $P\,dx + Q\,dy$.

56. Soit, par exemple, à intégrer la fonction

$$y\,dx + x\,dy - 2x\,dx.$$

Pour nous assurer, avant tout, si cette fonction est une différentielle totale, mettons-la sous la forme

$$(y - 2x)\,dx + x\,dy,$$

et, comparant avec (51), nous aurons

$$P = y - 2x, \quad Q = x;$$

or,

$$\frac{dP}{dy} = \frac{d(y-2x)}{dy} = \frac{dy}{dy} = 1, \quad \frac{dQ}{dx} = \frac{dx}{dx} = 1.$$

Ainsi $\frac{dP}{dy} = \frac{dQ}{dx}$; et conséquemment, $(y-2x)dx + x\,dy$ est une différentielle totale.

Maintenant pour obtenir l'intégale, nous avons

$$\int P\,dx = \int (y - 2x)dx = \int y\,dx - 2\int x\,dx.$$
$$= yx - x^2.$$
$$\frac{d\int P\,dx}{dy} = \frac{d(yx - x^2)}{dy} = \frac{x\,dx}{dy} = x.$$
$$Q - \frac{d\int P\,dx}{dy} = x - x = 0.$$
$$\int dy.[0] = 0, \text{ ou } = constante.$$

donc

$$u = xy - x^2 + constante.$$

57. L'intégrale (54) peut être mise sous la forme,

$$u = \int P dx + \int dy \left[Q - \int \frac{dP}{dy} dx \right]$$

en partant du théorème

$$\frac{d \int M dx}{dy} = \int \frac{dM}{dy} dx$$

à l'aide duquel on peut différentier sous le signe $\int$ par rapport à une autre variable que celle à laquelle il se rapporte.

Ce théorème, dû à Leibnitz, peut se démontrer, par les propriétés des dérivées différentielles, de la manière suivante ; posons

$$\int M dx = N$$

nous aurons

$$M dx = dN, \text{ et } M = \frac{dN}{dx}$$

en prenant les dérivées par rapport à y, nous obtiendrons

$$\frac{dM}{dy} = \frac{d^2N}{dx.dy}$$

mais, puisque

$$\frac{d^2N}{dx.dy} = \frac{d^2N}{dy.dx}$$

on a aussi, ce qui n'est qu'une autre forme des mêmes dérivées

$$\frac{d \left[\frac{dN}{dx} \right]}{dy} = \frac{d \left[\frac{dN}{dy} \right]}{dx}$$

donc

$$\frac{dM}{dy} = \frac{d \left[\frac{dN}{dy} \right]}{dx}$$

et, conséquemment,

$$\frac{dM}{dy}.dx = \frac{d \left[\frac{dN}{dy} \right]}{dx} dx$$

Intégrant par rapport à x, et remettant pour N sa valeur, on obtient

$$\int \frac{dM}{dy} dx = \frac{d \int M dx}{dy}$$

58. Un second exemple nous paraît suffisant pour mettre dans tout son jour l'emploi de la formule (54).

Soit la fonction différentielle

$$\frac{(2x^2 + y^2) dx + xy dy}{\sqrt{x^2 + y^2}}$$

nous poserons

$$P = \frac{2x^2 + y^2}{\sqrt{x^2 + y^2}}, \quad Q = \frac{xy}{\sqrt{x^2 + y^2}}$$

et, pour nous assurer d'abord si la fonction proposée est une différentielle totale, nous calculerons les dérivées $\frac{dP}{dy}$, $\frac{dQ}{dx}$; nous trouverons

$$\frac{dP}{dy} = \frac{2(x^2 + y^2)y - (2x^2 + y^2)y}{\sqrt{(x^2 + y^2)^3}}$$

$$\frac{dQ}{dx} = \frac{(x^2 + y^2)y - x^2y}{\sqrt{(x^2 + y^2)^3}}$$

et, après les réductions,

$$\frac{dP}{dy} = \frac{dQ}{dx} = \frac{y^3}{\sqrt{(x^2 + y^2)^3}}$$

Opérant donc les calculs indiqués dans la formule (54), nous aurons

$$\int P dx = \int \frac{2x^2 + y^2}{\sqrt{x^2 + y^2}} dx$$
$$= \int \frac{2x^2 dx}{\sqrt{x^2 + y^2}} + \int \frac{y^2 dx}{\sqrt{x^2 + y^2}}$$

Or, intégrant le premier terme du second membre par la formule (37), on trouve

$$\int \frac{2x^2 dx}{\sqrt{x^2 + y^2}} = x\sqrt{x^2 + y^2} - y^2 \int \frac{dx}{\sqrt{x^2 + y^2}}$$

Ainsi, retranchant les intégrales qui se détruisent, on a seulement

$$\int P dx = x\sqrt{x^2 + y^2}$$

Prenant la dérivée différentielle de $\int P dx$, par rapport à y, qui est

$$\frac{d \int P dx}{dy} = \frac{xy}{\sqrt{x^2 + y^2}}$$

on voit que le terme

$$\int dy \left[Q - \int \frac{dP}{dy} dx \right]$$

se réduit à zéro, et par conséquent que l'intégrale demandée est

$$x\sqrt{x^2 + y^2}$$

ou plutôt

$$x\sqrt{x^2+y^2} + C,$$

car la réduction à zéro de la fonction $\int d\mathrm{Y}dy$, nous apprend que la fonction Y ne renferme pas de variable, c'est-à-dire qu'elle est constante.

Une simple extension de la méthode précédente suffit pour obtenir l'intégrale de toute différentielle totale, quel que soit le nombre des variables indépendantes de la fonction primitive. Nous ne pouvons nous arrêter aux détails.

59. Toute fonction différentielle, égalée à *zéro*, fournit ce qu'on appelle une *équation différentielle*. La forme générale d'une telle équation est (55)

$$\mathrm{A}_0 dy^n + \mathrm{A}_1 dy^{n-1}dx + \mathrm{A}_2 dy^{n-2}da^2 + \text{etc.} \ldots \mathrm{A}_n dx^n = 0$$

lorsqu'elle ne renferme que des différentielles du premier ordre.

Les équations différentielles du *premier ordre* sont dites du premier degré, du second degré, etc., d'après la plus haute puissance des différentielles qu'elles contiennent ; ainsi

$$\mathrm{A}_0 dy + \mathrm{A}_1 dx = 0$$

est une équation du premier ordre et du premier degré,

$$\mathrm{A}_0 dy^2 + \mathrm{A}_1 dy dx + \mathrm{A}_2 dx^2 = 0,$$

une équation du premier ordre et du second degré ; et ainsi de suite.

Il en est de même des équations différentielles des ordres supérieurs, c'est-à-dire de celles qui contiennent des différentielles d'un ordre au-dessus de premier ; ou les classe, non-seulement par rapport au degré de l'ordre, mais encore par rapport à celui des puissances des différentielles.

60. Résoudre une équation différentielle, c'est trouver la relation primitive qui existe entre les variables dont elle contient les différentielles, ou l'équation primitive dont elle est dérivée. Cette résolution qui dépend généralement de la résolution des équations dites algébriques, est soumise à toutes les difficultés que présentent ces dernières, et ne peut être effectuée que dans un petit nombre de cas particuliers dont nous allons nous occuper.

Lorsqu'une équation du premier ordre et du premier degré est ramenée à la forme

$$\mathrm{X}dx + \mathrm{Y}dy = 0,$$

X étant une fonction de x qui ne contient pas y, et Y une fonction de y qui ne contient pas x, sa résolution ou son intégration ne présente aucune difficulté, car

$$\int \left[\mathrm{X}dx + \mathrm{Y}dy \right] = \int \mathrm{X}dx + \int \mathrm{Y}dy,$$

et comme les deux termes du second membre de cette égalité s'intègrent par les méthodes précédentes, on a

$$\int \mathrm{X}dx + \int \mathrm{Y}dy = \mathrm{C};$$

C désignant une constante arbitraire.

Si l'on avait, par exemple :

$$3x^4 dx + 2y^2 dy = 0,$$

on obtiendrait immédiatement

$$\mathrm{C} = \int 3x^4 dx + \int 2y^2 dy$$

$$= \tfrac{3}{5} x^5 + \tfrac{2}{3} y^3.$$

Ainsi le premier moyen qui se présente pour résoudre l'équation du premier ordre

$$\mathrm{A}_0 dx + \mathrm{A}_1 dy = 0,$$

dans laquelle A_0 et A_1 sont des fonctions quelconques de x et de y, est de la ramener à la forme.

$$\mathrm{X}dx + \mathrm{Y}dy = 0.$$

61. Cette transformation d'une équation différentielle se nomme *séparation des variables* ; on l'exécute sans difficulté dans les équations de la forme

$$\mathrm{Y}dx + \mathrm{X}dy = 0,$$

puisqu'à l'aide de la division on obtient

$$\frac{dx}{\mathrm{X}} + \frac{dy}{\mathrm{Y}} = 0,$$

dont l'intégrale est

$$\int \frac{dx}{\mathrm{X}} + \int \frac{dy}{\mathrm{Y}} = \mathrm{C}.$$

Par exemple, si l'équation proposée est

$$dx\sqrt{1-y^2} - dy\sqrt{1-x^2} = 0,$$

elle se transforme en

$$\frac{dx}{\sqrt{1-x^2}} - \frac{dy}{\sqrt{1-y^2}} = 0,$$

et l'on a

$$\int \frac{dx}{\sqrt{1-x^2}} - \int \frac{dy}{\sqrt{1-y^2}} = \mathrm{C}$$

ou (*voy.* n. 21)

$$arc\ (\sin = x) - arc\ (\sin = y) = arc\ (\sin = c);$$

140 **IN**

ce qui donne l'équation primitive

$$c' - x' + y' = 0$$

en désignant par x', y', c', les arcs dont les sinus sont x, y et c.

62. Dans toute équation de la forme

$$XY\,dx + X'Y'dy = 0.$$

on peut encore facilement séparer les variables, puisqu'en divisant successivement par Y et par X' on la transforme en

$$\frac{X}{X'}\,dx + \frac{Y'}{Y}\,dy = 0.$$

Soit, par, exemple l'équation

$$(x^3y + x^2y)\,dx + (xy^2 - xy)\,dy = 0,$$

on trouve

$$\frac{x^3 + x^2}{x}\,dx + \frac{y^2 - y}{y}\,dy = 0,$$

ou

$$(x^2 + x)dx + (y - 1)dy = 0.$$

ce qui donne

$$\int (x^2 + x)dx + \int (y^2 - 1)dy = C$$

et, par conséquent, en effectuant les intégrations,

$$\tfrac{1}{3}x^3 + \tfrac{1}{2}x^2 + \tfrac{1}{3}y^3 - y = C$$

62. En général, lorsque A_0 et A_1 sont des fonctions homogènes de x et de y, la séparation des variables dans l'équation

$$A_0 dx + A_1 dy = 0$$

ne présente aucune difficulté ; il suffit d'y remplacer y par le produit xz, z étant une variable auxiliaire, car les fonctions A_0, A_1 deviendront généralement de la forme

$$Zx^m, Z'x^m$$

dans laquelle Z et Z' sont des fonctions de la seule variable z ; ainsi l'équation proposée deviendra

$$Zx^m dx + Z'x^m dy$$

ou, divisant par x^m,

$$Zdx + Z'dy = 0$$

Mettant à la place de dy sa valeur $zdx + xdz$, tirée de l'équation $y = xz$, cette dernière devient

$$Zdx + Z'(zdx + xdz) = 0$$

résultat auquel on peut donner la forme

$$\frac{dx}{x} + \frac{Z'dz}{Z + zZ'} = 0$$

IN

Prenons, pour exemple, l'équation homogène

$$2xy\,dx + (y^2 - x^2)dy = 0$$

En faisant $y = xz$, nous avons

$$Z = 2z, \; Z' = z^2 - 1$$

et l'équation transformée devient

$$\frac{dx}{x} + \frac{(z^2 - 1)dz}{z(z^2 + 1)} = 0$$

Mais, par la méthode des fractions partielles (*voy.* n° 27) on a

$$\frac{(z^2 - 1)dx}{z(z^2 + 1)} = \frac{2zdz}{1 + z^2} - \frac{dz}{z}$$

Ainsi, la transformée devient

$$\frac{dx}{x} + \frac{2zdz}{1 + z^2} - \frac{dz}{z} = 0$$

et l'on obtient, en intégrant,

$$Lx + L(1 + z^2) - Lz = Lc$$

ce qui revient à

$$L\left[\frac{(1 + z^2)x}{z}\right] = Lc,$$

et donne, en passant des logarithmes aux nombres,

$$\frac{(1 + z^2)x}{z} = c$$

Remettant pour z sa valeur $\dfrac{y}{x}$, on a donc définitivement

$$x^2 + y^2 = cy$$

63. Les équations différentielles du premier ordre et du premier degré qui peuvent être ramenées à la forme

$$\frac{dy}{dx} + Py = Q$$

dans laquelle P et Q sont des fonctions quelconques de x seule, présentent une solution générale très-remarquable. En effet, si l'on pose

$$Y = uz, \text{ d'où } dy = udz + zdu,$$

u et z étant des fonctions arbitraires de x, on obtient, en substituant,

$$udz + zdu + Puzdx = Qdx$$

Mais on peut faire (a)

$$udz + Puzdx = 0,$$

ce qui donne (b)

$$zdu = Qdx$$

De l'équation (a) on tire, en divisant par u, et en séparant les variables

$$\frac{dz}{z} + \mathrm{P}dx = 0$$

d'où, en intégrant,

$$\mathrm{L}z = -\int \mathrm{P}dx$$

or

$$e^{\mathrm{L}z} = z$$

ainsi

$$z = e^{-\int \mathrm{P}dx}$$

Substituant cette valeur de z dans l'équation (b), on trouve

$$e^{-\int \mathrm{P}dx}\, du = \mathrm{Q}dx$$

d'où

$$du = e^{\int \mathrm{P}dx}.\mathrm{Q}dx$$

et

$$u = \int e^{\int \mathrm{P}dx}.\mathrm{Q}dx + \mathrm{C}$$

On a donc enfin (55)

$$y = uz = e^{-\int \mathrm{P}dx}\left(\int e^{\int \mathrm{P}dx}.\mathrm{Q}dx + \mathrm{C}\right)$$

Pour montrer l'application de cette formule proposons-nous l'équation

$$dy + \frac{y}{x}\,dx = x^m dx$$

qui se ramène à la forme prescrite

$$\frac{dy}{dx} + \frac{y}{x} = x^m.$$

Nous avons ici

$$\mathrm{P} = \frac{1}{x},\ \mathrm{Q} = x^m,\ \text{et}\ \int \mathrm{P}dx = \int \frac{dx}{x} = \mathrm{L}x,$$

par suite

$$e^{\int \mathrm{P}dx} = e^{\mathrm{L}x} = x,\ e^{-\int \mathrm{P}dx} = e^{-\mathrm{L}x} = -\frac{1}{x}$$

$$\int e^{\int \mathrm{P}dx}\mathrm{Q}dx = \int x^{m+1}dx = \frac{x^{m+2}}{m+2} + \mathrm{C},$$

et de là,

$$y = \frac{1}{x}\left(\frac{x^{m+2}}{m+2} + \mathrm{C}\right)$$

64. Si une équation différentielle était toujours le résultat immédiat de la différentiation d'une équation primitive, son intégration ne dépendrait que de considérations analogues à celles du n° 55, mais il arrive le plus souvent que la différentielle n'est pas complète, et alors on est forcé d'avoir recours à la séparation des variables, qui ne peut généralement s'effectuer que dans le cas où la forme de l'équation différentielle est une de celles que nous venons d'examiner (n°ˢ 61, 62, 63). Il serait donc très-important de pouvoir ramener toute équation différentielle à être une différentielle totale; malheureusement ce problème n'est soluble que dans certains cas particuliers, et nous devons nous borner ici à faire connaître ses conditions générales.

En différentiant l'équation primitive

$$\frac{x}{y} = c,$$

on obtient l'équation différentielle immédiate (*Voy.* DIFF. 29)

$$\frac{ydx - xdy}{y^2} = 0,$$

et, par la suppression du facteur y^2, l'équation médiate

$$ydx - dxy = 0.$$

Cette dernière ne présente plus la condition d'intégrabilité (52), car en faisant $\mathrm{P} = y$ et $\mathrm{Q} = -x$, on a

$$\frac{d\mathrm{P}}{dy} = \frac{dy}{dy} = 1\ \text{et}\ \frac{d\mathrm{Q}}{dx} = \frac{-dx}{dx} = -1,$$

tandis que cette condition se trouve nécessairement dans l'équation immédiate, et qu'en faisant $\mathrm{P} = \frac{y}{y^2} = \frac{1}{y}$,

$\mathrm{Q} = -\frac{x}{y^2}$, on a

$$\frac{d\mathrm{P}}{dy} = -\frac{1}{y^2},\ \frac{d\mathrm{Q}}{dx} = -\frac{1}{y^2}.$$

On voit donc que l'intégrabilité de l'équation

$$ydx - xdy = 0$$

dépend de la restitution du facteur $\frac{1}{y^2}$, et il en est de même de toute équation différentielle du premier degré; une telle équation est toujours susceptible de devenir une différentielle totale, par le moyen d'un facteur, lorsqu'elle répond à une équation primitive. La détermination de ce facteur est l'objet d'une méthode due à Euler. (*Voy.* le *Calcul intégral* d'Euler, ou le grand traité de Lacroix.)

65. L'équation du premier ordre et d'un degré quelconque pouvant se ramener à la forme

$$\mathrm{A}_0\left(\frac{dy}{dx}\right)^n + \mathrm{A}_1\left(\frac{dy}{dx}\right)^{n-1} + \text{etc}\ldots \mathrm{A}_{n-1}\left(\frac{dy}{dx}\right) + \mathrm{A}_n = 0$$

si l'on y considère $\frac{dy}{dx}$ comme l'inconnue, et qu'on désigne par a_1, a_2, a_3, etc., a_n, ses n racines, on aura les n équations du premier degré

$$\frac{dy}{dx} - a_1 = 0, \quad \frac{dy}{dx} - a_2 = 0 \; . \; \frac{dy}{dx} - a_3 = 0, \quad \text{etc.} \ldots .$$

et l'intégrale de chacune d'elle sera en même temps l'intégrale de la proposée.

66. L'intégration des équations du second ordre n'a point encore été ramenée à des lois générales, et le petit nombre de solutions particulières connues jusqu'ici ne peut être exposé dans cet article. Il en est nécessairement de même des équations de tous les autres ordres.

Mais, si la résolution *théorique* des équations différentielles est encore si peu avancée, il n'en est pas ainsi de leur résolution *technique*, ou, comme on le dit communément de leur résolution par approximation, cette dernière est complètement donnée par une formule de développement très-remarquable, due à M. Wronski. (*Voy. Réfutation de la théorie des fonctions analytiques.* Page 31.) Nous devons ajouter qu'on doit encore au même savant une solution théorique des équations aux différences du second ordre. (*Voy. Critique des fonctions génératrices.*)

Pour l'histoire du Calcul Intégral, voyez, dans ce dictionnaire, le mot MATHÉMATIQUES. *Voy.* aussi PARTIEL, pour ce qui concerne les équations aux *différences partielles*.

INTÉRÊT. (*Arith.* et *Alg.*) — L'intérêt de l'argent est une redevance périodique payée par celui qui emprunte un capital à celui qui le prête.

L'intérêt d'une somme quelconque s'estime ordinairement sur 100 fr. de capital, et pour une période d'une année. — Si l'emprunteur paye annuellement 3, 4, 5, etc. francs pour chaque 100 fr., on dit que le *taux* de l'intérêt est de 3, 4, 5, etc. pour cent, et on l'écrit 3, 4, 5, *etc.* p. °/₀.

Autrefois, au lieu d'indiquer l'intérêt d'une somme 100 fr., on donnait la somme qui rapportait 1 fr. de rente par an ; ainsi, par exemple, si 20 fr. rapportaient 1 fr. par an, on disait que le placement était fait *au denier* 20, de même si 18 fr. rapportaient 1 fr., le placement était dit être fait au *denier* 18, etc. — Le denier 20 représente évidemment l'intérêt de 5 fr. pour 100 fr. de capital, le denier 18 celui de fr. 5, 55 1/2 pour 100 fr., etc. ; une simple proportion indiquera toujours quel intérêt pour 100 fr. représente un denier quelconque.

Le mode de rapporter le taux de l'intérêt à un capital de 100 fr. plutôt qu'à une autre somme est une conséquence de l'introduction en France du système

décimal, il est commode dans le commerce ; mais pour le but que l'on se propose ici, il est plus convenable de rapporter l'intérêt de l'argent à l'unité d'argent, au franc, de sorte qu'au lieu de dire que 100 fr. rapportent 2, 3, 4, 5, etc. fr., nous dirons que 1 fr. rapporte fr. 0,02, fr. 0,03, fr. 0,04, fr. 0,05, etc. ; en général, nous désignerons par r l'intérêt de 1 fr. par an.

L'intérêt est *simple* ou *composé*. L'intérêt *simple* est celui qui se paye à la fin de chaque année jusqu'au remboursement de la somme prêtée.

Si l'on prête, par exemple, 1000 fr. pendant 10 ans, au taux de fr. 0,05 pour 1 fr., soit 5 p. °/₀, l'intérêt annuel sera de 50 fr. — Cet intérêt n'augmentera pas avec les années, et le capital prêté ne variera pas non plus.

L'intérêt *composé* est celui qui, au lieu d'être payé chaque année, s'ajoute au contraire à la somme empruntée, de sorte qu'à la 2ᵉ année l'intérêt devra être calculé, non plus sur le capital primitif, mais sur ce capital augmenté des intérêts qui étaient dus à la fin de la 1ʳᵉ année, et ainsi de suite.

Par exemple, le capital placé étant 1000 fr., le taux d'intérêt pour 1 fr. étant fr. 0,04, soit 4 p. °/₀, l'emprunteur devrait 40 fr. d'intérêt à la fin de la 1ʳᵉ année ; mais, au lieu de les payer, il les ajoute au capital mille francs, et au commencement de la 2ᵉ année il doit donc fr. 1040.

A la fin de la 2ᵉ année, il devra les intérêts de 1040 fr. et non plus de 1000 fr. seulement ; ces intérêts se montent à fr. 41,60, et, au lieu de les payer, il les ajoute encore au capital 1040 fr. ; au commencement de la 3ᵉ année, il se trouve par conséquent devoir fr. 1081,60, et ainsi de suite.

Comme on le voit, le capital croît d'année en année, et par suite les intérêts croissent aussi ; l'augmentation du capital est due à l'intérêt du capital primitif qui lui est ajouté annuellement et aux intérêts de ces intérêts, lesquels sont également convertis chaque année en capital. — Ce sont les intérêts des intérêts du capital primitif qui font que celui-ci croît dans une progression *géométrique*, comme on le verra ci-après, et non dans une progression *arithmétique*.

De ces définitions découlent deux conséquences importantes :

1° *L'intérêt simple est proportionnel au capital placé*, car un placement de mille francs, par exemple, peut être considéré comme étant la réunion de mille placemens différens de 1 fr.

Donc, si C représente le nombre de francs contenus dans le capital placé, r l'intérêt de 1 fr. dans l'unité de temps (une année, par exemple), et i la rente produite par le capital C en un an, nous aurons

$$i = C \, . \, r.$$

Et si le placement est effectué pour n années, nous aurons, en désignant par p la somme de toutes les rentes annuelles, c'est-à-dire $n \cdot i$

$$(1) \qquad p = n \cdot C \cdot r.$$

Connaissant trois des quatre quantités p, n, C, r, cette équation (1) donnera immédiatement la quatrième.

2° Les valeurs, au bout de n années, de deux capitaux différens placés à intérêts composés pendant ce temps, *sont proportionnelles aux capitaux primitifs.*

Car si l'on suit d'année en année ce que deviennent deux capitaux C et C' placés de cette manière, on aura à la fin de chaque année des sommes proportionnelles aux capitaux du commencement de l'année que l'on considère, en un an en effet l'intérêt ne peut être que simple; or, si les capitaux produits à la fin de l'année sont constamment proportionnels aux capitaux du commencement de cette année, l'on trouvera, par une suite de rapports égaux, que les valeurs, au bout de n années, des deux capitaux primitifs C et C' seront entr'elles dans le même rapport que C et C'.

Il résulte de ces deux conséquences que les calculs des intérêts reposent essentiellement sur le principe de la proportionnalité, c'est pourquoi nous établirons toutes les formules sur ce principe.

1. Puisque 1 fr. placé à l'intérêt r pendant un an, devient $1+r$ à la fin de l'année, la valeur de $1+r$ placé de même sera donnée par la proportion :

$$1 : 1+r :: 1+r : x = (1+r)^2.$$

de même si l'on veut savoir quelle serait la valeur de $(1+r)^2$ au bout d'un an, on fera la proportion :

$$1 : 1+r :: (1+r)^2 : x = (1+r)^3.$$

et en général $(1+r)^{n-1}$ deviendra $(1+r)^n$ au bout d'un an.

L'on conclut de là que un fr. placé à intérêt composé pendant n années, à l'intérêt r, deviendra au bout de ce temps $(1+r)^n$, (2).

La comparaison des valeurs successives $1+r$, $(1+r)^2$, $(1+r)^3$..... qu'acquiert 1 fr. d'année en année, montre que son accroissement se fait en progression géométrique et non en progression arithmétique.

Exemple. On demande quelle somme aura produite 1 fr. placé à intérêts composés pendant dix ans, le taux de l'intérêt étant fr. 0,045 pour 1 fr., soit $4\frac{1}{2}$ p. %, l'on aura $1+r=1,045$, $n=10$, d'où

$$(1+r)^n = (1,045)^{10} = 1,55297.$$

ainsi 1 fr. aura produit fr. 1,55, en négligeant les dernières décimales.

Pour savoir ce que deviendrait une somme quelconque a placée à intérêts composés pendant n années,

nous ferons, en vertu de la 2° conséquence, la proportion

$$1 : (1+r)^n :: a : x = a (1+r)^n.$$

en appelant donc p la valeur de a à la fin des n années, nous aurons l'équation

$$(3) \qquad p = a (1+r)^n.$$

Exemple. On demande ce que produira une somme de 4688 fr. placée à intérêts composés pendant vingt ans, au taux de 0,0375 pour 1 fr., soit $3\frac{3}{4}$ p. %.

L'on a ici

$$p = 4688 (1,0375)^{20}.$$

Or,
$$20 \ log \ (1,0375)\ldots \ 0,3197622.$$
$$log \ 4688 \ldots\ldots \ 3,6709876.$$
$$\text{Somme}\ldots\ldots \ 3,9907498\ldots \ 9789,25.$$

donc les 4688 fr. produiront fr. 9789,25.

Connaissant trois des quatre quantités p, a, r, n contenues dans l'équation (3), on obtiendra la 4° au moyen de l'une des formules suivantes déduites de cette formule (3); savoir (4),

$$p = a (1+r)^n.$$
$$a = \frac{p}{(1+r)^n}$$
$$n = \frac{log\, p. - log\, a}{log(1+r)}.$$
$$log(1+r) = \frac{log\, p - log\, a}{n}.$$

2. Au lieu de demander ce que devient 1 fr. placé à intérêts composés au bout de n années, l'on peut demander quelle somme il faudrait placer aujourd'hui à intérêts composés, au taux r, pour recevoir 1 fr. à la fin de n années.

Cette question est au fond la même que celle qui a donné lieu à la formule (2), elle en diffère seulement en ce qu'elle se rapporte à d'autres nombres; une simple proportion avec l'expression $(1+r)^n$ doit donc nous en donner la solution, et nous dirons si 1 fr. est la valeur actuelle de $(1+r)^n$ dans n années, quelle est la valeur aussi actuelle de 1 fr. payable dans n années, c'est-à-dire

$$(1+r)^n : 1 :: 1 : x = \frac{1}{(1+r)^n} = (1+r)^{-n}$$

Et si l'on demandait ce qu'il faut placer immédiatement pour recevoir une somme a après n années, l'on ferait la proportion

$$1 : (1+r)^n :: a : x = (1+r)^{-n}.$$

En appelant e cette valeur actuelle, l'on aura

$$(5) \qquad e = a (1+r)^{-n}$$

Cette formule (5) est l'expression de ce que l'on appelle *l'escompte* dans le commerce, elle est identique avec la seconde des formules (4), car elle exprime la même chose.

On voit par la manière dont elle a été établie que les questions d'escompte ne sont autre chose que des questions d'intérêts rapportées à d'autres nombres.

1er exemple. Quelle somme faut-il placer aujourd'hui pour recevoir 7843 fr. dans 14 ans, l'intérêt de 1 fr. étant 0,0388, ou l'intérêt de 100 fr. étant 3,88. On a ici :

$$a\,(1+r)^{-n} = 7843\,(1,0388)^{-14}.$$

Or,

$$\log\ 7843 = 3,8944822.$$
$$14.\ \log 1,0388 = 0,2314472.$$

Différence... 3,6630350... 4602,94.

Ainsi il faudrait placer aujourd'hui fr. 4602,94.

2e exemple. Cherchons par la formule (5) ce que valent actuellement 100 fr. payables dans un an, l'intérêt étant 0,05, pour 1 fr., soit 5 p. 0/0.

On aura

$$a\,(1+r)^{-n} = 100\,(1,05)^{-1}$$

et en effectuant les calculs, on trouve $e =$ fr. 95, 238, ou environ fr. 95, 24.

On voit par là que le commerçant qui, comptant l'intérêt à 5 p. 0/0, estime à 95 fr. la valeur actuelle de 100 fr. payables dans un an, commet une erreur de 24 centimes environ; sur 10000 fr. l'erreur serait de 24 fr.

On peut bien dire sans doute que tous les commerçans agissant de même, il s'établit une compensation, et qu'en définitive personne ne perd rien : cela peut être, mais il n'en est pas moins vrai qu'un tel mode d'escompte est le résultat de l'ignorance ou de la cupidité ; cela devrait suffire pour le faire abandonner.

Le plus souvent les intérêts d'un capital se payent *par semestre*, et non point par an, cette condition ne modifie pas la formule de l'intérêt simple, mais les formules de l'intérêt composé sont changées, si l'on convient que les intérêts d'une somme lui seront ajoutés tous les six mois, au lieu de l'être tous les ans.

L'intérêt de 1 fr. par an étant r, au bout de six mois il n'est que $\frac{r}{2}$, et en l'ajoutant au capital 1 fr., la somme placée pendant le second semestre sera $1+\frac{r}{2}$; à la fin du second semestre, la somme $1+\frac{r}{2}$ sera devenue $\left(1+\frac{r}{2}\right)^2$, à la fin du troisième trimestre $\left(1+\frac{r}{2}\right)^2$ sera devenu $\left(1+\frac{r}{2}\right)^3$, etc.; mais en cumulant les in-

térêts pendant n années, il y aura eu $2n$ placemens d'intérêts, et par conséquent au bout des n années, 1 fr. deviendra

$$(9) \qquad \left(1+\frac{r}{2}\right)^{2n}$$

Une somme a placée à intérêts composés pendant n années, les intérêts étant capitalisés tous les 6 mois, deviendra donc

$$a\left(1+\frac{r}{2}\right)^{2n}.$$

La valeur actuelle d'une somme a payable dans n années, les intérêts pouvant s'ajouter au capital par semestre, serait

$$a\left(1+\frac{r}{2}\right)^{-2n}.$$

En cherchant par exemple le produit, au bout de 30 ans, d'une somme de 1000 fr. placée à intérêts composés à 4 p. 0/0, et les intérêts étant capitalisés tous les 6 mois, on trouve

$$1000\,(1,2)^{2\times 30} = \text{fr. } 3281.$$

Et en cherchant ce que serait ce produit en capitalisant les intérêts par année, on trouve, formule (3)

$$1000\,(1,04)^{30} = \text{fr. } 3243,40.$$

Ainsi donc, la capitalisation des intérêts par semestre, au lieu de l'être par an, produit, dans cet exemple, fr. 37,60 de plus par mille francs.

La différence serait de 3760 fr. sur un capital de 100,000 fr.

Une telle différence, quoique répartie sur un intervalle de 30 ans, est trop sensible pour qu'on la néglige encore long-temps.

Le taux de l'intérêt ayant une tendance continuelle à diminuer, la différence qui vient d'être signalée aura une importance toujours plus grande, et l'on finira sans doute par en tenir compte, soit dans les emprunts de l'État, soit dans les emprunts entre particuliers.

Quant aux autres questions que l'on peut rencontrer sur l'intérêt, voyez les mots ANNUITÉ, VIAGER, REMBOURSEMENT.

INTERPOLATION. (*Alg.*) Opération dont le but est de déterminer la nature d'une fonction dont on connaît seulement quelques valeurs particulières.

Si nous considérons une fonction quelconque d'une variable x, par exemple ax^2+b, nous voyons qu'en donnant successivement à la variable les valeurs déterminées 0, 1, 2, 3, etc., nous obtenons une suite de valeurs particulières. Ainsi la fonction devient :

$$
\begin{aligned}
&& b,\\
x &= 1 & a + b,\\
x &= 2 & 4a + b,\\
x &= 3 & 9a + b,\\
\text{etc.....} && \text{etc.....}
\end{aligned}
$$

Or, la *totalité* des valeurs de cette fonction se trouve entièrement déterminée par sa *nature* même puisqu'en donnant à x une valeur quelconque la réalisation des calculs, constituant cette *nature*, fait toujours connaître la valeur correspondante de la fonction. Lors donc que la nature d'une fonction est connue, toutes ses valeurs particulières se trouvent déterminées, et pour obtenir une de ces valeurs il est absolument inutile de considérer les autres. Mais, au contraire, si l'on connaissait seulement les valeurs particulières

$$b, a + b, 4a + b, 9a + b, \text{etc.} \ldots$$

correspondantes aux valeurs $0, 1, 2, 3$, etc. de la variable x, d'une fonction inconnue φx, et qu'on voulût trouver toute autre valeur de cette fonction inconnue, celle par exemple qui doit correspondre à $x = \frac{1}{2}$, et qui se trouve, conséquemment, entre b et $a+b$, il faudrait partir des valeurs connues pour obtenir la valeur demandée. Cette opération qui se nomme *interpolation*, parce qu'on intercale des termes intermédiaires entre une suite de termes donnés, revient donc, en dernier lieu, à la détermination de la nature de la fonction inconnue, ou du moins à la détermination d'une forme générale qui embrasse la totalité des valeurs de cette fonction.

Pour examiner la question dans toute sa généralité, supposons qu'aux valeurs particulières

$$x_0, x_1, x_2, x_3, x_4, \text{etc.}$$

d'une variable x, correspondent les valeurs

$$X_0, X_1, X_2, X_3, X_4, \text{etc}$$

d'une fonction inconnue φx de cette variable.

Si les valeurs x_0, x_1, x_2, etc., sont équidifférentes, c'est-à-dire, si l'on a

$$
\begin{aligned}
x_1 - x_0 &= \xi\\
x_2 - x_1 &= \xi\\
x_3 - x_2 &= \xi\\
\text{etc.} &= \text{etc.}
\end{aligned}
$$

nous aurons aussi, en considérant x_0 comme une variable qui reçoit successivement un accroissement ξ,

$$
\begin{aligned}
X_1 &= X_0 + \Delta X_0\\
X_2 &= X_0 + 2\Delta X_0 + \Delta^2 X_0\\
X_3 &= X_0 + 3\Delta X_0 + 3\Delta^2 X_0 + \Delta^3 X_0.\\
\text{etc.} &= \text{etc.}
\end{aligned}
$$

et, en général, pour un indice quelconque m, (*voy.* **Différences** 34),

$$X_m = X_0 + \frac{m}{1}\Delta X_0 + \frac{m(m-1)}{1.2}\Delta^2 X_0$$
$$+ \frac{m(m-1)(m-2)}{1.2.3}\Delta^3 X_0 + \text{etc.}\ldots$$

Ainsi, X étant ce que devient la fonction φx, lorsqu'on y fait $x = x_0 + m\xi$, si nous posons $m\xi = z$, d'où $m = \frac{z}{\xi}$, nous obtiendrons l'expression

$$\varphi(x_0 + z) = X_0 + \frac{z}{\xi}\Delta X_0 + \frac{z(z-\xi)}{1.2.\xi^2}\Delta^2 X_0$$
$$+ \frac{z(z-\xi)(z-2\xi)}{1.2.3.\xi^3}\Delta^3 X_0 + \text{etc.}$$

ou, simplement (*a*)

$$\varphi x = X_0 + \frac{z}{\xi}\Delta X_0 + \frac{z(z-\xi)}{1.2.\xi^2}\Delta^2 X_0 + \frac{z(z-\xi)(z-2\xi)}{1.2.3.\xi^3}\Delta^3 X_0 + \text{etc.}$$

en faisant $x_0 + z = x$.

Il est facile de voir que l'expression (*a*) embrasse la totalité des valeurs de la fonction φx; car en donnant à x une valeur déterminée x', la relation $x_0 + z = x'$, donne $z = x' - x_0$, et en substituant $x' - x_0$ à la place de z dans le second membre de cette expression, on obtient la valeur de φx correspondante à $x = x'$

Pour montrer les applications de cette formule, proposons-nous la suite.

$$1, 3, 6, 10, 15, 21, 28, \text{etc.}$$

correspondante aux indices

$$0, 1, 2, 3, 4, 5, 6, \text{etc.}$$

Nous avons ici, $x_0 = 0$; $x_0 + z = x$, ou $z = x$; $\xi = 1$, et $X_0 = 1, X_1 = 3, X_2 = 6, X_3 = 10$, etc.

Ainsi :

$$
\begin{aligned}
\Delta X_0 &= X_1 - X_0 = 2\\
\Delta^2 X_0 &= X_2 - 2X_1 + X_0 = 1\\
\Delta^3 X_0 &= X_3 - 3X_2 + 3X_1 - X_0 = 0.
\end{aligned}
$$

Toutes les différences des ordres supérieurs au second se réduisant à zéro, la formule (*a*) devient par la substitution des valeurs précédentes

$$\varphi x = 2x + \frac{x(x-1)}{2}$$
$$= \frac{x^2 + 3x + 2}{2}$$

Si l'on demandait, par exemple, le terme correspondant à l'indice $\frac{1}{2}$, on ferait $x = \frac{1}{2}$, et l'on trouverait

$$\varphi x = \frac{99}{8} = 12 + \tfrac{3}{8}.$$

Lorsque la fonction inconnue n'est point une fonction entière et rationnelle, on ne peut parvenir à une différence $\Delta^m X_0 = 0$, et alors la série qui forme le second membre de l'expression (a) se prolonge à l'infini. Dans ce cas, on ne trouve les valeurs cherchées que d'une manière approximative; mais, lorsque la série est très-convergente, il suffit d'un petit nombre de termes pour obtenir une approximation suffisante, et on peut encore l'employer très-avantageusement.

Maintenant, considérons le cas où les valeurs particulières de la variable x

$$x_0,\ x_1,\ x_2,\ x_3,\ x_4,\ \text{etc.}$$

ne sont point *équidifférentes*. Puisque nous pouvons poser en général

$$\varphi x = a + bx + cx^2 + dx^3 + \text{etc.}$$

et que X_0, X_1, X_2, etc. représentent les valeurs de φx lorsqu'on y fait $x=x_0$, $x=x_1$, $x=x_2$, etc., nous avons donc aussi

$$\begin{aligned}
X_0 &= a + bx_0 + cx_0^2 + dx_0^3 + \text{etc.}\\
X_1 &= a + bx_1 + cx_1^2 + dx_1^3 + \text{etc.}\\
X_2 &= a + bx_2 + cx_2^2 + dx_2^3 + \text{etc.}\\
X_3 &= a + bx_3 + cx_3^2 + cx_3^3 + \text{etc.}\\
&\ \text{etc.} \dots\dots
\end{aligned}$$

équations à l'aide desquelles on peut obtenir les coefficiens indéterminés a, b, c, d, etc. Mais, sans avoir recours à la solution un peu compliquée de ces équations, observons que la forme de la fonction φx devant être telle qu'on ait $\varphi x = X_0$, lorsque $x = x_0$, $\varphi x = X_1$ lorsque $x = x_1$; etc., etc. ; nous pouvons poser également

$$\varphi x = X_0 fx + X_1 f_1 x + X_2 f_2 x + X_3 f_3 x + \text{etc.}$$

en prenant pour fx, $f_1 x$, $f_2 x$, $f_3 x$, etc. des fonctions de x qui deviennent

$$fx = 1, f_1 x = 0, f_2 x = 0, f_3 x = 0, \text{etc.}$$

lorsque $x = x_0$;

$$fx = 0, f_1 x = 1, f_2 x = 0, f_3 x = 0, \text{etc.}$$

lorsque $x = x_1$;

$$fx = 0, f_1 x = 0, f_2 x = 1, f_3 x = 0, \text{etc.}$$

lorsque $x = x_2$; et ainsi de suite.

Ces conditions qui peuvent être remplies de plusieurs manières différentes, le sont évidemment si l'on fait

$$fx = \frac{(x-x_1)(x-x_2)(x-x_3)\dots}{(x_0-x_1)(x_0-x_2)(x_0-x_3)\dots}$$

$$f_1 x = \frac{(x-x_0)(x-x_2)(x-x_3)\dots}{(x_1-x_0)(x_1-x_2)(x_1-x_3)\dots}$$

$$f x_2 = \frac{(x-x_0)(x-x_1)(x-x_3)\dots}{(x_2-x_0)(x_2-x_1)(x_2-x_3)\dots}$$

$$\text{etc.} \dots\dots$$

d'où l'on conclut cette élégante formule d'interpolation, due à Lagrange, (b),

$$\begin{aligned}
\varphi x = &\ \frac{(x-x_1)(x-x_2)(x-x_3)\dots}{(x_0-x_1)(x_0-x_2)(x_0-x_3)\dots} X_0\\[4pt]
&+ \frac{(x-x_0)(x-x_2)(x-x_3)\dots}{(x_1-x_0)(x_1-x_2)(x_1-x_3)\dots} X_1\\[4pt]
&+ \frac{(x-x_0)(x-x_1)(x-x_3)\dots}{(x_2-x_0)(x_2-x_1)(x_2-x_3)\dots} X_2\\[4pt]
&+ \frac{(x-x_0)(x-x_1)(x-x_4)\dots}{(x_3-x_0)(x_3-x_1)(x_3-x_4)\dots} X_3\\[4pt]
&+ \text{etc.} \dots
\end{aligned}$$

Appliquons cette formule à la suite

$$4,\ 20,\ 35,\ 84$$

correspondante aux indices

$$1,\ 3,\ 4,\ 6,$$

et, proposons de trouver le terme qui répond à l'indice 5.

Nous avons, dans cet exemple,

$$x_0 = 1,\ x_1 = 3,\ x_2 = 4,\ x_3 = 6$$
$$X_0 = 4,\ X_1 = 20,\ X_2 = 35,\ X_3 = 84$$

et, d'après la formule (b),

$$\begin{aligned}
\varphi x = &\ \frac{(x-3)(x-4)(x-6)}{(1-3)(1-4)(1-6)} 4\\[4pt]
&+ \frac{(x-1)(x-4)(x-6)}{(3-1)(3-4)(3-6)} 20\\[4pt]
&+ \frac{(x-1)(x-3)(x-6)}{(4-1)(4-3)(4-6)} 35\\[4pt]
&+ \frac{(x-1)(x-3)(x-4)}{(6-1)(6-3)(6-4)} 84
\end{aligned}$$

En réalisant les calculs on trouve, après toutes les réductions,

$$\varphi x = \frac{1}{6}\left[x^3 + 6x^2 + 11x + 6 \right]$$

Ainsi faisant $x=5$, on obtient $\varphi x = 56$. Tel est donc le terme qui répond à l'indice 5.

Il existe plusieurs autres formules d'interpolation pour lesquelles nous devons renvoyer à l'ouvrage de Lacroix, *Traité des différences et des séries.* Ces formules servent particulièrement dans l'astronomie où l'on a continuellement besoin d'intercaler des termes entre des suites de nombres ou d'observations dont la marche n'est pas égale ni le progrès uniforme. Quant aux principes philosophiques de cette opération inventée, en premier lieu, par Briggs pour calculer les logarithmes, voyez *la première section de la Philosophie de la Technie* de M. Wronski.

INTERSECTION. (*Géom.*) On nomme *point d'intersection*, le point où deux lignes se coupent, et *ligne d'intersection*, la ligne où deux surfaces se coupent.

L'*intersection* de deux plans est une ligne droite. *Voy.* PLAN.

IRRADIATION. (*Opt.*) Expansion ou débordement de lumière qui environne les astres et qui les fait paraître plus grands qu'ils ne sont. L'effet de cette irradiation est quelquefois si considérable, que Tycho Brahé estimait le diamètre de Vénus douze fois plus grand qu'il ne paraît dans les lunettes, et Keppler l'estimait sept fois trop grand. Depuis l'invention des lunettes et surtout depuis celle du micromètre de Huygens, on a sur la grandeur apparente des astres, des notions beaucoup plus exactes. Les lunettes, en faisant paraître les objets mieux terminés diminuent considérablement la quantité de l'irradiation.

IRRATIONNEL. (*Alg.*) On nomme *nombres irrationnels*, les nombres engendrés par la seconde branche de l'algorithme des puissances $\sqrt[B]{C} = A$ (*Voy.* ALGÈBRE, nº 28.), lorsque ces nombres sont incommensurables avec l'unité (*Voy.* INCOMMENSURABLE.) *Voy.* RACINE.

IRRÉDUCTIBLE. (*Alg.*) *Voy.* CAS IRRÉDUCTIBLE.

IRRÉGULIER. (*Géom.*) Les solides *irréguliers* sont ceux qui ne sont point terminés par des surfaces égales et semblables. (*Voy.* SOLIDES.) On nomme aussi *figures irrégulières* celles dont les angles et les côtés ne sont pas respectivement égaux entre eux. (*Voy.* POLYGONE.)

ISOCÈLE. (*Géom.*) Un triangle prend le nom d'*isocèle* lorsque deux de ses côtés sont égaux.

Dans tout triangle isocèle ABD, les angles B et D, opposés aux côtés égaux, sont égaux, et la perpendiculaire AC, abaissée du sommet A sur la base BD, partage cette base en deux parties égales, ainsi que l'angle au sommet A.

ISOCHRONE. (*Méc.* et *Géom.* (de ισος *égal* et de χρόνος, *temps*.) Épithète que l'on donne aux choses qui s'opèrent dans des temps égaux. Par exemple, les vibrations d'un pendule sont *isochrones*, si ce pendule demeure toujours de la même longueur, et s'il décrit toujours des arcs égaux, parce qu'alors ses vibrations se font toutes dans des temps égaux. Si les vibrations se faisaient dans la cycloïde, elles seraient encore isochrones quoique le pendule décrivît tantôt de grands, tantôt de petits arcs. (*Voy.* PENDULE et TAUTOCHRONE.)

Ligne isochrone. (*Voy.* APPROCHES ÉGALES.)

ISOMÉRIE. (*Alg.*) Terme employé jadis pour désigner l'opération par laquelle on délivre une équation des fractions qui se trouvent dans ses termes. *Voy.* TRANSFORMATION.

ISOPÉRIMÈTRE. (*Géom.*) On nomme *figures isopérimètres* celles dont les contours ou périmètres sont égaux.

De toutes les figures isopérimètres régulières la plus grande est celle qui a le plus grand nombre de côtés ou d'angles. C'est pourquoi le cercle, qui peut être considéré comme un polygone régulier d'un nombre infini de côtés, a une aire plus grande que celle de toutes les autres figures qui ont un contour égal au sien. Par la même raison la sphère a un volume plus grand que celui de tous les autres solides qui ont une surface égale à la sienne.

Si des figures isopérimètres ont un même nombre de côtés, la plus grande en superficie est celle dont tous les angles sont égaux. Considérons par exemple un rectangle dont le périmètre est a, si nous désignons par x sa hauteur, sa base sera $\frac{1}{2}a - x$ et son aire sera exprimée par $(\frac{1}{2}a - x)x$, (*voy.* AIRE). Cette aire variant de grandeur d'après celle de x, nous trouverons son maximum en égalant à zéro la différentielle de $(\frac{1}{2}a - x)x$ (*voy.* MAXIMA).

Or

$$d\left[\tfrac{1}{2}ax - x^2\right] = \tfrac{1}{2}adx - 2xdx$$

d'où

$$\tfrac{1}{2}a - 2x = 0, \text{ et } x = \tfrac{1}{2}a.$$

Mais le rectangle dont la hauteur est égale au quart de son périmètre est un carré, ainsi de tous les rectangles isopérimètres le carré est le plus grand.

La théorie des figures isopérimètres, traitée en premier lieu par Jacques Bernouilli, fut l'occasion d'une grande discussion, entre lui et son frère Jean, dont on trouvera les détails aux articles biographiques de ces illustres géomètres. Cette théorie, développée ensuite par Euler dans plusieurs mémoires insérés parmi ceux de l'*Académie de St.-Pétersbourg* et surtout dans son bel ouvrage intitulé *Methodus inveniendi lineas curvas* etc., a été l'occasion de la découverte du *Calcul des Variations. Voy.* VARIATION.

J.

JALON. (*Géom. prat.*) Bâton droit, ferré en pointe à l'un de ses bouts, qui sert à prendre des alignemens. *Voy.* ARPENTAGE.

JANVIER. (*Cal.*) Mois dédié à *Janus* par les Romains et placé par Numa au solstice d'hiver. C'est le premier de l'année, depuis l'ordonnance de Charles IX. Il a 31 jours, et c'est vers le 19e ou le 20e de ses jours que le soleil entre dans le signe du Verseau. *Voy.* CALENDRIER.

JAUGE. On nomme ainsi une règle graduée, qui sert à mesurer la capacité de toutes sortes de tonneaux et à déterminer la quantité de liquide qu'ils contiennent.

Jauger est donc l'art de trouver la capacité d'un vase. Si les tonneaux étaient toujours de forme régulière, il n'y aurait qu'à appliquer ici les règles ordinaires de la géométrie; mais comme cela n'arrive jamais, il a fallu, pour la pratique, arriver à certaines règles empiriques qui donnent une approximation suffisamment rigoureuse, pour les usages ordinaires de commerce.

Ainsi en Angleterre Hutton, Oughtred, et en France Dez, ont donné des formules plus ou moins exactes. Voici celle de Hutton : On prend,

39 fois le carré du diamètre à la bonde,

25 fois le carré du diamètre du fond,

26 fois le produit de ces diamètres.

On multiplie la somme de ces trois quantités par la longueur du tonneau, et on divise le produit par 114. Le quotient indique le nombre de pouces cubes que contient le tonneau.

La règle proposée par Oughtred, consiste à prendre : 1° la surface du cercle du fond; 2° deux fois le diamètre du *bouge* ou cercle à la bonde; ajouter ces nombres et multiplier la somme par le tiers de la longueur du tonneau; le produit donne la capacité du vase.

M. Dez, dans un article très-détaillé de l'*Encyclopédie méthodique* (*jaugeage*), donne la formule suivante :

Prenez la différence entre le diamètre du bouge et celui des bases, puis les $\frac{2}{8}$ de cette différence et retranchez-les du grand diamètre, vous aurez le diamètre d'un cercle qu'il faudra évaluer, puis vous multiplierez par la longueur du tonneau.

Si l'on exprime donc par V le volume, et que l'on fasse l la longueur du tonneau, D le diamètre du bouge, d celui du fond, a leur différence $D - d$, on aura :

$$\text{HUTTON} \ldots \ldots \quad l.\ \frac{39D^2 + 25d^2 + 26dD}{114}$$

$$\text{OUGTRED.} \quad V = 0,2618\ l.\ (2D^2 + d^2)$$

$$\text{DEZ} \ldots \ldots \quad V = 0,7854\ l.\ \left(D - \tfrac{2}{8}a\right)^2$$

La *jauge*, instrument avec lequel on prend toutes ces mesures, est de diverses formes : on a 1° la *jauge brisée* ou *jauge diagonale*, 2° *la jauge à crochet*, 3° *la jauge à ruban*. Cette dernière est un ruban gommé, divisé en 234 centimètres et au moyen duquel on prend les dimensions extérieures du vase, d'où l'on conclut sa capacité en déduisant l'épaisseur du bois.

Les deux autres sont des règles à quatre faces, dont chacune a 9 millimètres de large en haut et 6 en bas, et portent sur deux faces des graduations avec des numéros de 5 en 5. Chaque degré indique un décalitre, 10 degrés font un hectolitre. L'autre face qu'on appelle *côté-faible*, ne sert qu'aux barils de 15 à 30 litres; ici chaque degré équivaut à 1 litre.

On introduit la règle diagonalement par la bonde, jusqu'à ce qu'on rencontre le fond dans sa partie la plus basse, afin d'obtenir la plus grande distance oblique de ce fond au centre de l'orifice, au-dessous du bois. On note le chiffre qu'indique la règle : on la reporte de l'autre côté, pour s'assurer que le trou de la bonde est exactement au milieu de la pièce; s'il y avait une différence, on prendrait la demi-somme des deux résultats, et on aurait le nombre de décalitres que contient le tonneau.

On voit que la règle introduite par la bonde et allant rejoindre l'angle formé par le fond et le côté du tonneau représente l'hypothénuse d'un triangle rectangle, dont la demi-longueur de la futaille est un côté horizontal et le diamètre du fond un côté vertical : car on suppose que le tonneau a la forme d'un cylindre, dont la jauge traverse ainsi obliquement la demi-capacité.

L'importance du jaugeage des futailles comme moyen exact de l'assiette de l'impôt, a fait chercher tous les moyens possibles de perfectionner ces instrumens. Le détail des essais faits par Pellevilain et M. Allouard, bien que très-recommandables, ne peuvent pas trouver place ici; on le trouvera dans le manuel des employés de l'octroi de Paris.

JET D'EAU. (*Hydrol.*) Filet d'eau qui jaillit avec violence par l'ouverture d'un tuyau.

L'eau qui jaillit et s'élève en sortant du tuyau, ne le fait qu'en vertu de sa chute, c'est-à-dire, parce qu'elle sort d'un réservoir supérieur et qu'elle a acquis une vitesse égale à celle d'un corps pesant qui serait tombé de toute la hauteur du niveau du réservoir au-dessus de l'orifice du tuyau. (*Voy*. Hydrodynamique 3.) Or, suivant les lois de la chute des corps (*voy*. Accéléré), un corps qui tombe perpendiculairement acquiert à la fin de sa chute une vitesse capable de le faire remonter à la même hauteur d'où il est tombé; et cela arriverait en effet pour le filet d'eau qui s'élèverait jusqu'au niveau du réservoir dont il sort, s'il ne rencontrait plusieurs obstacles. Le premier de ces obstacles est le frottement de l'eau contre les parois intérieures du tuyau; elle ne descend pas par conséquent avec toute la vitesse due à la chute, et la vitesse finale étant moindre que celle qui aurait lieu sans ce frottement, l'eau s'élance avec moins de rapidité et ne peut s'élever à une hauteur égale à celle de sa chute. Un second obstacle est celui que présente le poids des particules de l'eau qui retombent après s'être élevées aussi haut que possible et qui, rencontrant celles qui montent, leur donnent une impulsion en sens inverse. Aussi Torricelli a-t-il remarqué qu'un jet d'eau monte plus haut, lorsqu'il est dirigé obliquement à l'horizon, que quand il lui est perpendiculaire. Enfin un troisième obstacle est la résistance de l'air, au travers duquel le jet d'eau est contraint de passer; cette résistance est si considérable que le diamètre du jet s'élargit à mesure qu'il monte, au point de devenir 5 ou 6 fois plus grand que celui de l'ouverture de l'ajutage; ce qui augmente encore la résistance de l'air par l'augmentation de surface que l'eau divisée lui présente.

L'expérience a appris que la différence entre la hauteur du réservoir et celle à laquelle le jet s'élève, est sensiblement proportionnelle au carré de cette dernière hauteur; c'est-à-dire, qu'en désignant par h et h' les hauteurs de deux jets, les différences de ces hauteurs avec celles des réservoirs seront entre elles comme $h^2 : h'^2$. Ainsi en admettant, d'après Mariotte, qu'un jet d'eau fourni par un réservoir dont la hauteur est 5 pieds 1 pouce, s'élève à 5 pieds, on trouvera que pour qu'un autre jet d'eau s'élève à 15 pieds, il faut que son réservoir ait une hauteur de 15 pieds 9 pouces; car d'après cette règle, les différences entre les hauteurs des jets et celles des réservoirs doivent être dans le rapport de $5^2 : 15^2 = 25 : 225 = 1 : 9$.

Ce rapport des diminutions des hauteurs exige que l'ouverture des ajutages ait au moins 26 ou 27 millimètres de diamètre; car si cette ouverture était plus petite, les résultats des calculs ne s'accorderaient plus avec l'expérience.

Quelle que soit la direction d'un jet, la dépense d'eau qu'il fait est toujours la même, pourvu que l'ajutage et la hauteur du réservoir au-dessus de l'ajutage soient les mêmes. C'est une conséquence nécessaire de la pression égale des fluides en tous sens.

Lorsque l'ajutage se dirige obliquement à l'horizon, la force de projection et la pesanteur de l'eau font que le jet décrit sensiblement une parabole, dont l'amplitude est d'autant plus grande, que la hauteur du réservoir est plus considérable; car elle y est proportionnelle. Lorsque l'ajutage se dirige horizontalement, le jet décrit une demi-parabole.

Les *jets d'eau* s'élèvent d'autant plus haut, que les ouvertures des ajutages sont plus grandes; parce que de deux jets d'eau qui, venant du même réservoir, sortent de leurs ajutages avec des vitesses égales, le plus gros éprouve moins de frottement relativement à la quantité d'eau qui passe, et qu'ayant plus de masse il a plus de force pour vaincre les obstacles. Cependant quoique les gros jets s'élèvent plus haut que les petits, ils ne dépensent pas proportionnellement plus d'eau que ces derniers; car la dépense est comme le produit de l'aire de l'ouverture de l'ajutage par la vitesse au sortir de l'ouverture, et cette vitesse est à peu de chose près la même pour l'un et pour l'autre, abstraction faite des frottemens.

Pour que les gros jets s'élèvent plus haut que les petits, il faut cependant que les tuyaux de conduite soient assez gros pour fournir les eaux avec une abondance suffisante; car s'ils sont fort étroits l'expérience prouve que les petits jets s'élèvent plus que les gros. Il faut donc que le diamètre du tuyau de conduite ait une certaine grandeur par rapport à celui de l'ajutage, pour que le jet s'élève à la plus grande hauteur où il puisse atteindre. Si donc l'on compare deux jets d'eau différens et que l'on veuille que chacun s'élève à sa plus grande hauteur, il faut que *les carrés des diamètres des tuyaux de conduite soient entre eux en raison composée des carrés des diamètres des ajutages et des racines carrées des hauteurs des réservoirs*. On a trouvé que pour un ajutage de 6 lignes de diamètre, et un réservoir d'une hauteur de 52 pieds, le diamètre du tuyau de conduite doit être environ de 39 lignes. Avec ces données on peut calculer pour toutes autres circonstances le diamètre des tuyaux de conduite. *Voy*. l'*Hydrodynamique* de Bossut, et les œuvres de Mariotte.

JET *des bombes*. *Voy*. Balistique.

JOUR. (*Ast*.) Durée de la révolution apparente du soleil autour de la terre. *Voy*. Calendrier, n° 1; et Equation du temps.

JOVILABE. (*Ast*.) Instrument propre à trouver les configurations ou les situations apparentes respectives des satellites de Jupiter. Lalande en a donné la description dans son traité d'*Astronomie*.

JUILLET. (*Cal*.) Nom du septième mois de l'année, ainsi nommé parce que les Romains l'avaient consacré à Jules César. *Voy*. Calendrier.

JUIN. (*Cal*.) Nom du sixième mois de l'année. C'est

vers le 20 ou le 21 de ce mois que le printemps finit et que l'été commence, le soleil entrant alors dans le signe de l'écrevisse. *Voy.* Armillaire et Calendrier.

JULIENNE (*Période*). *Voy.* Période.

JUNON. (*Ast.*) Une des nouvelles planètes situées entre les orbites de Mars et de Jupiter; elle a été découverte le 2 septembre 1804, à l'observatoire de Liliental, par M. Harding.

L'extrême petitesse et le peu d'éclat des deux planètes Cérès et Pallas avaient fait concevoir à M. Harding le projet de donner une description complète de la zone parcourue par ces petites planètes, afin qu'on ne fût plus exposé à l'erreur d'observer à leur place quelqu'une des étoiles télescopiques dont toutes les régions célestes sont remplies. En vérifiant avec soin les cartes qu'il avait dressées, cet astronome, dans la nuit du 1er au 2 septembre 1804, détermina la position d'une étoile de huitième grandeur en la comparant aux étoiles des Poissons, marquées 93 et 98 dans le catalogue de Bode. Le 4 septembre, l'étoile avait varié de position et se trouvait un peu plus australe et un peu plus occidentale. Du 5 au 6, M. Harding, avec un micromètre circulaire, reconnut un mouvement rétrograde en ascension droite de 7′ 30″, et un mouvement de 12′ 42″ en déclinaison australe; l'intervalle des observations étant de 24 h. 14′ 12″. Le 7 et le 8 du même mois, ces mouvemens ayant été vérifiés, M. Harding s'empressa d'annoncer sa découverte, et Gauss, qui avait déjà calculé les orbites de Cérès et de Pallas, détermina celui de la nouvelle planète, à laquelle on donna le nom de *Junon*.

Cette planète est d'une couleur blanchâtre et ne présente aucune trace d'atmosphère; son diamètre est plus petit que ceux des autres nouvelles planètes, et elle est conséquemment la plus petite du système solaire. Son orbite se distingue de toutes les autres par sa grande excentricité dont l'effet est tellement sensible, que la planète décrit la moitié de l'orbite, qui comprend le périhélie, dans la moitié du temps qu'elle emploie pour décrire l'autre moitié, qui comprend l'aphélie.

Voici les élémens de Junon, rapportés au 1er janvier 1820.

Révolution périodique.	1592 j. 6608
Longitude moyenne.............	200° 16′ 19″, 1
Inclinaison à l'écliptique.........	13 4 9, 7
Longitude du périhélie..........	53 33 46, 0
Longitude du nœud ascendant......	171 7 40, 4
Demi-grand axe, celui de la terre étant 1...................	2, 6890090
Excentricité, en parties du demi-grand axe....................	0, 2578480
Moyen diamètre apparent, d'après Schroeter	3″, 057.

Il n'a pas encore été possible de reconnaître si Junon a, comme toutes les anciennes planètes un mouvement de rotation sur son axe; cependant les observations de Schroeter, sur le changement d'éclat de la lumière qu'elle nous renvoie, rendraient assez probable une rotation exécutée en 27 heures.

JUPITER. (*Ast.*) C'est la plus grande planète de notre système, et après Vénus la plus brillante, quelquefois même son éclat surpasse celui de cette dernière.

Jupiter est la cinquième planète dans l'ordre des distances au soleil, par rapport aux anciennes planètes, mais c'est en réalité aujourd'hui la neuvième, en comptant les quatre nouvelles récemment découvertes. On la désigne par le caractère ♃.

Cette planète, qui est près de 1500 fois plus grosse que la terre, et dont la révolution autour du soleil s'exécute dans une période de 4332 j. 14 h. 18′ ¼ est cependant celle dont le mouvement de rotation est le plus rapide, car elle tourne sur elle-même en 9 h. 55′ 50″. Par suite de l'extrême vitesse de ce mouvement, et comme conséquence du système de la gravitation universelle, Jupiter est considérablement aplati vers ses pôles; des mesures, prises avec un soin extrême, donnent pour le rapport du diamètre équatorial au diamètre polaire, celui des nombres 107 : 100 ; l'aplatissement est donc égal à $\frac{7}{107}$ du diamètre équatorial, ou à peu près à $\frac{1}{14}$, tandis que celui de la terre n'est que $\frac{1}{300}$.

Le disque de Jupiter présente toujours des bandes ou zones, dont nous avons déjà parlé au mot Bandes de Jupiter, et qui lui donnent l'aspect représenté par la *figure* 2, *planche* 18. Elles furent découvertes par les pères Zuppi et Bartholi savans jésuites, et observées ensuite en 1660 par Campani, avec un télescope à réfraction construit par lui-même.

Jupiter est accompagné de quatre petites planètes ou *satellites*, qui sont, par rapport à lui, ce qu'est la lune par rapport à la terre. Ces satellites invisibles à l'œil, et par conséquent inconnus des anciens astronomes, ont été découvert, par Galilée, le 8 janvier 1610. Depuis le perfectionnement des lunettes astronomiques, les éclipses extrêmement fréquentes de ces satellites offrent un moyen très-précieux pour déterminer les longitudes terrestres. (*Voy.* Longitude.)

D'après les mesures les plus récentes, le diamètre équatorial de Jupiter est 10,860, celui de la terre étant pris pour unité; il en résulte que le volume de cette énorme planète est égal à 1470 fois celui de la terre; mais comme sa masse ou la quantité de matière dont elle est composée n'est qu'environ 338 fois plus grande que la masse de la terre (*voy.* Masse), sa densité comparée à celle de la terre, prise également pour unité, est 0,23 , c'est-à-dire qu'elle ne surpasse pas celle de l'eau.

Voici les élémens de Jupiter, rapportés au 1er janvier 1801.

Révolution sidérale......... 4332 j., 5848212
Longitude moyenne......... 112° 15′ 23″,0
Inclinaison à l'écliptique...... 1 18 51, 3
Longitude du périhélie....... 11 8 34, 6
Longitude du nœud ascendant. 98 26 18, 9

Demi grand axe, celui de la terre
étant 1 5,2027760
Excentricité en parties du demi
grand axe................... 0,0481621

L'axe de Jupiter fait un angle de 86° 54′ ¼ avec le plan de l'écliptique. La plus grande distance de cette planète au soleil, comptée en lieues de poste ou de 2000 toises, est de 213,933,505 lieues, et sa plus petite de 194,267,055 lieues; ses distances à la terre varient depuis 253,820,766 , jusqu'à 154,379,794 lieues.

K.

KEILL (Jean), savant mathématicien, que l'accusation audacieuse qu'il soutint contre l'illustre Leibnitz a rendu célèbre, naquit à Édimbourg, en 1671. Il publia, dès 1690, un *Examen de la théorie de la terre* de Burnet, ouvrage dans lequel il redressa avec une âpreté de langage que tout le monde n'approuva pas, les erreurs de cet écrivain. Cette production qui eut néanmoins du succès, mérita à Keill l'honneur difficile du professorat à l'université d'Oxford , où il occupa avec le plus grand éclat, comme suppléant, la chaire de philosophie naturelle, en 1700. Ce fut dans le cours de la même année, qu'il fit paraître son principal ouvrage, *Introductio ad veram physicam*, divisé en quatorze leçons. Peu d'années après, la société royale de Londres l'appela dans son sein, et en 1710 , il obtint la chaire d'astronomie à Oxford.

Keill avait commencé sa réputation en enseignant l'un des premiers, dans des leçons particulières, les *élémens* de Newton; ce fut en prenant dans quelques écrits, la défense de sa méthode des *fluxions*, qu'il y mit le comble , et qu'il entra en lutte avec le génie le plus puissant de son temps. (*Voy.* Leibnitz.) Il mourut dans un âge peu avancé, en 1721. Outre son *Introductio ad veram physicam*, Keill a publié en 1718 : *Introductio ad veram astronomiam*, ouvrage qui a été réimprimé plusieurs fois. On lui doit aussi une édition de l'*Euclide* de Commandin, avec des additions et des notes, Oxford, 1715 ; et un assez grand nombre de mémoires insérés dans les *Transactions philosophiques*, parmi lesquels il faut remarquer ceux qui ont pour sujet : 1° *Recherches sur les lois de l'attraction et ses principes physiques* : 2° *Réponse à un passage des acta eruditorum* : 3° *Recherches sur la rareté de la matière et la ténuité de sa composition.* Ce sont les deux premiers de ces écrits qui excitèrent le juste mécontentement de Leibnitz, et commencèrent la célèbre querelle scientifique qui s'éleva alors au sujet de la

méthode des fluxions et du *calcul des différences*, dont nous parlons ailleurs

KEPPLER (Jean.) Cet illustre astronome, dont les immortelles découvertes ont établi sur des bases inébranlables le véritable système du monde, naquit à Weil, dans le duché de Wittemberg , le 27 décembre 1571. Ceux de ses travaux qui exciteront le plus l'admiration de la postérité, furent publiés dans les premières années du xviie siècle, et ouvrent, pour ainsi dire, la marche majestueuse du progrès qui signale cette mémorable époque de l'histoire de la science. Nous ne pourrons néanmoins les considérer que dans leur ensemble, il a été donné à d'autres de suivre dans tous ses développemens la pensée qui les enfanta, et d'exposer dans tous ses détails cette vie glorieuse de Jean Keppler, si pleine de vicissitudes cruelles et de résignation religieuse.

Des revers de famille avaient laissé Keppler sans appui dès sa plus tendre jeunesse, mais l'intérêt que les heureuses dispositions dont il était doué, inspirèrent à quelques personnes bienfaisantes, le fit admettre au nombre des élèves du couvent de Maulbrunn, où il commença ses études, qu'il alla terminer à l'université de Tubingue. Le célèbre Mœstlin , l'un des plus savans professeurs de cet établissement , sut reconnaître le génie du jeune Keppler, et le dissuada de se livrer à l'étude de la théologie, science qui menait alors à la gloire et à la fortune, et qu'il avait embrassée avec toute l'ardeur d'un esprit disposé à la solitude et à la mélancolie. En 1594, il remplaça Stadt dans la chaire de mathématiques, à Gratz, et il se dévoua depuis lors à la science, dont ses découvertes ont agrandi le domaine. Nous ne suivrons pas Keppler dans toutes les agitations qui ont marqué son existence : tour à tour exilé en Hongrie, rappelé en Stirie dont les troubles le contraignirent encore de quitter la capitale, il alla à Prague où il trouva Tycho-Brahé, qui lui fit donner le titre de mathématicien impérial. Mais la faible pension attachée à cette dénomination fastueuse ne lui fut pas même payée avec exactitude, et les besoins les plus urgens vinrent assaillir Keppler, chargé déjà d'une nombreuse famille. Le célèbre observateur qui l'avait accueilli, lui refusa durement, dit-on, les secours qu'il en attendait, mais cependant il le présenta à l'empereur Rodolphe, qui le lui adjoignit, pour l'aider dans ses calculs, avec des appointemens qui ne lui furent pas toujours payés avec mieux d'exactitude que ceux de mathématicien impérial. La mort de Tycho vint augmenter les affreux embarras auxquels Keppler était en proie, et ce ne fut qu'en 1613 qu'il parvint à toucher une partie des arrérages de ses pensions. A cette époque, il fut nommé à la chaire de mathématiques de Lintz, et passa depuis, avec l'agrément de l'empereur, au service d'Albert, duc de Frisland ; il se retira à Sagan, où il occupa également une chaire de mathématiques.

Ce fut au milieu de ces luttes si pénibles contre la misère, que l'illustre Keppler accomplit néanmoins son œuvre de grand géomètre. Il avait adopté le système de Copernic, et l'on sait que dans son enthousiasme pour lui, il demandait constamment à Dieu la grace de faire une découverte, qui pût être la confirmation du mouvement de la terre ; sa prière était accompagnée du vœu de publier immédiatement l'ouvrage, où il pourrait exposer cette nouvelle preuve de la sagesse du Créateur. Ce vœu fut enfin exaucé, et le ravissement de Keppler fut grand, quand il eut réalisé l'espérance de toute sa vie, et qu'il eut assigné les lois mathématiques de tous les mouvemens célestes. Déjà cette grande pensée s'était fait jour dans le premier écrit qu'il publia, sous le titre de *Prodrome* ou *mystère cosmographique*. Ce fut en vain alors que Tycho, à qui il envoya son ouvrage, lui conseilla d'abandonner ses *vaines spéculations* pour se livrer au calcul des observations. Il persista dans le but admirable qu'il avait fixé à son génie, et voici en quels termes il rend compte lui-même des détails de sa grande découverte : » Depuis huit mois, j'ai vu le premier » rayon de lumière ; depuis trois mois, j'ai vu le jour ; » enfin, depuis peu de jours, j'ai vu le soleil de la plus » admirable contemplation. Je me livre à mon enthousiasme ; je veux braver les mortels par l'aveu ingénu que j'ai dérobé les vases d'or des Égyptiens, » pour en former à mon Dieu un tabernacle loin des » confins de l'Égypte. Si vous me pardonnez, je » m'en réjouirai ; si vous m'en faites un reproche, je » le supporterai ; le sort en est jeté, je livre mon livre, » il sera lu par l'âge présent ou par la postérité, peu » m'importe ; il pourra attendre son lecteur ; Dieu n'a-» t-il pas attendu six mille ans un contemplateur de » ses œuvres ! » Il fallut en effet que Newton vînt démontrer la réalité de ses découvertes, pour qu'elles fus-

sent appréciées. « Achevons, ajoute-t-il, achevons la » découverte commencée il y a vingt-deux ans.

Sera quidem respexit inertem,
Respexit tamen, et longo post tempore venit.

» Si vous voulez en connaître l'instant, c'est le 8 » mars 1818. Conçue, mais mal calculée, rejetée comme » fausse ; revenue le 15 mai, avec une nouvelle vivacité, » elle a dissipé les ténèbres de mon esprit : elle est si » pleinement confirmée par les observations, que je » croyais rêver et faire une pétition de principe. »

Keppler s'exprimait ainsi dans *l'Harmonique du monde*, ouvrage assez semblable à son prodrome, et dans lequel il s'efforce d'appliquer à l'astronomie ses idées pythagoriciennes sur les nombres et les intervalles musicaux. Il exposa et développa depuis dans d'autres écrits cette découverte qui excitait en lui cet enthousiasme d'artiste, naturel à son génie ; mais c'est dans son *Astronomie nouvelle* qu'il posa les fameuses lois du mouvement des planètes, dont la théorie et l'observation démontrent si évidemment la vérité. Nous allons voir avec l'illustre et savant Laplace, si digne d'expliquer l'œuvre de Keppler, comment il parvint à ce grand résultat, sur lequel nous devons plus spécialement nous arrêter.

Ce fut une opposition de Mars qui détermina Keppler à s'occuper de préférence des mouvemens de cette planète. Son choix fut heureux, en ce que l'orbe de Mars étant un des plus excentriques du système planétaire, et la planète approchant fort près de la terre, dans ses oppositions, les inégalités de son mouvement sont plus grandes que celles des autres planètes, et doivent plus sûrement en faire découvrir les lois. Quoique la théorie du mouvement de la terre eût fait disparaître la plupart des cercles dont Ptolémée avait embarrassé l'astronomie, cependant Copernic en avait laissé subsister plusieurs, pour expliquer les inégalités réelles des corps célestes. Keppler, trompé comme lui par l'opinion que leurs mouvemens devaient être circulaires et uniformes, essaya long-temps de représenter ceux de Mars, dans cette hypothèse. Enfin, après un grand nombre de tentatives qu'il a rapportées en détail dans son ouvrage : *de Stellâ Martis*, il franchit l'obstacle que lui opposait une erreur accréditée par le suffrage de tous les siècles : il reconnut que l'orbe de Mars est une ellipse dont le soleil occupe un des foyers, et que la planète s'y meut de manière que le rayon vecteur mené de son centre à celui du soleil, décrit des aires proportionnelles au temps. Keppler étendit ces résultats à toutes les planètes, et il publia en 1626, d'après cette théorie, les tables rudolphines à jamais mémorables en astronomie, comme ayant été les premières fondées sur les véritables lois du système du monde, et débarrassées de tous les cercles qui surchargeaient les tables antérieures.

Si l'on sépare des recherches astronomiques de Keppler, les idées chimériques dont il les a souvent accompagnées, on voit qu'il parvint à ces lois de la manière suivante : il s'assura d'abord que l'égalité du mouvement angulaire de Mars n'avait lieu sensiblement qu'autour d'un point situé au-delà du centre de son orbite, par rapport au soleil. Il reconnut la même chose pour la terre, en comparant entre elles des observations choisies de Mars, dont l'orbe, par la grandeur de sa parallaxe annuelle, est propre à faire connaître les dimensions respectives de l'orbe terrestre. Keppler conclut de ces résultats, que les mouvemens réels des planètes sont variables, et qu'aux deux points de la plus grande et de la plus petite vitesse, les aires décrites dans un jour par le rayon vecteur d'une planète, autour du soleil, sont les mêmes. Il étendit cette égalité des aires à tous les points de l'orbite ; ce qui lui donna la loi des aires proportionnelles aux temps. La suite des observations de Mars vers les quadratures lui firent connaître que l'orbe de cette planète est un ovale alongé dans le sens du diamètre qui joint les points des vitesses extrêmes ; ce qui le conduisit enfin au mouvement elliptique.

Sans les spéculations des Grecs sur les courbes que forme la section du cône par un plan, ces belles lois seraient peut-être encore ignorées. L'ellipse étant une de ces courbes, sa figure oblongue fit naître dans l'esprit de Keppler la pensée d'y mettre en mouvement la planète de Mars ; et bientôt, au moyen des nombreuses propriétés que les anciens géomètres avaient trouvées sur les sections coniques, il s'assura de la vérité de cette hypothèse. L'histoire des sciences nous offre beaucoup d'exemples de ces applications de la géométrie pure et de ses avantages ; car tout se tient dans la chaîne immense des vérités, et souvent une seule observation a suffi pour féconder les plus stériles en apparence, en les transportant à la nature dont les phénomènes ne sont que les résultats mathématiques d'un petit nombre de lois immuables.

Le sentiment de cette vérité donna probablement naissance aux analogies mystérieuses des pythagoriciens : elles avaient séduit Keppler, et il leur fut redevable d'une de ses plus belles découvertes. Persuadé que la distance moyenne des planètes au soleil et leurs révolutions devaient être réglées conformément à ces analogies, il les compara long-temps, soit avec les corps réguliers de la géométrie, soit avec les intervalles du temps. Enfin, après dix-sept ans d'essais inutiles, ayant eu l'idée de comparer les puissances des distances, avec celles du temps des révolutions sidérales il trouva que les carrés de ces temps sont entre eux comme les cubes des grands axes des orbites ; loi très-importante qu'il

eut l'avantage de reconnaître dans le système des satellites de Jupiter, et qui s'étend à tous les systèmes de satellites.

Après avoir déterminé la courbe que les planètes décrivent autour du soleil, et découvert la loi de leurs mouvemens, Keppler était trop près du principe dont ces lois dérivent, pour ne pas le pressentir. La recherche de ce principe exerça souvent son imagination active ; mais le moment n'était pas venu de faire ce dernier pas, qui supposait l'invention de la dynamique et du calcul infinitésimal. Loin d'approcher du but, Keppler s'en écarta, mais au milieu de ses nombreux écarts, il fut cependant conduit à des vues saines sur la gravitation universelle, dans l'ouvrage où il présenta ses principales découvertes.

« La gravité, dit-il, n'est qu'une affection corporelle et mutuelle entre les corps, par laquelle ils tendent à s'unir. — La pesanteur des corps n'est point dirigée vers le centre du monde, mais vers celui du corps rond dont ils font partie ; et si la terre n'était pas sphérique, les graves placés sur les divers points de sa surface, ne tomberaient point vers un même centre. — Deux corps isolés se porteraient l'un vers l'autre, comme deux aimans, en parcourant, pour se joindre, des espaces réciproques à leurs masses. Si la terre et la lune n'étaient pas retenues à la distance qui les sépare, par une force animale, ou par quelque autre force équivalente, elles tomberaient l'une sur l'autre, la lune faisant les $\frac{53}{54}$ du chemin, et la terre faisant le reste, en les supposant également denses. — Si la terre cessait d'attirer les eaux de l'Océan, elles se porteraient sur la lune, en vertu de la force attractive de cet astre. Cette force qui s'étend jusqu'à la terre, y produit les phénomènes du flux et du reflux de la mer. »

Le mélange de ces grandes idées avec une foule d'erreurs et de spéculations chimériques, distingue spécialement les ouvrages de Keppler dont l'imagination ardente et rêveuse se complaisait dans les conjectures les plus hardies et les plus arbitraires. Tout semble bizarre et inattendu dans les inspirations irrégulières de ce génie original et profond. Conduit par l'analogie aux découvertes les plus sublimes, cette voie se ferme tout à coup pour lui, et l'on s'étonne qu'il n'ait pas appliqué aux comètes les lois du mouvement elliptique ; suivant lui ces corps célestes ne sont que des météores engendrés dans l'éther. Ces bizarres contradictions furent sans doute la cause pour laquelle les astronomes du temps de Keppler, Descartes lui-même et Galilée, qui pouvaient tirer le parti le plus avantageux de ses lois, ne paraissent pas en avoir senti l'importance.

L'astronomie et les autres branches des sciences mathématiques doivent néanmoins à Keppler des travaux d'un ordre supérieur, qui auraient encore fait beaucoup pour sa gloire sans les grandes découvertes sur lesquelles nous avons dû insister. Ses ouvrages sur l'optique sont, entre autres, pleins de choses neuves et intéressantes. Il y perfectionne le télescope et sa théorie : il y explique le mécanisme de la vision, inconnu avant lui : il y donne la vraie cause de la lumière cendrée de la lune. L'invention importante des logarithmes attira aussi son attention et l'honneur de l'avoir fait connaître à l'Allemagne lui appartient tout entier. Mais nous apprécierons mieux ce caractère d'universalité très-remarquable dans la vie scientifique de Keppler en parcourant rapidement la liste de ses pricipaux ouvrages. Le plus important de tous est sans contredit : I. *Astronomia nova, seu physica cœlestis tradita commentariis de motibus stellæ Martis*, etc., Prague, 1609, in-folio. C''est dans ce mémorable écrit que Keppler a expliqué ses lois des mouvemens des planètes. II. *Ad vitellionem paralipomena, seu astronomiæ pars optica*, ib. 1604, in-4°. III. *De stellá nová in pede serpentarii*, etc., ib. 1606, in-4° il ajouta à cette observation de l'étoile qui parut tout à coup, en 1604, dans le pied du serpentaire, une dissertation sur la véritable année de la naissance de Jésus-Christ qui parut à part, en allemand, à Strasbourg, 1613, in-4° et traduite en latin à Francfort, 1614, in-4. IV. *Phœnomenon singulare seu Mercurius in sole*, Leipzig, 1609, in4°.

Keppler prétendait dans cet écrit, avoir vu, en 1607, la planète de Mercure sur le disque du soleil, mais il reconnut depuis l'erreur qu'il avait commise en prenant pour cette planète une tache du soleil. *Narratio de observatis à se quatuor Jovis satellitibus*, etc., Prague, 1610, Keppler confirme dans cet écrit la découverte que Galilée avait récemment faite de ces petits astres. VI. *Dioptrica*, ib. 1611, in-4°. VII. *Nova stereometria daliorum vinarium*, Lintz, 1615, in-folio. C'est un traité de jaugeage fort savant ; Keppler y présente sur l'infini des vues qui ont influé sur la révolution que la géométrie a éprouvée à la fin du dix-septième siècle, et c'est sur elles que Fermat a dû fonder sa belle méthode des *maximis et minimis.* VIII. *Epitome astronomiæ copernicanæ*, Lintz, 1618, 1621, 1622, in-8°. Cet ouvrage, dit Montucla, contient l'exposition du système de l'univers, les raisons sur lesquelles Keppler l'établit, et une foule de conjectures hardies, dont les unes ont été vérifiées dans la suite et dont les autres sont le produit d'une imagination ardente et exaltée. Il tenait en effet encore à ses premières idées archétypes et harmoniques ; il en donna une preuve nouvelle dans l'ouvrage suivant : IX. *Harmonices mundi, libri V, geometricus, architectorius, harmonicus, psychologicus et astronomicus*, Lintz, 1619, in-folio. Cet ouvrage est en effet une suite et un développement de son *mysterium cosmographicum*, le premier livre qu'il eût publié, et, par conséquent, il

renferme des hypothèses aussi peu fondées. Mais si les écarts d'une imagination hardie et étayée d'une foule de connaissances profondes en tout genre peuvent former un spectacle intéressant et curieux, c'est dans ce livre qu'il faut le chercher. X. *De cometis libri III.* Aug. Vind. 1619, in-4°. XI. *Hyperaspistes Tychonis contrà Scip. Claramontium*, Francfort, 1625 in-4°. Cet écrit offre la défense de Tycho et de Galilée contre les attaques du péripatéticien Claramonti, de Padoue. XII. *Joh. Keppleri et Jacobi Bartschii tabulæ manuales ad calculum astronomicum, in specie tabularum rudolphinarum, compendiosè tractandum mirè utiles*, etc., Strasbourg, 1700, in-12. XIII. *Epistolæ ad Joh. Kepplerum scriptæ insertis ad easdem responsionibus Keppterianis*, Leipzig, 1718, in-folio, publié par Hansch. XIV. *Tabulæ rudolphinæ*, etc. Ulmæ, 1627, in-folio. Keppler crut devoir donner à ses tables astronomiques le nom de l'empereur Rodolphe II, son protecteur. Nous n'avons pas besoin de rappeler de quelle importance et de quelle utilité ce grand travail à été pour l'astronomie. Keppler a publié un grand nombre d'autres ouvrages dont on trouve la liste dans le supplément du dictionnaire de Joecher ; nous avons cru devoir les passer sous silence ainsi que ceux de ses écrits où il semble sacrifier aux préjugés de son temps en faveur de l'astrologie judiciaire. Nous devons faire remarquer néanmoins que sous ce rapport la faiblesse de Keppler n'a pas du moins un caractère systématique, il était trop éclairé pour attacher quelque importance aux vaines spéculations de cette fausse science. En effet, dans les éphémérides qu'il publia de 1616 à 1636, l'illustre Keppler a pris soin de mettre sa mémoire à l'abri d'une pareille accusation en riant lui-même des prédictions d'astrologie que, suivant l'usage, il ne put se dispenser d'y insérer. Il faut, disait-il, que la sœur bâtarde nourrisse la sœur légitime.

Keppler vécut dans l'indigence ; il supportait avec une sublime résignation les misères de cette vie, mais les privations de sa famille déchiraient son cœur. Le sentiment de tristesse profonde que lui inspirait sa position se fait jour dans la plupart de ses écrits ; mais cette grande voix qui demandait du pain aux hommes, en échange des vérités qu'elle venait annoncer, ne trouva point d'écho dans le monde. C'est même à une circonstance qui se rattache à son malheur et à l'état de gêne où il vivait qu'on doit attribuer sa mort. Il avait été à Ratisbonne pour solliciter le paiement de ce qui lui était dû, il fit la route à cheval et il arriva malade, excédé de fatigue, rongé d'inquiétude dans cette ville, où il mourut le 15 novembre 1630, dans un âge peu avancé. Il fut enterré dans le cimetière de Saint-Pierre, et c'est seulement en 1808 qu'un monument qui rappelle son génie et sa gloire lui fut élevé par les soins du prince primat Charles Théodore Dalberg. Il est placé dans le jardin botanique de Ratisbonne, à peu de distance de l'humble terre où repose Keppler.

KILO. (*de* χίλιον, *mille*.) Mot dont la réunion avec celui qui exprime une unité quelconque de mesure, dans le système métrique français, compose le nom de mille de ces unités. Ainsi *kilogramme*, signifie mille grammes; *kilomètre*, mille mètres, etc. (*Voy.* Mesure.)

KIRCHER (Athanase le père), l'un des plus savans religieux qui aient illustré l'ordre de Jésus, naquit le 2 mai 1602, à Geysen, petit bourg d'Allemagne. Peu d'hommes ont uni, comme le père Kircher, à des connaissances aussi étendues en mathématiques, en physique, en histoire naturelle, en philologie, un esprit aussi crédule et aussi disposé à poursuivre avec l'ardeur louable que doit seule inspirer la recherche de la vérité, les résultats chimériques d'expériences merveilleuses. Cet homme célèbre semble appartenir, autant par son érudition prodigieuse que par la naïveté de ses préjugés, à cette vénérable lignée de savans des 15e et 16e siècles, dont les erreurs étranges et le savoir réel forment dans leurs écrits un mélange bizarre qui nous paraît inexplicable aujourd'hui. Néanmoins la critique moderne a peut-être été trop sévère envers le père Kircher; ses écrits forment une immense bibliographie et dans ceux qui sont le moins estimés on rencontre toujours des apperçus neufs et hardis et surtout un savoir qui n'a été commun à aucune époque. Les connaissances mathématiques y tiennent une grande place, elles forment la base des principaux. Nous nous bornerons à citer les titres des plus remarquables de ces productions, qui ont eu leurs jours de gloire et de succès. *Ars magna lucis et umbræ in X libris digesta*, Rome, 1645-1646; Amsterdam, 1671, in-folio. C'est un traité d'optique et de gnomonique qui renferme des choses fort intéressantes. L'auteur y donne la description d'un assemblage de miroirs plans qu'il avait construits d'après celui d'Archimède; il y parle aussi de plusieurs de ses inventions, en général plus curieuses qu'utiles, et parmi lesquelles est la *lanterne magique*, dont on croit généralement qu'il fut l'inventeur. II. *Musargia universalis, sivé ars magna consonis et dissorci in X libris digesta*, Rome, 1650, 2 volumes in-folio. III. *Mundus subterraneus, in quo universæ naturæ majestas et divitiæ demonstrantur*, Amsterdam, 1664, 2 volumes in-folio. *Primitiæ gnomonicæ, catoptricæ*, etc. — *Phonurgia nova*, etc. — *Arithmologia, seu de occultis numerorum mysteriis*, etc. — *Organum mathematicum*, etc. Le père Kircher est mort à Rome le 28 novembre 1680.

L.

LAGNY (Thomas Fantet de), habile mathématicien, naquit à Lyon en 1660. Destiné au barreau par ses parens, la lecture de l'*Euclide* du P. Fournier et l'*Algèbre* de Jacques Peletier lui inspirèrent un attrait invincible pour les mathématiques, à l'étude desquelles il se dévoua dès lors avec une sorte de passion. Son amour pour la science et ses espérances de gloire, qui reposaient sur ses travaux, l'amenèrent à Paris à l'âge de dix-huit ans. Comme beaucoup d'hommes estimables qui perdent au fond des provinces un temps précieux à inventer des choses connues depuis long-temps, le jeune Lagny apportait à Paris le plan de plusieurs méthodes qui ne devaient rien moins que lui faire ouvrir les portes de l'Académie des sciences. Malheureusement il trouva que ses découvertes étaient faites; mais son mérite réel le fit bientôt distinguer, et il entra à l'Académie en 1695. Il fut ensuite nommé professeur royal d'hydrographie à Rochefort. En 1716, le duc d'Orléans, régent, le nomma sous-directeur de la banque générale. Après la chute de cette institution, il reprit avec ardeur ses travaux académiques, et mourut à Paris le 12 avril 1734. Fontenelle rapporte que, dans ses derniers momens et lorsque déjà il ne pouvait plus connaître ceux qui entouraient son lit, Maupertuis s'avisa de lui demander quel était le carré de 12 : il répondit aussitôt 144. A son titre d'académicien, Lagny réunissait ceux de membre de la société royale de Londres et de conservateur de la bibliothèque du roi. On a de lui, outre un grand nombre de mémoires insérés dans le recueil de l'Académie des sciences : 1° *Méthodes nouvelles et abrégées pour l'extraction et l'approximation des racines carrées, cubiques*, etc., Paris, 1691-1692, in-4; 2° *Nouveaux élémens d'arithmétique, et d'algèbre*, *ibid.*, 1697, in-12; 3° *la Cubature de la sphère*, la Rochelle, 1702, in-12 : en parlant de cet ouvrage dans l'éloge de Lagny, Fontenelle dit que c'est un morceau neuf, singulier, et qui prouverait seul un grand géomètre; 4° *Arithmétique nouvelle* (binaire), Rochefort, 1703, in-4; 5° *Analyse générale des méthodes nouvelles pour résoudre les problèmes*, Paris, 1733, in-4.

Lagny ne paraît pas avoir obtenu toute la réputation qu'il méritait : peut-être doit-on plutôt attribuer ce résultat à son caractère plein de simplicité et de modestie qu'au peu d'importance de ses écrits, qui ont en général obtenu du succès. Suivant Montucla, on ne peut s'empêcher de reconnaître dans tous ses ouvrages beaucoup de vues ingénieuses ; mais elles ne l'ont pas mené loin en ce qui concerne la résolution des équations, son objet principal. Ce qu'il a produit de plus remarquable, ce sont ses méthodes d'approximation et d'abréviation.

LAGRANGE (Joseph-Louis). La France a le droit de réclamer l'illustration de ce grand géomètre, comme une partie de sa gloire moderne. Non seulement le pays où il naquit a long-temps vécu sous ses lois et fait partie de son territoire, mais encore il avait du sang français dans les veines, et c'est dans la langue de sa patrie adoptive qu'il a écrit et publié ses immortels travaux. Nous n'avons ni la prétention, ni les moyens de retracer dans ce dictionnaire, l'histoire de la vie et des ouvrages de Lagrange ; l'espace nous manquerait pour élever ce monument à sa mémoire, qui exigerait une œuvre à part et la main d'un artiste plus forte que celle à qui est confiée la rédaction de ces rapides notices historiques ; il nous sera donc permis de résumer, suivant la méthode que nous avons suivie jusqu'ici, les principaux événemens de sa longue et brillante carrière, et de rappeler seulement ses principaux titres à l'admiration du monde.

Lagrange est né à Turin, le 25 janvier 1736. Son père, trésorier de la guerre, dans cette ville, était le petit-fils d'un officier français, passé au service d'Emmanuel II, en 1672, et Marie-Thérèse Gros, sa mère, était fille d'un médecin de Cambiano, dont l'origine était semblable. Son goût pour la science ne se manifesta point dès ses premières études, qu'il fit au collége de Turin. Ce fut seulement, dit-on, durant sa seconde année de philosophie, et après avoir lu un mémoire de Halley, sur la supériorité des méthodes analytiques, que sa véritable destination se révéla à lui. Ses études dès ce moment changèrent de direction, il s'y livra seul et sans autre guide que son génie, avec cette ardeur généreuse qui triomphe des plus graves difficultés, et en moins de deux ans il possédait assez la science, dans son passé comme dans ses progrès les plus récens, pour entrer en correspondance avec les principaux géomètres du temps. Il n'avait que dix-huit ans, lorsqu'il publia une lettre adressée à Fagnano, dans laquelle il exposait une série de son invention, pour les différentielles et les intégrales d'un ordre quelconque. L'année suivante il communiqua à Euler, sa méthode, en réponse au désir manifesté par l'illustre géomètre, dans son ouvrage sur les *isopérimètres*, de trouver, pour la solution des questions difficiles que présente ce problème, un procédé de calcul indépendant de toute considération géométrique. Depuis dix ans, Euler avait en vain fait cet appel aux savans de l'Europe, et ce fut, à son grand étonnement, un jeune homme inconnu qui lui répondit. Lagrange était alors professeur de mathéma-

tiques, à l'école d'artillerie de Turin, quoiqu'il eût à peine dix-neuf ans, et déjà il avait jeté les fondemens de la haute réputation qu'il atteignit bientôt. Dans un appendice de l'ouvrage que nous avons cité plus haut, Euler avait présenté la découverte d'une propriété remarquable du mouvement dans les corps isolés, qu'on appelle improprement, en mécanique, principe de la moindre action. En 1756, Lagrange lui adressa encore une nouvelle application de sa méthode, qui permettait de généraliser ce principe et par conséquent de l'étendre au mouvement des corps qui agissent les uns sur les autres d'une manière quelconque, considération importante de son théorème, que le grand géomètre désespérait lui-même de trouver.

C'est à ce beau travail de Lagrange qu'Euler donna depuis le nom de *Méthode des variations*, en faisant ressortir la gloire de l'inventeur de cette nouvelle branche de la science des nombres.

A cette époque, Lagrange fonda avec le médecin Cigna et le chevalier de Saluces, une société savante, à Turin, qui obtint l'approbation du roi de Sardaigne, et l'autorisation de publier des mémoires comme les autres académies. Ces mémoires, dont le premier volume parut en 1759, eurent un succès prodigieux, qui fut dû à la part considérable qu'y tenaient les travaux de Lagrange. Le 2 octobre de cette année, Euler lui annonça que l'académie de Berlin, dont il dirigeait la classe des mathématiques, l'avait appelé dans son sein. Lagrange, en 1764, remporta le prix proposé par l'académie des sciences de Paris, pour une théorie de la libration de la lune. Son mémoire qui présentait une solution complète de la question proposée, contenait en outre les premiers germes de la grande conception qui servit de base, dans la suite, à la *mécanique analytique* ; il fut accueilli avec admiration. Car, dans cette pièce remarquable, dit un biographe de Lagrange, il montrait déjà aux géomètres, toute la généralité du principe fécond des vitesses virtuelles, et son étroite liaison avec les autres principes de la dynamique.

A l'âge où l'on entre à peine dans le monde, sans autre appui que des espérances trop souvent déçues, Lagrange avait, en Europe, la réputation d'un savant du premier ordre. Il eut alors le vif désir de connaître les hommes éminens, qui avaient accueilli avec tant d'empressement ce qu'il appelait modestement ses essais, mais c'était surtout vers la France que se tournaient ses regards. Ses vœux ardens furent enfin satisfaits ; il vint à Paris, où Clairaut, d'Alembert et leurs principaux confrères le reçurent avec l'empressement le plus flatteur. Une maladie dangereuse le força d'y abréger son séjour, et, de retour à Turin, il se livra avec une nouvelle ardeur aux travaux qui avaient appelé sur lui l'attention de l'Europe savante.

Lagrange s'adonna alors à de nouvelles et profondes recherches sur le calcul intégral, les différences partielles, le mouvement des fluides et sur les méthodes d'approximation, dans lesquelles il introduisit de notables perfectionnemens. Il en fit, dans le même travail, une application très-importante aux mouvemens de Jupiter et de Saturne, et y donna le premier les expressions exactes des variations de trois élémens planétaires, application qu'on peut regarder comme l'un des fondemens de la belle théorie à laquelle son nom est pour toujours attaché. En 1766, il remportait encore le prix proposé par l'académie des sciences, pour une théorie des satellites de Jupiter. Ce fut vers ce temps qu'il quitta Turin, pour n'y plus rentrer. Le 6 novembre de cette année, il prit possession de la place de directeur de l'académie de Berlin, que lui offrit Frédéric, lorsque Euler, qui remplissait ces fonctions, retourna à Saint-Pétersbourg, où le rappelaient de graves intérêts de famille Après la mort du roi de Prusse, les savans étrangers, qui avaient prêté à son académie l'éclat dont elle brillait momentanément, cessèrent d'être retenus à Berlin, et Lagrange fut sollicité par les ministres des cours de Naples, de Toscane et de Sardaigne, qui auraient été jaloux de s'attacher un homme d'un tel mérite. Le célèbre Mirabeau était alors à Berlin, et ce fut lui qui, connaissant le penchant secret qui attirait toujours Lagrange vers la France, le décida à venir à Paris. Il accepta les offres honorables qui lui furent faites par le ministre de Louis XVI, et il vint se fixer dans la capitale de la France, en 1787. La *mécanique analytique* parut en 1788, et cette œuvre de génie, cet ouvrage qui suffirait à la gloire de Lagrange, fut publié à une époque où la plus étrange révolution paraissait s'opérer dans son intelligence. Il parut long-temps distrait et mélancolique, dit Delambre, dans l'éloge de ce grand géomètre. Souvent, dans une réunion, qui devait être selon son goût, au milieu des savans qu'il était venu chercher de si loin, parmi les hommes les plus distingués de tous les pays qui se rassemblaient chaque semaine, chez l'illustre Lavoisier, on le voyait rêveur, debout contre une fenêtre, où rien pourtant n'attirait ses regards; il y restait étranger à ce qui se disait autour de lui. Il avouait lui-même qu'il avait perdu le goût des recherches mathématiques, et qu'il n'éprouvait plus cet enthousiasme qui se ralluma plus tard avec tant de vivacité. Quelle est donc la cause de cette mélancolie profonde dans laquelle le génie aime quelquefois à s'isoler?...

Cependant le grand drame de la révolution française commença, et bientôt Lagrange se trouva exposé aux vicissitudes cruelles qui en marquèrent les différentes péripéties. Etrange aveuglement des factions qui livra au fer des bourreaux les hommes de science et de rogrès,

au nom d'une révolution qui avait pour but de constater le progrès! Le caractère paisible de Lagrange, quoique son active curiosité eût été excitée par cette commotion terrible, l'éloigna de la scène orageuse des passions de ce temps. Il croyait peu aux prétendues améliorations que les réformateurs promettaient au peuple, cependant il prit part à l'une des innovations les plus heureuses de cette époque, c'est-à-dire à l'établissement d'un système métrique, général et uniforme, dont la base était prise dans la nature. En 1791, l'assemblée nationale, sur la proposition du député Duséjour, membre de l'académie, conserva par un décret, à Lagrange, la pension que lui avait promise Louis XVI. La même assemblée le nomma successivement membre d'une commission chargée de récompenser les inventions reconnues utiles et l'un des trois administrateurs de la monnaie. Mais il ne voulut occuper ce dernier emploi que pendant six mois, et, en mai 1792, il épousa mademoiselle Lemonier, et vécut dans la retraite jusqu'en 1793, où un décret du 16 octobre forçait de sortir de France tous les étrangers. Malgré les malheurs qui accablaient ce pays, Lagrange redoutait ce moment d'une séparation qu'il aurait regardée comme un exil. Mais Guyton-de-Morveau obtint du comité de salut public un arrêté qui mettait l'illustre auteur de la *Mécanique analytique* en *réquisition* pour continuer des calculs sur la théorie des projectiles, et il le conserva ainsi à la France qu'il aimait tant! Avant que des jours meilleurs se levassent sur notre pays désolé, Lagrange eut la douleur de voir immoler ses meilleurs amis, Bailly et Lavoisier. La mort de ce dernier surtout le plongea dans le deuil. — « Il ne leur a fallu qu'un moment, disait-il à Delambre, pour faire tomber cette tête, et cent années, peut-être, ne suffiront pas pour en reproduire une semblable! »

Cependant l'ordre sortit enfin du chaos révolutionnaire et les actes d'un gouvernement régulier et social vinrent rassurer la société si profondément ébranlée. L'école normale et l'école polytechnique furent créées, et ces établissemens, dont le dernier surtout si national et si grand, a brillé de tant d'éclat parmi les gloires nouvelles de la France, comptèrent Lagrange au nombre de leurs professeurs. La science avait retrouvé un noble asile et sa voix si long-temps étouffée par les cris de la place publique retrouva de dignes échos. Ce fut pour les élèves de l'école polytechnique que Lagrange reprenant ses anciennes méditations sur les fondemens du calcul différentiel leur donna ce développement malheureux qu'il consigna dans sa *Théorie des fonctions.* (*Voy.* FONCTIONS ANALYTIQUES.) Il est difficile de se faire une idée de l'enthousiasme qu'inspirait à ses auditeurs les leçons de Lagrange et du religieux silence qui accueillait ces distractions profondes qu'une idée imprévue venait parfois lui causer. Ces jeunes hommes ardens, et dévoués au service de leur pays, emportaient au loin dans la France et dans les camps, sur la terre étrangère, où les appelait leur devoir, le souvenir de leur illustre maître et la pieuse affection qu'ils lui avaient vouée. Le nom de Lagrange était alors un des plus populaires de France. A cette époque l'institut national fut créé, Lagrange encore y fut le premier appelé. Le directoire, frappé du lustre que les travaux de ce grand homme jetait alors sur le pays, lustre qui rejaillissait sur son administration, lui décerna une de ces récompenses qui rappellent l'héroïsme et la noble simplicité des anciennes républiques. Au moment où le Piémont, par suite des victoires des armées républicaines, fut placé sous l'influence française, on n'oublia pas que c'était le pays natal de Lagrange et que son père, âgé de 90 ans, vivait encore à Turin. Le ministre des relations extérieures reçut l'ordre d'écrire au commissaire civil du directoire dans cette ville. « Vous irez chez le vénérable père de l'illustre Lagrange et vous lui direz que dans les évènemens qui viennent de se passer, les premiers regards du gouvernement français se sont tournés vers lui; et qu'il vous a chargé de lui porter le témoignage du vif intérêt qu'il lui inspire.... » Le commissaire du directoire répondit qu'à l'instant même où cette lettre lui était parvenue, il s'était transporté chez le père de Lagrange, suivi des généraux de l'armée et de plusieurs citoyens distingués des deux nations. Là, après lui avoir lu la dépêche officielle. — « Heureux père! avait-il ajouté; jouissez de la reconnaissance de tous les amis de la vérité; je suis dans ce moment leur interprète. Jouissez du bonheur d'avoir donné le jour à un homme qui honore l'espèce humaine par son génie, que le Piémont s'enorgueillit d'avoir vu naître, et que la France est orgueilleuse de compter parmi ses citoyens. » — Mon fils est grand devant les hommes, dit le vieillard, puisse-t-il aussi être grand devant Dieu! » Peu de temps après de nouveaux honneurs vinrent rendre un éclatant hommage au génie de Lagrange. Les destinées de la France étaient changées, et le chef de l'état, qui avait été son collègue à l'institut, le nomma membre du sénat, grand officier de la légion d'honneur et plus tard comte de l'empire et grand croix de l'ordre de la réunion. Des travaux de l'ordre le plus élevé marquent cette période de sa vie et l'occupèrent jusqu'en 1813. C'est à cette époque que la science eut à déplorer sa perte et ce serait ici qu'il conviendrait d'analyser et d'exposer dans leur ensemble les glorieux travaux et les découvertes mémorables dont il l'enrichit si long temps. Mais cette étude dépasserait les bornes de notre plan, nous ajouterons seulement ici la liste de ceux de ses écrits qui ont été publiés séparément, c'est remonter à la source d'un grand fleuve, dont nous avons admiré la course majestueuse.

I. *Addition à l'algèbre d'Euler*, elles occupent 300 pages du deuxième volume de cet ouvrage, qui a été imprimé à Lyon en 1774, en deux volumes in-8°, et réimprimé en 1796. II. *Mécanique analytique*, in-4°, Paris, 1787, deuxième édition, premier volume en 1811, deuxième en 1815, par les soins de MM. Prony, Garnier et J. Binet. III. *Théorie des fonctions analytiques*, Paris, an 5, in-4°, deuxième édition, 1813. IV. *Résolution des équations numériques*, in-4°, Paris, an 6, deuxième édition, 1808. V. *Leçons sur le calcul des fonctions*, Paris, 1806, 1 volume in 8°. VI. *Leçons d'arithmétique et d'algèbre, données à l'école normale*. VII. *Essai d'arithmétique politique*. Il existe en outre un nombre considérable de mémoires de Lagrange dans les collections académiques de Turin, de Berlin et de Paris, dans la *Connaissance des temps*, et dans le journal de l'école polytechnique. Il a aussi laissé une grande quantité de manuscrits que Carnot, étant ministre de l'intérieur, en 1815, fit acquérir par le gouvernement et donna à l'institut.

L'excès de travail, dès les premiers jours de 1813, avait épuisé les forces de Lagrange; il ne cessa point pour cela de donner ses soins à la révision de sa *Mécanique*; cette application hâta la marche du mal dont il était atteint et les symptômes les plus alarmans ne tardèrent pas à se manifester. Il connut le danger où il était; « mais, dit Delambre, conservant son imperturbable sérénité, il étudiait ce qui se passait en lui; et, comme s'il n'eût fait qu'assister à une grande et rare expérience, il y donnait toute son attention. Il expira au milieu de ses amis, le 10 avril 1813 : trois jours après ses restes furent déposés au Panthéon.

LAHIRE (Philippe de), géomètre distingué, l'un des membres les plus laborieux et les plus utiles de l'Académie des sciences, naquit à Paris le 18 mars 1640. Il perdit, à l'âge de 17 ans, Laurent de *Lahire*, son père, peintre ordinaire du roi, et qui le destinait à le remplacer dans son art, dont il lui enseigna les élémens. Mais d'autres dispositions entraînaient le jeune Lahire vers une autre carrière, et, suivant Fontenelle, on put prédire de bonne heure que le jeune peintre se changerait en un grand géomètre. La douleur que lui fit ressentir la perte cruelle qu'il éprouvait, et une affection physique fort grave, le conduisirent en Italie où il s'appliqua avec bonheur à l'étude de la géométrie. A son retour à Paris, Désargues chargea Lahire de terminer la seconde partie de son Traité de la coupe des pierres. Ce travail fut imprimé à part, et fit connaître son auteur dans le monde savant. En 1673 et 1676, Lahire publia divers traités sur les coniques et la cycloïde qui mirent le sceau à sa réputation, et le firent entrer à l'Académie des sciences en 1678. Le titre d'académicien ne ralentit point son zèle pour la science; dès l'année qui suivit sa réception, il publia dans un même volume trois traités qui paraissent avoir eu pour objet le développement de quelques points obscurs de la géométrie de Descartes ; le premier est consacré aux sections coniques , le second aux lieux géométriques , le troisième à la construction ou effection des équations. Ce fut à cette époque que l'illustre Colbert conçut le plan d'une carte générale du royaume de France. Picard et Lahire furent choisis pour préparer les élemens de ce beau travail ; ils parcoururent ensemble les côtes de Bretagne et de Gascogne. En 1681, Lahire eut ordre de se séparer de Picard et d'aller déterminer la position de Calais et de Dunkerque. Il mesura aussi la largeur du Pas-de-Calais, depuis la pointe du bastion du Risban , jusqu'au château de Douvres, et il la trouva de 21360 toises. Lahire mesura ensuite sur le bord de la mer une base de 2500 toises , qui fut le fondement de ses triangles, et visita en 1682 les côtes de Provence pour mettre fin à la grande entreprise de Colbert. Dans tous ces voyages, dit Fontenelle , il ne se bornait pas aux observations qui étaient son principal objet ; il en faisait encore sur la variation de l'aiguille aimantée , sur les réfractions, sur les hauteurs des montagnes, sur le baromètre. Il ne suivait pas seulement les ordres du roi, mais aussi son goût et son envie de savoir.

En 1682 , ce laborieux géomètre publia un traité de gnomonique , qui a été imprimé en 1698 avec des augmentations. La mort de Colbert interrompit tout à coup les travaux entrepris par son ordre pour la méridienne commencée par Picard, et que Lahire continuait du côté du nord, tandis que Cassini la poussait du côté du sud. Alors Lahire fut employé par Louvois, le successeur du grand ministre que la France venait de perdre, à des travaux de nivellement qui avaient pour objet d'amener à Versailles les eaux de l'Eure. En 1685, l'infatigable Lahire publia dans un corps d'ouvrage le résultat de ses études sur les sections coniques. Cette théorie paraissait pour la première fois dans son ensemble et déduite de principes simples et nouveaux; aussi l'ouvrage de Lahire obtint-il un grand succès dans l'Europe savante. Deux ans après , il publia des tables du soleil, de la lune , et une méthode pour faciliter le calcul des éclipses. Toutes les branches des mathématiques, enfin, ont été l'objet des travaux de Lahire, dont on concevra mieux l'ensemble important par la liste des ouvrages qu'il a publiés sur les diverses matières qui en sont l'objet.

Lahire a peu fait pour la théorie de la science, mais les opérations qu'il a accomplies donnent une haute idée de sa sagacité, de son amour pour le travail et de ses talens. On ne saurait trop honorer les noms des plus grands géomètres qui sacrifient à la gloire des hautes spéculations le bonheur de se rendre utiles à leur pays par des applications pratiques. Celui dont nous venons d'exposer rapidement les travaux eut une vie paisible, dont l'étude remplit tous les instans. Exempt d'ambition , de mœurs douces et pures, Lahire mourut à Paris le 21 avril 1718, sans avoir éprouvé les infirmités qui accablent la vieillesse, aimé et respecté de tous les hommes au milieu desquels il avait vécu. Toutes ses journées , ajoute Fontenelle, en terminant son éloge, étaient d'un bout à l'autre occupées par l'étude , et ses nuits très-souvent interrompues par des observations astronomiques. Nul divertissement que celui de changer de travail ; nul autre exercice corporel que celui d'aller à l'Observatoire, à l'Académie des sciences, à celle d'architecture, au Collège royal dont il était aussi professeur. Il a eu le bonheur que l'âge ne l'a point miné lentement et ne lui a point fait une longue et languissante vieillesse. Quoique fort chargé d'années , il n'a été vieux qu'environ un mois, du moins assez pour ne plus venir à l'Académie ; quant à son esprit, il n'a jamais vieilli. Voici les titres et la liste, par ordre de date, des ouvrages de Lahire. I. *Nouvelle Méthode de géométrie , pour la section des superficies coniques et cylindriques*, Paris , 1673, in-4° fig. II. *De Cycloïde opusculum ib.* 1676, in-4°. III. *Nouveaux élémens des sections coniques; les Lieux géométriques; la Construction ou effection des équations, ib.* 1679, in-12. IV. *La Gnomonique ou l'art de tracer des cadrans, ib.* 1682, in-12 , nouv. édit. 1698. Cet ouvrage , fort utile, et qui parut excellent à l'époque où il a été publié, a été effacé par celui de D. Bedos , sur le même sujet. V. *Sectiones conicæ in IX libros distributæ, ib.* 1685. VI. *Tabulæ astronomicæ, Ludovici magni jussu et munificentiá exaratæ, ib.* 1702 , in-4°. La première partie de ces tables, comme nous l'avons dit plus haut , avait déjà paru en 1687; Lahire y avait joint la description d'une machine de son invention qui montrait toutes les éclipses passées et à venir, les mois et les années lunaires avec les épactes. Cette machine était d'une construction fort simple , et pouvait se mettre dans la boîte d'une pendule ; Fontenelle avance que plusieurs de ces machines furent exécutées, et que l'une d'elles émerveilla l'empereur de la Chine à qui elle avait été envoyée avec plusieurs autres curiosités d'Europe. Quant aux *Tables astronomiques*, elles eurent un grand succès, quoiqu'un nommé Lefèvre en disputât la propriété à Lahire qui les traduisit en français ; mais elles ne furent imprimées ainsi qu'en 1735. Elles furent aussi traduites dans toutes les langues de l'Europe ; les tables de Halley les ont cependant fait oublier. VII. *L'Ecole des arpenteurs , avec un abrégé du nivellement ,* Paris , 1689 in-8°. nouv. édit. 1692 , 1728. VIII. *Traité de mécanique où l'on explique tout ce qui est nécessaire dans la pratique des arts, ib.* 1675. in-12. Cet ouvrage qui avait le mérite d'être complet , et qui d'ailleurs était un traité de cette branche de la science, remarquable pour ce temps, était accompagné d'une dissertation sur les épicycloïdes, et leur usage dans la mécanique. On s'étonne que ce travail ait fourni à Bossut l'occasion de déprécier le caractère et le talent de Lahire, dans un livre d'ailleurs peu estimé (*Hist. des Mathématiques*). Cet écrivain prétend que Lahire était connu pour un médiocre géomètre : cette assertion est tout à fait arbitraire, et elle est démentie par les travaux estimables de l'auteur du *Traité de Mécanique*, dont il est ici question. On trouve encore dans l'Académie des sciences un grand nombre de mémoires de Lahire qui a été l'éditeur du *Traité du Nivellement*, par Picard, et du *Traité du mouvement des eaux*, par Mariotte.

LALANDE (Joseph-Jérôme le Français de), l'un des observateurs modernes les plus renommés, naquit à Bourg, en Bresse, le 11 juillet 1732. Peu d'hommes de génie ont atteint le degré de célébrité où cet astronome est parvenu, célébrité populaire, encore aujourd'hui en France, où le nom du modeste et illustre abbé La Caille n'est guère connu que des personnes qui s'occupent de science. Si Lalande n'a fait aucune grande découverte qui justifie sa réputation, ses nombreux et estimables travaux ne méritent pas moins d'être signalés, lors même qu'ils n'auraient eu pour résultat que de vulgariser les connaissances astronomiques, et d'en répandre le goût en France.

Lalande fut élevé par des parens pieux, et il eut, à Lyon, pour professeur de mathématiques, le Père Béraud. Soumis, dès son enfance, aux pratiques les plus minutieuses de la dévotion, et composant, dans son enfance, des romans mystiques, il est devenu plus tard un des plus fervens et des plus audacieux apôtres de la secte encyclopédique. Quoiqu'il eût révélé de bonne heure une intelligence remarquable, ses goûts paraissaient le porter plutôt vers les études littéraires que vers les hautes spéculations de la science, lorsque la grande éclipse du 25 juillet 1748, qu'il vit observer, à Lyon, par le Père Béraud, décida de ses dispositions pour l'astronomie. Ses parens, peu touchés des espérances de gloire que le jeune Lalande concevait déjà, crurent pouvoir le détourner d'un penchant qu'ils regardaient comme funeste, en l'envoyant à Paris où il fut mis en pension chez un procureur. Mais ce procureur demeurait dans l'hôtel de Cluni, où Delisle avait établi un observatoire que les travaux de Messier avaient rendu célèbre. Lalande fit son cours de droit et devint avocat pour plaire à ses parens qu'il aimait, et il suivit le cours de Messier, et devint astronome pour satisfaire ses propres goûts. Il paraît que le cours de Messier était souvent désert, et que Lalande était à-peu-près son seul auditeur ; aussi le vieux professeur s'attacha-t-il à lui, s'efforça-t-il de développer les dispositions heureuses

qu'il lui avait reconnues. Presque aussitôt, Lemonnier, à qui l'on doit la mesure d'un degré au cercle polaire, ouvrit un cours de mathématiques, et distingua Lalande parmi ses élèves. Il ne tarda pas à réaliser toutes les espérances qu'il avait fait concevoir à ses deux maîtres qui se firent une sorte de petite guerre pour se l'attacher uniquement. Lemonnier eut le crédit de se faire remplacer par son protégé pour la détermination de la parallaxe de la lune qui devait s'effectuer à l'observatoire de Berlin, suivant les avis de La Caille qui désirait que des observations faites en Europe établissent une concordance utile aux progrès de la science, avec celles qu'il allait recueillir au cap de Bonne-Espérance. Le jeune Lalande, heureux d'être chargé d'une telle mission, partit pour Berlin, muni de toutes les instructions, des recommandations et des instrumens nécessaires ; il fut présenté à Frédéric qui l'accueillit avec intérêt. Peu de temps après, Lalande, que sa jeunesse n'avait pas empêché d'être chargé d'une mission importante, et qu'on regardait comme un prodige, fut reçu membre de l'Académie de Berlin. Cette circonstance le mit en rapport avec Euler, dont il eut le bonheur de recevoir des leçons ; mais il se lia en même temps avec tous les *philosophes* de Frédéric, et ce fut au milieu d'eux qu'il perdit les sentimens religieux dans lesquels il avait été élevé. Avant de retourner en France, il publia, dans les *acta eruditorum*, les détails de sa mission sous ce titre : *D. Delalande astronomi regii de observationibus suis Berolinensibus, ad paralaxin lunæ deficiendam, epistola* (1752). En 1753, Lalande, à peine âgé de vingt ans, entra à l'Académie des sciences. Son travail sur la lune devint l'occasion de sa liaison avec La Caille ; mais cette liaison déplut à Lemonnier, son maître, et depuis ce temps ils furent ennemis.

Esquissons rapidement maintenant les travaux de Lalande, parvenu si jeune aux honneurs académiques. Une de ses occupations les plus constantes, fut la théorie des planètes, qu'il chercha toute sa vie à compléter par l'observation. A l'occasion de deux passages de Vénus, dont l'époque approchait, il développa la méthode de Delisle pour représenter, sur une carte géographique, l'heure de l'entrée et celle de la sortie de cette planète, pour les différens pays de la terre, et signala une erreur commise à ce sujet par Halley, qui avait toujours recommandé aux astronomes l'observation de ce phénomène. Lalande s'occupa beaucoup aussi de gnomonique, et il a exposé toutes les méthodes relatives à l'art de construire les cadrans, dans l'article de l'encyclopédie consacré à cette matière. Successeur de Maraldi pour la rédaction de la *Connaissance des Temps*, Lalande introduisit dans cet ouvrage un grand nombre d'améliorations, et y a exposé des méthodes nouvelles dont il donne l'explication dans son *exposi-*

tion du calcul astronomique. En 1764, il publia la première édition de son grand *Traité d'Astronomie*, ouvrage utile et le plus complet qui eût paru dans notre langue, et qui était digne, sous beaucoup de rapports, du succès qu'il obtint. C'est Lalande qui fournit à Clairaut les calculs qui servirent à ce géomètre pour déterminer d'avance les élémens de la comète de 1759. A cette époque, une terreur panique s'empara de tous les esprits. Lalande avait examiné la question de savoir si les perturbations que les attractions planétaires imprimaient à la marche des comètes, ne pouvaient pas attirer les orbites de ces astres de manière à faire qu'elles puissent couper celle de la terre en un point. Il devait lire à l'Académie son mémoire intitulé : *Réflexions sur les Comètes qui peuvent approcher de la terre.* Cette lecture n'eut pas lieu, et le bruit se répandit aussitôt dans le public que Lalande prédisait positivement dans cet écrit uneo prochain cataclysme. La terreur fut au comble, et le lieutenant de police fut obligé de faire imprimer le mémoire pour désabuser le peuple de Paris. Cette circonstance et beaucoup d'autres à-peu-près semblables n'ont pas peu contribué à populariser le nom de Lalande.

En 1778, Lalande publia ses *Réflexions sur les éclipses de soleil*, qui contiennent quelques remarques nouvelles et importantes sur les circonstances de ce phénomène. Il fut, en 1780, l'éditeur des leçons élémentaires d'astronomie de La Caille, et publia successivement un grand nombre d'ouvrages et d'articles dans les recueils scientifiques, jusqu'en 1793, où parut son *abrégé de Navigation historique, théorique et pratique avec des tables horaires*, calculées par madame Lalande, sa nièce. Il a donné ensuite : Un *abrégé d'astronomie;* l'*Astronomie des dames; Catalogue de mille étoiles circumpolaires; Mémoire sur la hauteur de Paris au-dessus du niveau de la mer; Traité de la sphère et du Calendrier; Histoire céleste française*, et enfin, *Bibliographie astronomique*, ouvrage plein d'érudition et d'une utilité incontestable pour l'histoire de la science.

Nous avons omis à dessein dans cette énumération succincte des écrits de Lalande, les ouvrages étrangers à l'astronomie, et dont il a publié un grand nombre. La plupart se ressentent malheureusement de la mauvaise direction de ses idées prétendues philosophiques, et les progrès de la raison les ont fait tomber dans un oubli, dont nous ne contribuerons pas à les tirer.

La vie de Lalande, depuis son entrée à l'Académie, est trop connue pour que nous croyions devoir en rappeler les particularités. Son amour pour la célébrité le jeta souvent dans d'étranges idées. Il voulait à toute force qu'on s'occupât de lui, et il ne négligeait aucun des moyens qui peuvent attirer sur un homme l'attention d'un public plus disposé à s'émerveiller d'une

bizarrerie qu'à honorer le véritable talent. Malgré les graves erreurs où l'entraînèrent son caractère, et les tristes principes qu'il puisa dans la société des encyclopédistes, Lalande eut des vertus et se montra toujours honorable dans la vie privée. Il ne cessa pas de vénérer ses parens et de chérir sa ville natale, où sa mémoire sera long-temps honorée. Il mourut à Paris, avec un calme digne de plus nobles convictions philosophiques, le 4 avril 1807, après avoir entendu la lecture des journaux, et ordonné de sang froid toutes les dispositions nécessaires à ses funérailles.

Si, dit Delambre, l'auteur de son éloge académique et son biographe, Lalande n'a point renouvelé la science astronomique dans ses fondemens comme Copernic et Keppler, s'il ne s'est point immortalisé comme Bradley par deux découvertes brillantes, s'il n'a point été au même degré que La Caille, un observateur et un calculateur exact, si enfin il ne fut à tous égards qu'un astronome du second ordre, il a été le premier de tous comme professeur. Plus qu'aucun autre, il a su répandre l'instruction et le goût de la science. Tel fut en effet Lalande, et la postérité ne changera rien à ce jutement bienveillant, mais juste.

LAMBERT (JEAN HENRI), mathématicien distingué et l'un des plus savans écrivains du xviii° siècle, naquit à Mulhausen, le 29 août 1728. Ce fut un de ces hommes simples et modestes qui, avec des talens supérieurs, passent inconnus dans le monde, mais qui laissent après eux un long sillon de lumière qui perpétue leur mémoire, pour laquelle la postérité s'éprend un jour d'un généreux et juste intérêt. Les historiens modernes des mathématiques mentionnent à peine le nom de Lambert, et ce nom, si célèbre en Allemagne, serait à peu près inconnu à la France, à laquelle il n'est point étranger, si un savant lexicographe n'avait récemment vengé cet inconcevable oubli dans une notice remarquable. Nous sommes heureux de pouvoir emprunter à ce curieux travail les traits principaux de l'esquisse rapide que nous allons tracer.

La famille de Lambert était du nombre de celles que la funeste révocation de l'édit de Nantes bannit de la France. Son père était un pauvre tailleur chargé d'une nombreuse famille, que son travail pouvait à peine nourrir. Le jeune Lambert, qui manifesta de bonne heure les plus heureuses dispositions, put à peine profiter des moyens d'instruction gratuite qu'offrait le collége municipal de Mulhausen pour y faire quelques premières études sur les principes des langues latine et française. Cependant Lambert se destinait lui-même à l'enseignement, afin de s'imposer comme une obligation l'étude qu'il aimait, et ce fut absolument seul qu'il acquit bientôt des connaissances assez élevées pour entrer à Bâle, en qualité de secrétaire, chez le docteur

Iselin, conseiller du margrave de Bade. Il n'avait alors que dix-sept ans. Cette circonstance et la simplicité de caractère qui le distinguait, ont donné quelque vraisemblance à diverses anecdotes recueillies par les biographes allemands et dont il est le héros. On dit que présenté à Frédéric, le prince lui demanda avec ce ton brusque qu'il affectait : Que savez-vous ? — Tout, répondit Lambert. — Comment l'avez-vous appris ? — De moi-même. — Vous êtes donc un autre Pascal ? — Oui.

Quoi qu'il en soit, Lambert put du moins, dans sa nouvelle situation, disposer d'une bibliothèque, et il se livra avec ardeur à l'étude de la philosophie, du droit public et des sciences mathématiques, où un heureux instinct lui fit trouver des exemples clairs et certains à l'appui de la théorie qu'il s'était créée pour la recherche de la vérité ; mais il lui manquait de pouvoir conférer de vive voix avec des personnes instruites sur les objets de ses lectures, et de trouver enfin des contradicteurs et des conseils éclairés dans les matières difficiles dont il s'occupait. Une heureuse circonstance le plaça enfin dans cette position favorable; il fut chargé de l'éducation du petit-fils du comte Pierre de Salis, homme d'état distingué par son instruction. Il travailla avec une nouvelle ardeur, et ce fut dès lors qu'il s'occupa à la fois de physique, de mécanique, d'astronomie et des sciences littéraires, dans lesquelles il devait diriger ses élèves. C'est aussi à cette époque qu'il commença à sentir sa vocation d'écrivain, et qu'il se fit connaître ensuite par la publication de quelques articles scientifiques dans les journaux de ce pays, et qu'il prépara deux de ses principaux traités : la *Logique algébrique* et l'*Organon*. Les honneurs académiques commencèrent à récompenser cette incroyable activité d'esprit qu'il avait déployée et les talens qu'il révélait. En 1756, Lambert entreprit avec ses élèves divers voyages en Europe; il put voir les savans les plus illustres de son temps, et entretint depuis lors avec eux une correspondance active. Il vint enfin à Berlin en 1764 : sa réputation l'avait précédé dans cette ville, et vers la fin de cette année il y devint membre de la célèbre académie fondée par Frédéric. Il reçut de ce prince de fréquens témoignages d'estime et d'intérêt, et ses bienfaits lui procurèrent une existence honorable jusqu'en 1777. Le 25 septembre de cette année, Lambert mourut à Berlin à l'âge de 49 ans, avec une belle renommée, qui est devenue populaire en Allemagne.

Durant cette vie trop courte, et dont nous regrettons que les exigences de notre plan ne nous aient pas permis de faire mieux connaître les particularités, Lambert a composé un nombre considérable d'ouvrages, mais nous ne parlerons ici que de ses travaux mathématiques, dont les théories et l'application ont été également ment l'objet de ses études. Tous ses écrits sont dominés par cette idée, que les mathématiques sont susceptibles d'applications plus nombreuses qu'on ne le croit communément : aussi Lambert s'était-il fait remarquer comme l'un des plus universels des géomètres applicateurs.

Dans le champ de la théorie, Lambert a produit de profondes recherches sur les diviseurs des nombres, sur les fonctions continues, sur la théorie des parallèles, sur la trigonométrie; il a donné la fraction continue du *binóme* qui porte son nom et qui a obtenu le double honneur et d'avoir été prise pour thème par Euler et d'avoir été l'objet d'un travail de Lagrange. et la démonstration célèbre de l'incommensurabilité de rapport de la circonférence au diamètre. Dans le champ des applications, il perfectionne les mesures géodésiques, il simplifie les pratiques de la perspective ; c'est seulement pour ce dernier travail qu'il est mentionné par Montucla. En astronomie, les recherches de Lambert ne sont pas moins remarquables ; en s'occupant des orbites des comètes, il découvre le rapport qui existe entre le temps qu'emploie l'astre à parcourir un arc de son orbite, la corde de cet arc et les deux rayons vecteurs extrêmes ; rapport dont l'expression simple et élégante a reçu le nom de *théorème de Lambert*.

Nous devons répéter que nous n'avons fait ici qu'énoncer les traits les plus remarquables des principaux travaux de Lambert, qui sont exposés dans les ouvrages suivans : I. *Perspective libre*, Zurich 1759, 1773, 2 vol. in-8°. II. *Photometria, sive de gradibus luminis colorum et umbræ*, Augsbourg, 1760, 1 vol. in-8°. III. *Insigniores orbitæ cometarum proprietates*, ib. 1761. IV. *Lettres cosmologiques*, (en allemand) ib. 1761. V. *Echelles logarithmiques*, (en allemand) ib. 1761. *Novum organon*, Leipzig, 1763, 2 vol. in-8°. VI. *Supplementa tabularum logarithmicarum, et trigonomicarum*, Berlin, 1770. VII. *Hygrométrie*, Augsbourg, 1770. VIII. *Beytrage zur mathematic*, recueil de mémoires intéressans sur toutes les parties des mathématiques, où l'on trouve la *Logique algébrique*, etc. Berlin 1765 à 1772. IX. *Pyrométrie*, (en allemand) ouvrage posthume, Berlin 1779. Nous omettons à regret un grand nombre d'écrits de Lambert, moins importans et qui appartiennent plus aux sciences physiques qu'aux mathématiques. Ce savant très-remarquable a aussi fourni un grand nombre de mémoires intéressans aux *nova acta eruditorum*, aux *archives de Hindinbourg*, aux *mémoires de Berlin*, aux *mémoires de l'Académie de Bavière*, aux *acta helvetica*, etc., etc. De 1781 à 1787, on a publié à Berlin la correspondance scientifique de Lambert. (J. N. Lambert, *Deutscher-Gelehrter-Briefwechsel*.)

LAME ÉLASTIQUE. (*Géom. et méc.*) La courbe

formée par une lame de ressort fixée horizontalement par une de ses extrémités à un plan vertical et chargée à l'autre extrémité d'un poids qui la fait ployer, a été considérée pour la première fois par Jacques Bernouilli, qui lui a donné le nom de *courbe élastique*. (*Voy. Mémoire de l'Acad. des sciences*, 1703.) Depuis, plusieurs géomètres se sont occupés de ce problème, et l'on en trouve diverses solutions dans le *tome 3*, *des Mém. de St-Pétersbourg*.

Jean Bernouilli a démontré, dans son *Essai sur une nouvelle théorie de la manœuvre des vaisseaux*, que cette courbe est la même que celle que formerait un linge parfaitement flexible, fixé horizontalement par ses deux extrémités, et chargé d'un fluide pesant. Pour trouver son équation, il établit en principe : 1° que le poids tendant exerce sur chaque point de la lame une force proportionnelle à sa distance ; 2° que la courbure dans chaque point est en raison inverse de la force qui tend. Ainsi en prenant la ligne de direction du poids tendant pour l'axe des y, et le point d'application de ce poids pour l'origine ; si nous désignons par P, le poids ou la force qui courbe la lame, le moment de cette force sera Px, et ce moment doit faire équilibre à l'élasticité de la lame au point x, y ; donc en désignant l'élasticité absolue de la lame par b, comme elle est en raison inverse du rayon de courbure à ce point, et conséquemment proportionnelle à

$$\frac{\frac{d^2 y}{dx^2}}{\left(1 + \frac{dy^2}{dx^2}\right)^{\frac{3}{2}}}$$

(*Voy.* Courbure.) nous aurons l'équation

$$P x = \frac{b \, \frac{d^2 y}{dx^2}}{\left(1 + \frac{dy^2}{dx^2}\right)^{\frac{3}{2}}}$$

$$= \frac{b\,dx\,d^2 y}{(dx^2 + dy^2)^{\frac{3}{2}}}$$

multipliant les deux membres par dx, et intégrant ensuite, en prenant dx pour une quantité constante, nous obtiendrons

$$P\left(c + \frac{x^2}{2}\right) = \frac{b\,dy}{\sqrt{[dx^2 + dy^2]}} \, ,$$

c étant une constante arbitraire.

Dégageant enfin dy de cette équation, il vient

$$dy = \frac{P\left(c + \frac{x^2}{2}\right)dx}{\sqrt{\left[b^2 - P^2\left(c + \frac{x^2}{2}\right)^2\right]}}$$

Telle est l'équation de la *lame-élastique*. On ne peut l'intégrer qu'en développant en série son second membre. Pour tous les détails ultérieurs, nous devons renvoyer à la *mécanique* de Poisson, où la courbe élastique est traitée avec beaucoup de clarté et de grands développemens.

LANDEN (John), célèbre géomètre anglais, né en janvier 1719 à Peakirk, près Peterboroug, et mort le 15 janvier 1790 à Milton. La publication d'un ouvrage ayant pour titre : *Mathematical lucubrations*, commença la réputation européenne de ce savant, déjà connu avantageusement, en Angleterre, par un mémoire sur diverses propriétés du cercle et des courbes coniques, inséré dans les *Transactions philosophiques de l'année* 1754. Cet ouvrage, qui renferme une foule de beaux théorèmes, concernant la rectification des lignes courbes, la sommation des séries, l'intégration des équations différentielles, et plusieurs objets des hautes mathématiques, fut bientôt suivi d'autres travaux importans au nombre desquels nous devons particulièrement mentionner un mémoire intitulé : *Specimen of a new method of comparing curvilineal areas..* (*Voy. Transac. phil.* 1767). Élu en janvier 1766, membre de la Société royale de Londres, Landen ne s'endormit pas dans le fauteuil académique, et ses recherches postérieures sur la *sommation des séries convergentes* et sur les lois du *mouvement de rotation*, lui assignent un rang distingué parmi les mathématiciens de ce XVIIIe siècle, si fertile en grands géomètres.

Landen n'est guères connu en France que par une découverte géométrique très-singulière et très-inattendue : c'est l'égalité d'un arc hyperbolique à deux arcs elliptiques assignables ; vérité démontrée depuis d'une manière beaucoup plus simple par Legendre. (*Voy.* son Mémoire sur *les transcendantes elliptiques*) ; et par sa tentative de substituer à la *méthode des fluxions*, jusqu'alors suivie scrupuleusement par les géomètres anglais, une autre méthode, purement algébrique ou élémentaire, qu'il nomme *analyse résiduelle*. Suivant cette méthode, au lieu d'employer les différences infiniment petites des quantités variables, Landen considère des valeurs différentes de ces quantités qu'il égale ensuite après avoir fait disparaître le facteur, que cette égalité rend nul. (*Voy. The residual analysis a new branch of the algebric art.* 1764). Cette analyse résiduelle, dont les procédés embarrassans et compliqués font perdre au calcul différentiel ses principaux avantages mathématiques, savoir la simplicité et l'extrême facilité des opérations, doit être rangée aujourd'hui parmi toutes ces méthodes indirectes qui ont voulu usurper, dans ces derniers temps, la place du calcul infinitésimal et dont toute la valeur repose sur ce qu'elles empruntent implicitement, à leur insu, aux principes supérieurs de ce calcul.

Le dernier ouvrage de Landen (*Memoirs*. 2 vol.), publié la veille de sa mort, contient, entr'autres objets importans, l'explication et la cause d'une erreur commise par Newton, dans la solution du célèbre problème du mouvement des équinoxes. (*Voy.* Précession.) On sait que D'Alembert a donné, le premier, la résolution rigoureuse et complète de ce grand problème. (*Voy.* D'Alembert.)

LANTERNE MAGIQUE. (*Opt.*) Instrument d'optique très-connu, à l'aide duquel on fait paraître en grand sur une muraille blanche, des figures peintes en petit avec des couleurs transparentes sur des morceaux de verre mince. Elle a été inventée par le P. Kircher, jésuite.

Cet instrument se compose d'une lanterne ordinaire à laquelle on ajoute un tube renfermant deux verres lenticulaires dont la propriété est d'écarter les rayons qui partent de l'objet, de les rendre divergens, et par conséquent de projeter sur la muraille opposée des images beaucoup plus grandes que les objets. Ce tuyau est adapté de manière qu'on peut y introduire les verres peints entre les lentilles et la lumière renfermée dans la lanterne. La fig. 1, pl. 45, rend sensible cette construction. Musschenbroek, dans ses *Essais de physique*, et l'abbé Nollet, dans ses *leçons de physique*, se sont occupés en détails de la *lanterne magique*, dont le perfectionnement n'a point paru à Euler indigne de son attention. *Voy. Nouveaux commentaires de St-Pétersbourg*, tom. 3.

LAPLACE (Pierre Simon), l'un des plus illustres géomètres modernes, est né le 23 mars 1749, à Beaumont-en-Auge, d'une famille de pauvres et laborieux cultivateurs. C'est donc à son génie seul qu'il a dû et ses succès dans la science, et le rang social élevé où il est parvenu. Les travaux immortels qui ont signalé sa carrière, ont dû faire rechercher la source où il puisa les hautes connaissances à l'aide desquelles il les accomplit. Malgré l'obscurité qui environne ses premières années, obscurité sur laquelle cet homme célèbre avait la faiblesse de se montrer fort discret, on le retrouve de bonne heure, se distinguant au milieu de ses condisciples, par une aptitude supérieure à l'étude de toutes les branches du savoir, que lui rendait plus facile la mémoire prodigieuse dont il était doué. Ses premiers succès cependant furent dans les études théologiques. Il traitait avec talent et une sagacité extraordinaire, les points de controverse les plus difficiles. On ignore comment il passa des discussions philosophiques à l'examen et à la connaissance des problèmes de la haute géométrie, mais nous avons trop souvent démontré, dans le cours de cet ouvrage, la liaison intime qui existe, en principe, entre ces développemens de la raison, pour partager l'étonnement que cette circonstance de la

vie de Laplace a pu causer à d'autres. Dès l'instant où cette dernière science eut fixé son attention, il s'abandonna sans réserve à l'impulsion de son génie, et comme Lagrange, avec lequel il a eu dans sa carrière scientifique plusieurs points de ressemblance, il ne tarda pas à s'approprier les connaissances les plus élevées des mathématiques. Il se sentit à l'étroit dans sa province, il brûla du désir de voir et d'entendre les grands maîtres que possédait alors la France, et il vint à Paris.

Peu de savans ont été constamment plus heureux que Laplace, dont la vie n'est marquée par aucune de ces vicissitudes qui ont entravé la marche des plus beaux génies. Il adressa à D'Alembert, qui l'accueillit avec empressement, une lettre remarquable sur les principes de la mécanique, et ce célèbre géomètre qui venait de désigner Lagrange à l'attention du roi de Prusse, ouvrit aussitôt la carrière au jeune Laplace, en le faisant nommer professeur de mathématiques à l'école militaire de Paris.

On nous permettra de négliger quelques détails de la vie et des travaux de Laplace, pour nous occuper de ceux de ses ouvrages qui ont le plus contribué à sa haute renommée et qui sont ses véritables titres à l'immortalité. Possédant déjà les connaissances les plus étendues dans la science des nombres, il avait résolu plusieurs questions principales de l'astronomie théorique; cette science sublime devint le but à peu près unique de ses efforts et de ses travaux. Il avait conçu un plan immense digne de son génie, c'était de refaire la théorie du ciel, en coordonnant les grands systèmes, en réformant les erreurs dont elle avait été l'objet, en exposant enfin les causes encore inconnues de quelques phénomènes importans. C'est à cette pensée, qui remplit toute la vie de Laplace, que la science doit la *Mécanique céleste*, ouvrage admirable que Fourier a spirituellement nommé l'*almageste* de ce siècle, mais qui l'emporte sur celui de Ptolémée, de toute la différence qui existe entre l'état actuel de la science et les élémens d'Euclide. Laplace avait reçu de la nature toute la force de génie, toute la persistance que pouvaient exiger une entreprise de cette étendue. Non seulement il a réuni dans son almageste du xviiie siècle tout ce que les sciences mathématiques et physiques avaient déjà posé d'incontestable, et qui sert de fondement à l'astronomie, mais il a ajouté à cette branche du savoir des découvertes capitales, qui lui sont propres et qui avaient échappé à ses prédécesseurs.

Ainsi, l'on observait dans les mouvemens de la lune une accélération dont on n'avait pu découvrir la cause. Les premières recherches de Laplace sur l'invariabilité du système solaire, et son explication de l'équation séculaire de la lune, ont conduit à cette solution. Il avait d'abord examiné si l'on pourrait expliquer l'accélération des mouvemens lunaires, en supposant que l'action de la gravité n'est pas instantanée, mais assujétie à une transmission successive comme celle de la lumière. Mais il ne put découvrir la véritable cause par cette voie. Enfin, il donna, le 19 mars 1787, à l'Académie des sciences, une solution claire, inattendue de cette difficulté, et prouva très-distinctement que l'accélération observée est un effet nécessaire de la gravitation universelle. Cette grande découverte éclaira ensuite les points les plus importans du système du monde. En effet, la même théorie lui fit connaître que si l'action de la gravitation des astres n'est pas instantanée, il faut supposer qu'elle se propage plus de cinquante millions de fois plus vite que la lumière, dont la vitesse bien connue est de soixante-dix mille lieues par seconde. Il put conclure encore de sa théorie des mouvemens lunaires, que le milieu dans lequel les astres se meuvent, n'oppose au cours des planètes qu'une résistance pour ainsi dire insensible, car cette cause affecterait surtout le mouvement de la lune, et elle n'y produit aucun effet observable. La discussion des mouvemens lunaires a été féconde en conséquences remarquables. On peut en conclure maintenant, par exemple, que le mouvement de rotation de la terre sur son axe est invariable. La durée du jour n'a point changé de la centième partie d'une seconde, depuis 2000 années. Mais une conséquence encore plus frappante, est celle qui se rapporte à la figure de la terre ; car la forme même du globe terrestre se reflète dans certaines inégalités du cours de la lune. Ces inégalités n'auraient point lieu, si la terre était parfaitement sphérique. On peut déterminer la quantité de l'aplatissement terrestre, par l'observation des seuls mouvemens lunaires, et les résultats que l'on en a déduits, s'accordent avec les mesures effectives qu'ont procurées les grands voyages géodésiques à l'équateur, dans la région boréale, dans l'Inde et diverses autres contrées ; ainsi l'observation et la théorie concourent également à donner un degré de certitude irréfragable à l'appréciation de ces divers phénomènes célestes. Tel est en général le caractère et le résultat des beaux travaux de Laplace, à qui l'on doit l'étonnante perfection où sont parvenues les théories modernes.

Les recherches de Laplace sur l'équation séculaire de la lune, et sa belle découverte de l'invariabilité des distances moyennes des planètes au soleil, avaient été précédées de la découverte non moins importante et non moins difficile de la cause des grandes inégalités de Jupiter et de Saturne. Les vitesses angulaires moyennes ou plutôt les moyens mouvemens de ces deux planètes sont tels que cinq fois celui de Saturne est à peu près égal à deux fois celui de Jupiter. Suivant les calculs de Laplace, ce rapport produit, dans les élémens des orbites des deux planètes, ces variations considérables dont les périodes embrassent plus de neuf siècles, et qui sont la source des grands dérangemens observés par les astronomes. Le mouvement moyen de Saturne éprouve une inégalité dont la période est d'environ cent dix-neuf ans, et dont la quantité qui diminue par degrés insensibles, était, en 1750, de 48′ 44″ ; le mouvement moyen de Jupiter est soumis à une inégalité correspondante, dont la période est exactement la même, mais dont la valeur, affectée d'un signe contraire, est plus petit dans le rapport de 3 à 7. C'est à ces deux grandes inégalités jusqu'à présent inconnues, dit Laplace, qu'on doit rapporter le ralentissement apparent de Saturne et l'accélération apparente de Jupiter.

Les mouvemens moyens de ces deux planètes donnent lieu à d'autres inégalités périodiques que Laplace a fait connaître. Il a également donné une théorie complète du mouvement des satellites de Jupiter, dans l'exposition de laquelle on trouve ces deux théorèmes très-curieux : l'un, que le moyen mouvement du premier satellite, plus deux fois celui du troisième, est rigoureusement égal à trois fois celui du second ; l'autre, que la longitude moyenne du premier satellite, moins trois fois celle du second, plus deux fois celle du troisième, est exactement et constamment égale à 180 degrés. On sait que c'est d'après les théories de Laplace, que Delambre a calculé ses tables pour les mouvemens de Saturne et de Jupiter.

Ce caractère d'investigation scrupuleuse et de noble persistance à envisager sous tous les points de vue les questions les plus difficiles, pour arriver à leur solution, distingue éminemment tous les travaux de Laplace ; il brille surtout d'un éclat particulier dans son *Analyse des probabilités*. Là, il avait à s'exercer sur une science toute moderne, dont l'objet souvent méconnu a pu donner lieu à de fausses interprétations, mais dont les applications sont susceptibles d'une immense étendue. Le génie de Laplace féconda cette branche nouvelle de la science des nombres. Né tout à coup dans la pensée féconde de Pascal, le calcul des probabilités avait été cultivé par Fermat et Huygens ; Jacques Bernouilli avait le premier exposé sa théorie, dont les perfectionnemens successifs étaient dus à une heureuse découverte de Stirling, aux recherches d'Euler et de Lagrange. Laplace en réunit et en fixa les principes, mais en les développant et en se les appropriant, pour ainsi dire, par une foule de considérations heureuses et nouvelles. C'est dans cet ouvrage, l'un des monumens les plus précieux de la vie scientifique de Lagrange, qu'il exposa sa *Théorie des fonctions génératrices*, grande et belle doctrine dont l'utilité est incontestable, et à laquelle un savant et célèbre géomètre ne reproche en résultat, dans la critique qu'il en a faite, que l'extension trop grande et l'autorité trop absolue qu'on a voulu lui donner.

Ce rapide énoncé des principaux travaux de Laplace, dont les ouvrages sont d'ailleurs si répandus, doit suffire au but qui nous est imposé, celui de caractériser le génie des grands géomètres. Nous n'entrerons point non plus dans les détails de la vie politique de cet homme célèbre, quoiqu'elle ait servi de texte à bien des accusations souvent plus passionnées que justes. Nous devons seulement ajouter qu'aucun des honneurs publics, doit il s'était rendu si digne par sa supériorité et l'éclat de ses talens, n'a manqué à sa personne. Membre de l'Institut lors de la création de ce corps scientifique, il fut, après le 18 brumaire, appelé un moment au ministère de l'intérieur : « Géomètre du premier rang, a écrit depuis Napoléon à propos de cette circonstance, Laplace ne tarda pas à se montrer administrateur plus que médiocre ; dès son premier travail, nous reconnûmes que nous nous étions trompés. Laplace ne saisissait aucune question sous son véritable point de vue ; il cherchait des subtilités partout, n'avait que des idées problématiques, et portait enfin l'esprit des *infiniment petits* dans l'administration. » Napoléon peut avoir eu raison, sans que l'illustration de Laplace en soit diminuée en rien ; mais il faut avouer qu'il y a une contradiction manifeste entre ce jugement sévère de l'empereur et les fonctions publiques dont il accabla l'illustre savant qui en est l'objet. En effet, Laplace eut un siége au Sénat, et fut nommé vice-président de cette assemblée. On doit rappeler ici que le calendrier Grégorien fut rétabli, sur son rapport ; il fut ensuite grand-officier de la Légion-d'Honneur, grand-officier de l'ordre de la réunion, comte de l'empire, et, sous la restauration, pair de France, avec le titre de marquis. Laplace appartenait aussi à toutes les grandes Académies de l'Europe. Il a conservé, jusque dans un âge très-avancé, la mémoire extraordinaire qui l'avait fait remarquer dès sa première jeunesse. L'orgueil excessif qu'on lui a reproché, qui n'était peut-être qu'une estime fondée de lui-même, une juste appréciation de son mérite élevé, ne se montra pas en lui, du moins à cette heure suprême où l'homme peut se dépouiller librement de toutes les illusions qui l'ont abusé long-temps. Les personnes qui assistaient à ses derniers instans, lui rappelant les titres de sa gloire et ses plus éclatantes découvertes, il répondit : — « Ce que nous connaissons est peu de chose ; ce que nous ignorons est immense. » Laplace mourut à Paris le 7 mars 1827. Son éloge a été prononcé par Fourier, à l'Académie des sciences, où sa perte laissait un grand vide. On a de lui : I. *Théorie du mouvement de la figure elliptique des planètes*, 1784, in-4°. II. *Théorie des attractions des sphéroïdes et de la figure des planètes*, 1785, in-4°. III. *Exposition du système du monde*, 1796, 2 vol. in-8° ; 1799, in-4° ; 1813, in-4°,

5° édit. revue par l'auteur ; 1824, in-4°. IV. *Traité de mécanique céleste*, 1798, 2 vol. in-4° ; tome III 1803, tome IV 1805, tome V 1825. V. *Théorie analytique des probabilités*, 1812, in-4°, 3° édition ; 1820, in-4°. VI. *Essais philosophiques sur les probabilités*, 1814, in-8° ; 5° édit. 1825. VII. *Précis de l'histoire de l'astronomie*, 1821, in-8°. VIII. *Quatrième supplément à la théorie des probabilités*, 1825, in-4°. Laplace a fourni en outre un grand nombre de mémoires insérés dans le recueil de l'Académie des sciences, et dans le journal de l'école polytechnique.

LATITUDE. (*Géographie.*) On donne ce nom à la distance d'un lieu terrestre à l'équateur de la terre, mesurée sur le méridien de ce lieu. C'est, en d'autres termes, l'arc du méridien d'un lieu intercepté entre ce lieu et l'équateur.

Pour fixer la position d'un point sur une surface, il est en général nécessaire de le rapporter à quelque ligne tracée sur cette surface, et dont la position soit fixe et donnée ; ainsi, en *Géographie*, on choisit comme ligne fixe l'*équateur* de la terre qui est un grand cercle imaginaire situé à égale distance des deux pôles et qui se trouve conséquemment dans le plan de l'équateur de la sphère céleste (*Voy.* Armillaire) ; on imagine ensuite que par chaque point de la surface de la terre passe un grand cercle perpendiculaire à l'équateur, ce cercle qui passe aussi par les pôles se nomme le *méridien* du point terrestre, et il correspond au *méridien céleste*, c'est-à-dire, au grand cercle de la sphère céleste qui passe par les pôles de la sphère et par le zénit du point. On choisit en outre un méridien déterminé qu'on nomme le *premier méridien*, et auquel on rapporte tous les autres en mesurant leur distance à celui-ci sur l'arc de l'équateur compris entre eux. Alors la position d'un point quelconque de la surface de la terre se trouve entièrement déterminée, lorsqu'on connaît 1° la grandeur de l'arc du méridien compris entre ce point et l'équateur, ce qui est la *latitude* du point ; 2° l'arc de l'équateur compris entre le méridien du point et le premier méridien, ce qui est la *longitude* de ce point. (*Voy.* Longitude.)

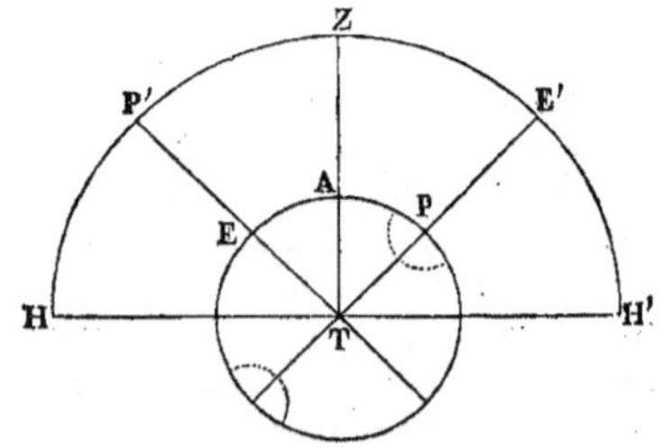

Si nous représentons par EAP le méridien terrestre

d'un point A de la surface de la terre, et par HZH' le méridien céleste correspondant ; Z, déterminé par une perpendiculaire TZ à l'horizon rationnel HH', sera le zénith de A ; et si TP' représente l'intersection du plan de l'équateur avec celui du meridien, l'arc AE, distance du point A au point E où le méridien terrestre rencontre l'équateur, sera la *latitude* de A ; mais cet arc AE mesure l'angle P'TZ, lequel peut être aussi mesuré par l'arc ZP' du méridien céleste compris entre le zénith Z et le point P' de l'équateur céleste ; ainsi les arcs AE et ZP' auront le même nombre de degrés, d'où il suit que la *latitude* exprimée en degrés est égale à l'arc du méridien céleste compris entre le zénith et l'équateur, également exprimée en degrés. La recherche de la latitude d'un point terrestre se réduit donc, en dernier lieu, à celle de la distance du zénith de ce point à l'équateur céleste. Or, en désignant par P l'un des pôles de la terre, et par E' le pôle céleste correspondant, l'arc P'E' compris entre ce pôle et l'équateur, est égal au quart de la circonférence, ou, ce qui est la même chose, est un angle de 90° sexagésimaux ; il en est de même de l'arc ZH' compris entre le zénith et l'horizon, ainsi

$$P'E' = ZH'$$

retranchant de ces deux arcs l'arc ZE' qui leur est commun, on a

$$P'E' - ZE' = ZH' - ZE', \text{ ou } P'Z = E'H'$$

D'où il suit que *la latitude d'un lieu terrestre est égale à la hauteur du pôle au-dessus de l'horizon de ce lieu.*

La connaissance de la latitude des lieux est de la plus grande importance en géographie, navigation et astronomie. Nous avons vu au mot HAUTEUR DU PÔLE, par quels procédés on pouvait la déterminer.

Comme le nombre de degrés de l'arc du méridien se compte à partir de l'équateur, on distingue les latitudes en *septentrionales* et *méridionales*, selon que les lieux auxquels elles se rapportent sont situés dans l'hémisphère septentrional ou dans l'hémisphère méridional. La latitude est toujours de la même désignation que le pôle élevé au-dessus de l'horizon.

LATITUDE. (*Ast.*) On nomme *latitude* d'un astre, en astronomie, sa distance à l'écliptique, mesurée sur l'arc du grand cercle qui passe par cet astre et par les pôles de l'écliptique. D'où l'on voit que les latitudes astronomiques sont très-différentes des latitudes géographiques. Nous avons déjà expliqué l'usage des divers cercles de la sphère céleste qui servent à fixer la position des astres ; nous renverrons donc aux mots ARMILLAIRE et CATALOGUE.

LATITUDE GÉOCENTRIQUE. C'est la latitude d'une planète, telle que nous la voyons de la terre.

Comme le soleil paraît se mouvoir dans l'écliptique même, il n'a jamais de latitude, ou sa latitude est de 0°. Mais les planètes en ont une qui varie depuis 0°, c'est-à-dire, dans les points où leurs orbites coupent l'écliptique, jusqu'à une grandeur égale à l'inclinaison du plan de leurs orbites par rapport à celui de l'écliptique. C'est ce qui a fait imaginer le *Zodiaque*, bande ou zône de la sphère céleste qui contient les orbites des planètes. (*Voy.* ZODIAQUE.)

LATITUDE HÉLIOCENTRIQUE. C'est la latitude vue du soleil, ou telle qu'elle serait si l'observateur était placé au centre du soleil. Cette dernière est toujours la même lorsque la planète se retrouve dans le même point de son orbite, tandis que la *latitude géocentrique* varie avec le changement de position de la terre par rapport à la planète.

Les latitudes des étoiles n'éprouvent d'autres altérations que celles qui sont causées par l'*aberration de la lumière* (*Voy.* ABERRATION), et par une petite variation nommée *séculaire*, due à un déplacement extrêmement lent de l'écliptique. (*Voy.* PERTURBATION.)

LEIBNITZ (GODEFROI GUILLAUME). A l'époque où ce grand homme apparut sur la scène du monde, d'immenses progrès avaient, depuis un siècle, amené les sciences mathématiques à un degré de puissance et de perfection tellement supérieur, qu'elles semblaient avoir atteint le dernier développement de la raison humaine. Cependant ces hautes sciences ne présentaient point encore un ensemble systématique, et, quoique l'idée de l'infini eût déjà été introduite, dans leurs considérations les plus élevées, par quelques-uns des hommes de génie dont les travaux en avaient agrandi le domaine ; comme leurs recherches avaient été isolées, les vérités qu'ils avaient mises dans le monde étaient demeurées, pour ainsi dire, individuelles. Il s'agissait donc alors de généraliser ces vérités, et c'est à cette grande œuvre que Leibnitz vint glorieusement concourir. Les sciences théorétiques se trouvaient à peu près dans le même état, et quoique le rationalisme de Descartes eût porté un coup terrible aux subtilités impuissantes de la scolastique, quoique cet illustre philosophe eût apporté dans la spéculation un principe réformateur et vivifiant, il s'en fallait de beaucoup que la philosophie eût été amenée à un point de vue systématique déduit des deux principes de la réalité : l'être et le savoir, ou, si l'on aime mieux, des deux bases transcendantales de la connaissance, l'esprit et la matière. Le système philosophique de Leibnitz vint mettre la raison dans cette voie d'un développement nouveau, d'où est sortie l'école moderne avec sa tendance vers l'absolu. Sous ce double rapport, l'histoire des travaux de Leibnitz appartient à celle de l'esprit humain, et il n'est point de nom plus grand que le sien parmi ceux qu'elle désigne à l'admiration et aux respects du monde. Ce grand et beau génie, dont nous allons rapidement esquisser la vie scientifique, se trouvait encore à l'étroit dans les vastes régions des mathématiques et de la philosophie, et son savoir encyclopédique a été appliqué à d'autres objets dans lesquels il a apporté cette supériorité de vues admirables qui distingue ses productions. Mais c'est seulement comme géomètre et comme philosophe que nous devons le considérer dans ce rapide résumé biographique, c'est seulement dans les rapports qu'ils ont avec ces deux grands caractères de son génie, que nous devons nous efforcer de présenter l'énoncé de ses brillans travaux.

Leibnitz est né à Leipzig le 3 juillet 1646. Il fut placé par sa mère à l'école de Saint-Nicolas de cette ville, car il n'avait que six ans quand il perdit son père, savant professeur en droit. Il apprit rapidement les principe des langues anciennes qui servent de base à l'instruction, et alla passer ensuite un an à l'université de Iéna; de retour à Leipzig il se livra avec ardeur à l'étude des sciences mathématiques et philosophiques, et déjà son génie se manifesta dans les premières recherches dont ces sciences furent l'objet pour lui. Il passait ses journées dans un bois voisin de sa ville natale, méditant sur la philosophie de Platon et d'Aristote, dont il avait approfondi l'esprit et dont il voulait concilier les doctrines. A vingt ans, Leibnitz fut reçu docteur en droit, en suite d'une dispense d'âge que lui accorda l'université d'Altorf. Une place de professeur extraordinaire de cette science lui fut offerte par les maîtres de cette institution, mais il préféra se rendre à Nuremberg, qui était alors le séjour d'un grand nombre de savans et de littérateurs. Ce fut dans cette ville qu'il eut l'occasion de connaître le baron de Boinebourg, chancelier de l'électeur de Mayence. Ce personnage, frappé du mérite du jeune Leibnitz, lui conseilla vivement l'étude de l'histoire et de la jurisprudence, et lui exprima le désir de le voir se fixer à Francfort, où il lui promit l'appui et les faveurs de son souverain. Leibnitz suivit ces conseils, et c'est à Francfort qu'il fit paraître son premier ouvrage; c'était une méthode nouvelle pour apprendre et pour enseigner la jurisprudence.. (*Nova méthodus*, etc. 1667).

C'est de cette époque que date pour Leibnitz cette vie laborieuse et féconde, marquée par la production d'une foule d'écrits remarquables. Il voulut alors visiter la France, qui attirait les regards et l'admiration de l'Europe, par l'éclat de ses victoires et le mérite des savans qu'elle avait vus naître ou qu'elle avait appelés dans son sein. Son protecteur Boinebourg lui procura les moyens de satisfaire ses désirs en le chargeant d'accompagner son fils à Paris. Ce fut dans cette ville que le jeune Leibnitz vit le célèbre Huygens, et qu'il se livra plus particulièrement à l'étude des mathématiques.

Il passa ensuite en Angleterre, où il fut accueilli avec autant de faveur qu'à Paris, et où il se lia avec les hommes célèbres qui disputaient alors à la France la palme des sciences. Leibnitz revint à Paris, qu'il ne quitta qu'après un séjour de quinze mois, et se rendit en Hollande auprès du duc de Brunswick, qui l'avait pris sous sa protection après la mort de son premier bienfaiteur, et lui avait fourni généreusement les moyens de prolonger son séjour en pays étranger.

Leibnitz n'avait que vingt-huit ans quand il revint en Allemagne, et déjà toutes les branches du savoir avaient été l'objet de ses investigations; déjà ses nombreux écrits attestaient une telle universalité de connaissances, une telle supériorité de talens, qu'il n'était pas permis de conjecturer dans quelle carrière il devait acquérir plus d'illustration, ni celle vers laquelle il était plus particulièrement entraîné par son génie. Accueilli avec la plus grande distinction dans tous les pays qu'il avait visités, en relation avec les hommes les plus distingués de l'Europe, il était dès lors en possession d'une renommée que les travaux de son âge mûr devaient rendre immortelle. Nous nous attacherons seulement à ces hautes manifestations de son génie.

Les premiers essais du calcul différentiel furent publiés par Leibnitz dans les *Actes de Leipzig* du mois d'octobre 1684. Le mémorable écrit qui contient les principes de cette sublime découverte est intitulé : *Nova Methodus pro maximis et minimis, itemque tangentibus, que nec fractas, nec irrationales quantitates moratur et singulare pro illis calculi genus.* On y trouve, comme ce titre l'exprime, la méthode pour différencier toutes sortes de quantités rationnelles, fractionnaires, radicales, et l'application de ces calculs à un exemple fort compliqué, qui indique la voie pour tous les cas. Il donna quelque temps après les premiers principes du calcul intégral dans un écrit intitulé : *De Geometriâ recondità et analysi indivisibilium atque infinitorum.*

Il est certain que ces choses nouvelles dans la science étaient répandues dans les journaux d'Allemagne avant que Newton eût encore rien publié qui pût faire connaître que de son côté il était parvenu à de semblables méthodes. Ce fut sur la fin de l'année 1686 qu'il mit au jour son livre immortel des *Principes*, dans lequel est exposé le calcul des *Fluxions* (*Voy.* ce mot). Les travaux de Jean Bernouilli et de l'Hôpital contribuèrent à étendre le calcul différentiel et à en faire comprendre la haute importance aux géomètres. Mais lorsque cette grande découverte commença à porter ses fruits, la question de savoir à qui appartenait la gloire de l'avoir proposée le premier, de Leibnitz ou de Newton, fut tout-à-coup soulevée, et donna lieu à une polémique célèbre, dont nous allons résumer les principales circonstances.

Leibnitz a raconté lui-même l'histoire de ses études

mathématiques, de ses premiers essais, enfin du développement complet de ses pensées dans cette branche élevée du savoir. Dès l'âge de seize ans, il avait composé sur l'art des combinaisons un petit traité dans lequel il s'occupait déjà des différences des nombres, dont la succession forme des séries régulières. Cet ouvrage n'a point été publié, mais il est intéressant d'en remarquer l'objet et d'étudier dans sa marche la grande découverte de l'illustre géomètre, dont le germe était déposé dans ces premières méditations du jeune étudiant. Leibnitz, occupé spécialement d'histoire et de philosophie, ne donna pas d'abord beaucoup de suite à ses recherches d'arithmétique. En 1673, époque de son voyage en Angleterre, il se lia avec un géomètre nommé Oldenbourg, auquel il crut devoir confier les premiers résultats de ses travaux. Il s'agissait de la constante, soit exacte, soit approchée, des nombres auxquels on finit toujours par arriver lorsqu'on prend les différences successives des termes d'une série numérique, puis la différence de des différences, et ainsi de suite un nombre suffisant de fois. Mais il apprit que ces résultats qu'il croyait nouveaux, avaient déjà été publiés en France. Il s'empressa de se procurer l'ouvrage où ils étaient consignés. Dans une lettre à Oldenbourg, il fit remarquer ce qu'il croyait bien lui rester encore de sa découverte, et annonça qu'il était en état de sommer par les mêmes principes toutes les progressions composées de termes qui ont pour numérateur l'unité, et pour dénominateurs des nombres figurés d'un ordre quelconque.

La découverte d'une autre propriété des nombres qu'il communiqua également à Oldenbourg, ne fut pas plus heureuse : on lui apprit qu'elle avait déjà été faite par Mercator, mathématicien allemand, qui l'avait publiée dans sa *Logarithmotechnica*. Leibnitz repassa en France à cette époque et y apporta ce livre. Excité par le peu de succès de ses premières tentatives, il se livra à de nouvelles méditations sur cet objet, et il trouva une série infinie de fractions qui exprimaient la surface du cercle, comme Mercator avait trouvé le moyen d'exprimer celle de l'hyperbole. Huygens, à qui Leibnitz communiqua sa découverte, fut frappé de son importance, et Oldenbourg, auquel il se hâta d'en faire part, l'en félicita sincèrement, en le prévenant néanmoins dans sa réponse qu'un nommé M. Newton, de Cambridge, paraissait avoir trouvé, de son côté, des méthodes nouvelles, mais non encore publiées, pour obtenir les longueurs et les aires de toutes sortes de courbes, et par conséquent du cercle parmi toutes les autres. Cela n'ôtait rien au mérite de la série de Leibnitz ; mais cette série avait déjà été trouvée par Gregory, géomètre écossais, qui l'avait communiquée à Collins. Ce fait ne fut connu de Leibnitz que plusieurs années après. Newton lui-même le félicita de la marche qu'il avait suivie,

comme d'une nouveauté d'autant plus remarquable, qu'il connaissait, disait-il, trois méthodes différentes d'arriver à ce résultat, de sorte qu'il s'était peu attendu qu'on en trouvât une quatrième. Encouragé par ce premier succès, Leibnitz poursuivit avec ardeur ses spéculations sur les différences des nombres, qui lui semblaient si fécondes, et ce fut ainsi qu'il fut amené à la découverte du *Calcul différentiel* (*Voy.* ce mot).

Nous n'entrerons pas plus avant dans les détails de cette discussion. Ce fut, pour ainsi dire, une guerre scientifique nationale, dans laquelle les savans anglais revendiquaient avec une chaleur qui les rendit trop souvent injustes envers Leibnitz, les droits de Newton à la découverte du calcul différentiel. Mais pourquoi a-t-on cherché à rabaisser ces deux grands hommes, en les présentant nécessairement comme ayant abusé l'un et l'autre de confidences qui leur auraient inspiré la même idée et les auraient ainsi rendus plagiaires l'un de l'autre ? Leur génie n'a-t-il donc pu se rencontrer en ce point ? Leibnitz et Newton étaient également dignes par leur génie, également appelés par leur savoir et leurs prodigieux talens, d'apporter dans la science ce principe qui a été si fécond en grands résultats. A la rigueur, tous deux pourraient, s'il est permis de s'exprimer ainsi, se partager cet honneur, sans que la gloire de l'un ou de l'autre en fût diminuée. Néanmoins, si une telle question pouvait être tranchée par des dates, il n'y aurait pas de doute que l'antériorité ne fût en faveur de Leibnitz. Mais pourquoi n'auraient-ils pas conçu simultanément cette haute pensée ? Tous deux l'ont d'ailleurs développée sous un point de vue différent, et c'est une circonstance qui domine toute cette discussion ; elle a été passée sous silence par tous ceux qui s'en sont fait les historiens. Admettons donc que Newton et Leibnitz aient les mêmes droits à se prévaloir de la découverte du calcul différentiel ; il est évident que Newton n'a aperçu dans sa théorie qu'une méthode de calcul qui devait faciliter la solution des hauts problèmes géométriques, qu'en d'autres termes, c'est dans un sens concret qu'il en a conçu l'application. Mais Leibnitz a saisi dès le principe la nature abstraite de ce calcul, il en a embrassé le sens philosophique, et sous ce rapport, il n'y a aucun moyen d'établir entre lui et son illustre compétiteur un parallèle raisonnable. (*Voy.* DIFF., 52.)

Il existe entre le génie de Descartes et celui de Leibnitz, un point de conformité plus facile à établir, c'est que dans ces deux grands hommes, quoiqu'ils aient créé deux écoles rivales, les systèmes philosophiques et mathématiques sont rigoureusement unis et ne paraissent être que les déductions d'un seul et même principe. Tous deux ont voulu que les mathématiques empruntassent de la philosophie le caractère transcendantal et l'autorité de ses plus hautes spéculations, et que la philosophie se soumît, dans la recherche de la vérité, à la précision des mathématiques, et qu'elle revêtit ses énoncés du caractère d'évidence et de certitude qui distingue dans leur application les propositions de cette science. Impatient, suivant Brocker, de voir la métaphysique dégénérer dans les écoles en vaines subtilités, Leibnitz conçut son plan général de réforme, à commencer par la notion de substance qu'il regardait comme le principe et la base de toute science réelle. Ce grand homme expose ainsi l'idée fondamentale de sa doctrine métaphisique. « Pour éclaircir l'idée de substance, il faut remonter à celle de *force* ou d'*énergie*, dont l'explication est l'objet d'une science particulière, appelée *dynamique*. La force active ou agissante n'est pas la puissance *nue* de l'école; il ne faut pas l'entendre, en effet, ainsi que les scolastiques, comme une simple *faculté* ou possibilité d'agir, qui, pour être *effectuée* ou réduite à l'*acte*, aurait besoin d'une excitation venue du dehors, et comme d'un *stimulus* étranger. La véritable force *active* renferme l'action en elle-même; elle est *entéléchie*, pouvoir moyen entre la simple faculté d'agir et l'acte déterminé ou effectué : cette énergie contient ou enveloppe l'effort, et se porte d'elle-même à agir sans aucune provocation extérieure. L'énergie, la force vive, se manifeste par l'exemple du poids suspendu qui tire ou tend sa corde; mais quoiqu'on puisse expliquer mécaniquement la gravité ou la force du ressort, cependant la dernière raison du mouvement de la matière n'est autre que cette *force* imprimée dès la création à tous les êtres, et limitée dans chacune par l'opposition ou la direction contraire de tous les autres. Je dis que cette force agissante est inhérente à toute substance qui ne peut être ainsi un seul instant *sans agir*, et cela est vrai des substances dites corporelles, comme des substances spirituelles. Là est l'erreur capitale de ceux qui ont placé toute l'essence de la matière dans l'étendue ou même dans l'impénétrabilité, s'imaginant que les corps pouvaient être dans un repos absolu; nous montrerons qu'aucune substance ne peut recevoir d'une autre substance la force même d'agir, et que son effort seul, ou la force préexistente en elle ne peut trouver au dehors que des limites qui l'arrêtent et la déterminent. » Leibnitz expose ensuite ses théories si remarquables sur les idées et les monades. Suivant sa doctrine, il existe des idées indépendantes de l'expérience, qui ont leur unique source dans l'esprit humain lui-même ; les idées sont obscures ou lucides, confuses ou coordonnées. Confuses, elle dérivent des sens ; coordonnées, elles appartiennent à l'entendement seul.

Le principe de non contradiction est la pierre de touche de la vérité· on y arrive par l'analyse, en réduisant le composé à ses élémens. Les vérités contin-

gentes sont prouvées par le principe de la raison suffisante, laquelle nous mène à une cause absolue placée hors de la série des êtres contingens. Les idées qui se rapportent aux objets extérieurs à l'ame, sont en harmonie avec ces objets, autrement elles ne seraient que des illusions. La raison suprême des principes nécessaires est en Dieu, source de toute vérité, nécessaire et éternelle. Il y a des monades primitives, infinies, et des monades limitées qui se distinguent entre elles par la puissance et la qualité de leurs perceptions. Les monades sans perception sont les corps inertes; les animaux des monades n'ayant qu'une perception confuse; les êtres rationnels, les esprits, des monades à perception distincte: Dieu les renferme toutes, il est la monade absolue. (L. F, Schon). Ce système philosophique que nous ne pouvons exposer ici dans tous ses développemens excita, disent tous les biographes de Leibnitz, tous les historiens de la science, un enthousiasme universel. Il a été en Allemagne le principe d'un grand et beau mouvement intellectuel auquel l'humanité a dû successivement Kant, Fichté et Schelling.

La vie de Leibnitz est semée de peu d'événemens. Nous avons rapporté ceux de sa jeunesse, et énoncé quelques-uns des immenses travaux qui ont illustré sa carrière. Cet homme extraordinaire est sans contredit un de ceux qui ont le plus honoré l'intelligence humaine, et il a laissé dans le monde un nom qui ne mourra jamais. Il succomba à une courte maladie le 14 novembre 1716, à l'âge de soixante-dix ans. Un monument, construit en forme de temple, lui a été élevé aux portes d'Hanovre; on y lit cette simple et éloquente inscription : *Ossa Leibnitii*. (Voyez la vie de Leibnitz, par Brucker, et son éloge, par Fontenelle.)

C'est aux soins de Louis Dutens qu'est due la collection la plus étendue des œuvres de Leibnitz: *Go. Gal. Leibnitii opera omnia*. Genève 1763. 6 vol. in-4°. Le troisième volume est consacré aux mathématiques; la philosophie est dans le second.

LEMME. (de λαμβανω, *j'admets*.) Proposition préliminaire qu'on établit pour servir à la démonstration de quelque autre proposition, quoiqu'elle n'ait cependant qu'un rapport indirect avec le sujet de cette dernière, et qu'elle ne soit employée que subsidiairement, soit pour la démonstration d'un théorème, soit pour la solution d'un problème.

LEMNISCATE. (*Géom.*) Nom d'une courbe qui a la forme d'un 8, et dont le comte de Fagnano (*voy.* ce mot) s'est particulièrement occupé.

Si nous prenons A pour l'origine des coordonnées, et que nous désignions AP par x et PN par y, l'équation de la *lemniscate* sera

$$ay = x\sqrt{a^2 - x^2}$$

a désignant la ligne constante AB ou AC.

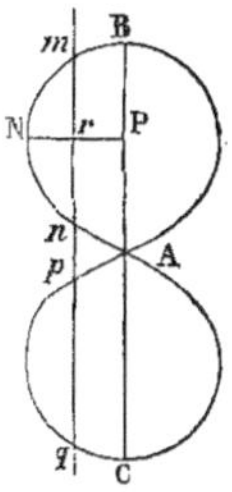

Cette équation, à laquelle on peut donner la forme $a^2 y^2 = a^2 x^2 - x^4$, nous apprend que la courbe est une ligne du quatrième ordre, et qu'elle est quarrable (*Voy.* QUADRATURE), car son *élément* est

$$y\,dx = \frac{x}{a}\,dx\sqrt{a^2 - x^2}$$

dont l'intégrale complète est (*Voy.* INTÉGRAL, 19)

$$-\frac{(a^2 - x^2)^{\frac{3}{2}}}{3a} + \frac{a^2}{3},$$

ainsi en faisant $x = a$, on obtient pour l'aire de la partie BNA, la valeur $\frac{a^2}{3}$; l'aire totale est donc $= \frac{4}{3}a^2$.

Une ligne droite telle que *mq* peut couper la *lemniscate* en 4 points, *m*, *n*, *p*, *q*. Le point A est considéré comme double (*Voy.* MULTIPLE). Il existe d'autres courbes, et la *cassinoïde* est de ce genre, qui ont la forme d'un 8 ; mais celle-ci est la plus simple.

LENTILLE. (*Dioptrique.*) On donne particulièrement ce nom à un morceau de verre taillé en forme de *lentille*, c'est-à-dire, doublement convexe, et dont la propriété est de faire converger les rayons de la lumière qui passent au travers, de manière à les réunir en un seul point qu'on nomme le *foyer de la lentille*. Par extension, on a coutume d'appeler *verres lenticulaires* ou *lentilles* tous les verres sphériques que l'on classe ainsi qu'il suit : (*Voy. fig.* 2, PL. 45.)

1° *Plan convexe*, verre dont une surface est plane et l'autre convexe : A, présente sa section ou son profil.

2° *Convexe-convexe*, ou *doublement convexe*, B.

3° *Plan concave*, C.

4° *Doublement concave*, D.

Il existe une autre classe de verres lenticulaires dont l'une des surfaces est convexe, tandis que l'autre est concave : tel est E; mais ceux-ci prennent le nom de *Ménisques*. (*Voy.* ce mot.)

Les verres *convexes* ont seuls la propriété de faire converger les rayons lumineux ; les verres concaves, au contraire, les rendent *divergens*. Nous allons examiner ces deux classes de verres.

Lentilles convexes. Si l'on expose à la lumière du soleil un des verres des formes A ou B, et que l'on reçoive sur une surface les rayons lumineux qui le traversent, ces rayons projettent sur la surface une image lumineuse dont la grandeur varie selon que cette surface est plus ou moins près du verre. Ainsi, en supposant qu'on ait d'abord placé la surface très-près du verre, et qu'on

l'en éloigne ensuite peu à peu, on voit l'image lumineuse augmenter successivement d'éclat, tandisqu'elle diminue de grandeur jusqu'à ce qu'elle occupe le moindre espace possible ; au-delà, la lumière s'affaiblit et devient divergente.

Le point où l'image lumineuse est la plus petite possible se nomme le foyer, et sa distance à la surface du verre, tournée de son côté, prend le nom de *distance focale*.

La distance focale est la même, quelle que soit celle des surfaces qui reçoit les rayons lumineux, lorsque le verre est symétrique ; mais les verres non symétriques, c'est-à-dire, ceux dont les surfaces sont différentes, ont deux *distances focales*. Cependant la différence entre les deux distances focales d'un même verre, est toujours une quantité très-petite.

On désigne particulièrement sous le nom de *surface antérieure* du verre, celle qui est tournée vers l'objet qu'on regarde, et sous celui de *surface postérieure*, celle qui est tournée du côté de l'œil.

L'effet le plus remarquable des verres convexes est de grossir les objets, et c'est sur cette propriété qu'est fondée la construction des lunettes ; il résulte de la double réfraction que subit un rayon lumineux dans son passage au travers de la lentille, cette double réfraction réunissant sous des angles plus grands les rayons de toutes espèces, soit parallèles, soit convergens, soit divergens. Par exemple (pl. 45, fig. 3) les rayons parallèles *b*D, *b*E, qui sans la réfraction ne se réuniraient jamais, en traversant la lentille DE, se réunissent en *f*; les rayons convergens AD, *a*E, dont le point de concours est en *g*, par l'effet de la lentille se réunissent en *h*, en faisant un angle D*h*E plus grand que A*g*a ; et enfin les rayons divergens *c*D, *c*E qui, sans la réfraction, iraient toujours en s'écartant, vont se réunir en *g* : la portion *cc* de l'objet paraît donc sous l'angle A*g*a et par conséquent de la grandeur A*a*.

L'image de cet objet paraît derrière la *lentille* dans un endroit plus éloigné que celui où l'objet est placé. Cela vient de ce que les rayons de chaque faisceau, partant de chaque point de l'objet, deviennent par les réfractions moins divergens, et ont par là leur point fictif de réunion plus éloigné. Le point B (fig. 4, pl. 45) vu au travers de la lentille paraît donc en *b*. Mais pour que l'image de l'objet soit vue derrière la lentille, il est nécessaire que cet objet soit placé plus près de la lentille que le foyer des rayons parallèles. Car si l'objet était en B (fig. 5, pl. 45) plus loin que ce foyer, les rayons de chaque faisceau, en arrivant à la surface de la lentille, étant trop peu divergens, deviendraient, en la traversant, parallèles ou même convergens, et n'auraient pas de point fictif de réunion ; on ne verrait donc point l'image derrière la lentille. Toutefois, si ces rayons devenaient convergens, l'image pourrait se faire voir en deçà de la lentille, entre la lentille et l'œil. Supposons O, (fig. 6, pl. 45) le foyer des rayons parallèles de la lentille DE, et AB un objet placé au-delà ; les faisceaux de rayons AF, BD, partant de chaque point, étant trop peu divergens, en arrivant à la lentille, deviennent convergens à leur passage et vont tracer en *ab* une image renversée, qu'un œil placé en F peut apercevoir. Cette image est nécessairement renversée, parce qu'il n'y a que les rayons qui se soient croisés entre l'objet et la lentille qui puissent ensuite converger au même œil. C'est cette image et non le corps lui-même qui est l'objet immédiat de la vision, au travers d'une *lunette*. (*Voy.* ce mot.)

Les lentilles faisant entrer dans l'œil beaucoup de rayons qui n'y entreraient pas sans elles, nous font voir les objets avec plus de clarté et nous offrent ainsi un moyen précieux de remédier à la faiblesse de la vue ; cependant l'usage des lunettes simples ou *bésicles* présente de graves inconvéniens qui ne peuvent être évités qu'en partie, et en employant des verres bien purs et parfaitement taillés.

Le grossissement des lentilles est d'autant plus considérable que la *distance focale* de ces verres est plus petite. On leur donne le nom de *loupe* quand la distance focale est au-dessus de 6 lignes et ne dépasse pas quelques pouces, et on les appelle *microscopes simples*, ou *lentilles microscopiques*, lorsque la distance focale est moindre que 6 lignes.

Lentilles concaves. Un verre de cette espèce, présenté au soleil, transmet sur une surface opposée une image lumineuse qui paraît diverger comme si elle provenait d'un point situé dans la concavité du verre. Ce point se nomme le *foyer négatif*, et sa distance à la surface qui reçoit la lumière, *distance focale négative*. Les objets vus à travers une telle lentille paraissent plus petits et plus proches ; aussi ne s'en sert-on isolément que pour les *bésicles* destinées à corriger le vice de l'organe de la vue, nommé *myopie*.

Pour résoudre tous les problèmes qu'on peut se proposer sur les *verres lenticulaires*, il suffit de déterminer les relations géométriques qui existent entre les rayons des surfaces, les distances focales et le rapport de réfraction de l'air dans le verre. C'est ce que nous allons faire, en considérant une lentille quelconque MN (fig. 7, pl. 45), dont nous supposerons différentes les courbures MAN et MBN de ses surfaces.

Soit R le centre de la surface postérieure MAN, et *r* celui de la surface antérieure MBN, la droite qui passe par ces points sera l'*axe* de la lentille.

Si d'un point quelconque F de l'axe on imagine un rayon lumineux Fg qui rencontre le verre en *g*, et que du point *g* on mène *gr*, cette droite sera la normale au

point *g*; et comme le rayon réfracté fait avec la normale un plus petit angle dans le verre que dans l'air (*voy.* Réfraction), soit *gh* sa direction dans le verre, par le point *h*, où il sort du verre, menons la normale *hR*, et comme il doit s'écarter de cette normale, représentons par *hf* sa direction au sortir du verre ; *f* sera donc le point où le rayon lumineux, deux fois réfracté, rencontrera l'axe.

Remarquons d'abord que puisque tout angle extérieur d'un triangle est équivalent à la somme des deux angles intérieurs opposés (Angle n° 9) ; les angles de la figure nous donnent les égalités suivantes :

$$Fgq = gFr + grF$$
$$fhp = hfR + hRf,$$

d'où

$$Fgq + fhp = gFr + grF + hfR + hRf.$$

On a aussi

$$grf + hRf = gOR = Ohg + Ogh.$$

Maintenant, si nous remarquons que la courbure des arcs MAN, MBN doit être toujours très-petite, pour que les verres puissent donner des images distinctes, nous verrons que les angles aigus de la figure sont aussi toujours très-petits, et qu'on peut substituer à leurs rapports celui de leurs sinus sans erreur sensible ; ainsi, en admettant que le rapport constant qui a lieu entre le sinus d'incidence et celui de réfraction de l'air dans le verre soit $n : 1$, nous pourrons poser

$$Fgq : Ogh :: n : 1$$
$$fhp : Ohg :: n : 1$$

ce qui donne

$$Fgq + fhp : Ogh + Ohg :: n : 1,$$

et, par conséquent, en vertu des égalités précédentes,

$$gFr + grF + hfR + hRf : grf + hRf :: n : 1.$$

En composant les rapports on obtient (*a*),

$$gFr + hfR : grf + hRf :: n-1 : 1.$$

Or, tous ces angles étant très-petits, et les arcs Bg et Ah pouvant être considérés comme des droites perpendiculaires à l'axe, on a sensiblement

$$gFr \text{ proportionnel à son sinus.} = \frac{Bg}{FB}$$

$$hfR \ldots\ldots\ldots\ldots\ldots\ldots\ldots = \frac{Ah}{fA}$$

$$grf \ldots\ldots\ldots\ldots\ldots\ldots\ldots = \frac{Bg}{Br}$$

$$hRf \ldots\ldots\ldots\ldots\ldots\ldots\ldots = \frac{Ah}{AR}.$$

Ainsi substituant ces rapports dans la proportion (*a*) elle devient

$$\frac{Bg}{FB} + \frac{Ah}{fA} : \frac{Bg}{Br} + \frac{Ah}{AR} :: n - 1 : 1$$

et fournit l'égalité (b)

$$\frac{Bg(n-1)}{Br} + \frac{Ah(n-1)}{AR} = \frac{Bg}{FB} + \frac{Ah}{fA}.$$

Désignons maintenant par R le rayon AR de la surface postérieure; par r celui Br de la surface antérieure, par a la distance FB, et par x la distance fA. Remarquons de plus que l'on a, à très-peu près, $Bg = Ah$, car les points g et h sont presque coïncidens à cause de la très-mince épaisseur du verre. Substituant dans (b), nous obtiendrons définitivement l'équation très-simple, (c),

$$\frac{n-1}{R} + \frac{n-1}{r} = \frac{1}{a} + \frac{1}{x},$$

qui, quoique approximative, est suffisante pour toutes les applications.

Si le verre est *convexe convexe* régulier on a $R = r$; s'il est *plan convexe* on a $R = \infty$, ou $r = \infty$; s'il est *concave-concave*, R et r sont négatifs; et enfin s'il est *plan concave*, l'un des rayons *négatifs* R ou r est *infini*. Ainsi la formule (c) se rapporte à toutes les espèces de verres lenticulaires.

Si nous supposons le rayon incident Fg parallèle à l'axe, circonstance que l'on exprime en faisant FB ou $a = \infty$, on a $\frac{1}{a} = 0$, et la formule (c) devient

$$\frac{n-1}{R} + \frac{n-1}{r} = \frac{1}{x},$$

la distance x, où se coupent, après les réfractions, tous les rayons parallèles à l'axe, est ce que nous avons nommé la *distance focale*; en la désignant par f, elle se trouve donc déterminée par l'expression (d),

$$f = \frac{Rr}{(n-1)(R+r)}.$$

Ainsi, connaissant le rapport de réfraction de l'air dans le verre et les rayons de courbure des surfaces de la lentille, on pourra toujours calculer la distance focale f, et, généralement, trois des quatre quantités f, n, R et r étant données, l'expression (d) fera connaître la valeur de la quatrième.

S'il s'agit, par exemple, d'une lentille *convexe-convexe* symétrique, en verre commun pour lequel on a $n = \frac{17}{11}$ (voy. RÉFRACTION), comme alors $R = r$, la formule devient

$$f = \frac{R.}{2(n-1)} = \frac{11}{12} R,$$

c'est-à-dire que la *distance focale* est plus petite que le rayon de courbure de la douzième partie de ce rayon.

Si la lentille est *plan convexe*, l'un des rayons R ou r est infini et l'expression (d) devient.

$$f = \frac{R\infty}{\infty(n-1)} = \frac{R}{n-1} = \frac{11}{6} R.$$

Dans ce cas, la distance focale est donc, à peu près, le double du rayon de courbure.

On trouverait de la même manière pour la lentille *concave-concave* symétrique, $f = -\frac{11}{12} R$, et pour la lentille *plan concave*, $f = -\frac{11}{6} R.$

La *distance focale* des verres convexes peut être déterminée, par expérience, en exposant la lentille aux rayons solaires, et en mesurant la distance de sa surface postérieure à l'image projetée sur un plan qu'on avance ou recule, jusqu'à ce que cette image soit la plus petite possible. Ayant ainsi mesuré la distance focale, le rayon de courbure se trouve déterminé par les formules précédentes. *Voy*. LUNETTE, MÉNISQUE, TÉLESCOPE et VERRE.

LETTRE DOMINICALE. (*Cal.*) *Voyez* CALENDRIER, 24.

LEVANT. (*Ast.*) C'est la même chose qu'*Orient* ou *Est. Voy.* ARMILLAIRE, 12.

LEVÉ DES PLANS. (*Géom. prat.*) C'est la partie de l'Arpentage (*voy*. ce mot) qui a pour objet de représenter en petit, sur le papier, la figure et les proportions d'un terrain.

Après avoir déterminé, par des mesures prises sur le terrain, la grandeur et les relations angulaires de toutes les lignes droites par lesquelles on lie entr'elles ses diverses parties, ce qui se réduit en résumé à former un faisceau de triangles, il s'agit de construire sur le papier une figure semblable, c'est-à-dire, un faisceau de triangles dont les angles soient respectivement égaux aux angles des triangles du terrain, et dont les côtés soient proportionnels à leurs côtés. Les sommets des angles se rapportant généralement aux points principaux du terrain, ces points se trouvent ainsi fixés sur le papier, et pour avoir une représentation fidèle de l'ensemble, il suffit ensuite de dessiner les objets en employant des traits plus ou moins vifs, des couleurs, des ombres et d'autres signes conventionnels capables de donner à chaque détail son caractère distinctif.

En faisant abstraction de ce qui appartient à l'art du dessin, le *levé des plans*, réduit à son élément primitif, n'est donc que la construction, sur le papier, d'un triangle semblable à un triangle donné, opération qui ne présente aucune difficulté. *Voy*. PLAN.

Pour figurer de suite les détails d'un plan, on se sert

d'un instrument nommé *planchette*, dont l'usage rend inutile la mesure des angles et présente, sous ce rapport, d'assez grands avantages, lorsqu'il s'agit d'un terrain de peu d'étendue. *Voy.* PLANCHETTE.

LEVER. (*Ast.*) Première apparition d'un astre au-dessus de l'horizon, lorsqu'il passe de l'hémisphère inférieur à l'hémisphère supérieur par l'effet du mouvement diurne apparent de la voûte céleste.

Comme l'horizon sensible dépend de l'élévation du lieu où l'on se trouve (*voy.* HORIZON), l'heure du *lever apparent* d'un astre varie non seulement par rapport aux divers points de la surface de la terre, lesquels ont tous des horizons différens, mais encore en raison de la hauteur du lieu qu'on occupe au-dessus de cette surface; il faut donc tenir compte de toutes ces circonstances si l'on veut calculer l'heure du *lever apparent*. On nomme *lever astronomique*, celui qui s'effectue à l'horizon rationnel; la connaissance de ce dernier fait trouver aisément celle du lever apparent.

Pour calculer l'heure du lever astronomique d'un astre, pour un lieu dont la latitude est donnée, il suffit de connaître la déclinaison de cet astre. Mais comme la déclinaison des planètes varie à chaque instant, par suite de leur mouvement propre, et que celles qu'elles ont au moment de leur lever ne peut être déterminée que par l'heure de ce lever, qu'il s'agit précisément de trouver, on est forcé de prendre à peu près cette déclinaison et d'en déduire l'heure approchée du lever; avec cette heure approchée, on calcule une déclinaison plus exacte qui sert enfin à faire connaître l'heure demandée avec une approximation suffisante. Nous allons éclaircir cette théorie.

Soit ACB l'horizon rationnel du lieu (PL. 45, *fig.* 8), et C, la position de l'astre à l'horizon; soient, de plus, Z le zénith, P le pôle, et CP l'arc du cercle de déclinaison de l'astre. L'angle APC sera l'angle horaire de l'astre, et sa mesure, prise sur l'équateur, est ce qu'on nomme l'*arc semi-diurne*; cet arc réduit en temps, à raison de 15° par heure, exprime la moitié de la durée qui s'écoule entre le lever et le coucher de l'astre.

Le triangle PAC étant rectangle en A, donne (*Voy.* TRIGONOMÉTRIE.)

$$\mathrm{Cos}\ APC = \frac{\mathrm{tang}\ AP}{\mathrm{tang}\ PC}.$$

Mais l'arc AP = 180° — PB, et PB est la latitude du lieu; l'arc PC est le complément de la déclinaison de l'astre; ainsi désignant par λ la latitude, par δ la déclinaison, et par h l'arc semi-diurne, on a

$$\mathrm{Cos}\ h = \frac{\mathrm{tang}(180 - \lambda)}{\mathrm{tang}(90 - \delta)},$$

or, $\mathrm{tang}\ (180 - \lambda) = -\ \mathrm{tang}\ \lambda$, $\mathrm{tang}\ (90 - \delta) = \cot d = \dfrac{1}{\mathrm{tang}\ \delta}$, substituant, on obtient définitivement

$$-\mathrm{Cos}\ h = \mathrm{tang}\ \lambda.\ \mathrm{tang}\ \delta,$$

ou (*a*)

$$\mathrm{Cos}\ (180° - h) = \mathrm{tang}\ \lambda.\ \mathrm{tang}$$

à cause de $-\cos h = \cos (180° - h)$.

Supposons qu'il s'agisse de calculer l'heure du lever du soleil, à Paris, le 1ᵉʳ juillet 1836. On trouve dans la *Connaissance des temps* de 1836, que la déclinaison du soleil est à *midi*, de

23° 10′ 54″,8 le 30 juin.
23　7　0,0 le 1 juillet.　}　différence 3′ 54″,8.

La variation en 24 heures étant soustractive, nous en ajouterons le quart 58″,7 à la déclinaison du premier juillet à midi, et nous aurons ainsi la déclinaison de six heures du matin, déclinaison qui ne peut différer de celle du moment du lever que d'une très-petite quantité. La latitude de Paris, à l'Observatoire, étant de 48° 50′ 13″, nous avons donc

$$\delta = 23°\ 7′\ 58″,7$$
$$\lambda = 48\ 50\ 13$$

Mettant ces valeurs dans la formule (*a*), et opérant par logarithmes, il vient

Log. tang δ = 9,6306480
Log. tang λ = 0,0583418

Log. cos (180° — h) = 9,6889898

D'où 180° — h = 60° 44′ 55″, et h = 119° 15′ 5″.

Réduisant en *heures* cette valeur de l'arc *semi-diurne*, elle devient h = 7ʰ 57′ 0″,3. Il faudra donc au soleil une durée de temps égale à 7ʰ 57′ 0″,3 pour se rendre de l'horizon au méridien; ainsi comme il est *midi* ou 12 heures lorsque le soleil est au méridien, il sera 12ʰ — h ou 4ʰ 2′ 59″,7, au moment du lever.

Avec cette première valeur approximative, on peut calculer plus exactement la déclinaison, et obtenir ensuite l'heure du lever d'une manière plus précise. C'est ainsi qu'ayant trouvé, à l'aide de la proportion

$$24ʰ : 3′ 54″,8 :: 7ʰ 57′ 0″,3 : x = 1′ 17″,8,$$

que la variation de déclinaison est, en 7ʰ 57′ 0″,3, de 1′ 17″,8; on obtient, en ajoutant cette quantité à la déclinaison du *midi*, 1ᵉʳ juillet, δ = 23° 8′ 17″,8, pour la déclinaison du moment du lever. Recommençant ensuite les calculs avec cette valeur, il vient

Log. tang δ = 9,6307592
Log. tang λ = 0,0583418

Log. cos (180° — h) = 9,6891010

LE

D'où, $180° - h = 60° 44' 26''$; et $h = 119° 15' 34''$, ce qui donne en *temps* $h = 7^h 57' 2''$; ainsi l'heure du lever est : $4^h 2' 58''$.

Cette heure est l'heure *solaire vraie*; on la réduit, si l'on veut, en *temps moyen*, à l'aide de l'*équation du temps* (*Voy.* ce mot).

Lorsqu'il s'agit de la lune ou des planètes, on emploie de même dans l'équation (*a*) la déclinaison de l'astre au moment approché de son lever que l'on trouve en calculant d'abord l'heure du passage au méridien (*Voy.* Passage), et en en retranchant 6 heures, longueur moyenne de l'arc semi-diurne. Les calculs font connaître une première approximation de cet arc semi-diurne, et par suite l'heure du lever, en retranchant l'arc semi-diurne de de l'heure du passage au méridien. A l'aide de cette première valeur de l'heure du lever, on calcule plus exactement la déclinaison, et en recommençant toute l'opération, on obtient l'heure vraie du lever de l'astre avec une exactitude suffisante.

Les heures du *lever* et du *coucher* des astres qu'on trouve dans la *connaissance des temps* sont celles du *lever* et du *coucher astronomiques apparens*, c'est-à-dire, du moment où les astres apparaissent à l'horizon rationnel; ce moment diffère toujours de celui où les astres sont réellement à l'horizon, à cause de la parallaxe et de la réfraction dont les effets opposés diminuent d'une part et augmentent de l'autre la hauteur des astres, c'est ainsi, par exemple, que le soleil est encore environ de 34' au-dessous de l'horizon, lorsqu'il semble se lever, et que la lune est de 21' au-dessus. Pour tenir compte de ces circonstances, supposons qu'au moment où l'astre apparaît à l'horizon rationnel il soit réellement en D; l'arc CD que nous désignerons par ϖ étant égal à la différence des effets de la parallaxe et de la réfraction, c'est-à-dire,

$$\varpi = réfr.\ horiz. - parall.\ horiz.$$

L'angle horaire qu'il s'agit de calculer est donc en réalité ZPD et non ZPC. Or dans le triangle DZP nous connaissons les trois côtés, savoir :

$$ZD = ZC + CD = 90° + \varpi,$$

$PD = compl.\ de\ la\ déclinaison\ de\ l'astre = 90° - \delta$, Nous aurons donc pour la valeur de l'angle horaire h, l'expression (*b*),

$$\sin^2 \tfrac{1}{2} h = \frac{\sin \mu \cdot \cos(\mu - \varpi)}{\cos \delta \cdot \cos \lambda}$$

μ étant un angle auxiliaire, déterminé par la relation

$$2\mu = \lambda + \varpi + 90° - \delta.$$

Appliquons cette formule à l'exemple ci-dessus. Nous avons d'abord : réfraction horizontale $= 33' 45''$, parallaxe horizontale du soleil $= 8''$, et, par conséquent,

$\varpi = 33' 45'' - 8'' = 33' 37''$. Puisque nous savons en outre que la déclinaison du soleil est à peu près de $23° 8'$, nous trouverons $\mu = 58° 7' 59''$; $\mu - \varpi = 57° 34' 14''$; et, en réalisant les calculs;

$$
\begin{aligned}
Log.\ \sin \mu &= 9{,}9290491 \\
Log.\ \cos(\mu - \varpi) &= 9{,}7293759 \\
Compl.\ log.\ \cos \delta &= 0{,}0364043 \\
Compl.\ log.\ \cos \lambda &= 0{,}1816393 \\
\hline
Somme.............. &= 19{,}8764686 \\
Demi\text{-}somme... &= 9{,}9382343 = Log.\ \sin \tfrac{1}{2} h,
\end{aligned}
$$

d'où $h = 120° 19' 20'' = $ *en temps* 8 1' 17''. Retranchant cette valeur de 12 heures, on a $3^h 58' 43''$ pour *l'heure vraie* du lever du soleil, le premier juillet 1836. *L'équation du temps* étant à cette époque de $+ 3' 18''$, l'heure du lever en *temps moyen* est $3^h 2'$. On ne pousse pas l'exactitude de ces sortes de calculs plus loin que les minutes, à cause de l'incertitude de la valeur de la réfraction horizontale, et parce que la connaissance de l'heure du lever des astres ne sert guère qu'à faire savoir si un astre est au-dessus de l'horizon au moment d'un phénomène d'occultation ou d'éclipse.

Les formules (*a*) et (*b*) peuvent également servir à trouver l'heure du *coucher*, car cette heure est égale à la somme de l'arc semi-diurne et de l'heure du passage au méridien.

LEVIER. (*Méc.*) Verge de fer, de bois ou de toute autre matière résistante, qui sert à soulever des fardeaux (*Voy.* Pl. 45, fig. 9), ou, plus généralement, au moyen de laquelle une puissance aidée d'un point d'appui soutient une résistance.

On considère, en *statique*, le *levier* comme une ligne droite ou courbe inflexible, et sans aucune pesanteur qui détermine les positions de la puissance, de la résistance et du point d'appui. Dans la pratique, la pesanteur du levier fait partie des forces mises en action, comme nous le verrons plus loin.

On distingue trois sortes de *leviers*. Le *levier du premier genre* est celui dans lequel le point d'appui C est placé entre la puissance P et la résistance R. (Pl. 45, fig. 10.) Le *levier du second genre* est celui dans lequel la résistance R est placée entre le point d'appui et la puissance P. (Fig. 11.) Enfin le *levier du troisième genre* est celui dans lequel la puissance P se trouve entre le point d'appui et la résistance Q. (Fig. 12.) Les distances du point d'appui aux extrémités du levier se nomment les *bras du levier*.

Pour trouver les conditions d'équilibre dans le levier, considérons d'abord un levier droit (Fig. 13) AB, placé sur un point d'appui C, et aux extrémités duquel sont appliquées deux forces P et Q qui agissent dans les directions parallèles AQ, BQ. Ces deux forces seront évidemment en équilibre, si leur résultante CR passe par le point d'appui et se trouve détruite par la résistance de ce point ; or, la résultante de deux forces parallèles (*voy.* Parallèle et Résultante), coupe la droite qui joint leurs points d'applications, en parties réciproquement proportionnelles à ces forces ; ainsi, pour qu'il y ait équilibre, la droite AB doit être partagée de cette manière au point C, et l'on a la proportion

$$P : Q :: AC : CB,$$

c'est-à-dire que, dans le cas d'équilibre , *la puissance et la résistance sont en raison inverse de leurs bras de levier.*

Les forces P et Q , pouvant toujours être représentées par des poids , la charge que supporte le point d'appui est exprimée par la somme $P + Q$, lorsque les poids agissent dans le même sens. Cette charge est seulement égale à l'excès du plus grand poids sur le plus petit , lorsque les forces agissent en sens contraire , comme dans les leviers du second et du troisième genres. Dans tous les cas , le point d'appui doit être capable de résister à la charge.

Dans le *levier courbe* (Fig. 14), la condition d'équilibre consiste toujours en ce que la résultante des forces qui lui sont appliquées passe par le point d'appui, et soit détruite par la résistance de ce point. Ainsi en abaissant du point d'appui C, les perpendiculaires C*q* et C*p* sur les directions AQ et AP des forces, directions qui doivent être dans un même plan, on aura

$$P : Q :: Cq : Cp.$$

Donc dans l'équilibre d'un levier quelconque, *la puissance et la résistance sont en raison inverse des perpendiculaires abaissées du point d'appui sur leurs directions.*

Il résulte de cette proposition que quelle que soit la forme d'un levier, on peut toujours le supposer remplacé par un levier coudé *q*C*p* , formé par les perpendiculaires abaissées du point d'appui sur les directions des forces , et considérer les points *q* et *p* où ces perpendiculaires viennent tomber, comme les points d'application des forces , alors les *bras* du levier seront les perpendiculaires elles-mêmes, et l'on pourra dire généralement , que les deux forces qui se font équilibre sont en raison inverse de leurs bras de levier.

Pour avoir égard au poids du levier , il faut le considérer comme une force S, appliquée au centre de gravité G (Fig. 13), et alors la résultante des trois forces parallèles P, Q, S, devant passer par le point d'appui C, on a pour l'équation d'équilibre, (*a*),

$$Q \times AC = S \times CG + P \times CB.$$

La charge du point d'appui devient $P + Q + S$.

Si l'on se proposait de déterminer la valeur d'un poids P, qui étant appliqué à l'extrémité B du plus grand bras de levier $CB = a$, doit faire équilibre à un autre poids Q , appliqué à l'autre bras $AC = b$; le poids du levier, qu'on suppose homogène et partout de même épaisseur, étant S ; comme le centre de gravité est alors au milieu du levier, et que conséquemment $CG = AG - AC = \frac{1}{2}(a+b) - b = \frac{a-b}{2}$ on aurait, en vertu de (*a*),

$$bQ = aP + \frac{a-b}{2} S,$$

d'où (*b*),

$$P = \frac{b}{a} Q - \frac{a-b}{2a} S,$$

ainsi plus le bras *a* sera grand comparativement au bras *b*, et plus le poids S du levier, supposé toujours le même, concourra avec le poids P pour faire équilibre au poids Q. Il est donc essentiel dans les applications de tenir compte du poids du levier ; si nous supposons, par exemple, que le levier soit une barre de fer homogène d'un poids de 8 kilogrammes et d'une longueur de 2 mètres , que son plus long bras soit de 15 décimètres, son plus petit de 5 décimètres, et qu'il s'agisse de faire équilibre à un poids Q de 40 kilogrammes agissant à l'extrémité du petit bras , nous aurons $a = 15$, $b = 5$, $Q = 40$, $S = 8$, et par suite , en mettant ces valeurs dans (*b*),

$$P = \frac{5}{15} \, 40 - \frac{15-5}{30} \, 8 = 10 + \frac{2}{3},$$

C'est-à-dire qu'un poids de $10 \frac{2}{3}$ kilogrammes est suffisant, dans ces conditions , pour faire équilibre à un poids de 40. Si l'on n'avait pas tenu compte du poids du levier on aurait eu $P = \frac{5}{15} \, 40 = 13, \frac{1}{3}$ kilogrammes, valeur beaucoup trop grande. Ce n'est que lorsque les poids P et Q sont très-grands par rapport à celui du levier qu'il est permis de négliger ce dernier.

Tout ce que nous venons de dire pouvant s'appliquer sans difficulté aux leviers du *second* et du *troisième genres*, nous ajouterons seulement que dans le levier du premier genre, la puissance peut être ou plus grande, ou plus petite ou égale à la résistance , que dans le levier du *second genre* la puissance est toujours plus petite que la résistance , et qu'enfin dans le levier du *troisième genre* la puissance est toujours plus grande que la résistance.

LIBRATION. (*Ast.*) Oscillation apparente de l'axe de la lune , dont l'effet est de nous rendre visible un peu plus de la moitié de sa surface.

La lune employant autant de temps à tourner sur son axe qu'elle en met à achever sa révolution périodique autour de la terre, nous présente toujours la même face. Il résulte de là qu'un observateur, qui du centre de la terre regarderait la lune, verrait à peu près constamment le même disque de la lune, terminé par une même circonférence : celle qui résulterait de l'intersection d'un plan mené perpendiculairement par le centre de la lune au rayon visuel qui le joint au centre de la terre. Mais l'observateur étant placé à la surface de la terre, le rayon visuel mené au centre du globe lunaire rencontre successivement divers points de la surface de la lune, depuis le moment du lever jusqu'à celui du coucher de cet astre, et ne coïncide avec la ligne des centres, que lorsque la lune est au zénith de l'observateur. Lors donc que la lune se lève, le point de sa surface où tombe le rayon visuel qui tend à son centre est plus haut que le point où passe la ligne des centres, et l'on voit par conséquent une portion de l'hémisphère occidental de la lune, que l'on ne verrait pas du centre de la terre; mais on perd en même temps de vue une portion de l'hémisphère oriental qu'on verrait du centre de la terre. Par la même raison, lorsque la lune se couche, l'on voit une portion de son hémisphère oriental, qui ne serait pas visible du centre de la terre, et l'on cesse de voir une égale portion de son hémisphère occidental. Ce phénomène semble produit par un mouvement d'oscillation de la lune sur son axe, et c'est ce qui lui a fait donner le nom de *libration,* d'un mot latin, qui signifie *balancer.*

Ce *balancement,* qui n'est en réalité qu'une illusion optique, se nomme la *libration diurne,* il est égal à la parallaxe horizontale de la lune.

Outre la *libration diurne,* il existe encore deux autres *librations* qui proviennent : 1° de l'inclinaison de l'axe de la lune sur l'écliptique, 2° des inégalités du mouvement de la lune dans son orbite. La première, que l'on nomme *libration en latitude,* a été reconnue par Galilée, auquel on doit aussi la découverte de la *libration diurne,* et la seconde, nommée *libration en longitude,* a été découverte par Hévelius et Riccioli.

La *libration en latitude* a pour effet de nous rendre visibles alternativement les parties de la surface lunaire voisine des pôles; elle est occasionée par l'inclinaison de l'axe de la lune sur son orbite; car selon que cet axe nous présente sa plus grande ou sa plus petite obliquité, il doit nous découvrir successivement les deux pôles de rotation du sphéroïde lunaire. Cette libration est peu considérable parce que l'équateur de la lune diffère peu du plan de son orbite.

La *libration en longitude,* ou dans le sens de l'équateur lunaire, est la plus grande de toutes; elle résulte de ce que le mouvement de rotation de la lune sur son axe est uniforme, tandis que celui de sa révolution périodique autour de la terre ne l'est pas. Ainsi, comme

la lune emploie le même temps pour tourner sur elle-même que pour décrire son orbite, dans le quart du temps de sa révolution périodique elle fait le quart d'un tour sur son axe, mais elle ne parcourt pas exactement le quart de son orbite; la portion de l'orbite parcourue est tantôt plus grande et tantôt plus petite que le quart, selon qu'elle se trouve vers le périgée ou l'apogée. Ces inégalités nous font successivement découvrir vers sa partie orientale et vers sa partie occidentale des portions de sa surface que nous n'apercevions pas auparavant.

On doit à Dominique Cassini la première explication satisfaisante du phénomène de la *libration,* dont la théorie complète a été donnée par Lagrange dans un mémoire qui remporta le prix proposé par l'Académie des sciences, pour l'année 1763.

LICORNE. (*Ast.*) Nom d'une constellation méridionale située entre le grand et le petit chien (*Voy.* Pl. 9), et près d'Orion. C'est une des onze constellations qu'Augustin Royer a ajoutées aux anciennes dans ses cartes; elle fut formée en 1635 par Bartschius.

LIEU GÉOMÉTRIQUE. (*Géom.*) Ligne droite ou courbe dont la construction sert à résoudre un problème géométrique. (*Voy.* Applicat. de l'alg. a la géom.)

Les anciens nommaient *lieux plans* ceux qui se réduisent à des droites ou à des cercles; et *lieux solides,* ceux qui demandent des paraboles, des hyperboles ou des ellipses.

Lieu *d'une planète.* (*Ast.*) C'est ordinairement sa *longitude.*

LIEUE. Ancienne mesure itinéraire. (*Voy.* Métrique.)

LIGNE. (*Géom.*) Étendue qui n'a qu'une seule dimension, la longueur. (*Voy.* Notions prélim. 2; et Géométrie.)

LIGNE. Nom que l'on donne souvent à l'équateur par abréviation de *ligne équinoxiale.*

LIMBE. (*Ast.*) Bord extérieur du soleil et de la lune. On donne aussi ce nom au bord extérieur gradué d'un cercle ou de tout autre instrument de mathématiques.

LIMITE. (*Alg.* et *Géom.*) Expression dont on se sert en mathématiques pour désigner la grandeur dont une quantité variable peut approcher indéfiniment, mais qu'elle ne peut surpasser.

Si l'on considère, par exemple, deux polygones, l'un inscrit et l'autre circonscrit à un cercle, il est évident que le premier est plus petit que le cercle, et que le second est plus grand. Or, si l'on augmente successivement le nombre des côtés de ces polygones, le polygone inscrit deviendra de plus en plus grand, et le polygone circonscrit deviendra de plus en plus petit, sans cependant qu'ils puissent jamais, le premier devenir plus grand, et le second devenir plus petit que le cercle. Le cercle est donc la *limite* de l'augmentation du polygone inscrit et de la diminution du polygone circonscrit.

S'il s'agit d'une expression algébrique $\sqrt{a^2-x^2}$ dans laquelle x est une quantité variable, on voit que sa valeur est d'autant plus grande que celle de x est plus petite, et que cette valeur ne peut surpasser $\sqrt{a^2}$ ou a; a est donc la *limite* de $\sqrt{a^2-x^2}$.

La *Méthode des limites* a été presque généralement adoptée par les mathématiciens modernes pour servir de base au *calcul différentiel*, et dans le but de se débarrasser des *infiniment petits* dont la conception ne leur paraissait ni assez claire, ni assez rigoureuse. Nous croyons avoir déjà suffisamment démontré le peu de fondement de la prétendue inexactitude qu'on a cru découvrir dans les principes fondamentaux du calcul de l'infini, et nous allons seulement examiner en passant si ceux de la méthode des limites sont plus *clairs* et plus *rigoureux*.

Désignons par y une fonction quelconque de la variable x, x^3 par exemple, et supposons que y devienne y', lorsque x reçoit un accroissement h, nous aurons donc

$$y' = (x+h)^3 = x^3 + 3x^2h + 3xh^2 + h^3$$

Si de cette équation nous retranchons l'équation primitive $y = x^3$, il restera.

$$y' - y = 3x^2h + 3xh^2 + h^3$$

et en divisant par h

$$\frac{y'-y}{h} = 3x^2 + 3xh + h^2,$$

or $y' - y$ étant l'accroissement de la fonction y correspondant à l'accroissement h de la variable x, il est évident que $\frac{y'-y}{h}$ est le rapport de l'accroissement de la fonction y à celui de sa variable x. Ainsi considérant le second membre de la dernière équation, on voit que ce rapport diminue d'autant plus que h diminue et que lorsque h devient nul, ce rapport se réduit à $3x^2$.

$3x^2$ est donc la limite du rapport $\frac{y'-y}{h}$; c'est vers ce terme qu'il tend lorsqu'on fait diminuer h, et lorsqu'enfin $h = 0$, on a

$$\frac{y'-y}{h} = 3x^2.$$

C'est de cette manière, et nous n'avons fait que citer, que les auteurs modernes de traités sur le calcul différentiel parviennent à l'expression de la valeur des dérivées différentielles d'une fonction, car de l'équation précédente ils passent ensuite à celle-ci :

$$\frac{dy}{dx} = 3x$$

ce qui leur donne enfin la *différentielle* : $d(x^3) = 3x^2dx$.

Mais en suivant la marche de l'opération qui nous a conduit à

$$\frac{y'-y}{h} = 3x^2,$$

on voit que cette équation est réellement

$$\frac{0}{0} = 3x^2,$$

car lorsque $h = 0$, on a aussi $y' - y = 0$. Nous sommes donc arrivés à considérer le rapport de deux quantités *nulles*, conception qui n'est ni plus *claire*, ni plus *rigoureuse* que celle du rapport de deux quantités *infiniment petites*. Bien plus, l'équation

$$\frac{y'-y}{h} = 3x^2$$

n'a aucun sens si h est un zéro absolu, car alors la variable ne reçoit pas d'*accroissement*, et conséquemment aussi la fonction y, et le *rapport* de deux accroissemens qui n'existent ni réellement ni idéalement, n'a absolument aucune signification.

On prétend que l'équation $\frac{0}{0} = 3x^2$ ne présente rien de difficile à concevoir, parce que le *symbole* $\frac{0}{0}$ peut représenter toutes sortes de quantités. Il est vrai que ce prétendu *symbole* a cette propriété, mais quelle analogie peut-il exister entre les quantités de la forme

$$\frac{A(x-a)^m}{B(x-a)^n}$$

qui deviennent $\frac{0}{0}$, c'est-à-dire seulement indéterminées lorsque $x = a$ et le rapport de deux quantités *nulles*, non parce qu'elles ont un facteur commun qui devient *zéro*, mais nulles par elles-mêmes ?

La valeur de la fonction

$$\frac{3x^2h+3xh^2+h^3}{h} = 3x^2 + 3xh + h^2$$

est bien réellement $3x^2$, dans le cas de $h = 0$, mais pour arriver à l'égalité (a),

$$\frac{y'-y}{h} = \frac{3x^2h+3xh^2+h^3}{h}$$

il a fallu supposer que h a une valeur quelconque différente de zéro, car si h est zéro $(x+h)^3$ est simplement x^3, et il n'y a plus aucun moyen de déduire cette égalité. Comment se fait-il donc que l'égalité (a), obtenue uniquement dans l'hypothèse de h, quantité différente de zéro, subsiste encore lorsqu'on détruit l'hypothèse sur laquelle elle est établie ?

C'est cependant sur ce rapport *inconcevable* de deux quantités *nulles*, non relativement comme le sont les quantités infiniment petites par rapport aux quantités finies (*voy*. Diff., 24), mais *nulles* absolument, c'est-à-dire de vrais *zéros* réels et absolus, que se trouve fondée la méthode *claire* et *rigoureuse* des limites ! Quelle profonde métaphysique !

Limites *des racines des équations*. On donne ce nom à deux nombres dont l'un est plus grand qu'une des racines d'une équation, et l'autre plus petit. C'est sur la recherche de deux tels nombres qu'est fondée la résolution des équations numériques. (*Voy*. Approximation.)

On démontre, dans tous les *Elémens d'Algèbre*, que si deux nombres p et q substitués à la place de x dans une équation numérique d'un degré quelconque $X = 0$, donnent deux résultats de *signes contraires*, ces deux nombres comprennent au moins une racine réelle de la proposée.

Ainsi, en prenant pour exemple l'équation

$$x^3 - 2x - 5 = 0,$$

si nous substituons successivement à la place de x la suite des nombres naturels 0, 1, 2, 3, 4, etc., en les prenant tant positivement que négativement, nous trouverons, désignant par X le premier membre, que pour

$x = 0$, on a $X = -5$; $x = 0$, on a $X = -5$.
$x = 1$, $X = -6$; $x = -1$, $X = -4$.
$x = 2$, $X = -1$; $x = -2$, $X = -9$.
$x = 3$, $X = +16$; $x = -3$, $X = -26$.
$x = 4$, $X = +51$; $x = -4$, $X = -61$.
etc...   etc...   etc...   etc.

et nous en conclurons qu'il y a une racine réelle positive comprise entre 2 et 3.

Pour diminuer le nombre des substitutions, il est important de connaître une limite supérieure à toutes les racines, plus cette limite sera rapprochée de la plus grande racine, mais on aura besoin de substitutions. Voici le procédé donné par Newton pour déterminer la limite supérieure la plus petite possible en nombre entier. Soit $X = 0$ l'équation proposée, si l'on forme la suite de fonctions dérivées

$$\frac{dX}{dx}, \quad \frac{d^2X}{2dx^2}, \quad \frac{d^3X}{2.3dx^3}, \quad \text{etc...}$$

jusqu'à ce que l'on parvienne à une fonction du premier degré, le problème sera ramené à trouver pour x le plus petit nombre qui rende toutes ces fonctions positives.

Prenons pour exemple l'équation

$$x^4 - 3x^3 - 3x^2 + 4x - 5 = 0,$$

nous aurons

$$X = x^4 - 3x^3 - 3x^2 + 4x - 5,$$

$$\frac{dX}{dx} = 4x^3 - 9x^2 - 6x + 4,$$

$$\frac{d^2X}{2dx} = 6x^2 - 9x - 3,$$

$$\frac{d^3X}{2.3.dx^2} = 4x - 3,$$

En commençant par la dérivée du premier degré, il est évident que tout nombre positif plus grand que 0, mis à la place de x le rend positif, et que 1 est le plus petit de ces nombres.

Substituant 1 dans la dérivée du second degré, on trouve un résultat négatif, mais 2 ou tout autre nombre plus grand donne un résultat positif.

2, substitué dans la dérivée du troisième degré, donne un résultat négatif, mais 3 ou tout autre nombre plus grand que 3, donne un résultat positif.

3, substitué dans la fonction primitive X, donne un résultat négatif, et l'on s'aperçoit aisément que 4, ou tout nombre plus grand, donne un résultat positif.

Ainsi 4 est le plus petit nombre qui puisse rendre en même temps toutes les fonctions positives. Donc 4 est la limite supérieure des racines positives de la proposée, et comme c'est d'ailleurs la limite la plus petite en nombres entiers, il s'en suit qu'il y a une racine réelle positive comprise entre 3 et 4.

Pour obtenir la limite supérieure des racines négatives, on transforme l'équation proposée $X = 0$, en $X' = 0$ en faisant $x = -x'$, et comme les racines positives de la transformée donneront les racines négatives de la proposée en les prenant avec le signe —, la limite supérieure de ces racines positives sera en même temps, en lui donnant le signe —, la limite supérieure des racines négatives de l'équation $X = 0$.

Lorsqu'on est parvenu à connaître la valeur d'une racine réelle à moins d'une unité près, on peut ensuite obtenir cette valeur avec tel degré d'approximation qu'on peut le désirer en employant les méthodes exposées au mot Approximation.

La recherche des limites des racines réelles des équations a été l'objet d'un grand nombre de travaux consignés dans tous les traités d'Algèbre.

LINÉAIRE. On désigne souvent sous le nom d'*équation linéaire*, les équations du premier degré, parce que l'inconnue n'y est élevée qu'à la première puissance, et que l'on nomme généralement *quantités linéaires* celles qui n'ont qu'une seule *dimension*. (*Voy*. ce mot.)

LOGARITHME. (*Alg*.) On nomme en général *logarithme* d'un nombre, l'exposant de la puissance à laquelle il faut élever un certain nombre invariable pour produire le premier nombre. Par exemple si 2 est le nombre invariable ou la *base* des logarithmes, l'exposant 3, qui exprime la puissance à laquelle il faut élever 2 pour obtenir 8, est le *logarithme* de 8.

Le nombre invariable, pris pour *base*, étant entièrement arbitraire, il existe un nombre infini de systèmes différens de logarithmes; le système dont on se sert habituellement ou celui des tables ordinaires, a pour base le nombre 10. Cependant il existe entre deux systèmes quelconques de logarithmes, des relations fixes et déterminées, et les propriétés de ces nombres sont les mêmes dans tous les systèmes.

Soit a un nombre quelconque, x l'exposant de la puissance à laquelle il faut élever a pour obtenir un nombre variable z, nous aurons l'égalité (1)

$$a^x = z$$

dans laquelle a sera la *base* du système des logarithmes x, et x le *logarithme* de z.

Nous verrons plus loin que, pourvu que a soit un nombre différent de l'unité, il existe toujours un nombre x capable de satisfaire à l'égalité (1) quel que soit z. Mais il faut nécessairement que a diffère de l'unité, car toutes les puissances de l'unité étant elles-mêmes l'unité, le second membre de (1) dans le cas de $a = 1$, serait toujours *l'unité*, pour toute valeur de x, et ne pourrait conséquemment engendrer tout autre nombre.

Nous allons d'abord exposer les propriétés fondamentales des logarithmes, puis nous examinerons la *nature particulière* de ces quantités et le rang qu'elles occupent dans la science des nombres.

1. La base a étant un nombre quelconque différent de l'unité, on a toujours $a^0 = 1$. (*Voy.* ALGÈBRE 24.) Ainsi, *dans tout système de logarithmes, le logarithme de l'unité est égal à zéro.* Comme on a aussi $a^1 = a$, il en résulte que *dans tout système de logarithmes, celui de la base est l'unité.*

2. Si nous désignons par x et x' les logarithmes des nombres z et z', les égalités

$$a^x = z$$
$$a^{x'} = z'$$

étant multipliées terme par terme, fournissent

$$a^x \times a^{x'} = z.z'$$

mais (*Alg.* 20) $a^x \times a^{x'} = a^{x+x'}$, ainsi
$$a^{x+x'} = z.z'.$$

Or, $x + x'$ est le logarithme du produit $z.z'$, donc le *logarithme du produit de deux nombres est égal à la somme des logarithmes de ces nombres.*

Il est facile d'étendre cette propriété à un nombre quelconque de facteurs, puisqu'on a généralement

$$a^x.a^{x'}.a^{x''}.a^{x'''}., \text{ etc.} = a^{x+x'+x''+x'''}+\text{etc.}$$

On peut donc poser en principe, que *le logarithme d'un produit quelconque est égal à la somme des logarithmes de tous les facteurs.*

3. En divisant terme par terme les égalités $a^x = z$, $a^{x'} = z'$, on obtient (ALG 23)

$$\frac{a^x}{a^{x'}} = a^{x-x'} = \frac{z}{z'},$$

d'où il résulte que *le logarithme du quotient de deux nombres est égal à la différence des logarithmes de ces nombres.*

4. Si l'on élève les deux membres de l'égalité $a^x = z$, à la puissance m, on obtient (ALG. 26)

$$(a^x)^m = a^{mx} = z^m,$$

Ainsi, mx est le logarithme de la puissance z^m, donc *le logarithme d'une puissance est égal au logarithme de la base de cette puissance multiplié par son exposant.*

5. On trouverait de même

$$\sqrt[m]{(a^x)} = a^{\frac{x}{m}} = \sqrt[m]{z},$$

C'est-à-dire *que le logarithme d'une racine est égal à celui du nombre divisé par l'exposant.*

6. Ce sont les quatre propriétés fondamentales précédentes qui rendent l'usage des logarithmes si précieux pour la réalisation des calculs, parce qu'elles donnent les moyens d'exécuter avec beaucoup de facilité les opérations élémentaires, en ramenant les plus compliquées à de plus simples. Il ne faut évidemment pour obtenir ces avantages que pouvoir connaître dans tous les cas les logarithmes qui répondent à des quantités données et réciproquement. C'est là le but des tables de logarithmes qui présentent les nombres dans une colonne et les logarithmes correspondans dans une autre.

7. Dans le système des logarithmes vulgaires ou *tabulaires*, la base étant 10, on a, en désignant par *log.* le logarithme,

$$10^0 = 1, \text{ ou Log.} \quad 1 = 0$$
$$10^1 = 10, \quad \text{Log.} \quad 10 = 1$$
$$10^2 = 100, \quad \text{Log.} \quad 100 = 2$$
$$10^3 = 1000, \quad \text{Log.} \quad 1000 = 3$$
$$10^4 = 10000, \quad \text{Log.} \quad 1000 = 4$$
$$\text{etc.} \ldots \qquad \text{etc.} \ldots$$

D'où l'on voit que tous les logarithmes des nombres compris entre 1 et 10 sont plus petits que l'unité; que ceux des nombres compris entre 10 et 100 sont plus petits que 2; que ceux compris entre 100 et 1000 sont plus petits que 3, et ainsi de suite.

Ces logarithmes des nombres intermédiaires entre les puissances entières de la base sont, comme nous le verrons plus loin, des quantités incommensurables qu'on a coutume d'exprimer approximativement par des fractions décimales, et ils sont d'autant plus exacts qu'ils sont exprimés par un plus grand nombre de chiffres.

Si l'on voulait trouver par exemple le logarithme de 5, nombre compris entre 1 et 10, on pourrait opérer de la manière suivante, en partant d'une des propriétés fondamentales des logarithmes. Soient, en général, deux nombres y, z dont les logarithmes sont respectivement x et u; savoir: $x = \text{Log } y$, $u = \text{Log } z$. D'après ce qui précède (2)

$$\text{Log. } \sqrt{yz} = \tfrac{1}{2}\text{Log. } yz = \frac{x+u}{2}.$$

Ainsi le logarithme du nombre moyen proportionnel entre y et z est égal à la moitié de la somme des logarithmes de y et de z. Or v étant un nombre compris entre y et z on peut toujours insérer entre y et z un assez grand nombre de moyens proportionnels pour que l'un d'entre eux ne diffère de v que d'une quantité aussi petite qu'on voudra, et qu'on puisse alors le prendre pour v sans erreur sensible; & comme les logarithmes de tous ces moyens proportionnels se trouvent donnés facilement en vertu de l'expression (2), on aura de cette manière celui de v. Faisant donc $y = 1$, $z = 10$, nous trouverons pour le moyen proportionnel entre 1 et 10

$$\sqrt{1 \times 10} = \sqrt{10} = 3,162277,$$

en nous bornant à six décimales dans l'extraction de la racine. Mais Log. 1 = 0, Log. 10 = 1, et de plus

$$\text{Log. } \sqrt{1 \times 10} = \frac{0+1}{2} = 0,500000;$$

c'est-à-dire Log (3,162277) = 0,500000. Remarquant maintenant que le nombre 5 dont on veut connaître le logarithme, est compris entre 3, 162277 et 10, on cherchera de nouveau un moyen proportionnel entre ces derniers nombres, ce qui donnera

$$\sqrt{[10 \times 3,162277]} = \sqrt{[31,62277]} = 5,623413$$

et l'on aura pour le logarithme de ce moyen

$$\text{Log. } (5,623413) = \frac{1+0,5}{2} = 0,750000.$$

Remarquant de nouveau que 5 est compris entre les nombres 3, 162277 et 5, 623413, dont les logarithmes sont connus, on cherchera comme ci-dessus un moyen proportionnel entre ces nombres, ainsi que le logarithme de ce moyen, et on poursuivra l'opération jusqu'à ce que l'on soit parvenu à déterminer un moyen proportionnel qui soit exactement égal à 5 dans les limites qu'on a choisies, c'est-à-dire, ici, qui n'en diffère plus que dans la septième décimale : le logarithme correspondant sera le logarithme demandé. Voici le tableau de toute l'opération :

Nombres.	Logarithmes.
1, 000000 ,	0, 0000000
10, 000000 ,	1, 0000000
3, 162277 ,	0, 5000000
5, 623413 ,	0, 7500000
4, 216964 ,	0, 6250000
4, 869674 ,	0, 6875000
5, 232991 ,	0, 7187500
5, 048065 ,	0, 7031250
4, 958069 ,	0, 6953125
5, 002865 ,	0, 6992187
4, 980416 ,	0, 6972656
4, 991627 ,	0, 6982421
4, 997242 ,	0, 6987304
5, 000052 ,	0, 6989745
4, 998647 ,	0, 6988525
4, 999350 ,	0, 6989135
4, 999701 ,	0, 6989440
4, 999876 ,	0, 6989592
4, 999963 ,	0, 6989668
5, 000008 ,	0, 6989707
4, 999984 ,	0, 6989687
4, 999997 ,	0, 6989697
5, 000003 ,	0, 6989702
5, 000000 ,	0, 6989700.

Ainsi, après 22 extractions de racines, on obtient enfin un dernier moyen proportionnel égal à 5 d'où l'on a Log 5 = 0, 6989700 à très-peu près. C'est à l'aide de ce procédé très-long et très-laborieux que les premières tables de logarithmes ont été calculées; mais on a trouvé depuis des méthodes beaucoup plus expéditives et beaucoup plus commodes.

8. Quelle que soit au reste la méthode qu'on emploie pour trouver les logarithmes, on se borne toujours à calculer ceux des nombres premiers, les autres s'obtenant ensuite par de simples multiplications ou additions. En effet le logarithme de 5, par exemple, fait connaître immédiatement ceux de 25, 125, 625, etc., c'est-à-dire ceux de toutes les puissances de 5, puisqu'on a généralement

$$\text{Log. } (5^m) = m \, \text{Log. } 5.$$

De même, connaissant les logarithmes de 2 et de 3, on a ceux de tous les produits formés des facteurs 2 et 3, puisque

$$\text{Log. } [2^m \times 3^n] = m \, \text{Log. } 3 + n \, \text{Log. } 2,$$

et ainsi de suite.

9. Reprenons maintenant l'égalité fondamentale

$$a^x = z$$

dans laquelle $x = \operatorname{Log} z$; si l'on fait successivement

$$x = 0,\ 1,\ 2,\ 3,\ 4,\ 5,\ 6,\ 7,\ \text{etc.}$$

il en résulte

$$z = 1,\ a,\ a^2,\ a^3,\ a^4,\ a^5,\ a^6,\ a^7,\ \text{etc.}$$

d'où l'on voit que toutes les valeurs de z plus grandes que l'unité, sont produites par des puissances de la base a, dont les exposans sont positifs, entiers ou fractionnaires, et que la valeur de z est d'autant plus grande que celle de x est elle-même plus grande.

Si l'on fait ensuite

$$x = 0,\ -1,\ -2,\ -3,\ -4,\ -5,\ -6,\ -7,\ \text{etc.}$$

on trouve

$$z = 1,\ \frac{1}{a},\ \frac{1}{a^2},\ \frac{1}{a^3},\ \frac{1}{a^4},\ \frac{1}{a^5},\ \frac{1}{a^6},\ \frac{1}{a^7},\ \text{etc.}$$

C'est-à-dire que toutes les valeurs de z plus petites que l'unité, sont produites par des puissances de a, dont les exposans sont *négatifs* entiers ou fractionnaires, et que la valeur de z est d'autant plus grande que celle de x est plus petite, abstraction faite du signe.

10. Il résulte de ces considérations que puisque les logarithmes tant positifs que négatifs, dont les valeurs croissent depuis zéro jusqu'à l'infini correspondent à tous les nombres entiers et fractionnaires *positifs*, ceux des nombres négatifs ne peuvent avoir qu'une existence *idéale*, car il n'existe pour x aucune valeur réelle qui puisse donner

$$a^x = -z$$

a étant un nombre positif. Les logarithmes conduisent donc à de nouvelles quantités *imaginaires* (*voy.* ce mot) dont nous reconnaîtrons plus loin la nature.

11. La base a d'un système de logarithmes étant donnée, il sera toujours possible de calculer les logarithmes de ce système par un procédé semblable à celui que nous avons employé n. 7, pour la base 10; ainsi nous pouvons admettre que tant que z est positif il existe une valeur réelle pour x qui rend la quantité exponentielle a^x égale à z ; ce qu'il importe maintenant, c'est de réconnaître la *nature* de cette valeur réelle de x, afin de savoir si les logarithmes ne sont qu'une simple combinaison des opérations ou des algorithmes élémentaires de la science des nombres, ou s'ils ne constituent par eux-mêmes un algorithme élémentaire d'une nature distincte. Pour cet effet, m étant un nombre quelconque, prenons la racine m *ième* des deux membres de l'égalité

$$a^x = z$$

nous aurons

$$\left(\sqrt[m]{a}\right)^x = z^{\frac{1}{m}}$$

le radical $\sqrt{}$ désignant seulement les racines réelles, et l'exposant fractionnaire les racines quelconques réelles ou imaginaires. Car la base a doit rester constante, et c'est seulement la fonction x qui doit correspondre aux différentes racines $z^{\frac{1}{m}}$.

Or, on peut obtenir facilement le développement de la quantité $(\sqrt[m]{a})^x$ en la mettant sous la forme

$$\left[1 + (\sqrt[m]{a} - 1) \right]^x$$

car, d'après la formule du binôme (*voy.* ce mot), on a

$$\left[1 + (\sqrt[m]{a} - 1) \right]^x = 1 + x(\sqrt[m]{a} - 1)$$
$$+ \frac{x(x-1)}{1.2} (\sqrt[m]{a} - 1)^2$$
$$+ \frac{x(x-1)(x-2)}{1.2.3} (\sqrt[m]{a} - 1)^3$$
$$+ \text{etc.} \ldots$$

d'où l'on tire.

$$z^{\frac{1}{m}} - 1 = x(\sqrt[m]{a} - 1) + \frac{x(x-1)}{1.2} (\sqrt[m]{a} - 1)^2 + \text{etc.} \ldots$$

Mais si la quantité arbitraire m est infiniment grande, $\sqrt[m]{a} - 1$ sera une quantité infiniment petite, puisque la puissance $a^{\frac{1}{\infty}}$ ne diffère de l'unité que d'une quantité infiniment petite, et, par conséquent, $(\sqrt[m]{a} - 1)^2$ $(\sqrt[m]{a} - 1)^3$, etc., seront des quantités infiniment petites des second, troisième, etc. ordres qui ne peuvent influencer en aucune manière la relation des quantités $z^{\frac{1}{m}} - 1$ et $(\sqrt[m]{a} - 1)$, considérée dans sa réalité. (*Voy.* Diff. 24.)

On a donc rigoureusement, dans ce cas,

$$z^{\frac{1}{\infty}} - 1 = x(\sqrt[\infty]{a} - 1)$$

d'où

$$x = \frac{z^{\frac{1}{\infty}} - 1}{\sqrt[\infty]{a} - 1},\quad \text{ou } \operatorname{Log} z = \frac{z^{\frac{1}{\infty}} - 1}{\sqrt[\infty]{a} - 1}.$$

Telle est donc la *nature* de la quantité en question $\operatorname{Log} z$. « Cette expression est évidemment celle de la génération théorique primitive de cette fonction : c'est l'*idée* ou la *conception première* proposée par la raison à l'entendement, pour être réalisée dans le domaine de l'expérience. » — « Or, cette fonction est évidemment une fonction dérivée *élémentaire*, parce qu'elle implique, dans son expression des exposans *infinis*, qui font sortir les puissances qui leur répondent de la classe des puissances ordinaires, susceptibles d'une signification immédiate. En effet, en remontant à la source transcendantale, on trouve que les puissances ordinaires qui répondent à des exposans finis, sont des fonctions intellectuelles *immanentes*, ou des fonctions simples de l'entendement, et que les puissances qui répondent à des exposans infinis ne sont possibles que par l'application de la *raison* aux fonctions de l'entendement que nous venons de nommer, et sont ainsi des fonctions intellectuelles supérieures, et nommément des fonctions *transcendantes*, ou des conceptions de la raison, des idées proposées par cette faculté intellectuelle suprême. »

« Il s'ensuit que les fonctions appelées LOGARITHMES sont des fonctions algorithmiques ÉLÉMENTAIRES, parmi les fonctions algorithmiques possibles pour l'homme, et que la THÉORIE DES LOGARITHMES forme une des branches nécessaires de l'algorithmie. » (Wronski. *Introduction à la Phil. des Math.*, page 12.)

12. L'expression

$$(3) \ldots \text{Log} \, z = \frac{z^{\frac{1}{\infty}} - 1}{\sqrt[\infty]{a} - 1}$$

doit contenir, comme *expression théorique primitive*, le principe de toute la théorie des logarithmes, et il est en effet très-facile d'en déduire les propriétés fondamentales que nous avons précédemment exposées; nous nous contenterons ici d'en tirer une expression *technique*, ou de développement, qui puisse servir à l'évaluation numérique des logarithmes.

D'abord, on a généralement, A étant une quantité quelconque,

$$A^{\frac{1}{\infty}} = \left[1 + (A^n - 1) \right]^{\frac{1}{\infty n}}$$

et par suite

$$A^{\frac{1}{\infty}} = 1 + \frac{1}{\infty n} (A^n - 1) + \frac{\frac{1}{\infty n} \left(\frac{1}{\infty n} - 1 \right)}{1 . 2} (A^n - 1)^2$$
$$+ \frac{\frac{1}{\infty n} \left(\frac{1}{\infty n} - 1 \right) \left(\frac{1}{\infty n} - 2 \right)}{1 . 2 . 3} (A^n - 1)^3, + \text{etc.}$$

ce qui se réduit à

$$A^{\frac{1}{\infty}} = 1 + \frac{1}{\infty n} (A^n - 1) - \frac{1}{2\infty n} (A^n - 1)^2 + \text{etc.}$$

En vertu de cette dernière expression, p et q étant deux quantités arbitraires, nous aurons de même

$$z^{\frac{1}{\infty}} = 1 + \frac{1}{\infty p} (z^p - 1) - \frac{1}{2\infty p} (z^p - 1)^2 + \text{etc.}$$

$$a^{\frac{1}{\infty}} = 1 + \frac{1}{\infty q} (a^q - 1) - \frac{1}{2\infty q} (a^q - 1)^2 + \text{etc.}$$

et, par conséquent,

$$z^{\frac{1}{\infty}} - 1 = \frac{1}{\infty p} \left\{ (z^p - 1) - \tfrac{1}{2} (z^p - 1)^2 + \text{etc.} \ldots \ldots \right\}$$

$$a^{\frac{1}{\infty}} - 1 = \frac{1}{\infty q} \left\{ (a^q - 1) - \tfrac{1}{2} (a^q - 1)^2 + \text{etc.} \ldots \ldots \right\}$$

d'où enfin (4)

$$\text{Log} \, z = \frac{q}{p} \cdot \frac{(z^p - 1) - \frac{1}{2}(z^p - 1)^2 + \frac{1}{3}(z^p - 1)^3 - \text{etc.}}{(a^q - 1) - \frac{1}{2}(a^q - 1)^2 + \frac{1}{3}(a^q - 1)^3 - \text{etc.}}$$

Ainsi, comme les quantités p et q sont arbitraires, on peut toujours les choisir telles que $z^p - 1$ et $a^q - 1$ soient de très petites fractions et conséquemment rendre très-convergentes les suites qui composent le numérateur et le dénominateur de la valeur de Log z, de manière qu'il suffise d'un petit nombre de termes pour obtenir cette valeur très-approchée.

13. La valeur de la base a entrant comme partie constituante dans celle du logarithme, il se présente le problème de déterminer si parmi toutes les valeurs arbitraires qu'on peut choisir pour cette base il n'en existe point une qui rende l'expression du logarithme la plus simple possible. Or, si nous observons que $z^{\frac{1}{\infty}} - 1$, et $\sqrt[\infty]{a} - 1$ étant des quantités infiniment petites, leurs produits par la quantité infiniment grande ∞ seront des quantités finies, et que l'expression (3) peut se mettre sous la forme (5)

$$\text{Log} \, z = \frac{\infty (z^{\frac{1}{\infty}} - 1)}{\infty (\sqrt[\infty]{a} - 1)}$$

il est facile de voir que s'il existait un nombre a, tel que l'on pût avoir $\infty (\sqrt[\infty]{a} - 1) = 1$, la base a disparaîtrait de l'expression du logarithme qui deviendrait pour ainsi dire indépendant de cette base; et l'on aurait alors pour l'expression théorique des logarithmes de ce système, le plus simple de tous, (6)

$$\text{Log} \, z = \infty (z^{\frac{1}{\infty}} - 1).$$

La question se réduit donc à savoir s'il **existe un** nombre a capable de donner l'égalité

$$\infty \left(\sqrt[\infty]{a} - 1 \right) = 1.$$

Or, de cette égalité on tire

$$a = \left(1 + \frac{1}{\infty} \right)^{\infty}$$

et, en développant le binôme,

$$\left(1 + \frac{1}{\infty} \right)^{\infty} = 1 + \infty \, \frac{1}{\infty} + \frac{\infty \, (\infty - 1)}{1 \cdot 2} \, \frac{1}{\infty^2} + \frac{\infty \, (\infty - 1)(\infty - 2)}{1 \cdot 2 \cdot 3} \cdot \frac{1}{\infty^3} + \text{etc.}$$

Ce qui se réduit à

$$\left(1 + \frac{1}{\infty} \right)^{\infty} = 1 + \frac{1}{1} + \frac{1}{1 \cdot 2} + \frac{1}{1 \cdot 2 \cdot 3} + \frac{1}{1 \cdot 2 \cdot 3 \cdot 4} + \text{etc.}$$

ou,

$$a = 2,718281828459045 \text{ etc.}$$

Il existe donc effectivement un nombre réel capable de donner l'égalité en question, et en prenant ce nombre, 2,71828... pour base d'un système de logarithmes, l'expression théorique de ces logarithmes sera (6).

Nous désignerons dorénavant ces logarithmes, qu'on nomme *naturels*, par la caractérisque L; ainsi nous aurons en général pour les logarithmes naturels (7)

$$Lz = \infty \left(z^{\frac{1}{\infty}} - 1 \right)$$

et pour les logarithmes d'un système quelconque, dont a est la base, (8)

$$\mathrm{Log}\, z = \infty \left(z^{\frac{1}{\infty}} - 1 \right) \cdot \frac{1}{La} = \frac{Lz}{La}$$

D'où l'on voit que connaissant les logarithmes *naturels*, on obtient ceux d'un système quelconque en les multipliant par la quantité constante $\frac{1}{La}$. Cette quantité constante, qui est l'unité divisée par le logarithme naturel de la base du système en question, se nomme le *module* de ce système.

14. a et b étant les bases de deux systèmes de logarithmes, puisqu'on a généralement, en désignant le premier système par Log et le second par *Log*,

$$\mathrm{Log}\, z = \frac{Lz}{La}, \quad \mathit{Log}\, z = \frac{Lz}{Lb},$$

on en déduit

$$\frac{\mathrm{Log}\, z}{\mathit{Log}\, z} = \frac{Lb}{La},$$

C'est-à-dire que *le rapport des logarithmes d'un même nombre, pris dans deux systèmes différens, est une quantité constante.* Propriété qui lie tous les systèmes et donne le moyen facile de passer de l'un à l'autre.

15. En partant de l'expression théorique (7) on peut obtenir les générations *théoriques* et *techniques* d'un nombre au moyen de son logarithme; en effet on trouve d'abord, pour la première, (9)

$$z = \left(1 + Lz \cdot \frac{1}{\infty} \right)^{\infty}$$

et pour la seconde, en développant le binôme,

$$z = 1 + \frac{1}{1} Lz + \frac{1}{1 \cdot 2} (Lz)^2 + \frac{1}{1 \cdot 2 \cdot 3} \cdot (Lz)^3 + \text{etc.}$$

Si nous faisons z égal à la fonction exponentielle a^x, comme $L(a^x) = x\, La$, nous obtiendrons, en substituant,

$$a^x = 1 + \frac{(La) \cdot x}{1} + \frac{(La)^2 \cdot x^2}{1 \cdot 2} + \frac{(La)^3 \cdot x^3}{1 \cdot 2 \cdot 3} + \text{etc.}$$

expression dont nous avons fait usage ailleurs. (*Voy.* Intégral, 43.)

16. Pour compléter la théorie des logarithmes, il nous reste à généraliser les expressions théoriques (7) et (8) pour les rendre immédiatement applicables à tous les cas possibles des valeurs positives et négatives réelles ou imaginaires d'un nombre z.

La génération d'un nombre négatif au moyen de l'*unité négative*, étant de la forme

$$(-1)^{\rho} \cdot A,$$

dans laquelle ρ est un nombre impair quelconque, cherchons d'abord la forme la plus générale de la génération par *puissance* $(-1)^{\rho}$ de l'unité négative, c'est-à-dire celle qui comprend toutes les déterminations réelles et idéales, ou *imaginaires*, de cette génération. Or, en vertu de la théorie des *sinus* (*voy.* ce mot), μ étant un nombre quelconque, on a

$$(-1)^{\frac{\rho}{\mu}} = \cos \frac{\rho \pi}{\mu} + \sin \frac{\rho \pi}{\mu} \sqrt{-1}$$

(*Voy.* Equation, 28); ainsi, lorsque μ est infiniment grand, comme alors $\frac{\rho \pi}{\mu}$ est une quantité infiniment petite, le sinus est égal à l'*arc* et le cosinus égal au *rayon*, c'est-à-dire, ici, à l'*unité*; cette expression devient donc

$$(-1)^{\frac{\rho}{\infty}} = 1 + \rho \pi \sqrt{-1} \cdot \frac{1}{\infty}$$

D'où, (10)

$$(-1)^\rho = (1+\rho\pi\sqrt{-1}.\tfrac{1}{\infty})^\infty.$$

Maintenant, z étant un nombre positif quelconque, nous avons d'après (9)

$$z = (1+Lz.\tfrac{1}{\infty})^\infty$$

ainsi multipliant terme par terme les expressions (10) et (9) il viendra

$$(-1)^\rho.z = (1+Lz.\tfrac{1}{\infty})^\infty.(1+\rho\pi\sqrt{-1}.\tfrac{1}{\infty})^\infty$$

$$= [1+\tfrac{1}{\infty}(\rho\pi\sqrt{-1}+Lz)]^\infty$$

Substituant cette valeur à la place de z dans l'expression (7), et désignant par la caractéristique L' le logarithme naturel et général, tandis que L désigne seulement le logarithme naturel réel du nombre positif z, nous obtiendrons définitivement, (11)

$$L'[(-1)^\rho.z] = \rho\pi\sqrt{-1}+Lz.$$

Il résulte de cette loi, que lorsqu'il s'agit du logarithme d'un nombre négatif, ρ étant un nombre impair quelconque et ne pouvant être zéro, le second membre est une quantité idéale ou *imaginaire*; c'est-à-dire que *le logarithme d'un nombre négatif est une quantité imaginaire*, et se réduit à la quantité primitive $\sqrt{-1}$, comme toutes les quantités dites *imaginaires*. (*Voy.* ce mot.)

S'il s'agit du logarithme d'un nombre positif, alors ρ doit être considéré comme un nombre pair quelconque, y compris zéro; et alors ce logarithme admet *une infinité de valeurs*, correspondante à l'infinité de valeurs arbitraires qu'on peut donner à ρ, mais parmi toutes ces valeurs il n'y en a qu'une *seule* de réelle, celle qui répond à $\rho = 0$.

Ce que nous venons de dire des logarithmes naturels, s'applique nécessairement à ceux de tous les autres systèmes.

17. On peut aisément de l'expression (11) passer à une expression plus générale d'un système quelconque, en prenant pour base un nombre positif ou négatif, réel ou idéal; mais la considération d'une base réelle et positive suffit à toutes les applications, et nous nous y bornerons ici.

Un corollaire important de l'expression (11) est, qu'en faisant successivement $\rho = 0$, $z = 1$, on obtient

$$L'(+z) = Lz, \quad L'(-1)^\rho = \rho\pi\sqrt{-1}$$

et, par conséquent, en vertu de cette même expression

$$L'[(-1)^\rho.z] = L'(-1)^\rho + L z,$$

D'où l'on voit que le théorème très-simple $L(-x) =$

$L(-1)+Lx$, mis en doute par Kramp (*Analy. des réfr. ast.*), est entièrement lié à la nature des logarithmes et rentre dans l'objet même de leur théorie.

18. La forme de toute quantité dite *imaginaire*, étant

$$z = \alpha + \beta\sqrt{-1}$$

(*Voy.* IMAGINAIRE), il est facile de voir qu'on a

$$z^{\frac{1}{\infty}} = \alpha^{\overline{\infty}}\left(1+\frac{\beta}{\alpha}\sqrt{-1}\right)^{\frac{1}{\infty}}$$

$$= \left(1+\frac{1}{\infty}L\alpha\right)\left(1+\frac{\beta}{\alpha}\sqrt{-1}\right)^{\overline{\frac{1}{\infty}}}$$

$$= 1+\frac{1}{\infty}\left\{L\alpha+\tfrac{1}{2}\left[\left(\tfrac{\beta}{\alpha}\right)^2-\tfrac{1}{2}\left(\tfrac{\beta}{\alpha}\right)^4+\text{etc.}\right]\right\}$$

$$+\frac{1}{\infty}\left\{\sqrt{-1}.\left[\left(\tfrac{\beta}{\alpha}\right)-\tfrac{1}{3}\left(\tfrac{\beta}{\alpha}\right)^3+\text{etc.}\right]\right\}$$

Or, d'après le développement (4) on a

$$L\left\{\left(\tfrac{\beta}{\alpha}\right)^2+1\right\} = \left(\tfrac{\beta}{\alpha}\right)^2-\tfrac{1}{2}\left(\tfrac{\beta}{\alpha}\right)^4+\tfrac{1}{3}\left(\tfrac{\beta}{\alpha}\right)^6-\text{etc.}$$

et l'on peut en outre remarquer, pour abréger les expressions, que

$$\left(\tfrac{\beta}{\alpha}\right)-\tfrac{1}{3}\left(\tfrac{\beta}{\alpha}\right)^3+\tfrac{1}{5}\left(\tfrac{\beta}{\alpha}\right)^5-\tfrac{1}{7}\left(\tfrac{\beta}{\alpha}\right)^7+\text{etc.}$$

est le développement de l'*arc* dont la tangente est égale à $\frac{\beta}{\alpha}$ (*voy.* TANGENTE. *Voy.* aussi INTÉGRAL, formule (24)) ainsi

$$z^{\frac{1}{\infty}} = 1+\frac{1}{\infty}\left\{\tfrac{1}{2}L(\alpha^2+\beta^2)+\sqrt{-1}.\,arc\left[tang=\tfrac{\beta}{\alpha}\right]\right\}$$

Substituant cette valeur dans (7) il viendra (12)

$$L(\alpha+\beta\sqrt{-1})$$

$$= \tfrac{1}{2}L(\alpha^2+\beta^2)+\sqrt{-1}.\,arc\left[tang=\tfrac{\beta}{\alpha}\right].$$

Le logarithme d'une quantité *imaginaire* est donc également imaginaire et se réduit encore à la simple racine $\sqrt{-1}$.

19. Si l'on veut obtenir la loi fondamentale, la plus générale de la théorie des logarithmes naturels, il faut introduire la génération de l'unité négative (10) dans (12), et cette dernière loi devient enfin (13),

$$L'\left\{(-1)^\rho.(x+y\sqrt{-1})\right\}$$

$$= \tfrac{1}{2}L(x^2+y^2)+\sqrt{-1}\left\{\rho\pi+arc\left[tang=\tfrac{y}{x}\right]\right\}$$

Expression dans laquelle x et y sont des quantités réelles et positives et π toujours la demi-circonférence du cercle dont le rayon est l'unité.

En donnant aux quantités x et y les valeurs particulières $x = 0$, $y = 1$, on a

$$L(x^2 + y^2) = L1 = 0, \ arc\left[\ tang = \frac{1}{0}\ \right] = \tfrac{1}{2}\pi,$$

et, par suite,

$$L'\left\{ (-1)^\rho \cdot \sqrt{-1} \right\} = \frac{2\rho+1}{2}\pi\sqrt{-1}$$

d'où l'on obtient simplement dans le cas de $\rho = 0$

$$L'\sqrt{-1} = \tfrac{1}{2}\pi\sqrt{-1}$$

Nous sommes parvenus à cette dernière expression par un procédé bien différent. (*Voy.* Intégral, 23.) On en tire aussi

$$\tfrac{1}{2}\pi = \frac{L\sqrt{-1}}{\sqrt{-1}}$$

génération idéale du fameux nombre π, trouvée, en premier, par Jean Bernouilli. Il est facile de déduire de (13), toutes les expressions singulières de ce nombre π, obtenues par le comte de Faguano.

20. Revenons sur les considérations pratiques des logarithmes. Les logarithmes ordinaires, ou qui ont pour base le nombre 10, outre les propriétés qui leur sont communes avec ceux de tout autre système, en ont une bien précieuse dans l'arithmétique décimale, et c'est ce qui les a fait choisir pour les tables usuelles ; comme on exprime les logarithmes de tous les nombres, excepté ceux des puissances entières de 10, avec des décimales, les logarithmes des nombres contenus entre 1 et 10 seront eux-mêmes contenus entre 0 et 1 ; ceux des nombres de 10 à 100 seront entre 1 et 2 et ainsi de suite. On voit donc que chaque logarithme est composé d'un nombre entier et d'un nombre fractionnaire décimal ; et l'on connaît immédiatement ce nombre entier, auquel on donne le nom de *caractéristique*, car il est toujours moindre d'une unité que celui des chiffres du nombre correspondant au logarithme ; par exemple la *caractéristique* ou le nombre entier qui entre dans le logarithme de 5348 est 3 parce que 5348 est compris entre 1000 et 10000. Ainsi connaissant un logarithme on sait toujours d'avance de combien de chiffres son nombre est composé, comme on connaît toujours la caractéristique du logarithme de tout nombre proposé. C'est pour cette raison que les grandes tables des logarithmes ordinaires, ne contiennent que la partie décimale des logarithmes.

Si les fractions décimales de deux logarithmes sont égales entre elles, avec une caractéristique différente,

c'est qu'alors les deux nombres correspondans sont entre eux dans le rapport de l'unité à la puissance de 10, dont l'exposant est la différence des caractéristiques, et que ces nombres sont identiques par rapport à la valeur de leurs chiffres pris isolément ; par exemple, les nombres qui ont pour logarithmes 4, 2092737 et 7, 2092737, sont 16191 et 16191000 ; ceux des logarithmes 3, 6517624 et 0, 6517624 sont 4485 et 4, 485. La seule fraction décimale fait donc trouver les chiffres du nombre correspondant, et la caractéristique indique combien de chiffres on doit donner au nombre entier vers la gauche ; les chiffres séparés vers la droite expriment des fractions décimales. Ainsi ayant trouvé qu'un logarithme dont la fraction décimale est 8228216, correspond, dans les tables, au nombre 665, on aura pour ce nombre, d'après les diverses caractéristiques :

Logarithmes.	Nombres.
0, 8228216	6, 65
1, 8228216	66, 5
2, 8228216	665,
3, 8228216	6650,
4, 8228216	66500,
5, 8228216	665000,
etc.	etc.

Si la caractéristique devenait -1, -2, -3, etc., le nombre deviendrait 0, 665 ; 0, 0665 ; 0,00665, etc. Mais tous ces détails se trouvent exposés dans les instructions qui accompagnent les tables de logarithmes.

21. Nous devons signaler, en passant, une difficulté qui paraît se présenter dans l'usage numérique des logarithmes et qu'on peut aisément éluder. Si l'on voulait opérer la multiplication de deux quantités A et $-$B, en se servant des logarithmes de ces quantités, on aurait

$$\text{Log A} + \text{Log}(-B) = \text{Log}(-AB)$$

et comme Log $(-B)$ est une quantité *imaginaire*, il semble au premier aspect que les tables ordinaires sont insuffisantes pour faire connaître le produit $-$AB. Il n'en est rien cependant, car ce produit, considéré dans sa seule grandeur, indépendamment de tout signe de facteurs A et B, est toujours AB ; ainsi il suffit d'opérer comme si les quantités A et B étaient toutes deux positives, et l'on a alors

$$\text{Log A} + \text{Log B} = \text{Log AB};$$

puis lorsqu'on a trouvé le produit AB, à l'aide de son logarithme, on lui donne le signe qui lui convient. On agirait de même pour un nombre quelconque de facteurs.

22. La découverte ou plutôt l'invention des logarithmes est due au célèbre Jean Napier ou Neper, ba-

ron écossais et géomètre très-distingué, dont les travaux eurent principalement pour objet de rendre les calculs numériques plus faciles et plus prompts. La manière dont il envisagea d'abord ces fonctions importantes présente quelque analogie avec celle dont Newton considéra la génération de ses fluxions, car il les déduisit de la comparaison des espaces décrits par deux points qui se meuvent sur des droites indéfinies, l'un avec une vitesse constante, et l'autre avec une vitesse accélérée. Ces espaces donnent naissance à deux progressions : la première, arithmétique, la seconde, géométrique, et les propriétés des deux espèces de rapports qui les constituent conduisent précisément aux propriétés fondamentales des logarithmes, c'est-à-dire que les termes de la progression arithmétique sont les logarithmes des termes correspondans de la progression géométrique.

Après s'être formé cette idée des logarithmes, et avoir compris tout le parti qu'on pouvait tirer de tels nombres pour abréger les calculs, il restait à Néper à les trouver, et c'était là le plus difficile. Il y parvint en intercalant, comme nous l'avons fait n. 7, une suite de moyennes proportionnelles géométriques entre les termes principaux de la progression géométrique, et une suite de moyennes arithmétiques entre les termes correspondans de la progression arithmétique. Les logarithmes auxquels il parvint par ce procédé se trouvèrent être les logarithmes *naturels*, nommés aussi logarithmes *hyperboliques*, parce qu'ils représentent les aires de l'hyperbole équilatère entre les asymptotes, celle du carré inscrit étant prise pour unité. (*Voy.* QUADRATURE.)

Néper publia sa découverte en 1614, dans un ouvrage intitulé : *Logarithmorum canonis descriptio, seu arithmeticarum supputationum mirabilis abbreviatio*, etc. Comme son principal objet était de faciliter les calculs trigonométriques, alors si longs et si laborieux, ses logarithmes n'y étaient appliqués qu'aux sinus dont il donnait les logarithmes pour tous les degrés et minutes du quart du cercle. Sa méthode de construction n'était point décrite dans ce premier ouvrage, seulement il promettait de la donner. Il mourut en 1616, avant de pouvoir remplir sa promesse; mais son fils, Robert Néper, publia cette année même l'ouvrage posthume de son père, sous le titre de *Mirifici logarithmorum canonis constructio*, etc. On y trouva d'abord le développement de la méthode employée par Néper pour trouver les logarithmes, puis l'indication des changemens que des réflexions ultérieures l'avaient engagé à faire dans son système de logarithmes. Néper proposait de choisir pour les deux progressions fondamentales,

$$1,\ 10,\ 100,\ 1000,\ 10000,\ \text{etc.}$$
$$0,\ 1,\ 2,\ 3,\ 4,\ \text{etc.}$$

de sorte que le logarithme de 1 étant 0, celui de 10 soit 1, etc. C'est le système des logarithmes ordinaires ou tabulaires.

Néper eut heureusement un digne successeur dans Henri Briggs, professeur du collège de Gresham. A peine Néper eut-il publié son premier ouvrage, que Briggs alla le trouver à Édimbourg pour conférer avec lui. Il fit même deux voyages, et était sur le point d'en faire un troisième, lorsque la mort de Néper vint rompre son projet. Néper lui avait fait part de son intention de changer la forme de ses logarithmes, ou, pour mieux dire, Briggs avait eu concurremment avec lui la même pensée. Néper lui en avait recommandé l'exécution avec instance : aussi Briggs y travailla avec tant d'ardeur, que dès 1618 il publia une table des logarithmes ordinaires des mille premiers nombres sous le titre de *Logarithmorum chilias prima*, comme un essai du travail plus étendu qu'il promettait. Ce travail devait consister en deux immenses tables, l'une contenant tous les logarithmes des nombres naturels, depuis 1 jusqu'à 100000, et l'autre ceux des sinus et tangentes pour tous les degrés et *centièmes* de degré du quart du cercle. Ce zélé et infatigable calculateur exécuta une partie de ses projets, car il publia à Londres, en 1624, sous le titre d'*Arithmetica logarithmica*, les logarithmes des nombres naturels depuis 1 jusqu'à 20000, et depuis 90000 jusqu'à 100000 : ils y sont calculés avec quatorze décimales. Cette table est précédée d'une savante introduction, où la théorie et l'usage des logarithmes sont amplement développés. On y voit la naissance des méthodes d'*interpolation* (*voy.* ce mot), ainsi qu'un grand nombre de considérations neuves et ingénieuses. A l'égard de la seconde table, Briggs l'avait assez avancée, mais la mort le prévint et l'empêcha de l'achever. Ce fut Henri Gellibrand qui la termina, et la publia sous le titre de *Trigonometria Britannica* (Londres, 1633).

Nous ne devons pas omettre ici un autre coopérateur zélé de Briggs. C'est Gunther, professeur comme lui au collège de Gersham. Tandis que Briggs travaillait avec ardeur à sa grande table des logarithmes, Gunther calculait avec une ardeur égale, et d'après les mêmes principes, celle des logarithmes des sinus et des tangentes; et dès 1620, il publia, pour l'utilité des astronomes, sa table de logarithmes pour tous les degrés et minutes du quart de cercle sous le titre *Canon of triangles*. Les logarithmes y sont exprimés en sept chiffres. Ces tables de sinus et tangentes logarithmiques étant les premières qui aient paru, méritent à Gunther l'honneur d'être associé à Briggs, ainsi que Gallibrand.

On a trop d'obligations, dit Montucla, à qui nous empruntons ces détails, à ces premiers promoteurs de la théorie des logarithmes, pour ne pas jeter quelques fleurs sur leurs tombeaux, en faisant connaître leurs personnes et leurs travaux.

L'invention des logarithmes fut accueillie avec empressement par tous les savans de l'Europe; mais c'est à Képler et au libraire hollandais Vlacq qu'on a le plus d'obligation à cet égard. Képler non seulement jeta une grande clarté sur la théorie de ces nombres, en la fondant uniquement sur celle des rapports géométriques, admise de tout temps, mais il calcula encore des tables particulières adaptées au calcul astronomique alors en usage, et pour correspondre à ses tables rudolphines qu'il allait publier. Vlacq, non content de réimprimer l'*Arithmetica logarithmica* de Briggs, dès son apparition, en donna une traduction française, la même année 1628, après y avoir rempli la lacune laissée par Briggs, depuis 20,000 jusqu'à 90,000 Les logarithmes de Vlacq sont calculés jusqu'à onze décimales. Ce libraire mathématicien donna dans la suite, c'est-à-dire, en 1636, un abrégé de ces tables, lequel était devenu le manuel trigonométrique le plus commun jusqu'au temps où de nouvelles tables plus correctes ont été publiées.

En Italie, Cavalleri paraît être le premier qui ait accueilli les logarithmes. Il publia à Bologne, en 1632, des tables très-étendues, dans lesquelles se trouvent les logarithmes des sécantes et des sinus verses. La France doit ses premières tables à un anglais, Edmond Wingate, qui vint les publier à Paris en 1624. Mais si les savans français se bornèrent à cette époque à profiter des travaux des étrangers, ils ont depuis concouru d'une manière active au perfectionnement des tables de logarithmes, et celles qui portent le nom de Callet, publiées par Firmin Didot, sont aujourd'hui ce qui existe de plus complet et de plus exact dans ce genre. On peut voir le détail des améliorations successives de cet ouvrage dans l'avertissement mis en tête.

Pendant que l'usage des logarithmes s'étendait de plus en plus, et que les tables acquéraient, par leurs éditions successives, de notables perfectionnemens, sous le rapport de l'exactitude typographique, la théorie faisait peu de progrès, car ce n'est qu'en 1668 que Mercator donna la première série qui représente la valeur du logarithme d'un nombre quelconque, ou la première génération *technique* connue des logarithmes naturels. Cette série est la suivante :

$$L(1+x) = x - \frac{x^2}{2} + \frac{x^3}{3} - \frac{x^4}{4} + \frac{x^5}{5} \text{ etc...}$$

Mercator la déduisit de la quadrature de l'hyperbole. Elle est un cas particulier de l'expression (4).

Pour calculer les logarithmes à l'aide de cette série, il faut prendre pour x des nombres fractionnaires; plus ils sont petits, plus la série est convergente, et moins il faut de termes pour obtenir des valeurs suffisamment approchées. Par exemple, si l'on fait $x = \frac{1}{5}$, elle donne

$$L\frac{6}{5} = \frac{1}{5} - \frac{1}{2.25} + \frac{1}{3.125} - \frac{1}{4.625} + \text{etc....}$$

et en réduisant les termes en fractions décimales, il suffit des dix premiers pour avoir $L\frac{6}{5} = 0,1823215$. On trouvera de même les logarithmes de tous les nombres qui surpassent peu l'unité, et par leur combinaison mutuelle on tirera ceux des nombres entiers. Car ayant le logarithme de $\frac{9}{8}$ et celui de $\frac{4}{3}$, on aura celui de 2, puisque

$$L\frac{9}{8} + 2L\frac{4}{3} = L\frac{9}{8} + L\left(\frac{4}{3}\right)^2$$
$$= L\frac{9}{8} + L\frac{16}{9}$$
$$= L\left(\frac{9}{8} \times \frac{16}{9}\right) = L2$$

Ayant celui de 2 et celui de $\frac{5}{4}$, on trouvera facilement celui de 10, puisque

$$L\frac{5}{4} + 3L2 = L\frac{5}{4} + L2^3$$
$$= L\frac{5}{4} + L8 = L\left(\frac{5}{4} \times 8\right)$$
$$= L10$$

et ainsi de suite. Pour passer, après, des logarithmes naturels, aux logarithmes ordinaires, on multipliera les premiers par le *module* ou par la quantité constante $\frac{1}{L10}$, dont la valeur est

$$0, 43429\ 44819\ 03251\ 82765, \text{ etc.}$$

On a trouvé, depuis Mercator, des séries bien plus convergentes et d'autres procédés beaucoup plus expéditifs; mais la sienne marque le premier pas du progrès dans la théorie des logarithmes, quoique Newton eût déjà découvert cette même série, ainsi que plusieurs autres, avant la publication qui en fut faite par Mercator, dans *Logarithmotechnica*; car Newton n'avait encore communiqué ses travaux sur les logarithmes que dans ses lettres à Oldenbourg, dont le public n'avait pas connaissance.

Jacques Grégory fut le premier qui, marchant sur les traces de Newton et de Mercator, ajouta à la théorie des logarithmes. On lui doit particulièrement les deux séries suivantes, très-remarquables, au moyen desquelles on obtient immédiatement les logarithmes des tangentes et sécantes, sans avoir besoin de chercher les sécantes et les tangentes naturelles. Soit a l'arc, r le rayon, q le quart de cercle, on a

$$\text{Log. sécante } a = \frac{a^2}{r} + \frac{a^4}{12r^3} + \frac{a^6}{45\,r^5} + \frac{17\,a^8}{2520\,r^7} + \text{etc.}$$

$$\text{Log. tangente } u = e + \frac{e^3}{6\,r^2} + \frac{e^5}{24\,r^4} + \frac{61\,e^7}{5040\,r^6} + \text{etc.}$$

dans la dernière série, $e = 2a - q$. Pour faire usage de ces séries, il faut exprimer les arcs en parties du rayon.

Bientôt après, Halley, Craige, Taylor, Côtes et beaucoup d'autres émirent sur la théorie des logarithmes des idées très-ingénieuses, que nous sommes forcés de passer sous silence; mais ce fut Euler qui, sortant enfin des considérations géométriques ou purement arithmétiques, établit la théorie algébrique de ces fonctions sur celle des fonctions exponentielles, d'où elles tirent en effet leur origine. On lui doit les lois fondamentales (7) et (8). Quant aux lois (11) et (13), elles appartiennent à M. Wronski qui a définitivement classé les logarithmes parmi les fonctions dérivées élémentaires. (*Voy.* Philosophie des math.)

Nous ne pouvons entièrement passer sous silence une discussion qui s'éleva entre Leibnitz et Bernouilli, et ensuite entre Euler et D'Alembert, au sujet des logarithmes des nombres négatifs. Leibnitz et après lui Euler soutenaient que les nombres négatifs n'ont point de logarithmes réels, tandis que Bernouilli et D'Alembert prétendaient le contraire. Les argumens des deux partis étaient particulièrement fondés sur la nature de la courbe nommée *logarithmique* (voy. ce mot). Ce fut Euler qui, sinon résolut, du moins trancha la question, en ramenant les logarithmes à des fonctions circulaires. La loi fondamentale (11) qui embrasse toutes les valeurs positives et négatives du nombre z, donne complètement raison à Leibnitz et à Euler.

LOGARITHMIQUE. (*Géom.*) Courbe transcendante qui tire son nom de ce que ses abscisses peuvent être considérées comme les logarithmes de ses ordonnées.

Soit AM l'axe des x (*fig.* 1, Pl. 47). Prenons AP=1, AB=x, BD=y, nous aurons, pour l'équation de la courbe,

$$x = a.\mathrm{L}y, \text{ ou } x = \mathrm{L}y^a,$$

la caractéristique L désignant le logarithme naturel et la quantité a le *module* du système dans lequel AB, AC, AD, etc., sont les logarithmes de BQ, CR, DS, etc.

Dans cette courbe, la *soutangente* est constante, car l'expression générale de la soutangente est (*voy.* ce mot.)

$$\frac{y\,dx}{dy}$$

et l'on obtient, en différenciant l'équation $x=a\mathrm{L}y$,

$$dx = a\,\frac{dy}{y}, \quad \text{d'où } \frac{y\,dx}{dy} = a.$$

ainsi la soutangente est toujours égale au *module*.

Il est facile de voir que l'axe AM est asymptote à la courbe.

Cette courbe, qui a été traitée par les plus habiles mathématiciens dans le but d'examiner la nature des logarithmes, offre peu d'intérêt aujourd'hui, que la théorie de ces fonctions est entièrement connue.

LOGISTIQUE. (*Géom.*) Nom que l'on a donné d'abord à la *logarithmique* et qui n'est plus en usage.

On nomme *Logarithme logistique*, l'excès du logarithme ordinaire de 3600″, sur le logarithme d'un nombre de secondes. Le principal usage des logarithmes logistiques est de pouvoir calculer plus promptement, par leur moyen, le quatrième terme d'une proportion dont le premier est 60 minutes ou 3600″, ce qui arrive continuellement dans l'astronomie. On n'a qu'une seule addition à faire, parce que dans les tables de ces logarithmes, celui de 3600″ est 0.

LONGIMÉTRIE. (*Géom.*) Partie de la géométrie pratique qui a pour objet la mesure des longueurs ou des distances, soit accessibles, soit inaccessibles.

La *longimétrie*, ainsi que l'*altimétrie* et la *planimétrie* ne sont que des subdivisions de l'*arpentage*, et ces diverses dénominations ont beaucoup vieilli.

LONGITUDE. (*Géographie.*) Distance du méridien d'un lieu terrestre à un méridien qu'on regarde comme le premier. Cette distance se mesure par l'arc de l'équateur intercepté entre les méridiens. (*Voy.* Latitude.)

Le choix du premier méridien étant entièrement arbitraire, les géographes de chaque nation sont loin de s'être accordés sur ce point; ce qui, du reste, est assez indifférent; car il est évident qu'on connaîtra la *longitude* d'un point de la terre lorsqu'on connaîtra la position de son méridien par rapport au méridien de tout autre point déterminé. Ainsi les longitudes rapportées, par exemple, au méridien de Londres, pourront être facilement rapportées au méridien de Paris, parce que la distance équatoriale ou la différence de longitude de ces deux méridiens est connue.

Comme nous l'avons déjà dit plusieurs fois, la position d'un point sur la surface de la terre est entièrement déterminée lorsqu'on connaît sa *latitude* et sa *longitude*; mais si la latitude peut toujours être trouvée sans difficulté, il n'en est pas de même de la longitude dont la recherche forme le problème le plus important de la géographie mathématique, et surtout de la science de la navigation. Dès les premiers temps de l'astronomie, on a reconnu que la question de déterminer la différence de longitude entre deux points de la terre, revenait à celle d'observer les heures différentes qui ont lieu à ces deux points dans le même instant.

En effet, comme il est *midi* pour un point de la terre, lorsque le soleil passe à son méridien, deux points terrestres quelconques ne peuvent avoir la même heure, dans le même instant absolu, s'ils n'ont le même méridien, car si le premier est à l'orient du second, il est midi pour lui avant l'autre; tandis que, s'il est à l'occident, lorsqu'il est midi pour lui, il est déjà plus de midi pour l'autre. Or, si l'on sait, par exemple, que, dans l'instant où il est midi pour le premier, il n'est encore que 10 heures du matin pour le second, on peut en conclure que le soleil met une durée de temps de deux heures pour se rendre d'un méridien à l'autre. Mais le soleil, exécutant sa révolution diurne en 24 heures, ou parcourant en 24 heures un cercle parallèle à l'équateur, parcourt en 2 heures la douzième partie de ce cercle, c'est-à-dire, un arc égal à $\frac{1}{12}$ de 360°, savoir un arc de 30°, donc les deux méridiens ont des longitudes qui diffèrent de 30°, car l'arc du cercle parallèle décrit par le soleil, et qui se trouve compris entre les méridiens a le même nombre de degrés que l'arc de l'équateur intercepté entre ces méridiens, puisque deux méridiens quelconques coupent nécessairement l'équateur et tous les cercles qui lui sont parallèles en parties proportionnelles. Donc si l'on choisit pour premier méridien celui où il est 10 heures, on dira que la longitude du point terrestre qui a le second méridien est de 30° et qu'elle est *occidentale*. En faisant un choix inverse, la longitude sera toujours de 30°, mais elle sera *orientale*.

La question de la longitude, envisagée sous ce point de vue, se réduit donc à déterminer l'heure qu'il est sur le premier méridien, au moment d'une heure observée, qu'on a sur un autre, question devenue si célèbre sous le nom de Problème des longitudes.

Quoique nos limites ne nous permettent pas d'entrer dans tous les détails que mérite cet important problème, nous allons essayer de donner au moins un aperçu des diverses méthodes proposées pour sa solution. La première idée qui se présente est de régler une bonne montre sur l'heure du premier méridien, ou de tout autre dont la position par rapport au premier est connue, et de la transporter aux lieux dont on veut avoir la longitude. L'heure de ces lieux, trouvée aisément par l'observation de la hauteur du soleil ou d'une étoile (*voy.* Heure), comparée à celle que marque la montre, au moment de l'observation, fera connaître la différence des heures, et par suite celle des longitudes. Mais ce moyen si simple et aujourd'hui si praticable, grace aux immenses perfectionnemens de l'horlogerie, était tout à fait illusoire pour les premiers navigateurs; les instrumens à marquer l'heure, déjà très-inexacts sur la terre, le devenaient encore bien plus sur la mer; il était donc impossible de ouserver à bord l'heure du lieu du départ, même pour

de grossières approximations; et l'on dut, dès l'origine, demander aux phénomènes célestes des procédés plus sûrs pour déterminer les longitudes.

Nous ne nous arrêterons pas à l'observation des éclipses, phénomènes trop rares pour qu'ils puissent être utiles aux marins, mais nous devons mentionner celle des mouvemens propres de la lune, car elle est le fondement de la meilleure méthode connue aujourd'hui. Le mouvement propre de la lune étant assez rapide pour la faire changer sensiblement de place dans un temps assez court, les distances de cet astre à une ou plusieurs étoiles fixes varient à chaque instant, Ainsi, après avoir observé le *lieu* de la lune dans le ciel en le comparant à celui de ces étoiles, dont la position est donnée, il ne s'agit plus que de calculer, par les tables du mouvement de la lune, l'heure à laquelle elle doit se trouver dans ce lieu, pour le pays où les tables ont été construites, et comparer ensuite cette heure avec celle de l'observation.

Telle est à peu près la méthode proposée par divers astronomes du XVI⁰ siècle, comme Appian, Munster, Oronce Finé, Gemma Frisius et Nonius. On fut loin d'en retirer alors les avantages qu'elle semblait promettre, à cause de l'imperfection de la théorie de la lune dont on ne connaissait que les deux premières inégalités.

La détermination des longitudes en mer, était trop essentielle aux progrès de la navigation pour que les souverains n'y prissent bientôt un grand intérêt. Le roi d'Espagne, Philippe II, voulant encourager les mathématiciens à s'en occuper, proposa une récompense de cent mille écus à celui qui pourrait résoudre le problème; et les États de Hollande, au commencement du XVII⁰ siècle, promirent un prix de trente mille florins.

Beaucoup de personnes tournèrent alors de ce côté leurs pensées spéculatives. Guillaume le Nautonnier, sieur de Castelfranc, prétendit, vers 1610, avoir mérité les récompenses promises, en indiquant la déclinaison de l'aiguille aimantée comme un moyen infaillible de trouver les longitudes. Il crut avoir découvert deux pôles magnétiques fixes, vers lesquels l'aiguille aimantée se dirige perpétuellement. Ces deux pôles diamétralement opposés étaient, selon lui, situés à 23° du pôle boréal et du pôle austral, sur un méridien peu éloigné de celui de l'île de Fer. Lorsqu'on se trouvait sur un méridien coupant perpendiculairement celui sur lequel étaient les pôles magnétiques, la déclinaison était la plus grande qu'elle pût être sur cette latitude, et elle était nulle au contraire lorsqu'on était sur le méridien de ces pôles. Ce n'était donc plus qu'une question trigonométrique que celle de déterminer la longitude et la latitude d'un lieu de la terre, la déclinaison de l'aiguille étant connue, et *vice versâ*. Les pôles magnétiques du sieur de Castelfranc n'existaient malheureusement que dans son imagination. Cependant son erreur ne fut pas infructueuse, car plus tard , Halley après avoir rassemblé un nombre prodigieux d'observations de la déclinaison de l'aiguille aimantée, construisit une carte magnétique que de nouvelles observations ont perfectionnée, et dont les marins se servent maintenant dans certains cas.

Nous ne pouvons mentionner une foule d'autres tentatives plus ou moins ingénieuses, mais sans aucun résultat.Une, qui fit grand bruit dans le temps et qui fut le sujet d'une grande querelle, est celle de J.-B. Morin, professeur royal et astronome français ; elle consistait dans l'usage des observations de la lune , d'une manière beaucoup plus savante et mieux raisonnée que celle des astronomes qui avaient eu, avant lui , la même idée. Morin proposa en 1635 sa découverte au cardinal de Richelieu ; et le ministre pénétré de l'utilité de l'entreprise , nomma des commissaires pour l'examiner et lui en rendre compte. Leur rapport ne fut pas favorable , et quoique en réalité les moyens proposés par Morin, moyens très-rigoureusement et très-savamment établis fussent à peu près les mêmes que ceux dont on se sert actuellement , il ne recueillit de ses travaux que de longues tribulations ; cependant en 1645, le cardinal de Mazarin lui fit une pension de 2000 livres.

En 1714, le parlement d'Angleterre ordonna un comité pour l'examen des longitudes. Newton, Whiston et Clarke y assistèrent. Newton présenta un mémoire dans lequel il exposa différentes méthodes propres à trouver les longitudes en mer, et les difficultés de chacune. La première est celle d'une horloge ou d'une montre qui mesurerait le temps avec une exactitude suffisante ; mais, ajoute-t-il, le mouvement du vaisseau, les variations de la température, les changemens de la gravité en différens pays de la terre, ont été jusqu'ici des obstacles trop grands pour l'exécution d'un pareil ouvrage. Newton exposa aussi les difficultés des méthodes où l'on emploie les satellites de Jupiter et les observations de la lune. Sa conclusion était qu'il convenait de passer un bill, pour l'encouragement d'une recherche si importante.

Ce bill, qui passa à l'unanimité, contenait les dispositions suivantes : une récompense de 10000 livres sterl. (250000 fr,) était promise à l'auteur d'une découverte ou d'une méthode, pour trouver la longitude à un degré près (25 lieues communes de France). Cette récompense devait s'élever à 15000 livres, si l'exactitude allait à deux tiers de degré, et enfin à 20000 livres (500000 fr.) si la méthode pouvait faire trouver la longitude à un demi-degré près.

Ces magnifiques promesses, firent arriver à Londres , Jean Harrison, alors simple charpentier dans une province d'Angleterre , mais dont tous les goûts étaient portés vers l'horlogerie ; sans autre secours que son génie et son talent naturel, il visa d'abord à la plus haute perfection et dès l'année 1726, il était parvenu à corriger la dilatation des verges de pendule, de manière qu'il fit une horloge, qu'il dit n'avoir jamais varié d'une seconde par mois ; vers le même temps il construisit une autre horloge destinée à subir le mouvement des vaisseaux sans perdre sa régularité. Après avoir expérimenté lui-même dans plusieurs voyages l'exactitude de sa machine, Harrison crut pouvoir s'adresser aux commissaires des longitudes ; il fut accueilli et reçut en 1737, des secours propres à les mettre en état de suivre ses vues, de sorte qu'en 1739 il produisit une seconde machine qui, soumise à de nouvelles expériences, fit espérer qu'on pourrait obtenir les longitudes dans les limites exigées par l'acte du parlement. En 1741, Harrison présenta une nouvelle machine, supérieure aux deux premières et beaucoup plus petite ; mais ce ne fut qu'en 1773, et malgré beaucoup d'oppositions et de débats, qu'il reçut enfin le complément des 20000 liv. sterl., dont diverses parties lui avaient été successivement livrées pendant le cours de ses longs travaux.

En France, Berthoud et Leroy, encouragés par le récit des succès d'Harrison, entreprirent de construire des horloges-marines , et ces deux grands artistes résolurent chacun de leur côté le problème, en produisant des instrumens aussi exacts que ceux du mécanicien anglais.

On sait que le gouvernement français, tout en favorisant les travaux de ces hommes de génie, n'imita point la générosité du gouvernement anglais. Ce dernier, non content des 20000 liv. sterl. qu'il avait données à Harrison, assigna en même temps une récompense de 3000 liv. sterl. à l'illustre Euler, une autre de 5000 liv. aux héritiers de Tobie Mayer, en reconnaissance des *tables lunaires* qu'ils avaient dressées , et promit une nouvelle récompense de 5000 liv. sterl. à ceux qui feraient dans la suite des découvertes utiles à la navigation.

La découverte des instrumens à réflexion , fit dès 1746, revenir à la mesure des distances lunaires , et les perfections successives de la théorie de la lune et de tous les mouvemens célestes ont enfin amené cette méthode à un degré d'utilité, si non supérieur , pour les marins, du moins égal à celui des montres-marines. Les navigateurs employent concurremment aujourd'hui ces deux méthodes. Nous allons exposer la première, la seconde est suffisamment expliquée par ce qui précède.

Le but de la méthode des distances lunaires est de faire connaître la distance vraie de la lune au soleil ou à une étoile pour un instant quelconque, afin d'en conclure l'heure que l'on comptait à cet instant sur le premier méridien ; on se procure l'heure du lieu , qui correspond au même instant, par une observation de la hauteur du soleil ou d'une étoile ; ces deux heures étant connues, leur différence réduite en degrés est égal à la longitude.

Lorsqu'on n'a pas de montre-marine, ni de montre à seconde, l'observation des distances exige le concours de trois observateurs ; tandis que l'un d'eux mesure la distance du bord de la lune à celui du soleil ou à une étoile , les deux autres doivent prendre les hauteurs de ces astres au-dessus de l'horizon ; par ce moyen, la distance et les deux hauteurs sont données par trois observations simultanées. Mais lorsqu'on possède une montre à secondes, il suffit d'un seul observateur, ce qui est toujours préférable. Alors en tenant compte de l'heure où l'observation de la distance a été faite, on peut calculer les hauteurs qui ont lieu en cet instant , par plusieurs observations successives des hauteurs dont les différences font connaître le mouvement en hauteur, en les comparant aux différences des heures de ces observations. Ces observations ayant fait connaître la distante *apparente*, on calcule la distance *vraie* en dégageant les hauteurs de l'influence de la réfraction et de la parallaxe. Puis cette *distance vraie*, rapportée au premier méridien, détermine l'heure de ce méridien.

Pour faciliter les calculs à l'aide desquels on obtient l'heure du premier méridien par la distance lunaire , la *connaissance des temps*, ainsi que les diverses éphémérides contiennent maintenant des tables qui donnent les distances du centre de la lune au soleil, aux planètes et aux principales étoiles, de 3 heures en 3 heures, en temps moyen du premier méridien. L'introduction de ces tables simplifie considérablement les opérations dont les détails ne peuvent trouver place dans ce dictionnaire.

LONGITUDE. (*Ast.*) Arc de l'écliptique compris entre le premier point du signe du Bélier ou de l'équinoxe et le cercle qui passe par un astre et par les pôles de l'écliptique. (*Voy.* LATITUDE et CATALOGUE.)

Le soleil est le seul astre dont on puisse trouver immédiatement la *longitude*, en observant sa hauteur au-dessus de l'horizon au moment de son passage au méridien. Cette hauteur retranchée de celle de l'équateur, fait connaître la *déclinaison* du soleil, et cette déclinaison est le troisième côté d'un triangle sphérique rectangle, dont les deux autres sont les arcs de l'équateur et de l'écliptique compris entre le point équinoxial et le méridien. Or dans ce triangle on connaît, outre la *déclinaison* et l'angle droit, l'angle de l'équateur et de l'écliptique ou l'inclinaison de l'écliptique ; ainsi on peut calculer aisément les deux autres côtés dont l'un , l'arc de l'équateur, est l'ascension droite du soleil , et

dont l'autre , l'arc de l'écliptique , est sa longitude. Quant aux planètes et aux étoiles il faut préalablement trouver leurs ascensions droites et leurs déclinaisons, et ensuite la résolution de deux triangles sphériques fait connaître leurs latitudes et leurs longitudes. Toutes ces questions d'astronomie sphérique ne réclament d'autres secours que les principes élémentaires de la trigonométrie.

LONGOMONTANUS (SÉVÉRINUS), disciple de Tycho-Brahé, est connu dans la science par des observations estimées, par des tables du mouvement des planètes, et surtout par un traité d'astronomie, dans lequel il a exposé ses idées sur un système mixte du mouvement de la terre, assez peu connu, malgré sa bizarrerie. Longomontanus paraît avoir eu pour but de concilier les doctrines de Ptolémée et de Copernic avec celles de Tycho, son maître, qu'il admettait plus particulièrement avec quelques restrictions. Ainsi , comme ce célèbre observateur, il attribuait un mouvement annuel au soleil ; mais pour expliquer la succession des jours et des nuits, il faisait tourner, comme Copernic , la terre sur elle-même en vingt-quatre heures, d'Occident en Orient. Ses autres hypothèses, contraires pour la plupart aux plus simples notions d'une saine physique, ne méritent pas d'être rapportées. Le système de Longomontanus a eu peu de partisans ; il fut produit à l'époque où l'immortel Keppler s'élevait à la connaissance des lois générales des mouvemens célestes, et où par conséquent de nouvelles erreurs ne pouvaient plus entraver la marche de la science.

Longomontanus, né en 1662 à Langberg, en Danemark, est mort professeur d'astronomie à Copenhague, en 1647. *L'Astronomia danica*, son principal ouvrage, imprimé pour la première fois en 1621, a eu plusieurs éditions.

LONGUEUR. L'une des trois dimensions de l'étendue. *Voy.* DIMENSION.

LOZANGE. (*Géom.*) Parallélogrammes dont les quatres côtés sont égaux sans que ses angles soient droits ; on le nomme encore RHOMBE. *Voy.* PARALLÉLOGRAMME.

LOXODROMIE. (*Navig.*) Ligne qu'un vaisseau décrit sur mer en faisant toujours voile avec le même rhumb de vent. C'est une courbe qui coupe tous les méridiens sous un angle constant. Son nom est dérivé de λοξός *oblique*, et de δρέμος, *course*.

La *Loxodromie*, nommée aussi *ligne Loxodromique*, est une espèce de *spirale logarithmique* qui tourne autour du pôle, qu'elle ne rencontre qu'à l'infini. *Voy.* SPIRALE.

LUCIFER. (*Ast.*) Nom que les auteurs Latins donnaient à la planette de Vénus lorsqu'elle paraît le matin.

avant le lever du soleil. Comme cette planète paraît sur l'horizon quelque temps avant le soleil aux époques où elle est plus occidentale que cet astre, les poètes l'avaient nommée *Lucifer*, c'est-à-dire, qui *apporte la lumière*. On la nommait *Hesperus*, qui signifie le soir, lorsqu'elle est visible après le coucher du soleil.

LUMIÈRE. (*Opt.*) Principe transcendant de l'Univers matériel, qui se manifeste particulièrement comme cause de la visibilité. La nature de ce principe, son action immédiate dans les phénomènes physiques et chimiques, ne sont point notre objet; nous n'avons à le considérer que dans les seuls phénomènes de la *vision*, phénomènes dont les lois mathématiques constituent la science à laquelle on a donné le nom d'*Optique*. Nous ne nous arrêterons donc point à rechercher avec Descartes et Euler, si la lumière est un fluide extrêmement ténu dont les mouvemens ondulatoires agissent sur l'organe de la vue comme les vibrations de l'air sur celui de l'ouïe; si, d'après l'opinion de quelques anciens, elle émane de l'œil, ou si, d'après celle de Newton, elle vient des objets : toutes ces hypothèses n'influent en rien sur les lois très-simples de son mouvement, et nous laisserons les physiciens se perdre dans le champ des suppositions où aucun principe philosophique supérieur ne leur sert encore de guide.

Les corps en état d'ignition, la flamme, le soleil et les étoiles fixes répandent de la lumière autour d'eux; ces objets sont dits *lumineux* par eux-mêmes. D'autres, au contraire, ne font que réfléchir la lumière qu'ils ont reçue des premiers, on les dits *éclairés*. La lumière pénètre à travers tous les gaz, la plupart des liquides et plusieurs corps solides. Les corps qui laissent ainsi passer la lumière, prennent le nom de *transparens*, tandis qu'on nomme *corps opaques* ceux qui la retiennent et l'empêche de parvenir à notre œil. Les lois principales des mouvemens de la lumière sont les suivantes :

1° La transmission de la lumière s'effectue toujours en ligne droite, dans un milieu transparent et homogène. Cette ligne droite se nomme *rayon*.

2° De chaque point d'un corps lumineux par lui-même, les rayons se dispersent vers tous les côtés où l'on peut tirer des lignes droites dans le milieu transparent. Chaque rayon lumineux suit son chemin en ligne droite jusqu'à ce qu'il arrive à un milieu d'une nature différente, et alors il subit un changement de direction suivant la constitution matérielle de ce second milieu.

3° Un rayon lumineux qui entre dans un milieu plus rare ou plus dense que celui qu'il vient de traverser, se brise ou éprouve une *réfraction*. Il continue bien son chemin en ligne droite, mais sa nouvelle direction fait un angle avec sa première. Les lois de la *lumière réfractée* sont l'objet de la DIOPTRIQUE. (*Voy.* ce mot.)

4° Un rayon lumineux qui arrive sur la surface polie d'un corps opaque est renvoyé ou *réfléchi* dans une direction déterminée. Les lois de la *lumière réfléchie* sont l'objet de la CATOPTRIQUE. (*Voy.* ce mot.)

5° La transmission de la lumière n'est point instantanée. On doit à Roemer la connaissance de sa vitesse qui, selon le jugement que nous en pouvons porter, est parfaitement uniforme. L'astronome danois fut conduit à cette découverte en remarquant que les temps calculés des éclipses des satellites de Jupiter diffèrent d'autant plus des temps observés que cette planète est éloignée de la terre. D'après cette donnée on a pu calculer que la lumière parcourt en 15 minutes de temps le diamètre de l'orbite de la terre, c'est-à-dire un espace équivalent à 47416 fois le rayon de la terre. Elle parcourt donc en une seconde, environ 52 et $\frac{7}{10}$ rayons terrestres, ou $335\,940\,568,7$ mètres. Il est démontré que malgré cette prodigieuse vitesse, dix millions de fois plus grande que celle du boulet qui sort d'un canon, la lumière emploie au moins trois ans pour parvenir de l'étoile la plus proche jusqu'à nous, encore cet éloignement inconcevable ne donne aucune approximation de la distance de l'astre, il donne seulement une limite en deçà de laquelle il ne peut se trouver d'étoiles fixes.

Les divers articles qui traitent des lois du mouvement de la lumière et auxquels nous devons renvoyer, sont OPTIQUE, DIOPTRIQUE, CATOPTRIQUE, VERRE, LENTILLE, MIROIR, RÉFRACTION et VISION.

LUMIÈRE CENDRÉE. *Voy.* LUNE.

LUMIÈRE ZODIACALE. *Voy.* ZODIACALE.

LUNAISON. (*Ast.*) Espace de temps compris entre deux nouvelles lunes consécutives; c'est ce que l'on nomme aussi le *mois lunaire. Voy.* LUNE.

LUNE. (*Ast.*) Planète secondaire qui accompagne la terre et autour de laquelle elle décrit une orbite elliptique dans une durée de 27 jours.

Les phénomènes que nous présente cet astre sont très-variés. Sa lumière est plus pâle que celle du soleil; on n'en reçoit aucune chaleur sensible. Elle éprouve dans son étendue, et dans son éclat, des changemens périodiques auxquels on a donné le nom de *phases*. Si l'on observe la lune lorsqu'elle passe au méridien au milieu de la nuit, son disque paraît entièrement lumineux, sa forme est arrondie et brillante; alors elle se lève quand le soleil se couche et réciproquement. Si on continue de l'observer pendant plusieurs jours, on la voit peu à peu perdre de sa lumière. La partie éclairée de son disque diminue de largeur; en même temps elle se lève plus tard; et lorsque son disque est réduit à un demi-cercle, elle ne paraît plus que pendant la dernière moitié de la nuit. Quelques jours après, ce n'est plus qu'un *croissant*, dont les pointes sont tournées vers l'Occident, c'est-à-dire, vers le côté du disque le plus éloigné du soleil. Alors, elle ne se lève que peu d'instans avant cet astre; le croissant diminue de jour en jour, la lune devient tout-à-fait obscure : elle se lève avec le soleil, et on cesse de l'apercevoir. Après avoir été invisible pendant trois ou quatre jours, elle reparaît le soir à l'Occident peu de temps après le coucher du soleil; ce n'est d'abord qu'un filet de lumière, qui s'agrandissant peu à peu, prend en quelques jours la forme d'un croissant, dont les pointes sont tournées à l'Orient, c'est-à-dire du côté opposé au soleil. Les jours suivans, la lune s'éloigne de plus en plus du soleil, son disque s'agrandit et elle reprend enfin sa forme arrondie et brillante, pour diminuer de nouveau et représenter successivement et dans le même ordre les mêmes phénomènes. La période de ces phases est d'environ 29 jours et demi.

Ces phénomènes, bien avant qu'on ait pu les expliquer, offraient une mesure si naturelle du temps, qu'on ne doit pas s'étonner de voir, dès l'enfance des sociétés, les phases de la lune servir à régler les assemblées, les sacrifices, les exercices publics, enfin le Calendrier. Le *mois* des anciens n'est que cet intervalle de temps écoulé entre deux nouvelles lunes, que l'on appelle aussi *lunaison* ou *révolution synodique* de la lune. En grec les mots *lune*, μήνη, et *mois*, μὴν, μηνὸς ont une analogie marquée. Cependant la nature même de ces changemens devait bientôt conduire les premiers observateurs à la connaissance de leur cause, car on ne pouvait raisonnablement s'en rendre compte, qu'en supposant que la lune est un corps opaque, obscur par lui-même et qui brille d'un éclat étranger. Il était en effet impossible d'admettre que son disque est à moitié obscur et à moitié lumineux, et qu'il nous présente successivement chacune de ses moitiés, puisque lorsque ce disque n'est qu'en partie lumineux, la partie obscure n'est pas tout-à-fait invisible, elle est encore éclairée d'une faible lumière qu'on nomme *lumière cendrée*, et qui permet d'y remarquer les mêmes sinuosités et les mêmes taches que dans les instans où la lune est entièrement lumineuse. Il devenait donc évident par l'observation que la lune nous présente toujours la même face et que les variations de ses phases résulte de ses différentes positions à l'égard du soleil dont elle ne fait que nous réfléchir la lumière.

La figure 8, Pl. 28, peut faire facilement comprendre toutes les circonstances des phases de la lune. Lorsque cet astre est complètement lumineux et qu'il passe à minuit au méridien, le soleil est sous l'horizon au méridien opposé, ainsi la terre étant en T, la lune est en L, et le soleil S éclaire entièrement la surface qu'elle nous présente; c'est alors *pleine lune*. Lorsque au contraire la lune et le soleil se lèvent en même temps sur l'horizon, la lune est en O, et sa face éclairée E étant toujours nécessairement tournée vers le soleil, elle nous présente sa face obscure et nous ne l'apercevons pas; c'est alors *nouvelle lune*. Dans toutes les autres positions intermédiaires elle nous présente des parties plus ou moins considérables de sa surface éclairée, ce qui lui donne successivement les formes G, N, R, ou celles d'un croissant, d'un demi-cercle, etc.

Si l'orbite de la lune était dans le même plan que celle du soleil, ou que l'écliptique, toutes les fois que la lune serait en L, il y aurait nécessairement interception des rayons solaires par le globe terrestre, et la lune devrait cesser d'être visible pendant tout le temps qu'elle mettrait à traverser le cône d'ombre projeté par la terre dans l'espace. Comme aussi lorsqu'elle est en OL, elle devrait à son tour nous intercepter les rayons solaires, et faire disparaître le soleil à nos regards pendant quelques instans. Ces phénomènes, connus sous le nom d'*Eclipses* (*voy* ce mot), devraient donc se présenter à chaque pleine lune et à chaque nouvelle lune, tandis qu'ils n'arrivent qu'à des époques éloignées. Ainsi l'orbite de la lune doit se trouver dans un plan différent de celui de l'écliptique. Les observations ont prouvé que le plan de l'orbite lunaire forme avec celui de l'écliptique un angle de 5° 8' 48″. Cet angle, que l'on nomme l'*inclinaison* de l'orbe lunaire, est sujet à de petites variations en plus et en moins, qui nous apprennent que l'orbite lunaire n'a point une position fixe dans l'espace.

On donne le nom de *nœuds* aux deux points où l'orbite de la lune coupe le plan de l'écliptique, et particulièrement de *nœud ascendant* à celui où la lune passe pour aller du sud au nord de l'écliptique, et de *nœud descendant*, à celui qu'elle traverse pour aller du nord au sud. Les astronomes marquent le premier par le signe Ω, et le second par le signe ℧. Les éclipses ne peuvent avoir lieu que lorsque la lune se trouve dans ces nœuds, ou du moins très-près, aux époques où elle est pleine ou nouvelle. (*Voy.* ECLIPSES.)

Les phases de la lune reçoivent diverses dénominations d'après les distances angulaires qui ont lieu entre le soleil et la lune à leur apparition. Ainsi on nomme *opposition*, le moment de la pleine lune, et *conjonction*, celui de la nouvelle. L'opposition et la conjonction se nomment ensemble les *syzigies*; quand la lune est éloignée d'environ 90° du soleil ou de la moitié de la distance qu'il y a entre la conjonction et l'opposition, on dit qu'elle est dans son *premier quartier*; lorsqu'elle est à la moitié de la distance entre la conjonction et l'opposition on dit qu'elle est dans son *dernier quartier* : le premier et le dernier quartier se nomment ensemble les *quadratures*. On donne encore le nom d'*octans* aux quatre positions intermédiaires C , I , Y, X, situées à égales distances des syzigies et des quadratures, C est le *premier octant* , T, le second, Y , le troisième et X le quatrième.

La lune est celui de tous les astres dont les mouvemens sont les plus irréguliers, ou du moins celui dont les irrégularités sont les plus sensibles. Nous ne pouvons ici qu'indiquer les points principaux de sa théorie.

L'orbite que la lune décrit autour de la terre est une ellipse, variable dans ses dimensions , dont la terre occupe l'un des foyers. Elle la parcourt dans une période moyenne de 27 j. 7 h. 43' 11" 5; c'est ce que l'on nomme sa *révolution sidérale*. Comme pendant cet espace de temps, le soleil, par son mouvement propre apparent, s'est avancé sur l'écliptique dans le même sens que la lune , il faut pour que la lune puisse le rattraper et redevenir *nouvelle* , qu'elle décrive en sus d'une circonférence entière de la sphère céleste , l'arc excédant décrit par le soleil. Cette révolution d'une nouvelle lune à une autre nouvelle lune exige donc plus de temps que la révolution *sidérale* ; sa durée moyenne est en effet de 29 j. 12 h. 44' 2", 8. On la nomme *révolution synodique*. Nous avons dit que l'orbite lunaire n'était point fixe dans l'espace , et ceci est une conséquence naturelle du mouvement de translation de la terre autour du soleil ; mais les variations de cette orbite ne résultent pas seulement de ce qu'elle est emportée par la terre, que la lune est forcée de suivre , elle éprouve encore dans ses dimensions et dans l'inclinaison de son plan par rapport à celui de l'écliptique, des changemens nombreux qui rendent le cours de la lune très-difficile à suivre et sa théorie très-compliquée. D'abord, si l'on observe de mois en mois les points où l'écliptique est coupée par la lune , on trouve que les *nœuds* de son orbite sont dans un état continuel de *rétrogradation* sur l'écliptique, ou qu'ils ont un mouvement en sens inverse du mouvement apparent de la sphère céleste. Ce mouvement présente une vitesse moyenne de 3' 10", 6 par jour, de sorte que dans une période de 6793 j., 39 solaires moyens, environ 18 ans $\frac{6}{10}$, le nœud ascendant a parcouru la circonférence entière de l'écliptique. Si ce mouvement était uniforme , il suffirait de connaître , par l'observation, la position ou la longitude des nœuds de la lune à une époque déterminée pour pouvoir en déduire cette longitude pour une autre époque quelconque.; mais il est sujet à plusieurs inégalités et se rallentit en outre de siècle en siècle. Ce

déplacement des nœuds nous montre que l'orbite de la lune n'est pas rigoureusement une ellipse rentrant sur elle-même, et nous la fait apparaître comme une espèce de spirale indéfinie. Sans tenir compte de cette circonstance , l'axe de l'ellipse change sans cesse de direction dans l'espace, de manière que la distance de la lune à la terre varie suivant une loi qui ne s'accorde pas exactement avec celle du mouvement elliptique. Ce phénomène, connu sous le nom de révolution des *apsides de la lune*, s'effectue dans une période de 3232 j. 5753 , c'est-à-dire que l'axe de l'orbite lunaire décrit environ dans 9 années , une révolution complète dirigée dans le même sens que le mouvement propre de la lune. L'effet sensible de cette révolution est de faire continuellement changer le lieu de l'apogée et celui du périgée de l'orbite lunaire ; changement qui n'est point uniforme , mais dont les irrégularités ne deviennent sensibles que dans un grand intervalle de temps.

Le mouvement apparent de la lune sur la sphère céleste se trouve donc compliqué de plusieurs mouvemens particuliers, et pour s'en former une idée distincte, il faut considérer cet astre comme décrivant autour de la terre une ellipse qui a un double mouvement de révolution ; l'un dans son propre plan et en vertu duquel le grand axe tourne autour de son centre de l'ouest à l'est, l'autre d'oscillation du plan lui-même.

Les inégalités qui résultent de cette combinaison de mouvemens ont été entrevues de tout temps par les astronomes. On a donné aux quatre principales les noms d'*équation de l'orbite* , d'*évection*, de *variation* et d'*équation annuelle*. Nous allons les exposer successivement, et expliquer comment on peut fixer à l'avance la marche de la lune malgré sa bizarrerie et son irrégularité.

L'équation de l'orbite ou *l'équation du centre* , n'est que la différence entre le mouvement inégal de la lune dans son orbite elliptique et le mouvement moyen, égal et uniforme, qu'on lui suppose dans une orbite circulaire pour pouvoir trouver son lieu vrai. Nous avons exposé au mot ANOMALIE, comment on peut passer du mouvement circulaire au mouvement elliptique en cherchant l'*anomalie vraie* au moyen de l'*anomalie moyenne* : or, la différence de ces *anomalies* est précisément ce qu'on nomme l'*équation de l'orbite*. C'est la quantité qu'il faut ajouter ou retrancher de l'anomalie moyenne pour avoir l'anomalie vraie. Pour la lune , la plus grande *équation de l'orbite* est de 6° 17' 54", 5.

L'évection est une inégalité qui affecte *l'équation de l'orbite* et qui la rend plus petite qu'elle ne devrait l'être vers les *syzigies*, et plus grande vers les *quadratures*. Elle résulte du changement de dimension de l'orbite lunaire et particulièrement des variations de l'excentricité qui, entrant comme partie constituante dans le calcul de l'anomalie vraie, rend cette anomalie variable. Après une longue série d'observations, on a trouvé qu'on peut assez bien représenter cette inégalité en la supposant égale au sinus du double de la distance angulaire du soleil à la lune , moins la distance de la lune à son périgée. Son maximum est de 1° 18′ 2″, 4. *L'évection* a été découverte par Ptolémée, c'est ce que l'on nomme *seconde inégalité de la lune.*

La variation, ou *troisième inégalité* de la lune , a été découverte par Tycho-Brahé, elle disparaît dans les syzigies et dans les quadratures , et elle est plus grande possible dans les *octans*; sa valeur est alors de 1° 18′ 2″, 4. c'est une inégalité dont la période est d'une demi-révolution synodique ; elle est proportionnelle au sinus du double de la distance angulaire de la lune au soleil.

L'équation annuelle , dont le maximum est de 11′ 15″, 9 , est la dernière des inégalités que les observations seules ont fait découvrir; elle fut indiquée par Tycho-Brahé , et suit exactement la même loi que l'équation du centre du soleil, avec un signe contraire.

L'évection, la variation et *l'équation annuelle* auraient été pendant bien long-temps les seules inégalités connues du mouvement de la lune, si la théorie n'était venue au secours de l'observation pour démêler d'abord les causes de ces phénomènes, et pour faire découvrir d'autres inégalités, qui, par leur complication et leur petitesse, devaient demeurer insensibles. Parmi ces dernières, qu'on doit considérer comme autant de corrections à faire aux précédentes , il en est une qu'on nomme *l'équation séculaire,* et dont la découverte, due à Laplace, a beaucoup contribué aux perfectionnemens des tables lunaires Les autres se nomment *perturbations.*

Lorsqu'on a dressé des tables de toutes ces inégalités, le lieu de la lune à un instant donné se trouve aussi facilement que celui du soleil. On suppose à la lune un mouvement régulier et circulaire qui donne le *mouvement moyen* et le lieu approché, puis on corrige ce lieu en lui ajoutant *l'équation du centre* , *l'évection, la variation* , *l'équation annuelle* , *l'équation séculaire* et les *perturbations* (*voy* Tables), et l'on obtient le lieu vrai ou la longitude de la lune.

Si la lune n'était soumise qu'à la force attractive de la terre et qu'aucune autre force ne vînt la troubler dans l'ellipse que cette force centrale lui ferait décrire , il suffirait de l'équation du centre pour réduire le mouvement circulaire égal et uniforme , qu'on prend pour point de départ, au mouvement réel elliptique, et aucune des inégalités dont nous venons de parler ne pourrait se manifester, mais l'attraction étant universelle et réciproque entre tous les corps matériels , la lune ne subit pas seulement l'action de la terre , elle éprouve encore celle du soleil et des planètes , et cette dernière, selon qu'elle agit dans le même sens, ou dans un sens

opposé de la première, rapproche ou éloigne la lune de la terre, et change conséquemment la forme de son orbite. C'est en considérant toutes les circonstances des diverses positions que peuvent prendre entr'eux les corps de notre système solaire que la théorie peut devancer l'observation et donner la construction systématique de ce système par l'équilibre des corps célestes, mais ce grand problème est bien loin d'être résolu , ce n'est jusqu'ici qu'en faisant concourir l'observation avec les résultats fragmentaires obtenus de la loi newtonienne, qu'on peut perfectionner les tables de la lune et représenter ses mouvemens d'une manière sinon exacte, du moins assez approchée pour la pratique.

Pour résumer les élémens de la lune il nous reste à mentionner ses diverses révolutions; ce sont : 1°. la *révolution synodique*, ou le retour en conjonction; 2°. la *révolution sidérale* , ou le retour à la même longitude comptée d'un équinoxe fixe, ou à la même étoile ; 3°. la *révolution tropique*, ou le retour à la même longitude comptée de l'équinoxe mobile; 4°. la *révolution anomalistique*, ou le retour au même point de l'ellipse, et 5°. enfin , la *révolution draconitique* , ou le retour au même nœud. Toutes ces révolutions éprouvent par suite des irrégularités du mouvement de la lune des variations dans leurs durées. Voici leurs valeurs moyennes en temps *solaire moyen :*

Synodique. . . .	29 j. 53058 857215, ou 29 j. 12ʰ. 44′ 2‴,87				
Sidérale.	27, 32166 1423	27	7	43	11, 5
Tropique	27. 32158 2418	27	7	43	4, 7
Anomalistique. .	27, 55459 950	27	13	18	37, 4
Draconitique. . .	27, 21222 22	27	5	5	36, 0

Révolutions du périgée.
- *sidérale* = 3232 j., 575343
- *tropique* = 3231 , 4751

Révolutions du nœud..
- *sidérale* = 6798 j., 279
- *synodique* = 346, 619851
- *tropique* = 6788, 509812

La lune décrit , par son mouvement propre vers l'est,

En longitude, pour 24 heures moyennnes :

     13°, 17639639, ou 13° 10′ 35″, 027.

En anomalie, pour 24 heures moyennes :

     13°, 0649917 , ou 13° 3′ 52″, 97012.

Le mouvement relatif de la lune au soleil = 12°, 19075 par jour.

En rapportant les élémens à *l'époque* du 1ᵉʳ janvier 1801, on a

Distance moyenne de la terre. 59ʳ, 982175
Excentricité en parties du demi grand axe 0, 0548442
Longitude moyenne du nœud. . . . . 13° 53′ 17″,7

Longitude moyenne du périgée....... 266° 10′ 7,″5

Longitude moyenne de la lune........ 118 17 8, 3

Inclinaison moyenne de l'o bite....... 5 8 47, 9

La distance moyenne à la terre est exprimée en rayons équatoriaux de la terre.

Outre sa révolution autour de la terre, la lune tourne encore sur son axe d'Occident en Orient, et elle emploie à faire cette révolution exactement le même temps qu'elle emploie pour sa révolution tropique. C'est ce qui est cause qu'elle nous présente toujours la même face: en effet, il est impossible qu'un homme, par exemple, parcoure la circonférence d'un cercle, en tenant constamment le visage tourné vers le centre, sans faire en même temps un tour sur lui-même. L'axe de la lune fait avec le plan de l'écliptique un angle de 88° 29′ 49″, et il en résulte que les pôles lunaires deviennent alternativement visibles et invisibles pour nous, selon les diverses positions que cet astre occupe au-dessus ou au-dessous de l'écliptique. C'est ce phénomène qu'on appelle *libration* en latitude. (*Voy.* LIBRATION.)

La lune étant tantôt plus près et tantôt plus éloignée de la terre, doit nous paraître tantôt plus grande et tantôt plus petite; et en effet, son *diamètre apparent* varie avec sa distance; ses valeurs sont:

Plus grand diamètre apparent... 33′ 31′,1

Moyen diamètre apparent....... 31 26, 5

Plus petit diamètre apparent..... 29 21, 9

Quant à sa parallaxe, *voy.* PARALLAXE.

La forme de la lune est celle d'un sphéroïde aplati vers ses pôles, dont le rayon moyen est égal à 0,273, ou $\frac{3}{11}$, en prenant le rayon moyen de la terre pour unité. Si nous supposons ces deux corps sphériques, le rapport de leurs volumes sera égal au cube du rapport de leurs rayons, c'est-à-dire à $\frac{27}{1331}$, ou $\frac{1}{49}$, d'où il résulte que le volume de la lune est environ la quarante-neuvième partie du volume de la terre. On a trouvé par la théorie de l'attraction, que la masse de la lune est $\frac{1}{68,4}$, celle de la terre étant prise pour unité. Ce rapport est beaucoup au-dessous de $\frac{1}{49}$. La masse de la lune comparée à celle de la terre, n'est donc point dans la proportion de son volume, et par conséquent sa *densité* est moindre que celle du globe terrestre. Cette densité est donc $\frac{49}{68,4}$, ou à peu près les trois quarts de la densité de la terre.

Quoique nous ne connaissions qu'un peu plus de la moitié de la surface de la lune, la constitution physique de cet astre est beaucoup mieux connue que celle

d'aucun autre corps céleste. La face qu'elle présente constamment à la terre est couverte d'un nombre considérable de montagnes, dont quelques-unes n'ont pas moins de 2800 mètres de hauteur, élévation prodigieuse pour une si petite planète. Ces montagnes sont presque toutes exactement circulaires et présentent des caractères volcaniques, mais il n'est pas bien constaté qu'on ait vu sortir des flammes de leurs cratères, quoique ce fait ait été annoncé par quelques observateur. La surface de la lune présente encore de vastes régions parfaitement de niveau, et dont le terrain est semblable à nos terrains d'alluvion; ces parties plus obscures que les autres ont reçu le nom de mers, quoique leurs apparences soient inconciliables avec l'existence d'une eau profonde. Rien sur cette planète singulière n'indique l'apparence d'une végétation, ni d'aucunes modifications dues à l'influence des saisons, et malgré toutes les hypothèses faites sur son atmosphère, on n'a jamais vu de nuages circuler sur son disque. Si la lune est habitée, les êtres qui s'y trouvent n'ont point d'analogues parmi ceux que nous pouvons concevoir, car sans air, sans eau et sans végétation la vie animale n'est pas possible.

Nous avons donné Pl. 18, fig. 3, une carte de la lune, voici les noms des taches: les chiffres se rapportent aux montagnes et les lettres aux parties basses ou prétendues mers:

1. Grimaldus.	26. Hermes.
2. Galileus.	27. Possidonius.
3. Aristarchus.	28. Dionisius.
4. Keplerus.	29. Plinius.
5. Gassendus.	30. Catharina, Cyrillus,
6. Schikardus.	Theophilus.
7. Harpalus.	31. Fracastorius,
8. Heraclides.	32. Promontorium acutum,
9. Lansbergius.	Censorinus.
10. Reinoldus.	33. Messala.
11. Copernicus.	34. Promontorium Somnii.
12. Helicon.	35. Proclus.
13. Capuanus.	36. Cleomedes.
14. Bulialdus.	37. Snellius et Funerius.
15. Eratosthenes.	38. Petavius.
16. Timocharis,	39. Langrenus.
17. Plato.	40. Taruntius.
18. Archimèdes.	A. Mare Humorum.
19. Insula sinus medii.	B. Mare Nubium.
20. Pitatus.	C. Mare Imbrium.
21. Tycho.	D. Mare Nectaris.
22. Eudoxus.	E. Mare Tranquillitatis.
23. Aristoteles.	F. Mare Serenitatis.
24. Manilius.	G. Mare Fæcunditatis.
25. Menelaus.	H. Mare Crisium.

La lumière que nous réfléchit la lune n'est accompagnée d'aucune chaleur sensible, non seulement dans l'état où elle nous arrive, mais encore étant concentrée dans un très-petit espace par le moyen d'un miroir concave. Ce que l'on nomme *lumière cendrée*, n'est que la lumière du soleil réfléchie par la terre sur la lune, car la terre vue de la lune présente tous les phénomènes des phases, et de même que nous avons *clair de lune*, la lune a aussi *clair de terre*.

ACCÉLÉRATION DE LA LUNE, *voy.* ACCÉLÉRATION.

AGE DE LA LUNE. C'est le nombre des jours écoulés depuis la nouvelle lune. Pour toutes les autres parties de la théorie de la lune. *Voy.* ECLIPSE, EXCENTRICITÉ, CALENDRIER, LIBRATION, PARALLAXE, SÉLÉNOGRAPHIE.

LUNETTE. (*Diop.*) Instrument d'optique, composé d'un ou de plusieurs verres, qui a la propriété de faire voir distinctement des objets qu'on n'apercevrait que confusément, ou même point du tout, à la vue simple.

Les lunettes les plus simples sont celles que l'on nomme *bésicles*; elles sont composées d'un seul verre pour chaque œil. Les lunettes à plusieurs verres, ou *lunettes d'approche*, ne s'emploient généralement que pour un seul œil; elles se composent d'un tube aux extrémités duquel sont placés des verres lenticulaires. Les grandes lunettes d'approche prennent encore le nom de *télescopes*; cependant cette dernière dénomination ne s'applique, en français, qu'aux instrumens formés par des miroirs. (*Voy.* TÉLESCOPE.)

L'invention des *bésicles*, assez généralement attribuée à Roger Bacon, paraît être plus ancienne et semble remonter au milieu du douzième siècle, mais celle des lunettes d'approche est beaucoup plus récente; elle ne date que du commencement du XVIIe. Ce fut, dit-on, le hasard qui les fit découvrir à un fabricant d'instrumens d'optique de Midlebourg, nommé Jansen. Galilée raconte, dans le *Nuncius sydereus*, publié au mois de mars 1610, que le bruit s'étant répandu qu'un Hollandais avait construit une lunette, par le moyen de laquelle les objets éloignés paraissaient très-proches, il en chercha la raison et parvint à en faire une semblable. Ayant placé aux deux extrémités d'un tube de plomb, deux verres plans d'un côté et sphériques de l'autre, mais dont l'un avait un côté concave et l'autre un côté convexe, il vit les objets trois fois plus près qu'à la vue simple. Galilée s'occupa activement alors à perfectionner cette invention, à laquelle il dut ensuite ses plus curieuses découvertes astronomiques. On a nommé cette espèce de lunette *Télescope de Hollande ou de Galilée*, à cause de son origine.

Dans toutes les lunettes d'approche, le verre qui recueille immédiatement la lumière de l'objet se nomme *verre objectif*, les autres prennent le nom d'*oculaires*, et sont comptés en partant de l'objectif et venant à l'œil : *premier oculaire*, *second oculaire*, etc. La lunette de Galilée n'a qu'un seul oculaire, c'est, comme dans toutes les autres lunettes inventées depuis, un verre de *divergence* (*voy.* LENTILLE), dont le foyer est très-rapproché, tandis que l'objectif est un verre de *convergence*. Ces verres doivent être disposés de manière que l'image renversée des objets, produite par l'objectif n'atteigne pas tout à fait le foyer postérieur de l'oculaire ; cette image se trouve alors redressée par l'oculaire, et l'on aperçoit les objets tels qu'ils sont réellement, mais plus grands.

L'espace que l'on peut embrasser en regardant à travers une lunette, et qui est nécessairement circulaire, se nomme le *champ de la lunette* : on mesure ce *champ* par l'angle sous lequel l'œil simple l'apercevrait. Quant au grossissement des objets il est égal, pour leur diamètre apparent, au rapport de la distance focale de l'objectif à la distance focale de l'oculaire. Le *champ* de la lunette de Galilée étant très-petit, cet instrument ne peut servir à de très-grands grossissemens, c'est ce qui fait qu'elle ne s'emploie maintenant que comme lunette de poche.

Képler construisit ses télescopes en employant pour oculaire un verre de convergence d'un foyer très-rapproché. Comme ce dernier verre ne redresse pas l'image renversée produite par l'objectif, il s'ensuit qu'avec ce télescope, le meilleur encore de ceux qu'on connaisse maintenant, on voit les objets renversés ; ce qui, du reste, est parfaitement indifférent pour les observations astronomiques. On ne peut obtenir un grossissement très-considérable, qu'en donnant à la lunette une longueur incommode.

Pour redresser les objets dans le télescope de Képler, il suffit de placer entre l'objectif et l'oculaire d'autres verres convexes. La lunette prend alors le nom de *lunette terrestre*. Elle fut inventée au commencement du dix-septième siècle par le jésuite Rheita. La théorie de tous ces instrumens est fondée sur celle des verres lenticulaires et ne présente aucune difficulté. (*Voy.* LENTILLE. *Voy. aussi* ACHROMATIQUE et TÉLESCOPE.)

LUNISOLAIRE. Se dit, en *astronomie*, de ce qui a rapport à la révolution du soleil et à celle de la lune, considérées ensemble. Le cycle lunaire de 19 ans est la première de toutes les périodes lunisolaires. (*V.* CALENDRIER, 6.) La période de 18 ans 10 jours, ou de 223 lunaisons ramène les éclipses dans le même ordre. (*Voy.* ECLIPSE, 30.)

Quelques auteurs ont donné le nom d'*année lunisolaire* à la période nommée *dionysienne*, de Denys-le-Petit, qui ramène les nouvelles lunes aux mêmes jours du mois, et chaque jour du mois au même jour de la semaine. (*Voy.* PÉRIODE.)

LUNULE. (*Géom.*) Figure plane en forme de croissant, terminée par deux arcs de cercle qui se coupent à ses extrémités. Quoique la quadrature du cercle entier soit impossible géométriquement (*voy*. CERCLE et QUADRATURE), on a trouvé celle de quelques-unes de ses parties ; parmi ces quadratures partielles nous devons mentionner la première de toutes, due à Hippocrate de Chio ; sa célébrité est, du reste, son plus grand mérite.

Soit (Pl. 48, fig. 2) un triangle isoscèle rectangle ABC, sur l'hypothénuse AB, décrivons le demi-cercle A*n*C*o*B ; et sur les deux côtés AC et CB de l'angle droit décrivons pareillement les deux demi-cercles A*m*C, C*p*B. Les surfaces des cercles étant entre elles comme les carrés de leurs diamètres, nous aurons en désignant par S la surface du demi-cercle A*n*C*o*B, et par *s*, les surfaces égales des demi-cercles A*m*C, C*p*B

$$S : s : s :: \overline{AB}^2 : \overline{AC}^2 : \overline{BC}^2$$

mais, d'apres la propriété du triangle rectangle, $\overline{AB}^2 = \overline{AC}^2 + \overline{BC}^2$, donc on a aussi $S = s + s = 2s$, ou

$s = \frac{1}{2}$ S. Or, en abaissant la perpendiculaire CD, C*n*AD est la moitié du demi-cercle S, ainsi le demi-cercle *s* ou A*m*C est égal à C*n*AD, retranchant de ces deux figures l'espace commun AC*n*, il reste d'une part le traingle ADC, et de l'autre la *lunule* A*m*C*n*A : l'aire de cette lunule est donc équivalente à celle du triangle.

On trouve d'autres propriétés curieuses des lunules dans les *Récréations math.* d'Ozanam. Moivre, dans les *Transactions phil.*, n. 265, s'est occupé des solides formés par leur révolution.

LYNX. (*Ast.*) Constellation boréale formée par Hévelius, pour rassembler les étoiles *sporades*, comprises entre la grande Ourse et le Cocher. (*Voy*. Pl. 9.)

LYRE. (*Ast.*) Constellation boréale, dont la principale étoile qui est de première grandeur se nomme *Vega*. C'est une des anciennes constellations de Ptolémée. Elle est située entre Hercule et le Cygne. (*Voy*. Pl. 9.)

M.

MACHINE. On donne généralement ce nom à tout ce qui sert à transmettre l'action d'une puissance sur une résistance. C'est un instrument simple ou composé, destiné à produire du mouvement, de manière à épargner ou du temps dans l'exécution de l'effet, ou de la force dans la cause.

Les *machines* se divisent en *machines simples* et *machines composées*. On compte ordinairement sept *machines simples* auxquelles toutes les autres machines peuvent se réduire, ce sont : la machine *funiculaire*, le *levier*, le *treuil*, la *poulie*, le *plan incliné*, le *coin* et la *vis*. (*Voy*. ces divers mots.) On pourrait réduire ces sept machines aux deux premières, et même à l'une seulement de ces deux premières ; mais on a la coutume de considérer les cinq dernières comme simples.

Les *machines composées* sont celles qui sont formées par la combinaison de plusieurs machines simples. Leur nombre est illimité.

Les sept machines simples étant le sujet d'autant d'articles particuliers, nous ne considérerons ici que l'effet général des machines composées, dont nous allons exposer en peu de mots les principes rationnels. Ce qui suit pourra donc s'appliquer à toutes les machines connues, comme à toutes celles qu'on pourra inventer par la suite.

Quelle que soit la complication d'une machine, on peut toujours la définir *un corps qu'on interpose entre deux ou plusieurs puissances pour transmettre l'action de l'une à l'autre, suivant telles ou telles conditions, d'après l'objet qu'on a à remplir.*

Ce corps intermédiaire peut toujours être considéré comme dépouillé de sa masse, et comme un assemblage d'une multitude de points liés par des fils, au moyen desquels l'action se transmet de proche en proche d'une puissance à l'autre, soit que cette masse soit en effet très-petite par rapport aux forces qui lui sont appliquées, soit que l'on envisage les forces motrices et d'inertie propres à cette masse comme de nouvelles forces qui lui sont extérieurement appliquées, et dont on tient compte dans le calcul comme de toutes les autres.

Ceci posé, il est important de distinguer l'effet d'une machine en équilibre de celui d'une machine en mouvement, parce qu'il entre dans cette dernière un élément de plus que dans la première ; savoir : la vitesse du point d'application des forces mises en action. Dans le cas de l'équilibre, on a seulement à considérer l'intensité de ces forces, mais dans celui du mouvement il faut en outre tenir compte du chemin que chacune doit parcourir. Ainsi, par exemple, une force qui exerce son action sur un poids à l'aide du plus long bras d'un levier, produit deux effets de nature différente, suivant qu'elle doit simplement soutenir ce poids ou qu'elle doit l'élever à une certaine hauteur, car dans le premier cas une force très-petite peut bien soutenir en équilibre un poids très-considérable ; mais s'il s'agit de l'élever à une hauteur donnée, il faut qu'elle descende d'une hauteur d'autant plus grande, que son bras de levier est plus long (*voy.* LEVIER), et qu'elle est conséquemment plus petite par rapport au poids.

L'effet d'une puissance appliquée à une machine en repos est donc simple, et peut s'évaluer par le poids qu'elle soutient ; mais celui d'une puissance appliquée à une machine en mouvement est composé, et son évaluation doit s'effectuer non-seulement par le poids qu'elle meut, mais encore par la hauteur à laquelle elle l'élève. C'est enfin le produit de ce poids par cette hauteur qui mesure l'*effet* de la puissance dans une machine en mouvement.

Il résulte de ces considérations que dans le cas d'équilibre la machine peut décupler, centupler l'*effet* de la puissance, tandis que dans la machine en mouvement l'*effet* est invariable, quelle que soit la composition de cette machine, et toujours égal au produit de la puissance par le chemin qu'elle parcourt. En modifiant la machine, on pourra bien diminuer la puissance, mais on augmentera le chemin qu'il faut qu'elle parcoure, et *vice versâ*, de sorte que l'*effet* est constamment le même.

Si nous désignons par P la puissance ou la force sollicitante, par R le poids ou la force résistante, par H la hauteur à laquelle il faut élever R, et par h, celle dont P est forcé de descendre, ou le chemin qu'il doit parcourir pour produire l'effet demandé, nous aurons l'équation (1)

$$Ph = RH,$$

laquelle est indépendante de toute composition particulière de machine.

Mais en désignant par V la vitesse supposée uniforme de la force P, et par T le temps qu'elle emploie pour décrire h, en vertu de cette vitesse, comme l'espace parcouru est égal au produit de la vitesse par le temps (*voy.* MOUVEMENT), nous avons $h = VT$; ainsi, substituant dans (1), il viendra (2)

$$PVT = RH.$$

Maintenant, et par la même raison, si, en employant, soit la même machine, soit toute autre, on voulait produire le même effet RH, au moyen d'une autre force P', mue avec une autre vitesse V', pendant un temps T', on aurait pareillement

$$P'V'T' = RH$$

et par suite, d'après (2)

$$PVT = P'V'T'$$

Ainsi, si l'on veut, par exemple, que P' ne soit que

la moitié de P, c'est-à-dire, si l'on veut élever le même poids R à la même hauteur H, en employant une force moitié plus petite, il faudra ou que V' devienne double de V, ou que T' devienne double de T, ou enfin qu'en général V'T' devienne double de VT. De là, on peut déduire ce grand principe, que tous les constructeurs de machines ne doivent jamais oublier : *dans toute machine en mouvement, on perd toujours ou temps ou en vitesse ce qu'on gagne en force.*

Il résulte encore de ce qui précède qu'il est impossible d'inventer une machine par laquelle, avec le même travail, c'est-à-dire, la même force et la même vitesse employées pendant le même temps, on puisse élever le poids donné R à une plus grande hauteur que H, ou un poids plus grand à la même hauteur, ou enfin le même poids à la même hauteur, dans un temps plus court.

C'est donc tout à fait en pure perte qu'on croirait pouvoir à l'aide de leviers arrangés d'une certaine manière, mettre un agent, quelque faible qu'il soit, en état de produire les plus grands effets. Cette erreur, dans laquelle ne tombent que trop souvent des personnes auxquelles on ne peut refuser de certaines connaissances en mécanique, provient uniquement de ce qu'on s'imagine qu'il est possible d'appliquer aux machines en mouvement ce qui n'est vrai que pour le cas d'équilibre ; de ce qu'une très-petite puissance, par exemple, peut tenir en équilibre un très-grand poids, on croit qu'elle pourrait de même élever ce poids aussi vite qu'on voudrait, et c'est là ce qui ne peut arriver. Si l'on considère qu'une petite puissance ne détruit jamais une plus grande que par le concours ou par la résistance d'un ou de plusieurs points d'appui, on comprendra que l'effet n'est pas plus disproportionné à la cause dans les machines en repos que dans les machines en mouvement.

La description des machines composées n'entre pas dans notre plan, nous renverrons donc pour tout ce qui les concerne à l'ouvrage de M. Borgnis, le plus complet en ce genre, *Mécanique appliquée aux arts.* Leur théorie doit être étudiée dans l'*Essai sur la composition des machines*, de MM. Lanz et Betancourt. On peut consulter aussi avec fruit la *Mécanique* de Bossut. Montucla, dans le troisième volume de son *Histoire des mathématiques*, a donné un catalogue étendu des divers ouvrages qui contiennent la construction des machines les plus curieuses et les plus importantes des anciens et des modernes, jusqu'à l'année 1802.

MACLAURIN (ou plutôt MAC-LAURIN, COLIN), mathématicien distingué, naquit en 1698, à Kilmoddan, en Écosse. La lecture des *Élémens* d'Euclide a donné à la science un grand nombre d'hommes célèbres, dont elle a pour ainsi dire éveillé le génie. C'est aussi la connaissance de ce célèbre ouvrage, qui décida de la carrière et de l'illustration de Maclaurin. Il n'avait encore que douze ans, lorsque le hasard le fit tomber entre ses mains; il le lut avec tant d'application et de succès, que sans le secours d'un maître, il fut en peu de jours en état d'expliquer les six premiers livres. Depuis cette époque, Maclaurin se livra avec ardeur à l'étude, et put en 1717, l'emporter, après un concours de dix jours, sur un grand nombre de compétiteurs et obtenir la chaire des mathématiques au collège d'Aberdeen. Il n'avait que vingt-deux ans quand il publia son *Traité des Courbes*, production remarquable et qui fut honorée de l'approbation de l'illustre Newton. Cet homme immortel avait une telle estime pour les talens de Maclaurin, qu'il fit les frais de son traitement, lorsqu'il fut adjoint à Grégory, à l'université d'Edimbourg. En 1740, Maclaurin partagea avec Daniel Bernouilli et Euler, le prix proposé par l'Académie des sciences de Paris, pour le meilleur mémoire sur le flux et le reflux de la mer. On trouve dans ce mémoire une démonstration remarquable de la figure de la terre; ce géomètre qui s'était rapidement acquis une brillante réputation, promettait à la science une carrière utile et glorieuse, mais chargé en 1745, de fortifier à la hâte la ville d'Edimbourg, menacée par les partisans des Stuarts, il se livra à cette opération avec un zèle qui fut funeste à sa santé; et obligé de fuir à l'approche des insurgés, il mourut à York, le 14 juin 1746. Il a laissé : I. *Geometria organica seu descriptio linearum curvarum universalis*, Londres, 1720, in-4°. C'est l'ouvrage dont nous avons parlé plus haut. Quelques propositions de Newton, dit Montucla, furent pour Maclaurin le germe de la belle théorie, qu'il établit dans ce livre : non seulement il y démontre les théorèmes de ce grand homme; mais il y en ajoute un grand nombre tous plus remarquables les uns que les autres. En prenant plus de pôles, ou en faisant mouvoir les points de rencontre des côtés des angles donnés, sur diverses courbes, il en résulte la description de courbes d'ordres de plus en plus relevés : il y résout aussi généralement un problème, que Newton jugeait lui-même de la plus grande difficulté, celui de décrire, par un procédé semblable, une ligne d'un ordre supérieur n'ayant aucun point double. II. *Traité des Fluxions*, Edimbourg, 1742, in-4°, (en anglais). Cette théorie du calcul différentiel a été traduite en français, par le P. Pezenas, Paris, 1749, 2 vol. in-4°. Maclaurin avait composé deux autres ouvrages importans, qui n'ont été imprimés qu'après sa mort. Ce sont : 1° *Traité d'Algèbre*, etc., imprimé plusieurs fois en Angleterre et traduit en français par Lecozic, Paris, 1753, in-4°. On ne peut, suivant Montucla, rien ajouter à la clarté de cet écrit, à son élégance et à sa précision ; et

l'on y trouve d'ailleurs plusieurs propriétés particulières des nombres, qui n'avaient été énoncées avant lui par aucun géomètre. A la suite de cet ouvrage se trouve un *Traité* des principales propriétés des lignes géométriques. 2° *Exposition des découvertes philosophiques de Newton* (en anglais), publiée par Patrice Murdoch, à Londres, 1748, in-4°. L'éditeur a fait précéder cet ouvrage d'une notice sur la vie et les écrits de Maclaurin; il a été traduit en français, par Lavirotte, Paris, 1749, in-4°, et en latin, par le P. Falck, jésuite, Vienne, 1761. Les *Transactions philosophiques* contiennent un grand nombre de mémoires de Maclaurin sur divers sujets mathématiques.

MAIRAN (Jean-Jacques Dortous de), mathématicien et membre distingué de l'Académie des sciences, né à Beziers, en 1678, connu dès 1715, par un *Mémoire sur les variations du baromètre* et des *dissertations sur la glace et les phosphores*, travaux couronnés par l'Académie de Bordeaux, il fut reçu en 1718 à l'Académie des sciences, où il lut successivement un grand nombre de mémoires sur diverses questions scientifiques. On remarque parmi ces documens qui ont été imprimés, ceux sur *la cause du froid et du chaud*, sur *la rotation de la lune*, sur *les forces motrices* et sur *la réflexion du corps* méritent d'être signalés. C'est dans cette dernière dissertation que Mairan a recherché la nature de la courbe apparente que forme une surface plane, comme celle d'un bassin, vue au travers de l'eau qui la couvre. En 1721, Mairan fut chargé avec Varignon, de donner une nouvelle méthode pour le jaugeage des navires. Cet académicien, qui a joui pendant sa longue carrière d'une considération digne du mérite le plus élevé, n'a néanmoins laissé que des travaux peu importans. On trouve ses mémoires dans le recueil de l'Académie des sciences et dans le *Journal des savans*. Il mourut à Paris, à l'âge de 93 ans, le 20 février 1771. En 1740 il avait remplacé Fontenelle, en qualité de secrétaire perpétuel de l'Académie des sciences, il était également membre de l'Académie française, des sociétés royales d'Edimbourg et d'Upsal, de l'Académie de Pétersbourg et de l'Institut de Bologne. On a de lui : I. *Dissertation sur la glace*, Paris, 1749, in-12. II. *Traité physique et historique de l'aurore boréale*, Paris, 1731, in-4°. III. *Eloge des académiciens de l'Académie royale des sciences*, Paris, 1749, in-17

MANFREDI (Eustache), célèbre géomètre et astronome italien, naquit à Bologne le 20 septembre 1674. Il annonça de bonne heure des dispositions remarquables et une circonstance intéressante pour l'histoire de la science se rattache à ces premières manifestations de son caractère et ses talens. Il réunissait chez lui ses compagnons d'étude, leur répétait les leçons des professeurs, éclaircissait les difficultés qui avaient pu les embarrasser, et hâtait ainsi la rapidité de leurs progrès. L'Institut de Bologne, qui a jeté un grand éclat dans la science, tire son origine de cette Académie d'enfans. Manfredi s'est signalé par ses travaux en gnomonique, en astronomie, en géométrie et surtout en hydrostatique. Il avait été nommé en 1704, surintendant des eaux, et il remplit dignement ces fonctions si importantes dans un pays où le débordement des rivières occasionne de fréquentes vicissitudes dans les délimitations des propriétés. Ses ouvrages mathématiques sont : I. *Ephemerides motuum celestium ab anno 1715 ad annum 1725, cum introductione et variis tabulis;* Bologne, 1715 — 1725, 4 vol. in-4°. L'introduction de cet ouvrage est fort estimée et a été souvent imprimée à Porto. II. *De novissimis circà siderum fixorum errores observationibus epistola,* ib. 1730, in-4°. Dans cet écrit où Maraldi a consigné ses observations sur les tentatives faites pour démontrer la parallaxe des fixes, on remarque avec étonnement que par égard pour les préjugés de son pays, il n'a pas osé affirmer le mouvement de la terre. III. *De transitu mercurii per solem, ib anno,* 1723, in-4°. IV. *Liber de gnomone meridiano Bononiensi, deque observationibus astronomicis eo instrumento peractis, ib.* 1736, in-4°. V. *Instituzioni astronomiche, ib.* 1749, in-4°. Eustache Manfredi est mort à Bologne, le 15 février 1739.

MANFREDI (GABRIEL), son frère, né à Bologne, le 25 mars 1681, s'est également distingué dans la même carrière; à l'âge de 24 ans, il publia un traité des équations du premier degré qui obtint un grand succès. Il succéda à son frère, en 1639, dans la place de surintendant des travaux hydrostatiques, et mourut à Bologne, le 13 octobre 1761. On a de lui : I. *De constructione æquationum differentialium primi gradús,* Pise, 1707, in 4°. II. *Considerazioni sopra alcuni dubii che debbono esarminarsi nella congregazione dell' acque.* Rome, 1739, in-4°.

MAPPEMONDE. Carte géographique qui représente les deux hémisphères du globe terrestre. (*Voy.* Pl. 35 et 36.) C'est une *projection stéréographique* (*Voy.* ce mot) sur un plan que l'on imagine passer par le centre de la terre perpendiculairement à la droite menée de ce centre à l'œil.

MARALDI (JACQUES-PHILIPPE), astronome distingué, naquit à Pierinaldo, petite ville du comté de Nice, le 21 août 1665. Il était le neveu du célèbre Cassini, qui l'appela auprès de lui à Paris, quand il eut fini ses études et révélé les plus heureuses dispositions pour les mathématiques. Il s'attacha particulièrement à l'astronomie, et forma le projet de donner un nouveau catalogue des étoiles fixes. L'assiduité qu'il apporta au travail altéra sa santé; mais il ne cessa point ses observations dont il communiquait facilement le résultat. Membre de l'Académie des sciences, il fut occupé en 1700 à la prolongation de la méridienne, et à la levée des grands triangles, jusqu'à l'extrémité des Basses-Alpes. En 1718, il contribua avec d'autres académiciens à terminer la grande méridienne du nord. A ces voyages près, dit Fontenelle, qui a composé son éloge, il passa sa vie renfermé dans l'Observatoire, ou plutôt dans le ciel d'où ses regards et ses recherches ne sortaient point. Les travaux de Maraldi sont du nombre de ceux qui méritent toute l'estime des savans, mais qui attirent peu de gloire sur leur auteur. Il mourut sans avoir pu achever son catalogue, qui est demeuré manuscrit, le 1er décembre 1729. On trouve dans le recueil de l'Académie des sciences un nombre considérable d'observations astronomiques de Maraldi. Ses observations météorologiques ont été continuées après sa mort par Jean-Dominique MARALDI, son neveu, né à Pierinaldo, en 1709, nommé adjoint-astronome en 1731, associé à l'Académie des sciences en 1730, ensuite pensionnaire et vétéran de ce corps savant, et mort le 14 novembre 1788. Dominique Maraldi a eu la plus grande part à la confection de la carte des triangles qui ont servi de base à la grande carte de France qui porte le nom de Cassini. Parmi les nombreuses observations astronomiques qu'il a données dans le recueil de l'Académie des sciences, on remarque un *Mémoire sur le mouvement apparent de l'étoile polaire vers les pôles du monde,* et des dissertations intéressantes *sur les Satellites de Jupiter.* C'est aussi à ses soins qu'on doit l'impression du *Cœlum australe* de Lacaille, son intime ami.

MARÉES. (*Phy. math.*) Mouvement alternatif journalier des eaux de la mer, qui couvre et abandonne successivement ses rivages.

Deux fois par jour l'Océan se soulève et s'abaisse par un mouvement d'oscillation régulier. Les eaux montent d'abord pendant environ six heures; elles inondent ainsi les rivages et se précipitent dans l'intérieur des fleuves, jusqu'à de grandes distances de leur embouchure: ce mouvement se nomme le *flux.* Après être parvenues à leur plus grande hauteur, elles restent quelques instans en repos, c'est le moment de la *haute mer.* Peu à peu elles commencent à descendre par les mêmes périodes qu'elles avaient suivies dans leur accroissement, en abandonnant les lieux qu'elles avaient couverts. Ce mouvement se nomme le *reflux;* il dure à peu près six heures; lorsque les eaux sont arrivées à leur plus grande dépression, elles restent un instant en repos, c'est le moment de la *basse mer,* puis le flux recommence, et ainsi de suite.

Les anciens avaient déjà conclu des phénomènes des

marées qu'elles sont produites par le soleil et la lune,
mais c'était une simple conjecture dépourvue de toute
espèce de preuves, et l'on peut dire que jusqu'à Descartes, personne n'avait entrepris de donner une explication détaillée de ce phénomène. S'il ne fut pas donné
alors à ce grand homme de dévoiler la cause de ces mouvemens singuliers et de les soumettre au calcul, il a du
moins le mérite d'avoir ouvert la carrière. C'est à Newton qu'était réservée la gloire de pénétrer ce mystère, qui
n'est qu'une conséquence nécessaire du système de la
gravitation universelle et qui peut même, au besoin, lui
servir de vérification ou de preuve *à posteriori*.

La théorie des marées a été complètement traitée par
Maclaurin, Daniel Bernouilli, Euler et D'Alembert, et
l'on doit à Laplace une formule générale pour trouver
la hauteur de la mer à tout instant donné. Nous allons
essayer d'expliquer cette théorie, sans sortir des limites
qui nous sont prescrites.

Les eaux de la mer, par leur mobilité en tous sens,
peuvent recevoir des mouvemens isolés, et doivent nécessairement s'élever lorsqu'une cause extérieure agit
sur elles pour les attirer. Or, la terre ne tourne autour
du soleil que parce que la force attractive du soleil la retient dans son orbite, mais cette force s'exerce en raison
inverse du carré des distances, et par conséquent son
action sur les eaux placées à la surface de la terre, tournée de son côté, est plus forte que celle qu'elle exerce
sur le centre de la terre, c'est-à-dire, que ces eaux sont
plus attirées que le centre, et doivent constamment s'é-
lever vers le soleil sous la forme d'une protubérance.
Dans le même moment, à la région diamétralement opposée, le même phénomène doit avoir lieu, par des
causes inverses; en effet les eaux s'y trouvent plus éloignées du soleil que le centre de la terre, et étant moins
attirées que ce centre, restent en arrière. D'un côté, c'est
donc l'eau de la mer qui s'élève vers le soleil, de l'autre
c'est la terre qui s'élève plus que les eaux. Deux protu-
bérances aqueuses opposées s'avancent donc à mesure
que la terre tourne sur elle-même pour se trouver sans
cesse dans la direction de la ligne qui joint le centre de
la terre à celui du soleil. Ces masses, par leur mouvement progressif, envahissent les rivages, tandis qu'au
contraire à 90° de distance en longitude, les eaux s'a-
baissent pour alimenter le flux. L'action du soleil doit
donc produire dans le cours d'une révolution de la terre
sur son axe, deux marées ou deux flux et deux reflux
chaque jour.

Ce que nous venons de dire pour le soleil s'applique
exactement à la lune et, quoique la masse de cet astre
soit très-petite, sa proximité de la terre rend son action
presque triple de celle du soleil. La lune doit donc produire aussi deux marées par jour; mais les eaux de la
mer se trouvant soumises à deux actions simultanées, ne

présentent pas quatre marées chaque jour, parce que
les actions se compensent, et selon qu'elles concourent ou
conspirent, c'est seulement leur somme ou leur différence qui agit, de manière qu'il ne peut jamais y avoir
que deux marées.

Ainsi, à la nouvelle lune, les deux astres agissent à
peu près dans la même direction et dans le même sens,
la marée effective est la somme des marées lunaire et solaire; à la pleine lune, les deux astres agissent encore
dans la même direction, et quoique leurs actions soient
en sens inverse, comme elles tendent l'une et l'autre à
élever les eaux en même temps, la marée effective est
encore la somme des deux marées. Dans les quadratures,
au contraire, la haute mer lunaire arrive en même temps
que la basse mer solaire et réciproquement, et alors la
marée effective n'est plus que la différence des marées
solaire et lunaire. Quant aux autres situations relatives
du soleil et de la lune, la marée de l'un des deux astres
ne tend qu'à avancer ou retarder, accroître ou diminuer celle de l'autre, selon les positions que la résultante
des deux forces se trouve avoir. Les distances de la terre
à la lune et au soleil étant variables, les actions de ces
astres le sont également, et conséquemment aussi la
grandeur des marées.

Si les eaux de la mer n'étaient, comme toutes les particules de la matière, douées de cette force d'inertie
par laquelle les corps en mouvement conservent l'impression qu'ils ont reçue, l'heure de la haute mer devrait toujours être celle du passage de la lune au méridien, mais il n'en est point ainsi, et l'inertie des eaux
retarde non seulement la haute mer, mais diminue encore son élévation. Pour se rendre compte de ce phénomène, il suffit de supposer un instant la terre en repos,
et de faire abstraction de l'action du soleil dont la force
pour élever les eaux est beaucoup moindre que celle de
la lune, alors l'eau s'élèvera du côté de la lune; que
l'on conçoive maintenant que la terre reprenne son mouvement et tourne en emportant cette eau élevée par
la lune : d'une part, l'eau tend à conserver l'élévation
qu'elle a acquise; de l'autre, elle tend à perdre successivement une partie de cette élévation en s'éloignant
de la lune, et comme ces deux effets se combattent,
l'eau transportée par le mouvement de la terre, se
trouvera plus élevée à l'orient de la lune qu'elle ne devrait être sans ce mouvement, mais cependant moins
élevée qu'elle ne l'aurait été sous la lune si la terre
était immobile. Le mouvement de la terre doit donc en
général retarder les marées et diminuer leur élévation.
Outre cette cause de retard, il en est plusieurs autres
dont il est nécessaire de tenir compte dans les évaluations numériques : ce sont la configuration des rivages,
la direction des courans et la puissance des vents.

Le retard dû à la configuration des rivages, ou aux

circonstances de la localité, est ce qu'on appelle *l'établissement du port*, c'est un retard constant pour chaque port de mer en particulier, mais qui varie d'un port à l'autre. Les marins ont des tables de ce retard pour chacun des ports les plus fréquentés. Il leur est important de connaître l'heure de la marée, car on ne peut souvent entrer ou sortir d'un port, qu'au moment où la haute mer s'établit.

Le retard dû au mouvement de la terre et à la résistance des eaux, est constamment de 36 h.; il est universellement constaté que la marée d'un jour quelconque est déterminée par les circonstances ou se trouvaient le soleil et la lune, un jour et demi avant. Ainsi sachant par exemple, que la nouvelle lune du mois de novembre 1836 a lieu le 9, à 1 h. 44' du soir, on connaîtra l'époque de la plus grande marée, qui correspond à cette nouvelle lune, en ajoutant 36 h. à 1 h. 44', ce qui fait 37 h. 44', et renvoie conséquemment cette marée au 10 novembre à 1 h. 44' du soir. Il faut bien comprendre qu'il s'agit ici du lieu dont la lune traversera le méridien, le 9 novembre à 1 h. 44' du soir, et que pour avoir l'heure réelle de la haute mer, il faut ajouter à 1 h. 44' du soir, l'heure de l'*établissement du port* de ce lieu.

Les jours de la nouvelle et de la pleine lune, l'instant de la plus grande action des deux astres est celui du passage de la lune au méridien, et il en est encore de même lors du premier et du dernier quartier; mais dans les autres positions, cet instant précède ou suit le passage au méridien sans cependant s'en écarter jamais beaucoup. C'est l'heure de cet instant qu'il faut déterminer pour chaque lieu en particulier et à laquelle il faut ajouter ensuite 36 h., plus l'heure de l'*établissement du port* de ce lieu; la somme est l'heure de la haute mer.

La détermination générale de l'instant de la plus grande action, est donnée d'une manière approximative suffisante par cette formule de Daniel Bernouilli (Voy. *Prix de l'Académie* pour 1740) : soient α le temps, exprimé en degrés, qui s'écoule entre le passage de la lune au méridien du lieu et l'instant de la haute mer, φ l'arc de distance en ascension droite du soleil et de la lune, on aura

$$\sin \alpha = \sqrt{\left[\frac{1}{2} \left(1 + \frac{A}{\sqrt{4 + A^2}} \right) \right]}$$

A étant une quantité déterminée par la relation

$$A = \frac{4 \sin^2 \varphi - 7}{2 \sin \varphi \cdot \cos \varphi}.$$

En prenant un arc auxiliaire ψ, tel que l'on ait

$$-\frac{1}{2} A = \text{tang } \psi = \frac{7 - 4 \sin^2 \varphi}{4 \sin \varphi \cos \varphi}$$

d'où,

$$\text{tang. } \psi = \frac{2.5 + \cos 2\varphi}{\sin 2\varphi},$$

Cette formule peut se réduire à

$$\sin \alpha = \sin (45° - \tfrac{1}{2} \psi), \text{ ainsi } \alpha = 45° - \tfrac{1}{4} \psi.$$

On tient compte immédiatement des 36 heures de retard en remarquant que dans cet intervalle, la lune s'avance d'environ 19°, et qu'il suffit ainsi de changer φ en $\varphi - 19° + 1$, ou en $\varphi - 20°$, comme le fait Bernouilli pour employer un nombre rond, alors les formules deviennent

$$\text{tang } \psi = \frac{2,5 + \cos 2(\varphi - 20°)}{\sin 2(\varphi - 20°)}$$

$$\alpha = 45° - \tfrac{1}{4} \psi$$

et α converti en temps donne, d'après son signe, le retard ou l'avance de la haute mer sur l'heure du passage de la lune au méridien.

Ces formules dont on peut tirer une table très-commode pour la pratique, donnent des résultats numériques sensiblement d'accord avec les faits observés, quoique plusieurs élémens très-importans y soient négligés. Laplace, en considérant toutes les circonstances omises par Bernouilli, est parvenu à une formule, sans doute plus exacte, mais tellement compliquée, que la longueur des calculs qu'elle entraîne la rend d'un usage trop difficile, et comme en outre on n'a jamais besoin de connaître l'heure de la pleine mer qu'à quelques minutes près, puisque plusieurs circonstances accidentelles, comme la direction et la force des vents, apportent souvent des variations plus considérables, on se contente généralement de la formule de Bernouilli, tout en employant dans son usage des valeurs plus précises que celles qu'il donne dans sa table. On trouve dans *l'Annuaire du bureau des longitudes*, deux petites tables très commodes et des exemples de calcul auxquels nous renverrons.

La hauteur des marées se mesure en prenant pour terme de comparaison la moyenne entre la haute et la basse mer, c'est cette hauteur moyenne qu'on exprime par l'unité; comme elle est différente d'après les localités, pour rendre les résultats du calcul applicables à un lieu particulier, il faut préalablement déterminer la valeur de l'unité de hauteur pour ce lieu, ce qui ne peut se faire que par une longue suite d'observations. C'est ainsi que l'on a trouvé,

Unité de hauteur.	*Unité de hauteur.*
Port de Brest...... 3,^{m}21	Port de St-Malo... 5,^{m}98
Lorient.... 2, 24	Audierne. . 2, 00
Cherbourg. 2, 70	Croisic.... 2, 68
Granville. . 6, 35	Dieppe.... 2, 87

La formule dont on se sert pour calculer la hauteur de la marée ne se rapporte qu'aux marées syzigies, ou aux plus grandes marées, les seules, au reste, où il peut être important de connaître la hauteur absolue des eaux, elle est due à Laplace; la voici :

$$z = \frac{40}{163}(i^3 \cos^2 D + 3 i'^3 \cos^2 D').$$

D et D' sont les déclinaisons respectives du soleil et de la lune à l'instant de la syzigie, i est égal à l'unité divisée par le rayon vecteur du soleil; la valeur moyenne de ce rayon étant 1, et i' est la parallaxe horizontale actuelle de la lune divisée par $51' 1''$ qui en est la valeur moyenne. C'est à l'aide de cette formule qu'on donne chaque année dans la *connaissance des temps*, les hauteurs des marées syzigies; il suffit ensuite de multiplier ces hauteurs par *l'unité* de hauteur d'un lieu, pour avoir la hauteur absolue de la mer. Trouvant, par exemple, que pour la nouvelle lune de septembre 1836, la hauteur de la marée est 0,93, si l'on veut connaître l'élévation des eaux dans le port de Brest, on multipliera 0,93, par l'unité de hauteur à Brest, c'est-à-dire, par 3,^{m}21 ; le produit 2,^{m}9852 sera l'élévation demandée. On voit qu'elle sera au-dessous de la moyenne. En général a étant l'unité de hauteur d'un port, exprimée en mètres ou en toute autre mesure, az sera la hauteur de la mer dans les marées syzigies.

La plus grande valeur de z, est 1, 178 et sa plus petite 0, 67.

MARIOTTE (Edme), l'un des savans les plus remarquables du dix-septième siècle, et l'un des premiers qui aient introduit en France la physique expérimentale, est né dans les environs de Dijon, à une époque qui n'est pas connue. Il avait embrassé l'état ecclésiastique, et était prieur de Saint-Martin-sous-Beaune, lorsqu'à l'époque de la fondation de l'Académie des sciences, il fut appelé à en faire partie. Plus physicien que géomètre, Mariotte a confirmé par des expériences multipliées la théorie du mouvement des corps et celle de l'hydrostatique qui sont dues au génie de Galilée. Les ouvrages de Mariotte, qui mourut le 12 mai 1684, ont été recueillis en 2 volumes in-4°, publiés à Leyde en 1717, et réimprimés à La Haye en 1740. On y trouve, entre autres dissertations fort utiles et fort savantes, un *Traité du Mouvement des eaux*, un *Traité du Nivellement*, un *Traité du Mouvement des pendules*, et un *Traité de la Percussion*, dans lequel il a établi, par le raisonnement et l'expérience, les vraies lois du choc des corps, qui avaient été proposées, mais sans démonstration.

MARS. (*Ast.*) Nom d'une des planètes de notre système, c'est la quatrième dans l'ordre des distances au soleil. On la représente par le caractère ♂.

Cette planète, dont la lumière est **rougeâtre** et paraît toujours trouble, ce qui indique l'existence d'une atmosphère, exécute sa révolution autour du soleil dans une période de 686 j. 23 h. 30' 39''. Quoique plus éloigné du soleil que la terre, *Mars* est beaucoup plus petit que la terre, car son diamètre n'a pas plus de 1693 lieues, de 2,000 toises, et son volume est à peine la sixième partie de celui de la terre. On distingue cependant, sur cette petite planète, des contours qui semblent indiquer des continens et des mers. La *fig.* 1, Pl. 18, représente Mars tel qu'on l'a observé à Slough, avec un télescope d'une grande puissance. Les parties qu'on peut regarder comme des continens se font distinguer par une couleur rouge qui provient probablement de la teinte ocreuse du sol, tandis que les parties que nous comparons à des mers paraissent verdâtres. Ces taches qui tranchent ainsi sur la lumière toujours rutilante que nous renvoie la planète ne sont pas constamment visibles, mais lorsqu'on les voit, elles présentent toujours la même apparence. Il paraît hors de doute que Mars est environné d'une atmosphère dont les nuages cachent ou découvrent alternativement ces taches. On en remarque de très-distinctes situées vers les pôles et d'un blanc très-brillant qui a fait supposer qu'elles étaient formées par de grand amas de neige. Cette conjecture paraît d'autant plus probable que ces taches disparaissent lorsqu'elles ont été long-temps exposées au soleil, tandis qu'elles atteignent au contraire leurs plus grandes dimensions après les nuits des hivers polaires.

Le jour et la nuit se succèdent sur cette planète à très peu près comme sur la terre, car la durée de sa rotation sur elle-même est de 24 h. 39' 21'', 3. Son volume étant représenté par 0,17, et sa masse par 0, 13, sa densité moyenne est 0,77; le volume, la masse et la densité de la terre étant *l'unité;* ainsi sa densité se rapproche assez de celle de la terre, pour faire supposer que tout s'y passe à peu près comme sur la terre.

En prenant pour unité de mesure la lieue de poste ou de 2000 toises, les dimensions de l'orbite de Mars sont, d'après Delambre :

Grand axe	124 545 920 lieues.
Excentricité	5 566 896
Plus grande distance au soleil	65 339 856
Plus petite distance au soleil	59 206 064

Cete planète s'éloigne de la terre jusqu'à la distance de 105 227 117 lieues, et s'en approche jusqu'à celle de 14 318 803 lieues. Voici ses élémens, rapportés au 1er janvier 1801.

Demi grand axe, celui de la terre étant 1	1,5236923
Excentricité en parties du demi-grand axe	0,0933070
Diamètre équatorial, celui de la terre étant 1	0,5170000
Période sidérale moyenne, en jours sol. moyens	686 j.,9796458
Inclinaison à l'écliptique	1° 51' 6''2

Longitude du nœud ascendant................. 48° 0′ 3″,5
Longitude du périhélie...................... 332 23 56, 6
Longitude moyenne de l'époque............... 64 22 55, 5

Mars ne présente pas de phases complètes comme Mercure et Vénus, mais son moyen diamètre apparent qui n'est que 9″7 dans ses conjonctions, augmente jusqu'à 29″2, dans ses oppositions. Sa parallaxe est près du double de celle du soleil. Le mouvement de Mars, vu de la terre, paraît quelque fois rétrograde, mais ce phénomène qui lui est commun avec toutes les planètes plus éloignées du soleil que la terre, sera exposé au mot PLANÈTE, ainsi que toutes les inégalités réelles ou apparentes de son cours. (*Voy.* PASSAGE.)

MARS. (*Calendrier.*) Troisième mois de l'année. C'est vers le 21 de ce mois que le soleil entre dans le signe du *bélier*, et que le printemps commence. (*Voy.* CALENDRIER et ARMILLAIRE.)

MASKELYNE (NÉVIL), astronome royal d'Angleterre, et l'un des principaux observateurs du XVIII° siècle, naquit à Londres en 1732. Le désir de se livrer spécialement à l'astronomie lui fut, dit-on, inspiré par la vue de l'éclipse de soleil de 1748, qui fut de dix doigts à Londres. C'est dans ce but qu'il étudia dès lors avec ardeur la géométrie, l'algèbre et l'optique. Il se lia avec Bradley, et calcula, d'après les observations de ce grand astronome, la table des réfractions, qui a été seule employée pendant un grand nombre d'années. Maskelyne a peu fait pour la théorie de la science, mais il a fait beaucoup pour le perfectionnement des instrumens et des méthodes d'observation. En 1765, il avait remplacé Bliss à l'observatoire de Greenwich ; là, pendant quarante-sept ans, il observa le ciel avec des soins et une exactitude, dont il existait peu de modèles. Il a noté scrupuleusement, et avec une précision remarquable, les instans positifs du passage des astres au méridien ; il s'était imposé la loi de les observer tous aux cinq fils de sa lunette ; on lui doit, pour les quarts de cercle, les secteurs et les autres instrumens astronomiques, une suspension du fil à plomb, beaucoup meilleure et qui est aujourd'hui généralement adoptée. On lui doit encore la mobilité qu'il sut donner à l'oculaire pour l'amener successivement vis-à-vis chacun des fils de la lunette, et de se prémunir ainsi contre toute parallaxe ; et enfin l'exemple qu'il donne le premier de diviser une seconde de temps en dix parties. Ces obligations, déjà si importantes, ne sont pas les seules que l'on ait à Maskelyne ; jusqu'à lui, toutes les observations restaient enfouies dans les observatoires où elles avaient été faites, et perdaient toute l'importance qu'elles peuvent avoir dans l'intérêt de la science. Il obtint du conseil de la Société royale de Londres, que toutes ses observations seraient imprimées par cahiers, et d'années en années. Maskelyne s'est beaucoup occupé de déterminer l'attraction des montagnes. Il fit choix, pour ses expériences, d'une montagne dans le comté de Perth, en Écosse. Il en conclut que la densité de la montagne devait être à peu près moitié de la densité moyenne de la terre, et que la densité de la terre doit être environ quatre à cinq fois celle de l'eau. Ces résultats s'accordent à peu près avec ceux que Cavendish a obtenus par d'autres moyens que ceux employés par Maskelyne. Cet astronome est mort le 9 février 1811, dans un âge avancé. Il a publié divers mémoires dans les *Transactions philosophiques* et dans le *Nautical almanach* qu'il a créé. On a encore de lui : I. *British mariner's guide*, Lond. 1763 ; II. *Tables requisite to be used with the nautical ephemeris*, Lond. 1781. Maskelyne est aussi l'éditeur des tables lunaires de Mayer. (*Voy.* ce mot.)

MASSE. La masse d'un corps est la quantité réelle de matière qu'il contient.

La *masse* peut être très-petite quoique le volume soit très-grand, cela provient des vides ou interstices nommées *pores*, qui séparent les molécules des corps. Comme la *pesanteur* appartient également à toutes les parties de la matière, il est facile de connaître la *masse* d'un corps par son poids, et de comparer par ce moyen les masses de plusieurs corps. Par exemple, si un corps a un poids double ou triple de celui d'un autre, il a aussi une masse double ou triple.

Le rapport de la masse d'un corps à son volume est ce qui constitue sa *densité*. (*Voy.* ce mot.)

MASSES DES PLANÈTES. Les masses des planètes qui ont des satellites peuvent se trouver assez facilement, au moins par approximation, de la manière suivante : soit T, le temps de la révolution sidérale de la planète autour du soleil, a sa moyenne distance, m la masse de la planète et M celle du soleil, on a (*voy.* RÉVOLUTION)

$$T = \frac{2\pi a^{\frac{3}{2}}}{M^{\frac{1}{2}}}\left(1 - \tfrac{1}{2}\frac{m}{M}\right).$$

Soit maintenant, t le temps de la révolution sidérale d'un satellite autour de sa planète, a' sa moyenne distance et m' sa masse, on a aussi

$$t = \frac{2\pi a'^{\frac{3}{2}}}{m^{\frac{1}{2}}}\left(1 - \tfrac{1}{2}\frac{m'}{m}\right).$$

En négligeant les très-petites fractions $\tfrac{1}{2}\dfrac{m}{M}$, et $\tfrac{1}{2}\dfrac{m'}{m}$, ces équations deviennent

$$T = \frac{2\pi a^{\frac{3}{2}}}{M^{\frac{1}{2}}}, \quad t = \frac{2\pi a'^{\frac{3}{2}}}{m^{\frac{1}{2}}},$$

divisant terme par terme on obtient

$$\frac{T}{t} = \left(\frac{m}{M}\right)^{\frac{1}{2}} \left(\frac{a'}{a}\right)^{\frac{3}{2}}$$

d'où, en prenant la masse du soleil pour unité ,

$$m = \left(\frac{a'}{a}\right)^{3} \left(\frac{T}{t}\right)^{2}$$

C'est avec cette formule qu'on a pu obtenir une première approximation des masses de Jupiter, de Saturne et d'Uranus. Celle de la terre, dont la valeur est la plus importante, puisqu'elle doit servir à déterminer ensuite comparativement la masse du soleil prise pour unité, a été calculée d'une manière plus rigoureuse, par une méthode que nous allons exposer. Connaissant l'espace qu'un corps parcourt librement pendant la première seconde de sa chute à la surface de la terre, on peut d'après la loi de l'attraction calculer l'espace qu'il décrirait dans le même temps s'il était transporté à une distance égale à celle de la terre au soleil; mais d'un autre côté on peut aussi calculer l'espace que la terre décrit en une seconde pour se rapprocher du soleil, car cet espace est le sinus verse de l'arc qu'elle parcourt dans son orbite pendant une seconde (*voy.* CENTRAL et GRAVITÉ) ; or, l'espace décrit par le corps transporté à la distance du soleil est à l'espace décrit par la terre, comme la force d'attraction de la terre est à la force d'attraction du soleil, ou comme la masse de la terre est à celle du soleil, puisque l'attraction est en raison directe des masses.

Les masses de Vénus et de Mars qui échappent aux deux méthodes précédentes ont été estimées par les perturbations qu'elles produisent dans les mouvemens de la terre. Enfin la masse de Mercure a été déduite de sa densité, dans l'hypothèse que les densités des planètes sont réciproquement proportionnelles à leurs moyennes distances du soleil, hypothèse qui satisfait assez exactement aux densités respectives de la terre , de Jupiter et de Saturne. Quant aux masses des planètes secondaires ou satellites, celle de la lune a été déduite du phénomène des *marées* (*voy.* ce mot), et les masses des satellites de Jupiter ont été calculées d'après les perturbations qu'ils exercent les uns sur les autres.

Toutes ces masses se trouvent au mot ELÉMENS.

MATHÉMATIQUES (de μαθησις, *science*, *discipline*). Ce nom, qui ne s'emploie plus aujourd'hui qu'au pluriel, parce que les diverses parties de la science qu'il désignait dans l'origine, ont reçu des démarcations précises, ou sont devenues autant de sciences particulières, montre dans son étymologie, la SCIENCE, l'importance et l'idée noble et juste que les anciens attachaient déjà aux connaissances auxquelles on l'avait donné.

La *mathésis*, ou la *science*, était en effet chez les Grecs la réunion de toutes les connaissances évidentes et *certaines*; quelques notions d'arithmétique, de géométrie, d'astronomie, de musique, et, plus tard, de mécanique et d'optique, constituaient son ensemble; ce ne fut qu'après de longs travaux que chacune de ces parties reçut assez de développement pour constituer une branche à part. Nous n'examinerons point ici, comment cette séparation a pu s'effectuer, et par quel progrès rapide s'est élevé le vaste et majestueux édifice des mathématiques modernes, cette partie historique de la science est sinon traitée, du moins indiquée suffisamment dans notre INTRODUCTION, ainsi que dans un grand nombre d'articles particuliers, et nous devons nous borner ici à considérer la science elle-même.

Les modernes ont défini les mathématiques en général, *la science des rapports des quantités*, cette définition est vicieuse ou du moins très-incomplète, car pour pouvoir s'occuper du *rapport* des quantités, il faut préalablement que ces quantités existent ou soient engendrées; or les lois de la génération des quantités rendent seules possibles les lois de leur comparaison ou de leurs rapports, et forment ainsi la partie la plus essentielle de la science. Une définition plus exacte, quoique plus ancienne, est celle qui fait simplement les mathématiques, *science des quantités*; mais elle est loin de donner une idée précise de la haute importance de leur objet. Cependant, toute restreinte que puisse paraître cette dernière définition , nous allons essayer de montrer, en la développant, qu'elle renferme implicitement la conception de l'objet des mathématiques, et qu'elle est conséquemment meilleure que celle qu'on a voulu lui substituer.

La *quantité*, prise en général, est une loi *formelle* de l'Entendement, en vertu de laquelle nous concevons successivement le même objet comme *un* ou *plusieurs*, *unité* ou *multitude*, c'est-à-dire comme formant *un* ensemble composé de *parties*. En examinant avec attention les *intuitions* que nous avons des objets sensibles, nous reconnaissons facilement que la représentation des parties rend seule possible et précède nécessairement celle du tout. Par exemple, nous ne pouvons nous représenter une ligne , telle petite qu'elle soit sans la décrire par la pensée, c'est-à-dire, sans en produire successivement toutes les parties d'un point à un autre et sans par là rendre enfin sensible cette intuition. Il en est de même de toutes les parties du temps, même de la plus petite. Nous ne nous la représentons que par la progression successive d'un instant à un autre, d'où résulte enfin un ensemble de parties du temps, une *quantité* de temps déterminé.

D'après cette loi , tous les phénomènes du monde physique, considérés dans leur *forme*, sont perçus d'abord comme des agrégats de parties données primitivement, ou comme des ensembles susceptibles de *plus* et de *moins*, *d'augmentation* et de *diminution ;* tous ces phénomènes sont donc des *quantités ;* et , par conséquent, la science des quantités embrasse l'universalité des phénomènes ou les lois de la forme du monde physique. Tel est en effet l'objet élevé des mathématiques.

Pour mieux préciser cette déduction, remarquons que l'*espace* et le *temps*, ces conditions primordiales du monde physique, sont eux-mêmes des *quantités*, parce qu'aucune de leurs parties ne peut être l'objet d'une intuition sans être renfermée dans des limites, des points ou des instans ; de telle manière que cette partie n'est encore qu'un espace ou qu'un temps, et que l'espace ne se compose que d'espaces, le temps que de temps. Or les phénomènes du monde physique , savoir les objets extérieurs et les représentations intérieures que nous en avons, nous apparaissent nécessairement dans le temps et dans l'espace, car ce sont les intuitions pures du temps et de l'espace qui servent de base à toutes les intuitions que nous avons des objets, et particulièrement le temps pour tous les objets physiques en général, et l'espace pour tous les objets physiques extérieurs : le temps et l'espace sont donc les *formes* du monde physique, et c'est en les considérant ainsi , c'est-à-dire, non ce qu'ils sont en eux-mêmes, abstraction faite des objets, mais comme appartenant aux objets, ou aux phénomènes physiques donnés *à posteriori*, que le plus grand métaphysicien de notre époque a si bien défini les mathématiques : la science des lois du temps et de l'espace.

A l'aide de cette définition ou de cette détermination de l'objet général des mathématiques, il nous devient facile de donner la classification des diverses branches de cette science. Observons d'abord que les lois du temps et de l'espace peuvent être considérées en elles-mêmes , et dans les phénomènes physiques auxquels elles s'appliquent. La considération *in concreto* de ces lois est l'objet des mathématiques pures ; leur considération *in abstracto* , celui des mathématiques appliquées.

Occupons-nous d'abord des mathématiques pures, dont les autres dépendent nécessairement. D'après ce qui précède, leur objet général est la *quantité* considérée dans le *temps* et dans *l'espace*, or la loi formelle de *quantité* appliquée au temps , donne la *succession des instans*, ou le nombre, c'est-à-dire la conception de *l'unité* synthétique de la *diversité* d'une intuition homogène ; appliquée à l'espace, elle donne la conception de la *conjonction des points* ou de l'étendue. Les *nombres* et l'*étendue* forment donc deux déterminations particulières de l'objet général des mathématiques pures, et donnent ainsi naissance à deux branches distinctes de ces sciences. La première est l'algo-

rithmie, ou la *science des nombres ;* la seconde, la géométrie ou la *science de l'étendue*.

Nous avons donné, au mot *Géométrie* , la classification des diverses sciences dont se compose cette branche fondamentale des mathématiques pures ; il nous reste à donner ici celle des diverses branches de l'*Algorithmie*, que nous n'avons fait qu'indiquer dans les *Notions préliminaires* , et au mot *Algèbre*.

L'*Algorithmie* se divise en deux branches principales dont l'une a pour objet les nombres considérés en général, ou les *lois des nombres*, c'est l'algèbre, et dont l'autre a pour objet les nombres considérés en particuliers ou les *faits des nombres* , c'est l'arithmétique. (*Voy.* Alg. et Arith.)

Les faits des nombres étant subordonnés à leurs lois, l'arithmétique n'a d'autres subdivisions que celles qu'elle emprunte de l'algèbre ; nous ne nous occuperons donc que de cette dernière.

1. Les nombres pouvant être envisagés sous le rapport de leur construction ou de leur génération, et sous celui de leur relation ou de leur comparaison , nous aurons deux espèces de lois distinctes, savoir : les lois de la *génération des nombres*, et les lois de la *comparaison des nombres*.

2. La génération des nombres se présente à son tour sous deux aspects différens ; d'après le premier, la génération d'un nombre est donnée par une construction individuelle et indépendante qui fait connaître sa *nature* ; d'après le second, la génération de tous les nombres est donnée par une construction universelle, qui fait connaître leur *mesure* ou leur évaluation ; par exemple, l'expression $x = \sqrt{a}$ nous donne la *nature* du nombre x , tandis que l'expression équivalente (m)

$$x = 1 + \frac{1}{2}(a-1) - \frac{1}{8}(a-1)^2 + \frac{1}{16}(a-1)^3 - \text{etc.} \dots$$

porte sur la *mesure* du nombre x , et nous donne son *évaluation*. Or, la forme $\sqrt{a}$ se rapporte uniquement aux nombres qui sont les *racines* d'autres nombres, c'est donc un mode individuel de génération, tandis que la forme $A + Ba + Ca^2 + \text{etc.}$, à laquelle se réduit l'expression (m) peut se rapporter à un nombre quelconque, c'est donc un mode universel de génération.

Ce que nous venons de dire des deux aspects sous lesquels se présente la génération des nombres peut également s'appliquer à leur comparaison, ainsi la réunion de tous les modes individuels et indépendans de la génération et de la comparaison des nombres forme une branche particulière de l'algèbre, et la réunion de tous les modes universels de cette génération et de cette comparaison forme une autre branche. M. Wronski, à qui l'on doit cette importante distinction , nomme la première THÉORIE, et la seconde TECHNIE. Nous conserverons ces dénominations.

3. La théorie de l'Algèbre a donc pour objet les lois individuelles et indépendantes de la génération et de la comparaison des quantités numériques. Or, parmi ces lois il faut distinguer celles qui constituent les *élémens* de toutes les opérations numériques possibles, de celles qui constituent la *réunion systématique* de ces élémens. Ainsi, trois algorithmes, ou trois modes primitifs élémentaires de génération se présentent d'abord, leurs formes sont

$$1\ldots A + B = C,\ 2\ldots A \times B = C,\ 3\ldots A^{\scriptscriptstyle B} = C,$$

et ils engendrent successivement les *nombres entiers*, les *nombres fractionnaires*, les *nombres irrationnels*; et, de plus, nous conduisent aux nombres dits *imaginaires*, en remarquant la fonction différente du nombre B, dans les deux branches $A + B = C$, $C - B = A$ du premier algorithme, fonction qui porte sur la *qualité* de ce nombre et lui donne un état *positif* et *négatif*.

4. Ces algorithmes primitifs essentiellement différens, sont donc les *élémens* de la science, qui ne peut tirer que d'eux seuls les matériaux de ses constructions en les faisant dériver de leurs combinaisons ; mais parmi tous les algorithmes dérivés, dont le nombre est indéfini, il en est deux dont la dérivation est *nécessaire*, pour la possibilité même de la science, et que cette nécessité fait ranger dans la classe des *algorithmes élémentaires*, ce sont, la NUMÉRATION et les FACULTÉS.

La *numération* a pour objet la génération d'un nombre, par la combinaison des deux premiers algorithmes, en resserrant ces algorithmes composans entre des limites données, de manière que l'on puisse néanmoins obtenir, dans tous les cas, la génération complète du nombre proposé. Sa *nécessité* se manifeste particulièrement dans l'arithmétique qui ne serait pas possible sans cet algorithme (*voy.* ARITH. 10, et NUMÉRATION) et sa forme générale est

$$A\,\varphi x + B\varphi_{,} x + C\varphi_{,} x + D\varphi_3 x + \text{etc.}$$

A, B, C, D, etc., étant des quantités indépendantes de x et φx, $\varphi_{,} x$, $\varphi_{,} x$, etc. des fonctions quelconques de x liées entre elles par une loi.

Les *facultés*, dont la forme générale est

$$\varphi x . \varphi_{,} x . \varphi_{,} x . \varphi_3 x . \varphi_4 x \ldots \text{etc.}$$

ont pour objet la génération d'une quantité numérique, par la combinaison des deux derniers algorithmes élémentaires, en resserrant de même les algorithmes composans entre des limites données. Sa *nécessité* se manifeste dans l'algèbre, particulièrement pour la génération de certaines quantités transcendantes qui ne serait pas possible sans cet algorithme. (*Voy.* FACULTÉS.)

5. La *numération* et les *facultés* sont liées entre elles par le second algorithme primitif qui entre comme partie constituante dans leur composition, et établit conséquemment entre ces algorithmes dérivés une espèce d'unité qui permet de passer de l'un à l'autre. La transition de la numération aux facultés est opérée par les LOGARITHMES, et celle des facultés à la numération, par les fonctions dérivées nommées SINUS et COSINUS. (*Voy.* ces mots et PHILOSOPHIE DES MATH.) Les *logarithmes* et les *sinus* terminent définitivement le système de tous les algorithmes élémentaires.

6. M. Wronski a donné aux trois algorithmes primitifs

$$A + B = C,\ A \times B = C,\ A^{\scriptscriptstyle B} = C,$$

les noms respectifs de *sommation*, *reproduction*, et *graduation*; nous nous servirons dans ce qui va suivre, de ces dénominations, sans lesquelles nous serions obligés à chaque instant d'employer des périphrases.

7. Avant de passer à la *réunion systématique* des algorithmes élémentaires primitifs et dérivés, procédons à la déduction des objets de la comparaison élémentaire des nombres. La relation réciproque des nombres, considérée dans toute sa généralité, consiste dans l'*égalité* ou l'*inégalité* de ces nombres ; mais l'égalité, dans sa simplicité élémentaire, n'a d'autres lois que celles de l'*identité*, et ne peut former l'objet d'une considération particulière, il nous reste donc seulement à nous occuper de l'inégalité.

Or, l'inégalité de deux nombres peut être envisagée selon la relation des quantités A ou B avec C dans chacun des algorithmes primitifs, et c'est cette relation qui prend le nom de RAPPORT. Nous avons donc, pour les *rapports de sommation*

$$C - A = B,\ C - B = A;$$

pour les *rapports de reproduction*

$$\frac{C}{A} = B,\ \frac{C}{B} = A;$$

et pour *les rapports de graduation*

$$\frac{\text{Log}.\,C}{\text{Log}.\,A} = B,\ \sqrt[\scriptscriptstyle B]{C} = A,$$

mais les deux relations des deux premières espèces de rapports étant les mêmes, et la première de la troisième espèce étant identique avec celles de la seconde, il n'existe réellement que trois *rapports* différens, et même on ne tient compte que des deux premiers,

$$C - A = B,\ \frac{C}{A} = B,$$

auxquels on donne les noms de *rapport arithmétique*, et de *rapport géométrique*.

Deux rapports égaux, arithmétiques ou géométriques, constituent une *proportion* (*voy.* ce mot), et une suite de rapports égaux, dont les termes moyens sont les mêmes, forme une *progression* (*voy.* ce mot). La théorie de la comparaison élémentaire des quantités a donc pour objet les *rapports*, les *proportions* et les *progressions*.

Nous résumerons toute la partie élémentaire de la théorie de l'algèbre dans le tableau suivant :

THÉORIE DE L'ALGÈBRE. Partie élémentaire.			
GÉNÉRATION.	ALGORITHMES THEORIQUES primitifs.	SOMMATION.	ADDITION. / SOUSTRACTION.
		REPRODUCTION.	MULTIPLICATION. / DIVISION.
		GRADUATION.	PUISSANCES. / RACINES.
	ALGORITHMES THEORIQUES dérivés.	Immédiats.	NUMÉRATION. / FACULTÉS.
		Médiats.	LOGARITHMES, / SINUS.
COMPARAISON.	Relation d'inégalité. = ÉGALITÉ.		
	Relation d'égalité. = RAPPORTS.		RAPPORT ARITHMETIQUE. / RAPPORT GÉOMÉTRIQUE.

8. La réunion des algorithmes élémentaires, qui forme la partie *systématique* de la théorie de l'Algèbre, n'est pas une simple combinaison de ces algorithmes comme dans la formation des algorithmes dérivés ; c'est une véritable *réunion systématique*, d'après laquelle les quantités numériques reçoivent de nouvelles déterminaisons et de nouvelles lois dans leur génération et dans leur comparaison. Sans remonter ici aux principes philosophiques de cette réunion, qui ne sont point notre objet (*Voy.* Phil. des Math.), nous allons exposer comment elle se manifeste dans la science.

Si nous envisageons deux algorithmes élémentaires comme concourant à la génération d'une quantité, nous pourrons considérer cette génération de deux manières : 1° comme étant donnée indistinctement par l'un et par l'autre de ces algorithmes, 2° comme étant opérée par l'influence distincte de l'un de ces algorithmes sur l'autre. Par exemple, soit

$$m = \mathrm{A} + \mathrm{B}, \quad m = \mathrm{C}^{\mathrm{D}}$$

la double génération d'un nombre m, au moyen des deux algorithmes primitifs élémentaires de la sommation et de la graduation ; la réunion de ces deux générations, $\mathrm{A} + \mathrm{B} = \mathrm{C}^{\mathrm{D}}$, si elle était généralement possible, nous permettrait de considérer indistinctement chacun de ces algorithmes primitifs comme pouvant donner la génération d'un nombre m, et toutes les fois que nous aurions $m = \mathrm{A} + \mathrm{B}$, nous pourrions conclure qu'il existe une autre génération équivalente du même nombre $m = \mathrm{C}^{\mathrm{D}}$, ou réciproquement. Or, une telle *identité systématique* de génération n'est pas possible pour les algorithmes primitifs élémentaires, qui sont indé-

pendans les uns des autres, et les circonstances particulières où l'on peut avoir ; soit $\mathrm{A} + \mathrm{B} = \mathrm{C}^{\mathrm{D}}$, soit $\mathrm{A} + \mathrm{B} = \mathrm{E} \times \mathrm{F}$; soit $\mathrm{E} \times \mathrm{F} = \mathrm{C}^{\mathrm{D}}$, ne peuvent jamais permettre de considérer généralement la génération d'un nombre comme donnée indistinctement par l'un et par l'autre des algorithmes qui entrent dans chacune de ces réunions.

Mais si les algorithmes primitifs élémentaires ne peuvent, dans leur réunion, donner lieu à une identité systématique, il n'en est pas de même des deux algorithmes élémentaires dérivés ; la *numération* et les *facultés*. En donnant au premier de ces algorithmes la forme

$$\mathrm{A}_0 + \mathrm{A}_1 x + \mathrm{A}_2 x^2 + \mathrm{A}_3 x^3 + \text{etc.} \ldots + \mathrm{A}_\omega x^\omega$$

et au second la forme

$$(x + a_1)(x + a_2)(x + a_3)\ldots(x + a_\omega).$$

il est prouvé, que si l'on a, pour la génération d'une quantité quelconque φx,

$$\varphi x = \mathrm{A}_0 + \mathrm{A}_1 x + \mathrm{A}_2 x^2 + \text{etc.} \ldots + \mathrm{A}_\omega x^\omega$$

on aura aussi (*voy.* Equation 15, 16 et 17),

$$\varphi x = (x + a_1)(x + a_2)(x + a_3)\ldots(x + a_\omega)$$

et réciproquement. De sorte que l'on a généralement, pour l'identité en question, l'expression (*n*)

$$\mathrm{A}_0 + \mathrm{A}_1 x + \mathrm{A}_2 x^2 + \text{etc.} \ldots + \mathrm{A}_\omega x^\omega =$$
$$(x + a_1)(x + a_2)\ldots\ldots\ldots(x + a_\omega)$$

Les quantités A_0, A_1, A_2, se trouvent déterminées par les quantités a_1, a_2, a_3 etc., ou réciproquement.

Or, les lois de la détermination de ces quantités les unes au moyen des autres, forment une partie distincte et essentielle de l'Algèbre; on lui a donné le nom de THÉORIE DES ÉQUIVALENCES.

Dans son *introduction à l'analyse des infiniment petits*, Euler a démontré les deux belles équivalences, trouvées par Jean Bernouilli,

$$\sin x = x - \frac{x^3}{1.2.3} + \frac{x^5}{1.2.3.4.5} - \frac{x^7}{1.2.3.4.5.6.7} + \text{etc...}$$

$$= x \cdot \left(1 - \frac{x}{\pi}\right) \cdot \left(1 + \frac{x}{\pi}\right) \cdot \left(1 - \frac{x}{2\pi}\right) \cdot \left(1 + \frac{x}{2\pi}\right) \text{..etc.}$$

$$\cos x = 1 - \frac{x^2}{1.2} + \frac{x^4}{1.2.3.4} - \frac{x^6}{1.2.3.4.5.6} + \cdots \text{etc.}$$

$$= \left(1 - \frac{2x}{\pi}\right) \cdot \left(1 + \frac{2x}{\pi}\right) \cdot \left(1 - \frac{2x}{3\pi}\right) \cdot \left(1 + \frac{2x}{3\pi}\right) \text{..etc.}$$

et il en a tiré plusieurs conséquences très-remarquables pour la sommation des séries infinies.

9. En examinant maintenant la seconde manière suivant laquelle le concours de deux algorithmes élémentaires peut opérer la génération des quantités, on voit facilement que ces deux algorithmes devant être considérés comme distincts l'un de l'autre; il en résulte, pour leur réunion, une *diversité systématique*, qui se manifeste de trois manières; 1° par l'influence de la sommation dans la génération des quantités où domine la graduation; 2° par l'influence de la graduation dans la génération des quantités où domine la sommation; et 3° par l'influence réciproque de la sommation et de la graduation dans la génération des quantités où dominent l'un et l'autre de ces algorithmes.

10. L'influence de la sommation, dans la génération des quantités où domine la graduation, a lieu lorsqu'on considère les fonctions d'une ou de plusieurs quantités variables comme exprimant la génération par graduation des quantités numériques, tandis qu'on envisage la variation de ces quantités par rapport à la sommation. Par exemple φx, étant la génération par graduation d'une quantité quelconque, si x varie par *addition* ou *soustraction*, c'est-à-dire, devient $x + \Delta$ ou $x - \Delta$, la variation correspondante de φx sera due nécessairement à l'influence de l'algorithme de la sommation. C'est cette variation qu'on nomme en général DIFFÉRENCE, et les lois qui la régissent forment l'objet de la THÉORIE DES DIFFÉRENCES.

Les élémens de la sommation pouvant être considérés comme réels ou *idéals*, c'est-à-dire comme *finis*, ou *infiniment petits*, la théorie des différences a deux branches qui sont : le CALCUL DES DIFFÉRENCES, et le CALCUL DIFFÉRENTIEL. Si l'on envisage, en outre, les élémens de la sommation comme *indéterminés*, on a le CALCUL DES VARIATIONS. (*Voy.* DIFF. *et* VARIATION.)

11. Le second cas de la triple diversité systématique, que nous examinons donne naissance à un calcul nouveau dont l'importance pour l'algorithmie n'est pas encore développée, quoiqu'il en constitue une partie nécessaire. Cependant ce calcul a cela de remarquable, que sa découverte n'est point le résultat d'un problème à résoudre, ou d'un besoin manifesté par la science, mais qu'elle a été obtenue à priori par le géomètre dont nous suivons les principes dans cette classification, et qu'elle résulte des hautes déductions philosophiques qu'il a données de toutes les branches de l'algorithmie. La seule application qui ait encore été faite de ce calcul est la détermination de la *forme* et de la *nature* des racines des équations. Sans nous prononcer sur l'utilité dont il pourra devenir un jour, nous croyons que l'exposition que nous en allons faire ne sera pas sans intérêt pour nos lecteurs.

Si l'on considère les fonctions d'une ou de plusieurs variables, comme exprimant la génération par sommation des quantités numériques, on peut évidemment et sous un point de vue opposé aux différences, envisager la variation de ces quantités par rapport à la graduation. Par exemple, soit y une fonction φx de la variable x, ou soit

$$y = \varphi x ;$$

Si nous concevons que x varie, par un accroissement que reçoit son exposant, l'exposant de y recevra un accroissement correspondant, de manière qu'en désignant par γx l'accroissement de l'exposant de x et par γy celui de l'exposant de y, nous aurons

$$y^{1+\gamma y} = \varphi(x^{1+\gamma x}).$$

Ainsi divisant ces valeurs dérivées par la valeur primitive $y = \varphi x$, il viendra (o)

$$y^{\gamma y} = \frac{\varphi(x^{1+\gamma x})}{\varphi x}$$

et ce sera *l'accroissement par graduation* de la fonction φx, correspondant à un accroissement pareil de la variable x.

Or, cet accroissement par graduation est nécessairement soumis à des lois particulières dont l'ensemble forme l'objet d'un calcul particulier. C'est ce calcul que son auteur, M. Wronski, a nommé CALCUL DES GRADES, en désignant par le nom de *grades* les quantités γx, γy.

Les grades pouvant être considérés comme *finis*, ou comme *infiniment petits*, le calcul des grades a donc comme le calcul des différences, deux branches particulières; la première sera le calcul des grades finis, ou simplement le *calcul des grades*, et la seconde le *calcul des gradules*, en nommant *gradules* les grades infiniment petits.

Pour avoir l'expression générale du grade et du gradule d'une fonction quelconque au moyen d'autres algorithmes connus, faisons dans (o)

$$x^{\mathrm{I}+\gamma x} = x + \xi$$

et prenons ξ pour l'accroissement des différences qui vont nous servir à exprimer les grades; nous obtiendrons

$$y^{\gamma y} = \frac{\phi(x+\xi)}{\phi x} = \mathrm{I} + \frac{\varphi(x+\xi)-\phi x}{\phi x}$$
$$= \mathrm{I} + \frac{\Delta\varphi(x+\xi)}{\varphi x}$$

ou (p)

$$y^{\prime\gamma} - \mathrm{I} = \frac{\Delta\phi(x+\xi)}{\varphi x}.$$

Or, d'après la théorie des différences, $\mathrm{F}x$ étant une fonction quelconque de x, et la caractéristique L désignant les logarithmes naturels, dont e exprime la base, on a

$$\Delta\, \mathrm{L}\mathrm{F}x = \mathrm{L}\mathrm{F}x - \mathrm{L}\mathrm{F}(x-\xi) = \mathrm{L}\frac{\mathrm{F}x}{\mathrm{F}(x-\xi)}$$

d'où l'on tire

$$e^{\Delta\mathrm{L}\mathrm{F}x} = \frac{\mathrm{F}x}{\mathrm{F}(x-\xi)} = \mathrm{I} + \frac{\mathrm{F}x-\mathrm{F}(x-\xi)}{\mathrm{F}(x-\xi)}$$
$$= \mathrm{I} + \frac{\Delta\mathrm{F}x}{\mathrm{F}(x-\xi)}$$

et, par suite

$$\Delta\mathrm{F}x = \mathrm{F}(x-\xi)\cdot\left(e^{\Delta\mathrm{L}\mathrm{F}x}-\mathrm{I}\right),$$

En vertu de cette expression, on a donc

$$\Delta\varphi(x+\xi) = \varphi x\cdot\left(e^{\Delta\mathrm{L}\varphi(x-\xi)}-\mathrm{I}\right)$$

Substituant cette valeur dans (p), nous trouverons (q)

$$y^{\gamma y} = e^{\Delta\mathrm{L}\varphi(x+\xi)}$$

et, prenant les logarithmes des deux membres de cette dernière égalité,

$$\gamma y.\mathrm{L}y = \Delta\mathrm{L}\varphi(x+\xi),$$

d'où définitivement, remplaçant y par φx

$$\gamma\varphi x = \frac{\Delta\mathrm{L}\varphi(x+\xi)}{\mathrm{L}\varphi x}.$$

Telle est l'expression générale du grade d'une fonction x. Lorsqu'il s'agit du gradule, la quantité ξ est infiniment petite et la différence devient une différentielle, on a simplement alors

$$g\varphi x = \frac{d\mathrm{L}\varphi x}{\mathrm{L}\varphi x},$$

la lettre latine g désignant les gradules.

En partant de cette dernière expression on trouve pour les gradules des fonctions élémentaires les expressions générales suivantes :

$$g(x^m) = gx$$

$$g\mathrm{L}x = \frac{\mathrm{I}}{\mathrm{L}\mathrm{L}x}\cdot gx$$

$$g(a^x) = \mathrm{L}x.gx$$

$$g\sin x = \frac{x\mathrm{L}x.\,\cot.x}{\mathrm{L}\sin x}\cdot gx$$

$$g\cos x = -\frac{x\mathrm{L}x.\tan g\,x}{\mathrm{L}\cos x}\cdot gx$$

Ce ne sont là que les gradules du *premier ordre*, car il faut remarquer que les grades et les gradules admettent comme les différences et les différentielles, tous les ordres possibles, positifs ou négatifs; mais nous ne pouvons entrer dans de plus grands détails ; ce qui précède est suffisant pour donner une idée exacte de la nature de ce nouveau calcul, et nous devons renvoyer ceux de nos lecteurs qui voudraient l'approfondir à *l'introduction à la philosophie des mathématiques*, où il est exposé dans tout son ensemble.

13. Il nous reste à examiner l'influence réciproque de la sommation et de la graduation dans la génération des quantités où dominent l'un et l'autre de ces algorithmes. Cette influence qui ne peut se manifester que dans les nombres déjà produits par leur génération et non dans cette génération elle-même, est l'objet de la THÉORIE DES NOMBRES.

La *théorie des nombres* ne peut avoir, comme celle des différences, deux branches correspondant aux parties finies et infiniment petites qu'on peut considérer dans cette dernière, puisque l'influence systématique qui fait son objet ne s'exerce que sur les nombres donnés par leur génération; mais elle admet aussi la considération de la *détermination* et de l'*indétermination* de ces nombres, c'est-à-dire, qu'on peut envisager les nombres, comme donnés par eux-mêmes ou immédiatement, et comme donnés par d'autres nombres ou médiatement. Dans le premier cas la théorie prend le nom de THÉORIE DES NOMBRES DÉTERMINÉS, et dans le second celui de THÉORIE DES NOMBRES INDÉTERMINÉS. C'est cette dernière qu'on nomme vulgairement ANALYSE INDÉTERMINÉE. (*Voy.* INDÉTERMINÉ.)

Remarquons, pour mieux fixer l'idée qu'on doit attacher à l'objet de la *Théorie des nombres*, que l'algorithme de la sommation nous fait concevoir les nombres comme des *agrégations d'unités*, tandis que celui de la graduation, ainsi que celui de la reproduction, apportent dans leur nature la considération de l'existence des *facteurs*. Ces deux caractères distinctifs, réunis dans un même nombre, constituent l'influence systématique réciproque qui fait l'objet de la théorie en question, et cette réunion ne peut se présenter que comme une *diversité systématique*, puisque par leur nature essentiellement différente les algorithmes primitifs ne peuvent jamais donner indistinctement la génération d'un nombre. Or, en considérant, d'une part, un nombre donné comme formé par l'addition de plusieurs quantités et, de l'autre, comme formé par le produit de plusieurs facteurs, ces quantités et ces facteurs sont nécessairement liés par des lois particulières qui régissent la possibilité de cette double génération. Ce sont précisément l'ensemble de ces lois dont se compose la théorie générale des nombres. (*Voy.* Nombres.)

14. La *comparaison* systématique des quantités numériques a nécessairement pour objet, comme la comparaison élémentaire, l'*égalité* ou l'*inégalité* qui peut exister entre ces quantités, mais en ayant égard aux nouvelles déterminations de leur nature apportées par leur génération systématique. Par exemple la génération d'une fonction quelconque φx d'une variable x, étant (r),

$$\varphi x = A_0 + A_1 x + A_2 x^2 + A_3 x^3 + \text{etc.}$$

si l'on y joint la considération de l'équivalence entre cette génération par sommation, et celle par graduation qui doit aussi avoir lieu (s)

$$\varphi x = (x + a_1)(x + a_2)(x + a_3)(x + a_4) \ldots \text{etc.}$$

et si l'on remarque que lorsqu'un quelconque des facteurs de cette dernière devient zéro, ce qui la rend elle-même zéro, la première doit aussi devenir zéro en y donnant à la variable x la valeur qui rend le facteur zéro, on verra que cette circonstance est généralement exprimée en donnant à l'égalité (r) la forme (t)

$$o = A_0 + A_1 x + A_2 x^2 + A_3 x^3 + \text{etc.}$$

relation qui implique nécessairement la même relation avec zéro des facteurs de la fonction de graduation (s), considérés séparément, c'est-à-dire, que la variable x du second membre de l'égalité (t) reçoit des valeurs déterminées, dont le nombre est égal à celui des facteurs (s), qui réduisent à zéro ce second membre. L'égalité (t) n'est donc plus une simple *identité*, on la nomme alors Équation, et la *théorie des équations* forme la partie principale de la comparaison théorique systématique de l'algèbre. (*Voy.* Equation.)

L'inégalité des quantités reçoit également, en la considérant sous la circonstance de la réunion systématique des algorithmes opposés, un caractère particulier qui la rend Inéquation; mais comme les *inéquations* n'ont une signification déterminée qu'au moyen des relations d'équations, on peut considérer toute la théorie de la comparaison systématique comme se réduisant à la Théorie des équations.

Nous terminerons ici tout ce qui a rapport aux diverses branches de la partie systématique de la Théorie de l'algèbre, en les réunissant dans le tableau suivant.

Théorie de L'ALGÈBRE, Partie systématique.

- Génération.
  - Diversité dans la réunion des algorithmes élémentaires.
    - Influence partielle.
      - De la sommation dans la graduation : Différences.
        - Déterminées.
          - Réelles : Calcul des différences.
          - Idéales : Calcul différentiel.
        - Indéterminées : Calcul des variations.
      - De la graduation dans la sommation : Grades. (Voy. n. 11.)
    - Influence réciproque des algorithmes primitifs opposés : Théorie des nombres.
  - Identité dans la réunion des algorithmes élémentaires : Équivalences.
- Comparaison.
  - Relation d'égalité : Équations (de différences, de congruences, d'équivalences).
  - Relation d'inégalité : Inéquations.

15. Procédons maintenant à la déduction des diverses parties de la Technie de l'algèbre, et, d'abord, précisons l'objet général de cette branche essentielle de l'algorithmie.

Dans la théorie, la génération ou la construction des quantités est donnée immédiatement par des algorithmes simples ou composés qui ne peuvent faire connaître que la *nature* de ces quantités, mais non leur détermination numérique ou leur *valeur* comparative à une unité. Cette valeur ne peut jamais être donnée qu'accidentellement par la théorie de l'algèbre, et seulement dans le cas où les opérations dont la réunion constitue la *nature* d'une quantité, et donne sa génération, peuvent s'effectuer par l'application des procédés primitifs ou des six règles élémentaires de la science (l'addition, la multiplication, l'élévation aux puissances, et leurs procédés inverses). Par exemple, soit une quantité m, dont la génération est donnée par l'expression

$$m = \sqrt[2]{5}$$

Cette génération ne nous fait évidemment connaître immédiatement que la *nature*, ou la construction primitive de la quantité m, et ce n'est qu'en lui appliquant

le procédé de l'*extraction des racines* que nous pouvons
déterminer sa *valeur numérique*.

$$m = 2,23606\ldots$$

Or, dans tous les cas où cette application des procédés
ou des règles primitives ne peut s'effectuer d'une manière immédiate, la *valeur* des quantités n'est plus donnée accidentellement, et cependant la détermination
de cette valeur est exigée impérieusement pour la possibilité de la science. Il est vrai cependant que lorsqu'un
mode quelconque particulier de génération, ou qu'une
fonction particulière est donnée, on peut, par l'application des lois générales de la génération systématique
des quantités, obtenir les lois particulières de la génération élémentaire de cette fonction, et ces lois particulières peuvent à leur tour servir à la détermination de
la *nature primitive* de la fonction, et par suite à la détermination de sa *valeur*. Mais une telle détermination
théorique ne saurait avoir de loi générale, et chaque
fonction particulière exige nécessairement une déter-
termination particulière, de sorte que le nombre des
fonctions, ou des modes différens, dont la génération
des quantités peut être produite par la combinaison des
algorithmes simples ou composés, étant indéfini, cette
détermination est elle-même indéfinie et conséquemment *impossible* dans toute l'étendue de la génération
systématique des quantités. Il se présente donc le problème nécessaire d'une génération *secondaire*, différente
de la génération *primaire* que donnent les algorithmes
simples ou composés de la théorie élémentaire de l'algèbre. Or cette génération secondaire, devant embrasser dans tous les cas la détermination numérique des
quantités, doit être UNIVERSELLE, c'est-à-dire, doit pouvoir s'appliquer indistinctement à toutes les quantités.
La Technie de l'algèbre a donc pour objet général *la
génération et la comparaison universelles* des quantités.

Avant de passer à la recherche des algorithmes capables de donner cette génération universelle, faisons remarquer la différence caractéristique qui les distingue dès
l'abord des algorithmes théoriques; ces derniers, formant
des procédés de construction, sont pour ainsi dire identiques avec les quantités mêmes qu'ils produisent, tandis que les premiers devant former des procédés d'évaluation, sont indépendans des quantités qu'ils évaluent.
En un mot les algorithmes théoriques font partie de la
nature même des quantités, tandis que les algorithmes
techniques doivent être indépendans de cette nature et
se rapportent évidemment à une *fin*, à un *but* à atteindre, étranger à la nature des quantités. Cette fin ou ce
but qui apparaît dans les procédés de la TECHNIE, la sépare complètement de la THÉORIE, et ne permet pas de
confondre ensemble, comme on l'avait toujours fait,

ces deux branches si distinctes de la science. La théorie
est proprement la partie spéculative de l'algorithmie,
tandis que la technie en est la partie pratique, ou, pour
mieux dire, présente un caractère d'action, un *art*
($\tau\acute{\epsilon}\chi\nu\eta$) (*Voy.* la *Philosophie de la Technie*, 1re section.)

16. La génération secondaire qui fait l'objet principal de la technie de l'algèbre, devant présenter la détermination numérique des quantités, ne peut évidemment avoir lieu que par l'emploi arbitraire des algorithmes primitifs élémentaires, puisqu'en dernier lieu
l'évaluation numérique d'une quantité se réduit à la
réalisation des opérations primitives données par ces
algorithmes. Mais les deux algorithmes dérivés immédiats, la *numération* et les *facultés*, nous offrent la possibilité d'obtenir la génération d'une quantité quelconque, par le moyen des limites arbitraires dont ils
sont susceptibles; ainsi, pour obtenir la génération secondaire en question, il faut pouvoir, à l'aide d'une
fonction arbitraire, transformer, au moyen des algorithmes primitifs, toute fonction théorique, donnée immédiatement ou médiatement, en fonctions de numération ou de facultés. Cette fonction arbitraire sera dans
sa plus grande généralité la quantité qu'on nomme
dans les applications de l'arithmétique, *mesure* ou *unité
de l'évaluation* des quantités.

Or, la transformation de toute fonction théorique
en fonctions de numération ou de facultés, par l'emploi d'une mesure arbitraire suivant laquelle elle doit
être évaluée, exige évidemment une détermination de
la relation qui se trouve entre cette fonction et la fonction arbitraire servant de mesure, c'est-à-dire la détermination du rapport géométrique de ces fonctions,
car c'est généralement sur ce rapport que se fonde l'o-
pération arithmétique nommée *mesure*. De plus, la génération secondaire qui fait l'objet de la transformation dont il s'agit, devant être opérée par l'emploi des
algorithmes primitifs, cette transformation doit être
subordonnée à la *forme* de l'algorithme employé. Ceci
posé, si nous désignons par Fx, une fonction quelconque d'une variable x, et par φx une fonction arbitraire servant de mesure, ou dans laquelle la fonction
Fx doit être transformée, l'opération de cette transformation en fonctions de numération ou de facultés,
aura les *formes* respectives

$$Fx = A + \Phi x, \text{ et } Fx = A \times \Phi x,$$

A étant une quantité dépendante ou indépendante de x
et Φx une quantité dépendante de la mesure φx.

17. Occupons-nous d'abord de la fonction de numération. Pour qu'on puisse généralement décomposer
Fx, en deux quantités A et Φx, telles que Φx soit
dans tous les cas comparable avec la mesure φx, il faut

nécessairement que Φx devienne zéro lorsque φx le devient, car sans cela le rapport de ces deux fonctions ne pourrait devenir l'objet d'une détermination générale. Ainsi la quantité A doit être telle que

$$Fx = A$$

lorsque la variable x reçoit la valeur qui rend $\varphi x = 0$, et, par conséquent, $\Phi x = 0$, d'où il suit que cette quantité est indépendante de x.

Maintenant le rapport des quantités Φx et φx étant

$$\frac{\Phi x}{\varphi x}, \quad \text{ou} \quad \frac{\varphi x}{\Phi x}$$

si nous ne considérons en premier lieu que le rapport direct $\dfrac{\Phi x}{\varphi x}$ nous aurons, en le désignant par $F_1 x$,

$$\frac{\Phi x}{\varphi x} = F_1 x$$

et cette fonction $F_1 x$ qui doit avoir dans tous les cas une valeur déterminée, pourra subir une transformation ultérieure.

$$F_1 x = B + \Phi_1 x$$

$\Phi_1 x$ étant une quantité toujours comparable avec φx, c'est-à-dire qui devient zéro lorsque $\varphi x = 0$, et B une quantité telle que l'on ait dans le même cas

$$F_1 x = B.$$

Exprimant de nouveau par $F_2 x$ le rapport direct des quantités $\Phi_1 x$ et φx, nous pourrons transformer la fonction $F_2 x$, en

$$F_2 x = C + \Phi_2 x,$$

et en poursuivant successivement ces décompositions, nous trouverons, en rassemblant les résultats,

$$Fx = A + \Phi x$$
$$\Phi x = (B + \Phi_1 x).\varphi x$$
$$\Phi_1 x = (C + \Phi_2 x).\varphi x$$
$$\Phi_2 x = (D + \Phi_3 x).\varphi x$$
$$\text{etc.} = \text{etc.}$$

et, en substituant,

$$Fx = A + B\varphi x + C(\varphi x)^2 + D(\varphi x)^3 + \text{etc.}$$

ce qui est la forme générale de ce qu'on appelle *séries*, du moins dans le cas simple où les transformations s'effectuent avec la même mesure φx.

18. Si nous opérons les mêmes transformations en nous servant du rapport inverse $\dfrac{\varphi x}{\Phi x}$, nous obtiendrons

successivement,

$$Fx = A + \Phi x \; ; \quad \frac{\varphi x}{\Phi x} = {}_1Fx$$
$$_1Fx = B' + \Phi_1 x \; ; \quad \frac{\varphi x}{{}_1\Phi x} = {}_2Fx$$
$$_2Fx = C' + \Phi_2 x \; ; \quad \frac{\varphi x}{{}_2\Phi x} = {}_3Fx$$
$$\text{etc.} = \text{etc.}$$

D'où, en substituant,

$$Fx = A + \cfrac{\varphi x}{B' + \cfrac{\varphi x}{C' + \cfrac{\varphi x}{D' + \text{etc.}}}}$$

ce qui est la forme générale de ce qu'on appelle *fractions continues*, également dans le cas simple d'une même mesure φx.

Les séries et les fractions continues sont donc les deux branches particulières de la classe générale des procédés techniques qui dépendent de l'algorithme de la numération.

19. Reprenons maintenant la seconde forme de transformation

$$Fx = A \times \Phi x,$$

qui répond à l'emploi de l'algorithme des facultés. Ici la quantité A peut être réellement dépendante ou indépendante de la variable x, et les transformations de ce second cas diffèrent essentiellement de celles du premier, où cette quantité A est nécessairement indépendante de x, c'est-à-dire une quantité constante. En considérant la quantité A comme dépendante de x, elle doit être telle qu'étant réduite à zéro par une valeur particulière de x, cette même valeur rende Fx égale à zéro, afin que la fonction Φx ait une valeur finie. Ainsi cette quantité A étant généralement comparable avec Fx, forme elle-même la *mesure* de cette fonction ; désignant donc par $f_0 x$ la fonction arbitraire A, la première transformation deviendra

$$Fx = f_0 x \times \Phi x,$$

et les autres transformations seront

$$\Phi x = f_1 x \times \Phi_1 x$$
$$\Phi_1 x = f_2 x \times \Phi_2 x$$
$$\Phi_2 x = f_3 x \times \Phi_3 x$$
$$\text{etc.\dots} \quad \text{etc.\dots}$$

Les fonctions arbitraires $f_1 x$, $f_2 x$, $f_3 x$, étant respectivement prises pour la *mesure* des fonctions $\Phi_1 x$, $\Phi_2 x$, $\Phi_3 x$, etc.

Substituant donc chacune de ces transformations dans celle qui la précède, on obtiendra la génération technique.

$$Fx = f_0 x \cdot f_1 x \cdot f_2 x \cdot f_3 x \ldots$$

le nombre des facteurs étant *indéfini*. Ce qui est la forme générale des *produites continues*. (*Voy.* ce mot.)

20. Lorsqu'au contraire la quantité A est indépendante de x, la transformation

$$Fx = A \times \varphi x,$$

n'est visiblement possible que par l'emploi de l'algorithme des facultés, en rendant les facteurs indépendans de la variable. On a alors la forme générale

$$Fx = (\psi z)^{\varphi x | \xi}$$

z et ξ étant deux quantités données, ψz désignant une fonction de z, déterminée convenablement, et φx la fonction arbitraire de x prise pour mesure, car de cette manière tous les facteurs finis ψz, $\psi(z+\xi)$, $\psi(z+2\xi)$, etc., formant la faculté, sont indépendans de la variable x. C'est la forme générale des *facultés exponentielles*.

Les *séries*, les *fractions continues*, les *produites continues* et les *facultés exponentielles*, forment donc les objets de la partie élémentaire de la technie et constituent quatre *algorithmes techniques primitifs*, à l'aide de chacun desquels on peut obtenir la génération technique ou l'évaluation numérique d'une fonction quelconque. Ce sont les lois fondamentales de ces quatre algorithmes dont l'ensemble compose la *partie élémentaire de la génération technique*.

21. Les quatre algorithmes techniques primitifs que nous venons de déduire et qui forment les deux classes de génération technique, dépendantes de l'emploi de la numération et des facultés, ou, dans son principe, de l'emploi de la sommation et de la graduation, ne peuvent par leur combinaison que reproduire les algorithmes théoriques, de manière qu'il n'existe point proprement, quant à la forme de génération, d'algorithmes techniques dérivés. Cependant en ayant égard au procédé direct ou inverse que l'on peut suivre dans la détermination de la fonction Fx, pour obtenir sa génération technique, il se présente une classe particulière d'algorithmes techniques dérivés qui forme ce que l'on appelle les *méthodes d'interpolations*. (*Voy.* INTERPOLATION.) En effet, il entre dans les séries, dans les fractions continues, et dans les facultés exponentielles, des quantités constantes dont la valeur résulte des déterminations particulières de la fonction proposée Fx, que ces algorithmes doivent évaluer. Or, pourvu que ces déterminations particulières soient connues ou du moins puissent être obtenues à l'aide de circonstances données, il devient toujours possible, en suivant un procédé inverse,

d'évaluer généralement la fonction Fx, à laquelle se rapportent les déterminations particulières qu'on aura employées. C'est ce procédé inverse qui est l'objet de l'INTERPOLATION.

22. La réunion systématique des algorithmes techniques élémentaires ne peut consister que dans la forme générale de ces algorithmes, et cette forme générale est nécessairement la forme primitive de toute la science des nombres. Sans entrer ici dans des développemens qui nous sont interdits, remarquons que la forme générale des séries est

$$Fx = A + B\varphi x + C\varphi x^2 + D\varphi x^3 + \text{etc.} \ldots$$

ce qui se réduit en principe à un agrégat de termes de la forme (α)

$$Fx = \Phi_0 + \Phi_1 + \Phi_2 + \Phi_3 + \Phi_4 + \text{etc.} \ldots$$

que celle des fractions continues

$$Fx = A + \cfrac{\varphi x}{B + \cfrac{\varphi x}{C + \cfrac{\varphi x}{D + \text{etc.}}}}$$

se ramène pareillement à un agrégat de termes de la forme (*voy.* CONTINU. 30),

$$Fx = \Phi_0 + \Phi_1 + \Phi_2 + \Phi_3 + \Phi_4 + \text{etc.}$$

et, qu'enfin les formes générales des produites continues et des facultés exponentielles, en supposant que la multiplication des facteurs soit effectuée, deviennent encore des agrégats de termes semblables à (α). Ainsi tous les algorithmes techniques élémentaires peuvent être ramenés à un agrégat de termes, et c'est donc dans cette forme que se trouve leur réunion systématique, c'est-à-dire que l'algorithme technique systématique, qui doit réunir tous les algorithmes élémentaires et embrasser tous les procédés techniques, doit se présenter lui-même sous cette même forme (α).

Si nous désignons par Ω_0, Ω_1, Ω_2, des fonctions arbitraires de la variable x, prises pour la mesure, fonctions qui peuvent être liées par une loi, ou n'avoir entre elles aucune liaison, et par A_0, A_1, A_2, etc., des quantités indépendantes de x, nous aurons pour la forme de la génération technique sytématique en question, l'expression générale (β).

$$Fx = A_0 \Omega_0 + A_1 \Omega_1 + A_2 \Omega_2 + A_3 \Omega_3 + \text{etc.} \ldots$$

Cette loi, dont la généralité absolue s'étend sur toute l'algorithmie, puisqu'elle embrasse l'application même indépendante et immédiate des algorithmes primitifs et opposés de la sommation et de la graduation, a été

nommée par M. Wronski, à qui elle est due, LOI SU-
PRÊME OU UNIVERSELLE. (*Voy.* PHIL. DE LA TECHNIE.)

23. Jusqu'ici nous n'avons considéré la technie de
l'algèbre que sous le point de vue de la génération
des quantités ; il nous reste à la considérer sous celui
de leur relation ou de leur comparaison. Cette relation,
qui porte· généralement sur l'*égalité* ou sur l'*inégalité*
des quantités, doit se présenter ici avec les caractères
de *fin* ou de *but*, qui distingue la technie de la théorie ; ainsi en ne tenant compte que des égalités, parce
qu'elles sont les conditions des inégalités, la compa-

raison technique consiste dans la *formation universelle
des égalités* et dans leur transformation ou résolution,
c'est-à-dire dans la *résolution universelle des équations*.
Les lois respectives de cette formation et de cette solution forment, les premières, la partie élémentaire de la
comparaison technique, et les secondes, la partie systématique de cette même comparaison. C'est ce que
M. Wronski a nommé le *canon algorithmique* et le *problème universel*. Telles sont donc enfin toutes les parties intégrantes de la TECHNIE de l'algorithmie ; leur ensemble peut former le tableau suivant :

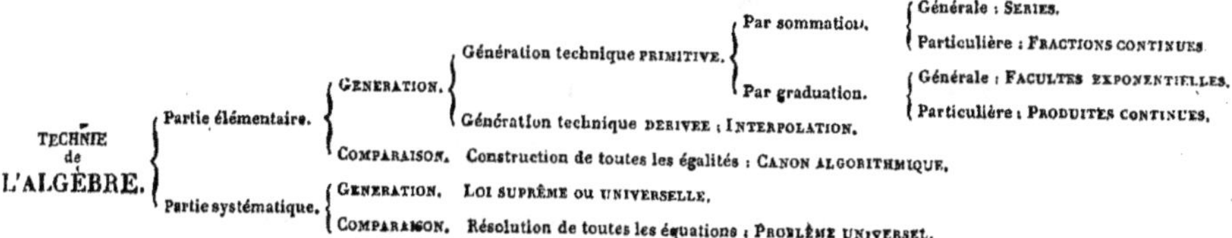

MATHÉMATIQUES APPLIQUÉES. D'après la déduction
philosophique que nous avons donnée de l'objet général des mathématiques, on voit que leur application est
universelle, et qu'il doit exister autant de branches
différentes des mathématiques appliquées, qu'il peut
exister de sciences différentes pour le savoir humain.
On comprend même que ces sciences n'acquièrent un
degré plus ou moins grand de certitude qu'en vertu de
cette application, et suivant que leurs lois fondamentales s'appuyent plus ou moins sur des lois mathématiques. Nous n'avons pas besoin sans doute de faire remarquer qu'il s'agit ici des sciences proprement dites,
c'est-à-dire, des sciences dont l'objet est réalisable dans
l'*espace* et dans le *temps*, car la certitude des sciences
philosophiques dérive d'une toute autre source ; appelées
par leur nature à donner l'explication des lois des mathématiques, elles ne peuvent évidemment tirer leur validité de ces mêmes lois.

Cette application universelle des mathématiques ne
peut être soumise à une classification déterminée, qu'en
remarquant d'abord que, parmi tous les objets des
sciences humaines, on peut distinguer ceux qui sont
donnés par la *nature* ou par l'ensemble des phénomènes
physiques, de ceux qui sont donnés par l'*art*, ou sont
les produits de l'action de l'homme. Nous aurons donc
pour point de départ : 1° l'application des mathématiques aux objets de la nature, ce qui forme les sciences
dites PHYSICO-MATHÉMATIQUES ; 2° l'application des mathématiques aux objets de l'art ; ce qui forme une
classe de sciences qu'on pourrait nommer PRAGMATICO-
MATHÉMATIQUES.

I. SCIENCES PHYSICO-MATHÉMATIQUES. La matière,

abstraction faite de sa nature, nous apparaît comme
quelque chose de *mobile* dans l'espace ; or, dans un
mouvement il y a deux choses distinctes à considérer,
savoir : les lois qu'il suit en s'effectuant, et les forces
motrices qui le produisent. Cette considération partage
les sciences physico-mathématiques en deux branches
principales, dont la première a pour objet général les
lois des forces motrices, c'est la MÉCANIQUE, et dont la
seconde a pour objet général les lois du mouvement.
Cette dernière, qui se compose, comme nous allons le
voir, de plusieurs autres branches ou sciences très-importantes, n'a point reçu de dénomination en français.

La mécanique se divise en quatre branches particulières, dont les deux premières ont pour objet l'*équilibre* des forces motrices des corps solides et fluides ; ce
sont : la STATIQUE et l'HYDROSTATIQUE ; et dont les deux
secondes ont pour objet l'*action* des forces motrices des
corps solides et fluides ; ce sont : la DYNAMIQUE et l'HY-
DRODYNAMIQUE.

Les lois du mouvement peuvent être considérées
1° en elles-mêmes ou *in abstracto* ; 2° dans les objets ou
in concreto. Les lois du mouvement abstrait forment
l'objet d'une science à laquelle on n'a point encore
donné de nom en France, parce qu'on l'a confondue
avec la dynamique ; d'après plusieurs mathématiciens
allemands, nous la désignerons sous celui de PHORO-
NOMIE (de φορὰ *transport* et de νόμος *lois*). Les lois du
mouvement concret forment l'objet de plusieurs sciences, qui sont : 1° l'HYDRAULIQUE, ou la science du
mouvement des fluides ; 2° la PNEUMATIQUE, ou la
science du mouvement des gaz ; 3° l'ASTRONOMIE, ou

la science du mouvement des corps célestes; 4° l'Optique générale, ou la science du mouvement de la *lumière* ; et 5° enfin, l'Acoustique, ou la science du mouvement du *son*. Le tableau suivant va compléter cette classification, en la présentant d'une manière plus systématique.

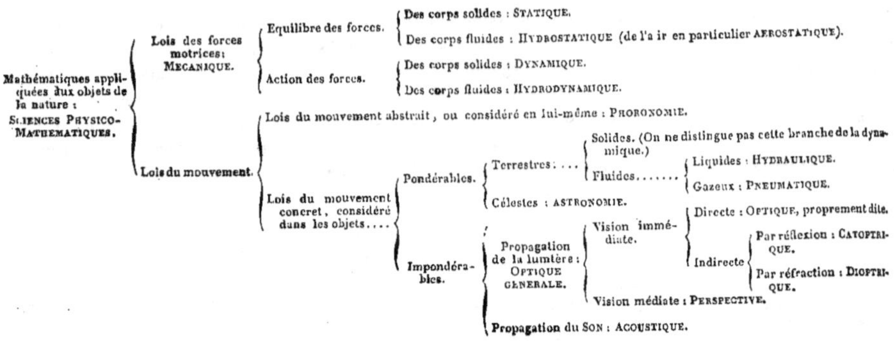

II. Sciences Pragmatico-Mathématiques. On ne peut établir ici une classification déterminée, parce que les diverses branches de l'application des mathématiques aux arts, soit physiques, soit intellectuels, sont aussi indéterminées que le sont ces arts. Voici les principales :

Arpentage,	Balistique,
Architecture,	Chronologie,
Navigation,	Gnomonique,
Fortification,	Géodésie, etc.

Pour les développemens on doit recourir aux articles de ce dictionnaire, qui traitent en particulier les sciences que nous venons de mentionner.

MAUPERTUIS (Pierre-Louis Moreau de), né à Saint-Malo, le 17 juillet 1689. Les travaux de ce géomètre ne sont ni assez nombreux, ni assez importans pour lui mériter une place distinguée dans l'histoire de la science; cependant il a été jugé avec trop de rigueur, en France surtout, où l'esprit a si souvent raison contre le savoir, et nous devons du moins rappeler les titres estimables et réels qu'il avait acquis à l'estime des corps savans qui l'admirent dans leur sein. Maupertuis, qui quitta de bonne heure la carrière militaire pour l'étude des sciences et des lettres, fut en France un des premiers promoteurs des doctrines de Newton, et il est assez remarquable que Voltaire, alors son ami, étudiait sous ses auspices ce système qu'il a prétendu mettre à la portée de tout le monde, mais que la nature de son talent et de ses études ne lui permettait ni de comprendre, ni d'exposer, par conséquent, pour l'instruction des autres. Dès 1723, Maupertuis était membre de l'Académie des sciences, et il fut chargé de diriger en cette qualité la commission scientifique qui, plusieurs années

après, fut instituée pour mesurer un degré du méridien au cercle polaire. Il parla peut-être de la part qu'il prit à cette célèbre opération avec peu de modestie, et de manière à diminuer le mérite de ses collaborateurs Clairaut, Camus, Lemonnier et l'abbé Outhier; mais ce travers d'esprit ne saurait en rien déprécier ses travaux comme géomètre dans cette difficile et dangereuse opération, achevée courageusement sous un climat où le thermomètre descendit de 25 à 37 degrés.

Dans son *Essai de cosmologie*, que Maupertuis publia lorsqu'il était président de l'Académie de Berlin, il proposa plusieurs hypothèses nouvelles dans la théorie du mouvement, entre autres le *principe de la moindre action*, découverte qui lui fait honneur, mais qui lui attira une des plus violentes querelles qui ait jamais troublé le repos d'un savant, Kœnig, qui entreprit de discuter la valeur de ce principe, avait tort; mais Voltaire, qui était devenu l'ennemi de Maupertuis, et qui l'attaqua sous le ridicule pseudonyme du docteur Akakia, n'avait aucun titre pour intervenir dans un pareil différent. Cependant il accabla Maupertuis sous le poids de ses sarcasmes, et le *principe de la moindre action*, que ce spirituel écrivain s'inquiétait fort peu de comprendre, cette idée qui eût honoré un génie plus élevé que celui de Maupertuis, fut ridiculisée au point d'abuser les géomètres eux-mêmes, qui se gardèrent longtemps de l'énoncer. La postérité, plus juste, n'aura qu'un profond mépris pour l'ignorance du *géomètre* Voltaire, et le *principe de la moindre action* sauvera le nom de Maupertuis de l'oubli où doit aller se perdre l'injurieuse diatribe du docteur Akakia. Maupertuis, qui eut le tort grave de se faire courtisan et de négliger la science qui lui avait ouvert un rapide chemin à la fortune, a néanmoins publié un grand nombre d'écrits, qui ont été réunis sous le titre de : *OEuvres de Mauper-tuis*, Lyon, 1768, 4 vol. in-8, on remarque dans ce recueil : 1° *Balistique arithmétique*, 2° *Essai de cosmologie*, 3° *Discours sur la figure des astres*, 4° *Élémens de géographie*, 5° *Relation d'un voyage fait par ordre du roi au cercle polaire*, 6° enfin *Mémoire sur la moindre quantité d'action*. Maupertuis, dont la santé avait été altérée par les chagrins que lui avait causés sa querelle avec Kœnig et Voltaire, mourut à Bâle le 27 juillet 1759, chez les fils du célèbre Jean Bernouilli.

MAUROLYCO (François), l'un des plus savans géomètres du XVIᵉ siècle, et désigné dans l'histoire de la science sous les divers noms de Maurolic, Maurolicus, Marullo, naquit à Messine, le 19 septembre 1494, d'une famille grecque originaire de Constantinople. Il n'eut d'autre maître que son père dans les sciences mathématiques, dont il s'est occupé toute sa vie avec cette persévérance et cette activité dans les recherches qui distinguent les savans de son époque. Nous ne croyons pas devoir rappeler le petit nombre de particularités qui nous ont été conservées, et qui ont marqué sa longue carrière. Maurolyco vécut comblé d'honneurs et entouré de l'estime publique dans cette noble et enthousiaste Italie, qui a toujours des couronnes pour le génie. Ses travaux sont nombreux et très-remarquables pour l'époque où ils furent accomplis. Toutes les branches des mathématiques furent l'objet de ses recherches et de ses méditations. On lui doit des traductions accompagnées de commentaires des plus grands géomètres de l'antiquité. Il est l'auteur de travaux originaux sur les sections coniques, et La Hire a développé sa méthode dans le traité qu'il a publié sur cette importante branche de la géométrie. Les travaux de Maurolyco sur l'optique et la gnomonique ne sont pas moins dignes d'attention. Il parvint à une extrême vieillesse, et mourut dans les environs de Messine le 21 juillet 1575. Voici la liste de ses principaux ouvrages, qui peuvent encore être consultés avec fruit par les géomètres : I. *Traductions latines* de Théodose, de Ménélaüs, d'Attolycus, d'Apollonius, etc. ; II. *Cosmographia de forma, situ, numeroque cælorum et elementorum*, etc., Venise, 1543, in-f° ; III. *Theoremata de lumine et umbrá ad perspectiva radiorum incidentium*, Venise, 1575, in-4 on doit à Clavius une seconde édition de cet ouvrage, auquel il a attaché des notes et des remarques, Lyon, 1613 ; IV. *Admirandi Archimedis syracusani monumenta omnia quæ exstant*, Palerme, 1685, in-folio Cet ouvrage est plutôt un commentaire ou une imitation d'Archimède, qu'une traduction littérale des œuvres de ce grand géomètre.

MAXIMA et MINIMA. (*Alg. et Géom.*) On désigne sous ces noms les plus grandes et les plus petites valeurs d'une fonction de quantités variables ; et les procédés à l'aide desquels on détermine ces valeurs forment la Méthode des maximis et minimis. Si, par exemple, fx désigne une fonction quelconque de la quantité variable x, et que a soit une valeur particulière de x, qui rende la valeur de la fonction fx la plus grande ou la plus petite possible, fa sera le *maximum* ou le *minimum* de fx.

Pour considérer la méthode des *maximis* et *minimis* d'une manière purement algébrique, remarquons que si fx devient un *maximum* en y faisant $x = a$, toute autre valeur de x plus grande ou plus petite que a, substituée à la place de x, doit donner pour fx une valeur *plus petite* que celle qui résulte de $x = a$, et que si, au contraire fx, devient un *minimum* par cette valeur a de x, toute autre valeur plus grande ou plus petite que a, doit donner pour fx une valeur *plus grande* que celle qui résulte de $x = a$. C'est-à-dire que dans le cas du *maximum* on doit avoir (1), h étant une quantité quelconque ,

$$fa > f(a \pm h) ,$$

et dans celui du *minimum*,

$$fa < f(a \pm h) .$$

Or, c'est la détermination de cette valeur a qui est l'objet principal de la méthode en question.

En remarquant que l'objet général du calcul des différences est précisément la génération des accroissemens que subit une fonction par suite des accroissemens que reçoivent ses variables, il est facile d'en conclure que la méthode des *maximis* et *minimis* n'est qu'une application des procédés de ce calcul, et que ces procédés employés d'une manière convenable doivent, dans tous les cas, faire obtenir la détermination de la valeur particulière de la variable, qui rend une fonction proposée un maximum ou un minimum : lorsque cette fonction est susceptible de telles valeurs. En effet, si nous supposons fx, parvenue à un tel état de grandeur qu'elle ne puisse plus recevoir aucune variation en *plus* ou en *moins*, sa différentielle dfx, qui est l'expression générale de la variation qu'elle peut subir en *plus* ou en *moins* par suite de la variation infiniment petite qu'on fait éprouver à la variable x, doit être zéro, ainsi (2)

$$dfx = 0$$

est l'équation de condition du maximum ou du minimum, et la valeur de x, s'il en existe, qui peut satisfaire à cette équation, est celle qui rend la fonction proposée un maximum ou un minimum.

Proposons-nous, par exemple, de trouver une valeur de x, qui rende la fonction $2ax - x^2$ un maximum ou un minimum ; en différentiant cette fonction, nous avons

$$d(2ax - x^2) = 2adx - 2xdx$$

et, par conséquent, l'équation de condition est

$$2adx - 2xdx = 0$$

ou, simplement, en divisant les deux membres par dx,

$$2a - 2x = 0$$

d'où l'on tire $x = a$. Cette valeur substituée dans la fonction proposée la rend égale à a^2.

Pour savoir maintenant si a^2 est le maximum ou le minimum de la fonction $2ax - x^2$, substituons successivement dans cette fonction $a + h$, et $a - h$, à la place de x, h étant une quantité quelconque, nous aurons pour résultats les deux valeurs

$$2a(a + h) - (a + h)^2 = a^2 - h^2$$

$$2a(a - h) - (a - h)^2 = a^2 - h^2$$

lesquelles étant toutes deux plus petites que a^2, nous font connaître que a^2 est un maximum.

Les conditions (1) qui distinguent le maximum du minimum, donnent lieu à une considération générale très-importante, en ce qu'elle abrège d'abord les opérations et qu'ensuite, elle sert à reconnaître la possibilité même de l'existence des maxima et minima dans une fonction proposée. Voici cette considération : si l'on développe par la formule de Taylor les fonctions $f(x+h)$ et $f(x-h)$, on obtient (voy. Diff. 34) les deux expressions

$$f(x+h) = fx + \frac{dfx}{dx} \cdot \frac{h}{1} + \frac{d^2fx}{dx^2} \frac{h^2}{1.2} + \frac{d^3fx}{dx^3} \frac{h^3}{1.2.3} + \text{etc....}$$

$$f(x-h) = fx - \frac{dfx}{dx} \cdot \frac{h}{1} + \frac{d^2fx}{dx^2} \frac{h^2}{1.2} + \frac{d^3fx}{dx^3} \frac{h^3}{1.2.3} + \text{etc....}$$

Maintenant, d'après les conditions (1), pour que fx soit un maximum ou un minimum, il faut que ces deux développemens soient tous deux plus petits ou tous deux plus grands que fx, ce qui d'abord ne peut avoir généralement lieu qu'autant que l'on donne à x une valeur qui rende $\frac{dfx}{dx} = 0$, ce qui est la condition (1) ; et qu'ensuite cette même valeur de x, mise dans $\frac{d^2fx}{dx^2}$, rende cette quantité négative dans le premier cas, et positive dans le second. En effet, on peut toujours supposer la quantité arbitraire h assez petite pour que chacun des termes de ces développemens soit plus grand que la somme de tous ceux qui le suivent et, alors, le *signe* qui doit affecter une telle somme est

nécessairement le même que celui de son premier terme. Or le signe de $\frac{dfx}{dx} \cdot \frac{h}{1}$, étant positif dans le premier développement et négatif dans le second, la somme de tous les termes, à partir de celui-ci, sera pareillement positive dans le premier développement et négative dans le second, de sorte que si le terme $\frac{dfx}{dx} \cdot \frac{h}{1}$, ou son coefficient $\frac{dfx}{dx}$, n'est pas zéro, $f(x+h)$ sera plus petite que fx, et $f(x - h)$ plus grande, c'est-à-dire qu'il ne pourra y avoir ni maximum ni minimum. Mais si $\frac{dfx}{dx} = 0$, les développemens ci-dessus se réduisent à

$$f(x + h) = fx + \frac{d^2fx}{dx^2} \cdot \frac{h^2}{1.2} + \frac{d^3fx}{dx^3} \cdot \frac{h^3}{1.2.3} + \text{etc....}$$

$$f(x - h) = fx + \frac{d^2fx}{dx^2} \cdot \frac{h^2}{1.2} + \frac{d^3fx}{dx^3} \cdot \frac{h^3}{1.2.3} + \text{etc....}$$

et, alors, le *signe* de la somme de tous les termes qui suivent fx, devant être le même que celui du premier, $\frac{d^2fx}{dx^2} \frac{h^2}{1.2}$, ou de son coefficient, $\frac{d^2fx}{dx^2}$, si ce coefficient est positif $f(x + h)$ et $f(x - h)$ seront toutes deux plus grandes que fx, ce qui est le cas du minimum, tandis que s'il est négatif, $f(x + h)$ et $f(x - h)$ seront toutes deux plus petites que fx, ce qui est le cas du maximum.

Si nous avons, par exemple, $fx = ax^3 - x^4$, en prenant les deux premières dérivées différentielles nous trouvons

$$\frac{dfx}{dx} = 3ax^2 - 4x^3$$

$$\frac{d^2fx}{dx^2} = 6ax - 12x^2.$$

La première, égalée à zéro, donne l'équation

$$3ax^2 - 4x^3 = 0,$$

qui peut être satisfaite par les valeurs $x = 0$, et $x = \frac{3}{4}a$; substituant ces valeurs dans la seconde elle donne

$$\text{Pour } x = 0, \quad \frac{d^2fx}{dx^2} = 0$$

$$\text{Pour } x = \frac{3}{4}a, \quad \frac{d^2fx}{dx^2} = -\frac{9a^2}{4}$$

la valeur $\frac{3}{4}a$, répond donc au maximum de la fonction $ax^3 - x^4$.

Lorsqu'une valeur de la variable x, fournie par l'équation $dfx = 0$, rend $\frac{d^2fx}{dx^2} = 0$, elle ne peut correspondre à un maximum ou à un minimum qu'autant qu'elle rend aussi $\frac{d^3fx}{dx^3} = 0$, alors le signe de $\frac{d^4fx}{dx^4}$ détermine la nature de la valeur de la fonction fx, c'es-à-dire, que cette quantité est un maximum si $\frac{d^4fx}{dx^4}$, est négatif, et un minimum dans le cas contraire. En général, lorsque la première dérivée différentielle, qui ne s'évanouit pas en substituant à la place de x les valeurs données par l'équation $dfx = 0$, est d'ordre pair, il y a maximum si cette dérivée est négative et minimum si elle est positive.

Appliquons cette théorie à quelques problèmes numériques et géométriques. Soit d'abord la fonction

$$fx = 3a^2x^3 - b^4x + c$$

on trouve en différentiant

$$\frac{dfx}{dx} = 9a^2x^2 - b^4$$

$$\frac{d^2fx}{dx^2} = 18a^2x$$

la première dérivée égalée à zéro, donne

$$9a^2x^2 - b^4 = 0, \text{ d'où } x^2 = \frac{b^4}{9a^2}$$

et

$$x = \pm \sqrt{\left[\frac{b^4}{9a^2}\right]} = \pm \frac{b^2}{3a}$$

ces deux valeurs de x étant mises successivement dans la seconde dérivée la rendent

$$+ 6ab^2, \text{ pour } x = + \frac{b^2}{3a}$$

$$- 6ab^2, \text{ pour } x = - \frac{b^2}{3a}$$

la première peut donc rendre la valeur de la fonction proposée un minimum, et la seconde, un maximum; et nous avons

$$fx = c + \frac{2b^6}{9a} = maximum.$$

$$fx = c - \frac{2b^6}{9a} = minimum.$$

Problème. De tous les triangles construits sur une même base et qui ont le même périmètre, déterminer celui dont la surface est la plus grande.

Désignons par a la base commune, par $2p$ le périmètre, et par x l'un des deux autres côtés; le troisième côté sera $2p - a - x$. Or l'expression de la surface d'un triangle quelconque à l'aide de ses trois côtés est

$$S = \sqrt{[p(p - a)(p - b)(p - c)]},$$

p désignant la moitié du périmètre et a, b, c chacun des côtés (*voy.* Triangle); nous avons donc ici (3)

$$S = \sqrt{[p(p - a)(p - x)(a + x - p)]}.$$

Réalisant la multiplication des facteurs du second membre, il viendra

$$S = \sqrt{[2ap^3 - a^2p^2 - p^4}$$
$$+ (a^2p - 3ap^2 + 2p^3)x$$
$$- (p^2 - ap)x^2]}$$

Ainsi, faisant pour abréger :

$$2ap^3 - a^2p^2 - p^4 = A$$
$$a^2p - 3ap^2 + 2p^3 = B$$
$$p^2 - ap = C$$

la fonction dont il s'agit de trouver le maximum sera

$$S = [A + Bx - Cx^2]^{\frac{1}{2}}$$

et l'on obtiendra en différentiant

$$dS = \frac{Bdx - 2Cxdx}{2\sqrt{[A + Bx - Cx^2]}}$$

Divisant par dx, et égalant à zéro la dérivée, il vient

$$B - 2Cx = 0,$$

D'où

$$x = \frac{1}{2}\frac{B}{C} = \frac{1}{2}\frac{a^2p - 3ap^2 + 2p^3}{p^2 - ap}$$

$$= \frac{1}{2}\frac{a^2 - 3ap + 2p^2}{p - a}$$

$$= \frac{1}{2}(2p - a)$$

Le côté x doit donc être égal à la moitié du périmètre diminué de a, c'est-à-dire que les deux autres côtés doivent être égaux et que le triangle cherché est isocèle.

On peut obtenir ce même résultat d'une manière beaucoup plus expéditive en employant un procédé indirect de différentiation que nous allons faire connaître, parce qu'il est applicable généralement aux fonctions composées de facteurs.

Elevons à la seconde puissance les deux membres de l'égalité (3), elle deviendra

$$S^2 = p(p - a)(p - x)(a + x - p);$$

prenons maintenant les logarithmes naturels des deux membres de cette dernière, nous aurons

$$2LS = Lp + L(p - a) + L(p - x) + L(a + x - p);$$

différentions, en remarquant que Lp et $L(p-a)$ sont des quantités constantes, nous trouverons

$$2\frac{dS}{S} = \frac{-dx}{p-x} + \frac{dx}{a+x-p}$$

et, pour la dérivée différentielle,

$$\frac{dS}{dx} = \frac{S}{2}\left[\frac{1}{a+x-p} - \frac{1}{p-x}\right];$$

égalant à zéro, nous aurons

$$\frac{1}{a+x-p} - \frac{1}{p-x} = 0,$$

d'où

$$a + x - p = p - x; \text{ et } x = \tfrac{1}{2}(2p-a).$$

Il est facile de tirer de cette proposition, comme corollaire, que *de tous les triangles isopérimètres, celui qui a la plus grande surface est équilatéral.*

Nous ne pouvons entrer dans plus de détails sur l'importante méthode de *maxima* et *minima*; ce qui précède contient ses principes fondamentaux, mais leur développement doit être étudié dans les ouvrages sur le calcul différentiel. *Voy* le grand traité de Lacroix. *Voy.* aussi la *géométrie* de Simpson pour les *maxima* et *minima* des figures géométriques.

MAYER (Tobie), l'un des plus célèbres et des plus grands astronomes modernes, naquit le 17 février 1723 à Marbach, dans le royaume de Wurtemberg. Ses commencemens furent pénibles, mais, comme tous les hommes que le génie de la science appelle à une grande renommée, il lutta noblement contre tous les obstacles et fournit une courte mais glorieuse carrière. L'histoire de sa vie est celle de ses travaux. Son premier ouvrage parut en 1745, c'est *un traité des courbes pour la construction des problèmes de géométrie*. Mayer le composa dans l'espoir d'obtenir du service dans l'artillerie ; il publia la même année un *atlas mathématique*, c'est une suite de soixante tableaux dans lesquels sont représentées toutes les parties de la science. Depuis cette époque Mayer s'occupa plus spécialement d'astronomie et il contribua beaucoup à la publication des mémoires de la société cosmographique de Nuremberg qui ont eu de la célébrité sous ce titre : *kosmographische nachrichthen und sammlungen*. On remarque dans le volume publié en 1750, ses observations et ses ca'culs de la libration de la lune. La méthode nouvelle qu'il employa dans cette recherche importante est adoptée aujourd'hui par tous les astronomes, et on lui doit la précision qui distingue les tables astronomiques les plus récentes.

En 1751, Mayer se fixa à Gœttingue où il fut chargé de la direction de l'observatoire. C'est là qu'il se livra, avec un zèle soutenu, aux observations et aux travaux astronomiques qui ont illustré son nom. Il entreprit de vérifier les points fondamentaux de l'astronomie, les réfractions, la position des étoiles, et principalement de celles du Zodiaque ; son catalogue zodiacal contient 998 étoiles, dont une grande partie ont été observées jusqu'à 26 fois. Ce fut également à l'observatoire de Gœttingue, riche de précieux instrumens dus à la munificence du roi d'Angleterre que Mayer acheva ses tables du soleil et ses excellentes tables de la lune, qu'il corrigea avec le plus grand soin jusqu'à sa mort qui eut lieu le 26 février 1762. On sait que sa veuve envoya ces tables à Londres pour concourir aux prix des longitudes, qu'elles obtinrent une récompense de 5,000 livres sterlings et que le soin de les publier fut confié à Maskeline. Les œuvres de Mayer devaient être publiées par Lichtemberg, astronome de Gœttingue et son ami, mais un seul volume parut en 1775. Il contient divers mémoires qui attestent tous à un haut degré le génie de ce jeune et illustre astronome.

On y remarque un projet pour déterminer plus exactement les variations du thermomètre et une formule pour assigner le degré moyen de chaleur qui convient à chaque latitude et les temps de l'année où doit arriver la chaleur la plus grande et le plus grand froid ; une méthode facile pour calculer les éclipses de soleil; elle a beaucoup d'analogie avec celle de Keppler. Un assez grand nombre d'écrits et de mémoires scientifiques de Mayer ont été publiés à Past, nous citerons entr'autres : *Description d'un nouveau globe de la lune*, Nuremberg 1750.—*Réfractions terrestres* id. 1750.—*Description d'un nouveau micromètre.* — *Observation de l'éclipse de soleil en 1748.*—*Conjonction de la lune et des étoiles, observées en 1747 et 1748.*—*Preuves que là lune n'a point d'atmosphère.*—*Mémoire sur la parallaxe de la lune et sa distance à la terre déduite de la longueur du pendule à secondes.*—*Inclinaisons et déclinaisons de l'aiguille aimantée, déduite de la théorie.*—*Inégalités de Jupiter.* (Voyez mém. de l'académie de Gœttingue et l'éloge de Mayer par Kaestner.)

MÉCANIQUE. Science des lois de l'équilibre et du mouvement, ou, plus exactement, science des lois des forces motrices. C'est une des branches fondamentales des mathématiques appliquées. (*Voyez* Mathématiques.)

Le nom de *mécanique*, qui dérive du grec *μηχανη*, *machine*, indique suffisamment que, dans l'origine, cette science n'avait pour objet que des connaissances pratiques sur le jeu et l'emploi des machines; mais il en a été ici comme pour la géométrie, la dénomination est restée malgré l'immense extension de la science et sa complète transformation. Aujourd'hui, on désigne sous le nom général de Mécanique l'ensemble de toutes les sciences qui se rapportent, soit à l'équilibre ou au mouvement des corps, soit aux lois abstraites ou concrètes du mouvement, soit aux lois des forces motrices, soit à la construction ou à l'usage des machines. C'est une vaste réunion de connaissances théoriques et pratiques, dont les premières forment la *mécanique rationnelle*, et les secondes la *mécanique pratique* ou *appliquée*. Cette dernière seule se rapproche de la mécanique des anciens.

C'est à Newton qu'est due la division de la mécanique en *rationnelle* et en *pratique*, et indépendamment des belles et nombreuses découvertes dont il a enrichi cette science, on peut dire qu'il en a changé la face dans son célèbre livre des principes par la manière nouvelle dont il l'a présentée. Nous devons faire remarquer en passant qu'il n'a pas été aussi heureux dans les considérations philosophiques qui servent de base à sa division, car il a prétendu que la géométrie n'est fondée que sur des pratiques mécaniques. Cette confusion de principes a pourtant excité l'admiration des grands philosophes de l'Encyclopédie !

Quoique les anciens eussent porté la construction des machines à un degré surprenant de perfection, ils n'en ont connu que très-tard les principes théoriques. Les écrits d'Aristote nous prouvent que ce philosophe, et conséquemment tous ses prédécesseurs, n'avaient que des idées confuses ou fausses sur la nature de l'équilibre et du mouvement. Les véritables principes de l'équilibre ne remontent pas plus haut qu'au temps d'Archimède, et c'est ce grand géomètre qui en a posé les lois élémentaires dans son livre *De æqui ponderantibus* On lui doit, outre la théorie du *levier* et celle des *centres de gravité* qui se trouvent exposées dans cet ouvrage, les théories du *plan incliné*, de la *poulie* et de la *vis*. Depuis Archimède jusqu'à Stevin, c'est à-dire jusqu'au commencement du xvi⁰ siècle, nous voyons bien apparaître de grands mécaniciens, ou plutôt de grands constructeurs de machines, mais nous n'apercevons aucun progrès dans la théorie, qui semble demeurer stérile entre les mains inhabiles des successeurs de l'illustre mathématicien de Syracuse.

Près de vingt siècles s'écoulent, et pendant ce long intervalle la science impuissante ne peut franchir le cercle étroit des propositions d'Archimède ; mais enfin un progrès se manifeste, un nouveau principe est produit, principe fécond en conséquences de tout genre, c'est le fameux *parallélogramme des forces*, sinon formulé exactement, du moins indiqué par Stevin. Bientôt après, la théorie du *mouvement varié*, inconnue aux anciens, prend naissance entre les mains de Galilée ; les lois de la communication du mouvement, ébauchées par Descartes, sont établies par Wallis, **Wren**, et surtout par Huygens, qui devient, par sa

nelle théorie des *forces centrales*, le précurseur de Newton. Les découvertes se succèdent alors avec rapidité, les théories se développent, les procédés de calcul s'étendent, et, comme pour racheter les vingt siècles perdus, deux siècles suffisent pour constituer toutes les branches de la mécanique générale.

Nous avons déjà signalé, dans un grand nombre d'articles, l'immense révolution scientifique commencée au xvii⁰ siècle et les travaux prodigieux dus au xviii⁰ ; ainsi, pour éviter les répétitions, nous nous contenterons d'exposer dans ce qui va suivre les notions préliminaires de la mécanique, en renvoyant pour les détails aux articles spéciaux.

1. Le mouvement d'un corps est sa présence successive en divers lieux de l'espace.

2. La cause quelconque en vertu de laquelle un corps est mis en mouvement se nomme *force*.

3. La *direction* d'une force est la ligne droite qu'elle tend à faire décrire au point matériel auquel on la conçoit appliquée.

4. Deux forces sont *égales* lorsqu'elles produisent le même effet, ou si, étant appliquées en sens contraire l'une de l'autre à un même point matériel, elles se font équilibre.

5. Deux forces égales agissant dans le même sens peuvent être considérées comme une seule force. On dit alors que cette dernière est *double*. En général, on peut prendre une force quelconque comme unité de comparaison, et alors une force est *double*, *triple*, etc., selon qu'elle est formée par la réunion de deux, trois, etc., forces égales chacune à l'unité. Les forces deviennent ainsi des quantités mesurables, et on peut les représenter par des lignes ou par des nombres.

6. Lorsque plusieurs forces sont appliquées à un même corps, il peut se présenter deux cas distincts : ou elles se détruisent complètement, et le corps demeure en repos, ce que l'on nomme alors *équilibre*, ou ces forces ne font que se modifier réciproquement, et le corps se met en mouvement.

La recherche des conditions de l'équilibre est l'objet d'une branche de la mécanique que l'on nomme STATIQUE, celle des conditions du mouvement est l'objet d'une autre branche que l'on nomme DYNAMIQUE. Lorsqu'il s'agit des corps fluides, les recherches des conditions de l'équilibre et du mouvement forment deux sciences particulières qui ont reçues les noms d'HYDROSTATIQUE et d'HYDRODYNAMIQUE. (*Voy.* ces divers mots.)

7. Un corps qui, pendant des durées de temps égales, parcourt toujours des espaces égaux, est dit se mouvoir *uniformément* ; son mouvement se nomme *mouvement uniforme*. Si, au contraire, pendant des durées égales, il parcourt des espaces inégaux, son mouvement prend le nom de *mouvement varié*.

Si, de deux corps qui se meuvent uniformément, le premier décrit dans le même temps un espace plus grand que celui du second, il est dit se mouvoir avec plus de *vitesse*. Sa vitesse sera *double*, si l'espace qu'il parcourt est double de celui que parcourt le second, *triple*, si l'espace est triple, et ainsi de suite. On nomme donc *vitesse*, dans le mouvement uniforme, le rapport de l'espace parcouru au temps employé à le parcourir. Ainsi, pour un corps qui parcourrait 6 mètres en 8 secondes, l'expression numérique de la vitesse serait $\frac{6}{8}$, en prenant le mètre pour unité de longueur, et la seconde pour unité de temps. Or, en considérant que le quotient de cette division exprime l'espace parcouru en une seconde, on voit que la *vitesse* n'est que l'*espace* parcouru dans l'unité de temps.

Si nous désignons par E l'espace, par V la vitesse et par T le temps, nous aurons l'égalité

$$V = \frac{E}{T}$$

qui renferme toutes les relations de ces trois quantités dans le mouvement uniforme.

9. D'après les définitions du mouvement, on voit que la vitesse est uniforme dans le mouvement uniforme, et qu'elle est variée dans le mouvement varié.

Pour mesurer cette dernière, on considère une durée infiniment petite pendant laquelle on peut toujours regarder le mouvement comme uniforme, et l'on appelle alors, pour chaque instant, *vitesse* du corps, le rapport de l'espace infiniment petit parcouru dans cet instant à la durée infiniment petite de ce même instant. Ainsi désignant respectivement par *e*, *v* et *t*, l'espace, la vitesse et le temps, nous aurons pour l'expression de la vitesse

$$v = \frac{de}{dt}$$

de et *dt* étant les différentielles de *e* et de *t*.

10. Lorsque la vitesse augmente pendant la durée d'un mouvement varié, le mouvement est dit *accéléré*; dans le cas contraire, il est dit *retardé*. Si la vitesse augmente ou diminue toujours en temps égaux de de quantités égales, le mouvement est *uniformément accéléré* ou *uniformément retardé*.

11. La vitesse se distingue en *vitesse absolue et vitesse relative*. La vitesse absolue d'un corps est sa vitesse réelle et effective, celle qui sert à mesurer la quantité dont il s'approche ou s'éloigne des objets qui sont considérés comme fixes dans l'espace. La vitesse relative de deux corps, au contraire, est celle qui sert à mesurer la quantité dont ces corps se rapprochent ou s'éloignent l'un de l'autre dans un temps donné.

12. L'intensité de la force qui meut un corps, se mesure par la vitesse du mouvement, ou par l'effet qu'elle produit. Ainsi quand les vitesses communiquées à un même mobile et dans un même temps, sont connues, leur rapport fait connaître celui des forces.

13. En considérant les forces, abstraction faite de leur nature, comme proportionnelles aux effets qu'elles produisent, on voit que si deux forces, agissant sur deux mobiles différens, produisent la même vitesse, celle qui aura mis en mouvement le mobile dont la masse est la plus grande sera plus grande que l'autre; elle sera double si la masse est double, triple si elle est triple, etc. En général le rapport des masses donnera celui des forces lorsque les vitesses sont égales.

14. Les forces étant proportionnelles aux vitesses lorsque les masses sont égales, et aux masses lorsque les vitesses sont égales, sont donc proportionnelles aux produits des masses par les vitesses, lorsque les masses et les vitesses sont inégales.

Ainsi la mesure générale d'une force est le produit de la masse du corps qu'elle meut par la vitesse. Pour éviter la considération abstraite de *force*, on a nommé le produit qui la représente, *quantité de mouvement*.

D'Alembert a ramené toutes les questions qui se rapportent à l'action des forces motrices, à de simples questions de statique à l'aide d'un beau théorème, dont on trouvera l'exposition au mot *quantité de mouvement*.

Voyez Mouvement, Force, Central, Statique, Hydrostatique, Hydrodynamique. *Voy*. aussi Machine, Levier, Balance, Plan incliné, etc., etc.

MÉCHAIN (Pierre-François-André), astronome moderne, né à Laon, le 16 août 1744, mort en Espagne le 20 septembre 1805. Ce membre distingué de l'Académie des sciences a dévoué sa vie à des travaux obscurs, mais estimables, et qui sont peu susceptibles d'analyse. Ce dévoûment si rare, et qui promet peu de gloire à ceux qui en acceptent les modestes conditions, mérite du moins d'être signalé dans l'histoire de la science. Méchain, amené à Paris par son amour pour la science, y vivait dans le plus grand dévoûment, lorsque Lalande eut occasion de le distinguer et d'apprécier ses talens; il le fit nommer astronome hydrographe du dépôt des cartes de la marine. Il s'occupa long-temps aux calculs des observations que le marquis de Chabert faisait depuis vingt ans dans la Méditerranée, et se livrait la nuit à des observations astronomiques, dont Lalande publiait les résultats. Il se donna plus spécialement à la recherche des comètes: non-seulement il en a découvert plusieurs, mais encore il en a déterminé les élémens avec assez de précision pour qu'on puisse les reconnaître un jour et constater la périodicité de leur

marche. Il en découvrit deux en 1781 , dont il calcula
aussitôt les orbites. Il suivit assidument, et calcula le
cours dans diverses paraboles de la planète d'Uranus,
récemment découverte par Herschell, et que les astronomes prirent quelque temps pour une comète ; Méchain démontra le contraire, en la traitant le premier
comme une planète et en lui donnant une orbite circulaire. En dix-huit ans, Méchain a découvert le premier
jusqu'à onze comètes, dont il a calculé les orbites ; il a
concouru, avec Cassini et Legendre, à constater la position relative des Observatoires de Paris et de Greenwich, et quand l'assemblée constituante décréta l'établissement d'un nouveau système de mesures, fondé
sur la grandeur du méridien terrestre, Méchain fut l'un
des deux astronomes choisis pour cette opération, qui
devaient déterminer les différences terrestre et céleste
entre les parallèles de Dunkerque et de Barcelonne. C'est
de la partie qui s'étend de Rhodès à Barcelonne qu'il fut
chargé. Cette opération et les observations trigonométriques qui en furent la conséquence ont rempli le reste
de sa vie. Méchain fut à la fois un observateur exact et
un calculateur infatigable. Il n'a rien publié à part que
les volumes de *la Connaissance du temps* , de 1786 à
1794. Ses travaux se trouvent dans les suites de cet ouvrage et dans *la Base du système métrique décimal,*
dont la rédaction est due à Delambre.

MEMBRE. (*Alg.*) On donne ce nom , dans une égalité, aux parties séparées par le signe =. Ainsi dans
A+B=M, A+B, est le premier membre et M le second.

MÉNÉLAUS, géomètre grec de l'école d'Alexandrie,
vivait vers l'an 80 de notre ère. Il est l'auteur d'un ouvrage divisé en six livres sur le *calcul des cordes* , qui
a été perdu. On a de lui trois livres intitulés : *Sphérique,*
dont l'original grec est également perdu, mais dont
on possède deux traductions, l'une arabe , l'autre hébraïque. C'est sur le premier de ces textes qu'a été faite
l'édition gréco-latine, à laquelle on a joint les *Sphé-*
riques de Théodose, et qui a été publiée à Oxford en
1707 , sous ce titre : *Theodosii sphæricorum, libri tres ;*
Menelaï alexandrini sphæricorum , libri tres.

MÉNISQUE. (*Opt.*) Verre lenticulaire concave d'un
côté et convexe de l'autre. Nous avons donné au mot
lentille une formule générale pour trouver le foyer des
verres ; on l'appliquera sans difficulté aux verres ménisques, en faisant l'un des rayons négatif.

MERCATOR (ou plutôt Nicolas Kauffmann), célèbre géomètre du XVIIe siècle. On sait peu de chose
sur sa vie. Né dans le Holstein, il s'était déjà fait connaître par quelques ouvrages , lorsqu'il passa en Angleterre en 1660. Il fut l'un des premiers membres de la
société royale de Londres. Il vint ensuite en France , où

ses connaissances en hydraulique le firent employer à
la construction des fontaines de Versailles , et il mourut
à Paris en 1687. Voici les titres de ses principaux ouvrages : I. *Cosmographia sive descriptio cœli et terræ,*
Dantzig, 1651 , in-8 ; II. *Rationes mathematicæ* , Copenhague, 1653, in-4 ; III. *De emendatione annuâ dia-*
tribes duæ , quibus exponuntur et demonstrantur cycli
solis et lunæ, etc., *ib.,* in-4 ; IV. *Hypothesis astronomica*
nova , et consensus ejus cum observationibus , Londres,
1664 , in-folio ; V. *Logarithmotechnia , sive methodus*
construendi logarithmos nova ; cui accedit vera qua-
dratura hyperbolæ, et inventio summæ logarithmorum,
ib., 1668-1674 ; VI. *Institutiones astronomicæ, ib.,* 1676,
nov. édit. , Padoue, 1685, in-4 ; VII. *Euclidis elementa*
geometrica novo ordine ac methodo ferè demonstrata,
cum introductione brevi in geometriam , etc., *ib.,* 1678,
in-24. On a encore de Mercator des Mémoires intéressans insérés dans les *Transactions philosophiques* du
temps. Son principal ouvrage est la *Logarithmotechnia,*
qui lui assure une place parmi ceux qui ont reculé les
bornes de la géométrie. Dans cet ouvrage, dont il a été
question à l'article Leibnitz, en cherchant à appliquer
à l'hyperbole les règles de l'*Arithmétique des infinis* de
Wallis, Mercator découvrit une suite qu'il appliqua à
la construction des logarithmes.

MERCURE. (*Ast.*) Nom d'une des planètes de notre
système solaire, la première dans l'ordre des distances
au soleil. On la désigne par le caractère ☿.

Mercure décrit autour du soleil une orbite elliptique
très-alongée dont l'excentricité dépasse le cinquième de
la distance moyenne. Il exécute sa révolution sidérale
dans une période d'environ 88 jours , en tournant sur
son axe à peu près en 24 heures, comme la terre ; mais
il est tellement enveloppé par les rayons solaires,
qu'il n'offre à la vue qu'un disque étincelant de lumière et qu'il est impossible d'y découvrir aucune tache sur laquelle on puisse établir des conjectures
pour déterminer sa constitution physique. Cependant
cette planète, comme toutes les autres , ne nous paraissant lumineuse que parce qu'elle nous renvoie les rayons
du soleil , et de plus, son orbite étant entièrement renfermée dans celle de la terre , on doit prévoir qu'elle
se trouve souvent, par rapport à nous , dans des situations telles , que son hémisphère éclairé ne puisse être
aperçu qu'en partie, ou même soit entièrement invisible ; enfin , Mercure doit nous présenter des *phases*
comme la *lune* ; et c'est en effet par l'observation suivie
des variations des *cornes* de ces phases que Schrœter a
déterminé la durée de la révolution de cette planète sur
son axe.

Le diamètre de Mercure comparé à celui de la terre
est dans le rapport des nombres 0, 39 et 1 , et consé-

quemment le rapport des volumes de ces corps est environ celui de o, o6 à 1. La masse de mercure, déduite de la théorie de l'attraction étant exprimée par o, 18 , celle de la terre prise pour *unité* , on en conclut que sa densité moyenne est à celle de la terre, comme 2,78 est à 1 ; d'où il suit que les matériaux qui composent ce petit globe ont une pesanteur spécifique moyenne supérieure à celle du plomb et même du mercure ; car la densité moyenne de la terre est à peu près égale à cinq fois celle de l'eau. Nous ne connaissons aucune autre particularité touchant cette planète, qu'on croit cependant environnée d'une atmosphère.

Voici ses élémens rapportés au 1er janvier 1801.

Demi-grand axe, celui de la terre étant 1.   0,3870981
Excentricité en parties du demi grand axe.   0, 2055149
Périodesidér. moy. en jourssolairesmoy.   87j.9692580
Inclinaison de l'orbite sur l'écliptiqu e...   7° 0′ 9″,1
Longitude du nœud ascendant........   45 57 3o, 9
Longitude du périhélie.............   74 21 46, 9
Longitude moyenne de l'époque......   166 0 48, 6
Diamètre, celui de la terre étant 1.....   0,398
Révolution sur son axe.............   24ʰ 5′28″3

En prenant pour terme de comparaison la lieue de 2000 toises, on voit que la distance moyenne de Mercure au soleil est de 15 185 465 lieues ; que sa plus petite est de 12 064 624 , sa plus grande de 18 3o6 3o6 ; et que ses distances à la terre varient entre les limites extrêmes de 58 193 567 et 20 264 433 lieues. Son diamètre a 1255 lieues.

Quelquefois Mercure passe devant le disque du soleil et nous présente un phénomène analogue à celui des éclipses de cet astre par la lune ; mais à cause de son extrême petitesse, il nous apparaît seulement alors comme une petite tache qui ne peut être observée qu'au télescope. La première observation de cette espèce a été faite par Gassendi, en 1631, le 7 novembre, à Paris ; mais depuis on l'a fréquemment renouvelée. Le prochain passage de Mercure sur le soleil aura lieu en mai 1845. (*Voy.* Passage de Mercure et de Vénus.)

MÉRIDIEN. (*Ast.*) (Du latin, *meridies, milieu du jour.*) Grand cercle de la sphère céleste qui passe par le zénith, le nadir et les deux pôles du monde. Ce cercle, qui est perpendiculaire à l'équateur, divise la sphère en deux parties égales ou hémisphères, dont l'un se nomme *oriental* et l'autre *occidental*. (*Voy.* Armillaire.)

En *géographie*, on nomme *méridien terrestre* un cercle terrestre, correspondant au méridien céleste, qui passe par les pôles de la terre et qui se trouve dans le même plan que ce dernier. C'est proprement l'intersection de la surface de la terre par le plan du méridien.

Voyez au mot Longitude, l'usage des méridiens pour la détermination de la position des lieux terrestres.

MÉRIDIENNE ou LIGNE MÉRIDIENNE. Ligne tracée sur une surface quelconque dans le plan du méridien ou, plus exactement, commune section du plan du méridien et d'une surface quelconque.

La *méridienne* est d'une utilité indispensable dans l'astronomie, la gnomonique, la géographie, etc., et d'un usage fréquent dans la vie civile. Son exacte détermination est de la plus haute importance, aussi a-t-on inventé pour l'obtenir, des instrumens particuliers et diverses méthodes. Nous avons déjà fait connaître au mot Gnomonique, un procédé très-simple pour décrire une méridienne ; nous allons exposer ici quelques moyens plus exacts.

L'étoile polaire n'étant éloignée du pôle que d'environ deux degrés, elle désigne toujours à peu près le nord, en quelque temps qu'on l'observe ; mais si l'on choisit l'instant où elle est au méridien, quand on s'y tromperait même de quelques minutes, on aura par le moyen de cette étoile, la direction du méridien avec une grande précision. Il suffira d'élever un premier fil à plomb, dont le pied désignera un des points de la méridienne sur la surface horizontale ou inclinée, sur laquelle on veut tracer cette ligne ; puis un second fil à plomb placé à quelque distance du premier, et qu'on écartera à droite ou à gauche jusqu'à ce que l'étoile polaire soit cachée par les deux fils, donnera un second point, et il ne s'agira plus que de tracer une droite qui passe par ces deux points. En faisant cette opération deux fois, quand l'étoile est le plus à l'orient et le plus à l'occident, et prenant le milieu, on aura exactement la méridienne.

Avec un seul fil à plomb, en marquant exactement deux points de l'ombre que ce fil projette aux rayons solaires, à deux momens différens où le soleil se trouve à la même hauteur au-dessus de l'horizon, on peut former un angle qu'il suffit ensuite de partager en deux parties égales par une droite qui est la méridienne. L'opération est alors d'autant plus exacte que les hauteurs égales auront été observées le plus près du méridien et avec des quarts de cercle bien divisés, et que le plan sur lequel on aura marqué les points d'ombre, sera parfaitement horizontal. Une fois la méridienne tracée sur un plan horizontal, il devient facile de la faire passer sur un plan quelconque incliné, déclinant, etc., puisqu'il suffit d'en obtenir la projection par des perpendiculaires élevées au plan horizontal sur deux de ses points.

Lorsqu'on a tracé provisoirement une méridienne par un des moyens ci-dessus, en plaçant dans son plan un quart de cercle porteur d'une lunette, on peut la rectifier en observant les passages au méridien des astres, et en comparant les temps des observations avec ceux que donnent les éphémérides; mais il faut alors avoir une bonne pendule dont la marche soit bien connue. (*Voy. l'Astronomie de* Lalande.)

MÉRIDIENNE *du temps moyen.* C'est une courbe en forme de 8, qu'on trace autour de la ligne de *midi* d'un cadran solaire, et qui indique le midi en *temps moyen* pour chaque mois de l'année. On trouve sa construction dans tous les traités de gnomonique.

MERSENNE (MORIN), religieux de l'ordre des Minimes, tient un rang distingué parmi les géomètres du XVIIme siècle, moins peut-être par la nature et l'éclat de ses propres travaux, que parce qu'il servit d'intermédiaire et de correspondant à tous les savans de son temps, et qu'il mérite l'estime et la reconnaissance de la plupart des hommes célèbres de cette mémorable époque. Il naquit, en 1588, à Oizé, dans le Maine. Ce fut au collége de La Flèche, où il vint terminer ses études commencées au collége du Mans, qu'il rencontra Descartes et que, saisi d'admiration pour ce sublime génie qui se révélait déjà par la hardiesse et l'élévation de ses vues, il contracta, avec ce grand homme, une de ces rares amitiés fondées sur une estime réciproque, et que ne peuvent modifier ni le temps, ni la différence des carrières. Mersenne, doué d'une piété sincère, se voua à la vie religieuse, mais sans cesser de se livrer à l'étude des sciences. Il fit plusieurs voyages en Hollande et en Italie, et établit dès-lors ces diverses liaisons avec les savans qui nécessitèrent de sa part une correspondance si utile aux progrès des sciences. Il défendit chaleureusement Descartes contre ses détracteurs; il le réconcilia avec Fermat, et il osa se prononcer contre les injustes sévérités qui désolaient la vieillesse de Galilée, en publiant, en France, le *Traité de Mécanique* de cet homme à jamais célèbre. C'est aussi au père Mersenne que la France dut la connaissance des belles découvertes de Toricelli sur le vide; expériences qui, répétées depuis au Puy-de-Dôme par Pascal et Périer, sont devenues la base de la physique moderne. Le caractère et le savoir de ce religieux lui donnèrent un grand ascendant sur ses contemporains, et ont attaché son nom à toutes les discussions, à tous les progrès scientifiques de son temps. Il mourut à Paris, le 1er septembre 1648, à la suite d'une maladie pour laquelle d'ignorans médecins lui firent subir une douloureuse opération.

Voici ce que dit de lui Baillet, l'historien de Descartes : « Mersenne était le savant du siècle, qui avait le meilleur cœur. On ne pouvait l'aborder sans se laisser prendre à ses charmes : jamais mortel ne fut plus envieux pour pénétrer les secrets de la nature, et porter les sciences à leur perfection. Les relations qu'il entretenait avec tous les savans, l'avaient rendu le centre de tous les gens de lettres; c'est à lui qu'ils envoyaient leurs doutes, pour être proposés, par son moyen, à ceux dont on en attendait les solutions…. Sa passion d'être utile ne se borna point à sa vie, et il avait ordonné aux médecins de faire l'ouverture de son corps, afin qu'ils pussent apprendre la cause de sa maladie. » Mersenne est auteur d'un grand nombre d'écrits qui n'intéressent pas toutes les sciences mathématiques. Nous citerons seulement les principaux de ceux qui s'y rattachent : I. *Cogitata physico-mathematica, in quibus tàm naturæ quàm artis effectus admirandi certissimis demonstrationibus explicantur*, Paris, 1644, in-4°. II. *Universæ geometriæ, mixtæque mathematicæ synopsis*, ib. in-4°, 1644. Parmi les diverses pièces que contient ce recueil, on trouve un traité d'*optique*, et un traité de *catoptrique*, qui ont été publiés en français. III. *De mundi systemate, partibus et motibus ejusdem, ex arab. latinè cum Ægid. Roberval notis*, Paris, 1644, in-12. IV. *Les mécaniques de Galilée*, traduites de l'italien, Paris, 1634, in-8°. V. *Harmonie universelle, contenant la théorie et la pratique de la musique*, etc., Paris, 1636, in-folio. Cet important ouvrage est devenu fort rare. L'auteur en avait publié un abrégé en latin, où se trouvent des figures d'instrumens omises dans le texte français : *M. Mersenni, harmonicorum libri XII*, Paris, 1636, in-folio.

MESSIER. (*Ast.*) Nom d'une constellation boréale introduite à l'occasion de la comète de 1774. (*Voy.* CONSTELLATION.)

MESURE. Quantité prise pour terme de comparaison et qui sert à évaluer la grandeur d'autres quantités de même nature.

Mesurer, c'est déterminer le rapport qu'il y a entre l'objet dont on veut connaître la grandeur, et l'unité de comparaison. Ainsi ayant, par exemple, adopté pour *unité* une longueur déterminée, telle que le *mètre*, on connaîtra la longueur d'une ligne quelconque lorsqu'on saura combien elle contient de mètres ou de parties de mètre.

L'unité de mesure doit toujours être de la même nature que les objets qu'elle sert à mesurer, c'est-à-dire, la *mesure des lignes* est une ligne; celle des *surfaces*, une surface; celle des *solides*, un solide, etc. Si en *géométrie* on mesure les angles par des arcs de cercle, c'est que ces arcs sont proportionnels aux angles, et que de cette manière il y a toujours un angle sous-entendu pris pour unité. (*Voy.* ANGLE, 14.)

Considérées sous le rapport des usages civils ou commerciaux, les mesures se divisent en *mesures de longueur*, de *superficie*, de *capacité* et de *pesanteur*. Chez tous les peuples ces diverses mesures ont toujours eu des rapports entre elles; mais le système le plus simple et le plus élégant est le système primitif des mesures égyptiennes, dont l'invention est attribuée à Mercure, ministre du roi Osiris. L'*unité linéaire* était la *coudée royale*, longueur prise dans les dimensions du corps de l'homme; le cube de la demi-coudée donnait l'unité de *volume*; ce cube, rempli d'eau, l'unité de *poids*; et enfin ce poids, en argent, l'unité monétaire.

Pour construire leur coudée, les Égyptiens avaient pris pour point de départ la largeur des doigts de la main, en déterminant probablement une largeur moyenne conservée ensuite comme étalon fixe. Quatre de ces largeurs moyennes, ou celle d'une main, le pouce excepté, formaient le *palme*; trois *palmes* ou la distance entre l'extrémité du petit doigt et du pouce, lorsque la main est ouverte le plus possible, composaient l'*empan*, et deux *empans* ou la distance du coude à l'extrémité du grand doigt, formaient la *coudée naturelle* plus petite que la *coudée royale* de quatre doigts ou d'un *palme*.

L'origine de la coudée royale paraît être l'usage qu'on a dû nécessairement faire de la longueur du pied pour mesurer les dimensions des terrains, avant d'avoir des mesures artificielles. Elle est, en effet, le double du pied naturel qui est de 14 doigts, à partir de l'extrémité du talon à celle du gros orteil. La coudée naturelle était employée aux usages les plus ordinaires; mais la coudée royale était consacrée à tout ce qui avait un but d'utilité générale, comme la mesure des routes, des terrains, etc. L'étalon en était déposé dans les temples, et confié à la garde des prêtres.

Le système métrique égyptien conservé dans toute sa pureté par les Hébreux après leur sortie d'Égypte, subit ensuite de grands changemens chez les Grecs, les Romains, les Arabes et les Persans. Mais il est facile de reconnaître qu'il est la souche commune des systèmes de mesures de ces peuples, et qu'il s'est propagé, ainsi modifié, dans les diverses contrées de l'Europe, où l'on retrouve encore aujourd'hui ses traces.

Les recherches les plus exactes entreprises de nos jours, pour trouver le rapport de ces mesures primitives avec nos mesures usuelles ont donné les résultats suivans :

	millimètres.
Le *doigt* (*thèb*).....................	18,75
Le *palme* (*choryos*), de 4 doigts.........	75
L'*empan* (*tertô*), de 12 doigts............	225
La *coudée* (*derah*) { *naturelle* ou de 24 doigts	450
{ *royale* ou de 28 doigts..	525

Les Grecs prirent pour unité linéaire les deux tiers de la coudée naturelle ou 16 doigts, et ils lui donnèrent le nom de *pied* (πούς). C'est sur cette unité que Phidon d'Argos, selon Pline, ou Palamède, selon Aulugelle, forma la série suivante de mesures :

	mètres
Le *doigt* (δάκτυλος)....................	0,01875
Le *palme* (δῶρον, ou παλαιστὴ).........	0,075
Le PIED (πούς)....................	0,3
La *coudée* (πῆχυς), d'un pied et demi....	0,45
Le *pas* (βῆμα ἀπλοὺν), de deux pieds et demi	0,75
Le *double pas*, de 5 pieds (βῆμα διπλοὺν)..	1,15
La *brasse* (ὀργυιὰ), de 6 pieds..........	1,8
La *perche* (ἄκαινα), de dix pieds........	3
La *petite chaîne* (ἄμμα), de 60 pieds....	18
La *grande chaîne* (πλέθρον), de 100 pieds.	30
La *stade* (στάδιον), de 600 pieds........	180

Un carré de 100 pieds de côté formait, chez les Grecs, l'unité principale des mesures agraires ou de superficie. On lui donnait le nom de *plèthre*, πλέθρον. Le pied cube servit aussi de point de départ pour les mesures de capacité sous le nom de *métrètès*, μετρητὴς ; la centième partie de ce pied cube fut nommée *cotyle*, κοτύλη, et 72 cotyles formèrent l'*amphore*, ἀμφορεὺς, dont la grandeur est de 19 litres et $\frac{44}{100}$.

Le poids de l'eau contenue dans une amphore devint l'unité des mesures de pesanteur. C'est le *talent*, τάλαντον ; et enfin ce même poids en or, en argent ou en cuivre, avec ses subdivisions, composaient les *monnaies*.

Solon réforma plus tard les poids et les monnaies, en employant le pied cube d'eau tout entier, pour représenter le poids d'un nouveau *talent* que l'on a désigné sous le nom de *grand talent attique*. Il s'établit ensuite des différences entre les mesures des diverses provinces grecques ; mais leur origine commune fut toujours le pied de 16 doigts égyptiens.

Les Romains trouvèrent en Italie les mesures des Grecs partout en usage, et ils les conservèrent, du moins quant au fond ; car ils adoptèrent une classification plus méthodique, en divisant chaque unité soit linéaire, soit de capacité, soit de pesanteur, en douze parties, subdivisibles chacune en 24 autres. C'est ainsi que le pied grec de 16 doigts égyptiens fut partagé en 12 *onces* que les modernes ont nommées *pouces*. Cependant le pied romain est un peu plus petit que 16 doigts égyptiens, et il paraît s'être conservé, sans aucune altération, pendant toute la durée de la république, celle de l'empire, et dans les premiers siècles de la féodalité.

Le système métrique des anciennes nations de l'Asie n'est encore que le système égyptien légèrement modifié; mais celui des Arabes, quoique fondé sur la *coudée*, diffère par l'unité fondamentale du *doigt* dont la longueur n'est pas celle du doigt égyptien. Le doigt arabe se composait de six grains d'orge mis à plat et en travers, et le grain d'orge se divisait en six crins de cheval. 4 doigts formaient le *palme*, 4 palmes le *pied*, et deux pieds la *grande coudée hachémiqne*. C'est là l'origine des mesures actuelles de la race mahométane.

Le système des anciennes mesures françaises date seulement de Charlemagne qui le substitua au système romain dans toute l'étendue de la monarchie. Le *pied* de ce prince, nommé *pied-de-roi* ou *pied-de-Paris*, paraît être une copie altérée de celui des Arabes; il se divisait en douze *pouces*, et le pouce en douze *lignes*. Six pieds formaient une *toise* qui se trouve être exactement le *pas* des Arabes. Quant à toutes les autres mesures, elles dérivaient également des mesures arabes.

Ces mesures subirent bientôt de notables altérations, car, déjà sous le règne de Charles le Chauve, chaque grand feudataire de la couronne avait introduit dans ses domaines des modifications conformes à ses intérêts. Les uns avaient augmenté la grandeur des mesures pour tirer un cens plus considérable de leurs vassaux, les autres, au contraire, l'avaient diminuée pour attirer sur leurs possessions un plus grand nombre d'habitans. Ce fut vainement que plusieurs souverains tentèrent successivement de remédier à ce désordre et de ramener les mesures de province à celles de Paris, il fallut le bras de fer du gouvernement républicain pour opérer l'urgente réforme si long-temps et si hautement réclamée. Aujourd'hui, l'ensemble des mesures françaises compose le système le plus complet, le mieux lié et en même temps le plus simple qui ait jamais été inventé, et sa supériorité sur ceux de toutes les autres nations ne peut être mise en doute un seul instant, quoiqu'il soit malheureusement avéré que sa base est inexacte.

Ce fut le 8 mai 1790 que l'assemblée constituante rendit un décret d'après lequel le Roi de France devait engager le Roi d'Angleterre à réunir aux savans français choisis par l'Académie un nombre égal de membres de la Société royale de Londres, pour déterminer en commun la longueur du pendule simple qui bat la seconde à la latitude moyenne de 45° et au niveau de la mer. Cette longueur devait être prise pour l'unité des mesures que ces nations devaient ensuite propager dans tous les états civilisés. Les évènemens politiques ne permirent pas cette réunion, et la commission des académiciens français, craignant que le choix du pendule à 45° ne fût repoussé par les peuples qui n'ont pas cette latitude, voulut choisir une base plus large et véritablement universelle, en prenant pour unité la dix millionième partie de la distance de l'équateur au pôle, ou du quart du méridien terrestre. Ce choix présentait en outre un avantage particulier, c'était le rapport simple et naturel qui s'établissait entre les mesures géodésiques et les arcs célestes, et qui devait faciliter la pratique du pilotage entièrement fondé sur ce rapport. Mais, pour obtenir la longueur de l'unité de mesure, il fallait déterminer la figure de la terre plus exactement qu'elle n'était encore connue, et mesurer les degrés du méridien avec une précision supérieure à celle des mesures déjà opérées. Cet immense travail n'effraya point nos savans; Delambre et Méchain furent chargés de mesurer la méridienne de Paris, depuis Dunkerque jusqu'à Barcelonne, opération qu'ils accomplirent activement, au milieu des scènes sanglantes de la plus hideuse de nos périodes politiques, tandis que Brisson, Borda, Lagrange, Laplace, Prony et Berthollet élevaient l'édifice du nouveau système en créant une unité provisoire basée sur les mesures de Lacaille. Cette unité, sous le nom de *mètre*, fut fixée à

$$443 \text{ lignes et } \frac{44}{100} \text{ de la toise de Paris.}$$

Ce ne fut qu'en 1799 que la France fit un nouvel appel aux nations ses alliées, et qu'une vaste commission fut formée pour réaliser définitivement toutes les parties du système métrique en les subordonnant à une prétendue valeur définitive du *mètre*, fixée à 443^{lig}.,295936. Cette commission se composa de Borda, Brisson, Coulomb, Darcet, Delambre, Haüy, Lagrange, Laplace, Lefèvre Gineau, Méchain et Prony, pour la France; Reneœ et Van Swinden, pour la Hollande; Balbo et plus tard Vassalli-Eandi, pour la Savoie; Bugge, pour le Danemarck; Ciscar et Pedrayès, pour l'Espagne, Fabbroni, pour la Toscane; Franchini, pour la République Romaine; Multedo, pour la République Ligurienne; et enfin Trallès, pour la République Helvétique.

Le 22 juin 1799, le résumé des travaux de cette Commission fut présenté par Trallès au corps législatif, ainsi que les étalons types, mais ce ne fut cependant qu'à dater du 2 novembre 1801, que le système métrique définitif devint légal et exclusif.

On a signalé tout récemment quelques erreurs qui se sont glissées dans les mesures de Delambre et de Méchain, et ce dernier lui-même avait déjà reconnu avant sa mort une inexactitude qu'il ne crut pas devoir révéler, craignant sans doute de compromettre, et trop tard, tout le travail de la méridienne. Il semble résulter, d'autres mesures effectuées depuis en différens lieux, que la longueur du mètre dit *définitif* est un peu trop petite, et qu'en la fixant à 443^{lig}.,39, on approcherait beaucoup plus près de la vérité. Cependant nous pensons que l'idée de prendre pour unité une partie du méridien est plus brillante que raisonnable; car il faudrait d'abord, pour rendre cette mesure universelle, que tous les méridiens fussent rigoureusement égaux, ce qui, jusqu'à présent, est loin d'être démontré. La figure de la terre ne paraît pas régulière, et toutes les tentatives faites pour coordonner les valeurs connues des arcs de divers méridiens n'ont encore produit aucun résultat véritablement satisfaisant.

Cependant, en considérant le *mètre*, non comme une partie aliquote rigoureuse de la distance *invariable* de l'équateur au pôle, mais seulement comme une partie aliquote de la distance *moyenne* de cet équateur, quelles que soient les inégalités du globe terrestre et la variété des distances qu'elles peuvent entraîner, on peut concevoir qu'il sera possible un jour d'obtenir cette *unité moyenne* avec un haut degré de précision; ce qui peut seul réaliser la grande et belle idée d'un système de mesure basé sur les dimensions du globe, liées elles-mêmes par les observations astronomiques à tous les axes des orbites planétaires, et aux dimensions de l'univers. Au reste, la valeur du mètre actuel se trouve établie d'une manière invariable par sa comparaison avec celle du pendule à seconde, et comme le choix d'une unité de mesure est entièrement arbitraire, et qu'il suffit de pouvoir toujours retrouver la grandeur exacte de cette unité, toutes les inexactitudes que nous venons de signaler ne vicient en rien notre admirable système métrique dont le premier mérite repose évidemment sur la liaison et les rapports simples de toutes ses parties.

Le *mètre* est donc l'unité fondamentale: c'est, comme nous l'avons déjà dit, la dix millionième partie du quart du méridien terrestre, ou, rigoureusement, c'est une longueur dont le rapport avec celle du pendule qui bat la seconde au 45e degré de latitude, est 0,993977, c'est-à-dire qu'en prenant le mètre pour unité, la longueur du pendule est égale à 0^m,993977. Ce qui fournit un moyen facile de retrouver ce mètre en tout temps.

Un carré dont le côté est de dix mètres, et qui renferme conséquemment une superficie de cent mètres carrés, est l'unité des mesures de superficies ou des mesures *agraires*. On nomme cette unité *are*.

Un cube dont le côté est la dixième partie du mètre, est, sous le nom de *litre*, l'unité des mesures de *capacité*; c'est la millième partie du mètre cube.

Le mètre cube appliqué au mesurage des bois de chauffage prend le nom de *stère*.

Le poids d'un volume d'eau pure, au *maximum* de densité, qui remplit un cube dont le côté a pour longueur la centième partie du mètre, est l'unité des mesures de *pesanteur*. On le nomme *gramme*.

Enfin, pour les monnaies, l'unité est le *franc*, pièce composée de neuf parties d'argent sur une de cuivre, et dont le poids est de 5 *grammes*.

En employant les noms de ces unités de mesure comme *racines* et les faisant précéder des mots : *myria* (dix mille), *kilo* (mille), *hecto* (cent), *déci* (dixième), *centi* (centième), *mille* (millième), on forme successivement toutes les autres mesures usuelles qui sont des multiples ou des sous-multiples décimaux des unités primitives, et dont voici le tableau.

NOMS SYSTÉMATIQUES.	RAPPORTS AVEC LE MÈTRE.
MESURES ITINÉRAIRES ET DE LONGUEUR.	
Myriamètre.............	10000 mètres.
Kilomètre.............	1000.
Hectomètre.............	100.
Décamètre.............	10.
Mètre.............	1.
Décimètre.............	0,1.
Centimètre.............	0,01.
Millimètre.............	0,001.
MESURES AGRAIRES.	
Hectare.............	10000 mètres carrés.
Are.............	100.
Centiare.............	1.
MESURES DE CAPACITÉ. *Pour les liquides.*	
Décalitre.............	10 décimètres cubes.
Litre.............	1.
Décilitre.............	$\frac{1}{10}$ de décimètre cube.
Pour les matières sèches.	
Kilolitre.............	1 mètre cube.
Hectolitre.............	100 décimètres cubes.
Décalitre.............	10 *Id.*
Litre.............	1.
MESURES DE SOLIDITÉ.	
Stère.............	Mètre cube.
Décistère.............	$\frac{1}{10}$ de mètre cube.
POIDS.	
Millier.............	1000 kilogrammes (tonneau de mer).
Quintal.............	100 *Id.*
Kilogramme.............	Poids d'un décimètre cube d'eau pure à la température de 4° au-dessus de la glace fondante.
Hectogramme.............	100 grammes.
Décagramme.............	10.
Gramme.............	1.
Décigramme.............	0,1.

Depuis 1812 on a permis l'usage de certaines dénominations anciennes trop populaires pour espérer de les voir abandonnées de sitôt, ainsi :

2 mètres font une *toise* dont le sixième est le *pied* nouveau.

6 décimètres font une *aune*.

Le huitième de l'hectolitre est un *boisseau*.

Un demi-kilogramme ou 500 grammes font une *livre*, laquelle se subdivise en *onces*, *gros*, etc.

Mais il ne faut pas confondre ces mesures employées dans toutes les transactions commerciales avec les anciennes mesures portant les mêmes noms et expressément prohibées. Les rapports de ces anciennes mesures avec les mesures métriques sont les suivans :

	Mètres.
1 toise de Paris	1, 94904
1 pied, ⅙ de la toise	0, 32484
1 pouce, ¹⁄₁₂ du pied	0, 02707
1 ligne, ¹⁄₁₂ de pouce	0, 00256

	Grammes.
1 livre, poids de marc.	489, 505847
1 once, ¹⁄₁₆ de la livre.	30, 59
1 gros, ¹⁄₁₂₈ de la livre.	3, 82
1 grain, ¹⁄₇₂ du gros	0, 53

On trouve dans l'*Annuaire* du bureau des longitudes des tables de conversion de toutes les mesures anciennes en nouvelles et réciproquement. Nous nous contenterons ici de faire connaître les rapports du *mètre* avec les mesures linéaires des peuples anciens et modernes.

ANCIENNES.

		Mètres.
Perse	*Parasange* de 10000 coudées royales.	5250
	Schœne, de 20000 id.	10500
	Stathme, de 40000 id.	21000
Egypte	*Grande chaîne* ou *Plèthre* de 100 pieds.	36
	Stade, de 600 pieds	216
Rome	*Mille*	1472,3
Chine	*Tchang* ou perche	3,2
	Li, de 180 perches	576
	Póu, de 10 li	5760
	Thsan, de 8 póu	46080

MODERNES.

		Mètres.
Amsterdam	*L'aune*	0. 6903
Berlin	*L'aune ancienne*	0, 6677
	L'aune nouvelle	0, 6669
Cologne	*Aune*	0, 5752
Constantinople	*Grande mesure*	0, 6691
	Petite mesure	0, 6479
Copenhague	*Aune*	0, 6277
Dresde	*Aune*	0, 5665
Ferrare	*Brasse* pour la soie	0, 6344
	Brasse pour le coton et le fil	0, 6736
Florence	*Brasse*	0, 5942
Francfort	*Aune*	0, 5473
Gênes	*Palme*	0, 2483
Genève	*Aune*	1, 1437
Hambourg	*Aune* de Hambourg	0, 5730
	Aune de Brabant	0, 6914
Hanovre	*Aune*	0, 5840
Leipsik	*Aune*	0, 5653

		Mètres.
Lisbonne	*Vare*	1, 0929
Londres	*Yard* impérial	0, 9144
	Pole ou *perch.* (5, 5 yards)	5, 0291
	Mile (1760 yards)	1609, 3149
	Le *pied* anglais, divisé en 12 pouces, est le tiers du *yard*, il vaut	0, 3048
Lucques	*Brasse*	0, 5951
Madrid	*Vare* aune de Castille	0. 8489
Milan	*Brasse*	0, 5949
Munich	*Aune*	0, 8330
Naples	*Canne*	2, 0961
Palerme	*Canne*	1, 9423
Pétersbourg	*Archène*	0, 7115
Riga	*Aune*	0, 5482
Rome	*Canne*	1, 9920
	Brasse	9, 8482
Stockholm	*Aune*	0, 5937
Stuttgard	*Aune*	0, 6143
Turin	*Raso*	0, 5994
Varsovie	*Aune*	0, 5846
Weimar	*Aune*	0, 5640
Venise	*Brasse* de laine	0, 6834
	Brasse de soie	0, 6387
Vienne	*Aune* de Vienne	0, 7792
	Aune de la Haute-Autriche	0, 7997
Zurich	*Aune*	0, 6001

MÉTHODE. Règle particulière que l'on suit pour acquérir des connaissances.

En *Mathématiques*, on désigne spécialement sous le nom de *Méthodes*, les propositions auxiliaires ou les procédés à l'aide desquels on parvient aux propositions définitives. Par exemple, si pour démontrer le théorème de *l'équivalence entre la surface du cercle et le produit de sa circonférence par la moitié de son rayon*, on considère successivement des polygones réguliers inscrits et circonscrits et qu'on s'élève par degrés approximatifs jusqu'à la surface du cercle, on se sera servi de la méthode indirecte des anciens, nommée *Méthode d'exhaustion*. Tandis que si l'on considère immédiatement le cercle comme un polygone régulier d'un nombre indéfini des côtés pour en conclure l'expression de la surface, on aura employé la *méthode des indivisibles*.

La classification des méthodes mathématiques et la nature de la certitude que comporte leur application n'avaient point encore été l'objet de recherches philosophiques avant la publication de l'ouvrage si remarquable de M. Wronski, sur la *Philosophie de l'infini*. Ce géomètre, dont les travaux commencent une ère nouvelle pour les mathématiques, a porté dans l'examen des méthodes ces hautes considérations philosophiques auxquelles il a rattaché la science dans ces divers ouvrages. Nous ne pouvons mieux signaler l'extrême importance du point de vue supérieur où il s'est placé, qu'en rapportant ici textuellement ses principaux résultats.

Après avoir établi, de la manière la plus rigoureuse, que *l'infini* est non seulement un instrument exact des recherches mathématiques, mais encore qu'il est l'élément le plus important des vérités mathématiques elles-mêmes, et, qu'en un mot, *ce n'est que par l'infini qu'est possible la science des mathématiques*, M. Wronski partage les méthodes mathématiques en deux classes dont la première se compose des méthodes qui ne contiennent qu'*implicitement* l'idée de l'infini ; et la seconde des *méthodes infinitésimales* ou des méthodes qui contiennent *explicitement* l'infini. Ces dernières sont celles qui remontent *jusqu'aux premiers élémens* de la génération des quantités, et qui, conséquemment, nous présentent le plus haut degré d'intérêt.

« Or, dit-il, nous avons deux facultés intellectuelles distinctes qui peuvent nous conduire, plus ou moins exactement, jusqu'à ces premiers élémens de la génération des quantités : ce sont le Jugement et la Raison. »

» Le Jugement, comme faculté de transition de l'Entendement à la Raison, peut, par une espèce d'anticipation sur cette dernière, découvrir plus ou moins rigoureusement les déterminations de l'infini dans les élémens de la génération des quantités. La Raison, comme faculté de l'infini, crée elle-même ces déterminations indéfinies dans les élémens de la génération des quantités. — Ainsi, en nous servant ici de la faculté du Jugement, les méthodes fondées sur cette faculté ne peuvent que PRÉSUMER les premiers élémens de la génération dont il est question ; tandis qu'en nous servant de la faculté de la Raison, les méthodes fondées sur cette dernière faculté REPRODUISENT OU DÉTERMINENT elles-mêmes ces élémens. C'est pour cela que nous nommerons les premières *méthodes présomptives*, et les dernières *méthodes déterminatives*. — Telle est donc la première division *à priori* des méthodes mathématiques qui contiennent explicitement l'idée de l'indéfini. — Procédons à leur subdivision. »

» Dans les méthodes présomptives, qui sont fondées sur la faculté du Jugement, il paraît d'abord, en ne s'attachant qu'à la diversité des fonctions de cette faculté, qu'on pourrait procéder par deux voies différentes ; car les fonctions en quelque sorte rationnelles du Jugement, celles qui portent sur la transition entre la Raison et l'Entendement, sont de deux espèces : l'induction et l'analogie. Ces méthodes présomptives présenteraient donc, sous ce dernier point de vue, deux espèces particulières : les unes fondées sur l'induction, que, pour cela, nous nommerons *méthodes inductionnelles* ; les autres, fondées sur l'analogie, que, pour

cette raison, nous nommerons, du moins problématiquement, *méthodes analogiques*. Mais un peu de réflexion suffit pour reconnaître que les dernières de ces méthodes, les méthodes analogiques, ne sauraient exister. En effet la fonction intellectuelle, nommée analogie, sur laquelle se trouveraient fondées ces méthodes, porte essentiellement sur la spécification et non sur la généralisation de nos connaissances, c'est à dire que cette fonction sert proprement à descendre de la Raison à l'Entendement, et non à remonter de cette dernière faculté à la première ; de sorte que, par le moyen de cette fonction intellectuelle, on ne saurait nullement remonter aux premiers élémens de la génération des quantités, ce qui est l'objet général des méthodes infinitésimales. Il ne reste donc de possibles, parmi les méthodes présomptives, que les seules méthodes inductionnelles. — Poursuivons cette détermination. »

« Les méthodes inductionnelles peuvent être employées 1°. dans la géométrie, en portant sur l'idée de l'indéfini, appliquée à l'ESPACE, et 2°. dans l'algorithmie, en portant sur l'idée de l'indéfini, appliquée au TEMPS, qui est le principe des NOMBRES. — Il s'ensuit que ces méthodes, considérées par rapport à leur but, forment deux branches distinctes : *la méthode inductionnelle géométrique* et la *méthode inductionnelle algorithmique.* »

» Or, la méthode des anciens, connue sous le nom de *méthode d'exhaustion*, dont il paraît que nous devons la découverte à Archimède, n'est évidemment autre chose que la méthode inductionnelle géométrique que nous venons de déduire de principes *à priori*. »

Ayant fait remarquer que, d'après la nature de la faculté intellectuelle qui agit dans cette méthode, dont le but est de remonter aux élémens indéfinis de *l'étendue*, elle ne peut, par elle-même, conduire qu'à des vérités présomptives, d'une probabilité de plus en plus grande, mais qu'elle ne saurait conduire à des résultats rigoureux ou atteindre à la *certitude*; M. Wronski montre ensuite que la *méthode inductionnelle algorithmique* est la *méthode d'approximation* proprement dite, méthode dont nous avons exposé ailleurs le caractère distinctif. (*Voy.* APPROXIMATION.) Nous ne le suivrons pas dans les développemens, et nous passerons à ce qu'il dit des méthodes infinitésimales déterminatives.

» Nous avons déjà vu plus haut, par la déduction de ces méthodes, qu'elles sont fondées immédiatement sur l'emploi de la Raison elle-même. Il s'ensuit que les résultats auxquels conduisent les méthodes déterminatives dont il s'agit, sont d'une rigoureuse exactitude. — C'est là le caractère distinctif de ces méthodes ; et il ne nous reste pour les connaître complètement, qu'à fixer à priori les différentes voies par lesquelles la raison peut remonter aux premiers élémens de la génération des quantités, car ces différentes voies sont évidemment ce qui constitue la spécification des méthodes dont nous parlons. »

» Or, comme il ne s'agit ici que de la seule fonction de la raison qui produit l'idée de l'indéfini, il est d'abord clair que les différentes voies dont il est question, ne sauraient être fondées sur la différence des fonctions de cette faculté supérieure. De plus, il s'ensuit que la première spécification de ces voies de la raison, si elle est possible, doit être fondée sur la différence de l'emploi PUR de la raison, dans la production de l'idée de l'indéfini, et sur l'emploi de cette faculté RÉUNIE à l'entendement : de là résulterait une division des méthodes infinitésimales déterminatives dont il s'agit, en *méthodes directes* et en *méthodes indirectes*. Cette division a lieu réellement, parce que le double emploi de la Raison, sur lequel se trouve fondée cette division, a lieu effectivement. »

« Les méthodes directes qui portent sur l'emploi pur de la raison dans la production de l'idée de l'indéfini, se subdivisent naturellement en celles qui remontent aux élémens indéfinis de l'ESPACE ou de l'étendue, et en celles qui remontent aux élémens indéfinis du TEMPS ou des nombres. Les premières forment la méthode connue sous le nom de *Méthode des indivisibles*, et les dernières constituent le *Calcul différentiel*.... »

» — Confondant les applications GÉOMÉTRIQUES du calcul différentiel avec la nature même de ce calcul, qui est purement ALGORITHMIQUE, comme à l'occasion de la méthode d'exhaustion des anciens, les géomètres ont cru, encore ici, que la méthode des indivisibles et le calcul différentiel étaient identiques; et c'est, en effet, en se fondant sur cette prétendue identité, qu'ils se sont imaginé que la vraie découverte du calcul différentiel remontait à la découverte de diverses méthodes particulières des indivisibles. C'est une erreur : la méthode des indivisibles et le calcul différentiel n'ont de commun que l'idée de l'indéfini qui en est le fondement; mais ces deux méthodes diffèrent essentiellement dans leur nature propre de méthodes : l'une porte sur l'indéfini de l'espace ou de l'étendue, et l'autre sur l'indéfini du temps ou des nombres; ce qui certainement est toute autre chose, et exige des procédés essentiellement différens. Pour s'en convaincre, il suffit de considérer *in abstracto*, comme on le doit, d'une part la génération purement algorithmique des fonctions différentielles, et de l'autre part, la génération purement géométrique des élémens dits indivisibles. »

Nous abandonnerons encore ici les développemens

pour passer aux méthodes indirectes qui, ainsi qu'on vient de le voir plus haut, se trouvent fondées sur l'emploi de la Raison réunie à l'Entendement, dans la production de l'indéfini.

» — Dans la réunion de ces deux facultés intellectuelles, l'idée de l'indéfini, considérée objectivement, comme BUT de l'Entendement, se transforme en idée de la CONTINUITÉ; et considérée subjectivement comme MOYEN de l'Entendement, elle se transforme en idée de la DISCONTINUITÉ INDÉFINIE. Ainsi, les méthodes indirectes dont il s'agit, doivent, suivant cette double détermination de l'indéfini, se subdiviser en deux classes : les unes fondées sur la loi de continuité, et les autres sur la loi de discontinuité indéfinie. »

» La première classe de ces méthodes est facile à reconnaître : c'est, en effet, la méthode connue sous le nom de *Méthode des limites ou des premières et dernières raisons*. — Quant à la seconde classe, il faut, pour la reconnaître, savoir d'abord que la discontinuité indéfinie qui en est le fondement, donne, en fait d'algorithmie, la sommation indéfinie qui constitue l'algorithme technique des SÉRIES (*voy.* PHIL. DES MATH.); de sorte que, dans la détermination de la suite indéfinie des termes formant ces fonctions doivent entrer nécessairement les premiers élémens de la génération des quantités qui sont l'objet des séries. Et, en effet, comme on le sait par le théorème de Taylor et généralement par notre loi des séries, les fonctions formant les coefficiens sont des fonctions différentielles ou infinitésimales. Ainsi, la seconde classe de méthodes dont il s'agit, doit évidemment porter sur les coefficiens du développement des fonctions en séries; et, comme on peut le reconnaître maintenant avec facilité, cette seconde classe de méthodes n'est autre que la méthode connue généralement sous le nom de *Méthode de dérivation*, et particulièrement sous le nom de *Théorie des fonctions analytiques*.

» Cette déduction des deux dernières méthodes, savoir, de la méthode des limites et de la méthode de dérivation, fixe immédiatement leur véritable caractère. On voit en effet que par suite de cette déduction, le caractère commun de ces méthodes consiste en ce qu'elles n'atteignent l'indéfini que dans son RÉSULTAT (dans son application à l'Entendement), et non dans son PRINCIPE (dans la Raison elle-même). De là vient essentiellement qu'à la vérité, ces méthodes peuvent remplacer le calcul différentiel, mais qu'en elles-mêmes, elles ne sauraient être conçues ou expliquées que par le calcul différentiel. »

Les méthodes infinitésimales primitives se trouvent donc résumées dans le tableau suivant.

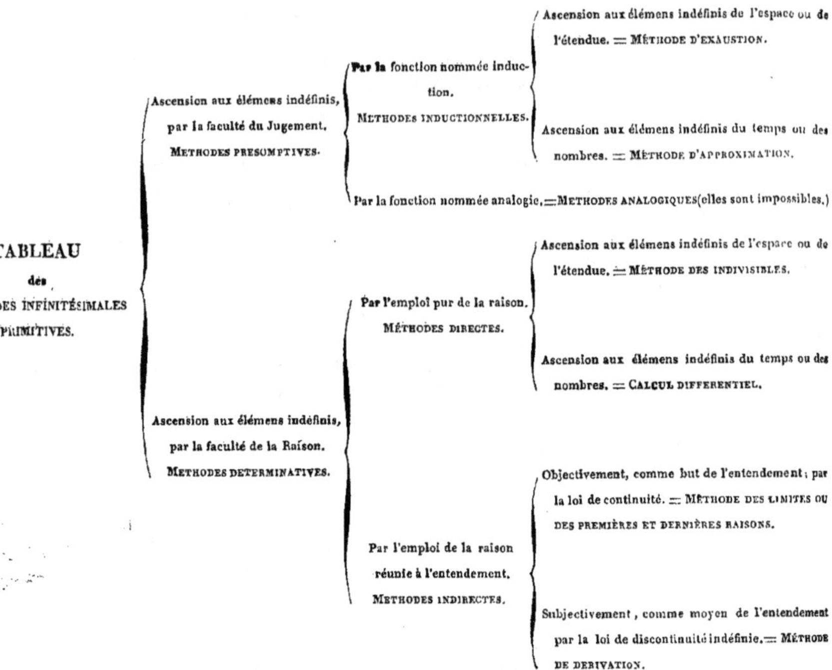

Telles sont donc, comme le dit M. Wronski, les seules méthodes infinitésimales primitives qui soient possibles. Toutes les autres méthodes infinitésimales ne peuvent être que des méthodes DÉRIVÉES de celle-ci, ou des méthodes ERRONÉES. Dans la première classe, celle des méthodes infinitésimales dérivées, se rangent l'application ou l'usage infinitésimal de la *Méthode des coefficiens indéterminés* (par exemple, la déduction que nous avons donnée par cette méthode du théorème de Taylor) (*voy.* COEFFICIENS), l'*Analyse résiduelle* de Landen, et même la *Méthode des fluxions* sous la forme de laquelle Newton avait d'abord présenté son nouveau calcul. Dans la seconde classe, celle des méthodes erronées, se trouvent le *calcul des évanouissantes*, *le système de compensation des erreurs* de Carnot, et même la *théorie des fonctions analytiques* de Lagrange, en la considérant dans son but d'*expliquer* le calcul différentiel.

METON, astronome de l'antiquité, est surtout célèbre dans les fastes de la science par le cycle lunaire de 19 ans, qui porte son nom. En l'an 430 avant Jésus-Christ, Meton avait observé un solstice à l'aide d'un gnomon qu'il avait élevé sur l'une des places d'Athènes. Ptolémée a conservé cette ancienne observation, et s'en est même servi pour établir la longueur de l'année solaire. La découverte du cycle de 19 ans, qui ramenait la nouvelle lune au même jour de l'année solaire, était une découverte assez importante dans ces temps reculés pour immortaliser son auteur. Cette gloire a été disputée à Meton, on en a fait tour-à-tour honneur à Phaïnus, à Geminus, à Philippe et à Callipe, auteur incontesté d'une autre période astronomique; mais il paraît certain qu'Euctemon, compatriote et ami de Meton, est celui des astronomes de son temps qui a eu la part la plus réelle à celui de ses travaux auquel il doit sa renommée. Meton, né à Athènes, vivait dans le v⁰ siècle avant Jésus-Christ.

MÈTRE. Base de notre système métrique. (*Voy.* MESURE.)

MICROMÈTRE (de μικρον, *petit*, et de μετρον, *mesure*). C'est un instrument que l'on place dans un télescope au foyer de l'objectif, et qui sert à mesurer de très petits angles ou de très-petites distances, comme les diamètres des planètes. Sa description se trouve dans tous les traités d'astronomie.

MICROSCOPE. (*Opt.*) (de μικρος, *petit* et de σκοπεω, *j'examine*). Appareil de Dioptrique, qui sert à grossir les objets. Il y a deux espèces de microscopes, le simple et le composé.

Le microscope simple est formé d'une seule et unique lentille ou loupe très-convexe; le microscope composé est un tube terminé par deux verres dont l'un, l'objectif, a une distance focale très-petite et dont l'autre, l'oculaire, a une distance focale plus longue. C'est l'inverse du télescope. Quelquefois cet instrument renferme plusieurs oculaires.

Le MICROSCOPE SOLAIRE n'est qu'une application de la *lanterne magique* ; il est composé d'un miroir qui reçoit les rayons du soleil, et auquel on donne une inclinaison telle qu'il le réfléchit parallèlement à l'horizon sur une grande lentille; cette lentille réunit les rayons sur un objet transparent renfermé dans un tube, au-devant duquel est un microscope simple. Les rayons qui partent de l'objet, divergent ensuite en traversant le microscope, et vont peindre en grand, sur un mur blanc placé à quelque distance, l'image de l'objet. Cet appareil doit être établi dans une chambre obscure, de manière que le miroir se trouve en dehors et qu'aucun rayon lumineux, autre que ceux qui traversent le microscope, ne puissent y pénétrer.

Le microscope à gaz, qui depuis quelques années excite la curiosité du public, est simplement un microscope solaire éclairé par la flamme d'une combinaison de gaz en état d'ignition.

MIDI. (*Ast.*) C'est le moment où le centre du soleil se trouve dans le méridien. (*Voy.* ÉQUATION DU TEMPS.)

On nomme quelquefois le sud le *midi*. (*Voy.* SUD.)

MILIEU. Nom que l'on donne en physique aux corps au travers desquels d'autres corps peuvent se mouvoir; l'air par exemple est le *milieu* dans lequel se meuvent les corps terrestres, les hommes et plusieurs animaux; l'eau est le *milieu* dans lequel se meuvent les poissons ; les corps transparens sont les *milieux* au travers desquels la lumière se meut.

MINIMUN. (*Alg.*) *Voy.* MAXIMUM.

MINUTE. (*Géom.*) C'est la soixantième partie d'un degré. (*Voy.* ce mot.)

MIROIR. (*Catop.*) Corps poli, susceptible de réfléchir les rayons de la lumière. (*Voy.* CATOPTRIQUE.)

MIXTILIGNE. (*Géom.*) On donne ce nom aux figures terminées en parties par des lignes droites et en parties par des lignes courbes.

MOBILE. (*Méc.*) Un *mobile* est tout ce qui peut être mis en mouvement. C'est le terme général dont on se sert en mécanique pour désigner les corps que l'on conçoit soumis à l'action des forces motrices.

MODULE. (*Alg.*) C'est le rapport constant qu'il y a entre le logarithme d'un nombre pris dans un système quelconque, et le logarithme naturel de ce même nombre. *Voy.* LOGARITHME.

MOINS. Mot que l'on remplace en algèbre, par le signe —, qui désigne une soustraction. Ainsi, A — B, signifie A *moins* B.

MOIS. C'est la douzième partie de l'année. (*Voy.* CALENDRIER.)

MOIVRE (ABRAHAM), géomètre distingué, naquit en 1667, à Vitry en Champagne. Il se livra de bonne heure, mais secrètement, à l'étude des mathématiques, science que son professeur particulier plaçait fort au-dessous de la connaissance du grec. Il fit ensuite ses cours de philosophie à Saumur et à Paris; et son père, cédant enfin à ses instances, lui donna Ozanam pour professeur de la science vers laquelle il était entraîné par d'heureuses dispositions naturelles. La révocation de l'Édit de Nantes força Moivre à s'expatrier; il passa en Angleterre, où il vécut du produit de l'enseignement des mathématiques, auquel il fut obligé de s'adonner. La lecture du célèbre livre des *Principes* de Newton lui fit entrevoir sous un jour tout nouveau la science, dont il croyait avoir atteint les plus hautes vérités. Ce livre devint pour lui l'objet de nouvelles et laborieuses études. Il commença alors à se faire connaître par des mémoires sur diverses branches des mathématiques, que Halley communiquait à la société royale de Londres, au sein de laquelle il fut admis en 1697. Newton lui-même, dont il se proclamait le disciple, l'honora de son amitié, et Leibnitz, qui eut occasion de le voir en Angleterre, fit d'inutiles démarches pour lui faire obtenir une chaire dans l'une des universités d'Allemagne. Moivre fut, quelques années après, désigné parmi les commissaires choisis par la société royale de Londres pour prononcer sur la contestation élevée entre Leibnitz et Newton au sujet du calcul intégral. Ce fut vers ce temps que Moivre publia son traité du calcul des probabilités. Nous exposerons ailleurs la méthode qu'il a suivie dans cette branche intéressante de la science des nombres. (*Voy.* PROBABILITÉS.) Moivre parvint à une extrême vieillesse; il mourut le 29 novembre 1754, à l'âge de quatre-vingt sept ans. Peu de temps avant sa mort, l'Académie des sciences de Paris l'avait reçu au nombre de ses membres; il faisait partie de celle de Berlin. Il existe dans les *Transactions philosophiques* de nombreux mémoires de Moivre. Il a laissé en outre : 1° *The doctrine of chances*, Londres, 1716, 1738, 1756 : cette dernière édition posthume du *Traité des probabilités* de Moivre est la plus complète; 2° *Miscellanea analytica de seriebus et quadraturis*, Londres, 1730, in-4, ouvrage remarquable, dans lequel Moivre a déposé le recueil de ses découvertes et des méthodes qu'il avait employées pour y parvenir; 3° *Annuities on lives* (des rentes à vie), *ib.*, 1724, 1742, 1750, in-8. Moivre a revu et publié la traduction latine de l'optique de Newton.

MOMENT. (*Méc.*) On nomme généralement, en statique, *moment d'une force* le produit de cette force par une droite.

Il y a différentes espèces de *momens*, suivant la nature de la droite qui sert de facteur. Ainsi, lorsque le *moment* d'une force est rapporté à un plan ou à une droite, ce facteur est la perpendiculaire, abaissée du point d'application de la force, sur le plan ou la droite; lorsque le *moment* est rapporté à un point, que l'on nomme alors *centre des momens*, ce facteur est la perpendiculaire abaissée du centre des momens sur la direction de la force.

La théorie des momens forme une partie importante de la statique. (*Voy.* ce mot.)

MONGE (Gaspar), l'un des plus célèbres et des plus savans géomètres modernes, naquit à Beaune en 1746. L'histoire de la science ne retrace que peu de carrières marquées par autant de travaux, d'activité et de succès que celle de cet illustre professeur, dont le nom sera à jamais populaire en France. Le père de Monge n'était qu'un pauvre marchand forain, mais c'était en même temps un homme de bon sens qui ne négligea rien pour l'instruction de ses trois fils que des dispositions communes entraînaient vers les sciences. La supériorité que manifesta bientôt le jeune Gaspar et la célébrité qu'il a depuis acquise ont fait oublier ses deux frères, dont l'un a été examinateur de la marine, et l'autre professeur d'hydrographie à Anvers. Du collége des Oratoriens, de Beaune, où il reçut les premières notions des mathématiques, Monge fut envoyé à celui de Lyon, tenu par les religieux du même ordre, pour y achever ses études. A seize ans, il prit place à côté de ses maîtres, et occupa une chaire de physique. Un officier supérieur du génie ayant vu le plan de Beaune, que Monge avait levé sur de larges dimensions, sans le secours des instrumens les plus indispensables, le recommanda au commandant de l'école de Metz, fondée pour les officiers de cette arme. Malheureusement les institutions du temps ne permettaient point à Monge d'y être reçu comme élève. L'humble naissance et la pauvreté de ce jeune homme déjà si remarquable, étaient des obstacles alors invincibles. Néanmoins il consentit à y entrer comme élève conducteur de travaux, et dessinateur. Le génie de Monge s'indignait de l'obscurité à laquelle le condamnait les pratiques spéciales auxquelles il était destiné. Mais dans cette situation même, il ne tarda pas à trouver un moyen de débuter avec éclat dans la carrière des découvertes. Aux longs calculs que nécessitait une opération de défilement, il substitua une méthode géométrique et générale, non moins sûre, mais plus expéditive, pour arriver à la solution du problème. Il n'avait alors que dix-neuf ans, et Bossut, qui professait les mathématiques à Mé-

zières, l'accepta pour son suppléant, et bientôt après il remplaça l'abbé Nollet dans sa chaire de physique. Dès ce moment, le jeune Monge, maître de son avenir et délivré désormais des conditions humiliantes qui avaient entravé ses premiers pas dans la carrière, s'abandonna à toutes les inspirations de son génie. Il y a entre lui et l'illustre Leibnitz ce point de conformité que tous deux dédaignant de suivre dans les livres de leurs devanciers ou de leurs contemporains la marche de la science, s'exposèrent à se voir enlever ou disputer la priorité des vérités qu'ils avaient recueillies. Ainsi Monge découvrit la production de l'eau par la combustion de l'air inflammable, sans savoir qu'il avait été prévenu par Cavendish dans cette importante découverte. Il se livrait en même temps, à cette époque, à des recherches curieuses sur les gaz, l'attraction moléculaire, les effets d'optique, l'électricité, la météorologie, et jetait en mathématiques les premiers fondemens de cette doctrine neuve et féconde, qui a reçu le nom de *Géométrie descriptive*, et dont la production est un de ses principaux titres à l'admiration de la postérité.

Le génie de Monge était essentiellement synthétique, c'est le caractère de ses ouvrages et de ses découvertes. Tout abréger pour tout embrasser d'un coup d'œil, tout résumer pour exprimer tout dans une pensée, telle est la formule constante qu'on le voit employer dans ses travaux. Une telle disposition d'esprit lui rendait presque désagréable l'exposition écrite de ses recherches scientifiques; et ce fut la nécessité de se faire des titres aux honneurs académiques qui le détermina d'abord à publier divers mémoires sur le calcul intégral. Ce fut seulement en 1780 que Monge, déjà célèbre, fut nommé membre de l'Académie des sciences. Cet esprit ardent et fier, qui avait eu à souffrir dans sa jeunesse de l'injustice des préjugés et des vices des institutions vieillies de son pays, accepta, avec l'enthousiasme qui le distinguait, les espérances que la révolution française inspira quelque temps aux meilleurs esprits. Nous n'avons point à nous occuper ici de la carrière politique de Monge, quoique l'homme public n'eût jamais fait oublier en lui le savant, et il nous suffira de dire que dans les grandes circonstances où se trouva la France, quand Monge fut appelé au pouvoir, il se montra constamment digne des respects qui entourent sa mémoire, aujourd'hui que le temps commence à effacer les fâcheuses impressions de l'esprit de parti. Il n'est pas vrai que Monge ait coopéré par aucun vote à la mort de Louis XVI. Nommé ministre de la marine lors de l'insurrection du 10 août, il l'était encore au moment de cet évènement douloureux, et c'est seulement comme membre du gouvernement qu'il dut concourir avec ses collègues à l'exécution de l'arrêt de la Convention. Mais les actes personnels de ce savant, à cette désastreuse époque, le lavent d'ailleurs complètement des injustes accusations que ses fonctions politiques lui attirèrent plus tard, en le montrant digne, sous tous les rapports, de la reconnaissance de la France. C'est à son activité et à son génie que la république dut le rétablissement de la marine ; et d'ailleurs, désabusé de bonne heure des espérances qui l'avaient entraîné dans le mouvement de la révolution, il donna sa démission au mois d'avril 1793. Monge s'empressa néanmoins de répondre à l'appel que la Convention fit aux savans, quand le territoire de la France fut menacé d'une invasion européenne. Il a contribué pour une grande part à ce déploiement extraordinaire de force, qui fera l'étonnement de la postérité et qui sauva alors le pays de malheurs plus grands que ceux qu'il eut à supporter. Monge passait les jours et les nuits dans les manufactures d'armes, les fonderies, les foreries, les poudrières, à surveiller les travaux, à en simplifier l'exécution. C'est dans cette période de sa vie, dont l'activité est presque incroyable, qu'il trouva les moyens de publier *l'art de fabriquer les canons*, une instruction sur la *fabrication de l'acier*, et enfin sa *Géométrie descriptive*. C'est à Monge qu'on doit le rétablissement de l'instruction publique en France, c'est par son influence et d'après ses plans que furent successivement fondées les écoles Normale et Polythecnique. C'est à son expérience des procédés mécaniques qu'on doit le déplacement des chefs-d'œuvre de l'Italie, qui vinrent orner les Musées de la France. Ces travaux si divers, et dont les résultats étaient si faciles à apprécier, acquirent à Monge une grande influence politique, et à son nom une popularité éclatante ; deux fois à cette époque il fut porté comme candidat au Directoire. Mais alors l'enthousiasme de Monge avait changé d'objet, et il s'était attaché au jeune conquérant de l'Italie, avec une sincérité qui ne se démentit jamais. Il fit partie de l'Institut d'Egypte ; et, après s'être distingué dans cette mémorable expédition, par son zèle pour la science, il revint paisiblement reprendre sa place de professeur à l'école Polytechnique dont les élèves le saluèrent du titre de père. Ce fut pour lui un chagrin bien amer que l'organisation militaire qui changea, sous Napoléon, l'esprit et le but de cette glorieuse institution. Monge lutta vivement, dans cette circonstance, contre la volonté de son héros, et, ne pouvant triompher de son obstination, il abandonna son traitement de professeur aux élèves peu favorisés de la fortune, que des réglemens absurdes auraient éloignés de l'école. L'admiration de Monge pour Napoléon ne fut point une de ces palinodies honteuses et serviles qui font tant de taches dans l'histoire moderne. Son caractère noble et désintéressé ne se démentit jamais, et ce fut au nom de leur ancienne amitié que l'empereur parvint à triompher de son abnégation et à lui faire accepter les honneurs dont il l'accabla. Monge fut successivement pro-

mu à la dignité de sénateur, à celle de comte de Peluse, il reçut le cordon de grand-officier de la légion d'honneur et de la Réunion, et fut pourvu d'un riche majorat en Westphalie. La chute de l'Empire, la dislocation de l'école Polytechnique, le bannissement des conventionnels, la radiation aussi injuste qu'arbitraire de l'Institut, le frappèrent au cœur ; il tomba dans une profonde mélancolie, et ne fit plus que mener une existence pénible et souffrante jusqu'au 28 juillet 1818, où il mourut vivement regretté de ses nombreux amis, et emportant dans la tombe l'estime de ses ennemis politiques. Les bornes qui nous sont imposées ne nous ont pas permis de donner plus de développemens à ce rapide énoncé de la vie et des travaux de Monge ; il est heureusement de ce petit nombre d'hommes dont le nom rappelle l'illustration, et qui, faisant partie des gloires d'un pays, n'a besoin que d'être prononcé. Monge a publié séparément : I. *Traité élémentaire de statique*, Paris, 1786, in-8°, *ib.* 1819, 5ᵉ édition. II. *Description de l'art de fabriquer les canons*, Paris, an II, in-4°. III. *Leçons de géométrie descriptive*, Paris, an III, *ib.* 1813, in-8°, 3ᵉ édit. IV. *Application de l'analyse à la géométrie des surfaces du premier et du deuxième degré*, 4ᵉ édit., Paris, 1809 in-4°. On trouve dans la *Collection des savans étrangers*, et dans les *Mémoires de l'Institut et de l'Académie des sciences*, de nombreux mémoires de Monge sur les diverses branches des sciences mathématiques et physiques. (*Voy.* l'*Eloge de Monge*, par Berthollet, et *Essai historique sur les services et les travaux scientifiques de Monge*, par le baron Dupin.)

MONOCORDE. (*Acoust.*) Instrument composé d'une seule corde sonore dont les anciens se servaient pour déterminer les rapports numériques des *sons*. Nous avons donné ces rapports au mot HARMONIQUE.

MONOME. (*Alg.*) Quantité composée d'une seule partie ou d'un seul terme, comme a^2, ax, $a^2b.c$, etc. (*Voy.* BINOME.)

MONTUCLA (JEAN ÉTIENNE). Ce savant historien des sciences mathématiques, naquit à Lyon en 1725, il fit ses études au collége des Jésuites en cette ville, et s'y distingua de bonne heure par son application à l'étude et l'éclat de ses progrès. Il manifesta surtout des dispositions remarquables pour la science dont il entreprit plus tard d'écrire l'histoire, et pour la langue étrangère qu'il apprenait avec une merveilleuse facilité. Montucla était d'une famille pauvre, il demeura orphelin à seize ans, et vint à Paris pour perfectionner son éducation. Dans un âge si tendre, l'étendue de ses connaissances et la bienveillance de son caractère, appelèrent sur lui l'intérêt de plusieurs savans, tels que d'Alembert, Cochin, Leblond etc. : leurs conseils et leur appai lui furent également utiles. Admis à la rédaction de la *Gazette de France*, journal qui avait alors une grande célébrité littéraire, et désormais à l'abri du besoin, il commença à rassembler les matériaux de son *Histoire des mathématiques*, ouvrage aussi vaste qu'important, que son érudition et ses connaissances approfondies des théories les plus élevées de cette science, le rendaient apte à accomplir : la première édition parut en 1758. On admire dans ce livre l'étendue des recherches et la clarté avec laquelle sont exposées les découvertes successives opérées dans les sciences. Néanmoins le plan général de l'ouvrage, le meilleur et le plus complet que nous possédions encore sur cet intéressant sujet, n'est pas à l'abri de tout reproche. Peut-être le récit est-il trop souvent interrompu par de longues dissertations et des expositions de théorie dont l'auteur avait seulement à constater l'origine, la marche et les progrès. Il serait à désirer aussi qu'un pareil travail se fît remarquer par des aperçus généraux plus philosophiques, et une classification plus chronologique et plus méthodique des faits. Il est aussi intéressant qu'instructif, en effet, de suivre les développemens de l'esprit humain dans leur ensemble; et la grande leçon qui doit ressortir de ce merveilleux tableau, est beaucoup moins facile à saisir, quand on est obligé de remonter le cours des siècles pour chacune des branches du savoir. Montucla travaillait à la seconde partie de cet ouvrage, quand après de longues vicissitudes, il mourut à Versailles le 18 décembre 1799. Ce fut Lalande qui se chargea de terminer l'œuvre de Montucla, et il faut avouer qu'il n'a pas toujours été aussi heureux que son ami; les deux derniers volumes auxquels il a eu quelque part, sont très inférieurs aux deux premiers, sous tous les rapports. Néanmoins, l'*Histoire des mathématiques* de Montucla, restera comme un rare monument d'érudition et de savoir, en attendant que cet important sujet soit de nouveau traité par quelque habile écrivain qui ne recule pas devant les difficultés sans nombre d'un pareil travail. Montucla était membre de l'Académie de Berlin et de l'Institut depuis sa création. Outre l'ouvrage dont nous venons de parler, on a de lui : I. *Histoire des recherches sur la quadrature du cercle*, Paris, 1754, in-12. II. *Récréations mathématiques d'Ozanam*, nouv. édit., 1778, 4 vol. in-8°. (Ce titre porte, par M. C. G. F. ce qui signifie Chanla, géomètr forésien; c'est le nom d'un petit domaine que les parens de Montucla avaient possédé dans le Forez.) *Voy.* le deuxième volume de l'Histoire des mathématiques, en tête duquel est le portrait de Montucla et un extrait de son éloge, par Savinien Leblond.

MOTEUR. On donne ce nom à tout ce qui produit un mouvement. Dans une montre, par exemple, c'est le ressort qui est le *moteur*; dans une horloge, c'est le poids; dans un moulin, c'est l'eau ou le vent, etc.

MOUFFLE. (*Méc.*) Machine composée d'un assemblage de poulies, dont les unes sont fixes et les autres mobiles, qui sert pour élever de grands fardeaux. Nous en donnerons la théorie au mot POULIE.

MOUVEMENT. (*Méc.*) Etat d'un corps dont la distance par rapport à un point fixe change continuellement. (*Voy.* MÉCANIQUE.)

La matière inorganique n'étant pas susceptible de déterminations intérieures, tout mouvement suppose une force extérieure qui le produit; comme aussi toute interruption de mouvement suppose une force contraire qui le détruit, car la matière ne peut par elle-même changer son état. Cette persévérance des corps matériels dans leur état de repos ou de mouvement, est fondée sur la loi *d'inertie*, laquelle ne résulte pas seulement de *l'indifférence* de la matière pour un état quelconque, mais bien des forces primitives qui la constituent. (*Voy.* NATURE.)

Tout mouvement peut être considéré sous le rapport de sa *direction*, c'est-à-dire, sous le rapport de l'espace décrit comme tendance vers un même point. Si le corps en mouvement n'obéit qu'à une seule force ou à plusieurs semblablement dirigées, il se meut d'un *mouvement simple*, et sa direction est une *ligne droite*. Si le mouvement est produit par l'action simultanée de plusieurs forces différemment dirigées, il devient *composé* et s'exécute suivant une direction moyenne entre toutes celles des forces concourantes, et cette direction est encore une ligne droite lorsque le rapport des forces ne change pas pendant toute la durée du mouvement; mais si ce rapport varie, la direction varie elle-même; le mouvement s'effectue alors dans une ligne courbe ou suivant des portions de lignes droites, formant ensemble des angles plus ou moins obtus. Pour rendre ceci plus sensible, considérons un point matériel A, soumis à l'action de deux forces; dont l'une tend à lui faire prendre la direction AM, et l'autre, la direction AN. (Pl. 47, *fig.* 2.) Si nous représentons par AC l'intensité de la première force ou l'espace qu'elle tend à faire parcourir au point A dans l'unité de temps, par AD, l'intensité de la seconde force, et que nous construisions le parallélogramme ABCD, la direction réelle du point A sera la diagonale AB, dont la grandeur représentera en même temps l'intensité de la force unique que l'on peut supposer remplacer les deux forces en question. (*Voy.* FORCE.) Or, si le rapport des deux forces primitives est invariable, le point A continuera à se mouvoir dans la direction AP, c'est-à-dire toujours en ligne droite : mais si, au contraire, le rapport des forces varie et qu'au point B, l'intensité de la première force étant toujours BC' on AC, celle de la seconde devienne BD', on devra considérer, à ce point B, le point matériel comme soumis à l'action des deux forces BC' et BD', ou seulement à celle de leur résultante BB', ainsi la direction du mouvement qui avait lieu suivant la droite AB se brisera en B pour devenir BB' et ainsi de suite. Il devient donc évident que dans le cas où le rapport des deux forces changerait à chaque instant, la direction varierait également à chaque instant et que l'espace décrit serait une ligne courbe ; ce que nous venons de dire pour deux forces s'applique sans difficulté à un nombre quelconque de forces.

Le mouvement en ligne courbe ne peut donc jamais être l'effet d'une seule force : il ne suffit pas même qu'il y en ait plusieurs qui agissent en même temps, il faut encore que ces forces changent de rapports entre elles.

MOUVEMENT UNIFORME. C'est celui dont la vitesse est toujours la même, c'est-à-dire, dans lequel des espaces égaux sont décrits dans des temps égaux. — Les forces qui produisent de tels mouvemens sont elles-mêmes *uniformes*.

MOUVEMENT VARIÉ. C'est celui dont la vitesse varie ou dans lequel des espaces inégaux sont décrits dans des temps égaux. De tels mouvemens sont produits par des forces dont l'intensité varie. (*Voy*. ACCÉLÉRÉ.)

MOUVEMENT RECTILIGNE. Celui qui s'effectue en ligne droite.

MOUVEMENT CURVILIGNE. Celui qui s'effectue en ligne courbe.

MOUVEMENT CIRCULAIRE. (*Voy*. CENTRAL.)

MOUVEMENT DE ROTATION. (*Voy*. ROTATION.)

MOUVEMENT ABSOLU et RELATIF. (*Voy*. MÉCANIQUE.)

En *astronomie*, le mouvement reçoit diverses qualifications telles que *diurne, annuel, horaire, sidéral*, etc. (*Voy*. ces mots.)

MOYEN. En *astronomie*, ce terme s'applique à toutes les quantités qui sont également différentes, ou qui tiennent le milieu, entre les plus grandes et les plus petites valeurs dont se trouvent susceptibles les mêmes objets. Ainsi on dit le mouvement *moyen*, le lieu *moyen*, la parallaxe *moyenne*, le temps *moyen*, l'anomalie *moyenne*, le diamètre *moyen*, etc. (*Voy*. PLANÈTE, et les divers articles qui se rapportent à ces mots.)

MOYEN PROPORTIONNEL OU MOYENNE PROPORTIONNELLE. (*Alg*.) Lorsque dans une proportion le *conséquent* du premier rapport est égal à l'*antécédent* du second, la quantité commune qui forme ces deux termes prend le nom de *moyenne proportionnelle, arithmétique* ou *géométrique*, selon la nature de la proportion. *Voy*. PROPORTION.

MOYENNE ET EXTRÊME RAISON. On dit qu'une quantité est partagée en *moyenne et extrême raison*, lorsqu'une de ses deux parties est moyenne proportionnelle géométrique entre la quantité entière et son autre partie. (*Voy*. APPL. DE L'ALG. A LA GÉOM. , 14.)

MULLER (JEAN), géomètre et astronome célèbre du xve siècle, plus connu sous le nom de REGIOMONTANUS, naquit au village d'Unfind, près Kœnisberg, ville de la Saxe Hildburghausen, le 6 juin 1436. Il fit ses études à Leipzig, où son penchant pour l'astronomie se manifesta de bonne heure ; à quinze ans il partit pour Vienne où Purbach, enseignait avec éclat cette science à l'Université de cette ville. Le jeune professeur accueillit avec intérêt le jeune disciple, qui se présentait à lui avec des connaissances déjà assez étendues, pour qu'il pût l'associer bientôt à ses travaux. Ils observèrent ensemble quelques éclipses et une conjonction de mars, qui leur donna l'occasion de réformer quelques erreurs des tables alphonsines. Le cardinal Bessarion avait demandé à Purbach un abrégé de l'*Almagiste*, en langue latine; cet astronome attachait aussi lui-même une grande importance à ce travail ; mais il mourut tout-à-coup à l'âge de trente-neuf ans, laissant à Muller son disciple et son ami, le soin de continuer cette entreprise. Ils avaient dû faire ensemble le voyage d'Italie, pour s'y fortifier dans la connaissance de la langue grecque; car c'était à cette époque que les savans de la Grèce, après le désastre de leur patrie, cherchaient de toutes parts un refuge en Italie : Muller fit seul le voyage. C'est dans ce pays qu'il entreprit ce nombre prodigieux de travaux scientifiques qui étonnaient l'imagination par la multiplicité des connaissances et l'activité surhumaine qu'ils supposent dans leur auteur. Le simple énoncé des ouvrages de Muller, dépasserait de beaucoup les bornes de cette notice : il nous suffira, pour attester les services qu'il a rendus à la science, de donner la liste de ceux qui ont été imprimés. Purbach et Regiomontanus sont incontestablement les régénérateurs de l'astronomie moderne; et si la mort ne les eût frappés tous deux à la fleur de l'âge, il est probable que la réformation complète de cette science eût été le résultat de leurs travaux. Tous deux avaient reconnu les impossibilités et les invraisemblances des hypothèses de Ptolémée, ils avaient médité profondément sur la simplicité majestueuse du système de Pythagore; mais la gloire de reconnaître le mouvement de la terre et d'en faire la base de l'astronomie, était réservée à un autre. Au nombre des services que Regiomontanus a rendus à la science, il ne faut pas oublier la fondation de la célèbre imprimerie qu'il fonda à Nuremberg, et qu'il trouva le temps de diriger, sans cesser de se livrer à l'observation et à la rédaction de ses écrits. Cet illustre savant, à peine âgé de quarante ans, mourut à

Rome le 6 juillet 1476, laissant inaccomplis une foule de grands desseins, dont la seule pensée honore son génie. Il fut enterré au Panthéon. Voici d'après Delambre, la liste la plus complète qu'on ait publiée des écrits de Jean Muller. I. *Joannis Regiomontani ephemerides astronomica, ab anno 1475, ad annum 1506*, Nuremberg, in 4°. II. *Disputationes contrà Gherardi cremonensis in planetarum theoricas deliramenta ib.* 1474, in-folio. III. *Tabula magna primi mobilis cum usi multiplici, rationibusque certis*, ib. 1475. IV. *Fundamenta operationum quæ fiunt per tabulam generalem*, Neubourg 1557. V. *Kalendarium novum*, Nuremberg, 1476 in-4°. (*Voy.* relativement à ce calendrier, l'*Histoire de l'astronomie au moyen âge* par Delambre, qui en donne dans cet ouvrage une description détaillée et curieuse.) VI. *Tabulæ directionum præfectionumque*, Venise 1485 in-4°. (Réimprimé depuis plusieurs fois avec une table des sinus, etc. VII. *Almanach ad annos 18 ab anno* 1489. VIII. *J. R et Georgii Purbachii epitoma in almagestum Ptolemæi*, Venise, in folio, 1496. IX. *Ephemerides incipientes ab anno* 1473, Venise, 1498, in-4°. X. *Tabulæ eclipsium Purbachii; tabulæ primi mobilis à Monteregis, ib.* in folio 1515. XI. *Problemata XVI de cometæ longitudine, magnitudine et loco vero*, Nuremberg 1531. XII. *Problemata XXIX sapheæ nobilissimi instrumenti à J. de Monteregio, ib.* 1534. C'est la description d'un instrument que Muller appelle *saphie* et qui ressemble beaucoup à l'analemme. XIII. *Observationes 30 annorum à Joann. Regiomontano et B. Walthero Norimbergæ habitæ... scripta clarissimi mathematici de torqueto, astrolabio armillari, regulá magná Ptolemaica, baculoque astronomico, ib.* 1544 in-4°. Snellius a donné, avec quelques changemens dans le titre, une édition plus correcte de cet ouvrage. Leyde, 1618. XIV. *De triangulis planis et sphericis libri V unà cum tabulis sinuum*, sans date, etc. (*Voy.* vie de Regiomontanus par Gassendi.)

MULTINOME. (*Alg.*) (*Voy.* POLYNOME.)

MULTIPLE. (*Al.*) Un nombre qui en renferme un autre comme facteur est dit *multiple* de cet autre. Ainsi 8 est *multiple* de 4; 15 est *multiple* de 5, etc. En général, si l'on a M = P.Q, M est *multiple* de P ou de Q.

Un POINT MULTIPLE, en géométrie, est un point commun d'intersection de plusieurs branches d'une même courbe qui se coupent. (*Voy.* POINT.)

MULTIPLICANDE. Nom que l'on donne en arithmétique à l'un des deux facteurs qui entrent dans un produit, c'est celui qui est considéré comme devant être multiplié par l'autre.

MULTIPLICATEUR. Nombre par lequel on multiplie un autre nombre qui reçoit le nom de *multiplicande*. (*Voy.* MULTIPLICATION.)

MULTIPLICATION. (*Alg.*) Une des six opérations élémentaires fondamentales de la science des nombres. Elle a pour objet de trouver le *produit* de *deux facteurs*. (*Voy.* NOTIONS PRÉLIM. 3.)

1. Considérée dans son origine et d'une manière purement arithmétique, la multiplication est un procédé de calcul à l'aide duquel on obtient la *somme* de plusieurs nombres égaux d'une manière plus prompte que par l'*addition* de ces nombres. En examinant une telle addition, par exemple :

$$8+8+8+8+8 = 40$$

on voit que la *somme* 40 est formée de 5 fois le nombre 8, c'est-à-dire qu'elle est entièrement déterminée par les deux nombres 5 et 8. De même, l'addition successive de 634, *neuf* fois avec lui-même donnant 5706, il est évident que ce dernier nombre est encore entièrement déterminé par les deux nombre 634 et 9. Or, trouver d'une manière directe le nombre qui se trouve ainsi déterminé par le concours de deux autres nombres, sans passer pour une addition successive, c'est proprement le but de la *multiplication*. Alors, on ne dit plus que 8 ajouté *cinq* fois à lui-même donne 40 pour *somme*, ou que 634 ajouté *neuf* fois à lui-même donne 5706 pour *somme*, mais que 8 *multiplié par* 5 donne 40 pour *produit*, ou que 634 *multiplié par* 9 donne 5706 pour *produit*. Examinons donc comment le procédé suivi dans l'*addition* pourra nous conduire au procédé qu'il faut suivre dans la *multiplication*, ce dernier ne pouvant être qu'une généralisation du premier. Pour cet effet, ayant écrit, comme il suit, *neuf* fois 634,

634
634
634
634
634
634
634
634
634
—————
Somme = 5706

et procédant à l'*addition*, nous remarquerons que, la colonne des unités n'étant composée que d'un même chiffre 4, au lieu de dire 4 et 4 font 8, 8 et 4 font 12, 12 et 4 font 16, etc., on pourrait dire tout de suite *neuf* fois 4 font 36, et alors écrire 6 sous la colonne des *unités* et retenir 3 pour ajouter à la somme de la colonne des *dixaines*. Par la même raison, au lieu d'effectuer succesvement l'addition des chiffres de la colonne des dixaines, on peut dire tout de suite *neuf* fois 3 font 27, ce qui, avec 3 de retenus, font 3o ; ainsi posant *zéro* sous la colonne des dixaines, on retiendra de nouveau 3 pour ajouter avec les centaines dont la somme peut de même s'obtenir immédiatement en disant *neuf* fois 6 font 54 et 3 de retenus , 57, qu'on écrit pour terminer l'opération. On pouvait donc se dispenser d'écrire *neuf* fois le nombre 634 ; il suffisait de l'écrire une seule fois, en plaçant 9 au-dessous pour indiquer la nature du procédé que nous venons de suivre; on aurait eu simplement, de cette manière ,

$$634$$
$$9$$
Produit. $= 57o6$

2. Ce procédé que nous étendrons plus loin à des nombres quelconques, suppose que l'on connaît immédiatement *neuf* fois 4, *neuf* fois 3 et *neuf* fois 6, ou, généralement, les *produits* des nombres simples entre eux , c'est-à-dire les produits des nombres 1, 2, 3, 4, 5, 6, 7, 8, 9. Ainsi il faut d'abord construire ces produits simples , car sur cette construction seule repose la possibilité du procédé abrégé d'*addition* qui constitue la *multiplication*.

Le premier moyen qui se présente à l'esprit pour construire le produit de deux nombres simples tels que 5 et 4, est d'ajouter 5 *quatre* fois à lui-même, la somme 20 de cette addition,

$$5 + 5 + 5 + 5 = 2o,$$

étant une fois fixée dans la mémoire on n'aura plus besoin de recommencer cette opération. Ainsi il ne s'agirait donc que de construire, une fois pour toutes , tous les produits de *deux à deux* des chiffres simples de notre système de numération , ou de tout autre système dont on voudrait se servir. Mais il existe un moyen plus simple de former ces produits les uns au moyen des autres, en procédant comme il suit :

Ayant écrit les neuf chiffres simples de notre système de numération sur une même colonne horizontale , on ajoutera successivement chacun de ces chiffres à lui-même et on écrira les résultats au-dessous, sur une seconde colonne , ce qui donnera

1, 2, 3, 4, 5, 6, 7, 8, 9.
2, 4, 6, 8, 10, 12, 14, 16, 18.

Chaque nombre de cette seconde colonne sera le *produit* du chiffre correspondant de la première par 2.

En ajoutant successivement chaque chiffre de la première colonne avec le nombre qui lui correspond dans la seconde, on formera une *troisième* colonne qui contiendra évidemment les produits des chiffres de la première par 3.

1, 2, 3, 4, 5, 6, 7, 8, 9.
2, 4, 6, 8, 10, 12, 14, 16, 18.
3, 6, 9, 12, 15, 18, 21, 24, 27.

En ajoutant successivement de nouveau chacun des chiffres de la première colonne avec le nombre qui lui correspond dans la troisième, on formera une *quatrième* colonne qui contiendra les produits par 4 de ces chiffres simples. Continuant toujours de la même manière, on construira définitivement la table suivante, dans laquelle tous les produits de deux à deux des chiffres simples se trouvent réunis.

1	2	3	4	5	6	7	8	9
2	4	6	8	10	12	14	16	18
3	6	9	12	15	18	21	24	27
4	8	12	16	20	24	28	32	36
5	10	15	20	25	30	35	40	45
6	12	18	24	30	36	42	48	54
7	14	21	28	35	42	49	56	63
8	16	24	32	40	48	56	64	72
9	18	27	36	45	54	63	72	81

Il résulte visiblement de la construction de cette table, attribuée à Pythagore, que pour trouver le produit de deux chiffres simples 7 et 8 par exemple , il faut commencer par chercher 7 dans la première colonne horizontale et descendre verticalement jusqu'à la *huitième* colonne horizontale; le nombre 56 que l'on trouve au-dessous de 7 dans cette huitième colonne est le produit de 7 par 8. On aurait obtenu le même résultat en prenant d'abord 8 dans la première colonne et en descendant à la septième, parce que 8 multiplié par 7, ou 7 multiplié par 8 sont la même chose. (*Voy.* ALGÈBRE, 7.)

3. Les produits des nombres simples étant ainsi connus, rien n'est plus facile que de faire une multiplication. Soit par exemple à multiplier 48654 par 5, nous aurons, en nous servant des désignations consacrées ,

48654...... *multiplicande.*
5...... *multiplicateur.*

243270...... *produit.*

C'est-à-dire, qu'après avoir écrit 5 sous 48654 , on dit : 5 fois 4 font 20, je pose o et retiens 2 ; 5 fois 5 font 25 et 2 de retenus font 27, je pose 7 et retiens 2 ; 5 fois 6 font 3o et 2 de retenus font 32 , je pose 2 et retiens 3; 5 fois 8 font 4o et 3 de retenus font 43 , je pose 3 et retiens 5; enfin, 5 fois 4 font 20 et 4 de retenus font 24, je pose 24. D'où il résulte que 5 fois 48654 est égal à 243270.

4. Pour multiplier un nombre quelconque par 10, il suffit d'écrire un *zéro* à sa droite, c'est ainsi que 48×10 devient 480. La raison de cette règle est évidente, car chacun des chiffres qui composent le nombre proposé étant reculé d'un rang vers la gauche acquiert une valeur relative dix fois plus grande que celle qu'il avait, et par conséquent le nombre lui-même devient dix fois plus grand ou se trouve multiplié par 10. Par la même raison, pour multiplier par 100, ou par 1000, ou par 10000, etc., on écrit à la droite du multiplicande, *deux*, ou *trois*, ou *quatre*, ou etc., zéros. Donc

$$48 \times 100 = 4800, \; 48 \times 1000 = 48000, \text{ etc.}$$

5. Si l'on avait à multiplier 54 par 30, on multiplierait simplement 54 par 3 et l'on placerait un zéro devant le produit 162, qui deviendrait ainsi 1620, car il est évident qu'en opérant de cette manière, le nombre 54 se trouve multiplié par 30, puisque 1620 est 10 fois 162, qui est trois fois 54, ou 10 fois 3 fois 54, c'est-à-dire 30 fois 54.

On aurait de même $54 \times 300 = 16200$, $54 \times 3000 = 162000$, etc., et ainsi de suite. En général, *pour multiplier par un chiffre simple précédé d'un nombre quelconque de zéros, on fait d'abord l'opération comme si le chiffre n'exprimait que des unités; et ensuite on écrit à la droite du produit autant de zéros qu'il y en a avant ce chiffre.*

6. Lorsque le multiplicateur contient plusieurs chiffres significatifs, l'opération se complique, mais le procédé se dérive encore facilement de celui de l'addition.

Pour multiplier, par exemple, 5634 par 425, il faut remarquer que cette opération est la même chose que celle d'ajouter 5634, 425 fois à lui-même ; or, prendre 425 fois 5634, c'est comme si on le prenait séparément 400 fois, 20 fois et 5 fois, et qu'ensuite on ajoutât les trois sommes partielles pour obtenir la somme totale ou 425 fois 5634. Multiplier par 425 revient donc à multiplier successivement par 5, par 20 et par 400, et l'on opérera de la manière suivante :

$$
\begin{array}{r}
5634 \\
425 \\
\hline
28170 \\
112680 \\
2253600 \\
\hline
2394450
\end{array}
$$

Après avoir écrit 425 sous 5634, on commencera par multiplier par 5 et on écrira le produit en le formant comme ci-dessus, n° 3. On multipliera ensuite par le chiffre 2 des dixaines, mais comme, d'après ce qui précède, il faut écrire zéro devant ce produit, on écrira d'abord 0 à la colonne des unités, et ce n'est qu'à la gau-

che de ce zéro qu'on placera le produit de 5634 par 2, ce qui rendra ce produit, non celui de 2, mais bien celui de 20. Enfin, on multipliera 5634 par le chiffre 4 des centaines, en écrivant préalablement deux zéros à droite. On aura donc

$$
\begin{aligned}
5634 \times 5 &= 28170 \\
5634 \times 20 &= 112680 \\
5634 \times 400 &= 2253600
\end{aligned}
$$

et la somme de ces trois produits donnera

$$5634 \times 425 = 2394450.$$

7. Sans nous arrêter davantage aux exemples particuliers, nous pouvons conclure que la *règle générale* de la multiplication est :

1° *Écrire le multiplicateur sous le multiplicande.*

2° *Multiplier successivement tous les chiffres du multiplicande par chaque chiffre du multiplicateur, ce qui donne autant de produits partiels que le multiplicateur a de chiffres.*

3° *Faire précéder d'un zéro le produit partiel du chiffre des dixaines du multiplicateur, de deux zéros le produit partiel du chiffre des centaines ; de trois zéros, celui du chiffre des mille, etc., etc.*

4° *Écrire tous ces produits partiels les uns au-dessous des autres, de manière que les chiffres de même espèce se correspondent, c'est-à-dire, que les unités soient sous les unités, les dixaines sous les dixaines, etc.*

5° *Additionner tous les produits partiels.* La somme sera le produit demandé.

8. On peut indifféremment prendre pour multiplicande l'un quelconque des deux nombres proposés puisqu'en général

$$A \times B = B \times A ;$$

ce qui fournit un moyen de vérifier les calculs ou de faire la *preuve* de la multiplication. Il suffit en effet, pour cette preuve, de recommencer l'opération en prenant pour nouveau multiplicateur le nombre qu'on avait d'abord pris pour multiplicande; on est assuré de l'exactitude des calculs si les résultats sont identiques. Nous avons donné au mot ARITHMÉTIQUE, une autre preuve tirée des propriétés du nombre 9, dont on trouvera la déduction au mot NEUF.

9. Tant que le multiplicande et le multiplicateur sont des nombres abstraits, le produit est lui-même un nombre abstrait, et il est parfaitement indifféremment de le considérer comme le résultat de la multiplication du multiplicande par le multiplicateur ou comme celui de la multiplication du multiplicateur par le multiplicande, en intervertissant l'ordre de ces facteurs : mais il n'en est pas de même lorsque le multiplicande est un nombre concret ou qu'il désigne une espèce d'ob-

jets déterminée, car dans ce cas le produit doit toujours être de cette même espèce; par exemple, 3 *mètres* multipliés par 4, ou 4 fois 3 mètres font 12 *mètres*; 8 *kilogrammes* multipliés par 5, font 40 *kilogrammes*, etc., etc. On peut bien toujours dire indifféremment 3 fois 4, ou 4 fois 3; 8 fois 5, ou 5 fois 8; les produits sont toujours les mêmes; mais, comme ces produits doivent être de la même nature que les multiplicandes, il devient nécessaire de ne pas perdre de vue quels sont les véritables multiplicandes, et le meilleur moyen est de ne pas intervertir l'ordre des facteurs.

10. Si les facteurs sont tous deux des nombres concrets, la nature seule de la question peut faire connaître de quelle espèce doit être le produit. Soit, par exemple, proposé de multiplier 3 mètres par 4 francs. Ce problème énoncé de cette manière ne présente aucun sens, car il ne nous indique nullement à quelle espèce d'unité doit se rapporter le produit 12, de 3 par 4. Mais si l'on demande ce que coûteront 3 mètres, à raison de 4 *francs* le mètre, on voit que le produit demandé doit être un nombre de francs, ou que 4 francs est le multiplicande, c'est-à-dire le nombre qui doit être pris 3 fois; car 3 mètres ne font ici que nous indiquer le multiplicateur abstrait 3. Dans ce cas, le produit 12 exprime 12 francs.

Au contraire, si l'on demandait combien on doit avoir de mètres pour 4 francs, 3 mètres coûtant 1 franc, le sens de la question exige que le multiplicande 3 mètres soit pris autant de fois qu'il y a d'unités dans 4 francs, c'est-à-dire 4 fois; 4 francs ne font dont ici que nous indiquer le multiplicateur abstrait 4, et dans ce cas le produit 12 exprime des mètres.

On voit combien il devient important de ne pas confondre dans les applications le multiplicande avec le multiplicateur.

11. Multiplication des fractions. Pour multiplier une fraction par une autre, il faut former séparément le produit des numérateurs de ces deux fractions et le produit de leurs dénominateurs; le premier produit sera le numérateur de la fraction du résultat et le second son dénominateur. Par exemple :

$$\frac{3}{4} \times \frac{5}{6} = \frac{3 \times 5}{4 \times 6} = \frac{15}{24}.$$

Les raisons de cette règle sont exposées à l'article Algèbre, n. 17.

12. Quand il s'agit de fractions décimales, l'opération se simplifie parce que les dénominateurs sont sous-entendus, car au lieu d'écrire

$$\frac{3}{10} \times \frac{4}{100} = \frac{3 \times 4}{10 \times 100} = \frac{12}{1000},$$

on a simplement

$$0{,}3 \times 0{,}04 = 0{,}012 ;$$

ce qui revient à multiplier les nombres décimaux 3 et 4 comme s'ils étaient des nombres entiers, et à donner ensuite au produit le rang qu'il doit avoir; ici ce produit doit exprimer des *millièmes*.

La règle générale pour multiplier deux nombres quelconques composés d'entiers et de décimales ou seulement de décimales, consiste à opérer la multiplication comme si l'on avait à faire à des nombres entiers, sans porter aucune attention à la virgule qui règle le rang des chiffres décimaux. Lorsque la multiplication est achevée on retranche du produit, sur la droite, autant de décimales qu'il y en a dans les deux facteurs pris ensemble. Si l'on a, par exemple, 56,34 à multiplier par 0,425, on supprime les virgules et l'on multiplie 5634 par 425, comme au numéro 6, ce qui donne pour produit 2394450. Mais en supprimant la virgule dans les deux facteurs on a rendu le premier *cent* fois plus grand, et le second *mille* fois plus grand; pour réduire donc, à sa juste valeur, le produit qui en résulte et qui se trouve nécessairement *cent mille* fois trop grand, il faut le rendre cent mille fois plus petit, ce qui s'exécute en plaçant une virgule de manière qu'elle sépare *cinq* chiffres décimaux : savoir autant qu'il y en avait dans les deux facteurs ensemble. Le véritable produit est donc 23,94450.

En suivant cette règle, il arrivera souvent que le produit aura moins de chiffres significatifs que l'on aura de décimales à retrancher. Dans ce cas, on y suppléera en écrivant à la gauche du produit, assez de zéros pour qu'après avoir retranché le nombre des décimales ordonné par la règle, il reste encore un zéro pour désigner la place des unités. Ainsi, dans le cas où les nombres proposés seraient 0,5634 et 0,0425, après avoir obtenu le produit 2394450, en les considérant comme des nombres entiers, il faut retrancher huit décimales conformément à la règle. Comme il n'y a que sept chiffres, on ajoutera deux zéros à la gauche du produit et l'on obtiendra 0,02394450 pour produit véritable des deux fractions proposées.

13. Multiplication complexe. On donne ce nom à la multiplication qu'il s'agit d'effectuer sur des nombres composés d'entiers et de fractions ordinaires. Il se présente deux cas : 1° un seul des facteurs est complexe; 2° les deux facteurs sont complexes. Nous allons les examiner successivement.

1° Soit à multiplier 22ʰ 32′ 45″, par 36. 32 *minutes* et 45 *secondes* sont des fractions de l'unité qui est ici l'*heure*.

On peut multiplier séparément 22, 32 et 45 par 36, ce qui donnera trois produits partiels, dont le premier exprimera des *heures*, le second des *minutes* et le troisième des *secondes*. On aura de cette manière

$$22^h \times 36 = 792^h$$
$$32' \times 36 = 1152'$$
$$45'' \times 36 = 1620'' \, ;$$

mais comme l'*unité* à laquelle on rapporte le produit est l'*heure*, il faut réduire en heures les nombres 1152 *minutes* et 1620 *secondes*. Réduisant d'abord 1620'' en minutes, ce qui se fait en divisant par 60, nous avons $1620'' = 27'$, ainsi le nombre des minutes devient $1152' + 27' = 1179'$. Réduisant, maintenant, 1179' en heures, ce qui se fait encore en divisant par 60, nous trouvons $1179' = 19^h 39'$. Ainsi ajoutant 19^h à 792^h, nous avons définitivement $811^h 39'$ pour le produit de $22^h 32' 45''$, par 36.

On exécute encore la même opération en prenant ce qu'on nomme les *parties aliquotes* du produit de l'unité ; ce qui dans certains cas, est beaucoup plus expéditif que de former les divers produits partiels et de les réduire ensuite. Nous ne pouvons indiquer ce procédé que par un seul exemple. Proposons-nous de multiplier 14 livres 15 onces 5 gros, par 26.

$$14^{\text{liv.}} \ 15^{\text{onc.}} \ 5^{\text{gros.}}$$

26		
84		
28		
Pour 8 *onces*... 13		
Id. 4 6	8	
Id. 2 3	4	
Id. 1 1	10	
Pour 4 *gros*.... 0	13	
Id. 1 0	3	2

Produit.... $389^{\text{liv.}}$ $6^{\text{onc.}}$ $2^{\text{gros.}}$

Après avoir disposé l'opération comme il précède, on commencera par former le produit de 14 par 26 ; puis pour multiplier par 15 onces on remarquera que 15 onces sont $\frac{15}{16}$ d'une livre, c'est-à-dire qu'il faut multiplier 26 par $\frac{15}{16}$. Mais 15 se décompose en $8 + 4 + 2 + 1$; ainsi au lieu de multiplier par $\frac{15}{16}$, on peut multiplier d'abord par $\frac{8}{16}$, ensuite par $\frac{4}{16}$, $\frac{2}{16}$ et $\frac{1}{16}$; or $\frac{8}{16}$ sont la *moitié* d'une livre, ainsi le produit de $\frac{8}{16}$ doit être la *moitié* de celui *d'une* livre ; ce dernier étant simplement 26 on en prendra la moitié qui est 13, et on écrira 13, en le faisant correspon-

dre avec les chiffres de même espèce du produit de 26 par 14. Pour multiplier maintenant par $\frac{4}{16}$, puisque $\frac{4}{16}$ est la moitié de $\frac{8}{16}$, on prendra la *moitié* du dernier produit 13, ce qui donnera 6 livres 8 onces, qu'on écrira comme il est fait. $\frac{2}{16}$, étant encore la moitié de $\frac{4}{16}$, on prendra de nouveau la moitié du dernier produit, 6 liv. 8 onces, ce qui donnera 3 liv. 4 onces. Enfin pour multiplier par la dernière fraction de livre $\frac{1}{16}$, on prendra encore la moitié du produit de $\frac{2}{16}$ ou la moitié de 3 liv. 4 onces, qui est 1 liv. 10 onces. On aura de cette manière quatre produits partiels dont la somme formera le produit de $\frac{15}{16}$ ou de 15 onces. Passant à la fraction 5 gros, on remarquera que 5 gros sont $\frac{5}{8}$ d'une once, ce qui peut se décomposer en $\frac{4}{8} + \frac{1}{8}$; mais le produit de 26 par $\frac{4}{8}$ d'une once doit être la *moitié* de celui de 26 par *une* once, que nous avons trouvé être 1 liv 10 onces, on prendra donc la moitié de 1 liv. 10 onces, et l'on écrira, *pour 4 gros...* 0 liv. 13 onces. Pour terminer l'opération il faut encore multiplier par $\frac{1}{8}$ d'once ; mais $\frac{1}{8}$ est le quart de $\frac{4}{8}$ dont le produit est de 0 liv. 13 onces, on prendra donc le *quart* de ce dernier produit qui est 3 onces 2 gros, puis additionnant tous les produits partiels on trouvera 389 liv. 6 onces 2 gros, ce qui est le produit demandé.

2° Si le multiplicande et le multiplicateur sont tous deux complexes, on peut encore opérer la multiplication par la méthode des *parties aliquotes* ; mais il est généralement plus simple de réduire ces deux facteurs en deux nombres fractionnaires simples. Soit par exemple $3 + \frac{2}{3} + \frac{5}{6}$ à multiplier par $4 + \frac{1}{2} + \frac{3}{4}$. Réduisant ces deux quantités chacune en une seule fraction, on trouvera (*voy.* Addition) ;

$$3 + \frac{2}{3} + \frac{5}{6} = \frac{54}{18} + \frac{12}{18} + \frac{15}{18} = \frac{81}{18}$$
$$4 + \frac{1}{2} + \frac{3}{4} = \frac{32}{8} + \frac{4}{8} + \frac{6}{8} = \frac{42}{8}$$

et l'opération sera ramenée à multiplier $\frac{81}{16}$ par $\frac{42}{8}$, ce qui donne d'après le numéro 11

$$\frac{81 \times 42}{16 \times 8} = \frac{3402}{128} = \quad + \frac{74}{128}$$

Pour abréger les calculs il faut toujours, dans les réductions, obtenir le plus petit commun dénominateur.

Proposons-nous encore de multiplier 2j 18^h 15′ 22″ par 3° 15′ 16″. On réduira le multiplicande en *secondes* de temps, et le multiplicateur en *secondes* de degré, et comme, d'une part, *un* jour vaut 86400″; *une* heure, 3600″; et *une* minute, 60″, on trouvera

$$2 \times 86400'' = 172800''$$
$$18 \times 3600'' = 64800$$
$$15 \times 60'' = 900$$
$$22$$

$$\text{2j } 18^h\ 15'\ 23'' = 238522''.$$

d'autre part; comme *un* degré vaut 3600″ et *une* minute 60″, on aura

$$3 \times 3600'' = 10800''$$
$$15 \times 60 = 900$$
$$16$$

$$3°\ 15'\ 16'' = 11716''$$

ainsi l'opération sera ramenée à multiplier 238522″ par 11716. Une fois le produit trouvé, ce produit devant être des *secondes* de temps, on le réduira en *minutes*, *heures et jours*, en le divisant successivement par 60.

14. Multiplication algébrique. Le produit de a par b s'exprime, comme nous l'avons déjà dit par

$$a \times b, \text{ ou par } a.b, \text{ ou enfin par } ab.$$

Celui de a par $b + c$, s'exprime par $ab + ac$, car a devant être ajouté $b + c$ fois à lui-mêm- — le prenant d'abord b fois et ensuite c fois, on a deux produits partiels ab, ac dont la somme $ab + ac$ est a pris $b + c$ fois. Ainsi

$$a \times (b + c) = ab + bc.$$

Le produit de deux binomes $a + b$, $c + d$ est $ac + ad + bc + bd$, c'est-à-dire, la somme des produits de deux à deux, des termes qui les composent.

En effet, faisant $a + b = m$, on a

$$m \times (c + d) = mc + md$$

et, remettant $a + b$ à la place de m,

$$(a + b) \times (c + d) = (a + b)c + (a + b)d$$
$$= ac + bc + ad + bd$$

Le produit de deux trinomes $a + b + c$, $d + e + f$ sera pareillement égal à

$$ad + ae + af + bd + be + bf + cd + ce + cf,$$

c'est-à-dire, à la somme des produits de deux à deux des termes qui composent ces trinômes. On le démontrerait comme ci-dessus.

En général, le produit de deux polynomes quelconques est égal à la somme des produits de deux à deux de tous les termes qui les composent.

15. Pour multiplier deux quantités algébriques l'une par l'autre on les dispose de manière que leurs termes soient le plus possible dans l'ordre alphabétique, et qu'ils soient ordonnés par puissances décroissantes (de gauche à droite) d'une même lettre, lorsqu'une même lettre se trouve dans plusieurs termes élevée à des puissances différentes. On multiplie ensuite tous les termes du multiplicande par chaque terme du multiplicateur en suivant pour les *signes* des produits partiels les règles données. (*Voy.* Algèbre, n. 9.) L'addition de tous ces produits donne le produit général demandé.

Exemple 1er. On demande le produit de $a + b$ par $a - b$, c'est-à-dire, le produit de la *somme* de deux quantités quelconques par leur *différence*. On aura

$$
\begin{array}{r}
a + b \\
a - b \\
\hline
a^2 + ab \\
- ab - b^2 \\
\hline
\end{array}
$$
$$\text{Produit} \dots\ a^2 - b^2$$

Les deux produits partiels $+ ab$, $- ab$ se détruisant, le résultat $a^2 - b^2$ nous apprend que *la somme de deux nombres multipliée par leur différence donne la différence des carrés de ces nombres* ; ce qui est une propriété générale ou une *loi* des nombres.

Exemple 2e. Multiplier $a^3 b - 2a^2 b^2 + 3b^3$ par $a^2 - 3ab + b^2$. D'après la règle il faut former les produits partiels,

$$a^3 b \times a^2, \qquad -2a^2 b^2 \times a^2, \qquad 3b^3 \times a^2$$
$$a^3 b \times -3ab, \quad -2a^2 b^2 \times -3ab,\ 3b^3 \times -3ab$$
$$a^3 b \times b^2, \qquad -2a^2 b^2 \times b^2, \qquad 3b^3 \times b^2$$

Or, en réduisant tous ces monomes à leur plus simple expression, on a

$$a^3 b \times a^2 = a^5 b, \quad -2a^2 b^2 \times a^2 = -2a^4 b^2,\ 3b^3 \times a^2 = 3a^2 b^3$$
$$a^3 b \times -3ab = -3a^4 b^2, \quad -2a^2 b^2 \times -3ab = +6a^3 b^3,\ 3b^3 \times -3ab = 9ab^4$$
$$a^3 b \times b^2 = a^3 b^3, \quad -2a^2 b^2 \times b^2 = -2a^2 b^4,\ 3b^3 \times b^2 = 3b^5$$

et, comme on peut exécuter immédiatement ces réductions, l'opération s'écrit

$$
\begin{array}{l}
a^3 b - 2a^2 b^2 + 3b^3 \\
a^2 - 3ab + b^2 \\
\hline
a^5 b - 2a^4 b^2 + 3a^2 b^3 \\
\quad - 3a^4 b^2 + 6a^3 b^3 - 9ab^4 \\
\quad\quad + a^3 b^3 - 2a^2 b^4 + 3b^5 \\
\hline
\end{array}
$$
$$\textit{Produit} \quad a^5 b - 5a^4 b^2 + 7a^3 b^3 + 3a^2 b^3 - 2a^2 b^4 - 9ab^4 + 3b^5$$

Pour ordonner ce produit suivant les puissances de a, on lui donne la forme

$$a^5b - 5a^4b^2 + 7a^3b^3 + (3b^3-2b^4)a^2 - 9ab^4 + 3b^5.$$

16. Nous terminerons cet article en examinant la composition du produit de plusieurs binomes dont les premiers termes sont les mêmes, tels que $x+a$, $x+b$, $x+c$, etc., composition dont nous avons fait usage ailleurs. (*Voy.* Equation et Factorielle.)

Si nous désignons par A la somme des seconds termes a, b, c, d, etc., que nous supposons au nombre de m; par B, la somme des produits de *deux à deux* de ces seconds termes; par C, la somme de leurs produits de *trois à trois*, etc.... Et, enfin, par M, le produit de tous ces seconds termes, nous aurons (1)

$$(x+a)(x+b)(x+c)\ldots\ldots(x+m) =$$
$$x^m + Ax^{m-1} + Bx^{m-2} + Cx^{m-3} \text{ etc...} + M,$$

On est conduit à cette forme générale, par analogie, en formant les produits successifs :

$$(x+a)(x+b) = x^2 + (a+b)x + ab$$
$$(x+a)(x+b)(x+c) = x^3 + (a+b+c)x^2 + (ab+ac+bc)x$$
$$+ abc$$

$$\text{etc.} = \text{etc.}$$

Ainsi il s'agit de démontrer que cette composition a généralement lieu. Pour cet effet, admettons que l'égalité (1) soit rigoureusement vérifiée dans le cas de m facteurs, et multiplions ses deux membres par un nouveau binome $x+n$, nous obtiendrons

$$(x+a)(x+b)(x+c)\ldots(x+m)(x+n) =$$
$$x^{m+1} + Ax^m + Bx^{m-1} + Cx^{m-2} + \text{etc...} + Mx$$
$$+ nx^m + nAx^{m-1} + nBx^{m-2} + \text{etc...} + nM =$$
$$x^{m+1} + (A+n)x^m + (B+nA)x^{m-1} + (C+nB)x^m + \text{etc.}$$
$$\ldots\ldots + nM$$

Or, en examinant ce dernier produit, on reconnaît aisément que $A+n$ est la somme des $m+1$ seconds termes des binomes; que $B+nA$ est la somme des produits de deux à deux de ces $m+1$ seconds termes; que

$C+nB$ est la somme de leurs produits de trois à trois et ainsi de suite; et qu'enfin nM est le produit de tous ces seconds termes. Ainsi le produit de $m+1$ binomes suit la même loi que celui de m binomes, et il suffit que cette loi soit vraie pour deux binomes pour qu'elle le soit généralement. Donc, etc.

Multiplication par Logarithmes. (*Voy.* Logarithme.)

MURAL. (*Ast.*) Quart de cercle placé exactement dans le plan du méridien et attaché à un mur pour plus de solidité. Il sert à observer les hauteurs méridiennes des corps célestes.

MUSCIDA. (*Ast.*) Nom d'une étoile placée sur la bouche de *Pégase* et marquée • dans les catalogues.

MYDORGE (Claude), savant géomètre, né à Paris en 1585. L'amitié dont l'honora Descartes, et les nombreux sacrifices qu'il a faits dans l'intérêt surtout de l'optique et de la dioptrique, lui ont acquis plus de célébrité que ses travaux. C'était un homme d'une naissance distinguée dans ce qu'on appelait alors la noblesse de robe, et qui cultivait les sciences dans les vues les plus nobles et les plus désintéressées. Ce fut Mydorge qui fit tailler pour son illustre ami des verres paraboliques, hyperboliques, ovales et elliptiques, dont il avait lui-même tracé les formes avec une exactitude remarquable; ces verres furent d'une grande utilité à Descartes pour expliquer les différens phénomènes de la vision. Il dépensa d'ailleurs des sommes considérables, que divers biographes portent à 300,000 livres, pour faire fabriquer des verres de lunette, des miroirs ardens et pour diverses expériences. Mydorge mourut en juillet 1647, laissant un grand nombre de manuscrits qui ont été égarés durant les troubles de la Fronde. On a de lui : 1° *Examen des récréations mathématiques* (du P. Laurechon, jésuite, publiées sous le pseudonyme de H. Van Etten), Paris, 1630, in-8; 2° *Prodromi catoptricorum et dioptricorum, sive conicorum, libri IV, priores*, Paris, 1639, in-folio. Le père Mersenne a inséré cet ouvrage dans son recueil intitulé : *Universæ geometriæ*, etc.

N.

NADIR. (*Ast.*) Point opposé au *zénith*. (*Voy.* Armillaire.)

NAPIER (Jean). — Néper ou Népair, baron écossais, célèbre par la découverte des logarithmes, naquit en 1550. Nous possédons peu de détails biographiques sur ce géomètre, qui, dédaigneux des avantages que pouvaient lui procurer son rang et sa fortune, passa dans

la retraite une vie entièrement consacrée à l'étude. On sait seulement qu'après avoir fait ses études à l'université de Saint-André, il voyagea en Europe et s'occupa beaucoup de théologie avant de se livrer aux recherches qui le conduisirent à la découverte des logarithmes. Nous exposons ailleurs la théorie de cette brillante découverte, qui a été si utile aux progrès de l'astronomie, de la géométrie pratique et de la navigation.

(*Voy.* Logarithmes.) Napier mourut le 31 avril 1617. Ses ouvrages mathématiques sont : I. *Rabdologiæ, seu numerationes per virgulas libri duo*, Londres, 1617, in-12°. II. *Mirifici logarithmorum canonis descriptio, Edinbourg*, 1614, in-4°. Napier ne donna pas dans cet ouvrage la doctrine sur laquelle est fondée la table des logarithmes; ce fut son fils qui en publia l'explication ; car il mourut sans jouir du succès qui attendait sa découverte, et même avec la crainte qu'elle ne fût rejetée par les mathématiciens. Ces deux ouvrages réunis ont été publiés à Lyon, en 1620, sous ce titre : *Logarithmorum canonis descriptio*, etc., et *Mirifica logarithmorum constructio*, etc. On doit encore à Napier deux formules générales pour la solution des triangles sphériques rectangles et les analogies qui portent son nom.

NATURE. *Lois de la nature.* Malgré les immenses travaux dont la *nature* a été l'objet, le sens de ce mot n'a point encore été fixé d'une manière définitive, et il est loin de correspondre à une conception déterminée. En effet, les uns entendent par *nature*, l'ensemble des êtres créés, les lois qui les gouvernent, l'ordre qui se manifeste dans l'univers, en un mot, l'univers lui-même ; les autres comprennent sous ce nom, la force, l'intelligence active qui a tout établi, tout créé et qui conserve tout. D'après l'inepte système du *naturalisme*, la nature est le principe aveugle et fatal de l'organisation du monde : la matière ; d'après celui du *déisme*, c'est l'esprit universel et intelligent, le créateur éternel : Dieu.

Notre but étant ici de poser les principes qui rendent possible l'application des mathématiques à la physique, ou de donner la déduction philosophique des *lois de la nature*, il nous devient essentiel d'attacher à ce mot *nature* une signification plus précise et qui se rapporte directement à l'objet que nous avons en vue. Nous distinguerons donc dans la production des phénomènes de l'univers deux causes distinctes, deux puissances actives différentes : l'une nécessaire, incessamment agissante et soumise à des lois fixes qui lui sont imposées ; l'autre libre, spontanée et n'agissant qu'en vertu de ses propres déterminations. La première se manifeste généralement dans la *nécessité* de tous les phénomènes physiques ; la seconde, sur laquelle repose en dernier lieu la possibilité de la première, se manifeste particulièrement dans la *liberté* des actions humaines, image sensible de la spontanéité absolue de l'intelligence suprême. Or, toute puissance au moyen de laquelle une chose arrive dans l'univers se nomme *causalité*; ainsi en ne considérant le monde physique que sous le rapport de ses lois nécessaires, nous entendrons dorénavant par le mot *nature*, la *causalité non intelligente* qui régit les phénomènes

physiques donnés à postériori, c'est-à-dire, par l'expérience.

Tout phénomène physique repose sur un *mouvement*, car la *matière*, base et *substratum* de toutes les intuitions que nous avons des objets sensibles, n'a d'autre caractère général que le mouvement. La science de la nature doit donc être aussi considérée comme une théorie pure et appliquée du mouvement ; et pour obtenir, s'il est possible, une déduction à priori de ses lois fondamentales, il devient nécessaire d'analyser l'idée de la matière en général, sans avoir égard à ses caractères particuliers. Mais une analyse quelconque n'est complète qu'autant qu'elle est faite d'après les lois de l'Entendement, lois qui règlent toutes les déterminations dont l'idée générale de l'objet en question est susceptible ; ainsi nous devons examiner le mouvement sous le quadruple rapport de *la quantité*, de *la qualité*, de *la relation* et de *la modalité*; d'où résultent les déterminations suivantes. Le mouvement peut être considéré :

1° Comme *quantum*, par rapport seulement à sa composition sans aucune qualité du mobile. — *Considération phoronomique*.

2° D'après la *qualité* qui est essentiellement propre à la matière comme force motrice originelle. — *Considération dynamique*.

3° D'après le rapport mutuel du mouvement de la matière et de sa qualité. — *Considération mécanique*.

4° D'après le rapport du mouvement ou du repos de la matière avec notre propre manière extérieure d'apercevoir. — *Considération phénoménologique*.

Voici les résultats de cette analyse due à l'illustre réformateur de la philosophie et qui forme l'objet d'un de ses plus beaux ouvrages. (Kant. *Métaphysique de la nature.*)

Idées fondamentales et principes de la phoronomie.

I. La matière est le mobile dans l'espace. L'espace mobile lui-même est l'espace matériel ou relatif. L'espace immobile dans lequel il faut en dernier lieu concevoir le mouvement, est l'espace pur ou absolu.

II. Le mouvement d'un objet est le changement du rapport extérieur qui existe entre cet objet et un espace donné. Le repos est au contraire la présence permanente dans un même lieu.

III. Construire un mouvement composé, c'est représenter à priori dans l'intuition un mouvement en tant qu'il naît de deux ou de plusieurs mouvemens donnés dans un seul mobile.

IV. Chaque mouvement comme objet d'une expérience possible peut être considéré, à volonté, comme mouvement du corps dans un espace en repos, ou comme repos du corps dans un espace qui se meut en sens contraire avec une égale vitesse.

V. La complication de deux mouvemens partant

d'un seul et même point, ne peut être conçue qu'autant qu'on se figure que l'un d'eux s'opère dans l'espace absolu, et l'autre avec la même vitesse, mais dans une direction opposée, dans l'espace relatif.

Idées fondamentales et principes à priori de la dynamique.

I. La matière est le mobile en tant qu'elle remplit un espace, ou qu'elle résiste à tout mobile qui tend à pénétrer, par son mouvement, dans cet espace. L'espace qui n'est point ainsi rempli est l'espace vide.

II. La matière ne remplit pas son espace par sa seule existence, mais par une force motrice particulière. En effet, la pénétration dans l'espace est un mouvement; la résistance est le mouvement en sens contraire, lequel suppose conséquemment une force motrice.

III. La matière n'a que deux forces motrices : l'attractive et la répulsive. La première est la cause qui fait qu'une autre matière se rapproche d'elle. La seconde est celle qui produit l'éloignement d'une autre matière. Nulle force autre que ces deux là n'est possible, parce que tout mouvement d'une matière par rapport à une autre ne peut consister qu'en attraction ou répulsion.

IV. La force par laquelle la matière remplit son espace est la force d'extension (de répulsion). Cette force est susceptible de degrés de plus en plus grands ou de plus en plus petits à l'infini, c'est-à-dire qu'on ne peut considérer aucun de ces degrés comme le plus grand ou le plus petit.

V. Comme au-dessus de toute force d'extension donnée, il peut s'en trouver constamment une plus grande, il existe aussi pour chacune une force compressive (d'attraction) qui peut la refouler dans un espace plus étroit. Mais comme il n'y a pas aussi de force qui soit la plus petite de toutes, une matière peut bien être refoulée à l'infini, mais elle ne peut jamais être entièrement pénétrée ou anéantie. L'impénétrabilité de la matière, qui croît en proportion du degré de compression, est relative, mais celle qui repose sur la supposition que la matière comme telle, n'est point susceptible de pénétration, s'appelle impénétrabilité absolue. La plénitude de l'espace par l'impénétrabilité absolue peut être nommée mathématique, et celle par l'impénétrabilité relative peut porter l'épithète de dynamique.

VI. La matière est divisible à l'infini, et elle est divisible en parties dont chacune est à son tour matière. Cette divisibilité est une suite des forces répulsives de chaque point matériel dans l'espace. L'espace en lui-même ne peut être que *distingué* à l'infini, mais il ne saurait être mu, ni en conséquence *divisé* physiquement. Mais en tant que chaque espace rempli de matière est mobile par lui-même, et en conséquence divisible; la divisibilité physique de la substance se règle d'après la divisibilité mathématique de l'espace à l'infini.

VII. Outre la force d'extension ou de répulsion, la force d'attraction appartient encore à la possibilité de la matière. Si la matière ne possédait que la première de ces forces, ses parties se fuiraient à l'infini. Il faut donc qu'elle en possède une autre qui prescrive des bornes à l'extension. Mais réciproquement la simple force attractive ne suffit pas pour la possibilité de la matière, car sans la force répulsive qui vient lui imposer des bornes, la matière se resserrerait à l'infini par l'effet de la seule attraction, c'est-à-dire qu'elle se réduirait au point mathématique. Toute matière résulte donc de la synthèse de deux forces opposées, celle d'extension et celle d'attraction. Kant prétend qu'il n'est pas possible d'expliquer ultérieurement la possibilité de ces forces radicales, la nécessité de leur association et la possibilité de la matière elle-même; ce qui est rigoureusement vrai tant qu'on demeure renfermé dans les limites de la Raison temporelle de l'homme.

VIII. Le contact, dans l'acception physique du mot, est l'action immédiate et la réaction de l'impénétrabilité. Quand une matière agit sur une autre sans contact, c'est une action à distance. Comme cette action à distance est aussi possible sans la coopération de la matière intermédiaire, on l'appelle action immédiate à distance, ou action sur une autre matière à travers le vide.

IX. L'attraction essentielle à toute matière, est l'action immédiate de cette matière sur une autre à travers le vide. En effet, l'action de la force attractive, qui renferme elle-même une raison de la possibilité de la matière, est indépendante de tout contact. Il faut qu'elle ait lieu, même sans que l'espace entre les matières soit rempli. C'est donc une action à travers le vide.

X. En tant qu'une matière ne peut agir immédiatement sur une autre que dans la surface commune de contact, elle a une force de surface; mais en tant qu'elle agit immédiatement sur la surface de contact à travers le vide, elle a une force de pénétration. Or l'action primitive est une force de pénétration. Elle s'étend donc de chaque partie de la matière dans l'espace du monde à toutes les autres jusqu'à l'infini. Une autre matière ne peut s'opposer à la propagation de son action par la raison que c'est une force de pénétration, et elle ne saurait renfermer en elle-même aucune cause de limitation, parce qu'elle ne peut jamais devenir une force la plus petite de toutes.

Idées fondamentales et principes de la mécanique métaphysique.

I. La matière est le mobile, en tant qu'elle a comme telle, la force motrice.

II. La grandeur du mouvement qui, estimée *phoronomiquement*, ne consiste que dans le degré de *vitesse*, ne peut être appréciée *mécaniquement* que par la quantité de matière mise en mouvement et par sa vitesse en même temps.

III. La quantité de matière ne peut, comparée à toute autre, être estimée que par la quantité du mouvement dans une vitesse donnée. En effet, comme la matière est divisible à l'infini, la quantité d'aucune matière ne saurait être déterminée immédiatement par le nombre de ses parties. Si on compare la matière donnée avec une autre similaire, la quantité en est proportionnelle à la grandeur du volume. Mais il est question ici de la comparer avec toute autre matière, et alors il devient impossible d'en estimer la quantité si l'on fait abstraction de son mouvement. Il faut toutefois admettre que la vitesse du mouvement des matières à comparer est égale.

IV. Il existe trois lois fondamentales pour la mécanique métaphysique.

1° Dans tous les changemens du monde physique, la quantité totale de la matière demeure la même sans augmentation ni diminution. — *Loi des substances.*

Cette loi s'applique seulement à la matière comme objet du sens externe et non aux objets du sens interne, comme on l'a souvent prétendu à tort.

2° Tout changement de la matière a une cause extérieure. — *Loi d'inertie.*

La matière, comme simple objet de sens extérieurs, n'a point d'autres déterminations que des rapports extérieurs dans l'espace et ne peut, en conséquence, subir des changemens que par le mouvement. Ce mouvement et ses variations doivent avoir une cause. Or, cette cause ne peut être intérieure, parce que la matière n'a pas de cause interne de détermination et qu'elle persévère conséquemment dans son état de repos ou de mouvement, sans pouvoir par elle-même modifier cet état. Donc, tout changement d'une matière dépend d'une cause extérieure. Cette loi doit seule porter le nom de *loi d'inertie*, car l'inertie de la matière ne consiste point en ce qu'elle persiste dans sa place, puisque c'est là une action, mais en ce qu'elle est sans vie ou manque totalement de causes intérieures de détermination.

VI. Dans toute communication de mouvement l'action et la réaction sont constamment égales et opposées l'une à l'autre. — *Loi d'antagonisme.*

Il résulte de cette loi que tout corps, quelque grande que soit sa masse, doit être mobile par le choc de tout autre, quelque petites que soient la masse et la vitesse de cet autre, car il doit toujours résister au mouvement.

Idées fondamentales et principes de la phénoménologie.

I. La matière est le mobile en tant que, comme telle, elle peut être un objet de l'expérience.

II. Le mouvement en ligne droite d'une matière par rapport à un espace empirique, n'est qu'un simple attribut *possible*, pour distinguer le mouvement opposé de l'espace absolu. Le même mouvement est impossible quand on le suppose sans aucune relation avec une matière hors de soi. Ce principe repose sur ce qu'à l'égard du mouvement comme objet de l'expérience, il est identique que le corps dans l'espace absolu, ou celui-ci au lieu de celui-là, soient imaginés en mouvement; mais ce qui est indécis par rapport à deux attributs opposés, n'est possible qu'à l'égard de l'un d'eux; en outre, le mouvement est une relation et ne peut conséquemment être objet de l'expérience, qu'autant que les deux choses en corrélation le sont; or, l'espace pur et absolu n'est point objet de l'expérience. Donc, le mouvement en ligne droite sans relation à un mouvement corrélatif opposé, c'est-à-dire comme mouvement absolu, est impossible.

III. Le mouvement circulaire d'une matière est un attribut *réel* de cette matière pour la distinguer du mouvement opposé de l'espace. Car le mouvement circulaire, comme tout mouvement en ligne courbe, est un changement continuel de la relation de la matière, par rapport à l'espace extérieur. C'est donc un commencement continuel de nouveaux mouvemens. Cependant en vertu de la loi d'inertie, le corps, à chaque point du cercle éprouve une tendance à continuer son mouvement en ligne droite, et il agit d'une manière contraire à cette cause extérieure. Il développe donc ici une force motrice contre la cause extérieure. Mais le mouvement de l'espace comparé à celui du corps n'est que *phoronomique* et n'a point de force. Ainsi, quand on dit que le corps ou l'espace se meut dans une direction opposée, c'est un jugement disjonctif par lequel dès qu'un des membres, le mouvement du corps, est établi, l'autre, le mouvement de l'espace, est exclus. Donc, le mouvement circulaire est réel.

IV. Dans tout mouvement d'un corps, qui fait que ce corps est mu par rapport à un autre, un pareil mouvement opposé de ce dernier corps est *nécessaire*. D'après la troisième loi de la mécanique, la communication du mouvement des corps n'est possible que par la communauté de leurs forces motrices primitives, et cette communauté n'est elle-même possible que par le mouvement mutuel opposé et égal. Le mouvement des deux corps est donc réel. Mais comme de plus la réalité de ce mouvement ne dépend pas de l'influence des forces extérieures, et succède immédiatement et inévitablement à l'idée de la relation de la chose mue dans l'espace à toute autre chose rendue mobile par-là, le mouvement de cette dernière est nécessaire.

NATUREL. (*Alg.*) On nomme *nombres naturels*

ceux qui composent la suite des nombres consécutifs 1, 2, 3, 4, 5, 6, 7, etc.

Les *logarithmes naturels* sont ceux dont la génération est donnée d'une manière indépendante de leur base. (*Voy.* Logarithmes.)

NAVIGATION. Art de diriger un vaisseau sur la mer et de déterminer toutes les circonstances de sa route. On divise la *navigation* en *cabotage* et en *navigation hauturière*. Le *cabotage* consiste à diriger un vaisseau le long des côtes, sans perdre la terre de vue; il porte essentiellement sur des connaissances de fait ou d'expérience. La *navigation hauturière* est celle qui s'exécute en pleine mer; elle exige des connaissances théoriques dont l'ensemble prend le nom d'*astronomie nautique*. Voyez le *Traité de Navigation* de Bouguer; celui de Bezout; le *Traité d'Astronomie nautique* de M. de Rossel, joint à l'*Astronomie physique* de Biot; le *Traité de Navigation* de Dubourguet (approuvé par l'Institut), l'*Abrégé de la Navigation* de Lalande; et le *Recueil des tables utiles à la navigation*, traduit de l'anglais, de William Norie, par M. Violaine.

NAVIRE. (*Ast.*) Nom d'une des 48 constellations de Ptolémée. (*Voy.* Constellation.)

NAUTIQUE. Se dit de ce qui a rapport à la navigation. L'*astronomie nautique* est l'astronomie propre aux marins.

NÉBULEUSES. (*Ast.*) Étoiles ou amas d'étoiles qui apparaissent comme de petits nuages blanchâtres.

C'est à W. Herschel qu'on doit la classification la plus complète des phénomènes variés désignés sous le nom commun de *nébulosités*. Avant les observations de ce célèbre astronome, on croyait généralement que toute nébuleuse était formée par la réunion d'un grand nombre d'étoiles situées à des distances si considérables, que leur lumière propre se confond par l'effet de l'irradiation, et n'offre plus à l'œil qu'une faible lueur à peu près uniforme. (*Voy.* Étoiles.) C'est en effet ce qui a généralement lieu pour les grandes nébuleuses et particulièrement pour la voie lactée. Mais outre ces nébulosités, qui se résolvent à l'aide du télescope en des amas d'étoiles distinctes, il en est d'autres qui ont un caractère tout différent et qui paraissent résulter de corps particuliers dont la nature ne nous est point encore connue. Telle est, par exemple, la nébuleuse placée entre les étoiles β et γ de la Lyre; elle présente l'aspect d'un anneau solide, ovale et aplati, terminé d'une manière très nette et offre une grande ressemblance avec les planètes. Deux autres nébuleuses, encore plus singulières, sont les 27ᵉ et 51ᵉ du catalogue de Messier. La première consiste en deux corps brillans ronds ou un peu ovales, unis par un col de même nature et enveloppés d'une légère atmosphère lumineuse. La seconde présente un globe large et brillant entouré d'un double anneau situé à une distance considérable du globe.

Herschel divise les nébuleuses en trois classes : 1° amas d'étoiles globulaires ou irréguliers dans lesquels les étoiles peuvent être nettement discernées; 2° nébuleuses résolubles, qui semblent ne pouvoir résulter que d'une agglomération d'étoiles et qui se résoudraient probablement en étoiles distinctes, si l'on avait des télescopes d'une puissance amplifiante suffisante ; 3° nébuleuses proprement dites, c'est-à-dire qui ne peuvent se résoudre en étoiles distinctes. Cette dernière classe comprend les *nébuleuses planétaires*, les *nébuleuses stellaires*, et les *étoiles nébuleuses*. *Voy.* le petit *Traité d'astronomie* de sir John W. Herschel, tout récemment traduit en français.

NÉGATIF. (*Alg.*) On nomme généralement *quantités négatives* celles qui sont affectées du signe —, *moins*. (*Voy.* Algèbre, 2 et 3, et Philosophie.)

NÉOMÉNIE. (*Ast.*) Nom que les anciens astronomes donnaient à la nouvelle lune, de νέος et de μὴν.

NÉPER. *Voy.* Napier.

NEUF. (*Arith.*) C'est le dernier ou le plus grand des nombres simples de notre échelle de numération. Sa position, dans cette échelle, lui donne plusieurs propriétés particulières très-utiles pour la pratique de certains calculs. Nous allons exposer les principales, celles qui l'ont rendu célèbre chez les arithméticiens arabes (*voy.* Arithmétique), et qui excitent encore la curiosité des personnes étrangères à la théorie des nombres.

1. *La somme des chiffres qui expriment un multiple de* 9, *est elle-même égale à* 9 *ou à un multiple de* 9. Pour démontrer généralement cette propriété, représentons par a, b, c, d, etc., des nombres simples quelconques de notre système de numération, c'est-à-dire, des nombres depuis 0 jusqu'à 9, et alors la forme (1)

$$a.10^m + b10^{m-1} + \text{etc.} \ldots + p10 + q$$

pourra représenter tous les nombres quelconques plus grands que 9. (*Voy.* Échelle et Numération.) Mais 9 étant le dernier nombre simple, nous avons $10 = 9 + 1$, et en substituant dans (1), cette forme devient (2)

$$a(9+1)^m + b(9+1)^{m-1} + \text{etc.} \ldots + p(9+1) + q.$$

En examinant cette dernière, on voit qu'on a en général

$$(1+9)^\mu = 1 + 9 \cdot A_\mu$$

A$_\mu$ exprimant la somme de toutes les quantités qui multiplient 9 dans le développement de la puissance μ du binôme $1 + 9$; ainsi nous pouvons encore donner à la forme (2), la forme (3)

$$a(1+9\Delta_m)+b(1+9\Delta_{m-1}) + \text{etc.}\ldots + p(1+9)+q.$$

Effectuant les multiplications, nous avons deux suites de termes dont la première est

$$a+b+c+d+\text{etc.}\ldots+p+q,$$

et la seconde

$$9a\Delta_m + 9b\Delta_{m-1}+\text{etc.}\ldots+9p$$

Représentant donc par M la somme des chiffres simples a, b, c, d, etc., et par N la somme de toutes les quantités qui multiplient 9, dans la seconde suite, nous obtiendrons définitivement pour la forme générale d'un nombre quelconque, l'expression (4)

$$9\,N + M;$$

or, cette expression est évidemment divisible par 9, si M est lui-même divisible par 9; ainsi la propriété que nous examinons est une conséquence nécessaire de ce que 9 est le dernier chiffre de notre échelle numérique, et cette propriété appartiendrait également au dernier chiffre simple de tout autre système de numération.

2. Il résulte encore de la forme générale (4), que pour trouver le reste de la division par 9 d'un nombre qui n'est point exactement divisible par 9, il suffit de chercher le reste de la division par 9 de la somme des chiffres qui composent ce nombre. Ceci est assez évident pour se passer de développement.

3. Voici une seconde propriété sur laquelle on a fait un grand nombre de commentaires. Si l'on renverse l'ordre des chiffres qui expriment un nombre quelconque, la différence du nombre *direct* et du nombre *renversé*, est toujours un multiple de 9. Par exemple 53 — 35 = 18 ou 2 fois 9; 534 — 435 = 99, ou 11 fois 9, etc. En effet puisque, M désignant la somme des chiffres d'un nombre quelconque, la forme de ce nombre est

$$9\,N + M,$$

pour tout autre nombre composé des mêmes chiffres on aura

$$9\,P + M,$$

et la différence des deux nombres sera

$$9\,N + M - 9\,P - M = 9\,(N - P)$$

c'est-à-dire un *multiple* de neuf.

Ainsi la propriété en question est beaucoup plus générale et peut s'énoncer ainsi, *la différence de deux nombres exprimés par les mêmes chiffres est toujours un multiple de 9*. Par exemple en partant du nombre 1724, et en formant tous ceux qui peuvent résulter des permutations des chiffres qui le composent, on trouve

$$1724 — 1274 = 450 \text{ ou } 50 \text{ fois } 9;$$
$$1724 — 1247 = 477 \text{ ou } 53 \text{ fois } 9, \text{ etc., etc.}$$

La preuve de la multiplication, dite *preuve par* 9, que nous avons exposée au mot ARITHMÉTIQUE, est fondée sur les propriétés 1 et 2. Il suffit de la forme générale (4) pour en comprendre les raisons sans aucune difficulté.

NEWTON (ISAAC). Parmi les noms glorieux de ce petit nombre d'hommes privilégiés dont le génie a ouvert des voies nouvelles à la science et rapproché l'esprit humain de sa destination, en surprenant les lois éternelles qui président à l'organisation de l'univers, en expliquant les phénomènes merveilleux qui s'en déduisent, en portant enfin la lumière dans les plus profonds mystères de la création, celui d'Isaac Newton doit briller d'un éclat immortel. Ces grandes et fortes organisations sont rares dans le monde. L'enthousiasme et l'admiration qu'excitent leurs travaux ne signalent que de loin en loin leur apparition dans les siècles. Ces travaux sublimes relient entre elles les races humaines divisées par les climats, les législations et les mœurs. L'intelligence qui les accepte vient déposer de la majestueuse unité de l'homme. L'orgueil des nationalités peut à son gré se manifester dans l'histoire sociale et faire honneur à un seul peuple de la gloire qu'un homme s'est acquise par de belles actions. Cette gloire est restreinte, en effet, comme les circonstances dont elle sortit, comme le but qu'elle atteignit. Mais l'histoire de la science, considérant l'esprit humain dans l'ensemble de ses œuvres, ne saurait admettre un préjugé démenti par le caractère d'universalité qui distingue le génie. Les faits du savoir, comme les intelligences dont ils émanent, appartiennent à l'humanité.

Ce fut le 25 décembre 1642, à la fin de l'année durant laquelle la postérité avait commencé pour l'illustre Galilée, que Newton naquit, à Woolstrop, dans le Lincolnshire, en Angleterre. Son génie l'a placé dans un rang bien supérieur à celui que peuvent procurer des titres héréditaires; mais il était d'une noble famille et qui possédait depuis deux siècles la seigneurie de ce bourg. Il avait perdu son père de bonne heure et ce fut sa mère qui eut à veiller à son éducation. On l'envoya à douze ans à l'école de Grantham, où il fit ses premières études. Quand il eut appris tout ce qui pouvait constituer alors l'éducation d'un gentilhomme campagnard, sa mère le rappela auprès d'elle et voulut appliquer aux affaires domestiques l'intelligence précoce qu'il avait montrée. Mais le jeune Newton ne remplit point les vues de sa mère, son penchant pour l'étude l'arrachait aux occupations vulgaires auxquelles on voulait l'appliquer, on prononça dès lors qu'il ne ferait jamais rien qu'un savant, et on le renvoya à sa chère école de Grantham, objet de ses vifs regrets. Peu de temps après, il entra au collége de la Trinité de Cambridge où l'on pense que c'est seulement à cette époque qu'il commença à étudier les mathématiques. Les progrès étonnans qu'il fit en peu de temps dans ces hautes sciences annoncèrent ce qu'il serait un jour. De la rapide lecture d'Euclide, il passa à la géométrie de Descartes et à l'arithmétique des infinis de Wallis. Une fois qu'il fut entré en possession de la science, son génie ne s'arrêta point sur les traces de ces grands maîtres, il s'élança avec eux dans la voie des découvertes. Avant l'âge de vingt-sept ans, Newton était en possession de son *Calcul des fluxions* et de sa *Théorie de la lumière*. Il commença à exposer cette dernière découverte dans ses *Lectiones opticæ*, dont il publia le précis dans les *Transactions philosophiques*. Il s'occupa aussi de mettre en ordre son traité des fluxions, mais les objections qui lui vinrent de toutes parts alarmèrent cet esprit méditatif et paisible; et jaloux de son repos, redoutant pardessus tout les querelles littéraires, qu'il eût mieux évitées sans doute en publiant plus tôt ses découvertes, il ne se pressa point de les mettre au jour. Le docteur Barrow dont il était le disciple et l'ami se démit en sa faveur de la place de professeur de mathématiques à l'université de Cambridge. C'est de cette époque de sa vie que datent les travaux qui ont à jamais illustré son nom, et surtout ce livre sublime et célèbre des *Principes*, qu'il publia à la sollicitation de Halley et sur les instances de la Société royale de Londres. L'université de Cambridge dont il avait défendu avec zèle les priviléges attaqués par le roi Jacques II, le choisit pour son représentant à la célèbre Convention de 1688 et au Parlement de 1701. Newton participa ainsi à la régénération sociale de son pays. Il fut successivement nommé directeur de la monnaie et créé chevalier de la reine Anne. Mais la faveur à laquelle il se montra le plus sensible fut son élection à la présidence de la Société royale, qui eut lieu en 1703. Il continua sans interruption à porter ce titre honorable jusqu'à la fin de sa longue et glorieuse carrière.

Tels sont en peu de mots les événemens les plus importans de la vie de Newton, ses travaux doivent tenir une plus grande place dans son histoire. Nous ne croyons pas devoir rappeler ici la discussion pénible à laquelle donna lieu le calcul des fluxions; nous avons exposé ailleurs cette théorie (*Voy*. Fluxions) et la mésintelligence dont elle fut le prétexte entre les deux plus fameux génies de cette époque (*Voy*. Leibnitz). Nous

examinerons dans leur ensemble les découvertes de Newton, en analysant le livre des *Principes* où elles sont rassemblées.

Il était reservé à ce grand homme, dit notre illustre Laplace, de nous faire connaître le principe général des mouvemens célestes. La providence, en le douant d'un profond génie, prit même soin de le placer dans les circonstances les plus favorables. Descartes avait changé la face des sciences mathématiques, par l'application féconde de l'algèbre à la théorie des courbes et des fonctions variables. Fermat avait perfectionné la géométrie, par ses belles méthodes des *maxima* et des tangentes. Wallis, Wren et Huygens venaient de trouver les lois de la communication du mouvement. Les découvertes de Galilée sur la chute des graves, et celle d'Huygens sur les développées et sur la force centrifuge, conduisaient à la théorie du mouvement dans les courbes. Keppler avait déterminé celles que décrivent les planètes et il avait même entrevu la gravitation universelle. Enfin Hook avait très bien vu que les mouvemens planétaires sont le résultat d'une force primitive de projection, combinée avec la force attractive du soleil. Mais la science attendait encore le génie qui devait coordonner dans un seul système ces puissantes idées et fixer la loi de la pesanteur, de la généralisation et du rapprochement de ces grandes découvertes. Telle fut l'œuvre de Newton. Voici, d'après le savant géomètre que nous venons de citer, comment il y parvint.

La pesanteur des corps au sommet des plus hautes montagnes, à très peu près la même qu'à la surface de la terre, lui fit conjecturer qu'elle s'étend jusqu'à la lune, et que là se combinant avec le mouvement de projection de ce satellite, elle lui fait décrire un orbe elliptique autour de la terre. Pour vérifier cette conjecture, il fallait connaître la loi de diminution de la pesanteur. Newton considéra que si la pesanteur terrestre retient la lune dans son orbite, les planètes doivent êtres retenues pareillement dans leurs orbes par leur pesanteur vers le soleil, et il le démontra par la loi des aires proportionnelles aux temps; or, on sait qu'il résulte du rapport constant trouvé par Keppler, entre les carrés des temps des révolutions des planètes et les cubes des grands axes de leurs orbes, que leur force centrifuge, et par conséquent leur tendance vers le soleil, diminuent en raison du carré de leur distance au centre de cet astre; Newton supposa donc la même loi de diminution à la pesanteur d'un corps, à mesure qu'il s'élève au-dessus de la surface de la terre. En partant des expériences de Galilée sur la chute des graves, il détermina la hauteur dont la lune abandonnée à elle même descendrait sur la terre dans un court espace de temps. Cette hauteur est le sinus verse de l'arc qu'elle décrit dans le même intervalle, sinus que la parallaxe lunaire donne en parties du rayon terrestre ; ainsi pour comparer à l'observation la loi de la pesanteur réciproque au carré des distances, il était nécessaire de connaître la grandeur de ce rayon. Mais Newton n'ayant alors qu'une mesure fautive du méridien terrestre parvint à un résultat différent de celui qu'il attendait ; et soupçonnant que des forces inconnues se joignaient à la pesanteur de la lune, il abandonna momentanément ses idées. Ceci se passait, suivant Pemberton, le contemporain et l'ami de Newton, qui nous a transmis ces détails, en 1666. Quelques années après il reprit ses recherches et il reconnut au moyen de la mesure que Picard venait de faire d'un degré du méridien, que la lune était retenue dans son orbite par le seul pouvoir de la gravité supposée réciproque au carré des distances. D'après celle-ci, il trouva que la ligne décrite par les corps dans leur chute est une ellipse dont le centre de la terre occupe un des foyers. Considérant ensuite que Keppler avait reconnu que les orbes des planètes sont pareillement des ellipses au foyer desquelles le centre du soleil est placé, il eut la satisfaction de voir que la solution qu'il avait entreprise par curiosité, s'appliquait aux plus grands objets de la nature.

Ainsi c'était au moyen du rapport entre les carrés des temps des révolutions des planètes, et les cubes des axes de leurs orbes supposés circulaires que le grand Newton était parvenu à la loi de la pesanteur. Il démontra que ce rapport a également lieu dans les orbes elliptiques, et qu'il indique une égale pesanteur des planètes vers le soleil, en les supposant placées à la même distance de son centre. En généralisant ensuite ses recherches, Newton fit voir qu'un projectile peut se mouvoir dans une section conique quelconque, en vertu d'une force dirigée vers son foyer et réciproque au carré des distances : il développa les diverses propriétés dans ce genre de courbes ; il détermina les conditions nécessaires pour que la courbe soit un cercle, une ellipse, une parabole ou une hyperbole, conditions qui ne dépendent que de la vitesse et de la position primitive des corps. Quelles que soient cette vitesse, cette position et la direction centrale du mouvement, Newton assigna une section conique que le corps peut décrire, et dans laquelle il doit conséquemment se mouvoir. Ces recherches appliquées au mouvement des comètes lui apprirent que ces astres se meuvent autour du soleil suivant les mêmes lois que les planètes, avec la seule différence que leurs ellipses sont très allongées, et il donna les moyens de déterminer par les observations les élémens de ces ellipses. La comparaison de la grandeur des orbes des satellites et de la durée de leurs révolutions, avec les mêmes quantités relatives aux planètes, lui fit connaître les masses et les densités respectives

du soleil et des planètes accompagnées de satellite: et l'intensité de la pesanteur à leur surface. En considérant que les satellites se meuvent autour de leurs planètes, à peu près comme si les planètes étaient immobiles, il reconnut que tous ces corps obéissent à la même pesanteur vers le soleil. L'égalité de l'action à la réaction ne lui permit pas de douter que le soleil pèse vers les planètes, et celles-ci vers leurs satellites ; et même que la terre est attirée par tous les corps qui pèsent sur elle. Il étendit ensuite cette propriété à toutes les parties de la matière, et il établit ces principes, que « chaque molécule de matière attire toutes les autres « en raison de sa masse et réciproquement au carré de « sa distance à la molécule attirée. »

Ce n'est pas là une simple hypothèse, mais un principe supérieur, conséquence nécessaire des lois observées dans les mouvemens célestes; principe fécond d'ailleurs dont Newton vit découler l'explication des grands phénomènes du système du monde. En considérant la pesanteur à la surface des corps célestes, comme la résultante des attractions de toutes leurs molécules, il trouva cette propriété remarquable et caractéristique de la loi d'attraction réciproque au carré des distances, savoir : que deux sphères, formées de couches concentriques et de densités variables suivant des lois quelconques, s'attirent mutuellement, comme si leurs masses étaient réunies à leurs centres : ainsi, les corps du système solaire agissent à très-peu près comme autant de centres attractifs, les uns sur les autres et même sur les corps placés à leur surface; résultat qui contribue à la régularité de leurs mouvemens, et qui fit reconnaître à ce grand géomètre la pesanteur terrestre, dans la force par laquelle la lune est retenue dans son orbite. Il prouva que le mouvement de rotation de la terre a dû l'aplatir à ses pôles, et il détermina les lois de la variation des degrés des méridiens et de la pesanteur à sa surface. Il vit que les attractions du soleil et de la lune font naître et entretiennent dans l'Océan les oscillations que l'on y observe sous le nom de *flux et de reflux de la mer*. Il reconnut que plusieurs inégalités de la lune et le mouvement rétrograde de ses nœuds sont dus à l'action du soleil. Envisageant ensuite le renflement du sphéroïde terrestre à l'équateur, comme un système des satellites adhérens à sa surface, il trouve que les actions combinées du soleil et de la lune tendent à faire rétrograder les nœuds des cercles qu'ils décrivent autour de l'axe de la terre, et que toutes ces tendances, en se communiquant à la masse entière de cette planète, doivent produire, dans l'intersection de son équateur avec l'écliptique, cette rétrogradation lente que l'on nomme *Précession des Équinoxes*.

Telles sont, en résumé, les découvertes principales que Newton expose dans le livre *des Principes*. Mais il n'est pas inutile de faire remarquer qu'à l'exception des grandes lois qu'il y détermine, la plupart de ses théories n'y sont qu'ébauchées, et que leur perfectionnement a été l'œuvre de ses successeurs. Mais cet ouvrage, dans lequel il a si bien établi d'ailleurs l'existence du principe général qu'il a découvert, ne restera pas moins dans le monde comme l'une des productions les plus étonnantes, la plus originale peut-être de l'esprit humain.

Il est évident que la loi d'attraction renverse une des hypothèses de Descartes ; mais on chercherait vainement dans le livre des Principes l'exposition d'une *philosophie* contraire à celle de l'illustre auteur du discours *de la méthode*. On ne comprend donc pas aujourd'hui comment il put s'établir une lutte entre les idées auxquelles on a donné le nom de *Cartésianisme* et les découvertes purement scientifiques qu'on désigne sous le titre de *Philosophie Newtonienne*. Serait-ce, comme l'ont prétendu des esprits fort supérieurs du reste, que la méthode d'induction que suivit Newton détruisait la supériorité de toute méthode *à priori*, et que conséquemment il faudrait en revenir à l'observation comme à la source unique et absolue de toutes nos connaissances ? Mais, outre qu'il sera toujours étrange de conclure d'une méthode à un principe, oublie-t-on que l'immortel Newton n'a pu baser ses inductions que sur des principes ou des découvertes antérieures à ses recherches, et établis par cette méthode *à priori* que le philosophisme du XVIIIme siècle s'obstina à nier. Nous regrettons de ne pouvoir donner plus de développement à ces considérations générales, et il nous suffira d'ajouter que, dans le domaine des réalités qu'elle explore, la science adopte la vérité indépendamment des moyens employés pour la rechercher. Si la destination de l'homme est en effet la découverte de la vérité, la Providence a dû multiplier le nombre des voies qui mènent à elle, afin que toutes les intelligences pussent contribuer à cette œuvre sublime.

Le Traité d'optique de Newton est après le livre des *Principes* un des écrits les plus remarquables de ce grand homme, les plus dignes de son génie original et profond. Mais l'espace nous manque pour en donner ici une idée plus précise ainsi que des nombreux et admirables travaux dont cet illustre géomètre a enrichi la science : nous ne pouvons qu'en faire la rapide énumération bibliographique.

Le grand ouvrage de Newton parut pour la première fois à Londres, en 1687, in-4°, sous ce titre : *Philosophiæ naturalis principia mathematica*. Le livre intitulé *Systemata mundi*, qui n'est qu'un précis de la troisième partie du précédent ouvrage, destiné à en rendre la doctrine plus accessible, ne fut publié qu'en 1731, par les soins de Halley. Nous renvoyons d'ailleurs aux traités spéciaux de bibliographies ceux de

nos lecteurs qui désireraient connaître le nombre d'éditions et les traductions en diverses langues qui ont été faites de cet immortel écrit.

En 1704, Newton publia à Londres, en anglais, son *Traité d'optique* ; il était accompagné de deux autres traités en latin : *De quadratura curvarum*, et *Enumeratio linearum tertii ordinis*. En 1706, Samuel Clarke donna une nouvelle édition de cet ouvrage avec la traduction de l'*optique* en latin.

En 1707, parut l'*Arithmetica universalis*, et en 1711 Newton publia de nouveau ses deux traités *De quadratura*, etc. avec ceux qui portent ces titres : *Analysis per quantitatum series, fluxiones ac differentias*, etc, et *Methodus differentialis*.

Après lui parurent ses *Lectiones opticæ*, qu'il ne faut pas confondre avec le *Traité d'optique* dont nous avons parlé plus haut, et enfin sa *Méthode des fluxions et des suites infinies*, qui est un de ses premiers ouvrages, mais qui ne fut publié qu'en 1706, en anglais, par les soins du docteur Colson. Buffon en a donné une traduction française. Les œuvres complètes de Newton ont été publiées à Londres en 1779, par les soins de Horsley, sous ce titre : ISAACI NEUTONI *opera quæ extant omnia. Commentariis illustrabat Samuel Horsley*, 44. L. L. D. R. S. S. Lond. 1779. in-4° 5 vol.

Le grand Newton, qui jouit durant sa longue vie de la plus heureuse santé, mourut le 20 mars 1727, âgé de quatre vingt-quatre ans et trois mois. Sa patrie, où le culte des grands hommes est si noblement pratiqué, lui voua les honneurs funèbres les plus remarquables. Son corps fut transporté à l'abbaye de Westminster et placé sur un lit de parade, les plus grands seigneurs se disputèrent l'honneur de porter les coins du drap mortuaire, et une foule immense de citoyens anglais assista dans un religieux silence à cette cérémonie. Ce fut néanmoins la famille de Newton qui lui fit depuis élever un tombeau. On y lit l'épitaphe suivante qui résume la plus belle vie que Dieu ait pu accorder à un homme.

H. S. E. Isaacus Newtonus, eques auratus, qui animi vi prope divinâ, planetarum motus, figuras, cometarum semitas, oceanique æstus, sua mathesi lucem præferente, primus demonstravit. Radiorum lucis dissimilitudines, colorumque indè nascentium proprietates, quas nemo antè suspicatus erat, pervestigavit. Naturæ antiquitatis, S. scrip. sedulus, sagax, fidus, interpres, Dei O. M. majestatem philosophiâ aperuit, evangelii simplicitatem moribus expressit. Sibi gratulentur mortales tale tantumque exstitisse humani generis decus.

Natus XXV december. A. D. MDCXLII ; obiit martis XX. MDCCXVI. (1727. V.S.) Les dernières phrases de cette épitaphe font allusion à la *Chronologie des anciens royaumes corrigés*, qui, malgré les critiques de Férat, est demeurée un des ouvrages les plus remarquables qui existent sur cette matière, et à un ouvrage d'Exégèse de la vieillesse de Newton, *Observations sur Daniel et l'Apocalypse* ; écrit mal jugé en France et qui n'était ridicule que pour la secte antireligieuse qui avait osé s'étayer un moment du vénérable nom de Newton.

NIVEAU. (*Arpentage.*) Instrument employé pour mener une ligne parallèle à l'horizon, et pour trouver la différence des hauteurs de deux endroits. Il y a plusieurs espèces de *niveaux*.

Le *niveau d'eau*, le plus simple de tous, est composé d'un tuyau rond de cuivre ou de toute autre matière susceptible de contenir de l'eau, long d'environ un mètre sur 30 à 35 millimètres de diamètre. Il est recourbé en équerre par les bouts pour y recevoir deux tuyaux de verre de 80 à 100 millimètres, que l'on fait tenir avec de la cire et du mastic. Il y a par-dessous une virole attachée au milieu, pour placer l'instrument sur son pied. (*Voy.* Pl. 47, fig. 3.) On y verse de l'eau ordinaire ou colorée par un des bouts jusqu'à ce qu'il y en ait assez pour paraître dans les deux tuyaux de verre.

Ce niveau est très-commode pour niveler de moyennes distances, parce qu'il n'est pas nécessaire que l'eau soit également éloignée des extrémités des deux tuyaux de verre ; d'après la propriété des liquides, la ligne visuelle qui passe par les deux surfaces apparentes de l'eau, est toujours horizontale.

Le *niveau d'air* (Pl. 47, fig. 4), est un tube de verre bien droit et d'égale grosseur et épaisseur partout. On le remplit, à quelques gouttes près, d'esprit de vin ou autre liqueur non sujette à geler, puis on le ferme hermétiquement à la lampe d'émailleur. Cet instrument est exactement parallèle à l'horizon lorsque la goutte d'air s'arrête justement au milieu ; car, dans toute autre situation, la goutte d'air plus légère que les gouttes de liqueurs court vers l'extrémité la plus élevée pour remplir le vide.

C'est ce niveau d'air simple qui sert de base à tous les niveaux composés, montés sur des pieds et garnis de pinnules ou de lunettes. (Fig 5, 6.)

Le *niveau à perpendicule* est composé de deux règles jointes à angles droits et dont l'une porte un fil à plomb. (Pl. 47, fig. 7, 8 et 9.) Le niveau des *maçons* (fig. 10) est un instrument de cette espèce.

NIVELLEMENT. Branche de la *géométrie pratique* qui a pour objet de mesurer la différence des niveaux des points terrestres, ou de faire connaître combien un point de la surface du globe est plus près ou plus loin du centre qu'un autre point.

D'après les lois de l'hydrostatique (*voy.* ce mot), la surface d'une eau tranquille comme celle d'un lac ou de la mer, lorsqu'elle est calme, est une surface sphérique dont les points sont également éloignés du centre de la terre. Cette surface est ce qu'on nomme *couche de niveau*.

Quoique la terre ne soit point exactement une sphère et qu'il ne soit pas par conséquent rigoureux de considérer comme des arcs de cercles les lignes que l'on mesure sur sa surface, dans les opérations ordinaires de nivellement, on peut sans erreur sensible ne tenir aucun compte de son applatissement vers les pôles. Ce n'est que lorsque les points dont il faut déterminer la différence des niveaux sont situés à de très-grandes distances les uns des autres qu'on a besoin, pour plus d'exactitude, de faire entrer cet aplatissement dans les calculs.

On dit que deux points sont de *niveau entre eux* lorsqu'ils sont également élevés au-dessus, ou également abaissés au-dessous, d'une *couche de niveau*, c'est-à-dire, de la surface d'une eau parfaitement tranquille. Par exemple si BE représente la surface de la mer, les deux points A et D seront de niveau lorsqu'on aura AB = DE. (Pl. 47, fig. 9.) L'arc AD se nomme alors *ligne de niveau vrai*.

Une droite comme DF perpendiculaire à la ligne d'aplomb DE, du point D, ou tangente à la ligne de niveau AD, se nomme *ligne de niveau apparent*. C'est la ligne horizontale qui passe par le point D et que l'on détermine à l'aide d'un *niveau* (*voy.* ce mot).

La ligne de niveau vrai et celle de niveau apparent s'écartent d'autant plus l'une de l'autre, qu'elles sont prolongées d'avantage ; ainsi deux points d'une même ligne horizontale ne sont jamais rigoureusement de niveau. Cependant, comme dans de petites distances la courbure de la terre est insensible, on peut prendre la ligne de niveau apparent pour la ligne de niveau vrai tant que la distance des objets ne dépasse pas 2 à 300 mètres ; au delà la différence ne peut plus être négligée.

Pour déterminer la différence des niveaux de deux points terrestres tels que E et D (Pl. 47, fig. 11) qui sont visibles l'un de l'autre, on établit à l'un de ces points, E par exemple, un *niveau d'eau* ou tout autre qui fait connaître la ligne de niveau apparent BC ; à l'autre point D, on place une règle CD portant une feuille de fer-blanc carrée divisée en deux rectangles par une droite, et dont l'un est blanc et l'autre noir. Ce carré, que l'on nomme la *mire*, peut glisser dans une rainure pratiquée sur la règle. L'observateur, placé au niveau, indique au porteur de la règle, par des signes convenus, qu'il faut hausser ou baisser la mire jusqu'à ce qu'il voie la ligne de séparation des rectangles bien exactement dans le rayon visuel BC'. On mesure ensuite la hauteur de ce rayon visuel au-dessus des points E et D, et la différence de ces hauteurs est la même que celle des niveaux, en supposant toutefois que la distance BC n'est pas plus grande que 300 mètres. Pour plus de facilité, la règle qui porte la mire est divisée en millimètres et fait ainsi connaître immédiatement la hauteur CD.

Si les points sont très-éloignés ou ne sont pas visibles l'un de l'autre, on choisit des points intermédiaires, et à l'aide de plusieurs opérations semblables à celle que nous venons de décrire on détermine la différence des niveaux de ces points et des points proposés, d'où l'on peut ensuite conclure celle de ces derniers. En choisissant des stations qui ne soient pas distantes de plus de 2 à 300 mètres on n'a pas besoin de tenir compte de la différence de la ligne de niveau apparent avec celle de niveau vrai.

Lorsque les points, quoique visibles, sont situés à une très-grande distance l'un de l'autre et qu'on ne veut faire qu'une seule opération, il faut diminuer la hauteur de la mire de la quantité qui résulte de l'élévation du niveau apparent au-dessus du niveau vrai, quantité que l'on détermine de la manière suivante.

Soient (Pl. 47, fig. 12.) A un point de la surface de la terre, AB la ligne de niveau apparent et AD la ligne de niveau vrai ; BD sera l'élévation du niveau apparent au-dessus du niveau vrai. Or, d'après les propriétés du cercle (*voy.* ce mot), la tangente AB est moyenne proportionnelle entre la sécante entière BE et sa partie extérieure BD, ainsi on a

$$BE : AB :: AB : BD$$

d'où

$$BD = \frac{\overline{AB}^2}{\overline{BE}} = \frac{\overline{AB}^2}{\overline{ED} + \overline{BD}}.$$

Mais BD est toujours très-petit par rapport au diamètre ED de la terre, et l'on peut poser, sans erreur appréciable dans la pratique,

$$BD = \frac{\overline{AB}^2}{\overline{ED}},$$

donc le haussement du niveau apparent au-dessus du niveau vrai est égal au carré de la distance horizontale des deux points divisé par le diamètre de la terre. C'est avec cette formule qu'on a dressé la table suivante :

DISTANCES Entre les points à niveler.	ÉLÉVATION Du niveau apparent au-dessus du niveau vrai.
mètres.	m
100	0, 0008
200	0, 0031
300	0, 0071
400	0, 0126
500	0, 0196
600	0, 0283
700	0, 0385
800	0. 0503
900	0, 0636
1000	0, 0785
1100	0, 0950
1200	0, 1131
1300	0, 1327
1400	0, 1539
1500	0, 1767
1600	0, 2011
1700	0, 2270
1800	0, 2545
1900	0, 2835
2000	0, 3142

En remarquant que les haussemens du niveau apparent au-dessus du niveau vrai sont entre eux comme les carrés des distances horizontales, ce qui résulte de la formule ci-dessus, on peut prolonger facilement cette table, ou trouver les valeurs comprises entre celles qu'elles contient.

Nous devons faire remarquer que ces haussemens ne sont pas en réalité aussi grands que le calcul les donne à cause de la réfraction dont l'effet est de faire paraître les objets plus élevés. Cet effet qui est justement le plus grand possible dans la ligne horizontale est cause que le niveau apparent se trouve plus bas qu'il ne devrait être et diffère d'autant moins du niveau vrai ; mais la quantité de cet abaissement ne devient sensible que pour des distances qui dépassent 900 mètres, et l'on n'en tient compte que dans les nivellemens qui demandent une grande exactitude. En désignant par h le haussement qui correspond à une distance quelconque, et par a l'abaissement dû à la réfraction, pour cette même distance, on a à très-peu près

$$a = 0, 16\, h.$$

Ainsi pour une distance de 1600 mètres, l'abaissement est

$$0, 16 \times 0, 2011 = 0, 032176,$$

ou 0,0322. Retranchant cette valeur du haussement que donne la table, il reste 0^m, 1689 pour l'élévation du niveau vrai. *Voy.* Les *Traités de Nivellement* de Picard, de Lahire et celui, plus complet, de Puissant. *Voy.* aussi le *Traité de l'Arpentage* de A. Lefèvre.

NOCTURNE. (*Ast.*) C'est l'opposé de *diurne*, ou ce qui a rapport à la *nuit*.

Arc nocturne. Arc que le soleil décrit ou paraît décrire pendant qu'il est au-dessous de l'horizon.

Arc semi-nocturne. Portion de cercle comprise entre la partie inférieure du méridien et le point de l'horizon où le soleil se lève ou se couche. (*Voy.* DIURNE.)

NOEUDS. (*Ast.*) Points où l'orbite d'une planète coupe l'écliptique. (*Voy.* LUNE et PLANÈTES.)

NOEUD. (*Géom.*) Figure ovale formée par l'intersection des branches d'une courbe. (*Voy.* POINT SINGULIER.)

NOMBRE. (*Alg.*) Ce mot dans son acception vulgaire désigne une collection d'unités de la même espèce. (*Voy.* ARITHMÉTIQUE et MATHÉMATIQUES.)

Les *nombres* se distinguent en *entier, fractionnaire, rationnel, irrationnel, abondant, amiable, abstrait, concret, figuré, parfait, polygonal, premier*, etc. (*Voy.* ces divers mots.)

THÉORIE DES NOMBRES. Une des branches fondamentales de la *Théorie de l'Algèbre*. (*Voy.* MATHÉMATIQUES 13.)

Nous avons dit que la *théorie des nombres* a pour objet la double considération qui se présente dans leur nature et nous les fait concevoir comme une *agrégation d'unités*, ou comme un *produit de facteurs*, c'est-à-dire, comme étant donnés par l'algorithme de la sommation

$$A + B = C,$$

ou par ceux de la reproduction et de la graduation

$$A \times B = C, \quad A^B = C.$$

Le premier de ces algorithmes apportant précisément dans les nombres la considération de l'agrégation des unités, et les deux derniers celle de l'existence des facteurs.

Mais en nous bornant à ce double caractère général de *somme* et de *produit*, soit M un nombre donné en même temps par les générations

$$M = A + B, \ M = C \times D;$$

nous aurons nécessairement (*a*)

$$A + B = C \times D,$$

et cette égalité exprimera l'influence systématique et réciproque des deux algorithmes primitifs dans la génération du nombre M. Or, les lois de cette influence réciproque sont évidemment celles qui lient les quantités A, B, C, D, et rendent possible la double génération en question. Nous allons donner, d'après M. Wronski, la déduction de ces lois.

1. Soient n_1, n_2, n_3, n_4, etc., des nombres quelconques positifs ou négatifs, faisons d'abord

$$n_1 + n_2 + n_3 + n_4 + \text{etc}\ldots + n_\omega = N_\omega.$$

Si nous formons avec ces mêmes nombres tous les produits différens qui peuvent résulter en les combinant m à m sans permutations, la somme de tous ces produits sera une fonction de N_ω, et nous pourrons la considérer comme le développement de la puissance

$$(n_1 + n_2 + n_3 + n_4 + \text{etc}\ldots + n_\omega)^m$$

en remplaçant dans ce développement les coefficiens m, $\frac{m(m-1)}{1 \cdot 2}$ etc., par l'unité. M. Wronski désigne par la caractérisque $\aleph$ cette fonction particulière de graduation, qu'il nomme simplement, du nom de cette lettre, fonction *aleph* et qu'il écrit

$$\aleph\,[N_\omega]^m.$$

Nous avons de cette manière,

$$\aleph\,[n_1 + n_2]^2 = n_1^2 + n_1 n_2 + n_2^2$$
$$\aleph\,[n_1 + n_2]^3 = n_1^3 + n_1^2 n_2 + n_1 n_2^2 + n_2^3$$
$$\text{etc.} \qquad \text{etc.}$$

$$\aleph\,[n_1 + n_2 + n_3]^2 = n_1^3 + n_2^3 + n_3^3 + n_1^2 n_2 + n_1^2 n_3 + n_2^2 n_1$$
$$+ n_2^2 n_3 + n_3^2 n_1 + n_3^2 n_2 + n_1 n_2 n_3$$
$$\text{etc.} \qquad \text{etc.}$$

2. D'après la construction des fonctions *alephs* on a, n désignant un nombre quelconque (*b*),

$$\aleph[N_\omega + n]^m = \aleph[N_\omega]^m + n\,\aleph[N_\omega]^{m-1} + n^2\,\aleph[N_\omega]^{m-2}$$
$$+ \text{etc}\ldots + n^{m-1}\,\aleph\,[N_\omega] + n^m.$$

En effet, en prenant simplement la puissance m du binome $N_\omega + n$, nous avons

$$(N_\omega + n)^m = N_\omega^m + m N_\omega^{m-1} n + \frac{m(m-1)}{1 \cdot 2} N_\omega^{m-2} n^2 + \text{etc.}$$

ou bien en substituant à la place de N_ω le polynome que cette quantité représente

$$\{(n_1 + n_2 + n_3 + \text{etc}\ldots + n_\omega) + n\}^m =$$
$$(n_1 + n_2 + n_3 + \text{etc}\ldots + n_\omega)^m$$
$$+ m(n_1 + n_2 + \ldots\ldots + n_\omega)^{m-1} n$$
$$+ \frac{m(m-1)}{1 \cdot 2}(n_1 + n_2 \ldots + n_\omega)^{m-2} n^2$$
$$+ \text{etc}\ldots$$

Or, pour avoir le développement final de la puissance du premier membre de cette dernière expression, il ne faut plus que développer les puissances du polynome (*c*),

$$n_1 + n_2 + n_3 + n_4 + \text{etc}\ldots + n_\omega$$

qui se trouvent dans le second membre, mais la fonction $\aleph[N_\omega + n]^m$ est égale à ce développement après qu'on a ôté les coefficiens, on a donc en définitive l'expression (*b*), puisque les développemens des puissances du polynome (*c*) pris sans les coefficiens sont les fonctions alephs

$$\aleph[N_\omega]^m, \ \aleph[N_\omega]^{m-1}, \ \aleph[N_\omega]^{m-2} \text{ etc.}$$

3. Si nous désignons par n_p l'un quelconque des

nombres n_1, n_2, n_3, etc., nous aurons évidemment en vertu de (b)

$$\mathfrak{N}[\mathrm{N}_\omega]^m = \mathfrak{N}[\mathrm{N}_\omega - n_p]^m + n_p\,\mathfrak{N}[\mathrm{N}_\omega - n_p]^{m-1}$$
$$+ n^2{}_p\,\mathfrak{N}[\mathrm{N}_\omega - n_p]^{m-2} + \text{etc.}$$
$$= \mathfrak{N}[\mathrm{N}_\omega - n_p]^m + n_p\{\mathfrak{N}[\mathrm{N}_\omega - n_p]^{m-1}$$
$$+ n_p\,\mathfrak{N}[\mathrm{N}_\omega - n_p]^{m-2} + n^2{}_p\,\mathfrak{N}[\mathrm{N}_\omega - n_p]^{m-3}$$
$$+ \text{etc...}\}$$
$$= \mathfrak{N}[\mathrm{N}_\omega - n_p]^m + n_p\,\mathfrak{N}[\mathrm{N}_\omega]^{m-1}$$

et pour tout autre nombre n_q, pris également parmi les nombres n_1, n_2, n_3, etc.

$$\mathfrak{N}[\mathrm{N}_\omega]^m = \mathfrak{N}[\mathrm{N}_\omega - n_q]^m + n_q\,\mathfrak{N}[\mathrm{N}_\omega]^{m-1},$$

ce qui nous donne la relation générale,

$$\mathfrak{N}[\mathrm{N}_\omega - n_p]^m + n_p\,\mathfrak{N}[\mathrm{N}_\omega]^{m-1} = \mathfrak{N}[\mathrm{N}_\omega - n_q]^m + n_q\,\mathfrak{N}[\mathrm{N}_\omega]^{m-1}$$

et définitivement (d),

$$\mathfrak{N}[\mathrm{N}_\omega - n_p]^m - \mathfrak{N}[\mathrm{N}_\omega - n_q]^m = (n_q - n_p)\cdot\mathfrak{N}[\mathrm{N}_\omega]^{m-1}.$$

Telle est l'expression de la relation qui existe entre la génération par sommation et la génération par graduation au moyen des nombres n_1, n_2, n_3, etc. C'est la loi fondamentale de toute la théorie des nombres. On voit qu'elle se réduit en effet à la forme (a)

4. En établissant entre deux quelconques n_p et n_q des nombres arbitraires $n_1 + n_2 + n_3 + \text{etc.}\ldots + n_\omega = \mathrm{N}_\omega$, la différence $(n_q - n_p)$ égale à 2, 3, 4 . 5, etc., on aura, d'après cette loi, pour la forme primitive de la génération de tous les nombres composés respectivement des facteurs 2, 3, 4, 5, etc., l'expression (e),

$$\mathfrak{N}[\mathrm{N}_\omega - n_p]^m - \mathfrak{N}[\mathrm{N}_\omega - n_q]^m;$$

m étant un nombre entier positif quelconque. — C'est là l'origine absolue des *facteurs* dans les nombres entiers.

« Ceux des nombres premiers, dit M. Wronski, qui ne sont pas compris sous la forme (e), si ce n'est dans le cas où la différence $(n_q - n_p)$ est égale à l'unité, et qui cependant se trouvent comme les autres dans la suite naturelle des nombres, c'est-à-dire, dans la suite produite par la génération consécutive par sommation, et nommément par l'addition consécutive de l'unité, sont ceux qu'on appelle NOMBRES PREMIERS. — On voit maintenant quelle est la nature de ces nombres, et quel en est le caractère distinctif; on voit que ce caractère est purement *négatif* et qu'il consiste dans l'exclusion de ces nombres hors des limites de la forme primitive (d) que nous venons de trouver pour la génération possible des nombres composés de facteurs, à l'exception du cas insignifiant où la différence $(n_q - n_p)$ est égale à l'unité. — C'est de ce caractère négatif ou d'exclusion que vient l'impossibilité d'exprimer, d'une manière générale, les nombres qu'on appelle *premiers*, c'est-à-dire l'impossibilité de soumettre ces nombres à une loi; ce sont leurs opposés, les nombres composés de facteurs dont le caractère distinctif est *positif* qui peuvent être soumis à des lois, et par conséquent recevoir une expression générale; et c'est cette expression que nous venons de déduire de la loi fondamentale des nombres. »

6. Il est facile de reconnaître, en examinant les deux quantités

$$\mathfrak{N}[\mathrm{N}_\omega - n_p]^m,\quad \mathfrak{N}[\mathrm{N}_\omega - n_q]^m$$

qui concourent à la génération des nombres composés du facteur $(n_q - n_p)$, que ces quantités sont construites d'une manière identique, et qu'il n'existe entre elles aucune différence de génération. C'est cette identité de formation qui est le principe premier de la *congruence* des nombres (*voy.* CONGRUENCE) et donne lieu à l'expression générale de cette congruence,

$$\mathfrak{N}[\mathrm{N}_\omega - n_p]^m = \mathfrak{N}[\mathrm{N}_\omega - n_q]^m,\ [module = (n_q - n_p)];$$

sur laquelle reposent conséquemment toutes les propositions de la *Théorie des nombres*. (*Voy.* Wronski, *Introd. à la Phil. des Math.*) *Voy.* CONGRUENCE et INDÉTERMINÉ.

NOMBRE D'OR. C'est celui qui exprime l'année courante du *cycle lunaire*. (*Voy.* CALENDRIER, 27.)

NONAGÉSIME. (*Ast.*) Point de l'écliptique éloigné de 90° des sections de l'écliptique avec l'horizon. C'est le point de ce cercle le plus élevé au-dessus de l'horizon dans un moment donné.

NONES. Nom que l'on donnait à certains jours du mois dans le calendrier romain. (*Voy.* CALENDRIER, 14.)

NONIUS. (*Voy.* VERNIER.)

NORD. (*Ast.*) Un des quatre points cardinaux. (*Voy.* CARDINAUX.)

NORMALE. (*Géom.*) C'est la même chose que *perpendiculaire*, mais on se sert plus particulièrement de ce mot dans la théorie des courbes. (*Voy.* PERPENDICULAIRE et SOUS-NORMALE.)

NOTATION. (*Alg.*) Représentation ou signe extérieur qu'on emploie pour désigner les quantités numériques. Par exemple, la manière d'écrire l'exposant au-dessus de la base, dans a^m, pour désigner la puissance de cette base, est une *notation*.

NUIT. (*Ast.*) Espace de temps pendant lequel le soleil est au-dessous de l'horizon.

NUMÉRATEUR. (*Alg.*) Nom de l'un des deux nombres qui servent à exprimer une fraction. (*Voy.* FRACTION.)

NUMÉRATION. Génération de tous les nombres au moyen de certains nombres que l'on considère comme simples ou comme donnés immédiatement. (*Voy.* ARITHMÉTIQUE, 11.)

Comme il est impossible d'avoir la conception immédiate d'une pluralité indéfinie d'unités numériques, il est essentiel, pour la possibilité de l'arithmétique, de déterminer médiatement cette conception. Or, cette détermination ne peut évidemment avoir lieu que par une combinaison des algorithmes élémentaires primitifs, sur lesquels repose en dernier lieu toute la science des nombres, combinaison qui constitue l'algorithme élémentaire dérivé de la NUMÉRATION. (*Voy.* MATHÉMATIQUES, 4.)

En combinant ensemble les deux algorithmes primitifs de la *sommation*, et de la *reproduction*, on obtient une génération dérivée, dont la forme générale est (*a*),

$$A_1.M + A_2.N + A_3.O + A_4.P + \text{etc.}$$

A_1, A_2, A_3, etc., désignant des nombres donnés par la *sommation*, ou par l'addition successive de l'unité avec elle-même, et M, N, O, P, etc., des nombres semblables, mais liés entre eux par une loi, afin que cette génération ait une forme déterminée.

Mais pour que cet algorithme soit susceptible de résoudre, dans toute son étendue, la question qui nous occupe, il faut qu'on puisse resserrer les deux générations composantes entre des limites arbitraires, et obtenir néanmoins la génération complète d'une quantité quelconque. C'est ce qui a lieu en effet.

Ainsi considérant comme donnés immédiatement une certaine quantité m de nombres A_1, A_2, A_3, etc., et prenant pour les nombres M, N, O, etc., la suite des puissances progressives du nombre limitant m, ce qui est la loi la plus simple qui puisse lier ces quantités, nous aurons pour la génération d'un nombre quelconque X, suivant le cas le plus simple de l'algorithme (*a*), l'expression (*b*),

$$X = A_1 m^p + A_2 m^{p-1} + A_3 m^{p-2} + A_4 m^{p-3} + \text{etc.}$$

Mais pour sortir du point de vue général, prenons *dix* pour limite, c'est-à-dire considérons comme simples les dix quantités

$$0, 1, 2, 3, 4, 5, 6, 7, 8, 9,$$

et nous aurons pour la génération du nombre X,

$$X = A_1 10^p + A_2 10^{p-1} + A_3 10^{p-2} + \text{etc.},$$

les quantités A_1, A_2, A_3, etc., étant quelques-uns des nombres simples 0, 1, 2, 3, etc.

Dans l'arithmétique, on sous entend les puissances 10^p, 10^{p-1}, etc., et les rangs qu'on fait occuper aux nombres simples 0, 1, 2, 3, etc., ne sont qu'un moyen de tenir compte de ces puissances. C'est ainsi qu'on nomme *dixaines*, les nombres de l'ordre 10^1; *centaines*, ceux de l'ordre 10^2, etc. Par exemple, en écrivant comme dans l'arithmétique la quantité X,

$$X = \ldots. A_4\, A_3\, A_2\, A_1.$$

A_1, serait les *unités*; A_2, les *dixaines*; A_3, les *centaines*, etc. Supposons pour rendre l'application encore plus sensible que la génération du nombre X soit,

$$2.10^4 + 3.10^3 + 9.10^2 + 5.10^1 + 7.10^0$$

on écrirait

$$X = 23957.$$

Et, alors, 2 exprimerait 2 unités de l'ordre 10^4, ou 20000, ou 2 *dixaines de mille*; 3 exprimerait 3 unités de l'ordre 10^3, ou 3000 ou 3 *mille*; 9, 9 unités de l'ordre 10^2, ou 900, ou 9 *centaines*; 5, 5 unités de l'ordre 10^1, ou 70, ou 7 *dixaines*; et enfin 7, 7 unités primitives. On énoncerait la quantité X en disant qu'elle égale *vingt-trois mille neuf cent cinquante-sept unités*. (*Voy.* ARITHMÉTIQUE, 11.)

Il nous reste à démontrer que la génération d'un nombre entier quelconque est toujours possible au moyen de l'algorithme (*b*), quelle que soit la limite m : ce qui se réduit à prouver que la détermination des nombres A_1, A_2, A_3, etc. est possible dans tous les cas.

Or, X étant un nombre entier, soit, s'il est possible,

$$X = A_0 m^0 + A_1 m^1 + A_2 m^2 + A_3 m^3 + A_4 m^4 + \text{etc.}\ldots$$

En divisant les deux membres de cette égalité par m on a

$$\frac{X}{m} = \frac{A_0}{m} + A_1 m^0 + A_2 m^1 + A_3 m^2 + \text{etc.};$$

ou, simplement

$$\frac{X}{m} = X_1 + \frac{A_0}{m} = X_1, \text{ reste } A_0.$$

X_1 représentant $A_1 m^0 + A_2 m^1 + \text{etc.}$

Il suit de là que A_0 est le reste de la division de X par m. Divisant de nouveau les deux membres de l'égalité,

$$X_1 = A_1 m^0 + A_2 m^1 + A_3 m^2 + A_4 m^3 + \text{etc.},$$

par m, il vient

$$\frac{X_1}{m} = \frac{A_1}{m} + A_2 m^0 + A_3 m^1 + A_4 m^2 + \text{etc.},$$

ou

$$\frac{X_1}{m} = X_2 + \frac{A_1}{m} = X_2, \text{ reste } A_1,$$

en désignant par X_2 la quantité $A_2 m^0 + A_3 m^1 + \text{etc.}$

Le nombre A_1 est donc le reste de cette seconde division. Poursuivant de la même manière jusqu'à ce qu'on arrive à un dernier quotient plus petit que m, les restes des divisions successives seront les autres nombres A_2, A_3, etc.

Voici le tableau de ce calcul :

$$X = A_0 m^0 + A_1 m^1 + A_2 m^2 + A_3 m^3 + \text{etc.}$$

$$\frac{X}{m} = \frac{A_0}{m} + \left\{ A_1 m^0 + A_2 m^1 + \text{etc.}\ldots \right\} = X_1, \text{ reste } A_0.$$

$$\frac{X_1}{m} = \frac{A_1}{m} + \left\{ A_2 m^0 + A_3 m^1 + \text{etc.}\ldots \right\} = X_2, \text{ reste } A_1.$$

$$\frac{X_2}{m} = \frac{A_2}{m} + \left\{ A_3 m^0 + A_4 m^1 + \text{etc.}\ldots \right\} = X_3, \text{ reste } A_2.$$

$$\frac{X_3}{m} = \frac{A_3}{m} + \left\{ A_4 m^0 + A_5 m^1 + \text{etc.}\ldots \right\} = X_4, \text{ reste } A_3.$$

etc.   etc.

La détermination des membres A_0, A_1, A_2, etc., est donc toujours possible , et il est, conséquemment, vrai qu'un nombre entier quelconque **X** peut être donné par la génération dérivée en question, quelle que soit la limite m.

Comme les nombres entiers servent ensuite à exprimer tous les autres , on voit que l'algorithme (b) renferme implicitement la solution générale de l'importante question qui nous a conduits à déterminer sa nature.

Nous avons donné au mot ECHELLE ARITHMÉTIQUE le procédé pour passer d'un système de numération à un autre ; cet article est le complément de ce qui précède. (*Voy* aussi BINAIRE.)

NUMÉRIQUE ou NUMÉRAL. Ce qui a rapport aux nombres.

Le *calcul numérique* est celui qui s'effectue sur les nombres représentés par des chiffres, à l'aide de la *numération* ; tandis que le *calcul algébrique* est celui qu'on effectue sur les nombres représentés d'une manière générale par des lettres.

NUTATION. (*Ast.*) Oscillation périodique de l'axe du globe terrestre, causée principalement par l'attraction de la lune, et dont l'effet est de produire un mouvement apparent dans les étoiles fixes. Ce phénomène, découvert par Bradley, étant lié à celui de la précession des équinoxes, nous renverrons l'exposition de sa théorie au mot PRÉCESSION.

O.

OBJECTIF. (*Diop.*) On nomme *verre objectif* le verre d'une lunette ou d'un télescope qui est tourné vers l'objet. (*Voy*. LUNETTE.)

OBLIQUANGLE. (*Géom.*) Nom que l'on donne aux triangles dont tous les angles sont *obliques*, c'est-à-dire, aigus ou obtus. Ce mot a vieilli.

OBLIQUE. (*Géom.*) Une droite est *oblique* par rapport à une autre droite, lorsqu'elle ne lui est pas *perpendiculaire*. Il en est de même par rapport à un plan.

Deux plans qui forment un angle différent d'un droit sont o'liques l'un par rapport à l'autre.

On démontre, dans les élémens de géométrie, que de toutes les droites que l'on peut mener d'un point à une droite ou à un plan, la plus petite est la perpendiculaire, et que, de deux *obliques*, la plus grande est celle qui rencontre la droite ou le plan à une plus grande distance du pied de la perpendiculaire. Par exemple, si du point A (Pl. 47, fig. 13 et 14.) on mène les droites AE, AD, AF, AG, etc., la plus petite de toutes ces droites sera la perpendiculaire AD ; et de deux obliques, telles que AF et AG, inégalement éloignées du pied de la perpendiculaire, la plus grande sera la plus éloignée AF.

Les obliques qui s'écartent également, comme AE et AF sont égales. (*Voy*. PERPENDICULAIRE.)

OBLIQUITÉ. Position d'une droite ou d'un plan qui sont *obliques* par rapport à une autre droite ou un autre plan.

OBLIQUITÉ DE L'ÉCLIPTIQUE. (*Voy*. ÉCLIPTIQUE.)

OBLONG. (*Géom.*) Epithète que l'on donne à toute figure plus longue que large. Ainsi un *rectangle* dont les quatre côtés ne sont pas égaux ou qui n'est point un carré est un *rectangle oblong*. Une ellipse est une figure *oblongue*, etc. Un sphéroïde *oblong* est la même chose qu'un sphéroïde *alongé*. (*Voy*. ce mot.)

OBSERVATION. On donne ce nom , en *astronomie* , aux mesures, prises avec les instrumens convenables, des distances angulaires des astres, de leurs hauteurs méridiennes, de leurs mouvemens, etc. , etc.

OBSERVATOIRE. Lieu destiné aux observations astronomiques, et qui renferme les instrumens nécessaires à ce genre d'observations.

Le premier *observatoire* qui fut établi en Europe est celui que Guillaume IV, Landgrave de Hesse-Cassel, fit bâtir en 1561. Nous avons dit que Tycho-Brahé en avait fait construire un à ses frais dans la petite île de Huène, vers 1582. L'exemple donné par le prince et le géomètre fut bientôt suivi généralement, et toutes les nations civilisées s'empressèrent à l'envi d'établir des observatoires. Celui de Paris fut commencé en 1664 , par l'ordre de Louis XIV, et achevé en 1672. On y remarque une espèce de puits qui va du haut de la plate-forme jusqu'au fond des caves, et dont on s'est servi pour des expériences sur la chute des corps.

L'observatoire de *Greenwich* , près de Londres, devenu si célèbre par les nombreuses observations qui y furent faites par Flamsteed, ne date que de 1676.

Voici, d'après les calculs les plus récens, les positions des principaux observatoires actuellement existans , rapportées au méridien de celui de Paris. Cette table est particulièrement utile pour ramener les longitudes comptées de ces observatoires aux longitudes comptées de Paris , les seules dont il soit fait usage dans les ouvrages français.

POSITIONS GÉOGRAPHIQUES DES PRINCIPAUX OBSERVATOIRES

Par rapport au méridien de l'Observatoire de Paris.

NOMS DES VILLES.	LATITUDES.	LONGITUDES.	
		EN DEGRÉS.	EN TEMPS.
Aberdeen (Ecosse)	57° 8′ 58″.N	4° 26′ 6″.O	0ʰ 17 44″
Abo (Russie)	60 26 58.N	19 56 45.E	1 19 47
Altona (Allemagne)	53 32 45.N	7 36 18.E	0 30 25
Armagh (Angleterre)	54 21 13.N	8 58 35.O	0 35 54
Berlin (Allemagne)	52 31 13.N	11 3 30.E	0 44 14
Bremen. (id.)	53 4 36.N	6 28 30.E	0 25 54
Bude (Hongrie)	47 29 12.N	16 42 52.E	1 6 51
Bushey Heath (Angleterre)	51 37 44.N	2 40 36.O	0 10 42
Cambridge. (id.)	52 12 51.N	2 14 31.O	0 8 58
Cap de Bonne-Espérance	33 56 3.S	16 3 12.E	1 4 13
Christiana (Norwége)	59 54 5.N	8 24 31.E	0 33 38
Copenhagen (Danemarck)	55 40 53.N	10 14 20.E	0 40 57
Cracovie (Gallicie)	50 3 50.N	17 37 45.E	1 10 31
Dorpat (Russie)	58 22 47.N	24 23 13.E	1 37 33
Dublin (Irlande)	53 23 14.N	8 41 52.O	0 34 47
Edinbourg (Ecosse)	55 57 20.N	5 3 15.O	0 22 1
Florence (Italie)	43 45 41.N	8 55 0.E	0 35 40
Genève (Suisse)	46 12 0.N	3 48 41.E	0 15 15
Gotha (Allemagne)	50 56 5.N	8 23 43.E	0 33 35
Gottingue (id.)	51 31 48.N	7 36 30.E	0 30 26
Grenwich (Angleterre)	51 28 39.N	2 20 24.O	0 9 22
Kensington (id.)	51 30 13.N	2 32 4.O	0 10 8
Konisberg (Allemagne)	54 42 50.N	18 9 42.E	1 12 39
Madras (Indes)	13 4 9.N	77 56 57.E	5 11 48
Manheim (Allemagne)	49 29 14.N	6 7 30.E	0 24 30
Marseille (France)	43 17 50.N	3 1 54.E	0 12 8
Milan (Italie)	45 28 1.N	6 50 56.E	0 27 24
Modène (Italie)	44 38 53.N	8 35 18.E	0 34 21
Munich (Allemagne)	48 8 45.N	9 16 18.E	0 37 5
Naples (Italie)	40 51 55.N	11 55 30.E	0 47 42
Nicolaïef (Russie)	46 58 21.N	29 38 24.E	1 58 34
Oxford (Angleterre)	51 45 39.N	3 35 46.O	0 14 23
Padoue (Italie)	45 24 3.N	9 31 44.E	0 38 7
Palerme (id.)	38 6 44.N	11 1 0.E	0 44 4
Paris	48 50 13.N	0 0 0.	0 0 0
Pétersbourg (Russie)	59 26 31.N	27 58 34.E	1 51 54
Portsmouth (Angleterre)	50 48 3.N	3 26 16.O	0 13 45
Prague (Allemagne)	50 5 19.N	12 5 0.E	0 48 20
Rome (Italie)	41 53 54.N	10 8 18.E	0 40 33
Ste-Hélène	15 55 26.S	8 3 0.O	0 32 12
Turin (Italie)	45 4 8.N	5 21 12.E	0 21 25
Véronne (id.)	45 26 8.N	8 38 50.E	0 34 35
Vienne (Allemagne)	48 12 36.N	14 2 36.E	0 56 10
Viviers (Obs. de M. Flaugergues)	44 29 11.N	2 20 50.E	0 9 23
Wilna (Russie)	54 41 0.N	22 57 36.E	1 31 50

OBSTACLE. (*Méc.*) On donne ce nom à tout ce qui résiste à une puissance qui le presse. Ainsi, un corps en repos qui est rencontré par un corps en mouvement et qui détruit ou du moins modifie ce mouvement, est un *obstacle*. Le frottement des pièces dont se composent les machines est un *obstacle* pour la force qui les met en jeu, etc., etc. (*Voy.* Choc.)

OBTUS. (*Géom.*) Un angle *obtus* est un angle plus grand qu'un angle droit. (*Voy.* Angle.)

OBTUSANGLE. (*Géom.*) Nom que l'on donne aux triangles qui ont un angle obtus. (*Voy.* Triangle.)

OCCASE. (*Ast.*) L'amplitude *occase* est la même chose que l'amplitude *occidentale*. (*Voy.* Amplitude.)

OCCIDENT ou **OUEST.** (*Ast.*) Partie de l'horizon où le soleil se couche. On donne aussi principalement ces noms au point où le soleil se couche le jour de l'équinoxe, c'est-à-dire, au point où l'équateur coupe l'horizon. Pris dans ce sens restreint, l'*occident vrai* est un des quatre points *cardinaux*.

Le soleil ne se couchant pas deux jours de suite au même point, on distingue l'*occident d'été* de l'*occident d'hiver*, et ces deux-ci de l'*occident vrai*. Le premier est le point de l'horizon où le soleil se couche lorsqu'il entre dans le signe de l'*écrevisse*, le jour du solstice d'été. Le second est celui où le soleil se couche lorsqu'il entre dans le signe du *capricorne*, le jour du solstice d'hiver. (*Voy.* Armillaire.)

OCCIDENTAL. Ce qui a rapport à l'occident.

OCCULTATION. (*Ast.*) Nom par lequel on désigne l'éclipse d'une étoile ou d'une planète par la lune ou par toute autre planète. (*Voy.* Éclipse.)

Les *occultations* offrent, comme les éclipses, un moyen précieux pour obtenir la longitude des lieux terrestres. Ces phénomènes se prédisent d'une manière semblable à celle des éclipses du soleil et de la lune, mais ils ont l'avantage d'être beaucoup plus communs, puisqu'il ne s'écoule pas un seul instant sans que la lune ne passe devant quelqu'étoile fixe et ne nous intercepte sa lumière ; aussi, la *connaissance des temps* indique-t-elle pour chaque jour les occultations qui sont susceptibles d'être observées.

Les occultations des planètes par d'autres planètes sont plus rares que celles des étoiles fixes ; mais elles servent au moins à démontrer très-sensiblement que les planètes sont placées à des distances inégales de la terre et du soleil : car celle qui est *occultée* par une autre est nécessairement plus loin que celle qui produit l'*occultation*.

OCTAÈDRE. (*Géom.*) Un des solides réguliers. Il est terminé par huit triangles équilatéraux égaux. (*Voy.* Polyèdre et Solides.)

OCTANT. (*Ast.*) Nom d'une constellation australe introduite par Lacaille. (*Voy.* Constellation.) Elle est représentée par un *octant* ou *quartier de réflexion*.(*Voy.* Quartier.)

On donne aussi le nom d'*octant* à certaine phase de la lune. (*Voy.* Lune.)

OCTAVE. (*Acoust.*) Consonnance de deux sons, dont l'un fait le double des vibrations de l'autre dans le même temps. (*Voy.* Harmonique.)

OCTOBRE. (*Cal.*) Nom du dixième mois de notre année ; c'était le huitième de l'ancienne année romaine. (*voy.* Calendrier.) C'est le 22 ou le 23 de ce mois que le soleil entre dans le signe du Scorpion.

OCTOGONE. (*Géom.*) Polygone composé de huit côtés et de huit angles. (*Voy.* Figure et Polygone.)

Un *octogone régulier* est celui dont tous les angles et tous les côtés sont respectivement égaux. On décrit facilement cette figure en divisant un cercle en huit arcs égaux, car les huit cordes de ces arcs forment les huit côtés de l'*octogone régulier*.

Le côté de l'octogone régulier inscrit dans un cercle est donc la corde de l'arc de $45°$: ainsi en menant des rayons aux sommets de la figure, l'angle au centre est un angle de $45°$. Les huit angles aux sommets valant ensemble $180° \times [8-2] = 1080°$; chacun d'eux est de $135°$. Si l'on prend le rayon du cercle pour unité, la valeur du côté sera exprimée par

$$\sqrt{[2 - \sqrt 2]} = c$$

c désignant ce côté. Pour tout autre rayon r, on aurait pareillement

$$\sqrt{[2 - \sqrt 2]} \cdot r = c.$$

La surface est donnée par l'expression

$$2[1 + \sqrt 2] \cdot c^2 = S,$$

S désignant cette surface.

Pour construire un octogone régulier sur une ligne donnée, on peut employer le procédé suivant : aux extrémités A et B (Pl. 48, fig. 1.) de cette ligne, élevez les perpendiculaires indéfinies AF, BE ; partagez les angles droits mAF, nBE en deux parties égales par des droites AH et BC, et prenez AH et AC égale l'une et l'autre à AB. Menez HG et DC parallèles à AF et CD, et chacune égale à AB. Enfin des points G et D avec un rayon égal à AB décrivez des arcs de cercle qui coupent AF et BE en F et en E. Joignez les points G et F, F et E, E et D ; l'octogone sera construit.

OCULAIRE. (*Diopt.*) On donne ce nom à celui des verres d'une lunette, d'un télescope ou d'un microscope composé qui est tourné vers l'œil. Ce nom sert à le distinguer de l'*objectif* : verre tourné vers l'objet. (*Voy.* Lunette.)

ODOMÈTRE. (*Arp.*) Instrument qui sert à mesurer les distances par le nombre des pas que l'on fait pour les parcourir.

L'*odomètre* est, en général, composé, comme une montre, de plusieurs roues qui engrènent les uns dans les autres, et font mouvoir avec beaucoup de lenteur des aiguilles qui indiquent les divisions d'un cadran gradué. Cet instrument qu'un homme porte dans son gousset ou que l'on fixe à une voiture est mis en jeu par une chaîne dont l'un des bouts est attaché à la jambe de celui qui le porte, ou bien à un levier sur lequel le mouvement des roues agit. On peut connaître de cette manière le nombre des pas qu'on a faits, ce qui peut servir à évaluer la distance parcourue. L'*odomètre*, déjà connu du temps de Vitruve, a reçu de nombreux perfectionnemens, mais on ne peut guère espérer une grande exactitude de l'emploi de semblables instrumens.

OEIL ARTIFICIEL. Appareil d'*optique* dont les parties essentielles ressemblent à celle de l'œil, et qui est destiné à rendre sensibles les phénomènes de la vision. (*Voy.* Vision.)

Il consiste en une sphère creuse (Pl. 48, fig. 14.) d'environ un décimètre de diamètre, percée de deux ouvertures circulaires, l'une en C, de 2 centimètres de largeur, et à laquelle on place un verre *convexe-convexe* qui fait l'office du *crystallin*; l'autre en HL, de 6 centimètres. On adapte à cette dernière un tuyau HK, dans lequel un autre tuyau EGDF peut avancer ou reculer au besoin; à l'extrémité EG est attaché un papier huilé ou un verre plan dépoli. C'est cette pièce qui représente la *rétine* sur laquelle les objets viennent se peindre dans l'œil naturel.

Pour voir l'effet de cette machine, on tourne l'ouverture C vers un objet, et on recule ou on avance le tuyau mobile jusqu'à ce que, regardant par l'ouverture DF, on voie l'objet représenté sur le verre dépoli. L'image de cet image vient s'y tracer dans une position renversée de la même manière qu'elle se tracerait sur la rétine. On varie la construction de cet appareil, qui n'est au fond qu'une espèce de *chambre obscure*.

OLYMPIADE. (*Chronologie.*) Période de quatre années qui servait aux Grecs à compter leurs années. (*Voy.* Ère, 4.)

OMBRE. (*Opt.*) Espace privé de lumière par l'interposition d'un corps opaque.

Dans un milieu homogène, la lumière se propageant en ligne droite et dans tous les sens, l'ensemble des rayons qui partent d'un point lumineux occupe entièrement l'espace, si aucun corps ne se présente pour les arrêter dans leur direction. Mais s'il se trouve dans cet espace un corps opaque, les rayons qui le rencontrent sont arrêtés, tandis que les autres continuent de se propager. Il existe donc au-delà du corps opaque une partie de l'espace qui ne reçoit pas de lumière, et c'est cette partie qui constitue ce que l'on nomme l'*ombre* du corps. Dans le langage ordinaire, et dans la perspective, on entend proprement par *ombre*, non l'espace entier privé de lumière par l'interposition d'un corps devant un foyer lumineux, mais bien la projection de cet espace sur la surface qui la reçoit. C'est ainsi que l'ombre absolue des corps, exposés aux rayons du soleil, se trouve projetée sur la surface de la terre et forme l'ombre particulière de ces corps.

La théorie des ombres est une partie très-importante de l'optique; elle est le fondement de la gnomonique et de la théorie des éclipses, dans l'astronomie. Nous allons exposer ses principes généraux.

1. Tout corps opaque jette une ombre dans la même direction que les rayons de lumière, et dans la partie opposée au foyer lumineux. Si le foyer lumineux ou le corps opaque changent de place, l'ombre en change également.

2. La grandeur de l'ombre dépend des grandeurs relatives du foyer lumineux et du corps opaque.

Lorsque le corps opaque est plus petit que le foyer, les dimensions de l'ombre diminuent d'autant plus qu'elle s'éloigne davantage du corps, et dans ce cas l'ombre se termine ou est *finie*.

Lorsqu'au contraire le corps opaque est plus grand que le foyer, les dimensions de l'ombre deviennent de plus en plus grandes à mesure qu'elle s'éloigne du corps, et dans ce cas l'ombre s'étend à des distances infinies.

Si le corps et le foyer sont d'une même grandeur, l'ombre s'étend bien encore à une distance infinie mais elle est partout de la même largeur.

La figure 2, pl. 49, représente ces trois circonstances.

3. En supposant que le corps opaque soit sphérique, on voit que dans les deux premiers cas l'ombre est un espace conique; mais le sommet du cône est du côté du foyer lumineux, lorsque ce foyer est plus petit que le corps, tandis qu'il est opposé au foyer, ou de l'autre côté du corps, lorsque le corps est plus petit que le foyer. Dans le troisième cas, l'ombre est un espace cylindrique.

Nous avons vu (Éclipse, 23) comment on peut déterminer la longueur finie du cône d'ombre projeté dans l'espace absolu par un corps opaque, qu'éclaire un foyer lumineux d'une grandeur supérieure à celle de ce corps.

4. Lorsque l'ombre absolue, projetée dans l'espace absolu, est rencontrée par une surface quelconque, sa trace sur cette surface forme l'*ombre relative*. C'est seulement cette dernière qu'on a besoin de considérer dans la perspective.

On distingue deux sortes d'ombres relatives, l'*ombre droite* et l'*ombre renversée*. La première est celle que jette un corps sur un plan horizontal auquel il est perpendiculaire; la seconde, celle qu'il jette sur un plan vertical.

5. En considérant un corps opaque AB (Pl. 49, fig. 3 perpendiculaire sur le plan horizontal MN et éclairé par le soleil, l'*ombre droite* de ce corps sera AC, dont la longueur est déterminée par le rayon lumineux DBC qui rase l'extrémité B du corps. On trouve, par les propriétés du triangle rectangle BAC, que le rapport entre les longueurs AC et AB de l'ombre et du corps est le même que celui des sinus des angles ABC, BCA; et, comme le sinus de ABC est la même chose que le cosinus de BCA, et que de plus l'angle BCA est l'angle de hauteur du soleil au-dessus de l'horizon, l'on a donc, en désignant par h cette hauteur (1)

$$AC : AB :: \cos h : \sin h.$$

Ainsi lorsque $\cos h = \sin h$, ce qui arrive lorsque le soleil est élevé de 45° au-dessus de l'horizon, l'ombre droite du corps est égale au corps même; elle est plus grande tant que $\cos h$ est plus petit que $\sin h$, c'est-à-dire depuis 0° où elle est infinie, jusqu'à 45°; et elle est plus petite tant que $\cos h$ est plus grand que $\sin h$, c'est-à-dire depuis 45° jusqu'à la plus grande hauteur du soleil au-dessus de l'horizon, hauteur qui varie suivant les saisons et d'après la position des lieux.

S'il s'agissait de calculer la longueur de l'ombre droite, celle du corps étant donnée et *vice versa*, on se servirait des expressions

$$AC = \frac{AB \cdot \cos h}{\sin h} = \frac{AB}{\tang h}$$

$$AB = \frac{AC \cdot \sin h}{\cos h} = AC \cdot \tang h,$$

qui se déduisent de la proportion (1)

Les premiers géomètres se servaient de l'*ombre droite* pour mesurer la hauteur des corps, ou du rapport de cette ombre avec la hauteur connue du corps pour trouver la hauteur du soleil; mais cette méthode est sujette à plusieurs difficultés à cause de la *pénombre* dont nous parlerons plus loin.

6. Si MN (Pl. 49, fig. 4) est un plan vertical, l'ombre AC projetée sur ce plan par un corps AB sera l'*ombre renversée* de ce corps. En menant les lignes

droites qui sont tracées dans la figure, on voit que l'extrémité C de l'ombre est déterminée par le rayon lumineux BC qui rase l'extrémité B du corps, et que l'on a *angle* ACB $=$ *complément de l'angle* BCD $=$ *complément* de h. Or dans le triangle rectangle ABC on trouve

$$AC : AB :: \sin ABC : ACB$$
$$:: \sin h : \cos h.$$

Ainsi l'ombre renversée suit pour sa longueur des lois inverses de celle de l'ombre droite.

On se servait jadis de l'*ombre renversée* pour mesurer les hauteurs lorsque l'*ombre droite* était trop longue.

7. Si le corps lumineux n'était qu'un point, et que rien dans l'espace ne réfléchît la lumière, l'ombre portée par un corps opaque sur une surface placée derrière serait parfaitement noire, puisqu'aucun rayon ne pourrait y arriver ni directement ni indirectement. Cette ombre serait donc d'un noir absolu, parfaitement égale dans toute son étendue, et se terminerait brusquement à son contour qui serait une ligne parfaitement nette et prononcée. Mais il ne peut en être jamais ainsi, car tout corps lumineux a des dimensions finies, et le contour de l'ombre, loin d'être tranché brusquement, présente une dégradation insensible entre le noir et la clarté.

Pour rendre raison de ce phénomène, considérons un corps sphérique AB (Pl. 49, fig. 6), éclairé par un point lumineux, que nous supposerons placé à une distance infinie de ce corps, afin que nous puissions supposer les rayons parallèles; les rayons MA et MB qui rasent la surface du corps déterminent la limite de l'ombre qui, étant projetée sur une surface EF, aura son contour parfaitement net et tranché. Mais tout autre point lumineux du même foyer enverra également des rayons parallèles NA et NB (fiig. 7) qui seront les limites d'une autre ombre ABN'N', dont une partie AN'M' recevra les rayons parallèles du premier point lumineux, tandis que la partie BN'M' de la première ombre recevra à son tour les rayons parallèles du second point lumineux. L'ombre totale ABM'N' sera donc composée d'une partie entièrement noire ABM'N' et d'une autre partie, qui enveloppe celle-ci, dont l'obscurité ira en décroissant depuis AM' et BN' jusqu'à AN' et BM'. Cette ombre totale projetée sur un plan EF, n'aura donc pas son contour terminé d'une manière franche.

C'est cette ombre incomplète qui accompagne et entoure toutes les ombres que l'on nomme *pénombre*, ce qui signifie *presque ombre*.

8. Pour trouver l'ombre d'un corps, il faut donc imaginer que chaque point du foyer lumineux est le sommet d'une espèce de pyramide ou de cône de rayons qui

viennent raser le corps ; de manière qu'on ait autant de pyramides qu'il y a de points dans le corps lumineux. L'ombre parfaite sera contenue dans l'espace commun à toutes ces pyramides, car il est évident que cet espace ne recevra aucun rayon lumineux. Toutes les autres portions d'espaces, qui ne recevront pas des rayons de quelques points , mais qui en recevront de quelques autres, seront dans la pénombre ; et cette pénombre sera plus ou moins dense à divers endroits, selon qu'il tombera en ces endroits des rayons d'un nombre plus ou moins grand de points du corps lumineux.

10. C'est l'incertitude que jette la pénombre dans la limite de l'ombre qui a fait imaginer de placer à l'extrémité des styles des cadrans solaires et des gnomons, des plaques percées d'un petit trou rond. Ce trou projette un petit espace lumineux dont la marche indique celle du soleil d'une manière plus précise que la marche de l'ombre. *Voy.* pour l'application de la *théorie des ombres* à la perspective , le *Traité de Perspective* de Priestley ; celui d'*Optique* de Lacaille, la *Géométrie descriptive* de Monge , et la *Science des Ombres* de M. Dupain.

ONDÉCAGONE. (*Géom.*) Figure qui a onze côtés et onze angles. (*Voy.* POLYGONE.)

ONDULATION ou **ONDE.** Mouvement oscillatoire ou de vibration que l'on observe dans un liquide et qui le fait alternativement hausser ou baisser , comme les vagues de la mer. C'est ce que, d'après Newton, on a nommé *onde.*

Si le liquide est uni et en repos , et qu'on vienne à opérer une pression sur une partie de sa surface, le mouvement d'*ondulation* se multiplie par des cercles concentriques au point touché ; c'est ce que l'on peut remarquer en jetant une pierre sur la surface d'une eau tranquille. La cause de ces ondulations circulaires, c'est qu'en touchant une partie du liquide on produit une dépression à l'endroit du contact. Par cette dépression, les parties environnantes sont poussées successivement hors de leurs plans et montent et retombent alternativement jusqu'à ce que l'équilibre soit rétabli.

On se sert aussi du mot *ondulation* pour désigner le mouvement qui s'opère dans l'air lors de la production d'un son (*voy.* ACOUSTIQUE) ; et de là l'expression d'*onde sonore.* La propagation de la *lumière* est expliquée aujourd'hui par quelques physiciens, en supposant des *ondulations* et des *ondes lumineuses* , semblables aux *ondulations* et aux *ondes sonores.* Ce système est dû à Huyghens , qui en a exposé les fondemens dans son *Traité de la Lumière,* publié en 1690.

Les lois du mouvement des *ondes* dans les liquides ont été données par Newton, à la fin du second livre de

ses *principes.* Avant ce grand homme, aucun géomètre ne s'était occupé de cette théorie, qui , depuis , est devenue l'objet de plusieurs travaux estimables.

OPHIUCHUS. (*Ast.*) Constellation boréale nommée aussi SERPENTAIRE.

OPPOSÉS. (*Géom.*) On nomme *angles opposés* par le sommet, ceux qui sont formés par deux mêmes droites, qui coupent et qui sont situés d'une manière inverse. (*Voy.* ANGLE.)

Deux *cônes* opposés sont deux cônes semblables qui ont leurs sommets au même point et dont les axes forment une seule ligne droite.

Les *hyperboles opposées* sont les *sections opposées* faites par un même plan sur deux *cônes opposés.*

OPPOSITION. (*Ast.*) Aspect ou situation de deux astres éloignés l'un de l'autre de la moitié d'un cercle de la sphère céleste. (*Voy.* ASPECT.)

OPTIQUE. Branche des mathématiques appliquées qui a pour objet général la *vision*, en tant qu'elle résulte de la *propagation de la lumière.*

L'*optique générale* comprend l'*optique* proprement dite , la *catoptrique*, la *dioptrique* et la *perspective.* (*Voy.* MATH. APPL.)

Les premières traces des connaissances théoriques concernant les diverses branches de l'optique se trouvent dans l'école de Platon. Ces connaissances se bornaient à la propagation de la lumière en ligne droite et à la propriété qu'elle a de se réfléchir en faisant un angle d'incidence égal à l'angle de réflexion. Cependant longtemps auparavant on savait construire des miroirs de métal, et du temps de Socrate l'usage des verres ardens était déjà assez commun pour qu'Aristophane y ait fait allusion dans une des scènes de sa comédie des Nuées.

On croit qu'Empédocle est le premier qui ait écrit systématiquement sur la lumière , mais le plus ancien ouvrage que nous connaissions est un traité en deux livres attribué à Euclide ; le premier livre traite de l'optique proprement dite, et le second de la catoptrique. Quant à la dioptrique, elle était alors inconnue. Cet ouvrage est si rempli d'erreurs, qu'on a mis en doute s'il est réellement d'Euclide , quoiqu'il soit certain que cet habile mathématicien ait écrit sur l'optique. Montucla a très-bien prouvé qu'en admettant l'origine au moins douteuse de l'optique d'Euclide, ce livre ne nous est parvenu que défiguré.

D'Euclide à Ptolémée , l'optique fit des progrès sensibles. On doit à l'auteur de l'*Almageste* un traité trèsétendu sur cette science, traité que l'on a cru longtemps perdu , mais qui a été retrouvé il y a une vingtaine d'années dans une bibliothèque de Paris.

D'après le mémoire lu par Delambre à l'Académie des sciences au sujet de cette découverte inespérée, il paraît que non seulement Ptolémée connaissait la réfraction de la lumière, mais qu'il avait déterminé d'une manière assez exacte le rapport de l'angle d'incidence à celui de réfraction. Au reste, la substance de ce traité nous était déjà connue par l'optique d'Alhazen, qui n'en est qu'un commentaire.

Alhazen, astronome arabe du ouz'ème siècle, est devenu particulièrement célèbre par un *Traité d'Optique*, divisé en sept livres, dans lequel on trouve le premier essai de théorie qui ait paru sur la lumière réfléchie et réfractée.

Après avoir fait l'application du principe de l'égalité des angles d'incidence et de réflexion aux différentes sortes de miroirs plans, sphériques, concaves et convexes, Alhazen se livre à un grand nombre de recherches sur les phénomènes de la réfraction. Il observe d'abord que si un rayon lumineux passe d'un milieu dans un autre qu'il puisse pénétrer, il continue à se mouvoir en ligne droite, lorsqu'il tombe perpendiculairement à la surface qui sépare les deux milieux ; mais que s'il tombe obliquement, il se détourne de sa première direction, s'approchant ou s'éloignant de la perpendiculaire à la surface de séparation des milieux, selon que le premier milieu est moins ou plus dense que le second. Par exemple, dans le passage oblique de l'air dans le verre, le rayon lumineux s'approche de la perpendiculaire, tandis qu'il s'en éloigne au contraire dans le passage du verre dans l'air. Alhazen évalue en outre le rapport des angles d'incidence et de réfraction pour le passage de l'air dans le verre ou du verre dans l'air, et les nombres qu'il trouve diffèrent peu des véritables. Quant aux réfractions astronomiques, il fait voir que les rayons lumineux venant des corps célestes doivent se briser ou changer de direction, en entrant dans l'atmosphère, à laquelle il donne des limites, et que ce changement de direction doit faire paraître les astres plus élevés au-dessus de l'horizon qu'ils ne le sont en réalité. Alhazen indique dans la réfraction des rayons solaires la véritable cause des *crépuscules*.

En 1270, Vitellion, géomètre polonais, publia un traité d'optique dans lequel il ne fit guère que classer dans un meilleur ordre les matières traitées par Alhazen ; nous pouvons en dire autant des ouvrages de Roger Bacon. Ce n'est que vers le milieu du seizième siècle que l'optique a commencé à former une véritable science.

Maurolicus est un des premiers qui ait ouvert la voie. Dans son ouvrage intitulé *Photismi de lumine et umbrâ*, il fait plusieurs remarques curieuses sur la mesure et la comparaison des effets de la lumière, sur les différens degrés de clarté qu'un objet opaque reçoit des corps lumineux, selon qu'il est plus ou moins éloigné, et sur plusieurs autres phénomènes intéressans. S'il n'a pas toujours rencontré la vérité, on lui doit du moins des indications qui ont épargné beaucoup de fausses tentatives à ses successeurs. Maurolicus a très-bien résolu la question proposée par Aristote : pourquoi l'image du soleil reçue à travers un trou quelconque, est semblable à ce trou à une petite distance, mais devient toujours circulaire à une grande. Phénomène sur lequel les anciens et Aristote lui-même n'avaient débité que des rêveries.

Jean-Baptiste Porta, gentilhomme napolitain, contemporain de Maurolicus, prépara la découverte du mécanisme de la vision, par son invention de la *Chambre obscure*. Dans son livre intitulé *Magia naturalis*, il remarque qu'on peut considérer le fond de l'œil comme une chambre obscure, mais il ne donne aucune suite à cette idée vraie et heureuse, dont quelques années après Keppler s'empara pour achever la solution complète du problème. C'est dans son *Astronomiæ pars optica*, ouvrage qui contient des remarques d'optique très intéressantes, que ce puissant génie a donné la théorie de la vision.

En 1637, la *dioptrique* de Descartes vient changer la face de la science en lui apportant avec sa loi fondamentale : le rapport constant des sinus des angles d'incidence et de réfraction, une foule de propositions neuves et utiles, au milieu desquelles il s'en trouve cependant de très-douteuses et même d'absolument fausses, comme la propagation instantanée de la lumière. On a reproché à Descartes d'avoir emprunté à Snellius, sans lui en faire honneur, la dépendance réciproque des deux angles d'incidence et de réfraction. Il est vrai qu'on a trouvé dans les manuscrits laissés par Snellius que ce savant avait reconnu, par expérience, que les cosécantes des angles d'incidence et de réfraction demeurent toujours dans un rapport constant ; mais quoique Descartes ait habité la Hollande peu de temps après la mort de Snellius, il n'est pas prouvé qu'il ait eu connaissance de ses manuscrits, et l'on doit convenir dans tous les cas que le rapport des sinus substitué à celui des cosécantes est beaucoup plus commode pour le calcul et présente des avantages auxquels on doit de belles découvertes ultérieures.

L'ouvrage de Descartes tourna vers l'optique les vues et les recherches de plusieurs savans, et bientôt toutes les branches de cette science reçurent de nouveaux développemens. En 1663, Jacques Grégory publia son *Optica promata*, qui contient diverses propositions curieuses sur la théorie, et des vues ingénieuses pour le perfectionnement des instrumens, dont les plus importans étaient déjà inventés. En 1667 les *leçons d'optique* de Barrow, et en 1678, le traité de la *lumière* de

Huygens contribuèrent encore à étendre le domaine de l'optique que l'on pouvait enfin croire entièrement exploré, lorsqu'en 1706 le *Traité d'optique* de Newton vint prouver qu'on n'avait fait jusqu'alors que parcourir ses contours.

En effet on connaissait depuis long-temps les principales propriétés de la lumière, sa réflexibilité, sa réfrangibilité, sa chaleur quand elle est réunie au foyer d'un verre ardent; mais on était loin de supposer qu'elle pût jamais être décomposée; Newton est le premier qui ait pénétré et révélé ce grand secret qui est venu compléter toutes les théories et rendre raison d'un grand nombre de phénomènes demeurés jusqu'alors inexplicables.

La lumière n'est point, comme on le croyait avant Newton, une substance pure et homogène; chaque rayon lumineux est composé de sept rayons primitifs, différens en couleurs, en réfrangibilité et en réflexibilité. Ces rayons primitifs sont le rouge, l'orangé, le jaune, le vert, le bleu, le pourpre ou l'indigo et le violet. Newton les sépara par l'expérience suivante, aujourd'hui devenue vulgaire. En introduisant, par un très-petit trou, les rayons du soleil dans une chambre obscure, et en leur présentant obliquement l'une des faces d'un prisme triangulaire de verre, dont l'axe est perpendiculaire à celui du faisceau de rayons, on observe que ce faisceau se brise, ou change de route en entrant dans le verre, traverse le prisme en ligne droite, repasse dans l'air en se brisant de nouveau, et va former sur un carton blanc, éloigné de 15 ou 18 pieds, une image oblongue, où l'on distingue clairement sept bandes colorées, suivant cet ordre de bas en haut : *rouge, orangé, jaune, vert, bleu, indigo, violet.* Le faisceau entier est donc composé de sept rayons qui ont des réfrangibilités différentes. Le rayon rouge est le moins réfrangible de tous, comme s'écartant le moins de la perpendiculaire à la face d'émergence du prisme; la réfrangibilité augmente progressivement pour les autres rayons, jusqu'au rayon violet qui est le plus réfrangible. Si l'on place un nombre quelconque de prismes à la suite du premier, et que le faisceau les traverse tous, il y aura de nouvelles réfractions; l'image peinte sur le carton se renversera ou se redressera; mais les sept bandes colorées subsisteront toujours inaltérablement les mêmes et conserveront toujours entr'elles le même ordre de situation.

Les objets qui ne sont pas lumineux par eux-mêmes et que nous n'apercevons que parce qu'ils sont éclairés nous semblent rouges, orangés, jaunes, etc., selon qu'ils nous renvoient des rayons rouges, orangés, etc. La couleur blanche est formée par le concours de tous les rayons; un objet ne nous paraît noir que parce qu'il absorbe les rayons qu'il reçoit et il n'est visible que par le reflet des rayons qui viennent des objets circonvoisins. Dans tous les cas, il se fait une perte de rayons, lesquels demeurent dans les interstices de l'objet, ou sont dispersés de côté et d'autre.

Un rayon de lumière qui passe obliquement d'un milieu dans un autre se brise ou se réfracte, et s'approche ou s'éloigne de la ligne droite menée au point d'entrée perpendiculaire à la surface de séparation selon que le premier milieu est moins ou plus dense que le second; et l'effet est d'autant plus sensible, que les densités des deux milieux sont plus différentes; mais le rapport du sinus de l'angle d'incidence au sinus de l'angle de réfraction demeure toujours le même pour toute sorte d'obliquités : il change seulement de valeur quand les deux milieux comparatifs viennent à changer.

Les sept rayons primitifs ayant différentes réfrangibilités, quand on parle en général de la réfraction d'un faisceau de lumière qui comprend tous les rayons, il s'agit de la réfraction moyenne : c'est à peu près celle du vert. Souvent on n'a besoin que de cette réfraction moyenne; quelquefois il faut avoir égard aux différences de réfrangibilité de tous les rayons, comme dans les lunettes *achromatiques.* (*Voy.* ce mot.)

Newton explique en détail tous les phénomènes de la lumière, et son *Traité d'optique* a fait époque dans cette science, comme son livre des *Principes* dans l'astronomie physique. Quelques-unes de ses expériences furent d'abord contestées, parce qu'on les répétait mal. Il lui est seulement échappé dans cette multitude de faits, d'observations et de raisonnemens, de légères méprises qui ne portent aucune atteinte au fond de l'ouvrage.

Pendant cinquante ans, des géomètres célèbres, marchant sur les traces de Newton, s'appliquèrent à développer et à soumettre au calcul les lois de la réfraction et de la réflexion de la lumière, sans qu'aucun physicien osât porter une main téméraire sur les principes posés par ce grand homme; ce ne fut qu'en 1747, qu'Euler, dans le but de remédier à la dispersion des couleurs produite par la réfraction des verres de lunettes, chercha la loi de cette dispersion, et fut conduit à des résultats différens de ceux de Newton. Nous avons raconté ailleurs la discussion qui s'établit à ce sujet entre Euler et Dollond, discussion à laquelle on doit l'invention des lunettes achromatiques et l'un des plus beaux ouvrages d'Euler, sa *Dioptrica.* Il fut donc reconnu que Newton s'était trompé dans une de ses expériences, mais en même temps il fut démontré que la loi d'Euler était fausse, et c'est pour réparer cette erreur qu'il entreprit un travail qu'on n'aurait peut-être point sans cela. Dans cet ouvrage, Euler a ramené à des formules générales et cependant très-simples la théorie de l'aberration de réfrangibilité et celle bien plus difficile de l'aberration de sphéricité. Depuis, Klugel a exposé les théories d'Euler d'une manière abrégée mais extrêmement claire dans son livre intitulé *Analytisch Dioptrik*, Leipzick, 1778. Ces deux ouvrages sont les sources où doivent être puisées désormais toutes les connaissances théoriques d'optique.

Dans ces derniers temps, la science s'est enrichie d'une foule de belles expériences sur les propriétés de la lumière et de la découverte d'une propriété nouvelle, celle de sa *polorisation*, faite par Malus. Mais ces détails sortent de notre plan. *Voy.*, pour l'histoire de la science, l'*Histoire de l'Optique*, par Priestley, et pour sa théorie, les *Traités d'Optique* de Smith, de Priestley, de Lacaille, etc., et dans ce dictionnaire les mots Catoptrique, Lunette, Lumière, Lentille, Perspective, Télescope, Réfraction, Réflexion, Vision, etc.

Optique, pris adjectivement, se dit de ce qui a rapport à la vision ; ainsi :

L'*axe* optique est un rayon qui passe par le centre de l'œil et qui fait le milieu du faisceau de rayons qu'on imagine partir d'un point quelconque d'un objet. Ce faisceau se nomme lui-même *cône optique*.

Inégalités optiques. Se dit, en astronomie, de toutes les irrégularités apparentes du mouvement des planètes.

Pinceau optique. C'est l'assemblage des rayons par le moyen desquels on voit un point ou une partie d'un objet.

Lieu optique. C'est le point du ciel où nous apparaît un astre ; il diffère toujours du lieu vrai à cause de la *réfraction* et de l'*aberration* de la lumière

ORBE ou ORBITE (*Ast.*) Ligne courbe qu'une planète décrit dans l'espace par son mouvement propre.

On se sert quelquefois du mot orbe pour désigner le corps même d'un astre ; c'est ainsi qu'on dit l'*orbe du soleil*, l'*orbe de la lune*, etc., mais plus généralement orbe est synonyme d'*orbite*.

Depuis les découvertes de Keppler, on sait que les *orbites* des planètes sont des *ellipses* dont le soleil occupe l'un des foyers. (*Voy.* Planètes.)

Orbite des comètes. (*Voy.* Comète.)

ORDONNÉE. (*Géom.*) Droite qui sert à déterminer la position d'un point. (*Voy.* Abscisse et App. de l'alg. a la géom. II. 2.)

ORDRE. En *géométrie*, on distingue divers *ordres* de lignes correspondant aux degrés des équations qui les représentent. Les lignes droites, dont l'équation ne s'élève qu'au premier degré, composent le *premier ordre* ; les sections coniques, le *second ordre* ; et les autres courbes sont dites *lignes du troisième ordre*, du *quatrième ordre*, etc., suivant que leurs équations sont du troisième degré, du *quatrième degré*, etc. On nomme

aussi *courbes du premier ordre* les lignes du second ordre, parce qu'elles forment en effet le premier ordre des lignes courbes ; dans ce sens une courbe d'un ordre quelconque n est une ligne de l'ordre $n+1$. (*Voy.* Courbe.)

En *algèbre*, les quantités infinitésimales se classent aussi par *ordre* ; ainsi, on dit une *différentielle* du premier *ordre*, du second *ordre*, etc., une quantité *infiniment grande* du premier *ordre*, du second *ordre*, etc., une *équation différentielle* du premier *ordre*, du second *ordre*, etc. (*Voy.* Diff. et Infini.)

ORDRE. (*Architecture.*) Rapport des diverses parties qui composent une colonne et son entablement.

Les anciens se sont servis de cinq ordres d'architecture qu'on appelle *Toscan*, *Dorique*, *Ionique*, *Corinthien et Composite*. *Voy.* Architecture et la planche 3, où ces cinq ordres sont représentés avec leurs proportions.

ORGANE. Dans la *mécanique pratique* ou *appliquée*, on nomme *organes mécaniques* les parties constituantes d'une machine.

ORGANIQUE. (*Géom.*) La description *organique* des courbes est la méthode de les tracer sur un plan par un mouvement continu et à l'aide d'instrumens particuliers. De tous les instrumens employés pour décrire des courbes, le plus simple est le *compas*, qui sert pour les circonférences de cercle ; c'est aussi le seul admis dans la géométrie élémentaire. Nous avons indiqué divers instrumens et divers moyens inventés pour la description de certaines courbes aux mots *compas*, *conchoïde*, *ellipse*, *hyperbole* et *parabole*, etc. Il existe sur ce sujet un ouvrage de Maclaurin, intitulé *Geomera Organica*. (*Voy.* aussi l'*Arithmétique universelle* de Newton, et les *Sections Coniques* du marquis de l'Hôpital.)

ORIENT. (*Ast.*) C'est la même chose que l'*est* ou le *levant*. (*Voy.* Armillaire, 11 et 12.)

Le vrai point d'*est* ou d'*orient* est celui où le soleil se lève aux équinoxes, c'est-à-dire, quand il est sur l'équateur, ou qu'il entre dans les signes du bélier et de la balance.

L'*orient d'été* et l'*orient d'hiver* sont les points où le soleil se lève le jour du solstice d'été et le jour du solstice d'hiver. Ils correspondent au jour le plus long et au jour le plus court de l'année.

ORIENTAL. Se dit de tout ce qui a rapport à l'orient ou de toute chose située du côté de l'orient.

ORIGINE. (*Géom.*) Point de l'axe d'une courbe d'où l'on commence à compter les *coordonnées*. (*Voy.* ce mot.)

ORION. (*Ast.*) Une des plus grandes et des plus brillantes constellations. Celle dont on part pour reconnaître presque toutes les autres. (*Voy.* Constellation.)

Elle est principalement composée de sept étoiles dont quatre forment un carré, et dont les trois autres sont placées au milieu en ligne droite. Ces dernières se nomment la *ceinture* ou le *baudrier d'Orion*; on les appelle aussi les *trois rois*, le *bâton de Jacob* ou le *râteau*. La constellation d'Orion renferme 78 étoiles dans le catalogue britannique.

ORRÉRY. (*Ast.*) Instrument qui représente le mouvement des astres. Ce nom lui vient parce qu'il fut construit dans l'origine pour le comte d'Orréry. (*Voy.* Planétaire.)

ORTHOGONAL. (*Géom.*) On donne ce nom à tout ce qui est à angles droits, c'est la même chose que *rectangulaire*. Par exemple, les coordonnées d'un point sont *orthogonales* ou *rectangulaires* lorsque les abscisses et les ordonnées sont perpendiculaires l'une sur l'autre.

ORTHOGRAPHIE. (*Géom.*) (de ὀρθός, droit et de γράφω, je décris.) Représentation de la face d'un objet, comme celle d'un édifice, d'après le rapport géométrique de toutes ses parties, c'est-à-dire, en leur donnant, dans le dessin, des hauteurs et des largeurs proportionnelles à celles qu'elles ont en réalité. (*Voy.* Plan.)

On nomme, en *astronomie*, Projection orthographique de la sphère, la représentation sur un plan de différens points de la surface de la sphère, faite en supposant l'œil à une distance infinie et dans une ligne perpendiculaire au plan. De cette manière, chaque point de la sphère se projette sur le plan par une ligne qui lui est perpendiculaire. (*Voy.* Projection.)

ORTIVE. (*Ast.*) Épithète que l'on donne à l'*amplitude orientale* d'un astre. (*Voy.* Amplitude.)

OSCILLATION. (*Méc.*) Mouvement d'un corps pesant suspendu par un fil ou par une verge à un point fixe autour duquel il décrit un arc ou exécute des vibrations.

L'*axe d'oscillation* est la droite, parallèle à l'horizon, qui passe par le point de suspension. (*Voy.* Centre d'oscillation.)

OSCULATEUR. (*Géom.*) On nomme *rayon osculateur* d'une courbe, le rayon de la *développée* de cette courbe, et *Cercle osculateur*, le cercle décrit avec ce rayon. (*Voy.* Courbure, développée et rayon.)

OSCULATION ou **BAISSEMENT.** Terme par lequel on désigne, dans la théorie des développées, le contact d'une courbe avec le cercle décrit sur le rayon de sa développée; le contact se nomme *point d'osculation*.

On nomme encore *point d'osculation* le point d'attouchement de deux branches d'une courbe qui se touchent sans se couper. (*Voy.* Point.)

OVALE. (*Géom.*) Figure curviligne oblongue, renfermée dans une seule ligne courbe rentrante ou fermée.

L'*ovale* est généralement une figure irrégulière plus étroite par un bout que par l'autre, ce qui la distingue de l'*ellipse* qui est une *ovale régulière*.

OUGTHRED (Guillaume), mathématicien anglais du XVIIe siècle, est l'auteur de quelques ouvrages estimables d'algèbre et de géométrie, que les progrès de la science ont fait tomber dans l'oubli, mais qui, à l'époque où ils furent publiés, eurent le plus grand succès. La plupart ont été suivis long-temps dans les universités de la Grande-Bretagne, comme des livres classiques. A cette époque où l'illustre Viète venait de faire faire un si grand pas à la science des nombres, Ougthred composa plusieurs traités, dans lesquels il s'est attaché à développer l'application de l'algèbre aux problèmes géométriques, la construction des équations, la formation des puissances et les formules pour les sections angulaires. Ses travaux, qui annoncent un savant conscienceux et distingué, ne renferment rien de très-remarquable sous le rapport de l'invention; ils laissèrent la science dans l'état où Viète l'avait amenée. Ougthred était né en 1573 : la joie qu'il éprouva en apprenant la résolution du parlement qui rappelait Charles II lui causa un tel saisissement qu'il en mourut en 1660. Son principal ouvrage : *Clavis geometrica*, a été imprimé plusieurs fois, mais il est devenu très rare et on le trouve à peine indiqué dans les recueils bibliographiques. Les autres écrits d'Ougthred réunis sous le titre d'*Opuscula mathematica*, et publiés pour la première fois en 1667, ont eu également plusieurs éditions.

OURSE. (*Ast.*) La *grande ourse* (Pl. 9, fig. 1.) est la plus remarquable des constellations boréales et la plus ancienne qui ait été formée. On la nomme aussi le *grand chariot*.

On y distingue principalement sept étoiles, dont quatre forment un carré et les trois autres une espèce de queue; c'est de cette forme que vient le nom de *chariot*. En s'alignant sur les deux étoiles de l'extrémité du carré opposée à la queue, on découvre, en remontant, l'étoile polaire, laquelle appartient à une autre constellation tout-à-fait semblable à la grande ourse, mais plus petite et dans une situation renversée. Cette dernière se nomme la *petite ourse*, l'étoile polaire est à l'extrémité de sa queue.

OUVERTURE. (*Opt.*) Quantité plus ou moins

grande de surface que les verres des lunettes et des télescopes présentent aux rayons de lumière. Plus l'objectif d'une lunette a d'*ouverture*, plus l'instrument a de clarté, et plus l'oculaire a d'*ouverture*, plus l'instrument a de champ. (*Voy.* Lunette.)

OXIGONE. (*Géom.*) C'est la même chose qu'*acutangle*. (*Voy.* ce mot.)

OZANAM (Jacques), né en 1640, dans la principauté de Dombes, professeur de mathématiques et auteur d'un grand nombre d'ouvrages élémentaires, est surtout connu aujourd'hui par ses *Récréations mathématiques* qui offrent aux jeunes gens un attrait qu'ils ne trouvent pas dans des productions d'un ordre plus élevé. Cependant Ozanam fut regardé dans son temps comme un géomètre distingué. Il avait appris seul les mathématiques, pour lesquelles il avait une sorte de passion et qu'il fut obligé d'enseigner pour vivre. Il publia en 1687, un *Traité des lignes du premier ordre, expliquées par une méthode nouvelle*, où l'on trouve en effet, quelques propositions remarquables. Il est également l'auteur d'un *Traité d'Algèbre*, dont l'illustre Leibnitz a parlé avec éloge dans son *Commercium epistolicum* avec Bernouilli. Ce grand homme y remarque l'expo

sition de quelques méthodes algébriques utiles dans la réduction des quantités irrationnelles. Ozanam était déjà parvenu à un âge avancé lorsqu'il entra à l'Académie des sciences, où, dit Fontenelle, il voulut bien prendre la qualité d'élève, qu'on avait dessein de relever par un homme de son âge et de son mérite. Montucla, qui, sous un pseudonyme, a donné une édition des *Récréations mathématiques* d'Ozanam, ne lui a consacré dans son histoire des mathématiques que quelques lignes insignifiantes. Cependant si les travaux de ce géomètre ne le placent pas sur la même ligne que quelques-uns de ses illustres contemporains, on doit du moins convenir qu'ils ont été utiles à la science dont ils ont contribué à répandre le goût et l'étude. Outre les ouvrages dont nous venons de parler, Ozanam qui est mort à Paris, le 3 avril 1717, est encore auteur d'une *Table des sinus, tangentes et sécantes et des logarithmes*, que son utilité pratique a fait estimer fort long-temps, et qui, suivant Fontenelle, offre plus de correction et d'exactitude que les tables d'Ulacq, de Pitiscus et même de Henri Briggs. Il a également publié un *Dictionnaire des mathématiques*, ouvrage incomplet et que les progrès de la science ont dû faire oublier.

P.

PACCIOLI (Lucas, plus connu en Italie sous le nom de Fra Luca di Borgo), moine franciscain et l'un des plus savans mathématiciens du XVᵉ siècle, est né à Borgo-san-Sepolchro, dans le grand duché de Toscane. Il est le premier géomètre dont les ouvrages aient été imprimés, et sous ce rapport seul son nom mériterait d'être signalé dans l'Histoire de la Science, si d'ailleurs ses travaux n'étaient fort remarquables pour l'époque où ils furent composés. Le frère Paccioli avait voyagé dans l'Orient avant la chute de l'empire grec, et il avait pu y satisfaire son goût pour les mathématiques, en étudiant ces sciences dans les livres des anciens géomètres, alors à peu près inconnus en Europe. Après avoir enseigné l'arithmétique et la géométrie à Naples et à Venise, il vint à Milan, où le célèbre Ludovic Sforce, dit le *More*, fonda pour lui une chaire de mathématiques, que Paccioli occupa avec éclat, et où ses cours furent suivis par un nombre considérable de disciples. Ce fut à cette époque qu'il traduisit Euclide, ou plutôt qu'il revit entièrement l'ancienne traduction de Campanus de Novarre, dont la version était incorrecte et qui avait cru souvent pouvoir substituer ses propres idées à celles du grand géomètre de l'école d'Alexandrie. Cet ouvrage n'a été imprimé qu'en 1509. Il est probable que ce fut également à Milan que Paccioli composa sa *Summa*

arithmetica, geometria, proportioni è proportionalità, qui est son principal ouvrage et en même temps l'un des livres les plus curieux dont la publication ait signalé les avantages de l'imprimerie naissante. La première édition fut faite à Venise, en 1494, elle est in-folio, et elle est devenue d'une telle rareté, que peu de bibliographes peuvent se vanter de l'avoir eue sous les yeux. La seconde édition, que quelques savans ont pu voir, est de 1523, elle a été imprimée par *Paganino di Paganini*, de Brescia, *in Tusculano sulla riva del laco Benacente*, suivant le titre qui est fort développé en termes ambitieux, d'après l'usage du temps, et qu'on nous permettra de ne désigner que par les premiers mots. La *Summa arithmetica, geometria*, est divisée en deux livres, dont l'un est consacré à l'arithmétique et l'autre à la géométrie. Ce qu'il y a de plus remarquable dans la première partie, où brille d'ailleurs une grande érudition, c'est que Paccioli y consacre plusieurs chapitres à l'algèbre, qu'il appelle l'*arte maggiore*. Nous avons déjà eu l'occasion de parler de cette partie des travaux mathématiques de Paccioli. (*Voy.* Algèbre.) En 1508 il parut à Venise un autre ouvrage de ce religieux, qui est devenu aussi rare que tous ceux qu'il a écrits; il est intitulé *Libellus in tres partiales tractatus divisus*, etc., ce sont trois traités sur les polygones et les corps réguliers, et sur l'inscription mutuelle de ces corps les uns dans les autres. Enfin, on doit encore citer de Paccioli, son livre *De divina proportione*, etc.; il donne ce titre de *Proportion divine* à la division de la ligne en moyenne et extrême raison, dont il expose treize *effeti* ou utilités. Le reste du livre est consacré à des représentations perspectives de diverses figures géométriques. Cet ouvrage, qui paraît être le second qu'ait composé Paccioli, ne fut également imprimé qu'en 1509, à Venise, par l'éditeur de la *Summa*.

Nous possédons peu de détails biographiques sur cet ancien géomètre, on ignore l'époque précise de sa naissance et de sa mort, mais la reconnaissance de la postérité doit s'attacher à sa mémoire, à cause de l'influence que ses travaux ont exercée sur la renaissance des sciences mathématiques, à cette époque remarquable, où il s'opéra dans l'esprit humain une réaction si heureuse. Si la science a à inscrire dans ses fastes quelques-uns de ces noms glorieux qui excitent l'admiration du monde, elle ne doit point oublier ces hommes modestes et laborieux dont les recherches ont ouvert la carrière à des génies plus brillans. Montucla est à peu près le seul écrivain moderne qui ait parlé avec quelques développemens de Paccioli, ou plutôt de Lucas de *Burgo*, comme nous disons en français, nous renvoyons à son ouvrage les lecteurs qui désireraient connaître ces détails intéressans, dont nous n'avons pu extraire que cette courte notice.

PAIR. (*Arith.*) Un nombre *pair* est celui dont on peut prendre exactement la moitié ou qui est un multiple de 2.

Si l'on représente par m l'un quelconque des nombres naturels 0, 1, 2, 3, 4, etc, la forme générale de tous les *nombres pairs* sera $2m$. Zéro est toujours considéré comme un nombre pair, parce qu'il devient nombre impair en lui ajoutant l'unité.

On nomme encore *pairement pair* un nombre pair dont la moitié est aussi un nombre pair, tandis que celui dont la moitié est un nombre impair se nomme *pairement impair*. Par exemple, 12 est un nombre *pairement pair*, et 14, un nombre pairement impair.

PALLAS. (*Ast.*) Nom de la nouvelle planète découverte par Olbers, en mars 1802, et située entre Mars et Jupiter. (*Voy.* Cérès et Junon.)

Cette planète est à peu près de la même grandeur que Cérès, elle offre un aspect nébuleux qui indique l'existence d'une vaste atmosphère, et elle se distingue de toutes les autres par la grande inclinaison de son orbite, car tandis que tous ces corps décrivent des orbites dont les inclinaisons sur le plan de l'écliptique ne dépassent pas quelques degrés. Celle de Pallas s'élève à près de 35°.

Voici ses élémens rapportés au 1er janvier 1820.

Demi grand axe, celui de la terre étant 1....	2,7728860
Excentricité en parties du demi grand axe..	0,2416480
Période sidérale moyenne en jours moy.	1686j,5388000
Inclinaison à l'écliptique..................	34° 34' 55",0
Longitude du nœud ascendant..........	172 39 26, 8
Longitude du périhélie..................	121 7 4, 3
Longitude moyenne de l'époque........	108 24 57, 9

PANIER (anse de). *Voy.* Anse.

PANTOGONIE. (*Géom.*) Nom donné par Jean Bernouilli à une espèce de trajectoire qui, pour chaque différente position de son axe, se coupe toujours elle-même sous un angle constant. (*Voy. Œuvres de J. Bernouilli. Tome* 11, *page* 600.)

PAON. (*Ast.*) Nom d'une constellation située dans l'hémisphère austral. (*Voy.* Constellation.)

PAPPUS, géomètre d'Alexandrie, et l'un des derniers maîtres de l'illustre école de cette ville, vivait dans le IVe siècle de notre ère. C'est grace aux travaux de cet habile et célèbre commentateur que nous possédons quelques renseignemens sur les principaux mathématiciens de l'antiquité et sur leurs écrits, déjà rares à l'époque où il en fit l'objet de ses recherches. En ce temps-là la civilisation ancienne touchait à ses derniers jours; les hommes du Nord se ruaient de toutes parts sur le monde romain et commençaient le chaos au sein duquel le monde chrétien et la civilisation moderne allaient s'élaborer lentement. L'école d'Alexandrie, abandonnée aux disputes littéraires et théologiques, ne jetait plus que des lueurs incertaines, comme un flambeau qui va s'éteindre, et les mathématiciens, en petit nombre, qui avant la fondation de l'école de Proclus à Athènes, y réunissaient encore autour d'eux quelques rares disciples, étaient loin d'imiter leurs illustres devanciers et de s'élancer sur leurs pas dans le champ des découvertes. Les siècles de décadence, ainsi que le remarque avec beaucoup de sagacité l'historien des mathématiques, sont annoncés par les commentateurs et les annotateurs. L'école d'Alexandrie en comptait alors beaucoup; mais Pappus, au mérite qu'exige la formation des grandes collections, joignait évidemment des connaissances supérieures, et le génie qui les met en œuvre. Ses *Collections mathématiques*, empreintes de ces diverses qualités, forment le livre le plus curieux et sans contredit le plus utile pour l'histoire de la science que le temps ait pu épargner. Le but de Pappus semble avoir été de rassembler en un corps plusieurs découvertes éparses, d'éclaircir et de suppléer en une foule d'endroits les écrits principaux des mathématiciens les plus célèbres, c'est ce qu'il a accompli à l'égard surtout d'Apollonius, d'Archimède, d'Euclide et de Théodose, par une multitude de lemmes et de propositions, dont ils supposaient la connaissance; on trouve dans cet ouvrage la plupart des tentatives des anciens sur les problèmes les plus célèbres, tels que la duplication du cube, et la trisection et la multisection de l'angle. Comme nous l'avons déjà dit, Pappus ne se borna pas à réunir ces matériaux précieux pour l'histoire de la science, il est souvent original et profond dans les recherches qui lui sont propres. Telle est, entre autres, l'idée claire et précise qu'il expose de l'usage du centre de gravité pour la dimension des figures, idée que Guldin a présentée comme une découverte qui lui appartenait, et dont Pappus a évidemment fourni les premières notions.

Ses *Collections mathématiques*, que les géomètres modernes consultent encore avec intérêt, sont dues aux travaux de Commandin, qui a traduit cet ouvrage auquel il a ajouté beaucoup de notes. Il ne parut qu'après la mort de ce mathématicien, grace à la protection généreuse de François Marie, duc d'Urbin, sous ce titre : *Pappi Alexandrini Collectiones mathematicæ à Federico Commandino in latinum versæ et commentariis illustratæ*, Pisauri 1588, in-f°. Il y a eu en 1589 à Venise une seconde édition de cet ouvrage, et une autre donnée en 1660, par Manolessi. Halley qui, dans l'*édition du livre de Sectione rationis* d'Apollonius, qu'il a publiée, a également donné le texte grec de la préface du septième livre de Pappus, déclare que l'édition de Commandin est préférable à toutes les autres.

PARABOLE. (*Géom.*) Une des sections coniques. Elle est engendrée par un plan qui coupe un cône droit parallèlement à un de ses côtés. Telle est la courbe KGAIL (Pl. 48, fig. 3.) formée par l'intersection de la surface du cône droit COD et du plan parallèle au côté OC. En supposant le cône prolongé à l'infini, comme le plan ne peut jamais rencontrer le côté, on voit que la *parabole* a deux branches indéfinies.

1. Pour trouver l'équation de cette courbe dans le plan générateur, prenons pour axe des x la droite AB, intersection de ce plan et du plan principal COD; et par un point quelconque H, de l'axe, concevons un plan parallèle à la base du cône; sa section EGFI sera un cercle (*voy* CÔNE). Supposons de plus le plan générateur perpendiculaire au plan principal, afin que les intersections EF et BI soient perpendiculaires l'une sur l'autre, et menons dans le plan principal AM parallèle à EF.

Désignons AH par x, GH par y, OE par a et AM = EH par b. Ceci posé, les triangles semblables MOA, AHF, donnent

$$AM : MO :: FH : AH$$
$$b : a :: FH : x$$

d'où

$$FH = \frac{b}{a}.x$$

Mais en considérant FH dans le cercle EGFI, nous avons (CERCLE 18)

$$FH : GH :: GH : EH$$
$$FH : y :: y : b$$

ce qui donne

$$FH = \frac{y^2}{b}.$$

Ainsi égalant les deux valeurs de FH, nous obtiendrons

$$\frac{y^2}{b} = \frac{b}{a} x$$

et

$$y^2 = \frac{b^2}{a} x.$$

Telle est l'équation de la parabole.

2. Les quantités a et b étant constantes, désignons par p leur troisième proportionnelle, ou faisons $p = \frac{b^2}{a}$, l'équation précédente deviendra (*a*)

$$y^2 = px$$

forme ordinaire de l'équation de la parabole.

3. Considérons maintenant cette courbe comme tracée sur un plan et cherchons ses principales propriétés.

En examinant son équation, on voit d'abord que pour chaque valeur de x on a deux valeurs de y égales et de signes contraires,

$$y = +\sqrt{px}, \text{ et } y = -\sqrt{px},$$

ce qui nous apprend que les deux branches de la courbe sont exactement semblables ou symétriques.

On voit aussi facilement qu'en faisant $x = \frac{1}{4}p$, on a

$$y = \sqrt{\frac{p^2}{4}} = \frac{p}{2}$$

C'est-à-dire que l'ordonnée qui passe par le point où $x = \frac{1}{4} p$, est égale à la moitié du facteur constant p; ainsi la double ordonnée est égale à p.

Cette droite constante p qui entre dans l'équation de la courbe, se nomme le *paramètre* et le point de l'axe où $x = \frac{1}{4} p$, prend le nom de *foyer*.

4. Le *foyer* de la parabole jouit de propriétés analo-

gues à celles des foyers de l'ellipse et de l'hyperbole. La principale est que si de ce foyer on mène une droite à un point quelconque de la courbe, cette droite, qu'on nomme *rayon vecteur*, aura une différence constante avec l'abscisse correspondante. En effet, soit F (Pl. 49, fig. 1), le foyer de la parabole MAN, menons le rayon vecteur Fy et l'ordonnée xy, le triangle rectangle Fxy nous donnera

$$\overline{Fy}^2 = \overline{Fx}^2 + \overline{xy}^2$$

mais en désignant Fy par z, nous avons aussi

$$Fx = Ax - AF = x - \tfrac{1}{4}p, \text{ et } \overline{xy}^2 = y^2 = px,$$

d'où

$$z^2 = \left(x - \tfrac{1}{4}p \right)^2 + px$$

$$= x^2 - \tfrac{1}{2}px + \tfrac{1}{16}p^2 + px$$

$$= x^2 + \tfrac{1}{2}px + \tfrac{1}{16}p^2$$

$$= \left(x + \tfrac{1}{4}p \right)^2$$

et, par conséquent,

$$z = x + \tfrac{1}{4}p, \text{ et } z - x = \tfrac{1}{4}p$$

Ainsi *la différence entre le rayon vecteur et l'abscisse est toujours égale au quart du paramètre.*

5. Il résulte de cette propriété que si l'on prolonge l'axe d'une quantité Af = AF = $\tfrac{1}{4}p$ et que l'on mène la droite PQ perpendiculaire à l'axe, tous les points de la parabole seront également éloignés de cette droite et du foyer, car en abaissant d'un point y de la courbe une perpendiculaire yZ sur PQ, cette perpendiculaire égale xf; mais

$$xf = Ax + Af$$

$$= Ax + AF$$

$$= x + \tfrac{1}{4}p = z,$$

donc $xf = Zy = z$. Lorsqu'on considère la parabole d'une manière indépendante du cône, on part de cette construction pour trouver son équation. On la définit alors, *une courbe dont tous les points sont à égales distances d'une droite donnée de position et d'un point fixe également donné.* La droite PQ prend le nom de *directrice.*

6. La directrice et le foyer d'une parabole étant donnés on peut aisément construire cette courbe par points de la manière suivante :

Soit Pq la directrice et F le foyer (Pl. 49, fig. 1.) par le point F on mènera sur PQ une perpendiculaire indéfinie Bf; on partagera Ff en deux parties égales et le point du milieu A sera le sommet de la parabole. Pour obtenir d'autres points, on élèvera en un point quelconque x de Bf la perpendiculaire $y'y$, puis de F comme centre avec un rayon égal à fx on décrira un arc de cercle qui coupe la perpendiculaire en deux points y' et y. On aura ainsi *deux* points de la courbe ; et en répétant cette opération on pourra en obtenir autant qu'on pourra le désirer.

7. On peut également décrire la parabole par un mouvement continu d'une manière très-simple. Ayant fixé une règle BD (Pl. 19, fig. 6.) sur la directrice, on attachera au foyer F le bout d'un fil égal en longueur au côté EC d'un équerre, à l'extrémité C de laquelle on attachera l'autre bout du fil. On tendra le fil contre l'équerre avec une pointe ou un crayon, et en faisant glisser l'équerre le long de la règle la pointe décrira une branche de la parabole. Pour tracer l'autre branche, on renversera la position de l'équerre. C'est cette construction qui a fait donner le nom de *directrice* à la droite DB ; elle est assez évidente pour se passer de développemens ultérieurs.

8. En comparant la génération de la parabole dans le cône avec celle de l'ellipse, on reconnaît sans peine que cette dernière courbe se rapproche de la première à mesure que son grand axe augmente et qu'elle finit par se confondre avec elle lorsque ce grand axe devient infiniment grand. Cette circonstance est exprimée dans l'équation de l'ellipse rapportée au sommet et au paramètre

$$y^2 = \frac{p}{a}\left(2ax - x^2 \right),$$

(*voy.* ELLIPSE, 8), car lui donnant la forme

$$y^2 = 2px - \frac{px^2}{a},$$

elle se réduit à

$$2y^2 = 2px,$$

orsque a est *infiniment grand*, puisqu'alors $\dfrac{px^2}{a}$ devient *infiniment petit*. Ici $2p$ exprime la même quantité que nous avons désignée par p dans l'équation de la parabole, c'est-à-dire, la double ordonnée qui passe par le foyer, ou le *paramètre.*

9. Il en est de même de l'hyperbole : son équation rapportée au sommet et au paramètre étant

$$y^2 = \frac{p}{a}\left(2ax + x^2 \right)$$

(*voy.* HYPERBOLE, 9), ou

$$y^2 = 2px + \frac{px^2}{a},$$

elle se réduit à celle de la parabole

$$y^2 = 2px$$

lorsque a devient *infiniment grand*; et dans ce cas , le centre, le second sommet et la seconde hyperbole disparaissent, ou sont situés à l'infini.

11. Quoique le problème des tangentes doive être traité ailleurs dans toute sa généralité, nous allons faire connaître ici un procédé très-simple semblable à ceux que nous avons donnés pour l'ellipse et la parabole. Soit Q le point où l'on veut mener une tangente. (Pl. 49, fig. 5.) Après avoir abaissé la perpendiculaire QP sur la directrice et mené le rayon vecteur FQ , on joindra les points F et P par une droite FP qu'on partagera en deux parties égales au point g ; par les points g et Q on mènera une droite gQ ; ce sera la tangente demandée. En effet, cette droite ne peut avoir que le seul point Q commun avec la courbe, car si de tout autre point O on mène OP, et la perpendiculaire OS à la directrice, on a

$$PO > OS,$$

mais FO = PO , donc aussi

$$FO > OS,$$

et, par conséquent, le point O est hors de la courbe.

12. Il résulte de cette construction, que si l'on prolonge PQ, les angles FQg et RQO sont égaux. Propriété qui trouve son application dans la catoptrique, et qui nous apprend que *tous les rayons lumineux qui partent du foyer d'un miroir parabolique sont réfléchis parallèlement à l'axe.* C'est ce qui rend l'emploi de ces miroirs si utile pour projeter la lumière à de grandes distances.

13. On nomme *diamètre*, dans la parabole, toute droite parallèle à l'axe; ce nom lui vient de ce qu'elle divise en deux parties égales toutes les cordes parallèles à la tangente du point où elle rencontre la courbe. En prenant pour axes des coordonnées une telle droite et la tangente correspondante, on a des coordonnées obliques, mais l'équation ne change pas de forme. (*Voy.* Transformation des coordonnées. *Voy.* aussi Polaire pour l'*équation polaire* de la parabole.)

Parabole *des ordres supérieurs*. On donne encore le nom de *paraboles* à diverses courbes qui diffèrent essentiellement de la parabole ordinaire, *conique*, ou apollonienne que nous venons d'examiner. Voici les plus remarquables.

Parabole *biquadratique*. C'est une courbe du troisième ordre , ayant deux branches infinies et qui est généralement exprimée par une de ces trois équations :

$$1\ldots a^3 x = y^4$$
$$2\ldots a^3 x = y^4 - b^2 y^2$$
$$3\ldots a^3 x = y^4 - (b+c)y^3 + bcy^2$$

l'équation 1 représente la courbe de la fig. 4 , pl. 48 ; l'équation 2, celle de la fig. 5 ; et l'équation 6, celle de la fig. 6. Dans toutes ces figures on a AP $= x$, QP $= y$ AB $= b$, AC $= c$; a est une certaine quantité donnée.

Parabole *cartésienne*. Courbe du second ordre exprimée par l'équation

$$xy = ax^3 + by^2 + cx + d :$$

elle a quatre branches infinies, savoir : deux hyperboliques et deux paraboliques. (*Voy.* Pl. 48. fig. 7)

Parabole *cubique*. C'est aussi une courbe du second ordre ayant deux branches infinies dirigées en sens inverse. (Pl. 48, fig. 8.) Son équation générale est

$$y = ax^3 + bx^2 + cx + d ,$$

mais quand b , c et d sont chacun zéro, cette équation se réduit à

$$y = ax^3$$

c'est celle de la figure citée. On la nomme *première parabole cubique.*

Si l'équation est

$$y^2 = ax^3 ,$$

la courbe se nomme *seconde parabole cubique*. En général, $y^m = ax^3$ est l'équation de la *m ième parabole cubique*.

Paraboles *divergentes*. Nom donné par Newton à une espèce de cinq différentes lignes du troisième ordre ou courbes du second ordre exprimées par l'équation

$$y^2 = ax^3 + bx^2 + cx + d ;$$

la première est une courbe en forme de cloche ayant une ovale à sa tête. (Pl. 47, fig. 9.) Elle correspond au cas où l'équation

$$ax^3 + bx^2 + cx + d = 0$$

a trois racines réelles et inégales.

La seconde (fig. 10) , a un point conjugué ; elle correspond au cas où les deux plus petites racines de cette même équation sont égales.

La troisième (fig. 11) est celle qui se rapporte à l'égalité des deux plus grandes racines.

La quatrième (fig. 12) a lieu lorsqu'il n'y a qu'une seule racine réelle.

Enfin, la cinquième répond au cas des trois racines égales. L'équation peut se réduire alors à $y^2 = ax^3$. C'est la *seconde parabole cubique.*

Arcs paraboliques. Ce sont les arcs ou les portions de la courbe. (*Voy.* Rectification.)

PARABOLOÏDE ou CONOÏDE PARABOLIQUE. (*Géom.*) Solide formé par la révolution d'une parabole autour de son axe. Pour le volume de ce solide, *voy.* CUBATURE.

On donne aussi quelquefois le nom de *paraboloïdes* aux paraboles des degrés supérieurs.

PARACENTRIQUE. (*παρα près* et de *κεντρον, centre.*) Le mouvement *paracentrique* est celui qui s'effectue en se rapprochant d'un centre.

La courbe *isochrone paracentrique* est celle qu'un corps pesant parcourt pour s'approcher ou s'éloigner également en temps égaux, d'un centre ou d'un point donné. Le problème de trouver cette courbe fut proposé par Leibnitz aux antagonistes du calcul différentiel qui ne purent le résoudre. C'est une généralisation de celui de la courbe aux *approches égales.* (*Voy.* APPROCHES.)

PARALLACTIQUE. (*Ast.*) Se dit de ce qui a rapport à la *parallaxe* des astres.

L'*angle parallactique* est celui qui est formé au centre d'un astre par son vertical et son cercle de déclinaison. Ce nom lui a été donné parce qu'il sert à calculer la parallaxe.

Triangle parallactique. C'est le triangle formé par le rayon de la terre et les deux droites menées de ses extrémités au centre d'un astre. L'angle de ces deux droites est l'angle de la parallaxe ou la parallaxe elle-même.

Règles parallactiques ou parallatiques. Instrument dont Ptolémée se servit pour observer la parallaxe de la lune.

PARALLAXE. (*Ast.*) (*παραλλαξις.*) Ce mot qui signifie *diversité d'aspect*, désigne la différence entre la position d'un astre vu de la surface de la terre et celle qu'il aurait, vu de son centre.

Soit C le centre de la terre, (Pl. 49, fig. 8) A un point de sa surface, et P un astre. L'angle APC formé par les rayons visuels AP et CP est la *parallaxe.* Si l'astre était situé à une distance infinie par rapport à la grandeur du rayon AC de la terre, comme le sont les étoiles fixes, ces rayons visuels deviendraient parallèles et l'angle APC s'évanouirait, mais si la distance est comparable avec le rayon AC, l'angle APC conserve une grandeur sensible, et sa détermination conduit, ainsi que nous le verrons plus loin, à la détermination de la distance de l'astre.

Le *lieu* d'un astre sur la sphère céleste étant le point de cette sphère où nous le projetons par le rayon visuel mené de l'œil à son centre, il devient évident que l'effet de la parallaxe est de nous faire généralement paraître les astres, qui en ont une, moins élevés sur l'horizon qu'ils ne le sont en effet, ou qu'ils le paraîtraient vus du centre de la terre. En effet, de ce centre l'astre P paraîtrait en *m* sur la sphère céleste, tandis

que du point A de la surface, cet astre nous paraît, au-dessous, en *n*.

A mesure qu'un astre s'élève au-dessus de l'horizon, l'angle APC devient de plus en plus petit, et il s'anéantit enfin si l'astre parvient au zénith, car alors les deux rayons visuels se confondent dans la droite C*m'''.* Cet angle est le plus grand possible lorsque l'astre est à l'horizon ou en P'; on le nomme alors *parallaxe horizontale.* Dans tous les autres cas il prend le nom de *parallaxe de hauteur.*

La parallaxe horizontale et la distance de l'astre au centre de la terre sont deux quantités tellement liées ensemble qu'il suffit de connaître l'une pour avoir l'autre. En effet, lorsque l'astre est à l'horizon, en P', le triangle P'AC est rectangle et donne

$$1 : \sin AP'C :: CP' : AC,$$

mais CP' est la distance de l'astre, AC le rayon de la terre et AP'C la parallaxe; ainsi désignant respectivement par d, r et p ces trois quantités, on obtient

$$1\ldots\ \sin p = \frac{r}{d}$$

$$2\ldots\ \ d = \frac{r}{\sin p}$$

On passe de la parallaxe horizontale à la parallaxe de hauteur en remarquant d'abord que pour une position quelconque, P, de l'astre au-dessus de l'horizon le triangle PAC donne

$$\sin PAC : \sin APC :: CP : AC.$$

Or, PAC = P'AC + PAP', ou PAC = 90° + h en désignant par h l'angle PAP', c'est-à-dire, la hauteur horizontale de l'astre; ainsi désignant en outre par p' la parallaxe de hauteur APC, cette proportion est la même chose que

$$\sin (90 + h) : \sin p' :: d : r$$

d'où

$$\sin p' = \frac{\sin (90° + h).r}{d} = \cos h . \frac{r}{d}$$

Nous aurons donc aussi

$$3\ldots\ \sin p' = \cos h . \sin p$$

en mettant pour $\dfrac{r}{d}$ sa valeur $\sin p$ (1).

L'angle p étant généralement très-petit, on peut dans les expressions 1, 2, 3, substituer p à son sinus sans erreur sensible.

Pour éviter les irrégularités dont paraîtrait affecté le lieu d'un astre, vu en même temps par différens observateurs de divers points de la surface de la terre, et rendre toutes les observations comparables, on est convenu de les rapporter au centre de la terre supposée sphérique. Ainsi ce que l'on nomme *lieu vrai* d'un astre est le lieu vu de ce centre, tandis que le *lieu apparent* est celui qui est vu de la surface et se trouve compliqué de la parallaxe.

La détermination exacte de la parallaxe d'un astre est donc d'autant plus importante que non seulement elle fait connaître sa distance, mais encore qu'elle est essentielle pour réduire le lieu apparent au lieu vrai; aussi les astronomes ont-ils cherché de tout temps des méthodes pour obtenir cette détermination.

Il est un procédé très-simple et qui ne diffère en rien de celui par lequel on calcule la distance d'un objet inaccessible en l'observant des deux extrémités d'une base connue, c'est de mesurer sous le même méridien céleste, à des distances connues, et au même instant les hauteurs horizontales d'un astre, ou ses distances au zénith. Pour éclaircir cette méthode, supposons deux observateurs placés l'un en A et l'autre en B (Pl. 50, fig. 1), observant en même temps les distances d'un astre P à leurs zéniths respectifs Z et Z', et désignons par z, et z' ces distances qui sont les complémens des hauteurs horizontales : d'après ce qui précède, p étant toujours la parallaxe horizontale, la parallaxe de hauteur pour l'observateur A sera, en la désignant par p'

$$p' = \cos(90 - z) \cdot p, \text{ ou } p' = \sin z \cdot p$$

et celle de l'observateur B, en la désignant par p'', sera pareillement

$$p'' = \sin z' \cdot p$$

Nous avons donc

$$p' + p'' = p \{ \sin z + \sin z' \}$$

Mais p' est l'angle APC et p'' l'angle CPB, ainsi $p' + p''$ est égal à l'angle APB, qui se trouve donné par l'arc AB du méridien terrestre compris entre les observateurs. En effet soit α cet arc du méridien ou l'angle ACB au centre de la terre; comme les quatre angles du quadrilatère PACB sont équivalens à quatre angles droits nous aurons

$$\alpha + p' + p'' + \text{PAC} + \text{BPC} = 360^\circ$$

De plus

$$\text{PAC} = 180^\circ - \text{ZAP} = 180^\circ - z,$$
$$\text{PBC} = 180^\circ - \text{PBZ}' = 180^\circ - z'$$

substituant, nous obtiendrons

$$p' + p'' = z + z' - \alpha$$

et par conséquent

$$z + z' - \alpha = p \{ \sin z + \sin z' \}$$

d'où enfin

$$p = \frac{z + z' - \alpha}{\sin z + \sin z'}$$

Cette méthode sert de base à plusieurs autres pour lesquelles nous sommes forcés de renvoyer aux ouvrages spéciaux.

La terre n'étant pas exactement sphérique, la parallaxe horizontale d'un astre ne peut être la même pour tous les observateurs placés sur sa surface, puisque la valeur de cette parallaxe dépend de celle du rayon de la terre qui est variable. Par exemple, à l'équateur, où le rayon terrestre est le plus grand, la parallaxe horizontale sera la plus grande, tandis qu'au pôle où le rayon terrestre est le plus petit la parallaxe horizontale sera la plus petite; dans tous les lieux intermédiaires la valeur de la parallaxe sera également intermédiaire entre ses deux extrêmes. Il est bien entendu que ces diverses valeurs se rapportent à une même distance de l'astre à la terre, car lorsque cette distance change il en résulte nécessairement d'autres variations de grandeur dans la parallaxe. Lorsque la distance est la même les parallaxes horizontales sont entre elles dans le rapport des rayons terrestres, car p et p' étant les parallaxes correspondant aux rayons r et r' nous avons d'après (1)

$$p = \frac{r}{d}, \text{ et } p' = \frac{r'}{d}$$

D'où

$$p : p' :: r : r'$$

Ce qui donne

$$p' = p \cdot \frac{r'}{r}$$

Or, en désignant par λ la latitude d'un point de la surface de la terre, et prenant r' pour le rayon de ce point et r pour le rayon de l'équateur, on a à très-peu près (*voy.* TERRE)

$$\frac{r'}{r} = 1 - a \sin^2 \lambda$$

a étant l'aplatissement de la terre. Ainsi la parallaxe horizontale p' pour un lieu dont la latitude est λ, est donnée par la parallaxe équatoriale horizontale à l'aide de l'expression

$$p' = p (1 - a \cdot \sin^2 \lambda) = p - ap \sin^2 \lambda$$

Excepté pour la lune, dont la parallaxe est très-grande, la différence $ap \sin^2 \lambda$ est une quantité trop petite pour qu'il soit nécessaire d'en tenir compte.

La parallaxe horizontale du soleil est celle qu'il était le plus intéressant de trouver, car elle nous apprend quelle est la distance du soleil à la terre et par suite quelles sont les distances de toutes les autres planètes au soleil et à la terre. Cependant sa détermination ne pouvant s'effectuer par aucune des méthodes applicables autres corps célestes, elle n'est point encore connue avec une parfaite exactitude. La *connaissance des temps* la suppose égale à $8''$, 8 dans sa valeur moyenne, ce qui paraît un peu trop grand, car il résulte des observations des passages sur le soleil, calculées par M. Encke, que cette parallaxe moyenne ne dépasse pas $8''$,5776. C'est à l'aide des parallaxes des planètes plus voisines de la terre, telle que Mars et Vénus, lorsqu'elles sont en opposition avec le soleil, qu'on peut calculer la parallaxe du soleil : les parallaxes étant toujours dans le rapport des distances et ce rapport dépendant, d'après la loi de Keppler, de la durée connue des révolutions périodiques, nous exposerons plus en détail cette méthode au mot PASSAGE.

La parallaxe d'un astre ne fait pas seulement connaître sa distance à la terre ; elle sert encore pour déterminer son volume en la comparant à son diamètre apparent. En effet le diamètre apparent d'un astre est un arc du cercle décrit avec sa distance à la terre prise pour rayon ; et ce diamètre apparent fait connaître le diamètre réel lorsque la distance est connue, puisque les grandeurs des arcs semblables de deux cercles différens sont entre elles comme les rayons. Ainsi μ désignant le diamètre apparent d'un astre en parties de la circonférence dont le rayon est l'unité, le diamètre réel, ou le diamètre exprimé en parties de la distance à la terre, sera μd ; mais d'après (1) $d = \frac{r}{p}$, donc en désignant par 2R le diamètre réel d'un astre, on a

$$R = \frac{1}{2}\,\mu d = \frac{\mu r}{2p}$$

expression qui nous apprend, en lui donnant la forme

$$\frac{R}{r} = \frac{\mu}{2p},$$

que *le rapport du rayon d'un astre à celui de la terre est égal au diamètre apparent de cet astre divisé par le double de sa parallaxe horizontale.* Lorsqu'on connaît le diamètre réel d'un astre, on connaît aussi son volume en le supposant sphérique (*voy.* SPHÈRE), et comme d'ailleurs les volumes de deux sphères sont entre eux comme les cubes des rayons, il suffit des valeurs des rayons pour pouvoir comparer les volumes des astres à celui de la terre, considérée aussi comme sphérique.

Les parallaxes horizontales des astres, leurs diamètres réels et leurs distances à la terre ou leurs *rayons vecteurs*, sont donc des quantités tellement liées entre elles qu'il suffit d'une seule de ces quantités pour trouver les autres.

La parallaxe abaissant généralement le lieu vrai des astres, n'altère pas seulement leur hauteur horizontale, elle altère aussi leur angle horaire et leur distance au pôle. Les changemens qui en résultent pour ces deux élémens forment ce qu'on appelle la *parallaxe d'ascension droite* et la *parallaxe de déclinaison.* Ces deux dernières se déduisent aisément de la parallaxe horizontale.

La plus grande de toutes les parallaxes est celle de la lune, sa valeur varie depuis $61'\frac{1}{2}$ jusqu'à $54'$; la parallaxe horizontale moyenne, ou celle qui répond à la distance moyenne de la lune à la terre, est de $57'$. En mettant cette valeur dans l'expression (2), on trouve pour la distance moyenne

$$d = \frac{r}{\sin 57'} = (60,\, 314).\,r$$

Ainsi cette distance est un peu plus de 60 fois le rayon terrestre. Cependant nous devons faire observer que les dimensions de l'orbite lunaire n'étant pas constantes, la distance moyenne ainsi que la parallaxe horizontale moyenne varient elles-mêmes. C'est ainsi, par exemple, que dans les élémens de la lune rapportés au premier janvier 1801 (*voy.* LUNE) la distance moyenne est seulement de 59, 982 rayons terrestres.

Les plus grandes parallaxes horizontales de divers corps célestes ont été déterminées comme il suit :

Soleil.	$8''$,75
Mercure.	14, 58
Vénus.	29, 16
Mars.	17, 50
Jupiter.	2, 08
Saturne.	1, 027
Uranus.	0, 415

PARALLAXE ANNUELLE *de l'orbite de la terre.* On désigne sous ce nom la différence entre le lieu d'un astre vu de la terre et son lieu vu du soleil. Elle sert à calculer la longitude géocentrique d'une planète par le moyen de sa longitude héliocentrique.

PARALLAXE MENSTRUELLE. Petite inégalité que produit dans le lieu vrai du soleil l'attraction de la lune sur la terre.

PARALLAXE *des étoiles fixes.* Comme les distances des corps célestes sont déterminées par le moyen de leurs parallaxes, toutes les méthodes possibles ont été mises en usage pour trouver celles des étoiles fixes, mais leur distance est si immense que, non seulement elles n'ont aucune parallaxe par rapport au rayon terrestre, mais même par rapport au diamètre entier de l'orbite de la terre. L'angle des deux rayons visuels qui se rendent des deux extrémités du grand axe de cette orbite à l'étoile la plus proche en apparence, est entièrement insensible, car s'il s'élevait seulement à une seconde il pourrait être découvert par les instrumens modernes. Or, si une étoile avait une parallaxe d'une seconde, sa distance serait d'environ *sept millions de millions* de lieues; nous sommes donc certains que l'étoile la plus proche de nous est encore située à une plus grande distance, quelque énorme que puisse paraître celle-ci. (*Voy.* Etoile.)

PARALLÈLE. (*Géom.*) Deux lignes sont dites *parallèles*, lorsque étant situées dans le même plan elles ne peuvent se rencontrer, même en les supposant prolongées indéfiniment.

Deux droites qui, dans un même plan, convergent l'une vers l'autre ou ont des directions différentes étant suffisamment prolongées, se coupent toujours en un point, et la différence de leurs directions constitue ce que l'on nomme un *angle* (*voy.* ce mot); mais si ces droites ne convergent pas, c'est-à-dire, si elles ont une même direction, il devient évident qu'en les prolongeant indéfiniment elles ne peuvent jamais se rencontrer, car la différence de leurs directions étant nulle, elles ne sauraient former un angle. On peut donc définir les droites parallèles *des droites qui ont une même direction*.

Les *plans parallèles* sont également des plans qui ne peuvent jamais se rencontrer étant prolongés à l'infini.

Lorsque deux droites parallèles sont coupées par une droite transversale, elles forment avec cette dernière plusieurs angles dont les relations ont été déterminées au mot Angle, 6.

Dans l'*optique*, on nomme *rayons parallèles* ceux qui partent d'un point lumineux situé à une distance infinie de l'œil. C'est en observant que deux droites, dont le point de concours est très-éloigné, deviennent sensiblement parallèles, que quelques géomètres ont défini les parallèles *des droites qui concourent à l'infini*. Cette définition est vicieuse; d'après leur nature, les parallèles ne concourent pas plus à l'infini qu'au fini, et si l'on peut en réalité considérer comme parallèles les droites dont l'angle est infiniment petit, c'est parce que cet angle, ou la différence infiniment petite des directions des droites, n'a aucune valeur comparable avec les quantités réalisables dans le champ de l'expérience, c'est-à-dire, avec les grandeurs susceptibles d'être l'objet d'une intuition sensible.

Dans l'*astronomie* on donne le nom de *cercles parallèles* à tous les cercles formés par les intersections de la sphère céleste avec plusieurs plans parallèles entre eux, ainsi :

Les Parallèles *de déclinaison* sont de petits cercles de la sphère parallèle à l'équateur.

Les Parallèles *de latitude* sont les petits cercles parallèles à l'écliptique.

Les Parallèles *de hauteur* ou *almicantarats*, des cercles parallèles à l'horizon.

En *géographie*, les Parallèles *de latitude* sont les petits cercles de la sphère terrestre parallèles à l'équateur terrestre.

PARALLÉLIPIPÈDE. (*Géom.*) Prisme dont la base est un parallélogramme, ou polyèdre terminé par six parallélogrammes dont les opposés sont parallèles et égaux.

Lorsque les parallélogrammes sont des rectangles, le *parallélipipède* est dit *rectangle*. Si ces rectangles sont des carrés égaux, le parallélipipède prend le nom de *cube* ou d'*hexaèdre régulier*. (*Voy.* Solide.)

PARALLÉLISME. (*Géom.*) Etat de deux objets parallèles. En *astronomie*, ou nommé *parallélisme de l'axe de la terre* la propriété qu'a cet axe de ne point changer de direction pendant toute la durée de la révolution annuelle de la terre autour du soleil. C'est cette situation constante de l'axe de la terre par rapport au plan de l'écliptique qui produit le changement des saisons. (*Voy.* Terre.)

PARALLÉLOGRAMME. (*Géom.*) Figure plane terminée par quatre droites et dont les côtés opposés sont parallèles.

Cette figure prend le nom de *rectangle* (*voy.* ce mot) lorsque ses quatre angles sont droits.

On lui donne aussi le nom de *losange* ou *rhombe* lorsque ses quatre côtés sont égaux sans que ses angles soient droits.

Elle prend enfin le nom de *carré* ou *quarré* lorsque ses quatre côtés sont égaux et ses quatre angles droits. (*Voy.* Quarré.)

Les propriétés principales des parallélogrammes sont les suivantes.

Soit ABCD (Pl. 5o, fig. 1o) une telle figure. D'après la définition, les côtés opposés AB, CD et AD, BC sont parallèles entre eux; ainsi en joignant les sommets des angles opposés A et C, B et D par des droites AC, BD, ces droites, que l'on nomme les *diagonales*, partageront, chacune en particulier, le parallélogramme en deux triangles égaux. En effet si nous considérons les deux triangles ABD, BCD, formés par la diagonale BD, nous voyons que ces triangles ont un côté commun BD et que leurs angles sont respectivement égaux chacun à chacun; car les angles ADB et DBC sont *alternes internes*, et il en est de même des angles ABD et BDC. (*Voy.* Angle 6.) Ces triangles ont donc un côté égal adjacent à deux angles égaux chacun à chacun, et sont conséquemment égaux (*voy.* Trianᴜʟᴇ) ; on a donc aussi AB = CD, AD = BC et l'*angle* DAB = l'*angle* DCB. Il en est de même des deux triangles ACB, ADC formés par la diagonale AC.

Nous pouvons donc conclure immédiatement que :

1. Les côtés opposés et les angles opposés d'un parallélogramme sont respectivement égaux.

2. Les deux angles adjacens à un même côté sont supplément l'un de l'autre ou leur somme est équivalente à celle de deux angles droits.

3. Les deux diagonales d'un parallélogramme se coupent respectivement en deux parties égales.

A ces propriétés nous ajouterons la suivante, démontrée au mot Aɪʀᴇ.

4. L'aire d'un parallélogramme est égale au produit de sa base par sa hauteur, ou, plus généralement, au produit d'un quelconque de ses côtés par la perpendiculaire qui mesure la distance de ce côté à son opposé.

Les conséquences de cette dernière sont :

5. Deux parallélogrammes de même base sont entre eux comme leurs hauteurs.

6. Deux parallélogrammes de même hauteur sont entre eux comme leurs bases.

7. Deux parallélogrammes quelconques sont entre eux dans le rapport composé de leurs bases et de leurs hauteurs.

Les parallélogrammes offrent encore une propriété très-remarquable que nous nous contenterons d'énoncer parce qu'elle n'est qu'un corollaire d'une propriété appartenant à tous les triangles, et dont la démonstration sera donnée au mot *triangle*.

8. La somme des carrés des deux diagonales d'un parallélogramme est équivalente à la somme des carrés des quatre côtés.

Pᴀʀᴀʟʟᴇ́ʟᴏɢʀᴀᴍᴍᴇ ᴅᴇs ꜰᴏʀᴄᴇs. (*Voy.* Fᴏʀᴄᴇ.)

Pᴀʀᴀʟʟᴇ́ʟᴏɢʀᴀᴍᴍᴇ ᴅᴇs ᴠɪᴛᴇssᴇs. (*Voy.* Vɪᴛᴇssᴇ.)

Pᴀʀᴀʟʟᴇ́ʟᴏɢʀᴀᴍᴍᴇ de *Newton*. Règle imaginée par Newton pour trouver les premiers termes de la série, en x qui donne la valeur de y lorsque ces deux variables entrent dans une équation algébrique donnée. *Voy.* Newton, *Méthode des séries infinies* ; Maclaurin, *Algèbre* ; et Cramer, *Analyse des lignes courbes*. (*Voy.* dans ce dictionnaire le mot Sᴇ́ʀɪᴇ.

PARAMÈTRE. (*Géom.*) Ligne droite constante qui entre dans les équations des sections coniques. C'est la double ordonnée qui passe par un foyer. (*Voy.* Eʟʟɪᴘsᴇ, Hʏᴘᴇʀʙᴏʟᴇ, Pᴀʀᴀʙᴏʟᴇ.)

On nomme encore généralement *paramètre*, la constante qui se trouve dans l'équation d'une courbe quelconque. Par exemple, dans la courbe dont l'équation est $y^4 = axy + 4x^3$, a est le *paramètre* et représente une ligne donnée.

Ce mot, dérivé de *παρα égal* et de *μέτρος mesure*, indique que la ligne qui le porte détermine les dimensions de la courbe.

PARFAIT. (*Arithm.*) Les anciens arithméticiens désignaient sous le nom de *nombre parfait* celui qui est égal à la somme de toutes ses parties aliquotes. Tel est 6 dont les parties aliquotes sont 1, 2 et 3 ; tel est encore 28 dont les parties aliquotes sont 1, 2, 4, 7 et 14.

Euclide a démontré que si $2^n - 1$ est un nombre premier, le produit

$$2^{n-1}(2^n - 1)$$

est *un nombre parfait*. (*Voy. Élémens d'Euclide*, liv. 9.) C'est d'après cette forme que l'on trouve

$$2.\ (2^2 - 2) = 6$$
$$2^2.\ (2^3 - 1) = 28$$
$$2^4.\ (2^5 - 1) = 496$$
$$2^6.\ (2^7 - 1) = 8128$$
$$2^{12}.(2^{13} - 1) = 33550336$$
$$2^{16}.(2^{17} - 1) = 8589869056$$
$$2^{18}.(2^{19} - 1) = 137438691328$$
$$2^{30}.(2^{31} - 1) = 2305843008139952128$$

lesquels sont tous des nombres parfaits. Le nombre $2^{31} - 1$, qu'Euler assure être premier, est le plus grand nombre premier connu jusqu'ici, et par conséquent $2^{30}(2^{31} - 1)$ est le plus grand nombre parfait qui ait encore été découvert.

PARTIEL. Dɪꜰꜰᴇ́ʀᴇɴᴄᴇs ᴘᴀʀᴛɪᴇʟʟᴇs. (*Calcul intégral.*) L'intégration des équations aux différences partielles est une branche importante du calcul intégral, car les problèmes physico-mathématiques les plus utiles conduisent à de telles équations. On attribue généralement sa découverte à d'Alembert qui y fut amené par ses recherches sur les cordes vibrantes ; mais avant lui, Euler avait intégré complètement une équation aux différentielles partielles (*Mémoires de Pétersbourg*, tom. 7.), et quoique les premières applications de ce calcul soient dues à d'Alembert et forment un de ses plus beaux titres de gloire, il est hors de doute que l'idée première appartient à Euler. Ce grand géomètre, ramené par les travaux de d'Alembert à cette branche de la science des nombres qu'il paraissait avoir oubliée, a encore eu l'avantage d'en présenter les résultats sous une forme beaucoup plus simp , et qui a été adoptée par tous les mathématiciens.

Nous avons déjà dit (Dɪꜰꜰ. et Iɴᴛᴇ́ɢʀᴀʟ) que la *différence partielle* d'une fonction de deux ou de plusieurs quantités variables est la différence de cette fonction prise en faisant varier seulement une des variables. Par exemple , $\varphi(x, y)$ étant une fonction des deux variables x et y, la différence

$$\varphi(x + \Delta x, y) - \varphi(x, y),$$

prise en considérant y comme une quantité constante est la *différence partielle* de $\varphi(x, y)$ par rapport à x. De même

$$\varphi(x, y + \Delta y) - \varphi(x, y)$$

est la *différence partielle* de $\varphi(x, y)$ par rapport à y.

Ces différences partielles s'expriment généralement par la notation

$$\left(\frac{\Delta\varphi(x, y)}{\Delta x} \right)\Delta x, \quad \left(\frac{\Delta\varphi(x, y)}{\Delta y} \right)\Delta y,$$

Lorsqu'il s'agit des différentielles on a également

$$\left(\frac{d\varphi(x, y)}{dx} \right)dx, \quad \left(\frac{d\varphi(x, y)}{dy} \right)dy,$$

pour les *différentielles partielles* de la fonction $\varphi(x, y)$ prises respectivement par rapport à x et par rapport à y.

1. On nomme *équation aux différences partielles*, toute équation dans laquelle se trouvent les quantités

$$\varphi(x, y), \ x, \ y, \ \frac{\Delta\varphi(x, y)}{\Delta x}, \quad \frac{\Delta\varphi(x, y)}{\Delta y}$$

combinées d'une manière quelconque avec des quantités constantes; ou, plus généralement, u étant une fonction des variables x, y, z, etc., toute équation qui renferme

$$u, \ x, \ y, \ z, \ \text{etc.}, \ \frac{\Delta u}{\Delta x}, \ \frac{\Delta u}{\Delta y}, \ \frac{\Delta u}{\Delta z}, \ \text{etc.}$$

Si les différences sont infiniment petites, les équations sont dites aux *différentielles partielles*. Le cas des différences infiniment petites , est encore le seul pour lequel on ait trouvé des résultats généraux que nos limites nous permettront seulement d'indiquer.

2. u étant toujours une fonction de plusieurs variables , et $\frac{du}{dx}$, sa dérivée différentielle prise en ne faisant varier que x , si nous désignons par P une fonction quelconque de ces mêmes variables, mais qui ne renferme pas u , l'équation

$$\frac{du}{dx} - P = 0,$$

sera une équation différentielle partielle du premier ordre. C'est la plus simple de toutes.

L'intégration de cette équation ne présente aucune difficulté, car en la multipliant par dx on peut lui donner la forme

$$\frac{du}{dx} dx = P dx,$$

d'où en intégrant par rapport à x seulement

$$u = \int P dx + C.$$

Ici, C n'indique pas une simple constante arbitraire mais une fonction entièrement arbitraire de toutes les variables , autres que x, que renferme la fonction u. Si par exemple, cette fonction u ne renferme que deux variable x et y , l'intégrale de l'équation

$$\frac{du}{dx} - P = 0$$

sera

$$u = \int P dx + fy$$

fy étant une fonction arbitraire de y et de quantités constantes.

3. Lorsque P contient u, l'équation proposée rentre dans le cas des équations différentielles à deux variables ; mais occupons-nous tout de suite du cas le plus général des équations différentielles partielles du premier ordre et du premier degré. Soient P, Q, R des fonctions qui renferment les variables u, x et y la forme (1)

$$P \frac{du}{dx} + Q \frac{du}{dy} = R$$

répond évidemment a ce cas général. Faisons pour abréger

$$\frac{du}{dx} = p, \quad \frac{du}{dy} = q$$

l'équation (1) deviendra (2)

$$Pp + Qq = R,$$

et l'on en tirera

$$p = \frac{R - Qq}{P}$$

Or la différentielle totale de u est (*voy.* Diff., 51)

$$du = \frac{du}{dx} dx + \frac{du}{dy} dy$$
$$= pdx + qdy$$

Substituant la valeur de p dans cette différentielle totale , il vient (1)

$$P du - R dx = q \cdot (P dy - Q dx)$$

Maintenant il se présente deux cas : 1° le premier membre $Pdu - Rdx$ ne renferme que les variables u et x, tandis que la fonction $Pdy - Qdx$ ne renferme que les variables y et x; 2°. Ces deux quantités renferment l'une ou l'autre, ou tous les deux à la fois les trois variables u, x, y. Dans le premier cas, si nous désignons par μ le facteur qui rend $Pdu - Rdx$ une différentielle exacte, et par μ' celui qui produit le même effet sur $Pdy - Qdx$ (*Voy.* Intégral, 64), nous aurons en désignant par M et N ces différentielles exactes

$$Pdu - Rdx = \frac{1}{\mu}\, dM$$

$$Pdy - Qdx = \frac{1}{\mu'}\, dM$$

et l'équation (2) deviendra

$$\frac{1}{\mu} \cdot dM = \frac{q}{\mu'} \cdot dN,$$

d'où, en multipliant par μ et en intégrant,

$$M = \int \frac{q\mu'}{\mu}\, dN\, ;$$

mais pour que le second membre soit intégrable il faut que $\dfrac{q\mu'}{\mu}$ soit une fonction quelconque de N ; posons donc $\dfrac{q\mu'}{\mu} = \varphi'(N)$ et nous aurons

$$M = \int \varphi'(N) dN = \varphi(N),$$

φ désignant une fonction arbitraire.

Ainsi, pour intégrer l'équation différentielle **partielle**

$$Pp + Qq = R,$$

il suffit d'intégrer les deux équations auxiliaires.

$$Pdu - Rdx = 0$$

$$Pdy - Qdx = 0$$

et en désignant par M l'intégrale de la première et par N celle de la seconde, on a

$$M = \varphi(N)$$

$\varphi(N)$ étant une fonction arbitraire de N.

4. Proposons-nous, pour exemple, l'équation (3)

$$\frac{du}{dx} y - \frac{du}{dy} x = 0,$$

ici $P = y$, $Q = x$, $R = 0$; et les équations auxiliaires sont

$$y\, du = 0$$

$$y\, dy + x\, dx = 0$$

dont les intégrales sont

$$M = u$$

$$N = \frac{y^2 + x^2}{2}$$

d'où

$$u = \varphi \left(\frac{y^2 + x^2}{2} \right)$$

ou simplement

$$u = \varphi(y^2 + x^2)$$

La nature de la fonction arbitraire désignée par la caractéristique φ ne dépend que des conditions particulières du problème qui conduit à l'équation (3). Prise dans toute sa généralité, l'intégrale de cette équation embrasse toutes les fonctions possibles de $y^2 + x^2$.

5. Lorsque les fonctions

$$Pdu - Rdx$$
$$Pdy - Qdx$$

renferment les trois variables u, x et y, on ne peut les intégrer isolément, mais il est encore possible de ramener l'équation (2) en une autre (4),

$$dM = \varphi'(N)dN$$

qui soit une différentielle exacte, car en considérant M et N comme renfermant à la fois u, x et y, on a pour les différentielles totales de ces quantités

$$\frac{dM}{dx}\, dx + \frac{dM}{dy}\, dy + \frac{dM}{du}\, du$$

$$\frac{dN}{dx}\, dx + \frac{dN}{dy}\, dy + \frac{dN}{du}\, du,$$

ce qui rend l'équation (4),

$$\frac{dM}{dx}\, dx + \frac{dM}{dy}\, dy + \frac{dM}{du}\, du =$$

$$\varphi'(N) \left[\frac{dN}{dx}\, dx + \frac{dN}{dy}\, dy + \frac{dN}{du}\, du \right],$$

mais cette dernière doit s'accorder avec (2) : ainsi tirant de l'une et de l'autre la valeur de du, comme on a

$$du = q\, dy - \frac{qQ}{P}\, dx + \frac{R}{P}\, dx$$

$$du = \frac{\varphi'(N) \dfrac{dN}{dy} - \dfrac{dM}{dy}}{\varphi'(N) \dfrac{dN}{du} - \dfrac{dM}{du}}\, dy + \frac{\varphi'(N) \dfrac{dN}{dx} - \dfrac{dM}{dx}}{\varphi'(N) \dfrac{dN}{du} - \dfrac{dM}{du}}\, dx$$

on trouve, en égalant les coefficiens de dx et de dy,

$$q = \frac{\varphi'(N) \dfrac{dN}{dy} - \dfrac{dM}{dy}}{\varphi'(N) \dfrac{dN}{du} - \dfrac{dM}{du}},$$

$$\frac{R - qQ}{P} = \frac{\varphi'(N)\frac{dN}{dx} - \frac{dM}{dx}}{\varphi'(N)\frac{dN}{du} - \frac{dM}{du}}$$

D'où l'on obtient, en éliminant q, l'équation finale

$$\varphi'(N)\frac{dN}{dx} - \frac{dM}{dx} =$$

$$-\frac{Q}{P}\left[\varphi'(N)\frac{dN}{dy} - \frac{dM}{dy}\right] - \frac{R}{P}\left[\varphi'(N)\frac{dN}{du} - \frac{dM}{du}\right].$$

On peut, à cause des deux fonctions inconnues M et N, partager cette équation en deux autres, en égalant séparément à zéro la partie indépendante du facteur $\varphi'(N)$, et celle qui est multipliée par ce facteur. On a ainsi

$$\frac{dM}{dx} + \frac{Q}{P}\frac{dM}{dy} + \frac{R}{P}\frac{dM}{du} = 0$$

$$\frac{dN}{dx} + \frac{Q}{P}\frac{dN}{dy} + \frac{R}{P}\frac{dN}{du} = 0,$$

système d'équations dont l'intégration donnera les fonctions M et N.

6. Dans un grand nombre de cas on peut se dispenser d'avoir recours à ces équations, soit en éliminant une des quantités différentielles, soit en introduisant une nouvelle quantité indéterminée, ou soit enfin, en faisant concourir ces deux moyens. Nous ne pouvons entrer dans ces détails pour lesquels ainsi que pour les équations des ordres supérieurs au premier, il faut consulter le grand *Traité du calcul différentiel* de Lacroix. *Voy.* aussi les *Mémoires de Berlin*, pour 1747, 1748, 1750, 1763 et 1774; et ceux de l'*Académie des sciences*, pour 1787.

PAS DE VIS. (*Méc.*) On désigne sous ce nom la portion de la spirale qui correspond à chaque révolution entière de la vis. (*Voy.* Vis.)

PASCAL (Blaise.) L'admiration profonde que les écrits polémiques de cet homme célèbre excitent encore en France, et partout où l'on sent le prix d'un grand talent dont de grandes vertus rehaussent encore l'éclat, s'est étendue à toutes les productions de cet esprit original et profond. La haute opinion qu'on s'est faite de Pascal aussi bien comme philosophe et géomètre que comme littérateur et apologiste de la religion chrétienne, est tellement accréditée qu'il peut paraître audacieux d'examiner sur quels fondemens elle repose. La plupart de ses biographes, même ceux qui, sous quelques rapports, se sont montrés des adversaires implacables de ses opinions, n'hésitent point à lui assigner dans l'histoire de la science une des places les plus éminentes où le

génie puisse aspirer. Il y a plus de sentiment que de raison dans ce jugement. Sans doute cette noble et pure intelligence dans ce corps frêle et souffrant, cette rare fermeté unie à tant de douceur et de bienveillance, ce talent fier et élevé qui semblait vouloir se dévouer aux applaudissemens de la foule en s'enveloppant de tant de modestie et de simplicité, cette merveilleuse enfance, cette jeunesse si active et laborieuse, cette tristesse rêveuse qui domine le cours sitôt arrêté de cette vie vouée au travail et à la souffrance, enfin tout ce qu'il y a de beau, d'extraordinaire, de touchant dans le caractère, l'organisation et le génie de Pascal sera toujours digne du plus vif intérêt, de l'attention la plus sérieuse. Cependant quand on ne craint pas de comparer Pascal à notre grand Descartes, de l'assimiler aux hommes qui, comme lui, ont ouvert à l'esprit humain la carrière sans limites où il est aujourd'hui engagé, on s'exagère évidemment l'importance réelle des travaux de cet illustre écrivain. Nous ne venons point toutefois chercher à rabaisser cette renommée si belle et si nationale, mais les intérêts de la vérité nous paraissent supérieurs à toutes les considérations qui auraient pu nous faire accepter sans examen les jugemens dont les productions du génie de Pascal ont été l'objet.

Blaise Pascal naquit à Clermont, capitale de la province d'Auvergne, le 19 juin 1623. Son père, Étienne Pascal, président à la cour des aides de cette ville, était un homme d'un mérite remarquable. Il fut le seul maître du jeune Blaise, son fils unique. Cet enfant montra, dès l'âge le plus tendre, une intelligence prodigieuse qui ajouta peut-être à l'intérêt et à la sollicitude dont il était l'objet. En 1631, il vendit sa charge et vint à Paris pour se livrer avec plus de succès à l'éducation de ses enfans, car le jeune Blaise avait deux sœurs, et la mort de leur mère imposait à Étienne Pascal des devoirs dont il comprit l'étendue et qu'il remplit avec une religieuse affection. Il était déjà lié avec quelques savans de cette époque tels que Mersenne, Roberval, Mydorge, qui se réunirent fréquemment chez lui et le jeune Pascal ne tarda pas à s'asseoir parmi ces hommes distingués par leur savoir et leurs vertus, moins comme un écolier dont on accueille avec intérêt les heureuses dispositions que comme un maître dont on reçoit les avis. On sait que cette société intime, qui avait des relations et des correspondances avec tous les savans de l'Europe fut le berceau de l'Académie des sciences.

Le père de Pascal, qui s'occupait beaucoup de mathématiques, n'avait point cru devoir initier son fils à l'étude de ces hautes sciences avant qu'il eût acquis des connaissances générales qu'il jugeait d'une utilité plus indispensable à son âge. On assure néanmoins que le jeune Pascal âgé de douze ans, sans autre guide que son intelligence et le penchant qui l'entraînait vers l'étude que lui avait interdite momentanément la prudence peut-être exagérée de son père, parvint à se créer une géométrie en donnant aux figures qu'il traçait des définitions particulières, mais qui exprimait naïvement ses idées. Ainsi pour lui les lignes étaient des *barres* et les cercles des *ronds*, et tel est l'enchaînement logique et nécessaire des premières vérités géométriques que le jeune Pascal parvint à découvrir, en suivant leur progression, la trente-deuxième proposition d'Euclide, c'est-à-dire que la somme des trois angles d'un triangle est égale à deux droits. Les témoignages les plus honorables ont attesté la réalité de ce fait qui paraîtrait moins inconcevable si l'on réfléchissait à l'influence que les conversations des amis de son père avaient dû exercer sur l'intelligence, d'ailleurs si supérieure, de Pascal. Cette particularité historique, dont il est difficile de vérifier l'exactitude, puisque Pascal n'a pas jugé à propos de nous révéler plus tard le procédé qu'il employa, nous inspire du moins une réflexion qui ne paraîtra point déplacée ici. C'est que tout système absolu d'éducation est vicieux. On ne peut guère diriger que des intelligences ordinaires, mais on doit laisser leur libre spontanéité aux intelligences qui révèlent de bonne heure leurs sympathies et leurs tendances. Il n'y a aucune raison pour appliquer la raison précoce d'un enfant à un objet du savoir plutôt qu'à un autre, et il y a beaucoup de danger à contrarier des dispositions dominantes, exclusives dans un jeune esprit. La sollicitude du père et du maître doit moins s'attacher à suivre un plan systématique d'instruction qu'à reconnaître ces dispositions énergiques, dans lesquelles se trouve l'avenir d'un enfant.

Quoi qu'il en soit le père de Pascal, dit madame Périer sa sœur, à qui nous devons une histoire de sa vie, fut épouvanté de la pénétration de son fils et il eut du moins la sagesse de renoncer aussitôt au plan d'éducation qu'il s'était tracé pour lui. Dès ce moment le jeune Pascal put se livrer autrement que dans la solitude de son génie à l'étude des mathématiques, et bientôt il fut admis dans la société dont nous avons parlé et consulté sur tous les objets qui s'y traitaient. A l'âge de seize ans, dit Montucla, il composa un traité des coniques où tout ce qu'Apollonius avait démontré était élégamment déduit d'une seule proposition générale. Mersenne parle avec éloge de ce traité dans son *Harmonia universalis*, et Descartes ne pouvant croire qu'il fût l'œuvre d'un enfant de seize ans l'attribua à Pascal père ou à Désargues. L'opinion de ce grand homme n'était peut-être pas dénuée de fondement. Néanmoins c'est à peu près de cette époque que datent les travaux scientifiques de Pascal, dont nous devons nous occuper exclusivement en négligeant les particularités biographiques de sa vie qui ne s'y rattachent pas d'une manière intime.

La *machine arithmétique* est, dans l'ordre chronologique, la première production importante du génie de Pascal. Son père, qui avait été nommé intendant de Rouen, lui faisait faire tous les calculs qu'exigeaient les opérations dont il était chargé. Ces calculs ne pouvaient être fort compliqués, mais ils suggérèrent à Pascal l'idée de soulager les calculateurs qui viendraient après lui, et il se livra à la construction de sa machine avec une persévérance et une ténacité auxquelles on attribue l'état de santé malheureux dans lequel il vécut depuis. Il est probable, en effet, que les recherches fatigantes auxquelles il dut se livrer dans l'âge où le corps acquiert ses développemens, contrarièrent la nature et altérèrent sensiblement sa constitution. Sous le double rapport de cette triste conséquence et du peu d'utilité et d'importance de la *machine arithmétique*, on doit regretter que Pascal ait employé à cette invention un temps si précieux dans sa vie.

Le *triangle arithmétique* que Pascal fit connaître en 1654 mérite une plus sérieuse attention. Pascal y fut amené par le désir de donner la solution de quelques problèmes sur les jeux de hasard, qui lui avaient été soumis. Les nombreuses applications auxquelles cette combinaison arithmétique se prêtait, inspirèrent à Pascal de nouvelles recherches sur la théorie des jeux, qu'on peut regarder comme les premiers fondemens du *calcul des probabilités*, devenu une branche importante de la science des nombres entre les mains des grands géomètres qui l'ont étendu et perfectionné après Pascal. (*Voy.* Probabilités.)

Pascal avait adressé en 1654, à la Société dont il faisait partie et qu'il appelait l'Académie des mathématiques, une nombreuse série d'ouvrages mathématiques qu'il méditait et dont il nous serait inutile de rappeler ici les titres, d'autant plus que des événemens douloureux ne lui permirent pas de réaliser les espérances qu'il donnait alors à ses amis. Cette nomenclature rapportée avec soin par tous les biographes de Pascal prouve seulement que presque toutes les branches de la science étaient devenues l'objet de ses méditations. Mais à cette époque, on sait qu'entraîné par des chevaux fougueux, il fut sur le point de perdre la vie dans la Seine où sa voiture fut entraînée et que cet accident acheva de ruiner sa santé déjà si délicate. Il cessa long-temps de s'occuper des mathématiques et ses liaisons avec Port-Royal autant que les dispositions d'esprit dans lesquelles le plaçaient ses habitudes de dévotion, le firent lutter dans la querelle du jansénisme et du molinisme dont on a beaucoup trop parlé. Quoique tous les écrits publiés par Pascal sur les matières théologiques qu'il eut alors à traiter lui aient acquis la plus brillante renommée, nous n'hésiterons point à dire que la vérité n'était nullement intéressée dans cette discussion puérile malgré son caractère religieux, et qu'on doit gémir de l'entraînement qui arracha Pascal à la science pour le jeter dans cette polémique qui serait oubliée depuis long-temps s'il n'était venu lui prêter l'appui de son éloquence.

Ce fut néanmoins vers la fin de sa vie et lorsque déjà il était en proie à toutes les souffrances qui en avancèrent le cours qu'il s'occupa du problème de la *cycloïde*, qui eut trop de célébrité et dont l'histoire est trop connue pour que nous la rappelions ici. (*Voy.* CYCLOÏDE.) Après avoir proposé aux géomètres, sous le nom de Dettouville, la solution de divers problèmes relatifs à cette courbe que Mersenne avait connue et désignée sous le nom de *roulette* sans énoncer aucune de ses propriétés, Pascal publia son *histoire de la roulette appelée autrement trochoïde ou cycloïde*. Cet ouvrage fort remarquable produisit une grande sensation parmi les géomètres du temps, mais les admirateurs enthousiastes de Pascal y chercheraient vainement les élémens du *calcul différentiel* qui ne sont pas plus dans cette production célèbre que dans la théorie des *maxima et minima* de Fermat.

On sait que la physique doit à Pascal la fameuse expérience du Puy-de-Dôme, qui constata la théorie sur la pesanteur de l'air émise par Toricelli. Il faut ajouter que Descartes a réclamé dans une lettre la priorité de l'idée de cette expérience qui a été décisive en ruinant le vieux principe de la philosophie de l'école sur la prétendue horreur de la nature pour le vide, et qui a eu plusieurs conséquences heureuses pour les progrès de la science.

La philosophie de Pascal qui n'a aucun caractère systématique est entièrement développée dans le célèbre et beau livre des *pensées*, où l'on trouve malheureusement quelques idées sur *la vanité des sciences* peu conformes à la raison et peu dignes aujourd'hui d'un examen sérieux.

Comme nous l'avons fait pour les grands hommes dont nous avons rapidement rappelé les titres à l'admiration du monde, nous n'avons pu énoncer ici que les principaux travaux de Pascal. On peut voir maintenant que si le génie de cet homme célèbre fut remarquable, il est loin cependant de s'être élevé à la possession complète d'une de ces grandes découvertes qui font époque dans l'humanité et dans l'histoire de la science. Pascal cessa de vivre le 19 août 1662. Voici le texte des écrits scientifiques qu'il a publiés, nous omettrons néanmoins ceux qui tenaient toute leur importance des circonstances au milieu desquelles ils parurent. I. *Essai pour les coniques*, 1640. II. *Traité du triangle arithmétique*. III. *Traité des ordres numériques* et *De numericis ordinibus tractatus*; réunis in-4°, Paris, 1665. IV. *Problemata*

de cycloïde proposita mense junii, 1658. V. *Histoire de la roulette*, etc. VI. *Propriété du cercle*, *de la spirale et de la parabole*. VII. *Nouvelles expériences touchant le vide*, 1647. VIII. *Traité de l'équilibre des liqueurs*, suivi du *Traité de la pesanteur de la masse de l'air*. Voyez, pour les autres travaux de Pascal qui sont en grand nombre, les recueils bibliographiques et les diverses biographies de cet illustre écrivain.

PASSAGES *sur le soleil*. (*Ast.*) Les planètes dites inférieures (*voy.* PLANÈTE.), Mercure et Vénus, dont les orbites sont renfermées dans celles de la terre, doivent, dans certaines circonstances, nous présenter un phénomène analogue à celui des éclipses du soleil par la lune, c'est-à-dire qu'elles doivent nous cacher momentanément une partie du disque du soleil. C'est ce phénomène auquel on a donné le nom de *passage sur le soleil*, parce que la planète nous apparaît alors comme une petite tache qui traverse le disque solaire.

Les passages de Mercure et de Vénus se calculent à peu près comme les éclipses; on voit aisément qu'ils ne peuvent avoir lieu que lorsque ces planètes sont en conjonction avec le soleil, et que de plus elles se trouvent très près de leurs nœuds, ou dans l'écliptique, car si leur latitude surpasse le demi-diamètre du soleil, elles passent à côté de cet astre, et il ne peut y avoir *d'éclipse* ou de *passage sur le soleil*.

Keppler est le premier qui ait annoncé les époques des *passages*, mais ses tables n'avaient point encore un degré suffisant d'exactitude pour rendre ses prédictions certaines, et il en est quelques-unes qui ne se sont pas vérifiées. C'est à Halley qu'on doit la théorie complète de ces phénomènes; ce grand géomètre, en indiquant les passages de Vénus qui devaient avoir lieu en 1761 et en 1769, eut encore la gloire d'apprendre aux astronomes les conséquences qu'ils en pourraient tirer pour la détermination de la parallaxe du soleil. Quoiqu'un homme comme Halley appartienne à l'humanité tout entière, nous devons rappeler ici, qu'à cette occasion il pria la postérité de ne point oublier que c'était un anglais qui avait eu cette idée. Nous allons faire comprendre la haute importance du procédé ingénieux qu'il a trouvé.

Lorsque Vénus passe entre la terre et le soleil, et se projette sur le disque de cet astre avec l'apparence d'une tache noire, son mouvement propre, combiné avec le mouvement apparent du soleil lui fait décrire, sur le disque solaire une ligne droite qui semble une corde de la circonférence de ce disque. Cette corde n'est pas la même observée de différens points de la terre, car, à cause de la parallaxe de Vénus, les divers observateurs ne rapportent pas la planète aux mêmes points du disque du soleil, et conséquemment la corde parcourue paraît d'autant plus grande qu'elle est plus près du centre.

Soit en effet, la terre en T (Pl. 5o, fig. 2), le soleil en S et Vénus en V; du centre de la terre on verrait Vénus en v, sur le prolongement du rayon vecteur TV, et cette planète dans ses positions successives paraîtrait décrire la ligne avb; mais des points o et o', de la surface terrestre, on verrait Vénus en v' et en v'', et elle paraîtrait décrire les cordes $a'v'b'$, $a''v''b''$. Ces cordes étant inégales seront décrites dans des durées différentes, et conséquemment la durée d'un passage observé d'un lieu terrestre o ne sera point égale à la durée du même passage observé d'un autre lieu o'. Mais cette différence tient à la différence qui existe entre la parallaxe du soleil et celle de Vénus, donc on pourra conclure cette dernière différence de la première.

D'un autre côté, par la théorie des mouvemens elliptiques, on connaît, pour l'époque des observations, les rapports des distances de Vénus et du soleil à la terre, et comme ces rapports donnent, en les renversant, ceux des parallaxes (voy. ce mot), il devient facile de déterminer les deux parallaxes, car désignons par m la distance de la terre au soleil, par n celle de la terre à Vénus, par p la parallaxe du soleil, et par π celle de Vénus, nous aurons

$$m : n :: \pi : p,$$

d'où nous tirerons

$$m - n : n :: \pi - p : p,$$

mais la différence $\pi - p$ des parallaxes est donnée par le résultat des observations : ainsi en désignant cette quantité connue par q, nous avons définitivement

$$p = \frac{nq}{m-n}$$

et par suite

$$\pi = \frac{mq}{m-n}$$

Les distances m et n sont connues en parties de la distance moyenne de la terre au soleil prise pour unité. C'est seulement lorsque la parallaxe est déterminée qu'il devient possible de mesurer ces distances avec le rayon de la terre, et conséquemment de pouvoir les comparer avec nos mesures ordinaires.

Le passage de Vénus sur le soleil, en 1769, fut attendu avec la plus vive impatience par les astronomes qui entreprirent de longs voyages pour aller observer ce phénomène sur des points différens et dans les circonstances les plus favorables. Toutes les nations européennes concoururent alors à la découverte de la vérité, avec une unanimité d'efforts qui ne s'est malheureusement pas reproduite. Le résultat fit voir que la parallaxe du soleil déduite de celle de Mars était trop grande et que sa valeur ne dépasse pas 8″,6.

En combinant deux à deux toutes les observations, on trouve que la différence des parallaxes était alors de 21″, 25 ; à ce moment le rayon vecteur de la terre était 1, 01515, et celui de Vénus 0,72619 ; on avait donc

$$m = 1, 01515, \quad n = 0, 28896, \quad q = 21'', 25,$$

et par conséquent

$$p = (21'', 25) . \frac{0, 28896}{1, 01515} = 8'',4556,$$

mais cette valeur de la parallaxe est relative à la distance où se trouvait le soleil lors des observations; pour la ramener à la distance moyenne prise pour unité on a la proportion

$$1 : 1, 01515 :: 8'',4556 : (8, 4556) \times (1, 01515)$$

puisque les parallaxes sont en raison inverse des distances, et l'on trouve définitivement

$$p = 8'', 58.$$

Nous avons dit (voy. Parallaxe) qu'il résulte des calculs de M. Encke, que la valeur de p est égale à 8″,5776, ce qui diffère très-peu de celle-ci.

Vénus se retrouve en conjonction tous les 584 jours environ, c'est-à-dire, au bout d'un an et 219 jours à peu près, or pendant cet intervalle, la terre a fait une révolution entière, plus 216° environ. Ainsi, à chaque révolution, la longitude héliocentrique de la terre et celle de Vénus sont augmentées de 7 signes 6°; au bout de cinq conjonctions, les longitudes seront augmentées de 1080° = 3 × 360°, c'est-à-dire qu'elles sont redevenues les mêmes que la première année. Mais 5 conjonctions arrivent dans l'intervalle de 2920 jours qui font 8 années communes de 365 jours; ainsi au bout de huit ans les conjonctions reviennent au même jour et au même endroit du ciel à très-peu près, et lorsqu'un passage a eu lieu, on pourrait en attendre un autre huit ans après, si d'une conjonction à l'autre la latitude ne croissait pas de 20 à 24'; en 16 ans elle croît de 40 à 48', ce qui surpasse de beaucoup le diamètre du soleil et rend conséquemment impossibles trois passages successifs pour trois conjonctions successives ; il s'écoule alors un intervalle de 105, 113, 121, 235 ou 243 ans. De toutes ces périodes, celle de 243 ans est la meilleure. Delambre a indiqué une période de 1952 ans, qu'il soupçonnait pouvoir ramener tous les passages dans le même ordre; d'après ses calculs, les passages à venir de Vénus sur le soleil arriveront dans les années

1874, le 8 décembre.
1880, le 6 décembre.

2004, le 7 juin.
2012, le 5 juin.
2117, le 10 décembre.
2125, le 8 décembre.
2247, le 11 juin.
2255, le 8 juin.
2360, le 12 décembre.
2368, le 10 décembre.
2490, le 12 juin.
2498, le 9 juin.
2603, le 15 décembre.
2611, le 13 décembre.
2733, le 15 juin.
2741, le 12 juin.
2846, le 16 décembre.
2864, le 14 décembre.
2984, le 14 juin.

Les passages de Mercure sont beaucoup plus fréquens que ceux de Vénus, mais ils sont loin de présenter le même intérêt, car ils ne peuvent servir à la détermination de la parallaxe du soleil : cette planète étant trop près du soleil pour que la différence des parallaxes soit bien sensible. Les périodes qui ramènent ces passages sont de 6, de 7, de 13, de 46 et de 263 ans. Les plus prochains auront lieu :

    Le 8 mai   1845.
       9 novembre 1848.
     11 novembre 1861.
      4 novembre 1868.
      6 mai   1878.
      7 novembre 1881.
      9 mai   1891.
    10 novembre 1894.

PASSAGE *au méridien, culmination.* C'est le moment où un astre est le plus élevé et à distances égales de l'orient et de l'occident. L'observation de ces passages est l'opération fondamentale de l'astronomie. (*Voy.* Ascension droite.)

On se sert pour observer le passage des astres au méridien d'un quart de cercle mural ou d'une lunette méridienne, nommée aussi *instrument des passages.*

PÉDOMÈTRE ou **COMPTE PAS.** C'est la même chose que l'Odomètre.

PÉGASE. (*Ast.*) Constellation boréale qui contient 89 étoiles dans le catalogue britannique. Elle est située près des Poissons. (*Voy.* Pl. 9).

PÉLÉCOIDE (*Géom.*) (de πέλεκυς hache, et de εἶδος forme.) Figure curviligne en forme de hache renfermée entre deux quarts de cercle renversés et un demi-cercle. Telle est la figure ABCDA. (Pl. 50, fig. 3.)

L'aire du *pélécoïde* est équivalente au carré ABCD, et au rectangle AEFC : propriété analogue à celle des *lunules*, mais qui est évidente par la construction seule de la figure.

PELL (Jean), géomètre Anglais du XVIIe siècle. Il composa, à 19 ans, un traité sur l'usage des cadrans, et entretint une correspondance avec le savant Henri Briggs sur les logarithmes. Il acquit assez de célébrité pour être appelé, en 1631, à remplir une chaire de mathématiques à Amsterdam. En 1646, il accepta celle du collége de Bréda, que le prince d'Orange venait de fonder. Olivier Cromwel l'envoya, en 1654, comme agent diplomatique, auprès des cantons protestans de la Suisse. Sous la restauration de Charles II il entra dans les ordres et fut pourvu de la cure de Fobbing, dans le comté d'Essex ; il fut depuis chapelain de l'archevêque de Canterbury. Malgré ces titres qu'il ne recherchait pas, Jean Pell, continuellement distrait de ses devoirs publics par ses études et ses travaux mathématiques, se laissait voler son revenu, et manquait des choses les plus nécessaires à la vie ; il passa même quelques années en prison comme débiteur insolvable. Né en 1610, à Southewark, dans le comté de Sussex, Pell, à qui l'on doit de nombreux écrits, mourut en 1686. Voici les titres de ses principaux ouvrages, oubliés maintenant pour la plupart : I. *Modus supputandi ephemerides astronomica (quantum ad motum solis attinet), paradigmate ad ann.* 1630 *accommodato,* 1630. II. *Clé de la stéganographie de Jean Tritheim,* 1630. III. *Lettre à Edouard Wingate sur les logarithmes,* 1631. IV. *Histoire astronomique d'observations des mouvemens et apparences célestes,* 1634. V. *Eclipticus prognostica (art de prévoir les éclipses par le calcul),* 1634. VI. *Réfutation du discours de Longomontanus, de vera circuli mensurâ,* 1644. VII. *Idées des mathématiques,* Londres, 1651 : ouvrage curieux et qui attira à son auteur une grande réputation, à laquelle il dut les diverses fonctions auxquelles il fut appelé. Ce livre a été réimprimé dans les *philosophical collections* de Hooke. VIII *Table des carrés de tous les nombres, depuis* 1 *jusqu'à* 10000, 1672, in-folio.

PENDULE. (*Méc.*) Appareil composé d'un corps solide suspendu à l'extrémité d'un fil inflexible attaché par son autre extrémité à un point fixe, autour duquel il peut tourner librement. Tel est le corps A (Pl. 50, fig. 4), suspendu par le fil AB au point fixe B de manière à pouvoir osciller lorsqu'on le met en mouvement.

Le point B prend le nom de centre de *mouvement* ou de *suspension* et la ligne MN, parallèle à l'horizon, celui d'*axe d'oscillation.*

Quand le centre de gravité du corps, le fil comprie,

est dans la verticale AB, le pendule est en équilibre ; si on l'écarte de cette position pour amener, par exemple, le corps A au point C et qu'on l'abandonne ensuite à l'effet de la pesanteur, il descend de C en A par un mouvement accéléré et la vitesse acquise au point A le fait remonter en D jusqu'à ce qu'il ait successivement perdu tous les degrés de cette vitesse ; arrivé en D, après avoir décrit AD = AC, il n'éprouve plus que l'effet de la pesanteur et redescend en A pour remonter ensuite en C en vertu de la nouvelle vitesse acquise par la chute ; il continuerait ainsi indéfiniment à osciller de C en D et de D en C, sans la résistance de l'air et le frottement du point d'appui qui concourent pour rendre à chaque oscillation l'arc de montée plus petit que celui de descente, ce qui finit par ramener l'équilibre.

Quoique l'amplitude des arcs d'oscillations diminue ainsi successivement, le temps pendant lequel ils sont parcourus, reste sensiblement le même et ne dépend que de la longueur du pendule, d'où il suit qu'un *pendule* dont la longueur est constante est l'instrument le plus propre à mesurer des temps égaux. Galilée, qui le premier a fait des recherches sur le mouvement du pendule, s'en est servi avec beaucoup de succès pour ses observations et ses expériences. Mais la manière dont il en fit usage exigeait des soins multipliés, car il fallait ranimer le mouvement ralenti à chaque instant par la résistance de l'air et compter les vibrations l'une après l'autre pour en avoir la somme.

L'application qu'Huygens a faite du pendule aux horloges est une de ces idées ingénieuses qui valent de grandes découvertes. Les horloges sont animées par un ressort ou par un poids qui met en mouvement plusieurs roues, par le moyen desquelles les aiguilles parcourent les divisions du cadran. Pour empêcher ce mouvement de s'accélérer il était retenu jadis par un modérateur dont l'action était loin d'être uniforme. C'est à ce modérateur imparfait qu'Huygens a substitué le *pendule*, en l'adaptant à la pièce d'échappement qui est celle qui règle le mouvement de toutes les roues, afin que ses vibrations, dont la durée est toujours égale, tant que sa longueur demeure la même, puissent rectifier les petites irrégularités de la machine.

Les oscillations d'un même pendule dans des arcs plus ou moins grands n'étant point rigoureusement égales, Huygens chercha une courbe d'oscillation dans laquelle il fût absolument indifférent que le pendule mesurât de grands ou de petits arcs, et, comme la cycloïde a précisément cette propriété, pour la substituer au cercle il rendit flexible la partie supérieure AB de la verge du pendule AC et plaça de chaque côté du centre A (Pl. 5o, fig. 5) une portion de cycloïde AM et AN dont le cercle générateur G avait pour diamètre la moitié de la longueur du pendule AC. D'après cette

construction, lorsque le pendule est en mouvement, la partie flexible AB de sa verge est forcée de s'envelopper sur les portions de cycloïde AM et AN, ce qui oblige le corps C à décrire l'arc MCN et non pas l'arc de cercle ECF ; mais l'arc MCN est un arc de cycloïde, car la développée d'une cycloïde est elle-même une cycloïde. (*Voy.* DÉVELOPPÉE.) Or d'après la nature de cette courbe le pendule qui s'y meut arrive toujours dans des temps égaux au point C le plus bas, quelle que soit la hauteur d'où il commence à tomber : de manière que toutes ses vibrations, grandes ou petites, sont parfaitement isochrones ou d'égale durée. Huygens a donné toute la théorie des *pendules* qui oscillent entre deux demi-cycloïdes, dans son *Horologium oscillatorium*, ouvrage qui renferme en outre l'indication de toutes les applications pratiques.

L'appareil d'Huygens, très-difficile à construire, ne fut pas long temps en usage parce qu'on remarqua bientôt que le cercle et la cycloïde se confondent dans la partie inférieure *p q*, de manière qu'en ne faisant décrire au pendule que des arcs d'une très-petite amplitude, il est parfaitement égal de lui faire faire ses oscillations dans le cercle ou dans la cycloïde, et c'est en effet le parti qu'on a pris depuis dans l'horlogerie.

La pesanteur étant la cause des vibrations du pendule, on comprend aisément qu'en supposant sa longueur constante la vitesse de ces vibrations devra varier si la force de la pesanteur varie ; or, cette force n'est pas la même sur tous les points de la surface de la terre, et le pendule vient encore nous offrir un moyen précieux pour mesurer son intensité. C'est à Richer que l'on doit cette connaissance. Etant allé en 1672 à Cayenne, par ordre du roi, pour y faire des observations, il remarqua qu'un pendule d'une longueur convenable pour battre les secondes à Paris, mesurait à Cayenne des temps plus longs. Pour lui faire battre les secondes à Cayenne, il fallut le raccourcir de 1 ligne $\frac{1}{4}$ longueur beaucoup plus considérable que celle qu'il pouvait avoir acquise en se dilatant par la chaleur du climat. Il devient donc incontestable que les corps tombent plus lentement vers l'équateur que vers les pôles, ou que la force de la pesanteur diminue en allant des pôles à l'équateur, ce qui est une suite nécessaire de la rotation de la terre sur son axe et deviendrait, à défaut d'autres, une preuve physique de cette rotation. (*Voy.* GRAVITÉ.)

La théorie complète du pendule exige des détails qu'il nous est impossible de donner, et pour lesquels nous renverrons au *Traité de Mécanique* de Poisson, où cette théorie est traitée avec beaucoup de clarté. Nous allons essayer d'en faire connaître les points principaux en partant, comme Huygens, des lois du mouvement des corps pesans dans la cycloïde.

1. Un pendule physique ou pratique se nomme généralement *pendule composé*. Pour comparer plus facilement entre elles les durées des oscillations de divers pendules composés, on a imaginé un pendule idéal, qu'on appelle *pendule simple*, et auquel on peut toujours ramener tous les autres. Celui-ci consiste en un point pesant, suspendu à l'extrémité d'un fil dénué de pesanteur, inflexible, inextensible et attaché par son autre extrémité à un point fixe qui n'oppose aucun obstacle au mouvement. C'est du *pendule simple* dont nous allons d'abord chercher les propriétés.

2. Déterminons préalablement le temps de la descente d'un point matériel pesant, mis en mouvement par l'action de la pesanteur, le long d'un arc QD de cyloïde. (Pl. 5o, fig. 6.) Pour cet effet, tirons la ligne QP perpendiculaire au diamètre CA du cercle générateur, et décrivons sur PD comme diamètre, la demi-circonférence POD. Menons de plus toutes les droites qu'on voit dans la figure et faisons

$$CD = 2a, \ PD = 2r \ \text{et} \ PN = x.$$

Nous aurons ainsi, en supposant l'arc Mm infiniment petit, N$n = dx$, et de plus ND $= 2r - x$. Le point P est pris ici pour l'origine des abscisses.

Si nous désignons par t le temps que le mobile emploie à parcourir l'arc QM, dt exprimera le temps du petit arc Mm; et comme la vitesse acquise en parcourant l'arc QM est la même que celle que le mobile acquerrait en tombant de la hauteur PN $= x$, cette vitesse sera comme la racine carrée de cette hauteur, ou égale à $\sqrt{x}$. (*Voy.* Accéléré.) Or, la tangente MT au point M est parallèle à la corde HD, donc les triangles Mfm et HDN sont semblables et donnent

$$M m : mf :: HD : DN,$$

mais par la nature du cercle $\overline{HD}^2 = CD \times DN$, d'où

$$HD : DN :: \sqrt{CD} : \sqrt{DN}.$$

On a donc aussi

$$M m : mf :: \sqrt{CD} : \sqrt{DN},$$

ou

$$M m : dx :: \sqrt{2a} : \sqrt{(2r - x)}$$

ce qui donne

$$M m = \frac{dx . \sqrt{2a}}{\sqrt{(2r - x)}}.$$

Le temps le long de Mm étant dt et la vitesse $\sqrt{x}$, on a encore

$$M m = dt . \sqrt{x},$$

ainsi

$$dt . \sqrt{x} = \frac{dx \sqrt{2a}}{\sqrt{(2r - x)}}$$

$$dt = \frac{dx . \sqrt{2a}}{\sqrt{x} . \sqrt{(2r - x)}}$$

$$= \frac{r . dx . \sqrt{2a}}{r . \sqrt{(2rx - x^2)}}.$$

La différentielle Oo de l'arc de cercle PO étant (*voy.* Rectification)

$$d\text{PO} = \frac{r dx}{\sqrt{(2rx - x^2)}},$$

si nous substituons cette valeur dans la dernière de dt, nous obtiendrons

$$dt = \frac{d\text{PO} . \sqrt{2a}}{r}$$

et, en intégrant,

$$t = \frac{\text{PO} . \sqrt{2a}}{r}$$

telle est l'expression du temps cherché le long de l'arc QM.

Si nous désignons maintenant par T le temps de la descente le long de l'arc QD, l'arc PO deviendra la demi-circonférence POD, que nous exprimerons par c et nous aurons alors

$$T = \frac{c . \sqrt{2a}}{r}.$$

Ainsi, comme $\sqrt{2a}$ est une quantité constante, le temps T est proportionnel à $\frac{c}{r}$; donc les temps le long de différens arcs cycloïdaux sont toujours comme le rapport de la demi-circonférence d'un cercle à son rayon, c'est-à-dire que ces temps sont égaux et qu'un point matériel qui se meut le long d'une cycloïde par l'action de la pesanteur, dans un milieu sans résistance, parvient au point le plus bas D dans le même temps soit qu'il parte de A de Q ou de M.

En exprimant par π la demi-circonférence dont le rayon est l'unité, nous avons $\frac{c}{r} = \pi$, et l'expression précédente prend la forme

$$T = \pi . \sqrt{2a},$$

mais $\frac{1}{2} \sqrt{2a}$ représente la moitié de la vitesse que le mobile acquerrait en tombant le long du diamètre CD $= 2a$, si nous désignons donc par T' le temps le long de ce diamètre, nous aurons

$$2a = \tfrac{1}{2} T' \times \sqrt{2a}$$

et

$$T' = \frac{2 \cdot 2a}{\sqrt{2a}} = 2\sqrt{2a}$$

d'où

$$\frac{T}{T'} = \tfrac{1}{2}\pi,$$

c'est-à-dire que le temps, le long d'un arc quelconque de cycloïde est au temps de la chute libre d'un mobile le long du diamètre du cercle générateur dans un rapport constant égal $= \tfrac{1}{2}\pi$.

3. Considérons actuellement un *pendule simple* AB (Pl. 5o, fig. 4.) décrivant un petit arc EA qui se confond avec un arc de la cycloïde dont AB serait le double du diamètre du cercle générateur; d'après ce qui précède le temps de la chute de E en A est à celui de la chute libre d'un mobile le long de $\tfrac{1}{2}$ AB dans un rapport constant $= \tfrac{1}{2}\pi$. Or, si nous désignons par g, l'espace que la pesanteur peut faire parcourir librement à un mobile dans une seconde de temps, nous savons que le temps t' pendant lequel ce corps parcourrait un espace $\tfrac{1}{2}$ AB $= \tfrac{1}{2} h$ est exprimé par

$$t' = \frac{\sqrt{\tfrac{1}{2}h}}{\sqrt{g}} = \frac{\sqrt{h}}{\sqrt{2g}}$$

(*voy.* Accéléré, *formule* 9), ainsi le temps, pendant lequel sera décrit le petit arc EA, sera

$$t = \frac{\pi}{2} \cdot \frac{\sqrt{h}}{\sqrt{2g}},$$

et le temps d'une oscillation entière de E en F sera, en le désignant par T, (*a*)

$$T = \pi \cdot \frac{\sqrt{h}}{\sqrt{2g}}$$

4. Pour un même lieu terrestre où la force de la pesanteur, représentée par le double de l'espace qu'elle fait parcourir aux corps pendant la première seconde de leur chute, c'est-à-dire, par $2g$, est constante, la durée T' des oscillations d'un second pendule d'une longueur h' serait aussi

$$T' = \pi \cdot \frac{\sqrt{h'}}{\sqrt{2g}},$$

on aurait donc, à cause des facteurs constans,

$$T : T' :: \sqrt{h} : \sqrt{h'},$$

ce qui nous apprend que *les durées des oscillations de deux pendules simples de longueurs différentes sont entre elles dans le rapport des racines carrées de ces longueurs.*

5. La force de la pesanteur étant connue dans un lieu donné, il est facile de trouver pour ce même lieu la longueur du pendule simple dont les oscillations s'effectuent dans une seconde de temps et que l'on nomme *pendule à secondes.* En effet, le temps T devant être $1''$ on a, d'après la formule (*a*)

$$1 = \pi \cdot \frac{\sqrt{h}}{\sqrt{2g}}$$

d'où (*b*)

$$h = \frac{2g}{\pi^2}.$$

6. Réciproquement, lorsque la longueur du pendule à secondes est connue, on tire de (*b*) la valeur de la force de la pesanteur (*c*)

$$2g = h \cdot \pi^2,$$

c'est à l'aide de cette expression, qu'ayant trouvé à l'observatoire de Paris, par des expériences très-délicates, $0^m,99384$ pour la longueur du pendule simple à secondes, on en a conclu $2g = 9^m,8088$. Ainsi, à Paris, les corps qui tombent librement dans le vide décrivent $4^m,9044$ pendant la première seconde de leur chute.

7. Lorsqu'on connaît la durée des oscillations d'un pendule simple d'une longueur quelconque, il est facile de déterminer celle du pendule à seconde, puisqu'en désignant par h cette dernière on a, d'après le numéro 4,

$$t : T' :: \sqrt{h} : \sqrt{h'}$$

d'où (*d*)

$$h = \frac{h'}{T'^2}.$$

8. La résistance de l'air n'a aucune influence sensible sur la durée des petites oscillations du pendule, puisque les différens arcs cycloïdaux sont exactement parcourus dans le même temps, elle ne peut que diminuer l'amplitude de l'oscillation. Ce n'est que lorsque les arcs d'oscillation deviennent assez grands pour ne plus pouvoir être confondus sans erreur avec des arcs de cycloïde que la résistance du milieu peut avoir une influence sur la durée, mais nous ne pouvons entrer dans ces considérations.

9. Un pendule simple tel que la théorie le suppose ne peut exister réellement, mais une petite masse compacte suspendue à un fil très-mince peut en tenir lieu, en remarquant que ce que l'on nomme alors la longueur d'un tel pendule est la distance entre le point de suspension et le centre de gravité de la petite masse. Tous les pendules composés peuvent être ramenés au pendule simple en déterminant leur *centre d'oscillation* (*voy.* ce mot) ; car leurs vibrations ont la durée de celles du pendule simple dont la longueur serait égale à

la distance du point de suspension au centre d'oscillation du pendule composé.

10. Nous devons faire remarquer que l'expression (a)
de la durée des oscillations d'un pendule simple n'est
rigoureuse que pour un arc cycloïdal, si l'arc circulaire
n'est pas très-petit, on ne peut plus le confondre avec
l'arc cycloïdal et la valeur de T devient (d),

$$T = \pi \sqrt{\frac{h}{g}} \cdot \left\{ 1 + \left(\frac{1}{2}\right)^2 \frac{a}{2} + \left(\frac{1 \cdot 3}{2 \cdot 4}\right)^2 \left(\frac{a}{2}\right)^2 \right.$$
$$\left. + \left(\frac{1 \cdot 3 \cdot 5}{2 \cdot 4 \cdot 6}\right)^2 \left(\frac{a}{2}\right)^3 + \text{etc.} \right\}$$

a étant le sinus verse de la moitié de l'arc d'oscillation.

En prenant pour unité le temps d'une oscillation infiniment petite, qui est toujours le même, les accroissemens de durée seront :

Pour un arc de 60°, de 0,01675
　　　　　30°,　　0,00426
　　　　　20°,　　0,00190
　　　　　10°,　　0,00012
　　　　　5°,　　0,00003

on voit que pour un arc de 5° la différence est à peine
sensible. Au dessous de 5°, l'arc circulaire est le même
que l'arc de cycloïde et la formule (d) se réduit à (a).

Nous verrons aux mots Pesanteur et Terre quelques applications de la théorie du *pendule*.

Pendule balistique. (*Voy*. Balistique.)

PÉNOMBRE. (*Op*.) On donne ce nom à l'ombre
faible qui entoure l'ombre parfaitement noire projetée
par un corps qui intercepte les rayons lumineux. (*Voy*
Ombre.

PENTADÉCAGONE. (*Géom*.)(*Voy*.Quindécagone.)

PENTAGONE. (*Géom*.) Figure terminée par cinq
lignes droites,et par conséquent composée de cinq angles
et de cinq côtés. Lorsque les angles sont égaux entre eux,
ainsi que les côtés, le *pentagone est dit régulier*.

La propriété la plus remarquable des *pentagones réguliers*, c'est que le carré de leur côté est égal à la
somme du carré du rayon du cercle circonscrit et du
carré du côté du décagone inscrit dans le même cercle.
En effet, soit ABCDE (Pl. 50, fig. 7), un pentagone
inscrit dans un cercle, si nous partageons l'arc AGB en
deux parties égales AG, GB, et que nous menions les
cordes GB et AG, ces cordes seront les côtés du décagone inscrit ; menons de plus les rayons OA, OB, OG :
l'angle au centre AOB sera égal aux *quatre cinquièmes*
d'un angle droit, et par suite chacun des angles OAB,
OBA à la base du triangle AOB sera égal aux *trois cinquièmes* d'un angle droit.

Partageons l'angle GOB en deux parties égales par la
droite OH et menons Gm. Nous aurons deux triangles
isocèles semblables GBm et AGB qui nous donneront

$$Bm : GB :: GB : AB,$$

d'où

$$\overline{GB}^2 = Bm \times AB.$$

D'autre part le triangle AOm est isocèle, car l'angle AOm est égal aux *trois cinquièmes* d'un angle droit
et conséquemment égal à l'angle OAB ou OAm, donc
aussi ce triangle est semblable au triangle isocèle AOB
qui a les mêmes angles à la base, et l'on en tire

$$Am : AO :: AO : AB,$$

d'où

$$\overline{AO}^2 = Am \times AB,$$

ajoutant cette égalité à la précédente, nous aurons

$$\overline{GB}^2 + \overline{AO}^2 = Bm \times AB + Am \times AB = (Am + Bm) \times AB$$
$$= \overline{AB}^2,$$

ce qui est le théorème énoncé.

Cette propriété fournit un moyen facile d'inscrire un
pentagone régulier dans un cercle donné. Sur le diamètre AB (Pl. 50, fig. 8) du cercle, ayant d'abord élevé
du centre la perpendiculaire DC, on déterminera le
point F milieu du rayon DB, puis de ce point comme
centre avec la distance CF, comme rayon, on décrira
l'arc CE, la corde de cet arc sera le côté du pentagone.
En effet, si du point F comme centre avec FD, comme
rayon, nous décrivons l'arc DG, CG sera la plus grande
partie du rayon partagé en *moyenne* et *extrême raison*,
c'est-à-dire le côté du décagone inscrit ; mais CG = ED,
ainsi EC, dont le carré, par la propriété du triangle
rectangle, est égal à la somme des carrés de ED et de
CD, ou à la somme des carrés du côté du décagone et du
carré du rayon, est le côté cherché du pentagone.

S'il s'agissait de décrire un pentagone régulier sur une
droite donnée, à l'extrémité de cette droite AB (Pl. 50,
fig. 9), on élèverait une perpendiculaire BC égale à sa
moitié, puis on mènerait AC, qu'on prolongerait en D,
en faisant CD = BC ; de A et de B comme centres avec
la distance BD, comme rayon, on décrirait des arcs de
cercle qui se couperaient en O, et de ce point avec le
rayon AO ou BO, on décrirait un cercle sur la circonférence duquel il ne faudrait plus que porter cinq fois
le côté AB pour décrire le pentagone demandé.

En prenant pour *unité* le rayon du cercle circonscrit
la surface du pentagone régulier a pour expression

$$\tfrac{5}{8} \sqrt{[10 + 2\sqrt{5}]}.$$

PERCUSSION. (*Méc*.) Action d'un corps qui en

frappe un autre. **Nous avons** donné les lois générales de la percussion au mot **Choc.**

Percussion *des fluides.* (*Voy.* **Résistance.**)

Centre **de percussion.** (*Voy.* **Centre.**)

PÉRIGÉE. (*Ast.*) Point de l'orbite du soleil et de la lune, où ces astres sont le plus près de la terre; c'est l'opposé d'*apogée.* (*Voy.* ce mot.)

PÉRIHÉLIE. (*Ast.*) Point de l'orbite d'une planète où elle est le plus près du soleil. (*Voy.* **Aphélie.**)

PÉRIJOVE. (*Ast.*) Nom donné par quelques astronomes au point de la plus petite distance des satellites de Jupiter à cette planète, ou à l'abside supérieure de leurs orbites.

PÉRIMÈTRE. (*Géom.*) C'est le contour ou l'étendue qui termine une figure ou un corps.

Les *périmètres* des surfaces sont des lignes; ceux des solides sont des surfaces. Quand les surfaces sont circulaires, le périmètre prend le nom de *périphérie* ou de *circonférence.*

PÉRIODE. (*Ast.*) Espace de temps qu'une planète ou un satellite met à faire sa révolution entière dans son orbite. (*Voy.* **Planète.**)

Période, en *chronologie*, désigne un intervalle de temps par lequel les années sont comptées. (*Voy.* **Époque.**)

Période dyonisienne ou victorienne. Elle est formée par le produit de 28 et de 19, ou des cycles solaire et lunaire; c'est un intervalle de 532 ans qui ramène les nouvelles lunes et la fête de Pâques au même jour de l'année julienne. Ses dénominations lui viennent de ce qu'elle a été proposée par Victorius, et que Denys-le-Petit s'en est servi plus tard. Elle n'est plus d'aucun usage.

Période julienne. Espace de 7980 ans, pendant lequel il ne peut se trouver deux années qui aient les mêmes nombres pour les trois cycles solaire, lunaire et d'indiction. Elle est composée du produit de ces cycles ou de celui des nombres 28, 19 et 15.

Cette période a été proposée, en 1583, par Scaliger, comme une mesure universelle en chronologie; elle est aujourd'hui très-employée. La première année de l'ère chrétienne répond à l'année 4713 de la période julienne, ainsi pour trouver à quelle année de cette période correspond une année proposée, il suffit de lui ajouter 4713. C'est ainsi que l'on trouve que la présente année 1836, est l'année 6549 de la période julienne.

Période caldéenne. C'est la fameuse période de 18 ans et 10 jours qui ramène les éclipses de soleil et de lune dans le même ordre. (*Voy.* **Éclipses,** 30.)

Période. *Luni solaire de Louis-le-Grand.* Cycle de 1600 ans qui ramène les nouvelles lunes au même jour et presque à la même heure de l'année grégorienne. Cette *période* a été proposée par Cassini dans ses *règles de l'astronomie indienne.*

Il existe encore plusieurs autres périodes qui ont eu quelque célébrité, mais les progrès de l'astronomie, en les rendant inutiles, les ont fait oublier. On peut consulter sur ce sujet l'*art de vérifier les dates.*

PÉRIODIQUE. Épithète que l'on donne à tout mouvement, cours ou révolution qui s'exécute d'une manière régulière, en recommençant toujours la même *période.* Par exemple, le mouvement *périodique* de la lune est celui par lequel elle accomplit sa révolution autour de la terre dans l'espace d'un mois lunaire.

En arithmétique, on nomme **Fractions périodiques** les fractions décimales qui sont composées par la répétition à l'infini d'une *période* de mêmes chiffres, comme

$$0, 555555555555 \ldots \ldots \text{ à } l'infini.$$
$$0, 34\ 34\ 34\ 34\ 34\ 34 \ldots \ldots \text{ à } l'infini.$$
$$0, 758\ 758\ 758\ 758 \ldots \ldots \text{ à } l'infini.$$

On tombe sur de semblables fractions lorsqu'on veut réduire en fraction décimale une fraction ordinaire dont le dénominateur contient des facteurs autres que 2 et 5, seuls nombres commensurables avec 10. Pour se rendre compte de cette circonstance, il ne faut que se rappeler le procédé de réduction donné au mot **Décimal.**

En effet, $\dfrac{N}{M}$ étant une fraction réduite à sa plus simple expression, c'est-à-dire telle que ses deux termes N et M n'ont aucun facteur commun, pour trouver les chiffres décimaux on multiplie N par une puissance μ de 10 capable de rendre $N . 10^\mu$ divisible par M; si la division peut s'effectuer exactement, on a une fraction décimale sous une forme finie égale à la fraction proposée; c'est ainsi, par exemple, que

$$\frac{3}{4} \text{ devient } \frac{3 . 10^2}{4} = 75, \text{ d'où } \frac{3}{4} = \frac{75}{100} = 0, 75.$$

Mais si, quelque grand que l'on prenne μ, la division de $N . 10^\mu$ par M ne peut s'effectuer exactement, l'opération peut se prolonger à l'infini, et l'on a une fraction décimale d'un nombre indéfini de chiffres, laquelle est toujours *périodique*, comme nous allons le voir.

Lorsque le dénominateur M est de la forme $2^m . 5^n$, ou ne renferme pas d'autres facteurs que 2 et 5, on peut toujours prendre μ assez grand pour que 10^μ, et, par conséquent $N . 10^\mu$ soit exactement divisible par $2^m 5^n$, car $10^\mu = 2^\mu 5^\mu$; ainsi en faisant seulement μ égal au plus grand des exposans m et n.

$$\frac{2^m . 5^n}{2^\mu . 5^\mu}$$

devient un nombre entier, savoir 5^{m-n} si $m > n$ et 2^{n-m}, si $n > m$, on a donc dans le premier cas

$$\frac{N.10^m}{2^m.5^n} = N.5^{m-n}, \text{ d'où } \frac{N}{2^m.5^n} = \frac{N.5^{m-n}}{10^m},$$

et dans le second

$$\frac{N.10^n}{2^m.5^n} = N.2^{n-m}, \text{ d'où } \frac{N}{2^m.5^n} = \frac{N.2^{n-m}}{10^m},$$

d'où il suit que la fraction décimale a toujours un nombre fini de chiffres.

Lorsqu'au contraire, le dénominateur renferme d'autres nombres premiers que 2 et 5, on peut lui donner la forme

$$p.2^m.5^n,$$

p étant un nombre premier, ou plus généralement p étant le produit de tous les nombres premiers autres que 2 et 5 qui entrent dans ce dénominateur; et il devient évident que $N.10^\mu$ ne peut jamais devenir exactement divisible par $p.2^m.5^n$ quel que soit μ puisque N n'est point divisible par p. Cependant, quoique la division de $N.10^\mu$ par $p.2^m.5^n$, ou celle de N par M, puisse alors se prolonger à l'infini en donnant à μ des valeurs de plus en plus grandes ou, ce qui est la même chose, en ajoutant des zéros à chaque reste successif, ces restes successifs ne peuvent admettre que $N-1$, valeurs différentes, car ils ne peuvent être que 1, 2, 3, 4 etc..... $N-1$. Ainsi, dans le cours de N divisions, on retombera nécessairement sur un des restes déjà trouvé, et en partant de ce reste, on reproduira les mêmes décimales au quotient, jusqu'à ce qu'on retrouve une seconde fois le même reste, et ainsi de suite à l'infini. La fraction décimale formée par une telle division indéfinie sera donc une *fraction périodique*.

On nomme *fractions périodiques simples* ou *composées*, celles dont la période commence immédiatement après la virgule ou au premier chiffre décimal. Les fractions périodiques *simples* sont celles dont la période n'a qu'un seul chiffre, comme

$$0, 4444444444\ldots\ldots\text{etc.}$$
$$0, 7777777777\ldots\ldots\text{etc.}$$

Les fractions périodiques *composées* sont celles dont la période a plusieurs chiffres, comme

$$0, 37\ 37\ 37\ 37\ 37\ 37\ldots\ldots\text{etc.}$$
$$0, 7954\ 7954\ 7954\ldots\ldots\text{etc.}$$

On nomme *fractions périodiques mixtes*, les fractions périodiques dans lesquelles la période ne commence à se manifester qu'après plusieurs chiffres décimaux, comme

$$0, 5678\ 75\ 75\ 75\ 75\ldots\ldots\text{etc.}$$

Parmi toutes les questions qu'on peut se proposer sur les fractions périodiques, la plus importante est celle de retrouver les fractions ordinaires qui leur donnent naissance. Cette question fait connaître une propriété très-remarquable du nombre 9 et des nombres composés de ce chiffre tels que 99, 999, 9999, etc. C'est qu'en divisant une quantité quelconque par un quelconque de ces nombres, plus grand qu'elle, on produit une fraction périodique, dont la période a toujours le même nombre de chiffres que le diviseur. De plus, cette période est formée de la quantité divisée elle-même, précédée s'il est nécessaire, d'un nombre suffisant de zéros pour la compléter. Par exemple :

$$\frac{5}{9} = 0, 5555555555\ldots\ldots\text{etc.}$$

$$\frac{5}{99} = 0, 05\ 05\ 05\ 05\ 05\ldots\ldots\text{etc.}$$

$$\frac{5}{999} = 0, 005\ 005\ 005\ 005\ldots\ldots\text{etc.}$$

etc.   etc.

$$\frac{75}{99} = 0, 75\ 75\ 75\ 75\ 75\ 75\ldots\ldots\text{etc.}$$

$$\frac{75}{999} = 0, 075\ 075\ 075\ 075\ 075\ldots\ldots\text{etc.}$$

etc.   etc.

En examinant les nombres formés du chiffre 9, on reconnaît que

$$9 = 10 - 1$$
$$99 = 10^2 - 1$$
$$999 = 10^3 - 1$$
$$\text{etc.} = \text{etc.}$$

d'où l'on voit que la forme générale de ces nombres est $10^\mu - 1$. Ainsi on peut démontrer la propriété de ces nombres, en observant que N étant un nombre quelconque, et $10^\mu - 1$ un nombre plus grand, on a

$$\frac{N}{10^\mu - 1} = N.(10^\mu - 1)^{-1}$$

c'est-à-dire

$$\frac{N}{10^\mu - 1} = \frac{N}{10^\mu} + \frac{N}{10^{2\mu}} + \frac{N}{10^{3\mu}} + \frac{N}{10^{4\mu}} + \text{etc.}$$

car, il résulte de cette décomposition une suite infinie, composée par la répétition d'une même période $\frac{N}{10^\mu}$, laquelle, écrite sans dénominateur, comme c'est l'usage pour les fractions décimales, est simplement N, ou $0N$, ou $00N$, selon que N est composé de μ, ou de $\mu - 1$, ou de $\mu - 2$, chiffres, etc.

D'après cette génération des fractions périodiques, pour les ramener aux fractions ordinaires , il suffit de prendre la période pour numérateur, et de lui donner pour dénominateur un nombre composé d'autant de chiffres 9 qu'il y a de chiffres dans la période. C'est de cette manière qu'on trouve que la fraction périodique

$$0, 714285 \; 714285 \; 714285 \ldots \text{etc.}$$

est égale à la fraction ordinaire

$$\frac{714285}{999999}$$

qui se réduit à $\frac{5}{7}$.

Ce qui précède est suffisant pour transformer toute *fraction périodique mixte* en fraction ordinaire, car en examinant d'abord le cas le plus simple, celui où les chiffres qui précèdent la période sont tous des zéros, et en prenant pour exemple

$$0, 000 \; 52 \; 52 \; 52 \; 52 \; 52 \ldots \text{etc.}$$

il est évident qu'en avançant suffisamment la virgule , on ramène cette fraction à une fraction composée

$$0, 52 \; 52 \; 52 \; 52 \; 52 \; 52 \; 52 \ldots \text{etc.}$$

qui est égale à $\frac{52}{99}$; mais en avançant ici la virgule de quatre rangs on a rendu la proposée *dix mille fois* plus grande, il faut donc rendre $\frac{52}{99}$, *dix mille* fois plus petit, ce qui s'exécute en plaçant 4 zéros à la droite de 99, et l'on a $\frac{52}{990000}$ pour la fraction ordinaire demandée. Ainsi dans ce cas simple, la période forme encore le numérateur de la fraction ordinaire , et le dénominateur est composé d'autant de 9 qu'il y a de chiffres dans la période , précédés d'autant de zéros qu'il s'en trouve avant la première période.

Toute fraction périodique mixte se ramène au cas précédent en la décomposant en deux autres fractions. Par exemple s'il s'agissait de

$$0, 35 \; 23 \; 23 \; 23 \; 23 \ldots \text{etc.}$$

on pourrait la considérer comme la somme des deux fractions

$$0, 35$$
$$0, 00 \; 23 \; 23 \; 23 \; 23 \ldots \text{etc.}$$

dont la dernière réduite en fraction ordinaire est

$$\frac{23}{9900}$$

La proposée est donc égale à

$$\frac{35}{100} + \frac{23}{9900}$$

ce qui donne, en réduisant au même dénominateur,

$$\frac{35 \times 99}{9900} + \frac{23}{9900} = \frac{35 \times 99 + 23}{9900} = \frac{3488}{9900}$$

La règle générale est donc de multiplier les chiffres qui précèdent la période par un nombre composé d'autant de 9 que la période a de chiffres, d'ajouter ensuite la période au produit et de donner à la somme, pour dénominateur, le nombre par lequel on a multiplié, précédé d'autant de zéros qu'il y a de chiffres avant la première période.

En appliquant cette règle à la fraction périodique mixte

$$0, 030 \; 50 \; 50 \; 50 \; 50 \; 50 \; 50 \; 50 \ldots \text{etc.}$$

nous la trouverons égale à

$$\frac{030 \times 99 + 50}{99000} = \frac{3020}{99000} = \frac{151}{4450}$$

Wallis paraît être le premier qui se soit occupé des fractions périodiques, devenues ensuite l'objet des recherches de Euler, Lambert et Robertson. Il existe sur toutes ces recherches un mémoire très-curieux de Jean Bernouilli, inséré dans le tome II des *Nouveaux mémoires de l'Académie des sciences de Berlin.*

PÉRIPHÉRIE (*Géom.*) Contour d'une figure curviligne. C'est la ligne courbe qui la termine. La *périphérie* d'un cercle prend le nom particulier de *circonférence.*

PERMUTATION. (*Alg.*) Transposition que l'on fait dans les parties d'un même tout pour obtenir les divers arrangemens dont elles sont susceptibles. Par exemple, un groupe de lettres tel que *abcd*, étant donné, en faisant varier les positions primitives de ces lettres comme il suit

$$abdc, \; adbc, \; bacd, \; cabd, \text{ etc.}$$

ces nouveaux groupes seront les *permutations* du premier.

La théorie des permutations trouvant de nombreuses applications dans la science des nombres, nous allons exposer ses principes généraux.

Une seule lettre a ne peut avoir qu'*un* seul arrangement, mais deux lettres a et b admettent deux arrangemens différens ou deux *permutations*, puisqu'on peut placer a avant ou après b, ce qui donne

$$ab, \; ba$$

Pour trouver tous les groupes de permutations dont trois lettres a, b, c sont susceptibles, on place successivement devant chacune d'elles les permutations des deux autres, ainsi qu'il suit

$$a \; \{bc, \; cb\}$$
$$b \; \{ac, \; ca\}$$
$$c \; \{ab, \; ba\}$$

et en réunissant ensuite chaque lettre aux groupes correspondans, on a les six permutations

$$abc, \; acb, \; bac, \; bca, \; cab, \; cba.$$

Le *nombre* des permutations de 3 lettres est donc égal à 3 fois celui des permutations de 2 lettres, ou égal à 3×2.

Les groupes des permutations des quatre lettres a, b, c, d se forment de la même manière en plaçant devant chacune de ces lettres les permutations des trois autres de la manière suivante

$$a \; \{ bcd, \; bdc, \; cbd, \; cdb, \; dbc, \; dcb \}$$
$$b \; \{ acd, \; adc, \; cad, \; cda, \; dac, \; dca \}$$
$$c \; \{ abd, \; adb, \; bad, \; bda, \; dab, \; dba \}$$
$$d \; \{ abc, \; acb, \; bac, \; bca, \; cab, \; cba \}$$

ce qui donne, en réunissant chaque lettre aux groupes correspondans, les 24 permutations

$$abcd, \; abdc, \; acbd, \; acdb, \; adbc, \; adcb$$
$$bacd, \; badc, \; bcad, \; bcda, \; bdac, \; bdca$$
$$cabd, \; cadb, \; cbad, \; cbda, \; cdab, \; cdba$$
$$dabc, \; dacb, \; dbac, \; dbca, \; dcab, \; dcba$$

Le *nombre* des permutations de 4 lettres est donc égal à 4 fois celui de 3 lettres ou à $4 \times 3 \times 2$.

Comme, en général, pour former tous les groupes des permutations de m lettres, il faut placer devant chacune d'elles les permutations des $m-1$ autres, il devient évident que le *nombre* des permutations de m lettres est égal à m fois celui des permutations de $m-1$ lettres. Ainsi désignant généralement par $\mathrm{P}m$ le nombre des permutations de m lettres, nous avons

$$\mathrm{P}_m \;\; = m \cdot \mathrm{P}_{m-1}$$
$$\mathrm{P}_{m-1} = (m-1) \, \mathrm{P}_{m-2}$$
$$\mathrm{P}_{m-2} = (m-2) \, \mathrm{P}_{m-3}$$
$$\text{etc.,} \; = \text{etc.}$$
$$\mathrm{P}_{m-n} = (m-n) \, \mathrm{P}_{m-n-1}$$

et, en substituant chacune de ces valeurs dans celle qui le précède

$$\mathrm{P}_m = m \, (m-1) \, (m-2) \dots (m-n) \, \mathrm{P}_{m-n-1}$$

ou (a)

$$\mathrm{P}_m = m \, (m-1) \, (m-2) \dots 3.2.1$$

en faisant

$$n = m-1, \text{ d'où } \mathrm{P}_{m-n-1} = \mathrm{P}_{m-m+1} = \mathrm{P}_1 = 1$$

Si l'on demandait par exemple le nombre des permutations de 8 lettres, on ferait $m = 8$, et la formule (a) donnerait

$$\mathrm{P}_8 = 8.7.6.5.4.3.2.1 = 40320$$

Ce qui précède suppose que toutes les lettres sont différentes, car si l'une d'elles devait être répétée plusieurs fois, le nombre des permutations diminuerait, car un groupe aa n'ayant point de permutation, trois lettres a, a, b qui en admettraient *six* si elles étaient différentes, n'en ont plus que *trois* aab, aba, baa.

Il faut considérer en général que si sur m lettres, *une* se trouve n fois, les changemens de place de ces n lettres entre elles n'apportent aucun changement dans les groupes où elles se trouvent, tandis qu'en les supposant toutes différentes, chacun de ces groupes se trouverait fournir autant de permutations différentes que n lettres peuvent en admettre. Ainsi pour avoir le nombre total des permutations de m lettres dont n soit la même, il faut diviser le nombre total des permutations de m lettres par celui de n lettres ; on a donc pour ce nombre l'expression

$$\frac{m \, (m-1) \, (m-2) \dots 3.2.1}{n \, (n-1) \dots 3.2.1}$$

ou simplement

$$\frac{1^{m|1}}{1^{n|1}}$$

en nous servant de la notation des factorielles. (*Voy.* ce mot.)

Si les $m-n$ autres lettres étaient les mêmes, il faudrait encore diviser l'expression ci-dessus par le nombre des permutations de $m-n$ lettres, car tous les groupes qui différaient entre eux par les arrangemens de ces $m-n$ lettres deviennent identiques et se réduisent à un seul. Donc

$$\frac{1^{m|1}}{1^{m-n|1} \cdot 1^{n|1}}$$

est l'expression générale du nombre des permutations d'un assemblage composé de deux lettres dont l'une se trouve répétée n fois et l'autre $m-n$ fois. C'est sur cette expression qu'est fondée la démonstration que nous avons donnée du *Binome* de Newton (*voy* ce mot).

On peut aisément conclure que le nombre des permutations d'un assemblage de m lettres, dont une première entre m fois dans l'assemblage, une seconde o fois, une troisième p fois, une quatrième q fois etc., est égal à

$$\frac{1^{m|1}}{1^{n|1} \cdot 1^{o|1} \cdot 1^{p|1} \cdot 1^{q|1} \, \text{etc.}}$$

m étant $n + o + p + q +$ etc.

L'accroissement très-rapide du nombre des permutations, lorsque celui des objets augmente, a donné naissance à un problème curieux de probabilités ; on s'est demandé si depuis que l'on joue au jeu de cart nommé le *piquet*, tous les arrangemens possibles des 32 cartes avaient pu se présenter. Comme les 32 cartes sont toutes différentes, le nombre de leurs permutations ou de leurs arrangemens différens, est $1^{32|1}=$

263 130 836 933 693 530 167 218 012 160 000 000

Ainsi en supposant que deux *milliards* ou deux *mille millions* de joueurs jouassent 400 coups de piquet par jour, et en admettant en outre qu'aucun arrangement ne se reproduise, il leur faudrait plus de *dix-huit mille milliards de millions de siècle* pour épuiser toutes les permutations possibles des 32 cartes.

PERPENDICULAIRE. (*Géom.*) Ligne droite qui en rencontre une autre de manière à former avec cette dernière des angles droits. (*Voy.* Not. PRÉL. 31.)

Deux lignes droites qui se coupent n'ont que deux relations possibles : elles sont ou *obliques* ou *perpendiculaires* l'une par rapport à l'autre. Ces deux relations fournissent plusieurs théorèmes fondamentaux de la géométrie élémentaire que nous allons exposer.

1. *De toutes les lignes droites que l'on peut mener d'un point à une droite, la perpendiculaire est la plus courte.*

Soient AB la droite donnée et C le point. (Pl. 50, fig. 11.) De ce point abaissons la perpendiculaire CD et menons une oblique quelconque CE. Le triangle ECD étant rectangle en D, l'angle CED est plus petit que l'angle CDE, et conséquemment le côté EC est plus grand que le côté CD. (*Voy.* TRIANGLE.) Comme on peut en dire autant de toute autre oblique, il en résulte que la perpendiculaire est la plus courte de toutes les lignes que l'on peut mener d'un point à un autre, aussi sert-elle à mesurer la distance du point à la ligne.

2. *De deux obliques qui partent du même point d'une perpendiculaire, celle qui s'écarte le plus de son pied est la plus longue.*

Considérons les deux obliques CE, CF (*même fig.*); nous avons CF > CE, car l'angle FEC extérieur par rapport au triangle rectangle CED est plus grand qu'un angle droit, tandis que l'angle CFE intérieur au triangle rectangle FDC est plus petit qu'un angle droit; donc dans le triangle ECF le côté CF est opposé à un plus grand angle que le côté CE.

3. *D'un point pris hors d'une droite on ne peut lui mener que deux obliques égales, l'une d'un côté et l'autre de l'autre.*

Car une troisième oblique serait plus ou moins écartée du pied de la perpendiculaire, et serait conséquemment plus ou moins longue.

4. *Deux obliques égales s'écartent également du pied de la perpendiculaire.* C'est une conséquence de ce qui précède, car on ne peut supposer le contraire sans tomber dans des contradictions.

5. *Si une droite est perpendiculaire sur le milieu d'une autre droite, tous ses points sont à égales distances des deux extrémités de cette autre.*

En effet, si d'un point quelconque de la perpendiculaire on mène une oblique à chacune des extrémités de la droite, ces obliques seront également écartées du pied de la perpendiculaire et seront conséquemment égales, donc ce point de la perpendiculaire, et l'on peut en dire autant de tous les autres, est également distant des deux extrémités de la droite.

6. Comme deux points suffisent pour déterminer la position d'une droite, il résulte de la proposition précédente que pour élever une perpendiculaire sur le milieu d'une ligne donnée, il suffit de déterminer deux points également distans des extrémités de cette ligne; ce qui s'exécute de la manière suivante. Soit AB (Pl. 50 fig. 12) la droite donnée, du point A, comme centre, avec un rayon plus grand que la moitié de AB on décrira au-dessus et au-dessous de cette ligne deux arcs de cercle, puis du point B avec le même rayon on décrira deux autres arcs de cercles, coupant les premiers aux points C et D. Ces points étant par cette construction également distans de A et de B, la droite CD qu'on fera passer par ces points sera perpendiculaire sur le milieu de AB. On peut employer la même construction pour diviser une droite en deux parties égales.

Si la droite donnée était située de telle manière qu'on ne pût décrire des arcs de cercle au-dessus et au-dessous, après avoir décrit les arcs qui se coupent en C, on changerait de rayon, et de A et de B avec une autre ouverture de compas on décrirait les arcs qui se coupent en D'. Les points C et D' détermineraient aussi la position de la perpendiculaire.

7. S'il s'agissait de mener à une droite une perpendiculaire d'un point donné D (Pl. 50 fig. 13) on tirerait d'une manière quelconque l'oblique DC, puis du milieu F de cette oblique on décrirait avec sa moitié comme rayon le demi-cercle CED. En joignant les points E, D, on aurait la perpendiculaire demandée. En effet, d'après la propriété du cercle (*voy.* ANGLE 19) l'angle CED est droit.

8. La construction précédente peut servir pour élever une perpendiculaire à l'extrémité d'une droite donnée, car en supposant le point E être cette extrémité, il suffit de prendre à volonté un point F et avec la distance EF de décrire un cercle. Du point C où le cercle coupe la droite on mène le diamètre CD, ce qui détermine le second point D de la perpendiculaire.

Une droite est dite *perpendiculaire* à un *plan* lorsqu'elle est *perpendiculaire* à toutes les droites que l'on peut mener dans ce plan du point où elle le rencontre.

Un plan est *perpendiculaire* à un autre plan, quand une droite, menée dans l'un des plans, perpendiculaire à leur commune section, est perpendiculaire à l'autre plan.

Dans la *Théorie des courbes*, la *perpendiculaire* à la tangente d'un des points d'une courbe se nomme *perpendiculaire* à la courbe ou *normale*. Cette dernière dénomination est la plus en usage. (*Voy.* Sous-normale.)

PERPENDICULE. Nom que l'on donne au fil qui, dans une équerre, est tendu par le plomb et donne la direction de la perpendiculaire à l'horizon. (*Voy.* Niveau.)

PERPÉTUEL (*Mouvement*). Mouvement qui se perpétue indéfiniment sans le secours d'aucune cause extérieure, ou action nouvelle qui vienne le ranimer.

Aucune machine, quelqu'ingénieuse qu'elle soit, ne peut produire un tel mouvement à cause du frottement des parties qui finit toujours par absorber le moment d'activité des forces vives initiales.

La recherche du *mouvement perpétuel* est, comme celle de la *quadrature du cercle*, l'occupation des gens qui n'ont aucune connaissance des lois de la mécanique et des principes de la géométrie.

PERSÉE. (*Ast.*) Constellation boréale composée de 59 étoiles dans le catalogue britannique. Elle est située entre Andromède et le Cocher (*voy.* pl. 9), et renferme une belle étoile de seconde grandeur nommée *Algenib*.

PERSPECTIVE. Une des branches de l'*Optique générale* (*voy.* Optique). C'est l'art de représenter sur une surface plane des objets visibles dans leurs situations respectives, selon les différences que le degré d'éloignement met entr'eux, et tels, enfin, qu'ils seraient vus à travers un plan transparent placé entr'eux et l'œil.

La *perspective* se divise en *spéculative* et en *pratique*. La première est la théorie des différentes apparences des objets suivant les positions diverses de l'œil qui les regarde. La seconde est l'art de les représenter sous une forme semblable à celle que nous leur voyons.

On distingue encore la perspective pratique en *linéaire* et en *aérienne*, selon qu'elle considère seulement la *forme* des objets ou les nuances des couleurs de leur surface. L'art d'appliquer les couleurs et de représenter les diverses parties des objets d'après la manière dont ils sont éclairés est du ressort de la peinture. Nous n'avons à nous occuper ici que des principes de la *perspective linéaire*.

1. Pour se former une idée exacte de la perspective, il faut s'imaginer que des lignes droites se rendent de l'œil à tous les points visibles de la surface des objets, en traversant un plan transparent placé entre l'œil et ces objets ; les intersections de ces droites avec le plan détermineront sur ce plan une suite de points qui offriront en petit la représentation des objets. Le plan transparent prend le nom de *tableau*. On le conçoit généralement perpendiculaire à l'horizon.

2. D'après ce qui précède, les deux premiers principes de la perspective sont :

I. *Tout ce qui est représenté sur un tableau doit être assujéti à un seul et même point de vue.*

II. *La perspective d'un point quelconque est à l'endroit indiqué du tableau où son plan est traversé par le rayon visuel qui va de l'œil à ce point.*

On nomme *point de vue* le point où aboutit la droite tirée de l'œil perpendiculairement au plan du tableau.

3. La perspective d'une droite, qui étant prolongée ne passerait pas l'œil, est l'intersection du plan du tableau par le plan d'un triangle rectiligne dont la droite originale serait la base, et les deux rayons menés de ses extrémités jusqu'à l'œil seraient les côtés. Il suffit de connaître les points qui forment la perspective des deux extrémités d'une droite pour avoir la perspective de cette droite.

4. La perspective d'une figure plane se compose des perspectives de ses côtés, car les rayons visuels menés de l'œil à tous les points de cette figure forment une pyramide dont elle est la base et qui a son sommet dans l'œil ; mais la figure formée sur le tableau par l'intersection de son plan et de cette pyramide est la perspective de la figure originale : donc cette perspective a pour côtés les perspectives des côtés de la figure originale.

5. Il résulte de cette proposition que la perspective d'un polygone ne peut être une figure semblable à son original, à moins que ce polygone ne soit parallèle au plan du tableau, car les sections d'une pyramide par un plan ne sont semblables à la base que lorsque le plan coupant est parallèle à cette base.

6. La perspective d'un solide est une figure plane, composée des perspectives de toutes ses faces visibles.

7. Le problème fondamental de la perspective consiste à trouver la perspective d'un point, car c'est évidemment aux perspectives des points que se ramènent celles des lignes, des surfaces et des solides. Mais la position d'un point dans l'espace absolu étant déterminée par ses distances à trois plans donnés de position, (*voy.* Application) dans la *Perspective* on prend pour ces plans : 1° Celui du tableau, que nous considérons comme vertical ou perpendiculaire à l'horizon ; 2° Un plan parallèle à l'horizon qui passe par l'œil et qu'on nomme *plan horizontal* ; 3° Un plan perpendiculaire aux deux premiers, qui passe aussi par l'œil et que l'on appelle *plan vertical*. Soit, par exemple, ABCD (Pl. 51 fig. 1.) le plan du tableau, IKLM sera le *plan horizontal* et

EFGH, le *plan vertical*; l'œil sera placé en *o* à l'intersection de ces deux derniers.

L'intersection ST du plan horizontal et du plan du tableau se nomme la *ligne horizontale* du tableau, et l'intersection QR du plan vertical avec le plan du tableau se nomme la *ligne verticale* du tableau.

Le *point de vue* est le point *o* intersection de la ligne horizontale et de la ligne verticale.

Ceci posé, occupons-nous de la solution du problème fondamental dont voici l'énoncé :

PROBLÈME FONDAMENTAL. *Étant donnés de position le plan d'un tableau, le lieu de l'œil et un point derrière le tableau, trouver sur le tableau son point de perspective.*

Soit Z le point donné dont on demande le point de perspective *z* sur le tableau. De ce point Z abaissons sur le plan horizontal une perpendiculaire ZX, et sur le plan vertical une perpendiculaire ZM; par le point X menons XY perpendiculaire au plan vertical, et par M menons MY perpendiculaire au plan horizontal. Il est évident que ZXYM est un rectangle dont le plan est parallèle au plan du tableau. ZX ou MY mesurent la distance du point donné Z au plan horizontal, ou sa hauteur au-dessus du niveau de l'œil; ZM ou XY mesurent la distance du point *z* au plan vertical, ou la quantité dont ce point est à gauche par rapport à l'œil. La portion Y*o* de la ligne du point de vue OP mesure la distance du rectangle ZXYM au plan du tableau, et par conséquent celle du point X à ce même plan. Le point X étant supposé donné de position les trois distances ZM, ZX, Y*o* sont données de grandeur.

Du lieu O de l'œil tirons les droites OX, OZ, OM et nous aurons une pyramide quadrangulaire OZMYX qui se trouvera coupée en *zmox* par le plan du tableau. Donc, *zmox* sera la perspective du rectangle ZMYX, comme le point *z* est la perspective du point Z. De plus, la base de cette pyramide ou le rectangle ZMYX étant parallèle au plan du tableau, l'intersection *zmox* sera un rectangle semblable à ZMYX. Or, à cause des triangles semblables O*om*, OYM, on a la proportion

$$\text{O}o : \text{OY} :: om : \text{MY}$$

et de plus, à cause de la similitude des rectangles

$$om : \text{MY} :: zm : \text{ZM}$$

Donc, O*o* est à OY, comme un côté quelconque du rectangle *zmox* est au côté homologue du rectangle ZMYX. On tire de ces rapports les deux règles ou *analogies* suivantes qui renferment la solution numérique générale du problème.

1° *La distance* O*o* *de l'œil au plan du tableau, ce que l'on nomme le* RAYON PRINCIPAL, *est à cette dis-*

augmentée de celle de l'objet au plan du tableau, comme la distance du point de perspective à la ligne verticale est à la distance de l'objet au plan vertical. C'est-à-dire ici

$$\text{O}o : \text{OY} = \text{O}o + o\text{Y} :: zm : \text{ZM}$$

2° *Le rayon principal est à ce même rayon augmenté de la distance de l'objet au plan du tableau, comme la distance du point de perspective à la ligne horizontale est à la distance de l'objet au plan horizontal.* C'est-à-dire ici

$$\text{O}o : \text{OY} :: zx : \text{ZX}$$

8. Pour donner un exemple de l'application de ces règles, supposons l'œil éloigné de 80 décimètres du tableau sur lequel on veut déterminer le point de perspective d'un point original éloigné de 160 décimètres du plan du tableau, élevé de 60 décimètres au-dessus du niveau de l'œil et placé sur la gauche à 120 décimètres du plan vertical.

Soit ABCD (Pl. 51, fig. 2), le cadre du tableau donné, que nous supposons rectangulaire. Déterminons sur le tableau le point *o* vis-à-vis duquel nous voulons que l'œil soit placé, et faisons passer par ce point *o*, qui est alors le *point de vue* du tableau, une droite QR perpendiculaire aux deux bords AB et CD, ainsi qu'une droite ST perpendiculaire aux deux autres bords AD BC. Ces droites seront la *verticale* et l'*horizontale* du tableau.

Résolvons ensuite les propositions

$$80 : 80 + 160 :: x : 60$$
$$80 : 80 + 160 :: y : 120$$

elles nous donneront $x = 20$, $y = 40$; x est la distance du point de perspective à la ligne verticale, et y celle du même point à la ligne horizontale. Prenons donc sur l'horizontale, et à sa gauche, une partie *om* = 20 décimètres, et sur la verticale une partie *on* = 40 décimètres; des points *m* et *n* menons les droites *mz* et *nz* perpendiculaires respectivement à l'horizontale et à la verticale, leur point de rencontre *z* sera le point de perspective demandé. En effet, ce point est situé à 20 décimètres de la verticale et à 40 de l'horizontale.

9. On peut résoudre le même problème par une construction purement graphique que nous allons faire connaître, parce qu'elle sert de base à la plupart des procédés que l'on enseigne dans les traités de perspective.

Soit ABCD (Pl. 51, fig. 3 et 4) le plan du tableau, QR sa ligne verticale, et ST sa ligne horizontale, *o* le point de vue et Z un point donné. Faisons passer par le point Z un plan de niveau MN qui sera conséquemment ligne horizontale ST. Soit EF l'intersection de ce plan par le plan vertical qui passe par QR, et DC son intersection par le plan du tableau.

Du point Z abaissons sur BC la perpendiculaire ZI, qui mesure la distance de ce point au plan du tableau, le point I se nomme le *point d'incidence*; tirons du point de vue o au point d'incidence une droite oI; portons la distance ZI sur DC de I en Z'; et prenons sur l'horizontale ST une distance oO égale au rayon principal ou à la distance de l'œil au plan du tableau; joignons O et Z' par la droite OZ'. Le point z où OZ' coupe oI est la perspective demandée.

Pour le démontrer menons par le point z la droite sq, perpendiculaire à DC, ainsi que la droite zp perpendiculaire à QR. Les triangles ozO et Z'zI sont semblables et comme de plus zs et zq sont les hauteurs respectives de ces triangles, nous avons

$$oO : Z'I :: zs : zq$$

d'où

$$oO : oO + z'I :: zs : zs + zq$$

or, oO + Z'I = oO + ZI, zs + zq = sq = oR ; donc cette dernière proportion est la même chose que (a),

$$oO : oO + ZI :: zs : oR$$

C'est la première analogie du n° 7, puisque oR est la hauteur de l'œil au-dessus du niveau de l'objet, et par conséquent la distance de l'objet au plan horizontal.

Nous trouverons de même la seconde analogie en remarquant que les triangles égaux opz et ozs sont semblables au triangle oRI et donnent

$$op : oR :: pz : RI$$

ou

$$zs : oR :: pz : RI$$

à cause de op = zs. Donc aussi, en vertu du rapport commun entre cette proportion et la proportion (a),

$$oO : oO + ZI :: pz : RI$$

ce qui est la seconde analogie du n° 7. La construction que nous venons de donner renferme donc en effet la solution générale du problème.

Pour opérer ces constructions, on agit comme dans les problèmes de la *géométrie descriptive* en supposant le plan du tableau rabaissé sur le plan de niveau, ce qui donne les fig. 3 bis et 4 bis. La première se rapporte au cas où le point donné est au dessous du niveau de l'œil, et la seconde au cas où il est au-dessus.

Nous pouvons procéder maintenant à l'exposition des principales méthodes de la perspective pratique.

10. *Méthode du treillis perspectif*. Cette méthode est fondée sur la construction d'un carré ABCD (Pl. 51, fig. 5), qui représente le champ original du tableau,

c'est-à-dire tout l'espace de terrain que les objets que l'on veut représenter doivent occuper. Ce champ se nomme aussi le *plan géométral*. On divise ce carré en plusieurs autres carrés les plus petits qu'il est possible, et l'on suppose que le bord inférieur du tableau est posé sur le côté AB du carré. Ceci posé, ayant mené sur le plan du tableau la ligne horizontale ST à la hauteur qu'on juge convenable, on tire la ligne verticale QR, selon qu'on veut placer le spectateur vis-à-vis le milieu ou vers un des côtés du tableau, en sorte que o est le point de vue et oR la hauteur de l'œil au-dessus du terrain.

Par le point o on mène à toutes les divisions du côté AB les droites oA, oM, oN, oP, oB; puis on porte le rayon principal, qu'on détermine selon qu'on a jugé à propos d'éloigner l'œil du tableau, de part et d'autre du point o sur la ligne horizontale, prolongée s'il est nécessaire, comme en O et en O'; de ces deux points on tire aux mêmes divisions du côté AB, les droites OA, OM, ON, OR, OP, OB et O'A, O'M, O'N, O'R, O'P, O'B, puis on joint les points d'intersections de ces droites par les lignes 11, 22, 33, 44, 55 et de; ce qui forme un assemblage de trapèzes renfermés dans le trapèze AdcB qui est la perspective du carré ABCD et de tous ses petits carrés. C'est ce trapèze AdcB qu'on nomme le *treillis perspectif*.

On reconnaît aisément que AdcB est la perspective du carré ABCD, en observant que le point A est le point d'incidence du point D et que la ligne AB est égale à la distance AD du point D au plan du tableau, d'où il suit, d'après le n° 9, que le point d'intersection des lignes oA et OB est la perspective du point D. Il en est de même de tous les autres points du carré ABCD.

11. Les droites Ad, Me, Nf, Ri, Pk, Bc dont les divisions inégales représentent les divisions égales des droites AD, ME, NF, RI, PK et BC se nomment les *échelles fuyantes des longueurs*, parce qu'elles servent à *dégrader* les dimensions des objets, à mesure que les parties de ces objets s'éloignent du plan du tableau; et les parallèles 11, 22, 33, etc., se nomment *les échelles fuyantes des largeurs et des hauteurs*, parce qu'elles servent à *dégrader* les largeurs et les hauteurs des objets à mesure qu'ils s'éloignent du plan du tableau.

12. Puisque le *treillis perspectif* représente sur le tableau le terrain compris dans le carré ABCD, il est évident que si on dessine dans ce carré le plan des objets qu'on veut mettre en perspective sur le tableau, de manière que les divisions de ce carré servent d'échelles au plan, il sera facile de mettre ce même plan en perspective. Car s'il s'agissait, par exemple, de mettre en perspective un carré posé sur le terrain obliquement par rapport au tableau, on le dessinerait dans le

carré ABCD (Pl. 51, fig. 6) en lui donnant la situation oblique qu'il a sur le terrain, puis on marquerait dans le treillis perspectif les points *o, n, m, i,* correspondans aux sommets du carré ONMI, et placés, dans les petits trapèzes du treillis correspondans aux petits carrés du plan géométral, d'une manière semblable à celle dont les points O, N, M, et I sont placés dans les carrés. En menant par ces points les droites *on, nm, mi, io* le quadrilatère *onmi* sera la perspective du carré ONMI.

13. Si ce carré ONMI était la base d'un cube qu'on voulût mettre en perspective, il faudrait des points *o, n, m, i* élever l'horizontale des perpendiculaires *o*H, *n*Q, *m*P et *i*E, et comme le cube doit avoir pour hauteur le côté du carré, on mesurerait ce côté en prenant pour échelle la droite AB et ses subdivisions; admettons, pour exemple, que le côté OI contienne trois côtés des petits carrés ou trois des subdivisions de AB, il faudra donner à chacune des perpendiculaires trois fois la longueur du trapèze où est son pied, ce que l'on fait en prenant avec un compas les longueurs de ces trapèzes, de manière à tenir ses pointes dans la droite qui passerait par le pied de la perpendiculaire parallèlement à AB. Les hauteurs perspectives des côtés du cube étant ainsi déterminées, on tirerait les droites HQ, QP, PF et FH, et l'on aurait la perspective du cube.

14. On doit remarquer que dans ces opérations le carré ou *plan-géométral* est censé derrière le tableau par rapport à l'œil, et qu'ainsi il faut dessiner dans ce carré vers AB ou du côté du *treillis* les objets qu'on veut représenter sur le devant du tableau, et vers CD ceux qui doivent paraître éloignés.

15. Lorsque sur une des faces planes d'un objet qu'on met en perspective ou même sur deux ou plusieurs faces planes parallèles quelconques, il y a plusieurs droites parallèles entre elles, telles que sont les moulures des ornemens d'architecture, il faut pour abréger et en même temps pour opérer plus exactement, déterminer leur point de concours perspectif, qu'on appelle alors leur *point accidental.* Or lorsque ces parallèles sont en même temps des lignes de niveau, ce qui est le cas le plus ordinaire, leur point accidental est dans la ligne horizontale; de sorte qu'ayant la perspective d'une seule de ces parallèles, il suffit de la prolonger jusqu'à la ligne horizontale et le point de rencontre est le point accidental de toutes les parallèles: car puisque l'on suppose que toutes ces lignes sont de niveau, le rayon tiré de l'œil parallèlement à ces lignes est de niveau et par conséquent couché sur le plan horizontal; donc il ne peut rencontrer le tableau que dans la ligne horizontale.

Ayant ainsi la position *nm* de la perspective de la droite originale NM, on la prolongera jusqu'à ce qu'elle rencontre en R la ligne horizontale suffisamment prolongée. Ce point R sera le point accidental de la droite originale OI et celui des deux côtés de la base supérieure du cube qui sont parallèles à NM et à OI. Il en est de même du point L, où doivent aboutir les perspectives des parallèles ON, IM et de leurs correspondantes dans la base supérieure du cube.

Si les parallèles originales n'étaient pas des droites de niveau, il faudrait avoir la perspective de deux d'entre elles; et les ayant prolongées du côté vers lequel ces perspectives s'inclinent, jusqu'à leur point de rencontre, ce point sera le point accidental de toutes les autres.

16. Cette pratique est fondée sur ce que deux droites parallèles originales semblent toujours concourir vers un même point, ce dont on peut s'assurer en regardant une allée d'arbres dont les deux côtés sont parallèles, et, par conséquent, sur ce que les perspectives de ces droites doivent également tendre à concourir sur le tableau. Or l'œil doit voir par un même rayon le point de concours des deux lignes originales et celui de leurs perspectives; donc le point de concours des deux lignes de perspective est dans le point du tableau où son plan est traversé par la droite qui va de l'œil au point de concours des deux lignes originales. Mais le point de concours apparent de deux parallèles originales étant infiniment éloigné de l'œil, la droite tirée de l'œil à ce point leur est parallèle; donc le point de concours des deux droites originales est au point du tableau où son plan, prolongé s'il est nécessaire, est rencontré par une droite tirée de l'œil parallèlement à ces droites originales.

Cependant, si les droites originales sont en même temps parallèles au plan du tableau, comme la droite tirée de l'œil à leur point de concours apparent ne peut rencontrer le plan du tableau, puisqu'alors elle lui est parallèle, ces droites ne peuvent avoir de point de concours sur le plan du tableau, et leurs perspectives doivent être des lignes parallèles. Ainsi en supposant, comme nous l'avons fait jusqu'ici, le tableau posé verticalement ou d'aplomb, *les perspectives de toutes les droites verticales originales sont des droites verticales; les perspectives de toutes les droites horizontales ou de niveau et en même temps parallèles au plan du tableau, sont des droites posées de niveau sur le tableau; et les perspectives de toutes les droites originales parallèles au tableau et inclinées à l'horizon, sont des parallèles inclinées de la même quantité sur le tableau.*

Toutes les autres parallèles semblent concourir.

17. Dans la pratique de la perspective, l'usage du *treillis* peut être particulièrement utile lorsqu'on se propose de faire un petit tableau et que les objets qu'on

veut y représenter doivent présenter leurs faces sous différentes obliquités. Mais lorsqu'il s'agit de grands tableaux et surtout si l'on doit y peindre un grand nombre d'objets éloignés les uns des autres, comme on ne pourrait construire un assez grand carré ou plan géométral, le treillis devient insuffisant. Cependant si l'on en pouvait faire un assez grand pour contenir tous ces objets, en diminuant leurs dimensions de la moitié, du tiers ou du quart, ou en général dans un rapport exact quelconque, on pourrait les mettre en perspective sur un treillis, puis les copier sur le tableau en doublant, triplant, quadruplant, etc., toutes les lignes tracées sur ce treillis, et l'on aurait une perspective d'autant plus exacte, qu'il aurait fallu moins augmenter les dimensions prises sur ce treillis.

18. En faisant un devis exact de toutes les dimensions, positions et distances de tous les objets qui doivent entrer dans le tableau, on peut encore se passer des petits carrés du plan géométral. Car, ayant divisé le bord du tableau en autant de parties égales qu'on jugera nécessaire, dont chacune représentera un centimètre, un décimètre, un mètre, ou en général une des mesures sur lesquelles le devis aura été réglé, mesure qui prend le nom de *module*, on fera un treillis sur ces divisions et on regardera chaque trapèze comme un espace d'un *module carré*. On pourra donc arranger tous les objets sur ce treillis, selon le devis qu'on en aura fait.

19. Pour remplir le vide qui est sur les côtés du *treillis perspectif*, on peut prolonger les droites *de*, 55, 44, 33, etc., de part et d'autre jusqu'aux bords du tableau (Pl. 51, fig. 5), et après avoir continué aussi de part et d'autre les divisions égales de la ligne *de*, on tirera du point de vue *o* des droites par tous les nouveaux points de divisions. Ces droites formeront avec les prolongemens de 55, 44, etc., de nouveaux trapèzes qui seront les perspectives de nouveaux petits carrés, qu'on décrira si l'on veut, à côté de ceux du grand carré ABCD, ce qui augmentera le champ du plan géométral.

20. *Perspectives sans treillis*. Dans cette méthode, comme dans la précédente, on suppose que le plan de la base de chaque objet original est dessiné dans toutes ses proportions, à la distance du bord du tableau selon laquelle on veut qu'il en paraisse éloigné. Supposons qu'il s'agisse d'un prisme pentagonal, et que AB étant le bord du tableau, la base de ce prisme soit en EFGHI. (Pl. 51, fig. 7.)

On tirera sur le plan du tableau la ligne verticale QR, et on la prolongera au-delà de l'objet original; puis on prendra sur l'horizontale SP, *o*O égale au rayon principal, d'un côté et d'autre du point de vue *o*, s'il est nécessaire. Sur un des bords du tableau, par exemple, vers le coin B, on prendra BC égale à la hau-

teur que doit avoir le prisme original, et du point P de la ligne horizontale on mènera la droite PC. Le triangle PCB indiquera, comme nous allons le voir, la *dégradation* des hauteurs.

Ayant trouvé sur le tableau, par le procédé du n° 9, les perspectives *e*, *f*, *g*, *h*, *i*, des points E, F, G, H, I, on élèvera sur ces perspectives les perpendiculaires *i*D, *e*N, *f*M, *g*L, *h*K, en donnant pour longueur, à chacune de ces lignes, la partie interceptée dans le triangle PCB de la droite qu'on mène de son pied parallèlement à AB. Ainsi, la hauteur de la perpendiculaire menée au point *e* sera *cp*, et de même pour toutes les autres. Des extrémités D, K, L, M, N, tirant ensuite les droites qu'on voit dans la figure, on achèvera la perspective demandée du prisme pentagonal dont EFGH est la base.

21. On peut encore ici faire un devis exact des dimensions des objets et de leurs distances respectives, et construire à part des triangles pour la dégradation des hauteurs. Toutes les remarques que nous avons faites sur la méthode précédente s'appliquent également à celle-ci.

22. *Perspective par le châssis perspectif*. Cette méthode, qui renferme les deux précédentes, leur est préférable pour l'exactitude.

Ayant choisi sur le tableau (Pl. 51, fig. 8) un point *o* pour être le point de vue, on y fera passer la ligne horizontale qu'en prolongera de part et d'autre aussi loin que possible. On tirera aussi la ligne verticale QR, sur laquelle on prendra, depuis le point de vue *o*, vers Q ou vers R, une partie *o*C égale au rayon principal. Du point C comme centre avec une ouverture de compas à volonté, la plus grande et la meilleure, on décrira un arc de cercle E'D d'environ 60 à 70 degrés, puis on le divisera de degrés en degrés, ou pour le moins de 10 en 10 degrés, en partant du point E. Par le centre C, on mènera des droites à chaque point de division, prolongées jusqu'à leur rencontre avec la ligne horizontale MH qui se trouvera de cette manière divisée à la droite de la verticale. Pour qu'elle le soit dans toute son étendue, on portera ces divisions de l'autre côté du point *o*, comme cela est fait dans la figure

23. Comme il est évident, d'après la construction, que ces divisions, comptées à partir du point *o*, sont les tangentes des angles formés au point C, dont le rayon ou sinus total est C*o*, on peut encore trouver plus exactement ces divisions en faisant une échelle particulière *ab* divisée en tant de parties égales qu'on voudra, pourvu que 10 de ces parties soient précisément égales au rayon principal, et qu'une de ces parties soit subdivisée en dix autres, et ces dernières encore en dix, ce qui donne une échelle en millièmes parties du rayon

principal. A l'aide de cette échelle et de la table des tangentes naturelles, il sera facile de marquer sur la ligne horizontale toutes les divisions nécessaires.

24. Ceci fait, sur le bord inférieur AB du tableau, en partant d'une des extrémités et allant vers l'autre, on marquera autant de parties égales AI, I,II; II,III; III,IV, etc., qu'on voudra, lesquelles sont destinées à représenter les mesures ou *modules* des dimensions des objets originaux. Depuis l'extrémité S de la ligne horizontale, on prendra sur son prolongement une partie SM égale au rayon principal, et du point M on mènera des droites à tous les points de divisions I, II, III, IV, etc., l'intersection de ces droites avec le côté ou montant AF du tableau donnera autant de points de divisions qu'on cotera 1, 2, 3, 4, etc., et qu'on portera sur l'autre montant BG.

25. Enfin, sur le bord inférieur AB du tableau et de part et d'autre du point R, on marquera des divisions égales à celles qui auront servi à diviser les montants AF et AG, et on les cotera 1, 2, 3, 4, etc. Et même pour une plus grande commodité, dans la pratique, on marquera ces mêmes divisions de part et d'autre du point Q sur le bord supérieur FG du tableau. Le tableau ainsi divisé prend le nom de *châssis-perspectif.*

Dans ce châssis, les divisions de la ligne horizontale servent à placer les perspectives des lignes de niveau, posées obliquement par rapport au plan vertical. Les divisions des montants sont des *échelles fuyantes* des longueurs ou des éloignemens des objets au plan du tableau ; et les divisions des bords inférieur et supérieur sont des *échelles de front*, c'est-à-dire, des parties des objets qui sont parallèles au plan du tableau.

26. Pour bien comprendre l'usage des *châssis perspectifs*, il est essentiel de se rendre compte de sa construction et, pour cet effet, il faut imaginer 1° que le centre C soit ralevé au-dessus du point de vue *o*, de manière que le plan du triangle rectangle CoH soit perpendiculaire au plan du tableau. Il est évident alors que le point C est le point où l'œil doit être placé, et que les degrés de l'arc ED, dont le centre est dans l'œil, sont propres à mesurer les angles d'obliquités, par rapport au plan vertical, des lignes originales situées dans le plan horizontal : on peut donc marquer sur la ligne horizontale les points où aboutissent tous les rayons tirés de l'œil à chacun de ces degrés. 2° Imaginant de même que SM soit relevé perpendiculairement sur le plan du tableau, de manière que l'angle *o*SM soit droit ; qu'en même temps la droite AB soit relevée perpendiculairement au même plan du tableau, mais du côté opposé à l'œil, et qu'ainsi le plan de toutes les droites tirées de M aux divisions de AB soit perpendiculaire au plan du tableau, AF étant l'intersection commune de ces deux plans, il est clair que les divisions de

AB marquent alors les éloignemens ou distances au plan du tableau mesurées sur le terrain. Par exemple, AI marque un module de distance au-delà du tableau, et conséquemment A1, sur le côté AF, est sa perspective ; car les triangles rectangles semblables M1S et AI1, donnent

$$AI : MS :: S1 : A1,$$

d'où

$$AI : AI + MS :: S1 : S1 + A1,$$

ce qui est identique avec la première analogie du n° 7. Il en est de même des autres divisions.

27. On voit, d'après ce qui précède, que si l'on ne pouvait prolonger facilement le plan du tableau pour avoir assez de divisions sur les montants, on pourrait trouver ces divisions par un calcul facile; et c'est le parti qu'il faut prendre lorsqu'on a un grand tableau à tracer. En voici un exemple.

Soit le rayon principal oC de 10 modules, et la hauteur de l'œil au-dessus du plan du terrain de 6 modules. Pour avoir toutes les distances $S1, S2, S3$, etc., en supposant que l'intervalle de ces divisions doive être d'*un* module, on aura ces proportions

$$
\begin{aligned}
10 + 1 &: 10 :: 6 : S1 &= 5{,}45 \\
10 + 2 &: 10 :: 6 : S2 &= 5{,}00 \\
10 + 3 &: 10 :: 6 : S3 &= 4{,}61 \\
10 + 4 &: 10 :: 6 : S4 &= 4{,}29 \\
10 + 5 &: 10 :: 6 : S5 &= 4{,}00 \\
10 + 6 &: 10 :: 6 : S6 &= 3{,}75 \\
10 + 7 &: 10 :: 6 : S7 &= 3{,}53 \\
10 + 8 &: 10 :: 6 : S8 &= 3{,}33 \\
10 + 9 &: 10 :: 6 : S9 &= 3{,}16 \\
10 + 10 &: 10 :: 6 : S10 &= 3{,}00 \\
10 + 11 &: 10 :: 6 : S11 &= 2{,}86 \\
10 + 12 &: 10 :: 6 : S12 &= 2{,}73 \\
\text{etc.} & & \text{etc}
\end{aligned}
$$

Ainsi par le moyen d'une échelle divisée en parties décimales dont la distance de la ligne horizontale au bord inférieur du tableau contiendra 6,00 dans cet exemple, il sera très-aisé de marquer exactement sur les montants du tableau toutes les divisions dont on aura besoin.

28. Avant d'exposer les usages du *châssis-perspectif*, nous devons rappeler ici quelques-unes des lois générales de la vision. Si l'on suppose qu'un spectateur ait placé son œil à l'égard du tableau, comme il le doit être, pour considérer la perspective lorsqu'elle sera tracée, et qu'il regarde au travers de ce tableau qu'on imagine transparent comme une glace, tout ce que le cadre du tableau lui permet de voir, dans un terrain indéfini, libre, uni et de niveau comme une vaste plaine, il est évident qu'il doit voir le terrain terminé

par une ligne de niveau, qui est confondue dans la circonférence d'un cercle qui paraît séparer le ciel de la terre, et dont l'œil est le centre : ce cercle est *l'horizon céleste*. Or, la perspective de la portion visible de ce cercle doit être une ligne droite. Car, puisque ce cercle ou horizon a son centre dans l'œil, les rayons qui vont de l'œil à tous les points de sa circonférence visible forment un plan ; leur intersection avec le plan du tableau est donc l'intersection de deux plans, laquelle ne peut être qu'une droite ; et il est évident que c'est la ligne horizontale du tableau qui est la perspective de cette portion visible de l'horizon céleste, et que les divisions de la ligne horizontale sont les perspectives des degrés de ce cercle.

29. De ce que l'œil est le centre de l'horizon céleste, il suit que si deux droites originales, placées sur un plan de niveau qui passe par l'œil du spectateur, sont inclinées l'une à l'autre, de sorte que le sommet de l'angle de leur inclinaison soit dans l'œil même, les degrés de l'horizon céleste, et par conséquent les divisions de la ligne horizontale du tableau, sont propres à mesurer cet angle, et à représenter l'inclinaison de ces deux droites.

Puisque tous les plans parallèles entre eux doivent paraître se réunir à une distance infinie de l'œil, le plan du terrain et en général tout plan de niveau paraît s'incliner vers le plan horizontal qui passe par l'œil, pour se confondre avec lui dans la circonférence de l'horizon céleste ; il suit *que la ligne horizontale du tableau est la ligne où se rencontrent toutes les perspectives de tous les plans de niveau.*

Tous les plans de niveau sur lesquels sont posées les parties des objets propres à être dessinés, sont à une distance finie les uns des autres, tandis que la circonférence de l'horizon céleste est à une distance infinie de l'œil : l'intervalle entre ces plans est donc infiniment petit à l'égard de la distance de l'œil au lieu où ils paraissent se réunir : donc tous les plans de niveau qui passent à une distance finie au-dessus ou au-dessous de l'œil sont, par rapport à la circonférence de l'horizon céleste, et par conséquent par rapport à la ligne horizontale du tableau, comme un seul et même plan couché sur celui de l'horizon céleste ou confondu avec le plan horizontal qui passe par l'œil : la perpendiculaire ou verticale tirée de l'œil sur tous ces plans de niveau, et qui mesure leur intervalle réel, est comme un point confondu avec le centre de cet horizon.

Ainsi un angle quelconque formé par deux droites sur un plan de niveau, se trouvant situé dans la verticale qui passe par l'œil, est, à l'égard de la circonférence de l'horizon céleste, ou de la ligne horizontale du tableau, comme s'il était dans l'œil même ; et par conséquent les divisions de la ligne horizontale sont encore propres à la mesurer, et à en donner la perspective.

Enfin les différens objets à la portée de l'œil et destinés à être dessinés sur un tableau, sont à une distance finie les uns des autres et par rapport à l'œil, tandis que la circonférence de l'horizon céleste en est à une distance infinie : donc tous les points qui forment les parties de ces objets, doivent censés infiniment proches les uns des autres et de l'œil, et par conséquent tous les angles que font entre elles, sur des plans de niveau, les droites qui terminent les faces et les côtés des objets doivent être censés au centre de l'horizon céleste, et mesurables par les divisions de la ligne horizontale.

30. Il résulte de ces considérations 1° que les divisions de la ligne horizontale sont propres à mesurer et à représenter en perspective tous les angles qui sont dans un plan de niveau quelconque.

2° Que pour mettre en perspective un angle original quelconque, il faut chercher sur le tableau le point de perspective du sommet, et tirer de ce point deux droites qui aboutissent aux divisions propres à marquer les degrés de cet angle, ou qui aboutissent aux mêmes divisions de la ligne horizontale, auxquels eussent abouti deux rayons tirés de l'œil parallèlement à chaque côté de cet angle.

3° Que si de tant de points C, D, E, qu'on voudra (Pl. 52, fig. 1), pris sur le champ du tableau on tire deux droites à deux mêmes divisions A et B de la ligne horizontale, les angles ACB, ADB, AEB seront les perspectives d'angles originaux égaux entre eux et dont le nombre des degrés qui les mesure est égal à celui des divisions comprises entre A et B. En effet, puisque AC, AD, AE aboutissent à un même point accidental A, elles sont les perspectives de trois parallèles (n° 15) : de même les trois droites BC, BD, BE sont les perspectives de trois parallèles ; or, des parallèles qui rencontrent d'autres parallèles ne peuvent former que des angles égaux entre eux.

4° Qu'une droite comme AD ou AE tirée sur le tableau d'un de ses points quelconques D ou E, et aboutissant à un point A de la ligne horizontale est la perspective d'une ligne originale couchée sur un plan de niveau, et inclinée au plan vertical, du côté où est le point A, d'une quantité exprimée par le nombre qui marque le degré où est le point A : par exemple, AD et AE sont les perspectives de deux droites de niveau, qui déclinent de 10 degrés à droite du plan vertical.

Nous pouvons donner maintenant la solution des principaux problèmes que présente la pratique de la perspective par le *châssis*.

31. *D'un point donné* D (Pl. 52, fig. 1) *sur un tableau, mener une droite perspectivement parallèle à une droite donnée en perspective comme EF.*

Prolongez EF jusqu'à ce qu'elle rencontre la ligne horizontale en quelque point B et menez BD. Ce sera la parallèle demandée.

32. *Faire à l'extrémité E d'une droite donnée en perspective EF, et posée originalement sur un plan de niveau, un angle dans le même plan d'un nombre donné de degrés.*

Prolongez EF jusqu'à sa rencontre en B avec la ligne horizontale. Depuis ce point B, comptez sur les divisions le nombre de degrés demandé du côté où l'angle doit être, comme de B en A, et tirez AE.

Si le nombre des degrés demandé était plus grand que celui contenu entre B et o, on prendrait à la gauche du point de vue o le nombre de degrés suffisant pour le compléter avec celui contenu de B en o.

S'il fallait au contraire construire l'angle à la droite du point B, et si les divisions de la ligne horizontale n'étaient pas suffisantes, on prendrait depuis B vers la gauche un nombre de degrés égal au supplément de l'angle demandé, comme depuis B jusqu'en A, et par les points A et E, on tirerait une droite AEG qui donnerait l'angle perspectif demandé FEG.

33. *D'un point D (Pl. 52, fig. 2) donné sur une droite CE, mise en perspective, élever une perpendiculaire perspective à cette droite.*

Ce problème revient au précédent. Ayant prolongé CE jusqu'à la ligne horizontale en B, il faut prendre un point A tel qu'il y ait 90°, depuis B, sur les divisions et tirer AD.

34. *D'un point donné sur un tableau mener perspectivement une perpendiculaire à une droite donnée.*

Soit CE (Pl. 52, fig. 2) la droite donnée, et F le point donné. Ayant prolongé CE jusqu'à la ligne horizontale en B, prenez un point A éloigné de 90° du point B; par les points A et F faites passer la droite AD, elle sera la perpendiculaire demandée.

35. *Etant données les distances au plan du tableau et au plan vertical d'un point original placé sur le terrain, trouver son point de perspective.*

Par les divisions des montans qui marquent la distance donnée au plan du tableau menez une droite; puis menez une seconde droite du point de vue au point de la division de la base, ou bord inférieur du tableau, qui marque la distance du point original au plan vertical. L'intersection de ces droites donnera le point de perspective cherché. Par exemple si la distance au plan du tableau était de 4 modules, et la distance au plan vertical de deux modules à gauche, le point de perspective serait en G.

Si le point donné n'était pas sur le terrain, mais élevé au-dessous, ou enfoncé au-dessous, comme dans un fossé, il faudrait imaginer une droite tirée de ce point original perpendiculairement sur le terrain, la-

quelle mesure alors la hauteur ou l'abaissement du point par rapport au terrain, et comme cette perpendiculaire est en même temps parallèle au plan du tableau et au plan vertical, le point du terrain auquel cette perpendiculaire aboutit, est à la même distance à l'égard de ces deux plans que le point original. Il faut donc, comme ci-dessus, déterminer sur le tableau la perspective du point du terrain où la perpendiculaire aboutit, et y ayant fait passer une droite parallèle à la ligne verticale, il faut en déterminer perspectivement la longueur, selon la distance du point original au plan du terrain, ce que nous allons voir plus loin; et l'extrémité de cette perpendiculaire sera la perspective du point original donné.

36. *Mettre en perspective une droite originale donnée de grandeur et de position sur le terrain.*

Soit la longueur de la ligne donnée de 2 modules. Si l'une de ses extrémités G (Pl. 52, fig. 2) doit être éloignée du plan vertical de 2 modules et du plan du tableau de 4, on cherchera, par le procédé précédent, la perspective G de ce point; mais pour trouver celle de l'autre extrémité, il se présente trois cas.

1° *La ligne originale est parallèle au plan vertical.* Supposons que son extrémité G doive être la plus proche du tableau; puisque la ligne a deux modules de longueur, l'autre extrémité doit être éloignée du plan du tableau de 6 modules. Tirez du point G au point de vue une droite Go et par les points 6 des montans une droite qui coupe Go en un point L, ce point est l'autre extrémité cherchée.

Si le point G devait être l'extrémité la plus éloignée du tableau, on ôterait 2 de 4 et par les points 2 des montans on mènerait une droite dont l'intersection avec Go prolongé serait l'extrémité demandée.

2° *La ligne originale est parallèle au plan du tableau.* Alors, ou elle a son extrémité G la plus proche du plan vertical, ou cette extrémité en est la plus éloignée; dans le premier cas l'autre extrémité est à 2—2 modules du plan vertical, c'est-à-dire au point k de la ligne verticale; dans le second cas, cette extrémité est à 2 + 2 modules du plan vertical, et il faut tirer la droite o4 du point de vue à la quatrième division du bord inférieur, le point k' est alors la perspective demandée.

3° *La ligne originale est oblique au plan du tableau et au plan vertical.* Supposons qu'elle doit décliner de 20 degrés à droite du plan vertical. Par le point G tirez une droite au 20° degré de la ligne horizontale à la droite du point de vue; prenez Gk perspectivement égale à la droite donnée, c'est-à-dire, de 2 modules, puis du point k menez une droite qui puisse couper G 20 et qui aboutisse en même temps en Q au degré de la ligne horizontale où est marquée la moitié du complément de l'angle dont la ligne originale est oblique à l'égard du plan vertical, c'est ici 35° moitié de 70° complément de 20°. L'intersection de G 20 et de *k*Q donnera en I la perspective de l'extrémité de la ligne demandée. En effet en analysant cette construction on voit qu'on a mis en perspective un triangle isocèle GKI, dont les côtés perspectivement égaux sont GK et GI.

On peut encore résoudre le problème en construisant sur un plan à part ou en calculant par la trigonométrie un triangle rectangle dont la droite originale serait l'hypothénuse et dont un des angles serait égal à l'angle d'inclinaison par rapport au plan vertical, car on trouverait, par la valeur du côté opposé à cet angle, de combien l'autre extrémité de la ligne originale donnée est plus ou moins éloignée du plan vertical que n'est le point G; du point de vue *o* ayant tiré *o*G2, on prendrait alors sur les divisions du bord inférieur du tableau la quantité 2*m*, dont l'extrémité I de la ligne cherchée est originalement plus près ou plus loin du plan vertical; et ayant tiré au point de vue la droite *mo*, son intersection avec G20 donnerait en I le point cherché.

37. *Diviser une ligne donnée en perspective en un nombre donné de parties égales.*

Soit PQ (Pl. 52, fig. 3) la ligne donnée qu'il faut diviser en 4 parties égales. Par un point S quelconque pris sur la ligne horizontale, tirez par les extrémités P et Q deux droites ST et SD jusqu'au bord inférieur du tableau. Divisez l'intervalle DT en quatre parties égales TA, AB, BC, CD, et tirez SA, SB, SC; la ligne donnée se trouvera divisée en parties égales aux points *a*, *b*, *c*; car il est évident qu'elle se trouve interceptée entre des parallèles originales ST, SA, SB, SC, SD (*voy.* n° 15) et que ces parallèles sont également éloignées entre elles puisqu'elles coupent TD en parties égales. Donc elles couperont aussi PQ en parties perspectivement égales.

Pour plus d'exactitude il faut choisir le point S de manière que ST diffère le moins possible de SD.

38. S'il fallait diviser PQ en parties inégales entre elles, mais dont les rapports soient déterminés, on diviserait TD en parties proportionnelles à celles-ci, et en tirant du point S des droites aux points de division, elles couperaient PQ aux points demandés.

39. Il résulte de tous les problèmes précédens qu'on peut mettre sur le châssis le plan perspectif d'un objet d'après le devis de ses angles et de ses côtés. L'exécution en sera plus prompte et souvent même plus exacte, en y employant les positions et les longueurs de différentes diagonales qu'on imagine sur le plan original et dont le calcul est très-facile lorsqu'il s'agit de polygo-

nes réguliers. Voyons actuellement ce qui concerne les hauteurs perspectives des objets.

40. *Mettre en perspective des droites perpendiculaires au plan horizontal ou, ce qui est la même chose, mettre en perspective les rayons de hauteur.*

Supposons qu'il s'agisse d'élever du point Q (Pl. 52, fig. 3) une perpendiculaire à l'horizon haute de 6 modules $\frac{1}{2}$. Par le point de vue *o*, ou par un point quelconque pris sur la ligne horizontale, et par le point Q tirez une droite OF jusqu'au bord inférieur du tableau en F. Elevez au point F une perpendiculaire EF à ce bord inférieur, faites-la de 6 modules $\frac{1}{2}$ pris sur les divisions de ce bord et portée de F en E, tirez *o*E; l'intersection de cette dernière droite avec une perpendiculaire QI à la ligne horizontale menée du point Q donnera en I le sommet de la ligne cherchée. En effet *o*F et *o*E sont les perspectives de deux lignes de niveau parallèles entre elles (*voy.* n° 15) et par conséquent les droites FE et GI qu'elles interceptent sont originalement égales entre elles.

41. *Diviser les lignes perspectives des hauteurs en parties égales ou inégales dans un rapport donné.*

Les lignes perspectives des hauteurs étant parallèles au plan du tableau, se divisent en parties égales par les procédés de la géométrie élémentaire, car les perspectives des parties égales des droites originales sont elles-mêmes égales. Il en est de même pour les parties inégales; elles sont proportionnelles à leurs perspectives.

42. *Déterminer sur le tableau le point accidental des parallèles qui sont inclinées à l'horizon, et données de position.*

Puisque les parallèles sont données de position, si l'on imagine un plan vertical qui passe par chacune d'elles, il est évident que tous les plans verticaux seront aussi parallèles entre eux et qu'on connaîtra la position qu'ils auront à l'égard du plan vertical du tableau. Or, ou ils seront parallèles à ce plan vertical, ou ils seront posés obliquement à son égard d'une quantité donnée.

43. I. Si les plans verticaux sont parallèles au plan vertical du tableau, le point accidental cherché est dans la ligne verticale du tableau, au-dessus ou au dessous du point de vue, d'une quantité égale au nombre des degrés du complément de l'inclinaison de ces parallèles à l'égard de l'horizon, pris depuis le point de vue sur les divisions de la ligne horizontale. Le point accidental est au-dessus du point de vue, si l'inclinaison de ces lignes écarte leur sommet du plan du tableau, et au-dessous si elle l'en rapproche.

44. Supposons qu'il s'agisse de mettre en perspective un parallélipipède rectangle dont les faces soient inclinées à l'horizon de 39°, et appuyé parallèlement au

plan vertical, contre un plan perpendiculaire à l'horizon ; comme si c'était une solive. (Pl. 53, fig. 4.) Il est clair 1° que les côtés qui terminent les faces du parallélipipède sont des parallèles inclinées à l'horizon de 39°, et que les plans verticaux dans lesquels on suppose ces côtés, sont parallèles au plan vertical du tableau. 2° Que les plans des bases du parallélipipède sont aussi inclinés à l'horizon d'une quantité égale à 51°, complément de 39°, à cause des angles droits qui sont aux angles solides du parallélipipède. 3° Que parmi les huit lignes qui terminent les deux bases, il y en a quatre parallèles à l'horizon ; savoir : celle qui est couchée sur le terrain et sa parallèle AB, DC, et celle qui est appuyée sur le mur et sa parallèle *ab*, *dc* ; les quatre autres *ad*, *bc*, AD, BC, sont inclinées à l'horizon de 39°. D'où l'on voit qu'il faut trouver dans la ligne verticale deux points accidentaux, l'un T au-dessus du point de vue, pour les droites A*a*, B*b*, C*c*, D*d* qui terminent les faces, et dont l'inclinaison écarte leur sommet du plan du tableau, et l'autre P au-dessous du point de vue S pour celles AD, BC, *ad*, *bc* qui terminent les bases, et dont l'inclinaison les rapproche du plan du tableau. Il faut donc prendre sur les divisions de la ligne horizontale une droite égale au complément de 51°, c'est-à-dire, à la tangente de 39°, et la porter de S en T, et une ligne égale au complément de 39°, et la porter de S en P ; la figure rend le reste sensible.

45. II. Si les parallèles données sont dans des plans verticaux qui fassent un angle avec le plan vertical du tableau, comme si l'on supposait que le parallépipède de l'exemple précédent dût être appuyé sur un plan qui fît, avec le plan vertical, un angle 30°, ou, ce qui est la même chose, qui eût une obliquité de 60° à l'égard du plan du tableau ; alors il faudrait trois points accidentaux, l'un en T (Pl. 52, fig, 5), pour les côtés qui terminent les faces, l'autre en Q, pour les côtés de la base qui sont appuyés les uns sur le terrain et les autres sur le mur, et pour leurs parallèles ; et le troisième en P, pour les côtés de la base qui ne touchent le terrain ou le mur que par une de leurs extrémités, et pour leurs parallèles.

46. Il n'y a aucune difficulté pour le point accidental Q des lignes qui sont couchées sur le terrain, il doit toujours être dans la ligne horizontale, au point qui marque leur obliquité à l'égard du plan vertical. Mais pour trouver chacun des deux autres, voici le procédé.

Prenez sur la ligne horizontale VQ la tangente VE du complément de l'inclinaison des faces à l'horizon, portez-la de O en F sur une perpendiculaire élevée du point de 45°. Joignez VF qui coupera en R la perpendiculaire DT, élevée du point D où est marqué le complément de la déclinaison des faces à l'égard du plan vertical ; portez OF de D en K ; joignez KR, faites

DT = KR, et le point accidental cherché sera en T. On trouve de même le point P.

47. Pour démontrer ce procédé, il faut concevoir qu'une droite inclinée à l'horizon de 39 degrés, par exemple, étant prolongée à l'infini, irait aboutir dans le ciel en un point élevé de 39° au-dessus de l'horizon : ce point est situé sur un petit cercle de la sphère céleste parallèle à l'horizon qu'on nomme *almicantarat* (*voy.* ce mot). Or, puisque la ligne horizontale du tableau est la perspective de l'horizon céleste, *la perspective d'un almicantarat est une hyperbole, dont le sommet est dans la ligne verticale, et dont le demi-axe principal est égal à la tangente de la hauteur de ce cercle au-dessus de l'horizon.* C'est-à-dire que le demi-axe principal est égal à la partie de la ligne horizontale, comprise depuis le point de vue, jusqu'à la division qui marque le nombre des degrés de la hauteur. *Le second demi-axe de cette hyperbole est le rayon principal.*

En effet, un cercle céleste parallèle à l'horizon est la base d'un cône optique dont le sommet est dans l'œil, et la base du cône opposé est un almicantarat, également abaissé au-dessous de l'horizon. Que A, par exemple (Pl. 52, fig. 6), soit le lieu de l'œil ; que ABΠ représente le plan de l'horizon céleste confondu avec le terrain ou plan géométral à une distance infinie du point A ; que PT représente le plan du tableau ; MEG l'almicantarat élevé au-dessus de l'horizon de la quantité mesurée par l'angle HAE, et KNI l'almicantarat au-dessous de l'horizon, il est clair que les deux cônes opposés étant coupés par le plan du tableau PT, parallèlement à leur axe CL, les sections *m*SM, N*sn*, sont deux hyperboles (*voy.* HYPERBOLE), dont le point de vue B du tableau est le centre, AD ou SB le demi-axe principal, et AB le demi second axe.

D'où l'on voit que si par le point C (Pl. 52, fig. 5), qui marque sur le plan vertical une hauteur de 39°, ayant fait VC = VE, on fait passer une hyperbole CT, dont VC et VO soient les demi-axes, elle sera la perspective de l'almicantarat de 39°, et que le point accidental qu'on cherche doit se trouver dans cette hyperbole à l'endroit où elle est rencontrée par la perpendiculaire élevée du point D. Il reste donc à démontrer que, par la construction enseignée ci-dessus (n° 46), on a trouvé le vrai lieu du point T,

Soit VO = b, VC ou KD ou OF = a, VD = y, DT ou KR = x. A cause des triangles semblables VDR, OVF, on a

$$OV : OF :: VD : DR,$$

ou

$$b : a :: y : DR$$

donc

$$DR = \frac{ay}{b}, \text{ et } \overline{DR}^2 = \frac{a^2y^2}{b^2}.$$

Or, dans le triangle rectangle KDR , on a

$$\overline{KT}^2 = \overline{KD}^2 + \overline{DR}^2$$

ou

$$x^2 = a^2 + \frac{a^2y^2}{b^2},$$

on tire de cette égalité

$$y^2 = \frac{b^2}{a^2} \ (x^2 - a^2)$$

équation de l'hyperbole rapportée à ses axes principaux. Ainsi x ou DT est bien une abscisse d'une hyperbole dont VC et VO sont les demi-axes conjugués.

Il est évident que VF est l'asymptote de l'hyperbole CT ; de sorte qu'ayant le point T de l'almicantarat de 39°, il est facile de décrire l'hyperbole entière qui est la perspective de cet almicantarat.

48. Cette méthode, qui est très-praticable lorsque les inclinaisons des lignes originales n'excèdent pas 50 à 60 degrés, exige, lorsque ces inclinaisons sont plus grandes, des développemens de lignes sur le plan du châssis qui sont fort incommodes. On est même souvent alors forcé de se passer de point accidental, et de déterminer chaque ligne inclinée en particulier , en cherchant par la trigonométrie ou par une opération graphique dont nous donnerons plus loin un exemple le point du terrain où répond l'aplomb du sommet de chaque ligne inclinée, et la longueur de cette ligne aplomb , puis en mettant ce point et cette longueur en perspective.

49. Si, dans l'expression

$$x^2 = a^2 + \frac{a^2y^2}{b^2} = \frac{a^2b^2 + a^2y^2}{b^2}$$

trouvée ci-dessus, on remarque que a est la tangente de l'inclinaison des parallèles données, inclinaison que nous désignerons par I ; qu'en outre, y est la tangente de l'obliquité du plan vertical du tableau à l'égard du plan vertical des parallaxes , obliquité que nous désignerons par O, et qu'enfin b est le rayon ou sinus total R ; cette formule devient

$$x^2 = R^2 + (\text{tang}^2O). \ \frac{\text{tang}^2 I}{R^2},$$

mais on a en général (*voy.* SINUS.),

$$(\text{sécante})^2 = (\text{rayon})^2 + (\text{tangente})^2$$

ainsi cette dernière expression donne

$$x^2 = \sec^2 O. \frac{\text{tang}^2 I}{R^2}, \text{ ou } x = \sec O. \frac{\text{tang} I}{R}$$

ou enfin

$$x = \frac{R \cdot \text{tang} I}{\cos O}$$

à cause de sec $O = \dfrac{R^2}{\cos O}$.

On a donc cette analogie : *comme le cosinus de l'obliquité du plan vertical du tableau , à l'égard des plans verticaux sur lesquels sont situées des parallèles originales inclinées à l'horizon, est à la tangente de cette inclinaison, ainsi le rayon est à la distance de la ligne horizontale du tableau au point accidental de ces parallèles.*

50. D'où l'on voit que si , par tous les degrés marqués sur la ligne horizontale , on tire des perpendiculaires, elles seront autant de perspectives de grands cercles de la sphère, perpendiculaires à l'horizon , ce que l'on nomme des *cercles verticaux*, propres à mesurer par leurs degrés toutes les inclinaisons possibles des droites situées obliquement à l'horizon et au plan vertical. La ligne verticale du tableau est elle-même un de ces grands cercles, qu'on peut comparer au méridien de la sphère céleste. Si donc on voulait diviser en degrés tous ces verticaux perspectifs , il est clair que la ligne verticale aurait des divisions égales à celles de la ligne horizontale ; et qu'à l'égard des autres verticaux, on les diviserait aisément par le calcul de l'analogie précédente.

51. Sans avoir recours au calcul, on peut opérer graphiquement cette division de la manière suivante. Soit OQ (Pl. 52, fig. 7) la ligne horizontale, SB la ligne verticale, et OY le vertical qu'il s'agit de diviser ; portez le rayon principal de O en Q , et portez de O en M la distance OS de ce vertical au point de vue. En regardant la ligne verticale du tableau comme le *méridien*, la distance OS se nommerait, en astronomie, l'*azimuth* (*voy.* ce mot), du vertical à diviser. Joignez M et Q ; et du point Q comme centre avec le rayon QO décrivez l'arc de cercle ON. Du point N, abaissez sur OQ la perpendiculaire NL, laquelle est évidemment le cosinus de l'azimuth, puisque OM en est la tangente, et NL le sinus. Portez LQ de Q en P, à l'opposé du point O. Faites passer par P la perpendiculaire PR, sur laquelle portez de part et d'autre du point P, comme en t, u, x, etc., les divisions prises sur la ligne horizontale depuis S'. Par le point Q et par les points t, u, x, etc., tirez des droites qui donneront les points T, V, X, etc., des divisions demandées. Car Pt étant, par exemple, la tangente de 10° dont le rayon est OQ , les triangles rectangles semblables QOT , QPt, donnent

$$QP : Pt :: QO : OP,$$

ce qui est identique avec l'analogie du numéro précédent.

52. Lorsqu'on a un grand nombre d'objets à mettre

en prespective, il faut préalablement calculer à quelle distance du tableau on doit supposer les objets qu'on veut représenter sur le devant, pour qu'il soit possible de les faire entrer en entier sur le tableau. Ce calcul est fondé sur la proportion :

La hauteur du tableau est au rayon principal, comme la hauteur de l'objet est à la distance de l'œil où il faut le placer, pour que sa hauteur puisse être représentée tout entière dans le tableau.

Supposons, par exemple, que AB (Pl. 52, fig. 8) est l'objet le plus proche et le plus élevé, sa hauteur étant de 16 modules, le tableau TR ayant 5 modules de hauteur, et le rayon principal TO étant de 10 modules, il est évident qu'on a

RT : TO :: AB : AO.

Par le calcul on trouve AO = 32 modules, et par conséquent AT = AO — TO = 22 modules. Il faut donc éloigner le tableau de 22 modules de l'objet pour que cet objet puisse s'y voir tout entier. La place de cet objet se nomme alors le *devant de la scène.*

53. Il ne suffit pas d'avoir trouvé la distance du *devant de la scène*, car il est essentiel d'examiner si, d'après cette distance, le tableau est assez large pour comprendre tous les objets qu'on veut représenter sur ce devant.

On peut s'assurer de cette circonstance par la proportion :

La distance de l'œil à l'objet, trouvée ci-dessus, est au rayon principal, comme la largeur du devant de la scène est à la largeur que doit avoir le tableau pour la contenir.

Car soit AB (Pl. 52, fig. 9) la largeur du devant de la scène, égale à 48 modules ; soit en O le lieu de l'œil, éloigné de AB de 32 modules = OC ; soit enfin, DE la largeur du tableau. Or, pour que tout le devant de la scène puisse être contenu dans le tableau, il faut que les rayons OD et OE qui vont de l'œil aux bords du tableau tombent aux extrémités A et B de ce devant de scène ; ainsi les triangles ODE et OAB étant semblables, et OC, OF étant les hauteurs de ces triangles, on a

OC : OF :: AB : DE

ce qui donne, en substituant les nombres proposés, DE = 15 modules. Il faut donc que le tableau ait 15 modules de large pour contenir le devant de la scène tant en largeur qu'en hauteur. Mais si le tableau n'en avait, par exemple, que 12, alors, pour lui faire contenir tout le devant de la scène, il faut l'éloigner davantage des objets, ce qui peut se faire par cette proportion, qui est l'inverse de la précédente :

La largeur du tableau est au rayon principal, comme la largeur du devant de la scène est à la dis-tance de l'œil où il faut placer ce devant pour le faire entrer tout entier dans le tableau.

54. Après avoir ainsi déterminé avec exactitude la distance du devant de la scène, le premier soin à prendre est de trouver sur le tableau la position de la ligne horizontale et celle de la ligne verticale. Pour cet effet on choisit le point du devant de la scène vis-à-vis duquel on veut que l'œil du spectateur soit placé. Ce point est donc à une certaine distance d'un des bords du devant de la scène, et à une certaine hauteur au-dessus du terrain. Ces distances étant mesurées, les deux proportions suivantes font connaître la position des lignes horizontales et verticales.

1. *La distance de l'œil au point choisi sur le devant de la scène est au rayon principal, comme la distance du point choisi à une des extrémités du devant de la scène est à la distance de la ligne verticale au bord du tableau, placé du même côté que cette extrémité.*

II. *La distance de l'œil au point choisi est à la hauteur de ce point au-dessus du terrain, comme le rayon principal est à la distance de la ligne horizontale au bord inférieur du tableau.*

La démonstration de ces deux analogies est trop facile pour que nous croyions devoir nous y arrêter.

55. Si le devant AB de la scène (Pl. 52, fig. 10) n'était pas parallèle au plan DE du tableau, comme si l'on voulait représenter une façade de bâtiment vue un peu obliquement, et que cette façade remplît exactement la largeur du tableau, les calculs préparatoires deviendraient un peu plus compliqués, mais on peut les éviter en faisant différens essais, c'est-à-dire, en mettant en perspective les quatre points des extrémités de cet objet, et en réglant les dimensions du tableau sur celles du trapèze perspectif que donnent ces quatre points. Voici du reste ces calculs préparatoires.

Le point F étant celui par lequel on veut faire passer le plan vertical, on calculera la grandeur des lignes AL, FM, AH et FH, soit par les procédés de la trigonométrie, soit à l'aide d'une échelle, en les construisant sur un plan bien exact. Faisant OP = r, DE = t et PE = x ; x sera la distance de la ligne verticale au bord du tableau, et cette valeur trouvée par le calcul servira ensuite à calculer tout le reste. Les triangles semblables BGL, OPE donnent

$$OP : PE :: BL : LG,$$

ou

$$r : x :: b : LG = \frac{xb}{r}$$

en désignant encore BL par b. Faisant aussi FM = HL = d etc AH = f, les triangles semblables HGO, PEO donnent

$$PE : OP :: HG : HO$$

ou

$$x : r :: d - \frac{bx}{r} : \mathrm{HO} = \frac{dr}{x} - b$$

à cause de $\mathrm{HG} = \mathrm{HL} - \mathrm{LG} = d - \frac{bx}{r}$. Enfin, les triangles semblables AHO, PDO donnent

$$\mathrm{DP} : \mathrm{OP} :: \mathrm{AH} : \mathrm{HO}$$

ou

$$t - x : r :: f : \mathrm{HO} = \frac{fr}{t-x}:$$

Égalant les deux valeurs de HO, on a l'équation

$$\frac{dr}{x} - b = \frac{fr}{t-x}$$

qui devient, en faisant disparaître les dénominateurs,

$$x^2 - \left(\frac{dr-bt-fr}{b}\right) x + \frac{drt}{b} = 0,$$

ce qui donne, en faisant pour abréger $\frac{dr-bt-fr}{b} = a$,

$$x = \tfrac{1}{2}a + \sqrt{\left[\tfrac{1}{4} a^2 - \frac{drt}{b}\right]}$$

connaissant ainsi x ou PE, on aura PD et ensuite PF, puisque $\mathrm{PF} = \mathrm{HO} + \mathrm{HF} - \mathrm{OP}$; on connaîtra donc la distance du point de vue P du tableau, au point F du devant de la scène, par où le plan vertical doit passer.

56. Quant à la position de l'œil et à sa hauteur, nous devons remarquer que dans les tableaux ordinaires, destinés à parer un appartement, il est à propos de supposer l'œil élevé de 7 à 8 pieds au-dessus du terrain ou plan géométral, excepté lorsqu'on a un grand nombre d'objets à représenter sur un terrain, comme serait le tableau d'un jardin; car alors il est nécessaire d'élever l'œil de sorte que les parties ne soient pas trop dégradées par la perspective et qu'on puisse les distinguer sans confusion. Ces sortes de perspectives se nomment *à vue d'oiseau*.

Ainsi on ne doit s'astreindre à placer l'œil à la hauteur ordinaire d'un homme comme de 5 pieds à 5 pieds $\frac{1}{4}$, que dans les perspectives qui sont faites pour être vues de très loin, et pour paraître une continuation du terrain sur lequel le spectateur est placé. Telle serait un bout de galerie alongée par un tableau de perspective, ou un tableau mis au fond d'un jardin. Dans les perspectives de décorations de théâtre, on doit supposer l'œil placé vers le milieu de l'amphithéâtre, et à la

hauteur de trois ou quatre pieds au-dessus du niveau de cet amphithéâtre, afin que le terrain mis en perspective paraisse une continuation non interrompue du parquet du théâtre.

57. La longueur du rayon principal doit être aussi choisie de manière que les perspectives des objets n'aient pas leurs parties trop raccourcies et trop défigurées. Lorsque le tableau ne doit pas être vu de loin et qu'il n'est pas assujéti à une certaine place fixe, on peut se servir de cette règle : *le rayon principal ne doit pas être plus court que la moitié de la diagonale du tableau, ni plus long que cette diagonale, lorsqu'on veut que tous les traits des principaux objets soient finis*. Mais dans les grandes perspectives, comme dans celles des décorations de théâtre, qu'on doit supposer hors de la portée ordinaire de la vue, et dont par conséquent les traits ne doivent qu'être dessinés grossièrement et non pas finis, on doit placer l'œil à la distance que la situation du lieu indiquera.

58. La théorie des ombres est un objet essentiel de la perspective pratique, mais elle appartient plus particulièrement à la *perspective aérienne*, et les considérations géométriques qu'elle peut présenter ne sont que des conséquences immédiates des principes que nous avons exposés au mot OMBRE; nous devons donc nous contenter de renvoyer à cet article, ainsi qu'aux divers *traités de perspectives* où cette matière est traitée avec tous ses développemens. Ce qui précède renferme l'exposé complet des procédés et des principes de la *perspective linéaire*. Nous en verrons encore quelques applications au mot PROJECTION.

59. Les règles générales de la *perspective linéaire* paraissent avoir été connues des anciens, quoiqu'il ne nous soit rien parvenu d'eux sur ce sujet, car il est certain, d'après un passage de Vitruve, que Démocrite et Anaxagore s'occupèrent des décorations de théâtre et des moyens de les mettre en perspective, après qu'Agatharque eut exécuté le premier de telles décorations; mais cette science a été recréée par les modernes, et c'est à Albert Durer et à Pietro del Borgo que nous devons ses principes fondamentaux. En 1600, Guido Obaldi fit paraître le premier traité systématique de perspective; ouvrage très-bien fait et qui servit depuis de modèle à une foule d'auteurs. Plus récemment Deschales, Lamy, S'Gravesande, Taylor et Ozanam publièrent des traités que n'ont point fait oublier les méthodes modernes dont nous parlerons au mot STÉRÉOTOMIE. On doit à Lacaille un *traité d'optique* dans lequel la perspective se trouve traitée d'une manière très-claire et où nous avons puisé la matière de cet article. Nous indiquerons à nos lecteurs *la théorie des ombres et de la perspective* de Monge, ajoutée à la cinquième édition de sa *Géométrie descriptive*, et *le dessin linéaire appliqué*

aux arts, de M. Thierry. *Voy.* aussi le *Traité de Perspective* de Lavit, et celui de J.-B. Cloquet.

PERTURBATION. (*Ast.*) Inégalité dans le mouvement des planètes produite par l'attraction mutuelle de ces corps.

Si chaque planète n'obéissait qu'à l'action du soleil, son mouvement s'exécuterait dans une ellipse dont la forme serait constante et chacune des périodes de ce mouvement serait exactement la même que celle qui la précède et que celle qui la suit. Mais, l'attraction étant universelle et réciproque entre toutes les parties de la matière, chaque planète éprouve incessamment l'action de toutes les autres; et il doit nécessairement résulter de cette action, qui varie sans cesse, d'après le changement des directions et des distances, des variations dans les courbes ou les orbites parcourues. C'est à ces variations qu'on a donné le nom de *perturbations*.

Les masses des planètes, comparées à celle du soleil, étant d'une extrême petitesse, leurs attractions mutuelles sont très-faibles par rapport au pouvoir central qui les force à circuler autour de cet astre, et les effets de ces attractions ou des forces dites *perturbatrices* sont proportionnellement très - petits. Ce n'est généralement que dans un long intervalle de temps que ces effets deviennent sensibles, et il a fallu toute la perfection des instrumens modernes et des procédés d'observations pour reconnaître quelques-unes de ces *perturbations*, dont cependant l'existence se trouve démontrée à priori par la science.

La théorie des perturbations forme aujourd'hui le point le plus élevé de ce qu'on appelle la *mécanique céleste*, et celui sur lequel se sont réunis les efforts des plus grands géomètres. Malgré tous leurs travaux, le problème fondamental de cette théorie n'est encore que posé, car sa solution complète exige des intégrations d'équations différentielles qui dépassent les moyens actuels de la science des nombres. Nous allons faire connaître les points principaux de ce problème.

D'après l'extrême petitesse des forces perturbatrices et des effets qu'elles produisent, on peut, sans craindre d'erreur dans les résultats, estimer chaque effet séparément, et comme si tous les autres n'existaient pas; car, d'après un principe de mécanique, si de très-petites forces agissent simultanément sur un système matériel, l'effet total des forces combinées est la somme des effets que chaque force produirait séparément, au moins tant que leur action n'aura pas altéré d'une manière sensible les relations primitives des parties du système. Ainsi, pour évaluer les influences perturbatrices de plusieurs corps compris dans un même système, lorsqu'un de ces corps a une prépondérance très-grande sur tous les autres, nous pouvons nous contenter d'é-

valuer isolément l'influence de chacun de ces corps en particulier, sans nous occuper de la combinaison de ces influences entre elles, combinaison qui ne peut altérer les relations originales du système que par l'accumulation de ses effets pendant des périodes d'une immense durée. De cette manière, quel que soit le nombre des corps qui composent le système, le problème est ramené à la considération *de trois corps* : un corps central ou prédominant, un corps troublant et un corps troublé; ces deux derniers changent de rôles selon qu'il s'agit de déterminer le mouvement de l'un ou de l'autre. C'est la détermination des lois de ce mouvement qui forme l'objet du problème devenu si célèbre sous le nom de PROBLÈME DES TROIS CORPS.

Soit S le corps principal (Pl. 53, fig. 1) et T et P les corps respectivement troublé et troublant. Représentant par ATBA l'orbite que le corps T décrirait sans la force perturbatrice, et, en supposant que ce corps se trouve en T à une époque donnée, soit TT′ l'arc qu'il parcourrait dans l'instant suivant s'il n'était pas troublé par l'action du corps P, dont CPDC représente l'orbite située dans un autre plan que l'orbite ATBA, mais qui coupe le plan de cette dernière, suivant la ligne des *nœuds* EF. Menons au point T′ une tangente à l'arc TT′, cette tangente irait couper la ligne des nœuds en R. Ceci posé, comme l'action de P sur S et sur T agit suivant les directions PS et PT, qui ne sont ni l'une ni l'autre dans le plan de l'orbite ATBA; chacun de ces corps sera sollicité à sortir de ce plan, mais d'une manière inégale, parce que les droites PS et PT ne sont ni égales ni parallèles, et que le corps P attire inégalement les corps S et T, d'après la loi générale de la gravitation. C'est donc par la différence des attractions que l'orbite primitive ou relative de T autour de S se trouve changée, et si l'on continue de rapporter le mouvement de T autour du point S comme à un centre fixe, la portion perturbatrice de l'action de P sur T obligera T à dévier du plan ATBA, et à décrire non plus l'arc TT′, mais un arc T*t*, situé au-dessus ou au-dessous de TT′ selon la prépondérance des forces avec lesquelles P sollicite S et T.

Or, la force perturbatrice qui agit suivant la direction PT peut être considérée comme décomposée en deux autres, dans le plan du triangle STP, savoir : en une force qui agit dans la direction ST et qui tend à accroître ou à diminuer, selon les cas, l'attraction de S sur T, et en une seconde force qui agit dans la direction TM, parallèle à SP, et qui rapproche ou éloigne T de M, selon les cas. Ainsi, comme la composante de la force perturbatrice, dirigée selon ST, est comprise dans le plan ATBA, elle ne saurait tendre à faire sortir T de ce plan; c'est donc l'autre composante seule dirigée selon TM qui peut produire cet effet. Il est bien en tendu que nous considérons ici ces composantes d'une manière relative, en regardant le point S comme fixe, et en rapportant à T toute l'action de la force perturbatrice.

Maintenant, pour nous rendre compte de l'effet que doit produire la force dirigée selon TM, remarquons que, d'après la configuration que présente notre figure, cette force tire T vers M, et comme TM parallèle à SP tombe du côté de l'orbite de P, ou *au-dessous* de celui de T, en regardant le premier comme plan fondamental, il est évident que l'arc Tt, décrit par T dans son mouvement troublé, tombe au-dessous de TT', et si en prolonge cet arc, c'est-à-dire si on lui mène une tangente au point t, cette tangente tV ira couper le plan de P en un point V, situé en arrière de R, de manière que la droite SVP' qui sera l'intersection du plan STV avec celui de l'orbite de P, et qui sera conséquemment la nouvelle ligne des nœuds, viendra tomber en arrière de la ligne primitive des nœuds SF. Ainsi, par suite de la perturbation qui fait décrire l'arc Tt au lieu de l'arc TT', la ligne des nœuds aura *rétrogradé* de l'angle FSV. Nous regardons ici comme *directs* les mouvemens de T et de P.

Mais T conservant toujours la même situation, si nous supposons que P est à la gauche de la ligne des nœuds, au lieu d'être à droite comme dans la figure, il est facile de voir que la composante selon la direction TM tendra à soulever T, que Tt sera au-dessus de TT' et que la ligne des nœuds *avancera* au lieu de rétrograder. L'action de la force perturbatrice a donc pour effet d'imprimer à la ligne des nœuds un mouvement oscillatoire, et suivant que dans l'ensemble de toutes les situations relatives possibles de T et de P, la somme de toutes les quantités de rétrogradation sera plus grande ou plus petite que celle de toutes les quantités d'avancement, le nœud aura finalement *rétrogradé* ou *avancé*.

Outre cette variation de la position des nœuds, il résulte encore des considérations qui nous ont amenés à la reconnaître, que l'orbite de T doit éprouver des modifications dans sa forme et dans son inclinaison sur celui de P, car tantôt l'action de la force perturbatrice rapproche ou éloigne T de S, tantôt elle l'élève au-dessus du plan de son orbite primitive ou l'abaisse au-dessus de ce plan. Cette orbite éprouve donc des changemens continuels, mais ces changemens sont périodiques, c'est-à-dire, que dans un certain intervalle de temps les dimensions et l'inclinaison primitives se reproduisent pour varier ensuite de nouveau.

L'action générale de la force perturbatrice fait donc décrire au corps T une orbite dont deux parties ou deux élémens successifs ne sont pas compris dans le même plan, ce qui rend cette orbite une courbe à double courbure, et le phénomène de la diminution ou de

l'augmentation de son inclinaison sur l'orbite de P est intimement lié avec celui de la rétrogradation ou de l'avancement de la ligne des nœuds. Cependant s'il s'agissait de calculer ces perturbations, dont ce qui précède n'est destiné qu'à démontrer la nécessité, il faudrait remarquer que la question est beaucoup plus compliquée que nous ne l'avons présentée jusqu'ici, car l'orbite de P est elle-même variable par suite de l'action perturbatrice de T sur P, et le mouvement de ses nœuds, par rapport à l'orbite de T, se combine à celui des nœuds de l'orbite de T, par rapport à l'orbite de P, de telle manière que le déplacement final de l'intersection des plans primitifs résulte de la combinaison de toutes les variations respectives. Bien plus, pour obtenir le mouvement définitif de l'orbite d'une planète, il ne suffit plus de considérer seulement l'action perturbatrice d'une autre planète, mais il faut combiner deux à deux toutes les planètes qui composent le système solaire et avoir égard à la situation variable des plans de toutes les orbites.

Si l'on considère le plan de l'écliptique comme un plan fixe, on trouve que les nœuds de toutes les orbites des planètes ont, sur ce plan, un mouvement final *rétrograde* extrêmement lent, car le plus rapide de tous ne s'élève pas à un degré par siècle. Ce mouvement rétrograde s'effectue pour chaque planète dans une période de temps plus ou moins longue, à l'expiration de laquelle le nœud se retrouve dans la même situation qu'il avait à l'origine, tandis que l'inclinaison de l'orbite qui a diminué pendant une partie de la période s'accroît pendant l'autre partie, de telle sorte qu'après une révolution complète du nœud l'inclinaison a repris sa valeur originaire.

Il résulte des recherches de Laplace que, par cela seul que les planètes se meuvent dans le même sens, dans des orbites peu excentriques et peu inclinées les unes sur les autres, les perturbations sont périodiques et renfermées dans d'étroites limites; en sorte que le système planétaire ne fait qu'osciller autour d'un état moyen, dont il ne s'écarte jamais que d'une petite quantité : ainsi les orbites des planètes ont toujours été et seront toujours à peu près circulaires, et il est impossible qu'aucune planète ait été primitivement une comète.

L'écliptique elle-même changeant de position dans l'espace, il était nécessaire, pour évaluer la variation totale de l'inclinaison des orbes planétaires, de rapporter ces orbes à un plan invariable; c'est ce qui a conduit Lagrange à la découverte du beau théorème suivant:

Si l'on multiplie la masse de chaque planète par la racine carrée du grand axe de son orbite, et par le carré de la tangente de son inclinaison à un plan fixe la somme de ces produits sera constamment la même, sous l'influence de leurs attractions mutuelles.

Ainsi la stabilité du système planétaire doit être regardée désormais comme assurée, du moins en ce qui concerne les inclinaisons des orbites. (*Voy.* Planète et Précession.)

PESANTEUR. (*Méc.*) Force en vertu de laquelle tous les corps tombent à la surface de la terre lorsqu'ils ne sont pas soutenus.

Le mot *pesanteur* signifie la même chose que *gravité*, mais ce dernier mot se rapporte en général à tous les corps de l'Univers, tandis que le premier s'emploie plus particulièrement pour les corps du globe terrestre.

Pendant long-temps on a confondu la *pesanteur* et le *poids* des corps, et l'on croyait que les corps avaient une tendance à tomber d'autant plus grande qu'ils avaient plus de masse. Cela était à la vérité assez vraisemblable, car on voit journellement qu'un corps peu dense, comme une plume, tombe moins vite qu'un corps plus dense, comme un morceau de plomb. Mais ce *plus* ou *moins* de vitesse n'est pas proportionnel au poids, et il ne fallait qu'une expérience bien simple pour renverser cette grossière théorie dont on se contenta pendant tant de siècles, sous l'autorité d'Aristote.

Galilée est le premier qui ait imaginé de faire tomber d'une même hauteur des corps de différens poids, et de comparer avec ces poids les vitesses de leurs chutes. Ayant trouvé que les vitesses ne sont jamais proportionnelles aux poids et que, de deux corps égaux en poids, celui dont le volume est le plus grand tombe moins vite que l'autre, il reconnut que la différence des vitesses ne pouvait provenir que de la résistance de l'air qui agissait avec plus de force sur celui des deux corps qui présentait le plus grand volume, et il finit par conclure que tous les corps, de quelque nature qu'ils fussent, doivent tomber également vite, en faisant abstraction de la résistance de l'air. Nous avons donné aux mots Accélération, Accéléré et Galilée, l'histoire de cette grande découverte qui vint changer la face de la physique, ainsi que les lois de la chute des corps; nous nous contenterons donc ici de résumer ces lois qui sont en même temps celle de la pesanteur.

1° La force qui fait tomber les corps agit dans une direction toujours perpendiculaire à l'horizon; 2° elle est constamment uniforme et agit également à chaque instant; 3° les corps tombent vers la terre d'un mouvement uniformément accéléré; 4° leurs vitesses sont comme les temps de leur mouvement; 5° les espaces qu'ils parcourent sont comme les carrés des temps; 6° enfin, l'espace qu'un corps parcourt en tombant pendant un temps quelconque est la moitié de celui qu'il parcourait pendant le même temps d'un mouvement uniforme avec la vitesse acquise.

Le *poids* d'un corps et sa *pesanteur* sont donc des choses qu'il est important de ne pas confondre, quoique ces expressions soient synonymes dans le langage ordinaire; en effet, la *pesanteur* d'un corps est la force qui le sollicite à descendre, et son *poids* est la somme des parties pesantes qui sont contenues dans le même volume ou le produit de sa masse par la pesanteur. La *pesanteur* appartient également à toutes les parties d'un même corps : cette force n'augmente ni ne diminue par leur réunion ou leur séparation; mais le *poids* d'un corps change, comme la quantité de matière qui le compose. On peut donc dire de deux corps de différens poids, qu'ils ont la même pesanteur, car l'un et l'autre tendent de haut en bas avec la même vitesse.

Les observations de la durée des oscillations du pendule ont prouvé que la pesanteur n'est pas la même sur toute la surface de la terre, mais que l'intensité de cette force varie de telle manière qu'elle est la plus grande aux pôles et la plus petite sous l'équateur; phénomène qui prouve le mouvement de rotation de la terre sur son axe. Car chaque point de la surface de la terre décrivant un cercle, et ce cercle étant d'autant plus grand qu'il est plus près de l'équateur, les corps qui sont placés à la surface acquièrent une force centrifuge d'autant plus considérable qu'ils décrivent de plus grands cercles dans le même temps, et comme la force centrifuge (*voy.* ce mot) agit en sens inverse de la force centrale de la pesanteur, elle diminue nécessairement les effets de cette dernière.

En prouvant l'identité de la force qui retient les planètes dans leurs orbites avec la pesanteur (*voy.* Attraction et Gravité), Newton a prouvé que la pesanteur doit diminuer à mesure qu'on s'éloigne du centre de la terre; cette diminution, insensible pour de petites hauteurs, peut cependant être reconnue par l'expérience, car Bouguer et La Condamine, ayant fait osciller un pendule au pied et sur le sommet d'une des montagnes des Cordillères, ont trouvé que la durée des oscillations était plus grande au sommet qu'au pied.

PESANTEUR SPÉCIFIQUE. Poids que pèse un corps sous un volume donné, comme, par exemple, un décimètre cube. Plus un corps a de poids sous ce volume déterminé, plus sa *pesanteur spécifique* est grande. Par exemple, le platine est de tous les corps terrestres celui qui a la plus grande *pesanteur spécifique*, parce qu'un décimètre cube de platine a plus de poids qu'un décimètre cube de toute autre substance. (*Voy.* Densité.)

PÈSE-LIQUEUR. (*Méc.*) (*Voy.* Aréomètre.)

PLSON. (*Méc.*) Espèce de balance nommée autrement Balance romaine. (*Voy.* ce mot.)

PHASES. (*Ast.*) On donne ce nom aux diverses apparences que présentent la lune et les planètes selon les différentes manières dont elles nous renvoient la lumière du soleil. Ce mot vient du grec φαίνω, *je brille.*

Les *phases* les plus remarquables sont celles de la lune, nous en avons donné l'explication au mot Lune. Vénus et Mercure offrent des *phases* exactement semblables à celles de la lune, mais on ne peut les observer qu'à l'aide du télescope. Mars a aussi des phases incomplètes, et il en est de même, à un moindre degré, des planètes plus éloignées.

PHILOLAÜS DE CROTONE, philosophe pythagoricien, vivait vers l'an 450 avant notre ère. Il est le premier des disciples de Pythagore qui ait enseigné publiquement le mouvement de la terre; et c'est pour cela que Boulliau a donné le titre d'*Astronomie Philolaïque* à son traité des astres, écrit d'après cette hypothèse. On a peu de détails sur la vie de Philolaüs; on sait seulement qu'il avait composé un grand nombre d'écrits qui ont été perdus. Platon faisait tant de cas de son traité sur la physique que, suivant Diogène Laërce, il l'acheta de ses héritiers au prix énorme de dix mille deniers ou cent mines.

PHILOSOPHIE DES MATHEMATIQUES. Donner à priori la déduction de tous les principes des mathématiques, de ses diverses branches, des lois fondamentales qui les régissent, expliquer les phénomènes intellectuels qu'elles présentent, démontrer la nécessité de ces phénomènes; apporter enfin l'unité systématique dans ces hautes sciences en leur offrant pour base de la certitude qui les caractérise une certitude supérieure et absolue, tel est l'objet de la *philosophie des mathématiques.*

Mais pour atteindre un but si élevé, la Philosophie doit d'abord se poser elle-même comme science, et prouver qu'assise sur une base désormais inébranlable, elle peut enfin réaliser son idéal : la législation de la raison humaine. Cependant si l'on jette un coup d'œil critique sur les divers systèmes qui prétendent encore de nos jours usurper en France le nom de philosophie, on voit bientôt que loin de pouvoir fonder les mathématiques, il n'en est pas un qui soit capable de s'élever au degré de certitude de ces sciences. Est-ce au *matérialisme* aveugle qui nie l'intelligence par l'intelligence, étouffe la spontanéité de la raison sous les entraves des sens, et divinise le hasard, que nous pourrons demander la solution de tant de grandes questions? Ou, sans nous arrêter à cet ignare système qui ne peut rien expliquer, remonterons-nous au *sensualisme*, dont il n'est que la plus grossière conséquence, pour réclamer quelques rayons de lumière? Voici sa réponse.

« L'algèbre est une *langue* bien faite et c'est la seule; rien n'y paraît arbitraire, l'analogie qui n'échappe jamais conduit sensiblement d'expression en expression. L'usage ici n'a aucune autorité. Il ne s'agit pas de parler comme les autres, il faut parler d'après la plus grande analogie pour arriver à la plus grande précision; et ceux qui ont fait cette *langue*, ont senti que la simplicité du style en fait toute l'élégance; vérité peu connue dans nos langues vulgaires.

» Dès que l'algèbre est une langue que l'analogie fait, l'analogie qui fait la langue, fait les méthodes ; ou plutôt la méthode d'invention n'est que l'analogie même.

» L'analogie : voilà donc à quoi se réduit tout l'art de raisonner, comme tout l'art de parler; et dans ce seul mot nous voyons comment nous pouvons nous instruire des découvertes des autres, et comment nous pouvons en faire nous-mêmes. » — Or, une science bien traitée n'est qu'une langue bien faite. »

» Les mathématiques sont une science bien traitée dont la langue est l'algèbre. Voyons donc comment l'analogie nous fait parler dans cette science, et nous saurons comment elle doit nous faire parler dans les autres.» (Condillac, *la Langue des Calculs.*)

Quelle est donc cette *analogie* prodigieuse, érigée en critérium de la vérité? Quel rang occupe-t-elle parmi les fonctions de l'intelligence? Sur quel principe repose la certitude de ses procédés? Voilà des questions préliminaires qu'il était important de traiter, car ayant pour but non seulement d'expliquer les mathématiques, mais encore d'amener toutes les autres sciences à leur degré d'exactitude, l'auteur aurait dû commencer par prouver la puissance de l'*analogie* qui devait opérer de si belles choses, et qui finit par produire de mauvais élémens d'arithmétique et d'algèbre. C'est cependant au livre insignifiant de *la Langue des Calculs* que se réduisent toutes les tentatives de l'école de Locke sur la philosophie des sciences !

Si, dégoûté du *sensualisme* et de ses interminables dissertations sur les langues, nous tournons nos regards vers des systèmes sinon plus nouveaux, du moins plus récemment produits, est-ce à la *psychologie transcendante* de ce qu'on nomme l'école française, au *Panthéisme* des Saint-Simoniens, ou bien à cette doctrine écossaise, pour laquelle un directeur de l'instruction publique voulait créer des chaires dans nos colléges, que nous irons demander la philosophie des mathématiques? Certes, la psychologie transcendante et le moderne panthéisme n'ont rien à faire dans des questions réellement scientifiques, et quant à la doctrine écossaise, qui n'est encore que le *sensualisme* amené à son dernier développement, Reid nous apprendra, entre autres choses merveilleuses, que si l'homme était réduit au seul sens de la vue, il ne pourrait connaître que l'étendue superficielle à deux dimensions, et prendrait pour des lignes droites ce qui serait réellement des arcs de grands cercles tracés sur une surface sphérique dont le centre serait dans son œil. Les triangles qu'il considérerait comme rectilignes pourraient avoir deux angles ou même les trois angles droits ou obtus. Ainsi la géométrie d'un tel homme serait toute différente de la nôtre : deux de ces lignes qu'il prendrait pour droites se rencontrant, par exemple, toujours en deux points, la notion de deux droites parallèles serait contradictoire pour lui.

Au milieu de tant d'aberrations intellectuelles, doit-on donc désespérer de la philosophie ? Pourra-t-elle jamais s'élever jusqu'à la noble tâche qui lui est imposée pour conquérir enfin le rang supérieur qu'elle doit occuper parmi les sciences, et sans lequel elle n'est qu'une connaissance vaine et méprisable ? A l'aspect d'un si grand nombre de tentatives infructueuses, lorsqu'il semble que l'esprit humain n'ait fait, depuis la plus haute antiquité, que tourner dans un cercle sans issue, le doute est si naturel, que l'indifférence du public français pour toutes les grandes questions philosophiques ne saurait nous étonner. Et cependant, depuis un demi-siècle une révolution inattendue, immense, s'est opérée dans le domaine du savoir, une voie nouvelle s'est ouverte ! Au moment où le découragement s'emparait des penseurs les plus profonds, un homme s'est levé tout-à-coup ; d'une main ferme et sûre il a porté le scalpel de l'analyse dans les facultés de l'intelligence ; les a circonscrites dans le champ de leur action ; a tracé leurs contours, déterminé leurs lois ; et, nouveau Copernic, a crié à la foule étonnée : c'est en transportant hors d'elle ce qui se passe en elle, que la raison humaine tombe dans toutes les illusions inconciliables qui font son désespoir. La voix puissante de cet homme n'a point jusqu'ici trouvé d'échos en France, et dans ce moment, où la postérité a commencé pour lui, lorsque le nom immortel d'Emmanuel Kant n'est prononcé qu'avec respect dans tout le nord de l'Europe, c'est à peine si quelques protestations timides osent s'élever contre les fausses idées que l'on semble avoir pris plaisir de répandre sur sa doctrine, et sur tous les travaux dont elle a été la base ou le point de départ.

Ainsi pendant que la France, livrée à la stérile logomachie des disciples de Condillac, se précipitait dans l'arène périlleuse des réformes politiques, où, privée de principes supérieurs, elle ne pouvait que marcher d'expérience en expérience, chèrement payées de son sang et de ses trésors, l'Allemagne accomplissait une réforme toute pacifique dont les résultats devaient être bien plus importans. Kant avait produit sa Philosophie transcendantale. La physique, le droit, la morale, la pédagogique, recevaient de ce grand homme leurs prin-

cipes métaphysiques et fondamentaux. Ses émules, les Fichte, les Schelling, les Hégel, s'étaient élancés dans des régions supérieures. Le véritable problème de la philosophie, la Certitude absolue, était posé et étudié sous toutes ses faces ; l'absolu lui-même, ce principe inconditionnel de toute réalité, était reconnu et signalé dans la conscience transcendante de l'homme ; enfin, la tendance de l'humanité vers ce but suprême de l'intelligence était établie d'une manière positive.

Tous ces grands travaux demeuraient complétement ignorés de la France, et le nom de Kant y était à peine connu par l'ouvrage de Villers (*Principes fondamentaux de la philosophie transcendantale*), lorsque M. Wronski publia, en 1811, son *Introduction à la philosophie des mathématiques*, qu'il se contenta de présenter alors comme une application de la philosophie de Kant. Nous croyons nous rappeler que le résultat immédiat de cette publication fut le retrait d'une pension que l'auteur recevait de la Russie ! Les géomètres ne firent pas à cette production si remarquable un accueil plus flatteur que celui de M. l'ambassadeur russe ; ils prétendirent qu'elle était inintelligible, ce qui est vrai relativement, et de là commença la longue lutte qui s'établit entre l'auteur et l'Institut de France ; lutte dans laquelle M. Wronski abusa peut-être un peu trop de sa supériorité.

Pour comprendre parfaitement l'*Introduction à la philosophie des mathématiques*, il était sans doute essentiel de connaître les principes philosophiques qui lui servent de base, et que l'auteur n'a point encore révélés. Mais, sans remonter à l'*absolu*, auquel ces principes paraissent se rattacher, on pouvait néanmoins, à l'aide des simples notions de la philosophie transcendantale, saisir complétement toutes les parties du magnifique système qu'il présente, pour pouvoir l'embrasser dans son ensemble et admirer l'unité qu'il apporte dans les mathématiques, unité qu'on tenterait vainement d'y introduire par tout autre moyen. Nous ne doutons nullement que si à l'époque de son apparition les idées de l'école allemande eussent été plus répandues, le sort de cet ouvrage n'eût pas été le même : le silence forcé ou convenu des géomètres n'aurait pu du moins, pendant vingt ans, le condamner à l'oubli, et nous ne serions pas les premiers à signaler au monde, dans un ouvrage consacré aux mathématiques, l'importance d'une doctrine dont le dernier résultat se traduit par la loi universelle qui régit ces sciences.

Déjà plusieurs fois, dans le cours de notre dictionnaire, nous avons essayé de faire connaître la direction nouvelle que cette philosophie est venue imprimer aux sciences mathématiques qui, malgré tous les travaux des géomètres, n'offraient, avant elle, qu'un assemblage de parties sans liaison systématique. On a pu comparer l'édifice régulier qu'elle a élevé, avec le chaos inextricable qui résulte des prétentions métaphysiques des mathématiciens matérialistes, prétentions qui tendent non seulement à comprimer l'essor de la raison vers les régions supérieures du savoir, mais qui méconnaissent entièrement, en outre, la nature des parties transcendantes de la science des nombres, de cette science ar excellente qui embrasse en dernier lieu toutes les mathématiques. Les tableaux que nous avons donnés ... essivement (*voy*. Math.) présentent l'ensemble systématique complet et achevé de l'algèbre, et nous avons suivi pour la déduction des parties qui les composent, l'ordre établi dans *l'Introduction à la philosophie des mathématiques.* Il nous suffirait donc ici, pour donner à cette déduction la certitude philosophique, d'expliquer comment elle résulte à priori de l'application des lois de l'intelligence à l'objet général de la science des nombres : cette tâche est au-dessus de nos forces. Elle exigerait pour être rigoureusement accomplie une connaissance approfondie de la *doctrine absolue* qui a conduit M. Wronski à toutes ses découvertes; doctrine dont nous ne connaissons malheureusement que quelques résultats, les plus grands, à la vérité, et les plus profonds de tous ceux auxquels le génie de l'homme ait pu parvenir jusqu'à ce jour (*voy*. le *Prodrome* du *Messianisme*, Paris, 1831, chez Treuttel et Würtz); mais qui ne laissent qu'entrevoir à notre faible intelligence le champ inconnu des vérités qui les a produites. Cependant, nous savons que nos lecteurs attendent avec impatience un aperçu de cette philosophie des mathématiques, dont les points que nous avons signalés jusqu'ici ont excité chez plusieurs d'entre eux une admiration qu'ils nous ont exprimée; et si nous ne pouvons répondre, comme nous le désirerions, d'une manière entièrement satisfaisante à cette attente, elle nous impose l'obligation de tenter d'éclaircir, autant qu'il est en notre pouvoir, sinon les principes philosophiques eux-mêmes, du moins les résultats purement mathématiques qui en dérivent. Nous allons donc commencer par poser quelques-unes des notions fondamentales de la philosophie transcendantale et donner l'explication des termes consacrés dans cette philosophie. Il nous serait impossible de nous faire comprendre sans ce travail préliminaire.

1. Toute connaissance suppose nécessairement deux élémens distincts, 1° une *faculté* dans laquelle elle se produit; 2° un *objet* auquel elle se rapporte. Cette faculté, partie essentielle de l'intelligence, est ce qu'il nous importe le plus d'examiner ici. On la nomme en général Cognition.

2. Pour déterminer la nature de la cognition, il faut rechercher, avant tout, de quelle manière ce que nous appelons *connaissance* parvient à notre esprit.

D'abord, les objets agissent immédiatement sur nous, et de leur action immédiate résultent en nous des *intuitions* qui sont des représentations de telles ou telles choses.

En second lieu, nous rassemblons plusieurs de ces intuitions, nous les coordonnons en établissant entre elles certains rapports ou certaines liaisons qui ne sont plus contenues dans l'impression simple et immédiate des objets.

Ces deux différentes manières d'acquérir des connaissances nous montrent évidemment que la cognition a deux fonctions essentiellement différentes, ou qu'elle se divise en deux facultés unies entre elles, à la vérité, de la manière la plus étroite, mais qu'il importe de distinguer et de considérer séparément.

3. Ainsi, nous possédons originairement en nous-mêmes 1° la faculté de recevoir des impressions immédiates des objets sensibles, et cette faculté qui n'est que *passive* se nomme Sensibilité; 2° la faculté de réunir et de coordonner ces impressions diverses, et cette faculté, qui est *active*, se nomme Intellect.

Par exemple, l'impression simple que fait sur nous un objet quelconque, un arbre par exemple, sans que nous ayons besoin pour cela de réunir les impressions partielles de branches, de feuilles, etc., ni de les rapporter à la perception générale d'*arbre*, ce qui exige déjà l'action de la faculté active, cette impression immédiate, disons-nous, nous la devons à la *sensibilité*; tandis que si nous comparons deux arbres ensemble et que nous considérions l'un comme plus grand que l'autre, ce rapport de grandeur que nous établissons entre ces objets est l'ouvrage de l'*intellect*.

4. La faculté passive est nécessairement simple puisqu'elle n'est destinée qu'à recevoir, mais la faculté active nous présente plusieurs modes d'action qui vont nous permettre de la subdiviser en plusieurs facultés. 1° Nous rassemblons quelques-unes de ces perceptions immédiates qui nous sont fournies par la sensibilité, nous les réunissons en les rapportant à une *conception*, c'est-à-dire, en les classant sous une perception générique ou commune à plusieurs choses. Par exemple, la perception générale ou conception de *diamant* contient en elle les perceptions plus particulières de *blancheur*, d'*éclat*, de *transparence*, de *dureté*, et enfin de toutes les qualités qui caractérisent le diamant : ainsi, pour acquérir cette perception générale, il a fallu réunir toutes les perceptions particulières en une seule, ce qui ne peut être que l'ouvrage de la faculté active. 2° Nous rassemblons diverses conceptions en une *conception générale*, pour en tirer, comme d'un *principe*, des conséquences particulières. La faculté à l'aide de laquelle nous formons des *conceptions individuelles* se nomme Entendement. La faculté des *conceptions universelles* se nomme Raison.

5. Mais puisque nous pouvons nous élever des conceptions individuelles de l'entendement aux conceptions universelles de la raison, et redescendre de celles-ci à celles-là, nous avons donc encore une troisième faculté intermédiaire servant à opérer la transition de l'une de ces facultés à l'autre. Cette troisième faculté se nomme le JUGEMENT.

L'intellect est donc une faculté triple qui se compose de l'*entendement*, du *jugement* et de la *raison*.

6. D'après ce que nous venons de dire, on voit que toutes nos connaissances commencent par des intuitions ou perceptions particulières, qu'elles deviennent des perceptions générales ou conceptions individuelles par l'action de l'entendement, et qu'elles s'élèvent enfin au rang de conceptions universelles par l'action de la raison. Ainsi l'entendement emprunte à la sensibilité la matière de ses perceptions, comme la raison emprunte à l'entendement la matière de ses conceptions.

Pour que ces diverses facultés soient mises originairement en œuvre, il est nécessaire que les objets agissent sur notre sensibilité, puisque les impressions qu'elle en reçoit sont les seuls matériaux primitifs sur lesquels l'entendement et la raison puissent s'exercer ; mais il faut bien se garder de conclure, comme l'école de Locke, que ces facultés elles-mêmes doivent naissance à ces impressions ; car pour que ces dernières aient lieu il faut qu'il se trouve précédemment en nous une faculté propre à les recevoir. Ainsi l'eau dont s'imbibe une éponge, la lumière qui pénètre le verre dans toute sa substance, supposent dans l'éponge et dans le verre une faculté passive, une disposition antérieure à se laisser pénétrer par l'eau et la lumière ; disposition dont la préexistence est si nécessaire que, sans elle, l'ascension de la liqueur dans l'éponge et le passage de la lumière à travers le verre sont également impossibles et dans le fait et dans la supposition. Cette vérité incontestable par rapport à la sensibilité qui est une faculté passive, doit se faire encore bien mieux sentir par rapport à l'entendement et à la raison qui sont des facultés actives.

7. Outre ces grandes facultés fondamentales dans lesquelles se subdivise la cognition, il en est encore plusieurs autres que nous devons signaler pour compléter l'aperçu psychologique de cette faculté de connaître. Nous avons dit (4) que l'entendement réunissait les perceptions de la sensibilité pour les ramener à une perception générale ; or, cette réunion ne peut être effectuée qu'au moyen d'une faculté qui rapproche les diverses perceptions partielles appartenant à un objet sensible ; car, sans ce rapprochement, jamais les perceptions partielles ne pourraient être considérées comme appartenant toutes ensemble à la perception d'un tout, et par conséquent elles ne pourraient jamais être ramenées à l'unité, c'est-à-dire elles ne pourraient jamais former une perception générale. Cette faculté intermédiaire entre la sensibilité et l'entendement est l'IMAGINATION.

8. Mais quelque rapide que soit cette liaison de parties, elle ne peut cependant s'exécuter tout à la fois : elle doit être successive. Quelque promptitude qu'on ait acquise d'ailleurs par l'habitude de lier ses perceptions, il est néanmoins impossible de rapporter à la conception complète d'un tout toutes les différentes parties dont il est composé, sans parcourir successivement toutes ces parties, il faut donc à mesure qu'on passe d'une perception à une autre que chaque perception précédente se reproduise continuellement dans l'entendement, afin de pouvoir saisir enfin, dans une seule conception, la série entière des perceptions que fournit la considération successive des parties. La faculté qui opère cette reproduction est la MÉMOIRE.

On comprend assez généralement la mémoire dans l'imagination sous le nom d'*imagination reproductive*.

9. Le travail de la mémoire serait encore insuffisant si, à chaque reproduction des perceptions précédentes, nous n'étions intérieurement convaincus que ce qui est reproduit est précisément le même que ce qu'avait produit d'abord notre imagination. Il faut donc encore pour cela une autre faculté, et cette faculté se nomme CONSCIENCE.

Nous devons faire remarquer ici que la *conscience* n'est pas une simple faculté de l'intelligence, elle est proprement la base du *moi* humain, le principe premier sans lequel il n'existerait pas pour lui-même. En effet, ce n'est que par la conscience qu'il a de lui-même que le *moi* se distingue de tous les objets avec lesquels il est en relation. C'est par sa conscience qu'il sait qu'au milieu de l'infinie variété des modifications qu'il subit, il demeure constamment et invariablement le même. Sans la conscience le *moi* ne serait pas possible ; comme aussi aucune connaissance ne serait possible pour le *moi*, si elle ne se manifestait à sa conscience.

La classification des diverses facultés dont se compose la *cognition* étant notre point de départ, nous la résumerons dans le tableau suivant, en y joignant les fonctions particulières que remplissent chacune des facultés actives dans le jeu de leur action.

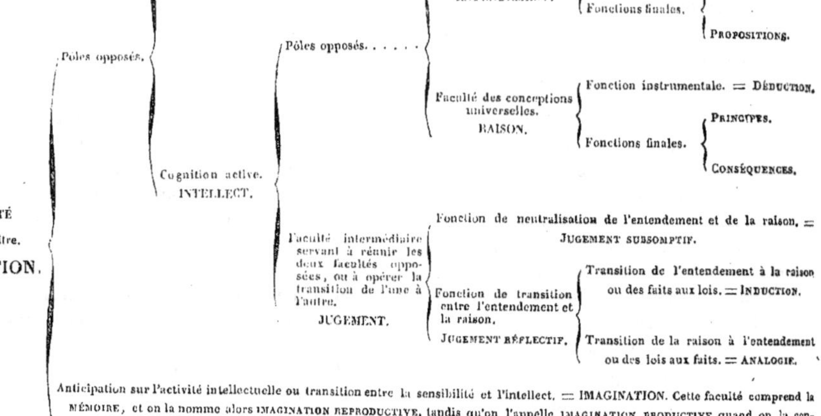

Anticipation sur l'activité intellectuelle ou transition entre la sensibilité et l'intellect. = IMAGINATION. Cette faculté comprend la MÉMOIRE, et on la nomme alors IMAGINATION REPRODUCTIVE, tandis qu'on l'appelle IMAGINATION PRODUCTIVE quand on la considère dans sa fonction de l'association des idées.

10. Il résulte de ce qui précède qu'il y a deux sources principales d'où découle toute notre connaissance. La première consiste dans ces facultés originairement inhérentes à notre être dont nous venons de reconnaître l'existence, et auxquelles on peut donner le nom de *cognition pure*, parce qu'elle habite antérieurement en nous, indépendamment de toute impression des objets; la seconde est l'*expérience*, résultat de l'application de notre cognition aux objets.

De ces deux sources différentes découlent naturellement deux espèces différentes de connaissances : l'une originaire et *primitive* que nous puisons en nous-mêmes après que l'expérience a mis en action notre faculté de connaître; l'autre dérivée et empruntée de l'expérience avec laquelle elle est liée, quoiqu'elle ne s'acquière, comme la première, qu'au moyen de la cognition pure. Ces deux espèces de connaissances s'appellent, la première *connaissance pure*, l'autre *connaissance d'expérience*, ou *connaissance empirique*.

11. Quoique l'expérience soit le véhicule qui met d'abord en action les ressorts de notre cognition et que toute espèce de connaissance, soit pure, soit empirique, ue puisse s'acquérir antérieurement à l'expérience, il ne faut pas tomber dans l'illusion de lui rapporter la connaissance tout entière comme à son unique source; car il est évident qu'une fois mise en action, la cognition peut produire des actes de connaissances sans le secours de l'expérience, et bien plus sans la connaissance pure, l'acquisition de la connaissance empirique serait absolument impossible pour nous, puisque celle-ci ne

doit qu'à la première la suite, l'ordre, l'enchaînement, toutes choses essentiellement requises pour former ce que nous appelons connaissance, et sans lesquelles elle ne pourrait ni exister, ni être conçue. Pour connaître, il faut nécessairement concevoir, c'est-à-dire, rassembler en un seul tout diverses perceptions; or, ce rassemblement est un acte qui n'est point dû à l'expérience, mais qui ne peut être effectué que par un agent antérieur à l'expérience, par la cognition ou la faculté de connaître qui est originairement en nous. Cette réunion, cet enchaînement de perceptions diverses a donc lieu en nous-mêmes; les modes de cette réunion sont donc aussi en nous; et ce n'est point dans les choses de l'expérience, mais dans nous-mêmes, qu'il faut les chercher et en suivre les traces. Par conséquent, la connaissance que nous acquérons de ces modes ou manière de concevoir, de réunir des perceptions, ne peut aucunement découler de l'expérience. Elle est uniquement due au fond qui subsiste originairement en nous, à notre cognition même, développée à l'occasion de l'expérience. Elle est donc une connaissance primitive et *pure*.

12. Toute connaissance d'expérience est donc le résultat de la combinaison de deux matériaux différens dont l'un provient uniquement de l'expérience et l'autre de la connaissance pure. Elle dépend donc de cette dernière sans que celle-ci à son tour dépende en aucune manière de l'expérience. Ainsi, pour arriver à connaître plus à fond la nature de la cognition, il faut, dans l'examen de ses trois facultés principales, la sensibilité, l'entendement et la raison, dégager la connaissance que

nous avons par le moyen de chacune d'elles, de tout ce qui est emprunté de l'expérience comme hétérogène et puisé dans une source étrangère : ce qui restera ne pourra appartenir qu'à la cognition *pure*, et sera une *connaissance pure*. Tel est le problème que Kant s'est proposé dans sa *Critique de la raison pure*.

13. Dans toute connaissance d'expérience, l'élément fourni par l'expérience se nomme la MATIÈRE de la connaissance, et l'élément fourni par la connaissance pure se nomme la FORME de la connaissance. Ces deux élémens ont des caractères distinctifs qui ne permettent pas de les confondre. En effet, la *matière* est toujours CONTINGENTE, tandis que la *forme* est toujours NÉCESSAIRE. C'est ce que nous allons mieux faire comprendre en recommençant l'analyse de la cognition sous le rapport de la connaissance pure.

14. La disposition de la cognition à être affectée par les objets, à recevoir des impressions et à éprouver des sensations, la *sensibilité* en un mot, se nomme aussi *réceptivité*. L'effet de la sensation est la représentation de l'objet, ou l'*intuition*.

La sensibilité est dite *externe* ou *interne*, selon qu'elle est affectée par un objet réel hors du sujet pensant, ou par les modifications et les changemens qui s'opèrent dans ce même sujet, comme les désirs, les sentimens, etc., etc. ; l'objet qui agit sur la sensibilité s'appelle *phénomène*. La *matière* de l'intuition est ce qui modifie la sensibilité et correspond à la sensation ; sa *forme* est le rapport, l'ordre, l'ensemble que nous apercevons dans la matière. La forme n'étant pas donnée par l'objet puisqu'elle n'est pas sensation, appartient uniquement à la nature de la sensibilité ; c'est une connaissance ou *intuition pure* ; elle est *à priori* ou antérieure à l'objet ; elle est *nécessaire*, parce que, sans elle, l'intuition des objets ne serait pas possible. Ainsi, quand on détache de la représentation d'un corps ce que l'entendement en conçoit, comme la substance, la force, la divisibilité, etc., et ce que la sensation en reçoit comme la dureté, la couleur, etc., il reste encore quelque chose de l'intuition empirique, savoir : l'étendue et la figure. Ces deux qualités appartiennent à l'intuition pure qui a lieu *à priori* dans l'esprit, comme une pure forme de la sensibilité.

15. Les impressions produites par les objets sur la sensibilité ne peuvent se faire que d'une manière conforme à l'organisation intérieure, ou au mode d'*affectibilité* propre à cette faculté, c'est-à-dire, suivant certaines règles ou lois constantes et invariables de cette faculté, auxquelles sont assujéties *nécessairement* et sans exception toutes les impressions que nous recevons des objets, et par conséquent aussi toutes nos intuitions. Il est clair, d'après cela, que ce qui constitue l'essence de notre sensibilité même n'est autre chose que l'ensemble de ces lois nécessaires, existant en elle originai-

rement et antérieurement à toute impression actuelle des objets sur nous. Ainsi, pour découvrir ces lois immuables qui déterminent constamment, uniformément et sans aucune exception, la manière dont nous sommes affectés par les objets sensibles, il faut distinguer d'abord ce qui, dans la multiplicité des intuitions, nous affecte de diverses manières, de ce par quoi nous ramenons cette variété de perceptions à l'unité, sous certains rapports et suivant certaines règles constantes, uniformes, générales et *nécessaires*. Or, il nous est absolument impossible de nous représenter les objets, d'en avoir une intuition sensible, s'ils ne sont distans les uns des autres, c'est à-dire, s'ils ne sont placés dans l'espace. Nous ne pouvons également apercevoir leur existence que simultanément ou successivement, c'est-à-dire, dans le temps. L'espace et le temps sont donc la *condition* de toutes les intuitions, savoir : l'espace pour les objets extérieurs, et le temps pour tous les objets en général. En effet, l'espace et le temps sont si intimement liés à toutes nos perceptions, que l'imagination même ne peut se représenter des êtres qui en soient dépouillés et que nous ne pouvons les séparer des objets sans anéantir entièrement ces objets, tandis qu'on peut dans la pensée anéantir tous les objets, sans qu'il soit possible de détruire l'espace et le temps qui restent attachés et nécessaires au sujet pensant. L'espace et le temps sont donc les lois générales ou les *formes* de la sensibilité.

16. L'espace et le temps étant des conditions nécessaires pour l'intuition des objets sensibles, les attributs qui leur conviennent doivent aussi convenir aux objets, et les jugemens qu'on peut porter sur leurs propriétés doivent être nécessairement applicables aux objets eux-mêmes. C'est ce qui explique l'évidence, l'universalité, la nécessité des propositions mathématiques ainsi que leur application à tous les phénomènes de l'univers.

Cette théorie de l'espace et du temps se nomme l'*Esthétique transcendentale*.

17. Si nous étions réduits à la seule faculté passive de recevoir des impressions des objets, toutes nos perceptions resteraient isolées, sans liaisons, inactives ; nous n'aurions point proprement de connaissances, car *connaître* consiste précisément pour nous à être en possession de conceptions auxquelles nous puissions rapporter les perceptions simples et immédiates. La connaissance commence donc dans l'entendement ; c'est cette faculté qui s'empare des matériaux épars fournis par la sensibilité et qui les amène à l'état de conceptions suivant les lois qui lui sont propres.

L'action de l'entendement a lieu par des *jugemens* ; car réunir plusieurs perceptions en une seule pour déterminer ce qu'est un objet, ou ramener plusieurs phénomènes de la même espèce à une même conception sous laquelle ils sont tous compris, c'est *juger*. Ainsi, en remontant des perceptions simples aux perceptions génériques, de celles-ci aux conceptions générales, et de ces dernières à d'autres plus générales encore, c'est en toujours réunissant et toujours généralisant que l'entendement parvient à se composer un tout, un système de connaissances.

Mais cette réunion, cette généralisation ne peut s'opérer que conformément aux lois fondamentales qui constituent la nature de l'entendement. Il a nécessairement des règles dont il ne peut s'écarter dans ses opérations, et qui doivent exister antérieurement à l'apparition des phénomènes qui lui sont offerts par la sensibilité; car c'est à l'existence seule de ces lois que nous sommes redevables de la possibilité de concevoir ou de penser; et de même que l'intuition empirique est impossible sans l'intuition pure, une conception empirique, ou qui se rapporte à un objet donné dans l'expérience, est impossible sans une conception pure. Les lois de l'entendement sont appelées *formes* de la pensée par opposition aux phénomènes qui en sont la *matière*.

18. Pour reconnaître et déterminer les lois de l'entendement, il s'agirait donc ici de rechercher ce qu'il y a de *nécessaire* dans les conceptions, puisqu'ainsi que nous l'avons déjà fait voir, cette partie *nécessaire* dans une connaissance empirique est précisément la connaissance pure. Mais il se présente un moyen plus prompt et plus sûr de procéder; puisque l'entendement n'agit que par des jugemens, et que les conceptions pures sont autant de lois primitives et fondamentales qui rendent seules ces jugemens possibles, il est évident que la forme de tous les jugemens ou la manière dont l'entendement juge doit être aussi déterminée par ces conceptions pures et fondamentales. Elles doivent donc se retrouver dans les modes de tous les jugemens possibles. Ainsi, pour connaître les formes ou règles primitives de l'entendement, il ne s'agit que de rechercher celles des jugemens.

19. En faisant abstraction de l'objet sur lequel le jugement est porté ou de la *matière* du jugement, et en ne considérant que la manière dont il est formé, l'on obtient la *forme*, ce qui est l'élément nécessaire.

Or, nos jugemens se divisent en deux classes, dont l'une comprend les jugemens qui servent à déterminer les objets, et l'autre ceux qui se rapportent au mode de leur existence. La première classe se compose des jugemens de *quantité* et de *qualité*; la seconde, de ceux de *relation* et de *modalité*.

Chacun de ces jugemens peut être formé de trois manières différentes.

Par un jugement de *quantité*, nous pouvons considérer l'objet comme ne faisant qu'un ensemble, une *totalité*, ou comme formant *plusieurs*, ou enfin comme *unité*.

Par un jugement de *qualité*, nous considérons l'objet comme *possédant* un attribut, ou comme étant *privé* de cet attribut, ou enfin nous déterminons l'objet en énonçant un attribut qu'il n'a pas, ce qui établit une *limite* dans la généralité des objets, d'un côté de laquelle les objets ont certaines qualités, tandis que de l'autre ils sont privés de ces mêmes qualités.

Par un jugement de *relation*, nous concevons : 1° le rapport d'un objet comme *substance* à un autre qui n'est qu'un *accident* du premier; 2° le rapport d'un objet comme *cause* avec un autre comme *effet* de cette cause; 3° le rapport de deux ou de plusieurs objets comme existant ensemble, comme ayant une *réciprocité d'action*.

Par un jugement de *modalité*, nous concevons l'objet comme *possible*, ou comme *existant réellement*, ou enfin comme *nécessaire*.

Les formes des jugemens, et conséquemment les conceptions pures et primitives, ou, comme les nomme Kant, les CATÉGORIES de l'entendement sont donc :

TABLE DES CATÉGORIES.

I. — *De quantité*.

1. Unité; 2. Pluralité; 3. Totalité.

II. — *De qualité*.

4. Réalité; 5. Privation; 6. Limitation.

III. — *De relation*.

7. Substance et accident; 8. Causalité ou loi de cause et d'effet; 9. Communauté ou loi d'action et de réaction.

IV. — *De modalité*.

10. Possibilité et impossibilité; 11. Existence et non existence; 12. Nécessité et contingence.

C'est au moyen de ces douze catégories ou conceptions pures que la pensée lie les objets isolés, perçus par la sensibilité, et qu'elle apporte l'*unité* dans nos connaissances.

20. Il est important de remarquer que, dans chaque classe, la dernière catégorie est produite par la réunion des deux autres sans pourtant qu'elle en soit pour cela dérivée, car cette réunion exige un acte particulier de l'entendement. Ainsi, par exemple, la catégorie de *totalité* n'est rien autre chose que la *pluralité* prise comme *unité*; la *limitation* est la *réalité* avec *privation*; la *communauté* est la *causalité* d'une *substance* qui détermine une autre substance; enfin la *nécessité* n'est que l'*existence* donnée par la *possibilité*.

Les deux premières classes de catégories, la quantité et la qualité, ont été nommées par Kant *catégories mathématiques*, parce qu'elles sont applicables aux choses susceptibles d'augmentation extensive ou intentive; les deux dernières, distinguées d'ailleurs des précédentes en ce qu'elles ont des formes correspondantes qui leur sont opposées, ont reçu le nom de catégories *dynamiques*, parce qu'au moyen de ces catégories l'entendement conçoit non les objets eux-mêmes, mais ce qu'ils sont dans leurs rapports, soit entre eux, soit avec l'entendement.

21. Ces formes pures ou lois de l'entendement sont d'une nécessité rigoureuse et ne peuvent être, par conséquent, dérivées de l'expérience où tout est contingent. C'est par elles que commencent toutes nos autres conceptions, sans qu'il soit possible de remonter plus haut. Elles se retrouvent dans tous les modes de la pensée, au point que ce n'est que par elles et conformément à elles qu'il est possible de penser.

Toutes les autres conceptions pures de l'entendement ne sont que *dérivées* de ces lois fondamentales et résultent de leur réunion soit entr'elles, soit avec les modes de la sensibilité pure. Par exemple, de la catégorie de *causalité*, naissent les conceptions pures dérivées de *force*, de *passion*; de celle de *communauté*, les idées de *présence*, de *résistance*; et ainsi de suite.

22. Les catégories forment, conjointement avec les lois de la sensibilité, le *temps* et l'*espace*, l'ensemble des conditions qui rendent possible pour nous l'acquisition de toute connaissance pure ou empirique. Pour penser il faut un objet, une *matière* de la pensée, et cette matière est fournie à l'entendement par la sensibilité, au moyen de ses propres formes. Ce sont les perceptions diverses de la sensibilité dont l'entendement s'empare, qu'il réunit, en leur appliquant ses formes primitives, et qu'il élève enfin à l'état de pensée ou de conception. L'objet a d'abord été perçu; par le résultat de ce travail il est conçu; nous avons sa connaissance.

Ainsi il y a deux conditions pour que la connaissance d'un objet soit possible : premièrement, l'*intuition* par laquelle l'objet est donné et nous apparait comme phénomène; secondement, la *conception* par laquelle est pensé un objet qui correspond à cette intuition. Or, la première condition, celle sous laquelle seule les objets peuvent être perçus, sert réellement dans l'esprit de fondement à priori aux objets, car tous les phénomènes s'accordent nécessairement avec cette condition *formelle* de la sensibilité, puisqu'ils ne peuvent être perçus et donnés empiriquement que par elle; et, comme les conceptions pures précèdent la conception empirique et sont à priori les conditions sous lesquelles seulement un objet quelconque, avant même d'être perçu, est cependant pensé comme objet, il en résulte que toute connaissance empirique des objets s'accorde nécessairement avec les conceptions pures, et

que ces dernières sont les conditions à priori, le fondement de toute connaissance expérimentale.

23. Les lois de l'entendement sont donc des conceptions pures qui prescrivent à priori des lois aux phénomènes et par conséquent à la nature, comme ensemble de tous les phénomènes. Ainsi ce n'est pas la nature qui impose ses lois à l'intelligence, mais c'est au contraire l'ENTENDEMENT QUI DONNE NÉCESSAIREMENT DES LOIS AUX OBJETS.

24. Dans toute subordination d'un objet sensible à une conception pure, la représentation de l'objet doit ressembler à la conception, être d'une nature analogue à la sienne. Il faut que les marques distinctives, les attributs qui composent cette conception se trouvent dans l'objet même, c'est-à-dire, que la conception doit contenir ce qui est représenté dans l'objet à ranger sous cette conception, car c'est là précisément ce que signifie la proposition : qu'un objet est contenu sous une conception. Ainsi la conception géométrique pure de *sphère*, par exemple, ne s'applique aux objets *globe* ou *boule* que parce que la rondeur qui est connue dans la conception pure peut être perçue dans les conceptions empiriques.

Cependant les conceptions pures de l'entendement sont entièrement différentes des intuitions empiriques et même des intuitions sensibles en général, et ne peuvent jamais se trouver dans une intuition. Il est donc important de rechercher comment s'opère la subordination des intuitions aux conceptions pures, et par conséquent l'application des catégories aux phénomènes.

25. Pour rendre possible l'application d'une catégorie à un phénomène, il doit y avoir un terme moyen qui ressemble en partie à la catégorie, en partie au phénomène. Cette représentation moyenne doit être d'une part intellectuelle et *pure*, et de l'autre *sensible*. Tel est le caractère de ce que Kant nomme le *schéma transcendantal*.

Par exemple, l'idée de polygone est un *schéma*, car aucune image ou représentation empirique ne peut être adéquate à la conception de polygone en général, jamais elle n'atteindrait la généralité de la conception; elle ne pourrait représenter qu'un *triangle*, ou qu'un *carré*, ou qu'un *pentagone*, etc., tandis que l'idée de polygone renferme en soi toutes ces figures.

26. Toutes nos idées ont pour base un *schéma*, et non pas des images de l'objet, car aucune image de l'objet ne peut entièrement coïncider avec l'idée pure. L'image est le produit de l'imagination empirique; le schéma, au contraire, est un produit de l'imagination pure, c'est le procédé général à l'aide duquel on peut donner une image à une idée. Ainsi quand on dispose trois points l'un après l'autre.... on a une image du

nombre *trois* ; mais lorsqu'au contraire on conçoit seulement un *nombre* en général , qui peut être alors ou *trois*, ou *cent*, ou *mille*, etc., cette pensée est plutôt la représentation d'une méthode pour représenter en une image une multiplicité, conformément à une certaine conception, que pour présenter cette image même.

27. Le *schéma* est l'application des formes de l'entendement aux formes de la sensibilité et nommément au *temps* qui embrasse tous les objets, tant extérieurs qu'intérieurs. Il y a donc autant de classes de schémas qu'il y a de classes de catégories.

1° Le schéma de *quantité* est l'idée de l'addition successive des parties homogènes du temps, c'est la synthèse ou la production du temps même : Le NOMBRE. *Un. — Plusieurs. — Tout.*

2° Le schéma de *qualité* est la RÉALITÉ de l'existence, dans le temps, de ce qui correspond en général à une sensation : *Être dans le temps. — Ne pas être, ou absence d'existence dans le temps. — Transition du degré d'intensité d'une sensation à sa disparition.*

3° Le schéma de *relation* est le rapport des phénomènes entre eux dans le temps, ou ORDRE DU TEMPS. Substance, *principe invariable et durable dans le temps.* — Causalité, *succession régulière dans le temps.* — Connexité, *existence simultanée dans le temps.*

4° La schéma de *modalité* est le mode d'EXISTENCE des phénomènes dans le temps. Possibilité, *idée d'un objet pouvant exister dans un temps quelconque. —* Existence , *idée d'un objet existant dans un temps donné.* — Nécessité , *idée d'un objet existant toujours dans le temps.*

Les schémas sont les vraies et seules conditions qui peuvent donner aux catégories un rapport avec les objets , et rendre les phénomènes susceptibles d'une liaison universelle dans l'expérience. Ce sont des conceptions tout à la fois *pures* et *sensibles.* Lorsqu'une chose limite un *schéma*, il en résulte une *image*, et cette image devient un *objet* lorsqu'elle est rapportée à une sensation.

C'est de cette manière que les principes premiers des sciences se produisent dans l'esprit de l'homme, et se trouvent réalisés ensuite dans la nature.

28. Nous avons dit (4) qu'outre la sensibilité et l'entendement nous sommes doués d'une troisième faculté supérieure aux deux autres. En effet, indépendamment des représentations d'objets donnés par l'activité de l'entendement, nous en avons encore d'autres qui présentent un caractère essentiellement différent. Nous lions les conceptions de l'entendement comme ce dernier avait lié les perceptions de la sensibilité, et nous en tirons des conclusions et des idées d'objets qui ne peuvent être réalisées dans l'expérience ; nous sommes entraînés vers l'*infini*, l'ABSOLU ; nous remontons sans cesse

de conséquence en conséquence, de principe en principe, vers une condition tellement générale et inconditionnelle, qu'elle ne puisse plus dériver d'aucune autre. Tout ce travail intellectuel suppose nécessairement une faculté capable de l'opérer, et c'est cette faculté suprême que l'on nomme la RAISON.

29. Cette faculté a , comme l'entendement, un usage purement formel ou logique, car elle tire des conclusions , elle déduit des conséquences ; mais elle a aussi un usage réel, puisqu'elle renferme en elle-même de certaines conceptions et de certains principes qu'elle n'emprunte ni des sens, ni de l'entendement.

Si l'on peut définir l'entendement, la faculté qui ramène les phénomènes à l'unité par le moyen des *règles*, la raison est alors la faculté qui ramène à l'unité les lois de l'entendement par le moyen des *principes*. Elle ne concerne jamais immédiatement l'expérience ou un objet quelconque, mais l'entendement, pour donner l'unité à priori, par des conceptions universelles, aux connaissances diverses de cet entendement , unité qu'on peut nommer *rationnelle* et qui est d'une tout autre espèce que celle qui peut dériver de l'entendement.

30. C'est en analysant l'usage logique de la raison que nous parviendrons à reconnaître son usage réel, comme l'usage logique de l'entendement, dans la formation des jugemens, nous a conduits à reconnaître ses lois (19). Or, cet usage logique est de déduire un jugement, par voie de conclusion , d'autres jugemens donnés. C'est ce qui établit le *raisonnement*. Par exemple, dans ce raisonnement : *tous les corps sont pesans* ; *l'or est un corps*; *donc l'or est pesant*; la conclusion *l'or est pesant* est un produit de la raison.

Dans tout raisonnement, on pense d'abord une règle (*la majeure*) par l'*entendement*. En second lieu, on subordonne une connaissance à la condition de la règle (*la mineure*) par le moyen du *jugement pur*. Enfin, on *détermine* la connaissance par la propriété énoncée dans la règle (*conclusion*), par conséquent à priori, par la *raison*. Le rapport que représente la majeure comme règle entre une connaissance et ses conditions constitue donc trois espèces de raisonnemens correspondant aux trois espèces de jugemens qui expriment le rapport des connaissances dans l'entendement, savoir : les jugemens de *modalité*. Nous avons donc 1° le raisonnement *catégorique* ; 2° le raisonnement *hypothétique*, et 3° le raisonnement *disjonctif*.

31. L'usage logique de la raison nous révèle les lois de la *raison pure*, car 1° le raisonnement ne considère pas des intuitions pour les soumettre à des règles comme le fait l'entendement avec ses catégories , mais bien des conceptions de jugement. L'unité rationnelle qu'elle apporte n'est donc pas l'unité d'une expérience possible. 2° La raison cherche la condition générale de son juge-

ment, de la conclusion, et le raisonnement n'est autre chose que la subordination de sa condition à une règle générale. Mais cette règle est exposée, à son tour, à la même recherche de la raison, et la condition de la condition doit être poursuivie aussi loin que possible. Ainsi le principe propre de la raison dans son usage logique est de trouver à la connaissance conditionnelle de l'entendement un principe inconditionnel ou absolu, au moyen duquel son unité est accomplie.

L'acte de la raison dans cette ascension continuelle vers l'absolu suppose donc un principe que l'on peut énoncer de la manière suivante : le *conditionnel* étant donné, avec lui est donnée la série entière des *conditions*, et par conséquent aussi l'*inconditionnel*, compris dans la totalité de ces conditions.

Ce principe complet, inconditionnel, ayant sa source dans l'essence même de la raison, est la conception pure et première de la raison pure et le fondement de toute unité rationnelle.

32. De ce premier principe résultent différentes propositions à l'égard desquelles l'entendement pur n'a aucune connaissance, puisqu'il se rapporte seulement aux objets de l'expérience possible dont la connaissance et la liaison sont toujours conditionnelles ; et quoique l'absolu puisse devenir applicable aux objets de l'entendement, à l'aide de la faculté du JUGEMENT, qui sert de lien ou de transition entre elle et la raison, et qui participe ainsi de ces deux facultés opposées, cependant les propositions fondamentales résultant de ce principe suprême de la raison pure, par rapport à tous les phénomènes, sont *transcendans*, c'est-à-dire qu'aucun usage empirique de ces propositions principes ne pourra jamais lui être semblable.

33. L'*idée* de l'inconditionnel peut être rendue relative de trois manières, en l'appliquant 1° au sujet qui conçoit, au *moi* pensant; 2° aux objets sensibles, aux phénomènes; et 3° aux choses en général. De là trois différentes classes auxquelles se rapportent toutes les conceptions de la raison ou toutes les *idées* de la raison, comme Kant les nomme, savoir : l'*unité* absolue du sujet pensant ; l'*unité* absolue *de la série des conditions du phénomène* ; et, enfin, l'*unité* absolue *des conditions de tous les objets de la pensée* en général.

Le sujet pensant est l'objet de la *psychologie* ; l'ensemble des phénomènes, l'univers, celui de la *cosmologie* ; et la condition absolue de tout ce qui peut être pensé, l'être des êtres, Dieu, est l'objet de la *théologie*.

Il y a donc en général trois sortes d'*idées* de la raison : *idées* psychologique, cosmologique et théologique.

34. Ces *idées* ou conceptions pures de l'*ame*, de l'*univers*, de *Dieu*, sont indispensables à la *raison* pour mettre de l'union dans les conceptions de l'entendement et porter ainsi notre connaissance à son plus haut degré d'unité. Mais l'existence des choses auxquelles ces idées sont relatives ne peut être ni démontrée, ni RÉFUTÉE par aucun argument valable ; la logique ordinaire est ici tout-à-fait insuffisante. Pour que de semblables questions puissent être traitées d'une manière satisfaisante, par la raison spéculative, il faudrait nécessairement que cette raison eût réalisé l'absolu qu'elle postule et sans lequel elle ne peut les aborder que pour tomber dans des contradictions inconciliables.

C'est en considérant la raison dans son usage *pratique*, que Kant s'est élevé vers la région absolue du savoir de l'homme, et qu'il a enfin placé le dogme conservateur de l'existence de Dieu hors des atteintes du *sensualisme* et à l'abri de ses prétendues preuves.

35. Il résulte de ce que nous venons de dire que les idées de la raison pure ne sont pas *constitutives*, c'est-à-dire qu'elles ne fournissent pas d'objets qui augmentent la sphère de nos connaissances ; elles sont seulement *régulatives*, c'est-à-dire, elles servent à produire l'unité synthétique dans les connaissances. Elles ne sont pas des idées des objets, mais des idées de l'unité absolue de toutes les règles de l'entendement, sans lesquelles toutes nos connaissances ne seraient qu'un agrégat sans harmonie et sans unité.

La raison pure est donc, par rapport aux phénomènes, une faculté *régulative*, tandis que l'entendement est une faculté *constitutive*. Cette remarque est de la plus haute importance pour la philosophie des sciences.

Ainsi le principe de totalité absolue : *lorsque le conditionnel est donné, toute la série des conditions est aussi donnée*, n'établit pas la série totale des conditions, comme objet donné en lui-même, mais il sert seulement de règle, et dit que, dans les phénomènes, il faut remonter d'une condition à l'autre sans qu'aucune condition doive être regardée comme la dernière.

36. Nous avons déjà dit que la faculté de juger, considérée en particulier, renferme le principe d'union des deux autres facultés actives; pour compléter les notions philosophiques dont nous avons besoin ici, il nous reste à ajouter quelques mots sur l'usage logique et la nature de cette faculté.

Le JUGEMENT est la faculté de distinguer si un objet peut être ou non rangé sous une règle, ou la faculté de considérer le particulier comme contenu dans le général.

37. Il se présente deux cas : ou le général, la règle, le principe est donné, alors le particulier lui est facilement rapporté ; ou c'est seulement le particulier qui est donné, et le *jugement* cherche le général auquel il doit être soumis. Dans le premier cas, la faculté est *déterminante*, elle prend le nom de *jugement subsomptif*; dans le second, elle est réfléchissante et prend le nom de *jugement réflectif*.

38. Le jugement subsomptif a ses principes dans les

catégories qui établissent les lois transcendantales pour les appliquer aux cas particuliers de l'expérience ; il embrasse les douze jugemens dont nous avons abstrait ces catégories, et qui portent les noms suivans :

I. — *Jugemens de quantité.*

1. Jugemens individuels ; 2. pluriels ; 3. individuels.

II. — *Jugemens de qualité.*

4. Jugemens affirmatifs ; 5. négatifs ; 6. déterminatifs.

III. — *Jugemens de relation.*

7. Jugemens catégoriques ; 8. hypothétiques ; 9. disjonctifs.

IV. — *Jugemens de modalité.*

10. Jugemens problématiques ; 11. assertoriques ; 12. apodictiques.

39. Le *jugement subsomptif*, en général, est la fonction de neutralisation de l'entendement et de la raison.

Le jugement réflectif est la fonction de transition entre l'entendement et la raison. On le nomme *induction* lorsqu'il remonte de l'entendement à la raison, ou des faits aux lois, et *analogie* lorsqu'au contraire il redescend de la raison à l'entendement, ou des lois aux faits.

40. Le but de la faculté réfléchissante étant de trouver le *général* lorsque le *particulier* est donné, il lui faut nécessairement un autre principe que les catégories pour établir l'unité de toutes les règles particulières empiriques, et pour les soumettre à un principe suprême. Ce principe ne peut pas être fourni par les catégories, qui sont les lois générales pour la nature, et non les lois particulières pour tel objet, ou pour tel cas. Il ne peut non-plus être fourni par l'expérience, car il ne serait pas universel. Il faut donc qu'il soit à priori, ou qu'il ait sa source dans la faculté même du *jugement*.

41. Mais avant de rechercher ce principe *pur* du jugement, nous devons faire observer que tous les jugemens, toutes les comparaisons exigent la *réflexion*, c'est-à-dire la distinction de la faculté de connaître à laquelle se rapportent les conceptions données. On nomme *réflexion transcendantale* l'action de mettre en rapport la comparaison de la représentation en général avec la faculté de connaître dans laquelle elle s'accomplit, et de distinguer si les choses sont comparées entre elles comme appartenant à l'entendement pur ou à l'intuition sensible. Or, les rapports suivant lesquels les conceptions peuvent s'appartenir mutuellement dans un certain état de l'esprit, sont les rapports : 1° d'*identité* et de *diversité* ; 2° de *convenance* et de *répugnance* ; 3° d'*interne* et d'*externe* ; et 4° enfin de *déterminable* et de *détermination*, ou de *matière* et de *forme*.

42. Les quatre conceptions pures, avec leurs opposées, sur lesquelles ces rapports sont fondés, prennent le nom *d'idées réflexives* : il est important de ne pas les confondre avec les catégories, car elles ne servent qu'à indiquer le rapport des idées données, dont on connaît l'origine ; tandis que les catégories servent à la synthèse des objets.

43. Les faux systèmes ne se produisent dans l'intelligence humaine que par défaut de *réflexion transcendantale* ; car, dans la simple comparaison ou *réflexion logique*, on n'a point égard à la faculté de connaître à laquelle appartiennent les représentations données, que l'on traite alors comme homogènes par rapport à leur siége dans l'esprit. Cependant, lorsqu'il s'agit de savoir, si les choses mêmes sont identiques ou diverses, d'accord ou en désaccord, etc., comme les choses peuvent avoir un double rapport à notre faculté de connaître, savoir à la sensibilité et à l'entendement, et comme la manière dont elles s'appartiennent réciproquement dépend nécessairement de leurs rapports avec ces facultés, c'est la réflexion transcendantale seule qui renferme le principe de la possibilité de la comparaison des choses entre elles.

44. Kant nomme *amphibolie* la confusion produite par la réflexion logique, lorsqu'elle compare des représentations dont le siége intellectuel se trouve dans des facultés différentes, c'est-à-dire lorsqu'elle confond l'objet intellectuel avec le phénomène. La prétendue inexactitude du calcul différentiel repose sur une *amphibolie*, dont nous avons ailleurs signalé l'origine. (*Voy.* Diff. 24.)

45. Dans tous ses actes, le jugement réflectif suppose un *but*, une *finalité* ; car les lois empiriques de la nature n'auraient aucune unité possible, et même les diverses facultés de l'intelligence ne pourraient concourir d'une manière harmonique à la production d'une connaissance, si d'une part ces lois n'étaient soumises au principe suprême de *la concordance avec un but*, et si, de l'autre, chacune de ces facultés ne pouvait être considérée à la fois comme *but* et *moyen*, par rapport aux autres. Le principe pur et à priori du jugement est donc la concordance ou la *conformité du but* ; on le formule en ces termes : *Tout dans la nature a son but, rien n'est inutile.* Comme les *idées pures* de la raison, son usage est *régulatif* (35).

46. Pour aborder maintenant la *philosophie des mathématiques*, il nous reste à expliquer quelques termes employés dans la philosophie transcendantale :

1° Tout ce qui se rapporte à l'*objet* même d'une connaissance prend le nom d'*objectif*.

2° Ce qui se rapporte à la faculté de connaître prend celui de *subjectif*.

3° On nomme en général *immanent* ce qui existe sous les conditions du temps, et *transcendant* ce qui est au-delà de ces conditions. Ce qui est engendré hors des conditions du temps, mais trouve néanmoins son application dans le temps, se nomme *transcendantal*. La connaissance empirique des objets est *immanente*; les lois de l'entendement sont *transcendantales*, et les idées pures de la raison sont *transcendantes*.

Tous les renvois que nous ferons à *l'introduction à la philosophie des mathématiques* seront indiqués par le mot *introd.* placé entre parenthèses, avec l'indication de la page.

47. Dans toute connaissance, nous devons distinguer le *contenu* ou la *matière* de l'objet pensé d'avec sa *forme* ou sa *détermination*. La *matière* appartient proprement à l'objet et constitue ce qu'il y a en lui de *déterminable*, son essence; la *forme* appartient à la faculté de connaître, c'est elle seule qui rend possible la *détermination* de l'objet ou sa connaissance.

Ainsi, l'ensemble de tous les phénomènes, le monde physique, la NATURE doit également nous présenter, dans la connaissance que nous en avons, deux objets distincts, la *matière* et la *forme*. La matière, l'essence même du monde physique, est l'objet général de la PHYSIQUE; et la forme, la manière d'être de ce monde, est l'objet général des MATHÉMATIQUES.

Or, la *forme* de tous les phénomènes physiques et conséquemment la *forme* générale de la nature, qui résulte de l'application des lois transcendantales de la sensibilité aux impressions que nous recevons des objets (15), est le *temps*, pour tous les objets physiques en général, et l'*espace*, pour les objets physiques extérieurs. Ce sont donc les lois du temps et de l'espace, en considérant ces derniers non *subjectivement*, ce qui est l'objet de l'esthétique transcendantale (16), mais *objectivement*, c'est-à-dire comme appartenant au monde physique donné à posteriori, qui font le véritable objet des mathématiques.

48. Cette détermination primitive de l'objet des mathématiques est donnée par une branche de la philosophie qu'on nomme l'*architectonique* et dont le but est de coordonner nos connaissances en systèmes. La détermination ultérieure de cet objet appartient à la *Philosophie des mathématiques*.

« Cette dernière philosophie a pour but l'application des lois pures du savoir, transcendantales et logiques, à l'objet général des sciences dont il s'agit, à l'objet général tel que nous venons de le déterminer ; et elle doit ainsi, suivant cette idée, déduire, par une voie subjective, les *lois premières* des mathématiques, ou leurs principes philosophiques. — Les mathématiques elles-mêmes partent de ces principes, et en déduisent par une voie purement objective, sans remonter jusqu'aux lois intellectuelles, les propositions dont l'ensemble fait l'objet de ces sciences. »

« Pour mieux approfondir la nature de la philosophie des mathématiques, il faut savoir (ce que nous venons d'expliquer précédemment) qu'il existe pour les fonctions intellectuelles de l'homme des lois déterminées. Ces lois transcendantales et logiques caractérisent l'intelligence humaine, ou plutôt constituent la nature même du savoir de l'homme. Or, en appliquant ces lois, prises dans leur pureté subjective, à l'objet général des mathématiques, à la forme du monde physique, il en résulte, dans le domaine de notre savoir, un système de lois particulières, qui régissent les fonctions intellectuelles spéciales portant sur l'objet de cette application, sur le temps et l'espace. — Ce sont ces lois particulières qui constituent les principes philosophiques des mathématiques, principes que nous avons nommés. — Il faut encore remarquer que, suivant cette exposition de la philosophie des mathématiques, cette philosophie donne en même temps l'explication des phénomènes intellectuels que présentent les sciences mathématiques : en effet, l'ensemble de ces sciences forme un certain ordre de fonctions intellectuelles, et ces fonctions sont de véritables phénomènes; de manière que les lois de ces fonctions, qui sont en même temps les lois de ces phénomènes, contiennent la condition de la possibilité de ces derniers, et donnent par là leur explication philosophique. » (*Introd.* pag. 2.)

49. La philosophie des mathématiques présente trois parties distinctes. 1° L'*Architectonique des mathématiques*, c'est celle qui donne la déduction des différens objets particuliers distincts et nécessaires de ces sciences, ou le *contenu*, la *matière* de nos connaissances mathématiques. 2° La *Méthodologie des mathématiques*, c'est celle qui présente les différentes manières d'envisager les objets mathématiques, les différens modes intellectuels de leur connaissance; elle porte essentiellement sur la *forme* cognitive. 3° Enfin, la *Métaphysique des mathématiques*, c'est celle qui a pour but les lois objectives des objets mathématiques ou les lois que reçoivent ces objets par la cognition de l'homme.

L'architectonique et la méthodologie portent sur le point de vue *subjectif* de la philosophie des mathématiques, et la métaphysique sur le point de vue *objectif* de cette philosophie.

La déduction que nous avons donnée, au mot MATHÉMATIQUES, de toutes les branches de ces sciences et des divers objets distincts et nécessaires dont elles s'occupent, est fondée sur l'architectonique des mathématiques. Nous renverrons pour tous les détails à cette déduction même, que ce qui va suivre éclaircira.

La méthodologie des mathématiques dont le but est la détermination des différentes méthodes qu'on doit suivre dans les différentes branches de ces sciences, repose sur des principes purement logiques. Sa partie la plus importante a été traitée au mot MÉTHODE.

Quant à la métaphysique des mathématiques, elle

forme la partie principale de la philosophie de ces sciences; elle a pour but les lois de l'objet même des mathématiques, lois qui en sont les principes premiers ou philosophiques. C'est à la métaphysique, aidée de l'architectonique, qu'appartiennent toutes les déterminations ultérieures de l'objet des mathématiques et la déduction de ses lois fondamentales.

5o. Remarquons d'abord, comme nous l'avons déjà fait (MATH.), que les lois du temps et de l'espace peuvent être considérées en elles-mêmes, ou bien dans les phénomènes physiques auxquels elles s'appliquent, c'est-à-dire, *in concreto* et *in abstracto*. Dans le premier cas, elles font l'objet des MATHÉMATIQUES APPLIQUÉES, et dans le second, celui des MATHÉMATIQUES PURES. Mais la considération concrète dépend nécessairement de la considération abstraite: nous n'avons donc à nous occuper ici que des MATHÉMATIQUES PURES.

51. Pour obtenir les déterminations ultérieures de l'objet général des mathématiques, il faut, d'après (26 et 27), appliquer à cet objet général les lois transcendantales du savoir, afin d'engendrer les schémas qui seuls peuvent servir de bases aux idées particulières que nous pouvons nous former de cet objet. Or, en appliquant au temps, considéré objectivement, la première des lois de l'entendement, la *quantité*, prise dans toute sa généralité, il en résulte le schéma du NOMBRE; et cette même loi, appliquée à l'espace, considéré aussi objectivement, donne le schéma de l'ÉTENDUE (*voy.* MATH.). Les *nombres* et l'*étendue* sont donc deux déterminations particulières de l'objet général des mathématiques: elles donnent naissance aux deux branches fondamentales de ces sciences: l'ALGORITHMIE ou la science des *nombres*, et la GÉOMÉTRIE ou la science de l'*étendue*. Le temps étant la *forme* de tous les objets en général, et l'espace la forme des seuls objets extérieurs (15), toutes les considérations générales de la science des nombres peuvent s'appliquer à celle de l'étendue: ainsi ce que nous allons dire des subdivisions de la première de ces sciences devra s'entendre également de la seconde que nous allons abandonner ici pour plus de simplicité.(*Voy.* GÉOMÉTRIE.)

52. L'algorithmie présente d'abord deux branches distinctes, correspondant aux deux manières de considérer subjectivement une quantité mathématique: ces deux branches sont la THÉORIE et la TECHNIE. La première a pour objet la *nature* des quantités, c'est-à-dire, *ce qui est*, dans l'essence de ces quantités; elle est fondée sur la *spéculation*, fonction du savoir où domine l'*intellect*. La seconde a pour objet la *mesure* des quantités, c'est-à-dire, *ce qu'il faut faire* pour arriver à l'évaluation de ces quantités; elle implique la conception d'une *fin* ou d'un *but*, et se trouve fondée en dernier lieu sur la *volonté*, faculté de l'*action*. D'après leur origine transcendantale, ces deux branches sont distinctes et *nécessaires*.

53. Ces deux branches de l'algorithmie se subdivisent elles-mêmes en deux parties distinctes. En effet: — « Les différentes fonctions intellectuelles dépendent de la différence contingente qui se trouve dans les facultés intellectuelles, mais, quelle qu'en soit la diversité, la co-existence de ces fonctions n'est possible que par une identité ou par une unité nécessaire des différentes facultés dont elles dépendent. Cette unité nécessaire a sa source transcendantale dans le principe même du savoir, dans la conscience (9) qui sert de base à la possibilité des facultés intellectuelles, et qui les lie par la loi de l'identité, en les considérant subjectivement, ou par celle de l'unité en les considérant objectivement. — Ainsi, en appliquant les facultés intellectuelles à l'objet général des mathématiques, il doit en résulter d'abord des fonctions intellectuelles mathématiques, différant entre elles et dépendant des facultés intellectuelles différentes, et ensuite des fonctions intellectuelles mathématiques, formant la liaison des premières, et dépendant de l'unité transcendantale qui se trouve entre ces facultés intellectuelles. — Le premier ordre de ces fonctions intellectuelles mathématiques constitue évidemment les *élémens* de toutes les opérations mathématiques possibles; le second ordre de ces fonctions constitue la *réunion systématique* de ces élémens. » (*Introd.* pag. 5.)

C'est en appliquant ces considérations philosophiques aux deux branches de l'algorithmie, la *théorie* et la *technie*, qu'on trouve que ces deux branches ont nécessairement chacune deux parties distinctes: l'une qui a pour objet les ÉLÉMENS NÉCESSAIRES des opérations mathématiques, qui appartiennent à ces branches respectives; l'autre, qui a pour objet la RÉUNION SYSTÉMATIQUE de ces opérations élémentaires.

Examinons d'abord la première partie de la *théorie de l'algorithmie* ou la THÉORIE ALGORITHMIQUE ÉLÉMENTAIRE.

54. Le but de cette partie de la science des nombres est, d'après ce qui précède, la détermination de la nature de tous les algorithmes élémentaires possibles, en les considérant chacun séparément ou d'une manière indépendante des autres. Or, deux algorithmes élémentaires, primitifs et essentiellement opposés, savoir, la SOMMATION et la GRADUATION, dont les formes respectives sont

$$A + B = C, \quad A^B = C$$

se présentent dans cette partie élémentaire. Ils ont chacun deux branches particulières, l'une progressive, l'autre régressive, savoir: *l'addition* et *la soustraction* pour le premier, et les *puissances* et les *racines* pour le second.

« Ces deux algorithmes primitifs sont, pour ainsi dire, les deux pôles intellectuels du savoir humain, dans son application aux quantités algorithmiques. — Dans la sommation, les parties de la quantité sont discontinues et extensives ; elles ont proprement le caractère de l'agrégation (*per juxta positionem*). Dans la graduation, les parties de la quantité sont au contraire continues, ou du moins considérées comme telles, et sont en quelque sorte intensives ; elles ont, de cette manière, l'aspect du caractère de la croissance (*per intus susceptionem*). — Ces deux fonctions algorithmiques de notre savoir, qui ont chacune leurs lois particulières, sont entièrement hétérogènes, et il est impossible de les déduire l'une de l'autre. — Voici leur déduction métaphysique, ou du moins leur principe transcendantal : la première, la fonction intellectuelle de la sommation, est fondée sur les *lois constitutives de l'entendement* (35) ; la seconde, la fonction intellectuelle de la graduation, est fondée sur les *lois régulatives de la raison.* »

« La neutralisation de ces deux fonctions intellectuelles et, par conséquent, des deux algorithmes élémentaires qui leur répondent, produit une fonction intermédiaire à laquelle correspond un algorithme également intermédiaire, tenant de la sommation et de la graduation : nous nommerons cet algorithme REPRODUCTION. — Ses deux branches, progressive et régressive, sont *la multiplication* et *la division.* — Ce troisième algorithme élémentaire qui, considéré sous le point de vue métaphysique, se rapporte essentiellement à la faculté du *jugement* (5 et 36), doit encore, à cause de son origine, être considéré comme algorithme primitif. »

« Ainsi, la théorie algorithmique présente *trois algorithmes élémentaires et primitifs.* Leurs origines se rapportent aux trois facultés primitives de notre intellect (4), l'entendement, le jugement et la raison. Les lois de ces trois algorithmes, fondées sur les lois respectives de ces trois facultés primordiales de notre intellect, sont, ainsi que la nature même de ces algorithmes, essentiellement différentes, et ne sauraient, dans toute leur généralité, être dérivées les unes des autres. — Il n'existe donc et il ne peut exister pour l'homme d'autres fonctions algorithmiques que celles qui sont ou immédiatement fondées sur ces trois algorithmes primitifs, ou dérivées de ces algorithmes. » (*Introd.*, page 7.)

Avant de nous occuper des algorithmes dérivés, étudions un peu plus en détail les trois algorithmes primitifs, fondement de toute la science.

55. Pour ce qui concerne, en premier lieu, l'algorithme primitif de la sommation, nous devons faire observer que, d'après son origine, il constitue en quelque sorte la *matière* de toute fonction algorithmique possible, car c'est l'*entendement* qui constitue les objets de nos connaissances ; l'application ou l'emploi des autres facultés intellectuelles ne peut influer que sur la *forme* des fonctions algorithmiques, dont les élémens (le *contenu* ou la *matière*) sont toujours donnés par l'algorithme primitif de la sommation.

Le schéma de cet algorithme, qui résulte de la *conception générale* de son objet (agrégation ou réunion de parties), est (*a*)

$$A + B = C$$

qui implique nécessairement le schéma réciproque (*b*)

$$C - B = A.$$

C'est sur ces deux schémas que se trouvent fondées respectivement l'*addition* et la *soustraction.*

Or, ces deux schémas étant identiques dans leur origine, il en résulte une considération importante sur la *fonction particulière* de la quantité B, dans les deux relations réciproques (*a*) et (*b*). Cette fonction, considérée en elle-même et abstraction faite des opérations d'addition et de soustraction, se présente, dans la première de ses relations, avec le caractère d'une faculté d'augmentation, tandis que dans la seconde elle se présente avec le caractère d'une faculté de diminution.

Cette diversité de la fonction du nombre B dans les deux relations en question est un produit de l'application de la seconde loi de l'entendement, celle de *qualité*, aux quantités algorithmiques, et c'est de cette application que résultent pour les quantités deux états différens nommés état *positif* et état *négatif*. Ainsi, dans la première relation, B est une quantité *positive*, et, dans la seconde, B est une quantité *négative*. (*Voy.* ALGÈBRE, 2.)

L'état *positif* et *négatif* des nombres porte donc essentiellement sur leur QUALITÉ ; tandis que les opérations d'addition et de soustraction ne portent que sur leur QUANTITÉ. C'est parce que, jusqu'ici, on a confondu ces deux points de vue si distincts, qu'on est tombé dans tant de contradictions au sujet des *nombres négatifs.*

56. L'algorithme de la reproduction consiste dans la neutralisation intellectuelle des deux algorithmes primitifs et opposés, la sommation et la graduation. C'est le moyen de remonter du premier au dernier, fondé sur la faculté du *jugement*, faculté intermédiaire entre l'entendement et la raison, qui servent de fondemens respectifs aux algorithmes opposés.

Le schéma de cet algorithme, qui résulte de sa *conception générale*, est

$$A + A + A + A + A \ldots \text{B fois} = O$$

les nombres A, B, C étant donnés entièrement par l'algorithme de la sommation; car, pour concevoir cette génération, pour en former la première conception, il est nécessaire que les nombres A et B soient donnés par le seul mode connu jusqu'ici de génération des nombres : la sommation; et alors le nombre C, comme produit par une génération de sommation, est encore un nombre entier ou un nombre donné par l'algorithme de la sommation.

» Mais lorsque cette conception est formée, l'influence régulative de la raison, qui se manifeste déjà dans l'algorithme de reproduction dont il est question, introduit dans la génération des nombres A, B et C, *une détermination nouvelle et particulière*, qui satisfait d'une part, au caractère d'agrégation, à la *discontinuité* de génération algorithmique, dominant dans l'algorithme primitif de la sommation et, de l'autre part, au caractère de croissance, à la *continuité* de génération algorithmique, dominant dans l'algorithme primitif de la graduation. Or c'est cette détermination particulière de la génération des nombres A, B et C, dans laquelle se trouve la neutralisation des deux algorithmes primitifs et opposés, qui forme la *loi fondamentale* de la théorie de la reproduction. — Le schéma de cette loi est (c)

$$A \times B = C$$

où l'on suppose que parmi les trois nombres A, B, C, deux quelconques de ces nombres peuvent être donnés par l'algorithme de la sommation, ou bien, ce qui revient au même, que A, ou B, étant donné ainsi, le nombre C peut représenter tous les nombres formant la suite produite par la génération de sommation. » (*Introd*, page 160.)

Le schéma (c) implique le schéma réciproque (d)

$$\frac{C}{B} = A$$

et c'est sur ces deux schémas (c) et (d) que se trouvent fondées respectivement *la multiplication* et *la division*.

Les nombres C et B pouvant être des nombres quelconques donnés par l'algorithme de la sommation, la génération du nombre A, suivant le schéma réciproque (d), reçoit dans certains cas un caractère particulier, une détermination plus intellectuelle, qui place ce nombre hors de la suite des nombres entiers. Ce caractère particulier, dû à l'influence régulative de la raison qui commence à se manifester dans l'algorithme de la reproduction, est ce qui distingue les nombres nommés *nombres fractionnaires*. (*Voy*. ALGÈBRE, 12.)

Quant à la fonction particulière du nombre B dans les deux relations réciproques (c) et (d), elle porte encore sur la conception de la *qualité* et consiste dans l'état *positif* ou *négatif* de l'exposant de graduation de ce nombre.

57. Nous avons dit (54) que l'algorithme de la graduation est fondé sur les *lois régulatives* de la raison. Ce sont ces lois qui viennent apporter la dernière unité intellectuelle dans nos connaissances (53); sans l'influence régulative de la raison, la science des nombres ne serait pas possible, car nous serions réduits au seul algorithme de la sommation dont l'objet et les lois sont identiques. Or le schéma purement algorithmique de la graduation, est (e)

$$A^{B} = C$$

dans lequel A, B, C peuvent être des nombres quelconques. Mais d'après la *conception générale* de l'objet de cet algorithme, conception qui repose sur l'idée de *continuité indéfinie*, et nous présente un nombre quelconque comme engendré par la multiplication successive et indéfinie d'un autre nombre par lui-même, nous voyons que le schéma (e) est fondé sur le schéma philosophique (f),

$$\left(1 + \mu \cdot \frac{1}{\infty}\right)^{\infty} = m.$$

En effet, cette forme, qui porte essentiellement sur une génération indéfinie, et qui par conséquent implique l'idée de l'*absolu*, est évidemment la seule forme possible sous laquelle nous pouvons concevoir, au moyen de l'algorithme élémentaire et primordial de sommation, qui est un produit de l'entendement, la *continuité indéfinie* de la génération d'un nombre que demande la raison. C'est évidemment sur cette génération du nombre m que se fonde la possibilité algorithmique d'un *exposant* quelconque de ce nombre, entier, fractionnaire, positif, négatif ou zéro. (*Introd*. pag. 163.)

Nous voyons ici se manifester d'une manière évidente la nature de la raison, de cette faculté supérieure, dont toutes les conceptions ou *idées pures* sont douées d'universalité absolue et qui tend sans cesse vers l'inconditionnel (30). Son principe suprême introduit dans la science des nombres les idées transcendantes de nombres infinis et infiniment petits, sans lesquelles il lui serait impossible d'apporter la dernière unité intellectuelle, non dans la génération des nombres eux-mêmes, mais dans la génération de la connaissance que nous avons de ces nombres. Comme la science serait impossible sans les lois régulatives de la raison, on peut juger du tact philosophique des géomètres qui ont voulu bannir l'*infini* des mathématiques.

Le schéma (e) donne le schéma réciproque (g)

$$C^{\frac{1}{B}} = A$$

et c'est sur ces deux schémas identiques que sont fondées les *puissances* et *les racines*.

Les nombres C et B pouvant être des nombres quelconques, la génération du nombre A suivant le schéma (g) reçoit en certains cas une détermination nouvelle et plus *intellectuelle* encore que celle qui, dans la théorie de la reproduction, donne naissance aux *nombres fractionnaires*. En effet, d'après (f), le schéma philosophique de cette génération est (h)

$$A = \left(1 + \mu \cdot \frac{1}{\infty}\right)^{\frac{\infty}{B}}.$$

Or, avec la possibilité de la génération *intellectuelle* du nombre A, on voit dans ce dernier schéma que la génération *sensible* de ce nombre, en la considérant en général, est nécessairement *indéfinie*. C'est cette génération indéfinie, provenant de l'influence régulative et intellectuelle de la raison dans le domaine sensible de l'entendement, qui est le caractère distinctif des nombres nommés *nombres irrationnels*. (*Introd.* pag. 164.)

Quant à la fonction particulière du nombre B dans les deux relations réciproques (e) et (g), elle est véritablement la même que celle du nombre B dans les deux relations réciproques (c) et (d) de la reproduction. Elle consiste dans la *qualité* positive ou négative de l'exposant de graduation de ce nombre.

Les relations réciproques (e) et (g) présentent un cas singulier, c'est celui où , C étant un nombre négatif, B est un nombre pair. Il en résulte que la génération du nombre A implique dans ce cas une opposition intellectuelle ou une *antinomie*, comme on le dit dans la philosophie transcendantale. — « Cette antinomie provient de ce que le schéma philosophique (f) qui est le principe ou le fondement de la possibilité de l'algorithme de la graduation, ne porte que sur la génération de la *quantité* du nombre m, laquelle, prise en général, est réellement susceptible d'une continuité indéfinie ; tandis que la *qualité* de ce nombre, comme produite essentiellement et exclusivement par l'algorithme de la sommation, implique nécessairement la discontinuité qui est le caractère de ce dernier algorithme, c'est-à-dire qu'elle implique nécessairement l'opposition discontinue de l'état positif à l'état négatif du nombre m. Et, en effet, lorsqu'il s'agit d'un nombre négatif C, produit par la génération de graduation A^B, on ne peut, en supposant le nombre A réel, considérer indifféremment l'exposant B comme un nombre pair ou impair, parce que ce serait supposer, à la génération du nombre négatif C, une continuité indéfinie qu'il n'a point réellement. — Toutefois ce qui n'est pas possible en *réalité*, dans le domaine sensible de l'entendement , l'est au moins en *idée*, dans le domaine intellectuel de la raison ; et cette

dernière faculté ne se désiste point, autant qu'il est en elle, de ramener toutes les fonctions algorithmiques à la loi de continuité indéfinie, ou, en général, à la loi de l'absolu. » (*Introd.* pag. 165.)

Les nombres correspondans à la génération idéale

$$\sqrt[2n]{-C}$$

sont ceux que l'on nomme très-inexactement *nombres imaginaires*. (*Voy.* IMAGINAIRE.)

58. Passons aux fonctions algorithmiques *dérivées*. Nous avons dit (MATH. 4) qu'il en existe deux seulement dont la dérivation est *nécessaire*, et que cette nécessité fait ranger au nombre des *algorithmes élémentaires*. Peu de mots suffiront ici pour compléter leur déduction.

Les trois algorithmes primitifs paraîtraient admettre quatre dérivations nécessaires correspondantes aux quatre manières différentes dont ils peuvent être combinés entre eux , en les prenant d'abord deux à deux , et ensuite tous les trois. Mais en considérant , en particulier, la nature de ces algorithmes , on voit aisément que la combinaison de l'algorithme de la sommation avec celui de la graduation se trouve déjà dans l'origine de l'algorithme de reproduction ; de sorte qu'il ne reste de combinaisons réellement différentes, que celles de l'algorithme de la reproduction avec les algorithmes respectifs de la sommation et de la graduation. Ce sont ces combinaisons qui produisent les deux algorithmes élémentaires *dérivés* que l'on nomme la NUMÉRATION et les FACULTÉS. (*Voy.* MATH. 4.)

59. Ces deux algorithmes dérivés viendraient clore la partie élémentaire de la théorie de l'algorithmie, s'il ne se trouvait dans la nature de la numération et des facultés le principe d'une conséquence ultérieure et également nécessaire. Ce principe consiste en ce que la reproduction, qui est commune à ces deux algorithmes dérivés, établit entre eux une liaison, une espèce d'unité ; d'où résulte , comme conclusion nécessaire , la proposition, du moins problématique, de la transition de la théorie de la numération à celle des facultés, et réciproquement de la théorie des facultés à celle de la numération. Les schémas de ces deux questions nécessaires , qui doivent définitivement terminer le système de tous les algorithmes élémentaires possibles pour l'homme , sont :

1° Transition de la numération aux facultés ,

$$\varphi x_1 + \varphi x_2 + \varphi x_3 + \text{etc.} = \varphi(x_1 . x_2 . x_3 . \text{etc.});$$

2° Transition des facultés à la numération ,

$$\varphi x_1 . \varphi x_2 . \varphi x_3 . \text{etc.} = \varphi(x_1 + x_2 + x_3 + \text{etc.})$$

en désignant par x_1, x_2, x_3, etc., des quantités variables quelconques, et par la caractéristique φ les fonctions inconnues respectives qui peuvent répondre à ces questions. (*Introd.* pag. 10.)

60. Pour la première de ces deux questions, il est évident d'abord que la fonction φ, dont il s'agit, est l'exposant d'une quantité donnée qui forme, avec cet exposant, la valeur de la quantité variable; car a étant une quantité constante, si l'on a

$$a^{\varphi x} = x$$

on aura aussi

$$x_1 . x_2 . x_3 . \text{etc.} = a^{\varphi x_1} . a^{\varphi x_2} . a^{\varphi x_3} . \text{etc.} = a^{\varphi x_1 + \varphi x_2 + \varphi x_3 + \text{etc.}}$$

et conséquemment

$$\varphi x_1 + \varphi x_2 + \varphi x_3 + \text{etc.} = \varphi(x_1 . x_2 . x_3 . \text{etc.})$$

Il ne reste donc qu'à découvrir la nature de cette fonction φ, et à savoir si elle est une fonction dérivée *élémentaire*, ou seulement une combinaison des autres fonctions élémentaires. Or, la nature *transcendante* de cette fonction, qui constitue les LOGARITHMES, nous apprend qu'elle est une fonction dérivée *élémentaire*. (*Voy.* LOGARITHMES, 11.)

61. Quant à la seconde des deux questions (56) proposées par la nature même de notre savoir, il est encore évident que les fonctions exponentielles, qui appartiennent entièrement à l'algorithme de la graduation, lui répondent d'une manière complète. En effet, si a et m sont des quantités constantes, on aura la fonction exponentielle

$$\varphi x = a^{m x}$$

qui donne

$$\varphi x_1 . \varphi x_2 . \varphi x_3 . \text{etc.} = a^{m x_1} . a^{m x_2} a^{m x_3} . \text{etc.} = a^{m(x_1 + x_2 + x_3 + \text{etc.})}$$

et, conséquemment,

$$\varphi x_1 . \varphi x_2 . \varphi x_3 . \text{etc.} = \varphi(x_1 + x_2 + x_3 + \text{etc.})$$

Ainsi, en considérant les fonctions exponentielles dans toute leur généralité, la seconde des deux questions rationnelles dont il s'agit, la transition des facultés à la numération, ne donnerait lieu à aucun algorithme nouveau. Il ne pourrait donc s'en trouver ici que dans le cas particulier où l'exposant m recevrait une valeur qui placerait les fonctions exponentielles hors de la classe des puissances ordinaires et susceptibles d'une signification immédiate. Ce cas a lieu effectivement lorsque l'exposant m est *imaginaire*, et particulièrement lorsqu'on a $m = \sqrt{-1}$. (*Introd.* pag. 15.)

62. Pour déterminer la nature de la fonction transcendante

$$\varphi x = a^{x \sqrt{-1}}$$

observons que nous avons en général, z étant un nombre quelconque et Lz son logarithme naturel,

$$z = 1 + \frac{1}{1} . Lz + \frac{1}{1.2}(Lz)^2 + \frac{1}{1.2.3}(Lz)^3 + \text{etc.}$$

(*Voy.* LOGARITHME, 15), et par conséquent, (i)

$$a^{x \sqrt{-1}} = 1 + \frac{La}{1} . x \sqrt{-1} - \frac{L^2 a}{1.2} x^2 - \frac{L^3 a}{1.2.3} x^3 . \sqrt{-1} + \text{etc.}$$

en faisant $a^{x \sqrt{-1}} = z$, d'où $x \sqrt{-1} . La = Lz$.

L'expression (i) se trouve composée de deux suites, l'une réelle, l'autre *imaginaire*. En désignant par Fx la première de ces suites et par fx la somme des coefficiens de $\sqrt{-1}$, on a

$$Fx = 1 - \frac{(La)^2 . x^2}{1.2} + \frac{(La)^4 . x^4}{1.2.3.4} + \frac{(La)^6 . x^6}{1.2.3.4.5.6} + \text{etc.}$$

$$fx = La.x - \frac{(La)^3 . x^3}{1.2.3} + \frac{(La)^5 . x^5}{1.2.3.4.5} - \frac{(La)^7 . x^7}{1.2.3.4.5.6.7} \text{etc.}$$

Ainsi la nature de la fonction φx en question sera donc

$$\varphi x = Fx + fx . \sqrt{-1}$$

dans laquelle les deux quantités Fx et fx sont deux fonctions déterminées de x, susceptibles de valeurs réelles.

Mais à cause du double signe $\pm$ du radical qui entre d'une manière générale dans les fonctions φx, on a les deux relations

$$Fx + fx . \sqrt{-1} = a^{+x \sqrt{-1}}$$
$$Fx - fx . \sqrt{-1} = a^{-x \sqrt{-1}}$$

lesquelles donnent

$$Fx = \frac{1}{2} . \left\{ a^{+x \sqrt{-1}} + a^{-x \sqrt{-1}} \right\}$$

$$fx = \frac{1}{2 \sqrt{-1}} . \left\{ a^{+x \sqrt{-1}} - a^{-x \sqrt{-1}} \right\}$$

Telles sont donc définitivement les fonctions nouvelles susceptibles de valeurs réelles, qui sont impliquées dans la fonction φx en question. La dernière de ces fonctions est ce qu'on appelle SINUS et la première ce qu'on nomme COSINUS. (Pour plus de détails, *voy.* SINUS.)

Ainsi les fonctions nommées en général *sinus* sont des fonctions algorithmiques *élémentaires*; et la THÉORIE DES SINUS forme une des branches nécessaires de l'algorithmie.

63. Jusqu'ici nous n'avons considéré la théorie algorithmique élémentaire que sous le point de vue *trans-*

cendantal, point de vue qui sert à découvrir la *généra-tion même* des quantités ; il nous resterait donc à l'envisager sous le point de vue *logique*, mais comme ce dernier ne sert à découvrir que la *relation réciproque* des quantités, relation qui ne peut avoir ici de lois particulières, nous renverrons à ce que nous en avons dit MATH. 7, et nous résumerons toute la théorie élémentaire dans le tableau suivant qui présente les principes philosophiques de celui que nous avons donné à l'article et au numéro cités.

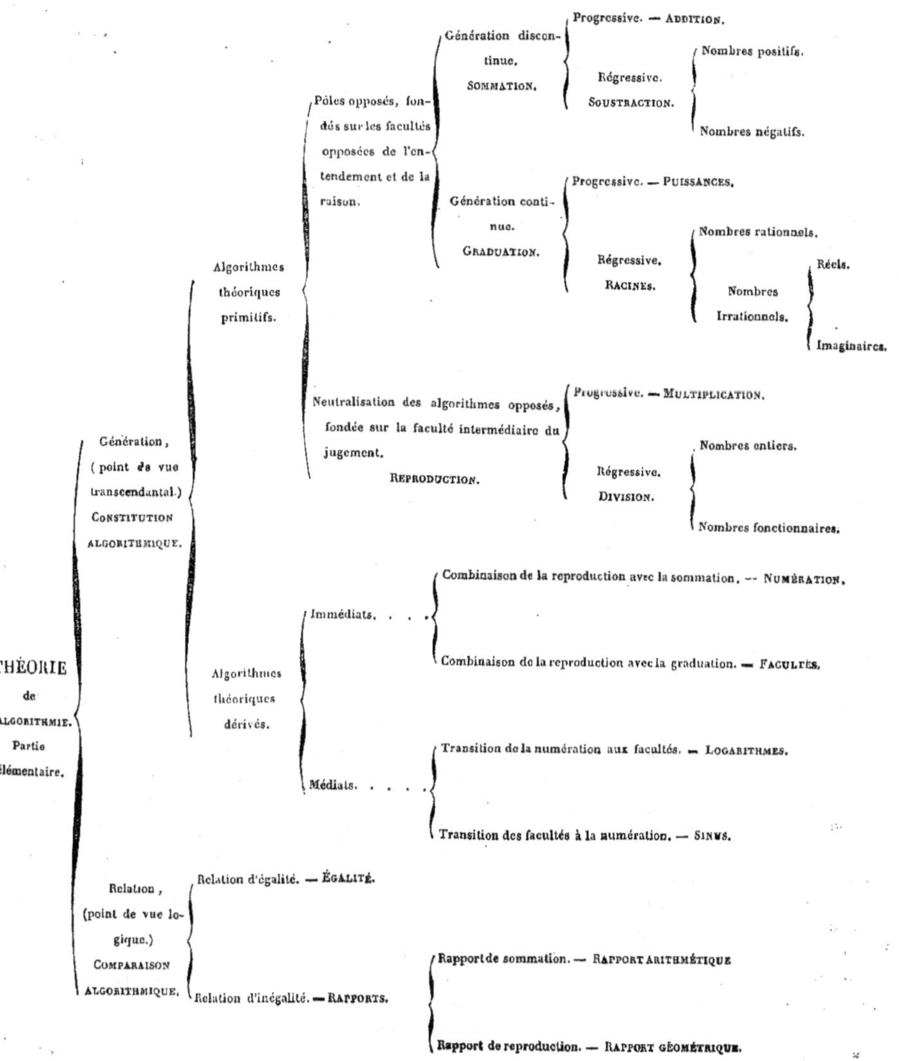

64. » En reportant nos regards, dit M. Wronski (*Introd.*, page 29), sur les principes dont nous avons dérivé tous les algorithmes élémentaires, nous verrons facilement que la possibilité de ces différens algorithmes consiste dans la dualité intellectuelle que présentent les théories de la sommation et de la graduation; c'est-à-dire, en remontant plus haut, qu'elle consiste dans l'opposition des lois constitutives de l'entendement desquelles dérive l'algorithme primitif de la sommation et des lois régulatives de la raison, desquelles dérive l'algorithme de la graduation. Mais cette espèce de polarité intellectuelle, si je puis m'exprimer ainsi, qui se trouve dans l'application du savoir humain à la détermination des lois des quantités algorithmiques, doit évidemment se rencontrer dans toutes ces quantités, car le principe de cette application est le même pour toutes les quantités algorithmiques en général. Il en résulte dans ces quantités considérées objectivement, non une simple neutralisation ou combinaison, mais une véritable *réunion systématique* des deux fonctions intellectuelles qui ont pour objet les deux algorithmes primitifs et opposés, la sommation et la graduation. Cette réunion systématique introduit, dans les quantités algorithmiques, de nouvelles déterminations de leur nature, de nouvelles lois théoriques; et ce sont ces lois qui font l'objet de la partie systématique de la théorie algorithmique. »

« Mais on peut ici se placer dans deux points de vue différens pour considérer la réunion systématique dont il s'agit : dans l'un, qui est le point de vue *transcendantal*, on découvre l'influence de cette réunion sur la *génération même* (la constitution) des quantités algorithmiques; dans l'autre, qui est purement un point de vue *logique*, on découvre l'influence de cette réunion sur la *relation réciproque* (la comparaison) de ces quantités. — Sous le premier aspect, la réunion systématique dont il est question donne lieu, dans la génération des quantités algorithmiques, à une unité transcendantale entre les deux algorithmes primitifs, la sommation et la graduation; unité dont les lois forment l'objet de plusieurs branches séparées qu'on pourrait nommer en général THÉORIE DE LA CONSTITUTION ALGORITHMIQUE. Sous le second aspect, cette réunion donne lieu, dans la relation des quantités algorithmiques, à une unité logique entre les deux algorithmes primitifs, la sommation et la graduation; unité dont les lois forment également l'objet de plusieurs branches séparées qu'on pourrait nommer en général THÉORIE DE LA COMPARAISON ALGORITHMIQUE. »

» La réunion de deux algorithmes peut généralement être envisagée, ou comme *diversité* systématique, ou comme *identité* systématique : dans le premier cas, ces deux algorithmes sont considérés comme distincts, l'un de l'autre, dans la génération d'une quantité algorithmique; dans le second cas, ces algorithmes sont considérés comme indistincts l'un de l'autre, dans la génération d'une telle quantité. — Or, les deux algorithmes primitifs étant considérés par rapport à la génération des quantités, sont entièrement opposés dans leur nature, et ne sauraient, par cette raison, concourir indistinctement à la génération d'une quantité; ils ne peuvent donc, dans leur réunion, donner lieu qu'à une diversité systématique. Mais les algorithmes dérivés immédiats, la numération et les facultés, qui touchent à la neutralisation des deux algorithmes primitifs opposés, et qui sont même liés par cette neutralisation, par l'algorithme de la reproduction, peuvent concourir indistinctement, du moins par l'unité de leur liaison, à la génération d'une quantité; ces deux algorithmes dérivés doivent donc présenter dans leur réunion une véritable identité systématique. »

Nous avons donné, MATHÉMATIQUES, n°ˢ 8, 9, 10, 11 et 12, la déduction des diverses parties qui composent la CONSTITUTION et la COMPARAISON de la THÉORIE ALGORITHMIQUE, et nous devons nous contenter ici de renvoyer à cet aperçu, dont les détails nous entraîneraient trop loin.

65. Passons à la TECHNIE DE L'ALGORITHMIE, cette seconde branche fondamentale de la science des nombres, dont nous avons exposé l'origine intellectuelle (52) et dont nous avons reconnu les diverses parties au mot MATHÉMATIQUES, n°ˢ 15, 16, 17, 18, etc.

En examinant les différens algorithmes élémentaires et systématiques qui composent la théorie de l'algorithmie, on reconnaît sans peine qu'ils sont autant de procédés intellectuels constituant immédiatement la génération primitive ou la construction des quantités algorithmiques et qu'ils sont indépendans de toute conception de *fin* ou de *but*; de sorte que la théorie de l'algorithmie n'est qu'une simple *spéculation* fondée sur la faculté de l'intellect en général. Mais nous avons vu (*Math.*, 15) que, outre la génération *primaire* donnée par les algorithmes théoriques, la science des nombres serait impossible sans une *génération secondaire* qui embrasse tous les modes de la génération algorithmique, en réduisant les formes primaires à des formes secondaires équivalentes, c'est-à-dire en donnant dans tous les cas l'*évaluation* ou la *mesure* des quantités.

Ainsi, quoique cette réduction ne puisse être opérée que par le moyen des formes primaires mêmes, puisqu'il ne saurait exister aucun autre procédé possible, elle n'est cependant pas contenue explicitement, ni même implicitement, dans ces formes primaires de génération, car alors elle ne serait pas *nécessaire*. Cette réduction sort donc du domaine de la *spéculation algorithmique* régie par l'INTELLECT et constituant la *théorie de l'algorithmie* ; elle forme une espèce d'*action algorithmique*, étant évidemment une fin ou un but propre de la VOLONTÉ ; et comme telle, cette réduction présente un procédé artificiel, un art (τέχνη), et constitue ce que nous nommons *Technie de l'algorithmie* (Wronski. *Philos. de la Technie*). De plus, comme nous avons vu aussi que les procédés de la technie étaient universels, nous pouvons définir cette branche de la science des nombres en disant qu'elle a pour objet l'UNIVERSALITÉ DANS LA GÉNÉRATION DES QUANTITÉS.

C'est en raison de cette universalité des algorithmes techniques élémentaires qui se résume en un seul algorithme technique systématique, que M. Wronski a pu se proposer d'embrasser par UNE SEULE LOI toutes les diverses lois possibles de la génération des quantités, c'est-à-dire toute la science des nombres et conséquemment toutes les mathématiques, car l'algorithmie forme évidemment l'essence de ces sciences. Cette *loi suprême*, qui couronne l'édifice des mathématiques, élevé par la philosophie, a été présentée, en 1811, à l'Institut de France, et ce corps savant, par l'organe de Lagrange et de Lacroix, ses commissaires, en a reconnu l'universalité en ces termes : « Mais ce qui a frappé vos commissaires dans le mémoire de M. Wronski, c'est qu'il tire de sa formule *toutes* celles que l'on connaît pour le développement des fonctions, et qu'elles n'en sont que des cas *très-particuliers*. »

66. La forme de cette loi suprême, marquée (β), MATH., 22, se trouvant identique avec le principe premier et le plus simple, l'algorithme primitif et primordial de la sommation, il en résulte que le système entier de nos connaissances algorithmiques se trouve complètement achevé. Notre but n'ayant été que de faciliter l'étude des ouvrages de M. Wronski, et de faire entrevoir l'importance d'une philosophie qui vient enfin expliquer et compléter la science du géomètre, cette science qui règle les substances de l'Univers, nous devons maintenant renvoyer aux ouvrages eux-mêmes. Si les grandes choses qu'ils contiennent sont encore méconnues, elles n'en sont pas moins produites, et M. Wronski peut s'écrier, comme Keppler, *je livre mes ouvrages, ils seront compris par l'âge présent ou par la postérité, peu m'importe; Dieu n'a-t-il pas attendu six mille ans un contemplateur de ses œuvres.*

PHŒNIX. (*Ast.*) Constellation méridionale, située entre l'Éridan et le poisson austral. (*Voy.* Pl. 10.)

PHONIQUE (de φωνή, *voix*, son). Nom donné à la science des sons, nommée plus communément ACOUSTIQUE. (*Voy.* ce mot.)

PHORONOMIE (de φορά, *mouvement* et de νόμος, loi). Science du mouvement considéré en lui-même ou *in abstracto*. (*Voy.* MÉCANIQUE et MOUVEMENT.)

PHYSICO-MATHÉMATIQUES. (*Voy.* MATHÉMATIQUES APPLIQUÉES.)

PICARD (JEAN, et PIERRE, suivant quelques biographes), célèbre astronome du XVIIe siècle, et l'un des huit premiers membres de l'Académie des sciences, est né à La Flèche le 21 juillet 1620. On ne possède que quelques vagues renseignemens sur son origine et son éducation ; l'auteur de l'*Histoire critique de la découverte des longitudes* semble insinuer que Picard était le jardinier du duc de Créqui, lorsqu'un astronome de ce temps, Le Valois, le prit avec lui et l'initia à la connaissance des élémens de la science, dans laquelle il fit de rapides progrès. Vraie ou fausse, cette anecdote, avancée dans un esprit de dénigrement aussi injuste que déplacé, n'est qu'honorable pour la mémoire de Picard, à qui l'astronomie pratique, comme la théorie de la science, doivent une foule de découvertes ingénieuses et utiles qui n'ont pas peu contribué à leur avancement. Quoi qu'il en soit de la jeunesse de Picard, on le retrouve à l'âge de vingt-cinq ans prêtre et prieur de Villé, en Anjou, observant l'éclipse de soleil du 25 août 1645 avec Gassendi, auquel il succéda dans la chaire d'astronomie du collège de France. La mesure d'un degré du méridien pour arriver à une connaissance exacte de la figure et de la grandeur de la terre, dut être l'un des premiers objets qui excitèrent la sollicitude de l'Académie des sciences. Les travaux de Snellius et de Riccioli sur cette importante opération étaient les seuls documens de quelque valeur scientifique qu'on possédât alors ; mais les résultats obtenus par ces deux géomètres différaient par des quantités si grandes, qu'il était impossible de ne pas penser que l'un des deux au moins avait commis une grave erreur. Il existait donc alors un doute complet sur la grandeur même approchée du degré terrestre. L'abbé Picard, déjà célèbre par des observations importantes et des inventions utiles, fut choisi par l'Académie pour recommencer cette mesure dans les environs de Paris. Il entreprit et exécuta, dans les années 1669 et 1670, cette grande opération dont nous avons déjà eu l'occasion de parler dans beaucoup d'articles de ce dictionnaire. Nous ajouterons seulement ici qu'en suivant le procédé qu'avait employé Snellius, Picard apporta dans son travail des soins extraordinaires et nouveaux dans les opérations de l'astronomie pratique. Il avait un secteur de dix pieds de rayon scrupuleusement vérifié dans tous les degrés qui devaient servir à sa mesure. Cet instrument était garni d'un excellent télescope avec des fils se croisant au foyer de l'oculaire. Il mesura ainsi à Amiens et à Malvoisine la distance d'une étoile de Cassiopée, qui passait à moins de dix degrés du zénith de l'un et de l'autre lieu, et il trouva leur différence de latitude de 1°22'.55". Quant à sa mesure trigonométrique, tous les angles de ses triangles furent vérifiés, et deux mesures réitérées de sa base, faites avec tout le soin dont Picard était capable, ne lui donnèrent qu'une différence de deux pieds; la première avait été de 5662 toises 5 pieds, et la seconde de 5663 toises 1 pied. C'est ce qui le détermina à prendre un milieu et à le fixer à 5663 toises. De tous ses calculs enfin, Picard tira la conclusion que la distance interceptée entre les parallèles d'Amiens et de Malvoisine était de 78850 toises ou 57060 toises par degré. La même opération, exécutée depuis avec des instrumens plus perfectionnés et à l'aide de méthodes supérieures indiquées par les progrès de la science, a sans doute démontré quelques inexactitudes dans le travail de Picard; mais, malgré cette imperfection, peut-être inévitable, la mesure d'un degré terrestre, à laquelle Picard a donné son nom, n'en demeurera pas moins célèbre dans l'histoire de la science, comme un monument remarquable de la première tentative heureuse qui ait été faite pour connaître la mesure exacte de la terre. On sait que ce fut à l'aide de la mesure du degré de Picard que Newton put réussir dans les calculs qu'il avait une première fois tentés sans succès pour reconnaître la force qui retient la lune dans son orbite. Cette opération eut encore pour résultats d'appeler l'attention des astronomes sur des mouvemens que l'on désigne aujourd'hui par les noms de *nutation* et d'*aberration*, et dont on n'avait pas le moindre soupçon. L'honneur de trouver les causes et d'expliquer ce double phénomène était réservé à Bradley.

Dès l'an 1669, dit Delambre, Picard avait lu à l'Académie un mémoire substantiel, dans lequel il traçait le plan d'une astronomie perfectionnée par ses inventions et celles de Huygens; il y donnait les moyens de déterminer directement, et tout à la fois, les ascensions droites du soleil et celles des étoiles. Ces moyens n'étaient au fond qu'une application particulière de la méthode générale des hauteurs correspondantes, qu'il avait d'ailleurs introduite le premier dans l'astronomie pratique, en fournissant de plus la correction dont elle a besoin quand la déclinaison de l'astre vient à varier dans l'intervalle des deux hauteurs égales qu'on a observées. Par ces moyens, Picard avait annoncé qu'il fixerait les momens précis des solstices avec la même exactitude que ceux des équinoxes. Le premier, il observa la longueur du pendule simple qui battait les secondes, et il demanda que les observations fussent répétées en différens climats pour savoir si cette longueur était par-

tout la même, après avoir averti que la seule dilatation des métaux suffisait pour la faire varier avec la température de l'atmosphère. Picard recommanda aussi l'observation des réfractions en différentes saisons et celle des diamètres : il en donna lui-même des exemples fréquens.

Auzout fut le collaborateur et l'ami de l'abbé Picard. On les associe avec raison dans l'invention du micromètre, l'application du télescope au quart de cercle et l'invention de la lunette d'épreuve. Dans la vue de rendre plus sûrement utiles les observations de Tycho-Brahé, Picard fit le voyage d'Uranibourg pour déterminer plus exactement la longitude et la latitude de cet observatoire célèbre; enfin, c'est à Picard que la France doit d'être devenue la patrie adoptive de l'illustre Cassini; c'est aussi à ses plans et à son influence qu'elle doit la construction de l'Observatoire. Malheureusement le jeune astronome que Picard, usant de son crédit auprès du grand Colbert, avait fait venir d'Italie, ne tarda pas à faire oublier le mérite et les honorables services de son protecteur. Ce fut lui qu'on nomma directeur de l'établissement dont Picard avait eu la première idée, et bientôt les plans et les projets de cet astronome distingué furent délaissés pour les brillans travaux du compétiteur qu'il s'était donné dans son amour pur et désintéressé pour la science. A la suite d'une chute qu'il avait faite dans une observation difficile, Picard fut dangereusement blessé; il languit encore durant quelques années, et mourut à Paris le 12 juillet 1682, et 1684 suivant Condorcet. Picard a publié : I. *La mesure de la terre*, Paris, 1671, in-folio. II. *Voyage d'Uranibourg, ou observations astronomiques faites en Danemarck.* III. *Observations astronomiques faites en divers endroits du royaume.* — *Observations faites à Bayonne, Bordeaux et Royan, pendant l'année 1680.* IV. *Traité du nivellement :* c'est l'ouvrage publié par Lahire. V. *La pratique des grands cadrans par le calcul.* VI. *Fragmens de dioptrique.* VII. *Experimenta circà aquas affluentes.* VIII. *De mensuris.* IX. *De mensurâ liquidorum et aridorum.* Picard a composé les cinq premiers volumes de la *Connaissance des temps*, de 1679 à 1683. Cet illustre académicien, qui avait consacré sa vie à de si nombreux et si utiles travaux, était tombé vers la fin de sa carrière dans un oubli dont les biographes modernes se sont fait un devoir de venger sa mémoire. « Picard, dit Condorcet, fut le maître de Roemer, dont il devina le génie, et auquel il procura la protection de Colbert et les bienfaits de Louis XIV. Le premier, il aperçut le phosphore qu'on voit dans la partie vide du baromètre, lorsqu'on y agite le mercure. Dès 1680, il n'était plus en état d'exécuter par lui-même les grands travaux dont il avait fait agréer le projet à Colbert, et il termina en 1684 une carrière toute remplie d'occupations utiles, qui lui donnent plus de droits à la reconnaissance des hommes qu'à la gloire, et dont les fruits s'étendront au-delà de sa mémoire. »

PIED. Nom d'une ancienne mesure linéaire, la sixième partie de la *toise.* (*Voy.* MESURE.)

PIGNON. (*Méc.*) Nom que l'on donne aux petites roues dentées, qui dans un engrenage transmettent le mouvement d'une pièce à une autre.

PILE. (*Géom.*) Amas de corps placés les uns sur les autres.

Ainsi, dans l'*artillerie* on nomme *pile* de boulets ou de bombes une collection de ces corps arrangés les uns sur les autres, et l'on a des formules particulières de calcul pour trouver le nombre des boulets d'une pile. Nous ferons connaître ailleurs ces formules qui dépendent de la théorie des progressions. (*Voy.* PROGRESSION.)

PINGRÉ (ALEXANDRE-GUI), astronome célèbre du 18ᵉ siècle, fit ses études à Senlis, chez les génovéfains, et entra dans cette congrégation à l'âge de 16 ans. Il y fut long-temps professeur de théologie, et l'on attribue à des désagrémens que lui occasionnèrent ses opinions dans la querelle du jansénisme, le parti qu'il prit à un âge déjà avancé, de se livrer à l'étude et aux recherches d'une science bien différente de celle dont il s'était occupé jusqu'alors, et dans laquelle il ne tarda pas à acquérir une réputation distinguée. Diverses observations, et entre autres celle du passage de Mercure, en 1753, lui valurent le titre de correspondant de l'Académie des sciences. Peu de temps après, il fut successivement nommé chancelier de l'Université et bibliothécaire de Sainte Geneviève ; on lui conféra aussitôt le titre d'associé libre de l'Académie. Pingré composa, d'après les idées de l'astronome Lemonnier, dont il était l'ami, un *état du ciel,* pour les années 1754 à 1757 ; c'était un almanach nautique, fondé sur la méthode des angles horaires de la lune, et calculé sur les tables des institutions astronomiques. Cette méthode n'a point obtenu la même confiance que celle proposée par Lacaille vers la même époque, et qui a été adoptée dans le *Nautical almanach,* de Londres, dans la *connaissance des temps,* et dans toutes les éphémérides, sans exception. Pingré recommença tous les calculs que Lacaille avait faits pour le tableau des éclipses visibles en Europe, pendant les dix-huit premiers siècles de l'ère chrétienne, inséré dans *l'art de vérifier les dates.* Il étendit ce travail au calcul des éclipses des dix siècles précédens. Cette vaste entreprise, dont l'utilité immédiate n'était pas bien évidente, a eu pour résultat de démontrer l'insuffisance des anciennes périodes pour le calcul des éclipses futures. Pingré fit preuve de la même patience et du même zèle scientifique, dans les trois voyages qu'il entreprit pour essayer les montres marines de Ferdinand Berthoud et de Leroi. A la fin de 1760, il partit pour l'île Rodrigue, où l'année suivante il observa le premier passage de Vénus ; en 1769, il observa le second à Saint-Domingue. En 1783, il publia la *cométographie,* le plus important de ses ouvrages, et le seul probablement qui restera. En 1786, il fit paraître une traduction du poëme astronomique de Manilius. Pingré possédait une vaste instruction ; il était très-versé dans les langues anciennes, et la bibliothèque Sainte-Geneviève lui offrait d'ailleurs les moyens de vérifier tous les textes qu'il avait à citer. Aussi sa *cométographie* est l'ouvrage le plus complet qu'on ait publié sur cette matière ; il n'y manque aujourd'hui que les théories et les méthodes dont la production est postérieure à son travail. Pingré avait aussi calculé toutes les observations astronomiques du dix-septième siècle, en remontant jusqu'à Tycho. Cet ouvrage était peut-être plus curieux qu'utile ; l'assemblée constituante en ordonna l'impression, mais les événemens politiques du temps ne permirent pas de l'achever. Cet astronome, qui était né à Paris, le 4 septembre 1711, y est mort, membre de l'Institut, le 1ᵉʳ mai 1796, à l'âge de quatre-vingt-quatre ans. On doit à Pingré de nombreuses et importantes observations dont Lalande a donné le détail dans la *bibliographie astronomique* ; il est l'auteur de beaucoup d'écrits maintenant oubliés, et nous citerons seulement de lui : *Cométographie,* ou *Traité historique et théorique des comètes.* Paris, imp. roy., 1783, 2 vol. in-4°.

PINULES. (*Géom.*) Nom que l'on donne à deux petites pièces de cuivre, minces et rectangulaires, élevées perpendiculairement aux deux extrémités de l'alidade d'un demi-cercle, d'un graphomètre ou de tout autre instrument semblable. Elles sont chacune percées d'une fente qui règne de haut en bas. C'est par ces fentes que l'on vise un objet lorsqu'on veut placer l'alidade dans la direction de cet objet.

Dans les instrumens destinés à relever les angles, on a généralement substitué aujourd'hui le télescope aux pinules.

PISTON. (*Hydr.*) Cylindre de bois ou de métal qui se meut dans un corps de pompe pour soulever l'eau. (*Voy.* POMPE.)

PLAN. (*Géom.*) Surface sur laquelle une ligne droite se peut appliquer en tous sens, de manière à coïncider exactement avec elle. (*Voy.* SURFACE.)

En géométrie et en astronomie, on emploie fort souvent ce mot pour faire concevoir des surfaces imaginaires qui sont supposées couper des corps solides.

C'est sur cela qu'est fondée toute la théorie de la sphère, et la formation des courbes nommées *sections coniques*.

Dans le nivellement, on nomme *plan de niveau* un *plan horizontal* ou parallèle à l'horizon.

Angle PLAN. C'est l'angle formé par deux plans qui se coupent. On le mesure par l'angle rectiligne de deux droites perpendiculaires à l'un des points de l'intersection des *plans* et dirigés l'un dans un *plan* et l'autre dans l'autre.

Triangle PLAN. On donne ce nom au triangle formé par trois lignes droites, par opposition au triangle *sphérique* qui résulte de l'intersection de trois arcs de cercle.

On nomme, en optique, verre ou miroir PLAN celui dont la surface est plane. (*Voy.* LENTILLE.)

Un *lieu* PLAN, en géométrie, est un terme employé par les anciens géomètres pour désigner un lieu géométrique, à la ligne droite et au cercle, par opposition au *lieu solide* qui était une parabole, une ellipse ou une hyperbole. (*Voy.* LIEU.) Ils nommaient aussi *problème* PLAN celui qui peut être résolu géométriquement par la ligne droite et le cercle. (*Voy.* PROBLÈME. *Voy.* aussi CONSTRUCTION.)

PLAN INCLINÉ. (*Méc.*) (*Voy.* INCLINÉ.)

PLAN. (*Géom. prat.*) Représentation d'un objet en petit sur le papier, faite en conservant à toutes ses parties les rapports de grandeur qu'elles ont réellement.

Dans l'arpentage, on appelle *lever un plan* l'art de décrire sur le papier les différens angles et les différentes lignes d'un terrain dont on a pris les mesures avec un graphomètre ou un instrument semblable et une chaîne. (*Voy.* ARPENTAGE et LEVÉ DES PLANS.)

Cette construction s'exécute par le moyen de deux instrumens, le *rapporteur* et l'*échelle* (*voy.* ces mots). A l'aide du rapporteur on construit sur le papier les divers angles que l'on a observés sur le terrain ; puis à l'aide de l'échelle on donne aux côtés de ces angles des longueurs proportionnelles à celles que l'on a mesurées. De cette manière on a sur le papier une figure exactement semblable à celle du terrain.

S'il s'agissait, par exemple, de lever le plan d'une route ABCDE (Pl. 46, fig. 1) sur un terrain dont on veut en outre avoir la position des points F, G, H, I, K, après avoir mesuré la longueur des droites menées de ces points aux endroits sinueux du chemin, ainsi que les angles que ces droites forment entre elles, on tracera sur un papier, d'une dimension convenable, d'abord une droite *af* (Pl. 46, fig. 2), qui représentera la droite AF du terrain, et dont la longueur sera proportionnelle à celle de cette dernière, c'est-à-dire qu'elle devra contenir autant d'unités de l'échelle qu'on aura choisie, que AF contient de mètres, si l'échelle repré-

sente des mètres. Aux points *a* et *f* on fera les angles *fah* et *afb* égaux aux angles observés FAH et AFB, puis on donnera aux lignes *ah* et *fb* des longueurs proportionnelles à celles des lignes AH et FB. Les points *b* et *h* se trouvant ainsi déterminés, on mènera la droite *bh*, et en la mesurant sur l'échelle on devra lui trouver une longueur proportionnelle à BH, ce qui offre un premier moyen de vérification pour la construction des angles. Ceci fait, aux points *f* et *b* on construira les angles *bfc*, *fbi*, égaux aux angles BFC, FBI. et l'on donnera aux côtés *fc* et *bi* les longueurs qui leur conviennent, ce qui déterminera sur le papier les points *c* et *i* situés d'une manière semblable aux points C et I du terrain ; on tirera *ci* et l'on continuera de la même manière pour déterminer les autres points *d*, *g*, *e*, *k*. En faisant passer une ligne courbe par les points *a*, *b*, *c*, *d*, *e*, on aura le plan du chemin. En général tout l'art de lever les plans se réduit à construire sur le papier des polygones semblables à ceux qu'on a faits sur le terrain, ce qui peut toujours s'exécuter comme nous venons de l'indiquer.

PLANCHETTE. (*Arp.*) Instrument qui sert à lever les plans, et avec lequel on obtient sur le terrain même le plan qu'on demande, sans avoir besoin de le construire à part.

Cet instrument consiste en une planche rectangulaire de bois bien sec, ayant environ 12 à 15 pouces en carré, montée sur son genou et sur un pied à trois branches. (Pl. 46, fig. 4.) On place dessus une feuille de papier qu'on arrête par le moyen d'un châssis qui s'emboîte juste autour de la planchette. On se sert, pour tracer les lignes, d'une règle ou alidade en cuivre, munie de deux pinules et quelquefois d'une lunette d'approche.

Pour indiquer au moins l'usage de la planchette, supposons qu'il s'agisse de lever le plan d'un terrain ABCDEF (*Fig.* 3). Ayant placé l'instrument dans l'intérieur de ce terrain, de manière que sa surface soit bien horizontale, on dirigera successivement l'alidade dans les directions des points A, B, C, etc., auxquels on placera des mires, s'il n'y a pas à ces points des objets qui en puissent servir, comme des arbres, et on aura le soin de la faire constamment tourner autour d'un point *g* choisi convenablement sur le papier. A chaque alignement on tirera le long de l'alidade, en partant du point *g*, une ligne au crayon ; puis après avoir mesuré sur le terrain, avec la chaîne, les distances du pied de la planchette à tous les points d'alignement, on donnera aux lignes tracées, à partir du point *g*, des longueurs proportionnelles à ces distances, à l'aide d'une échelle. On déterminera ainsi immédiatement les points *a*, *b*, *c*, *d*, *e*, *f* du plan qui représentent les points A, B, C, D, E, F du terrain, et en joignant ces points deux à deux par des droites, la figure *abcdef* sera le plan du terrain proposé.

Tous les traités d'arpentage contiennent un grand nombre de détails sur les usages de la *planchette*.

PLANÉTAIRE. (*Ast.*) Instrument qui représente les mouvemens des planètes, soit par des cercles, comme dans les sphères mouvantes, soit par de petits globes qui tournent autour d'un centre.

Les *planétaires* les plus célèbres sont ceux de Huygens, et celui qu'on a nommé *orrery*, parce que lord Orrery le fit construire le premier et en répandit l'usage en Angleterre. On peut voir un planétaire plus moderne et plus parfait à la bibliothèque royale.

Planétaire, pris comme adjectif, se dit de tout ce qui a rapport aux planètes.

Système planétaire. C'est l'ensemble de toutes les planètes, principales et secondaires, qui se meuvent autour du soleil.

Heures planétaires. Ce sont les heures inégales nommées aussi *antiques* ou *judaïques*, dont on comptait 12 entre le lever et le coucher du soleil, et 12 entre le coucher et le lever suivant.

Jours planétaires. Les anciens rapportaient chacun des jours à une planète, de manière que les sept planètes qui leur étaient connues présidaient à la semaine. Les noms modernes des jours de la semaine sont dérivés des noms des planètes. (*Voy.* Semaine.)

PLANÈTE. (*Ast.*) (de πλανήτης, *errant.*) Corps céleste que l'on nomme aussi *étoile errante*, pour le distinguer des étoiles *fixes*.

Les planètes se classent en planètes principales et planètes secondaires.

Les planètes principales, ou planètes proprement dites, sont des corps qui décrivent autour du soleil des orbites elliptiques ; on en connaît onze maintenant qui sont : *Mercure*, *Vénus*, *la Terre*, *Mars*, *Junon*, *Pallas*, *Cérès*, *Vesta*, *Jupiter*, *Saturne* et *Uranus*. (*Voy.* ces divers mots.)

Les planètes secondaires se nomment plus particulièrement *satellites* ; ce sont des corps qui tournent autour d'une planète principale comme centre, de la même manière que les planètes principales tournent autour du soleil. On en connaît jusqu'ici dix-sept, savoir : un satellite de la terre, la lune ; quatre satellites de Jupiter, sept satellites de Saturne, et quatre satellites d'Uranus. (*Voy.* Satellites.)

Mercure et Vénus se nomment encore *planètes inférieures*, parce que leurs orbites sont comprises dans celle de la terre ; par la raison opposée, toutes les autres planètes prennent le nom de *planètes supérieures*.

Les mouvemens apparens des planètes présentent des particularités très-remarquables, qu'aucun système astronomique n'avait pu expliquer d'une manière entièrement satisfaisante, avant les découvertes de Keppler. Quelquefois on les voit s'avancer rapidement de l'ouest à l'est, perdre ensuite peu à peu leur vitesse apparente, sembler s'arrêter, puis revenir en arrière avec une vitesse qui semble croître d'abord et ensuite décroître, s'arrêter de nouveau dans leur mouvement rétrograde et recommencer à marcher de l'ouest à l'est. Le mouvement direct de l'ouest à l'est étant toujours plus grand que le mouvement rétrograde, elles finissent par parcourir ainsi toute la sphère céleste.

Pour expliquer ces mouvemens bizarres, les anciens faisaient tourner les planètes dans des cercles dont les centres tournaient eux-mêmes sur d'autres cercles, au centre commun desquels la terre était placée. C'était un échafaudage de cercles, qui s'augmentait à chaque nouvelle irrégularité que l'observation faisait reconnaître et dont la complication peut faire excuser le mot reproché au roi Alphonse comme une impiété. (*Voy.* Alphonse.)

On sait aujourd'hui que la terre, ainsi que toutes les planètes, tourne autour du soleil, et ces mouvemens inexplicables ne sont que des apparences produites par la combinaison très-simple des mouvemens réels.

Comme nous avons consacré un article à chaque planète, nous résumerons seulement ici ce qui leur est commun.

1. Toutes les planètes décrivent autour du soleil des orbites, qui sont des ellipses peu excentriques, et qui ont toutes un foyer commun où se trouve le soleil.

2. Les carrés des temps périodiques des révolutions des planètes sont entre eux dans le même rapport que les cubes de leurs moyennes distances au soleil.

3. Les aires décrites par le rayon vecteur d'une planète en temps égaux sont toujours égales.

Ces trois lois portent le nom de *lois de Keppler*, parce qu'on doit leur découverte à ce grand homme. Elles sont le fondement de toute l'astronomie théorique ; c'est par leur moyen que Newton a pu s'élever au système de la gravitation universelle. (*Voy.* ce mot.)

Les mouvemens des planètes sont assujétis à un grand nombre de petites inégalités qu'on nomme perturbations. (*Voy.* ce mot.) Ainsi, les nœuds de leurs orbites ont tous, sur l'écliptique, des mouvemens rétrogrades, c'est-à-dire en sens contraire des mouvemens propres, et les inclinaisons des orbites éprouvent, soit entre elles, soit par rapport à l'écliptique, des variations dont les périodes sont extrêmement longues. (*Voy.* Révolution, *voy.* aussi Élémens, Densité et Masse.)

PLANIMÉTRIE. (*Géom.*) Partie de la géométrie pratique, qui a pour objet la mesure des surfaces. (*Voy.* Aire.)

PLANISPHÈRE. (*Ast.*) Projection de la sphère et de ses divers cercles sur une surface plane. (*Voy.* Projection.)

PLATON. Ce grand homme, à qui la postérité et l'histoire ont conservé le titre de *divin*, que lui décerna la Grèce enthousiaste et poétique, naquit dans l'île d'Égine, le septième jour du mois de thargélion, dans la troisième année de la LXXXVIIIe olympiade (an 430 avant J.-C.). Ariston, son père, descendait de Cadmus et Périctyone ; sa mère descendait d'un frère de Solon. Une aussi illustre origine, et surtout l'admiration qu'excitèrent son éloquence et son génie, inspirèrent dans l'antiquité les fables ingénieuses sur sa naissance et sa jeunesse, qui y furent si long-temps accréditées.

Il est impossible, sans doute, de parler de Platon, sans énoncer au moins le vaste et sublime système philosophique qu'il apporta dans le monde. Disciple de Socrate, qui avait réformé la philosophie corrompue par les sophistes, en la fondant sur la *connaissance de soi-même*, Platon ne reproduisit pas seulement, dans ses immortels écrits, la doctrine de son illustre maître ; son génie créateur s'éleva jusqu'aux conceptions les plus sublimes où puisse atteindre l'esprit humain. L'école à jamais célèbre qu'il créa sous le titre d'Académie devint une source féconde d'où s'élancèrent ces torrens de lumières qui illustrèrent la civilisation antique. Sans entrer dans l'exposition systématique de la philosophie de Platon, qui a donné lieu, même de nos jours, à des interprétations si diverses, et souvent si misérables, on peut dire que la société antique n'a point produit de système plus complet et d'où se déduise une morale plus auguste. L'idée de l'unité de Dieu et de l'immatérialité de l'ame, placée par Platon comme la base théorétique de toute connaissance, nous explique l'admiration des pères de l'église et des premiers chrétiens pour cet homme extraordinaire. Platon fut le fondateur de la philosophie rationnelle, comme Aristote le fondateur de la philosophie expérimentale. Ces deux principes sont en réalité les seuls d'après lesquels la raison peut s'élever à la connaissance des grands problèmes que sa destination est de résoudre. L'histoire de l'esprit humain, au milieu des systèmes sans nombre qu'elle a à exposer, ne montre en résultat qu'une lutte perpétuelle entre les doctrines de Platon et celles d'Aristote, qui sont du moins le point de départ de toute spéculation philosophique. Mais ce n'est point sous ce rapport que nous avons à mentionner ici les travaux de Platon ; nous ne chercherons pas davantage à reproduire même les principales circonstances de sa vie, qui ne sont ignorées de personne.

Le divin Platon ne partagea point l'opinion de son maître sur les mathématiques ; ce fut pour s'instruire dans ces sciences qu'il entreprit de longs voyages, et il en fit la base de son enseignement philosophique. Son école, qui précède de quelque temps celle d'Alexandrie, fut le berceau des découvertes mémorables qui se rattachent aux premiers progrès de la science. Celles des sections coniques, des lieux géométriques, et de leur application à la résolution des problèmes indéterminés, illustrèrent surtout l'école dont il était le fondateur, et ce n'est pas sans fondement que plusieurs écrivains de l'antiquité ont pu les lui attribuer, quoiqu'il ne paraisse pas avoir composé aucun ouvrage purement mathématique. Ce fut du temps de Platon que le problème de la duplication du cube acquit de la célébrité, et sa solution devint un des objets des recherches de son école. Nous avons déjà consacré des articles aux plus célèbres disciples de l'Académie, et nous avons eu l'occasion de parler de ces découvertes. (*Voy.* Architas, Eudoxe, etc.) Platon appartient ainsi à l'histoire de la science, moins par ses propres travaux que par l'impulsion qu'il donna à l'étude des mathématiques, et par le nombre considérable de géomètres distingués dans l'antiquité qui se formèrent à son école. Nous regrettons que les bornes de notre plan ne nous permettent pas de donner à cet énoncé trop succinct des services que Platon a rendus à la science et à l'humanité tous les développemens qu'il mérite. Nous n'avons pu qu'inscrire ce grand nom dans les pages de cet ouvrage tout spécial, pour qu'on ne pût nous accuser d'avoir oublié, en remontant le cours des siècles, dans les fastes de la science, le philosophe qui fit écrire sur la porte de l'Académie : *Nul n'entrera ici s'il n'est géomètre.* Platon, qui ne contracta jamais le lien conjugal, mourut la première année de la CVIII^e olympiade (an 347 avant J.-C.). Les diverses éditions et traductions de ses œuvres qui nous sont parvenues en entier seraient le sujet d'un article bibliographique important. Voyez à cet égard les recueils spéciaux, et entre autres la *Bibliotheca Græca*, de Fabricius, et la *Bibliotheca Bussaviana.*

PLATONIQUE. Corps platoniques. Ce sont ceux que l'on nomme autrement, *Solides réguliers.* (*Voy.* Solides.)

PLÉIADES. (*Ast.*) Nom que l'on donne à un assemblage d'étoiles situées sur le dos du taureau. Les anciens en comptaient sept, mais il n'y en a plus maintenant que six de visibles à l'œil nu.

PLEINE LUNE. (*Ast.*) Phase de la lune dans laquelle elle nous présente toute sa moitié éclairée. (*Voy.* lune.)

PLÉIONE. (*Ast.*) Nom d'une des pléiades.

PLUS. Ce mot, représenté en algèbre par le signe +,

indique l'*addition*. Ainsi $4 + 5$ signifie 4 *plus* 5, ou l'addition de 4 avec 5.

PNEUMATIQUE. Science qui a pour objet les lois du mouvement des fluides élastiques. (*Voy.* Air, atmosphère, Hydrodynamique et Math. appl.)

POIDS. (*Méc.*) Effort avec lequel un corps tend à descendre. Cet effort est proportionnel à la quantité de matière que contiennent les corps, car il est produit par la force de la gravité qui agit également sur toutes les molécules de la matière. Un corps a donc d'autant plus de poids, ou est d'autant plus lourd, qu'il renferme plus de matière propre. (*Voy.* Densité, Gravité et Pesanteur.)

Le *poids* des corps est employé, en mécanique, comme force propre à produire le mouvement. Dans ce cas, les corps qui servent de moteur, par leur effort pour descendre, se nomment eux-mêmes des *poids*; tels sont les *poids* d'une horloge.

On donne encore, en particulier, le nom de *poids* aux corps qui servent à mesurer ou à *peser* le poids comparatif de toutes les substances. (*Voy.* Mesure.)

POINT. (*Géom.*) Élément transcendant de l'étendue. On ne peut le concevoir d'une manière sensible que comme la limite d'une ligne. (*Voy.* Notions préliminaires, 22.)

Lorsqu'on considère une ligne comme composée d'une infinité de points, ce que l'on est forcé de faire à chaque instant dans la théorie des lignes courbes, il faut se représenter le *point* comme une *étendue infiniment petite*, et il est alors, par rapport aux lignes, ce qu'est une quantité infiniment petite par rapport aux quantités numériques finies. Ce n'est pas une étendue quelconque, quelque petite qu'on puisse la supposer, comparable avec l'étendue réelle ou finie, c'est une *idée* donnée par la raison pour ramener à l'unité la connaissance que nous avons de cette étendue finie.

C'est ainsi, qu'en attachant au *point* sa véritable signification, nous pouvons définir la ligne droite, *une ligne dont tous les points ont une même direction*; et la ligne courbe, *une ligne dont la direction change continuellement d'un point à l'autre*. Définitions qui caractérisent d'une manière exacte la nature essentiellement différente de ces lignes.

Points singuliers. On donne généralement ce nom aux points d'une courbe dans lesquels elle offre quelques circonstances remarquables, comme ceux où de concave elle devient convexe. (*Voy.* Inflexion.)

Toutes les circonstances du cours d'une ligne étant données par l'équation qui la représente, c'est en examinant la marche de ses ordonnées qu'on peut reconnaître si elle possède des points singuliers et quelle

est la nature de ces points. En effet, si, en faisant croître successivement l'abscisse, nous voyons l'ordonnée croître d'abord puis ensuite décroître, nous pourrons en conclure que la courbe, qui s'éloignait en premier lieu de l'axe des x, arrivée à un certain point, cesse de s'écarter de cet axe et s'en rapproche au contraire. Or, à ce certain point la valeur de l'ordonnée devant être la plus grande, il suffit pour reconnaître ce cas, d'examiner si la valeur générale de cette ordonnée est susceptible d'un *maximun*; comme dans le cas contraire, c'est-à-dire, si la courbe, après s'être rapprochée de l'axe des x, s'en éloigne, il suffit, pour déterminer le point où le changement s'effectue, de chercher la valeur *minimum* de l'ordonnée.

Par exemple, proposons-nous l'équation

$$y = \frac{2b}{a}\sqrt{[2ax - x^2]}$$

En faisant $x = 0$, nous avons $y = 0$, ce qui nous apprend d'abord que la courbe passe par l'origine. Maintenant cherchons si y est susceptible d'un *maximum* ou d'un *minimum*. Nous aurons (*voy.* Minima) en différentiant l'équation proposée

$$\frac{dy}{dx} = \frac{2b(a - x)}{a\sqrt{2ax - x^2}}$$

et, par conséquent, pour la condition du **maximum ou du minimum**,

$$\frac{2b(a - x)}{a\sqrt{2ax - x^2}} = 0$$

d'où

$$x = a.$$

Il est facile de voir, sans chercher la seconde dérivée différentielle, que cette valeur de x répond à un maximum. Substituée dans l'équation, elle donne

$$y = b.$$

Ainsi, depuis $x = 0$ jusqu'à $x = a$, les valeurs de y croissent de 0 à b; et en donnant à x des valeurs plus grandes que a, celles de y deviendront plus petites que b. Si l'on fait $x = 2a$, on trouve $y = 0$.

Il est donc visible que la courbe coupe l'axe des x en deux points; et comme les valeurs de y croissent d'une manière régulière depuis 0 jusqu'à b, et décroissent ensuite de la même manière depuis b jusqu'à 0, il en résulte que cette courbe est parfaitement symétrique. C'est en effet une moitié d'ellipse.

Mais cette valeur maximum qu'on trouve ici pour l'ordonnée d'une courbe, nous apprend seulement que le point de la courbe auquel elle se rapporte est plus éloigné de l'axe que ceux qui le précèdent et que ceux qui le suivent; elle ne nous indique pas si ce point est un point ordinaire comme x dans la figure 2, pl. 53, ou un point de *rebroussement* comme x dans la fig. 3. Pour reconnaître un point singulier, il devient donc nécessaire d'examiner plus à fond la marche croissante ou décroissante des ordonnées.

Or, lorsque la courbe tourne sa concavité vers l'axe des x, il est facile de voir que, dans la portion dont tous les points s'éloignent de plus en plus de cet axe, les accroissemens des ordonnées vont en diminuant. Par exemple, en faisant croître l'abscisse AP (Pl. 53, fig. 4) des quantités égales PQ et QR, l'ordonnée Pm, devient Qn et ensuite Ro, c'est-à-dire qu'elle croit successivement de bn et de do. Mais bn est plus grand que do ; car si du point n on mène la tangente nc, cette tangente rencontrera l'ordonnée Ro prolongée en un point c, hors de la courbe; et comme, en supposant l'arc mn infiniment petit, on peut considérer mnc comme une seule ligne droite, les deux triangles mnb, ndc sont égaux et l'on a $nb = cd$; ainsi puisque cd est évidemment plus grand que do, on a aussi $bn > do$. Il est donc vrai que les différences infiniment petites dy, vont continuellement en décroissant tant que la courbe s'éloigne de l'axe des x, c'est-à-dire que les différences secondes ou les d^2y sont *négatives*. Le contraire a nécessairement lieu dans la portion xN (fig. 2) qui se rapproche de l'axe. Ainsi au point x, les d^2y deviennent *positives* de *négatives* qu'elles étaient auparavant.

Les mêmes circonstances se reproduisent d'une manière inverse lorsque la courbe tourne sa convexité vers l'axe des x. En effet, on voit à l'inspection de la figure 5, et par les considérations précédentes, que les ordonnées successives Pm, Qn, Ro ont des différences croissantes, car do est plus grand que dc, et par conséquent plus grand que bn, c'est-à-dire que les dy vont en croissant, ou que les différences secondes d^2y sont *positives*. Dans la portion de courbe qui se rapproche de l'axe des x, comme xN (fig. 3), ces secondes différences deviennent donc *négatives*.

Il résulte, d'abord, de ces propriétés, que si la courbe a un point *d'inflexion* x (fig. 6 et 7), c'est-à-dire un point où de concave elle devienne convexe, et *vice versa*, les différences secondes d^2y deviendront à partir de ce point x, *positives* de *négatives* qu'elles étaient avant, si les ordonnées vont toujours en croissant; ou *négatives* de *positives*, si les ordonnées vont toujours en décroissant. Or, une quantité variable ne peut changer de signe sans passer par *zéro* ou par *l'infini*, donc au point x on a

$$d^2y = 0, \text{ ou } d^2y = \infty.$$

Il en serait de même pour le point x des courbes (fig. 2 et 3), mais les ordonnées deviennent décrois-

santes à ce point, tandis que dans celui des courbes (fig. 6 et 7), elles continuent de croître. On pourra donc distinguer le point d'inflexion de celui de rebroussement, en ce que l'ordonnée du point d'inflexion n'est ni un *maximum*, ni un *minimum*, tandis que celle du point de rebroussement est l'un ou l'autre.

Quelques exemples vont éclaircir cette théorie. Proposons-nous de trouver le point d'inflexion de la courbe dont l'équation est

$$ax^2 = y(a^2 + x^2)$$

une première différentiation nous donne

$$dy = \frac{2a^3 x \, . \, dx}{(a^2 + x^2)^2}$$

et, une seconde,

$$d^2y = \frac{(2a^7 - 4a^5x^2 - 6a^3x^4)dx^2}{(a^2 + x^2)^4}$$

en considérant dx comme constant.

En égalant cette seconde différence à zéro, nous obtenons, après avoir fait disparaître les facteurs et le dénominateur communs

$$2a^4 - 4a^2x^2 - 6x^4 = 0,$$

d'où, en divisant par $a^2 + x^2$,

$$2a^2 - 6x^2 = 0$$

équation qui donne

$$x = \sqrt{\frac{a^2}{3}}$$

Cette abscisse est celle d'un point d'inflexion ; car en substituant sa valeur dans celle de dy, le résultat ne devient pas zéro; ce qui nous apprend que l'ordonnée correspondante n'est ni un *maximum*, ni un *minimum* : condition du point de rebroussement. Faisant donc AC (fig. 8) égale à la moyenne proportionnelle entre a et $\frac{1}{3} a$, l'ordonnée correspondante CD rencontrera la courbe au point cherché.

Cherchons maintenant le point de *rebroussement* de la courbe dont l'équation est

$$y = a - b(x - c)^{\frac{2}{3}}$$

nous avons d'abord

$$dy = - \frac{\frac{2}{3} b \, . \, dx}{\sqrt{(x-c)}}$$

et ensuite

$$d^2y = \frac{2}{9} \cdot \frac{b \, . \, dx^2}{\sqrt[3]{(x-c)^4}}$$

En égalant cette dernière valeur à o, on n'en peut rien conclure pour la valeur de x, mais en la faisant égale à ∞ on en tire $x = c$. C'est l'abscisse d'un point de rebroussement; car, en la substituant dans dy, on trouve $\frac{dy}{dx} = \infty$, ce qui nous apprend que l'ordonnée correspondante est un *maximum*. La courbe de l'équation proposée est celle de la fig. 3.

Pour distinguer un point de rebroussement, tel que celui dont nous venons de nous occuper, du point x de la courbe fig. 2, il faudra reconnaître la nature de la courbe en discutant les valeurs de y aux environs de ce point.

On nomme en général *points multiples* ceux où plusieurs branches d'une même courbe se réunissent ou se rencontrent, et particulièrement *points doubles, triples*, etc., selon le nombre des branches.

Pour examiner les caractères auxquels on peut reconnaître ces points, soit $nom'zn''m$ (Pl. 53, fig. 9) une courbe dont deux branches au moins se coupent au point o. Il est évident que pour chaque abscisse $AP = x$, il répond, excepté au point o, un certain nombre de valeurs Pm, Pm' pour l'ordonnée y, c'est-à-dire que l'équation de la courbe devant être telle qu'à chaque abscisse répondent plusieurs ordonnées, les diverses ordonnées du point o sont égales entre elles.

De même Ay étant l'axe des ordonnées, il faut qu'à chaque ordonnée Aq, répondent généralement plusieurs abscisses qn'', qn', qn, et que celles qui répondent aux branches qui doivent se rencontrer deviennent égales à ce point de rencontre.

Donc si l'on représente par a la valeur de x et par b celle de y qui conviennent au point multiple, l'équation de la courbe doit être telle que lorsqu'on mettra a pour x on trouve pour y autant de valeurs égales à b qu'il y a de branches qui passent par le point multiple, et que lorsqu'on y mettra b pour y, on trouve un même nombre de valeurs a pour x.

Il suit de là que la forme générale de l'équation d'une telle courbe est (1)

$$A (x-a)^m + B (x-a)^{m-1} (y-b)$$
$$+ C (x-a)^{m-2} (y-b)^2 + \text{etc.} \ldots + Z (y-b)^m = o$$

m, exprimant le degré de multiplicité du point en question, et A, B, C, etc., étant des fonctions quelconques de x et de y.

En effet, si l'on fait $x = a$, l'équation se réduit à

$$Z (y-b)^m = o$$

équation qui a m racines $y = b$; et si l'on fait $y = b$, elle devient

$$A (x-a)^m = o$$

équation qui a également m racines $x = a$.

Or, en prenant les différentielles successives de l'équation (1), il est visible que celle de l'ordre m ne contiendra plus aucun terme affecté des facteurs $x-a$, $x-b$; tandis que toutes celles des degrés inférieurs contiendront nécessairement ces mêmes facteurs. Donc, lorsqu'il y a un point multiple les différentielles premières, secondes, etc., doivent s'anéantir toutes lorsqu'on y fait $x = a$ et $y = b$, excepté celle dont l'ordre est marqué par m.

Il en résulte 1° qu'au point multiple on ne peut avoir la valeur de la dérivée $\frac{dy}{dx}$ exprimée autrement que par $\frac{o}{o}$, si ce n'est par la dernière équation différentielle; 2° qu'on obtient la dernière équation différentielle en différentiant la proposée m fois de suite.

Ainsi pour trouver les valeurs de x et de y qui répondent aux points multiples dans les courbes qui ont de tels points, il faut différentier l'équation de la courbe, en tirer la valeur de $\frac{dy}{dx}$, et égaler ensuite séparément à zéro le numérateur et le dénominateur de cette quantité. Pour s'assurer ensuite s'il existe véritablement un point multiple, on substituera les valeurs trouvées pour x et y dans l'équation de la courbe, car dans ce cas elles doivent satisfaire à cette équation.

Pour connaître ensuite le degré de multiplicité du point, on différentiera successivement l'équation de la courbe jusqu'à ce que la substitution des valeurs trouvées n'anéantisse plus tous les termes de l'équation différentielle. Alors le nombre des différentiations qu'il aura fallu faire pour arriver à ce résultat sera le nombre de multiplicité du point.

Proposons-nous, par exemple, de trouver, s'il y en a, les points multiples de la courbe dont l'équation est

$$y^4 - axy^2 + bx^3 = o.$$

On obtient en différentiant

$$4y^3 dy - 2axy\,dy - ay^2 dx + 3bx^2 dx = o,$$

d'où

$$\frac{dy}{dx} = \frac{4y^3 - 2axy}{3bx^2 - ay^2}$$

faisant donc

$$4y^3 - 2axy = o, \quad 3bx^2 - ay^2 = o$$

la première équation donne

$$y = o, \quad \text{et } y = \tfrac{1}{2}\sqrt{ax}.$$

La valeur $y = o$, substituée dans la seconde équation donne $3bx = o$, d'où $x = o$. Or, les deux valeurs $x = o$, $y = o$ satisfont à la proposée; ainsi la courbe a un point multiple dans l'endroit de ces valeurs, c'est-à dire à l'origine des coordonnées.

Quant à la seconde valeur $y = \frac{1}{4}\sqrt{ax}$, en la substituant dans $3bx^2 - ay^2 = 0$, on a

$$3bx^2 - \frac{1}{4}a^2x = 0$$

qui donne

$$x = 0, \text{ et } x = \frac{a^2}{6b}$$

mais les valeurs $y = \frac{1}{4}\sqrt{ax}$ et $x = 0$, ou $y = \frac{1}{4}\sqrt{ax}$ et $x = \frac{a^2}{6b}$ ne satisfont pas à la proposée; ainsi il n'y a d'autre point multiple que celui qui est à l'origine.

Pour connaître le nombre de multiplicité de ce point, différentions une seconde fois la proposée, en considérant dx et dy comme constants, nous obtiendrons

$$12y^2 . dy^2 - 2ax . dy^2 - 2ay . dxdy - 2aydxdy + 6bxdx^2$$

dont tous les termes s'anéantissent en faisant $x = 0$ et $y = 0$. Différentions une troisième fois, nous aurons

$$24ydy^3 - 2adxdy^2 - 2adxdy^2 - 2adxdy^2 + 6bdx^3$$

qui se réduit à

$$6bdx^3 - 6adxdy^2$$

en faisant $x = 0$, $y = 0$. Comme cette différentielle troisième ne s'anéantit pas, le point en question est un *point triple*. La forme de la courbe à laquelle il appartient est celle de la fig. 10.

La théorie des *points singuliers* contient encore un grand nombre de cas remarquables pour lesquels nous devons renvoyer à l'*Analyse des lignes courbes* de Cramer, et au *Traité de calcul différentiel* de Lacroix.

POISSONS. (*Ast.*) Nom du douzième signe du zodiaque, marqué ♓, et d'une constellation composée de 113 étoiles, dans le catalogue de Flamsteed. Des deux poissons qui forment cette constellation, l'un est appelé *septentrional* et l'autre *méridional*.

POISSON AUSTRAL. (*Ast.*) Constellation méridionale qui renferme une étoile de première grandeur nommé *fomalhaut*. Elle est composée de 14 étoiles dans le catalogue de Flamsteed.

POISSON VOLANT. (*Ast.*) Petite constellation méridionale introduite par Bayer. (*Voy.* CONSTELLATION.)

POLAIRE. (*Ast.*) Se dit en général de tout ce qui a rapport aux pôles du monde.

L'*étoile polaire* est la dernière étoile de la queue de la petite ourse; elle fut ainsi nommée par les premiers observateurs qui remarquèrent que le ciel paraît tourner autour du point qu'elle occupe. Elle est en effet si près du pôle, que le petit cercle qu'elle décrit est presque insensible, de sorte qu'on la voit toujours vers le même point du ciel; cependant la distance de cette étoile au pôle change annuellement. (*Voy.* PRÉCESSION.)

On nomme *cercles polaires*, deux petits cercles de la sphère voisins des pôles. (*Voy.* ARMILLAIRE, 21.)

En *géométrie*, lorsqu'on rapporte une courbe à un point fixe d'où l'on fait partir toutes les ordonnées, l'équation qui exprime la relation entre ces ordonnées et leurs distances angulaires à l'axe prend le nom d'ÉQUATION POLAIRE, parce qu'on considère ce point fixe comme un *pôle*.

Pour fixer les idées, considérons une courbe MN (Pl. 53, fig. 12), et un point arbitraire P, pris pour *pôle*. Si de ce point on mène d'abord une droite AB qui représente l'*axe*, puis des ordonnées Px, Px', Px'', etc., à tous les points de la courbe, il est évident que si l'on établit une relation générale entre une ordonnée quelconque Px et l'angle xPB qu'elle fait avec l'axe, cette relation ayant lieu pour tous les points de la courbe, représentera cette courbe tout aussi bien que celle qui peut exister entre ses *coordonnées rectilignes*.

Les ordonnées particulières Px, Px' etc., prennent le nom de *rayons vecteurs*. Ces rayons et les angles qu'ils font avec l'axe se nomment *coordonnées polaires*.

Lorsqu'on connaît l'équation d'une courbe en coordonnées rectilignes, on peut aisément trouver son équation en coordonnées *polaires* et *vice versa*. Nous allons indiquer le procédé de cette transformation.

Soit MN (Pl. 53, fig. 13), une courbe quelconque rapportée aux axes coordonnées AX, AY faisant entre eux un angle quelconque, et dont l'équation soit

$$f(x,y) = 0,$$

f désignant une fonction quelconque des abscisses x et des coordonnées y. Soit de plus P le point pris pour *pôle* et AB l'axe des coordonnées *polaires*.

Désignons par a et b les coordonnées rectilignes du point P, c'est-à-dire faisons AC $= a$, et CP $= b$; et par α, l'angle des axes AX et AY.

Du point P, menons les droites PX' et PY' parallèles aux axes, et le rayon Pz; désignons ce rayon vecteur par z; l'angle zPB qu'il fait avec son axe, par v, et l'angle BPX' par β.

Nous avons

$$\text{AD ou } x = \text{AB} + \text{CD} = a + \text{PE}$$
$$\text{DZ ou } y = \text{DE} + \text{E}z = b + \text{E}z.$$

Or, on a dans le triangle zPE. (*Voy.* TRIGONOM.)

$$\text{PE : P}z :: \sin \text{P}z\text{E} : \sin \text{PE}z$$
$$\text{E}z \ : \text{P}z :: \sin z\text{PE} : \sin \text{PE}z$$

d'où l'on tire

$$PE \quad \frac{Pz - \sin PzE}{\sin PEz} = \frac{z.\sin(\alpha - \beta - \nu)}{\sin\alpha}$$

$$Ez = \frac{Pz.\sin zPE}{\sin PEz} = \frac{z.\sin(\nu + \beta)}{\sin\alpha}$$

et, par suite, (1)

$$x = a + \frac{z.\sin(\alpha - \beta - \nu)}{\sin\alpha},$$

$$y = b + \frac{z.\sin(\nu + \beta)}{\sin\alpha}.$$

En substituant ces valeurs de x et y dans l'équation $f(x,y) = 0$, on obtiendra l'*équation polaire*.

Si les axes sont rectangulaires, comme alors $\alpha = 90°$, les formules deviennent simplement (2)

$$x = a + z.\cos(\nu + \beta), \quad y = b + z.\sin(\nu + \beta)$$

Elles se simplifient encore si l'on prend l'axe polaire parallèle à l'axe des x, car on a dans ce cas $\beta = 0$, et elles deviennent (3) :

$$x = a + z.\cos\nu, \quad y = b + z.\sin\nu.$$

Enfin, si l'on prend pour pôle l'origine même des coordonnées rectangulaires, ces formules se réduisent à (4)

$$x = z.\cos\nu, \quad y = z.\sin\nu,$$

puisque a et b disparaissent.

Pour montrer l'application de ces formules, proposons de trouver les *équations polaires* des sections coniques, rapportées à leurs *foyers* comme *pôles*.

Le foyer de la parabole étant situé sur l'axe, à une distance du sommet égale au quart du paramètre, nous avons pour cette courbe, p désignant le paramètre

$$a = \frac{1}{4}p, \quad b = 0$$

et, par conséquent, d'après (3)

$$x = \frac{1}{4}p + z\cos\nu, \quad y = z.\sin\nu.$$

Mais l'angle ν doit être compté à partir de l'origine ; il est donc réellement le supplément de celui qui entre dans ces formules, et l'on doit y changer $\cos\nu$ en $-\cos\nu$. Opérant ce changement et substituant les expressions précédentes dans l'équation de la parabole (*Voy.* ce mot)

$$y^2 = px$$

on trouve

$$z^2.\sin^2\nu = \frac{1}{4}p^2 - p.z.\cos\nu$$

$$(1 - \cos^2\nu)\,z^2 + pz\cos\nu - \frac{1}{4}p^2 = 0.$$

En résolvant cette équation du second degré, on obtient ces deux valeurs de z

$$z = \frac{\frac{1}{2}p}{1 + \cos\nu}, \quad z = -\frac{\frac{1}{2}p}{1 - \cos\nu}$$

La valeur positive se rapporte à l'une des branches et la valeur négative à l'autre, en considérant comme positifs les rayons vecteurs situés d'un côté de l'axe, et comme négatifs les rayons vecteurs situés du côté opposé. Mais sans tenir compte de la situation du rayon vecteur, la première valeur de z peut donner à elle seule tous les points de la parabole, en faisant varier ν depuis 0 jusqu'à 360°.

Dans l'hyperbole, dont l'équation rapportée au centre est

$$a^2y^2 = b^2x^2 - a^2b^2,$$

la distance du foyer au centre étant égale à $\sqrt{a^2 + b^2}$ (*voy.* Hyperbole) ; si nous désignons cette distance par c, nous aurons d'après les expressions (3),

$$x = c - z\cos\nu, \quad y = z.\sin\nu,$$

en donnant à $\cos\nu$ le signe $-$, pour la même raison que ci-dessus. Ces expressions substituées dans l'équation de la courbe, donnent après toutes les réductions

$$z = \frac{c^2 - a^2}{a + b.\cos\nu}, \quad z = -\frac{c^2 - a^2}{a - c.\cos\nu}.$$

La discussion de ces valeurs montre qu'elles se rapportent aux quatre branches de l'hyperbole. Nous avons donné au mot Ellipse, l'équation *polaire* de l'ellipse, en la déduisant de considérations directes.

POLE. On donne ce nom, en astronomie, aux deux extrémités de l'axe sur lequel la sphère céleste paraît tourner ; et, en géographie, aux deux extrémités de l'axe de rotation de la terre. En général, les pôles d'un grand cercle d'une sphère sont les deux points de la surface de la sphère également éloignés de tous les points du cercle. Ainsi :

Les *pôles* du monde ou les *pôles de l'équateur* sont éloignés de l'équateur de 90°. L'un se nomme pôle *arctique, septentrional, boréal* ou *pôle-nord* ; c'est celui qui est élevé au-dessus de notre horizon. L'autre se nomme *pôle antarctique, méridional austral,* ou *pôle-sud*. Les *pôles* de la terre portent respectivement les mêmes noms que les pôles célestes auxquels ils correspondent.

Les *pôles* de l'écliptique sont éloignés des pôles de

l'équateur d'une quantité égale à l'inclinaison de l'écliptique.

Le *zénith* et le *nadir* sont les pôles de l'*horizon*.

L'*est* et l'*ouest* sont les pôles du *méridien*. (*Voy.* Armillaire.)

POLÉMOSCOPE. (*Opt.*) Appareil d'optique par le moyen duquel on peut voir des objets cachés à la vue directe.

Cet instrument, inventé en 1637, par Hévélius, a été nommé *polémoscope*, des mots grecs πολεμός *combat*, σκοπέω , *je vois* ; parce qu'on peut s'en servir à la guerre, dans les siéges, pour voir ce qui se passe dans le camp de l'ennemi.

La principale pièce du *polémoscope* est un miroir incliné (Pl. 53, fig. 11) placé au fond d'une boîte, ouverte vis-à-vis du miroir qui renvoie à l'œil du spectateur l'image *ab* d'un objet AB, qu'on ne pourrait voir sans le secours de l'instrument, à cause des obstacles qui se rencontrent entre cet objet et l'œil.

POLLUX. (*Ast.*) Nom donné généralement à la partie postérieure de la constellation des gémeaux, et en particulier à la belle étoile de seconde grandeur que renferme cette partie.

POLYÈDRE. (*Géom.*) (de πολύς , *plusieurs*, et de (d'ἕδρα, *base*). Corps terminé de toutes parts par des surfaces planes. Ces surfaces se nomment les *faces* du polyèdre, et l'intersection commune de deux faces adjacentes prend le nom de *côté* ou d'*arête*.

Les *polyèdres*, comme les polygones , reçoivent diverses dénominations d'après le nombre de leurs faces, ainsi

Un polyèdre qui a *quatre* faces se nomme *tétraèdre*.

> cinq............. *pentaèdre*.
> six.............. *hexaèdre*.
> huit. .... *octaèdre*.
> douze........... *dodécaèdre*.
> vingt............ *icosaèdre* , etc.

Le *tétraèdre* est le plus simple de tous les polyèdres, car il faut au moins quatre plans pour renfermer un espace solide.

On nomme *sommet*, dans un polyèdre , tous les points où plusieurs faces concourent et forment un *angle solide*. On démontre que le nombre des *sommets* , ou celui des angles solides, est toujours égal *au nombre des arêtes* , *moins celui des faces* , *plus deux*. Quant au nombre des *arêtes*, il est évidemment égal à la moitié de celui des côtés de toutes les faces polygones qui composent la surface du polyèdre. Si l'on désigne par F le nombre des faces d'un polyèdre, par A , celui de

ses arêtes , et par S , le nombre de ses angles solides, on aura donc l'expression $S = A - F + 2$.

On appelle *polyèdre régulier* celui dont toutes les faces sont des polygones réguliers égaux, et dont tous les angles solides sont égaux entre eux. Il ne peut y avoir que *cinq polyèdres réguliers*, savoir : *trois*, formés par des triangles équilatéraux , qui sont le *tétraèdre*, *l'octaèdre* et *l'icosaèdre réguliers* ; *un* terminé par des carrés, *l'hexaèdre régulier* ou *cube*; et enfin *un* terminé par des *pentagones* , le *dodécaèdre régulier*. Il est impossible de former des polyèdres réguliers avec des polygones dont le nombre des côtés surpasse cinq, parce que la somme des angles plans qui composent un angle solide est nécessairement plus petite que quatre angles droits : d'où il suit nécessairement qu'on ne peut former un angle solide avec des angles d'hexagones dont trois équivalent à quatre angles droits , et à plus forte raison avec les angles plus grands des autres polygones. (*Voy.* Solide et Régulier.)

POLYGONE. (*Géom.*) (de πολύς *plusieurs* , et de γωνία , *angle*) Figure plane terminée par des lignes droites. (*Voy.* Not. prélim., 37.)

On nomme , en particulier,

> *Triangles*.... les polygones de trois côtés.
> *Quadrilatères*............. quatre.
> *Pentagones*................ cinq.
> *Hexagones* .... six.
> *Heptagones*............... sept.
> *Octogones*................ huit.
> *Ennéagones* .... neuf.
> *Décagones* .... dix.
> *Ondécagones* .... onze.
> *Dodécagones* .... douze.

Les polygones qui ont plus de 12 côtés n'ont pas reçu de noms distinctifs, sauf celui de 15 côtés qu'on nomme *pentadécagone* ou *quindécagone*.

Les propriétés principales de ces polygones étant exposées dans les articles qui leur sont consacrés, nous allons rechercher ici celles qui sont communes à tous les polygones.

1. Si d'un point pris dans l'intérieur d'un polygone on mène des droites aux sommets de tous ses angles, il est visible qu'on formera autant de triangles que ce polygone a de côtés. Par exemple, du point O, pris arbitrairement dans la pentagone ABCDE, menant les droites OA, OB, OC, OD et GE, on forme cinq triangles qui ont chacun pour *base* un des côtés du pentagone (Pl. 53, fig. 14).

Or, il est évident, que la somme de tous les angles à la base de ces triangles est la même que celle des angles du polygone, puisque les premiers ne **sont formés** que des parties de ces derniers; mais la somme des angles à la base des triangles est égale à autant de fois deux angles droits qu'il y a de triangles, moins la somme des angles aux sommets; ainsi, comme cette dernière, composée de tous les angles autour du point O, est équivalente à quatre angles droits (*voy.* ANGLE), il en résulte que la somme des angles d'un polygone quelconque est équivalente à autant de fois deux angles droits, moins quatre, que ce polygone a de côtés. Si nous désignons donc par m le nombre des côtés d'un polygone quelconque, la somme de ses angles sera exprimée par (*a*)

$$m . 180° - 360°, \text{ ou par } (m-2)\ 180°.$$

2. On nomme *angle extérieur* d'un polygone, l'angle formé entre un côté quelconque et le prolongement du côté adjacent, tel est l'angle EDF (Pl. 53, fig. 15). En prolongeant tous les côtés d'un polygone, on forme autant d'angles extérieurs qu'il y a de côtés, et la somme de tous ces angles, quel que soit le polygone, est toujours équivalente à quatre angles droits. En effet, chaque angle extérieur EDF, ajouté à l'angle intérieur qui lui correspond CDE, fait une somme équivalente à deux angles droits; ainsi la somme de tous les angles, tant extérieurs qu'intérieurs, vaut autant de fois deux angles droits qu'il y a de côtés; mais la somme des angles intérieurs équivaut à autant de fois deux angles droits, moins quatre, qu'il y a de côtés, donc la somme des angles extérieurs équivaut à quatre angles droits.

3. On nomme *polygones réguliers* ceux dont tous les angles et tous les côtés sont respectivement égaux. On obtient la valeur d'un angle de ces polygones en divisant la somme des angles $(m-2)$. $180°$ par le nombre m des angles. C'est de cette manière qu'on trouve que l'angle de l'hexagone régulier est égal à

$$\frac{(6-2)\ 180°}{6} = \frac{4}{6}.\ 180° = 120°$$

4. Les polygones réguliers peuvent être inscrits ou circonscrits au cercle. Cette propriété que nous avons démontrée au mot CERCLE, 13 et 15, est fertile en conséquences importantes que l'on peut résumer comme il suit.

5. Si l'on partage en deux parties égales tous les angles d'un polygone régulier, les droites qui feront ces divisions, concourront toutes à un même point au milieu du polygone; ce point est le centre du cercle inscrit ou circonscrit. De cette manière le polygone sera divisé en triangles isocèles égaux entre eux et dont le nombre sera égal à celui de ses côtés.

6. Si aux points de milieu de tous les côtés d'un polygone régulier, on élève des perpendiculaires, ces perpendiculaires concourront encore au centre du cercle qu'on peut inscrire ou circonscrire au polygone.

7. Si l'on divise la circonférence d'un cercle en un nombre quelconque de parties égales et qu'on tire des cordes d'un point de division à l'autre, on formera un polygone régulier inscrit au cercle.

8. De même si l'on divise la circonférence d'un cercle en un nombre quelconque de parties égales, et qu'à chaque point de division on mène une tangente à ce cercle, ces tangentes, en se coupant deux à deux, formeront un polygone régulier circonscrit au cercle.

9. Tous les polygones réguliers d'un même nombre de côtés sont semblables entre eux.

10. La perpendiculaire abaissée du centre sur les côtés d'un polygone régulier, se nomme l'*apothème*; c'est le rayon du cercle inscrit dans le polygone, ou du cercle auquel le polygone est circonscrit. L'apothème est la hauteur commune de tous les triangles isocèles dans lesquels on peut partager le polygone en menant des droites du centre à tous les sommets.

Tout polygone régulier étant composé d'autant de triangles isocèles égaux qu'il a de côtés, et la surface de ces triangles étant représentée par la moitié du produit de sa base, ou du côté du polygone par l'apothème, la surface totale de tous les triangles, c'est-à-dire la surface d'un polygone régulier quelconque est égale à la moitié du produit de son périmètre par son apothème.

11. Les périmètres de deux polygones régulier d'un même nombre de côtés sont entre eux dans le rapport des rayons de leurs cercles inscrits ou de leurs cercles circonscrits.

12. Les surfaces de deux polygones réguliers d'un même nombre de côtés sont entre elles comme les carrés des rayons des cercles inscrits ou circonscrits.

13. La valeur du côté d'un polygone inscrit étant donnée, on peut trouver facilement celle du côté du polygone circonscrit d'un même nombre de côtés, comme aussi la valeur des côtés des polygones inscrit et circonscrit d'un nombre de côtés double, à l'aide des expressions

$$1 \ldots\ldots C = \frac{c.r}{a}$$
$$2 \ldots\ldots c' = \sqrt{[2r.(r-a)]}$$
$$3 \ldots\ldots C' = \frac{4r.(r-a)}{c}$$

dans lesquelles c est le côté du polygone donné, a l'apothème de ce polygone, r le rayon du cercle, c' le côté du polygone inscrit d'un nombre de côtés double, C, celui du polygone circonscrit d'un même nombre de côtés, et C' le côté du polygone circonscrit d'un nombre de côtés double.

La valeur de l'apothème est donnée par l'expression

$$a = \sqrt{[r^2 - \tfrac{1}{4} c^2]}$$

Pour démontrer ces expressions, soient BC le côté du polygone inscrit (Pl. 54, fig. 1), EF celui du polygone circonscrit, et AB et GH ceux des polygones inscrit et circonscrit d'un nombre double de côtés. Menons du centre les droites que l'on voit dans la figure, et nous aurons à cause des triangles semblables IBC, IEF

$$BC : EF :: ID : IA :: ID : IC$$

d'où

$$EF = \frac{IC \times BC}{ID}$$

ce qui est l'expression (1).

Le carré de AB est égal au produit du diamètre du cercle par le segment correspondant (cercle n° 17) AD; or AD = AI — ID — IC — ID, ainsi

$$AB = \sqrt{[2 . IC (IC - ID)]}$$

c'est l'expression (2).

Enfin, les triangles BDA, IAH sont semblables, parce qu'ils sont tous deux rectangles DBA et AIH sont égaux, ayant chacun pour mesure la moitié de l'arc AC; ainsi on a la proportion

$$BD : AD :: AI : AH,$$

d'où

$$AH = \frac{AD \times AI}{BD} = \frac{(IC - ID) . IC}{\tfrac{1}{2} BC}$$

ou, à cause de AH = $\tfrac{1}{2}$ GH,

$$GH = \frac{4 \, IC . (IC - ID)}{BC},$$

c'est l'expression (3).

Quant à la valeur de l'apothème, on la tire du triangle rectangle IBD.

14. Les triangles IMA, IBA, IEA, ayant une même hauteur AM, sont entre eux comme leurs bases IM, IB, IE; mais IA, qui est égal à IB, est moyenne proportionnelle entre IM et IE, donc le triangle IBA est moyen proportionnel entre les triangles IMA ou IBD et IEA; or ces triangles IBD, IBA, IEA sont entre eux comme les polygones dont ils font partie, donc *la surface du polygone inscrit d'un nombre double de côtés est moyenne proportionnelle entre les surfaces des polygones inscrit et circonscrit.*

15. Le côté de l'hexagone inscrit étant égal au rayon. *voy.* HEXAGONE), celui de l'hexagone circonscrit sera,

en substituant dans l'expression (1) la valeur de l'apothème

$$\frac{r^2}{\sqrt{r^2 - \tfrac{1}{4} r^2}} = \frac{2r}{\sqrt{3}}.$$

Mais le périmètre de l'hexagone étant égal à six fois sou côté, on a pour la surface de l'hexagone inscrit

$$\tfrac{1}{2} 6r . \sqrt{r^2 - \tfrac{1}{4} r^2} = \tfrac{3}{2} . r^2 . \sqrt{3}$$

et pour celle de l'hexagone circonscrit, dont l'apothème est égale au rayon du cercle

$$\frac{6r^2}{\sqrt{3}}$$

or,

$$\tfrac{3}{2} r^2 \sqrt{3} : \frac{6r^2}{\sqrt{3}} :: 3 : 4.$$

Donc *la surface de l'hexagone inscrit est égale aux trois quarts de la surface de l'hexagone circonscrit.*

16. D'après le théorème du numéro 14, la surface du dodécagone inscrit est égale à

$$\sqrt{\left[\tfrac{3}{2} r^2 \sqrt{3} \times \frac{6r^2}{\sqrt{3}} \right]} = \sqrt{9 r^4} = 3 r^2,$$

c'est-à-dire à trois fois le carré du rayon.

17. Le triangle, le carré, le pentagone et tous les polygones qui résultent en doublant successivement le nombre de leurs côtés, ont été jusqu'à ces derniers temps les seuls accessibles à la géométrie élémentaire; mais Gauss a fait voir dans ses *disquisitionès arithmeticæ*, que cette géométrie pouvait encore embrasser ceux de 17, de 257, de 4097 côtés, et généralement ceux dont le nombre des côtés est un nombre premier compris sous la forme générale $2^n + 1$. (*Voy.* l'ouvrage de ce grand géomètre, ou la *Théorie des nombres* de Legendre.)

NOMBRES POLYGONES. On désigne généralement sous ce nom une suite de nombres formés par l'addition successive des termes d'une progression arithmétique qui commence par l'unité, par exemple :

$$1, 5, 9, 13, 17, 21, 25, \text{etc.,}$$

étant une telle progression, les sommes consécutives de un, deux, trois, etc., termes de cette progression, ou

$$1, 6, 15, 28, 45, 66, 91, \text{etc.,}$$

sont des *nombres polygones.*

Suivant que la différence de la progression arithmétique est 1, ou 2, ou 3, ou 4, ou etc. Les *nombres polygones* prennent les noms particuliers de *nombres triangulaires, quadrangulaires, pentagones, hexagones,* etc.

C'est ainsi que considérant les progressions arithmétiques :

$$1,\ 2,\ 3,\ 4,\ 5,\ 6,\ 7,\ 8,\ 9,\ 10,\ \text{etc.}$$
$$1,\ 3,\ 5,\ 7,\ 9,\ 11,\ 13,\ 15,\ 17,\ 19,\ \text{etc.}$$
$$1,\ 4,\ 7,\ 10,\ 13,\ 16,\ 19,\ 22,\ 25,\ 28,\ \text{etc.}$$
$$1,\ 5,\ 9,\ 13,\ 17,\ 21,\ 25,\ 29,\ 33,\ 37,\ \text{etc.}$$
$$1,\ 6,\ 11,\ 16,\ 21,\ 26,\ 31,\ 36,\ 41,\ 46,\ \text{etc.}$$

leurs sommes consécutives donnent :

Nomb. triang. 1, 3, 6, 10, 15, 21, 28, 36, etc.

Nomb. quad. 1, 4, 9, 16, 25, 36, 49, 64, etc.

Nomb. pentag. 1, 5, 12, 22, 35, 51, 70, 92, etc.

Nomb. hexag. 1, 6, 15, 28, 45, 66, 91, 120, etc.

Nomb. heptag. 1, 7, 18, 34, 55, 81, 112, 148, etc.

La dénomination de *nombres polygones* semble avoir été donnée à ces nombres parce qu'ils peuvent être représentés par des figures particulières. Ainsi, les nombres triangulaires ont cette propriété qu'on peut disposer en triangle autant de points qu'ils contiennent d'unités, en prenant un point pour le plus petit triangle; de même les points indiqués par les nombres *quadrangulaires* ou *carrés* peuvent être disposés en carrés, en prenant un point pour le plus petit carré, etc. Par exemple, on a

$$1,\quad 3,\quad 6\qquad \text{etc.}$$

$$1,\quad 4,\quad 9,\qquad \text{etc.}$$

Si nous exprimons par $m-2$ la différence de la progression arithmétique, les nombres polygones qu'elle produit seront de l'ordre m gones, et pour calculer celui de ces nombres qui répond au rang n, ou dont l'indice est n, nous aurons l'expression générale (a),

$$\frac{(m-2)n^2 - (m-4)n}{2},$$

cette formule représentant la somme des n premiers termes de la progression arithmétique. (*Voy.* Prog.) Nous avons donc en particulier, en désignant par x le n ième nombre polygone, pour les

Nombres triangulaires. $x = \dfrac{n^2+n}{2}$

$\quad$ *carrés.....* $x = n^2$

$\quad$ *pentagones..* $x = \dfrac{3n^2-n}{2}$

$\quad$ *hexagones..* $x = \dfrac{4n^2-2n}{3}$

$\qquad$ etc..... $\qquad$ etc....

L'indice d'un nombre polygone, ou le rang qu'il occupe dans la série, se nomme sa *racine*. Fermat, dans une de ses notes sur Diophante, a donné plusieurs règles particulières pour trouver la racine d'un nombre polygone donné, sans avoir recours à l'extraction de la racine carrée que comprend l'expression générale,

$$n = \frac{m-4 \pm \sqrt{[2x(m-2)-(m-4)^2]}}{2m-4}$$

qu'on tire de (a).

Les sommes consécutives des nombres polygones sont appelées *nombres pyramidaux*. (*Voy.* Pyramidal.)

POLYGONOMÉTRIE. Branche de la géométrie qui a pour objet les polygones en général, comme la *trigonométrie* a pour objet les triangles en particulier.

Cette extension des règles de la trigonométrie est due à l'Huillier qui a publié à Genève, en 1789, un traité sur ce sujet. Nous devons citer le beau théorème suivant qu'on trouve dans cet ouvrage.

Si nous désignons par a, b, c, d, etc., les côtés consécutifs d'un polygone quelconque et par A, B, C, D, etc., les angles également consécutifs, de manière que A est l'angle formé par les côtés a et b; B, l'angle formé par les côtés b et c, etc, nous aurons pour le double de la surface du polygone, l'expression

$$a.b\sin A - a.c\sin(A+B) + a.d.\sin(A+B+C) - \text{etc.}$$
$$+ b.c\sin B - b.d\sin(B+C) + b.e.\sin(B+C+D) - \text{etc.}$$
$$+ c.d\sin C - c.e\sin(C+D) + c.f.\sin(C+D+E) - \text{etc.}$$
$$+ \text{etc.}\ldots$$

dans laquelle tous les côtés doivent être combinés deux à deux, excepté le dernier ou celui qui vient rencontrer a. Par exemple, pour un quadrilatère, on a

$$2\text{ fois la surface} = \begin{cases} a.b.\sin A \\ -a.c.\sin(A+B) \\ +b.c\sin B \end{cases}$$

Pour un pentagone

$$2\text{ fois la surface} = \begin{cases} a.b.\sin A \\ -a.c.\sin(A+B) \\ +a.d.\sin(A+B+C) \\ +b.c.\sin B \\ -b.d.\sin(B+C) \\ +c.d.\sin C. \end{cases}$$

Voy. l'Huillier, *Traité de polygonométrie.*

POLYNOME. (*Alg.*) (de πολὺς , *plusieurs* , et de νομὴ , *part*). Quantité algébrique composée de plusieurs parties ou termes distingués par les signes + et — , comme A + B — C + D + etc. Lorsqu'il n'y a que deux termes , le *polynome* prend le nom de *binome* , et celui de *trinome* quand il y en a trois, etc. (*Voy.* Binome et Trinome.)

POLYPASTON. (*Méc.*) Nom donné par Vitruve à une machine composée de plusieurs poulies qu'on nomme aujourd'hui *mouffle.* (*Voy.* Poulie.)

POMPE. (*Méc. hydraul.*) Machine hydraulique destinée à élever l'eau. On distingue trois espèces principales de *pompes* : la *pompe foulante* , la *pompe aspirante* et la *pompe* tout à la fois *foulante et aspirante.*

Pompe foulante. Elle se compose d'un cylindre creux (Pl. 40 , fig. 11) plongé dans l'eau du réservoir inférieur et dont le prolongement, au-dessus de la surface de l'eau, communique, soit directement, soit par l'intermédiaire d'un rayon de décharge, avec le réservoir supérieur, ou avec l'endroit où l'on veut élever l'eau. Dans la partie inférieure de ce cylindre, qu'on nomme *corps de pompe* , est un piston P, dont la tige est solidement attachée à la traverse inférieure d'un châssis mobile qu'on fait monter et descendre alternativement par le moyen d'un levier. La tête du piston est percée d'un trou recouvert par une soupape S qui s'ouvre de bas en haut. En S', un peu au-dessous de la surface de l'eau, est un diaphragme percé d'un trou recouvert par une soupape qui s'ouvre également de bas en haut.

Pour concevoir le jeu de cette pompe, il faut supposer le piston placé au plus bas de sa course. Alors l'eau du réservoir, par sa propre pression, ouvre les soupapes S et S' , et pénètre dans le corps de pompe où elle tend à se mettre de niveau avec l'eau extérieure. Quand elle a atteint ce niveau, ou à peu près, les soupapes se ferment par leur propre poids , et si alors on élève le piston, la soupape inférieure S reste fermée , mais la soupape supérieure S' s'ouvre, et l'eau contenue dans le corps de pompe entre les deux soupapes est forcée de s'élever au-dessus du niveau du réservoir. En abaissant le piston, la soupape S' se ferme et empêche l'eau qui est au-dessus de descendre, tandis que la soupape S s'ouvre, et la partie du corps de pompe comprise entre les deux soupapes se remplit d'eau. Ainsi, par le jeu alternatif du piston, le tuyau supérieur se remplit d'eau de plus en plus, et cette eau finit par arriver au réservoir supérieur.

A l'aide de cette pompe, on élève l'eau à telle hauteur qu'on peut le désirer; il suffit d'avoir la force motrice nécessaire . L'effort du piston, quand il foule,

est, abstraction faite des frottemens et autres résistances , égal au poids d'une colonne d'eau dont la surface du piston est la base, et dont la hauteur est la distance verticale du niveau du réservoir inférieur à la surface supérieure de l'eau dans le tuyau montant.

Pompe aspirante. Elle se compose d'un corps de pompe (Pl. 40, fig. 13), ouvert par le haut, et à la partie inférieure duquel est adapté un tuyau qui plonge dans l'eau du réservoir, et que l'on nomme *tuyau d'aspiration.* A la réunion du tuyau d'aspiration avec le corps de pompe est une soupape S' destinée à permettre, en se soulevant, à l'eau d'entrer du tuyau d'aspiration dans le corps de pompe, et à l'empêcher, en s'abaissant, d'en sortir par la même voie. Dans le corps de pompe est un piston percé d'un trou recouvert d'une soupape S, et dont la tige est attachée à l'extrémité d'un levier, dont le jeu fait monter et descendre alternativement le piston.

Quand le piston s'élève, il fait le vide dans le corps de pompe, l'eau monte dans le tuyau d'aspiration par l'effet de la pression atmosphérique , et alors la soupape S est fermée et la soupape S' ouverte. Quand le piston descend, la soupape S' est fermée, la soupape S est ouverte, l'eau élevée au-dessus de S' passe au travers du piston et se trouve soulevée par lui à l'ascension suivante.

La hauteur de la colonne d'eau qui mesure l'effort du piston est égale à la différence des niveaux des réservoirs supérieur et inférieur.

Comme c'est la pression de l'air qui fait monter l'eau dans cette pompe, et que cette pression ne peut soutenir une colonne d'eau que d'environ 32 pieds de hauteur, ou 10^m, 4 (*voy.* Hydrostatique, 17), il est nécessaire que le tuyau d'aspiration ait une longueur verticale moindre que 32 pieds.

Pompe aspirante et foulante. Elle est composée comme la précédente d'un corps de pompe et d'un tuyau d'aspiration (Pl. 41, fig. 9) avec une soupape S' placée à leur jonction. Le corps de pompe est ouvert par le haut, mais le piston n'est pas percé; il est également mis en jeu par un levier. Vers le bas du corps de pompe est adapté un tuyau montant, garni d'une soupape S dans sa partie inférieure ; sa partie supérieure communique avec le réservoir où l'on veut élever l'eau.

Lorsque le piston monte , la soupape S est fermée , la soupape S' est ouverte, et l'eau est aspirée dans le corps de pompe ; lorsque le piston descend, la soupape S' est fermée, la soupape S est ouverte, et l'eau est refoulée dans le tuyau de décharge.

L'effort exercé sur le piston est ici, quand il monte, égal au poids d'une colonne d'eau dont sa surface est la base , et dont la hauteur est la distance de la surface de l'eau dans le tuyau montant au niveau du réservoir inférieur. Quand le piston descend, son effort est le poids d'une colonne d'eau dont la hauteur est la distance de la surface de l'eau dans le tuyau montant à la surface inférieure du piston.

Les pompes aspirantes ont l'avantage de n'être point noyées dans le réservoir inférieur. On peut, comme on le voit dans la fig. 12, pl. 40, réunir cet avantage à celui de fouler de bas en haut, en élevant d'abord l'eau dans une bâche placée à une petite hauteur au-dessus du réservoir inférieur, d'où elle est reprise par une pompe foulante. On peut encore remplir le même objet plus simplement en employant la disposition indiquée fig. 6. pl. 42. Quand le piston P descend, les soupapes S et T sont fermées, et il y a aspiration par la soupape S'. Quand ce piston monte, la soupape S' est fermée et l'eau est refoulée de bas en haut. On trouve toujours plus avantageux dans la pratique de faire fouler de bas en haut que de haut en bas.

La disposition des tuyaux et soupapes pour le jeu des pompes peut être variée de beaucoup de manières, mais il faut distinguer principalement celles qui ont pour objet d'imprimer un mouvement continu à l'eau contenue dans le tuyau montant. Ce but se trouve naturellement atteint quand le même tuyau montant communique à deux ou plusieurs corps de pompe, où les mouvemens simultanés des pistons ont lieu en sens contraire. On peut aussi obtenir ce mouvement continu en employant (Pl. 42, fig. 5) un seul corps de pompe et deux pistons, dont l'un descend pendant que l'autre monte. Enfin, on peut n'avoir, comme dans la figure 4, qu'un seul corps de pompe et qu'un seul piston. Quand le piston P monte, il aspire par la soupape T qui est ouverte, ainsi que la soupape S qui laisse passer l'eau soulevée sur la tête du piston. Quand il descend, il aspire par la soupape T' qui est ouverte, et refoule de bas en haut l'eau qui passe par la soupape S'.

On a inventé dans ces derniers temps une nouvelle espèce de pompe aspirante à jet continu d'une extrême simplicité. L'usage de cette pompe, connue sous le nom de *pompe de Dietz*, est aujourd'hui trop répandu pour que nous croyions devoir en donner la description.

Nous ne pouvons entrer dans plus de détails sur ces machines, pour la théorie desquelles on doit consulter la *Nouvelle Architecture hydraulique* de Prony. *Voy.* aussi un mémoire de Borda, *Académie des sciences*, 1768 ; le tome premier des *Principes d'Hydraulique* de Dubuat, et le *Traité des Machines* d'Hachette.

PORISME. (*Géom.*) Mot dont les anciens se servaient pour désigner certaines propositions géométriques et dont la signification s'est perdue. D'après Pappus, le porisme n'est ni un *théorème* ni un *problème* proprement dit, mais une *invention*, comme, par exemple, de déterminer le centre d'un cercle donné. M. Wronski a proposé (*Introd.*, pag. 220) de consacrer ce mot *porisme* aux propositions techniques, dont les objets sont *nécessaires*, en laissant à celles dont les objets sont seulement *possibles* le nom de *problèmes*. Ainsi, faire passer une circonférence de cercles par trois points donnés, est un problème, tant que l'objet de cette proposition n'est pas démontré comme possible ; tandis que déterminer le centre d'un cercle est un *porisme*. Cette signification des *porismes* est parfaitement conforme aux définitions que nous ont laissées les anciens, définitions dont les modernes ont si complètement méconnu l'esprit, que Simson confond les porismes avec les véritables problèmes, et que d'Alembert, ce qui est un peu plus grossier, ne les distingue pas des *lemmes*, avec lesquels ils n'ont rien de commun.

PORISTIQUE. Quelques auteurs nomment *méthode poristique* la manière de déterminer par quels moyens et de combien de façons différentes un problème peut être résolu.

PORTA (JEAN-BAPTISTE), né à Naples, vers 1550, a long-temps été considéré comme l'un des plus illustres savans que l'Italie ait produits, durant le siècle à jamais célèbre de la renaissance des sciences et des lettres. La plupart des biographes ont accepté aveuglément les éloges qu'il reçut de ses contemporains, et dont un examen plus scrupuleux de ses travaux et des services qu'ils ont pu rendre à la science a démontré l'exagération. Cette circonstance nous paraît justifier le rapide exposé que nous allons présenter de sa vie et de ses ouvrages. Jean-Baptiste Porta appartenait à une noble et ancienne famille qui ne négligea rien pour développer les heureuses dispositions dont il était doué. Ses progrès dans les études classiques et dans les langues anciennes furent rapides et remarquables. Plus tard il voyagea en Europe, dans le but d'acquérir des connaissances nouvelles, en se fortifiant dans celles qu'il possédait déjà. A son retour dans sa patrie, il fonda successivement l'académie des *Etiosi* et celle *de' Secreti*, qui fut supprimée par le pape, sous le prétexte que ses membres s'y occupaient d'arts *illicites*. Porta s'adonnait à des recherches physiques et d'histoire naturelle ; il était doué d'une imagination vive, d'une grande pénétration et d'une certaine audace, que sa position sociale lui inspirait peut-être autant que son génie ; il possédait enfin une érudition remarquable : c'en était assez, dans les préjugés de son temps, pour le faire accuser de se livrer à de chimériques ou plutôt impossibles sciences. On doit à Porta, qui appliqua souvent avec bonheur les connaissances étendues qu'il avait en mathématiques à l'explication des grands phénomènes de la nature, la découverte de la chambre obscure, ainsi qu'un grand nombre d'expériences d'optique très-curieuses. Il approcha peut-être plus que Maurolico, de la vraie théorie de la vision, et a composé un grand nombre d'écrits sur les miroirs plans, convexes, concaves et leurs divers effets. Wolff et plusieurs autres écrivains mettent avec raison au rang de ses plus belles découvertes celle du télescope; mais il n'est point l'inventeur de ce puissant instrument. On a pu lui attribuer l'honneur d'une si belle production, d'après un passage de sa *Magie na-turelle*, dans lequel il parle de l'effet des lentilles concaves et convexes; mais nulle part il n'a indiqué la manière de les placer dans un tube, jamais il n'a essayé de fabriquer cet instrument; il paraît n'en avoir eu qu'une idée vague, empruntée peut-être à Roger Bacon, dont il était trop instruit pour ne pas connaître les secrets. Porta, géomètre et physicien, quoiqu'il partageât la croyance de quelques-uns de ses plus illustres contemporains, dans les chimères de l'astrologie judiciaire et la puissance des esprits; quoiqu'on trouve dans ses ouvrages toutes les puérilités bizarres qu'on remarque d'ailleurs avec étonnement dans les écrits les plus estimés de son temps, n'a pas moins rendu de grands services à cette branche des sciences physiques, qui a pour objet les phénomènes de la vision. Il mourut à Naples, le 4 février 1615. Nous citerons seulement ceux de ses écrits qui se rattachent aux sciences mathématiques. I. *Magiæ naturalis libri* XX, Naples, 1589, in-fol. C'est le plus important des ouvrages de Porta, il a obtenu l'honneur de nombreuses éditions et traductions: parmi beaucoup de faits insignifians compilés sans critique, on y trouve des observations intéressantes sur la lumière, les miroirs, les lunettes dont il a perfectionné la fabrication, enfin sur la statique, l'hydrostatique et la mécanique. II. *De refractione optices parte libri* IX, Naples, 1593, in-4. III. *Pneumaticorum libri tres; cum duobus libris curvilinorum elementorum*, Naples, 1601, in-4. Cet ouvrage traite spécialement des machines hydrauliques: sa dernière partie, consacrée à la *géométrie curviligne*, a été réimprimée à part à Rome, en 1610. IV. *De munitione libri tres*, Naples, 1608, in-4. C'est un traité des fortifications. (*Voy.* pour les détails bibliographiques relatifs aux travaux de Porta, l'*Histoire de la littérature* de Tiraboschi.)

PORTE-VOIX. (*Méc.*) Instrument en forme de trompette, en fer-blanc ou en cuivre, à l'aide duquel on augmente beaucoup l'intensité du son et on le porte à de grandes distances.

Quoiqu'on rapporte qu'Alexandre faisait usage d'un semblable instrument pour parler à son armée, c'est au chevalier Samuel Moreland que l'invention du *porte-voix* est généralement attribuée.

Kircher a prétendu avoir fait des *porte-voix* avant Moreland; mais tout ce qu'il dit et tout ce que d'autres ont rapporté sur des instrumens acoustiques antérieurs à celui de Moreland concerne plutôt les *cornets acoustiques* que les *porte-voix*.

D'après Lambert (*Mém. de Berlin*, 1763), la forme la plus convenable à donner à un *porte-voix* est celle d'un cône tronqué, parce que, d'après les principes de la catoptrique qu'on peut appliquer au *son* par analogie, les rayons sonores sont réfléchis par les parois, de manière qu'après une ou plusieurs réfractions ils deviennent parallèles à l'axe ou du moins peu divergens. Toutes les figures qui, en s'élargissant, tournent leur convexité vers l'axe, doivent être rejetées, parce qu'elles répandent le son par tout un hémisphère; ces sortes de figures sont bonnes pour les instrumens de musique, où il importe de répandre le son aussi uniformément qu'il est possible; mais les porte-voix sont destinés à diriger le son vers l'endroit où l'on veut se faire entendre. Ainsi la courbure doit être telle qu'elle tourne sa concavité vers l'axe, sans cependant devenir parallèle à l'axe, ou se rétrécir après s'être élargie jusqu'à un certain point. Car si la surface devient parallèle à l'axe, elle commence à produire l'effet d'un cylindre, et si elle converge vers l'axe, elle fera l'effet d'un cône renversé. Un porte-voix parabolique, où l'embouchure doit être dans le foyer, ferait moins d'effet qu'un porte-voix conique de la même grandeur.

Cependant il résulte des expériences d'*Hassenfratz* (*Journal de Physique*, tome LVI, p. 18), qu'un porte-voix muni d'un *pavillon*, ce qui est une petite pièce qui tourne sa convexité vers l'axe et que l'on place à son extrémité, porte le son à une distance presque double que lorsqu'il n'a pas de pavillon.

Quant aux tuyaux simplement cylindriques, il est évident qu'ils ne peuvent servir de *porte-voix*, car les rayons sonores se dispersent en tous sens en sortant par leur extrémité. Le seul effet qu'on peut obtenir par un tel tuyau consiste à faire entendre à une de ses extrémités le son produit à l'autre sans le moindre affaiblissement ou même encore un peu plus sonore. Au moyen d'un tuyau d'un diamètre partout égal, deux personnes placées aux deux extrémités pourront transmettre et recevoir des paroles à une distance très-considérable. Mais pour transmettre le son à l'air libre à une grande distance, il est nécessaire que le tuyau s'élargisse du côté où se dirige le son.

L'application des lois de la catoptrique aux effets des *porte-voix* ne paraît pas rigoureusement exacte, car, ainsi que l'a observé Chladni, la réfraction de la lumière dépend de chaque point de la surface, mais l'action du son dépend de la forme générale des surfaces contre lesquelles il s'appuie, et l'effet n'est pas changé par de petites inégalités de ces surfaces. La lumière ne se répand que dans des lignes droites, mais le son, par de nouveaux centres des rayons sonores, se répand dans toutes les directions possibles. Il paraît donc que ces changemens de la direction du son ressemblent plutôt aux mouvemens des ondes sur la surface de l'eau, qui, après être arrivées à un obstacle, forment des ondes secondaires, qui se répandent enfin sur toute la surface de l'eau, et dont le centre est à la même distance au-delà de l'obstacle que le centre des ondes premières est en deçà.

On trouve quelques remarques intéressantes d'Euler, sur les porte-voix, dans son mémoire *De motu aeris in tubis*, inséré dans le tome XVI des *Nov. oct. ac. Pétrop.*

POSIDONIUS. Ce philosophe stoïcien, contemporain de Pompée et de Cicéron, qui s'honorèrent de son amitié, s'est rendu célèbre dans cette période de l'antiquité par ses connaissances et ses recherches en géométrie, en astronomie, en mécanique et en géographie. Il paraît avoir possédé un savoir encyclopédique, puisqu'il avait écrit sur toutes ces matières élevées. Malheureusement ses ouvrages sont entièrement perdus, et l'on n'a pu recueillir de lui que quelques fragmens épars dans les livres de Cléomède et de Strabon. On attribue à Posidonius une détermination de la grandeur de la terre, qui, autant par le résultat que par la méthode à l'aide de laquelle elle fut entreprise, ne peut être considérée que comme une des premières tentatives de la science pour arriver à la solution de ce problème important. C'est à l'époque de Posidonius qu'on fait remonter la connaissance précise du flux et du reflux de la mer. Ce fut cet ancien géomètre qui reconnut la loi de ce phénomène, qui, par ses rapports évidens avec les mouvemens du soleil et de la lune, appartient à l'astronomie, et dont Pline le naturaliste a donné une description remarquable par son exactitude.

Posidonius était né à Apamée, il avait étudié à Alexandrie et ouvrit son école à Rhodes. C'est à peu près tout ce qu'on sait de sa vie. Les biographes, sans aucune raison plausible, distinguent deux Posidonius, dont l'un eût été philosophe et l'autre mathématicien; mais d'après le témoignage des anciens historiens, et entre autres de Cicéron, qui l'appelle son maître et son ami (*De nat. deorum*, liv. I et II), on ne peut douter qu'il n'y ait eu qu'un seul personnage célèbre de ce nom. Ce qui nous reste de Posidonius a été recueilli sous ce titre : *Posidonii Rhodii reliquiæ doctrinæ, collegit atque illustravit* JAMES BAKE, etc.

POSITIF. (*Alg.*) Une quantité *positive* est celle que l'on conçoit toujours avec une fonction d'augmentation; on la nomme ainsi par opposition avec les quantités *négatives*. (*Voy.* NÉGATIF et PHILOSOPHIE, n° 55.)

POSITION. (*Ast.*) L'angle de *position* d'un astre est l'angle formé à son centre par ses cercles de latitude et de déclinaison. Cet angle entre comme élément dans plusieurs calculs astronomiques.

En *arithmétique*, on donne le nom de *fausse position* à une règle d'un usage très-général. Nous l'avons exposée sous ce dernier nom.

POULIE. (*Méc.*) Une des six machines considérées comme simples en mécanique. C'est un corps rond, plat, mobile sur un axe et creusé en gorge, sur sa surface courbe, pour recevoir une corde. La poulie est faite en bois ou en métal, et son axe est supporté par une barre de fer recourbée que l'on nomme *chape*. Elle sert à élever des fardeaux.

On distingue deux sortes de poulies, la *poulie fixe* et la *poulie mobile*. La poulie fixe est celle dont la chape AC (Pl. 54, fig. 2) est tenue par un point fixe, et la poulie mobile est celle dans laquelle le fardeau à élever est attaché à la chape (fig. 3).

Dans la poulie fixe, la puissance P, qui agit à l'extrémité de la corde, quelle que soit sa direction, doit être égale à la résistance Q pour lui faire équilibre, car si l'on prolonge les directions des forces P et Q jusqu'à leur point de concours O, ce point O appartiendra à la résultante des deux forces; mais cette résultante, dans le cas des forces égales, partage l'angle MON en deux parties égales; elle passe donc aussi par le centre C de la poulie et se trouve détruite par la résistance de ce centre. Ainsi la poulie fixe n'aide point la puissance, mais elle est avantageuse en ce qu'elle permet de changer sa direction et d'employer conséquemment cette puissance selon la direction la plus favorable au développement de la force. Par exemple un cheval qui ne peut tirer verticalement, mais qui tire horizontalement avec beaucoup de force, peut être employé à élever un poids en changeant la direction verticale en horizontale par le moyen d'une poulie.

Si l'on fait attention que la puissance et la résistance agissent toujours aux extrémités des rayons de la poulie, on pourra la considérer comme l'assemblage d'une infinité de leviers fixés autour du même point d'appui C et dont les bras sont égaux. C'est cette égalité des bras CM et CN qui fait que dans le cas d'équilibre la puissance est égale à la résistance.

Pour la poulie mobile (fig. 3) supposons que la corde qui l'entoure est attachée par une de ses extrémités au point fixe Q, et que la puissance P est appliquée à l'autre extrémité. La résistance du point fixe Q con-

donc ici avec la puissance P pour soutenir le poids R, et dans le cas d'équilibre, le rapport de la puissance à la résistance est donné par la proportion

$$P : R :: AO : AB$$

La poulie mobile est donc d'autant plus avantageuse à la puissance que la soutendante AB est plus grande que le rayon AO. Le cas le plus favorable est celui où AB est le diamètre de la poulie ; ce qui arrive lorsque les cordons QA et PA sont parallèles ; on a alors

$$P : Q :: \text{rayon} : \text{diamètre} :: 1 : 2$$

c'est-à-dire que la puissance est la moitié de la résistance.

La poulie est principalement utile quand il y en a plusieurs réunies ensemble.

Cette réunion donne le moyen d'élever des fardeaux énormes avec une très-petite puissance, comme nous allons le montrer.

Le poids étant suspendu à la chape de la poulie C (Pl. 17, fig. 3), concevons cette poulie embrassée par une corde attachée au point fixe D, par une de ses extrémités, et à la chape d'une seconde poulie G par son autre extrémité. Concevons encore cette seconde poulie supportée par une corde, d'une part attachée au point fixe E, et de l'autre à la chape d'une troisième poulie, et ainsi de suite jusqu'à la dernière poulie qui sera embrassée par une corde attachée d'un côté à un point fixe et de l'autre à la puissance Q. Si l'équilibre subsiste entre ces poulies et qu'on désigne par T, T', T'' les tensions des cordes FA, RI, QN, etc., on aura, en ne supposant que trois poulies et en désignant par R le poids ou la résistance

$$T : R :: 1 : 2$$

$$T' : T :: 1 : 2$$

$$T'' : T' :: 1 : 2$$

d'où

$$T' : R :: 1 : 4$$

$$T'' : R :: 1 : 8$$

La puissance est donc seulement $\frac{1}{8}$ de la résistance. Elle ne serait que $\frac{1}{16}$ s'il y avait quatre poulies ; $\frac{1}{32}$ s'il y en avait cinq ; et en général $\frac{1}{2^n}$ pour un nombre n de poulies. Nous supposons ici les cordons pa-

rallèles entre eux, ce qui est la disposition la plus favorable.

A l'aide d'une poulie fixe X, qu'on nomme poulie de renvoi, on change la direction de la puissance sans augmenter ni diminuer son intensité, sauf cependant la résistance des cordes et le frottement.

On nomme MOUFFLE une machine composée de plusieurs poulies disposées sur une même chape : on assemble (Pl. 39, fig. 2) une mouffle mobile avec une mouffle fixe ; de sorte qu'une même corde, tirée par une force P, embrasse tour à tour les poulies. La mouffle mobile porte un poids qu'il faut ajouter à celui de la mouffle même, comme on doit ajouter le poids d'une poulie mobile à celui qu'elle entraîne, pour trouver les conditions d'équilibre.

Dans la disposition de la figure, on peut considérer le poids Q comme soutenu par 6 cordons égaux qui portent chacun $\frac{1}{6}$ de ce poids ; ainsi la puissance P doit être la sixième partie de la résistance. En général, *la puissance est égale à la résistance divisée par le nombre des cordons qui aboutissent à la mouffle mobile.*

La résistance des cordons et le frottement des axes modifient beaucoup les conditions d'équilibre, et il est essentiel d'y avoir égard dans le calcul des forces ; mais ces détails se trouveront ailleurs. (*Voy.* TREUIL.)

PRÉCESSION DES ÉQUINOXES. (*Ast.*) On donne ce nom, ou simplement celui de PRÉCESSION, au mouvement insensible par lequel les points équinoxiaux se déplacent continuellement sur l'écliptique en marchant en sens inverse de l'ordre des signes.

Ce mouvement, qui résulte de l'attraction du soleil et de la lune sur le sphéroïde applati de la terre, se manifeste par un mouvement apparent de toutes les étoiles fixes dont les longitudes croissent d'environ 50″ par année. C'est à Hipparque qu'on doit la connaissance de la PRÉCESSION, mais c'est Newton qui a eu la gloire d'en découvrir et d'en expliquer les causes.

Si la terre était parfaitement sphérique, l'attraction du soleil et de la lune agirait également sur les diverses parties de sa surface, et il n'y aurait pas de *précession.* Les équinoxes répondraient toujours aux mêmes points de l'écliptique, et les longitudes des étoiles seraient invariables, du moins en n'ayant point égard aux autres causes de perturbations. Mais la terre étant renflée vers l'équateur, l'action du soleil et de la lune agit sur cette partie avec plus d'intensité que sur les autres, et tend continuellement à détourner le plan de l'équateur terrestre de sa direction. Les résultats de cette action sont d'imprimer à l'équateur un mouvement circulaire autour de l'axe de l'écliptique, auquel correspond en même temps un mouvement conique de son propre axe autour de ce dernier ; de sorte que les pôles de l'équateur tournent autour des pôles de l'écliptique, non en décrivant un cercle, mais bien une courbe ondulée ou épicycloïdale, parce que, dans ce mouvement, l'axe de l'équateur se rapproche et s'éloigne alternativement de celui de l'écliptique.

C'est ce balancement de l'axe de la terre dont l'effet est de faire varier l'inclinaison de l'écliptique que l'on nomme NUTATION. Il se manifeste par une augmentation et une diminution progressives des déclinaisons des étoiles, dont la quantité est d'environ $9''$ en plus ou en moins, et dont la période est de 18 ans. Cette période est aussi celle de la révolution des nœuds de la lune.

Newton avait bien entrevu le balancement de l'axe terrestre, mais il n'avait tenu compte que de l'action du soleil, et la NUTATION qui en résulte, dont la période est de six mois, et à peu près insensible. Bradley qui, le premier, remarqua la variation des déclinaisons des étoiles, eut l'heureuse idée de comparer la période de ces variations avec celle de la révolution des nœuds lunaires, et de montrer ainsi la liaison de ces phénomènes. Ce ne fut que quelques années après la découverte de cet illustre astronome que d'Alembert en donna la théorie en ramenant la *nutation lunaire* au principe de l'attraction universelle.

Le rapport moyen des actions solaires et lunaires dans le phénomène de la *précession* paraît être celui de 2 à 5. Cependant il reste quelque incertitude à cet égard, due à celle où l'on est encore sur la masse exacte de la lune. (*Voy.* le Mémoire de Poisson, sur le mouvement de la lune autour de la terre. Tome XII du *Recueil de l'Acad. des sciences.*)

La précession des équinoxes a pour effet général de faire décrire au point du *bélier* pris pour origine des longitudes un arc de l'écliptique de $50''$, 1 par an ; et comme ce mouvement s'effectue en sens inverse du mouvement apparent du soleil, le point équinoxial vient à la rencontre du soleil qui n'a conséquemment que $359° 59' 9''$, 9 à faire sur l'écliptique pour se retrouver à l'équinoxe. L'équinoxe arrive donc $20' \frac{1}{3}$ de temps plus tôt qu'il n'aurait fait sans ce mouvement du nœud, et par conséquent *l'année tropique*, ou le retour du soleil au même nœud, est plus courte que *l'année sidérale* ou que le retour du soleil à la même étoile, de $20' \frac{1}{3}$.

Si le mouvement du nœud était uniforme, le point équinoxial parcourrait le cercle entier de l'écliptique dans une période d'environ 25867 ans, mais la précession éprouve des inégalités qui changeront dans la suite des siècles l'étendue de cette période. Depuis

l'invention du zodiaque, les points équinoxiaux ont rétrogradé d'environ 30 degrés, de sorte que les *signes* ne correspondent plus avec les constellations dont ils portent les noms. (*Voy.* BALANCE)

PREMIER. On donne le nom de NOMBRES PREMIERS à ceux qui ne sont pas composés de facteurs ou qui ne peuvent être divisés que par eux-mêmes et par l'unité. Tels sont les nombres 1, 3, 5, 7, 11, etc.

Ces nombres ont été l'objet de beaucoup de recherches depuis les temps les plus reculés jusqu'à nos jours, mais toutes les tentatives faites pour trouver une loi ou expression qui puisse les embrasser généralement sont demeurées sans succès ; on a seulement découvert une foule de particularités curieuses pour lesquelles on doit consulter la *Théorie des Nombres* de Legendre. Eratosthènes a imaginé un procédé très-simple, au moyen duquel on reconnaît les nombres premiers ; nous l'avons exposé au mot CRIBLE. En voici un autre, non moins général.

Si A est un nombre premier il n'existe que le carré de $\frac{A-1}{2}$ qui, lui étant ajouté, donne pour somme un carré parfait. Par exemple :

$$5 + \left(\frac{5-1}{2}\right)^2 = 5 + 4 = 9 = 3^2$$

$$7 + \left(\frac{7-1}{2}\right)^2 = 7 + 9 = 16 = 4^2$$

$$11 + \left(\frac{11-1}{2}\right)^2 = 11 + 25 = 36 = 6^2$$

etc......   etc......

Ainsi, pour reconnaître si un nombre A est premier, il faut lui ajouter successivement les carrés de tous les nombres naturels depuis 1 jusqu'à $\frac{A-1}{2}$, et si aucune des sommes, à l'exception de la dernière, n'est un carré parfait, on sera assuré que ce nombre est premier.

Voici un exemple de calcul pour le nombre 17.

carrés.	sommes.
$17 + 1 =$	18
$17 + 4 =$	21
$17 + 9 =$	26
$17 + 16 =$	33
$17 + 25 =$	42
$17 + 36 =$	53
$17 + 49 =$	66
$17 + 64 =$	$81 = 9^2$

Ainsi aucune des sommes, excepté la dernière, celle de $17 + \left(\frac{17-1}{2}\right)^2$, n'étant un carré parfait, 17 est un nombre premier.

On peut simplifier le calcul en ajoutant successivement à la première somme les différences des carrés ou la suite des nombres impairs $1, 3, 5, 7, 9$, etc.; on obtiendra de cette manière :

$$17 + 1 = 18$$
$$18 + 3 = 21$$
$$21 + 5 = 26$$
$$26 + 7 = 33$$
$$33 + 9 = 42$$
$$42 + 11 = 53$$
$$53 + 13 = 66$$
$$66 + 15 = 81 = 9^2$$

Ce qui réduit l'opération à une addition successive.

Proposons-nous de déterminer si 91 est un nombre premier. En opérant comme ci-dessus, nous aurons

$$91 + 1 = 91$$
$$92 + 3 = 95$$
$$95 + 5 = 100 = 10^2$$

Il n'y a pas besoin de poursuivre le calcul, car la troisième somme étant un carré parfait, celui de 10, 91, ne peut être un nombre premier.

La dernière égalité qui revient à

$$91 + 9 = 100, \text{ ou } 91 + 3^2 = 10^2$$

peut servir à déterminer les facteurs de 91, car on en tire

$$91 = 10^2 - 3^2 = (10+3)(10-3) = 13 \times 7.$$

On peut se rendre compte de la propriété sur laquelle est fondée cette méthode, en remarquant que si l'on a

$$A + B^2 = C^2,$$

on doit avoir aussi

$$A = C^2 - B^2 = (C+B)(C-B).$$

Ainsi, C et B étant des nombres entiers, C+B et C—B sont aussi des nombres entiers, et A, se trouvant formé par le produit de ces derniers, ne peut être un nombre premier que dans le cas où C—B=1, ce qui donne C+B=A et $B = \frac{A-1}{2}$; le carré de $\frac{A-1}{2}$ est donc le seul dont la somme avec A puisse être un carré parfait, lorsque A est un nombre premier

Il est visible, en outre, que $\left(\frac{A-1}{2}\right)$ est le *plus grand* carré qui, ajouté à A, puisse former un carré parfait et, par conséquent, que l'on n'a pas besoin,

dans l'opération précédente, d'essayer les carrés des nombres au-dessus de $\frac{A-1}{2}$.

Fermat a laissé plusieurs théorèmes curieux sur les nombres premiers ; voici le principal : *si n est un nombre premier et x un nombre quelconque non divisible par n, la quantité $x^{n-1}-1$ sera divisible par n.*

Un autre théorème non moins célèbre est celui de Wilson : *si n est un nombre premier, le produit $1.2.3.4.5\dots(n-1)$ augmenté de l'unité, sera divisible par n.* Il a été publié par Waring, dans ses *Méditations algéb.* ; mais ni lui ni Wilson n'avaient pu le démontrer ; c'est Lagrange qui en a donné la première démonstration. (*Nouv. Mémoires de Berlin*, 1771.)

Si les produits de la forme $1.2.3.4.5.6\dots(n-1)$ n'augmentaient pas avec une extrême rapidité, à mesure que le nombre des facteurs augmente, le théorème de Wilson offrirait le procédé le plus simple et le plus direct pour reconnaître si un nombre est premier ou s'il ne l'est pas, car il suffit d'ajouter une unité au produit $1.2.3.4.5\dots(n-1)$ et de diviser ensuite par n : lorsque la division peut s'effectuer exactement, n est un nombre premier ; dans le cas contraire n est composé ; mais le produit $1.2.3.4.5\dots(n-1)$ atteint si promptement une grandeur énorme que ce procédé devient bientôt impraticable. En effet, pour les nombres 13 et 17, qui sont de très-petits nombres, il faut déjà former les produits

$$1.2.3.4.5.6.7.8.9.10.11.12 = 479001600$$
$$1.2,3.4.5.6.7.8.9.10.11.12\dots16 = 20922789888000$$

On tire de ce théorème les deux suivans, également remarquables :

I. Tout nombre premier n, compris sous la forme $4m+1$, divise exactement la quantité

$$\left(1.2.3.4\dots\frac{n-1}{2}\right)^2 + 1$$

I. Tout nombre premier n, de la forme $4m+3$, divise exactement la quantité

$$\left(1.2.3.4\dots\frac{n-1}{2}\right)^2 - 1$$

Ainsi n doit diviser exactement l'une ou l'autre des deux quantités

$$1.2.3.4\dots\frac{n-1}{2} + 1$$
$$1.2.3.4\dots\frac{n-1}{2} - 1$$

Comme on a très souvent besoin de connaître si un nombre est premier, surtout dans la recherche des facteurs numériques, la table suivante, qui contient les nombres premiers depuis 2 jusqu'à 50009, ne peut manquer d'être utile dans beaucoup de cas.

TABLE

Des nombres premiers jusqu'à 5009.

2	293	677	1097	1553	2017	2477	2969	3499	3989	4507
3	307	683	1103	1559	2027	2503	2971	3511	4001	4513
5	311	691	1109	1567	2029	2521	2999	3517	4003	4517
7	313	701	1117	1571	2039	2531	3001	3527	4007	4519
11	317	709	1123	1579	2053	2539	3011	3529	4013	4523
13	331	719	1129	1583	2063	2543	3019	3533	4019	4547
17	337	727	1151	1597	2069	2549	3023	3539	4021	4549
19	347	733	1153	1601	2081	2551	3037	3541	4027	4561
23	349	739	1163	1607	2083	2557	3041	3547	4049	4567
29	353	743	1171	1609	2087	2579	3049	3557	4051	4583
31	359	751	1181	1613	2089	2591	3061	3559	4057	4591
37	367	757	1187	1619	2099	2593	3067	3571	4073	4597
41	373	761	1193	1621	2111	2609	3079	3581	4079	4603
43	379	769	1201	1627	2113	2617	3083	3583	4091	4621
47	383	773	1213	1637	2129	2621	3089	3593	4093	4637
53	389	787	1217	1657	2131	2633	3109	3607	4099	4639
59	397	797	1223	1663	2137	2647	3119	3613	4111	4643
61	401	809	1229	1667	2141	2657	3121	3617	4127	4649
67	409	811	1231	1669	2143	2659	3137	3623	4129	4651
71	419	821	1237	1693	2153	2663	3163	3631	4133	4657
73	421	823	1249	1697	2161	2671	3167	3637	4139	4663
79	431	827	1259	1699	2179	2677	3169	3643	4153	4673
83	433	829	1277	1709	2203	2683	3181	3659	4157	4679
89	439	839	1279	1721	2207	2687	3187	3671	4159	4691
97	443	853	1283	1723	2213	2689	3191	3673	4177	4703
101	449	857	1289	1733	2221	2693	3203	3677	4201	4721
103	457	859	1291	1741	2237	2699	3209	3691	4211	4723
107	461	863	1297	1747	2239	2707	3217	3697	4217	4729
109	463	877	1301	1753	2243	2711	3221	3701	4219	4733
113	467	881	1303	1759	2251	2713	3229	3709	4229	4751
127	479	883	1307	1777	2267	2719	3251	3719	4231	4759
131	487	887	1319	1783	2269	2729	3253	3727	4241	4783
137	491	907	1321	1787	2273	2731	3257	3733	4243	4787
139	499	911	1327	1789	2281	2741	3259	3739	4253	4789
149	503	919	1361	1801	2287	2749	3271	3761	4259	4793
151	509	929	1367	1811	2293	2753	3299	3767	4261	4799
157	521	937	1373	1823	2297	2767	3301	3769	4271	4801
163	523	941	1381	1831	2309	2777	3307	3779	4273	4813
167	541	947	1399	1847	2311	2789	3313	3793	4283	4817
173	547	953	1409	1861	2333	2791	3319	3797	4289	4831
179	557	967	1423	1867	2339	2897	3323	3803	4297	4861
181	563	971	1427	1871	2341	2701	3329	3821	4327	4871
191	569	977	1429	1873	2347	2803	3331	3823	4337	4877
193	571	983	1433	1877	2351	2819	3343	3833	4339	4889
197	577	991	1439	1879	2357	2833	3347	3847	4349	4903
199	587	997	1447	1889	2371	2837	3359	3851	4357	4909
211	593	1009	1451	1901	2377	2843	3361	3853	4363	4919
223	599	1013	1453	1907	2381	2851	3371	3863	4371	4931
227	601	1019	1459	1913	2383	2857	3373	3877	4391	4933
229	607	1021	1471	1931	2389	2861	3389	3881	4397	4937
233	613	1031	1481	1933	2393	2879	3391	3889	4409	4943
239	617	1033	1483	1949	2399	2887	3407	3907	4421	4951
241	619	1039	1487	1951	2411	2897	3413	3911	4423	4957
251	631	1049	1489	1973	2417	2903	3433	3917	4441	4967
257	641	1051	1493	1979	2423	2909	3449	3919	4447	4969
263	643	1061	1499	1987	2437	2917	3457	3923	3451	4973
269	647	1063	1511	1993	2441	2927	3461	3929	4457	4987
271	653	1069	1523	1997	2447	2939	3463	3931	4463	4993
277	659	1087	1531	1999	2459	2953	3467	3943	4481	4999
281	661	1091	1543	2003	2467	2957	3469	3947	4483	5003
283	673	1093	1549	2011	2473	2963	3491	3967	4493	5009

594

PRESSE. (*Méc. prat.*) Machine construite en fer ou en bois, qui sert à comprimer les corps.

La presse commune est composée d'une vis de pression E (Pl. 28, fig. 7), dont la tête porte sur une planche unie O, et qui tourne dans son écrou placé à la partie supérieure d'un bâti ABDH. Les corps que l'on veut presser étant posés sur la partie inférieure du bâti et recouverts de la planche O, on tourne la vis au moyen d'un levier F qu'on introduit dans un trou fait à sa tête. Cette action force la planche O à descendre et lui fait comprimer de plus en plus les corps qui sont au-dessous.

PRESSE HYDRAULIQUE. Cette presse, dont l'action est si puissante, est une idée de Pascal mise en pratique par le mécanicien anglais Bramah. Elle consiste en deux forts cylindres métalliques D et F (Pl. 13, fig. 5) de différens diamètres ; chacun de ces cylindres est muni d'un piston ; le piston du cylindre F correspond à un bras de levier sur lequel agit le moteur qui doit opérer sur cette machine. Le piston du cylindre D est surmonté d'une plaque en fonte sur laquelle on place les objets que l'on veut comprimer. Ce cylindre, dont la hauteur surpasse celle du premier, est placé dans un cadre de fer très-solide, dont la partie supérieure, parallèle à la plaque de fonte, sert de plan réacteur, de sorte que la compression est produite par le rapprochement de la plaque du piston à ce plan ; les deux cylindres communiquent par un tuyau horizontal E. Le cylindre extérieur F, immergé dans une bâche remplie d'eau, est muni de deux soupapes, par l'une desquelles l'eau entre dans le cylindre, et elle sort par l'autre. Lorsque l'agent moteur soulève le levier et le piston qui y est attaché, la première s'ouvre et la seconde se ferme ; le contraire arrive lorsqu'il s'abaisse. C'est la pression opérée sur l'eau que renferme ce cylindre qui se transmet au piston du cylindre D et presse la plaque A en faisant remonter le piston. (*Voy.* HYDRODYNAMIQUE, 14.) On trouve une description détaillée de cette importante machine dans le volume de *la Mécanique appliquée aux arts*, de Borgnis, qui a pour titre : *Machines employées dans diverses fabrications.*

PRESSION. (*Méc.*) C'est la force d'un corps qui agit sur un autre ou sur un obstacle quelconque sans choc. On désigne cette action sous le nom de *force morte.* (*Voy.* FORCE.)

PREUVE. Terme d'*arithmétique* qui signifie une *opération* par laquelle on vérifie l'exactitude des résultats d'un calcul. (*Voy.* les diverses opérations élémentaires et le mot NEUF.)

PRIME. Mot qui exprime la même chose que *minute*, c'est-à-dire, en *géométrie*, la soixantième partie d'un degré. On désigne les minutes ou *primes* par le signe ('), ainsi 45' signifie 45 *primes*.

On se sert encore très souvent des signes ('), ("), ("'), etc., qui désignent les *minutes*, *secondes*, *tierces*, pour faire représenter par une même lettre des quantités différentes ; par exemple a, a', a'', a''', etc., qu'on prononce a, *a prime*, *a seconde*, etc., désignent simplement des quantités différentes entre elles.

PRINTEMPS. (*Ast.*) Une des quatre saisons de l'année. Il commence lorsque le soleil, s'approchant de plus en plus du zénith, a atteint une hauteur méridienne moyenne entre sa plus grande et sa plus petite ; c'est-à-dire lorsqu'il est arrivé au point où l'écliptique coupe l'équateur ou au point de l'équinoxe ; et il finit, lorsque le soleil, continuant de s'approcher du zénith, a atteint sa plus grande hauteur méridienne, c'est-à-dire, lorsqu'il est arrivé au point du solstice où l'été commence. Dans notre hémisphère, le printemps commence vers le 21 mars, lorsque le soleil entre dans le signe du Bélier ; c'est alors l'*automne* pour l'hémisphère austral ; réciproquement quand l'*automne* commence pour nous, c'est le *printemps* pour cet hémisphère opposé. Les jours qui sont égaux aux nuits, au moment de l'équinoxe, croissent depuis ce moment jusqu'au dernier jour du printemps qui est le plus grand de l'année. Cette saison est plus longue d'environ 4 jours que l'automne et que l'hiver, parce que le soleil est plus longtemps à parcourir les signes septentrionaux que les méridionaux. (*Voy.* SAISONS.)

PRISME. (*Géom.*) Corps compris entre deux faces polygonales égales et terminé latéralement par des faces parallélogrammes. (*Voy.* NOTIONS PRÉL., 49.)

Les faces polygonales égales et parallèles se nomment les *bases* du prisme et la distance de ces bases ou la perpendiculaire abaissée de l'un sur l'autre est sa *hauteur*. Le prisme est *droit* ou *oblique* selon que ses arêtes latérales sont perpendiculaires aux deux bases, ou qu'elles font un angle oblique avec elles. Toutes les arêtes latérales sont égales.

La hauteur du prisme droit est donc égale à chacune des arêtes latérales, ou égale au *côté* du prisme. La hauteur du prisme oblique est toujours moindre que son côté.

Un prisme a autant de faces latérales que ses bases ont de côtés. Si les bases sont des polygones de n côtés, le nombre total de ses faces sera $n + 2$, celui de ses sommets sera $2n$, et celui de ses arêtes sera $3n$.

Un prisme est dit *triangulaire* (Pl. 53, fig. 17), *quadrangulaire*, *pentagonal*, *hexagonal* (Pl. 53, fig. 16), etc., selon le nombre des côtés de chacune de ses bases. Ses angles solides ne sont jamais composés que de trois angles plans, quel que soit le nombre de ses côtés.

On démontre que tous les prismes de même base et de même hauteur sont équivalens entre eux, et que le volume d'un prisme quelconque est égal au produit de l'aire d'une de ses bases par sa hauteur. (*Voy.* Solide.)

PROBABILITÉ. Si toutes nos connaissances entraînaient la *certitude* comme le font les propositions des mathématiques pures, nos jugemens détermineraient toujours une conviction pleine et entière touchant leur objet, et cette conviction serait valable pour la totalité des êtres raisonnables, mais il n'en est point ainsi. La plupart de nos connaissances ne sont que de simples croyances plus ou moins fondées, plus ou moins *probables*; de là l'impossibilité où nous nous trouvons si souvent de les faire partager aux autres.

Le premier degré de la connaissance est la *conjecture*: elle détermine l'*opinion*; le second degré est la *conviction*: elle détermine la *foi*, et enfin le troisième degré est la *certitude*: elle détermine la *science*. L'*opinion* n'est souvent qu'un jeu de l'imagination sans le moindre rapport avec la vérité, et qui n'a de raison suffisante ni objective ni subjective, c'est-à-dire ni dans l'objet de la connaissance, ni dans le sujet connaissant. La *foi* a toujours une raison suffisante subjective. La *science* a une raison suffisante subjective et objective; elle est *certitude* pour tout le monde.

Dans les questions *spéculatives*, l'opinion et même la foi ne méritent aucun assentiment, puisqu'elles ne peuvent être communiquées aux autres avec la même intensité. Il serait absurde, par exemple, d'opiner en mathématiques pures, il faut savoir ou s'abstenir. Mais dans les questions *pratiques*, la *foi* peut atteindre le but plus ou moins heureusement. Par exemple, un médecin examine les symptômes d'une maladie grave, il juge, parce qu'il ne peut pénétrer jusqu'à la cause première et cachée, que cette maladie est une gastro-entérite ou toute autre chose, et, d'après la *foi* qui résulte en lui de son jugement, il ordonne certains remèdes. Un autre médecin aurait peut être mieux rencontré. Mais quoi qu'il en soit du rapport des *moyens* avec le *but* réel à atteindre, ce rapport est toujours fortuit; la *foi* qui sert de fondement à l'usage de ces moyens est une *foi fortuite*; si le but est atteint, ce n'est pas *nécessairement*, c'est par HASARD; le jugement n'a pas déterminé l'action par sa CERTITUDE, mais seulement par sa PROBABILITÉ.

Or, si la certitude n'est susceptible que d'un degré, car elle est ou elle n'est pas, la *probabilité* est susceptible de degrés à l'infini, puisqu'elle peut se rapprocher ou s'éloigner d'autant plus de la certitude que le jugement pratique se fonde sur des connaissances plus ou moins réelles; la *probabilité* peut donc se *mesurer*; comme telle les lois des nombres lui deviennent applicables; et cette application forme l'objet d'une branche des mathématiques appliquées qu'on nomme CALCUL DES PROBABILITÉS.

Le calcul des probabilités a pris naissance entre les mains de Pascal et de Fermat, à l'occasion de quelques questions sur les jeux de hasard; développé ensuite par Jacques Bernouilli et appliqué aux événemens moraux et politiques, étendu par Montmort, Moivre et Daniel Bernouilli à une foule de questions importantes, il est devenu enfin, par les travaux de Condorcet, de Lagrange et de Laplace une science féconde dont les résultats n'ont pas été sans influence sur les progrès de la civilisation. Nous allons exposer d'abord les notions élémentaires de ce calcul, que nous éclaircirons par des exemples pris sur les jeux les plus connus, et nous indiquerons ensuite quelles applications importantes peuvent en être faites.

1. Lorsqu'un événement doit nécessairement arriver, on dit qu'il est *certain*.

Lorsque au contraire il existe des causes qui peuvent empêcher son apparition, sans cependant que l'action de ces causes soit nécessaire, on dit qu'il n'est que *probable*.

L'événement est plus ou moins *probable* selon que le nombre des causes qui peuvent le produire surpasse celui des causes qui peuvent l'empêcher.

2. On nomme *probabilité mathématique* le rapport qu'il y a entre le nombre des causes qui peuvent produire l'événement et le nombre total des causes tant favorables que contraires.

S'il s'agissait, par exemple, de tirer une boule blanche d'une urne qui en renfermât quatre de cette couleur, il est évident que la sortie de cette boule blanche serait *certaine*; mais si l'urne ne contenait qu'une seule boule blanche et que les trois autres fussent chacune d'une couleur différente, la sortie de la boule blanche ne serait plus que *probable*; et comme il y aurait alors quatre événemens également possibles et qu'un seul de ces événemens donne le résultat demandé, la probabilité d'obtenir ce résultat serait donc le *quart* du nombre des événemens possibles, et on l'exprimerait par la fraction $\frac{1}{4}$.

S'il s'agissait pareillement d'exprimer la probabilité de tirer une boule blanche d'une urne qui renfermât huit boules dont six blanches et deux noires, on remarquerait que sur huit événemens également possibles six peuvent amener le résultat demandé, et l'on dirait que la probabilité d'amener une boule blanche est égale à $\frac{6}{8}$.

La certitude mathématique est donc exprimée par l'*unité*, et la probabilité par une *fraction*. Si cette fraction est plus grande que $\frac{1}{2}$ il y a plus de raisons pour croire à l'apparition de l'événement que pour en douter, et *vice versa*. Ainsi, dans le premier exemple où la probabilité est $\frac{1}{4}$, il y a plus de chances contre que pour la sortie d'une boule blanche, et dans le second, où la probabilité est $\frac{6}{8}$, il y a plus de chances pour que contre cette sortie. Cependant quelle que soit la probabilité, l'événement demeure toujours indéterminé, et son apparition ne peut donner lieu qu'à un *pari*, comme nous le verrons plus loin.

3. L'expression fondamentale du calcul des probabilités, savoir : *le rapport du nombre des cas favorables à celui de tous les cas possibles*, suppose nécessairement que les divers cas sont également possibles, car s'ils ne l'étaient pas, il faudrait prendre en considération chacune de leur possibilité respective, et alors la probabilité serait la somme des possibilités de chaque cas favorable.

Par exemple, pour exprimer la probabilité d'amener au moins une fois *croix* en deux coups, au jeu de *croix ou pile*, il faut considérer qu'il peut se présenter quatre cas également possibles, (*a*)

1. *Croix* au premier coup et *pile* au second,
2. *Croix* au premier coup et *croix* au second,
3. *Pile* au premier coup et *croix* au second.
4. *Pile* au premier coup et *pile* au second.

Or, les trois premiers cas sont favorables à la sortie dont on cherche la probabilité ; ainsi cette probabilité est donc égale à

$$\frac{1}{4} + \frac{1}{4} + \frac{1}{4} = \frac{3}{4}.$$

Si l'on demandait, dans la même hypothèse, la probabilité d'amener dans les deux coups d'abord *croix* et ensuite *pile* ; comme il n'y a qu'un seul cas qui présente ce résultat, cette probabilité serait exprimée par $\frac{1}{4}$.

Tout le monde sait qu'on nomme *jeu de croix ou pile*, la projection dans l'air d'une pièce plate dont on nomme l'une des faces *croix* et l'autre *pile* ; après sa chute, la face apparente est celle qui gagne.

4. La probabilité du concours de plusieurs événemens se nomme *probabilité composée* : on l'obtient en multipliant l'une par l'autre les probabilités simples

de chaque événement. Par exemple, dans le cas précédent, en remarquant que la probabilité d'amener *croix* au premier coup est $\frac{1}{2}$, puisqu'il n'y a que deux chances, et qu'ensuite la probabilité d'amener *pile* au second coup est encore $\frac{1}{2}$, puisque pour ce second coup il y a encore les deux mêmes chances, on conclura que la probabilité composée d'amener *croix* au premier coup et *pile* au second est $\frac{1}{2} \times \frac{1}{2} = \frac{1}{4}$, comme nous l'avons vu immédiatement à l'inspection du tableau (*a*).

En général $\frac{n}{m}$ étant la probabilité simple d'un événement, et $\frac{p}{q}$ la probabilité simple d'un autre événement, la probabilité composée de leur concours sera $\frac{n}{m} \times \frac{p}{q}$.

De même, $\frac{n}{m}$ étant toujours la probabilité simple d'un événement $\frac{n}{m} \times \frac{n}{m}$ ou $\frac{n^2}{m^2}$ sera la probabilité de son arrivée *deux* fois de suite ; $\frac{n^3}{m^3}$, celle de son arrivée *trois* fois de suite, etc.

5. C'est ici le lieu de remarquer que chaque événement incertain donne naissance à deux probabilités contraires, savoir : la probabilité que cet événement arrivera et celle que cet événement n'arrivera pas. Par exemple, dans le cas de l'urne renfermant quatre boules de différentes couleurs, la probabilité d'amener la boule blanche en un seul tirage est $\frac{1}{4}$, et la probabilité contraire à cet événement est $\frac{3}{4}$ puisqu'il y a trois événemens contraires à la sortie demandée.

6. La somme des probabilités contraires et favorables d'un événement est donc toujours égale à l'*unité*. C'est parce que cette somme renferme tous les cas possibles qu'on dit que la *certitude mathématique* est exprimée par l'*unité* (2).

7. Nous pouvons récapituler ce qui précède dans les trois propositions suivantes qui renferment tous les élémens du calcul des probabilités.

I. *La probabilité simple d'un événement s'exprime par une fraction dont le nominateur est le nombre des cas favorables à la production de cet événement, et le dénominateur, le nombre de tous les cas tant favorables que contraires.*

II. *La probabilité composée du concours de plusieurs événemens est égale au produit des probabilités simples de ces événemens.*

III. *La somme de la probabilité favorable et de la*

probabilité contraire d'un événement est toujours égale à l'unité.

Il résulte de cette dernière proposition que l'une quelconque des probabilités favorable ou contraire étant donnée, en la retranchant de l'unité, on obtient l'autre.

8. S'il est quelquefois assez difficile de pouvoir apprécier la probabilité simple d'un événement, il l'est encore bien davantage de pouvoir apprécier la probabilité composée, et c'est là surtout où il est important de considérer la question sous toutes les faces, car la moindre erreur dans l'évaluation de la possibilité de chaque résultat particulier en entraîne nécessairement une dans le résultat final. C'est ainsi que d'Alembert prétendait que la probabilité d'amener au moins une fois *croix* en deux coups, que nous avons trouvée (3) être $\frac{3}{4}$, n'était que $\frac{2}{3}$. Voici sur quel raisonnement il fondait son calcul : Si l'on amène *croix* du premier coup, le jeu est fini, et si l'on amène au contraire *pile*, il faut jouer le second coup qui amènera *croix* ou *pile* ; ainsi il ne peut arriver que l'un de ces trois événemens

     1.... *Croix.*
     2.... *Pile* et *croix.*
     3.... *Pile* et *Pile.*

Et comme il y en a deux qui font gagner le pari, la probabilité est donc $\frac{2}{3}$. L'erreur consiste à supposer la même possibilité à ces trois événemens, et cet argument victorieux par lequel d'Alembert croyait renverser de fond en comble le calcul des probabilités ne prouve que sa précipitation et sa légèreté habituelles. En effet, avant de commencer le jeu, la probabilité d'amener *croix* au premier coup est $\frac{1}{2}$ et celle d'amener *pile* d'abord et *croix* ensuite est $\frac{1}{4}$ (3) ; ainsi, la probabilité d'amener au moins une fois *croix* en deux coups est donc

$$\frac{1}{2} + \frac{1}{4} = \frac{3}{4}$$

comme nous l'avons déjà trouvé.

9. Si l'on demandait quelle est la probabilité d'amener au moins une fois le point de *six* en jetant deux fois successivement un dé ordinaire, il faudrait pareillement considérer tous les cas possibles qui peuvent résulter de ces deux jets, et la somme des cas dans lesquels se trouve le point de six divisée par la somme totale des cas serait la probabilité demandée. Or, les deux jets successifs peuvent amener indifféremment une des trente-six combinaisons suivantes des points du dé :

1,1...	2,1...	3,1...	4,1...	5,1...	6,1
1,2...	2,2...	3,2...	4,2...	5,2...	6,2
1,3...	2,3...	3,3...	4,3...	5,3...	6,3
1,4...	2,4...	3,4...	4,4...	5,4...	6,4
1,5...	2,5...	3,5...	4,5...	5,5...	6,5
1,6...	2,6...	3,6...	4,6...	5,6...	6,6

et comme dans ces 36 cas, tous également probables, il y en a 11 qui contiennent le point de 6, la probabilité est donc $\frac{11}{36}$.

Pour calculer cette probabilité sans être obligé de former le tableau précédent, il faut remarquer que la probabilité simple d'amener le point de *six* en un seul jet étant $\frac{1}{6}$ la probabilité contraire est $\frac{5}{6}$; ainsi, si l'on s'était proposé le problème inverse de trouver la probabilité de ne pas amener le point de *six* en deux jets successifs, on aurait cette probabilité en formant (4) le produit des deux probabilités simples $\frac{5}{6} \times \frac{5}{6} = \frac{25}{36}$. Donc $\frac{25}{36}$ étant la probabilité de ne pas amener le point de *six* en deux jets successifs, celle de l'amener (7) sera donc

$$1 - \frac{25}{36} = \frac{11}{36}.$$

10. Le tableau ci-dessus nous montre combien le nombre des chances augmente avec le nombre des coups joués, car en jetant le dé une seule fois il n'y a que six cas possibles, tandis qu'en le jetant deux fois de suite il s'en présente 6 fois 6 ou 36.

On peut voir de même facilement qu'en jetant le dé trois fois de suite le nombre des cas possibles deviendra 6 fois 36 ou 216, puisque chacun des 36 cas des deux premiers jets peut se combiner avec les six cas du troisième. Pareillement le nombre des cas de quatre jets sera $6 \times 216 = 1296$; celui des cas de cinq jets $6 \times 1296 = 7776$, etc., et en général le nombre des cas possibles qui résulte de m jets successifs sera égal à m fois 6 multiplié par lui-même, ou à la $m^{\text{ième}}$ puissance de 6. Si l'on désigne par A le nombre total des chances tant favorables que contraires d'un événement, en une seule épreuve, celui des chances en m épreuves successives sera donc égal à A^m.

11. Si l'on demandait la probabilité d'amener au moins une fois le point de six en trois, quatre et cinq jets successifs d'un même dé, on trouverait facilement en calculant ces probabilités, comme ci-dessus, par le moyen des probabilités contraires :

En 3 jets ,

$$1 - \left(\frac{5}{6}\right)^3 = \frac{91}{216}$$

En 4 jets ,

$$1 - \left(\frac{5}{6}\right)^4 = \frac{571}{1296}$$

En 5 jets ,

$$1 - \left(\frac{5}{6}\right)^5 = \frac{3625}{4151}$$

Or, en examinant ces divers résultats, on voit que la probabilité d'amener le point de *six* qui n'est que $\frac{1}{6}$ en un seul jet, devient en cinq jets $\frac{3625}{4151}$, c'est-à-dire plus grande que $\frac{5}{6}$; il faut donc en conclure que la probabilité augmente avec le nombre des épreuves, et qu'il est possible d'approcher aussi près de l'unité ou de la certitude qu'on voudra, en augmentant suffisamment le nombre d'épreuves.

Ainsi , quelque peu probable que soit d'abord un événement, tel, par exemple, que le tirage d'une boule blanche d'une urne qui en contient 40 noires et une seule blanche , en multipliant le nombre des tirages on peut lui donner la probabilité qu'on voudra ; il est, du reste, sous-entendu qu'après chaque tirage on remet dans l'urne la boule tirée pour conserver toujours le même nombre des chances primitives. En effet, si l'on cherche ce que devient cette probabilité dans une série de 100 tirages, on trouve, en l'exprimant en fractions décimales qu'elle devient 0,91536, c'est-à-dire plus grande que $\frac{37}{41}$ et par conséquent déjà assez près de la certitude. Car la probabilité favorable pour la sortie de la boule blanche est, en un tirage, de $\frac{1}{41}$ et la probabilité contraire de $\frac{40}{41}$. En 100 tirages la probabilité contraire (10) devient $\left(\frac{40}{41}\right)^{100}$, et par conséquent la probabilité favorable

$$1 - \left(\frac{40}{41}\right)^{100} = 0,91526.$$

En augmentant encore le nombre des tirages, on pourra rendre la probabilité d'amener la boule blanche aussi peu différente de la certitude qu'on pourra le désirer.

12. C'est cette considération qui a fait naître le problème suivant :

Déterminer le nombre des épreuves nécessaires pour que la probabilité d'un événement soit égale à une quantité donnée.

Par *épreuves* , nous entendrons toujours les jets successifs d'un même dé, ou les tirages de numéros ou de boules d'une urne dans laquelle on les remet après chaque tirage pour que les conditions restent les mêmes.

Ce problème se résout encore par la considération de la probabilité contraire, car, d'après ce qui précède, la probabilité de ne pas amener le point de six, en un seul jet, est égale à $\frac{5}{6}$, et dans un nombre x de tirages e le devient $\left(\frac{5}{6}\right)^x$, de sorte que la probabilité favorable est alors

$$1 - \left(\frac{5}{6}\right)^x$$

c'est cette quantité qu'il faut égaler à la probabilité qu'on veut avoir, ce qui donnera une équation dont on tirera la valeur de x. Supposons par exemple, qu'on demande combien il faut de jets pour avoir $\frac{1}{2}$ de probabilité, on posera

$$1 - \left(\frac{5}{6}\right)^x = \frac{1}{2}$$

d'où

$$\left(\frac{5}{6}\right)^x = \frac{1}{2}$$

cette équation, qui ne peut se résoudre qu'à l'aide des logarithmes, donne

$$x = \frac{L2 - L1}{L6 - L5} = \frac{0.3010300}{0,0791825} ;$$

ou à peu près 4.

Ainsi il faut 4 jets pour que la probabilité d'amener le point de six, au moins une fois, soit égale à $\frac{1}{2}$.

Si l'on voulait que cette probabilité fût $\frac{2}{3}$ on poserait

$$1 - \left(\frac{5}{6}\right)^x = \frac{2}{3}$$

d'où

$$\left(\frac{5}{6}\right)^x = 1 - \frac{2}{3} = \frac{1}{3}$$

et , opérant par logarithmes

$$x = \frac{L3 - L1}{L6 - L5} = \frac{0,4771225}{0,0791825}$$

ce qui donne un peu plus de 6.

En 7 tirages on aura donc un peu plus que $\frac{2}{3}$ de probabilités, et en 6 tirages un peu moins.

15. Pour mettre dans tout son jour la manière dont le nombre des épreuves multiplie les chances, considérons les arrangemens ou les combinaisons dont plusieurs objets sont susceptibles entre eux. Trois objets, par exemple, A, B, C peuvent donner les neuf arrangemens suivans (*voy.* Combinaison et Permutation) en les combinant 2 à 2 :

$$\begin{array}{ccc} A,A & B,A & C,A \\ A,B & B,B & C,B \\ A,C & B,C & C,C \end{array}$$

Or, si ces trois objets étaient trois boules placées dans une urne et qu'on en fît deux tirages successifs en remettant dans l'urne avant le second tirage la boule tirée au premier, il est évident que les deux tirages amèneraient un quelconque des neuf arrangemens ci-dessus et que la probabilité particulière à chacun d'eux est exprimée par la fraction $\frac{1}{9}$.

On voit également que si l'on demandait la probabilité d'amener deux boules différentes A et B dans les deux tirages, sans avoir égard à l'ordre des sorties, cette probabilité serait $\frac{1}{9} + \frac{1}{9} = \frac{2}{9}$ puisqu'il y a deux combinaisons A,B et B,A qui satisfont à la question.

De même, s'il s'agissait d'exprimer la probabilité d'amener en deux tirages deux boules différentes sans les désigner, on voit que cette probabilité serait

$$\frac{1}{9} + \frac{1}{9} + \frac{1}{9} + \frac{1}{9} + \frac{1}{9} + \frac{1}{9} = \frac{6}{9}$$

puisqu'il y a six arrangemens AB, BA, BC, CB, AC, CA qui remplissent la condition demandée.

Enfin, tous les problèmes qu'on peut se proposer, soit sur la probabilité absolue de chaque chance, soit sur la probabilité relative d'une chance par rapport à une autre, se trouvent ainsi résolus par la simple inspection de ces arrangemens.

15. S'il s'agissait de trois épreuves, il faudrait former tous les arrangemens 3 à 3, et l'on aurait (*b*)

$$\begin{array}{ccc} AAA & BBB & CCC \\ AAB & BBA & CCA \\ ABA & BAB & CAC \\ AAC & BBC & CCB \\ ACA & BCB & CBC \\ ACB & BCA & CAB \\ ABC & BAC & CBA \\ ABB & BAA & CAA \\ ACC & BCC & CBB \end{array}$$

Pour 4 épreuves on formerait les arrangemens 4 à 4 et ainsi de suite. Or, si l'on considère chaque arrangement précédent comme exprimant un produit de trois lettres, leur somme n'est évidemment que le développement de la puissance du trinome A + B + C, car ce développement (*voy.* Binome et Élévation) se compose de tous les produits que l'on peut former en arrangeant 3 à 3 les termes A, B et C; et, en comparant ce développement

$$\begin{aligned} (A+B+C)^3 = {} & A^3 + 3A^2B + 3AB^2 + B^3 \\ & + 3A^2C + 6ABC + 3B^2C \\ & + 3AC^2 + 3BC^2 \\ & + C^3 \end{aligned}$$

avec le tableau (*b*), il devient visible que ses coefficiens numériques nous donnent immédiatement le nombre des arrangemens particuliers de chaque combinaison particulière. Ainsi les termes A^3, B^3, C^3 ont l'unité pour coefficient, parce que chacun des groupes AAA, BBB, CCC n'admet point de permutation; le terme $3A^2B$, a 3 pour coefficient, parce que le groupe AAB admet les trois permutations AAB, ABA, BAA, permutations qui expriment toutes le même produit, etc. L'inspection des coefficiens du développement de la puissance peut donc nous faire connaître la probabilité de chacun des arrangemens sans que nous ayons besoin de les former, ce qui, dans beaucoup de cas, deviendrait impraticable. Ainsi, le nombre total des arrangemens étant ici 27, nombre égal à la somme des coefficiens numériques

$$1 + 3 + 3 + 1 + 3 + 6 + 3 + 3 + 3 + 1 = 27$$

la probabilité de chaque arrangement en particulier est $\frac{1}{27}$; celui d'un arrangement où entre 2 fois A et une fois B, sans avoir égard à l'ordre des sorties, est $\frac{3}{27}$; celui d'un arrangement où entre à la fois A, B, C, sans avoir égard pareillement à l'ordre des sorties, est $\frac{6}{27}$, et ainsi de suite.

16. Il résulte de ces considérations que si nous désignons en général par a le nombre des chances d'un événement A et par b le nombre des chances d'un autre événement B, dans une seule épreuve, $(a + b)^m$ sera le nombre total des chances dans un nombre m d'épreuves, et le développement de cette puissance offrira toutes les chances qui se rapportent à chaque cas particulier. Ainsi, dans ce développement

$$(a+b)^m = a^m + ma^{m-1}b + \frac{m(m-1)}{1.2} a^{m-2}b^2$$
$$+ \text{etc.} \dots \dots mab^{m-1} + b^m$$

le premier terme a^m indique le nombre des chances qui, sur un nombre m d'épreuves, donnent m fois de suite l'événement A; le second terme $ma^{m-1}b$, indique le nombre de chances qui donnent $m-1$ fois le premier événement A et *une* fois le second B, sans tenir compte de l'ordre de leur apparition, et ainsi de suite.

En divisant donc chacun de ces termes par le nombre total des chances qui est $(a+b)^m$, on aura les probabilités de chacune des successions d'événemens simples auxquelles ils se rapportent.

Il suffit presque toujours de considérer le terme général du développement, qui est (c)

$$\frac{m(m-1)(m-2)\ldots(m-\mu+1)}{1.2.3.4.5\ldots\mu}\, a^{m-\mu}\, b^{\mu}$$

pour résoudre les divers problèmes qu'on peut se proposer, et c'est ce que nous allons éclaircir par des exemples.

17. *Problème* I. Déterminer la probabilité d'amener en 8 épreuves successives au jeu de *croix ou pile*, 5 fois *croix* et conséquemment 3 fois *pile*.

Nous avons ici $m = 8$; faisant donc $\mu = 3$, le terme général (c) devient

$$\frac{8.7.6.5.4}{1.2.3.4.5}\, a^5.b^3 = 56 a^5 b^3$$

ainsi, comme nous avons d'ailleurs $a = 1$, $b = 1$, ce nombre de chances est donc simplement égal à 56. Mais le nombre total des chances est

$$(a+b)^8 = 2^8 = 256$$

donc la probabilité demandée est $\frac{56}{256}$

Problème II. Déterminer la probabilité d'amener 8 fois de suite *croix* en 8 épreuves.

Dans cet arrangement *pile* ne devant pas se montrer, nous ferons $\mu = 0$; ainsi, ayant toujours $m = 8$, le terme général (c) devient $a^8 = 1$, à cause de $a = 1$, et la probabilité demandée est $\frac{1}{256}$. Il n'y a évidemment sur les 256 chances qu'une seule pour l'événement en question.

Problème III. On demande la probabilité d'amener au moins une fois le point de six en jetant 4 fois un dé ordinaire.

Le nombre des chances favorables au point de six à chaque tirage étant 1, et le nombre des chances contraires étant 5, nous aurons $a = 1$, $b = 5$, et de plus $m = 4$. Mais ici il faut former tous les termes qui contiennent la chance a, car dans l'énoncé de la question on considère non seulement les cas qui ne présentent

qu'une seule fois la face 6, mais encore ceux qui la présentent 2 fois, 3 fois, 4 fois. Ces termes sont

$$a^4 + 4a^3b + 6a^2b^2 + 4ab^3$$

d'où, en évaluant,

$$1 + 20 + 150 + 500 = 671$$

or, le nombre total des chances est $(1+5)^4 = 6^4 = 1296$; donc la probabilité demandée est $\frac{671}{1296}$, c'est-à-dire un peu plus que $\frac{1}{2}$.

Dans tous les cas semblables il sera beaucoup plus simple de considérer la probabilité contraire, car dans le développement

$$(a+b)^4 = a^4 + 4a^3 6 + 6a^2b^2 + 4ab^3 + b^4$$

qui renferme tous les cas possibles, on voit que le terme b^4, qui ne contient pas a, exprime justement le nombre des chances contraires au cas que l'on considère, et qu'ainsi

$$\frac{b^4}{(a+b)^4}$$

est la probabilité que ce cas n'arrivera pas; donc la probabilité favorable (7) sera immédiatement donnée par l'égalité

$$1 - \frac{b^4}{(a+b)^4}$$

c'est-à dire, ici par

$$1 - \left(\frac{5}{6}\right)^4 = 1 - \frac{625}{1296} = \frac{671}{1296}$$

comme nous l'avons trouvé directement.

Si l'on avait demandé la probabilité d'amener une seule fois le point de 6 en 4 jets, on n'aurait eu besoin que de considérer le terme du développement qui contient une seule fois la chance d'amener 6. Ainsi faisant dans (c), $m - \mu = 1$, d'où $\mu = m - 1 = 3$, on aurait eu

$$\frac{4.3.2}{1.2.3}\, a^1.b^3 = 4.1.5^3 = 500$$

et, par conséquent la probabilité serait $\frac{500}{1296}$.

Problème IV. Déterminer la probabilité d'amener deux fois le point de six, en jetant 5 fois un dé ordinaire.

Comme nous n'avons à considérer dans ce cas, que les seules combinaisons qui contiennent 2 fois le point de six, nous ferons dans le terme général (c) $a = 1$, $b = 5$, $m = 5$ et $\mu = 3$, et il deviendra

$$\frac{5 \cdot 4}{1 \cdot 2} \, (1)^2 \cdot (5)^3 = 1250.$$

La probabilité demandée est donc $\frac{1250}{7776}$, puisque le nombre total des chances est $(1+5)^5 = 7776$.

16. S'il s'agissait des probabilités relatives à plus de deux événemens, on désignerait par a, b, c, d, etc., le nombre des chances relatives à chacun des événemens, et par m le nombre des épreuves; le terme général du développement de la puissance

$$(a + b + c + d + e + \text{etc.} \ldots)^m$$

répondrait également à toutes les questions.

Ce terme général est (*voy.* Elévation)

$$\frac{m(m-1)(m-2)\ldots\ldots 1}{(1.2\ldots n)(1.2\ldots p)(1.2\ldots q)(1.2\ldots r)\,\text{etc.}} \, a^n b^p c^q d^r \cdot \text{etc.}$$

dans lequel on a

$$n + p + q + r + s + \text{etc.} \ldots = m.$$

17. En comparant entre elles les probabilités respectives des divers événemens composés qui peuvent arriver dans un nombre donné d'épreuves, on reconnaît sans peine que le plus probable de ces événemens est celui dans lequel les nombres des événemens simples sont entre eux dans les rapports de leurs chances primitives. En effet, d'après le tableau (b), si les trois événemens A, B, C ont chacun la même probabilité dans une seule épreuve, en trois épreuves ils pourront former un quelconque des 27 événemens composés du tableau, mais parmi ces 27 événemens composés

1 seulement se compose de trois fois A,
1 .... de trois fois B,
1 .... de trois fois C,
3 se composent de deux fois A et une fois B.
3 .... de deux fois A et une fois C.
3 .... de deux fois B et une fois A.
3 .... de deux fois B et une fois C.
3 .... de deux fois C et une fois A.
3 .... de deux fois C et une fois B.
6 de une fois A, une fois B, une fois C.

Ainsi l'événement composé le plus probable, relativement à chacun des autres, est celui qui renferme A, B, C.

Pour mettre cette proposition importante dans tout son jour, considérons seulement deux événemens A et B dont les chances respectives sont a et b; d'après (16), en un nombre m d'épreuves, le nombre des chances de l'événement composé qui renferme A, $m - \mu$ fois et

B, μ fois, est

$$\frac{m(m-1)\ldots(m-\mu+1)}{1 \cdot 2 \cdot 3 \ldots \mu} \, a^{m-\mu} \cdot b^\mu.$$

Or, en supposant que le nombre des chances favorables à chaque événement simple A et B est le même, ou que $a = b$, la quantité précédente se réduit à

$$\frac{m(m-1)(m-2)\ldots(m-\mu+1)}{1 \cdot 2 \cdot 3 \cdot 4 \ldots \mu} \, a^{m-\mu} \cdot a^\mu$$

et comme le facteur $a^{m-\mu} a^\mu = a^m$ est le même dans chaque terme, la grandeur des termes dépend particulièrement du coefficient

$$\frac{m(m-1)(m-2)\ldots,(m-\mu+1)}{1 \cdot 2 \cdot 3 \cdot 4 \ldots \mu},$$

c'est-à-dire que l'événement composé qui a le plus de chances est celui dont le coefficient est le plus grand.

Mais si l'on examine la formation des coefficiens des puissances successives du binome $(a+b)$

$$(a+b)^2 = a^2 + 2ab + b^2$$
$$(a+b)^3 = a^3 + 3a^2b + 3ab^2 + b^3$$
$$(a+b)^4 = a^4 + 4a^3b + 6a^2b^2 + 4ab^3 + b^4$$
$$(a+b)^5 = a^5 + 5a^4b + 10a^3b^2 + 10a^2b^3 + 5ab^4 + b^5$$
$$\text{etc.} = \text{etc.}$$

On reconnaît que dans les puissances paires le terme du milieu est celui qui a le plus grand coefficient, et que dans les puissances impaires les deux termes consécutifs du milieu ont des coefficiens égaux et plus grands que tous les autres; ce sont donc les événemens composés qui répondent à ces coefficiens qui ont la plus grande probabilité relative. Ainsi, en prenant pour exemple le jeu de *croix ou pile*, jeu auquel on peut ramener tous ceux qui présentent deux événemens opposés à chances égales, les événemens composés les plus probables seront, en 2 épreuves, une fois *croix* et une fois *pile*; en 3 épreuves, 2 fois *croix* et une fois *pile*, ou 2 fois *pile* et une fois *croix*; en 4 épreuves 2 fois *croix* et 2 fois *pile*, etc.; ce qui conduit à la proposition du n° 17, du moins dans le cas où les événemens simples ont le même nombre de chances.

18. Si en augmentant le nombre des épreuves, la probabilité de l'événement composé qui renferme chaque événement simple dans le rapport du nombre des chances est toujours, relativement, plus grande que la probabilité de tout autre événement composé, il n'en est pas de même de sa probabilité absolue; cette dernière diminue à mesure que le nombre des épreuves augmente et peut devenir aussi petite qu'on le voudra, en multipliant suffisamment les épreuves.

Par exemple, en 4 épreuves le nombre des chances de l'événement composé qui renferme 2 fois *croix* et 2 fois *pile* étant égal à 6, la probabilité absolue de cet événement est $\frac{6}{(1+1)^4} = \frac{6}{16}$; en 6 épreuves le nombre des chances de l'événement composé qui renferme 3 fois *croix* et 3 fois *pile* est égal à 20, et sa probabilité absolue est $\frac{20}{(1+1)^6} = \frac{20}{64}$; en 8 épreuves, la probabilité de 4 fois *croix* et de 4 fois *pile* est égale à $\frac{70}{256}$, d'où l'on voit que la probabilité absolue d'amener autant de fois *croix* que *pile* diminue successivement, puisque les fractions $\frac{6}{16}$, $\frac{20}{64}$, $\frac{70}{256}$, etc., deviennent de plus en plus petites. Pour 100 épreuves cette probabilité se réduit à environ $\frac{1}{13}$.

Cette diminution de la probalité absolue résulte de l'augmentation du nombre des événemens composés due à l'augmentation du nombre des épreuves; ainsi, tant que nous ne considérons qu'une seule classe de ces événemens composés, nous ne devons pas nous étonner de voir diminuer sa probabilité. Demander d'amener 50 fois *croix* et 50 fois *pile* dans 100 épreuves, c'est demander un seul événement parmi 101 qui peuvent se présenter.

Les 100 autres sont à la vérité moins probables que celui-ci, en les considérant chacun en particulier, mais leur ensemble donne une probabilité contraire qui surpasse de beaucoup la probabilité favorable à la sortie de 50 *croix* et de 50 *piles*.

Si nous considérons d'autres classes d'événemens composés, nous verrons leur probabilité absolue décroître bien plus rapidement encore à mesure que le nombre des épreuves augmente. En effet la probabilité d'amener 2 fois plus de *croix* que de *piles*, qui en 3 épreuves est égale à $\frac{3}{8}$, devient $\frac{15}{64}$ en 6 épreuves; $\frac{84}{512}$, en 9 épreuves, etc. Celle d'amener 3 fois plus de *croix* que de *piles* est, en 4 épreuves, égale à $\frac{4}{16}$; en 8 épreuves, à $\frac{28}{256}$, etc. En général, plus le rapport du nombre des *croix* à celui du nombre des *piles* s'éloigne de l'unité, dans un événement composé, et plus la probabilité absolue de cet événement décroît rapidement quand on augmente les épreuves.

19. Tout ce que nous venons de dire pour le cas où les événemens simples A et B ont le même nombre de chances, s'étend à celui où ces événemens ont des chances différentes; c'est-à-dire que l'événement composé le plus probable relativement à tous les autres, est encore celui dans lequel le nombre des événemens A est à celui des événemens B dans le rapport des probabilités simples de ces événemens, et que la probabilité absolue d'un événement composé décroît d'autant plus rapidement, d'après l'augmentation du nombre des épreuves, que les événemens simples s'y trouvent dans un rapport qui diffère plus de celui de leurs probabilités respectives. Ces propositions se démontrent par l'examen des valeurs que prennent successivement les termes du développement de $(a+b)$, en donnant à l'exposant m des valeurs de plus en plus grandes. Nous ne pouvons nous y arrêter.

20. Revenons un moment sur les arrangemens dont divers objets sont susceptibles, en les disposant par groupes, car cette méthode si simple est celle qui peut jeter le plus de jour sur les probabilités composées. Il résulte de ce qui précède que les arrangemens m à m de deux objets A et B représentent tous les événemens qui peuvent arriver en m épreuves et qui sont composés de deux événemens simples, ayant le même nombre de chances. Par exemple, les arrangemens 4 à 4

<pre>
AAAA   AAAB   AABB   ABBB   BBBB
       AABA   ABAB   BABB
       ABAA   ABBA   BBAB
       BAAA   BABA   BBBA
              BAAB
              BBAA
</pre>

nous offrent les 16 événemens composés, ayant chacun $\frac{1}{16}$ pour l'expression de leur probabilité respective, qui peuvent être produits indifféremment en quatre épreuves successives au jeu de *croix ou pile*; A désignant ici *croix*, et B *pile*, ou plus généralement A et B étant deux événemens simples opposés également probables.

Or, en considérant isolément chacun de ces événemens composés, aucun n'est plus probable que les autres et celui qui donne 4 fois A de suite : AAAA, a rigoureusement la même probabilité que celui qui donne deux fois A et ensuite deux fois B : AABB, ou que tout autre. Mais si l'on ne tient plus compte de l'ordre dans lequel A et B peuvent se présenter, on voit que l'événement composé qui contient 2 fois A et 2 fois B a six fois plus de chances que celui qui contient A quatre fois, ou que les probabilités respectives de ces événemens sont entre elles comme $\frac{6}{16}$ et $\frac{1}{16}$.

On peut donc ainsi réunir en une seule classe plusieurs événemens composés très-différens, pour comparer la probabilité de l'apparition de l'un quelconque de ces événemens avec chacun des autres en particulier ou bien encore avec la probabilité de leur ensemble. C'est de cette manière que l'on trouve que la probabilité d'amener deux fois A et deux fois B est à celle d'amener trois fois A et une fois B comme 6 est à 4; et encore, que cette même probabilité est à celle d'un événement quelconque, qui ne renferme pas 2 fois A est 2 fois B, comme 6 est à 10. Si l'on ne faisait que deux classes d'événemens, l'une qui renfermât tous ceux où se trouvent à la fois les deux événemens simples A et B, et l'autre ceux où ne se trouvent que l'événement A ou l'événement B, ces deux classes opposées auraient pour leurs probabilités respectives $\frac{14}{16}$ et $\frac{2}{16}$; c'est-à-dire qu'elles seraient entre elles comme 14 est à 2, ou, ce qui est la même chose, comme 7 est à 1. On aurait donc sept fois plus de chances en pariant pour la première classe que pour la seconde. Il s'agit toujours ici de 4 épreuves, car si l'on augmentait le nombre des épreuves, ce rapport augmenterait d'une manière très-rapide. Par exemple pour *cinq* épreuves le nombre des événemens composés qui ne renferment que A ou B est toujours 2, tandis que celui de tous les autres devient 30; pour six épreuves ce dernier devient 62; pour 7 épreuves 126, etc. Ainsi la probabilité d'un événement quelconque de la première classe est à la probabilité d'un événement quelconque de la seconde

en 4 épreuves comme   7 : 1
5 .... 15 : 1
6 .... 31 : 1
7 .... 63 : 1
etc.   etc.

La seconde classe d'événemens devient donc de moins en moins probable, et l'on peut, en multipliant suffisamment le nombre des épreuves, rendre la probabilité de la première aussi près de la certitude qu'on le voudra.

Nous obtiendrions encore le même résultat en donnant plus d'extension à la seconde classe d'événemens; par exemple, en lui faisant embrasser tous les événemens composés qui contiennent une seule fois A ou une seule fois B. Nous aurions donc alors deux classes opposées, dont la première renferme tous les événemens dans lesquels entrent au moins 2 fois A et au moins 2 fois B, et dont la seconde renferme tous ceux dans lesquels A ou B n'entrent qu'une seule fois ou n'entrent pas du tout.

Le nombre des chances respectives de chaque événement composé étant donné par le coefficient du terme qui représente cet événement (17), dans le développement du binome $(a+b)^m$, nous voyons immédiatement qu'en 4 épreuves ces chances étant

$$a^4 + 4a^3b + 6a^2b^2 + 4ab^3 + b^4$$

la première classe comprend 6 chances et la seconde 10.

Qu'en 5 épreuves les chances devenant

$$a^5 + 5a^3b + 10a^3b^2 + 10a^2b^3 + 5ab^4 + b^5$$

la première classe comprend 20 chances et la seconde 12.

Qu'en 6 épreuves les chances devenant

$$a^6 + 6a^5b + 15a^4b^2 + 20a^3b^3 + 15a^2b^4 + 6ab^5 + b^6$$

la première classe comprend 50 chances et la seconde 14, etc.

La probabilité d'un événement quelconque de la première classe est donc à la probabilité d'un événement quelconque de la seconde

en 4 épreuves, comme 3 : 5
5................. 5 : 3
6............. 25 : 7
etc............. etc.

d'où l'on voit que la probabilité de la première classe d'événemens devient de plus en plus grande comparativement à celle de la seconde, et qu'en multipliant suffisamment le nombre des épreuves on peut la rendre aussi grande qu'on le voudra.

21. En général, quelque extension que l'on puisse donner à la seconde classe d'événemens, comme le nombre de ses chances est donné par la somme des coefficiens des premiers et des derniers termes des puissances du binome, tandis que celui des chances de la première classe est donné par la somme des coefficiens des termes du milieu; qu'en outre le nombre des termes de la seconde classe reste toujours le même, tandis que celui des termes de la première classe s'accroît continuellement par l'accroissement du nombre des épreuves, il est évident que la probabilité absolue de la première classe pourra toujours devenir aussi grande qu'on pourra le désirer en augmentant le nombre des épreuves.

On ne doit pas perdre de vue que ce que nous nommons ici la première classe des événemens composés est formé de la réunion des termes dont la valeur est la plus considérable avant et après le terme du milieu, le plus grand de tous dans les puissances à exposant pair, et avant et après les deux termes égaux du milieu, les plus grands de tous dans les puissances à exposant impair.

22. Les considérations précédentes nous conduisent à l'importante proposition de Jacques Bernouilli, dont voici l'énoncé :

On peut toujours assigner un nombre d'épreuves tel, qu'il donne une probabilité aussi approchante de la certitude qu'on le voudra, que le rapport du nombre de répétitions du même événement à celui des épreuves ne s'écartera pas de la probabilité simple de cet événement, au-delà des limites données, quelque resserrées qu'on suppose ces limites.

Pour éclaircir la question, supposons que l'événement dont il s'agit est celui d'amener *croix* au jeu de *croix ou pile*; la probabilité simple de cet événement étant $\frac{1}{2}$, nous avons à démontrer qu'en augmentant successivement le nombre m des épreuves, il y a une probabilité toujours croissante, c'est celle d'amener *croix* un nombre n de fois, tel que $\frac{n}{m}$ diffère aussi peu qu'on le voudra de $\frac{1}{2}$.

Prenons pour limites $\frac{3}{5}$ et $\frac{2}{5}$. En cinq épreuves toutes les chances possibles sont

$$a^5 + 5a^4b + 10a^3b^2 + 10a^2b^3 + 5ab^4 + b^5$$

et comme nous n'avons à considérer ici que les événemens qui renferment *croix* au moins 2 fois et au plus 3, le nombre des chances de ces événemens est donné par la somme des termes

$$10a^3b^2 + 10a^2b^3 = 20$$

puisque $a = 1$ et $b = 1$.

En 5 épreuves la probabilité est donc $\frac{20}{2^5} = \frac{20}{32} = \frac{5}{8}$. Considérons maintenant 10 épreuves, comme les $\frac{3}{5}$ de 10 sont 6, et les $\frac{2}{5}$, 4, nous avons à embrasser tous les événemens dans lesquels se trouvent au plus 6 *croix* et au moins 4 *piles*, événemens dont le nombre des chances est donné par la partie

$$210a^6b^4 + 252a^5b^5 + 210a^4b^6$$

du développement du binome $(a+b)^{10}$. Ce nombre des chances est donc 672, et la probabilité cherchée devient $\frac{672}{2^{10}} = \frac{672}{1024}$, nombre plus grand que $\frac{5}{8}$.

Pour 20 épreuves, comme les $\frac{3}{5}$ de 20 sont 12, et les $\frac{2}{5}$, 8, nous aurons à considérer, dans le développement de $(a+b)^{20}$, la partie

$$125970a^{12}b^2 + 167960a^{11}b^9 + 184756a^{10}b^4$$
$$+ 167960a^9b^{11} + 125970a^8b^{12}$$

qui nous donne 772616 pour le nombre des chances.

La probabilité demandée est donc

$$\frac{772616}{2^{20}} = \frac{96577}{131072}$$

nombre plus grand que $\frac{672}{1024}$.

Pour 100 épreuves, la probabilité devient environ $\frac{96}{100}$, et elle peut ainsi se rapprocher à l'infini de l'unité ou de la certitude. Si l'on choisissait des limites plus rapprochées que $\frac{3}{5}$ et $\frac{2}{5}$, la probabilité croîtrait moins rapidement, mais elle se rapprocherait encore à l'infini de l'unité.

La démonstration générale de la proposition de Bernouilli exige des détails qui ne peuvent trouver place ici.

23. Avant que le calcul des probabilités formât un corps de doctrine, il était généralement convenu, dans les jeux de hasard, que la mise de chaque joueur devait être proportionnelle au nombre des chances qu'il a de gagner; c'est-à-dire, par exemple, qu'un joueur qui pariait pour la sortie d'une face désignée dans le jet d'un dé ordinaire, contre un autre joueur qui prenait en sa faveur les cinq autres faces, ne devait déposer au jeu que la cinquième partie de ce qu'y mettait son adversaire. La justice de cette convention, qui paraît d'abord toute naturelle, devient bien plus évidente lorsque le calcul nous démontre qu'en multipliant indéfiniment les épreuves, chaque événement simple doit arriver dans le rapport de sa probabilité, et qu'ainsi celui qui parie pour une des faces du dé doit à la longue rencontrer juste une fois sur six, ce qui finit par compenser exactement la perte et le gain, condition nécessaire de tout pari équitable. Mais si le simple bon sens est suffisant pour régler la mise des joueurs, dans les jeux dont les chances sont peu nombreuses et facilement déterminables, il n'en est point ainsi pour les jeux très-compliqués, et même pour les diverses conventions dont les jeux simples sont susceptibles. Comme ce sont les questions de cette espèce qui ont donné naissance au calcul des probabilités, nous croyons devoir leur consacrer quelques mots.

On nomme *règle des partis* la règle d'après laquelle, si un jeu est interrompu avant le coup final, le partage de la somme déposée par les joueurs doit être fait entre eux. Pour que ce partage s'effectue d'une manière équitable, chaque joueur doit nécessairement recevoir une somme proportionnelle à la probabilité qu'il a de gagner le dernier coup qui n'est pas joué. Voici le plus simple des problèmes auquel s'applique la règle des partis:

Dans un jeu de hasard composé de deux chances

parfaitement égales, deux joueurs, jouant à qui aura gagné le premier trois coups se séparent sans terminer, lorsque le premier en a gagné deux et le second un ; on demande comment ils doivent partager la mise ou l'enjeu.

Ce problème fut proposé à Pascal et à Fermat par le chevalier de Méré, qui n'avait pu le résoudre. Roberval y échoua aussi quoiqu'il fût un autre géomètre que ce chevalier, dont on ne connaît aujourd'hui que les faux raisonnemens sur les probabilités, rapportés dans une des lettres de Pascal. Voici la solution de ce dernier.

Lorsque deux joueurs, dit Pascal, ont déposé leurs mises, c'est-à-dire, qu'ils ont abdiqué la propriété pour en remettre la décision au sort, et qu'après quelques coups ils veulent se séparer sans attendre la fin du jeu, il est évident que, s'ils étaient égaux en points, ils auraient l'un et l'autre une égale espérance de gagner, un droit égal sur la somme déposée ; ils devraient donc la partager également. Mais si avant le dernier coup qui les a mis but à but, ils eussent voulu se séparer, le joueur le plus avancé en points eût pu dire : Si je perds le coup prochain, nous sommes but à but ; et en cessant alors le jeu j'emporterai la moitié de la mise totale ; voilà donc déjà une moitié de cette somme qui m'appartient, quel que soit l'événement du coup qui va suivre ; ce n'est donc que l'autre moitié de la somme qui va être mise à la décision du sort ; ainsi le coup que nous allons jouer pouvant m'être également favorable ou contraire, j'ai droit à la moitié de cette moitié, ce qui, joint à la moitié déjà acquise, fait les trois quarts de la somme déposée.

La solution de Fermat est plus directe et donne une méthode pour se diriger dans les questions semblables. Au point où en est la partie, dit-il, il est évident qu'elle sera terminée en deux coups au plus. Voyons donc quelles seront toutes les différences alternatives de gain ou de perte qui peuvent arriver en deux coups ; le premier joueur peut d'abord les gagner tous deux, ou perdre le premier et gagner le second, ou gagner le premier et perdre le second, ou les perdre tous deux ; ainsi toutes ces alternatives peuvent être exprimées par les différentes combinaisons des lettres a et b prises deux à deux, et qui sont aa, ab, ba, bb. Or, de tous ces coups ou combinaisons de gain et de perte, il y en a trois favorables au joueur le plus avancé, et leur nombre total n'est que de quatre ; ainsi la probabilité qu'il a de gagner est $\frac{3}{4}$, tandis que celle de son adversaire n'est que de $\frac{1}{4}$; ils doivent donc partager la mise totale dans le rapport de 3 à 1, ou le premier doit en prendre les trois quarts et le second un quart.

La considération des probabilités composées, dont Moivre fit usage le premier d'une manière générale dans sa *Doctrine of chances*, résout plus facilement encore cette question. En effet, s'il était joué une partie de plus et que le premier joueur la gagnât, il aurait la mise totale ; ainsi, comme le jeu est égal, il a d'abord une probabilité de $\frac{1}{2}$; s'il ne gagnait pas cette partie, chacun des deux joueurs ayant alors gagné deux parties, la suivante déciderait leur sort ; mais la probabilité que cette dernière partie sera jouée est $\frac{1}{2}$, ainsi la probabilité qu'elle sera gagnée par le premier joueur est $\frac{1}{2} \times \frac{1}{2} = \frac{1}{4}$, et de même pour le second. Donc le premier joueur a pour sa probabilité totale de gagner $\frac{1}{2} + \frac{1}{4} = \frac{3}{4}$, tandis que le second a seulement $\frac{1}{4}$.

Si l'on supposait trois joueurs et qu'au premier manquât un point, au second deux et au troisième trois ; en raisonnant de la même manière, ou trouverait que la probabilité simple pour chacun étant $\frac{1}{3}$ et la partie devant être terminée en trois coups au plus, la probabilité totale de gain pour le premier serait

$$\frac{1}{3} + \frac{2}{3} \cdot \frac{1}{3} + \frac{2}{3} \cdot \frac{2}{3} \cdot \frac{1}{3} = \frac{19}{27}$$

celle du second $\quad \frac{1}{3} \cdot \frac{1}{3} + \frac{2}{3} \cdot \frac{1}{3} \quad = \frac{7}{27}$

et celle du troisième $\quad \frac{1}{3} \cdot \frac{1}{3} \cdot \frac{1}{3} = \frac{1}{27}$

Ainsi il faudrait partager la mise de manière que le premier eût les $\frac{19}{27}$, le second les $\frac{7}{27}$, le troisième le $\frac{1}{27}$.

24. Jusqu'ici nous avons considéré le nombre des chances qui donnent un événement comme entièrement connu, et nous avons déterminé à priori la probabilité de cet événement ; nous allons maintenant supposer que ce nombre est inconnu, et que l'on n'a pour déterminer la probabilité de l'apparition future de l'événement que l'observation de ses apparitions antérieures.

Pour éclaircir ce nouveau point de vue, prenons l'exemple, donné par Condorcet, d'une urne qui renferme 4 boules, dont les unes sont blanches et les autres noires, mais dont on ignore combien il y en a de chaque espèce. Supposons qu'en 4 épreuves, après chacune desquelles la boule tirée a été remise dans l'urne, afin de conserver les mêmes conditions, on ait amené trois boules blanches et une noire, et proposons-nous de trouver la probabilité d'amener une boule blanche dans une cinquième épreuve.

Or, nous pouvons supposer que l'urne contient ou

3 boules blanches et 1 noire, ce qui donne $a=3$, $b=1$
2.............................. 2 .... $a=2$, $b=2$
1.............................. 3 .... $a=1$, $b=3$

en désignant par a le nombre inconnu des boules blanches, et par b celui des boules noires.

Mais d'après (15) le nombre des chances de l'événement composé de la sortie de 3 boules blanches et d'une boule noire est

$$4\, a^3\, b$$

Ainsi substituant dans cette expression les valeurs de a et de b relatives à chacune des hypothèses, nous obtiendrons le nombre de chances qui, dans chacune de ces hypothèses, appartient à l'événement composé que nous considérons. Nous aurons ainsi

$$27,\ 16,\ 3;$$

et l'hypothèse qui donne le plus grand nombre de chances est aussi celle qui est la plus probable, puisqu'elle s'accorde le mieux avec la possibilité de l'événement observé.

Puisque les trois hypothèses embrassent tous les cas possibles, une d'entre elles a nécessairement lieu ; ainsi la somme de leurs probabilités doit être égale à l'unité, et comme, dans cet exemple, ces probabilités sont proportionnelles aux nombres 27, 16, 3, dont la somme est 46, elles se trouvent exprimées par les fractions

$$\frac{27}{46},\quad \frac{16}{46},\quad \frac{3}{46}.$$

Remarquons maintenant que pour tirer une boule blanche, dans une nouvelle épreuve, la probabilité de la première hypothèse étant $\frac{27}{46}$, et celle d'amener une boule blanche, dans cette hypothèse, étant $\frac{3}{4}$, la probabilité du concours de ces deux événemens est $\frac{27}{46}\times\frac{3}{4}$. On a de même pour le tirage d'une boule blanche dans la seconde hypothèse $\frac{16}{46}\times\frac{2}{4}$, et dans la troisième hypothèse, $\frac{3}{46}\times\frac{1}{4}$. Ces trois probabilités $\frac{27}{46}\times\frac{3}{4}$, $\frac{16}{46}\times\frac{2}{4}$, $\frac{3}{46}\times\frac{1}{4}$ doivent s'ajouter, car elles se rapportent à la même unité qui représente la certitude, et elles sont par conséquent trois parties de la probabilité demandée.

On a donc pour la probabilité de la sortie d'une boule blanche au cinquième tirage

$$\frac{27}{46}\times\frac{3}{4}+\frac{16}{46}\times\frac{2}{4}+\frac{3}{46}\times\frac{1}{4}=\frac{116}{184}$$

On trouverait de la même manière pour celle de la sortie d'une boule noire

$$\frac{27}{46}\times\frac{1}{4}+\frac{16}{46}\times\frac{2}{4}+\frac{3}{46}\times\frac{3}{4}=\frac{68}{184}.$$

En analysant la marche que nous venons de suivre, on verra qu'elle repose sur les trois principes suivans :

I. *Les probabilités des hypothèses établies sont proportionnelles aux nombres des chances que ces hypothèses donnent pour les événemens observés.*

II. *Les probabilités des diverses hypothèses se forment en divisant le nombre des chances de l'événement composé, calculé dans chaque hypothèse, par la somme des chances dans toutes les hypothèses.*

III. *La probabilité d'un nouvel événement simple s'obtient en formant la somme des produits des probabilités des hypothèses par celles de l'événement prises dans chaque hypothèse.*

25. On peut, d'après les principes précédens, construire des formules générales applicables à tous les cas particuliers, et déduire ensuite de ces formules les lois des probabilités à posteriori. Mais ces formules, d'ailleurs très-compliquées, exigent l'emploi du calcul intégral, et leur déduction dépasse nos limites. Nous pouvons seulement signaler leurs principales conséquences.

Supposons, dans le cas de l'urne contenant quatre boules, qu'on ait fait quatre nouveaux tirages et qu'on ait encore amené trois boules blanches et une noire; alors nos données sont un événement composé de la sortie de six boules blanches et de deux boules noires, dont le nombre des chances est (15).

$$\frac{8\cdot 7}{1\cdot 2}\, a^6 b^2.$$

Donnant successivement à a et b les valeurs correspondantes à chacune des hypothèses, nous obtiendrons les trois nombres

$$20412\ ,\quad 7158\ ,\quad 252,$$

et comme la somme de ces trois nombres est 27822, les probabilités des hypothèses deviennent

$$\frac{20412}{27822},\quad \frac{7158}{27822},\quad \frac{252}{27822},$$

En les comparant avec celles qui résultent des quatre premières épreuves :

$$\frac{27}{46},\quad \frac{16}{46},\quad \frac{3}{46},$$

on voit que la probabilité de la première hypothèse

celle de trois blanches et une noire, est devenue beaucoup plus grande, tandis que les autres ont diminué.

Douze tirages, qui amèneraient neuf blanches et trois noires, feraient encore croître la probabilité de la première hypothèse et diminuer celle des autres; et enfin, en admettant que dans un très-grand nombre de tirages le rapport des sorties des boules blanches à celles des boules noires fût celui de 3 à 1, ou n'en différât que de très-peu, l'hypothèse de trois boules blanches et une noire dans l'urne acquerrait une valeur d'autant plus grande ou différerait d'autant moins de la certitude que le nombre des épreuves serait plus grand.

Ceci résulte naturellement de la proposition fondamentale de Bernouilli, car puisque en multipliant les épreuves, la probabilité d'obtenir chaque événement simple dans le rapport du nombre de ses chances peut devenir aussi grande qu'on le voudra, il s'ensuit que, dans toute série d'événemens simples donnée, le rapport du nombre d'apparitions d'un des événemens au nombre total des événemens doit différer d'autant moins de la probabilité simple de cet événement que le nombre total des événemens est plus grand. Ainsi, en admettant que dans cent épreuves on ait tiré soixante-quinze boules blanches et vingt-cinq noires, l'hypothèse qui donne pour probabilité simple à la sortie d'une boule blanche $\frac{75}{100}$ ou $\frac{3}{4}$ acquiert un grand degré de probabilité; ce degré augmente si, sur deux cents épreuves, on amène cent cinquante boules blanches, et il finirait par arriver à l'unité ou à la certitude, si le nombre des épreuves devenant infini, celui de la sortie des boules blanches en était toujours les trois quarts.

Ce résultat, qui se démontre d'une manière très-rigoureuse, est d'une haute importance dans le calcul des probabilités à posteriori, il prouve qu'on peut toujours désigner un nombre d'observations tel que la probabilité simple qui en résulte, pour un événement dont on ne connaît pas le nombre des chances, ne s'écarte pas de la probabilité exacte de cet événement au-delà de limites données, quelque resserrées qu'elles soient; et c'est sur lui que reposent les théories sur la vie humaine, les tontines, les assurances, les rentes viagères, la probabilité des témoignages, celle des jugemens par jury, etc.

26. Le problème des rentes viagères est celui qui montre de la manière la plus évidente l'utilité du calcul des probabilités, car constituer une rente viagère sur la tête d'un homme d'un âge donné, c'est stipuler avec lui qu'on reçoit son argent sous la condition qu'on lui en paiera l'intérêt légal avec un surcroît d'intérêt à imputer sur le capital, et qui soit tel qu'à sa mort il se trouve entièrement remboursé, intérêts et capital.

Ainsi, le problème se ramène à la détermination du nombre d'années qu'a probablement à vivre un homme d'un âge connu; mais cette détermination ne peut être effectuée qu'à posteriori; car ce n'est que l'observation qui peut nous apprendre combien sur un nombre d'hommes qui naissent en même temps, il y en a qui parviennent à l'âge le plus avancé; et, d'après ce qui précède, il est nécessaire d'avoir un très-grand nombre de ces observations pour parvenir à des résultats d'une probabilité suffisante. Ces questions seront traitées ailleurs. (*Voy.* VIE et VIAGER; *voy.* aussi ASSURANCE et TONTINE.)

27. Les applications du calcul des probabilités aux questions judiciaires et politiques ont été traitées par Condorcet, dans son *Essai d'application de l'analyse aux décisions qui se donnent à la pluralité des voix.* Cet écrit remarquable contient des conclusions que les législateurs ne sauraient trop méditer. Dans notre impossibilité de donner plus d'étendue à cet article, nous devons au moins indiquer à nos lecteurs les sources principales ou ils peuvent puiser. Ce sont : l'*Ars conjectandi* de Bernouilli; l'*Essai d'analyse sur les jeux de hasard* de Montmort; *The doctrine of chances* de Moivre; l'*Essai sur la probabilité de la vie humaine* de Deparcieux; les *Recherches sur les rentes, les emprunts, les remboursemens,* etc. de Duvillard; le *Traité élémentaire du calcul des probabilités* de Lacroix; et enfin la *Théorie analytique des probabilités* de Laplace, ouvrage jusqu'ici le plus complet et le plus profond.

M. Poisson, qui s'est beaucoup occupé de la théorie des probabilités, a lu dernièrement, à l'Institut, un mémoire qui paraît contenir des vues nouvelles et des lois très-importantes. La haute réputation de ce géomètre, un des premiers dé notre époque, fait désirer vivement la prompte publication de cet écrit.

PROBLÈME. Proposition dans laquelle on se propose un but à atteindre, comme, en *géométrie*, de construire une certaine figure, et, en *algèbre*, de trouver un nombre qui satisfasse à certaines conditions. (*Voy.* RÉSOLUTION.)

PROCLUS, chef de la secte néo-platonicienne, est célèbre dans l'histoire de la science pour avoir transporté à Athènes l'enseignement supérieur des mathématiques, qui jusqu'alors avait été le partage de l'école d'Alexandrie. Cet événement eut lieu vers le milieu du cinquième siècle de notre ère. Ce philosophe, qui, comme l'illustre maître dont il professait les doctrines, plaçait avec raison les mathématiques au premier rang des connaissances humaines, n'a point fait de découvertes remarquables dans ces sciences, mais il contribua du moins, à une époque de décadence, par ses travaux et ses leçons, à en perpétuer l'éclat quelque temps encore. Tous les ouvrages de Proclus nous ont été conservés; ceux qui ont pour objet les mathématiques n'offrent aujourd'hui qu'un intérêt secondaire; ce sont deux livres intitulés : *Du mouvement*, imprimés d'abord à Bâle, en grec (1531, in-8), ensuite traduits en français par Forcade et imprimés à Paris (1563). Cet ouvrage n'est qu'une reproduction des théories d'Aristote en physique. II. Des scholies ou commentaires sur le premier livre des *Élémens d'Euclide*. Padoue, 1560, in-folio, traduction latine de Barocci. III. *Traité de la sphère*, imprimé par Alde à Venise, 1499, in-folio. Ce n'est que la reproduction à peu près littérale de l'ouvrage de Geminus sur le même sujet. IV. Et enfin : *Positions astronomiques* ou plutôt *Exposition des hypothèses astronomiques de Ptolémée*. Bâle, 1540, in-4, traduction française de l'abbé Halma, Paris, 1820. C'est plutôt un abrégé qu'un commentaire de l'*Almageste*. Les ouvrages philosophiques de Proclus sont plus importans et ont un caractère plus prononcé d'originalité et de talent. Un écrivain moderne, à qui l'on doit déjà une version des principaux écrits de Platon, en a récemment publié une traduction française dont nous n'avons point à apprécier le mérite.

On croit que Proclus, né à Xante ou à Constantinople, le 8 février 412, est mort à Athènes, où il reçut des honneurs funèbres qui rappellent l'enthousiasme de la Grèce antique pour les hommes de génie, le 13 janvier 484.

PROCYON. (*Ast.*) Nom d'une étoile de la première grandeur renfermée dans la constellation du *petit chien*.

PRODUIT. (*Alg.* et *Arith.*) Résultat d'une multiplication. (*Voy.* ce mot.)

PROFONDEUR. (*Géom.*) Une des trois dimensions des solides; on la nomme autrement *hauteur*. (*Voy.* ce mot.)

PROGRESSION. (*Alg.*) Suite de nombres en proportion continue, c'est-à-dire , dont chacun est moyen proportionnel entre celui qui le précède et celui qui le sait. (*Voy.* MATH. 7 et PROPORTION.)

Une progression est dite *arithmétique* ou *géométrique* selon que le rapport qui règne entre ses termes est arithmétique ou géométrique. Nous allons examiner ces deux classes de progressions.

PROGRESSION ARITHMÉTIQUE. Une suite de termes comme

$$2, 4, 6, 8, 10, 12, 14, \text{etc.}$$

qui croissent par *différences égales* se nomme *progression croissante*; et une suite comme

$$27, 26, 25, 24, 23, 22, 21, \text{etc.}$$

qui *décroissent* par *différences égales* , se nomme *progression décroissante*.

1. Représentons par

$$\div a, b, c, d, e, f, g, h, \text{etc.}$$

une progression arithmétique quelconque croissante ou décroissante. Si δ représente la différence constante, nous aurons

$$a - b = \delta$$

si la progression est décroissante, et

$$b - a = \delta$$

si elle est croissante. Dans le dernier cas, auquel on peut ramener le second en renversant l'ordre des termes, on a, d'après la nature de la progression

$$b - a = \delta$$
$$c - b = \delta$$
$$d - c = \delta$$
$$e - d = \delta$$
$$\text{etc.} = \text{etc.}$$

ou encore

$$a + \delta = b$$
$$b + \delta = c$$
$$c + \delta = d$$
$$d + \delta = e$$
$$\text{etc.} = \text{etc.}$$

On tire de ces dernières :

$$b = a + \delta$$
$$c = a + \delta + \delta$$
$$d = a + \delta + \delta + \delta$$
$$e = a + \delta + \delta + \delta$$
$$\text{etc.} = \text{etc.}$$

c'est-à-dire, que chaque terme est égal au premier plus autant de fois la différence qu'il y a de termes moins un avant lui.

Une progression croissante peut donc s'exprimer en général par (*a*)

$$\div a, a + \delta, a + 2\delta, a + 3\delta, a + 4\delta, \text{etc.} \ldots a + (n-1)\delta$$

n étant le nombre des termes. Cette expression a l'avantage de rendre sensible la construction des termes.

2. Quant aux progressions décroissantes , on voit aisément qu'on peut leur donner aussi la forme générale

$$\div a, a - \delta, a - 2\delta, a - 3\delta, a - 4\delta, \text{etc.} \ldots a(n-1)\delta.$$

Ainsi la forme (*a*) peut embrasser les deux cas en faisant δ positif ou négatif.

3. Dans une progression arithmétique quelconque, croissante ou décroissante, que nous désignerons par

$$\div a_0, a_1, a_2, a_3, a_4, a_5, \text{ etc.}\ldots a_m.$$

deux termes quelconques a_n, a_{m-n} pris à égales distances des deux termes extrêmes a_0 et a_m, forment avec ces extrêmes la proportion

$$a_n - a_0 = a_m - a_{m-n}.$$

En effet, on a

$$a_n = a_0 + n\delta$$
$$a_{m-n} = a_0 + (m-n)\delta$$
$$a_m = a_0 + m\delta$$

d'où

$$a_n - a_0 = a_0 + n\delta - a_0 = n\delta$$

$$a_m - a_{m-n} = a_0 + m\delta - a_0 - (m-n)\delta = n\delta$$

et, par conséquent, $a_n - a_0 = a_m - a_{m-n}$.

4. On tire de cette égalité $a_0 + a_m = a_n + a_{m-n}$, c'est-à-dire que la somme de deux termes quelconques d'une progression arithmétique, pris à égales distances des extrêmes, est toujours égale à la somme de ces extrêmes.

Si la progression avait un nombre impair de termes, celui du milieu serait moyen proportionnel entre les extrêmes, et la somme des extrêmes serait le double de ce terme moyen.

5. Il résulte de cette propriété que la somme de tous les termes d'une progression arithmétique est égale à la moitié du produit de la somme des extrêmes multipliée par le nombre des termes.

Car, en renversant l'ordre des termes de la progression

$$\div a_0, a_1, a_2, a_3, \text{ etc.}\ldots a_{m-1}, a_m$$

on a

$$\div a_m, a_{m-1}, a_{m-2}, \text{ etc.}\ldots a_1, a_0$$

et en ajoutant les termes correspondans de ces deux suites, on a les sommes égales

$$a_0 + a_m = a_1 + a_{m-1} = a_2 + a_{m-2} = \text{etc.} = a_{m-1} + a_1$$
$$= a_m + a_0.$$

Or, en additionnant toutes ces sommes, on aurait évidemment pour résultat deux fois la somme de tous les termes de la progression : ainsi, puisque ces sommes sont égales et qu'elles sont au nombre de $m + 1$, en multipliant par $m + 1$ une quelconque d'entre elles, on aura la somme générale. Donc $(a_0 + a_m).(m+1)$ étant cette somme générale, on a pour celle de la progression, en la désignant par S, l'expression (b)

$$S = \frac{1}{2}(m+1)(a_0 + a_m),$$

ce qui est la proposition énoncée.

6. Appliquons cette formule à trouver la somme des seize nombres en progression arithmétique,

$$1, 3, 5, 7, 9, 11, 13, 15, 17, 19, 21, 23, 25, 27, 29, 31.$$

Nous avons ici $a_0 = 1$, $a_m = 31$, $m + 1 = 16$ et $\delta = 2$. Substituant dans (b), nous obtiendrons

$$S = \frac{1}{2}.16(1 + 31) = \frac{16.32}{2} = 256$$

on opèrera de même dans tous les cas particuliers.

7. Si dans l'expression (b) on substitue à la place de a_m sa valeur $a_0 + m\delta$, elle devient

$$S = (m+1)a_0 + \frac{m(m+1)}{2}\delta$$

formule qui donne la somme des termes d'une progression arithmétique au moyen du premier terme, de la différence et du nombre des termes.

8. Les trois formules

$$a_m = a_0 + m\delta$$
$$S = \frac{1}{2}(m+1)(a_0 + a_m)$$
$$S = (m+1)a_0 + \frac{1}{2}m(m+1)\delta$$

renferment la solution de toutes les questions qu'on peut se proposer sur les progressions arithmétiques.

En désignant par n le nombre des termes qui est ici $m+1$, le dernier terme a $n-1$ pour indice, et on peut donner à ces expressions les formes suivantes, sinon plus simples du moins plus caractérisées

$$(c)\ldots\ldots a_{n-1} = a_0 + (n-1)\delta$$
$$(d)\ldots\ldots S = \frac{1}{2}n(a_0 + a_{n-1})$$
$$(e)\ldots\ldots S = na_0 + \frac{1}{2}n(n-1)\delta$$

9. On tire de l'expression (1) les trois égalités

$$a_0 = a_{n-1} - (n-1)\delta$$
$$\delta = \frac{a_{n-1} - a_0}{n-1}$$
$$n = \frac{a_{n-1} - a_0}{\delta} + 1,$$

dont la première donne le premier terme d'une progression au moyen du dernier, de la différence et du nombre des termes ; dont la seconde donne la différence au moyen du premier et du dernier terme, et du nombre des termes ; et dont, enfin, la troisième donne le nombre des termes au moyen du premier et du dernier terme, et de la différence.

10. Les applications de ces formules ne présentant aucune difficulté, nous nous contenterons d'en présenter un seul exemple.

On demande d'insérer cinq moyens proportionnels arithmétiques entre les deux nombres 2 et 14, ou, ce qui est la même chose, on demande cinq nombres u, v, x, y, z, tels qu'on ait la progression

$$\div 2, u, v, x, y, z, 14.$$

Il est visible que la question se réduit à trouver la différence de la progression, car si l'on connaissait cette différence, on formerait les termes demandés, u, v, x, y, z, en l'ajoutant successivement une fois, deux fois, etc., au premier terme 2. Ainsi, le premier et le dernier terme étant connus ainsi que le nombre 7 des termes, en substituant ces valeurs dans la seconde expression du n° 9, on trouvera

$$\delta = \frac{14-2}{7-1} = 2.$$

La progression sera donc

$$\div 2, 4, 6, 8, 10, 12, 14,$$

et, par conséquent, les cinq moyens proportionnels demandés sont 4, 6, 8, 10, 12.

11. On tire également de la formule (d) les trois expressions

$$a_{n-1} = \frac{2S - na_0}{n}$$

$$a_0 = \frac{2S - na_{n-1}}{n}$$

$$n = \frac{2S}{a_{n-1} + a_0}$$

qui servent respectivement à trouver le nombre des termes, le premier et le dernier terme, lorsqu'on connaît deux quelconques de ces quantités et la somme.

12. La formule (e) fournit encore les trois expressions

$$a_0 = \frac{1}{n}S - \frac{1}{2}(n-1)\delta$$

$$\delta = \frac{2(S - na_0)}{n(n-1)}$$

$$n = -\frac{2a_0 - \delta}{2} \pm \sqrt{\left[S + \left(\frac{2a_0 - \delta}{2}\right)^2\right]}$$

à l'aide desquelles on peut obtenir le premier terme,

la différence ou le nombre des termes à l'aide de deux quelconques de ces quantités et de la somme.

13. Ce qui précède renferme la théorie complète des progressions arithmétiques simples ; mais on donne encore le nom de *progressions arithmétiques* à des suites de termes croissans ou décroissans par différences inégales, dont la considération est très-importante. Voici la génération de ces suites. Soit

$$\div A, A + D, A + 2D, A + 3D, \text{ etc.} \dots A + (n-1)D$$

une progression arithmétique ordinaire. En formant les sommes successives de deux, trois, quatre, etc., de ses termes, on obtient une suite de nombres dont les secondes différences sont constantes, savoir :

termes.	1re *diff.*	2e *diff.*
A		
2A+D,	A+D,	
3A+3D,	A+2D,	D.
4A+6D,	A+3D,	D.
5A+10D,	A+4D,	D.
etc.	etc.	etc.

Cette suite de termes se nomme *progression arithmétique du second ordre*.

De même, en prenant les sommes successives de deux, trois, quatre, etc., termes d'une progression du second ordre, on obtient une suite de termes dont les troisièmes différences sont constantes :

termes.	1re *diff.*	2e *diff.*	3e *diff.*
A			
3A+ D,	2A+ D.		
6A+ 4D,	3A+ 3D,	A+D.	
10A+10D,	4A+ 6D,	A+2D,	D.
15A+20D,	5A+10D,	A+3D,	D.
etc.	etc.	etc.	etc.

et que l'on nomme *progression arithmétique du troisième ordre*. On peut, en poursuivant de la même manière, former des progressions d'ordres de plus en plus élevés, et en général on nomme *progression de l'ordre n*, celle dont les différences constituent *une progression de l'ordre n—1*, ou dont les *n* ièmes différences sont égales.

14. En partant de la progression ordinaire, ou du premier ordre,

$$\div 1, 2, 3, 4, 5, 6, 7, 8, 9, \text{ etc.}$$

formée de la suite des nombres naturels, on obtient pour les progressions des ordres suivans :

2ᵉ ordre. 1, 3, 6, 10, 15, 21, 28, 36, 45, etc.

3ᵉ ordre. 1, 4, 10, 20, 35, 56, 84, 120, 165, etc.

4ᵉ ordre. 1, 5, 15, 35, 70, 126, 210, 330, 495, etc.

Les nombres de ces suites prennent le nom de *nombres figurés*. (*Voy.* ce mot.)

Si l'on désigne par m le rang ou l'indice d'un terme, on trouve pour l'expression générale du terme de ce rang, c'est-à-dire, pour ce que l'on nomme le *terme général* de la suite,

Nombres naturels.......... m

Figurés du 2ᵉ ordre........ $\dfrac{m(m+1)}{1.2}$

Figurés du 3ᵉ ordre........ $\dfrac{m(m+1)(m+2)}{1.2.3}$

Figurés du 4ᵉ ordre........ $\dfrac{m(m+1)(m+2)(m+3)}{1.2.3.4}$

etc.   etc.

En général, le terme du rang m dans la suite des nombres figurés de l'ordre n est

$$\frac{m(m+1)(m+2)(m+3)\ldots(m+n-1)}{1.2.3.4.5\ldots n}$$

Nous verrons ailleurs comment on obtient ces termes généraux. (*Voy.* Sommatoire.)

D'après la formation de ces suites, il est évident que le terme général d'une quelconque d'entre elles exprime la somme des m premiers termes de la suite précédente. Par exemple :

$$\frac{m(m+1)}{1.2}$$

est la somme des m premiers termes de la progression des nombres naturels ;

$$\frac{m(m+1)(m+2)}{1.2.3}$$

est la somme des m premiers termes de la progression des nombres figurés du second ordre, et ainsi de suite. Comme on nomme *terme sommatoire* d'une suite de termes l'expression générale de la somme d'un nombre quelconque de ces termes, nous pouvons dire que le *terme général* d'une suite de nombres figurés est en même temps le *terme sommatoire* de la suite de l'ordre immédiatement inférieur.

L'expression (*e*)

$$S = na_0 + \frac{1}{2}\,n(n-1)\delta$$

peut se nommer le *terme sommatoire* d'une progression du premier ordre, dont le premier terme est a_0 et la différence δ. En faisant dans cette expression $a_0 = 1$ et $\delta = 1$, nous obtenons pour le terme sommatoire de la suite des nombres naturels

$$S = n + \frac{1}{2}\,n(n-1) = \frac{2n+n(n-1)}{2} = \frac{2n+n^2-n}{2}$$
$$= \frac{n(n+1)}{2},$$

ce qui est identique avec le terme général des nombres figurés du second ordre. Car m et n désignent également ici le nombre des termes. Ces remarques étaient indispensables pour ce qui va suivre.

15. Désignons par A_1, A_2, A_3, A_4, etc.... A_m, une suite de nombres formant une progression arithmétique du second ordre ; désignons encore par D_1, D_1', D_1'', etc, les différences consécutives $A_2 - A_1$, $A_3 - A_2$, etc., et enfin par D_2, la différence constante des premières différences D_1, D_1', D_1'', etc., ou $D_1'-D_1$, $D_1''-D_1'$, etc., nous aurons de cette manière les trois suites de nombres

$$A_1,\quad A_2,\quad A_3,\quad A_4,\quad A_5,\quad A_6,\ \text{etc.}$$
$$D_1,\quad D_1',\quad D_1'',\quad D_1''',\quad D_1'''',\ \text{etc.}$$
$$D_2,\quad D_2,\quad D_2,\quad D_2,\ \text{etc.}$$

liées entre elles par la loi de formation du n° 12.

Or, en vertu de la construction même de la progression du second ordre, on a les égalités suivantes

$$A_2 = A_1 + D_1$$
$$A_3 = A_2 + D_1' = A_2 + D_1 + D_2 = A_1 + 2D_1 + D_2$$
$$A_4 = A_3 + D_1'' = A_3 + D_1 + 2D_2 = A_1 + 3D_1 + 3D_2$$
$$A_5 = A_4 + D_1''' = A_4 + D_1 + 3D_2 = A_1 + 4D_1 + 6D_2$$
$$A_6 = A_5 + D_1'''' = A_5 + D_1 + 4D_2 = A_1 + 5D_1 + 10D_2$$
$$\text{etc.}\ldots\ldots\ \text{etc.}\ldots\ldots\ \text{etc.}\ldots\ldots$$

Il est visible que le terme A_m aura pour expression générale (*f*)

$$A_1 + (m-1)\,D_1 + \frac{(m-1)(m-2)}{1.2}\,D_2$$

car, dans la suite des valeurs des termes A_2, A_3, A_4, etc., les coefficiens numériques de D_1 sont les nombres naturels 1, 2, 3, 4, etc., et comme cette suite ne commence qu'au second terme de la progression, le coefficient de D_1 dans le $m$ième terme, est le terme $m-1$ de la suite des nombres naturels. En outre les coefficiens numériques de D_2 sont formés par l'addition successive de ceux de D_1 ; ces coefficiens sont donc la suite des nombres figurés du second ordre ; mais ils ne commencent à paraître qu'au troisième terme de la progression, c'est-à-dire que le coefficient numérique du terme A_m

est le nombre figuré du second ordre du rang $m-2$; il faut donc substituer $m-2$ à m dans l'expression générale de ces nombres, et l'on obtient en effet pour le terme général de la progression du second ordre l'expression ci-dessus.

16. La somme d'un nombre quelconque m de termes d'une telle progression étant nécessairement égale à la somme de toutes les quantités qui composent ces termes, on a

$$A_1 + A_2 + A_3 + A_4 + A_5 + A_6 + \text{etc.} \ldots + A_m$$
$$= (A_1 + A_1 + \text{etc.} \ldots) + (1 + 2 + \text{etc.} \ldots + m - 1)D_1$$
$$+ \left(1 + 3 + 6 + \text{etc.} \ldots \frac{(m-1)(m-2)}{1.2}\right)D_2$$

mais nous avons d'abord $A_1 + A_1 + A_1 + \text{etc.} \ldots = mA_1$. De plus, la somme des nombres naturels depuis 1 jusqu'à $m-1$ est le nombre figuré du second ordre du rang $m-1$, c'est-à-dire, $\frac{m(m-1)}{1.2}$; et la somme des nombres figurés du second ordre depuis le premier 1 jusqu'au $m-2$ ième, $\frac{(m-1)(m-2)}{1.2}$, est le nombre figuré du troisième ordre du rang $m-2$, c'est-à-dire

$$\frac{m(m-1)(m-2)}{1.2.3}$$

Ainsi, désignant par S la somme des m premiers termes de la progression en question, nous aurons (g)

$$S = mA_1 + \frac{m(m-1)}{1.2} D_1 + \frac{m(m-1)(m-2)}{1.2.3} D_2$$

17. Une marche exactement semblable nous ferait trouver pour le terme général d'une progression du troisième ordre l'expression (h)

$$A_1 + (m-1)D_1 + \frac{(m-1)(m-2)}{1.2} D_2$$
$$+ \frac{(m-1)(m-2)(m-3)}{1.2.3} D_3$$

A_1 désignant le premier terme de cette progression, D_1 la première des différences premières, D_2 la première des différences secondes et D_3 la troisième différence constante.

On obtiendrait également pour la somme d'un nombre m de termes de cette progression le terme sommatoire (i)

$$S = mA_1 + \frac{m(m-1)}{1.2} D_1 + \frac{m(m-1)(m-2)}{1.2.3} D_2$$
$$+ \frac{m(m-1)(m-2)(m-3)}{1.2.3.4} D_3$$

La déduction de ces formules ne présente aucune difficulté.

18. En général, la progression arithmétique de l'ordre n a pour terme général, (k)

$$A_1 + (m-1)D_1 + \frac{(m-1)^{2|-1}}{1^{2|1}} D_2 + \frac{(m-1)^{3|-1}}{1^{3|1}} D_3$$
$$+ \text{etc.} \ldots + \frac{(m-1)^{n|-1}}{1^{n|1}} D_n$$

et, pour terme sommatoire (l)

$$mA_1 + \frac{m^{2|-1}}{1^{2|1}} D_1 + \frac{m^{3|-1}}{1^{3|1}} D_2 + \frac{m^{4|-1}}{1^{4|1}} D_3 \text{ etc.} \ldots$$
$$+ \frac{m^{n+1|-1}}{1^{n+1|1}} D_n$$

A_1 désignant toujours le premier terme, et D_1, D_2, D_3 les différences successives.

Appliquons ces formules à quelques questions.

19. *On demande la somme des carrés des nombres impairs* 1, 3, 5, 7, 9, 11 ; ces carrés sont

$$1,\ 9,\ 25,\ 49,\ 81,\ 121.$$

En prenant les différences consécutives de ces nombres on trouve la suite

$$8,\ 16,\ 24,\ 32,\ 40$$

dont les différences

$$8,\ 8,\ 8,\ 8$$

sont égales. Les nombres proposés forment donc une progression du second ordre. Ainsi dans la formule (g) n° 15, faisant $A_1 = 1$, $D_1 = 8$, $D_2 = 8$, nous obtiendrons

$$S = 6.1 + \frac{6.5}{2}.8 + \frac{6.5.4}{1.2.3}.8 = 286$$

20. *On demande l'expression générale de la somme des carrés des nombres naturels* : 1, 4, 9, 16, 25, 36, etc...

Nous avons ici $A_1 = 1$, $D_1 = 3$, $D_2 = 2$. Substituant ces valeurs dans la formule (g), elle devient

$$S = m + \frac{3m(m-1)}{1.2} + \frac{2m(m-1)(m-2)}{1.2.3}$$
$$= \frac{1}{1.2.3}\left[2m(m-1)(m-2) + 9m(m-1) + 6m\right]$$
$$= \frac{m(m+1)(2m+1)}{1.2.3}$$

Ainsi, pour avoir, par exemple, la somme des 10 carrés

$$1, \ 4, \ 9, \ 25, \ 36, \ 49, \ 64, \ 81, \ 100$$

on fera $m = 10$, et la dernière expression donnera

$$S = \frac{10.11.21}{1.2.3} = 385$$

385 est donc la somme demandée.

21. *Trouver l'expression générale de la somme des troisièmes puissances des nombres naturels :*

$$1, \ 8, \ 27, \ 125, \text{ etc.}$$

Les premières différences sont

$$7, \ 19, \ 37, \ 61, \text{ etc.}$$

les secondes

$$12, \ 18, \ 24, \text{ etc.}$$

et les troisièmes

$$6, \ 6, \text{ etc.}$$

Les troisièmes différences étant égales, les nombres proposés forment une progression du troisième ordre ; ainsi faisant $A_1 = 1$, $D_1 = 7$, $D_2 = 12$ et $D_3 = 6$, et substituant ces valeurs dans la formule (1) on aura

$$S = m + \frac{7m(m-1)}{1.2} + \frac{12m(m-1)(m-2)}{1.2.3}$$
$$+ \frac{6m(m-1)(m-2)(m-3)}{1.2.3.4}$$

Réduisant tous les termes au même dénominateur 4, la somme des numérateurs peut se mettre sous la forme

$$m[4 + 14(m-1) + 8(m-1)(m-2)$$
$$+ (m-1)(m-2)(m-3)]$$

Développant les produits et réduisant, on obtient définitivement

$$S = \frac{m^2 . (m+1)^2}{4} = \left[\frac{m(m+1)}{1.2}\right]^2$$

Ainsi, par une particularité assez remarquable, la somme des troisièmes puissances des m premiers nombres naturels est égale au carré du nombre figuré du second ordre, du rang m.

S'il s'agissait donc de la somme des 6 cubes

$$1, \ 8, \ 27, \ 64, \ 125, \ 216$$

on ferait $m = 6$, et la formule donnerait

$$S = \left[\frac{6.7}{1.2}\right]^2 = (21)^2 = 441.$$

22. Le problème de trouver le nombre des boulets qui composent une pile se réduit à la sommation des termes d'une progression du second ordre. Ces piles ont ordinairement pour bases un triangle équilatéral, un carré, ou un rectangle. Si l'on désigne par u le nombre des boulets d'un côté de la base, la somme des boulets des *piles triangulaires* et *quadrangulaires* est donnée par les expressions

$$Pile \ triangulaire = \frac{n(n+1)(n+2)}{6}$$

$$Pile \ quadrangulaire = \frac{n(n+1)(2n+1)}{6}$$

La somme des boulets des *piles rectangulaires* est, en désignant par m le nombre des boulets de la longueur de la base, et par n celui des boulets de la largeur de cette base,

$$Pile \ rectangulaire = \frac{m(m+1)(3n-m+1)}{6}$$

PROGRESSIONS GÉOMÉTRIQUES. Une progression géométrique est, comme nous l'avons déjà dit, une suite de nombres dont chacun est contenu dans celui qui le précède autant de fois qu'il contient celui qui le suit, ou *vice versa*. Telles sont les suites

$$\div \div \ \ 1 : \ 2 : 4 : 8 : 16 : 32 : 64 : \text{ etc.}$$
$$\div \div \ \ 2187 : 729 : 243 : 81 : 27 : 9 : \text{ etc.}$$

La première est une *progression géométrique croissante*, et la seconde une *progression géométrique décroissante*. On les désigne l'une et l'autre par le signe $\div\div$.

On nomme *rapport de la progression* le rapport, toujours le même, de deux termes qui se suivent.

1. Soit

$$\div\div \ A_1 : A_2 : A_3 : A_4 : A_5 : A_6 : \text{ etc.} \ldots A_m$$

une progression géométrique quelconque. Son rapport sera

$$\frac{A_2}{A_1} = r.$$

et elle sera *croissante* si r est un nombre entier, et *décroissante*, s'il est une fraction.

On a, par la construction même de cette progression, la suite d'égalités

$$A_2 = A_1 . r$$
$$A_3 = A_2 . r = A_1 . r . r$$
$$A_4 = A_3 . r = A_1 . r . r . r$$
$$A_5 = A_4 . r = A_1 . r . r . r . r$$
$$\text{etc.} = \text{etc.}$$

et, en général

$$A_m = A_{m-1} . r = A_1 . r . r . r . r . . . . r = A_1 . r^{m-1}$$

Ainsi la forme absolument générale d'une progression géométrique est

$$\div A_1 : A_1 . r : A_1 . r^2 : A_1 . r^3 : A_1 . r^4 . . . . A_1 . r^{m-1}$$

sous cette forme, toutes les propriétés d'une telle progression deviennent sensibles.

2. Dans une progression géométrique, deux termes pris à égales distances des deux extrêmes A_1 et $A_1 . r^{m-1}$ forment avec ces extrêmes une proportion dont ils sont les moyens, c'est-à-dire que, n étant un nombre entier plus petit que m et, par conséquent, $A . r^n$ et $A_1 . r^{m-n-1}$ deux termes situés à égale distance des extrêmes, on a la proportion

$$A_1 : A_1 . r^n :: A_1 . r^{m-n-1} : A_1 . r^{m-1}$$

en effet on a

$$\frac{A_1 r^n}{A_1} = r^n, \text{ et } \frac{A_1 r^{m-1}}{A_1 r^{m-n-1}} = r^n.$$

Mais dans une proportion (*voy.* ce mot) le produit des extrêmes étant égal à celui des moyens, on a ici

$$A_1 \times A_1 r^{m-1} = A_1 r^n \times r A^{m-n-1}$$

D'où l'on peut conclure que *le produit des deux termes extrêmes d'une progression géométrique est égal à celui de deux termes quelconques pris à des distances égales de ces extrêmes.* Propriété analogue à celle des progressions arithmétiques du premier ordre (4).

3. Le rapport du premier terme d'une progression géométrique à un autre terme d'un rang n est le même que celui des puissances $n-1$ des deux premiers termes. Ainsi le terme du rang n étant $A_1 . r^{n-1}$, on a

$$A_1 : A_1 r^{n-1} :: (A_1)^{n-1} : (A_1 r)^{n-1}$$

Cette propriété est encore évidente, car

$$\frac{A_1 r^{n-1}}{A_1} = r^{n-1}, \text{ et } \frac{(A_1 r)^{n-1}}{A_1^{n-1}} = r^{n-1}$$

Ainsi faisant successivement $n = 1, 2, 3, 4$, etc., et désignant, comme en premier lieu, le rang des termes par des indices, nous aurons

$$A_1 : A_3 :: A_1^2 : A_2^2$$
$$A_1 : A_4 :: A_1^3 : A_2^3$$
$$A_1 : A_5 :: A_1^4 : A_2^4$$
$$A_1 : A_6 :: A_1^5 : A_2^5$$
$$\text{etc.} \qquad \text{etc.}$$
$$A_1 : A_m :: A_1^{m-1} : A_2^{m-1}$$

4. Proposons-nous de trouver l'expression générale

de la somme d'un nombre quelconque de termes d'une progression géométrique.

Une telle progression

$$\div A_1 : A_2 : A_3 : A_4 : A_5 : \ldots A_m$$

n'est que l'expression abrégée de la suite des rapports égaux

$$A_1 : A_2 = A_2 : A_3 = A_3 : A_4 = A_4 : A_5 = \text{etc.}$$

Or, dans une suite de rapports égaux, la somme des antécédens est à la somme des conséquens dans ce même rapport commun (*voy.* Proportion); on a donc ici :

$$(A_1 + A_2 + \text{etc.} \ldots + A_{m-1}) : (A_2 + A_3 + \text{etc.} \ldots + A_m)$$
$$:: A_1 : A_2 ;$$

mais $A_1 + A_2 + A_3 + \text{etc.} \ldots + A_{m-1}$ est la somme des termes de la progression moins le dernier A_m, et $A_2 + A_3 + A_4 + \text{etc.} \ldots + A_m$ est la somme des mêmes termes moins le premier A_1. Désignant donc cette somme par S, la proportion ci-dessus devient

$$(S - A_m) : (S - A_1) :: A_1 : A_2$$

d'où l'on tire

$$S = \frac{A_2 . A_m - A_1 . A_1}{A_2 - A_1}.$$

Pour rendre cette expression indépendante du second terme A_2, nous ferons observer que $A_2 = A_1 r$, et en substituant nous obtiendrons

$$S = \frac{A_1 . A_m r - A_1 A_1}{A_1 r - A_1} = \frac{A_1 (A_m r - A_1)}{A_1 (r - 1)},$$

et définitivement (*a*)

$$S = \frac{A_m r - A_1}{r - 1}.$$

Donc, pour trouver la somme des termes d'une progression géométrique, *il faut multiplier le dernier terme par le rapport, retrancher de ce produit le premier terme et diviser le reste par le rapport diminué d'une unité.*

5. Par exemple, pour avoir la somme des dix termes de la progression croissante,

$$\div 1 : 2 : 4 : 8 : 16 : 32 : 64 : 128 : 256 : 512,$$

dont le rapport est 2, on fera, dans l'expression (*a*), $A_1 = 1$, $A_m = 512$, $r = 2$, et on trouvera :

$$S = \frac{512 . 2 - 1}{2 - 1} = 1023.$$

Si la progression était décroissante, on pourrait considérer le premier terme comme étant le dernier, et le dernier comme étant le premier : alors la formule ne change pas, car il est évident qu'il faut toujours prendre pour A_m le plus grand des extrêmes et pour A_1 le plus petit. Seulement il devient nécessaire de renverser le rapport, c'est-à-dire de faire $\frac{A_1}{A_2} = r$, au lieu de $\frac{A_2}{A_1} = r$.

Ainsi, si l'on demandait la somme des huit termes

$$\div\ \frac{1}{2} : \frac{1}{4} : \frac{1}{8} : \frac{1}{16} : \frac{1}{32} : \frac{1}{64} : \frac{1}{128} : \frac{1}{256},$$

on ferait $A_m = \frac{1}{2}$, $A_1 = \frac{1}{256}$, $r = 2$, et l'on aurait

$$S = \frac{\frac{1}{2} \cdot 2 - \frac{1}{256}}{2 - 1} = 1 - \frac{1}{256} = \frac{255}{256}.$$

6. L'expression (a) nous donne le moyen de sommer toute série indéfinie dont les termes forment une progression géométrique décroissante. En effet, pour avoir la somme de la série

$$\frac{1}{2} + \frac{1}{4} + \frac{1}{8} + \frac{1}{16} + \frac{1}{32} + \text{etc.}\ldots \textit{à l'infini},$$

on remarquera que le dernier terme devant être infiniment petit, il suffit de faire $A_m = \frac{1}{2}$, $A_1 = \frac{1}{\infty}$, et $r = 2$; en substituant ces valeurs on obtient

$$S = \frac{\frac{1}{2} \cdot 2 - \frac{1}{\infty}}{2 - 1} = \frac{1}{2} \cdot 2 = 1,$$

en faisant disparaître $\frac{1}{\infty}$ qui n'a aucune valeur devant $\frac{1}{2} \cdot 2$. (*Voy.* Diff., 24.)

Dans le cas où les termes de la série seraient alternativement positifs et négatifs, tels que

$$\frac{1}{2} - \frac{1}{4} + \frac{1}{8} - \frac{1}{16} + \frac{1}{32} \text{ etc.}\ldots \textit{à l'infini},$$

on pourrait toujours la considérer comme la différence de deux séries géométriques,

$$\left(\frac{1}{2} + \frac{1}{8} + \frac{1}{32} + \frac{1}{128} + \text{etc.}\ldots \textit{à l'infini.}\right)$$

$$-\left(\frac{1}{4} + \frac{1}{16} + \frac{1}{64} + \frac{1}{256} + \text{etc.}\ldots \textit{à l'infini}\right).$$

Or, la somme de la première est

$$S' = \frac{\frac{1}{2} \cdot 4 - \frac{1}{\infty}}{4 - 1} = \frac{2}{3},$$

celle de la seconde

$$S'' = \frac{\frac{1}{4} \cdot 4 - \frac{1}{\infty}}{4 - 1} = \frac{1}{3};$$

ainsi, la somme demandée devient

$$S = S' - S'' = \frac{2}{3} - \frac{1}{3} = \frac{1}{3}$$

7. Si, dans l'expression

$$S = \frac{A_m r - A_1}{r - 1},$$

on substitue à la place de A_m sa valeur $A_1 r^{m-1}$, elle deviendra (b),

$$S = \frac{A_1 r^m - A_1}{r - 1}, \text{ ou } S = \frac{A_1 (r^m - 1)}{r - 1}.$$

Au moyen de cette dernière on peut trouver la somme d'une progression géométrique dont on connaît le premier terme, le rapport et le nombre des termes.

Lorsque la série est décroissante, le rapport est une fraction plus petite que l'unité, et l'on donne à l'expression (b) la forme (c),

$$S = \frac{A_1 (1 - r^m)}{1 - r},$$

ces deux formes sont d'ailleurs identiques, puisque $\frac{1 - r^m}{1 - r} = \frac{r^m - 1}{r - 1}$.

8. La division de $r^m - 1$ par $r - 1$ reproduit les termes dont S exprime la somme, et peut servir au besoin de démonstration à l'expression (b). En effet, on trouve, en opérant la division,

$$\frac{r^m - 1}{r - 1} = r^{m-1} + r^{m-2} + r^{m-3} + \text{etc.}\ldots r^3 + r^2 + r + 1,$$

d'où

$$\frac{A_1 (r^m - 1)}{r - 1} = A_1 + A_1 r + A_1 r^2 + A_1 r^3 + \text{etc.}\ldots + A_1 r^{m-1}.$$

9. Proposons-nous de trouver la somme d'un nombre quelconque de termes de la progression géométrique décroissante

$$\div\ \frac{1}{3} : \frac{1}{6} : \frac{1}{12} : \frac{1}{24} : \frac{1}{48} : \frac{1}{96} : \text{etc.}\ldots$$

Le rapport étant $\frac{1}{6} : \frac{1}{2} = \frac{3}{6} = \frac{1}{2}$ nous ferons $A_1 = \frac{1}{\ }$

et $r = \frac{1}{3}$, et substituant dans (c), nous obtiendrons

$$S = \frac{\frac{1}{3}\left(1 - \frac{1}{2^m}\right)}{1 - \frac{1}{2}} = \frac{2}{3}\left(1 - \frac{1}{2^m}\right)$$

Pour avoir, par exemple, la somme de 8 termes, nous ferons $m = 8$, et nous trouverons

$$S = \frac{2}{3}\left(1 - \frac{1}{256}\right) = \frac{510}{768}.$$

On voit ici facilement que plus on prend de termes et plus $\frac{1}{2^m}$ diminue, et qu'en faisant $m = \infty$, la somme de la série, continuée à l'infini, est rigoureusement égale à $\frac{2}{3}$.

10. Les trois formules

$$(a)\ldots\ldots A^m = A_1 . r^{m-1},$$

$$(b)\ldots\ldots S = \frac{A_m . r - A_1}{r - 1},$$

$$(c)\ldots\ldots S = \frac{A_1(r^m - 1)}{r - 1},$$

renferment la solution de tous les problèmes qu'on peut se proposer sur les progressions géométriques.

On tire de la première : 1°

$$A_1 = \frac{A_m}{r^{m-1}};$$

expression qui sert à calculer le premier terme au moyen du dernier, du rapport et du nombre des termes; 2°

$$r = \sqrt[m-1]{\frac{A_m}{A_1}}$$

expression qui sert à calculer le rapport par le premier terme, le dernier et le nombre des termes. Et, 3°

$$m = \frac{\mathrm{Log} A_m - \mathrm{Log} A_1}{\mathrm{Log}\, r} + 1.$$

expression qui fait connaître le nombre des termes au moyen des logarithmes du premier terme, du dernier et du rapport.

L'application de ces formules ne présentant aucune difficulté, nous nous contenterons d'en donner un seul exemple.

Insérer entre 2 et 128 cinq moyens proportionnels géométriques, ou trouver cinq nombres, u, v, x, y, z, tels que l'on ait (d)

$$\div 2 : u : v : x : y : z : 128.$$

Il est évident que si le rapport de la progression était

connu, on obtiendrait les termes demandés en multipliant successivement le premier terme 2 par ce rapport; c'est donc ce rapport qu'il s'agit de trouver. Or, nous connaissons ici le premier terme $A_1 = 2$, le dernier terme $A_m = 128$ et le nombre des termes $m = 7$; ainsi, substituant ces valeurs dans la seconde des trois expressions précédentes, il viendra

$$r = \sqrt[6]{\frac{128}{2}} = \sqrt[6]{64} = 2.$$

Nous aurons donc $u = 2.2$, $v = 2.2^2$, $x = 2.2^3$, $y = 2.2^4$, $z = 2.2^5$, et, par conséquent la progression est

$$\div 2 : 4 : 8 : 16 : 64 : 128.$$

La propriété que nous avons démontrée ci-dessus au n° 3, nous offre, pour résoudre le même problème, un moyen que nous devons signaler. D'après cette propriété, la progression (d) fournit la proportion

$$2 : 128 :: 2^6 : u^6,$$

d'où $2u^6 = 2^6 . 128$, et $u^6 = \frac{2^6 . 128}{2} = 4096$, ce qui donne

$$u = \sqrt[6]{4096} = 4.$$

Ainsi le premier moyen est 4. Mais connaissant le premier et le second terme, on connaît le rapport qui est $\frac{4}{2} = 2$, ainsi on peut former les autres termes, comme nous venons de le faire.

11. La seconde formule (b) nous fournit également les trois expressions

$$A_1 = A_m . r - S(r - 1)$$

$$A_m = \frac{S(r - 1) + A_1}{r}$$

$$r = \frac{S - A_1}{S - A_m},$$

qui servent à trouver respectivement le premier terme, le dernier, ou le rapport lorsque deux de ces quantités sont données avec la somme. La déduction de ces formules est évidente.

La troisième formule (c) répond encore à quatre questions différentes, puisqu'elle contient aussi quatre indéterminées; mais à l'exception du cas où l'on demande S, ce qui est celui de la formule (c) elle-même, et du cas où l'on demande A_1, ce qui fournit l'expression

$$A_1 = \frac{S(r - 1)}{r^m - 1},$$

les applications de cette formule présentent des difficultés qui ne se rencontrent pas dans les précédentes ; par exemple, s'il s'agissait de trouver le rapport r, on ne pourrait y arriver qu'en résolvant l'équation (e),

$$A_1 r^m - Sr = A_1 - S$$

ou

$$r^m - \frac{S}{A_1} r + \frac{S}{A_1} - A_1 = 0.$$

qui est du degré m. Supposons que l'on demande le rapport d'une progression dont le premier terme est 1 et la somme des 10 premiers termes égale à 1023, on aurait à résoudre l'équation

$$r^{10} - \frac{1023}{1} r + \frac{1023}{1} - 1 = 0,$$

ou

$$r^{10} - 1023 r + 1022 = 0.$$

Ici l'on peut aisément, par la méthode des *racines commensurables* (*voy.* RACINE), trouver la racine $r = 2$, qui satisfait à la question ; mais si le rapport n'était pas une quantité rationnelle, ce qui peut arriver, en prenant une somme et un premier terme arbitraires, l'équation (e) ne pourrait admettre qu'une solution approximative.

Dans le cas où l'on demanderait le nombre m des termes, il faudrait résoudre l'équation exponentielle (*voy.* ce mot)

$$r^m = \frac{S(r-1) + A_1}{A_m}$$

ce qui donnerait, en employant les logarithmes,

$$m = \frac{\mathrm{Log}[S(r-1) + A_1] - \mathrm{Log}\, A_1}{\mathrm{Log}\, r}.$$

Soit, par exemple : $S = 1023$, $r = 2$, $A_1 = 1$, on aura

$$m = \frac{\mathrm{Log}[1023 . 1 + 1] - \mathrm{Log}\, 1}{\mathrm{Log}\, 2} = \frac{\mathrm{Log}\, 1024}{\mathrm{Log}\, 2}$$

$$= \frac{3,010300}{0,301030} = 10.$$

12. Pour donner un exemple de l'accroissement rapide que reçoit la somme des termes d'une progression géométrique croissante, quand on augmente le nombre de ces termes, on raconte l'anecdote suivante, qui donne au moins un fait de calcul assez remarquable. L'inventeur du jeu des échecs, pressé par son roi de réclamer une récompense digne de sa découverte, après s'en être défendu long-temps, se fit apporter un échiquier, et dit au prince d'ordonner qu'il lui fût délivré un grain de blé pour la première case, deux pour la seconde, quatre pour la troisième, et ainsi de suite en doublant toujours jusqu'à la soixante-quatrième. Cette demande parut d'abord beaucoup trop modeste au roi,

mais quand on eut calculé le nombre total des grains de blé, il vit à sa grande surprise que ses trésors et même que ceux de tous les rois de la terre n'étaient pas suffisans pour remplir sa promesse. En effet, il s'agit ici d'avoir la somme des 64 premiers termes de la progression croissante $1 : 2 : 4 : 8 : 16 : 32 :$ etc., on a donc $A_1 = 1$, $r = 2$ et $m = 64$; substituant ces valeurs dans (c) on trouve

$$S = \frac{1(2^{64} - 1)}{2 - 1} = 2^{64} - 1$$

élevant 2 à la soixante-quatrième puissance et retranchant l'unité du résultat, on a

$$S = 18\ 446\ 744\ 073\ 709\ 551\ 615.$$

Or, pour contenir un pareil nombre de grains de blé il faudrait environ 91522 greniers, ayant chacun une lieue carrée de surface sur 20 pieds de hauteur. En ne portant qu'à 2 francs le prix du pied cube de blé, la valeur de chaque grenier serait de 518 400 000 francs, et leur valeur totale

$$47\ 445\ 004\ 800\ 000\ \text{francs} ;$$

Somme que tous les budgets modernes réunis sont loin d'atteindre.

PROJECTILE. (*Méc.*) Nom que l'on donne à tout corps jeté par une puissance quelconque, et dans une direction quelconque. Une pierre que l'on jette avec la main ou avec une fronde, une bombe ou un boulet lancé par l'effort de la poudre, sont des *projectiles*.

La théorie du mouvement des *projectiles* est la base de cette partie de l'art militaire à laquelle on a donné le nom de *Balistique*. (*Voy.* ce mot.)

PROJECTION. (*Méc.*) Action d'imprimer du mouvement à un projectile. On a discuté pendant bien long-temps sur les effets de la force de *projection*, et les anciens philosophes ne savaient comment expliquer la continuation du mouvement dans un projectile après que la cause qui l'a mis en mouvement a cessé d'agir. C'est Descartes qui, le premier, a fait voir que cette continuation de mouvement est une suite de l'*inertie* de la matière, laquelle, n'ayant point de détermination ou de force interne, ne peut par elle-même changer son état et demeure soit en repos, soit en mouvement, tant qu'une cause extérieure ne vient agir sur elle. (*Voy.* NATURE.)

PROJECTION. (*Géom.*) Représentation sur un plan, donné de position, d'une figure située dans l'espace hors de ce plan. C'est la trace déterminée par les intersections des droites que l'on peut mener de tous les points de la figure sur le plan.

Si toutes les droites, menées des divers points de la figure sur le plan, sont perpendiculaires à ce plan, la projection est dite *orthogonale*. Si toutes ces droites concourent au contraire vers un même point, la projection est dite *centrale*. *a b* (Pl. 55, fig. 1) est la *projection orthogonale* de la droite AB sur le plan MN, et *c d* (Pl. 55, fig. 2) est la *projection centrale* de la droite CD sur le plan MN. Dans ce dernier cas, le point *o*, où concourent toutes les droites dont les intersections avec le plan MN déterminent *cd*, se nomme le *centre de projection*. La théorie des projections est l'objet général de la Géométrie descriptive. (*Voy.* ce mot.) Les *projections centrales* sont le fondement de la perspective. (*Voy.* ce mot.)

La projection *de la sphère sur un plan* est une représentation des différens points de la sphère et des cercles tracés sur sa surface, qui est principalement en usage dans la construction des mappemondes et des cartes géographiques. On la divise ordinairement en *projection orthographique* et en *projection stéréographique*.

La projection *orthographique* est celle qui est faite sur un plan qui passe par le centre de la sphère, l'œil, ou le point de concours des droites projectives, étant supposé à une distance infinie sur la droite qui passe par le centre perpendiculairement au plan.

La projection *stéréographique* est celle qui est faite sur le plan d'un grand cercle de la sphère, l'œil étant supposé au pôle de ce cercle.

A ces deux espèces de projections on peut ajouter la projection *gnomonique* qui est celle où l'on suppose l'œil au centre de la sphère. (*Voy.* Gnomonique.)

Dans la *projection orthographique*, les droites projectives ne concourant qu'à une distance infinie, sont parallèles entr'elles, et comme le point de concours est sur une perpendiculaire au plan de projection, toutes ces droites sont aussi perpendiculaires à ce plan. Les lois de cette espèce de projection sont donc les mêmes que celle des *projections orthogonales* (*voy.* Descriptive); ainsi :

1° Une droite perpendiculaire au plan de projection se projette par un seul point qui est celui où elle coupe ce plan.

2° Une droite oblique au plan de projection se projette par une droite dont les extrémités sont déterminées par les perpendiculaires abaissées des extrémités de cette oblique sur le plan.

3° Si la droite projetée est parallèle au plan de projection, sa projection lui sera égale. Dans tous les autres cas, sa projection sera une droite plus petite qu'elle.

4° Une surface plane perpendiculaire au plan de projection se projette par une simple ligne droite qui est l'intersection commune du plan de cette surface et

du plan de projection. Par conséquent tout cercle dont le plan est perpendiculaire au plan de projection, et qui a son centre sur ce plan, se projette par son diamètre. Tout arc, d'un tel cercle, dont une des extrémités répondrait perpendiculairement au centre commun de la sphère et du plan de projection, se projette par son sinus. Le complément de cet arc se projette par son sinus verse.

5° Un cercle parallèle au plan de projection se projette par un cercle égal, et un cercle oblique à ce plan se projette par une ellipse.

La projection orthographique de la sphère est employée en astronomie pour construire et résoudre les triangles sphériques avec la règle et le compas, lorsqu'on n'a pas besoin d'une extrême précision ; nous en avons donné un exemple au mot Analemme. Cagnoli, dans son *traité de trigonométrie*, a consacré un chapitre à ces constructions.

Dans la *projection stéréographique*, les droites projectives concourant à un point de la surface de la sphère, la projection est *centrale*; elle est donc soumise aux lois de la perspective ; ainsi :

1° Tout grand cercle CABD (Pl. 55, fig. 3) qui passe par le centre *o* de l'œil se projette par une droite CD. Cette droite est le diamètre de la sphère, on la nomme *ligne des mesures*.

2° Tout petit cercle AGBH dont le plan est parallèle au plan de projection se projette par un cercle *agbh*.

3° Tout petit cercle ABCD (Pl. 55, fig. 4) oblique par rapport au plan de projection se projette encore par un autre cercle *abcd*.

4° La projection d'un grand cercle oblique ABCD (Pl. 55, fig. 5) est un cercle BGFE dont le centre se trouve sur la *ligne des mesures*. La distance de ce centre au centre de la sphère est égale à la tangente de l'angle d'inclinaison du plan du cercle oblique sur le plan de projection.

5° Les diamètres des cercles de projection sont égaux à la moitié de la somme des tangentes de la plus grande et de la plus petite distance des cercles projetés au pôle du plan de projection, lorsque les cercles projetés entourent ce pôle; et ils sont égaux à la différence de ces mêmes tangentes lorsqu'ils ne renferment pas ce pôle.

6° Les angles que font sur la surface de la sphère les cercles projetés sont égaux à ceux que font leurs projections respectives sur le plan de projection.

La projection stéréographique sert principalement pour la construction des mappemondes ou cartes qui représentent la surface d'un hémisphère entier du globe terrestre. Telles sont les cartes planches 35 et 36. On prend ordinairement pour plan de projection le plan d'un méridien, et alors les pôles de la terre sont deux points du cercle principal de projection, et les divers méridiens sont représentés par des arcs de cercle passant tous par ces pôles. Lorsqu'on prend le plan de l'équateur pour plan de projection, le pôle est au centre du cercle principal de projection qui représente l'équateur terrestre, et les divers méridiens sont représentés par les rayons de ce cercle. On nomme les cartes construites sur ce principe *mappemondes polaires*. (*Voy.* STÉRÉOGRAPHIQUE.)

La projection *centrale* des figures géométriques sur un plan donne naissance à un grand nombre de considérations importantes sur les relations qui existent entre ces figures et leurs représentations projectives. Nos limites ne nous permettent pas d'aborder ce sujet pour lequel on doit consulter le *traité des propriétés projectives des figures*, de M. Poncelet.

PROPORTION. (*Alg.*) Égalité de deux rapports. (*Voy.* NOT. PRÉLIM. 16 et RAPPORT.)

La proportion se nomme *arithmétique* ou *géométrique* selon que les rapports qui la composent sont *arithmétiques* ou *géométriques*.

1. PROPORTION ARITHMÉTIQUE. Si deux nombres A et B ont la même différence que deux autres nombres C et D, l'expression de cette relation d'égalité (*a*)

$$A - B = C - D$$

que l'on écrivait jadis

$$A . B : C . D ,$$

est une *proportion arithmétique*.

Le premier et le dernier terme de la proportion prennent le nom d'*extrêmes*, et le second et le troisième celui de *moyens*.

En ajoutant aux deux membres de l'égalité (*a*) la quantité B + D, elle devient (*c*)

$$A + D = C + B$$

c'est-à-dire que *dans toute proportion arithmétique la somme des extrêmes est égale à la somme des moyens*.

2. Cette propriété fondamentale donne le moyen de calculer un des termes de la proportion à l'aide des trois autres, car de (*c*) on tire :

$$A = C + B - D \quad , \quad C = A + D - B$$
$$B = A + D - C \quad , \quad D = C + B - A$$

ce qui nous apprend : 1° que l'un quelconque des *moyens* est égal à la somme des *extrêmes* diminuée de l'autre moyen ; 2° que l'un quelconque des *extrêmes* est égal à la somme des *moyens* diminuée de l'autre extrême.

3. Dans une proportion arithmétique, la *différence* des antécédens est égale à celle des conséquens, c'est-à-dire, que si on a la proportion

$$A - B = C - D$$

on a aussi

$$A - C = B - D$$

ce qui est évident. En général, toutes les propriétés des proportions arithmétiques se déduisent des lois simples de l'égalité et sont identiques avec ces lois.

4. Lorsque dans une proportion arithmétique les *moyens* sont égaux comme (*d*),

$$A - B = B - C$$

la quantité B prend le nom de *moyenne proportionnelle*.

On obtient la valeur d'une moyenne proportionnelle entre deux nombres donnés, en prenant la moitié de la somme de ces nombres. En effet, on tire de l'égalité (*d*)

$$2B = A + C \quad \text{d'où} \quad B = \frac{A + C}{2}.$$

5. PROPORTION GÉOMÉTRIQUE. Ces proportions ont des propriétés analogues à celles des proportions arithmétiques. Avant d'en donner la déduction, nous devons faire observer que c'est plus particulièrement aux rapports et aux proportions par *quotient* que les termes *rapport* et *proportion* s'appliquent ; de sorte que lorsqu'on parle d'une proportion sans spécifier sa nature on entend toujours parler d'une proportion *géométrique*. Déjà on a proposé de substituer les dénominations de *proportion par différence* et de *proportion par quotient* à celles de proportion *arithmétique* et de *proportion géométrique*, qui sont véritablement inexactes en ce qu'elles ne se rapportent pas à la définition de leur objet ; mais sans rien préjuger sur les changemens qui deviennent nécessaires dans la nomenclature des mathématiques, nous désignerons simplement ici une proportion géométrique par le seul mot de *proportion*.

6. Lorsque le rapport de deux nombres A et B, c'est-à-dire le quotient de la division d'un de ces nombres par l'autre, est égal au rapport de deux autres nombres C et D, l'expression de cette relation d'égalité

$$\frac{A}{B} = \frac{C}{D},$$

qu'on écrit aussi habituellement (*d*),

$$A : B :: C : D ,$$

ce qui se prononce A *est à* B *comme* C *est à* D, est une *proportion*.

Le premier et le dernier terme A et D se nomment les *extrêmes*, et les deux autres les *moyens*. A est le *premier antécédent*, C le second ; B est le *premier conséquent*, D le second.

7. En réduisant les deux membres de l'égalité

$$\frac{A}{B} = \frac{C}{D},$$

au même dénominateur, elle devient

$$\frac{A \times D}{B \times D} = \frac{C \times B}{B \times D},$$

ce qui donne, en retranchant le dénominateur commun,

$$A \times D = C \times B.$$

Cette dernière égalité nous apprend que *dans toute proportion le produit des extrêmes est égal à celui des moyens*.

8. On tire immédiatement de cette égalité les quatre expressions suivantes :

$$A = \frac{C \times B}{D}, \quad C = \frac{A \times D}{B},$$

$$B = \frac{A \times D}{C}, \quad D = \frac{C \times B}{A},$$

desquelles il résulte : 1° que l'un quelconque des *extrêmes* est égal au produit des *moyens* divisé par l'autre *extrême* ; 2° que l'un quelconque des *moyens* est égal au produit des *extrêmes* divisé par l'autre *moyen*.

La règle de *trois*, en arithmétique, est fondée sur ces relations. (*Voy.* Trois.)

9. Dans toute proportion

$$A : B :: C : D$$

le rapport des antécédens est égal à celui des conséquens ; c'est-à-dire qu'on a

$$A : C :: B : D.$$

Car la proportion étant mise sous la forme

$$\frac{A}{B} = \frac{C}{D},$$

si l'on multiplie les deux termes de cette égalité par la quantité $\frac{B}{C}$, on obtient

$$\frac{A \cdot B}{B \cdot C} = \frac{C \cdot B}{D \cdot C}, \text{ ou } \frac{A}{C} = \frac{B}{D}.$$

Dans toute proportion, on peut donc changer les moyens de place, ou, encore, mettre les extrêmes à la place des moyens sans la détruire. Les quatre termes sont toujours en proportion, seulement le rapport n'est plus le même.

Les mathématiciens désignaient jadis ces changemens dans l'ordre des termes d'une proportion par des noms particuliers ; ainsi, ils nommaient *alternando* ou *permutando* la transposition des moyens entre eux, et *invertendo*, le renversement des rapports qui a lieu lorsqu'on met les extrêmes à la place des moyens. De cette manière, la proportion fondamentale étant

$$A : B :: C : D$$

On a : *alternando*. A : C :: B : D
et *invertendo*....B : A :: D : C.

10. En combinant ces propriétés générales avec celles des rapports (*voy.* Rapport), on obtient facilement tous les changemens qu'on peut faire subir aux quatre termes d'une proportion fondamentale sans la détruire. Voici ces changemens : M étant un nombre quelconque et

$$A : B :: C : D$$

étant toujours la proportion primitive, on a

componendo. A + B : B :: C + D : D
dividendo... A — B : B :: C — D : D

$$A \times M : B :: C \times N : D$$

$$\frac{A}{M} : B :: \frac{C}{M} : D$$

$$(A+B.M) : B :: (C+DM) : D$$
$$(A—B.M) : B :: (C—DM) : C,$$
$$(A+C) : (B+D) :: C : D$$
$$(A+C) : (B+D) :: (A—C) : (B—D)$$
$$\text{etc...} \qquad \text{etc...}$$

On prouve que la proportion subsiste toujours par l'égalité du produit des extrêmes à celui des moyens qui a lieu dans ces diverses modifications de la proportion fondamentale.

11. Les produits des termes correspondans de deux proportions forment une nouvelle proportion ; c'est-à-dire qu'ayant les deux proportions (*m*),

$$A : B :: C : D$$
$$E : F :: G : H$$

on a aussi

$$A \times E : B \times F :: C \times G : D \times H.$$

En effet, R étant le rapport de la première proportion, et R' celui de la seconde, on a évidemment

$$A \times E : B \times F = R \times R'$$
$$C \times G : D \times H = R \times R'$$

La dernière proportion a donc un rapport composé de celui des deux proposées. Si l'on avait trois, ou en général un nombre quelconque de proportions

$$A : B :: C : D$$
$$E : F :: G : H$$
$$I : K :: L : M$$
$$N : O :: P : Q$$
$$\text{etc...} \qquad \text{etc...}$$

On aurait de même

$$A \times E \times I \times N \times \text{etc.} : B \times F \times K \times O \times \text{etc.}$$
$$:: C \times G \times L \times P \times \text{etc.} : D \times H \times M \times Q \times \text{etc.}$$

Dans le cas de l'égalité de tous les facteurs qui entrent dans chaque produit, on aurait, en désignant par m le nombre des proportions ,

$$A^m : B^m :: C^m : D^m,$$

Ainsi, lorsque quatre nombres sont en proportion , toutes les *puissances* de même degré de ces nombres sont aussi en proportion. Il est évident qu'on peut en dire autant des *racines*.

En comparant les deux proportions primitives (m), on voit aisément qu'on a encore

$$\frac{A}{E} : \frac{B}{F} :: \frac{C}{G} : \frac{D}{H},$$

d'où il suit que les quotiens des termes correspondans de deux proportions sont aussi en proportion.

12. Lorsque les deux *moyens* sont égaux, comme dans la proportion

$$A : B :: B : C.$$

la quantité B se nomme *moyenne proportionnelle* entre A et C. Sa valeur est égale à la racine carrée du produit des extrêmes. En effet, on a (q)

$$B \times B = A \times C,$$

et, par conséquent,

$$B = \sqrt{A \times C}$$

On nomme *proportion continue* celle dans laquelle chaque *moyen* est une quantité moyenne proportionnelle aux deux termes entre lesquels il est placé. Par exemple

$$2 : 4 :: 8 : 16$$

est une proportion *continue*, parce qu'on a

$$2 : 4 :: 4 : 8 \text{ et } 4 : 8 :: 8 : 16.$$

13. Si l'on a une suite de proportions qui aient un rapport commun, telles que

$$A : B :: M : N$$
$$C : D :: M : N$$
$$E : F :: M : N$$
$$G : H :: M : N$$
$$\text{etc.......etc.}$$

ce qui donne

$$A : B :: C : D :: E : F :: G : H :: \text{etc}.....:: M : N.$$

la somme de tous les premiers antécédens et la somme de tous les premiers conséquens auront entre elles ce même rapport commun.

En effet de

$$A : B :: C : D$$

on tire

$$(A + C) : (B + D) :: C : D$$

à la place du rapport C : D , substituant dans cette dernière proportion le rapport E : F qui lui est égal, elle deviendra

$$(A + C) : (B + D) :: E : F$$

et l'on en tirera encore

$$(A + C + E) : (B + D + F) :: E : F$$

substituant dans celle-ci à la place du rapport E : F le rapport égal G : H , on trouvera de même

$$(A + C + E + G) : (B + D + F + H) :: G : H$$

et ainsi de suite. On a donc en général

$$(A+C+E+G+\text{etc.}) : (B+D+F+H+\text{etc.}) :: M : N.$$

14. On donne le nom de PROPORTION HARMONIQUE à celle qui a lieu entre trois nombres, tels que le rapport du premier au troisième est égal au rapport des différences qu'il y a entre le second et les deux autres. Par exemple les trois nombres 2, 3, 6 sont en *proportion harmonique*, parce qu'on a

$$2 : 6 :: 3 - 2 : 6 - 3, \text{ ou } 2 : 6 :: 1 : 3$$

En général , si les nombres A, B, C donnent la proportion

$$A : C :: B - A : C - B$$

ces nombres sont en *proportion harmonique*. Le second nombre B prend le nom de *moyen harmonique*. On obtient sa valeur, lorsque celles des deux autres nombres sont données, en divisant le double produit de ces nombres par leur somme. En effet on tire de la proportion ci-dessus

$$A(C - B) = C(B - A), \text{ ou } AC - AB = BC - AC$$

ce qui donne

$$B(A + C) = 2AC, \text{ et } B = \frac{2AC}{A + C}$$

15. Les anciens se sont beaucoup occupés des propriétés des *moyennes proportionnelles*, tant arithmétiques que géométriques et harmoniques. Pappus, dans ses *collections*, en mentionne plusieurs au nombre desquelles se trouve la suivante : si a, b, c sont trois nombres tels que b soit *moyen proportionnel* arithmétique ou géométrique ou harmonique entre les deux autres, on aura dans le cas du moyen

$$\text{arithmétique}.... \quad a : a :: a - b : b - c$$
$$\text{géométrique}..... \quad a : b :: a - b : b - c$$
$$\text{harmonique}..... \quad a : c :: a - b : b - c$$

Cette expression des trois différens *moyens* proportionnels à l'aide de la seule proportion géométrique est remarquable par son élégance. On tire aisément de chacune de ces proportions la valeur du *moyen* qu'elle renferme. Ces valeurs sont en effet :

$$\text{Moyen arithmétique...} \quad b = \frac{a+b}{2}$$

$$\text{Moyen géométrique....} \quad b = \sqrt{ac}$$

$$\text{Moyen harmonique....} \quad b = \frac{2ac}{a+c}$$

Voy. les mots Harmonique et Contreharmonique.

PROPORTIONNEL se dit de ce qui a rapport à une proportion ; ainsi on dit des parties *proportionnelles*, des échelles *proportionnelles*, etc., etc.

Le problème de trouver géométriquement deux *moyennes proportionnelles* entre deux lignes données, est célèbre depuis la plus haute antiquité, c'est le même que celui de la *duplication du cube* (*voy.* ce mot), comme nous allons le faire voir. Soient x et y les moyennes proportionnelles demandées entre un nombre a et son double $2a$, ou soit la proportion *continue*

$$a : x :: x : y :: y : 2a$$

D'après les propriétés des progressions géométriques, on a (*voy.* Prog. géom. n° 3)

$$a^3 : x^3 :: a : 2a$$

d'où

$$\frac{x^3}{a^3} = 2$$

Ainsi a et x étant respectivement les côtés de deux cubes, comme ces solides sont entre eux dans le rapport des troisièmes puissances de leurs côtés (*voy.* Solides), le cube dont le côté est x sera le double de celui dont le côté est a. Il s'agit donc de trouver la valeur de x ou de la première des deux moyennes proportionnelles entre a et $2a$.

La solution géométrique de ce problème ou la construction de la ligne x est impossible sous les conditions exigées par les anciens, c'est-à-dire à l'aide seulement de la règle et du compas, car la valeur de x tirée de l'expression précédente est $x = \sqrt[3]{2a^3} = a\sqrt[3]{2}$, et l'on ne saurait construire des quantités irrationnelles du troisième degré sans avoir recours à d'autres courbes que le cercle, dont les intersections avec des lignes droites ne peuvent fournir que la construction de ce qu'on nomme *lieux du premier ordre*. (*Voy.* Application, 6.) Après avoir reconnu que la géométrie élémentaire était insuffisante dans ce cas, les mathématiciens grecs s'efforcèrent à l'envi de chercher des procédés plus relevés. Plusieurs trouvèrent des courbes très-ingénieuses, telles que la *conchoïde* et la *cissoïde* (*voy.* ces mots) ; d'autres imaginèrent des instrumens ;

et Platon, le premier instigateur de tous ces travaux, s'y distingua particulièrement en inventant l'instrument très-simple que nous allons faire connaître. C'est une équerre GRM (Pl. 27, fig. 2) qui porte à l'un de ses bras GR une règle mobile PS disposée de manière à pouvoir glisser le long de ce bras sans cesser de lui être perpendiculaire.

Pour trouver avec cet instrument deux moyennes proportionnelles entre deux lignes quelconques données AB et BC, après avoir mis ces deux lignes à angles droits au point B, on les prolonge indéfiniment vers R et P. Cette préparation étant faite, on place l'angle de l'équerre en un point R, tel que sa branche RM passant par l'extrémité A de la ligne AB, son autre branche RG coupe le prolongement BP en un point P, où la règle mobile PS étant amenée passe par l'extrémité C de la seconde ligne BC, ce que quelques tâtonnemens feront découvrir ; dans cette position, les deux lignes BR et BP sont les deux moyennes proportionnelles demandées. En effet, le triangle ARP étant rectangle en R et la droite RB perpendiculaire sur l'hypothénuse PB de ce triangle, on a

$$AB : BR :: BR : BP$$

De même, le triangle RPC est rectangle en P et la droite PB perpendiculaire sur son hypothénuse ; on a donc aussi

$$BR : BP :: BP : BC$$

donc

$$AB : BR :: BR : BP :: BP : BC$$

Descartes a laissé bien loin derrière lui tous les anciens qui se sont occupés de la duplication du cube ; sans parler de l'élégante solution qu'il donne de ce problème dans sa géométrie, nous allons décrire l'instrument qu'il a inventé pour trouver, sans aucun tâtonnement, non seulement deux moyennes proportionnelles, mais encore tel nombre que l'on en veut.

Cet instrument est une espèce de compas composé de deux règles AB et BC mobiles autour d'une charnière B (Pl. 27, fig. 3). Sur ces règles sont disposées plusieurs équerres, suivant le nombre des moyennes proportionnelles que l'on cherche : il faut trois équerres pour deux moyennes, quatre pour trois, cinq pour quatre, et ainsi de suite. Chacune de ces équerres touche l'angle de sa voisine, comme on le voit aux points f, g, h, m, o. Les branches dp, fs, gt, hx, my, ou, etc., peuvent glisser sur les règles AB et BC ; par conséquent les autres branches df, fg, dg, hm, etc., étant forcées de se mouvoir, si l'on arrête la première équerre fdp au point d sur la règle BC, en ouvrant l'angle ou le compas ABC, l'équerre pdf fera glisser sa voisine gfs sur la règle AB ; l'équerre gfs chassée chassera l'équelque *hgt* sur la règle BC, et ainsi de suite; de sorte que par le même mouvement toutes ces équerres se poussent et se chassent en même temps, et lorsqu'on ferme entièrement le compas, c'est-à-dire lorsque les deux règles AB et BC se touchent, tous les points *o*, *m*, *g*, *h*, *f*, *d*, viennent se réunir au point *a*.

Pour obtenir à l'aide de cet instrument deux moyennes proportionnelles entre les droites données BD et BM, il suffit de transporter la plus petite BD sur la règle BC de B en *d*, et la plus grande BH, sur la règle AB de B en *h*; ceci fait, on pose l'angle de la première équerre au point *d* où on la fixe, puis on ouvre le compas jusqu'à ce que la troisième équerre *hgf* passe par l'extrémité *h* de la plus grande des deux lignes données; dans cette position, l'instrument montre les deux lignes B*f*, B*g*, qui sont les deux moyennes proportionnelles demandées. Il est facile de voir à l'inspection des triangles rectangles formés par les côtés des équerres et ceux du compas qu'on a

$$B d : B f :: B f : B g :: B g : B h.$$

Si l'on demandait trois moyennes proportionnelles aux deux lignes BD et BM, il faudrait employer quatre équerres; alors on transporterait la plus petite ligne de B en *d*, et la plus grande de B en *m*; on fixerait la première équerre en *d*, et l'on ouvrirait le compas jusqu'à ce que la quatrième équerre passe par l'extrémité *m* de la plus grande B*m* des deux lignes données. Dans cette position, les trois lignes B*f*, B*g*, B*h*, seraient les trois moyennes proportionnelles demandées. Il est évident que cet instrument s'étend à tel nombre de moyennes proportionnelles que l'on voudra.

PROPOSITION. C'est, en mathématiques, une vérité avancée et qui doit être démontrée, ou une opération proposée et qui doit être exécutée. Dans le premier cas, la proposition prend le nom de *théorème*, dans le second celui de *problème*.

PROSTAPHÉRÈSE. (*Ast.*) C'est la même chose que l'*équation du centre*.

PTOLÉMÉE (CLAUDE, Κλαύδιος Πτολεμαῖος). L'antiquité, frappée de l'ensemble majestueux du système complet d'astronomie que présente l'*almageste*, et oubliant le génie et les travaux d'Hipparque, proclama l'auteur de ce livre célèbre le plus grand astronome qui eût jamais existé, et lui décerna souvent dans son admiration le titre de *divin*. Durant de longs siècles, cette opinion fut respectée comme une vérité historique incontestable, et la science demeura renfermée dans l'*almageste*. Sans doute Ptolémée a été loué avec trop d'exagération, sans doute ses travaux ont été acceptés long-temps avec trop de confiance comme le dernier et

le plus sublime effort de l'esprit humain dans la science astronomique; mais les progrès étonnans qui ont détruit ses principales hypothèses ne sauraient entièrement le dépouiller de sa gloire, et le système astronomique auquel son nom est attaché n'en demeure pas moins l'œuvre la plus ingénieuse et la plus admirable qu'on puisse considérer en dehors de la vérité. La critique historique a également objecté avec raison que ce système n'était point la pensée unique et spontanée de Ptolémée, mais au contraire le résultat des travaux et des recherches de toute l'antiquité; on ne peut cependant dénier à ce grand homme l'honneur de quelques découvertes importantes que nous allons signaler, et d'ailleurs il aurait toujours rendu à la science un éminent service, et son mérite serait encore incomparable quand il n'aurait fait que coordonner les travaux des astronomes qui l'avaient devancé, en en formant un grand tableau systématique qui a servi de base à la science durant quatorze siècles! Ptolémée doit donc apparaître dans l'histoire de la science comme un de ces beaux et rares génies dont les erreurs mêmes ne peuvent atténuer l'éclat.

On a cru long-temps que Ptolémée était né à Péluse; d'après le témoignage de quelques anciens écrivains, on s'accorde aujourd'hui à penser, sans cependant l'affirmer, qu'il était né à Ptolémaïde, en Égypte, et qu'il vécut dans le milieu du second siècle de notre ère. Mais outre qu'il reste encore quelques incertitudes sur le lieu véritable de sa naissance, il est impossible d'en déterminer l'époque précise, non plus que celle de sa mort. Ce n'est pas une des singularités les moins frappantes de l'histoire, que l'absence complète de tous les renseignemens biographiques sur un homme dont la célébrité a été si grande. Aussi ses travaux nous occuperont-ils plus que les événemens de sa vie; mais nous croyons devoir surtout nous attacher à donner une idée précise de son système du monde, et nous suivrons l'exposition claire et remarquable qui en a été faite par le savant Laplace.

Une des découvertes les plus importantes de Ptolémée est celle de l'évection de la lune. Avant Hipparque, on n'avait considéré les mouvemens de cet astre que relativement aux éclipses, dans lesquelles il suffisait d'avoir égard à son équation du centre, surtout en supposant avec cet astronome l'équation du centre du soleil plus grande que la véritable, ce qui remplaçait en partie l'équation annuelle de la lune. Il paraît qu'Hipparque avait reconnu que cela ne représentait plus le mouvement de la lune dans ses quadratures, et que les observations offraient à cet égard de grandes anomalies. Ptolémée suivit avec soin ces anomalies, il en détermina la loi, et il en fixa la valeur avec beaucoup de précision. Pour les représenter, il fit mouvoir la lune sur un épicycle porté par un excentrique dont le centre tournait autour de la terre, en sens contraire du mouvement de l'épicycle.

Ce fut dans l'antiquité une opinion générale, que le mouvement uniforme et circulaire, comme le plus parfait, devait être celui des astres. Cette erreur s'est maintenue jusqu'à Keppler qu'elle arrêta pendant long-temps dans ses recherches. Ptolémée l'adopta: et plaçant la terre au centre des mouvemens célestes, il essaya de représenter leurs inégalités dans cette hypothèse. Que l'on imagine en mouvement, sur une première circonférence dont la terre occupe le centre, celui d'une circonférence sur laquelle se meut le centre d'une troisième circonférence, et ainsi de suite jusqu'à la dernière que l'astre décrit uniformément. Si le rayon d'une de ces circonférences surpasse la somme des autres rayons, le mouvement apparent de l'astre autour de la terre sera composé d'un moyen mouvement uniforme et de plusieurs inégalités dépendantes des rapports qu'ont entre eux les rayons des diverses circonférences et les mouvemens de leurs centres et de l'astre. On peut donc, en les multipliant et en déterminant convenablement ces quantités, représenter toutes les inégalités de ce mouvement apparent. Telle est la manière la plus générale d'envisager l'hypothèse des épicycles et des excentriques, car un excentrique peut être considéré comme un cercle dont le centre se meut autour de la terre avec une vitesse plus ou moins grande, et qui devient nulle s'il est immobile. Les géomètres avant Ptolémée s'étaient occupés des apparences du mouvement des planètes dans cette hypothèse, et l'on voit dans l'almageste que le grand géomètre Apollonius avait déjà résolu le problème de leurs stations et de leurs rétrogradations. Ptolémée supposa le soleil, la lune et les planètes en mouvement autour de la terre dans cet ordre de distance : la Lune, Mercure, Vénus, le Soleil, Mars, Jupiter et Saturne. Chacune des planètes supérieures au soleil était mue sur un épicycle dont le centre décrivait autour de la terre un excentrique dans un temps égal à celui de la révolution de la planète. La période du mouvement de l'astre sur l'épicycle était celle d'une révolution solaire, et il se trouvait toujours en opposition au soleil lorsqu'il atteignait le point de l'épicycle le plus près de la terre. Rien ne déterminait dans ce système la grandeur absolue des cercles et des épicycles; Ptolémée n'avait eu le soin que de connaître le rapport du rayon de chaque épicycle à celui du cercle décrit par son centre. Il faisait mouvoir pareillement chaque planète inférieure sur un épicycle dont le centre décrivait un excentrique autour de la terre; mais le mouvement de ce point était égal au mouvement solaire, et la planète parcourait son épicycle pendant un temps qui, dans l'astronomie moderne, est celui de sa

révolution autour du soleil; la planète était toujours en conjonction avec lui, lorsqu'elle parvenait au point le plus bas de son épicycle. Rien ne déterminait encore ici la grandeur absolue des cercles et des épicycles; les astronomes antérieurs à Ptolémée étaient partagés sur les rangs de Mercure et de Vénus dans le système planétaire. Les plus anciens dont il suivit l'opinion les mettaient au-dessous du soleil; les autres plaçaient les astres au-dessus; enfin quelques Égyptiens les faisaient mouvoir autour du soleil.

Telles sont les hypothèses auxquelles on a donné le nom de *système de Ptolémée*. Il n'est pas de notre sujet d'entrer ici dans la discussion dont elles ont été l'objet tant de fois, ni de démontrer combien il eût été facile en apportant quelques modifications à ce système, telles, par exemple, que l'hypothèse des Égyptiens, d'en reconnaître les erreurs et de se rapprocher davantage du véritable système du monde. Les successeurs de Ptolémée se contentèrent de rectifier par de nouvelles observations les élémens déterminés par cet illustre astronome sans rien changer à ses hypothèses. L'almageste contenait en outre la description de tous les instrumens nécessaires à l'observation des astres : cet ouvrage, qui renfermait ainsi l'histoire de la science, et la science de ces temps tout entière, est le mouvement scientifique et littéraire le plus précieux que l'antiquité nous ait légué.

Ptolémée confirma le mouvement des équinoxes découvert par Hipparque, et outre l'almageste il a écrit d'autres ouvrages qui ne nous sont pas tous parvenus. Il a rendu de grands services à la géographie en rassemblant toutes les déterminations de longitude et de latitude des lieux connus, et en jetant les fondemens de la méthode des projections pour la construction des cartes géographiques. Il a fait un traité d'optique dans lequel il expose avec étendue le phénomène des réfractions astronomiques. On lui attribue encore la composition de divers ouvrages sur la musique, la chronologie, la gnomonique et la mécanique. En considérant la nature et l'étendue des travaux de Ptolémée, il est impossible de ne pas lui assigner un rang distingué dans l'histoire de la science, et de s'étonner de l'enthousiasme dont sa personne et ses écrits ont été si long-temps l'objet. Nous l'avons dit en commençant, on ne sait rien de positif sur la vie de Ptolémée; il résulte seulement d'un écrit philosophique qui lui est attribué, et qui a été traduit et publié par Boulliau (*Traité du jugement et de l'empire de l'ame*, Paris, 1660) que ce grand homme demeura quarante ans dans les *Pières* ou ailes du temple de Canope, et qu'il y grava sur des colonnes les résultats de tous ses travaux avec cette inscription : *Au dieu sauveur, Claude Ptolémée consacre ses élémens et ses hypothèses mathématiques. Les* ouvrages de Ptolémée ont été traduits dans toutes les langues et réimprimés souvent. Nous citerons ici les éditions les plus estimées des principaux d'entre eux, à part le plus considérable de tous, auquel nous avons consacré un article spécial. (*Voy.* ÉCOLE D'ALEXANDRIE et ALMAGESTE.) I. *Ptolemæi opera omnia, præter geographiam latine versâ.* Bâle, 1541, in-folio. L'omission exprimée dans le titre n'est pas la seule qu'on remarque dans cette collection, où ne se trouve ni le *Planisphère* ni l'*Analemme*. II. *Ptolemæus de annalemmate, cum Frederici commandini commentario.* Rome, 1562, in-4, *ib.* 1572, in-4. III. *Ptolemæus planispherium, sphera atque astrorum cœlestium ratio, natura et motus.* Bâle-Venise, 1536-1558. IV. *Ptolemæi de hypothesibus planetarum, procli sphæra.* Londres, 1620, in-4. V. *Ptolemæi liber de apparentiis inerrantium.* Paris, 1630, in-folio. VI. *Geographia.* Amsterdam, 1618, in-folio, avec les cartes de Mercator. Lyon, 1535.

PUISSANCE. (*Alg.*) (*Voy.* ELÉVATION AUX PUISS.)

PUISSANCE. (*Méc.*) Force capable de soutenir ou de vaincre un effort. Les mots *force* et *puissance* ont à peu près la même acception en mécanique, seulement le mot *force* désigne plus généralement toute cause de mouvement, tandis que le mot *puissance* désigne une force appliquée à une machine. Les *puissances* sont ordinairement des hommes, des chevaux, des poids, etc.

Une *puissance*, comme toute force en général, se mesure par son effet ou par la quantité de mouvement qu'elle produit. (*Voy.* FORCE, MOUVEMENT et MACHINE.)

On donnait jadis le nom de PUISSANCES MÉCANIQUES aux six machines simples, le *levier*, le *plan incliné*, la *poulie*, le *coin*, la *vis* et le *treuil*. Cette dénomination inexacte n'est plus employée dans les ouvrages modernes.

PURBACH (ou plutôt PEURBACH GEORGES), le maître et l'ami du célèbre Jean-Muller (Regiomontanus) et l'un des restaurateurs des sciences mathématiques au quinzième siècle, naquit en Allemagne, dans un village dont il prit le nom, en 1423. Il fut le disciple de Jean de Gmunden qui enseignait l'astronomie dans l'université de Vienne; mais le disciple a fait oublier le maître. Le jeune Purbach puisa néanmoins dans ses leçons le goût qu'il eut toujours pour cette branche de la science. Après un voyage en Europe, entrepris dans le but de profiter des connaissances de ceux qui cultivaient l'astronomie, Purbach revint à Vienne, où il succéda à son maître. Sa renommée était dès-lors assez grande pour qu'il fût sollicité d'occuper les chaires de Bologne et de Padoue; mais les bienfaits de l'em-

pereur Frédéric III le fixèrent à Vienne. Deux choses parurent alors importantes au jeune professeur pour tirer la science astronomique de l'état où elle se trouvait après tant de siècles d'ignorance et de barbarie: l'exposition d'une bonne théorie du système de l'univers, et des observations faites avec plus de soins et de précision, dans le but de confirmer ou de corriger les hypothèses des anciens; car déjà l'esprit de critique et d'investigation se faisait jour dans quelques grandes écoles de l'Europe, et annonçait une ère de rénovation et de progrès. En conséquence, Purbach entreprit de donner une version plus exacte de l'almageste, le meilleur ou plutôt le seul grand ouvrage systématique qu'on possédât alors sur l'astronomie. Ce fut à cette époque que le jeune Jean Muller vint à Vienne, et fut accueilli par Purbach comme celui-ci l'avait été par Jean Gmunden. Il est difficile de séparer les noms de ces deux hommes de génie qu'une mort imprévue enleva tous deux, si jeunes encore, à la science, qu'ils remirent dans la voie du progrès, et à la gloire de proclamer le vrai système du monde que leurs communs travaux devaient infailliblement leur faire découvrir. En effet, déjà Purbach avait imaginé de nouveaux instrumens et rectifié ceux qui avaient servi aux observations des anciens. Déjà il avait tiré de grands avantages de sa manière d'observer, et il avait pu corriger diverses parties des hypothèses de Ptolémée, en introduisant de nouvelles équations dans les mouvemens des planètes. Il avait mesuré plus exactement les lieux des fixes dont la connaissance est si nécessaire pour les mouvemens célestes. Enfin il avait dressé plusieurs tables pour aider les astronomes dans leurs calculs.

Purbach fut encore l'auteur de plusieurs inventions gnomoniques, on lui doit aussi la production d'un instrument connu dans la géométrie pratique sous le nom de *quarré géométrique*: il paraît être le premier qui ait employé le fil à plomb pour marquer les divisions d'un instrument. On a vu ailleurs (*voy.* MULLER) que Purbach, cédant enfin aux instances du cardinal Bessarion, était sur le point de partir pour Rome avec Regiomontanus, afin de s'y perfectionner dans la langue grecque, et de pouvoir donner une version plus exacte de l'almageste. Regiomontanus fit seul ce voyage, Purbach mourut tout-à-coup à Vienne, en 1461. On lui éleva dans cette ville un tombeau dont l'épitaphe atteste les regrets que causèrent sa perte, en rappelant les nobles espérances qui se rattachaient à son talent. On a de Purbach: *Theoricæ novæ planetarum, cum notis Reinoldi* etc., 1580, in-8. — Quelques *observations d'éclipses*, que Willebrord Snellius a publiées; des *tables des éclipses* pour le méridien de Vienne (1514). — Un livre du *quarré géométrique* (1514). A la suite de sa table des éclipses se trouve le catalogue des manuscrits qu'il a laissés. Gassendi a écrit la vie de Purbach.

PYRAMIDAUX. (*Alg.*) Nombres pyramidaux. Ce sont des nombres formés par les sommes des nombres polygones, comme ceux-ci sont formés par les sommes des nombres en progression arithmétique. (*Voy.* Polygone.)

Soit, par exemple, la suite des nombres triangulaires,

$$1, 3, 6, 10, 15, 21, 28, 36, \text{etc.},$$

en formant les sommes successives de 1, 2, 3, 4, etc. termes, on a la suite

$$1, 4, 10, 20, 35, 56, 84, 120.$$

de *nombres pyramidaux*.

On nomme en particulier *triangulaires pyramidaux*, *carrés pyramidaux*, *pentagones pyramidaux*, etc., les nombres engendrés par les nombres *triangulaires*, *carrés*, *pentagones*, etc. Mais généralement on appelle du nom simple de *pyramidaux* les nombres ci-dessus 1, 4, 10, etc., formés par l'addition des nombres triangulaires, 1, 3, 6, etc. Le terme général de cette suite est

$$\frac{n(n+1)(n+2)}{1.2.3}.$$

(*Voy.* Figuré, Polygone et Progression.)

PYRAMIDE. (*Géom.*) Solide, ayant pour base un polygone quelconque, et dont toutes les autres faces sont des triangles qui concourent dans un seul point nommé le sommet de la *pyramide*.

Telle est (Pl. 54, fig. 6) la *pyramide* SABCDE, ayant pour base le pentagone ABCDE, et pour sommet le point S.

La perpendiculaire SF abaissée du sommet sur le plan de la base est la *hauteur* de la pyramide.

Une pyramide est dite *triangulaire* (Pl. 54, fig. 7), *quadrangulaire* (Fig. 11), *pentagonale* (Fig. 6, 8 et 9), *hexagonale*, etc., etc., selon le nombre des côtés de sa base. Elle est *régulière*, lorsqu'ayant pour base un polygone régulier, sa hauteur, ou la perpendiculaire abaissée de son sommet, tombe sur le centre de ce polygone.

Les principales propriétés des pyramides sont :

1. Une pyramide quelconque est le tiers d'un prisme de même base et de même hauteur.

2. Deux pyramides de même base et de même hauteur sont équivalentes.

3. La section d'une pyramide par un plan parallèle à sa base est un polygone semblable à cette base. Les aires de la base et de la section sont entre elles comme les carrés de leurs distances au sommet.

4. Les pyramides qui ont des bases équivalentes sont entre elles comme leurs hauteurs.

5. Les pyramides de même hauteur sont entre elles comme leurs bases.

6. Deux pyramides quelconques sont entre elles comme les produits de leurs bases par leurs hauteurs.

7. Le *volume* d'une pyramide est équivalent au produit de l'aire de sa base par le tiers de sa hauteur.

8. La surface d'une pyramide régulière, sans y comprendre la base, est équivalente à la moitié du produit du périmètre de sa base par son apothème.

On nomme *apothème* d'une pyramide régulière la droite menée perpendiculairement du sommet commun à la base dans une face triangulaire.

9. Toute pyramide triangulaire peut être inscrite dans une sphère.

10. On nomme *pyramide tronquée* la portion d'une pyramide comprise entre sa base et un plan qui la coupe parallèlement à cette base.

Si l'on désigne par A l'aire de la base, par *a* l'aire de la section, et par *h* la hauteur de la section au-dessus de la base, le volume de la pyramide tronquée est représenté par la formule

$$\frac{1}{3}\left[A + \sqrt{Aa} + a\right] h.$$

(*Voy.* Solide.)

PYRAMIDOÏDE. (*Géom.*) Solide ressemblant à une pyramide.	4

PYTHAGORE. Les travaux de cet illustre philosophe signalent une époque remarquable dans l'histoire de l'esprit humain. Néanmoins aucun de ses ouvrages, si toutefois il en a jamais écrit, n'est venu jusqu'à nous; sa biographie même a été le sujet des dissentimens les plus vifs parmi les écrivains de l'antiquité, soit qu'ils appartinssent à des écoles rivales, soit qu'ils fussent attachés à ses doctrines, déjà cependant modifiées ou perverties par l'esprit de secte. La mémoire des nations, la tradition plus fidèle à ce beau génie, nous a heureusement transmis avec le souvenir des actes principaux de sa vie, celui des découvertes scientifiques qui lui sont communément attribuées et qui certainement prirent naissance au sein de l'illustre école d'Italie, dont il fut le fondateur. D'ailleurs les anciens historiens n'étaient peut-être pas à même de comprendre la mission de Pythagore, car tel est le nom qu'il convient de donner au passage sur la terre de ces hommes privilégiés qui paraissent n'être venus que pour indiquer au monde des voies nouvelles, en donnant une forme rationnelle aux vagues pressentimens de l'avenir qui doivent agiter les sociétés dans l'enfance. Il est remarquable que dans l'âge historique de la *fatalité* (*voy.* l'INTRODUCTION) toutes les tentatives qui ont pour objet la vérité ont un caractère d'individualité qui en atténue la puissance ; et ce n'est que lentement que les préjugés se retirent devant elles, et que le germe de progrès qu'elles contenaient se développe dans l'humanité. En laissant de côté la prétendue civilisation de l'Égypte et de l'Inde, dont l'histoire est mêlée à tant de fables, Pythagore doit être considéré comme le premier sage de l'ancien monde qui ait apporté, dans la morale comme dans la science, un principe supérieur, qui dans l'une a été confirmé par le christianisme, dans l'autre par d'étonnantes découvertes. En effet, la plus simple expression de ses doctrines est la philosophie, le spiritualisme et l'abstraction ou l'infini dans la science des nombres et celle de l'étendue. Pourquoi ces sublimes doctrines ne sont-elles pas devenues, comme la législation de Moïse, la base absolue de la croyance et du savoir, chez les nations déjà éclairées où elles furent produites ? La solution de cette question, comme les considérations qui nous ont amenés à la poser, appartiennent à la philosophie de l'histoire ; nous ne pouvons que les énoncer ici. (*Voy.* GÉOMÉTRIE et PHILOSOPHIE DES MATHÉMATIQUES.)

On ignore l'époque précise de la naissance de Pythagore, mais il résulte de toutes les controverses auxquelles cette question historique a donné lieu que ce grand homme vivait vers la fin du sixième siècle avant J.-C. Les témoignages de l'antiquité diffèrent également sur le lieu où il naquit, mais la plus commune opinion est qu'il reçut le jour à Samos. Cette île était alors dans un état florissant ; elle étendait au loin ses relations commerciales, et il est permis de croire que ce fut d'abord en accompagnant Mnésarque, son père, qui exerçait le négoce, que Pythagore contracta le goût des voyages qu'il entreprit depuis dans un but plus élevé. Sans doute, doué comme il l'était d'un esprit élevé, d'un amour ardent pour la vérité, possédant toute l'instruction qu'il était alors permis d'acquérir, Pythagore dut profiter, dans ses longs et nombreux pélerinages, d'une foule de connaissances qu'il trouva chez des peuples plus anciens en civilisation que ses compatriotes. Mais il serait absurde d'attribuer à cette source les idées philosophiques et les découvertes dans l'arithmétique, la géométrie et l'astronomie qui n'appartiennent qu'à son génie. La science ne se perd pas ;

ce produit de la raison humaine survit aux civilisations mêmes qui le virent se constituer sous sa forme systématique. Ce qui nous est resté de la science des Chaldéens, des Égyptiens et des anciens Indiens, ne permet pas de penser que Pythagore y ait puisé les connaissances auxquelles il doit son immortalité. (*Voy.* ASTRONOMIE 1. 2.) Quoi qu'il en soit, de retour dans sa patrie, Pythagore enseigna quelque temps à Samos la géométrie et l'arithmétique, et il passa ensuite dans la grande Grèce où il établit cette école à jamais célèbre, dont l'organisation a plus d'un rapport avec les monastères des premiers siècles du christianisme. Sa réputation de sagesse et de savoir, lui attira une foule de disciples qui devinrent les législateurs et les chefs des états florissans de cette partie de l'Europe. Les vérités mathématiques formaient la branche la plus essentielle de l'enseignement de Pythagore. A part la découverte de la propriété du triangle rectangle, c'est-à-dire la démonstration du carré de l'hypothénuse, on attribue avec raison à ce philosophe une foule de théories alors nouvelles, en géométrie, dont la vulgarisation a singulièrement contribué aux progrès de la science. Il résulte des différens rapports des écrivains de l'antiquité qui nous ont transmis ses opinions, qu'il avait les idées les plus justes sur les points fondamentaux de l'astronomie : ainsi il enseignait à ses disciples la distribution de la sphère céleste, l'obliquité de l'écliptique, la sphéricité de la terre et celle du soleil, la cause de la lumière de la lune, celle des éclipses de ces deux astres, et enfin le mouvement de la terre. Pythagore apprit encore à ses disciples à regarder comme des astres aussi anciens que l'univers, qui font leur révolution autour du soleil, les comètes, objet de terreur pour le vulgaire. Il faut reconnaître que quelques unes de ces idées, déjà avancées par Thalès, ne peuvent être considérées comme des découvertes de Pythagore, mais acceptées par lui et faisant partie d'un système complet : elles déposent du moins de la perspicacité de ce grand homme et de son amour pour la vérité. Pythagore et l'école qu'il a fondée attachèrent sans doute une importance presque puérile à l'influence des nombres ; mais les découvertes importantes et réelles qui leur sont dues doivent faire oublier ces doctrines mystiques qu'on leur reproche et dont d'ailleurs nous ne pouvons aujourd'hui bien apprécier la véritable portée ; aussi les meilleurs esprits n'y ont-ils vu que des emblèmes dont nous avons perdu l'explication. Pythagore détermina les rapports mathématiques des intervalles musicaux, et donna ainsi naissance, dit Montucla, à une quatrième branche des mathématiques, c'est-à-dire, à la musique. On sait qu'il exista dès-lors deux sectes de musiciens dont l'une, qui reconnaissait Pythagore pour chef, se distinguait par cette détermination calculée de l'harmonie des sons de l'autre, à la tête de laquelle se place Aristoxène, qui prétendait au contraire que les sons étaient seuls juges des rapports harmoniques.

Les incertitudes qui règnent sur la naissance de Pythagore se reproduisent au sujet de sa mort; on sait seulement qu'elle arriva vers l'an 500 avant J.-C. Quelques historiens justifient, sans le vouloir, ce grand homme d'avoir enveloppé la vérité de voiles qui ont fini par la dérober entièrement aux regards des peuples, en assurant que, malgré cette réserve, on s'alarme des innovations qu'il introduisait, des vérités hardies et contraires aux croyances religieuses de son temps qu'il exposait, et que de son vivant il vit éclater la persécution qui s'attacha à son école. Suivant quelques auteurs, Pythagore eut pour épouse Théano, célèbre elle-même dans l'histoire de la philosophie; suivant d'autres, elle était sa fille. On cite, parmi ses fils, Télange, qui fut le maître d'Empedocle, et Arimneste, qui fut celui de Démocrite. (*Voy. l'Hist. de la Philosophie* de Buhle, et celle de Tenneman.)

PYTHÉAS, de Marseille, astronome et géographe de l'antiquité, et le premier qu'aient produit les Gaules, vivait vers le commencement du quatrième siècle avant Jésus-Christ. On sait, à n'en point douter, que, par ordre des magistrats de sa patrie il entreprit un voyage vers le Nord; la description qu'il fit de l'île qu'il appelait Thulé, description dont Pline et Strabon nous ont conservé quelques fragmens, prouve qu'il a visité les côtes de l'Islande. Mais tout ce qu'on rapporte des autres travaux de Pythéas se réduit à des conjectures fondées sur des rapports inexacts ou incomplets de quelques anciens écrivains. Ainsi, suivant Cléomède, astronome contemporain de Posidonius, Pythéas serait l'auteur d'une observation remarquable de la hauteur du soleil au solstice d'été, faite à Marseille à l'aide d'un gnomon d'une hauteur considérable. Cette observation a d'ailleurs de la célébrité pour avoir servi aux astronomes modernes à démontrer la diminution de l'obliquité de l'écliptique, avant que ce phénomène eût été constaté. Suivant Hipparque, cité à ce sujet par Strabon, ce fut Pythéas qui enseigna le premier aux Grecs que l'étoile polaire n'était pas au pôle même, et qui leur donna des indications plus exactes sur la situation de cette étoile. Enfin, suivant Plutarque et Pline, Pythéas serait le premier astronome qui aurait reconnu la liaison qui existe entre le phénomène des marées et le mouvement de la lune. On attribuait dans l'antiquité à Pythéas la composition de plusieurs écrits; celui de tous, dont on doit le plus regretter la perte, est sans contredit la narration de son voyage maritime qui serait aujourd'hui d'un grand intérêt pour l'histoire de la géographie. (*Voy.* Gnomon.)

Q.

QUADRANGLE. (*Géom.*) Nom par lequel les anciens désignaient une figure rectiligne qui a quatre angles et quatre côtés. Une telle figure se nomme aujourd'hui un *quadrilatère.* (*Voy.* ce mot.)

QUADRANGULAIRE. (*Géom.*) Se dit, adjectivement, d'une figure qui a quatre angles.

QUADRATIQUE. (*Alg.*) Équation quadratique. C'est ce que l'on nomme simplement aujourd'hui *équation du second degré.*

La forme générale d'un telle équation est

$$A_0 x^2 + A_1 x + A_2 = 0$$

(*Voy.* Équation, 5.) En divisant les deux membres par A_0 et faisant $\frac{A_1}{A_0} = A$, $\frac{A_2}{A_0} = B$, on ramène cette forme à la suivante non moins générale (*m*)

$$x^2 + Ax + B = 0,$$

dont le premier nombre doit être équivalent au produit de deux facteurs du premier degré $x-a$, $x-b$, d'après ce qui a été démontré au mot Équation, 15, c'est-à-dire que l'égalité (*m*) entraîne l'égalité correspondante (*n*)

$$(x-a)(x-b) = 0$$

dans laquelle a et b sont les *racines* de l'équation du second degré.

Résoudre une équation du second degré c'est trouver les valeurs a et b qui satisfont à cette équation, ou, pour mieux dire, qui, substituées à la place de x dans le premier membre, le réduisent à *zéro.* Il existe trois procédés différens pour arriver à ce résultat.

1. Nous avons vu (Équation, 17) que le premier coefficient A est égal à la somme des racines prise avec un signe contraire, et que le second coefficient B est égal au produit des racines, ou que

$$A = -(a+b)$$
$$B = ab$$

Or, en élevant les deux membres de la première égalité à la seconde puissance et en multipliant par 4 ceux de la seconde, on obtient

$$A^2 = a^2 + 2ab + b^2$$
$$4B = 4ab.$$

Retranchant la seconde égalité de la première, il vient

$$A^2 - 4B = a^2 - 2ab + b^2 = (a - b)^2$$

ce qui donne

$$\sqrt{[A^2 - 4B]} = a - b$$

Ainsi on a donc d'une part

$$a + b = - A$$

et de l'autre

$$a - b = \sqrt{[A^2 - 4B]}$$

Mais quand on connaît la *somme* et la *différence* de deux quantités, on obtient la plus grande de ces quantités en ajoutant la moitié de la différence à la moitié de la somme, et la plus petite, en retranchant la moitié de la différence de la moitié de la somme (*voy.* ÉQUATION, 10); donc nous avons ici

$$a = - \frac{1}{2} A + \frac{1}{2} \sqrt{\left[A^2 - 4B\right]}$$
$$b = - \frac{1}{2} A - \frac{1}{2} \sqrt{\left[A^2 - 4B\right]}$$

Telles sont les expressions générales des valeurs des racines de l'équation du second degré en fonctions des coefficiens de cette équation. Comme a ou b substitués à la place de x dans

$$x^2 + Ax + B = 0$$

réduisent le premier membre à *zéro*, on réunit ces deux valeurs sous la forme (*p*)

$$x = - \frac{1}{2} A \pm \sqrt{\left[A^2 - 4B\right]}$$

En prenant la racine carrée de $A^2 - 4B$, nous aurions dû placer, d'après le principe connu, le double signe $\pm$ devant le radical; mais soit que l'on prenne ici le signe $+$ ou le signe $-$, les valeurs de a et de b ne diffèrent entre elles que par le signe du radical, ce qui ne change rien à la double valeur de x, puisque les racines a et b entrent d'une manière symétrique dans la composition de l'équation.

2. On arrive à l'expression (*p*) par un autre artifice de calcul, en faisant disparaître le second terme Ax de l'équation

$$x^2 + Ax + B = 0$$

ce qui la ramène à la forme

$$x^2 + M = 0$$

sous laquelle une simple extraction de racine carrée suffit pour faire obtenir les deux valeurs de x, car on a immédiatement

$$x^2 = - M, \text{ et } x = \pm \sqrt{- M}.$$

Cette transformation s'effectue en posant

$$x = y - m,$$

y étant une nouvelle inconnue et m une quantité arbitraire qu'on détermine de manière à faire disparaître le second terme de l'équation. En effet, substituons $y - m$ à la place de x, nous aurons

$$(y-m)^2 + A(y-m) + B = 0,$$

et, en développant,

$$\left. \begin{array}{c} y^2 - 2my + m^2 \\ + Ay - Am \\ + B \end{array} \right\} = 0$$

Ainsi, m étant arbitraire, nous pouvons faire $A - 2m = 0$, ce qui réduit l'équation précédente à

$$y^2 + (m^2 - Am + B) = 0,$$

d'où l'on tire

$$y^2 = - m^2 + Am - B, \text{ et } y = \pm \sqrt{[-m^2 + Am - B]}.$$

Mais $A - 2m = 0$ donne $m = \frac{1}{2} A$; substituant cette valeur de m dans celle de y, on trouve

$$y = \pm \sqrt{\left[- \frac{1}{4} A^2 + \frac{1}{2} A^2 - B\right]}$$
$$= \pm \sqrt{\left[\frac{1}{4} A^2 - B\right]}$$
$$= \pm \frac{1}{2} \sqrt{\left[A^2 - 4B\right]}.$$

Donc, puisque $x = y - m = y - \frac{1}{2} A$, on a définitivement

$$x = - \frac{1}{2} A \pm \sqrt{\left[A^2 - 4B\right]}.$$

3. Le troisième procédé de résolution consiste à rendre le premier membre de l'équation un carré parfait, et il est fondé sur les considérations suivantes :

En faisant passer le terme tout connu B dans le second membre, l'équation devient (*q*),

$$x^2 + Ax = - B,$$

et, sous cette forme, le premier membre peut toujours être considéré comme contenant les deux premiers termes de la seconde puissance d'un binome $x + p$, car on a en général,

$$(x+p)^2 = x^2 + 2px + p^2,$$

et, par conséquent, en prenant $p = \frac{1}{2} A$, $x^2 + Ax$ représente $x^2 + 2px$. On complétera donc le carré en ajoutant à $x^2 + Ax$ la quantité p^2 ou $\frac{1}{4} A^2$, ce qui est la même chose. Mais pour ne pas détruire l'égalité (q), il faut ajouter aussi cette quantité à son second membre, et l'on a

$$x^2 + Ax + \frac{1}{4} A^2 = \frac{1}{4} A^2 - B$$

ou

$$\left(x + \frac{1}{2} A\right)^2 = \frac{1}{4} A^2 - B.$$

Prenant la racine carrée des deux membres, il vient

$$x + \frac{1}{2} A = \pm \sqrt{\left[\frac{1}{4} A^2 - B\right]}$$

$$= \pm \frac{1}{2} \sqrt{\left[A^2 - 4B\right]}$$

et, commé ci-dessus,

$$x = -\frac{1}{2} A \pm \frac{1}{2} \sqrt{\left[A^2 - 4B\right]}.$$

4. La valeur des racines de l'équation générale du second degré (r)

$$x^2 + Ax + B = 0$$

est donc donnée par l'expression (s)

$$x = -\frac{1}{2} A \pm \frac{1}{2} \sqrt{\left[A^2 - 4B\right]}$$

et il suffit, pour obtenir ces racines, de substituer dans (s) les valeurs données des quantités A et B, et de réaliser ensuite les opérations indiquées. L'exemple suivant est suffisant pour montrer la marche des calculs.

Déterminer deux nombres dont la somme soit 10 et le produit 24. Si nous désignons par x l'un de ces nombres, l'autre sera $10 - x$, et nous aurons par la nature du problème

$$x.(10 - x) = 24 \text{, ou } 10x - x^2 = 24,$$

ce qui, ramené à la forme (r), nous donne l'équation

$$x^2 - 10x + 24 = 0;$$

comparant avec (r), nous avons $A = -10$, $B = 24$, et par suite

$$x = \frac{10}{2} \pm \frac{1}{2} \sqrt{\left[100 - 4.24\right]} = 5 \pm 1.$$

Les deux valeurs 6 et 4 doivent donc satisfaire à la question proposée. En effet, comme leur somme est 10, elles sont elles-mêmes les deux nombres demandés dont le produit est 24.

5. En discutant les valeurs que peut donner l'expression (s), d'après celles des coefficiens A et B, on trouve facilement 1° que les deux racines sont toujours réelles et inégales si B est négatif ou, dans le cas de B positif, si $4B$ est plus petit que A^2; 2° que les deux racines sont *imaginaires* si, B étant positif, on a $4B > A^2$; et 3° que les deux racines sont réelles et égales si le radical disparaît ou si, B étant positif, on a $A^2 = 4B$. Nous ne nous arrêterons pas à cette analyse qu'on trouve dans tous les ouvrages élémentaires.

QUADRATRICE. (*Géom.*) Nom donné à différentes courbes transcendantes dont la plus ancienne et la plus remarquable est celle qui fut inventée par Dinostrate, pour la quadrature du cercle.

Si l'on divise le quart ac d'une circonférence de cercle (Pl. 54, fig. 5) en plusieurs parties égales as, sg, gr, vu, et uc, et qu'ayant mené de chaque point de division un rayon au centre b du cercle, on divise le rayon ab en un même nombre de parties égales ad, dl, lk, kr, et rb; les parallèles au rayon bc, menées par les points d, i, k, r de ces dernières divisions, couperont les rayons bs, bg, bc, bu en des points m, n, p, q, qui appartiendront à la *quadratrice de Dinostrate.*

D'après cette construction, l'arc as est au quart de circonférence asc comme l'abscisse ad est au rayon ab; faisant donc l'arc $as = z$, le quart de circonférence $asc = a$, l'abscisse $ad = x$, et le rayon $ab = r$, nous aurons

$$z : a :: x : r,$$

d'où

$$rz = ax$$

équation de la quadratrice.

Pour trouver le point o où la quadratrice coupe le rayon bc, supposons br infiniment petit; l'arc uc sera aussi infiniment petit et pourra être considéré comme une partie infiniment petite de la tangente au point c; alors les triangles rqb et ucb seront semblables et donneront

$$bc : rq :: uc : br$$

mais en supposant br infiniment petit on a $rq = bo$; donc

$$bc : bo :: uc : br$$

De plus, par la nature de la courbe

donc

$$\acute{u}c : \acute{b}r :: asc : ab,$$

$$\acute{b}c : \acute{b}o :: asc : \acute{a}b$$

ou

$$r : bo :: a : r$$

ce qui donne

$$bo = \frac{r^2}{a},$$

c'est-à-dire que *bo* est troisième proportionnelle au quart de la circonférence et au rayon.

Ainsi, si l'on pouvait trouver géométriquement le point *o*, on trouverait aussi géométriquement la longueur du quart de la circonférence, et en quadruplant on aurait la longueur de la circonférence entière, d'où dépend la *quadrature du cercle* (*voy.* ce mot). Mais cela est impossible, car en supposant *rq* infiniment proche de *bc*, cette droite ne peut couper le rayon *bu* lorsque le point *u* se confond avec le point *c*, parce que *rq* étant parallèle à *bc* est alors parallèle à *bu*, ou plutôt parce que *rq* se confond alors avec *bu* et *bc*.

En tirant par le point *s*, *sx*, perpendiculaire au rayon *ab*, on a deux triangles semblables qui donnent

$$bx : bs :: bd : bm,$$

mais $bx = \cos z$ et $bd = r - x$; ainsi cette proportion, en faisant $bm = y$, est la même chose que

$$\cos z : r :: r - x : y$$

d'où l'on tire

$$y = \frac{r(r - x)}{\cos z},$$

substituant à la place de *x* sa valeur $\frac{rz}{a}$ tirée de l'équation (*a*), on obtient définitivement cette autre équation de la quadratrice

$$y = \frac{(a - z)r^2}{a \cos z}.$$

Lorsqu'on fait dans cette équation $z = a$, *y* devient égal à *bo*, et comme alors $a - z = 0$ et $\cos z = 0$, ce qui donne

$$y = \frac{0}{0} :$$

il faut, pour trouver la valeur de *y*, différentier les deux termes de la fraction. (*Voy.* Diff., 47) On obtient de cette manière

$$\frac{(a - z)r^2}{a \cos z} = \frac{-dz \cdot r^2}{-a \sin z \cdot dz} = \frac{r^2}{a \sin z}$$

et par conséquent en faisant $z = a$, d'où $\sin z = 1$,

$$y \text{ ou } bo = \frac{r^2}{a}$$

comme nous l'avons trouvé ci-dessus.

QUADRATURE. (*Géom.*) Transformation d'une figure géométrique en un carré qui lui soit équivalent ou, plus généralement, mesure de la surface d'une figure géométrique quelconque.

La *quadrature* des figures rectilignes se réduit à décomposer ces figures en triangles. La somme des aires des triangles qui composent une figure est égale à l'aire de la figure, que l'on peut d'ailleurs transformer toujours en un carré équivalent par les procédés de la géométrie élémentaire (*voy.* Aire). Nous avons donné au mot Polygonométrie l'expression de l'aire d'un polygone quelconque.

La *quadrature* des figures curvilignes est un des objets de la géométrie dite *analytique*. Quoique les anciens aient fait un grand nombre de recherches sur cette matière, particulièrement pour la *quadrature du cercle*, comme ils n'avaient aucune méthode générale pour aborder ces questions transcendantes, leurs découvertes se bornent presque exclusivement à la quadrature de la parabole obtenue par Archimède; ce n'est que vers le milieu du xviie siècle que Wren, Brouncker, Huygens et Neil trouvèrent les moyens de quarrer divers espaces curvilignes, et que Mercator, ramenant ce problème au calcul algébrique, eut la gloire de donner, le premier, la série qui exprime en même temps la quadrature de l'hyperbole et la valeur des logarithmes naturels. Il paraît probable que Newton avait déjà appliqué son calcul des fluxions à la quadrature des courbes avant les découvertes de Mercator, mais la priorité de la publication appartient à ce dernier.

Depuis le pas immense que la découverte du calcul différentiel a fait faire à la science des nombres, toutes les méthodes particulières ont été remplacées par une méthode générale aussi simple qu'élégante, dont nous allons donner l'exposition.

1. Si nous désignons par S l'aire d'une figure quelconque, le problème général des *quadratures* se réduit à trouver la différentielle de S, car cette différentielle étant connue, en l'intégrant, on obtient la valeur de S, puisque

$$\int [dS] = S$$

(*voy.* Diff., 49); *d*S est ce qu'on nomme *l'élément* de l'aire.

Pour obtenir cette différentielle, considérons l'espace APQ (Pl. 55, fig. 5) compris entre l'abscisse AP, l'ordonnée PQ et la portion AQ d'une courbe quelconque; si l'abscisse $AP = x$ croît d'une quantité PP', que nous supposerons infiniment petite ou égale à *dx*, l'ordonnée PQ $= y$ deviendra P'Q' $=$ P'm $+$ mQ $= y$ $+ dy$, et l'aire APQ $=$ S croîtra du trapèze *élémentaire* PQQ'P'; c'est donc ce trapèze qui est l'*élément* ou la différentielle de l'aire S. Or, l'aire d'un trapèze (*voy.* AIRE, IV) est égale à la moitié du produit de sa hauteur par la somme de ses bases parallèles; nous avons donc ici

$$dS = \frac{1}{2}\left[PQ + P'Q'\right] \times PP'$$
$$= \frac{1}{2}\left[y + y + dy\right]dx$$
$$= ydx + \frac{1}{2}\,dydx$$

et, par conséquent,

(a)............$dS = ydx$

puisque $\frac{1}{2}\,dydx$ est une quantité infiniment petite du second ordre qui n'a aucune valeur comparable avec la quantité infiniment petite du premier ordre ydx.

En intégrant les deux termes de l'égalité (a) on obtient

I............ $S = \int ydx + C$

C désignant une constante arbitraire que la nature de chaque problème particulier donne les moyens de déterminer.

Ainsi, pour quarrer une figure curviligne quelconque, il suffit de tirer de l'équation de la courbe la valeur de y, de la substituer dans l'expression (1) et d'intégrer. Nous éclaircirons plus loin cette méthode par des exemples.

2. Nous avons supposé, dans ce qui précède, les coordonnées rectangulaires, ce qui est généralement suffisant puisqu'on peut toujours transformer un système quelconque de coordonnées en coordonnées rectangulaires; mais il est utile dans certains cas particuliers d'avoir la différentielle de l'aire en coordonnées obliques ou polaires et nous devons, avant de passer aux applications, chercher les expressions de cette différentielle.

Soit donc APQ (Pl. 55, fig. 6) une aire comprise entre les coordonnées obliques AP, PQ et la portion de courbe AQ, et soit ω l'angle QPX que font entre elles ces coordonnées. Lorsque AP croît de PP' $= dx$, l'aire APQ croît du trapèze PP'Q'Q, lequel est composé du parallélogramme QPP'm et du triangle QmQ', nous avons donc

$$dS = QPP'm + QmQ'$$

mais l'aire du parallélogramme QPP'm est égale au oduit des côtés PQ et PP' multiplié par le sinus de

l'angle de ces côtés (*voy.* TRIGONOMÉTRIE), c'est-à-dire qu'on a

$$QPP'm = PQ \times PP' \sin\omega = ydx.\sin\omega;$$

et l'aire du triangle QmQ' est égale au produit de ses côtés Qm et mQ' multiplié par le sinus de l'angle QmQ', supplément de l'angle ω. Nous avons donc ici

$$dS = ydx.\sin\omega + dydx.\sin\omega$$

ou, simplement,

(b).....$dS = ydx.\sin\omega$

en retranchant la quantité infiniment petite du second ordre $dydx.\sin\omega$. Intégrant les deux membres de l'égalité (b), nous obtiendrons, pour le cas des coordonnées obliques

II......$S = \sin\omega \int ydx + C$

Soit maintenant l'aire APQ comprise entre l'axe PA, le rayon vecteur PQ $= z$ et la portion de courbe AQ. Supposons que l'angle APQ $= \mu$ du rayon vecteur avec l'axe croisse de l'angle infiniment petit QPQ' $= d\mu$, l'aire APQ croîtra du triangle *élémentaire* PQQ', et le rayon vecteur PQ deviendra PQ' $= z + dz$. Le triangle élémentaire PQQ' est donc la différentielle de l'aire APQ, mais la surface de ce triangle est égale à

$$\frac{1}{2}\,PQ \times PQ' \times \sin d\mu = \frac{1}{2}\,z(z+dz)d\mu$$

puisque $\sin d\mu = d\mu$. Nous avons par conséquent

$$dS = \frac{1}{2}\,z^2 d\mu + \frac{1}{2}\,z\,dzd\mu$$

ou

(c)......$dS = \frac{1}{2}\,z^2 d\mu.$

Intégrant les deux membres de cette égalité il vient

III.......$S = \frac{1}{2}\int z^2 d\mu + C.$

3. Pour première application de l'expression générale (I), prenons la parabole M'AM (Pl 55, fig. 8) et cherchons la grandeur de l'aire AmQP, comprise entre l'axe, la courbe et l'ordonnée PQ $= y$. L'équation de la parabole étant $y^2 = px$ (*voy.* PARABOLE), nous en tirons $y = \sqrt{px}$, et substituant cette valeur de y dans (I), il vient

$$S = \int dx.\sqrt{px} + C.$$

Il s'agit donc d'intégrer $dx.\sqrt{px}$ ou $\sqrt{p}.x^{\frac{1}{2}}dx$. L'intégrale demandée est (*voy.* INTÉGRAL, 14)

$$\sqrt{p}\int x^{\frac{1}{2}}dx = \frac{2}{3}\sqrt{p}.x^{\frac{3}{2}} = \frac{2}{3}\,x\sqrt{px}$$

L'aire se réduisant à *zéro* lorsqu'on fait $x = 0$, on a $C = 0$.

Comme $\sqrt{px} = y$, nous pouvons poser

$$S = \frac{2}{3}\, x.y$$

ce qui nous apprend que l'aire de l'espace parabolique APQ est égale aux deux tiers du rectangle APQB construit entre les coordonnées. L'espace curviligne A*m*QB est donc égal au tiers du même rectangle.

Si nous menons la droite AQ, nous aurons un triangle rectangle APQ qui sera la moitié du rectangle APQB, et dont l'aire sera par conséquent égale à $\frac{1}{2}\, x.y$. Ainsi, retranchant ce rectangle de l'aire A*m*QP, il nous restera pour l'aire du segment parabolique AQ*m*

$$\frac{2}{3}\, x.y - \frac{1}{2}\, x.y = \frac{1}{6}\, x.y;$$

ce segment est donc la sixième partie du rectangle APQB ou le quart de l'aire parabolique APQ.

4. L'équation du cercle rapportée au centre étant

$$y^2 = a^2 - x^2$$

dans laquelle a est le rayon, elle nous donne $y = \sqrt{[a^2 - x^2]}$, et par suite (*d*)

$$S = \int \sqrt{[a^2 - x^2]}\, dx + C.$$

En appliquant à cette expression les procédés d'intégration exposés au mot INTÉGRAL, 36, on obtient immédiatement, par la formule marquée (38),

$$S = \frac{1}{2}\, x \sqrt{a^2 - x^2} + \frac{1}{2} a^2 . arc \left[\sin = \frac{x}{a}\right] + C.$$

Pour déterminer la constante C, remarquons que l'aire S est celle qui est comprise entre l'axe des ordonnées ED, l'abscisse AP, l'ordonnée PQ et l'arc DQ (Pl. 55, fig. 9) ou l'aire DAPQ, elle est donc *zéro* lorsque $x = 0$, ainsi $C = 0$.

L'aire du quart de cercle DCA est donnée par l'expression précédente en y faisant $x = AC = a$; elle est

$$S = \frac{1}{4} a^2 . \pi,$$

car arc $[\sin = 1] = \frac{1}{2}\,\pi$, π désignant toujours la demi-circonférence du cercle dont le rayon est l'unité. La surface entière du cercle est donc $= a^2 \pi$, résultat connu par la géométrie élémentaire, mais qui fait dépendre la quadrature du cercle de la rectification de la circonférence, rectification impossible sous une forme finie. (*Voy.* QUADRAT. DU CERCLE.)

En intégrant l'expression (*d*) par série, on obtient

$$\int (a^2 - x^2)^{\frac{1}{2}}\, dx = ax - \frac{x^3}{2.3a} - \frac{x^5}{2.4.5.a^3} - \frac{3x^7}{2.4.6.7\, a^5}$$
$$- \text{etc.}\ldots$$

Cette quadrature indéfinie du cercle est due à Newton.

5. La quadrature de l'ellipse conduit comme celle du cercle à une série indéfinie qu'on obtient sans difficulté; aussi nous ne nous y arrêterons pas. Nous remarquerons seulement que l'équation de l'ellipse rapportée au centre étant (*voy.* ELLIPSE 3.)

$$y^2 = \frac{b^2}{a^2}\, (a^2 - x^2)$$

sa quadrature dépend de

$$\frac{b}{a} \int \sqrt{[a^2 - x^2]}\, dx,$$

tandis que celle du cercle dont le rayon est a, c'est-à-dire égal au demi-grand axe de l'ellipse, dépend de

$$\int \sqrt{[a^2 - x]}\, dx.$$

L'aire de l'ellipse est donc à celle du cercle comme $\frac{b}{a} \int \sqrt{[a^2 - x^2]}\, dx$ est à $\int \sqrt{[a^2 - x^2]}\, dx$ ou comme $\frac{b}{a}$ est à 1. On a donc

$$\text{aire de l'ellipse} = \frac{b}{a} \times \text{aire du cercle} = \frac{b}{a} a^2 \pi = ab\pi.$$

6. La quadrature d'une hyperbole dont les demi-axes principaux sont a et b se ramène de la même manière à celle de l'hyperbole équilatère dont le demi-axe est a, car les équations de ces courbes sont, en comptant les abscisses du sommet,

$$y^2 = \frac{b^2}{a^2}\, (2ax + x^2), \quad y^2 = 2ax + x^2$$

et, par conséquent, leurs quadratures dépendent des expressions

$$\frac{b}{a} \int \sqrt{[2ax + x^2]}\, dx, \quad \int \sqrt{[2ax + x^2]}\, dx;$$

l'aire de l'hyperbole non équilatère peut donc se trouver en multipliant par $\frac{b}{a}$ celle de l'hyperbole équilatère. Quant à cette dernière, on ne peut l'obtenir que par logarithmes ou par série; par le premier procédé on a

$$\int \sqrt{[2ax + x^2]}\, dx = \frac{1}{2}\, (a + x)(2ax + x^2)^{\frac{1}{2}}$$
$$+ \frac{1}{2} a^2 . \text{Log} \left[\frac{a + x + (2ax + x^2)^{\frac{1}{2}}}{a}\right]$$

et , par le second ,

$$S \sqrt{[2ax+x^2]}dx = \sqrt{ax}\left[\frac{2}{3}x + \frac{x^2}{5a} - \frac{x^3}{4\cdot 7a^2}\right.$$
$$\left. + \frac{3x^4}{4.6.9a^3} - \text{etc.}\ldots\right]$$

7. La quadrature de l'espace asymptotique compris entre une branche d'hyperbole et son asymptote fournit des particularités remarquables que nous devons signaler ; soit CBD (Pl. 55, fig. 10) une hyperbole renfermée entre ses asymptotes AE , AF qui font entre elles un angle quelconque ω , son équation rapportée aux asymptotes comme axes est

$$xy = c^2$$

(*voy.* Hyperbole, 15). Elle donne $y = \dfrac{c^2}{x}$, valeur qui, étant mise dans l'expression (II), car ici les coordonnées sont obliques , fournit

$$S = c^2 . \sin \omega \int \frac{dx}{x}$$

d'où

$$S = c^2 \sin \omega . \mathrm{Log}\, x + C.$$

Log désignant le logarithme naturel de x. Pour déterminer la constante C , supposons que l'aire à quarrer soit l'aire PQMB comprise entre l'ordonnée PB au sommet de la courbe et une autre ordonnée quelconque QM ; cette aire devant s'anéantir lorsqu'on fait $x = $ AP, désignons AP par m et nous aurons

$$0 = c^2 \sin \omega . \mathrm{Log}\, m + C$$

d'ou

$$C = - c^2 \sin \omega . \mathrm{Log}\, m$$

l'intégrale complète est donc

$$S = c^2 \sin\omega . \mathrm{Log}\, x - c^2 \sin\omega . \mathrm{Log}\, m ;$$

mais AP $=$ PB $= c$; ainsi, prenant AP pour l'unité, cette dernière expression devient

$$S = \sin \omega . \mathrm{Log}\, x.$$

Donc, en considérant $\sin \omega$ comme le *module* d'un système de logarithmes que nous désignerons par la caractéristique L, comme nous avons $\sin \omega . \mathrm{Log}\, x = \mathrm{L}x$ (*voy.* Logarithme) et par suite

$$S = \mathrm{L}x ,$$

il en résulte que les espaces asymptotiques 0 , PQMB , PRNB , PSOB , etc. , correspondant aux abscisses AP, AQ , AR , AS , etc. , sont les logarithmes de ces abscisses. Dans le cas de l'hyperbole équilatère l'angle ω des asymptotes est droit et $\sin \omega = 1$, on a alors

$$S = \mathrm{Log}\, x ,$$

c'est-à-dire que les aires asymptotiques sont, dans l'hyperbole équilatère, les logarithmes naturels des abscisses correspondantes. C'est de là que vient le nom de *logarithmes hyperboliques* donné aux logarithmes naturels.

On voit que chaque hyperbole non équilatère donne un système particulier de logarithmes dont le module est égal au sinus de l'angle des asymptotes. Le module des logarithmes ordinaires étant 0,4342945 , si l'on fait $\sin \omega = 0,4342945$, on trouve que les asymptotes de l'hyperbole, qui répond à ces logarithmes, font entre elles un angle de 25° 44' 25", 2.

8. L'équation aux asymptotes de l'hyperbole équilatère devenant

$$xy = 1$$

lorsqu'on prend $c = 1$, si l'on remarque que chaque abscisse AQ , AR , AS, etc. , est composée d'une partie constante AP $= 1$, on pourra remplacer x par $1 + x$, et cette équation sera alors

$$(1 + x)y = 1, \text{ d'où } y = \frac{1}{1+x},$$

substituant cette valeur de y dans (II), on aura

$$S = \sin \omega \int \frac{dx}{1+x}, \text{ ou } S = \int \frac{dx}{1+x}$$

à cause de $\sin \omega = 1$.

Développant le binome $(1+x)^{-1}$, on obtient

$$\int \frac{dx}{1+x} = \int [dx - xdx + x^2dx - x^3dx + \text{etc}\ldots]$$

ce qui donne, en intégrant

$$S = \mathrm{Log}(1+x) = x - \frac{x^2}{2} + \frac{x^3}{3} - \frac{x^4}{4} + \frac{x^5}{5} - \text{etc}\ldots$$

c'est la série de M. Mercator.

9. Les exemples que nous venons de donner indiquent suffisamment la marche qu'il faut suivre pour la quadrature des surfaces planes ; celle des surfaces courbes exige d'autres principes que nous allons exposer. Considérons un solide mCEy' formé par la révolution de l'aire MA$x'y'$ autour de la droite BX,

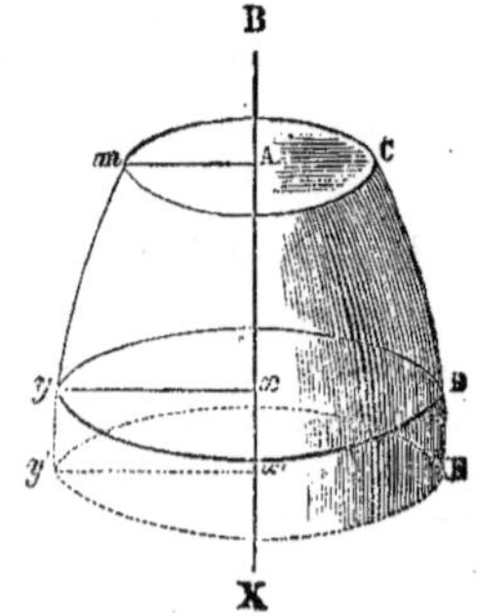

pendant que le plan de MA$x'y'$ décrit le solide, la courbe my décrit sa surface courbe latérale, et en particulier l'arc infiniment petit yy' décrit la surface latérale d'un cône tronqué dont la hauteur est $xx' = dx$; cette dernière est l'*élément* ou la différentielle de la surface convexe du solide. Or, la surface convexe d'un cône tronqué est égale à la moitié du produit de son côté par la somme des circonférences de ses bases (*voy.* CÔNE, 7). Ainsi celle du cône élémentaire tronqué dont il s'agit est égale à la moitié de l'arc élémentaire yy' multipliée par les circonférences des cercles que décrivent les rayons xy et $x'y'$. Mais ces circonférences étant $(xy).2\pi$, $(x'y').2\pi$ (*voy.* CERCLE). si nous désignons par ds l'arc élémentaire yy', par y l'ordonnée xy, par $y+dy$ l'ordonnée $x'y'$ et par S la surface convexe du solide, nous aurons

$$dS = \frac{1}{2} ds\, [y.2\pi + (y+dy).2\pi]$$

$$= 2y\pi ds$$

ou

$$(f)\ldots\ldots dS = 2y\pi \sqrt{[dx^2+dy^2]}$$

en remplaçant l'arc élémentaire ds par son expression $\sqrt{[dx^2+dy^2]}$ en fonction des coordonnées rectangulaires B$x = x$, $xy = y$. (*Voy.* RECTIFICATION.)

L'intégrale de l'expression (f)

$$IV\ldots\ldots S = 2\pi \int y \sqrt{[dx^2+dy^2]} + C$$

donne la quadrature de toutes les surfaces de révolution.

10. Pour montrer l'application de la formule IV, supposons que la courbe my est une parabole et qu'on veuille trouver l'aire de la surface convexe du paraboloïde tronqué myDC. L'équation de la parabole $y^2 = px$ donne

$$dx = \frac{2yay}{p}, \quad dx^2 = \frac{4y^2dy^2}{p^2},$$

cette valeur substituée dans (IV) réduit cette formule à

$$2\pi \int y \sqrt{dy^2\left[\frac{4y^2+p^2}{p^2}\right]} = \frac{2\pi}{p} \int y\, dy \sqrt{4y^2+p^2}$$

$$= \frac{\pi}{6p} \left[4y^2 + p^2\right]^{\frac{3}{2}}$$

ainsi

$$S = \frac{x}{6p} \left[4y^2 + p^2\right]^{\frac{3}{2}} + C.$$

La constante C se détermine, en remarquant que l'aire demandée commence à l'ordonnée Am, et par conséquent que l'intégrale doit s'évanouir quand on y fait $y = a$, en désignant Am par a, on a donc

$$0 = \frac{\pi}{6p} \left[4a^2 + p^2\right]^{\frac{3}{2}} + C$$

d'où

$$C = - \frac{\pi}{6p} \left[4a^2 + p^2\right]^{\frac{3}{2}}$$

et, par suite,

$$S = \frac{\pi}{6p} \left\{ \left[4y^2 + p^2\right]^{\frac{3}{2}} - \left[4a^2 + p^2\right]^{\frac{3}{2}} \right\}$$

En donnant à y une valeur déterminée b, on aura la surface convexe d'un tronc de paraboloïde compris entre $y = a$ et $y = b$. Si l'on avait demandé la surface du paraboloïde entier qui commence à $y = 0$, comme l'intégrale doit s'évanouir pour cette valeur de y, on aurait eu

$$0 = \frac{\pi}{6} p^2 + C, \quad \text{d'où } C = - \frac{\pi}{6} p^2.$$

Ainsi la surface convexe du paraboloïde est

$$S = \frac{\pi}{6p} \left\{ \left[4y^2 + p^2\right]^{\frac{3}{2}} - p^3 \right\}$$

11. La surface de la sphère étant engendrée par la révolution de la demi-circonférence d'un de ses grands cercles autour de son diamètre, prenons l'équation du cercle rapportée au sommet qui est

$$y^2 = 2ax - x^2$$

cette équation fournit

$$dy = \frac{2adx - 2xdx}{2y} = \frac{(a-x)dx}{y}$$

$$dy^2 = \frac{(a-x)^2 dx^2}{y^2}$$

substituant cette valeur dans (IV), il vient

$$2\pi \int y \sqrt{\left[dx^2 + \frac{(a-x)^2 dx^2}{y^2}\right]}$$

$$= 2\pi \int dx \sqrt{[y^2 + (a-x)^2]} = 2\pi \int a\, dx$$

à cause de

$$y^2 + (a-x)^2 = y^2 + a^2 - 2ax + x^2 = y^2 + a^2 - y^2 = a^2.$$

Nous avons donc

$$S = 2\pi ax + C.$$

Comme l'origine des coordonnées au sommet, l'intégrale doit s'évanouir lorsque $x = 0$, ainsi $C = 0$, et l'on a simplement

$$S = 2\pi ax.$$

Pour avoir la surface entière de la sphère, il faut la prendre depuis $x = 0$ jusqu'à $x = 2a$; faisant dans cette dernière expression $x = 2a$, il vient

$$S = 4a^2\pi,$$

c'est-à-dire que la surface totale de la sphère est égale à quatre fois celle d'un de ses grands cercles.

12. La formule IV n'étant applicable qu'aux solides de révolution, il faut pour tous les autres déterminer l'expression particulière de l'*élément* de leur surface, ce qui exige des méthodes dont l'exposition ne peut trouver place ici. Nous allons seulement indiquer, pour terminer, comment on obtient l'élément de la surface du cône oblique

Soit ASB un cône oblique, dont SE est la hauteur (Pl. 55, fig. 11). Par le centre C de la base de ce cône, faisons passer un plan SAE, qui la coupe suivant un de ses diamètres AB; prenons un arc infiniment petit mn, et menons sur la surface du cône les droites Sm et Sn, le triangle Smn sera l'*élément* de la surface. Menons de plus la tangente Tm, que nous prolongerons sur le plan de la base de manière à pouvoir lui abaisser une perpendiculaire SD du sommet S. Cette perpendiculaire sera la hauteur du triangle élémentaire Smn et l'aire de ce triangle sera (m),

$$dS = \frac{1}{2}\, mn \times SD.$$

Menons les autres lignes de la figure et désignons par a le rayon AC de la base; faisons de plus CE $= b$, SE $= a$, CP $= x$, et P$m = y$. L'angle CmT étant droit, et Pm une perpendiculaire abaissée du sommet de cet angle sur l'hypothénuse TC du triangle TmC, nous avons

$$CP : Cm :: Cm : CT$$

d'où

$$CT = \frac{\overline{Cm}^2}{\overline{CP}} = \frac{a^2}{x},$$

mais les triangles semblables TmC, TDE

$$CT : Cm :: TE : ED,$$

ou

$$\frac{a^2}{x} : a :: \frac{a^2}{x} + b : ED = \frac{a^2 + bx}{a}.$$

Donc le triangle rectangle SED nous donne

$$SD = \sqrt{\left[b^2 + \left(\frac{a^2 + bx}{a} \right)^2 \right]}.$$

Nous avons d'autre part l'arc élémentaire mn, dont l'expression générale est $\sqrt{dx^2 + dy^2}$, et comme il s'agit ici d'un arc de cercle, prenons la valeur de dy^2 dans l'équation rapportée au centre

$$y^2 = a^2 - x^2,$$

nous aurons, en la substituant dans cette expression,

$$mn = \frac{a\, dx}{\sqrt{a^2 - x^2}},$$

donc, définitivement,

$$dS = \frac{a\, dx}{2\sqrt{a^2 - x^2}} \cdot \sqrt{\left[b^2 + \left(\frac{a^2 + bx}{a} \right)^2 \right]}$$

Tel est l'*élément* de la surface du cône oblique.

QUADRATURE DU CERCLE. (*Géom.*) Aucun problème géométrique n'est plus célèbre et plus populaire que celui de la *quadrature du cercle*; les tentatives innombrables dont il a été l'objet, les folies auxquelles il a donné lieu, l'importance outrée qu'on lui a attribuée, tout concourt à donner un grand intérêt à son histoire; aussi l'historien des mathématiques, Montucla, ne s'est pas contenté d'en faire le sujet d'un supplément à son grand ouvrage, il l'a encore traité en particulier, et son *Histoire des recherches sur la quadrature du cercle* n'est pas le moins curieux ni le moins utile de ses travaux.

Quarrer le cercle c'est trouver le côté d'un carré qui lui soit égal en surface, ce qui ne présenterait aucune difficulté si l'on pouvait décrire géométriquement, c'est-à-dire, avec la règle et le compas, une ligne droite égale à sa circonférence; car il est démontré que la surface du cercle est équivalente à celle d'un triangle rectangle qui aurait pour base cette ligne droite et pour hauteur le rayon, et comme le côté d'un carré équivalent à un triangle est moyen proportionnel entre la moitié de la base et la hauteur du triangle, il s'ensuit que le problème se réduit à trouver la grandeur de la circonférence d'un cercle dont le rayon est donné, ou, plus généralement, à trouver le rapport du rayon ou du diamètre à la circonférence, puisque ce rapport est le même dans tous les cercles.

Archimède est le premier géomètre qui ait fait connaître une valeur approchée de ce rapport, ou du moins il est le premier qui ait trouvé deux limites entre lesquelles ce rapport est contenu. Ayant inscrit et circonscrit au cercle un polygone de 96 côtés, il montra que la circonférence étant plus petite que le périmètre du polygone circonscrit et plus grande que celui du polygone inscrit, cette circonférence devait être plus petite que 3 et $\frac{10}{70}$ et plus grande que 3 et $\frac{10}{71}$, le diamètre étant pris pour l'unité; l'erreur en prenant 3 et $\frac{10}{70}$, ce qui donne le fameux rapport de 7 à 22, est moindre que $\frac{1}{497}$ du diamètre.

Long-temps après, et pour réfuter un *quadrateur* du cercle dont le rapport tombait probablement dans les limites d'Archimède, Adrien Métius trouva celui de 113 à 355 qui est beaucoup plus rapproché que celui de 7 à 22, puisqu'il ne dépasse le véritable que de $\frac{3}{10000000}$ du diamètre au plus. Nous avons déjà dit au mot CERCLE que le rayon étant pris pour l'*unité*, la demi-circonférence est exprimée par 3, 1415926535... etc., approximation portée jusqu'à 155 décimales exactes, ce qui dépasse de beaucoup tous les besoins du calcul qui, dans les recherches les plus délicates, peut se contenter de 10 décimales. On peut donc regarder le rapport du rayon à la demi-circonférence comme une quantité connue, et même beaucoup plus exactement connue que bien d'autres dont on fait un usage journalier; car personne ne s'est amusé à calculer $\sqrt{2}$, par exemple, jusqu'à la 155e décimale.

Lambert, dans les *Mémoires de Berlin*, 1761, et après lui, Legendre, dans ses *Élémens de géométrie*, ont démontré que la circonférence est incommensurable avec le diamètre, ce qui établit l'impossibilité absolue de trouver deux nombres entiers qui puissent exprimer leur rapport, nombres, du reste, dont la découverte, si elle était possible, ne présenterait qu'un simple intérêt de curiosité. Il reste donc seulement à savoir si l'on ne pourrait exprimer ce rapport soit par un nombre irrationnel simple, soit par une combinaison de nombres irrationnels, et, dans ce dernier cas, s'il ne serait pas possible d'en effectuer la construction géométrique, car des nombres irrationnels peuvent très-bien se construire géométriquement tant qu'ils ne dépassent pas le second degré. Ainsi, le rayon étant l'unité, en désignant, comme c'est l'usage, par π la demi-circonférence, il s'agit de déterminer la *nature* ou l'expression théorique du nombre π; mais nous avons déjà vu (CERCLE, 34) que cette expression théorique primitive est

$$\frac{1}{2}\pi = \frac{\infty}{\sqrt{-1}}\left\{(1+\sqrt{-1})^{\frac{1}{\infty}} - (1-\sqrt{-1})^{\frac{1}{\infty}}\right\},$$

donc les radicaux qui entrent dans la génération de ce nombre sont d'un ordre *infini*, et il ne peut être, par conséquent, réalisé dans le domaine des objets sensibles par aucune construction numérique ou géométrique finie.

L'erreur principale de ceux qui se livrent à la recherche de la quadrature du cercle, et il y a encore beaucoup plus de gens qui s'en occupent qu'on ne pourrait le croire, c'est de supposer qu'il doit nécessairement exister une ligne droite égale en longueur à toute ligne courbe donnée, ce qui n'est pas plus vrai que de supposer qu'il existe nécessairement un nombre entier ou fractionnaire égal à une *racine* de tout nombre donné. En effet, la conception d'une ligne courbe repose en principe sur une génération *continue* de l'espace, de la même manière que celle d'une *racine* repose sur une génération *continue* des nombres, tandis que les conceptions d'une ligne droite et d'un nombre entier reposent sur une génération *discontinue*. Ainsi, et comme à l'exception des cas particuliers et contingens où la racine générale $\sqrt[m]{A}$ est un nombre entier, cette racine est un nombre d'une nature supérieure qui sort entièrement de la classe des nombres entiers et ne peut être exprimée par eux, à l'exception du très-petit nombre de lignes courbes rectifiables (*voy.* RECTIFICATION), c'est-à-dire qui sont égales à des lignes droites; la ligne courbe en général est d'une nature supérieure ou transcendante qui sort entièrement de la classe des lignes droites et qui ne peut être représentée par elles. La génération continue des lignes courbes se manifeste surtout dans les courbes rentrantes en elles-mêmes et particulièrement dans le cercle où cette continuité indéfinie de génération est au plus haut degré. Cet aperçu, au défaut de l'expression citée plus haut de π, qui décide complètement la question, est suffisant pour montrer l'inutilité de toutes recherches ultérieures sur la *quadrature du cercle*, problème résolu aujourd'hui de toutes les manières possibles et sur lequel ne peuvent plus s'exercer désormais que des personnes entièrement étrangères à la géométrie.

QUADRATURE. (*Ast.*) On donne ce nom aux points de l'orbite d'une planète qui sont à égale distance de ceux de la conjonction et de l'opposition. Par exemple la lune est dans les *quadratures*, lorsqu'elle se trouve dans l'une des deux positions MAQZ (Pl. 28, fig. 8) également éloignées de la conjonction O et de l'opposition L. (*Voy.* LUNE.)

QUADRILATÈRE. (*Géom.*) Polygone de quatre côtés et de quatre angles.

On nomme en particulier *quarré* le *quadrilatère* dont les quatre côtés sont égaux et les quatre angles droits; *rectangle*, celui dont les quatre angles sont droits, sans que les côtés soient égaux; *lozange* ou *rhombe*, celui dont les côtés sont égaux sans que les angles soient droits; *parallélogramme*, celui dont les côtés opposés sont parallèles; et enfin *trapèze*, celui qui n'a que deux côtés parallèles. (*Voy.* ces divers *mots*.)

Dans tout *quadrilatère* la somme des quatre angles est égale à quatre angles droits. Ceux dont la somme des angles opposés est égale à deux angles droits peuvent être inscrits dans le cercle, et la somme du rectangle construit entre leurs côtés opposés est équivalente au rectangle des deux diagonales.

QUADRILLON. (*Arith.*) Mille *trillons*. (*Voy.* ARITHMÉTIQUE, 16.)

QUADRINOME. (*Alg.*) Quantité composée de quatre termes comme $a + b + c + d$.

QUADRIPARTITION. Partage en quatre parties d'un nombre ou d'une figure géométrique.

QUANTITÉ. Tout ce qui est composé de parties ou tout ce qui est susceptible d'augmentation et de diminution. Le *nombre* est une *quantité numérique* ; l'*étendue* , une *quantité géométrique*. (*Voy.* Mathématiques.)

QUANTITÉ DE MOUVEMENT. (*Méc.*) Nom que l'on donne au produit de la masse d'un corps par sa vitesse. Ce produit représente l'intensité de la force qui meut le corps, de sorte que la *quantité de mouvement* est la mesure de la force motrice. (*Voy.* Mécanique, 14.)

Les questions de Dynamique se ramènent aux considérations simples de l'équilibre à l'aide du principe de d'Alembert, dont voici l'énoncé : si l'on considère un système de points matériels liés entre eux, de manière que m, m', m'', etc., représentant leurs masses, v, v', v'', etc., soient les vitesses respectives que ces masses acquerraient, dans le cas où elles seraient libres, par l'application de forces déterminées, tandis qu'en vertu de leur liaison elles reçoivent les vitesses effectives u, u', u'', etc., *les quantités de mouvement perdues ou gagnées dans le système doivent toujours se faire équilibre.*

En effet, si nous désignons par p, p', p'', etc., les vitesses perdues ou gagnées par les masses m, m', m'', etc., par suite de leur liaison, u et p seront les composantes de v, u' et p' celles de v', etc. ; on peut donc à la place de v, v', v'', etc. , substituer les vitesses

$$u \text{ et } p \text{ composantes de } v$$
$$u' \text{ et } p' \text{ composantes de } v'$$
$$u'' \text{ et } p'' \text{ composantes de } v''$$
$$\text{etc.} \qquad \text{etc.} \qquad \text{etc.}$$

et alors les quantités de mouvement qui entrent dans le système, considéré comme libre, et qui sont mv, $m'v'$, $m''v''$, etc., deviendront

$$mu, \ m'u', \ m''u'', \text{ etc.}$$
$$mp, \ m'p', \ m''p'', \text{ etc.}$$

Mais puisque, d'après l'hypothèse, lorsque les masses m, m', m'', etc. , ne sont plus libres, ces quantités de mouvement doivent se réduire à

$$mu, \ m'u', \ m''u'', \text{ etc.}$$

il en résulte que les quantités de mouvement mp, $m'p'$, $m''p''$, etc., doivent alors se faire équilibre. Or, mp, $m'p'$, $m''p''$, etc., sont les quantités de mouvement perdues et gagnées.

Puisque la force mv est la résultante des deux forces mu et mp, et qu'en général il y a toujours équilibre

entre trois forces dont l'une serait égale et directement opposée à la résultante des deux autres, les trois forces mu, mp et $- mv$ doivent être en équilibre. Ainsi, en considérant à son tour mp comme égale et d'un signe contraire à la résultante des deux autres forces, il faudra que $- mp$ soit la résultante de mu et de $- mv$, ou, ce qui est la même chose, que mp soit la résultante de $- mu$ et de $+ mv$. Par la même raison $m'p'$ est la résultante de $- m'u'$ et de $+ m'v'$; $m''p''$ celle de $- m''u''$ et de $+ m''v''$, etc. Donc toutes ces forces mp, $m'p'$, $m''p''$, etc. , se faisant équilibre, il y a aussi nécessairement équilibre entre les forces mv, $m'v'$ $m''v''$, etc. , et les forces $- mu$, $- m'u'$, $- m''u''$, etc. ; c'est-à-dire *qu'il y a équilibre entre les quantités de mouvement mv, $m'v'$, $m''v''$, etc. , imprimées aux mobiles et les quantités de mouvement qui ont effectivement lieu, chacune de ces dernières étant prise en sens contraire de sa direction.* Ce second énoncé du principe de d'Alembert a l'avantage de rendre les équations d'équilibre indépendantes des vitesses perdues ou gagnées p, p', p'', etc.

Appliquons ce principe à quelques problèmes de Dynamique.

1. *Déterminer la vitesse commune qu'auront après leur choc deux corps durs* A *et* a *qui se meuvent dans le même sens.*

Soient V la vitesse de A , v celle de a et x la vitesse commune cherchée. Après le choc la vitesse v devenant x, la vitesse perdue par A est $V - x$, tandis que la vitesse gagnée par a est $x - v$. Ainsi les quantités de mouvement dues à ces vitesses perdues et gagnées devant se faire équilibre , et ces quantités de mouvement étant $A(V - x)$, $a(x - v)$, nous avons

$$A(v - x) = a(x - v)$$

d'où

$$x = \frac{AV + av}{A + a}.$$

(*Voy.* Choc, 1.)

2. *Déterminer le mouvement de deux corps* Q *et* P *(Pl.* 39, *fig.* 1) *qui, étant attachés l'un au cylindre et l'autre à la roue d'un treuil (voy. ce mot) le tiennent en équilibre.*

Les corps Q et P, étant sollicités par la pesanteur, dont nous représenterons la force par g , s'ils étaient libres, auraient dans l'instant dt la vitesse gdt ; soient donc dv et dv' les vitesses effectives de ces mobiles ; $gdt - dv$ sera la vitesse perdue par le corps Q et $gdt - dv'$ la vitesse perdue par le corps P, ainsi les quantités de mouvement perdues seront

$$Q(gdt - dv), \ P(gdt - dv')$$

et ces quantités doivent se faire équilibre à l'aide du treuil. Or, la condition d'équilibre, dans cette machine, est que les forces soient en raison inverse des rayons où elles sont appliquées ; désignant donc par r le rayon du cylindre et R celui de la roue, nous aurons

$$Q(gdt - dv) : P(gdt - dv') :: R : r$$

d'où

$$Qr(gdt - dv) = PR(gdt - dv')$$

Mais, d'autre part, les vitesses dv et dv' sont en sens contraire l'une de l'autre, et, par la nature du treuil, elles sont entre elles comme les rayons, de sorte qu'on a aussi

$$Rdv + rdv' = 0$$

Combinant cette équation avec la précédente, on trouve

$$dv = \frac{(Qr - PR)r}{Qr^2 + PR^2} . gdt$$

$$dv' = \frac{(PR - Qr)R}{Qr^2 + PR^2} . gdt$$

Les coefficiens de gdt, dans l'une et dans l'autre de ces valeurs, étant des quantités constantes, on voit que les mouvemens des corps Q et P sont uniformément variés et qu'ils ne diffèrent de celui d'un corps pesant, libre dans sa chute, que par l'intensité de la force accélératrice.

QUARRÉ ou CARRÉ. (*Géom.*) Quadrilatère dont les quatre côtés sont égaux et les quatre angles droits.

La surface d'un *quarré* se trouve en multipliant par lui-même le nombre qui exprime la longueur de son côté. (*Voy.* AIRE.)

La diagonale d'un *quarré* est incommensurable avec son côté, car, d'après la propriété du triangle rectangle, la seconde puissance de cette diagonale est égale à la somme des secondes puissances de deux côtés du carré, ou, ce qui est la même chose, égale au double de la seconde puissance du côté. Ainsi, désignant par A le côté et par B la diagonale, on a

$$B^2 = 2A^2, \text{ d'où } B = \sqrt{2A^2} = A\sqrt{2},$$

la diagonale d'un *quarré* est donc à son côté dans le rapport de 1 à $\sqrt{2}$.

En *Algèbre*, la seconde puissance d'un nombre se nomme encore le *quarré* de ce nombre, comme on dit aussi la *racine quarrée*, pour la *racine seconde* ; ces dénominations, empruntées de la géométrie, sont d'un usage général. Quelques auteurs emploient l'expression d'*équation quarrée*, pour *équation du second degré* ou *équation quadratique* (*voy.* QUADRATIQUE). Les anciens géomètres nommaient *quarré quarré* la

quatrième puissance d'un nombre ; par exemple, a^4 était pour eux un *quarré quarré*.

Depuis quelque temps l'usage s'établit d'écrire le mot *quarré* avec un *c* : *carré*, ce qui lui fait perdre ses rapports d'étymologie avec *quadrature*.

QUARRÉ MAGIQUE. (*Arith.*) C'est un quarré divisé en cellules, dans lesquelles on dispose une suite de nombres en proportion arithmétique, de telle manière que les sommes de tous ceux qui se trouvent dans une même bande horizontale, verticale, ou diagonale, soient toutes égales entre elles. Tel est le quarré suivant

4	9	2
3	5	7
8	1	6

où l'on trouve $4 + 3 + 8 = 9 + 5 + 1 = 2 + 7 + 6 = 4 + 9 + 2 = 3 + 5 + 7 = 8 + 1 + 6 = 4 + 5 + 6 = 2 + 5 + 8 = 15$.

L'origine des *quarrés magiques* paraît se rattacher à quelques idées superstitieuses de l'antiquité. Cependant Emmanuel Moscopule, auteur grec du XIVe siècle, et le premier qui les ait fait connaître, s'est contenté de les présenter comme une curiosité arithmétique. Au commencement du XVIIIe siècle, les difficultés que présente la construction de ces quarrés les fit étudier par Bachet de Meziriac, Frénicle, Lahire et plusieurs autres qui obtinrent des résultats assez remarquables, mais dont tout le mérite consiste dans l'adresse des arrangemens, car c'est un simple jeu qui ne peut conduire à rien d'utile. Lahire a consigné ses recherches sur ce sujet dans les *Mémoires de l'Académie pour* 1705.

QUARRER. On dit *quarrer* un nombre pour exprimer qu'on le multiplie par lui-même.

Quarrer une figure géométrique c'est trouver un quarré dont la surface soit égale à la sienne. (*Voy.* QUADRATURE.)

QUART. (*Arith.*) Quatrième partie d'un tout.

QUART DE CERCLE. (*Géom.*) Arc de 90° degrés ou quatrième partie de la circonférence. C'est la mesure d'un angle droit.

QUART DE CERCLE. C'est un instrument astronomique qui sert à mesurer la hauteur d'un astre au-dessus de l'horizon.

QUARTIER DE RÉDUCTION. (*Nav.*) Quarré de carton partagé en plusieurs petits quarrés par des lignes parallèles à deux de ses côtés contigus, dont l'un représente la ligne nord et est, l'autre la ligne est et ouest.

Il y a de plus des arcs de cercles décrits du sommet de l'angle qui représente le centre avec des rayons qui forment huit rumbs de vent ; un fil partant du même centre s'étend sur les degrés intermédiaires entre chaque air de vent. A l'aide de cet instrument on s'épargne la peine de tracer ou de calculer les triangles dont on a besoin pour résoudre les problèmes de navigation.

QUARTIER ANGLAIS. (*Nav.*) Instrument dont on se servait pour prendre en mer la hauteur des astres, et que le *quartier de réflexion* a fait abandonner. On en trouve la description dans les anciens traités de navigation.

QUARTIER DE RÉFLEXION, OCTANT. (*Ast.*) C'est le plus parfait des instrumens qu'on ait imaginés jusqu'ici pour observer en mer les hauteurs et les distances des astres ; il est dû à Halley. Sa construction et son usage sont fondés sur la propriété qu'ont les rayons lumineux de se réfléchir sur les miroirs plans en faisant un angle de réflexion égal à celui d'incidence.

Si AB et CD (Pl. 56, fig. 1) sont deux miroirs plans et qu'un rayon de lumière venu suivant la ligne OE rencontre la surface du miroir AB, il se réfléchira en E, de manière que sa nouvelle route sera EF ; arrivé en F sur la surface du miroir CD, il se réfléchira de nouveau par la droite FS, et parviendra à un œil placé dans la direction de cette droite, après avoir ainsi formé l'angle SAE égal à l'angle BEF et l'angle EFC égal à l'angle EFO. Imaginons maintenant que l'on fasse tourner le miroir CD autour du point F, d'une quantité angulaire quelconque CFC' ; il est évident que, l'angle d'incidence du rayon EF devenant plus petit, l'angle de réflexion deviendra également plus petit, et par conséquent le rayon réfléchi ne sera plus FS, mais FS' qui fait avec FS un angle FSF', double de celui que fait la direction actuelle du miroir avec sa direction primitive, c'est-à-dire double de l'angle C'FC. En effet l'angle EFS compris entre le rayon incident EF et le rayon réfléchi SF vaut deux angles droits, moins la somme de l'angle d'incidence et de l'angle de réflexion, ou moins le double de l'angle d'incidence ; donc si, par le mouvement du miroir, l'angle d'incidence diminue ou augmente d'une certaine quantité, l'angle compris entre l'incident et le réfléchi augmentera au contraire ou diminuera du double de cette quantité. Ainsi, si nous supposons qu'un œil placé en O sur la droite OE voie l'objet S à l'aide des deux miroirs AB et CD, en vertu des deux réflexions que le rayon SE éprouve en F et en E, il ne pourra voir le même objet parvenu en S' qu'autant que le miroir AB, conservant la même situation, on fera tourner le miroir CD d'une quantité CFC' moitié de l'angle S'FS compris entre les deux positions de l'objet. C'est d'après ces principes que l'octant est construit.

La figure 2 de la planche 56 représente cet instrument. BAC est un demi-quart de cercle dont l'arc BC est divisé en 90 parties. Au centre A, et perpendiculairement au plan de l'instrument, est placé un miroir plan fixé à l'alidade AD et mobile avec elle autour du centre. A quelque distance de A est placé perpendiculairement et d'une manière fixe sur le côté AB un petit miroir plan de glace dont il n'y a qu'une partie qui soit étamée, savoir, la partie inférieure ; l'autre partie est transparente et sert à voir directement l'horizon auquel on vise à l'aide d'une pinnule ou d'une petite lunette qu'on place sur le côté AC, de manière que son axe réponde, sur le miroir, au milieu de la ligne qui sépare la partie étamée de la partie transparente. La position du miroir K et celle du miroir A doivent être telles, que lorsque l'alidade AD tombera sur le rayon AC, qui va au point zéro de la graduation de l'arc BC, A soit parallèle à K.

Pour prendre la hauteur d'un astre avec cet instrument, il faut le tenir verticalement et viser à l'aide de la lunette au terme de l'horizon, puis faire descendre l'alidade de C vers B jusqu'à ce qu'on voie arriver l'image de l'astre sur la partie étamée du petit miroir et qu'elle se place sur une même ligne avec l'horizon vu par la partie non étamée ; alors l'angle CAD parcouru par l'alidade, et par conséquent par le miroir D, est précisément la moitié de l'angle de hauteur HAS ; et comme l'arc BC de 45° est divisé en 90 parties, qui sont par conséquent d'un demi-degré chacune, il s'ensuit que l'on a immédiatement le nombre de degrés de la hauteur HAS par celui des demi-degrés de CD.

Cet instrument a été beaucoup perfectionné depuis Halley.

QUEUE DU DRAGON. (*Ast.*) Nom que l'on donne au nœud descendant de la lune ; on le représente par le signe ℧.

QUINDÉCAGONE. (*Géom.*) Polygone de quinze côtés et de quinze angles. (*Voy.* POLYGONE.)

L'angle au centre d'un *quindécagone* régulier étant de 24 degrés, on peut inscrire cette figure dans un cercle en portant le côté de l'hexagone et celui du décagone dans le cercle, de manière qu'ils soient des cordes partant d'un même point de la circonférence, car la différence de l'arc de l'hexagone à celui du décagone est précisément un arc de 24°.

QUINTAL. (*Mét.*) Poids de cent livres dans l'ancien système des mesures françaises. Aujourd'hui le quintal métrique vaut cent kilogrammes.

QUINTILE. (*Ast.*) L'aspect *quintile* est la position de deux planètes distantes l'une de l'autre de 72° ou d'un cinquième d'un grand cercle de la sphère céleste. (*Voy.* Aspect.)

QUINTUPLE. (*Arith.*) Se dit d'une quantité cinq fois plus grande qu'une autre. Ainsi 30 est *quintuple* de 6.

QUOTIENT. (*Arith.*) Résultat de la division d'un nombre par un autre. (*Voy.* Division.)

R.

RACINE. (*Alg.*) Base d'une puissance, ou nombre qui successivement multiplié par lui-même produit une puissance. Si A, par exemple, multiplié par lui-même un certain nombre de fois produit B, A sera la *racine* de B, et nommément la *racine seconde* dans le cas de $A \times A = B$; la *racine troisième* dans le cas de $A \times A \times A = B$, et en général la *racine m*ième dans le cas de $A^m = B$.

On désigne une *racine* par le signe $\sqrt{}$ qu'on nomme un *radical*, en mettant à sa partie supérieure le nombre qui indique le degré de la racine et qu'on nomme *l'exposant*; par exemple $\sqrt[3]{B}$ désigne la *racine troisième* de B. Lorsqu'il s'agit de *racines secondes* ou *carrées*, on n'écrit pas l'exposant qui est sous-entendu, de sorte que $\sqrt{B}$ signifie *racine carrée* de B.

L'opération par laquelle on trouve la *racine* d'une quantité proposée se nomme *extraction des racines*. (*Voy.* ce mot. *Voy.* aussi, pour la nature des *racines* en général, Algèbre, 28, et Imaginaire.)

RACINES DES ÉQUATIONS. On donne encore le nom de *racines* aux valeurs des quantités inconnues qui entrent dans les équations. Par exemple l'équation

$$x^2 - 5x + 6 = 0$$

admettant les valeurs $x = 2$ et $x = 3$, 2 et 3 sont ses *racines*.

Nous avons vu (Équation, 16) qu'une équation admet autant de racines différentes qu'il y a d'unités dans le nombre qui marque son degré.

On divise les racines des équations en deux classes, celle des *racines réelles* et celle des *racines imaginaires*. Les racines réelles sont *commensurables* ou *incommensurables*; dans le premier cas, on peut obtenir leurs valeurs par la *méthode* dite *des racines commensurables*; dans le second cas, il faut avoir recours aux *méthodes d'approximation*, sauf les cas très-peu nombreux où il est possible d'avoir directement l'expression théorique des racines. Nous allons indiquer les divers procédés à l'aide desquels on trouve les valeurs des racines d'une équation.

1. RACINES COMMENSURABLES. Dans toute équation à une seule inconnue, le terme absolu, c'est-à-dire celui qui ne contient pas l'inconnue, étant égal au produit de toutes les racines (*voy.* Équation, 17), est exactement divisible par chacune de ces racines. Ainsi, lorsqu'une ou

plusieurs de ces racines sont des nombres entiers, on pourra toujours obtenir leurs valeurs en cherchant, parmi tous les diviseurs exacts du terme absolu, quels sont ceux qui satisfont à l'équation. Dans l'équation ci-dessus

$$x^2 - 5x + 6 = 0$$

le terme absolu 6 a pour diviseurs 1, 2, 3, 6, et il est facile de voir, en substituant successivement chacun de ces nombres à la place de x, soit avec le signe $+$, soit avec le signe $-$, que les deux diviseurs $+2$ et $+3$ sont les *racines* de cette opération.

Lorsque le terme absolu contient un très-grand nombre de diviseurs, ces substitutions entraînent des calculs prolixes qu'on abrège, d'abord en n'essayant que ceux des diviseurs qui se trouvent compris entre les limites des racines, et ensuite en faisant usage, au lieu des substitutions successives, d'un procédé dont nous allons faire connaître les principes.

2. Soit l'équation générale

$$x^m + Ax^{m-1} + Bx^{m-2} + \text{etc}\ldots + Px^3 + Qx^2 + Rx + S = 0.$$

a étant un nombre entier positif ou négatif, s'il est une racine de cette équation, en le substituant à la place de x, on doit avoir

$$a^m + Aa^{m-1} + Ba^{m-2} + \text{etc}\ldots + Pa^3 + Qa^2 + Ra + S = 0.$$

D'où, en divisant le tout par a et transposant

$$\frac{S}{a} = -A^{m-1} - Aa^{m-2} - Ba^{m-3} \text{ etc} \ldots - Pa^2 - Qa - R$$

Transposant R dans le premier membre, et divisant de nouveau le tout par a, il vient

$$\frac{\frac{S}{a} + R}{a} = -a^{m-2} - Aa^{m-3} - Ba^{m-4} - \text{etc} \ldots - Pa - Q$$

et comme le second membre est nécessairement un nombre entier, le premier l'est aussi. Transposant Q dans le premier membre et divisant encore le tout par a, nous aurons

$$\frac{\dfrac{S}{a}+R}{a}+Q$$
$$\frac{\quad\quad\quad}{a} = a^{m-3} - A\,a^{m-4} - B\,a^{m-5} - \text{etc}.\ . - P$$

et le premier membre sera encore un nombre entier. Continuant de la même manière, c'est-à-dire transposant successivement tous les termes du second membre dans le premier, et divisant par a après chaque transposition, le résultat de la $(m-1)^{\text{ième}}$ division sera de la forme

$$\frac{U}{a} = -a - A$$

et celui de la $m^{\text{ième}}$ deviendra

$$\frac{\dfrac{U}{a}+A}{a} = -1$$

Cette dernière égalité nous indique la dernière condition à laquelle il faut que a satisfasse pour qu'il soit racine de l'équation.

Ainsi en remarquant que toutes les divisions doivent pouvoir s'effectuer exactement, si a est une racine de l'équation, on peut en conclure cette règle générale.

3. Pour reconnaître si un diviseur a du dernier terme d'une équation est racine de cette équation, il faut, après avoir divisé le dernier terme par ce nombre, ajouter au quotient le coefficient de x, diviser ensuite la somme par a, ajouter au nouveau quotient qui doit être un nombre entier le coefficient de x^2 et diviser la nouvelle somme par a; ajouter encore à ce dernier quotient le coefficient de x^3 et diviser la somme par a, etc., etc. Continuer ainsi jusqu'au coefficient de x^{m-1} qui, étant ajouté au dernier quotient, doit produire une somme, laquelle divisée par a doit donner -1 pour quotient. Tout nombre qui satisfera à ces conditions réunies, c'est-à-dire qui donnera à chaque division un quotient entier, sera racine de l'équation, et ceux qui manqueront à une seule de ces conditions ne pourront être des racines.

4. Dans l'application de cette méthode il faut remarquer que lorsqu'il manque des termes à l'équation sur laquelle on opère, il faut les remplacer en leur donnant *zéro* pour coefficient.

5. Prenons pour exemple l'équation

$$x^3 - 4x^2 - 11x + 30 = 0.$$

Les diviseurs de 30 étant 1, 2, 3, 5, 6, 10, 15, 30, on les écrira sur une même ligne horizontale tant avec le signe $+$ qu'avec le signe $-$, puis au-dessous de ces diviseurs on écrira les quotiens du dernier terme 30, divisé par chacun d'eux, ainsi qu'il suit :

30	15	10	6	5	3	2	1—	1—	2—	3—	5—	6—	10—	15—	30
1	2	3	5	6	10	15	30—	30—	15—	10—	6—	5—	3—	2—	1

On ajoutera ensuite à chacun de ces quotiens le coefficient -11 de x, ce qui formera une troisième ligne

$$-10 \quad -9 - \ 8 - 6 - 5 - \ 1 + \ 2 + 19 - 41 - 26 - 21 - 17 - 16 - 14 - 13 - 12$$

dont on divisera chaque nombre par le diviseur auquel il correspond ; ces divisions forment cette ligne de quotiens

$$» \quad » \quad »-1-1 \quad »+ 2 \quad » \quad »+13+ 7 \quad » \quad » \quad » \quad » \quad »$$

dans laquelle on n'écrira que les quotiens entiers, tous les autres devant être abandonnés. Enfin, on ajoutera à ces quotiens le coefficient -4 de x^2, ce qui formera une cinquième ligne

$$» \quad » \quad »-5-5 \quad »- 2 \quad » \quad »+ 9+ 3 \quad » \quad » \quad » \quad » \quad »$$

dont on divisera tous les nombres par les diviseurs correspondans, en abandonnant de nouveau ceux qui ne peuvent être divisés exactement; ces derniers quotiens

$$» \quad » \quad » \quad »-1 \quad »- 1 \quad » \quad » \quad »- 1 \quad » \quad » \quad » \quad » \quad »$$

nous apprennent que les racines de l'équation sont -3, $+2$ et $+5$.

6. On peut toujours se dispenser de faire entrer les diviseurs $+1$ et -1 dans le calcul général, car leur substitution à la place de x dans l'équation réduisant le premier membre à la suite des coefficiens, il suffit d'une simple addition pour s'assurer directement si ces deux nombres sont racines de l'équation. Dans l'équation que nous venons de traiter, en faisant $x = 1$, il vient

$$1 - 4 - 11 + 30 = 16$$

et, en faisant $x = -1$,

$$-1 - 4 + 11 + 30 = 36,$$

d'où l'on voit immédiatement que ni l'un ni l'autre de ces nombres ne satisfait à l'équation.

7. Traitons maintenant l'équation

$$x^4 + 5x^3 - 3x^2 - 35x - 28 = 0;$$

la substitution de $+1$ et de -1 à la place de x donne

$$1 + 5 - 3 - 35 - 28 = -57$$
$$1 - 5 - 3 + 35 - 28 = 0;$$

d'où l'on voit que -1 est une racine. Mais alors au lieu d'appliquer la méthode à l'équation proposée, il devient plus simple de l'abaisser d'un degré, au moyen de la racine connue; car puisque $x = -1$, $x + 1$ est un diviseur de cette équation, et en opérant la division, on aura pour quotient l'équation du troisième degré qui contient les trois autres racines de la proposée. Ce quotient donne

$$x^3 + 4x^2 - 7x - 28 = 0.$$

Essayant d'abord $+ 1$ et $- 1$, on trouve

$$1 + 4 - 7 - 28 = - 30$$
$$- 1 + 4 + 7 - 28 = - 18$$

donc aucun de ces nombres n'est racine. Or, les autres diviseurs de 28 étant 2, 4, 7, 14, 28, on exécutera les calculs dont voici le tableau :

28,	14,	7,	4,	2,	$-$ 2,	$-$ 4,	$-$ 7,	$-$ 14,	$-$ 28
$-$ 1,	$-$ 2,	$-$ 4,	$-$ 7,	$-$ 14,	$+$ 14,	$+$ 7,	$+$ 4,	$+$ 2,	$+$ 1
$-$ 8,	$-$ 9,	$-$ 11,	$-$ 14,	$+$ 21,	$+$ 7,	0,	$-$ 3,	$-$ 5,	$-$ 6
»,	»,	»,	»,	»,	»,	0,	»,	»,	»
»,	»,	»,	»,	»,	», $+$ 4,	»,	»,	»	
»,	»,	»,	»,	»,	», $-$ 1,	»,	»,	»	

Il en résulte qu'il n'existe qu'une seule racine commensurable $x = - 4$. Nous devons faire remarquer en passant qu'on doit toujours considérer o comme un nombre dont le quotient entier est o, quel que soit le diviseur.

Connaissant la racine $- 4$, si l'on divise l'équation du troisième degré par $x + 4$, on obtiendra l'équation du second degré qui renferme les deux autres racines de la proposée ; cette équation est

$$x^2 - 7 = 0$$

dont les racines sont $x = + \sqrt{7}$ et $x = - \sqrt{7}$; ainsi les 4 racines de la proposée sont $x = - 1$, $x = - 4$, $x = + \sqrt{7}$, $x = - \sqrt{7}$ et cette équation est la même chose que le produit

$$(x+1)(x+4)(x+\sqrt{7})(x-\sqrt{7}) = 0$$

8. Pour appliquer la méthode des racines commensurables à toute équation proposée, il faut préalablement la ramener à la forme

$$x^m + Ax^{m-1} + Bx^{m-2} + \text{etc}\ldots + Rx + S = 0$$

dans laquelle la plus haute puissance x^m a l'unité pour coefficient, et tous les autres coefficiens A, B, C, etc., sont des nombres entiers, y compris zéro ; car, sous cette forme, les racines commensurables de l'équation ne peuvent être que des nombres entiers. En effet, s'il existait une fraction $\frac{a}{b}$ qui pût être racine de cette équation, en la substituant à la place de x, on aurait

$$\frac{a^m}{b^m} + A\,\frac{a^{m-1}}{b^{m-1}} + B\,\frac{a^{m-2}}{b^{m-2}} + \text{etc}\ldots + R\,\frac{a}{b} + S = 0.$$

Ainsi multipliant tous les termes par b^{m-1} et les trans-

posant dans le second membre, à l'exception du premier terme, on obtiendrait

$$\frac{a^m}{b} = - Aa^{m-1} - Ba^{m-2} - \text{etc}\ldots - Ra - S$$

et comme $\frac{a}{b}$ est une fraction et que par conséquent $\frac{a^m}{b}$ est aussi une fraction, le second membre de cette égalité devrait être également une fraction, ce qui est impossible, si les coefficiens A, B, C, etc., sont des nombres entiers.

9. Il s'agit donc de ramener toute équation, à coefficiens fractionnaires, à la forme en question, ce qui ne présente aucune difficulté. Soit, pour fixer les idées, l'équation du 4e degré

$$\frac{a}{b}\,x^4 + \frac{c}{d}\,x^3 + \frac{e}{f}\,x^2 + \frac{g}{h}\,x + \frac{i}{k} = 0.$$

On divisera d'abord toute l'équation par le coefficient de x^4, ce qui la ramènera à la forme

$$x^4 + \frac{cb}{ad}\,x^3 + \frac{eb}{af}\,x^2 + \frac{gb}{ah}\,x + \frac{bi}{ak} = 0$$

puis en réduisant toutes les fractions au même dénominateur, on obtiendra

$$x^4 + \frac{cbfhk}{adfhk}\,x^3 + \frac{ebdhk}{adfhk}\,x^2 + \frac{gbdfk}{adfhk}\,x + \frac{bidfh}{adfhk} = 0,$$

ou, simplement (a)

$$x^4 + \frac{p}{m}\,x^3 + \frac{q}{m}\,x^2 + \frac{r}{m}\,x + \frac{s}{m} = 0.$$

Prenant maintenant une nouvelle inconnue y et faisant $x = \frac{y}{m}$, on trouvera, en substituant,

$$\frac{y^4}{m^4} + \frac{p}{m}\cdot\frac{y^3}{m^3} + \frac{q}{m}\cdot\frac{y^2}{m^2} + \frac{p}{m}\cdot\frac{y}{m} + \frac{s}{m} = 0$$

puis, en divisant le tout par m^4

$$y^4 + \frac{p.m^4}{m.m^3}\,y^3 + \frac{q.m^4}{m.m^2}\,y^2 + \frac{r.m^4}{m.m}y + \frac{s.m^4}{m} = 0$$

équation dont tous les coefficiens sont visiblement des nombres entiers, et qui donne, en retranchant les facteurs communs (b)

$$y^4 + py^3 + q.my^2 + r.m^2y + s.m^3 = 0$$

chacune des racines de cette dernière, divisée par m, donnera une des racines de la proposée.

10. En examinant l'équation (a) et sa transformée (b), on voit qu'on peut immédiatement passer de l'une à l'autre en multipliant le second terme de (a) par le dé-

nominateur commun m, le troisième par m^2, le quatrième par m^3 et le cinquième par m^4; d'où l'on peut conclure cette règle générale.

Après avoir fait disparaître le coefficient du premier terme et réduit tous les autres coefficiens au même dénominateur, on multipliera chaque terme par ce dénominateur commun élevé à une puissance dont l'exposant est le nombre des termes précédens, puis on changera x en y, et les racines de l'équation en y divisées par le dénominateur commun seront celles de la proposée.

11. Appliquons cette règle à l'équation

$$3x^4 - \frac{7}{2}x^3 + 7x^2 - 7x + 2 = 0,$$

divisant tout par 3 et réduisant ensuite au même dénominateur, il vient

$$x^4 - \frac{7}{6}x^3 + \frac{14}{6}x^2 - \frac{14}{6}x + \frac{4}{6} = 0$$

multipliant le second terme par 6, le troisième par 36, le quatrième par 216, et le cinquième par 1096, ou, ce qui revient au même et ce qui est plus simple, retranchant le dénominateur commun 6, et multipliant le second terme par 1, le troisième par 6, le quatrième par 36 et le cinquième par 216, la transformée en y sera

$$y^4 - 7y^3 + 84y^2 - 504y + 864 = 0$$

Pour traiter cette dernière par la méthode des racines commensurables, substituons d'abord $+1$ et -1, ce qui donne

$$1 - 7 + 84 - 504 + 864 = 438$$
$$1 + 7 + 84 + 504 + 864 = 1460$$

Ainsi ni $+1$, ni -1 ne sont racines de cette équation. Les autres diviseurs de 864 étant 2, 3, 4, 6, 8, 12, 16, 18, 24, 32, 36, 48, 54, 72, 96, 108, 144, 216, 288, 432, 864, pour éviter les calculs inutiles il faut n'essayer que ceux de ces nombres qui ne dépassent pas les limites des racines tant positives que négatives; limites que nous allons apprendre à déterminer.

12. On nomme *limite supérieure* des racines positives d'une équation tout nombre positif qui surpasse la plus grande des racines positives de cette équation, comme aussi on nomme *limite supérieure* des racines négatives tout nombre qui surpasse la plus grande des racines négatives. Une limite supérieure est donc susceptible d'une infinité de valeurs, et la question est de trouver la plus petite possible de ces valeurs.

Il est d'abord évident que tout nombre qui, mis à la place de x dans une équation, rend son premier terme plus grand que la somme de tous les autres, est une li-

mite supérieure des racines positives, car sa substitution donnant pour résultat un nombre positif, et la substitution de tout autre nombre plus grand donnant, à plus forte raison, un résultat positif, il ne peut y avoir aucune racine positive qui le surpasse. Or, pour trouver un nombre capable de rendre le premier terme d'une équation plus grand que la somme de tous les autres, prenons le cas le plus défavorable, celui où tous les termes à partir du second sont négatifs, comme

$$x^m - Ax^{m-1} - Bx^{m-2} - \text{etc}\ldots - Qx^2 - Rx - S = 0,$$

et cherchons quel est le nombre qui, mis à la place de x, peut donner

$$x^m > Ax^{m-1} + Bx^{m-2} + \text{etc}\ldots + Qx^2 + Rx - S.$$

Si nous désignons par M le plus grand de tous les coefficiens, il est visible que tout nombre substitué à x, qui pourrait satisfaire à l'inégalité (t)

$$x^m > Mx^{m-1} + Mx^{m-2} + \text{etc}\ldots + Mx^2 + Mx + M$$

satisferait, à plus forte raison, à l'inégalité proposée: ainsi occupons-nous d'abord de cette dernière.

Les termes du second membre de l'inégalité (t) forment une progression géométrique dont M peut être considéré comme le premier terme, x le rapport et m le nombre des termes; on a donc, pour leur somme (*voy.* PROG. GÉOM., 7), l'expression

$$\frac{M(x^m - 1)}{x - 1},$$

et par conséquent l'inégalité (t) peut être mise sous la forme

$$x^m > M \cdot \frac{x^m - 1}{x - 1}.$$

Si nous faisons $x = M$, le premier membre devient M^m et le second

$$M \cdot \frac{M^m - 1}{M - 1}, \quad \text{ou} \quad \frac{M^{m+1} - 1}{M - 1}$$

quantité plus grande que M^m, car en effectuant la division, on trouve

$$\frac{M^{m+1} - 1}{M - 1} = M^m + M^{m-1} + M^{m-2} + \text{etc}\ldots$$

Mais en faisant $x = M + 1$, ce second membre devient

$$M \cdot \frac{(M+1)^m - 1}{M+1-1} = (M+1)^m - 1$$

et comme le premier est alors $(M+1)^m$, on a évidemment

$$(M+1)^m > (M+1)^m - 1.$$

Ainsi, $M + 1$, ou le plus grand coefficient négatif augmenté de l'unité, substitué à la place de x, rend le premier terme de l'équation plus grand que la somme de tous les autres ; *ce plus grand coefficient ainsi augmenté est donc une limite supérieure des racines positives de l'équation.*

13. Comme il est rare qu'une équation ne renferme pas quelques termes positifs autres que le premier, la limite que nous venons de trouver est ordinairement beaucoup trop grande, et l'on doit s'attacher à la diminuer le plus possible. Soit

$$x^m + Ax^{m-1} + Bx^{m-2} + \text{etc.} \ldots - Mx^{m-n} - Nx^{m-n-1} - \text{etc.} \ldots - Qx - S = 0$$

une équation dont les premiers termes sont positifs, et dont le premier des termes négatifs Mx^{m-n} est celui du rang $n+1$; supposons que tous les autres termes sont négatifs, et de plus qu'ils aient tous le plus grand coefficient M, alors tout nombre qui mis pour x rendra

$$x^m > Mx^{m-n} + Mx^{m-n-1} + \text{etc.} \ldots + Mx + M$$

rendra à plus forte raison x^m plus grand que la somme de tous les autres termes de la proposée. Nous pouvons donner à cette inégalité la forme

$$x^m > M . \frac{x^{m-n+1} - 1}{x - 1}$$

en prenant la somme des termes de son second membre.

Or, en posant

$$x^n = M, \text{ d'où } x = \sqrt[n]{M} = M'$$

M' substitué à la place de x ne peut satisfaire à l'inégalité, mais $M' + 1$ y satisfait, car le premier membre devient $(M'+1)^m$ ou $(\sqrt[n]{M}+1)^m$, tandis que le second devient

$$M \frac{(M'+1)^{m-n+1} - 1}{M'+1-1} = M'^{n-1} \left[(M'+1)^{m-n+1} - 1\right]$$

ce qu'on peut mettre sous la forme

$$\left(\frac{M'}{M'+1}\right)^{n-1} (M'+1)^m - M'^{n-1}$$

quantité évidemment plus petite que $(M'+1)^m$.

Donc $\sqrt[n]{M}+1$, *c'est-à-dire la racine du plus grand coefficient négatif, du degré marqué par le nombre des termes qui précèdent le premier terme négatif, est, en l'augmentant de l'unité, une limite supérieure des racines positives de l'équation.*

Lorsque le second terme de l'équation est négatif, il faut faire $n = 1$, et l'on retombe sur la limite obtenue précédemment. On prend toujours pour $\sqrt[n]{M}$ le nombre entier le plus près de la racine.

14. Quant aux limites supérieures des racines négatives, comme on rend négatives les racines positives d'une équation et *vice versa*, en y substituant $-x$ à la place de x, il faut, après avoir fait cette substitution dans toute équation proposée, déterminer, par les moyens que nous venons d'exposer, la limite supérieure es cines positives de la transformée ; cette limite prise avec le signe — sera une limite des racines négatives de la proposée.

15. Appliquons cette théorie à l'équation du n° 11.

$$y^4 - 7y^3 + 84y^2 - 504y + 864 = 0.$$

Le second terme étant négatif, la limite supérieure des racines positives est le plus grand coefficient négatif 504 augmenté de l'unité, de sorte que nous sommes forcés ici d'essayer tous les diviseurs plus petits que 505, c'est-à-dire tous les diviseurs de 864 moins un seul, 864 lui-même. Substituant $-y$ à y, la proposée devient

$$y^4 + 7y^3 + 84y^2 + 504y + 864 = 0,$$

équation qui n'a aucun terme négatif, et dont par conséquent la limite des racines positives est zéro, car en y substituant zéro ou tout autre nombre plus grand à la place de y, on obtient toujours un résultat positif, ce qui indique qu'il n'y a pas de racines positives, et par conséquent que la proposée n'a pas de racines négatives. D'après la règle de Descartes (*voy.* Signe), l'inspection seule de la variation des signes $+$ et $-$ dans les termes de la proposée suffirait pour faire reconnaître l'absence des racines négatives. Ces considérations réduisent à 20 le nombre des diviseurs qu'il faut essayer, mais ce nombre est encore assez grand pour faire désirer un procédé d'exclusion à l'aide duquel on puisse le diminuer. En voici un très-simple dû à Newton.

Substituez successivement $+ 1$ et $- 1$ à la place de x dans la proposée, ce qui vous donnera deux résultats. Nous les désignerons, le premier par P et le second par Q.

Tout diviseur qui, diminué de l'unité, ne divise pas P et qui, augmenté de l'unité, ne divise pas Q, ne peut être racine de l'équation.

Si la réciproque de cette proposition était vraie, c'est-à-dire si tout diviseur qui satisfait à ces conditions était par cela seul une racine, on aurait un procédé aussi prompt que simple pour reconnaître les racines commensurables ; mais il n'en est pas ainsi, et tout ce que l'on peut demander à cette règle, c'est de faire connaître les diviseurs qui ne peuvent être des racines ; il faut ensuite soumettre les autres à la méthode indiquée.

Cette règle est fondée sur ce que a, étant une racine de l'équation générale

$$x^m + Ax^{m-1} + Bx^{m-2} + \text{etc.} \ldots + Rx + S = 0$$

son premier membre est exactement divisible par $x-a$, ce qui donne l'identité

$$x^m + A x^{m-1} + B x^{m-2} + \text{etc}\ldots + R x + S$$
$$= (x-a)(x^{m-1} + A' x^{m-2} + \text{etc.}. + S')$$

A', B', etc., étant des nombres entiers. Or, comme cette identité est indépendante de toute valeur particulière de x, si l'on y fait $x = 1$, on doit avoir encore

$$1 + A + B + \text{etc}\ldots + R + S = (1-a)(1 + A' + \text{etc}\ldots + S')$$

d'où

$$\frac{1 + A + B + \text{etc}\ldots + R + S}{1 - a} = 1 + A' + \text{etc}\ldots + S'.$$

Ainsi, puisque le second membre de cette égalité est un nombre entier, il doit en être autant du premier, et $1 + A + B + \text{etc}\ldots + R + S$ doit être exactement divisible par $1 - a$ ou par $a - 1$, en changeant les signes.

En substituant -1 à la place de x, on verrait de même que le résultat est exactement divisible par $-1 - a$, ou par $a + 1$; d'où il résulte la règle précédente.

16. Nous avons vu (11) que la substitution de $+1$ dans l'équation qui nous occupe donne pour résultat 438, et que celle de -1 donne 1460, le premier étant le plus petit; nous nous en servirons d'abord et nous le diviserons successivement par $2-1$, $3-1$, $4-1$, $6-1$, etc... jusqu'à $216-1$ seulement; car il est évident que les autres diviseurs de 864, savoir, 288 et 432, se trouvent tout naturellement exclus. En opérant ces divisions, on trouve que les seuls nombres $2-1$, $3-1$ et $4-1$ divisent exactement 438; ainsi tous les diviseurs autres que 2, 3 et 4 se trouvent déjà exclus : mais ceux qui nous restent doivent encore, en les augmentant de l'unité, diviser exactement 1460; opérant donc ces divisions et rejetant les nombres qui ne donnent pas des quotiens exacts, il ne nous reste définitivement que les facteurs 3 et 4 auxquels il faut appliquer la méthode indiquée n° 3. Voici le calcul :

$$
\begin{array}{rr}
+\ 3, & +\ 4 \\
\hline
+\ 288, & +\ 216 \\
-\ 216, & -\ 288 \\
-\ 72, & -\ 72 \\
+\ 12, & +\ 12 \\
+\ 4, & +\ 3 \\
-\ 3, & -\ 4 \\
-\ 1, & -\ 1 \\
\end{array}
$$

3 et 4 sont donc tous deux racines de l'équation en y,

et comme $x = \dfrac{y}{6}$, $\dfrac{3}{6}$ et $\dfrac{4}{6}$ sont deux racines de l'équation proposée en x.

Pour obtenir les autres racines, divisons l'équation en y par $y-3$, et ensuite par $y-4$, ou immédiatement par $(y-3)(y-4) = y^2 - 7y + 12$; on obtient l'équation

$$y^2 + 72 = 0$$

qui fournit les deux racines imaginaires $y = +\sqrt{-72}$, $y = -\sqrt{-72}$. Les quatre racines de la proposée en x sont donc définitivement

$$x = \frac{1}{2},\ x = \frac{2}{3},\ x = +\sqrt{-2},\ x = -\sqrt{-2}.$$

17. On peut immédiatement appliquer les méthodes précédentes aux équations de la forme

$$P x^m + Q x^{m-1} + R x^{m-2} + \text{etc}\ldots U x + V = 0$$

lorsque P, Q, R, etc. sont des nombres entiers, sans avoir besoin de faire disparaître le coefficient P du premier terme $P x^m$; il faut seulement observer que dans l'opération sur les diviseurs de V, le dernier résultat qui indique qu'un diviseur est racine, doit être $-$ P au lieu de -1. En effet, reprenons les transformations du n° 4, en les effectuant pour mieux fixer les idées sur l'équation du quatrième degré,

$$P x^4 + Q x^3 + R x^2 + S x + T = 0;$$

a étant une racine entière de cette équation, nous avons

$$T = - P a^4 - Q a^3 - R a^2 - S a;$$

ainsi divisant successivement par a et faisant passer dans le premier membre après chaque division le coefficient qui devient isolé, nous aurons la suite d'opérations

$$\frac{T}{a} = - P a^3 - Q a^2 - R a - S$$

$$\frac{\frac{T}{a} + S}{a} = - P a^2 - Q a - R$$

$$\frac{\frac{\frac{T}{a} + S}{a} + R}{a} = - P a - Q$$

$$\frac{\frac{\frac{\frac{T}{a} + S}{a} + R}{a} + Q}{a} = - P.$$

18. Prenons pour exemple l'équation

$$12 x^4 - 68 x^3 + 97 x^2 + 7 x - 30 = 0$$

dont le dernier terme 30 a pour diviseurs 1, 2, 3, 5, 6, 10, 15, 30. La substitution de + 1 et de — 1 donne d'abord

$$12 - 68 + 97 + 7 - 30 = 18$$

$$12 + 68 + 67 - 7 - 30 = 140$$

puis, en appliquant la règle du n° 15, on trouve que les facteurs à essayer se réduisent à + 3, — 2. Voici le calcul :

$$
\begin{array}{rr}
+\ 3, & -\quad 2 \\
\hline
-\ 10, & +\ 15 \\
-\ 3, & +\ 22 \\
-\ 1, & -\ 11 \\
+\ 96, & +\ 86 \\
+\ 32, & +\ 43 \\
-\ 36, & -\ 111 \\
-\ 12, & »
\end{array}
$$

l'équation proposée n'a donc qu'une seule racine entière qui est + 3. En la divisant par $x - 3$, on obtient l'équation

$$12 x^3 - 32 x^2 + x + 10 = 0$$

qui renferme les trois autres racines de la proposée.

Cette dernière pouvant encore contenir des racines commensurables, non plus entières, mais fractionnaires, on fera disparaître le coefficient 12 en posant $x = \dfrac{y}{12}$, et l'on obtiendra une transformée en y,

$$y^3 - 32 x^2 + 12 x + 1440 = 0$$

qui, étant traitée comme ci-dessus, fournira les racines $y = 8$, $y = 30$ et $y = 6$, d'où l'on conclura que les racines de la proposée sont,

$$3,\ \frac{8}{12},\ \frac{30}{12}\ \text{et}\ \frac{6}{12}\ \text{ou}\ 3,\ \frac{2}{3},\ \frac{5}{2}\ \text{et}\ \frac{1}{2}.$$

19. Si une équation proposée renfermait des racines entières égales, les méthodes que nous venons d'exposer ne feraient trouver qu'une seule de ces racines, et ce n'est qu'en abaissant le degré de l'équation par la division, lorsque cette racine serait connue, qu'on pourrait, en opérant de nouveau sur l'équation réduite, trouver une autre de ces racines égales, et ainsi de suite. Soit par exemple, l'équation

$$x^5 - 19 x^3 - 34 x^2 + 12 x + 40 = 0.$$

Les facteurs de 40 sont 1, 2, 4, 5, 8, 10, 20 et 40 ; mais comme le second terme manque, on doit observer que le premier terme négatif n'est que le troisième de

l'équation, et qu'on a ainsi pour la limite des racines positives $\overset{2}{\sqrt{}}\,34 + 1$ ou 7, et pour celle des racines négatives $- \overset{2}{\sqrt{}}\,19 - 1$, ou — 6 ; il suffit donc d'essayer les facteurs 2, 4, 5 et — 2, — 4, — 5. Les calculs effectués, en observant de tenir compte du coefficient 0 de x^4, on trouve une seule racine + 2.

Divisant l'équation proposée par $x - 2$, il vient

$$x^4 + x^3 - 5 x^2 - 24 x - 20 = 0$$

équation qui fournit encore, par l'application des mêmes procédés, une racine $x = 2$. Divisant de nouveau par $x + 2$, on trouve

$$x^3 + x^2 - 7 x - 10 = 0$$

qui fournit également une racine $x = 2$. Enfin, une troisième division par $x - 2$ donne l'équation

$$x^2 - x - 5 = 0$$

qui n'a plus de racines commensurables. En la résolvant par la méthode du second degré (voy. QUADRATIQUE), on obtient enfin les 5 racines de la proposée, et l'on voit que cette équation est identique avec

$$(x-2)(x-2)(x-2)(2x-1+\sqrt{21})(2x-1-\sqrt{21})=0.$$

Les racines égales commensurables s'obtiennent toujours sans difficulté en opérant comme nous venons de le faire ; mais il n'en est pas ainsi des racines égales incommensurables, dont la présence dans une équation complique les difficultés de la recherche des autres racines incommensurables. Nous allons indiquer la théorie des racines égales, en général.

20. RACINES ÉGALES. Si nous désignons par $X = 0$, une équation d'un degré quelconque et que a soit une de ses racines, nous savons que X doit être exactement divisible par le binome $x - a$. De plus, en désignant par X' le quotient de cette division, nous savons encore que si la racine a se rencontre deux fois dans l'équation $X = 0$, $x - a$ devra diviser exactement X', et qu'en désignant le quotient de cette dernière division par X'', X'' sera exactement divisible par $x - a$, si a est trois fois racine dans $X = 0$, et ainsi de suite.

Ainsi, dans le cas d'une racine *double*, les deux équations

$$X = 0, \ X' = 0$$

doivent subsister en même temps, c'est-à-dire être satisfaites par une même valeur de x, tandis que si X n'a pas de facteur double, il est impossible d'avoir en même temps $X = 0$ et $X' = 0$. De même, si X a un facteur triple, les trois équations

$$X = 0, \ X' = 0, \ X'' = 0$$

doivent subsister en même temps.

Ceci posé, examinons la forme du quotient X', qu'on obtient en divisant X par le binome $x - a$, et, pour cela, posons

$$X = x^m + Ax^{m-1} + Bx^{m-2} + \text{etc}\ldots + Qx^2 + Rx + S.$$

En opérant la division jusqu'à ce que l'on trouve un reste qui ne contienne plus x, ce reste qui est

$$a^m + Aa^{m-1} + Ba^{m-2} + \text{etc}\ldots + Qa + Ra + S,$$

ou ce que devient X lorsqu'on y met a à la place de x, se réduit évidemment à zéro lorsque a est racine de X; mais nous n'avons à considérer ici que le quotient dont les termes sont :

$$x^{m-1}$$
$$+ (A+a)\, x^{m-2}$$
$$+ (B+Aa+a^2)\, x^{m-3}$$
$$+ (C+Ba+Aa^2+a^3)\, x^{m-4}$$
$$+ (D+Ca+Ba^2+Aa^3+a^4)\, x^{m-5}$$
$$+ \text{etc}\ldots\ldots\text{etc.}$$

Or, si a est une racine au moins *double* de l'équation proposée, il faut que ce quotient soit lui-même divisible par $x - a$ et qu'il se réduise à zéro, en mettant a à la place de x, ou x à la place de a.

La substitution de x à la place de a donne à ce quotient la forme

$$x^{m-1}$$
$$+ x^{m-1} + Ax^{m-2}$$
$$+ x^{m-1} + Ax^{m-2} + Bx^{m-3}$$
$$+ x^{m-1} + Ax^{m-2} + Bx^{m-3} + Cx^{m-4}$$
$$+ \text{etc.} \quad + \text{etc.}$$
$$+ x^{m-1} + Ax^{m-2} + Bx^{m-3} + Cx^{m-4} + \text{etc.} + Qx + R.$$

et, comme le nombre des termes du quotient est m, ce quotient est la même chose que

$$mx^{m-1} + (m-1)Ax^{m-2} + (m-2)Bx^{m-3} + \text{etc}\ldots + 2Qx + R.$$

21. On voit aisément que cette fonction est ce que devient la fonction proposée X, lorsqu'après avoir multiplié chacun de ses termes par l'exposant de la puissance de x qu'il contient, on le divise par x. Ainsi, désignant encore par X' le quotient de la division de X par $x-a$, après qu'on y a substitué x à la place de a, on obtiendra directement X', sans avoir besoin de recourir à la division, en dérivant ses termes des termes de X comme il vient d'être dit. Par exemple, si X était

$$x^4 + px^3 + qx^2 + rx + s$$

X' serait

$$4x^3 + 3px^2 + 2qx + r.$$

Il faut observer que le terme absolu s est le coefficient de x^0, et qu'en multipliant par o ce terme disparaît, de sorte que la règle de dérivation est générale.

22. Désignons maintenant par n le nombre, et par N le produit des facteurs simples et inégaux que peut renfermer la fonction X; par o le nombre et par O le produit de ses facteurs *doubles*; par p le nombre et par P le produit de ses facteurs *triples*, et ainsi des autres. De cette manière la fonction X sera identique avec le produit $N.O^2.P^3.Q^4.$ etc.

Comme la dérivée X' est ce que devient le quotient de la division de X par le facteur simple $x - a$, après qu'on y a mis x à la place de a, il est évident que la fonction X, en passant à l'état X', perd tous ses facteurs simples, et que ses facteurs doubles ne se trouvent plus dans X' que comme facteurs simples, ses facteurs triples comme facteurs doubles, et ainsi de suite.

La fonction dérivée X' est donc égale au produit $O.P^2.Q^3.R^4.$ etc., multiplié par quelque fonction rationnelle de x, que nous désignerons par X_1, et dont les facteurs égaux ou inégaux seront différens de tous ceux de la fonction X.

Le plus grand facteur commun entre $X = N.O^2.P^3.Q^4.R^5.$ etc. et $X'=X_1.O.P^2.Q^3.$ etc, ou le plus grand commun diviseur entre X et X' ne peut donc être que $O.P^2.Q^3.R^4.$ etc. Ainsi, en désignant par Y ce plus grand commun diviseur, qu'on obtient par les procédés indiqués au mot COMMUN DIVISEUR, on aura

$$Y = O.P^2.Q^3.R^4. \text{ etc.}$$

23. Y' désignant la dérivée de Y, comme X' celle de X, cette dérivée sera, par la même raison, $P.Q^2.R^3.$ etc. multiplié par quelque autre fonction rationnelle de Y, que nous désignerons par Y_1, et dont les facteurs seront différens de tous ceux de Y. Ainsi ayant

$$Y=O.P^2.Q^3.R^4. \text{ etc.}, \quad Y'=Y_1.P.Q^2.R^3. \text{ etc.}$$

ces deux fonctions ne pourront avoir de diviseur commun plus grand que $P.Q^2.R^3.S^4.$ etc., et si l'on désigne par Z ce plus grand commun diviseur, on aura

$$Z = P.Q^2.R^3.S^4. \text{ etc.}$$

dont la dérivée sera $Z' = Z_1.Q.R^2.S^3.$ etc.

24. Poursuivant de la même manière, aussi longtemps que la fonction dérivée ne sera pas réduite à l'unité, on aura les égalités suivantes :

$$N.O^2.P^3.Q^4.R^5.\text{etc.} = X$$
$$O.\ P^2.Q^3.R^4.\text{etc.} = Y$$
$$P.\ Q^2.R^3.\text{etc.} = Z$$
$$Q.\ R^2.\text{etc.} = U$$
$$R.\ \text{etc.} = V$$

et ainsi des autres.

Divisant chacune de ces équations par celle qui la suit immédiatement, on aura

$$N.O.P.Q.R.\ \text{etc.} = \frac{X}{Y}$$

$$O.P.Q.R.\ \text{etc.} = \frac{Y}{Z}$$

$$P.Q.R.\ \text{etc.} = \frac{Z}{U}$$

$$Q.R.\ \text{etc.} = \frac{U}{V}$$

$$\text{etc.} = \text{etc.}$$

Enfin, divisant de nouveau chacune de ces dernières par celle qui la suit, on trouvera

$$\frac{X.Z}{Y^2} = N$$

$$\frac{Y.U}{Z^2} = O$$

$$\frac{Z.V}{U^2} = P$$

$$\text{etc.} = \text{etc.}$$

équations à l'aide desquelles on obtient, à part, le produit des racines *simples*, celui des racines *doubles*, celui des racines *triples*, etc. de toute fonction rationnelle proposée.

24. Proposons-nous, pour montrer l'application de ces formules, de trouver les facteurs multiples de la fonction $X = x^9 + 2x^8 + x^7 + 6x^6 + 7x^5 - 2x^4 + 3x^3 + 2x^2 - 12x - 8$.

La dérivation donne $X' = 9x^8 + 16x^7 + 7x^6 + 36x^5 + 55x^4 - 8x^3 + 9x^2 + 4x - 12$; et en cherchant le plus grand commun diviseur entre X et X', on trouve

$$Y = x^4 + x^3 + x^2 + 3x + 2.$$

On a donc aussi

$$Y' = 4x^3 + 3x^2 + 2x + 3$$

cherchant de nouveau le plus grand commun diviseur entre Y et Y', on obtient

$$Z = x + 1,$$

dont la dérivée est $Z' = 1$. Le plus grand commun diviseur entre Z et Z' est donc $U = 1$, et l'opération est terminée.

Substituant ces valeurs de X, Y, Z, U dans les équations précédentes, on trouve, pour le produit des facteurs simples de la proposée,

$$N = x^2 + x - 2 ;$$

pour celui de ses facteurs doubles,

$$O = x^2 - x + 2 ;$$

et pour celui de ses facteurs triples

$$P = x + 1.$$

L'équation proposée est donc identique avec le produit

$$(x^2 + x - 2).(x^2 - x + 2)^2.(x + 1)^3 = 0,$$

et en réduisant N et O en leurs facteurs du premier degré, ou en résolvant les équations $N = 0$, $O = 0$, on voit que les neuf racines de la proposée sont :

$$x = -2,\ x = 1,\ x = \frac{1}{2} - \frac{1}{2}\sqrt{-7},\ x = \frac{1}{2} - \frac{1}{2}\sqrt{-7},$$

$$x = -\frac{1}{2} + \frac{1}{2}\sqrt{-7},\ x = -\frac{1}{2} + \frac{1}{2}\sqrt{-7},\ x = -1,$$

$$x = -1,\ x = -1.$$

25. RACINES INCOMMENSURABLES. Lorsqu'une équation d'un degré supérieur au quatrième ne renferme ni racines commensurables, ni racines égales, ou qu'après l'avoir dégagée des unes et des autres de ces racines, son degré dépasse encore le quatrième, il n'existe aucun moyen direct connu d'obtenir ses racines, et il faut alors avoir recours aux méthodes d'approximation. Nous avons fait connaître au mot APPROXIMATION les procédés par lesquels on arrive à la connaissance des valeurs approchées des racines réelles incommensurables, procédés souvent préférables pour les équations des troisième et quatrième degrés aux expressions théoriques des racines qui se compliquent souvent de quantités imaginaires (*voy.* CAS IRRÉDUCTIBLE). Nous indiquerons donc seulement ici la marche qu'il faut suivre dans la recherche des racines imaginaires. Soit toujours

$$x^m + Ax^{m-1} + Bx^{m-2} + \text{etc.}\ldots + Px^2 + Qx + S = 0$$

une équation du degré m.

Si cette équation renferme des racines imaginaires, comme la forme de toute quantité dite *imaginaire* (*voy.* ce mot) est $a + b\sqrt{-1}$, substituons $a + b\sqrt{-1}$ à la place de x, et nous obtiendrons

$$(a + b\sqrt{-1})^m + A(a + b\sqrt{-1})^{m-1} + \text{etc.}\ldots$$
$$+ Q(a + b\sqrt{-1}) + S = 0.$$

En développant les puissances des binômes et en désignant par M la somme des termes réels, et par N celle des termes où se trouve $\sqrt{-1}$, nous parviendrons à l'égalité

$$M + N\sqrt{-1} = 0$$

qui ne peut évidemment subsister, à moins que l'on n'ait séparément

$$M = 0, \quad N = 0.$$

Mais ces deux équations de condition contiennent les indéterminées a, b, combinées avec les coefficiens de la proposée ; ainsi, en éliminant a entre ces équations, on obtiendra une équation finale qui ne contiendra plus que b. Cette quantité étant trouvée, soit directement, soit par approximation, en substituant sa valeur dans M ou dans N, on obtiendra une équation qui fera connaître a. On sait d'ailleurs que si la proposée a une racine égale à $a+b\sqrt{-1}$, elle en a une autre $a-b\sqrt{-1}$. (*Voy.* Équation.)

Les calculs compliqués qu'entraîne la recherche des racines imaginaires peuvent être simplifiés par divers procédés, pour lesquels nous devons renvoyer au bel ouvrage de Lagrange, sur les *Équations numériques*.

RADIAL. (*Géom.*) Courbes radiales. Quelques auteurs désignent sous ce nom les courbes dont les ordonnées partent d'un seul point, comme la Spirale. (*voy.* ce mot ;) par la transformation des coordonnées rectangulaires ou obliques en coordonnées *polaires*. (*Voy.* ce mot.) Toutes les courbes pourraient être considérées comme des *courbes radiales*.

RADICAL. (*Alg.*) On donne le nom de *radical* au signe $\sqrt{}$ par lequel on désigne les *racines* des quantités, et par suite on nomme *quantités radicales*, celles qui sont affectées de ce signe. Ainsi $\sqrt{a}$, $\sqrt[3]{b}$, $\sqrt[5]{(a^2+b^2)}$, etc., sont des quantités radicales. (*Voy.* Racine et Extraction.)

RAISON. (*Alg.*) Résultat de la comparaison de deux quantités, soit que l'on considère l'excès de l'une sur l'autre, ou combien de fois l'une contient l'autre. Dans son acception mathématique ce mot est le synonyme de *rapport*. (*Voy.* Rapport.)

RAMUS (Pierre la Ramée, plus connu sous le nom de), mathématicien, et l'un des savans les plus remarquables de son siècle, naquit vers l'année 1510, dans un village du Vermandois où ses parens étaient venus cacher leur misère. La vie de ce malheureux martyr de la vérité, qui fut aussi célèbre par ses talens que par ses malheurs, renferme plusieurs de ces grandes leçons que l'histoire ne saurait passer sous silence sans manquer à sa haute mission. Aucune existence d'homme, voué aux paisibles travaux de la science, ne fut troublée par de plus grandes infortunes et ne se termina d'une manière plus funeste. D'une part, en effet, la vie de Pierre de La Ramée offre un grand et noble exemple de ce que peut une volonté ferme, unie à un esprit sérieux et élevé, et d'autre part les adversités qui en marquèrent le cours rappellent énergiquement les mœurs et les préjugés de son temps ; sous ce double rapport elle est d'un grand intérêt dans l'histoire de la science, et nous croyons devoir en retracer les principales circonstances, quoique depuis long-temps les travaux de Ramus soient à peu près oubliés.

La famille de ce savant était noble, et d'origine flamande, mais elle avait été réduite par les chances de la guerre au plus affreux dénûment. Le jeune Pierre ne put recevoir aucune éducation, et il fut occupé dès l'enfance à garder des troupeaux. Mais à l'âge de huit ans, tourmenté déjà du désir de connaître et de s'instruire, il s'enfuit et vint à Paris, où nulle pitié généreuse n'accueillit cette jeune et souffrante intelligence. Deux fois la même tentative lui réussit aussi mal. Enfin un de ses oncles consentit à payer quelques mois de sa pension dans une école où l'enfant acquit, avec une étonnante célérité, les premiers élémens du savoir. Alors Ramus revint à Paris, et il entra comme domestique au collége de Navarre, immolant ainsi les préjugés de la naissance et du rang au désir de s'instruire. Il profita si bien des leçons des professeurs et des entretiens des écoliers, qu'en peu de temps il fit de grands progrès dans la connaissance des langues et des littératures anciennes. L'humble serviteur des régens du collége de Navarre ne tarda pas à quitter sa livrée pour entrer en lice avec ses maîtres. Il fit successivement ses humanités et sa rhétorique, et après avoir suivi le cours de philosophie, il se présenta pour recevoir le degré de maître ès-arts. Doué d'un esprit juste et d'une raison élevée, Ramus avait senti de bonne heure l'insuffisance et la frivolité de la philosophie de l'école, et il osa prendre avec ses juges l'engagement de montrer qu'Aristote n'était point infaillible. Cette nouveauté excita un intérêt général, on accourut en foule pour jouir de la confusion de ce jeune audacieux, mais son succès fut complet. Ce fut depuis ce jour que Ramus résolut d'examiner à fond les doctrines du philosophe de Stagyre, et de réformer sous ce rapport les études scholastiques. Le moyen qui lui parut le plus convenable pour atteindre ce but fut de remplacer par les mathématiques les stériles discussions de l'école, et bientôt après il attaqua de front l'aristotélisme. Mais le moment n'était pas venu encore de briser l'antique chaîne sous laquelle se courbait l'intelligence humaine. La tentative de Ramus fut considérée comme une impiété et sa nouvelle *logique* et ses *remarques sur Aristote* suscitèrent contre lui des ennemis implacables, et l'exposèrent à des persécutions inouïes. Ramus fut obligé de prononcer devant le parlement l'apologie des mathématiques, mais Aristote triompha de cette étrange épreuve, et demeura long-temps encore en possession de l'aveugle adoration des écoles. Un arrêt déclara Ramus *téméraire, arrogant et impudent d'avoir réprouvé et condamné le traité et art de logique*, reçu de toutes les nations ; la même décision souveraine supprima ses ouvrages , *comme contenant des choses fausses et étranges*, et lui défendit d'enseigner ou d'écrire contre Aristote sous peine de punition corporelle.

Depuis ce temps la vie de Ramus fut une lutte perpétuelle contre les préjugés et les aveugles passions de l'école. La sentence qui le condamnait fut affichée à la porte de tous les colléges, et il eut à supporter toutes les indignités et tous les outrages que le fanatisme de l'ignorance peut inspirer. Éloigné ainsi de la chaire où il avait commencé à exposer ses principes et ses idées, Ramus se livra à l'étude des mathématiques avec tout le zèle dont une ame forte comme la sienne pouvait être capable. Ce fut à cette époque qu'il publia de nouveaux élémens d'arithmétique et de géométrie, dans un ordre différent de celui d'Euclide, qu'il avait le malheur de désapprouver, dominé peut-être malgré lui par ses idées sur les anciens, complètement erronées sur ce dernier point. Comme nous l'avons dit plus haut, les travaux de Ramus en mathématiques, qui doivent spécialement nous occuper, sont complètement oubliés et méritent de l'être. Mais on ne peut oublier que le premier, en France, cet homme extraordinaire indiqua le rang que ces hautes sciences doivent tenir dans l'instruction, et que le premier aussi il attaqua avec quelque succès, malgré les malheurs personnels qui en furent pour lui la conséquence, la tyrannie de l'autorité magistrale d'Aristote, et qu'il prépara ainsi la voie à la grande révolution intellectuelle dont notre grand Descartes commença la réalisation dans des temps plus heureux.

Après une longue suite d'étranges vicissitudes, Ramus, de retour à Paris, fut une des victimes de la Saint-Barthélemy. On l'égorgea dans le collége de Presles, où il avait repris ses fonctions de professeur de mathématiques et d'éloquence. Par son testament, qu'il avait fait en 1568, il léguait au collège de maître Gervais une somme de cinq cents livres pour l'entretien d'un professeur de mathématiques. Ramus est l'auteur d'un nombre considérable d'écrits, parmi lesquels nous citerons seulement : *Proemium mathematicum*, etc. Paris, 1567 : c'est l'apologie qu'il prononça devant le parlement ; et *Arithmeticæ*, *libri tres*, ibid. 1555, ouvrage qui n'a point obtenu l'approbation des géomètres.

RAMEAU. (*Ast.*) Constellation boréale introduite par Hévélius pour rassembler quelques étoiles informes ou sporades voisines de la constellation d'Hercule. Le *Rameau* est situé dans le milieu de l'espace qui est entre la Lyre et le Serpentaire, et placé dans la main d'Hercule. (*Voy.* Pl. 9.)

RAPPORT. (*Arith. et Alg.*) Relation de deux quantités inégales. Deux quantités quelconques considérées dans leur relation réciproque élémentaire sont *égales* ou *inégales* (*Voy.* MATHÉMATIQUES , 7) ; la relation d'*égalité* n'a d'autres lois que celles de l'*identité*, mais la relation d'*inégalité* peut être l'objet d'une considération particulière, parce qu'elle implique *diversité*, et c'est la détermination de cette diversité qui constitue la THÉORIE DES RAPPORTS.

En remontant aux principes de la génération élémentaire des quantités, il est visible que les différens *rapports* consistent dans la différence des générations primitives élémentaires ; ainsi ces *rapports* sont :

1° La relation des quantités A ou B avec C, dans l'algorithme élémentaire de la sommation $A + B = C$.

2° La relation de ces mêmes quantités dans l'algorithme de la reproduction $A \times B = C$.

3° Et enfin celle de ces quantités dans l'algorithme de la graduation $A^B = C$.

Les expressions de ces trois classes de *rapports*, considérées en général, sont donc, pour le *rapport de sommation* :

$$C - A = B, \text{ ou } C - B = A.$$

pour le *rapport de reproduction*

$$\frac{C}{A} = B, \text{ ou } \frac{C}{B} = A$$

et pour le *rapport de graduation*

$$\frac{\mathrm{Log}\ C}{\mathrm{Log}\ A} = B, \text{ et } \sqrt[B]{C} = A$$

mais les deux relations des deux premières classes étant les mêmes , et la première de la troisième classe étant identique avec celle de la seconde, il n'existe proprement que trois relations d'inégalités essentiellement différentes.

Nous pourrons donner aux trois classes de *rapports* qui peuvent exister entre deux nombres quelconques M et N, liés par un troisième P, les formes :

1° Rapport de sommation (nommé *rapport arithmétique*, ou *rapport par différence*).

$$M \ [:] \ N, \text{ ou } M - N = P$$

2° Rapport de reproduction (nommé *rapport géométrique*, ou *rapport par quotient*).

$$M : N, \text{ ou } \frac{M}{N} = P$$

3° Rapport de graduation (nommé par quelques géomètres allemands *rapport de saltation*).

$$M \ (:) \ N, \text{ ou } \sqrt[N]{M} = P$$

Les signes [:], :, (:) désignant ces trois classes de rapports.

Les deux nombres comparés ensemble se nomment les *termes* du *rapport*. Le premier terme prend le nom particulier d'*antécédent*, et le second terme celui de *conséquent*. Ici M est l'antécédent et N le conséquent.

Rapport arithmétique. Les propriétés de ce rapport ne sont que des conséquences directes des lois de l'identité et ne peuvent donner lieu à aucunes lois particulières; c'est ainsi, par exemple, que le *rapport* ou la *différence* des deux nombres M et N ne change pas lorsqu'on augmente ou qu'on diminue ses deux termes d'une même quantité Q, car P désignant toujours ce rapport, on a évidemment

$$(M+Q)-(N+Q)=P, \text{ et } (M-Q)-(N-Q)=P$$

d'où

$$M \,[:]\, N = (M+Q)\,[:]\,(N+Q) = (M-Q)\,[:]\,(N-Q)$$

Il est de même évident 1° qu'on *augmente* le rapport P, de deux nombres M [:] N, d'une quantité Q, en *ajoutant* cette quantité à l'antécédent M ou en la retranchant du conséquent N, puisque ayant

$$M - N = P$$

on a nécessairement

$$M + Q - N = P + Q, \quad M - (N - Q) = P + Q.$$

2° Qu'on *diminue* ce même rapport P de la quantité Q en *retranchant* cette quantité de l'antécédent M ou en l'*ajoutant* au conséquent N, car

$$(M - Q) - N = P - Q, \quad M - (N + Q) = P + Q$$

Rapport géométrique. Ce rapport jouit par sa construction de toutes les propriétés des fractions; ainsi, d'après ce qui a été dit, Algèbre, 13 :

1° *Un rapport géométrique* ne change pas lorsqu'on multiplie ou qu'on divise ses deux termes par une même quantité.

2° En multipliant l'antécédent ou en divisant le conséquent on *multiplie* le rapport.

3° En divisant l'antécédent ou en multipliant le conséquent on *divise* le rapport.

En effet M : N étant la même chose que $\dfrac{M}{N} = P$, on a

$$1 \ldots\ldots \frac{M \times Q}{N \times Q} = P; \qquad \frac{M : Q}{N : Q} = P$$

$$2 \ldots\ldots \frac{M \times Q}{N} = P \times Q, \quad \frac{M}{N : Q} = P \times Q$$

$$3 \ldots\ldots \frac{M : Q}{N} = \frac{P}{Q} \qquad \frac{M}{N \times Q} = \frac{P}{Q}$$

Rapport de saltation. Nous n'avons parlé de ce dernier rapport que pour compléter les différens modes des relations possibles entre les quantités, mais il n'est d'aucun usage dans la science des nombres.

Lorsque plusieurs rapports d'une même classe sont égaux, leur comparaison donne lieu à une égalité qui prend le nom de Proportion. (*Voy.* ce mot.)

RAPPORTEUR. Instrument dont on se sert pour tracer sur le papier des angles d'une grandeur déterminée, ou pour mesurer les angles construits sur le papier.

Le *rapporteur* est un limbe demi-circulaire (Pl. 56, fig. 4), divisé en 180 degrés, et fait de cuivre, d'argent, ou de quelque autre matière semblable. Ce limbe se termine par une règle dont le côté supérieur AB est son diamètre. Au milieu de AB est une petite entaille O qu'on nomme le *centre* du rapporteur. On fait aussi des rapporteurs en corne transparente, mais ils sont moins justes que les rapporteurs en métal.

Pour tracer sur le papier, avec cet instrument, un angle d'un nombre de degrés donné, par exemple, de 50°, on place son centre O sur le point qui doit être le sommet de l'angle, puis après avoir fait coïncider le diamètre AB avec le côté OB donné de l'angle, on marque, avec une aiguille, un point vis-à-vis de la division du limbe qui correspond à 50°; en tirant ensuite par ce point et par le centre une droite PO, on a l'angle POB de 50.

S'il s'agissait de mesurer un angle POB construit sur le papier, on placerait le centre O au sommet de l'angle et le diamètre AB sur l'un de ses côtés; l'endroit où le limbe serait coupé par l'autre côté OP, indiquerait le nombre de degrés que contient POB.

RATIONNEL. Terme en usage dans plusieurs branches des mathématiques, avec des sens différens.

L'*horizon rationnel* est celui dont le plan passe par le centre de la terre; on lui donne ce nom par opposition avec l'*horizon sensible* ou *apparent*, parce qu'il ne peut être que conçu et non vu. L'adjectif *rationnel* dérive ici de *raison*, faculté de l'intelligence.

Quantité rationnelle, c'est celle qui ne renferme aucun nombre incommensurable. Dans ce cas, *rationnel* dérive de *raison* pris dans le sens de *rapport*.

RAYON. (*Géom.*) Distance du centre d'un cercle à sa circonférence. D'après la définition ou la génération du cercle, tous ses rayons sont égaux. Un *rayon* est la moitié du *diamètre*. (*Voy.* Cercle.)

Rayon osculateur. C'est le rayon du cercle qui passe par trois points infiniment proches d'une courbe quelconque. Ce cercle se nomme *cercle osculateur* de la courbe, et son rayon, *rayon de courbure*, ou *rayon osculateur*. (*Voy.* Courbure et Développée.) On peut obtenir directement l'expression différentielle du *rayon osculateur* d'une courbe quelconque de la manière suivante : soit B*m* ce rayon, (Pl. 56, fig. 5) et *mm'* un arc infiniment petit, commun au cercle osculateur et à la courbe AM. Menons les droites qu'on voit dans la figure, et du centre B décrivons l'arc *po* infiniment petit. Les triangles *mm'n* et *opq* seront semblables, étant rectangles l'un en *n* et l'autre en *o*, et ayant de plus les angles égaux *m'mn*, *opq*; ils donnent la proportion

$$mm' : mn :: pq : po$$

d'où

$$pq = \frac{mm' \times po}{mn},$$

mais *pq* est l'accroissement que reçoit A*p* lorsque la *normale mp* devient *m'q*, c'est-à-dire lorsque l'arc A*m* croît de *mm'*, ainsi *pq* est la différentielle de A*p*; et comme de plus A*p* est égal à l'abscisse A*p'*, plus la sous-normale *p'p*, en désignant A*p'* par x et *mp'* par y, nous avons (*voy.* SOUS-NORMALE)

$$pq = d(x + \text{ sous normale}) = d\left(x + \frac{y\,dy}{dx}\right)$$

et par suite

$$d\left(x + \frac{y\,dy}{dx}\right) = \frac{mm' \times po}{mn} = \frac{\sqrt{(dx^2+dy^2)}}{dx} \cdot po$$

en remplaçant l'arc *mm'* par son expression

$$\sqrt{(dx^2 + dy^2)}.$$

(*Voy.* RECTIFICATION.)

Dégageant *po*, il vient

$$po = \frac{dx \cdot d\left[x + \frac{y\,dy}{dx}\right]}{\sqrt{[dx^2+dy^2]}}$$

Or, en supposant dx constant,

$$d\left[x + \frac{y\,dy}{dx}\right] = \frac{dx^2 + dy\,dy + y\,d^2y}{dx}$$

Ainsi, substituant dans *po*, on trouve

$$po = \frac{dx^2 + dy^2 + y\,d^2y}{\sqrt{[dx^2+dy^2]}}$$

Maintenant, les triangles semblables *mBm'*, *pBo* donnent

$$mm' - po : mm' :: mB - pB : mB$$

et, comme *mB* — *pB* = *mp* = *normale*, d'où (*voy.* SOUS-NORMALE)

$$mB - pB = \frac{y\sqrt{[dx^2+dy^2]}}{dx}$$

et que de plus

$$mm' - po = \sqrt{[dx^2+dy^2]} - \frac{dx^2+dy^2+y\,d^2y}{\sqrt{[dx^2+dy^2]}}$$

$$= - \frac{y\,d^2y}{\sqrt{[dx^2+dy^2]}},$$

cette proportion nous donne

$$mB = \frac{\sqrt{[dx^2+dy^2]}\,\dfrac{y\sqrt{[dx^2+dy^2]}}{dx}}{-\dfrac{y\,d^2y}{\sqrt{[dx^2+dy^2]}}}$$

ce qui se réduit définitivement à (1)

$$\rho = - \frac{(dx^2+dy^2)^{\frac{3}{2}}}{dx\,d^2y}$$

en désignant par ρ le rayon de courbure.

Si n'avions pas supposé dx constant, nous aurions obtenu

$$\rho = \frac{(dx^2+dy^2)^{\frac{3}{2}}}{dy\,d^2x - dx\,d^2y}.$$

Le signe — de l'expression (1) est relatif à la position de ρ que l'on considère comme positif lorsque la courbe tourne sa concavité vers l'axe des x; en effet, dans ce cas d^2y est négatif, et ρ devient positif. Lorsqu'au contraire la courbe tourne sa convexité vers l'axe des x, l'expression (1) doit être affectée du signe +, comme nous l'aurions trouvé en construisant notre figure avec ces conditions : ainsi les expressions générales du *rayon osculateur* sont

$$\rho = \pm \frac{(dx^2+dy^2)^{\frac{3}{2}}}{dx\,d^2y}$$

$$\rho = \pm \frac{(dx^2+dy^2)^{\frac{3}{2}}}{dy\,d^2x - dx\,d^2y}$$

Voyez au mot COURBURE les applications de ces formules.

On arrive à ces expressions du rayon *osculateur* d'une manière plus générale et plus élégante par la théorie du contact des courbes, mais nous devons renvoyer aux traités de calcul différentiel et particulièrement à celui de Lacroix.

RAYON VECTEUR. Ligne droite qui va du foyer d'une courbe à un point de son périmètre. C'est, en *astronomie*, la droite tirée du centre d'une planète au centre du soleil, ou plus généralement la droite tirée du centre d'un astre à son centre de révolution.

RAYON VISUEL. Ligne droite suivant laquelle l'œil se dirige en visant un objet au travers des pinnules d'une alidade ou au travers d'une lunette dans les opérations de la géométrie pratique.

REBROUSSEMENT. (*Géom.*) Le point de *rebroussement* est celui dans lequel une courbe change brusquement de direction et retourne en arrière. *Voy.* Point singulier.

RÉCIPROCITÉ. (*Alg.*) Legendre, dans sa *théorie des nombres*, nomme *loi de réciprocité* une propriété remarquable des nombres premiers qui consiste en ce que si m et n sont deux tels nombres, le reste de $m^{\frac{n-1}{2}}$ divisé par n sera toujours égal au reste de $n^{\frac{m-1}{2}}$ divisé par m, si m et n ne sont pas tous deux de la forme $4x+3$, ou sera égal à ce dernier reste pris négativement si m et n sont tous deux de cette forme. Ces restes sont d'ailleurs constamment égaux à $+1$ ou à -1. *Voy.* Legendre, *Théorie des nombres*, IIIe partie.

RÉCIPROQUE. (*Alg.*) Deux quantités sont *réciproques* l'une de l'autre lorsque leur produit est l'*unité*. Ainsi $\frac{1}{A}$ est *réciproque* de A, $\frac{M}{N}$ est *réciproque* de $\frac{N}{M}$ et ainsi de suite. En général, on obtient la *réciproque* d'une quantité quelconque en divisant l'*unité* par cette quantité.

Deux quantités sont en *raison réciproque* ou *inverse* de deux autres lorsque leur rapport est *réciproque* de celui de ces derniers. Par exemple, A et B seront en *raison réciproque* de C et D si l'on a

$$\frac{A}{B} = Q, \qquad \frac{C}{D} = \frac{1}{Q};$$

lorsqu'il s'agit de *rapport*, on se sert plus communément du mot *inverse* que du mot *réciproque*.

On nomme encore *Proposition réciproque* celle dans laquelle les *données* sont les *conclusions* d'une autre proposition et *vice versa*. Ainsi la proposition : *la droite menée du sommet d'un triangle isocèle au milieu de sa base est perpendiculaire à cette base*, est la *réciproque* de la proposition : *la perpendiculaire abaissée du sommet d'un triangle isocèle sur sa base partage cette base en deux parties égales.*

RECTANGLE. (*Géom.*) Figure rectiligne de quatre côtés dont les quatre angles sont droits.

Un *rectangle* est aussi un parallélogramme, parce que ses côtés opposés sont parallèles. *Voy.* Parallélogramme.

La surface d'un *rectangle* étant égale au produit de sa base par sa hauteur, c'est-à-dire, au produit de deux de ses côtés contigus (*voy.* Aire), on a donné le nom de *rectangle* au produit de deux lignes quelconques de grandeurs différentes, et c'est de cette manière que

pour exprimer, par exemple, que dans le cercle la seconde puissance d'une tangente est égale au produit de la sécante entière par sa partie extérieure, lorsque ces deux lignes partent d'un même point, on dit que le *carré* de la tangente est égal au *rectangle* compris entre la sécante et sa partie extérieure.

Rectangle se prend encore adjectivement comme dans *triangle rectangle*, *voy.* Triangle.

RECTANGULAIRE. (*Géom.*) Se dit généralement des figures qui ont des angles droits, et de tout ce qui est à angles droits. Les coordonnées *rectangulaires* d'une courbe sont celles qui sont perpendiculaires entre elles.

Les anciens, avant Apollonius, nommaient la parabole *section rectangulaire du cône*, parce qu'ils ne considéraient cette courbe que dans un cône dont la section par l'axe était un triangle rectangle au sommet du cône.

RECTIFICATION. (*Géom.*) Rectifier une courbe, c'est trouver une ligne droite égale à un arc de cette courbe. Les espèces de courbes exactement rectifiables sont en petit nombre, mais lorsque le problème n'admet pas de solution exacte on peut toujours obtenir une solution approchée avec tel degré d'approximation qu'on peut le désirer.

La première rectification d'une courbe fut obtenue par Van-Heuraet à l'aide de constructions géométriques très-compliquées, c'est celle de la seconde parabole cubique. Wallis, dans son traité sur la cissoïde, réclame la priorité de la découverte pour son élève Guillaume Neil, mais comme les méthodes employées par ces géomètres sont différentes, il paraît probable qu'ils sont arrivés au même résultat sans avoir rien emprunté l'un de l'autre.

Ce n'est que depuis la découverte du calcul différentiel que le problème de la rectification des courbes a été complètement résolu et que l'on est parvenu à *mesurer* une ligne courbe quelconque; car *rectifier* une courbe ou *mesurer* sa longueur à l'aide d'une ligne droite prise pour unité de mesure, c'est exactement la même chose. Lorsque l'arc de courbe n'est point incommensurable avec l'unité de mesure, on obtient le nombre exact qui exprime sa longueur; dans le cas contraire, l'expression de ce nombre est toujours donnée par une série qui permet d'en approcher indéfiniment. Nous allons exposer la méthode extrêmement simple, qui porte aujourd'hui le nom de *rectification des courbes*.

1. On trouverait aisément la longueur d'un arc de courbe donné, si l'on connaissait la différentielle de cet arc; car en désignant par s cette longueur et en admettant que ds soit connu, on aurait immédiatement

$$\int [ds] = s.$$

Ainsi le problème est ramené à trouver l'expression de la différentielle d'un arc de courbe donné.

Or, quelle que soit la courbe dont AQ (Pl. 55, fig. 5) est un arc, si nous supposons que cet arc croisse d'une quantité infiniment petite QQ', comme alors l'abscisse AP devient AP' et l'ordonnée PQ devient P'Q', si nous menons Qm parallèle à l'axe des abscisses, nous aurons un triangle rectangle QmQ' dont les trois côtés sont respectivement les différentielles de l'abscisse, de l'ordonnée et de l'arc, savoir : Qm = PP', différentielle de AP ; Q'm, différentielle de PQ, et QQ', différentielle de AQ. Nous avons donc, en désignant l'abscisse par x, l'ordonnée par y et l'arc par s

$$ds^2 = dx^2 + dy^2, \quad \text{d'où} \quad ds = \sqrt{(dx^2 + dy^2)}.$$

Telle est l'expression générale de la différentielle de l'arc en fonction des coordonnées rectangulaires. Ainsi, l'équation d'une courbe quelconque étant donnée il s'agit d'en tirer la valeur de dx^2 ou de dy^2, de la substituer dans cette expression et d'intégrer ensuite. C'est ce que les exemples suivants vont éclaircir.

2. *Problème* I. Rectifier la circonférence du cercle. En comptant les abscisses de l'extrémité du diamètre, l'équation de cette courbe est

$$y^2 = 2ax - x^2,$$

on obtient en différentiant

$$2y\,dy = 2a\,dx - 2x\,dx$$

d'où

$$dy = \frac{(a-2x)dx}{y}, \quad \text{et} \quad dy^2 = \frac{(a-2x)^2 . dx^2}{y^2}.$$

En remettant pour y^2 sa valeur, on a définitivement

$$dy^2 = \frac{(a-2x)^2 . dx^2}{2ax-x^2}.$$

Si l'on substitue maintenant cette valeur de dy^2 dans l'expression générale de ds, elle devient

$$ds = \sqrt{\left[dx^2 + \frac{(a-2x)^2 . dx^2}{2ax-x^2} \right]}$$

$$= \frac{adx}{\sqrt{(2ax-x^2)}} = adx(2ax-x^2)^{-\frac{1}{2}}$$

on a donc

$$s = \int dx(2ax-x^2)^{-\frac{1}{2}} + \text{constante}.$$

Cette intégrale ne pouvant être obtenue sans une forme finie, il en résulte que la circonférence du cercle n'est pas une courbe rectifiable ; ce que nous avons déjà vu ailleurs. (*Voy.* Qradrature du cercle.)

En développant $(2ax-x^2)^{-\frac{1}{2}}$ en série et en intégrant ensuite terme par terme, on obtiendra la série qui donne la valeur d'un arc de cercle en fonction du rayon a, et on déterminera ensuite la constante d'après la position de l'arc ; si cet arc commence à l'origine ou doit être 0 lorsque $x = 0$, la constante sera 0.

L'équation du cercle rapportée au centre $y^2 = a^2 - x^2$ conduit à une série plus simple. L'expression qu'il faut intégrer est alors

$$s = a\int dx(a^2 - x^2)^{-\frac{1}{2}} + const.$$

et en prenant l'intégrale depuis $x = 0$ jusqu'à $x = a$, ce qui donne l'arc égal au quart de la circonférence, on trouve

$$\tfrac{1}{4}\,\text{circonf.} = a + \frac{a}{2.3} + \frac{3a}{2.4.5} + \frac{3.5a}{2.4.6.7} + \text{etc}\ldots$$

Le rayon a étant pris pour unité, cette expression devient

$$\tfrac{1}{2}\pi = 1 + \frac{1}{2.3} + \frac{3}{2.4.5} + \frac{3.5}{2.4.6.7} + \frac{3.5.7}{2.4.6.8.9} + \text{etc.}$$

3. *Problème* II. Rectifier l'ellipse. L'équation de cette courbe rapportée au centre étant

$$y^2 = \frac{b^2}{a^2}(a^2 - x^2)$$

on en tire

$$dy^2 = \frac{b^4 x^2 dx^2}{a^4 y^2}$$

et par suite

$$ds = \frac{dx\sqrt{[a^4 - (a^2 - b^2)x^2]}}{a\sqrt{(a^2 - x^2)}}.$$

Faisons pour plus de simplicité le demi-grand axe $a = 1$, comme $a^2 - b^2$ est le carré de l'excentrité, que nous désignerons par e (*voy.* Ellipse), il viendra $a^2 - b^2 = 1 - b^2 = e^2$, et l'expression précédente se réduira à

$$ds = \frac{dx\sqrt{(1 - e^2 x^2)}}{\sqrt{(1 - x^2)}}$$

$(1 - e^2 x^2)^{-\frac{1}{2}}$ étant développé en série, il faut intégrer l'expression

$$\int \frac{dx}{\sqrt{(1-x^2)}}\left[1 - \tfrac{1}{2}e^2 x^2 - \frac{1.1}{2.4}e^4 x^4 - \frac{1.1.3}{2.4.6}e^6 x^6 - \text{etc} \right]$$

dont tous les termes sont de la forme $\displaystyle\int \frac{Ax^m dx}{\sqrt{(1-x^2)}}$, ce qu'on effectuera par les procédés indiqués INTÉGRAL, 37. On obtiendra de cette manière, en désignant par M l'arc dont le sinus $= x$, qui est donné par

$$\int \frac{dx}{V(1-x^2)} = \mathrm{arc}\ (\sin = x).$$

$$\int \frac{dx.V\overline{1-e^2 x^2}}{V\overline{1-x^2}} = M + \frac{1}{2} e^2 \left\{ \frac{1}{2} x V\overline{1-x^2} - \frac{1}{2} M \right\}$$
$$+ \frac{1.1}{2.4} e^4 \left\{ \left(\frac{1}{4} x^3 + \frac{1.3}{2.4} x \right) V\overline{1-x^2} \right.$$
$$\left. - \frac{1.3}{2.4} M \right\}$$
$$+ \text{etc.} \ldots \ldots + const.$$

En faisant $x = a = 1$, cas où l'on a $const = 0$ et $M = \frac{1}{2}\pi$, on obtient pour la valeur du quart de l'el-lipse

$$\frac{1}{2}\pi \left[1 - \frac{1.1}{2.2} e^2 - \frac{1.1.1.3}{2.2.4.4} e^4 - \frac{1.1.1.3.3.5}{2.2.3.3.6.6} e^6 - \text{etc.} \right]$$

série très-convergente lorsque l'excentricité e est une petite fraction.

4. *Problème* III. Rectifier les paraboles des divers degrés représentées par l'équation $y = px^n$, dans laquelle n est un nombre quelconque entier ou fractionnaire.

Cette équation fournit $dy = npx^{n-1}dx$, d'où

$$V[dx^2 + dy^2] = dx V[1 + n^2 p^2 x^{2n-2}].$$

Ainsi l'arc parabolique est exprimé par (a),

$$\int [1 + n^2 p^2 x^{2n-2}]^{\frac{1}{2}}$$

intégrale qu'on peut obtenir sous une forme finie, lorsque l'exposant $2n-2$ est égal à l'unité ou s'y trouve contenu un nombre exact de fois. (*Voy.* INTÉGRAL, 33.)

Dans le cas de $2n - 2 = 1$, ce qui donne $n = \frac{3}{2}$, la courbe est donnée par l'équation $y = px^{\frac{3}{2}}$, ou $y^2 = p^2 x^3$, c'est la *seconde parabole cubique*, et l'on obtient pour l'expression de son arc, compté à partir de l'origine où $x = 0$,

$$\frac{8}{27 p^2} \left[\left(1 + \frac{9}{4} p^2 x \right)^{\frac{3}{2}} - 1 \right]$$

Nous avons dit que cette courbe est la première qui ait été rectifiée.

Si nous posons $2n - 2 = \frac{1}{m}$, m désignant un nom-

 bre entier, nous aurons $n = \frac{2m+1}{2m}$, et l'équation $y^{2m} = p^{2m} x^{2m+1}$ correspondra à une infinité de paraboles toutes exactement rectifiables. Quant aux autres, il n'est possible de les rectifier que par approximation.

L'équation de la parabole ordinaire ou *conique* est $y = px^2$; faisant donc $n = 2$ dans l'expression (a), nous obtiendrons en intégrant par *parties*.

$$\int [1 + 4p^2 x^2]^{\frac{1}{2}} dx = \frac{1}{2} x (1 + 4p^2 x^2)^{\frac{1}{2}} + \frac{1}{2} \int \frac{dx}{V(1 + 4p^2 x^2)}$$
$$= \frac{1}{2} x (1 + 4p^2 x^2)^{\frac{1}{2}}$$
$$+ \frac{1}{4p} \mathrm{Log}[2px + V(1 + 4p^2 x^2)]$$
$$+ const.$$

On supprimera la constante si l'on compte l'arc parabolique à partir du point où $x = 0$.

5. *Problème* IV. Rectifier la cycloïde. L'équation de cette courbe est (*voy.* CYCLOÏDE)

$$x = \mathrm{arc}\ (\sin = V[2ry - y^2]) - V[2ry - y^2],$$

En observant que le sinus qui entre dans cette expression est pris dans le cercle générateur dont le rayon est r, on obtiendra par la différentiation

$$dx = \frac{y\,dy}{V\overline{2ry - y^2}}$$

Elevant à la seconde puissance et substituant à dx^2 sa valeur, dans $ds = V[dx^2 + dy^2]$, il vient

$$ds = \frac{dy\,V\overline{2r}}{V\overline{2ry - y^2}}$$

dont l'intégrale est

$$V\overline{2r} \int \frac{dy}{V\overline{2ry - y^2}} = -2V[2r(2r-y)] + const.$$

Pour interpréter ce résultat, remarquons que la partie variable de l'intégrale s'évanouit lorsqu'on fait $y = 2r$, et, par conséquent, que si l'on compte l'arc cycloïdal à partir de ce point, il n'y a pas besoin d'ajouter de constante. On a donc pour la valeur absolue de l'arc compris entre ce point, milieu de la cycloïde, et le point dont l'ordonnée est y,

$$s = 2V[2r(2r-y)].$$

Or, dans la figure 6, pl. 50, si l'on considère l'arc cycloïdal DM, on voit que la partie BN du diamètre de cercle générateur est égal à l'ordonnée du point N, ainsi posant $BD = 2r$ et $BN = y$, il est facile de reconnaître que la corde DH est égale à

$$\sqrt{[BD \times DN]} = \sqrt{[2r(2r-y)]}$$

donc

$$arc \; cycloïdal \; DM = 2DH.$$

En faisant $y = 0$, cet arc est la moitié de la cycloïde, et la corde devient le diamètre du cercle générateur ; ainsi, *la cycloïde entière ADC est égale à quatre fois le diamètre du cercle générateur.*

6. Lorsque l'équation des courbes est donnée en coordonnées polaires, il faut employer la différentielle de l'arc exprimée en fonction de ces mêmes coordonnées cette expression est

$$ds = \sqrt{[dz^2 + z^2 dv^2]},$$

z désignant l'ordonnée, et v l'angle de cette ordonnée avec l'axe.

En effet, nous avons vu (POLAIRE) que pour passer des coordonnées rectangulaires à des coordonnées polaires, il fallait poser les équations

$$x = a + z\cos(v+\beta), \; y = b + z\sin(v+\beta).$$

Ainsi, différentiant ces expressions, nous aurons

$$dx = dz.\cos(v+\beta) - z.\sin(v+\beta).dv$$
$$dy = dz.\sin(v+\beta) + z.\cos(v+\beta).dv.$$

Elevant chacune de ces égalités à la seconde puissance et ajoutant, il vient

$$dx^2 + dy^2 = [\cos^2(v+\beta) + \sin^2(v+\beta)]dz^2$$
$$+ [\cos^2(v+\beta) + \sin^2(v+\beta)]z^2 dv^2$$

et enfin,

$$dx^2 + dy^2 = dz^2 + z^2 dv^2$$

à cause de $\cos^2(v+\beta) + \sin^2(v+\beta) = 1$.

Nous donnerons ailleurs des exemples de l'application de cette dernière formule. (*Voy.* SPIRALE.)

RECTILIGNE. (*Géom.*) Terme qui s'applique aux figures terminées par des lignes droites.

RÉCURRENTE. (*Alg.*) On nomme, en général, *série récurrente* toute série dans laquelle chaque terme est formé par un certain nombre de termes qui le précédent, d'après une même loi. Telle est, par exemple, la suite des nombres

$$1, \; 3, \; 4, \; 7, \; 11, \; 16, \; 27, \; 43, \; \text{etc.}$$

dont chaque terme est égal à la somme des deux termes qui le précédent immédiatement ; telle est encore

$$1, \; 2, \; 5, \; 12, \; 29, \; 70, \; 169, \; \text{etc.}$$

dont chaque terme est formé par celui qui le précède

de deux rangs, ajouté au double de celui qui le précède immédiatement.

Ces séries, considérées pour la première fois par Moivre, dans ses *Miscel. analyt.* et dans sa *Doctrine of chances*, sont engendrées par le développement de toute fonction fractionnaire rationnelle, et on les classe par *ordres* selon le degré du polynome qui forme le dénominateur de la fraction. Ainsi, la série qui résulte du développement de

$$\frac{a}{p+qx},$$

est dite *récurrente du premier ordre* ; celle qui résulte de

$$\frac{a+bx}{p+qx+rx^2},$$

se nomme *récurrente du second ordre* ; et ainsi de suite.

Dans une *série récurrente* de l'ordre m, les m premiers termes sont indépendans les uns des autres, et la loi de génération ne commence à se manifester que dans le $m+1^{ième}$ terme qui est alors formé, ainsi que tous ceux qui le suivent, par la somme des m termes précédens, multipliés chacun par des quantités constantes, dont l'ensemble se nomme l'*échelle de relation*.

Pour éclaircir cette théorie, examinons en particulier la formation des séries récurrentes du second ordre. Posons

$$\frac{a+bx}{p+qx+rx^2} = A + Bx + Cx^2 + Dx^3 + \text{etc.}\dots$$

et déterminons les coefficiens A, B, C, D, etc. par la méthode des coefficiens indéterminées. (*Voy.* COEFFICIENS.) En multipliant les deux membres de cette égalité par $p+qx+rx^2$, et transposant ensuite tous les termes dans le second membre, nous obtiendrons

$$0 = \begin{cases} Ap & + Bp|x + Cp|x^2 + Dp|x^3 + Ep|x^4 + \text{etc.} \\ -a + Aq| & + Bq| \quad\; Cq| \quad\;\; Dq| \\ -b| & + Ar| \quad\; Br| \quad\;\; Cr| \end{cases}$$

ce qui donne les équations

$$Ap - a = 0, \; \text{d'où} \; A = \frac{a}{p}$$

$$Bp + Aq + b = 0, \quad\quad B = -\frac{q}{p}A + \frac{b}{p},$$

$$Cp + Bq + Ar = 0, \quad\quad C = -\frac{q}{p}B - \frac{r}{p}A,$$

$$Dp + Cq + Br = 0, \quad\quad D = -\frac{q}{p}C - \frac{r}{p}B,$$

$$Ep + Dq + Cr = 0, \quad\quad E = -\frac{q}{p}D - \frac{r}{p}C,$$

$$\text{etc.}\dots \quad\quad\quad\quad\quad \text{etc.}\dots$$

On voit d'abord que les deux premiers coefficiens A B s'obtiennent sans aucune loi, et, qu'à partir du troisième, chaque coefficient est formé de la somme des deux précédens, multipliés respectivement par $-\dfrac{q}{p}$, $-\dfrac{r}{p}$; c'est-à-dire le cofficient qui précède de deux rangs par $-\dfrac{r}{p}$, et celui qui ne précède que d'un rang par $-\dfrac{q}{p}$. Il s'ensuit que les coefficiens A, B, C, etc. forment eux-mêmes une *série récurrente* du second ordre dont l'échelle de relation est

$$-\frac{r}{p}, \quad -\frac{q}{p}$$

Maintenant, si nous examinons chaque terme de la série, nous trouverons que

le 3ᵉ est $-\dfrac{q}{p}\mathrm{B}x^2 - \dfrac{r}{p}\mathrm{A}x^2$, ou $-\dfrac{r}{p}x^2\mathrm{A} - \dfrac{q}{p}x.\mathrm{B}x$

le 4ᵉ $-\dfrac{q}{p}\mathrm{C}x^3 - \dfrac{r}{p}\mathrm{B}x^3$, $-\dfrac{r}{p}x^2\mathrm{B}x - \dfrac{q}{p}x.\mathrm{C}x^2$

le 5ᵉ $-\dfrac{q}{p}\mathrm{D}x^4 - \dfrac{r}{p}\mathrm{C}x^4$, $-\dfrac{r}{p}x^2\mathrm{C}x^2 - \dfrac{q}{p}x.\mathrm{D}x^3$

etc.   etc.   etc.

Ainsi, chaque terme de la série, à partir du troisième, est égal à la somme des deux précédens, multipliés respectivement par

$$-\frac{r}{p}x^2, \quad -\frac{q}{p}x.$$

On trouverait de la même manière que dans la série récurrente qui résulte du développement de la fraction

$$\frac{a+bx+cx^2}{p+qx+rx^2+sx^3},$$

chaque terme, à partir du quatrième, est égal à la somme des trois termes qui le précèdent, multipliés respectivement par

$$-\frac{s}{p}x^3, \quad -\frac{r}{p}x^2, \quad -\frac{q}{p}x,$$

et ainsi de suite. Si, pour plus de simplicité, on prend $p = 1$, ce que nous allons faire dorénavant, *l'échelle de relation* des coefficiens est $-s, -r, -q$, et celle des termes : $-sx^3, -rx^2, -qx$. Généralement, on n'a besoin que de considérer l'échelle de relation des coefficiens.

Il résulte donc de tout ce qui précède, que l'échelle de relation des coefficiens de la série récurrente engendrée par une fraction dans le dénominateur $= 1 + qx + rx^2 + sx^3 + \text{etc}\ldots + zx^m$, est.

$$-z, -\text{etc}\ldots -s, -r, -q,$$

c'est-à-dire que cette échelle se compose de la suite des coefficiens mêmes de ce dénominateur prise en sens inverse et avec des signes contraires. Ainsi, lorsque par la division on aura obtenu les m premiers termes de la série, on pourra la continuer indéfiniment au moyen de l'échelle de relation.

Les deux problèmes principaux qu'on peut se proposer sur les séries récurrentes sont de déterminer leur *terme général* et leur *terme sommatoire* (*voy*. Terme); nous allons indiquer leur solution.

Soit proposée la série récurrente

$$\mathrm{A} + \mathrm{B}x + \mathrm{C}x^2 + \mathrm{D}x^3 + \mathrm{E}x^4 + \text{etc}.$$

due au développement de la fraction

$$\frac{a+bx+cx^2+\text{etc}\ldots+mx^{m-1}}{1-qx-rx^2-\text{etc}\ldots-tx^m}$$

et dont l'échelle de relation est $+t, +\text{etc}\ldots+s, +r, +q$. Si l'on décompose cette fraction en fractions partielles,

$$\frac{\alpha'}{1-\alpha x} + \frac{\beta'}{1-\beta x} + \frac{\gamma'}{1-\gamma x} + \frac{\delta'}{1-\delta x} + \text{etc}.$$

et qu'on développe chacune de ces fractions partielles en *série récurrente* du premier ordre, on aura la suite des séries

$$a_1 + b_1 x + c_1 x^2 + d_1 x^3 + e_1 x^4 + \text{etc}\ldots$$
$$a_2 + b_2 x + c_2 x^2 + d_2 x^3 + e_2 x^4 + \text{etc}\ldots$$
$$a_3 + b_3 x + c_3 x^2 + d_3 x^3 + e_3 x^4 + \text{etc}\ldots$$
$$a_4 + b_4 x + c_4 x^2 + d_4 x^3 + e_4 x^4 + \text{etc}\ldots$$
$$\text{etc}\ldots\ldots\ldots\text{etc}.$$

dont la somme sera évidemment égale à la série proposée. Ainsi

$$\mathrm{A} = a_1 + a_2 + a_3 + a_4 + a_5 + \text{etc}\ldots$$
$$\mathrm{B} = b_1 + b_2 + b_3 + b_4 + b_5 + \text{etc}\ldots$$
$$\mathrm{C} = c_1 + c_2 + c_3 + c_4 + c_6 + \text{etc}\ldots$$
$$\mathrm{D} = d_1 + d_2 + d_3 + d_4 + d_5 + \text{etc}\ldots$$
$$\text{etc}. = \text{etc}\ldots\ldots$$

et il est visible que le coefficient du terme général de la série proposée se trouve égal à la somme des coefficiens des termes généraux de toutes les séries partielles. Or la décomposition des fractions rationnelles en fractions partielles ne conduit pas seulement à des fractions partielles de la forme $\dfrac{\alpha'}{1-\alpha x}$, mais encore à des fractions de la forme $\dfrac{\mathrm{M}}{(1-\alpha x)^\mu}$; il devient donc essentiel d'examiner les séries qui résultent de ces fractions.

D'abord la fraction $\dfrac{M}{1-\alpha x}$, donne la série

$$M + M\alpha x + M\alpha^2 x^2 + M\alpha^3 x^3 + M\alpha^4 x^4 + \text{etc.}$$

dont le terme général est $M\alpha^{m-1} x^{m-1}$, m étant l'indice du rang des termes.

La fraction $\dfrac{M}{(1-\alpha x)^2}$ engendre la série

$$M + 2M\alpha x + 3M\alpha^2 x^2 + 4M\alpha^3 x^3 + 5M\alpha^4 x^4 + \text{etc.}$$

dont le terme général est $mM\alpha^{m-1} x^{m-1}$.

La fraction $\dfrac{M}{(1-\alpha x)^3}$ donne la série

$$M + 3M\alpha x + 6M\alpha^2 x^2 + 10M\alpha^3 x^3 + 15M\alpha^4 x^4 + \text{etc.}$$

dont le terme général est $\dfrac{m(m+1)}{1.2} M\alpha^{m-1} x^{m-1}$

En général, la fraction $\dfrac{M}{(1-\alpha x)^\mu}$ donne la série

$$M + \mu M\alpha x + \frac{\mu(\mu+1)}{1.2} M\alpha^2 x^2 + \frac{\mu(\mu+1)(\mu+2)}{1.2.3} M\alpha^3 x^3 + \text{etc.}$$

dont le terme général est

$$\frac{m(m+1)(m+2)\ldots(m+\mu-2)}{1.2.3\ldots\ldots(\mu-1)} M\alpha^{m-1} x^{m-1}$$

Donc toutes les fois que la décomposition d'une fraction rationnelle pourra s'effectuer en fractions partielles de la forme $\dfrac{M}{(1-\alpha x)^\mu}$, on pourra toujours déterminer le terme général de la série récurrente engendrée par cette fraction. C'est ce que nous allons éclaircir par des exemples particuliers.

Exemple I. Trouver le terme général de la série récurrente produite par le développement de la fraction

$$\frac{1-x}{1-x-2x^2}$$

Cette série est

$$1 + 0x + 2x^2 + 2x^3 + 6x^4 + 10x^5 + 22x^6 + 42x^7, \text{etc.}$$

dans laquelle le coefficient de chaque terme, à partir du troisième, est égal à la somme des deux qui le précèdent, multipliés respectivement par $+2$, $+1$

Les facteurs du premier degré, du dénominateur $1-x-2x^2$ étant $1+x$, $1-2x$, posons

$$\frac{1-x}{1-x-2x^2} = \frac{P}{1+x} + \frac{Q}{1-2x}$$

et tirons de cette égalité la valeur de P et de Q, nous trouverons (*voy.* Intégral, 27).

$$P = \frac{2}{3}, \quad Q = \frac{1}{3}$$

Or les termes généraux des séries engendrées par

$$\frac{\frac{1}{2}}{1+x}, \qquad \frac{\frac{1}{3}}{1-2x}$$

sont, d'après ce que nous venons de voir,

$$\frac{2}{3}(-1)^{m-1}.x^{m-1}, \quad \frac{1}{3} 2^{m-1}.x^{m-1}$$

Ainsi le terme général de la série proposée est

$$\left[\frac{2}{3}(-1)^{m-1} + \frac{1}{3} 2^{m-1}\right] x^{m-1}$$

ou

$$\frac{2^{m-1} + 2(-1)^{m-1}}{3} x^{m-1}$$

En faisant successivement dans cette expression $m = 1, 2, 3$, etc., on obtiendra les termes successifs 1, $0x$ 2^2, etc. de la série, sans avoir besoin de les construire les uns à l'aide des autres.

Exemple II. Trouver le terme général de la série qui résulterait de la fraction

$$\frac{1}{1-x-x^2+x^3}$$

En décomposant cette fraction on obtient

$$\frac{1}{(1-x)^2(1+x)} = \frac{\frac{1}{2}}{(1-x)^2} + \frac{\frac{1}{4}}{1-x} + \frac{\frac{1}{4}}{1+x}$$

Le terme général demandé est donc

$$\frac{1}{2} m x^{m-1} + \frac{1}{4} x^{m-1} + \frac{1}{4}(-1)^{m-1}.x^{m-1}$$

$$= \frac{2m+1+(-1)^{m-1}}{4}.x^{m-1}$$

d'où résulte la série

$$1 + x + 2x^2 + 2x^3 + 3x^4 + 3x^5 + 4x^6 + 4x^7 + \text{etc.}\ldots$$

La recherche du terme général d'une série récurrente est donc fondée sur la décomposition de la fraction génératrice en fractions partielles, décomposition d'une grande utilité dans le calcul intégral, et qui se réduit en dernier lieu à la détermination des facteurs du dénominateur. Cette question est par conséquent soumise à toutes les difficultés de la résolution des équations. La recherche du terme sommatoire donne lieu à deux problèmes différens; ou l'on demande le véritable terme sommatoire, c'est-à-dire celui qui donne la somme d'un nombre quelconque de termes d'une série récurrente proposée, ou l'on demande seulement la somme de tous les termes, c'est-à-dire, la fraction génératrice de la série. Nous traiterons seulement ici ce dernier cas, qui est le plus facile; le premier sera examiné ailleurs. (*Voy.* Sommatoire.)

Pour fixer les idées, soit

$$A + Bx + Cx^2 + Dx^3 + Ex^4 + \text{etc...}$$

une série récurrente du troisième ordre, dont l'échelle de relation est

$$+ r, + q, + p.$$

Cette échelle nous fait immédiatement connaître le dénominateur de la fraction génératrice

$$1 - px - qx^2 - rx^3 \, ;$$

ainsi le numérateur devant être de la forme $a + bx + cx^2$, posons

$$\frac{a + bx + cx^2}{1 - px - qx^2 - rx^3} = A + Bx + Cx^2 + \text{etc...}$$

et la méthode des coefficiens indéterminés nous fera trouver les relations

$$a = A$$
$$b = B - pA$$
$$c = C - pB - qA \, ;$$

donc la fraction demandée est

$$\frac{A + (B - pA)x + (C - pB - qA)x^2}{1 - px - qx^2 - rx^3}$$

soit, pour exemple, la série du troisième ordre

$$1 - 2x + 3x^2 - 10x^3 + 22x^4 - 51x^5 + \text{etc.}$$

L'échelle de relation est $- 3, + 2, - 1$, et, par conséquent, le dénominateur, $1 + x - 2x^2 + 3x^3$; comme nous avons en outre $A = 1, B = - 2, C = 3$, en substituant ces valeurs dans la formule, nous trouverons pour la fraction génératrice de cette série

$$\frac{1 - x - x^2}{1 + x - 2x^2 + 3x^3}$$

Si la série était du quatrième ordre et son échelle de relation $+ s, + r, + q, + p.$, une marche semblable nous ferait trouver pour les indéterminées a, b, c, d, de la fraction génératrice

$$\frac{a + bx + cx^2 + dx^3}{1 - px - qx^2 - rx^3 - sx^4}$$

les expressions

$$a = A$$
$$b = B - pA$$
$$c = C - pB - qA$$
$$d = D - pC - qB - rA$$

La loi générale de ces déterminations est facile à saisir.

Daniel Bernouilli a tiré de la théorie des séries récurrentes un procédé très-ingénieux pour obtenir par approximation les racines des équations numériques d'un degré quelconque. Nous avons exposé ce procédé au mot APPROXIMATION; il nous reste ici à faire connaître les principes sur lesquels il est fondé : soit

$$\frac{a + bx + cx^2 + dx^3 + ex^4 + \text{etc.}}{1 - px - qx^2 - rx^3 - sx^4 - tx^5 - \text{etc.}}$$

la fraction rationnelle dont le développement est la série récurrente

$$A + Bx + Cx^2 + Dx^3 + Ex^4 + Fx^5 + \text{etc.}$$

D'après ce qui précède, les coefficiens A, B, C, D, etc. de cette série, sont déterminés par les expressions.

$$A = a$$
$$B = pA + b$$
$$C = pB + qA + c$$
$$D = pC + qB + rA + d$$
$$E = pD + qC + rB + sA + e$$
$$\text{etc.} = \text{etc.}$$

et son terme général se trouve par la résolution de la fraction génératrice en fractions partielles dont les dénominateurs sont les facteurs du dénominateur

$$1 - px - qx^2 - rx^3 - \text{etc.}$$

Supposons que la décomposition de la fraction rationnelle en fractions partielles donne la suite

$$\frac{a'}{1 - \alpha x} + \frac{b'}{1 - \beta x} + \frac{c'}{1 - \gamma x} + \frac{d'}{1 - \delta x} + \text{etc.}$$

alors le terme général de la série récurrente sera

$$(a'\alpha^{m-1} + b'\beta^{m-1} + c'\gamma^{m-1} + d'\delta'^{m-1} + \text{etc.}) \, x^{m-1}$$

Si nous désignons par P le coefficient de x^{m-1}, et par Q, R, etc. ceux des puissances suivantes, la série prendra la forme

$$A + Bx + Cx^2 + \text{etc...} + Px^{m-1} + Qx^m + Rx^{m+1} + \text{etc...}$$

Ceci posé, remarquons que les puissances des nombres inégaux deviennent d'autant plus inégales les unes par rapport aux autres que ces puissances ont des exposans plus grands; ainsi en admettant que α soit un nombre plus grand que tous les autres β, γ, δ, etc., et que m soit un très-grand nombre, on aura à peu près

$$P = a'\alpha^{m-1}, \quad Q = a'\alpha^m$$

D'où

$$\frac{Q}{P} = \alpha$$

Donc, lorsque la série récurrente aura été prolongée très-loin, le coefficient d'un terme quelconque divisé par le coefficient du terme précédent donnera à peu près la valeur de α, et cette valeur sera d'autant plus approchée que les coefficiens employés pour l'obtenir appartiendront à des puissances plus grandes de x.

Mais $1 - \alpha x$ est un facteur du premier ordre du dénominateur $1 - px - qx^2 -$ etc. de la fraction rationnelle, et lorsqu'on connaît un tel facteur on connaît aussi une racine de l'équation (a)

$$1 - px - qx^2 - rx^3 - sx^4 - \text{etc.} \ldots = 0$$

savoir $x = \frac{1}{\alpha}$, donc puisqu'on trouve par la série récurrente le plus grand nombre α, on obtient en même temps par cette série la plus petite racine $\frac{1}{\alpha}$ de l'équation (a)

Si l'on fait $x = \frac{1}{z}$, l'équation devient (b)

$$z^m - pz^{m-1} - qz^{m-2} - rz^{m-3} - \text{etc.} \ldots = 0$$

dont la plus grande racine est $z = \alpha$.

Ainsi en admettant que l'équation (b) ait toutes ses racines réelles et inégales entre elles, on trouvera la plus grande de la manière suivante : Prenez à volonté des nombres a, b, c, d, etc., et avec ces nombres et les coefficiens de l'équation proposée formez la fraction rationnelle

$$\frac{a + bx + cx^2 + dx^3 + \text{etc.}}{1 - px - qx^2 - rx^3 - sx^4 - \text{etc.}}$$

ou, ce qui revient au même, prenez à volonté les m premiers termes d'une série récurrente et formez les suivans avec l'échelle de relation.

$$\text{etc.} \ldots + s, + r, + q, + p$$

prolongez suffisamment cette série; le quotient du coefficient de l'un de ses termes par le coefficient du terme précédent donnera la valeur approchée de la plus grande racine.

Par exemple, soit à trouver la plus grande racine de l'équation

$$x^2 - 3x - 1 = 0.$$

formons la fraction

$$\frac{a + bx}{1 - 3x - x^2}$$

dont le développement, en supposant 1 et 2 pour les deux termes, donne la série récurrente

$$1, 2, 7, 23, 76, 251, 829, 2738, \text{etc.} \ldots$$

Nous aurons donc pour la valeur approchée de la racine demandée

$$\frac{2738}{829} = 3, 3027744 \ldots$$

Or, la plus grande racine de l'équation proposée est

$$x = \frac{3}{2} + \frac{1}{2}\sqrt{13} = 3, 3027756 \ldots$$

d'où l'on voit que la valeur trouvée est exacte jusqu'à la cinquième décimale. En calculant un terme de plus, dans la série, ce terme, qui est 9043, fournit une valeur encore plus approchée, car on a

$$\frac{9043}{2738} = 3, 3027759 \ldots$$

Euler a exposé cette méthode en détail dans son *Introduction à l'analyse des infiniment petits*, et Lagrange en a fait le sujet d'une des notes de son *Traité de la résolution des équations numériques*. Nous devons renvoyer à ces ouvrages.

RÉDUCTION. C'est, en général, dans la *science des nombres*, la conversion d'une quantité en une autre quantité équivalente exprimée plus simplement. Par exemple $\frac{3a^3b^2}{15a^2b}$ se *réduit* à $2ab$ en retranchant les facteurs communs aux deux termes.

Quelques auteurs ont distingué les *réductions*, purement arithmétiques, en *ascendantes* et *descendantes*. La *réduction ascendante* est celle qu'on opère lorsqu'on exprime en unités d'une plus haute désignation une quantité donnée en unités d'une désignation inférieure. Telle est la réduction de 120 *secondes* en 2 *minutes*. La *réduction descendante* est le contraire, telle est celle de 24 *pieds* en 4 *toises*. Ces deux espèces de *réductions* s'effectuent toujours, la première par des *divisions* et la seconde par des *multiplications*. Comme elles sont d'un usage habituel dans les calculs, nous allons en donner quelques exemples.

1. *Réduction ascendante*. Pour réduire une quantité donnée, dont les unités sont d'une désignation quelconque, en une autre d'une désignation supérieure, il faut préalablement connaître le rapport qu'il y a entre les unités de chacune de ces désignations; ainsi, par exemple, pour réduire 155 *schellings* en *livres ster-*

lings, il faut savo'r qu'un *schelling* est la vingtième partie d'une *livre sterling*, ou qu'une *livre* vaut 20 *schellings*, car ce rapport étant connu, une simple division suffit pour opérer la réduction. En effet, autant de fois 20 est contenu dans 155, autant de fois 155 schellings valent de livres sterlings, et comme ici

$$\frac{155}{20} = 7, \text{ reste } 15$$

on trouve, en effectuant la division, que 155 schellings équivalent à 7 livres, plus 15 schellings.

S'il s'agissait de réduire 2565″ en *minutes*, comme la minute vaut 60″, on diviserait 2565 par 60, et l'on trouverait

$$\frac{2565}{60} = 42, \text{ reste } 45$$

d'où 2565″ = 42′ 45″. Et de même pour tous les cas.

2. *Réduction descendante.* Lorsqu'une quantité est exprimée en unités d'une désignation quelconque et qu'on veut la réduire en unités d'une désignation inférieure, il faut évidemment la multiplier par le nombre qui exprime combien la première unité contient de fois la seconde; car, en admettant qu'une unité de la première désignation soit équivalente à *m* unités de la seconde, A unités de la première désignation seront équivalentes à *m* fois A unités de la seconde désignation : ainsi, s'il s'agissait de réduire 7 livres sterlings en schellings, on multiplierait 7 par 20, comme s'il s'agissait de réduire 42′ en secondes; on multiplierait 42 par 60, et de même pour tous les cas.

Les *réductions numériques* ne sont donc jamais que de simples changemens de forme, et la quantité primitive est toujours équivalente à la quantité réduite. Il n'en est pas de même dans les *réductions géométriques*, comme nous allons le voir.

RÉDUCTION *des fractions à leur plus simple expression.* (*Voy.* COMMUN DIVISEUR.)

RÉDUCTION. (*Géom.*) Réduire une figure géométrique, c'est faire une figure semblable dont les dimensions soient plus petites. La *levée des plans* ne se compose que de cette espèce de réduction, car son objet principal est de tracer sur le papier l'image en petit de ce qui est sur le terrain.

Pour réduire le quadrilatère ABCD (Pl. 56, fig. 6.), il s'agit donc de construire un quadrilatère plus petit et semblable *abcd*; ainsi ayant tiré une droite *ab* qui soit la moitié, le tiers, le quart, ou en général une partie quelconque du côté AB, on fera aux points *a* et *b* des angles égaux aux angles A et B, puis on donnera aux côtés *ab* et *bc* des longueurs qui aient le même rapport avec AD et BC, que *ab* avec AB; on mènera ensuite la droite *dc*, et le quadrilatère réduit *abcd* sera construit.

La réduction des figures géométriques s'effectue principalement par la réduction de leurs côtés; ainsi il est nécessaire de construire préalablement des *échelles* (*Voy.* ce mot.), ou de se servir du *compas proportionnel*. Cet instrument est composé de deux branches (Pl. 25, fig. 5) terminées en pointes à leurs deux extrémités et réunies par un axe mobile, que l'on fixe à l'aide d'une vis (2). Des divisions gravées sur l'une de ses branches indiquent le point où il faut fixer l'axe pour qu'en prenant la longueur d'une droite avec deux des pointes l'ouverture des deux pointes opposées donne la longueur de la droite réduite. Si l'on veut, par exemple, que les côtés de la figure réduite soient le tiers de ceux de la figure donnée, on règle le compas de manière que l'ouverture des plus petits bras soit le tiers de celle des grands bras.

On réduit encore une carte, un dessin ou une figure par le moyen du *treillis*, c'est-à-dire en divisant l'original, ainsi que le papier sur lequel on doit faire la copie, en petits carrés par des lignes droites, puis en dessinant dans chaque carré du papier ce qui se trouve contenu dans le carré correspondant de l'original. Le nombre des carrés doit être nécessairement le même dans les deux figures; seulement on fait ceux de la seconde plus petits ou plus grands, selon qu'on veut que la copie soit plus petite ou plus grande. La figure 3 de la planche 56 donne un modèle de cette réduction.

RÉDUCTION *des angles au centre de la station.* Dans les opérations de l'arpentage, il arrive souvent qu'on ne peut placer exactement le graphomètre au centre des objets pris pour points d'observation, et l'on est alors obligé de *réduire* les angles observés pour les ramener à ceux qu'on aurait trouvés si l'instrument eût été placé au centre. Cette opération qui ne présente aucune difficulté est décrite dans tous les traités d'arpentage.

RÉDUCTION À L'ÉCLIPTIQUE. (*Ast.*) C'est la différence de l'arc NP, compris entre le lieu P d'une planète (Pl. 56, fig. 7) et son nœud N, avec l'arc NR de l'écliptique, intercepté entre le nœud et le cercle de longitude de la planète. L'angle d'inclinaison de l'orbite étant donné, ainsi que l'arc NP, on trouve cette réduction en calculant, dans le triangle sphérique NRP, le côté NR, qu'on retranche ensuite de NP.

RÉELLES. (QUANTITÉS RÉELLES.) En *algèbre*, ce sont les quantités qui ne contiennent point de racines paires de quantités négatives. On les nomme ainsi par opposition avec les quantités dites *imaginaires*, qui se composent précisément de telles racines. (*Voy.* IMAGINAIRE.)

RÉFLÉCHI. (*Optique.*) On donne ce nom à tout rayon lumineux qui a éprouvé un changement de direction par la rencontre d'un obstacle impénétrable pour lui. (*Voy.* Réflexion.)

RÉFLEXIBILITÉ. Propriété qu'ont certains corps de rejaillir, lorsqu'ils rencontrent dans leur mouvement un obstacle insurmontable. La *réflexibilité* est le caractère distinctif des corps élastiques.

Newton a découvert le premier que les rayons de lumière qui sont de différentes couleurs ont différens degrés de réflexibilité. Il résulte d'autres expériences que les rayons les plus réflexibles sont les plus réfrangibles.

RÉFLEXION. (*Méc.*) Mouvement rétrograde d'un mobile occasionné par la résistance d'un obstacle qui l'empêche de suivre sa première direction et le fait rejaillir après le choc. La cause de ce changement de direction est le ressort ou l'élasticité des corps, car si les corps n'avaient point de ressort, il n'y aurait point de *réflexion*. Les corps élastiques sont donc les seuls qui soient susceptibles d'un mouvement réfléchi, mais comme ils n'ont pas tous le même degré d'élasticité, les résultats de la théorie mathématique de la *réflexion* ne doivent être considérés que comme des approximations lorsqu'il s'agit de corps autres que la lumière, l'air et les gaz. (*Voy.* Choc.)

Les lois de la *réflexion* de la lumière font l'objet de la Catoptrique. (*Voy.* ce mot.)

REFLUX. *Voy.* Marées.

RÉFRACTION. (*Méc.*) Changement de direction d'un mobile qui passe obliquement d'un milieu dans un autre, qu'il pénètre plus ou moins facilement.

Si on lance dans l'air, par exemple, une balle A (Pl. 56, fig. 8) de manière qu'elle aille frapper obliquement en B la surface MN d'une pièce d'eau ; cette balle, en pénétrant dans l'eau, ne continuera pas à se mouvoir dans la direction AF, mais elle se détournera pour prendre une direction BE, qui fera un angle avec la première au point de contact des deux milieux ; de sorte que la direction primitive paraîtra comme brisée au point B ; d'où vient le mot de *réfraction*.

Ce phénomène est produit par les résistances inégales que les milieux d'une densité différente opposent au mouvement d'un mobile ; on peut aisément l'expliquer à l'aide des considérations suivantes.

Lorsqu'un corps solide, mis en mouvement, passe d'un milieu dans un autre, comme de l'air dans l'eau ou de l'eau dans l'air, ces milieux n'étant pas également pénétrables pour lui, par la différence de leurs densités, l'un lui opposera plus ou moins de résistance

que l'autre, et ce plus ou moins de résistance qui ne pourrait que ralentir ou augmenter la vitesse du mobile, sans changer sa direction, s'il rencontrait perpendiculairement la surface de contact des deux milieux, doit nécessairement le faire dévier de sa direction primitive, s'il rencontre obliquement cette surface de contact. En effet, soit MN (Pl. 56, fig. 9) la ligne de séparation des deux milieux, et CH une perpendiculaire à cette ligne ; tout corps mu suivant cette perpendiculaire continuerait à se mouvoir dans la direction CH, car en pénétrant dans le second milieu, que nous supposerons ici le plus dense, la résistance qu'il aura à vaincre ne pourra évidemment que diminuer sa vitesse sans changer sa direction, puisque cette résistance agit dans le sens même de la perpendiculaire ; mais si le mobile se meut suivant la droite AB, oblique par rapport à MN, on peut décomposer la force qui le met en mouvement en deux autres, l'une parallèle à MN, et l'autre perpendiculaire à cette même droite ; or, au moment où ce mobile pénètre dans le second milieu, la force qui agit selon la perpendiculaire se trouve diminuée par la résistance plus grande du milieu : ainsi en admettant que les forces primitives soient représentées par BM et BH, de manière que sans l'influence du second milieu le mobile parcourrait la diagonale BG en ligne droite avec AB ; si la force diminuée est représentée par BE, le mobile parcourra la diagonale BF, c'est-à-dire qu'il s'écartera de sa première direction en faisant avec la perpendiculaire CH un angle FBH plus grand que l'angle d'incidence ABC. Le contraire arriverait si le mobile passait d'un milieu plus dense dans un autre moins dense.

La réfraction dépend donc de deux conditions essentielles et sans lesquelles elle n'aurait pas lieu. La première est le passage d'un mobile d'un milieu dans un autre plus ou moins résistant, la seconde est l'obliquité d'incidence du mobile. Si donc le mobile passe obliquement d'un milieu rare dans un plus dense, d'un milieu moins résistant dans un plus résistant, il se réfracte en s'éloignant de la perpendiculaire à la surface de contact des deux milieux, c'est-à-dire en faisant son angle de *réfraction* plus grand que son angle d'*incidence*. Tandis que si le mobile passe obliquement d'un milieu dense dans un plus rare, d'un milieu plus résistant dans un moins résistant, il se réfracte en se rapprochant de la perpendiculaire et en faisant son angle de *réfraction* plus petit que son angle d'*incidence*.

Les rayons de la lumière qui passent d'un milieu dans un autre se comportent comme les corps matériels en ce qu'ils éprouvent une réfraction, mais cette réfraction s'effectue d'une manière entièrement opposée.

Réfraction *de la lumière.* La déviation qu'éprouve

un rayon de lumière qui passe d'un milieu dans un autre se prouve par une expérience très-simple. Si dans un vase à parois non transparentes et rempli d'eau on place au fond, en C (Pl. 56, fig. 10), une pièce de monnaie, et qu'on s'éloigne de manière à avoir l'œil en A dans la direction BA du rayon réfracté BC, on apercevra la pièce de monnaie dans la direction AB, comme si elle était placée en D au fond du vase ; mais si on ôte l'eau du vase, en laissant tout le reste dans les mêmes conditions, on ne pourra plus apercevoir la pièce métallique.

On formule en ces termes la loi générale de cette réfraction de la lumière :

Lorsqu'un rayon lumineux passe obliquement d'un milieu transparent dans un autre, il s'écarte de sa direction primitive et subit une réfraction. Si par le point d'incidence où le rayon rencontre le second milieu, on conçoit une ligne perpendiculaire à la surface réfractante, le rayon en se réfractant s'approchera de cette perpendiculaire, si le milieu où il entre est plus dense que celui qu'il quitte ; et, au contraire, s'il est plus rare, il s'en écartera.

Supposons que O (Pl. 56, fig 11) soit le point où le rayon de lumière RO passe d'un milieu dans un autre, soit que la surface qui sépare les deux milieux se trouve plane comme MN, ou concave comme AB, ou enfin convexe comme CD ; supposons en outre que le milieu le plus rare soit au-dessus de la surface de séparation, et le milieu le plus dense au-dessous ; si l'on élève en O la droite EF perpendiculaire à la surface de séparation, et qu'on imagine un plan qui passe par RO et EF, le rayon réfracté OL reste bien aussi dans le même plan, mais l'angle LOF qu'il fait avec la perpendiculaire EF est plus petit que l'angle ROE que fait le rayon incident RO avec cette même perpendiculaire.

Si du point O comme centre et avec un rayon arbitraire on décrit le cercle EGFL, et que des points G et L où le rayon incident et le rayon réfracté coupent sa circonférence on mène les droites GP et LQ perpendiculaires à EF, ces droites seront les sinus des angles d'incidence et de réfraction ROE, LOF. Or, Descartes a découvert que ces sinus ont toujours un rapport invariable, quel que soit l'angle d'incidence, les deux milieux où la lumière se meut restant les mêmes. (*Voy.* Optique.) Ce rapport constant du sinus d'incidence au sinus de réfraction est la loi fondamentale de la dioptrique ; on l'énonce ainsi :

Lorsqu'un rayon lumineux passe d'un milieu dans un autre, il est réfracté de manière que le sinus de l'angle d'incidence et celui de l'angle de réfraction sont entre eux dans un rapport constant.

Les physiciens nomment ce rapport *le rapport de réfraction.* Ils ont aussi la coutume de désigner les an-

gles ROE , LOF d'après le nom du milieu où ils sont : *l'angle dans l'air*, l'angle dans *l'eau* , dans le *verre*, etc.

Les rapports de réfraction les plus importans sont ceux qui existent entre l'air et le verre, l'air et l'eau. Le dernier est à peu près celui de 4 à 3 ; quant au premier, il varie selon la nature du verre ; ainsi entre l'air et le verre commun il est environ $\frac{3}{2}$, ou plus exactement $\frac{17}{11}$, entre l'air et le crown glass $\frac{155}{100}$, et entre l'air et le flint glass $\frac{158}{100}$.

RÉFRACTION ATMOSPHÉRIQUE. Déviation qu'éprouvent les rayons lumineux émanés des astres , en traversant notre atmosphère, et par laquelle ces astres nous paraissent plus élevés au-dessus de l'horizon qu'ils ne le sont en effet.

Supposons T (Pl. 56 , fig. 12) la terre, **C** le lieu d'un observateur, et A un astre quelconque d'où part un rayon de lumière. Ce rayon suivra une ligne droite jusqu'à ce qu'il rencontre l'atmosphère terrestre en P ; là il commencera à subir un changement de direction, et pénétrant successivement dans des couches d'air de plus en plus denses, en approchant de la terre, il viendra frapper l'œil de l'observateur en C après avoir décrit dans l'atmosphère une ligne courbe PC. Mais comme l'observateur ne peut juger de la situation de l'astre sur la voûte céleste que par l'impression qu'il a reçue, au lieu de le rapporter au point A il le rapportera au point A′ de la droite CA′ , suivant laquelle l'astre a fait impression dans son œil ; donc il verra l'astre plus élevé qu'il n'est réellement.

Les détours successifs qu'éprouve un rayon de lumière , en pénétrant dans l'atmosphère , se font toujours dans un même plan vertical ; ainsi la réfraction n'a pas d'autre effet que de faire paraître les astres plus élevés qu'ils ne le sont. Aussi voyons-nous le soleil, la lune, etc., au-dessus de l'horizon , tandis qu'ils sont encore au-dessous ; et en général le lever apparent des astres précède toujours leur lever réel, tandis que leur coucher apparent ne s'effectue qu'après leur coucher réel.

Les anciens avaient remarqué les effets de la réfraction, mais comme ils n'avaient aucun moyen de les mesurer , ils les négligèrent toujours dans leurs calculs astronomiques. En 1583, Tycho Brahé reconnut qu'elle surpassait 30′ à l'horizon et il entreprit de calculer une table pour les différentes hauteurs au-dessus de l'horizon, mais Dominique Cassini est le premier qui ait proposé une hypothèse propre à calculer les réfractions pour toutes les hauteurs, et la table qu'il en dressa était déjà d'une exactitude remarquable.

Picard reconnut, en 1669, par des hauteurs méridiennes du soleil, que les réfractions sont plus considérables en hiver qu'en été; il les trouva aussi plus grandes la nuit que le jour. Depuis on a observé que celles de la zone torride sont plus faibles que celles de nos climats; d'où l'on peut conclure que les réfractions dépendant, en général, de l'état de l'atmosphère, doivent être plus ou moins considérables, à mesure que l'air devient plus ou moins dense, et que leurs variations doivent suivre celles du baromètre et du thermomètre.

Les différences des réfractions occasionnées par la différence de la température de l'air, peuvent être négligées dans les calculs nautiques qui n'exigent pas une grande précision; mais leur irrégularité, dans le voisinage de l'horizon où les vapeurs, l'humidité de l'air et les vents sont plus variables que dans les régions plus élevées, doit faire éviter, autant qu'il est possible, d'observer les astres lorsqu'ils sont trop près de leur lever ou de leur coucher.

Les hauteurs correspondantes du soleil ou d'une étoile sont des moyens très-propres à faire connaître la quantité de la réfraction. Si l'on observe, par exemple, avec un bon instrument la hauteur du soleil à 6 heures de distance du méridien le matin et le soir, et qu'on la trouve de $9°$, tandis qu'en calculant cette hauteur observée on ne la trouve que de $8°\ 54'$; la différence $6'$ entre l'observation et le calcul sera la quantité de réfraction à $9°$ de hauteur apparente, c'est-à-dire qu'à cette hauteur le soleil paraîtra plus élevé de $6'$ qu'il ne l'est en réalité.

C'est à l'aide de cette méthode qu'on a reconnu d'abord que la réfraction horizontale, la plus grande de toutes les réfractions astronomiques, est d'environ $33'$ dans les zones tempérées, et de $27'$ dans la zone torride. On s'est convaincu ensuite, par un grand nombre d'expériences, que la réfraction diminue à mesure que la hauteur augmente et qu'elle est nulle au zénith.

Après avoir observé avec soin les réfractions à divers degrés de hauteur, on s'aperçut enfin que depuis le zénith jusqu'à $80°$ degrés environ, elles suivent à peu près le rapport des tangentes des distances au zénith; et Bradley, guidé par les recherches de Simpson sur cet objet, fit voir le premier que *les réfractions sont proportionnelles aux tangentes des distances au zénith, diminuées de trois fois la réfraction.* C'est-à-dire qu'en désignant par r la réfraction correspondante à la distance au zénith z, on a

$$r = A \cdot \tan g[z - 3r]$$

A étant une quantité constante pour un même état de l'atmosphère ou pour une même pression et une même température.

D'après les expériences de MM. Biot et Arago, la valeur de ce coefficient est $60''$, 666 à la pression atmosphérique de 0^m, 76 et à la température de la glace fondante, de sorte que la formule de la réfraction, en y modifiant le coefficient de r qui est trop petit, devient

$$r = 60'', 666\ \tan g[z - 3, 25r]$$

Cette formule, indépendante de toute hypothèse sur la constitution de l'atmosphère, n'est valable que pour des hauteurs horizontales qui dépassent $10°$; mais lorsque le rayon lumineux fait avec l'horizon un angle moindre, il devient indispensable d'introduire dans la théorie des réfractions la loi que suit la densité de l'air à diverses hauteurs, et comme cette loi n'est point encore suffisamment connue, on ne peut considérer que comme des approximations les résultats obtenus par les géomètres; jusqu'ici les formules de Laplace sont les plus exactes de toutes celles qui ont été trouvées; c'est d'après ces formules que les tables suivantes ont été calculées.

L'usage de la première est très-facile lorsqu'on néglige la température et la pression, comme le font très-souvent les navigateurs; on y cherche le nombre qui correspond à la hauteur donnée diminuée des unités de minutes et de secondes, puis on interpole les parties négligées en partageant proportionnellement la différence qui correspond à $10'$ de variation de hauteur. Soit par exemple à trouver la réfraction qui a lieu à la hauteur de $12°\ 34'\ 18''$. La table donne $4'\ 17''$, 2, pour $12°\ 30'$; et la différence entre $12°\ 30'$ et $12°\ 40$ étant $3''$, 4, on posera

$$10' : 4'\ 18'' :: 3'', 4 : x$$

ou, approximativement,

$$10 : 4, 3 :: 3'', 4 : x = 1'', 462$$

On a donc

$$\begin{aligned}
&\text{pour } 12°\ 30' \ldots \ldots \quad 4'\ 17'', 2 \\
&\text{pour} \quad\quad\quad 4', 3 \ldots \ldots - 1,\ 46 \\
&\rule{4cm}{0.4pt} \\
&\text{réfraction} \ldots \ldots \ldots \quad 4'\ 15'', 74
\end{aligned}$$

La partie intercalaire est toujours négative, puisque la réfraction diminue à mesure que la hauteur augmente.

Ainsi, comme il faut retrancher la réfraction de la hauteur apparente pour avoir la hauteur vraie, un astre qui nous paraîtrait à $12°\ 34'\ 18''$ de hauteur aurait pour hauteur vraie $12°\ 34'\ 18' - 4'\ 15''$, 7, ou $12°\ 30'$ $2''$, 3.

TABLE DES RÉFRACTIONS ATMOSPHÉRIQUES.

Baromètre, 0m,76 et thermomètre centigrade, 10°.

Haut. appar.		Réfractions.		Diff. p. 10'.	Haut. appar.		Réfractions.		Diff. p. 10'.	Haut. appar.	Réfractions.		Diff. p. 10'.	Haut. appar.	Réfractions.	Diff. p. 10'.
D.	M.	M.	s.	s.	D.	M.	M.	s.	s.	D.	M.	s.	s.	D.	s.	s
0.	0	33.	46,3	112,0	7.	0	7.	24,8	9,5	14	3.	49,8	2,58	56	39,3	0,25
	10	31.	54,3	105,0		10	7.	15,3	9,0	15	3.	34,3	2,28	57	37,8	0,24
	20	30.	9,3	97,3		20	7.	6,3	8,6	16	3.	20,6	2,02	58	36,4	0,24
	30	28.	32,0	89,8		30	6.	57,7	8,1	17	3.	8,5	1,82	59	35,0	0,23
	40	27.	2,2	83,6		40	6.	49,6	7,7	18	2.	57,6	1,65	60	33,6	0,22
	50	25.	38,6	77,4		50	6.	41,9	7,5	19	2.	47,7	1,48	61	32,3	0,22
1.	0	24.	21,2	71,6	8.	0	6.	34,4	7,3	20	2.	38,8	1,37	62	31,0	0,21
	10	23.	9,6	66,2		10	6.	27,1	7,1	21	2.	30,6	1,24	63	29,7	0,21
	20	22.	3,4	61,5		20	6.	20,0	6,9	22	2.	23,2	1,11	64	28,4	0,20
	30	21.	1,9	57,1		30	6.	13,1	6,7	23	2.	16,5	1,05	65	27,2	0,20
	40	20.	4,8	53,3		40	6.	6,4	6,5	24	2.	10,2	0,98	66	25,9	0,20
	50	19.	11,5	49,3		50	5.	59,9	6,3	25	2.	4,3	0,90	67	24,7	0,20
2.	0	18.	22,2	45,9	9.	0	5.	53,6	6,2	26	1.	58,9	0,83	68	23,5	0,20
	10	17.	36,3	43,1		10	5.	47,4	5,9	27	1.	53,9	0,78	69	22,4	0,20
	20	16.	53,2	39,8		20	5.	41,5	5,7	28	1.	49,2	0,73	70	21,2	0,20
	30	16.	13,4	37,4		30	5.	35,8	5,5	29	1.	44,8	0,70	71	20,0	0,19
	40	15.	36,0	35,1		40	5.	30,3	5,3	30	1.	40,6	0,65	72	18,9	0,18
	50	15.	0,9	32,8		50	5.	25,0	5,2	31	1.	36,7	0,60	73	17,8	0,18
3.	0	14.	28,1	30,8	10.	0	5.	19,8	5,1	32	1.	33,1	0,58	74	16,7	0,18
	10	13.	57,3	28,8		10	5.	14,7	5,0	33	1.	29,6	0,56	75	15,6	0,18
	20	13.	28,5	27,2		20	5.	9,7	4,8	34	1.	26,2	0,53	76	14,5	0,17
	30	13.	1,3	25,7		30	5.	4,9	4,6	35	1.	23,1	0,50	77	13,5	0,17
	40	12.	35,6	24,3		40	5.	0,3	4,4	36	1.	20,1	0,48	78	12,4	0,17
	50	12.	11,3	23,0		50	4.	55,9	4,2	37	1.	17,2	0,47	79	11,3	0,17
4.	0	11.	48,3	21,7	11.	0	4.	51,7	4,1	38	1.	14,4	0,43	80	10,3	0,17
	10	11.	26,6	20,5		10	4.	47,6	4,0	39	1.	11,8	0,42	81	9,2	0,17
	20	11.	6,1	19,4		20	4.	43,6	4,0	40	1.	9,3	0,40	82	8,2	0,17
	30	10.	46,7	18,4		30	4.	39,6	3,9	41	1.	6,9	0,38	83	7,2	0,17
	40	10.	28,3	17,4		40	4.	35,7	3,9	42	1.	4,6	0,37	84	6,1	0,17
	50	10.	10,9	16,6		50	4.	31,8	3,8	43	1.	2,4	0,35	85	5,1	0,17
5.	0	9.	54,3	15,9	12.	0	4.	28,0	3,7	44	1.	0,3	0,34	86	4,1	0,17
	10	9.	38,4	15,0		10	4.	24,3	3,6	45	0.	58,2	0,33	87	3,1	0,17
	20	9.	23,4	14,4		20	4.	20,7	3,5	46	0.	56,2	0,32	88	2,0	0,17
	30	9.	9,0	13,7		30	4.	17,2	3,4	47	0.	54,3	0,31	89	1,0	0,17
	40	8.	55,3	13,0		40	4.	13,8	3,2	48	0.	52,4	0,30	90	0,0	
	50	8.	42,3	12,4		50	4.	10,6	3,1	49	0.	50,6	0,29			
6.	0	8.	29,9	11,8	13.	0	4.	7,5	3,1	50	0.	48,9	0,28			
	10	8.	18,1	11,5		10	4.	4,4	3,0	51	0.	47,2	0,27			
	20	8.	6,6	11,0		20	4.	1,4	3,0	52	0.	45,5	0,26			
	30	7.	55,6	10,6		30	3.	58,4	2,9	53	0.	43,9	0,26			
	40	7.	45,0	10,3		40	3.	55,5	2,9	54	0.	42,3	0,25			
	50	7.	34,7	9,9		50	3.	52,6	2,8	55	0.	40,8	0,25			
7.	0	7.	24,8		14.	0	3.	49,8		56	0.	39,3				

TABLE POUR CORRIGER LES RÉFRACTIONS MOYENNES.

Baromètre (M)	(PO.)	Facteur.	Baromètre (M.)	(PO.)	Facteur.	Thermomètre Centigrade.	Réaumur.	Facteur.
0. 710	26. 23	0. 934	0. 750	27. 71	0. 987	— 20	— 16,0	1. 128
711	27	935	751	74	988	18	14,4	1. 118
712	30	937	752	78	989	16	12,8	1. 109
713	34	938	753	82	990	14	11,2	1. 100
714	38	939	754	85	992	12	9,6	1. 091
715	41	0. 941	0. 755	89	993	11	8,8	1. 087
716	45	942	756	93	995	10	8,0	1. 082
717	49	943	757	27. 96	996	9	7,2	1. 077
718	52	945	758	28. 00	997	8	6,4	1. 073
719	56	946	759	04	999	7	5,6	1. 069
720	60	0. 947	760	08	1. 000	6	4,8	1. 064
721	63	949	761	11	01	5	4,0	1. 060
722	67	950	762	15	03	4	3,2	1. 056
723	71	951	763	19	04	3	2,4	1. 052
724	75	953	764	22	05	2	1,6	1. 048
725	78	0. 954	765	26	07	— 1	— 0,8	1. 044
726	82	955	766	30	08	0	0,0	1. 040
727	86	957	767	33	09	+ 1	+ 0,8	1. 035
728	89	958	768	37	1. 010	2	1,6	1. 031
729	93	959	769	41	12	3	2,4	1. 027
730	26. 97	0. 960	770	44	1. 013	4	3,2	1. 023
731	27. 00	962	771	48	14	5	4,0	1. 019
732	04	963	772	52	16	6	4,8	1. 015
733	08	964	773	56	17	7	5,6	1. 012
734	11	966	774	59	18	8	6,4	1. 008
735	15	0. 967	775	63	1. 020	9	7,2	1. 004
736	19	968	776	67	21	10	8,0	1. 000
737	23	970	777	70	22	11	8 8	0. 996
738	26	971	778	74	23	12	9,6	0. 992
739	30	972	779	78	25	13	10,4	0. 989
740	34	0. 973	780	81	1. 026	14	11,2	0. 985
741	37	975	781	85	27	15	12,0	0. 981
742	41	976	782	89	29	16	12,8	0. 977
743	45	977	783	92	30	17	13,6	0. 974
744	48	979	784	28. 96	31	18	14,4	0. 971
745	52	0. 980	785	29. 00	1. 033	20	16,0	0. 964
746	56	981	786	04	34	22	17,6	0. 956
747	60	983	787	07	35	24	19,2	0. 949
748	63	984	788	11	37	26	20,8	0. 942
0. 749	27. 67	0. 985	789	15	38	+ 30	24,0	0. 929

Lorsqu'on veut des valeurs précises, il faut corriger la réfraction moyenne, donnée par la table, d'après les hauteurs du baromètre et du thermomètre au moment de l'observation. Cette correction s'effectue au moyen de la seconde table, qui pour chaque division du baromètre et du thermomètre fournit les facteurs par lesquels il faut multiplier la réfraction moyenne pour obtenir celle qui est due à l'état de l'atmosphère. Supposons, par exemple, qu'au moment d'une observation le baromètre soit à 0^m, 755 et le thermomètre à $+ 16°$, en cherchant dans la table on trouve à côté de 0^m, 755 le facteur 0,993, et devant $+ 16°$ le facteur 0,964, c'est donc par ces deux facteurs, ou ce qui est la même chose par leur produit 0,957 qu'il faut multiplier la réfraction moyenne.

Comme les deux facteurs dus à la pression et à la température donnent un produit qui diffère toujours très peu de l'unité, ce produit étant mis sous la forme $1 \pm x$, x est toujours très-petit, et alors on simplifie l'opération en multipliant seulement par x la réfraction moyenne ; le produit pris avec le signe de x est la correction qu'il faut ajouter à la réfraction moyenne. Nous allons donner un exemple de tous ces calculs.

Quelle est la hauteur vraie du bord supérieur du soleil, la hauteur apparente étant $9°$ 25′ 30″. Le baromètre marquant 0^m, 741 et le thermomètre $+ 13°$.

La table des réfractions donne pour

$$9°20′ \ldots\ldots\ldots\ldots 5′\ 41″,\ 5$$
$$5′ \ldots\ldots\ldots\ldots\ -\ 2,\ \ 28$$
$$0,5 \ldots\ldots\ldots\ -\ 0,\ \ 28$$

Réfraction moyenne. . . . . 5′ 38″, 4 $= 338″$, 4.

Baromètre 0^m, 741 . . facteur $= 0$, 975
Therm. $+ 13°$ . . . . facteur $= 0$, 989

    Produit $+ 0$, 964
    ou $1 - 0$, 036

Réfraction moyenne. . . . . . 338″, 4
Facteur. . . . . $-$ 0 , 036

Correction . . . . $-$ 12″, 2
Réfraction corrigée . . . . . 326″, 2 $= 5′$ 26″, 2
Hauteur apparente $= 9°$ 25′ 30″
Réfract. . . . . $= 0$ 5 26, 2

Hauteur vraie. . . . $= 9°$ 20′ 13″, 8

Les astres paraissant plus élevés sur l'horizon qu'ils ne le sont en réalité, leur lieu apparent diffère toujours de leur lieu réel, sauf le cas où ils sont au zénith, de sorte que leurs latitudes, longitudes, ascensions droites et déclinaisons se trouvent altérées d'une petite quantité qui prend le nom de *réfraction en latitude*, ou en

longitude, ou etc. Lorsqu'on connaît la *réfraction en hauteur*, qui est celle dont nous venons de nous occuper, on calcule facilement les autres par la résolution d'un triangle sphérique. *Voy.* pour la théorie des réfractions la *mécanique céleste* de Laplace, et un ouvrage très-remarquable de Kramp sur les *réfractions astronomiques*.

Les crépuscules sont encore des phénomènes produits par la réfraction des rayons solaires. Lorsque le soleil est au-dessous de l'horizon et que ses rayons réfractés par l'atmosphère ne font encore que raser la terre sans parvenir à l'œil, la réflexion que leur font éprouver les molécules de l'air rend leur lumière visible, de sorte que le jour commence quelque temps avant le lever apparent du soleil, comme il ne finit que quelque temps après son coucher. Dans nos climats, les crépuscules commencent ou cessent lorsque le soleil est au-dessous de l'horizon d'environ 18°. Le crépuscule du matin se nomme l'*aurore*.

RÉFRANGIBILITÉ. Propriété qu'ont les rayons de la lumière de se réfracter en passant d'un milieu dans un autre.

RÈGLE. (*Géom.*) Instrument très-simple fait en général d'un bois dur et qui sert pour tracer les lignes droites.

La règle est très en usage dans tous les arts mécaniques et graphiques ; on s'assure de son exactitude en traçant par son moyen une ligne sur le papier, puis on la renverse de manière que le bout qui était à droite soit à gauche, à l'extrémité de cette ligne, et *vice versa*, et l'on trace de nouveau une ligne en faisant rouler une pointe de crayon le long de son côté. Si la règle est juste, les deux lignes tracées doivent se confondre et ne former qu'une seule droite.

RÈGLE. (*Arith.*) Opération que l'on exécute sur des nombres pour obtenir un résultat. Les opérations ou les *règles primitives* de l'arithmétique se nomment : *l'addition*, *la soustraction*, *la multiplication*, *la division*, *l'élévation aux puissances* et *l'extraction des racines* (*voy.* ces divers mots). Toutes les autres règles naissent de la combinaison de celles-ci. (*Voy.* ALLIAGE, COMPAGNIE, ESCOMPTE, FAUSSE POSITION, INTÉRÊT, RÈGLE DE TROIS, etc.)

RÈGLE. (*Ast.*) Nom d'une constellation méridionale introduite par Lacaille ; elle est située avec l'*équerre* au-dessous de la queue du *scorpion*.

RÉGULIER. (*Géom.*) Une figure régulière est celle dont tous les angles et tous les côtés sont respectivement égaux.

Le triangle équilatéral et le quarré sont des figures

régulières. Tous les polygones *réguliers* peuvent être inscrits et circonscrits au cercle. (*Voy.* Cercle et Polygone.)

Un *solide régulier* est un corps terminé de tous côtés par des surfaces planes, qui sont des polygones réguliers égaux entre eux, et dont tous les angles solides sont égaux. (*Voy.* Solide.)

Il n'y a que cinq corps *réguliers*, savoir : *l'hexaèdre* ou le *cube*, le *tétraèdre*, *l'octaèdre*, le *dodécaèdre* et *l'icosaèdre*. (*Voy.* Polyèdre.)

Ces cinq solides réguliers peuvent être inscrits dans une *sphère* (*voy.* ce mot), et si l'on désigne par r le rayon de la sphère, les dimensions des solides inscrits seront exprimées par les formules suivantes :

$$\text{Tétraèdre} \dots \begin{cases} \text{Côté} \dots\dots\dots & \dfrac{3}{2}\, r \\[1.2em] \text{Surface} \dots\dots & \dfrac{9}{4}\, r^2 \sqrt{3} \\[1.2em] \text{Volume} \dots\dots & \dfrac{3}{8}\, r^3 \sqrt{3} \end{cases}$$

$$\text{Hexaèdre} \dots \begin{cases} \text{Côté} \dots\dots\dots & \dfrac{1}{3}\, r \sqrt{10} \\[1.2em] \text{Surface} \dots\dots & \dfrac{20}{3}\, r^2 \\[1.2em] \text{Volume} \dots\dots & \dfrac{40}{27}\, r^3 \end{cases}$$

$$\text{Octaèdre} \dots \begin{cases} \text{Côté} \dots\dots\dots & \dfrac{1}{4}\, r \sqrt{21} \\[1.2em] \text{Surface} \dots\dots & \dfrac{21}{8}\, r^2 \sqrt{3} \\[1.2em] \text{Volume} \dots\dots & \dfrac{21}{32}\, r^3 \sqrt{3} \end{cases}$$

$$\text{Dodécaèdre} \dots \begin{cases} \text{Côté} \dots\dots & \dfrac{1}{6}\, r \sqrt{\left[\dfrac{11\sqrt{5}}{2}\right]} \cdot \sqrt{[\sqrt{5}-1]} \\[1.2em] \text{Surface} \dots\dots & \dfrac{55}{12}\, r^2 \sqrt{\left[\dfrac{\sqrt{5}}{2}\right]} \cdot \sqrt{[1+\sqrt{5}]} \\[1.2em] \text{Volume} \dots\dots & \dfrac{275}{216}\, r^3 \sqrt{\left[\dfrac{\sqrt{5}}{2}\right]} [\sqrt{1+\sqrt{5}}] \end{cases}$$

$$\text{Icosaèdre} \dots \begin{cases} \text{Côté} \dots\dots\dots & \dfrac{1}{10}\, r \sqrt{57} \\[1.2em] \text{Surface} \dots\dots & \dfrac{57}{20}\, r^2 \sqrt{3} \\[1.2em] \text{Volume} \dots\dots & \dfrac{171}{200}\, r^3 \sqrt{3} \end{cases}$$

On pourra comparer ces dimensions avec celles de la sphère en remarquant que si l'on désigne par π la demi-circonférence dont le rayon est l'unité, on a pour la sphère dont le rayon est r

Circonférence d'un grand cercle. $2\pi r$

Surface d'un grand cercle $\dots\dots$ πr^2

Surface de la sphère $\dots\dots\dots$ $4\pi r^2$

Volume de la sphère $\dots\dots\dots$ $\dfrac{4}{3}\pi r^3$

(*Voy.* Sphère.)

RÉGULUS. (*Ast.*) Nom d'une étoile de première grandeur située dans la constellation du lion.

BENARD. (*Ast.*) Constellation boréale introduite par Hévélius. (*Voy.* Constellation.)

RÉPERCUSSION. Terme de mécanique qui signifie la même chose que Réflexion.

RESECTE. (*Géom.*) Nom que les anciens géomètres donnaient à la partie de l'axe d'une courbe comprise entre le sommet de la courbe et le point où l'axe est rencontré par une tangente.

RÉSIDU. (*Alg.*) Ce mot, dont la signification ordinaire est la même que celle de *reste*, a été employé par Gauss pour désigner les nombres dont la différence peut être divisée exactement par un autre nombre, pris pour terme de comparaison, et qu'il nomme le *module*. Par exemple si m divise la différence des deux nombres a et b, chacun de ces nombres est *résidu* de l'autre par rapport au *module* m. (*Voy.* Congruence.)

RÉSISTANCE. (*Méc.*) On donne généralement ce nom à toute force qui agit en sens contraire d'une autre dont elle détruit ou diminue les effets.

Les *résistances* peuvent être classées d'après la nature des corps résistans et les diverses circonstances dans lesquelles ils sont placés. Ainsi on peut considérer :

1. La résistance entre les surfaces de deux corps contigus. (*Voy.* Adhésion et Frottement.)

2. La résistance entre les molécules contiguës des corps soit solides, soit fluides.

3. La résistance que les corps solides opposent à la pénétration. (*Voy.* Percussion.)

4. La résistance que les fluides opposent aux mouvemens des corps qui y sont plongés.

La théorie mathématique de la résistance des fluides, si importante pour les constructions navales, est encore malheureusement peu avancée, et jusqu'ici les efforts des plus grands mathématiciens ont été insuffisans pour l'établir d'une manière, non pas même rigoureuse, mais seulement satisfaisante. D'après Newton, on avait généralement admis que cette résistance est dans le rapport composé du carré de la vitesse du corps en mouvement, de l'étendue de la surface du fluide qui résiste et de la densité du fluide ; mais un grand nombre d'expériences, faites principalement en France, ont prouvé que ces principes sont incertains. Ils ne s'accordent à peu près avec les faits que pour les vitesses moyennes; mais pour les vitesses très-grandes et très-petites ils s'en écartent beaucoup. *Voy.* sur ce sujet la *mécanique* d'Euler, l'*Hydrodynamique* de D. Bernouilli, le *Traité d'artillerie* de Robins, le Mémoire de Borda (*Mémoires de l'Acad.*, 1763), et les travaux de d'Alembert, Condorcet et Bossut. *Voy.* aussi dans ce *Dictionnaire*, pour la résistance de l'air, l'article Balistique.

Solide de la moindre résistance. C'est un des plus simples de cette classe de problèmes nommés les *isopérimètres*. Il fut proposé en premier et résolu par Newton; depuis il a été traité par Euler, Simpson, Emerson, Lacroix (*Voy.* le tome 11 du *Grand Traité du calcul diff.* de Lacroix) et Maclaurin.

Voici la figure de ce solide : soit DNG (Pl. 57, fig. 1), une courbe telle que si d'un point quelconque N on mène une tangente NG et que d'un point donné F on tire à cette tangente la parallèle FR prolongée jusqu'à ce qu'elle rencontre l'axe en R, l'ordonnée MN soit à GR comme $\overline{GR}^3$ est à $4BR \times \overline{BG}^2$. Le solide décrit par la révolution de cette courbe autour de son axe AB et qui se meut dans un fluide de A vers B, trouvera moins de résistance que tout autre solide circulaire de même base.

RÉSOLUTION. Pris dans son sens général, ce mot désigne la division ou la séparation de quelque quantité composée en ses parties constituantes.

En *algèbre*, la résolution *des équations* est la détermination des valeurs des quantités inconnues dont ces équations sont composées. (*Voy.* Équations. *Voy.* aussi Approximation et Racine.)

Résolution se prend encore dans le sens de *solution* : résoudre un problème, c'est en donner la solution.

RESTE. (*Alg.*) Nom que l'on donne à la quantité que l'on produit lorsqu'on retranche une quantité d'une autre. (*Voy.* Soustraction.)

RESTITUTION. (*Ast.*) On donnait jadis ce nom à la période qu'on croyait ramener tous les événemens dans le même ordre : *apocatastase*. (*Voy.* ce mot.)

On s'en sert aussi quelquefois pour exprimer le retour d'une planète à son apside.

RETARDATION. (*Méc.*) Ralentissement du mouvement d'un mobile. Ce mot est peu usité.

RETARDATRICE. (*Méc.*) La force *retardatrice* est celle qui retarde le mouvement d'un corps; telle est la pesanteur d'un mobile lancé de bas en haut et dont le mouvement est continuellement retardé par l'action

que cette pesanteur exerce sur lui dans une direction contraire. Les lois des forces retardatrices se déduisent de celles des forces accélératrices par un simple changement du signe de certaines valeurs dans les équations du mouvement. (*Voy.* Accélération et Accéléré.)

RÉTICULE. (*Ast.*) Instrument composé de plusieurs fils et qui se place au foyer d'une lunette pour mesurer les diamètres des astres ou pour observer les différences de leurs passages.

Lacaille a donné le nom de réticule à une des constellations qu'il a formées dans l'hémisphère boréal. Elle est située entre l'Hydre et la Dorade.

RETOUR DES SUITES. (*Alg.*) Méthode qui a pour objet d'exprimer en série, procédant suivant les puissances progressives d'une variable y, la valeur d'une autre variable x, lorsque y est donné par une série qui procède suivant les puissances de x. C'est-à-dire, ayant la série (1)

$$v = ax + bx^2 + cx^3 + dx^4 + ex^5 + \text{etc.}$$

le *retour* de cette série consiste à trouver les coefficiens A, B, C, D, etc. de cette seconde série (2)

$$x = Ay + By^2 + Cy^3 + Dy^4 + Ey^5 + \text{etc.}$$

qui donne x par y.

La solution de cet important problème, proposé pour la première fois par Newton dans son *Analysis per equationes*, peut s'obtenir d'une manière assez simple par la méthode des coefficiens indéterminés, car en formant les puissances successives des deux membres de l'équation (2), on trouve

$$x = Ay + By^2 + Cy^3 + Dy^4 + Ey^5 + \text{etc.}$$
$$x^2 = \ldots\ldots A^2y^2 + 2ABy^3 + 2ACy^4 + 2ADy^5 + \text{etc.}$$
$$\qquad\qquad + B^2y^4 + 2BCy^5 + \text{etc.}$$
$$x^3 = \ldots\ldots\ldots A^3y^3 + 3A^2By^4 + 3A^2Cy^5 + \text{etc.}$$
$$\qquad\qquad\qquad + 3AB^2y^5 + \text{etc.}$$
$$x^4 = \ldots\ldots\ldots\ldots A^4y^4 + 4A^3By^5 + \text{etc.}$$
$$x^5 = \ldots\ldots\ldots\ldots\ldots A^5y^5 + \text{etc.}$$
$$\text{etc.} = \text{etc.}$$

Si l'on substitue maintenant ces valeurs de x, x^2, x^3, etc. dans l'égalité (1), on obtient

$$y = aAy + aB \Big| y^2 + aC \Big| y^3 + aD \Big| y^4 + aE \Big| y^5 + \text{etc.}$$
$$+ bA^2 \Big| + 2bAB \Big| + 2bAC \Big| + 2bAD \Big| + \text{etc.}$$
$$+ cA^3 \Big| + bB^2 \Big| + 2bBC \Big| + \text{etc.}$$
$$+ 2cA^2B \Big| + 3cA^2C \Big| + \text{etc.}$$
$$+ dA^4 \Big| + 3cAB^2 \Big| + \text{etc.}$$
$$+ 4dA^3B \Big| + \text{etc.}$$
$$+ eA^5 \Big| + \text{etc.}$$
$$+ \text{etc.}$$

ou bien, en faisant passer y dans le second membre,

$$0 = (aA - 1)y + (aB + bA^2)y^2 + (aC + 2bAB + cA^3)y^3 + \text{etc}$$

Ainsi, puisque cette égalité doit avoir lieu, quelle que soit la valeur de y, on a séparément

$$aA - 1 = 0$$
$$aB + bA^2 = 0$$
$$aC + 2bAB + cA^3 = 0$$
$$\text{etc.} \qquad \text{etc.}$$

équations de conditions à l'aide desquelles ou pourra obtenir les valeurs des coefficiens A, B, C, etc. en fonctions des coefficiens donnés a, b, c, d, e, etc. Le calcul des neuf premiers de ces coefficiens a été effectué par Philippe Rubbiani qui s'est assuré par des épreuves multipliées de l'exactitude de son travail. Voici ces valeurs, elles peuvent servir de formules générales pour retourner une série, de quelque forme qu'elle soit (3),

$$A = \frac{1}{a}$$

$$B = - \frac{b}{a^3}$$

$$C = \frac{1}{a^5} [2b^2 - ac]$$

$$D = \frac{1}{a^7} [-5b^3 + 5abc - a^2d]$$

$$E = \frac{1}{a^9} [14b^4 - 21ab^2c + 6a^2bd + 3a^2c^2 - a^3e]$$

$$F = \frac{1}{a^{11}} [-42b^5 + 84ab^3c - 28a^2b^2d - 28a^2bc^2 + 7a^3be$$
$$+ 7a^3cd - a^4f]$$

$$G = \frac{1}{a^{13}} [132b^6 - 330ab^4c + 120a^2b^3d + 180a^2b^2c^2$$
$$- 36a^3b^2e - 72a^3bcd + 8a^4bf - 12a^3c^3$$
$$+ 8a^4ce + 4a^4d^2 - a^5g]$$

$$H = \frac{1}{a^{15}} [-429b^7 + 1287ab^5c - 495a^2b^4d - 990a^2b^3c^2$$
$$+ 165a^3b^3e + 495a^3b^2cd - 45a^4b^2f + 165a^3bc^3$$
$$- 90a^4bce - 45a^4bd^2 + 9a^5bg - 45a^4c^2d$$
$$+ 9a^5cf + 9a^5de - a^6h]$$

$$I = \frac{1}{a^{17}} [1430b^8 - 5005ab^6c + 2002a^2b^5d + 5005a^2b^4c^2$$
$$- 715a^3b^4e - 286a^3b^3cd + 220a^4b^3f$$
$$- 1430a^3b^2c^3 + 660a^4b^2ce + 330a^4b^2d^2$$
$$- 55a^5b^2g + 660a^4bc^2d - 110a^5bcf - 110a^5bde$$
$$+ 10a^6bh + 55a^4c^4 - 55a^5cd^2 - 55a^5c^2e$$
$$+ 10a^6cg + 10a^6df + 5a^6e^2 - a^7i]$$

$$K = \text{etc.} \ldots \ldots$$

Appliquons ces formules au retour de la série

$$x = 1 + \frac{1}{1} Lx + \frac{1}{1.2} (Lx)^2 + \frac{1}{1.2.3} (Lx)^3 + \text{etc.}$$

qui donne un nombre au moyen de son logarithme. (*Voy* LOGARITHME, 15.)

En la mettant sous la forme

$$x - 1 = Lx + \frac{1}{1.2} (Lx)^2 + \frac{1}{1.2.3} (Lx)^3 + \frac{1}{1.2.3.4} (Lx^4)$$
$$+ \text{etc.}$$

Nous aurons ici

$$a = 1, \ b = \frac{1}{2}, \ c = \frac{1}{6}, \ d = \frac{1}{24}, \ e = \frac{1}{120}, \ \text{etc.}$$

et nous obtiendrons par la substitution de ces valeurs dans les formules précédentes,

$$A = 1, \ B = -\frac{1}{2}, \ C = \frac{1}{3}, \ D = -\frac{1}{4}, \ E = \frac{1}{5}, \ \text{etc.}$$

d'où

$$Lx = (x-1) - \frac{1}{2}(x-1)^2 + \frac{1}{3}(x-1)^3 - \frac{1}{4}(x-1)^4 + \text{etc.}$$

Prenons encore pour exemple la série connue

$$\sin x = x - \frac{x^3}{1.2.3} + \frac{x^5}{1.2.3.4.5} - \frac{x^7}{1.2.3.4.5.6.7} + \text{etc.}$$

Nous ferons, en observant que les puissances paires de x manquent,

$$a = 1, \ b = 0, \ c = -\frac{1}{1.2.3}, \ d = 0, \ e = \frac{1}{1.2.3.4.5}, \ f = 0, \ \text{etc.}$$

et nous obtiendrons, en substituant dans les formules (3),

$$A = 1, \ B = 0, \ C = \frac{1}{2.3}, \ D = 0, \ E = \frac{3}{2.4.5}$$

$$F = 0, \ G = \frac{3.5}{2.4.6.7}, \ H = 0, \ I = \frac{3.5.7}{2.4.6.8.9} \ \text{etc.}$$

D'où

$$x = \sin x + \frac{\sin^3 x}{2.3} + \frac{3 \sin^5 x}{2.4.5} + \frac{3.5 \sin^7 x}{2.4.6.7} + \text{etc.}$$

Les formules (3) ont l'inconvénient de ne pas faire connaître la loi des coefficiens de la série générale de retour, et on ne peut les considérer que comme les tableaux, d'ailleurs très-utiles, des opérations qu'il faut faire pour obtenir les valeurs numériques de ces coefficiens dans les cas particuliers. Nous considérerons ailleurs le *retour des suites* d'une manière plus directe et plus générale. (*Voy.* Série.)

RÉTROGRADATION. (*Méc.*) Action par laquelle un corps se meut en sens contraire de sa direction primitive.

En *astronomie*, on donne ce nom au mouvement apparent des planètes par lequel elles semblent quelquefois reculer dans l'écliptique et se mouvoir dans un sens opposé à l'ordre des signes.

RÉVOLUTION. (*Ast.*) Se dit de la durée du temps qu'une planète emploie à faire le tour de la voûte céleste. (*Voy.* Période et Planète.)

REYNEAU (Charles le Père), géomètre distingué, naquit en 1656, à Brissac en Anjou, et entra à l'âge de vingt ans dans la congrégation de l'Oratoire, à Paris. Si l'on ne sait rien de ses premières années, durant lesquelles il ne se distingua que par son application à l'étude et par sa piété, le reste de sa vie, entièrement consacré aux devoirs du professorat, à la prière et à la composition de deux ouvrages de matémathiques, n'offre aucune particularité plus remarquable. Le Père Reyneau professa successivement la philosophie à Toulon et à Pézenas, et les mathématiques au collège d'Angers. Il remplit durant vingt-deux ans ces dernières fonctions avec beaucoup d'éclat et de succès, et entra à l'Académie des Sciences comme associé libre. Le Père Reyneau mourut à Paris, le 24 février 1728. Les deux ouvrages dont il est l'auteur sont : I. *L'Analyse démontrée ou manière de résoudre les problèmes de mathématiques*, Paris, 1708, 2 vol. in-4°; 2° édit., ib. 1736, 2 vol. in-4°. Cet ouvrage présente un recueil intéressant des principales théories de Descartes, de Leibnitz, de Newton, des Bernouilli et de tous les grands géomètres du xvii° siècle, démontrées, suivant Fontenelle, avec plus de clarté et d'exactitude. *L'Analyse démontrée* obtint un grand succès lors de sa publication, mais peut-être cet ouvrage élémentaire ne mérite-t-il pas les éloges un peu exagérés que lui donne l'écrivain dont nous venons de parler. II. *La Science du calcul des Grandeurs en général, ou Élémens de mathématiques*, Paris, 1714. 1 vol. in-4°. Le Père Reyneau ne publia que ce volume; le second, qui parut en 1735 et qui fut imprimé tel qu'on le trouva dans les papiers de l'auteur, fut mis au jour par le Père Mazières, connu dans les sciences par un prix qu'il remporta à l'Académie en 1726.

RHEITA (Le P. Antoine-Marie Schyrlz de), capucin né en Bohême vers la fin du xvi° siècle, célèbre par ses connaissances et ses travaux mathématiques. Il avait une grande réputation comme théologien et comme prédicateur, mais l'étude des mathématiques, et surtout de l'astronomie, occupait tous ses loisirs. En 1642 et 1643, il était à Cologne, où il fit des observations astronomiques; il crut voir cinq nouveaux satellites de Jupiter, et il fit hommage de cette découverte au pape Urbain VIII en donnant à ces étoiles, qu'on a reconnues depuis pour être celles du verseau, le nom d'*Astres urbanoctaviens*. Le Père Rheita a été plus heureux dans ses recherches en optique. Le premier il a construit la lunette astronomique actuelle, à quatre verres convexes, dont l'un a le nom d'*oculaire*, et les trois autres d'*objectifs*. Képler, qui avait proposé *a priori* ce genre de télescope, n'était point parvenu à le construire. Le Père Rheita est également l'inventeur du binocle, qui fut perfectionné par le Père Chérubin. (*Voy.* ce mot.) Mais il est surtout célèbre par une tentative malheureuse contre le système de Copernic. Celui qu'il proposa pour le remplacer n'est en réalité que le système de Tycho-Brahé retourné. Des idées fort bizarres à ce sujet sont exprimées dans le seul ouvrage que nous citerons de lui, et qui a pour titre : *Oculus Enoch et Eliæ, sive radius sidereo-mysticus*, Anvers, 1645, en deux parties in-f°, fig. Le Père Rheita est mort à Ravenne en 1660.

RHETICUS (Joachim George, plus connu sous le nom de), célèbre mathématicien et astronome, naquit le 16 février 1514, à Feldkirch, dans le pays des Grisons, en latin *Rhætia*, d'où lui est venu le nom sous lequel il est généralement désigné dans l'histoire de la science. Les circonstances qui se rattachent à sa naissance et à son éducation sont demeurées inconnues. On sait seulement qu'il était professeur de mathématiques à l'université de Wittemberg au moment où Copernic produisit ses découvertes sur le système du monde. Il abandonna aussitôt sa chaire pour aller suivre les leçons de cet homme célèbre, il devint son ami et le premier de ses disciples qui osât proclamer comme une réalité scientifique un système que son auteur n'avait présenté que comme une hypothèse; mais le temps n'était pas encore venu où les vieux préjugés du monde devaient tomber devant la vérité, et malgré le zèle de Rhéticus et les généreux efforts des savans qui prirent en main après lui cette noble cause, ce ne fut que vers la fin du xvii° siècle que le système du mouvement de la terre fut enseigné sans contradiction. Rhéthicus, à qui la science doit de nombreux et d'estimables travaux, et qui le premier introduisit les sécantes dans la trigonométrie, mourut à Caschau, le 4 décembre

1576, âgé par conséquent de 62 ans. Il a successivement produit : I. *Narratio de libris revolutionum Copernici*, Dantzig, 1540, in-4°. Cet ouvrage, qui est à la fois l'exposition et la défense du système de Copernic, est rédigé sous la forme d'une lettre adressée à Shöner, géomètre contemporain ; il a été réimprimé plusieurs fois. II. *Orationes de Astronomiâ et Geographiâ et de Physicâ*, Nuremberg, 1542, in-4°. Ce livre est devenu très-rare. III. *Opus Palatinum de triangulis*, in f°. ou plutôt *Thesaurus mathematicus*, titre qui fut donné par Barthélemi Pétricus à la seconde édition, publiée par les soins de ce savant en 1610. C'est un ouvrage extrêmement curieux. Voyez la Bibliographie astronomique pour plus de détails des particularités intéressantes qui s'y rattachent. Montucla dit de cette production qu'elle est en effet un vrai trésor et un des monumens les plus remarquables de la patience humaine.

RHOMBE. (*Géom.*) Quadrilatère dont les quatre côtés sont égaux, mais dont les angles sont inégaux. On le nomme plus communément LOZANGE.

RHOMBOIDE. (*Géom.*) C'est la même chose qu'un PARALLÉLOGRAMME.

RICCATI (VINCENT DE), géomètre célèbre, fils du comte Jacques Riccati, que l'Italie met au rang de ses principaux mathématiciens, naquit le 11 janvier 1707 à Castel-Franco, dans l'état de Trévise. Son père fut son premier maître, et à l'âge de 19 ans il entra dans l'ordre des Jésuites, dont il devint bientôt l'un des membres les plus distingués par ses lumières et ses talens. Le Père Riccati fut envoyé par ses supérieurs à Bologne où, pendant trente-cinq ans, il professa de la manière la plus brillante les branches élevées des mathématiques. Chargé de surveiller en même temps le cours des fleuves dans le Bolonais et l'état de Venise, il fit exécuter sur le Veno, l'Adige, le Pô et la Brenta, des travaux qui révélèrent en lui un habile ingénieur. Les Bolonais et les Vénitiens firent frapper des médailles pour perpétuer le souvenir des services du Père Riccati et attester leur reconnaissance. Il mourut dans sa patrie, où il s'était retiré après la dispersion de son ordre, le 17 janvier 1775. Nous citerons parmi ses ouvrages les plus remarquables et les plus estimés : I. *Dialogo dove ne' congressi di più giornate delle forze vive et dell' azioni delle forze morte si tien discorso;* Bologne, 1749, in-4°. II. *De usu motûs tractorii in constructione æquationum differentialium commentarius,* ib. 1752, in-4°. III. *De seriebus recipientibus summam generalem algebraticam aut exponentibilem,* ib. 1756, 2 vol. in-4°. On recherche encore avec intérêt le recueil des opuscules du P. Riccati, publié sous

ce titre : IV. *Opuscula ad res physicas et mathematicas pertinentia*, Lucques, 1757-72, 2 vol. in-4°.

RICCATI (LE COMTE JOURDAIN), frère du précédent, fut à la fois mathématicien, architecte et musicien ; son nom a de la célébrité en Italie. Il est surtout connu par un *Traité sur les cordes vibrantes*, qui est fort estimé. Le comte Riccati, né à Trévise en 1709, est mort dans cette ville en 1790.

RICCIOLI (JEAN BAPTISTE), l'un des plus célèbres astronomes du XVII° siècle, malgré ses erreurs, et l'un des plus savans hommes de la société de Jésus, naquit à Ferrare, en 1598. Il embrassa, dès l'âge de seize ans, la règle de saint Ignace, et fut voué par ses supérieurs, si habiles à discerner le génie particulier de chaque membre de leur ordre, aux utiles fonctions du professorat. Après avoir long-temps professé les belles-lettres, la théologie et ce qu'on appelait alors la philosophie, il s'adonna spécialement à l'étude de l'astronomie. A cette époque, l'Allemagne, dans le premier zèle de la réformation, rejetait la correction du calendrier parce qu'elle venait de Rome, et l'église romaine repoussait avec la même opiniâtreté et le même aveuglement toutes les découvertes des savans allemands, comme infectées d'hérésie. Le père Riccioli fut chargé par ses supérieurs de démontrer la fausseté du système de Copernic et des doctrines de Keppler. Ce savant avait trop de sagacité pour ne pas comprendre toutes les difficultés de l'étrange mission dont il devait s'acquitter ; aussi, dit l'auteur de l'*Histoire de l'Astronomie moderne*, Riccioli attaqua ce système par tous les argumens qu'il put imaginer, mais, à la manière dont il en parle, on croirait entendre un avocat chargé d'office d'une mauvaise cause et qui fait tous ses efforts pour la perdre. Il convient, par exemple, qu'envisagé comme une simple hypothèse, le système de Copernic est le plus beau, le plus simple et le mieux imaginé. Néanmoins, dès qu'il ne l'acceptait pas, il fallait lui en substituer un autre, et comme ceux de Ptolémée, de Tycho ou du père Rheita (*voy.* ce mot) n'étaient déjà plus soutenables, il en proposa un nouveau. Il exposa ses idées à cet égard, dans un écrit qu'il intitula *Almagestum novum :* nous ne le suivrons pas dans l'explication de ce système qui ne peut être considéré aujourd'hui que comme un simple objet de curiosité. Mais le père Riccioli jeta dans ce livre les fondemens de la réforme complète de l'astronomie. Il avait compris que la véritable mesure de la terre devait servir de base, à ce grand travail dans lequel devaient être corrigées les méthodes et les doctrines défectueuses que nous avaient laissées les anciens. Aidé par les missionnaires que les jésuites avaient dans toutes les parties du monde, il put composer un système général et uniforme de métrologie, que cependant des erreurs peut être inévitables alors ont dû faire oublier depuis. Le père Riccioli qui fit de nouvelles et excellentes observations sur la lune, sur les satellites de Saturne, et à qui l'on doit en général des travaux fort utiles aux progrès de l'astronomie et de la géographie, mourut accablé d'ans et d'infirmités, à Boulogne, le 25 juin 1661. Ceux de ses principaux ouvrages qui intéressent les sciences mathématiques, sont : I. *Almagestum novum, astronomiam veterem novam que complectens*; Bologne, 1651, 2 vol. in-folio. II. *Astronomia reformata*, *ib.*, 1655, 2 vol. in-folio. Cet ouvrage n'est que le complément du précédent, il renferme un grand nombre d'observations et moins de théories susceptibles de discussion. II. *Geographiæ et hydrographiæ reformatæ, libri* xii, *ib.*, 1661, in folio. Ce traité, rempli de savantes recherches, a joui long-temps de l'estime des savans; il peut encore être consulté avec fruit.

RIGEL. (*Ast.*) Nom d'une étoile de première grandeur, située dans le pied occidental d'Orion.

ROBERVAL (Gilles Personne ou Personnier de). L'un des plus célèbres géomètre du XVII siècle, il naquit vers l'an 1602, au sein d'une famille pauvre et obscure, dans le petit village de Beauvoisis, dont il prit le nom. Aucun biographe ne nous fait connaître par quels moyens il put faire ses études et se livrer à son goût pour les sciences. Baillet, lui-même, se tait à cet égard, quoique cet historien de Descartes ne néglige point ces sortes de recherches en parlant des adversaires de son illustre héros. Quoi qu'il en soit, on voit d'abord Roberval assister, comme Descartes, dans le seul but de satisfaire sa curiosité de géomètre, au siége de La Rochelle. Il revint à Paris en 1629 et s'y lia avec le célèbre-père Mersenne, et fut successivement nommé professeur de philosophie au collége de maître Gervais et à la chaire de mathématiques fondée dans cet établissement par le malheureux Ramus. On ne doit point oublier que, suivant les intentions du fondateur, cette chaire se mettait au concours tous les trois ans : Roberval l'emporta constamment sur tous les prétendans et la garda toute sa vie.

On doit regretter que cet homme de génie ait perdu tant de temps en vaines discussions, dans lesquelles il n'eut presque jamais le bon droit de son côté. Il lutta contre Cavalleri, Descartes et Torricelli, dans des circonstances que nous ne pouvons qu'indiquer. On ne peut douter que Roberval ne fût depuis long-temps en possession d'une méthode géométrique à l'aide de laquelle il pouvait résoudre les problèmes les plus difficiles, lorsque Cavalleri publia sa *Méthode des indivisibles*, et lui ravit l'honneur qu'il pouvait espérer de

sa découverte. La lettre que Roberval écrivit au géomètre italien pour réclamer la priorité de cette invention, est remarquable par les exemples qu'il cite de l'emploi fréquent qu'il avait antérieurement fait de cette méthode. Il y avoue ingénument qu'il la gardait en secret avec le plus grand soin pour se procurer une supériorité flatteuse sur ses rivaux, par la difficulté des problèmes qu'elle le mettait en état de résoudre. Roberval fut donc justement déçu dans ses espérances, car il est indigne d'un homme de génie de faire un mystère de ses découvertes par un motif aussi frivole. Roberval était aussi l'inventeur d'une autre méthode fort ingénieuse pour les tangentes, quoique inférieure à celles de Fermat et de Descartes. Il portait la présomption et l'orgueil jusqu'à être jaloux du dernier de ces grands hommes, et il prit contre lui la défense de l'écrit que Fermat venait de publier sur les questions de *maximis* et *minimis*, en osant reprocher à Descartes de ne l'avoir critiqué que parce qu'il ne l'avait pas entendu. On sait que Descartes écrasa Roberval de tout le poids de sa supériorité en adressant la solution du problème de la tangente des cycloïdes au P. Mersenne, auquel il avait écrit qu'on avait bien tort de faire tant de bruit pour des choses si faciles. Roberval avait, comme tous les géomètres français, inutilement cherché la solution de ce problème, et il crut se venger de son illustre adversaire en attaquant sa *géométrie*. On doit, pour la gloire de ce mathématicien, oublier les objections sans fondement et sans force qu'une passion aveugle lui dicta contre cette production immortelle. Nous n'entrerons pas dans les détails de sa dispute avec Torricelli. On sait que Roberval avait résolu plusieurs problèmes de la cycloïde, découvertes que le célèbre inventeur du baromètre réclama, peut être avec peu de justice, en faveur de Galilée son maître, dont les titres à l'immortalité n'avaient pas besoin de cette gloire. Roberval, qui est encore l'inventeur de la classe des lignes courbes auxquelles son nom est demeuré attaché, mourut au collége de maître Gervais, le 27 octobre 1675, à l'âge de 73 ans. Malgré son humeur capricieuse et emportée, Roberval eut beaucoup d'amis, parmi lesquels on cite Gassendi et le père de Pascal. Le géomètre Gallois, un d'eux, publia ses productions dans le *Recueil des divers ouvrages de mathématiques et de physique des membres de l'Académie des sciences*, 1690, in-f°. Ce sont : *Observations sur la composition des mouvemens et sur le moyen de trouver les tangentes des lignes courbes*; — *Projet d'une mécanique, traitant des mouvemens composés*; — *De recognitione æquationum, de geometricâ planarum et cubicarum æquationum resolutione*; — *Traité des indivisibles*; — *De trochoïde ejusque spatio*; — *Epistolæ ad Mersennum et Torricellum*. Roberval était membre de l'Académie des sciences depuis sa formation ; outre les mémoires que nous venons de citer, on a de lui : I. *Traité de mécanique des poids soutenus par des puissances sur les plans inclinés à l'horizon*, in-f° de 36 pages, publié par Mersenne, à la suite de son *Traité de l'harmonie*. II. *Aristarchi Samii de mundi systemate, partibus et motibus ejusdem libellus cum notis.* Paris, 1644, in-12. III. Et, enfin, *Nouvelle manière de balance inventée par M. de Roberval*. (*Journal des savans de 1670.*)

ROBINS (Benjamin). Membre de la Société royale de Londres, et l'un des ingénieurs les plus distingués de l'Angleterre, il naquit à Bath, en 1707, de parens quakers. Son goût pour les sciences mathématiques et physiques l'éloigna de la carrière à laquelle sa famille le destinait, et il dut songer de bonne heure à tirer un parti utile de son instruction. Le docteur Pemburton, auquel il communiqua un de ses mémoires mathématiques, devint son protecteur et le produisit dans le monde. A l'âge de vingt ans, il donna une démonstration de la dernière proposition du *Traité des Quadratures* de Newton, qui fut jugée digne d'être insérée dans le volume des Transactions philosophiques de 1727, et ce fut sur la fin de cette année que la Société royale l'admit au nombre de ses membres. Il se mesura l'année suivante avec l'illustre géomètre Jean Bernouilli, à l'occasion de la question des *Forces vives*. Robins s'est surtout rendu célèbre par ses recherches dans l'art des fortifications et la balistique. Créé pair sous le nom de comte d'Orford, après avoir été un des membres les plus influens de la chambre des communes, Robins, malgré ses occupations politiques, ne cessa point de travailler au progrès des branches de la science qui avaient été l'objet particulier de ses études. Malheureusement il mourut bien jeune encore, le 29 juillet 1751, aux Indes orientales, dont il avait été nommé ingénieur. Les œuvres philosophiques et mathématiques de Robins ont été recueillies et publiées avec une notice sur sa vie, par son ami le docteur Wilson ; Londres, 1761, 2 vol. in-8°. Outre les *Nouveaux principes d'artillerie* (*New principles of gunnery*), on y trouve les divers mémoires qu'il a publiés dans les Transactions philosophiques et l'écrit intitulé : *État présent de la république des Lettres*, publié au mois de mai 1728. On sait que cet ouvrage est une réfutation des théories *Leibnitienne* et *Bernoullienne*.

ROËMER (Olaus), célèbre astronome, né à Copenhague le 25 septembre 1644, fut amené en France par Picard, en 1672, lors du voyage que fit ce savant à Uranibourg ; Roëmer y était alors occupé à classer sous la direction de Bartholin les manuscrits laissés par Tycho-Brahé. Le jeune astronome danois fut parfaitement accueilli à Paris, nommé professeur de mathématiques du dauphin, et peu de temps après membre de l'Académie des sciences. Il ne tarda pas à prouver avec éclat combien il était digne de ces honneurs. En 1675, il exposa, dans un mémoire à l'Académie, la théorie du mouvement progressif de la lumière et la mesure de sa vitesse. Cette importante découverte, à laquelle il avait été conduit par une suite d'observations des éclipses des satellites de Jupiter, est devenue son principal titre à la célébrité. Rappelé à Copenhague par son souverain, et promu aux honneurs de la première magistrature de sa ville natale, il ne cessa pas, malgré les nombreuses fonctions dont il était chargé, de s'occuper de la science qui lui devait le plus brillant progrès. Roëmer recherchait particulièrement la parallaxe des étoiles fixes qui devait l'amener à une démonstration positive du mouvement de la terre. Depuis dix-huit ans, il avait recueilli de nombreuses observations à cet égard, et il se disposait à en publier le résultat, quand il mourut de la pierre, le 19 septembre 1710. Ses manuscrits ont été perdus dans l'incendie de l'Observatoire de Copenhague, qui eut lieu le 20 octobre 1728, mais on trouve quelques mémoires de ce grand astronome dans le *Recueil de l'Académie des sciences*, tomes VI et X. (*Voy.* l'éloge de Roëmer par Condorcet.)

ROMAINE. (*Méc.*) *Voy.* Balance.

ROSE DES VENTS. (*Nav.*) *Voy.* Boussole.

ROTATION. (*Méc.*) Mouvement d'un corps autour d'une ligne droite qui prend le nom d'*axe de rotation*.

En *géométrie*, ce mot signifie la révolution d'une surface autour d'une droite immobile, et l'on conçoit cette révolution comme engendrant un *solide*. (*Voy.* Engendrer.)

Rotation des planètes. Mouvement par lequel le soleil et les planètes tournent sur leur axe d'occident en orient. (*Voy.* Soleil et les divers noms des planètes.)

ROUAGE. (*Méc.*) Machine composée de plusieurs roues destinées à produire un effet quelconque par leur combinaison.

ROUE. (*Méc.*) Corps rond et ordinairement plat, de bois, de métal ou autre matière, et mobile sur un essieu ou axe.

La *roue* est une machine simple d'un grand usage qui entre dans un grand nombre de machines composées, telles que les horloges, les moulins, etc. On considère deux espèces de *roues* : les unes tournent toujours dans le même lieu sur un axe qui est fixé à leur centre, et dont les pivots tournent dans des trous qui servent d'appui, comme les roues des horloges, des moulins, des tournebroches, etc.; ces sortes de roues reçoivent le mouvement ou le transmettent par certaines parties saillantes qu'on réserve ou qu'on ajoute à leur circonférence et qu'on nomme *dents*, *chevilles*, *vannes*, etc. Les roues de la seconde espèce, roulant sur leur circonférence, portent leur centre et l'axe ou l'essieu qui le traverse dans une direction parallèle au plan ou au terrain qu'elles parcourent : telles sont les *roues* des voitures. Ces sortes de *roues* ont donc deux mouvemens, l'un de leur centre qui s'avance en ligne droite, et l'autre de toutes leurs parties qui tournent autour de ce centre.

Les *roues* peuvent être généralement considérées comme des assemblages de leviers, et leur théorie se déduit aisément de celle de cette machine. Ainsi les roues de la première espèce agissent comme des leviers du premier genre et servent à égaler l'action de puissances très-différentes les unes des autres; à transmettre le mouvement; à changer la direction, et à faire varier la vitesse dans la puissance et dans la résistance; tandis que les roues de la seconde espèce agissent généralement comme des leviers du second genre. La théorie des roues étant liée à celle du TREUIL, nous renverrons à ce dernier mot.

ROUE HYDRAULIQUE. Machine mue par la percussion d'une eau courante et destinée à transmettre le mouvement à d'autres machines quelconques.

Une *roue hydraulique* est une roue de la première espèce dont la circonférence est garnie de palettes qu'on nomme *aubes*, ou de cavités qu'on nomme *auges*. Ces aubes ou ces auges étant frappées par l'eau font tourner la roue ainsi que son axe, lequel, à l'aide d'un engrenage, transmet le mouvement aux machines qu'on veut mettre en action.

La théorie des roues hydrauliques étant d'une haute importance pour les établissemens industriels qui se servent de ces moteurs, nous allons exposer ici ses principes fondamentaux.

1. *Roues verticales* placées dans un courant d'une largeur et d'une profondeur indéfinies.

Dans une roue verticale, placée dans un courant d'une largeur et d'une profondeur indéfinies, l'aire des aubes exposées au choc du courant peut varier à la volonté du constructeur. Plus cette aire sera grande, plus la quantité d'action transmise par la roue pourra être considérable. L'aire des aubes étant donnée, on peut établir divers rapports entre leur vitesse et celle du courant. Les questions qu'on peut se proposer dans l'établissement d'un moteur de ce genre sont : 1° connaître en fonction de la vitesse du courant, de celle des aubes et de leurs dimensions, la quantité d'action qui peut être transmise par la roue; 2° déterminer la

vitesse de la roue de manière à rendre cette quantité d'action la plus grande possible.

Nommant

Ω l'aire de la partie de l'aube plongée dans l'eau quand cette aube est verticale,

V la vitesse circulaire du centre de cette aire,

v la vitesse du courant,

P l'effort exercé par le courant, tangentiellement à la circonférence passant par le centre de l'aire Ω,

Π le poids de l'unité de volume du fluide,

$h = \dfrac{(v-V)^2}{2g}$ la hauteur due à la vitesse relative de l'aube et du courant,

K un coëfficient numérique, à déterminer par l'observation.

Observant que l'action du courant sur le segment de la roue plongée dans l'eau est semblable à celle qui aurait lieu sur un corps de la même figure que ce segment, lequel serait mu dans le sens du courant avec la vitesse V, on doit avoir

$$P = K \Pi \Omega\, \frac{(v-V)^2}{2g} = K \Pi \Omega\, h$$

Le coefficient K peut varier suivant le nombre des aubes que porte la roue, leur figure et leur disposition, leur hauteur comparée à celle du rayon, etc. On déduit de là pour l'expression de la quantité d'action transmise dans l'unité de temps

$$PV = K \Pi \Omega\, \frac{(v-V)^2 V}{2g}$$

En faisant varier V, et supposant que cette variation laisse K constant, la valeur de PV deviendra un maximum quand on aura

$$V = \tfrac{1}{3} v, \quad \text{d'où } PV = \frac{4}{27}\, K \Pi \Omega\, \frac{v^3}{2g}, \quad P = \frac{4}{9}\, K \Pi \Omega\, \frac{v^2}{2g}.$$

2. Il paraît que le nombre K demeure sensiblement constant quand v et V varient, lorsque les aubes plongent entièrement dans l'eau. Quand elles ne plongent qu'en partie, K augmente probablement un peu; quand V diminue par rapport à v, la valeur de V correspondante au maximum d'effet serait alors un peu plus petite que $\tfrac{1}{3} v$.

Les tentatives faites pour évaluer K, en estimant les actions exercées sur les aubes d'après les principes des anciennes théories de la résistance des fluides, ne peuvent conduire qu'à des résultats entièrement illusoires et erronés. La valeur du coefficient K ne peut être déterminée que par des observations faites sur des roues, et il ne paraît pas nécessaire que ce genre d'observations soit fait très en grand. Les expériences connues ne donnent pas sur ce sujet des résultats suffisamment précis et assurés. Pour les roues à aubes, telles qu'on les construit communément, la valeur de K paraît être comprise entre 2, 5 et 3.

Cette valeur peut être augmentée par une disposition plus avantageuse de la roue. Il ne faut pas que la roue plonge dans l'eau de plus de $\frac{1}{3}$ ou plutôt de $\frac{1}{4}$ de son rayon. Les aubes doivent avoir au moins 0^m, 33 de hauteur. Elles doivent être espacées d'une quantité au plus égale à leur hauteur. Elles doivent être inclinées en avant, et former avec le rayon un angle égal à $\frac{1}{3}$ de l'angle droit quand la roue plonge de $\frac{1}{4}$ ou de $\frac{1}{5}$ de son rayon, et un angle moitié moindre si la roue plonge de $\frac{1}{3}$ du rayon. On doit trouver de l'avantage à leur donner une légère concavité du côté où l'eau les frappe.

3. *Roues verticales* destinées à transmettre l'action d'un courant ou d'une chute d'eau d'une capacité donnée.

Quelque variée que soit la disposition de ces roues, l'action de l'eau sur elles offre généralement les circonstances suivantes. Avant de frapper les aubes ou les augets fixés à la circonférence de la roue, l'eau a parcouru une partie de la hauteur de sa chute et acquis une vitesse. Cette vitesse est plus grande que celle de la circonférence de la roue. Après avoir frappé les aubes, l'eau a pris leur vitesse avec laquelle elle parcourt le reste de sa chute, et qu'elle possède encore à l'instant où, étant parvenue au bas de la chute, elle cesse d'agir sur la roue. Nommant

H la hauteur totale de la chute,

h la portion de la chute parcourue par l'eau, avant qu'elle ne frappe les aubes ou les augets,

m la masse de l'eau fournie par la chute dans l'unité de temps,

E le volume de cette eau,

Π le poids de l'unité de volume du fluide,

Ω l'aire moyenne de la section transversale de la veine d'eau qui agit à la circonférence de la roue,

V la vitesse uniforme de la circonférence de la roue passant par l'axe de cette veine, on a

$$mg = \Pi E = \Pi \Omega V.$$

P l'effort qui s'exerce, par suite de l'action de l'eau, dans le sens de cette circonférence,

S la longueur de l'axe de la circonférence susdite comprise entre le point où l'eau frappe les aubes et le

point le plus bas où elle quitte la roue,

z la distance verticale de ces deux points,

p le poids du volume d'eau que déplace la portion susdite de la circonférence de la roue, en plongeant dans l'eau contenue dans le coursier.

Supposant le mouvement de la roue uniforme, en observant qu'à l'instant où l'eau frappe les aubes ou augets elle perd subitement la vitesse $\sqrt{2gh}-V$; qu'à l'instant où elle quitte la roue elle possède la vitesse V; on a

Force vive acquise par le système dans l'unité de temps . . . . $m V^2$.

Force vive perdue par l'effet du choc $m(\sqrt{2gh}-V)^2$

Quantité d'action imprimée dans le même temps . . . . $mgH-PV$

Egalant la somme des forces vives acquises et perdues au double des quantités d'action imprimées, il vient, pour l'expression de la quantité d'action transmise dans l'unité de temps

$$PV = mg(H-h) + m(\sqrt{2gh} - V)V.$$

On peut disposer des quantités *h* et V, et on doit le faire de manière à rendre PV le plus grand possible. On satisfera d'abord à cette condition, en faisant

$$V = \frac{1}{2}\sqrt{2gh}, \text{ d'où } PV = mg\left(H - \frac{1}{2}h\right).$$

Il faudra ensuite supposer

$$h = 0, \text{ d'où } V = 0, \text{ et } PV = mg.H.$$

D'où il résulte 1° que le maximum d'effet a lieu quand la vitesse des aubes ou augets est la moitié de celle de l'eau qui les frappe; 2° que ce maximum est d'autant plus grand que cette vitesse est plus petite; 3° que la limite théorique est la quantité d'action représentée par la chute de l'eau.

Cette théorie établie, examinons successivement les principales dispositions connues pour les roues verticales.

4. *Roues en dessous*. Ce qui caractérise ce genre de roues est que l'eau frappe les aubes après avoir parcouru toute la hauteur de la chute, et avec la vitesse due à cette hauteur (Pl. 39, fig. 10) on a alors $h = H$, et

$$PV = m(\sqrt{2gH}-V)V.$$

Le plus grand effet a lieu quand

$$V = \frac{1}{2}\sqrt{2gH}, \text{ d'où } PV = \frac{1}{2}mg.H.$$

Ainsi, la vitesse des aubes doit être la moitié de celle de

l'eau qui les frappe, et la limite théorique de la quantité d'action transmise est la moitié de celle représentée par la chute de l'eau.

Les observations et expériences faites sur ce genre de roues ont appris 1° que la vitesse des aubes doit être seulement les $\frac{2}{5}$ de celle de l'eau qui les frappe, 2° que la quantité d'action transmise à la roue était seulement le $\frac{1}{3}$ de celle représentée par la chute. On a donc dans la pratique :

généralement

$$PV = \frac{2}{3} m(\sqrt{2gH} - V)\, V$$

$$PV = \frac{2}{3} \frac{\Pi E}{g} (\sqrt{2gH} - V)\, V$$

$$PV = \frac{2}{3} \frac{\Pi \Omega}{g} (\sqrt{2gH} - V)\, V^2$$

dans le cas du maximum d'effet,

$$V = \frac{2}{5} \sqrt{2gH}$$

$$PV = \frac{1}{3} mg.H, \quad P = \frac{1}{3} \frac{\Pi E}{g} \sqrt{2gH}$$

$$PV = \frac{1}{3} \Pi E.H, \quad P = \frac{1}{3} \frac{\Pi E}{g} \sqrt{2gH}$$

$$PV = \frac{1}{6} \Pi \Omega H \sqrt{2gH}, \quad P = \frac{1}{3} \Pi \Omega H$$

Ω a ici la même signification qu'au n° 1.

Ces formules ne représenteront d'ailleurs exactement l'effet obtenu qu'autant que les dispositions admises seront réalisées. Les principales conditions à remplir sont 1° que la vitesse de la veine d'eau, quand elle vient frapper les aubes, soit véritablement celle due à la chute (on y parviendra en évasant l'entrée de l'orifice et mettant peu de distance entre cet orifice et les aubes); 2° que les aubes soient contenues dans un coursier qu'elles remplissent exactement, et aient une hauteur suffisante pour que la veine d'eau ne passe pas pardessus. On trouvera de l'avantage à les disposer conformément à ce qui a été dit n° 2.

5. *Roues de côté.* Ce sont celles où l'orifice qui donne l'eau est placé à une hauteur intermédiaire entre le haut et le bas de la roue. Leur établissement doit être assujéti aux résultats du n° 2.

Leur vitesse devrait être la moindre possible, mais l'expérience apprend que la vitesse de la circonférence d'une roue hydraulique, pour que cette roue marche régulièrement, doit être au moins d'environ un mètre

par seconde. Il faut régler les dimensions de l'orifice et la charge sur son centre, de manière que la vitesse de l'eau, quand elle frappe les aubes, soit double de la vitesse de ces aubes.

Les roues dont il s'agit (Pl. 39, fig. 9.) peuvent être disposées de deux manières différentes : 1° l'eau peut être reçue dans des augets portés par la roue; 2° elle peut agir sur des aubes se mouvant dans un canal ou coursier concentrique à la roue, que ces aubes remplissent exactement. Dans le premier cas, le poids de l'eau qui agit sur la roue est entièrement supporté par elle, en fatigue la charpente et augmente le frottement. Dans la seconde disposition, qui paraît préférable (surtout quand la hauteur de la chute est petite), la plus grande partie du poids de cette eau est portée par la paroi du coursier. Mais il arrive alors qu'une portion de la circonférence de la roue plongeant dans l'eau, y perd un poids égal à celui du volume d'eau qu'elle déplace, dont l'action diminue celle que le courant exerce sur la roue.

6. *Roues en dessus.* On désigne ainsi les roues qui reçoivent l'eau sur leur sommet (Pl. 40, fig. 1). Elles la reçoivent ordinairement dans des augets, quelquefois entre des aubes se mouvant dans un coursier concentrique, comme il vient d'être dit. L'emploi des augets paraît convenir dans le cas où il y a une très-petite quantité d'eau, et une grande hauteur; et l'autre disposition dans le cas contraire. L'établissement de la roue est d'ailleurs assujéti aux mêmes considérations théoriques rappelées dans le numéro précédent. Les observations et expériences indiquent que la quantité d'action transmise à la roue est les $\frac{4}{5}$ de la valeur donnée par la théorie.

Le calcul des roues de côté et des roues en dessus, lorsque l'eau est reçue dans des augets, se fera au moyen des formules suivantes :

Dans le cas général,

$$PV = \frac{4}{5}\left[mg(H-h) + m(\sqrt{2gh} - V)\,V \right]$$

$$PV = \frac{4}{5}\left[\Pi E(H-h) + \frac{\Pi E}{g}(\sqrt{2gh} - V)\,V \right]$$

Dans le cas du maximum d'effet,

$$V = \frac{1}{2}\sqrt{2gh}, \quad h = \frac{2V^2}{g}.$$

$$PV = \frac{4}{5}(mgH - mV^2).$$

$$PV = \frac{4}{5}\Pi E\left(H - \frac{V^2}{g}\right).$$

Lorsque la roue est contenue dans un coursier, on aura, pour le cas général,

$$PV = mg(H-h) + m(\sqrt{2gh}-V)V - p\frac{z}{s}V$$

$$PV = nE(H-h) + \frac{nE}{g}(\sqrt{2gh}-V)V - p\frac{z}{s}V$$

pour le cas du maximum d'effet,

$$V = \frac{1}{2}\sqrt{2gh}, \quad h = \frac{2V^2}{g}.$$

$$PV = mgH - mV^2 - p\frac{z}{s}V.$$

$$PV = nE\left(H - \frac{V^2}{g}\right) - p\frac{z}{s}V.$$

Pour avoir égard aux pertes d'eau qui ont lieu autour des aubes, il faudra supposer une dépense d'eau un peu plus grande que la valeur de E introduite dans les formules.

Les augets doivent avoir une figure particulière, qui les rende propres à admettre l'eau facilement, et à la conserver long-temps (*voy.* les notes du tom. 1er de l'*Architecture hydraulique* de Bélidor, p. 417). Quand la roue se meut dans un coursier, les aubes doivent le remplir exactement, être un peu inclinées en avant sur le rayon, saillir au-delà des jantes de la roue (afin que ces dernières ne plongent point dans l'eau) au-delà d'un tambour. On diminue l'effet des pertes d'eau en laissant prendre à la roue une vitesse plus grande.

7. *Des roues horizontales destinées à transmettre l'action d'une chute d'eau d'une capacité donnée.*

Les dispositions des roues horizontales sont plus variées que celles des roues verticales. Leur théorie n'est pas susceptible comme celle de ces dernières d'être renfermée dans une seule formule générale.

Roues horizontales mues par le choc de l'eau. Considérons une roue horizontale (Pl. 39, fig. 11) dont la circonférence est garnie de palettes inclinées faites en forme de cuillères, qui reçoivent le choc d'une veine d'eau jaillissant hors d'un tuyau ou d'une buse; supposons le mouvement de la roue uniforme, et nommons :

H la hauteur AC de la chute ,

V la vitesse horizontale circulaire du point C de la palette rencontrée par l'axe de la veine d'eau ,

λ l'angle DCM, inclinaison de la palette sur l'horizon,

θ l'angle de l'axe de la veine d'eau avec la normale à la surface de la palette en C,

P l'effort exercé tangentiellement à la circonférence passant par le point C, par suite de l'action du courant.

m, E, n, g, ayant les mêmes significations que ci-dessus.

On a : vitesse de la palette estimée perpendiculairement à sa surface.

$$V\sin\lambda.$$

Vitesse perdue par l'eau , par l'effet du choc ,

$$\sqrt{2gH}.\cos\theta - V\sin\lambda.$$

Vitesse conservée par l'eau, après le choc, et quand elle cesse d'agir sur la roue ,

$$\sqrt{[2gH.\sin^2\theta + V^2\sin^2\lambda]}.$$

D'où force vive acquise par le système dans l'unité de temps ,

$$m(2gH.\sin^2\theta + V^2\sin^2\lambda).$$

Force vive perdue par l'effet du choc,

$$m(\sqrt{2gH}.\cos\theta - V\sin\lambda)^2.$$

Les quantités d'action imprimées sont

$$mg.H - PV.$$

Egalant la somme des forces vives acquises et perdues au double des quantités d'action imprimées, il vient

$$PV = m(\sqrt{2gH}.\cos\theta - V\sin\lambda)V\sin\lambda,$$

pour l'équation du mouvement de la roue.

La roue doit être disposée de manière à rendre cette expression de PV un maximum. On voit d'abord que l'on doit avoir

$$\theta = 0,$$

c'est-à-dire que la veine d'eau doit choquer perpendiculairement les palettes ; d'où

$$PV = m(\sqrt{2gH} - V\sin\lambda)V\sin\lambda.$$

On devra faire ensuite

$$V = \frac{\sqrt{2gH}}{2\sin\lambda},$$

d'où

$$PV = \frac{1}{2}mgH, \quad \text{ou} \quad PV = \frac{1}{2}nE.H.$$

Le mouvement de la roue doit être réglé de manière que la vitesse ait la valeur ci-dessus. La quantité d'action transmise est alors théoriquement la moitié de celle qui représente la chute. On voit que, la vitesse de l'eau demeurant la même, on peut faire varier la vitesse de la roue sans cesser d'obtenir le maximum d'effet, en variant l'inclinaison des palettes.

On n'a pas sur les roues de cette espèce d'expériences spéciales qui fassent connaître avec certitude la quantité d'action qu'elles transmettent. On peut présumer qu'elle est à peu près la même que pour les roues verticales considérées n° 4, et qu'il y aurait aussi de l'avantage à donner à la roue une vitesse un peu au-dessous de celle que la théorie indique ; l'établissement de la roue se ferait aussi d'après des formules analogues à celles du numéro cité.

8. *Roues horizontales mues par le choc et par la pression de l'eau.* On suppose une roue dont la circonférence est garnie de palettes courbes. La veine d'eau BC (Pl. 39, fig. 10), qui arrive suivant une direction inclinée, choque perpendiculairement le haut de ces palettes, coule entre elles, et sort de la roue à leur extrémité inférieure D. La veine d'eau est supposée, pendant son mouvement dans la roue, demeurer à la même distance de l'axe. Nommant

H la hauteur totale de la chute,

h la portion AC de la chute parcourue par l'eau avant qu'elle n'entre horizontale ; on a alors

$$PV = m[\sin\theta\sqrt{2gh} + \sqrt{2g(H-h)} - \tfrac{1}{2}V(1+\sin^2\theta)]\,V.$$

On devra faire ensuite

$$V = \frac{\sin\theta\sqrt{2gh}+\sqrt{2g(H-h)}}{1+\sin^2\theta},$$

ce qui donnera

$$PV = \frac{m\,[\sin\theta\sqrt{2gh}+\sqrt{2g(H-h)}]^2}{2(1+\sin^2\theta)};$$

faisant varier h, on aura, pour la valeur qui répond au maximum,

$$h = \frac{H}{\sin^2\theta+1},$$

d'où

$$PV = m\left(\frac{\sin\theta\sqrt{2gH}}{1+\sin^2\theta}\right)^2.$$

Enfin, faisant varier θ, on aura, pour la valeur qui répond au maximum,

$$\sin\theta = 1,$$

valeur qui conduit aux suivantes :

$$h = \tfrac{1}{2}H,\ V = \sqrt{gH} = \sqrt{2gh},\ PV = \tfrac{1}{2}mg.H.$$

Ainsi, pour obtenir le maximum d'effet, 1° la veine d'eau, en entrant dans la roue, doit être dirigée horizontalement ; 2° la hauteur qu'elle a alors parcourue doit être la moitié de la hauteur de la chute ; 3° la vitesse de rotation du point de la roue où l'eau entre doit être égale à celle de l'eau, en sorte qu'il n'y ait point de choc. Le maximum d'effet est théoriquement la moitié de la quantité d'action que représente la chute. Cette roue n'offre donc aucun avantage sur celle du numéro précédent.

9. *Roues horizontales mues seulement par la puissance de l'eau.* Conservant toutes les dénominations du numéro précédent, on supposera les aubes tellement formées que la veine d'eau entrant dans la roue ne les choque point, mais s'introduise entre elles tangentiellement à leur courbure. On supposera toujours que cette veine d'eau demeure pendant son mouvement à la même distance de l'axe de la roue. Comme ici il n'y a point de choc, il s'agit seulement de connaître la force vive dans la roue. Nommons donc

V la vitesse circulaire horizontale de la roue, à l'endroit où l'eau entre dans la roue,

θ l'angle ACB que forme la direction de la veine d'eau avec la verticale,

φ l'angle que la tangente DE, au point le plus bas de la palette, forme avec la verticale,

P l'effort exercé, par suite de l'action du courant, tangentiellement à la circonférence passant par le point où l'eau entre dans la roue,

m, E, Π, g ont les mêmes significations que ci-dessus.

La vitesse que perd l'eau, par l'effet du choc, à son entrée dans la roue, est, comme ci-dessus,

$$\sqrt{2gh}-V\sin\theta.$$

Après ce choc, l'eau n'a plus aucune vitesse relative dans la roue ; mais en y parcourant la hauteur $H-h$, elle acquiert la vitesse relative $\sqrt{2g(H-h)}$. Cette dernière se décompose en une vitesse verticale =

$$\cos\varphi\,\sqrt{2g(H-h)},$$

et en une vitesse horizontale $= \sin\varphi\sqrt{2g(H-h)}$. Quand l'eau quitte la roue, sa vitesse verticale ne s'altère point, mais sa vitesse horizontale effective se trouve plus petite que la vitesse horizontale relative de la quantité V. La vitesse effective de l'eau est donc alors

$$\sqrt{[\cos^2\varphi\,.\,2g(H-h) + (\sin\varphi\sqrt{2g(H-h)}-V)^2]}$$

d'où l'on conclut : force vive acquise par le système dans l'unité de temps,

$$m[\cos^2\varphi\,.\,2g(H-h) + (\sin\varphi\sqrt{2g(H-h)}-V)^2]$$

force vive perdue par l'effet du choc

$$m(\sqrt{2gh}-V\sin\theta)^2.$$

La somme des quantités d'action imprimées est

$$mg.H-PV,$$

l'équation du mouvement de la roue est donc

$$PV = \frac{1}{2} m \left\{ 2V \sin\theta \sqrt{2gh} - V^2 (1 + \sin^2\theta) \right.$$
$$\left. + 2\sin\varphi . V\sqrt{2g(H-h)} \right\}$$

quantité qu'il faudra rendre la plus grande possible, en réglant les valeurs de φ, θ, V et h. On voit d'abord qu'on doit faire $\sin\varphi = 1$.

Conservant toutes les dénominations précédentes nommons de plus

v la vitesse angulaire de la roue,

r la distance à l'axe d'un point quelconque de la roue,

r' la distance à l'axe du point où l'eau entre dans la roue,

r'' la distance à l'axe du point où l'eau sort de la roue.

On verra comme ci-dessus que la vitesse relative avec laquelle l'eau commence à couler le long de l'aube est

$$\sqrt{[\cos^2\theta . 2gh + (\sin\theta\sqrt{2gh} - v'r')^2]},$$

la force vive que l'eau possède à cet instant (en ne considérant que son mouvement relatif dans la roue), est

$$m[\cos^2\theta . 2gh + (\sin\theta\sqrt{2gh} - vr')^2].$$

Pendant que l'eau est contenue dans la roue, sa force vive doit augmenter d'une quantité égale au double des quantités d'actions qui lui sont imprimées par la gravité et par la force centrifuge. La quantité d'action imprimée par la gravité est $mg(H-h)$. Celle imprimée par la force centrifuge est

$$\int_{r'}^{r''} mv^2 d.r.r = \frac{1}{2} mv^2(r''^2 - r'^2).$$

Par conséquent la force vive de l'eau doit devenir

$$m[\cos^2\theta . 2gh + (\sin\theta\sqrt{2gh} - vr')^2] + 2mg(H - h)$$
$$+ mv^2(r''^2 - r'^2),$$

ou

$$m(2gH - 2vr'\sin\theta\sqrt{2gh} + v^2r''^2).$$

Sa vitesse effective, à l'instant où elle quitte la roue est donc, en supposant sa direction horizontale,

$$\sqrt{[2gH - 2vr'\sin\theta\sqrt{2gh} + v^2r''^2]} - vr''.$$

La force vive qu'elle possède alors est égale à m multipliée par le quarré de la vitesse. Egalant cette force vive à $2mgH - 2P.vr'$, on a

$$P.vr' = m \left\{ vr'\sin\theta\sqrt{2gh} - v^2r''^2 \right.$$
$$\left. + vr''\sqrt{[2gH - 2vr'\sin\theta\sqrt{2gh} + v^2r''^2]} \right\}.$$

Cette valeur de la quantité d'action transmise à la roue sera la plus grande possible, et égale à la quantité

d'action $mg.H$ fournie par la chute d'eau, si la vitesse effective de l'eau, au sortir de la roue, est nulle, ou si l'on a

$$\sqrt{[2gH - 2vr'\sin\theta\sqrt{2gh} + v^2r''^2]} - vr'' = 0,$$

d'où

$$vr' = \frac{gH}{\sin\theta\sqrt{2gh}},$$

Cette valeur de V est celle qui rend nulle la vitesse effective de l'eau au sortir de la roue.

Des trois quantités V, θ, h, il y en a deux arbitraires. La troisième étant réglée conformément au résultat précédent, la plus grande quantité d'action possible se trouvera transmise à la roue.

La valeur théorique de cette quantité d'action est celle même représentée par la chute d'eau.

10. Les roues où l'eau ne choque point les aubes peuvent donc, d'après la théorie, transmettre une quantité d'action double de celle que pourraient transmettre les roues où l'aube est choquée. Il y a lieu de présumer que l'avantage est au moins aussi considérable dans la pratique. On n'a point encore publié d'expériences suffisamment exactes sur les roues de ce genre. Pour que l'eau entre dans la roue sans choquer les aubes, elles doivent être tracées comme il suit. BC (Pl. 57, fig 1) représentant la vitesse effective $\sqrt{2gh}$ de l'eau quand elle entre dans la roue en C, les composantes horizontale et verticale de cette vitesse sont AB, AC. Portant la vitesse V en BF, CF représentera le vitesse relative avec laquelle l'eau commencera à couler le long de l'aube. Cette ligne marque la direction de la courbe de l'aube en C. La figure de la courbe entre le point C et le point inférieur D où sa direction doit être horizontale, est indifférente.

On pourrait même se dispenser de mettre des aubes dans la roue. Il suffirait que le fond offrît des orifices, dont l'eau sortît suivant une direction horizontale, et en sens contraire du mouvement de rotation.

11. Considérant toujours la roue dans l'hypothèse du n° 4, où l'eau ne choque point les aubes, examinons ce qui aurait lieu si l'eau, en descendant dans la roue, s'approchait ou s'éloignait de l'axe de rotation.

La vitesse de l'eau, quand elle entre dans la roue, est $\sqrt{2gh}$ équivalente à la vitesse verticale $\cos\theta\sqrt{2gh}$ et à la vitesse horizontale $\sin\theta\sqrt{2gh}$. L'eau commence donc à couler le long de l'aube avec la vitesse relative

$$\sqrt{[\cos^2\theta . 2gh + (\sin\theta\sqrt{2gh} - V)^2]}.$$

L'eau descendant dans la roue de la quantité $H-h$, sa vitesse relative, quand elle arrive à l'extrémité inférieure de l'aube, est due à la hauteur

$$\frac{1}{2g}\left[\cos\theta.2gh+(\sin\theta\sqrt{2g\bar{h}}-V)^2\right]+H-h,$$

c'est-à-dire que cette vitesse est

$$\sqrt{[2gH-2V\sin\theta\sqrt{2g\bar{h}}+V^2]}.$$

Elle équivaut à la vitesse verticale

$$\cos\theta\sqrt{[2gH-2V\sin\theta\sqrt{2g\bar{h}}+V^2]},$$

et la vitesse horizontale,

$$\sin\varphi\sqrt{[2gH-2V\sin\theta\sqrt{2g\bar{h}}+V^2]}.$$

Quand l'eau quitte la roue, sa vitesse horizontale effective est plus petite que la vitesse relative de la quantité V, et par conséquent la vitesse effective de l'eau est alors

$$\sqrt{\Big\{\cos^2\varphi(2gH-2V\sin\theta\sqrt{2g\bar{h}}+V^2)}$$
$$\overline{+(\sin\varphi\sqrt{[2gH-2V\sin\theta\sqrt{2g\bar{h}}+V^2]}-V)^2\Big\}}.$$

La force vive possédée par l'eau est égale à m multipliée par le quarré de cette vitesse.

La somme des quantités d'action imprimées étant

$$mg.H-PV,$$

on a donc pour l'équation du mouvement de la roue,

$$PV = mV\Big\{\sin\theta\sqrt{2g\bar{h}}-V$$
$$+\sin\varphi\sqrt{[2gH-2V\sin\theta\sqrt{2g\bar{h}}+V^2]}\Big\}$$

Il faut déterminer φ, θ, V et h, de manière à rendre cette expression de PV un maximum. On voit d'abord, comme dans le numéro précédent, qu'on doit supposer

$$\sin\varphi = 1,$$

ou que l'eau sorte de la roue suivant une direction horizontale. On aura

$$PV = mV\Big\{\sin\theta\sqrt{2g\bar{h}}-V$$
$$+\sqrt{[2gH-2V\sin\theta\sqrt{2g\bar{h}}+V^2]}\Big\};$$

et en faisant varier V, on trouve pour la valeur correspondante au maximum,

$$V = \frac{gH}{\sin\theta\sqrt{2g\bar{h}}}, \text{ d'où } PV = mg.H$$

valeur identique à celle trouvée pour V dans le n° 9. Ainsi, quand l'eau en se mouvant dans la roue s'approche ou s'éloigne de l'axe, cette circonstance n'a aucune influence sur les conditions de l'établissement de la machine. Il faut toujours donner la même vitesse de rotation au point de la roue où l'eau entre.

12. La théorie des diverses espèces de roues horizontales connues, ou qui pourraient être proposées, est comprise dans les résultats des numéros précédens. Le n° 9 se rapporte aux roues semblables à celles des moulins du Basacle, décrites par Bélidor. Le n° 11 montre que les roues construites sur le même principe que la Danaïde de M. Manoury Dectot (c'est-à-dire où l'eau entre à la circonférence de la roue et en sort près de l'axe), offrent les mêmes propriétés et doivent être établies d'après les mêmes conditions que les précédentes. Ces conditions conviennent aussi aux roues où l'eau entre près de l'axe et sort à la circonférence, disposition qui constitue les roues à réaction proprement dites. Dans ces dernières, la roue a souvent toute la hauteur de la chute et l'eau y entre avec une vitesse sensiblement nulle. On a alors $\sqrt{2g\bar{h}}=0$, d'où $v=\infty$: ainsi le maximum d'effet a lieu quand la vitesse de la roue est infinie.

13. Le même résultat peut être obtenu par un autre procédé qui s'applique plus directement aux roues à réaction où l'eau entre par-dessous; supposons une roue tournant dans l'air ou plongée dans l'eau du réservoir inférieur, dans l'intérieur de laquelle l'eau arrive par le centre, et à la circonférence de laquelle sont des orifices, disposés de manière que l'eau sorte horizontalement, et en sens contraire du mouvement de rotation. Admettons que l'aire de ces orifices est très-petite par rapport aux sections du réservoir supérieur, que leur entrée est évasée, et que l'eau n'éprouve dans les conduits qui l'amènent dans la roue aucun changement brusque de vitesse. Nommons :

H la hauteur de la chute ou la différence de niveau des réservoirs supérieur et inférieur,

V la vitesse circulaire horizontale de la roue, au centre des orifices d'écoulement,

v la vitesse angulaire de la roue,

r la distance à l'axe d'un point quelconque de la roue,

R la distance des orifices à l'axe,

P l'effort exercé, par suite de l'action du courant, tangentiellement à la circonférence passant par le centre des orifices.

m, E, Π, g ayant les mêmes significations que ci-dessus.

Si la roue était immobile, la pression contre les orifices étant due à la hauteur H, l'eau sortirait des orifices avec la vitesse $\sqrt{2gH}$. La roue étant en mouvement, la force centrifuge cause, à l'endroit où les orifices sont placés, une pression excédante représentée par l'action de cette force sur une colonne horizontale dont la longueur comptée à partir de l'axe est R. Cette pression est exprimée par

$$\frac{\Pi}{g}\int_{0}^{R} v^2 r.dr = \Pi.\frac{v^2 R^2}{2g} = \Pi\frac{V^2}{2g},$$

laquelle est due à la hauteur $\frac{V^2}{2g}$. La pression contre les orifices est donc due en totalité à la hauteur

$$H + \frac{V^2}{2g},$$

et par conséquent la vitesse relative avec laquelle l'eau en sort, est

$$\sqrt{2gH + V^2}.$$

L'eau quitte donc la roue avec une vitesse effective

$$\sqrt{2gH + V^2} - V,$$

et une force vive

$$m(\sqrt{2gH + V^2} - V)^2.$$

La quantité d'action imprimée est toujours

$$mgH - PV.$$

Ainsi l'équation du mouvement de la roue est

$$PV = m(\sqrt{2gH + V^2} - V)\,V,$$

comme on le trouverait en faisant $h = 0$ dans l'expression du n° 9. Cette quantité sera la plus grande possible, et égale à la quantité d'action $mg.H$ fournie par la chute d'eau, quand la vitesse effective de l'eau au sortir de la roue sera nulle, ou quand on aura

$$\sqrt{[2gH + V^2]} - V = 0, \text{ d'où } V = \infty.$$

Voyez, pour les détails, l'*Architecture hydraulique* de Prony, et les *Recherches expérimentales* de Smeaton, traduites par M. Girard. M. Poncelet, à qui on doit plusieurs expériences hydrauliques très-importantes, a proposé une nouvelle roue à aubes courtes, dont les effets sont supérieurs à ceux des autres roues du même genre. (*Voy.* son *Mémoire sur les roues hydrauliques.*)

ROULETTE. (*Géom.*) Nom de la courbe plus connue sous celui de CYCLOÏDE. (*Voy.* ce mot.)

S.

SACROBOSCO (JEAN DE), né à Holyrood, dans le Yorkshire, vers le commencement du XII° siècle, est célèbre dans l'histoire de la science comme l'auteur du premier traité d'astronomie que l'Europe ait possédé, indépendamment des anciens. Sacrobosco fit ses études à l'université d'Oxford, et vint ensuite à Paris, où ses connaissances en mathématiques, supérieures en effet pour son temps, lui attirèrent une grande réputation; il mourut dans cette dernière ville en 1256. Le livre de ce savant, qui pendant près de quatre cents ans a été suivi dans les écoles, est intitulé : *De Spherâ mundi*; ce n'est qu'un abrégé de l'*Almageste* et des commentaires des astronomes arabes. Cet ouvrage entièrement oublié comme production scientifique, n'est plus considéré que comme un objet de curiosité, et il est d'ailleurs trop connu pour que nous ne nous bornions pas à ajouter ici qu'il a eu de nombreuses éditions durant le XVI° siècle, et qu'il est un des premiers livres que l'imprimerie ait reproduits. Melanchton, à la suite d'un traité de la sphère, imprimé à Wittemberg en 1508, a donné un autre écrit de Sacrobosco, qui a pour titre : *De anni ratione, sive de computo ecclesiastico.*

SAGITTAIRE. (*Ast.*) Nom du neuvième signe du zodiaque qu'on indique par cette figure ♐, et d'une constellation appelée aussi *centaurus*, *taurus*, *chiron*, *phillyrides*. (*Voy.* ARMILLAIRE, 15.)

SAISONS. (*Ast.*) Parties de l'année solaire divisée relativement à la position de la terre par rapport au soleil. On distingue quatre saisons qu'on nomme le *printemps*, l'*été*, l'*automne* et l'*hiver*. (*Voy.* ces divers mots.)

SALOMON DE CAUS. Nous avions cru devoir renvoyer ici cet article biographique, dans l'espoir que nous pourrions nous procurer quelques renseignemens moins vagues que ceux que nous possédions sur ce mathématicien. Notre espérance a été trompée en grande partie : Salomon de Caus n'était connu dans l'histoire de la science que par un *Traité de Perspective*, qui n'aurait pas sauvé son nom de l'oubli ; mais les perfectionnemens de la machine à vapeur, et l'importance que ce puissant moteur a acquis dans l'hydrodynamique, a dû faire chercher à qui l'humanité était redevable d'une telle découverte. On trouve dans un ouvrage de Salomon de Caus, intitulé *les raisons des forces mouvantes, avec diverses machines tant utiles que plaisantes*, Francfort, 1615, in-4°, la première exposition scientifique de la théorie des machines à vapeur. En effet, l'auteur partant de ce théorème : « l'eau montera, par aide du feu, plus haut que son niveau », explique avec beaucoup de lucidité tous les avantages qu'on pourrait tirer en mécanique de l'application de ce moteur. Il donne même l'idée d'une machine de ce genre. Cette production a précédé de plusieurs années la publication des idées du marquis de Worcester sur le même sujet, et il n'y a pas de doute que Salomon de Caus n'eût sur lui l'avantage de la priorité. Cet ingénieur était né à Blois vers la fin du xvi° siècle; il fut long-temps au service de l'électeur Palatin. C'est à peu près tout ce qu'on sait sur ce savant auteur d'une découverte immense et dont notre siècle s'est emparé avec un succès si remarquable.

SATELLITE. (*Ast.*) Nom que l'on donne aux planètes secondaires qui font leur révolution autour d'une planète principale et qui l'accompagnent dans la révolution qu'elle fait elle-même autour du soleil.

Les *satellites* décrivent autour de leurs planètes principales, comme centre, des ellipses, en observant les mêmes lois que ces planètes principales dans leur mouvement autour du soleil. La lune est le satellite de la terre. Mercure, Vénus et Mars n'en ont point, Jupiter en a quatre, Saturne sept et Uranus six.

Les quatre satellites de Jupiter ont été découverts par Galilée en 1610, peu de temps après l'invention des lunettes; leurs orbites sont dans des plans presque exactement coïncidens avec l'équateur de Jupiter, ou parallèles à ses bandes. Cet équateur étant peu incliné sur l'écliptique, il en résulte que les orbites des satellites nous apparaissent comme des lignes presque droites, le long desquelles ils semblent osciller, tantôt passant devant Jupiter et éclipsant de petites parties de son disque; tantôt passant derrière et étant éclipsé par lui. Ces éclipses, qui fournissent à l'astronomie un moyen précieux pour la détermination des longitudes terrestres, ont conduit Roëmer à l'importante découverte du mouvement progressif de la lumière. (*Voy.* Lumière.)

Les satellites de Jupiter ont, comme la lune, un mouvement de rotation sur eux-mêmes, dont la durée est parfaitement égale à celle de leur révolution autour de la planète, à laquelle, conséquemment, ils présentent toujours la même face. Tout ce qu'on sait de leur constitution physique, c'est qu'ils ont accidentellement sur leurs surfaces ou dans leurs atmosphères des taches obscures d'une grande étendue. Nous avons mentionné ailleurs la relation très-singulière découverte par Laplace, entre les mouvemens moyens des trois premiers satellites. (*Voy.* Laplace.)

Les sept satellites de Saturne ont été découverts, savoir : le sixième en 1655 par Huygens; le septième en 1671 par D. Cassini, qui découvrit ensuite le cinquième en 1672, et le troisième et le quatrième en 1684; les deux premiers ont été aperçus pour la première fois par Herschel en 1789. Ces corps, que leur extrême éloignement rend difficiles à étudier, sont moins connus que les satellites de Jupiter. Le plus éloigné de la planète est le seul sur lequel on ait constaté un mouvement de rotation qui s'effectue dans le même intervalle de temps que sa révolution périodique; l'analogie d'accord avec la théorie ne permet pas de douter qu'il en soit de même pour les six autres.

La satellites d'Uranus, découverts par Herschel en 1788 et 1797, sont encore bien moins connus que ceux de Saturne, et même l'existence de quatre d'entre eux est mise en doute par plusieurs astronomes; mais les deux qui ont été généralement observés présentent la singularité d'un mouvement en sens inverse de tous les autres corps du système solaire, car tandis que tous ces corps accomplissent leurs révolutions et allant d'occident en orient, ces deux satellites, dont les plans des orbites sont presque perpendiculaires à l'écliptique, se meuvent d'orient en occident.

SATURNE. (*Ast.*) Une des planètes de notre système, la dixième dans l'ordre des distances au soleil. On la désigne par le caractère ♄.

Ce vaste globe, dont les dimensions égalent presque celles de Jupiter, puisque son diamètre n'a pas moins de 31434 lieues de 2000 toises, présente des particularités très-remarquables; outre qu'il est accompagné de sept lunes ou satellites, il est entouré de deux anneaux solides, plats, larges et très-minces, qui ont tous deux le même centre, celui de la planète, sont couchés dans un même plan, et sont séparés l'un de l'autre par un très-petit intervalle sur tout leur contour, tandis qu'il règne entre eux et la planète un intervalle beaucoup plus considérable. Les dimensions suivantes de ces corps extraordinaires ont été calculées d'après les mesures micrométriques du professeur Struve. Elles sont exprimées en lieues de 25 au degré,

	Lieues.
Diamètre extérieur de l'anneau extérieur.	63880.
Diamètre intérieur du même,	56223.
Diamètre extérieur de l'anneau intérieur.	54926.
Diamètre intérieur du même	42488.
Diamètre équatorial de la planète	28664.
Intervalle entre la planète et l'anneau intérieur	6912.
Intervalle des anneaux	648.
Épaisseur des anneaux, au plus	36.

Le disque de Saturne est recouvert de bandes obscures, à peu près semblables à celles de Jupiter, mais plus larges et moins bien marquées. L'anneau est un corps opaque dont l'ombre se projète sur le corps de la planète, ainsi qu'on peut le voir dans la figure 5 de la planche 18. On a reconnu que l'axe de rotation autour duquel tournent en même temps, avec des vitesses différentes la planète et les deux anneaux, est perpendiculaire aux anneaux, lesquels correspondent par conséquent aux régions équatoriales de Saturne. La durée de la rotation de la planète est de 10^h $18'$, celle de la rotation des anneaux est de 10^h $29'$ $17''$.

Dans le cours de l'orbite que Saturne décrit en 3o années autour du soleil, les diverses situations qu'il prend par rapport à la terre font disparaître quatre fois l'anneau, qui présente à ces époques sa seule épaisseur et n'apparaît plus que comme une ligne droite très-déliée, dépassant le disque des deux côtés, et dont la finesse est telle qu'il faut des télescopes d'un pouvoir amplifiant extraordinaire pour pouvoir l'apercevoir. (*Voy.* ANNEAU.)

Le volume de Saturne est 887 fois plus grand que celui de la terre, et sa masse est représentée par le nombre 101, celle de la terre étant prise pour unité. Il suit de ces valeurs que la densité de Saturne comparée à celle de la terre est environ 0, 11 ; c'est-à-dire que les matériaux constitutifs de cette immense planète ont une densité bien au-dessous de celle de l'eau et très-peu supérieure à celle du liége.

Voici les élémens de Saturne, rapportés au premier janvier 1801.

	Jours-
Révolution sidérale moyenne....	10759, 2198174
Longitude moyenne...........	135°20' 6", 5
Inclinaison à l'écliptique........	2 29 35, 7
Longitude du périhélie.........	89 9 29, 8
Longitude du nœud ascendant...	111 56 37, 4
Demi grand axe, celui de la terre étant 1...................	9, 5387 861
Excentricité en parties du demi grand axe.................	0, 0561505
Diamètre équatorial, celui de la étant 1...................	9, 987

La plus grande distance de Saturne au soleil, comptée en lieues de 2000 toises est, d'après Delambre, de 395214317 lieues, et sa plus petite de 313291102 lieues ; ses distances à la terre varient depuis 313291102 lieues jusqu'à 435101578 lieues.

SAUNDERSON (NICOLAS), savant mathématicien anglais, naquit en 1682, à Thurloton, dans le comté d'Yorck. Il était encore au berceau lorsque la cruelle maladie, dont la précieuse découverte de Jenner préserve les générations modernes, le priva entièrement de la vue. Malgré cette douloureuse affliction, le jeune Saunderson ne tarda pas à manifester des dispositions remarquables à s'instruire, que ses parens, malgré leur peu de fortune, s'empressèrent de seconder. Son génie pour les mathématiques se révéla au sortir de l'école de Penniston, où il apprit les langues anciennes ; son

père fut son premier professeur d'arithmétique, et les progrès qu'il fit dans les principes de la science, appelèrent sur lui l'intérêt de maîtres plus distingués. Richard West et le docteur Nettleton l'eurent successivement pour élève. Admis en 1707 à professer au collége de Christ-Church, à Cambridge, en qualité de *lecturer*, il ouvrit son cours par des leçons d'optique, et c'était une chose assez extraordinaire qu'un aveugle expliquât avec une netteté remarquable les doctrines de Newton sur la lumière et les couleurs, et discourût avec bonheur sur la théorie de la vision, sur l'effet des verres concaves et convexes, et sur le phénomène de l'arc-en-ciel. En 1711, Saunderson, dont la réputation égalait celle des principaux géomètres de l'Angleterre, fut élu professeur de mathématiques à l'université de Cambridge, où il mourut le 19 avril 1739. Ce célèbre aveugle a laissé des *Élémens d'Algèbre* qui sont encore fort estimés. Ils ne parurent qu'après sa mort, et furent imprimés à Cambridge en 1740 (2 vol. in-8° avec portrait). Cet ouvrage a été traduit en français par De Boncour (Amsterdam, 1756, 2 vol. in-4°). On trouve dans le premier volume la description d'une machine propre à faire les opérations d'arithmétique, et que le seul sens du toucher suffit pour diriger. Saunderson a encore laissé des commentaires sur le livre des *Principes* de Newton, et un traité du calcul des fluxions qui a été publié en 1756.

SAUVEUR (JOSEPH), géomètre célèbre du XVIIe siècle, naquit à la Flèche le 24 mars 1650. Ce savant à qui l'on doit l'*Acoustique musicale*, branche nouvelle des sciences physico-mathématiques, fut muet jusqu'à l'âge de sept ans. L'organe de la voix ne se développa chez lui qu'avec une extrême lenteur, et ne fut jamais bien libre, non plus que celui de l'ouïe. Il naquit avec le génie de la mécanique, et Fontenelle, dans son éloge, dit « qu'il était l'ingénieur des autres enfans, comme Cyrus devint le roi de ceux avec qui il vivait. Sauveur apprit à peu près seul les mathématiques, et en 1696 il fut nommé membre de l'Académie des sciences. Il était alors un géomètre distingué, mais ce ne fut qu'après avoir reçu cette juste récompense de son mérite, qu'il produisit sa découverte principale de l'*Acoustique musicale*. Elle est exposée dans divers mémoires insérés dans le recueil de l'Académie des sciences et intitulés : *Détermination d'un son fixe, détails sur les expériences par les battemens*. 1702. — *Application des sons harmoniques à la composition des jeux d'orgue*, 1707. — *Méthode générale pour former les systèmes tempérés de musique, et choix de celui qu'on doit suivre*, 1711. — *Table générale des systèmes tempérés de musique*, 1713. — *Rapport du son des cordes d'instrumens de musique aux flèches des courbes, et nou-

velle détermination des sons fixes. Sauveur est mort à Paris, le 9 juillet 1716.

SCALÈNE. (*Géom.*) (de σκαλινος, *boiteux.*) Nom d'un triangle dont les trois côtés sont inégaux. (*Voy.* Triangle.)

SCÉNOGRAPHIE. (*Persp.*) (de σκηνη, *scène*, et de γραφω, *je décris.*) Représentation d'un corps en perspective sur un plan, avec toutes ses dimensions tel qu'il apparaît à l'œil. La *scénographie* est la même chose que la *perspective* proprement dite. (*Voy.* Perspective.)

SCHEAT de Pégase. (*Ast.*) ou Seat. Nom d'une étoile de seconde grandeur de la constellation de *Pégase.* Elle est marquée β dans les catalogues.

SCHEINER. (Christophe.) Savant jésuite, né à Schwaben en 1575, et mort en 1650. Le père Scheiner, à qui l'on doit, outre de très bons ouvrages sur l'optique et sur la gnomonique, l'invention du *pantographe,* ou de cet instrument par lequel on copie un dessin en faisant varier ses dimensions, est particulièremen· célèbre par sa découverte des taches du soleil. Etant à Rome professeur de mathématiques, il raconte, dans une lettre adressée le 12 novembre 1611 à Velso, sénateur d'Augsbourg, que sept à huit mois auparavant, regardant le soleil au travers d'un télescope, il aperçut sur son disque quelques taches noirâtres ; que d'abord il y fit peu d'attention, mais qu'ensuite il reconnut qu'elles avaient un mouvement progressif sur le soleil et qu'enfin elles disparurent entièrement au mois d'octobre. Velso rendit compte de cette observation à Galilée, et on juge par sa lettre, qui est des premiers jours de l'année 1612, qu'on était persuadé en Allemagne que Galilée avait déjà vu la même chose. Quoi qu'il en soit, le père Scheiner continua d'observer les taches du soleil et il contribua alors plus que personne à faire connaître leurs mouvemens apparens.

SCHOLIE. (de   , *note.*) Ce mot est très en usage dans la géométrie pour désigner une remarque faite sur quelque proposition.

SCINTILLATION. (*Ast.*) Espèce de tremblement ou de vibration qu'on observe dans la lumière des étoiles fixes.

Le diamètre apparent des étoiles fixes, même les plus brillantes, étant d'une grandeur inappréciable par aucun de nos instrumens, les moindres molécules de matière qui passent entre elles et nous les font paraître et disparaître alternativement, ce qui produit cet état continuel de tremblement auquel on a donné le nom de *scintillation*, et qui sert à distinguer les étoiles des planètes. Dans les pays où l'atmosphère est moins chargée de vapeurs que dans nos climats, cette scintillation est moins sensible.

SCIOPTIQUE. (de σκια, *ombre*, et de ὁπτομαι, *je vois.*) Nom de l'instrument nommé autrement *œil artificiel.* (*Voy.* ce mot.)

SCIATÉRIQUE. (*Géom.*) Le *télescope sciatérique* est un cadran horizontal muni d'une lunette pour observer le temps vrai pendant le jour et la nuit. Il a été inventé par Molineux, qui a publié à ce sujet un livre contenant une description de cet instrument et la manière de s'en servir.

SCORPION. (*Ast.*) Nom du huitième signe du zodiaque, désigné par le caractère ♏, et d'une constellation composée de 35 étoiles, au nombre desquelles se trouve une belle étoile de première grandeur nommée *Antarès.*

SCRUPULE. (*Ast.*) C'est la même chose que *doigt.* (*Voy.* ce mot.)

SÉCANTE. (*Géom.*) On donne généralement ce nom à toute ligne qui en coupe une autre.

Dans la *trigonométrie*, une sécante est une ligne droite tirée du centre d'un cercle et prolongée jusqu'à ce qu'elle rencontre une tangente au même cercle. Par exemple, la ligne AD (Pl. 57, fig. 3) tirée du centre A jusqu'à ce qu'elle rencontre la tangente BD, se nomme une *sécante*, et, particulièrement, la *sécante de l'arc* CB, ou de l'angle CAB mesuré par cet arc.

La *sécante* EF de l'arc EC, complément du premier arc CB, prend le nom de *cosécante* de cet arc CB. En général, la *cosécante* d'un arc est la même chose que la *sécante* du complément de cet arc.

Les rapports qui existent entre la *sécante* d'un arc et son sinus se trouvent aisément de la manière suivante. Menons le sinus CG, les deux triangles ACG, ABD seront semblables et fourniront la proportion

$$AD : AC :: AB : AG.$$

Or, AD est la sécante de l'arc CB, AG le cosinus du même arc, et AB et AC les rayons du cercle; ainsi, désignant par x l'arc CB, et par r le rayon du cercle, cette proportion peut s'écrire :

$$\text{séc } x : r :: r : \cos x,$$

d'où (1)

$$\text{séc } x = \frac{r^2}{\cos x}.$$

En prenant le rayon du cercle pour unité, on a simplement, $\text{séc } x = \dfrac{1}{\cos x},$

Les triangles semblables AEF, AHC, fourniraient de la même manière (2)

$$\text{coséc} = \frac{r^2}{\cos x}$$

Ainsi la *sécante* et la *cosécante* d'un arc sont entièrement déterminées par son *sinus* et son *cosinus*.

Si l'on divise l'égalité (1) par l'égalité (2) il vient

$$\frac{\text{séc}\,x}{\text{coséc}\,x} = \frac{\sin x}{\cos x},$$

c'est-à-dire que le rapport entre la sécante et la cosécante d'un arc est le même que celui du sinus et du cosinus de cet arc.

Toutes les propriétés des sécantes peuvent donc se déduire de celles des sinus, comme aussi leurs valeurs particulières, correspondantes aux valeurs particulières de l'arc x, dépendent des valeurs des sinus. Nous exposerons la théorie de ces lignes dans toute sa généralité au mot Sinus.

SECONDE. Soixantième partie d'une *minute*, soit dans la division du cercle, soit dans celle du temps.

SECTEUR. (*Géom.*) Partie d'un cercle comprise entre deux rayons et l'arc intercepté. Telle est la figure ACB. (Pl. 57, fig. 4.)

L'aire d'un secteur de cercle est à l'aire totale du cercle dans le rapport de son arc à la circonférence. Ainsi connaissant l'arc AC que nous désignons par a, et le rayon AB que nous désignons par r, comme la circonférence dont le rayon est r est égale à 2π (*voy.* cercle), et que l'aire du cercle est πr^2, nous aurons pour l'aire du secteur ACB.

$$\text{secteur ACB} = \frac{1}{2}\,ar.$$

Lorsque l'arc a est donné en degrés, il faut l'exprimer en mêmes unités que le rayon; supposons, par exemple, qu'on demande la surface d'un secteur dont l'arc est de $32°\,30'$, dans un cercle de 5 mètres de rayon. On remarquera d'abord que le rapport de l'arc en question à la circonférence est le même que celui de $32°\,30'$ à $360°$, ou que celui des nombres 1920 et 21600, en réduisant tout en minutes; ainsi, si l'on connaissait en mètres la longueur de la circonférence, on aurait celle de l'arc également en mètres, en multipliant la longueur de la circonférence par le rapport $\frac{1920}{21600}$, mais puisque le rayon est 5, la circonférence est $2\pi \times 5$, ou à peu près $10 \times 3{,}1415 = 31{,}415$, et l'on a pour la valeur de l'arc du secteur en mètres,

$$\frac{1920}{21600} \times 31{,}415 = 2^m{,}792;$$

l'air du secteur est donc

$$\frac{1}{2} \cdot (2^m{,}792)\,.\,5 = \overset{\text{m. carrés}}{6{,}980}.$$

On nomme *secteurs semblables*, les secteurs de deux cercles différens dont les rayons comprennent des angles égaux.

Dans toutes les courbes qui ont des foyers, l'espace compris entre deux rayons vecteurs et l'arc intercepté prend aussi le nom de *secteur*. Il y a donc des *secteurs elliptiques, paraboliques, hyperboliques*, etc.

SECTEUR ASTRONOMIQUE. C'est un instrument qui sert à mesurer la distance d'un astre au zénith.

SECTION. (*Géom.*) Endroit où des lignes, des plans, etc. s'entrecoupent.

La commune *section* de deux lignes est un *point*, celle de deux surfaces est une *ligne*, et particulièrement une ligne droite lorsque les surfaces sont planes.

On nomme aussi *section*, la ligne ou la surface formée par la rencontre de deux surfaces, ou d'une surface et d'un solide.

Lorsqu'on coupe une sphère d'une manière quelconque par un plan, la *section* est toujours un cercle. (*Voy.* Sphère.)

La section d'un cône par un plan est un *cercle*, une *ellipse*, une *parabole* ou une *hyperbole*, selon la position du plan. (*Voy.* ces divers mots, et Conique.)

SEGMENT D'UN CERCLE. (*Géom.*) Partie d'un cercle comprise entre une corde et l'arc qu'elle soutend.

Comme toute corde partage un cercle en deux parties et qu'elle soutend conséquemment deux arcs différens, chaque corde se rapporte à deux segmens. On nomme *petit segment* celui qui est plus petit que le demi-cercle, et *grand segment* celui qui est plus grand. Si la corde était un diamètre, les deux segmens seraient des demi-cercles.

On obtient l'aire d'un petit segment de cercle AmC, (Pl. 57, fig. 5), en calculant l'aire du secteur BA*m*CB, celle du triangle ACB, et en retranchant la seconde de la première. S'il s'agissait du grand segment A*n*C, on ajouterait au contraire le triangle ACB au secteur BA*n*CB.

Un segment est dit *capable* d'un angle donné, lorsque tous les angles dont les sommets sont sur son arc et dont les côtés passent par les extrémités de sa corde sont égaux à un angle donné. (*Voy.* Capable.) Ces angles sont d'ailleurs toujours égaux entre eux, puisqu'ils ont pour mesure la moitié du même arc. (*Voy.* Angle.)

SEGMENT D'UNE SPHÈRE. Partie d'une sphère comprise entre un plan qui la coupe et la portion de sa surface située d'un côté ou de l'autre de ce plan. Si le plan coupant passe par le centre, il y a deux segmens égaux qui sont chacun la moitié de la sphère ; dans tous les autres cas , il y a également deux segmens , mais l'un est plus petit et l'autre plus grand que la moitié de la sphère. (*Voy.* Sphère.)

On désigne encore sous le nom de *segment* des parties des figures curvilignes.

SÉLÉNOGRAPHIE. (*Ast.*) (de σελήνη, *lune*, et de γράφω, *je décris.*) Description de la lune.

Quoique la *sélénographie* n'existe comme science que depuis l'invention des lunettes , les anciens avaient déjà proposé sur la nature de la lune des hypothèses très-remarquables dont quelques unes se trouvent confirmées de nos jours. Ainsi , Démocrite enseignait que les taches n'étaient autre chose que des ombres formées par la hauteur excessive des montagnes de la lune et qui, interceptant le passage de la lumière , dans les parties moins élevées de cette planète , ou les vallées , formaient ces ombres ou taches que nous observons. Plutarque fut encore plus loin , car il conjectura que la lune devait avoir dans son sein des mers ou des cavernes profondes ; il disait que les grandes ombres que l'on aperçoit sur le disque de cette planète étaient causées par de vastes mers qui ne pouvaient pas réfléchir une lumière aussi vive que les autres parties plus opaques , ou par des cavernes extrêmement étendues et profondes , dans lesquelles les rayons du soleil étaient absorbés. Il croyait en outre que la lune ne pouvait être habitée parce qu'elle n'avait ni nuages , ni pluies , ni vents , et par conséquent ni plantes , ni animaux.

En comparant ces idées avec les résultats de l'étude approfondie des astronomes modernes , on ne peut qu'admirer cette prodigieuse faculté que possède le génie , de pressentir la vérité.

Lorsque Galilée eut construit des lunettes d'approche en 1609, il vit tout de suite que la lune avait des montagnes et des cavités , et dès lors les astronomes s'occupèrent à l'envi de décrire les parties de ce corps singulier. En 1647 , Hévélius fit de cette description le sujet d'un grand ouvrage intitulé *Sélénographie*, où la lune est représentée dans toutes ses phases et sous tous les points de vue. Depuis, Riccioli , Cassini , la Hire , Lambert et Herschel ont successivement perfectionné les cartes de la lune, et l'on peut considérer aujourd'hui ces cartes comme plus exactes que nos meilleures cartes géographiques. (*voy.* Lune).

SEMAINE. (*Chronologie.*) Durée composée de sept jours.

Sept jours naturels ou astronomiques composent une semaine, et se distinguent entre eux par les noms connus de tout le monde : *dimanche, lundi, mardi, mercredi, jeudi, vendredi* et *samedi.* Suivant le rapport de Moïse,

les semaines doivent leur origine à la création du monde, parce que Dieu l'a achevée en six jours, et qu'il s'est reposé le septième. Quant aux noms des jours qui les composent, nous les avons reçus des anciens astronomes, qui avaient consacré les jours de la semaine aux principales planètes; savoir : le premier, au soleil, qu'ils nommaient *Dies solis* , et que les chrétiens ont appelé jour du seigneur, *Dies dominica*, en français *dimanche* ; le second, à la lune, appelé pour cette raison *Dies lunæ*, en français *lundi* ; le troisième, à Mars, nommé *Dies martis*, en français *mardi* ; le quatrième , à Mercure, appelé *Dies mercurii* , en français *mercredi* ; le cinquième, à Jupiter , nommé *Dies jovis* , en français *jeudi* ; le sixième, à Venus , nommé *Dies veneris* , en français *vendredi* ; et enfin le septième, à Saturne, appelé *Dies saturni* , en français *samedi.*

SEMBLABLE. (*Géom.*) On nomme *figures semblables* , les figures dont les angles sont égaux et dont les côtés sont respectivement proportionnels. (*Voy.* Similitude.)

SEPTENTRION. (*Ast.*) Région du ciel qui est du côté du pôle arctique. Le *septentrion* se nomme aussi le *nord*, c'est le côté opposé au *midi* ou *sud*. De ce nom vient l'épithète de *septentrional* qu'on donne à tout ce qui est situé dans l'hémisphère arctique ou boréal, comme *signes septentrionaux* , *latitude septentrionale*, etc.

SÉRIE. (*Alg.*) Suite de nombres comme A $+$ B $+$ C $+$ D $+$ E $+$ etc., à l'infini, liés entre eux par une loi. et,

Lorsque par l'addition successive des termes d'une série on approche de plus en plus d'une même quantité, la série est dite *convergente* ; telle est la série numérique

$$\frac{1}{2}+\frac{1}{4}+\frac{1}{8}+\frac{1}{16}+\frac{1}{32}+\frac{1}{64}+\frac{1}{128}+ \text{etc} \ldots \text{à l'infini,}$$

dont la valeur s'approche d'autant plus de 1 qu'on prend un plus grand nombre de termes.

Lorsqu'au contraire par l'addition successive des termes d'une série on obtient des quantités qui diffèrent entre elles de plus en plus , la série est dite *divergente*; Telle est

$$1-2+4-8+16-32+64-128+ \text{etc} \ldots \text{à l'infini.}$$

Nous avons vu au mot convergent les moyens de transformer toute *série divergente* en *série convergente*, et nous avons donné au mot mathématiques, 16 et 17, la déduction philosophique de l'algorithme des séries qui embrasse, comme nous le verrons plus loin, toutes les mathématiques modernes ; ici nous allons considérer cet algorithme sous le point de vue le plus général et avec tous les développemens que réclame son extrême importance.

1. Rappelons-nous d'abord 1° que la génération *technique* d'une quantité diffère essentiellement de sa génération *théorique*, en ce que cette dernière donne la *nature* même de la quantité, tandis que la première ne donne que sa *mesure* ou son évaluation; 2° que la génération *technique* d'une quantité consiste particulièrement, pour ce qui concerne les *séries*, en une transformation de la fonction, donnant la génération théorique de cette quantité, en fonctions de sommation ou en fonctions de la forme A + B.

2. Désignons par Fx une fonction quelconque de la variable x et, pour examiner les divers cas de l'évaluation ou de la génération technique de la quantité représentée par Fx, prenons simplement la variable x elle-même pour la *mesure* à l'aide de laquelle il s'agit de transformer cette quantité en fonctions de sommation. Or nous avons vu (Math., 17) que la forme nécessaire de la transformation en question est

$$Fx = A + \Phi x$$

A étant une quantité indépendante de la *mesure*, et Φx une fonction de x, dépendante de cette mesure, ou plutôt *mesurable par elle généralement*; ainsi, la mesure étant ici x, Φx doit être telle qu'elle devienne *zéro* lorsque $x = 0$, pour que le rapport

$$\frac{\Phi x}{x}$$

ne devienne pas indéfini. Si nous désignons par un point placé sur x la valeur zéro de cette variable, nous aurons donc

$$A = F\dot{x}.$$

Mais puisque la fonction Φx est comparable dans tous les cas avec la variable x, nous pouvons poser

$$\frac{\Phi x}{x} = F_1 x$$

et la fonction $F_1 x$ ayant nécessairement une valeur déterminée, nous pouvons de nouveau la transformer en

$$F_1 x = B + \Phi_1 x$$

B étant une quantité indépendante de x et $\Phi_1 x$ une fonction de x, généralement mesurable par x. Nous aurons évidemment dans le cas de $x = 0$,

$$B = F_1 \dot{x};$$

et, comme nous pouvons poser aussi

$$\frac{\Phi_1 x}{x} = F_2 x,$$

et que la fonction $F_2 x$ a, dans tous les cas, une valeur déterminée, nous aurons pour troisième transformation

$$F_2 x = C + \Phi_2 x,$$

dans laquelle

$$C = F_2 \dot{x}.$$

Poursuivant de la même manière, nous obtiendrons, en réunissant les résultats

$$Fx = A + \Phi x$$

$$\frac{\Phi x}{x} = F_1 x = B + \Phi_1 x$$

$$\frac{\Phi_1 x}{x} = F_2 x = C + \Phi_2 x$$

$$\frac{\Phi_2 x}{x} = F_3 x = D + \Phi_3 x$$

$$\frac{\Phi_3 x}{x} = F_4 x = E + \Phi_4 x$$

$$\text{etc.} = \text{etc.} = \text{etc.}$$

d'où

$$Fx = A + \Phi x$$

$$\Phi x = Bx + x.\Phi_1 x$$

$$\Phi_1 x = Cx + x.\Phi_2 x$$

$$\Phi_2 x = Dx + x.\Phi_3 x$$

$$\Phi_3 x = Ex + x.\Phi_4 x$$

$$\text{etc.} = \text{etc.}$$

ce qui donne, en substituant chacune de ces quantités dans celle qui la précède (a),

$$Fx = A + Bx + Cx^2 + Dx^3 + Ex^4 \text{ etc...}$$

Tel est le cas le plus simple de la transformation en *série* de la fonction Fx.

3. Avant de passer à la détermination générale des quantités A, B, C, D, etc., donnons quelques exemples de cette génération technique des quantités, pour en mieux faire comprendre l'esprit et la généralité. Soit donc

$$Fx = \frac{a}{m + x}.$$

Nous aurons

$$A = F\dot{x} = \frac{a}{m}$$

et comme

$$Fx - A = \phi x$$

il vient

$$\phi x = \frac{a}{m+x} - \frac{a}{m} = \frac{am - a(m+x)}{m(m+x)}$$

$$= - \frac{ax}{m(m+x)}$$

Maintenant

$$F_1 x = \frac{\phi x}{x} = - \frac{a}{m(m+x)}$$

et

$$B = F_1 \dot{x} = - \frac{a}{m^2}.$$

ainsi,

$$\Phi_1 x = F_1 x - B = - \frac{a}{m(m+x)} + \frac{a}{m^2}$$

$$= \frac{a(m+x) - am^2}{m^2(m+x)} = \frac{ax}{m^2(m+x)},$$

et, par suite

$$F_2 x = \frac{\Phi_1 x}{x} = \frac{a}{m^2(m+x)}$$

d'où

$$C = F_2 \dot{x} = \frac{a}{m^3}.$$

Continuant de même on trouvera

$$D = - \frac{a}{m^4}, \quad E = \frac{a}{m^5}, \quad F = - \frac{a}{m^6}, \text{ etc.}$$

Donc on a définitivement

$$\frac{a}{m+x} = \frac{a}{m} - \frac{a}{m^2} x + \frac{a}{m^3} x^2 - \frac{a}{m^4} x^3 + \frac{a}{m^5} x^4 - \text{etc.}$$

Supposons maintenant

$$Fx = \sqrt{a+x}$$

nous aurons

$$A = F\dot{x} = \sqrt{a}, \text{ et } \phi x = Fx - A = \sqrt{a+x} - \sqrt{a}$$

et, comme $\dfrac{\phi x}{x} = F_1 x$, nous trouverons

$$F_1 x = \frac{\sqrt{a+x} - \sqrt{a}}{x}.$$

Mais cette quantité devenant $\frac{0}{0}$ en faisant $x = 0$, multiplions ses deux termes par $\sqrt{a+x} + \sqrt{a}$, il viendra

$$F_1 x = \frac{(a+x) - a}{x(\sqrt{a+x} + \sqrt{a})} = \frac{1}{\sqrt{a+x} + \sqrt{a}},$$

ainsi

$$B = F_1 \dot{x} = \frac{1}{2\sqrt{a}},$$

maintenant

$$\Phi_1 x = F_1 x - B = \frac{1}{\sqrt{a+x} + \sqrt{a}} - \frac{1}{2\sqrt{a}}$$

$$= \frac{\sqrt{a} - \sqrt{a+x}}{2\sqrt{a}(\sqrt{a+x} + \sqrt{a})}$$

$$= - \frac{x}{2\sqrt{a}[\sqrt{a+x} + \sqrt{a}]^2}.$$

Donc

$$F_2 x = \frac{\Phi_1 x}{x} = - \frac{1}{2\sqrt{a}[\sqrt{a+x} + \sqrt{a}]^2},$$

et,

$$B = F_2 \dot{x} = - \frac{1}{8a\sqrt{a}}$$

On trouverait, en continuant de la même manière,

$$C = \frac{1}{32a^2\sqrt{a}}, \quad D = - \frac{1}{128a^3\sqrt{a}}, \text{ etc.}$$

ce qui donne pour la génération technique demandée :

$$\sqrt{a+x} = \sqrt{a} + \frac{1}{2\sqrt{a}} x - \frac{1}{8a\sqrt{a}} x^2 + \frac{1}{32a^2\sqrt{a}} x^3 - \text{etc.}$$

ou

$$\sqrt{a+x} = \sqrt{a}\left[1 + \frac{1}{2a} x - \frac{1}{8a^2} x^2 + \frac{1}{32a^3} x^3 - \text{etc.}\right]$$

4. Reprenons la transformation du n° 2, et procédons à la détermination générale des quantités A, B, C, D, etc. Nous avons d'abord $A = F\dot{x}$; quant à la valeur de B, elle est donnée par les relations

$$B = F_1 \dot{x} = \frac{\phi \dot{x}}{\dot{x}}$$

or, $\phi x = Fx - A$, ainsi

$$B = \frac{F\dot{x} - A}{\dot{x}} = \frac{0}{0}.$$

Nous avons vu (Différence, 47) que pour obtenir la valeur des quantités qui deviennent $\frac{0}{0}$, pour certaines valeurs de la variable qu'elles contiennent, il faut différentier leur numérateur et leur dénominateur ; ainsi, appliquant cette règle, nous obtiendrons

$$B = \frac{dF\dot{x}}{dx}.$$

D'autre part

$$C = F_{,}\dot{x} ,$$

ou, en substituant les relations précédentes ,

$$C = \frac{\Phi_{,}\dot{x}}{\dot{x}} = \frac{F_{,}\dot{x} - B}{\dot{x}} = \frac{\Phi\dot{x} - B\dot{x}}{\dot{x}^2}$$

$$= \frac{F\dot{x} - A - B\dot{x}}{\dot{x}^2} = \frac{0}{0}$$

différentiant deux fois de suite le numérateur et le dénominateur, il vient

$$C = \frac{d^2 F\dot{x}}{1.2\, dx^2}$$

on trouvera de même pour D

$$D = \frac{F\dot{x} - A - B\dot{x} - C\dot{x}^2}{\dot{x}^3} = \frac{0}{0},$$

et, en prenant les différentielles troisièmes

$$D = \frac{d^3 F\dot{x}}{1.2.3\, dx^3}.$$

Procédant toujours de la même manière, on obtiendra :

$$E = \frac{d^4 F\dot{x}}{1.2.3.4\, dx^4}$$

$$F = \frac{d^5 F\dot{x}}{1.2.3.4.5\, dx^5}$$

$$\text{etc.} = \text{etc.}$$

et il est évident que le coefficient du $m+1$ ième terme de la série sera

$$\frac{d^m F\dot{x}}{1^{m+1}.\, d x^m}$$

Substituant donc ces valeurs des coefficiens A , B , C , D , etc., dans la série élémentaire (a) elle deviendra

$$Fx = F\dot{x} + \frac{dF\dot{x}}{dx}\cdot\frac{x}{1} + \frac{d^2 F\dot{x}}{dx^2}\cdot\frac{x^2}{1.2} + \frac{d^3 F\dot{x}}{dx^3}\cdot\frac{x^3}{1.2.3} + \text{etc.}$$

formule connue sous le nom de *Théorème de Maclaurin*, et qui n'est qu'un cas particulier de celui de Taylor. (*Voy.* Différence , 34 et 56.)

5. Examinons maintenant la déduction technique des séries, en prenant pour *mesure* une fonction arbitraire φx de la variable x. D'après ce qui a été dit ci-dessus et Mathém., 17 , dans la transformation générale

$$Fx = A + \Phi x ,$$

la fonction Φx doit devenir *zéro* lorsqu'on donne à x la valeur qui rend $\varphi x = 0$, afin que le rapport

$$\frac{\Phi x}{\varphi x}$$

ne devienne pas indéfini et soit toujours déterminable. Si nous désignons donc par un point placé sur x la valeur de cette variable qui rend $\varphi x = 0$; nous aurons d'abord

$$A = F\dot{x} ,$$

faisons

$$\frac{\Phi x}{\varphi x} = F_{,}x$$

et décomposons $F_{,}x$ en

$$F_{,}x = B + \Phi_{,}x ,$$

$\Phi_{,}x$ étant une fonction exactement mesurable par φx, c'est-à-dire qui devient *zéro* lorsque $\varphi x = 0$; nous aurons donc aussi

$$B = F_{,}\dot{x} ,$$

et par conséquent

$$B = \frac{\Phi\dot{x}}{\varphi\dot{x}} = \frac{F\dot{x} - A}{\varphi\dot{x}} = \frac{0}{0}.$$

Prenant les différentielles premières , nous obtiendrons

$$B = \frac{dF\dot{x}}{d\varphi\dot{x}}.$$

Désignant $\frac{\Phi_{,}x}{\varphi x}$ par $F_{,}x$, et faisant

$$F_{,}x = C + \Phi_{,}x ,$$

dans laquelle $\Phi_{,}x$ doit être généralement mesurable par φx ou doit devenir zéro quand $\varphi x = 0$, nous trouverons

$$C = F_{,}\dot{x}$$

et, par suite,

$$C = \frac{\Psi_1 \dot{x}}{\varphi \dot{x}} = \frac{F_1 \dot{x} - B}{\varphi \dot{x}} = \frac{F\dot{x} - A - B\varphi\dot{x}}{(\varphi\dot{x})^2} = \frac{0}{0}.$$

Prenant les différentielles secondes du numérateur et du dénominateur, nous obtiendrons

$$C = \frac{1}{2(d\varphi\dot{x})^2}[d^2F\dot{x} - Bd^2\varphi\dot{x}]$$

Désignons $\dfrac{\Phi_2 x}{\varphi x}$ par $F_3 x$, et décomposons $F_3 x$ en

$$F_3 x = D + \Phi_3 x$$

la fonction $\Phi_3 x$ devant être *zéro* lorsque $\varphi x = 0$; nous aurons de même

$$D = F_3 \dot{x},$$

et, par conséquent,

$$D = \frac{\Phi_2 \dot{x}}{\varphi \dot{x}} = \frac{F_2 \dot{x} - C}{\varphi \dot{x}} = \frac{F\dot{x} - A - B\varphi\dot{x}}{(\varphi\dot{x})^2}$$

$$= \frac{F\dot{x} - A - B\varphi\dot{x} - C(\varphi\dot{x})^2}{(\varphi\dot{x})^3} = \frac{0}{0},$$

ce qui nous donnera, en prenant les différentielles troisièmes du numérateur et du dénominateur,

$$D = \frac{1}{1.2.3(d\varphi\dot{x})^3}[d^3F\dot{x} - Bd^3\varphi\dot{x} - Cd^3\varphi\dot{x}^2].$$

En poursuivant de la même manière et substituant ensuite les résultats les uns dans les autres, nous aurons définitivement la série (b)

$$Fx = A + B\varphi x + C\varphi x^2 + D\varphi x^3 + E\varphi x^4 + etc.$$

dont les coefficiens A, B, C, D, etc. sont

$$A = F\dot{x}$$

$$B = \frac{dF\dot{x}}{d\varphi\dot{x}}$$

$$C = \frac{1}{1^2|1(d\varphi\dot{x})^2}[d^2F\dot{x} - Bd^2\varphi\dot{x}]$$

$$D = \frac{1}{1^3|1(d\varphi\dot{x})^3}[d^3F\dot{x} - Bd^3\varphi\dot{x} - Cd^3\varphi\dot{x}^2]$$

$$E = \frac{1}{1^4|1(d\varphi\dot{x})^4}[d^4F\dot{x} - Bd^4\varphi\dot{x} - Cd^4\varphi\dot{x}^2 - Dd^4\varphi\dot{x}^3]$$

etc. = etc.

On pourrait, en substituant successivement les unes dans les autres les valeurs de ces coefficiens, obtenir leurs expressions isolées ou indépendantes, mais on

n'arriverait pas par ce procédé à l'*expression générale* de ces coefficiens, qui est proprement la *loi* de cette série. Nous verrons plus loin quelle est cette loi, ici il ne s'agissait que d'établir la possibilité de la forme (b) des séries. Cette série (b) est celle Paoli. (*Voy.* Diff., 41.)

6. Pour obtenir la forme la plus générale des séries, prenons la suite des fonctions arbitraires

$$\varphi x, \; \varphi_1 x, \; \varphi_2 x, \; \varphi_3 x, \; \varphi_4 x, \; etc.$$

et changeant de *mesure* à chaque transformation successive de la fonction proposée Fx, nous aurons de cette manière :

$$Fx = A + \Phi x$$

$$\frac{\Phi x}{\varphi x} = F_1 x = B + \Phi_1 x$$

$$\frac{\Phi_1 x}{\varphi_1 x} = F_2 x = C + \Phi_2 x$$

$$\frac{\Phi_2 x}{\varphi_2 x} = F_3 x = D + \Phi_3 x$$

$$\frac{\Phi_3 x}{\varphi_3 x} = F_4 x = E + \Phi_4 x$$

$$etc. = etc. = etc.$$

et, en substituant ces expressions les unes dans les autres (c),

$$Fx = A + B\varphi x + C\varphi x . \varphi_1 x + D\varphi x . \varphi_1 x . \varphi_2 x + etc\ldots$$

Or, d'après le principe de ces transformations, la fonction Φx doit devenir *zéro* lorsque $\varphi x = 0$; ainsi désignant par α la valeur de x qui rend $\varphi x = 0$, on a

$$A = F(\alpha)$$

De même $\Phi_1 x$ devant être *zéro* lorsque $\varphi_1 x = 0$, si nous désignons par α_1 la valeur de x qui rend $\varphi_1 x = 0$, nous aurons

$$B = F_1(\alpha_1)$$

et, par conséquent,

$$B = \frac{\Phi(\alpha_1)}{\varphi(\alpha_1)} = \frac{F(\alpha_1) - A}{\varphi(\alpha_1)}.$$

$\Phi_2 x$ devant également être *zéro* lorsque $\varphi_2 x = 0$, désignant par α_2 la valeur correspondante de x, nous trouverons

$$C = F_2(\alpha_2)$$

et, par suite,

$$C = \frac{\Phi_1(\alpha_2)}{\varphi_1(\alpha_2)} = \frac{F_1(\alpha_2) - B}{\varphi_1(\alpha_2)} = \frac{F(\alpha_2) - A - B\varphi(\alpha_2)}{\varphi(\alpha_2).\varphi_1(\alpha_2)}.$$

On trouverait de la même manière

$$D = \frac{F(\alpha_3) - A - B \cdot \varphi(\alpha_3) - C \cdot \varphi(\alpha_3) \cdot \varphi_1(\alpha_3)}{\varphi'(\alpha_3) \cdot \varphi_1(\alpha_3) \cdot \varphi_2(\alpha_3)}$$

et ainsi de suite. La loi de formation de ces coefficiens les uns au moyen des autres est évidente.

La série (c) embrasse toutes les séries possibles ; la *loi elle-même* de cette série, c'est-à-dire l'expression générale de ses coefficiens A, B, C, D, etc., est due à M. Wronski, ainsi que toutes les déductions techniques que nous venons de donner.

7. Si l'on donne aux fonctions arbitraires φx, $\varphi_1 x$, $\varphi_2 x$, etc. les déterminations

$$\varphi x, \quad \varphi(x+\xi), \quad \varphi(x+2\xi), \quad \varphi(x+3\xi), \quad \text{etc.}$$

les produits de ces fonctions seront les *facultés* de la fonction arbitraire φx (*voy.* FACULTÉ), et la série (c) prendra la forme (d)

$$Fx = A + B \cdot \varphi x + C \cdot \varphi x^{2|\xi} + D \cdot \varphi x^{3|\xi} + E \cdot \varphi x^{4|\xi} + \text{etc.}$$

qui est le cas *principal* ou *fondamental* de la forme générale (c), celui auquel on peut ramener tous les autres. (*Voy.* Wronski. *Philos. de la technie*, 2ᵉ sec.) Les coefficiens A, B, C, D, etc., sont (d)

$$A = F\dot{x}$$

$$B = \frac{\Delta F\dot{x}}{\Delta \varphi \dot{x}}$$

$$C = \frac{\text{ש}[\Delta^1 \varphi \dot{x} \cdot \Delta^2 F\dot{x}]}{\Delta \varphi \dot{x} \cdot \Delta^2 \varphi \dot{x}^{2|\xi}}$$

$$D = \frac{\text{ש}[\Delta^1 \varphi \dot{x} \cdot \Delta^2 \varphi \dot{x}^{2|\xi} \cdot \Delta^3 F\dot{x}]}{\Delta \varphi \dot{x} \cdot \Delta^2 \varphi \dot{x}^{2|\xi} \cdot \Delta^3 \varphi x^{3|\xi}}$$

$$E = \frac{\text{ש}[\Delta^1 \varphi \dot{x} \cdot \Delta^2 \varphi \dot{x}^{2|\xi} \cdot \Delta^3 \varphi \dot{x}^{3|\xi} \cdot \Delta^4 F\dot{x}]}{\Delta \varphi \dot{x} \cdot \Delta^2 \varphi \dot{x}^{2|\xi} \cdot \Delta^3 \varphi \dot{x}^{3|\xi} \cdot \Delta^4 \varphi \dot{x}^{4|\xi}}$$

$$\text{etc.} = \text{etc.}$$

Le point placé sur $\dot{x}$ indiquant qu'il faut donner à cette variable, après avoir pris les différences, la valeur qui rend $\varphi x = 0$, et la caractéristique ש désignant des *sommes combinatoires* dont nous allons indiquer la formation. L'accroissement des différences, qui doivent être prises en faisant varier x en *moins*, est ici le même que celui ξ des facultés.

8. Soient X_1, X_2, X_3, etc., plusieurs fonctions d'une quantité variable, M. Wronski nomme *somme combinatoire* et exprime par la lettre hébraïque *schin*, ainsi qu'il suit

$$\text{ש}[\Delta^a X_1 \cdot \Delta^b X_2 \cdot \Delta^c X_3 \ldots \ldots \Delta^p X_\varpi]$$

la somme des produits des différences de ces fonctions composée de la manière suivante. Ayant formé avec les exposans a, b, c, d, ... p des différences toutes les permutations possibles, on donne ces exposans, dans chaque ordre de leurs permutations, aux différences consécutives qui composent le produit

$$\Delta X_1 \cdot \Delta X_2 \cdot \Delta X_3 \ldots \Delta X_\varpi$$

en donnant de plus aux produits séparés formés de cette manière, le signe positif lorsque le nombre des variations des exposans a, b, c, etc., considérés dans leur ordre alphabétique, est nul ou pair, et le signe négatif lorsque ce nombre de variations est impair ; enfin on prend la somme de tous ces produits séparés. On a ainsi, par exemple,

$$\text{ש}[\Delta^a X_1] = \Delta^a X_1$$

$$\text{ש}[\Delta^a X_1 \cdot \Delta^b X_2] = \Delta^a X_1 \cdot \Delta^b X_2 - \Delta^b X_1 \cdot \Delta^a X_2$$

$$\begin{aligned}
\text{ש}[\Delta^a X_1 \cdot \Delta^b X_2 \cdot \Delta^c X_3] = \ &\Delta^a X_1 \cdot \Delta^b X_2 \cdot \Delta^c X_3 - \\
&- \Delta^a X_1 \cdot \Delta^c X_2 \cdot \Delta^b X_3 + \\
&+ \Delta^b X_1 \cdot \Delta^c X_2 \cdot \Delta^a X_3 - \\
&- \Delta^b X_1 \cdot \Delta^a X_2 \cdot \Delta^c X_3 + \\
&+ \Delta^c X_1 \cdot \Delta^a X_2 \cdot \Delta^b X_3 - \\
&- \Delta^c X_1 \cdot \Delta^b X_2 \cdot \Delta^a X_3
\end{aligned}$$

etc..... etc.

La formation de ces *sommes combinatoires* est analogue à celle des valeurs des inconnues données par les équations du premier degré. (*Voy.* ÉQUATIONS 11, 12, et 13.)

9. En appliquant cette loi de construction des fonctions ש aux expressions (d), c'est-à-dire en faisant les exposans a, b, c, d, etc. égaux respectivement à 1, 2, 3, 4, etc., on voit que ces expressions sont identiques avec

$$A = F\dot{x}$$

$$B = \frac{\Delta F\dot{x}}{\Delta \varphi \dot{x}}$$

$$C = \frac{\Delta^1 \varphi \dot{x} \cdot \Delta^2 F\dot{x}}{\Delta \varphi \dot{x} \cdot \Delta^2 \varphi \dot{x}^{2|\xi}} - \frac{\Delta^2 \varphi \dot{x} \cdot \Delta^1 F\dot{x}}{\Delta \varphi \dot{x} \cdot \Delta^2 \varphi \dot{x}^{2|\xi}}$$

$$\begin{aligned}
D = \ &\frac{\Delta^1 \varphi \dot{x} \cdot \Delta^2 \varphi \dot{x}^{2|\xi} \cdot \Delta^3 F\dot{x}}{\Delta \varphi \dot{x} \cdot \Delta^2 \varphi \dot{x}^{2|\xi} \cdot \Delta^3 \varphi \dot{x}^{3|\xi}} - \frac{\Delta^1 \varphi \dot{x} \cdot \Delta^3 \varphi \dot{x}^{2|\xi} \cdot \Delta^2 F\dot{x}}{\Delta \varphi \dot{x} \cdot \Delta^2 \varphi \dot{x}^{2|\xi} \cdot \Delta^3 \varphi \dot{x}^{3|\xi}} + \\
&+ \frac{\Delta^2 \varphi \dot{x} \cdot \Delta^3 \varphi \dot{x}^{2|\xi} \cdot \Delta^1 Fx}{\Delta \varphi \dot{x} \cdot \Delta^2 \varphi \dot{x}^{2|\xi} \cdot \Delta^3 \varphi \dot{x}^{3|\xi}} - \frac{\Delta^2 \varphi \dot{x} \cdot \Delta^1 \varphi \dot{x}^{2|\xi} \cdot \Delta_3 F\dot{x}}{\Delta \varphi \dot{x} \cdot \Delta^2 \varphi \dot{x}^{2|\xi} \cdot \Delta^3 \varphi \dot{x}^{3|\xi}}
\end{aligned}$$

$$+ \frac{\Delta^3\varphi\dot{x}.\Delta^2\varphi\dot{x}^2|\xi.\Delta^2 F\dot{x}}{\Delta\varphi\dot{x}.\Delta^2\varphi\dot{x}^2|\xi.\Delta^3\varphi\dot{x}^3,\xi} - \frac{\Delta^3\varphi\dot{x}.\Delta^2\varphi\dot{x}^2|\xi.\Delta^1 F\dot{x}}{\Delta\varphi\dot{x}.\Delta^2\varphi\dot{x}^2|\xi.\Delta^3\varphi\dot{x}^3,\xi}$$

$$E = \text{etc.....}$$

10. Ces expressions des coefficiens A, B, C, D, etc., peuvent être simplifiées en observant qu'on a

$$\Delta^m\varphi\dot{x}^n|\xi = 0$$

toutes les fois que l'exposant n de la faculté est plus grand que l'exposant m de la différence, car alors le facteur φx entre dans tous les termes de la différence qui devient nulle conséquemment, puisqu'il faut donner à x, après les différentiations, la valeur qui rend $\varphi x = 0$.

En retranchant des expressions (d) les parties qui deviennent nulles, et en désignant les coefficiens A, B, C, D, etc. par A_0, A_1, A_2, A_3, etc. pour mieux indiquer leurs rangs, nous aurons d'une part la série fondamentale (e)

$$Fx = A_0 + A_1.\varphi x^1|\xi + A_2.\varphi x^2|\xi + A_3.\varphi x^3,\xi + \text{etc.}$$

et de l'autre les expressions (f)

$$A_0 = Fx$$

$$A_1 = \frac{1}{\Delta\varphi x} . \Delta Fx$$

$$A_2 = \frac{1}{\Delta^2\varphi x^2|\xi}\left\{ \Delta^2 Fx - \Delta Fx . \frac{\Delta^2\varphi x}{\Delta\varphi x} \right\}$$

$$A_3 = \frac{1}{\Delta^3\varphi x^3|\xi}\left\{ \Delta^3 Fx - \Delta^2 Fx . \frac{\Delta^3\varphi x^2,\xi}{\Delta^2\varphi x^2,\xi} \right.$$
$$\left. + \Delta Fx . \frac{\Psi[\Delta^2\varphi x.\Delta^3\varphi x^2,\xi]}{\Delta\varphi x.\Delta^2\varphi x^2\,\xi} \right\}$$

$$A_4 = \frac{1}{\Delta^4\varphi x^4\,\xi}\left\{ \Delta^4 Fx - \Delta^3 Fx . \frac{\Delta^4\varphi x^3,\xi}{\Delta^3\varphi x^3,\xi} \right.$$
$$+ \Delta^2 Fx . \frac{\Psi[\Delta^3\varphi x^2,\xi.\Delta^4\varphi x^3,\xi]}{\Delta^3\varphi x^2,\xi.\Delta^4\varphi x^3,\xi}$$
$$\left. - \Delta Fx . \frac{\Psi[\Delta^2\varphi x.\Delta^3\varphi x^2,\xi.\Delta^4\varphi x^3,\xi]}{\Delta\varphi x.\Delta^3\varphi x^2|\xi.\Delta^3 x^3\,\xi} \right\}$$

$$A^5 = \text{etc.}$$

et en général

$$A_\mu = \frac{1}{\Delta^\mu\varphi x^\mu|\xi}\left\{ \Delta^\mu Fx - \Delta^{\mu-1}Fx . \frac{\Delta^\mu\varphi x^{\mu-1},\xi}{\Delta^{\mu-1}\varphi x^{\mu-1},\xi} \right.$$
$$\left. + \Delta^{\mu-2}Fx . \frac{\Psi[\Delta^{\mu-1}\varphi x^{\mu-2}|\xi.\Delta^\mu\varphi x^{\mu-1},\xi]}{\Delta^{\mu-2}\varphi x^{\mu-2}|\xi.\Delta^{\mu-1}\varphi x^{\mu-1},\xi} \right.$$

$$\left. - \Delta^{\mu-3}Fx . \frac{\Psi[\Delta^{\mu-2}\varphi x^{\mu-3},\xi.\Delta^{\mu-1}\varphi x^{\mu-2}|\xi.\Delta^\mu\varphi x^{\mu-1}|\xi]}{\Delta^{\mu-3}\varphi x^{\mu-3},\xi.\Delta^{\mu-2}\varphi x^{\mu-2}|\xi.\Delta^{\mu-1}\varphi x^{\mu-1}|\xi} \right.$$

$$\left. + \text{etc..... etc.....} \right\}$$

On ne doit pas oublier de faire égal à ξ l'accroissement dont dépendent les variables et de donner à la variable, x après avoir pris les différences, la valeur qui rend $\varphi x = 0$.

11. Les expressions (f) sont les expressions *immédiates* ou indépendantes des coefficiens A_0, A_1, A_2 etc., et comme telles elles présentent la *loi* de la série générale (e) qui embrasse toutes celles que l'on connaît jusqu'ici pour le développement des fonctions. Mais si l'on veut faire dépendre les coefficiens en question les uns des autres, on obtient les expressions suivante éminemment simples (g)

$$A_0 = F\dot{x}$$

$$A_1 = \frac{1}{\Delta\varphi\dot{x}} \Delta F\dot{x}$$

$$A_2 = \frac{1}{\Delta^2\varphi\dot{x}^2|\xi}\left\{ \Delta F\dot{x} - A_1 . \Delta^2\varphi\dot{x} \right\}$$

$$A_3 = \frac{1}{\Delta^2\varphi\dot{x}^3,\xi}\left\{ \Delta^3 F\dot{x} - A_1\Delta^3\varphi\dot{x} - A_2\Delta^3\varphi\dot{x}^2|\xi \right\}$$

$$A_4 = \frac{1}{\Delta^4\varphi\dot{x}^4|\xi}\left\{ \Delta^4 F\dot{x} - A_1.\Delta^4\varphi\dot{x} - A_2\Delta^4\varphi\dot{x}^2|\xi - A_3\Delta^4\varphi\dot{x}^3|\xi \right\}$$

$$\text{etc.} = \text{etc.}$$

Dans sa *Philosophie de la technie*, M. Wronski a déduit cette loi générale des séries de sa *loi suprême*, dont elle n'est qu'un cas particulier; s'il ne nous est pas possible de faire connaître ici cette déduction, nous ferons du moins connaître la démonstration très-simple qu'il en a donnée dans sa *réfutation de la théorie des fonctions analytiques* de Lagrange.

12. La forme générale des séries étant (e)

$$Fx = A_0 + A_1.\varphi x^1|\xi + A_2.\varphi x^2|\xi + A_3.\varphi x^3|\xi + \text{etc.}$$

prenons les différences successives des deux membres de cette égalité, et nous aurons la suite indéfinie d'égalités

$$\Delta^1 Fx = A_1.\Delta\varphi x + A_2.\Delta\varphi x^2|\xi + A_3\Delta\varphi x^3|\xi + \ldots .\Delta\varphi x^n|\xi + \text{etc.}$$

$$\Delta^2 Fx = A_1.\Delta^2\varphi x + A_2.\Delta^2\varphi x^2|\xi + A_3.\Delta^2\varphi x^3|\xi + A_4.\Delta^2\varphi x^4|\xi$$
$$+ \text{etc.}$$

$$\Delta^3 Fx = A_1.\Delta^3\varphi x + A_2.\Delta^3\varphi x^2|\xi + A_3.\Delta^3\varphi x^3|\xi + A_4.\Delta^4\varphi x^4|\xi$$
$$+ \text{etc.}$$

$$\Delta^4 Fx = A_1 . \Delta^4\varphi x + A_2 . \Delta^4\varphi x^{2|\xi} + A_3 . \Delta^4\varphi x^{3|\xi} + A_4 . \Delta^4\varphi x^{4|\xi}$$
$$+ \text{etc.}$$

etc. = etc.

Or, ces égalités étant indépendantes de toute valeur particulière de x, si nous donnons à cette variable la valeur qui rend $\varphi x = 0$, elles subsisteront toujours, mais comme alors les différences dont l'exposant est plus petit que celui de la faculté deviennent *zéro*, ces égalités se réduiront à (h)

$$\Delta Fx = A_1 . \Delta\varphi x$$

$$\Delta^2 Fx = A_1 . \Delta^2\varphi x + A_2 . \Delta^2\varphi x^{2|\xi}$$

$$\Delta^3 Fx = A_1 . \Delta^3\varphi x + A_2 . \Delta^3\varphi x^{2|\xi} + A_3 . \Delta^3\varphi x^{3|\xi}$$

$$\Delta^4 Fx = A_1 . \Delta^4\varphi x + A_2 . \Delta^4\varphi x^{2|\xi} + A_3 . \Delta^4\varphi x^{3|\xi} + A_4 . \Delta^4\varphi x^{4|\xi}$$

etc. = etc.

En effet, la différence de l'ordre m d'une faculté $\varphi x^{n|\xi}$, en prenant cette différence par rapport à l'accroissement ξ et en considérant cet accroissement comme négatif, est $(voy.\ \text{DIFFÉRENCE}, 14)$

$$\Delta^m \varphi x^{n|\xi} = \varphi x^{n|\xi} - \frac{m}{1}\varphi(x-\xi)^{n|\xi} + \frac{m(m-1)}{1.2} . \varphi(x-2\xi)^{n|\xi}$$
$$- \text{etc}.\ldots\ldots(-1)^m . \varphi(x-m\xi)^{n|\xi}$$

Ainsi comme on a $(voy.\ \text{FACULTÉS})$

$$\varphi(x-m\xi)^{n|\xi} = \varphi(x-m\xi) . \varphi(x-m\xi+\xi) . \varphi(x-m\xi+2\xi)..$$
$$\ldots\ldots\varphi(x-m\xi+(n-1)\xi)$$

le facteur φx se trouvera contenu dans la faculté $\varphi(x-m\xi)^{n|\xi}$ lorsque n sera plus grand que m. Donc ce facteur entrera dans tous les termes de la différence $\Delta^m \varphi x^{n|\xi}$ et, par conséquent, en donnant à x la valeur qui rend $\varphi x = 0$, on a généralement, lorsque $n > m$,

$$\Delta^m \varphi x^{n|\xi} = 0.$$

Remarquons maintenant que la première des égalités (h) donne d'abord immédiatement

$$A_1 = \frac{\Delta Fx}{\Delta\varphi x}$$

et ensuite que cette première égalité est la même chose que

$$\Delta Fx = A_1 . \Delta\varphi x + A_2 . \Delta\varphi x^{2|\xi}$$

puisque $\Delta\varphi x^{2|\xi} = 0$. Comparant cette dernière avec la seconde égalité

$$\Delta^2 Fx = A_1 . \Delta^2\varphi x + A_2 . \Delta^2\varphi x^{2|\xi}$$

on peut les considérer toutes deux comme deux équations du premier degré entre les inconnues A_1 et A_2; ainsi construisant la valeur de A_2 d'après la règle connue $(voy.\ \text{ÉQUATION}, 12)$ on aura

$$A = \frac{\Delta\varphi x . \Delta^2 Fx - \Delta^2\varphi x . dFx}{\Delta\varphi x . \Delta^2\varphi x^{2|\xi} - \Delta^2\varphi x . \Delta^2\varphi x^{2|\xi}}$$

ce qui est la même chose que $(voy.\ \text{ci-dessus, n. 8})$.

$$A_2 = \frac{\mathcal{W}[\Delta^1\varphi x . \Delta^2 Fx]}{\mathcal{W}[\Delta^1\varphi x . \Delta^2\varphi x^{2|\xi}]}$$

De même, puisque $\Delta\varphi x^{2|\xi} = 0$, $\Delta\varphi x^{3|\xi} = 0$, $\Delta^2\varphi x^{3|\xi} = 0$, les trois premières des égalités (h) sont identiques avec les trois équations

$$\Delta Fx = A_1 . \Delta\varphi x + A_2 . \Delta\varphi x^{2|\xi} + A_3 . \Delta\varphi x^{3|\xi}$$

$$\Delta^2 Fx = A_1 . \Delta^2\varphi x + A_2 . \Delta^2\varphi x^{2|\xi} + A_3 . \Delta^2\varphi x^{3|\xi}$$

$$\Delta^3 Fx = A_1 . \Delta^3\varphi x + A_2 . \Delta^3\varphi x^{2|\xi} + A_3 . \Delta^3\varphi x^{3|\xi}$$

lesquelles donnent

$$A_3 = \frac{\mathcal{W}[\Delta^1\varphi x . \Delta^2\varphi x^{2|\xi} . \Delta^3 Fx]}{\mathcal{W}[\Delta^1\varphi x . \Delta^2\varphi x^{2|\xi} . \Delta^3\varphi x^{3|\xi}]}$$

En continuant de la même manière, on verra, non par induction, comme le fait observer M. Wronski, mais par le principe même de la formation de ces quantités, qu'on aura en général

$$A_\mu = \frac{\mathcal{W}[\Delta^1\varphi x . \Delta^2\varphi x^{2|\xi} \ldots\ldots \Delta^{\mu-1}\varphi x^{\mu-1|\xi} . \Delta^\mu Fx]}{\mathcal{W}[\Delta^1\varphi x . \Delta^2\varphi x^{2|\xi} \ldots \Delta^{\mu-1}\varphi x^{\mu-1|\xi} . \Delta^\mu\varphi x^{\mu|\xi}]}$$

μ étant un indice quelconque.

Mais comme il faut faire $\varphi x = 0$, après avoir pris les différences, la somme combinatoire, qui forme le dénominateur de l'expression générale, se réduit à son premier terme, car, dans tous les autres, la permutation des exposans des différences introduira des différences $\Delta^\nu\varphi x^{\mu|\xi}$ dans lesquelles ν sera plus petit que μ et qui conséquemment se réduiront à zéro. On a donc simplement

$$\mathcal{W}[\Delta^1\varphi x . \Delta^2\varphi x^{2|\xi} \ldots \Delta^{\mu-1}\varphi x^{\mu-1|\xi} . \Delta^\mu\varphi x^{\mu|\xi}] =$$
$$= \Delta\varphi x . \Delta^2\varphi x^{2|\xi} \ldots \Delta^{\mu-1}\varphi x^{\mu-1|\xi} . \Delta^\mu\varphi x^{\mu|\xi}$$

et la loi générale de la série est, ainsi que nous l'avions posée, (i)

$$A_\mu = \frac{\mathcal{W}[\Delta^1\varphi x . \Delta^2\varphi x^{2|\xi} . \ \Delta^{\mu-1}\varphi x^{\mu-1|\xi} . \Delta^\mu Fx]}{\Delta\varphi x . \Delta^2\varphi x^{2|\xi} \ldots \Delta^{\mu-1}\varphi x^{\mu-1|\xi} . \Delta^\mu\varphi x^{\mu|\xi}}$$

Quant aux expressions *médiates* (g) des coefficiens A₁, A₂, A₃, etc. on les tire des mêmes égalités (h) par une simple transposition.

13. Les expressions simplifiées (f) contiennent encore, après le développement des fonctions 𝒲, des termes qui se réduisent à zéro, mais on peut s'éviter la peine de les construire en développant ces fonctions d'après le procédé d'exclusion indiqué par M. Wronski, dans une note placée à la fin de sa *philosophie de l'infini*. L'expression générale (f) prend alors une forme très-élégante dans laquelle il n'entre plus que les termes isolés construits avec les différences de la fonction Fx et des facultés ϕx, $\phi x^{2|\xi}$, etc., et formant ainsi les élémens de la loi fondamentale des séries. Nous sommes forcés de renvoyer pour les détails à la *Philosophie de la technie, deuxième section.*

14. La loi fondamentale des séries étant maintenant connue, nous allons en déduire les principales lois particulières trouvées par différens géomètres pour le développement des fonctions. D'abord dans le cas, en quelque sorte primitif, où l'accroissement ξ est indéfiniment petit, c'est-à-dire lorsque ξ ou Δx est simplement dx, les différences deviennent des différentielles, et la suite des facultés

$$\phi x, \quad \phi x^{2|\xi}, \quad \phi x^{3|\xi}, \quad \phi x^{4|\xi}, \quad \text{etc.}$$

devient la suite des puissances ordinaires ;

$$\phi x, \quad \phi x^2, \quad \phi x^3, \quad \phi x^4, \quad \text{etc.}$$

alors la forme générale (e) des séries se réduit à (k)

$$Fx = A_0 + A_1 . \phi x + A_2 . \phi x^2 + A_3 . \phi x^3 + \text{etc.}$$

dont le premier coefficient A_0 est toujours $F\dot{x}$ ou ce que devient Fx lorsqu'on donne à la variable x la valeur qui rend $\phi x = 0$. Le coefficient général (i) devient (l)

$$A_\mu = \frac{\mathcal{W}[d^1\phi x . d^2\phi x^2 \ldots d^{\mu-1}\phi x^{\mu-1} . d^\mu Fx]}{d\phi x . d^2\phi x^2 \ldots \ldots d^{\mu-1}\phi x^{\mu-1} . d^\mu\phi x^\mu}$$

expression dans laquelle il faut toujours donner à x la valeur correspondante à $\phi x = 0$, après les différentiations.

Or, en retranchant les termes qui s'évanouissent par cette valeur de x, on a

$$d\phi x = d\phi x$$
$$d^2\phi x^2 = 1 . 2(d\phi x)^2$$
$$d^3\phi x^3 = 1 . 2 . 3 . (d\phi x)^3$$
$$d^4\phi x^4 = 1 . 2 . 3 . 4 . (d\phi x)^4$$
$$d^5\phi x^5 = 1 . 2 . 3 . 4 . 5 . (d\phi x)^5$$
$$\text{etc.} = \text{etc.}$$

et, en général,

$$d^\mu\phi x^\mu = 1^{\mu|1} . (d\phi x)^\mu;$$

le dénominateur de l'expression (l) est donc la même chose que

$$(1).(1.2).(1.2.3).(1.2.3.4).(1.2.3.4\ldots\mu).(d\phi x)^{1+2+3\ldots+\mu}$$

$$= (1.1^{3|1}.1^{3|1}.1^{4|1}.1^{5|1}\ldots 1^{\mu|1}).(d\phi x)^{\frac{\mu(\mu+1)}{2}}$$

et cette expression elle-même se réduit à

$$A_\mu = \frac{\mathcal{W}[d^1\phi x . d^2\phi x^2 . d^3\phi x^3 \ldots d^{\mu-1}\phi x^{\mu-1} . d^\mu Fx]}{(1.1^{2|1}.1^{3|1}.1^{4|1}\ldots 1^{\mu|1}).(d\phi x)^{\frac{\mu(\mu+1)}{2}}}$$

Nous avons donc pour les coefficiens particuliers A_0, A_1, A_2, etc., la suite de valeurs (m)

$$A_0 = F\dot{x}$$

$$A_1 = \frac{\mathcal{W}[dFx]}{1 . d\phi x} = \frac{dFx}{d\phi x}$$

$$A_2 = \frac{\mathcal{W}[d^1\phi x . d^2 Fx]}{1 . (1.2) . (d\phi x)^3}$$

$$A_3 = \frac{\mathcal{W}[d^1\phi x . d^2\phi x^2 . d^3 Fx]}{1 . (1.2) . (1.2.3) . (d\phi x)^6}$$

$$A_4 = \frac{\mathcal{W}[d^1\phi x . d^2\phi x^2 . d^3\phi x^3 . d^4 Fx]}{1 . (1.2) . (1.2.3) . (1.2.4) . (d\phi x)^{10}}$$

$$\text{etc.} = \text{etc.}$$

dans lesquelles il faut faire $\phi x = 0$ après les différentiations, et comme on a $d^m\phi\dot{x}^n = 0$, toutes les fois que n est plus grand que m, on retranchera, en formant les fonctions 𝒲, tous les produits dans lesquels la permutation des exposans des différentielles amènera de telles quantités.

15. Les expressions (m) et particulièrement l'expression générale (l) présentent la *loi* de la série primitive (k), loi qui n'était point connue avant M. Wronski, car toutes les formules qu'on avait trouvées jusqu'à lui pour les coefficiens A_0, A_1, A_2, etc, ne faisaient qu'indiquer une suite d'opérations propres à arriver à la détermination de ces coefficiens, mais ne donnaient pas les derniers termes mêmes ou les élémens dont se compose cette détermination, comme le font les expressions (m), après qu'elles sont développées suivant le procédé d'exclusion donné par ce géomètre. Par exemple, les coefficiens de Paoli que nous avons fait connaître, DIFFÉRENCE, 42, expriment uniquement le système des différentiations successives qu'il faut faire

subir aux fonctions Fx et φx, sans indiquer en aucune manière la loi qui régit les élémens de ces coefficiens. Toutes les autres expressions de ces mêmes coefficiens, obtenues par Euler, Burman, Arbogast et Kramp, ne présentent encore que leur génération relative et non leur génération absolue donnée seulement par les formules précédentes.

16. En faisant de même $\xi = dx$, dans les expressions médiates (g) elles deviennent (n)

$$A_0 = F\dot{x}$$

$$A_1 = \frac{1}{d\varphi x} dFx$$

$$A_2 = \frac{1}{1^{2|1}.(d\varphi x)^2}\left\{d^2Fx - A_1 d^2\varphi x\right\}$$

$$A_3 = \frac{1}{1^{3|1}.(d\varphi x)^3}\left\{d^3Fx - A_1 d^3\varphi x - A_2 d^3\varphi x^2\right\}$$

$$A_4 = \frac{1}{1^{4|1}.(d\varphi x)^4}\left\{d^4Fx - A_1 d^4\varphi x - A_2 d^4\varphi x^2 \right.$$
$$\left. - A_3 d^4\varphi x^3\right\}$$

etc. $=$ etc.

formules très-simples à l'aide desquelles on peut calculer, les uns au moyen des autres, les coefficiens de la série primitive (k) et dont nous avons donné une autre déduction au n° 5. Il faut toujours faire $\varphi x = 0$ après les différentiations.

17. Si dans la série générale (k) on prend simplement $x - a$ pour la fonction arbitraire φx, a étant une quantité quelconque, cette série deviendra (o)

$$Fx = A_0 + A_1.(x-a) + A_2(x-a)^2 + A_3(x-a)^3 + \text{etc.}$$

et comme alors a est la valeur de x qui rend $x - a = 0$, si l'on observe que

$$d^m_{\;}(x-a)^n = 0$$

toutes les fois que n est plus grand que m, on trouvera pour les coefficiens, en substituant a à x après les différentiations (p),

$$A_0 = Fa$$

$$A_1 = \frac{dFa}{da}$$

$$A_2 = \frac{1}{1.2} \cdot \frac{d^2Fa}{da^2}$$

$$A_3 = \frac{1}{1.2.3} \cdot \frac{d^3Fa}{da^3}$$

etc. $=$ etc.

$$A_\mu = \frac{1}{1^{\mu|1}} \cdot \frac{d^\mu Fa}{da^\mu}.$$

Prenant une nouvelle quantité arbitraire z, et faisant $a = x(1-z)$, on aura $Fa = F(x-xz)$, et si l'on désigne, comme Lagrange, par des accens, $'$, $''$, $'''$, etc., les dérivées différentielles de la fonction Fa, on obtiendra

$$Fx = F(x-xz) + \frac{xz}{1} \cdot F'(x-xz) + \frac{x^2z^2}{1.2}F''(x-xz)$$
$$+ \frac{x^3z^3}{1.2.3} F'''(x-xz) + \text{etc. etc.}$$

formule de développement obtenue par Lagrange, dans sa théorie des fonctions analytiques ; c'est la plus générale de toutes celles qui se trouvent dans cet ouvrage.

18. En faisant dans les expressions (o) et (p) $a = z$ et $x - z = i$, d'où $x = z + i$, on trouve

$$F(z+i) = Fz + \frac{dFz}{dz} \cdot \frac{i}{1} + \frac{d^2Fz}{dz^2} \cdot \frac{i^2}{1.2} + \frac{d^3Fz}{dz^3} \cdot \frac{i^3}{1.2.3} + \text{etc.}$$

c'est le théorème de Taylor.

19. Dans la loi de la série générale (k) il faut connaître, pour obtenir les valeurs des coefficiens A_0, A_1, A_2, etc., la quantité x donnée par l'équation $\varphi x = 0$. M. Wronski fait disparaître cette difficulté en obtenant immédiatement de sa loi suprême la détermination des coefficiens pour une valeur quelconque déterminée de la variable x. Nous ne pouvons donner ici que ses résultats.

Si l'on prend pour x une valeur arbitraire quelconque a et que l'on forme les quantités

$$\Xi_0 = Fa$$

$$\Xi_1 = \frac{\mathcal{W}Fa}{d\varphi a} = \frac{dFa}{d\varphi a}$$

$$\Xi_2 = \frac{\mathcal{W}[d^1\varphi a . d^2Fa]}{1^{1|1}.1^{2|1}(d\varphi a)^{1+2}}$$

$$\Xi_3 = \frac{\mathcal{W}[d^1\varphi a . d^2\varphi a^2 . d^3Fa]}{1^{1|1}.1^{2|1}.1^{3|1}.(d\varphi a)^{1+2+3}}$$

etc. $=$ etc.

Les coefficiens de la série générale

$$Fx = A_0 + A_1.\varphi x + A_2.\varphi x^2 + A_3.\varphi x^3 + \text{etc.}$$

seront

$$A_0 = \Xi_0 - \Xi_1.\varphi a + \Xi_2.\varphi a^2 - \Xi_3.\varphi a^3 + \text{etc.}$$

$$A_1 = \Xi_1 - 2\Xi_2.\varphi a + 3\Xi_3.\varphi a^2 - 4\Xi_4.\varphi a^3 + \text{etc.}$$

$$A_2 = \Xi_2 - 3\Xi_3.\varphi a + 6\Xi_4.\varphi a^2 - 10\Xi_5.\varphi a^3 + \text{etc.}$$

$$A_3 = \Xi_3 - 4\Xi_4.\varphi a + 10\Xi_5.\varphi a^2 - 20\,\Xi_6.\varphi a^3 + \text{etc.}$$
$$\text{etc.} = \text{etc.}$$

$$A_\mu = \Xi_\mu - \frac{\mu+1}{1}.\Xi_{\mu+1}.\varphi a + \frac{(\mu+1)^{2|1}}{1^{2|1}}.\Xi_{\mu+2}.\varphi a^2$$
$$- \frac{(\mu+1)^{3|1}}{1^3\cdot 1}.\Xi_{\mu+3}.\varphi a^3 + \text{etc.}$$

20. En observant que, quel que soit le mode de détermination qu'on emploie pour arriver aux valeurs des coefficiens A_0, A_1, A_2, etc., ces coefficiens sont invariables, et conséquemment que les diverses expressions qui les donnent sont nécessairement identiques quant à leur valeur, on voit que les expressions précédentes sont équivalentes aux expressions (m), et comme dans celles-ci le premier coefficient A_0 est $F\dot{x}$, c'est-à-dire ce que devient la fonction Fx, lorsqu'on donne à x la valeur qui rend $\varphi x = 0$, il en résulte qu'on a

$$F\dot{x} = \Xi_0 - \Xi_1.\varphi a + \Xi_2.\varphi a^2 - \Xi_3\varphi a^3 + \text{etc.}$$

Ainsi, ayant une équation quelconque

$$0 = \varphi x$$

la génération technique de toute fonction quelconque Fx de l'inconnue x de cette équation sera

$$Fx = Fa - \varphi a . \frac{dFa}{d\varphi a}$$
$$+ \varphi a^2 . \frac{\mathfrak{S}[d^1\varphi a.d^2Fa]}{1^{2|1}.d(\varphi a)^{1+2}}$$
$$- \varphi a^3 . \frac{\mathfrak{S}[d^1\varphi a.d^2\varphi a^2.d^3Fa]}{1^{2|1}.1^{3|1}.d(\varphi a)^{1+2+3}}$$
$$+ \text{etc.}$$

dans laquelle a est une quantité arbitraire. Si la fonction demandée Fx est l'inconnue x elle-même, cette dernière expression devient (q),

$$x = a - \varphi a . \frac{da}{d\varphi a} - \varphi a^2 . \frac{d^2\varphi a.da}{2(d\varphi a)^{1+2}}$$
$$- \varphi a^3 . \frac{\mathfrak{S}[d^2\varphi a.d^3\varphi a^2].da}{1^{2|1}.1^{3|1}\cdot(d\varphi a)^{1+2+3}}$$
$$- \varphi a^4 . \frac{\mathfrak{S}[d^2\varphi a.d^3\varphi a^2.d^4\varphi a^3].da}{1^{2|1}.1^{3|1}.1^{4|1}.(d\varphi a)^{1+2+3+4}}$$
$$- \text{etc.....}$$

série qui sera d'autant plus convergente que φa sera proche de zéro, ou que a différera moins de la racine x de l'équation $x = 0$.

21. Pour donner au moins un exemple de l'application de ces formules, proposons-nous de trouver une des racines de l'équation

$$x^3 - 2x - 20 = 0.$$

En substituant successivement dans cette équation 0, 1, 2, 3, etc. à la place de x, on reconnaît qu'une des racines est entre 2 et 3, mais plus près de 3 que de 2; prenons donc $a = 3$ et nous aurons

$$\varphi a \quad = a^3 - 2a - 20 = 1$$
$$d\varphi a = (3a^2 - 2)da = 25da$$
$$d^2\varphi a = 6ada^2 = 18da^2$$
$$d^3\varphi a = 6da^3$$
$$d^4\varphi a = 0$$

toutes les autres différentielles deviennent *zéro*.

Nous aurons en outre

$$d\varphi a^2 \quad = 2\varphi a.d\varphi a$$
$$d^2\varphi a^2 = 2\varphi a.d^2\varphi a + 2(d\varphi a)^2 = 1286da^2$$
$$d^3\varphi a^2 = 2\varphi a.d^3\varphi a + 6d\varphi a.d^2\varphi a = 2712da^3$$
$$\text{etc.} \quad = \text{etc.}$$

Substituant ces valeurs dans la formule (q), nous obtiendrons

$$a \quad = 3$$

$$\varphi a . \frac{da}{d\varphi a} = \frac{da}{25.da} = \frac{1}{25}$$

$$\varphi a^2 . \frac{d^2\varphi a.da}{2.(d\varphi a)^3} = \frac{18da^3}{2.(25)^3 da^3} = \frac{9}{(25)^3}$$

$$\varphi a^3 . \frac{\mathfrak{S}[d^2\varphi a\, d^3\varphi a^2]da}{12.(d\varphi a)^6} = \frac{d^2\varphi a.d^3\varphi a^2.da}{12.(25)^6.da^6} + \frac{d^3\varphi a.d^2\varphi a^2.da}{12.(25)^6.da^6}$$
$$= \frac{18.2712.da^6}{12.(25)^6.da^6} + \frac{6.1286da^6}{12(25)^6.da^6}$$
$$= \frac{4711}{(25)^6}$$

etc. = etc...

d'où

$$x = 3 - \frac{1}{25} - \frac{9}{15625} - \frac{4711}{244140625} - \text{etc.}$$

La somme de ces quatre premiers termes donne

$$x = 2{,}9594047,$$

valeur exacte jusqu'à la sixième décimale.

22. D'après ce que nous avons dit ci-dessus sur l'invariabilité des coefficiens de la série générale,

$$Fx = A_0 + A_1.\phi x + A_2.\phi x^2 + A_3\phi x_3 + \text{etc.}$$

si l'on se rappelle que les expressions de ces coefficiens sont, d'après Paoli (*voy.* DIFF., 42),

$$A_0 = F\dot{x},\ A_1 = \frac{dFx}{d\phi x},\ A_2 = \frac{1}{2}\frac{dA_1}{d\phi a},\ A_3 = \frac{1}{3}\cdot\frac{dA_2}{d\phi x},\ \text{etc.}$$

ou (*q'*)

$$A_1 = \frac{1}{1}\frac{dFx}{d\phi x}$$

$$A_2 = \frac{1}{1^{2|1}}\cdot\frac{1}{d\phi x}\cdot d\left[\frac{dFx}{d\phi x}\right]$$

$$A_3 = \frac{1}{1^{3|1}}\cdot\frac{1}{d\phi x}\cdot d\left[\frac{1}{d\phi x}\cdot d\left[\frac{dFx}{d\phi x}\right]\right]$$

$$A_4 = \frac{1}{1^{4|1}}\cdot\frac{1}{d\phi x}\cdot d\left[\frac{1}{d\phi x}\cdot d\left[\frac{1}{d\phi x}\cdot d\left[\frac{dFx}{d\phi x}\right]\right]\right]$$

etc. = etc.

$$A_\mu = \frac{1}{1^{\mu|1}}\cdot\frac{1}{d\phi x}\,d\left[\ldots\ldots d\left[\frac{1}{d\phi x}\,d\left[\frac{dFx}{d\phi x}\right]\right]\ldots\right]$$

En comparant avec l'expression générale (*l*) on découvre le théorème suivant (*r*) :

$$\frac{1}{1^{\mu|1}}\cdot\frac{1}{d\phi x}\cdot d\left[\frac{1}{d\phi x}\cdot d\left[\ldots\ldots d\left[\frac{1}{d\phi x}\,d\left[\frac{dFx}{d\phi x}\right]\right]\ldots\right]\right] =$$

$$\frac{\boldsymbol{\Psi}[d^1\phi x.d^2\phi x^2.d^3\phi x^3\ldots.d^{\mu-1}\phi x^{\mu-1}.d^\mu Fx]}{d\phi x.d^2\phi x^2.d^3\phi x^3\ldots.d^{\mu-1}\phi x^{\mu-1}.d^\mu Fx},$$

qui va nous permettre d'attacher leur véritable signification aux expressions trouvées jusqu'ici pour les coefficiens de la série générale en question.

D'abord, il est évident que les expressions de Paoli, et généralement le premier membre de l'égalité (*r*), ne font qu'indiquer les moyens de déterminer les quantités A_1, A_2, A_3, etc., tandis que le second membre de cette égalité présente le résultat des différentiations successives et donne immédiatement les derniers termes de la détermination des quantités A_1, A_2, A_3, etc. En un mot, le premier membre offre *l'origine* de la détermination des coefficiens et le second la *fin* de cette détermination. Aussi M. WRONSKI donne-t-il le nom d'*expressions initiales* aux expressions (*q'*), et celui d'*expressions finales* aux expressions (*m*). Ce sont ces *expressions finales* qui présentent la première extension réelle donnée à la science depuis Taylor, car sous la forme imparfaite ou inachevée (*q'*) la formule de Paoli n'est qu'un corollaire de celle de Taylor, et tout

ce qu'on a tenté depuis pour développer ces expressions imparfaites est resté bien loin de la loi (*m*), qui donne enfin la détermination des coefficiens de la série, moyennant les derniers termes ou les élémens mêmes qui entrent dans cette détermination.

Il est vrai, dit M. WRONSKI, qu'il entre encore dans les expressions (*m*) les différentielles des puissances de la fonction ϕx, savoir : les différentielles de la forme $d^m\phi x^n$ et non simplement les différentielles immédiates $d\phi x$, $d^2\phi x$, $d^3\phi x$, etc, constituant les véritables derniers termes ou élémens dont il s'agit ; mais cela n'est ainsi que pour abréger ces expressions finales, car la loi qui donne les différentielles $d^m\phi x^n$, moyennant les différentielles élémentaires $d\phi x$, $d^2\phi x$, etc. est connue. (*Voy. Phil. de la technie, deuxième section*, page 35.) En effet, par une simple application de la loi fondamentale du calcul différentiel (*voy.* DIFF., 27), on obtient (*s*)

$$d^m\phi x^n = 1^{m|1}.\ Agr.\left\{\frac{dp^1\phi x.dp^2\phi x\ dp^3\phi x\ldots dp^n\phi x}{1^{p^1|1}.1^{p^2|1}.1^{p^3|1}\ldots 1^{p^n|1}}\right\}$$

l'abréviation *Agr.* désignant l'agrégat des termes correspondans à toutes les valeurs entières des exposans p^1, p^2, p^3, etc., données par l'équation indéterminée (*t*),

$$m = p^1 + p^2 + p^3 + p^4\ldots + p^n,$$

dans la solution de laquelle il suffit de ne prendre pour ces exposans p^1, p^2, p^3, etc., que des nombres entiers et positifs plus grands que zéro, afin de négliger immédiatement les produits qui deviennent zéro par la valeur $\phi x = 0$ qu'il faut donner à ϕx après les différentiations,

23. Nous devons indiquer, en passant, le procédé très simple de Hindenburg, pour résoudre en nombres entiers positifs plus grands que zéro l'équation indéterminée (*t*) ou pour décomposer un nombre m en n nombres plus petits.

On écrira l'unité $n - 1$ fois de suite, et en dernier lieu le nombre $m - n + 1$, ce qui forme la première solution. Parcourant ensuite les nombres qui forment cette combinaison, de même que ceux des combinaisons suivantes, *de la droite à la gauche*, on s'arrêtera dans chacune à celui qui se trouve inférieur de *deux unités au moins* au dernier nombre sur la droite ; on augmentera d'une unité le nombre auquel on se sera arrêté ; et conservant tous ceux qui se trouvent à sa gauche, on remplacera par ce même nombre, ainsi augmenté *d'un*, tous ceux qui sont à sa droite, excepté le dernier à la place duquel il faudra mettre chaque fois le complément des autres, c'est-à-dire, ce qu'il faut ajouter à leur somme, pour trouver le nombre m. En observant cette règle on passera avec la plus grande facilité d'une combinaison à l'autre ; la dernière sera celle à laquelle la règle ne pourra plus être appliquée.

Proposons-nous, par exemple, de partager le nombre 10 en cinq parties; en appliquant la règle, nous obtiendrons les *sept* combinaisons suivantes :

$$
\begin{aligned}
1^{re} &\ldots\ldots 1,\ 1,\ 1,\ 1,\ 6 \\
2^{e} &\ldots\ldots 1,\ 1,\ 1,\ 2,\ 5 \\
3^{e} &\ldots\ldots 1,\ 1,\ 1,\ 3,\ 4 \\
4^{e} &\ldots\ldots 1,\ 1,\ 2,\ 2,\ 4 \\
5^{e} &\ldots\ldots 1,\ 1,\ 2,\ 3,\ 3 \\
6^{e} &\ldots\ldots 1,\ 2,\ 2,\ 2,\ 3 \\
7^{e} &\ldots\ldots 2,\ 2,\ 2,\ 2,\ 2
\end{aligned}
$$

Le même nombre 10 résultera de l'addition de *six* autres des *cinq* manières qui suivent :

$$
\begin{aligned}
1^{re} &\ldots\ldots 1,\ 1,\ 1,\ 1,\ 1,\ 5 \\
2^{e} &\ldots\ldots 1,\ 1,\ 1,\ 1,\ 2,\ 4 \\
3^{e} &\ldots\ldots 1,\ 1,\ 1,\ 1,\ 3,\ 3 \\
4^{e} &\ldots\ldots 1,\ 1,\ 1,\ 2,\ 2,\ 3 \\
5^{e} &\ldots\ldots 1,\ 1,\ 2,\ 2,\ 2,\ 2
\end{aligned}
$$

24. D'après ce qui précède, s'il s'agissait d'obtenir l'expression de la différentielle $d^6\varphi x^3$ en différentielles primitives de la fonction φx, qu'on doit égaler à zéro après les différentiations, on commencerait par décomposer 6 en 3 parties, ce qui offrirait les trois combinaisons entièrement différentes,

$$
\begin{aligned}
6 &= 1 + 1 + 4, \\
6 &= 1 + 2 + 3, \\
6 &= 2 + 2 + 2.
\end{aligned}
$$

Puis, pour appliquer ces valeurs à la formule (*s*), on formerait d'abord les produits

$$
\frac{d\varphi x \cdot d\varphi x \cdot d^4\varphi x}{1 \cdot 1 \cdot 1^{4|1}},
$$

$$
\frac{d\varphi x \cdot d^2\varphi x \cdot d^3\varphi x}{1 \cdot 1^{2|1} \cdot 1^{3|1}},
$$

$$
\frac{d^2\varphi x \cdot d^2\varphi x \cdot d^2\varphi x}{1^{2|1} \cdot 1^{2|1} \cdot 1^{2|1}}.
$$

Mais ces produits ne sont pas les seuls dont la réunion forme la différentielle demandée, car la première solution $1 + 1 + 4$ de l'équation indéterminée

$$
6 = p_1 + p_2 + p_3
$$

admet trois permutations, savoir :

$$
1 + 1 + 4,\ 1 + 4 + 1,\ 4 + 1 + 1,
$$

et dans la formule (*s*) il faut donner aux exposans p_1, p_2, p_3, etc., les valeurs qui satisfont à l'équation (*t*) en les permutant de toutes les manières possibles. Ainsi, chacun des produits ci-dessus doit se trouver répété autant de fois que les exposans des différences admettent de permutations, c'est-à-dire que le premier doit être multiplié par 3, le second par 6, et le dernier par 1. (*Voy.* Permutation.) On aura donc

$$
d^6\varphi x^3 = 1^{6|1}\left\{\frac{3\,d\varphi x \cdot d\varphi x \cdot d^4\varphi x}{1 \cdot 1 \cdot 1^{4|1}} + \frac{6\,d\varphi x \cdot d^2\varphi x \cdot d^3\varphi x}{1 \cdot 1^{2|1} \cdot 1^{3|1}}\right.
$$

$$
\left. + \frac{d^2\varphi x \cdot d^2\varphi x \cdot d^2\varphi x}{1^{2|1} \cdot 1^{2|1} \cdot 1^{2|1}}\right\}
$$

ou, après les réductions,

$$
d^6\varphi x = 90(d\varphi x)^2 \cdot d^4\varphi x + 360\,d\varphi x \cdot d\varphi^2 x \cdot d^3\varphi x + 90(d^2\varphi x)^3.
$$

Pour $d^5\varphi x^3$, on obtiendrait de la même manière, d'abord

$$
\begin{aligned}
5 &= 1 + 1 + 3 \\
5 &= 1 + 2 + 2
\end{aligned}
$$

combinaisons qui admettent chacune 3 permutations; et ensuite

$$
d^5\varphi x^3 = 1^{5|1}\left\{\frac{3\,d\varphi x \cdot d\varphi x \cdot d^3\varphi x}{1 \cdot 1 \cdot 1^{3|1}} + \frac{3\,d\varphi x \cdot d^2\varphi x \cdot d^2\varphi x}{1 \cdot 1^{2|1} \cdot 1^{2|1}}\right\}
$$

$$
= 60\,(d\varphi x)^2 \cdot d^3\varphi x + 90\,d\varphi x \cdot (d^2\varphi x)^2.
$$

25. Parmi les géomètres qui se sont occupés du développement des fonctions en série, nous devons citer particulièrement Euler, Burman, Arbogast et Kramp. On doit à Burman une génération *relative* très-remarquable des coefficiens de Paoli que nous devons faire connaître.

a étant la valeur de x qui rend $\varphi x = 0$, on a

$$
\left\{\frac{d\mathrm{F}x}{d\varphi x}\right\}_{(x=a)} = \left\{\frac{x-a}{\varphi x} \cdot \frac{d\mathrm{F}x}{dx}\right\}_{(x=a)}
$$

$$
\left\{\frac{1}{d\varphi x} \cdot d\left[\frac{d\mathrm{F}x}{d\varphi x}\right]\right\}_{(x=a)} = \left\{\frac{d\left[\left(\frac{x-a}{\varphi x}\right)^2 \cdot \frac{d\mathrm{F}x}{dx}\right]}{dx}\right\}_{(x=a)}
$$

$$
\left\{\frac{1}{d\varphi x} \cdot d\left[\frac{1}{d\varphi x} \cdot d\left[\frac{d\mathrm{F}x}{d\varphi x}\right]\right]\right\}_{(x=a)} =
$$

$$
= \left\{\frac{d^2\left[\left(\frac{x-a}{\varphi x}\right)^3 \cdot \frac{d\mathrm{F}x}{dx}\right]}{dx^2}\right\}_{(x=a)}
$$

etc., etc.

l'indice $(x = a)$ indiquant qu'il faut faire $x = a$, après les différentiations. En vertu de ces expressions la série générale (k) devient (u)

$$Fx = Fa + \frac{\varphi x}{1} \left\{ \frac{x-a}{\varphi x} \cdot \frac{dFx}{dx} \right\}_{(x=a)}$$

$$+ \frac{\varphi x^2}{2} \left\{ \frac{d\left[\left(\frac{x-a}{\varphi x}\right)^2 \cdot \frac{dFx}{\varphi x} \right]}{dx} \right\}_{(x=a)}$$

$$+ \frac{\varphi x^3}{1.2.3} \left\{ \frac{d^2\left[\left(\frac{x-a}{\varphi x}\right)^3 \cdot \frac{dFx}{dx} \right]}{dx^2} \right\}_{(x=a)}$$

$$+ \text{etc.}\ldots\ldots$$

On peut éviter la difficulté attachée à la détermination de la quantité a qui rend $\varphi a = 0$, en prenant pour φx la fonction ($fx-fa$) dans laquelle f désigne une fonction quelconque, et a une quantité arbitraire ; alors la série (u) sera

$$Fx = Fa + \frac{fx-fa}{1} \cdot \left\{ \frac{x-a}{fx-fa} \cdot \frac{dFx}{dx} \right\}_{(x=a)}$$

$$+ \frac{(fx-fa)^2}{1.2} \left\{ \frac{d\left[\left(\frac{x-a}{fx-fa}\right)^2 \cdot \frac{dFx}{dx} \right]}{dx} \right\}_{(x=a)}$$

$$+ \frac{(fx-fa)^3}{1.2.3} \cdot \left\{ \frac{d^2\left[\left(\frac{x-a}{fx-fa}\right)^3 \cdot \frac{dFx}{dx} \right]}{dx^2} \right\}_{(x=a)}$$

$$+ \text{etc., etc.}$$

En examinant ces formules de développement, on voit, comme nous l'avons annoncé, que le coefficient général

$$\frac{1}{1^{|\mu|1}} \left\{ \frac{d^{\mu-1}\left[\left(\frac{x-a}{\varphi x}\right)^{\mu} \cdot \frac{dFx}{dx} \right]}{dx^{\mu-1}} \right\}_{(x=a)}$$

ne présente qu'une génération *relative* de la quantité qu'il représente, car cette génération dépend des différentielles de la fonction auxiliaire $\frac{x-a}{\varphi x}$, différentielles dont la loi n'est pas connue. Quoi qu'il en soit, la formule de Burman est supérieure à celles trouvées par d'autres géomètres, et on peut la considérer comme une transition entre les expressions initiales de Paoli et les expressions finales de M. Wronski.

26. La belle formule de Lagrange, employée principalement pour *le retour des suites*, n'est qu'un cas particulier de celle de Burman, celui où la fonction φx est

$\frac{x-a}{fx}$. En effet de la relation

$$\varphi x = \frac{x-a}{fx},$$

on tire

$$fx = \frac{x-a}{\varphi x}$$

et substituant dans (u) on obtient immédiatement

$$Fx = Fa + \frac{\varphi x}{1}\left(fa . \frac{dFa}{da} \right)$$

$$+ \frac{\varphi x^2}{1.2} \cdot \frac{d\left(fa^2 \cdot \frac{dFa}{da} \right)}{da}$$

$$+ \frac{\varphi x^3}{1.2.3} \cdot \frac{d^2\left(fa^3 \cdot \frac{dFa}{da} \right)}{da^2}$$

$$+ \text{etc.}$$

formule identique avec celle trouvée par Lagrange, pour obtenir le développement d'une fonction quelconque d'une variable x donnée par l'équation

$$x = a + yfx,$$

car en désignant, comme lui, les dérivées différentielles par les accens $'$, $''$, $'''$ etc., et remplaçant de plus φx par y, l'expression précédente devient

$$Fx = Fa + y\,(fa . F'a) + \frac{y^2}{1.2}\,(fa^2 . F'a)'$$

$$+ \frac{y^3}{1.2.3}\,(fa^3 . F'a)'' + \text{etc.}$$

c'est-à-dire l'expression dont Lagrange a donné une déduction dans sa *Théorie des fonctions*, et qu'il a appliquée au retour des suites dans la note XI, de sa *Résolution des équations numériques*.

27. Dans les formules de développement de Kramp et d'Arbogast, les coefficiens sont donnés en fonctions des coefficiens des puissances d'un polynome auxiliaire formé avec les différentielles de la fonction Fx, qu'il s'agit de développer, et celles de la fonction φx prise pour mesure. Nous ne pouvons reproduire ici ces formules, dont la déduction nous entraînerait trop loin et qui ne représentent d'ailleurs que des procédés indirects. La prodigieuse extension que M. Wronski a donnée à la théorie des séries, le haut degré

de perfection de ses formules, la généralité absolue de ses résultats et la clarté inattendue qu'il a jetée sur la métaphysique obscure de cette branche si importante de l'algorithmie, ne permettent plus aujourd'hui de citer les résultats des calculs de dérivations autrement que pour l'histoire de la science.

Toutes les lois précédentes s'étendent avec facilité aux cas de plusieurs variables dépendantes ou indépendantes, mais nous ne pourrions entrer dans ces détails sans dépasser les limites très-étroites qui nous sont imposées; nous devons donc renvoyer aux traités de calcul différentiel, pour ce qui concerne le théorème de Taylor, et à la *Philosophie de la technie* de M. Wronski, pour les lois universelles dues à ce savant. Nous traiterons ailleurs de la sommation des séries. (*Voy.* SOMMATION.)

28. L'emploi des *séries* ne remonte pas plus haut que le XVIIe siècle, et Mercator paraît être le premier qui s'en soit servi pour obtenir la génération d'une quantité cherchée; mais Newton et Leibnitz doivent être considérés comme les fondateurs de cet algorithme : Newton, par la découverte de son célèbre *binome*, Leibnitz, par ses travaux sur un grand nombre de séries numériques dont il enseigna à trouver la somme et dont il signala l'importance. Cependant on ne doit pas oublier qu'un des moyens employés par Archimède pour quarrer la parabole consiste dans la sommation d'une progression géométrique décroissante continuée à l'infini.

Les essais de Leibnitz, publiés en 1682 et 1683, engagèrent les géomètres à s'occuper des séries; les deux illustres frères Jean et Jacques Bernouilli s'excitèrent bientôt au même genre de recherches en se faisant part de leurs découvertes mutuelles, et lorsque Taylor eut produit son théorème, ces grands géomètres et ensuite Euler s'élevèrent à des questions qu'on avait crues jusqu'alors inabordables.

C'est au théorème de Taylor, dit M. Wronski, dans son *Prodrome du messianisme*, que commencent proprement les mathématiques modernes, dont Euler, muni de ce puissant instrument a fixé pour ainsi dire, à lui seul, toute la sphère. — « Aussi loin que pouvait s'étendre l'application du théorème de Taylor, directement ou indirectement, aussi loin Euler a dévoilé la vérité. — On ne sait trop ce que l'on devrait désirer le plus, qu'Euler eût employé son génie à accomplir si parfaitement l'édifice d'un autre, ou qu'il l'eût employé à poser les fondemens à un édifice plus vaste encore. Toujours est il certain que, commençant à sentir l'insuffisance du théorème de Taylor, ce grand géomètre préluda à un nouveau mode de génération universelle, dont nous parlerons dans l'instant (les fractions continues),

« Cette insuffisance se faisait surtout sentir dans la résolution des équations infinies ou dans ce que les géomètres nommaient *retour des suites*. — Pour y suppléer, Lagrange, éclairé par ces travaux de l'Europe savante, fit la découverte de son fameux théorème, qui, à cet égard complète le système de Taylor, et qui, à d'autres égards, est déjà supérieur au théorème de ce dernier, lequel ne se trouve plus être qu'un cas particulier du théorème de Lagrange.

» Ce fut ainsi que se développa insensiblement ce majestueux système de savoir qui, sans contredit, est un des plus beaux titres de l'humanité, comme il est un de ses plus puissans instrumens. — Mais ce qu'il y a ici d'admirable, c'est que faisant abstraction de Newton et de Leibnitz, fondateurs de ce système, on trouve que les derniers résultats se concentrent dans trois points principaux : 1° le théorème de Taylor, comme principe de la génération des quantités, lorsqu'elles sont données *immédiatement* ou par leurs fonctions; 2° le théorème de Lagrange, comme principe de la génération des quantités, lorsqu'elles sont données *médiatement* ou par leurs équations; et enfin 3° la réalisation de ce système par Euler, et la *transition* opérée ainsi de l'un à l'autre de ces deux théorèmes, par un lien téléologique.

» C'est là effectivement à quoi se réduit cet immense recueil de savoir mathématique qui est la propriété présente de l'humanité. — Quiconque méconnaîtrait cette réduction précise et générale, ne saurait se flatter, ce nous semble, d'avoir approfondi la science dont nous parlons. En effet tout s'y concentre ainsi, d'une manière explicite, ou du moins d'une manière implicite : il n'existe aucune proposition mathématique connue qu'on ne puisse ramener à l'un des trois points que nous venons de signaler.

» Mais pour mieux apprécier cet état présent des mathématiques il faut, en remontant ainsi aux principes, découvrir le principe unique qui doit nécessairement servir de base à ce système. Nous pouvons nous borner ici à indiquer ce principe; et pour cela nous observerons que l'ensemble des mathématiques modernes, depuis Leibnitz et Newton, consiste dans la génération universelle des quantités par le seul algorithme de la SOMMATION INDÉFINIE, qui constitue les SÉRIES.

« Tout ce que donne le calcul différentiel, ce grand
» instrument de la période moderne des mathémati-
» ques, ne sert en effet que pour arriver à cette uni-
» verselle génération algorithmique par *sommation in-*
» *définie* : car le très-petit nombre d'intégrations théo-
» riques qu'on a pu obtenir mérite à peine d'être
» mentionné; et l'unique moyen des géomètres mo-
» dernes, pour arriver dans tous les cas à la connais-
» sance des quantités, consiste notoirement dans l'em-

» ploi , direct ou indirect, de cet algorithme » (*Phil. de la technie*, 2ᵉ section, page 633.)

Nos lecteurs ont pu voir aux mots Mathématiques et Philosophie que les séries ne sont pas le seul algorithme technique qui donne la génération universelle des quantités , et les paroles que nous venons de citer nous serviront à faire mieux comprendre au mot Technie la réforme que M. Wronski veut opérer dans la science.

SERPENT. (*Ast.*) Nom d'une constellation boréale qui contient 64 étoiles dans le catalogue de Flamsteed. Ce serpent est représenté entre les mains d'*Ophiucus* ou du *serpentaire,* autre constellation.

SESQUI. Expression employée par quelques anciens auteurs pour désigner un certain rapport, ainsi :

Sesqui-altère, c'est le rapport de deux quantités dont l'une contient l'autre une fois et demie.

Sesqui-double, c'est le rapport de deux quantités dont l'une contient l'autre deux fois et demie.

Sesqui-tierce, c'est le rapport de deux quantités dont l'une contient l'autre trois fois et demie.

SEXAGÉSIMALE. (*Arith.*) On nomme *fraction sexagésimale* celle dont le dénominateur est une puissance de 60. Par exemple, $\frac{2}{60}$, $\frac{4}{360}$, $\frac{25}{21600}$, etc. sont des fractions sexagésimales.

La *division sexagésimale* est également celle qui s'opère par des puissances de 60 ; ainsi la division du cercle en 360 degrés, qui comprend les subdivisions du degré en 60 minutes, celles de la minute en 60 secondes, etc. est une division sexagésimale.

SEXTANT. (*Géom.*) Nom que l'on donne à la sixième partie d'un cercle.

SEXTANT. (*Ast.*) Instrument composé d'un arc de 60° ou de la sixième partie d'un cercle, avec des lunettes à angles droits et qui sert à prendre la hauteur des astres.

Sextant est encore le nom d'une constellation boréale introduite par Hévélius entre l'Hydre et le Lion.

SIDÉRAL. (*Ast.*) (de *sidus*, étoile.) Ce qui est relatif aux étoiles, comme *année sidérale, révolution sidérale, temps sidéral,* etc. (*Voy.* Année et Temps.)

SIGNE. (*Alg.*) On donne particulièrement ce nom aux caractères + *plus* et — *moins,* qu'on met au devant des quantités et qui indiquent soit l'état positif ou négatif de ces quantités , soit les opérations d'addition ou de soustraction qu'on doit effectuer.

Le *signe radical* est le caractère $\sqrt{}$ par lequel on indique les quantités radicales ou les racines. (*Voy.* Racine et Radical.)

SIGNE. (*Ast.*) Un *signe* est la douzième partie de l'écliptique ou du zodiaque. (*Voy.* Armillaire, 15.)

On compte les *signes* à partir du point équinoxial, c'est-à-dire, de l'intersection de l'écliptique et de l'équateur. (*Voy.* Zodiaque.)

SIMILITUDE. (*Géom.*) Relation de deux figures ou de deux solides semblables. (*Voy.* Triangle et Solide.)

SIMPSON (Thomas) , mathématicien anglais, célèbre par l'importance et le nombre de ses productions, naquit à Bosworth, dans le comté de Leycester, en 1710. Ses parens étaient d'honnêtes industriels, peu disposés à aventurer le temps et l'argent nécessaires à son instruction. Ils lui firent seulement apprendre à lire et à écrire; mais les heureuses dispositions de Simpson et l'active curiosité qui le portait à lire tous les ouvrages qui lui tombaient sous la main triomphèrent de ces exigences de famille qui ne cessent d'être insurmontables que pour les hommes de génie. Sa vie fut agitée , et nous laissons aux biographes ordinaires le soin de rapporter les diverses anecdotes dont il fut le héros. Nous devons nous borner à dire que parvenu, à force de travail et de mérite, à occuper une place distinguée parmi les géomètres du xviiiᵉ siècle , Simpson devint professeur à l'Académie royale militaire de Wolwich, où il composa ses principaux ouvrages , parmi lesquels nous citerons : I. *Nouveau Traité des fluxions,* 1737, in-4°. *Traité sur la nature et les lois de la probabilité,* etc., 1740, in-4°. III. *Traité sur les annuités et les tontines,* 1742, in-8°. IV. *Dissertations mathématiques sur divers sujets de physique et d'analyse,* 1743, in-8°. V. *Doctrine des fluxions;* 2 vol. in-8°. On a aussi de Simpson un *Traité de géométrie,* un *Traité d'algèbre ,* et un grand nombre d'autres écrits qui attestent ses connaissances et son aptitude pour toutes ces branches des sciences mathématiques. Il est mort le 14 mai 1761.

SIMSON (Robert.) Célèbre mathématicien écossais, est né en 1687 à Kiston-Hall, dans l'Aryshire. Il fut d'abord destiné à l'état ecclésiastique , mais envoyé à l'université de Glasgow , les progrès remarquables qu'il y fit dans les sciences et les lettres l'appelèrent à d'autres destinées. Comme la plupart des hommes de génie dont l'histoire de la science a conservé les travaux, c'est presque seul que le jeune Simson parvint à la connaissance des branches les plus élevées des sciences mathématiques. Son seul maître fut Euclide, dont un exemplaire des *Élémens* tomba par hasard entre ses mains ; son génie fit le reste. Devenu professeur de mathématiques au collége de Christ's-Hôpital, il occupa pendant cinquante ans ces utiles et honorables fonctions, et ses ouvrages ont justifié la renommée qu'il ne cessa pas d'y mériter. Il mourut le 1er octobre 1761. La plupart de ses ouvrages, ou ne portent pas son nom, ou ont été imprimés après sa mort par les soins du comte de Stanhope, son disciple et son ami. Les écrits qu'on attribue généralement à Simson sont : I. *Deux propositions générales de Pappus*, mémoire inséré dans le volume XXXII *Des transactions philosophiques*, 1723. II. *Sur l'extraction des racines approximatives des nombres par séries infinies*, volume LXXIII de la même collection, 1753. III. *Des sections coniques*, Londres, 1735, in-4°. IV. *Loci plani d'Apollonius*, rétablis, 1749, in-4°. Elémens d'Euclide, traduits en anglais, 1756, in-4°. Le comte Stanhope fit imprimer après la mort de Simson un grand nombre d'écrits scientifiques de ce géomètre, parmi lesquels on distingue : *Sections déterminées d'Apollonius* ; — *Traité sur les prismes* ; — *Traité sur les logarithmes* ; — *Sur les limites des quantités et rapports ou proportions* ; — et enfin *Problèmes géométriques*.

SINUS. (*Alg.* et *Géom.*) On nomme, en trigonométrie, *sinus* d'un arc, ou *sinus* de l'angle dont cet arc est la mesure, la perpendiculaire abaissée d'une des extrémités de l'arc sur le diamètre qui passe par l'autre extrémité. En algèbre, les *sinus*, comme les *logarithmes*, forment un algorithme théorique élémentaire. (*Voy.* Philosophie, 62.)

Jusqu'au commencement du xviiie siècle les *sinus*, ainsi que les autres quantités qui en dépendent, malgré leur extrême importance dans les calculs astronomiques, n'avaient été considérés que d'une manière purement géométrique. C'est à Frédéric - Christian Mayer, l'un des premiers membres de l'Académie de St-Pétersbourg, que l'on doit les théorèmes fondamentaux de la théorie algébrique des sinus, théorie qui est devenue entre les mains d'Euler une des parties les plus importantes de la science des nombres. Nous allons commencer par quelques notions géométriques sur la nature des *sinus*, puis nous exposerons leur théorie dans toute sa généralité, en la fondant sur des considérations purement algébriques et sans rien emprunter à la géométrie.

1. Soit DB (Pl. 57, fig. 6) un arc quelconque de cercle ; si de son extrémité D on abaisse sur le diamètre AB, qui passe par son autre extrémité B, la perpendiculaire DE, cette perpendiculaire sera le *sinus* de l'arc DB, ou encore le sinus de l'angle DCB dont l'arc DB est la mesure.

Il est facile de voir, d'après cette construction, que le sinus est d'autant plus grand que l'arc se rapproche plus du quart de la circonférence, car en faisant croître DB jusqu'à ce qu'il devienne FB, la perpendiculaire DE croît également jusqu'à ce qu'elle devienne FC, c'est à dire, le rayon du cercle ; le quart de la circonférence ou l'angle droit dont il est la mesure a donc pour *sinus* le rayon : on nomme celui-ci *sinus total*.

Lorsque l'arc est plus grand que le quart de la circonférence, son sinus devient plus petit que le rayon, l'arc GB, par exemple, ou l'angle GCB a GH pour sinus.

Si l'on observe que GH est en même temps le sinus de l'arc GA supplément de GB, on en conclura que *le sinus d'un arc ou d'un angle est égal au sinus du supplément de cet arc ou de cet angle*. En désignant donc par sin A le sinus d'un arc A, et en supposant la circonférence divisée en 360 degrés, on a l'identité

$$\sin A = \sin(180° - A).$$

2. Depuis 0 degré jusqu'à 90°, les sinus croissent donc depuis 0 jusqu'au rayon du cercle et depuis 90° jusqu'à 180°, ils décroissent depuis le rayon jusqu'à 0. En désignant par R le rayon du cercle, on exprime ces circonstances par les égalités

$$\sin 0 = 0, \sin 90° = R, \sin 180° = 0.$$

Tous les angles dont on se sert dans la trigonométrie, et par conséquent tous les arcs qui leur servent de mesure ne dépassant jamais 180°, si l'usage des sinus se bornait à cette branche de la géométrie, on n'aurait pas besoin de considérer les sinus des arcs plus grands que la demi-circonférence ; mais dans les nombreuses applications algébriques de la théorie de ces quantités et même dans les applications géométriques on emploie très-fréquemment des arcs non seulement plus grands que la demi-circonférence, mais encore qui comprennent plusieurs circonférences ; nous devons donc, sans sortir de la géométrie, examiner l'expression des sinus de tels arcs.

Remarquons que pour un arc BFAP plus grand que la demi-circonférence AFB la perpendiculaire abaissée de l'une des extrémités P sur le diamètre AB qui passe par l'autre extrémité A est la droite PO, située par rapport à ce diamètre en sens inverse de tous les sinus des arcs compris entre 0° et 180° ; ainsi, pour tenir compte de cette situation inverse, il faut donner le signe —, ou considérer comme *négatifs* les sinus des arcs depuis 180° jusqu'à 360°, puisque ces sinus seront tous dans une position opposée à ceux des arcs depuis 0° jusqu'à 180°. Quant à la grandeur absolue de ces mêmes sinus, il est facile de voir qu'elle croît, de 180° à 270° depuis o, jusqu'au rayon, et que de 270° à 360° elle décroît depuis le rayon jusqu'à o. Les limites extrèmes sont donc

$$\text{Sin } 180° = o, \quad \sin 270° = -R, \quad \sin 360 = o.$$

Si l'arc devient plus grand que la circonférence entière, par exemple, s'il devient BFAPIBD, son sinus DE redevient *positif* tant que cet arc ne dépasse pas une circonférence et demie, puis de nouveau négatif quand cet arc est compris entre une circonférence et demie et deux circonférences. Il est facile de voir que, m étant un nombre quelconque et x un arc plus petit que 360°, on a généralement

$$\sin (m.360° + x) = \sin x$$

3. Mais en considérant comme *négatifs* les sinus qui tombent au-dessous du diamètre AB on doit aussi considérer comme négatifs les arcs qui appartiennent à la demi-circonférence APIB; ainsi en remarquant que les deux arcs égaux et de signes contraires BD et BI ont des sinus égaux et de signes contraires DE et EI, on pourra conclure généralement que

$$\sin (-x) = -\sin x.$$

Il résulte de ces notions élémentaires que quel que soit l'arc x son sinus peut toujours être exprimé par le sinus d'un arc plus petit que le quart de la circonférence affecté d'un signe convenable. Nous reviendrons plus loin sur ces déterminations.

4. Le sinus d'un arc B qui est le *complément* d'un autre arc A prend le nom de *cosinus* de l'arc A. Par exemple, l'arc DF (Pl. 57, fig. 7) étant le complément de l'arc DB, son sinus DG est le *cosinus* de l'arc DB. En désignant généralement sous le nom de *complément* d'un arc A ce qui reste lorsqu'on retranche cet arc d'un quart de la circonférence ou de 90°, on a la relation

$$\cos A = \sin (90° - A)$$

dont on peut déduire toutes les expressions des cosinus sans avoir besoin de recourir aux constructions géométriques. Par exemple, faisant successivement A = o, 90°, 180°, 270°, 360° on obtient, d'après ce qui précède,

$$\cos o \quad = \sin (90°-o) \quad = \sin 90° \quad = R$$
$$\cos 90° = \sin (90°-90°) = \sin o \quad = o$$
$$\cos 180° = \sin (90°-180°) = \sin (-90°) = -R$$
$$\cos 270° = \sin (90°-270°) = \sin (-180°) = o$$
$$\cos 360° = \sin (90°-360°) = \sin (-270°) = R$$

c'est-à-dire que depuis o jusqu'à 90° les cosinus décrois-

sent du rayon à o, que de 90° à 180° ils croissent de o au rayon; qu'ils décroissent de nouveau de 180° à 270° depuis le rayon jusqu'à o, et qu'enfin de 270° à 360° ils croissent de o au rayon. De plus ils sont *négatifs* entre 90° et 270°.

Pour interpréter géométriquement ces résultats, il suffit de considérer comme *positifs* tous les *cosinus* situés à la droite du diamètre FH et comme *négatifs* tous ceux situés à sa gauche. On voit alors qu'on a généralement

$$\cos (-x) = \cos x$$

5. Le sinus et le cosinus d'un même arc sont liés entre eux par une relation très-simple qui permet toujours de considérer comme connue la grandeur de l'une de ces lignes lorsqu'on connaît la grandeur de l'autre. En effet dans le triangle rectangle CDB (Pl. 57, fig. 7) on a

$$\overline{CE}^2 + \overline{DE}^2 = \overline{CD}^2$$

or, CE = GD = cosinus de l'arc DB, DE = sinus de l'arc DB, et CD est le rayon du cercle. Désignant donc l'arc par x et le rayon par R, on obtient

$$(\sin x)^2 + (\cos x)^2 = R^2$$

ce que l'on peut encore écrire de cette manière (a)

$$\sin^2 . x + \cos^2 . x = R^2.$$

Si l'on se rappelle maintenant que les autres lignes trigonométriques telles que les *tangentes*, *sécantes*, *cotangentes* et *cosécantes* (voy. ces mots) sont liées aux sinus et cosinus par des relations également très-simples, on verra que la THÉORIE DES SINUS comprend les théories de toutes ces lignes.

6. La différence EB entre le rayon CB et le cosinus GD = CE prend le nom de *sinus verse* de l'arc DB, comme on nomme aussi *cosinus verse* de ce même arc DB le *sinus verse* GF de son complément. On a ainsi généralement

$$\sin . \text{verse } A = R - \cos A$$
$$\cos . \text{verse } A = R - \sin A$$

relations qui font dépendre les valeurs des *sinus et cosinus verses* de celles des sinus et cosinus simples que l'on nomme aussi quelquefois sinus et cosinus *droits* pour les distinguer des premiers.

7. Avant d'exposer la théorie générale des sinus, nous allons encore déduire de la géométrie leurs théorèmes fondamentaux ainsi que leurs expressions théoriques primitives, cette déduction nous donnera ensuite les moyens de reconnaitre l'identité qui existe entre les lignes trigonométriques et certaines fonctions données par la nature même de la Science des nombres.

Soient donc (Pl. 57, fig. 8) un arc DL que nous désignerons par b et un arc AL que nous désignerons par a; il est facile de voir en tirant les lignes de la figure, dans laquelle DL $=$ LB, qu'on a

$$DQ = \sin(a+b), \quad BR = \sin(a-b),$$
$$CQ = \cos(a+b), \quad CR = \cos(a-b)$$

et de plus

$$DO = \sin b, \quad LN = \sin a, \quad CO = \cos b, \quad CN = \cos a.$$

Ceci posé, les triangles semblables CLN et COM donnent

$$CL : CO :: LN : OM$$

d'où

$$OM = \frac{LN \times CO}{CL} = \frac{\sin a \cdot \cos b}{R}$$

R étant le rayon CL du cercle. Les triangles semblables CLN, DGO, donnent aussi

$$CL : CN :: DO : GD$$

d'où

$$GD = \frac{CN \times DO}{CL} = \frac{\cos a \cdot \sin b}{R}$$

or, OM $=$ GQ et OM $+$ GD $=$ GQ $+$ GD $=$ DQ, donc (b)

$$\sin(a+b) = \frac{\sin a \cdot \cos b + \cos a \cdot \sin b}{R}$$

De plus

$$OM - GD = GQ - GD = GQ - GP = PQ = BR,$$

ainsi on a encore (b)

$$\sin(a-b) = \frac{\sin a \cdot \cos b - \cos a \cdot \sin b}{R}$$

Maintenant les triangles semblables CLN, COM donnent

$$CL : CO :: CN : CM$$

d'où

$$CM = \frac{CN \times CO}{CL} = \frac{\cos a \cdot \cos b}{R}$$

et les triangles semblables CLN, DGO donnent

$$CL : LN :: DO : GO$$

d'où

$$GO = \frac{LN \times DO}{CL} \quad \frac{\sin a \cdot \sin b}{R}.$$

Mais CM $+$ GO $=$ CM $+$ MR $=$ CR et CM $-$ GO $=$ CM $-$ QM $=$ CQ, donc (c)

$$\cos(a+b) = \frac{\cos a \cdot \cos b - \sin a \cdot \sin b}{R}$$

$$\cos(a-b) = \frac{\cos a \cdot \cos b + \sin a \cdot \sin b}{R}$$

Ce sont ces expressions (b) et (c) des sinus et cosinus de la *somme* et de la *différence* de deux arcs, au moyen des sinus et cosinus de ces arcs qui forment les théorèmes fondamentaux dont les géomètres font découler toute la théorie des sinus.

En prenant pour *unité* le rayon du cercle, ce qui n'ôte rien à la généralité des résultats, on a simplement (d),

$$\sin(a \pm b) = \sin a \cdot \cos b \pm \cos a \cdot \sin b.$$
$$\cos(a \pm b) = \cos a \cdot \cos b \mp \sin a \cdot \sin b.$$

8. L'expression (a) devient

$$\sin^2 . x + \cos^2 . x = 1$$

dans le cas de R $= 1$. Or, pour trouver les facteurs du premier degré du premier membre de cette égalité, si l'on pose l'équation

$$\sin^2 x + \cos^2 x = 0,$$

on trouvera

$$\cos^2 x = -\sin^2 x$$
$$\cos x = \pm \sqrt{[-\sin^2 x]} = \pm \sin x \cdot \sqrt{-1}$$

ce qui donne les deux facteurs du premier degré

$$\cos x + \sin x \sqrt{-1}, \quad \cos x - \sin x \sqrt{-1},$$

d'où

$$(\cos x + \sin x \sqrt{-1}) \cdot (\cos x - \sin x \sqrt{-1}) = \sin^2 . x + \cos^2 . x$$

et, par conséquent (e),

$$(\cos x + \sin x \sqrt{-1}) \cdot (\cos x - \sin x \sqrt{-1}) = 1,$$

expression d'une haute utilité quoiqu'elle soit compliquée de la quantité dite *imaginaire* $\sqrt{-1}$.

9. Si l'on forme le produit de deux facteurs semblables

$$\cos x + \sin x \cdot \sqrt{-1}, \quad \cos z + \sin z \cdot \sqrt{-1}$$

on trouve

$$(\cos x + \sin x \cdot \sqrt{-1}) \cdot (\cos z + \sin z \cdot \sqrt{-1})$$
$$= \cos x \cdot \cos z + \cos x \cdot \sin z \sqrt{-1}$$
$$+ \cos z \cdot \sin x \cdot \sqrt{-1} - \sin x \cdot \sin z$$

$$= \cos x . \cos z - \sin x . \sin z$$
$$+ (\cos x . \sin z + \cos z . \sin x) . \sqrt{-1}$$

Or, on a en vertu des expressions (d),

$$\cos x . \cos z - \sin x . \sin z = \cos (x+z)$$
$$\cos x . \sin z + \cos z . \sin x = \sin (x+z)$$

ainsi,

$$(\cos x + \sin x . \sqrt{-1}) . (\cos z + \sin z \sqrt{-1})$$
$$= \cos (x+z) + \sin(x+z)\sqrt{-1}$$

On obtiendrait de la même manière

$$(\cos x - \sin x \sqrt{-1}) . (\cos z - \sin z . \sqrt{-1})$$
$$= \cos (x+z) - \sin (x-z)\sqrt{-1}$$

d'où l'on voit que la multiplication de tels facteurs s'effectue par la simple addition des arcs qu'ils renferment.

Si l'on fait $x = z$, on a

$$(\cos x + \sin x \sqrt{-1})^2 = \cos 2x + \sin 2x . \sqrt{-1}$$

et par suite

$$(\cos x + \sin x . \sqrt{-1})^3 = \cos 3x + \sin 3x . \sqrt{-1}$$
$$(\cos x + \sin x . \sqrt{-1})^4 = \cos 4x + \sin 4x . \sqrt{-1}$$
$$\text{etc.} = \text{etc.}$$

En général (f),

$$(\cos x + \sin x . \sqrt{-1})^m = \cos mx + \sin mx . \sqrt{-1}.$$

Il est facile de voir qu'on a aussi (g)

$$(\cos x - \sin x . \sqrt{-1})^m = \cos mx - \sin mx . \sqrt{-1}.$$

10. En prenant d'une part la somme, et de l'autre la différence des deux égalités (f) et (g), on obtient pour les valeurs de $\sin mx$ et de $\cos mx$ les expressions

$$\sin mx = \frac{(\cos x+\sin x\sqrt{-1})^m - (\cos x-\sin x.\sqrt{-1})^m}{2\sqrt{-1}}$$

$$\cos mx = \frac{(\cos x+\sin x\sqrt{-1})^m + (\cos x-\sin x.\sqrt{-1})^m}{2}$$

Or, si l'on considère l'arc x comme infiniment petit, il se confond avec son sinus, et l'on a

$$\sin x = x, \quad \cos x = 1.$$

Ainsi, faisant m infiniment grand, pour que le produit mx soit une quantité finie que nous désignerons par z,

nous aurons $x = \dfrac{z}{m} = \dfrac{z}{\infty}$ et les expressions précédentes deviendront

$$\sin z = \frac{\left(1 + \frac{z}{\infty} . \sqrt{-1}\right)^\infty - \left(1 - \frac{z}{\infty} . \sqrt{-1}\right)^\infty}{2\sqrt{-1}}$$

$$\cos z = \frac{\left(1 + \frac{z}{\infty} . \sqrt{-1}\right)^\infty + \left(1 - \frac{z}{\infty} . \sqrt{-1}\right)^\infty}{2}$$

Mais e étant la base des logarithmes naturels on a (*voy.* LOGARITHME, 13),

$$e = \left(1 + \frac{1}{\infty}\right)^\infty$$

et, par conséquent, v étant une quantité quelconque

$$e^v = \left(1 + \frac{1}{\infty}\right)^{v\infty}$$

ou

$$e^v = \left(1 + \frac{v}{\infty}\right)^\infty ,$$

car on peut s'assurer, en développant les binomes

$$\left(1 + \frac{1}{\infty}\right)^{v\infty}, \left(1 + \frac{v}{\infty}\right)^\infty ,$$

que ces binomes sont identiques. Faisant donc $v = z.\sqrt{-1}$ nous obtiendrons

$$e^{z.\sqrt{-1}} = \left(1 + \frac{z}{\infty} . \sqrt{-1}\right)^\infty$$

$$e^{-z.\sqrt{-1}} = \left(1 - \frac{z}{\infty} . \sqrt{-1}\right)^\infty$$

d'où , définitivement (h)

$$\sin z = \frac{1}{2\sqrt{-1}}\left\{ e^{z\sqrt{-1}} - e^{-z\sqrt{-1}} \right\}$$

$$\cos z = \frac{1}{2}\left\{ e^{z\sqrt{-1}} + e^{-z\sqrt{-1}} \right\}$$

Telles sont les expressions théoriques primitives des quantités $\sin z$ et $\cos z$; expressions qui nous dévoilent la *nature* transcendante de ces quantités. Euler, à qui elles sont dues, les a obtenues par le procédé indirect que nous venons d'employer.

11. Abandonnons maintenant toutes données géométriques et reportons-nous à la partie élémentaire de la théorie de la Science des nombres où, par la nature même de notre savoir, nous sommes conduits à recher-

cher s'il existe une fonction φ des quantités variables x_1, x_2, x_3, etc., capable de donner l'égalité (i),

$$\varphi x_1 \cdot \varphi x_2 \cdot \varphi x_3 \cdot \text{etc.} = \varphi(x_1 + x_2 + x_3 + \text{etc...})$$

Nous avons vu (PHILOSOPHIE, 61) que cette question nécessaire dépend de la fonction transcendante

$$\varphi x = a^{x\sqrt{-1}}$$

dans laquelle a est une quantité arbitraire, et qu'en désignant par Fx et fx deux autres fonctions de la même variable x, dont les valeurs sont données par les expressions (k),

$$Fx = 1 - \frac{(La)^2 \cdot x^2}{1.2} + \frac{(La)^4 \cdot x^4}{1.2.3.4} - \frac{(La)^6 \cdot x^6}{1.2.3.4.5.6} + \text{etc.}$$

$$fx = La \cdot x - \frac{(La)^3 \cdot x^3}{1.2.3} + \frac{(La)^5 \cdot x^5}{1.2.3.4.5} - \frac{(La)^7 \cdot x^7}{1.2.3.4.5.6.7} + \text{etc.}$$

dans lesquelles La désigne le logarithme naturel de a, on a pour la nature de la fonction φx

$$\varphi x = Fx + fx \cdot \sqrt{-1},$$

et que de plus les expressions théoriques primitives de ces fonctions Fx et fx impliquées dans la fonction φ qui satisfait à l'égalité hypothétique (i) sont (l)

$$Fx = \frac{1}{2} \left\{ a^{+x\sqrt{-1}} + a^{-x\sqrt{-1}} \right\}$$

$$fx = \frac{1}{2\sqrt{-1}} \left\{ a^{+x\sqrt{-1}} - a^{-x\sqrt{-1}} \right\}$$

C'est la seconde de ces fonctions, fx, que nous désignerons généralement sous le nom de *sinus*, et c'est la première Fx que nous désignerons sous celui de *cosinus*. On voit ici, comme pour les logarithmes, que la base a étant arbitraire on peut former une infinité de systèmes différens de *sinus* et de *cosinus*. Ce n'est qu'en prenant pour a la base des logarithmes naturels qu'on obtient le système usuel des sinus naturels ou du cercle, comme cela devient évident en comparant les expressions (l) avec les expressions (h) d'Euler. Pour toute autre valeur de a, le système des sinus correspondans se rapporte à une ellipse dans laquelle p désignant le premier axe et q le second, on a

$$La = \frac{p}{q}.$$

Nous nommerons donc généralement *sinus elliptiques* les sinus donnés par les expressions générales (l), pour

les distinguer des *sinus hyperboliques* dont nous parlerons plus loin, en faisant observer que la variable x est alors le double du secteur compris entre le premier axe de l'ellipse et le rayon vecteur mené de son centre à l'un des points de sa circonférence.

12. Les expressions (l) étant les expressions théoriques primitives des *sinus elliptiques* renferment implicitement, comme nous allons le voir, toutes les propriétés caractéristiques de ces fonctions.

En prenant les secondes puissances des deux membres des égalités (l), on trouve

$$(Fx)^2 = \frac{1}{4} \left\{ a^{+2x\sqrt{-1}} + a^{-2x\sqrt{-1}} + 2 \right\}$$

$$(fx)^2 = -\frac{1}{4} \left\{ a^{+2x\sqrt{-1}} + a^{-2x\sqrt{-1}} - 2 \right\}$$

d'où

$$(Fx)^2 + (fx)^2 = 1 \,;$$

c'est la propriété fondamentale, ou plutôt la *liaison* du *sinus* et du *cosinus* d'une même quantité x.

Cette propriété jointe à la forme de la fonction φx

$$\varphi x = Fx + fx \cdot \sqrt{-1}$$

peut faire supposer que la fonction φ ou

$$\left(a^{\sqrt{-1}} \right)^x$$

est une racine *imaginaire* de l'unité dans le cas de $x=1$ et généralement une puissance de l'unité pour toute autre valeur de x, car nous avons vu (IMAGINAIRE, 4) que les racines *imaginaires* de l'unité sont de la forme

$$a + b\sqrt{-1},$$

les quantités a et b donnant l'égalité

$$a^2 + b^2 = 1.$$

Pour nous assurer si effectivement $a^{\sqrt{-1}}$ est une racine déterminée de l'unité, ce que rendent probables les circonstances que nous venons de signaler, désignons par π l'exposant, s'il existe, capable de donner (m)

$$\left(a^{\sqrt{-1}} \right)^\pi = 1$$

et voyons si π peut admettre une valeur réelle.

Les racines quatrièmes des deux membres de l'égalité (m) sont, en ne considérant que les racines imaginaires,

$$a^{+\frac{1}{4}\pi\sqrt{-1}} = \sqrt{-1}, \quad a^{-\frac{1}{4}\pi\sqrt{-1}} = -\sqrt{-1}.$$

Or,

$$\sqrt{-1} = \frac{1+\sqrt{-1}}{1-\sqrt{-1}}$$

et, par conséquent,

$$a^{\pm\frac{1}{4}\pi\sqrt{-1}} = \pm\frac{1+\sqrt{-1}}{1-\sqrt{-1}}.$$

Prenant les logarithmes des deux membres de cette dernière égalité, on trouve

$$\frac{1}{4}\pi\sqrt{-1} \cdot La = L\left\{\frac{1+\sqrt{-1}}{1-\sqrt{-1}}\right\}$$
$$= L(1+\sqrt{-1}) - L(1-\sqrt{-1})$$

d'où l'on tire (n),

$$\pi = \frac{4}{La.\sqrt{-1}}\left\{ L(1+\sqrt{-1}) - L(1-\sqrt{-1}) \right\}.$$

Appliquant aux logarithmes compris dans cette expression le développement connu (*voy.* Loga-rithme, 22), on obtient

$$L(1+\sqrt{-1}) = +\sqrt{-1} - \frac{1}{2}(\sqrt{-1})^2 + \frac{1}{3}(\sqrt{-1})^3 - \text{etc.}$$

$$L(1-\sqrt{-1}) = -\sqrt{-1} - \frac{1}{2}(\sqrt{-1})^2 - \frac{1}{3}(\sqrt{-1})^3 - \text{etc.}$$

ce qui donne en développant les puissances de $\sqrt{-1}$,

$$\pi = \frac{8}{La}\left\{ 1 - \frac{1}{3} + \frac{1}{5} - \frac{1}{7} + \frac{1}{9} - \text{etc.}\cdots \right\}$$

ou, définitivement,

$$\pi = \frac{2}{La} \cdot 3,1415926\cdots$$

L'exposant π est donc un nombre réel, et la quantité $a^{\sqrt{-1}}$ est effectivement une racine déterminée de l'unité.

Il résulte de cette circonstance que les *sinus* et *cosinus* ont une génération périodique, car puisque nous avons

$$a^{\pi\sqrt{-1}} = 1,$$

nous avons aussi,

$$a^{m\pi\sqrt{-1}} = 1$$

m étant un nombre entier quelconque positif, négatif ou zéro, et par suite

$$a^{x\sqrt{-1}} = a^{x\sqrt{-1}} \cdot a^{m\pi\sqrt{-1}} = a^{(x+m\pi)\sqrt{-1}}.$$

Les fonctions Fx et fx ont donc pour expressions générales,

$$Fx = \frac{1}{2} \cdot \left\{ a^{+(x+m\pi)\sqrt{-1}} + a^{-(x+m\pi)\sqrt{-1}} \right\}$$

$$fx = \frac{1}{2\sqrt{-1}} \cdot \left\{ a^{+(x+m\pi)\sqrt{-1}} - a^{-(x+m\pi)\sqrt{-1}} \right\}$$

d'où l'on voit que Fx et fx ont des valeurs périodiques comprises entre les limites de

$$x = 0 \text{ et } x = \pi.$$

13. Le nombre π qui entre d'une manière si importante dans la théorie des sinus étant

$$\pi = \frac{2}{La} \cdot 3,1415926, \text{ etc.}$$

sa valeur est liée à celle de la base a, et il est facile de reconnaître que lorsque cette base est celle des logarithmes naturels, cas où $La = 1$, et

$$\pi = 2 \cdot (3,1415926, \text{ etc.}),$$

ce nombre π exprime la circonférence du cercle dont le rayon est l'unité. Dans ce même cas, les sinus sont les sinus du cercle qu'on emploie en géométrie, les seuls *sinus elliptiques* dont les géomètres se soient occupés.

14. M. Wronski est le premier qui ait considéré la théorie des sinus sous le point de vue général que nous venons d'exposer : on avait cru jusqu'ici que ces fonctions tiraient leur origine de la géométrie, mais il résulte évidemment de ce qui précède que cette origine est purement algébrique, et que lors même que les sinus ne se retrouveraient pas dans la géométrie, ils n'en existeraient pas moins dans l'algèbre dont ils forment, comme les puissances, les logarithmes, etc., une partie essentielle entièrement indépendante de toute considération géométrique.

15. Désignons, comme en premier lieu, par les abréviations $\sin x$ et $\cos x$, le sinus et le cosinus naturels d'un nombre x, et quittons le point de vue général pour ne nous occuper que de ces sinus, dont la base

$$\left(1+\frac{1}{\infty}\right)^{\infty}$$

est représentée par la lettre e. Nous aurons de cette manière :

$$\varphi x = \cos x + \sin x \sqrt{-1}$$

et puisque, par la nature de la fonction φ, l'égalité (i), qui est notre point de départ, se trouve complètement satisfaite, cette égalité, ou plutôt celle-ci (o)

$$(\cos x_1 + \sin x_1 . \sqrt{-1}) . (\cos x_2 + \sin x_2 . \sqrt{-1}) .$$
$$(\cos x_3 + \sin x_3 . \sqrt{-1}) . \text{etc.} \ldots \ldots =$$
$$\cos(x_1 + x_2 + x_3 + \text{etc.}) +$$
$$+ \sin(x_1 + x_2 + x_3 + \text{etc.}) . \sqrt{-1}$$

est la loi fondamentale de la théorie des sinus. C'est d'elle en effet que nous allons déduire toute cette théorie.

16. Remarquons d'abord que si, dans les expressions théoriques primitives,

$$\sin x = \frac{1}{2\sqrt{-1}} . \left\{ e^{x\sqrt{-1}} - e^{-x\sqrt{-1}} \right\}$$

$$\cos x = \frac{1}{2} . \left\{ e^{x\sqrt{-1}} + e^{-x\sqrt{-1}} \right\}$$

on fait x négatif, on aura

$$\sin(-x) = \frac{1}{2\sqrt{-1}} \left\{ e^{-x\sqrt{-1}} - e^{+x\sqrt{-1}} \right\}$$

$$= - \frac{1}{2\sqrt{-1}} \left\{ e^{+x\sqrt{-1}} - e^{-x\sqrt{-1}} \right\}$$

$$= - \sin x$$

$$\cos(-x) = \frac{1}{2} . \left\{ e^{-x\sqrt{-1}} + e^{+x\sqrt{-1}} \right\}$$

$$= \frac{1}{2} . \left\{ e^{+x\sqrt{-1}} + e^{-x\sqrt{-1}} \right\}$$

$$= \cos x.$$

Ainsi le sinus d'une quantité négative est *négatif*, tandis que son cosinus ne change pas de signe.

Ceci posé, dans la foi fondamentale (o), ne considérons que deux facteurs et faisons $x_1 = x$, $x_2 = z$, nous aurons

$$(\cos x + \sin x\sqrt{-1}) . (\cos z + \sin z\sqrt{-1}) =$$
$$\cos(x + z) + \sin(x + z)\sqrt{-1}$$

Or, en effectuant la multiplication, le premier membre de cette équation donne

$$(\cos x + \sin x \sqrt{-1}) . (\cos z + \sin z \sqrt{-1}) = \cos x . \cos z$$
$$+ \cos x . \sin z . \sqrt{-1} + \cos z . \sin x \sqrt{-1} - \sin x . \sin z$$

Nous avons donc aussi

$$\cos(x + z) + \sin(x + z) . \sqrt{-1} = \cos x . \cos z - \sin x . \sin z$$
$$+ (\cos x . \sin z + \cos z . \sin x) . \sqrt{-1}$$

Égalant séparément les parties réelles et les parties *imaginaires* de cette dernière égalité, nous obtiendrons (p)

$$\sin(x + z) = \sin x . \cos z + \cos x . \sin z$$
$$\cos(x + z) = \cos x . \cos z - \sin x . \sin z$$

principes dérivés considérés comme les théorèmes fondamentaux de la théorie des sinus, et que nous avons déduits ci-dessus, n. 7, de considérations géométriques.

Si dans ces deux égalités on fait z négatif, elles deviennent (q),

$$\sin(x - z) = \sin x . \cos z - \cos x . \sin z$$
$$\cos(x - z) = \cos x . \cos z + \sin x . \sin z$$

17. Les théorèmes (p) et (q) admettent plusieurs combinaisons qui fournissent un grand nombre de conséquences utiles pour les calculs où il entre des sinus. Nous nous contenterons de rapporter ici les plus remarquables.

En prenant d'une part la somme et de l'autre la différence de chacune des égalités (q) avec chacune des égalités (p), on obtient

$$\sin x . \cos z = \frac{1}{2} \sin(x + z) + \frac{1}{2} \sin(x - z)$$

$$\sin z . \cos x = \frac{1}{2} \sin(x + z) - \frac{1}{2} \sin(x - z)$$

$$\cos x . \cos z = \frac{1}{2} \cos(x - z) + \frac{1}{2} \cos(x + z)$$

$$\sin x . \sin z = \frac{1}{2} \cos(x - z) - \frac{1}{2} \cos(x + z)$$

formules au moyen desquelles on peut transformer un *produit* en une *somme* et *vice versa*.

Lorsqu'on veut faire usage de ces expressions pour transformer une *somme* en *produit*, il faut leur donner une forme plus simple, ce que l'on effectue en faisant $x + z = p$, $x - z = q$, d'où

$$x = \frac{p + q}{2}, \quad z = \frac{p - q}{2}.$$

Substituant ces valeurs, on obtiendra :

$$\sin p + \sin q = 2 \sin \tfrac{1}{2}(p+q) . \cos \tfrac{1}{2}(p-q)$$

$$\sin p - \sin q = 2 \sin \tfrac{1}{2}(p-q) . \cos \tfrac{1}{2}(p+q)$$

$$\cos p + \cos q = 2 \cos \tfrac{1}{2}(p+q) . \cos \tfrac{1}{2}(p-q)$$

$$\cos p - \cos q = 2 \cos \tfrac{1}{2}(p+q) . \sin \tfrac{1}{2}(p-q)$$

expressions d'un grand usage dans les calculs trigono-métriques et dont on peut tirer, en les combinant, une foule de théorèmes.

18. Au moyen des principes précédens et de leurs conséquences les plus immédiates, on peut construire pour les sinus des tables semblables à celles des loga-rithmes, avec cette différence que les valeurs des sinus seront comprises entre certaines limites, puisque ces valeurs ont une génération périodique. Jusqu'à présent, les sinus n'ayant été considérés que comme des lignes géométriques, les tables dont on se sert ont été calcu-lées pour les arcs du cercle, et au lieu de présenter les sinus des *nombres*, elles présentent les sinus des parties de la circonférence exprimées en degrés; mais on peut facilement exprimer tout nombre donné en degrés et réciproquement. En effet, la circonférence du cercle dont le rayon $= 1$, étant supposée divisée en 360 de-grés, ce nombre 360, qui est purement conventionnel, remplace π dans le calcul des sinus et donne le moyen de réduire en degrés un nombre quelconque; de plus, à cause de la périodicité des valeurs de $\sin x$ et de $\cos x$, nous avons (2 et 12).

$$\sin (m\pi + x) = \sin x$$
$$\cos (m\pi + x) = \cos x$$

m étant un nombre entier quelconque, y compris 0; ainsi comme $m\pi + x$ peut représenter tous les nom-bres entiers et fractionnaires, en supposant $x < \pi$, pour trouver le sinus d'un nombre donné A, il suffira de chercher celui du reste de la division de A par π; c'est-à-dire que les sinus de tous les nombres sont donnés par ceux des nombres au-dessous de π. Nous verrons même plus loin qu'il suffit de considérer les sinus et les cosinus des nombres compris entre 0 et $\dfrac{\pi}{4}$.

Ceci posé, x exprimant un nombre plus petit que π, exprime conséquemment une partie de la circonférence, et pour réduire cette partie en degrés, il ne s'agit que de connaître son rapport avec π, car π, ou la cir-conférence, étant supposé partagé en 360 parties, au-tant x contiendra de ces parties, autant il vaudra de degrés. Soit donc $\dfrac{\pi}{x} = n$, on aura aussi

$$[x] = \frac{360^\circ}{n}$$

$[x]$ désignant x exprimé en degrés du cercle. Ainsi

$$[x] = 360^\circ : \frac{\pi}{x} = \frac{360^\circ}{\pi} . x$$

et l'on voit que l'opération se réduit à multiplier x par le facteur constant

$$\frac{360}{\pi} = 58^\circ,8873\ldots$$

qui est l'*arc* égal au rayon ou à l'unité.

On a réciproquement

$$x = [x] . \frac{\pi}{360},$$

c'est-à-dire que lorsqu'une quantité est exprimée en de-grés, pour avoir sa valeur en nombres naturels, il faut la multiplier par le facteur constant

$$\frac{\pi}{360} = 0,017453..$$

19. Il est maintenant facile de s'assurer que le sinus d'une quantité quelconque peut toujours s'exprimer par le sinus ou le cosinus d'un nombre moindre que $\dfrac{1}{4}\pi$, en les prenant avec un signe convenable; car π désignant ici la circonférence entière on a, d'après les numéros 2 et 3,

$$\sin 0 = 0, \quad \cos 0 = 1$$
$$\sin \tfrac{1}{4}\pi = 1, \quad \cos \tfrac{1}{4}\pi = 0$$
$$\sin \tfrac{1}{2}\pi = 0, \quad \cos \tfrac{1}{2}\pi = -1$$
$$\sin \tfrac{3}{4}\pi = -1, \quad \cos \tfrac{3}{4}\pi = 0$$
$$\sin \pi = 0, \quad \cos \pi = 1$$

mais z désignant une quantité plus petite que $\dfrac{1}{4}\pi$, et x une quantité plus petite que π, toutes les valeurs de x sont comprises sous les formes

$$\frac{\pi}{4} - z, \quad \frac{\pi}{4} + z, \quad \frac{\pi}{2} + z, \quad \frac{3\pi}{4} + z$$

et en vertu des expressions (p) et (q)

$$\sin\left(\frac{\pi}{4} - z\right) = \sin\frac{\pi}{4}.\cos z - \cos\frac{\pi}{4}.\sin z$$

$$\sin\left(\frac{\pi}{4} + z\right) = \sin\frac{\pi}{4}.\cos z + \cos\frac{\pi}{4}.\sin z$$

$$\sin\left(\frac{\pi}{2} + z\right) = \sin\frac{\pi}{2}.\cos z + \cos\frac{\pi}{4}.\sin z$$

$$\sin\left(\frac{3\pi}{4} + z\right) = \sin\frac{3\pi}{4}.\cos z + \cos\frac{3\pi}{4}.\sin z$$

En substituant dans ces égalités les valeurs précédentes de $\sin\frac{\pi}{4}$, $\sin\frac{\pi}{2}$, etc., on a définitivement

$$\sin\left(\frac{\pi}{4} - z\right) = \cos z$$

$$\sin\left(\frac{\pi}{4} + z\right) = \cos z$$

$$\sin\left(\frac{\pi}{2} + z\right) = -\sin z$$

$$\sin\left(\frac{3\pi}{4} + z\right) = -\cos z$$

On trouverait de la même manière :

$$\cos\left(\frac{\pi}{4} - z\right) = \sin z$$

$$\cos\left(\frac{\pi}{4} + z\right) = -\sin z$$

$$\cos\left(\frac{\pi}{2} + z\right) = -\cos z$$

$$\cos\left(\frac{3\pi}{4} + z\right) = \sin z$$

Pour se servir des tables des sinus, il faut que le nombre z soit exprimé en degrés, et l'on ne doit pas oublier qu'alors

$$\frac{\pi}{4} = 90°,\quad \frac{\pi}{2} = 180°,\quad \frac{3\pi}{4} = 270°.$$

20. Il résulte des considérations précédentes que la construction des tables des sinus et cosinus se réduit à celle des sinus et cosinus des nombres compris entre 0 et $\frac{\pi}{4}$ ou des arcs compris entre 0° et 90°, et comme on a de plus, x étant un nombre de degrés compris entre 0 et 45°,

$$\sin(45° + x) = \cos(90° - 45° - x) = \cos(45° - x)$$

$$\cos(45° + x) = \sin(90° - 45° - x) = \sin(45° - x)$$

il suffit de calculer les sinus et cosinus des arcs depuis 0 jusqu'à 45°.

Pour donner au moins une idée de ces calculs, observons d'abord qu'en faisant $a = e$, e étant toujours la base des logarithmes naturels, on a $Le = 1$, et que les expressions (k) nous donnent immédiatement, pour la génération technique des sinus et cosinus,

$$\sin x = x - \frac{x^3}{1.2.3} + \frac{x^5}{1.2.3.4.5} - \frac{x^7}{1.2.3.4.5.6.7} + \text{etc.}$$

$$\cos x = 1 - \frac{x^3}{1.2} + \frac{x^4}{1.2.3.4} - \frac{x^6}{1.2.3.4.5.6} + \text{etc.}$$

formules dans lesquelles x désigne une quantité quelconque. Si x est un arc donné en degrés et parties de degrés, il faut avoir sa valeur en parties du rayon ou de l'unité; ainsi, pour rendre l'usage de ces formules plus facile, nous supposerons que l'arc x est au quart de la circonférence ou à 90° comme $m : n$, ce qui nous donnera

$$x = \frac{m}{n}.90°, \text{ et en nombres } x = \frac{m}{n}.\frac{\pi}{4},$$

substituant donc $\frac{m}{n}.\frac{\pi}{4}$ à x, en mettant pour $\frac{\pi}{4}$ sa valeur connue, et calculant les coefficiens jusqu'à 22 décimales, on obtiendra :

$$\sin\left(\frac{m}{n}.90°\right) =$$

$$+ \frac{m}{n} \quad . \quad 1,5707963267948966192313$$

$$- \frac{m^3}{n^3} \quad . \quad 0,6459640975062462536558$$

$$+ \frac{m^5}{n^5} \quad . \quad 0,0796926262461670451205$$

$$- \frac{m^7}{n^7} \quad . \quad 0,0046817541353186881007$$

$$+ \frac{m^9}{n^9} \quad . \quad 0,0001604411847873598219$$

$$- \frac{m^{11}}{n^{11}} \quad . \quad 0,0000035988432352120853$$

$$+ \frac{m^{13}}{n^{13}} \quad . \quad 0,0000000569217292196793$$

$$- \frac{m^{15}}{n^{15}} \quad . \quad 0,0000000006688035109812$$

$$+ \frac{m^{17}}{n^{17}} \cdot 0,00000000000060669357311$$

$$- \frac{m^{19}}{n^{19}} \cdot 0,0000000000000437706547$$

$$+ \frac{m^{21}}{n^{21}} \cdot 0,0000000000000002571423$$

$$- \frac{m^{23}}{n^{23}} \cdot 0,0000000000000000012539$$

$$+ \frac{m^{25}}{n^{25}} \cdot 0,00000000000000000000052$$

$$- \text{etc.} \dots\dots\dots\dots\dots\dots\dots\dots\dots$$

Et,

$$\cos\left(\frac{m}{n} \cdot 90°\right) =$$

$$+ \quad 1,0000000000000000000000$$

$$- \frac{m^{2}}{n^{2}} \cdot 1,2337005501361698273543$$

$$+ \frac{m^{4}}{n^{4}} \cdot 0,2536695079010480 26366$$

$$- \frac{m^{6}}{n^{6}} \cdot 0,0208634807633529608731$$

$$+ \frac{m^{8}}{n^{8}} \cdot 0,0009192602748394265802$$

$$- \frac{m^{10}}{n^{10}} \cdot 0,0000252020423730606055$$

$$+ \frac{m^{12}}{n^{12}} \cdot 0,0000004710874778818172$$

$$- \frac{m^{14}}{n^{14}} \cdot 0,0000000063866030837919$$

$$+ \frac{m^{16}}{n^{16}} \cdot 0,0000000000656596311498$$

$$- \frac{m^{18}}{n^{18}} \cdot 0,0000000000005294400201$$

$$+ \frac{m^{20}}{n^{20}} \cdot 0,0000000000000034377392$$

$$- \frac{m^{22}}{n^{22}} \cdot 0,0000000000000000183600$$

$$+ \frac{m^{24}}{n^{24}} \cdot 0,0000000000000000000821$$

$$- \frac{m^{26}}{n^{26}} \cdot 0,0000000000000000000003$$

$$+ \text{etc.} \dots\dots\dots\dots\dots\dots\dots\dots\dots$$

Comme on n'a besoin de calculer les sinus et cosinus

que depuis o jusqu'à 45°, la fraction $\frac{m}{n}$ sera toujours plus petite que $\frac{1}{2}$, et ces séries seront très-convergentes, de sorte qu'il suffira d'un petit nombre de termes, surtout s'il n'est pas nécessaire d'exprimer les sinus par beaucoup de décimales.

Si l'on demandait, par exemple, le sinus de l'arc de 27′ avec dix décimales, on poserait d'abord, pour avoir la valeur de $\frac{m}{n}$

$$\frac{m}{n} \cdot 90° = 27', \quad \text{d'où} \quad \frac{m}{n} = \frac{27'}{90°}$$

et, en réduisant 90° en minutes,

$$\frac{m}{n} = \frac{27'}{5400'} = 0,005.$$

substituant cette valeur dans la série du sinus, il suffit des deux premiers termes pour obtenir

$$\sin 27' = 0,0078539736.$$

Dans la division *centésimale* du cercle, le quart de la circonférence est de 100°, et pour employer les formules précédentes, au lieu de faire l'arc proposé égal à $\frac{m}{n} \cdot 90°$, il faut le faire égal à $\frac{m}{n} \cdot 100°$. Ainsi, s'il s'agissait de calculer, selon cette division, le sinus de l'arc de 27′, ou, comme on l'écrit alors, le sinus 0°,27, on ferait

$$\frac{m}{n} \cdot 100° = 0°,27, \quad \text{d'où} \quad \frac{m}{n} = \frac{0,27}{100} = 0,0027,$$

et les deux premiers termes de la série fourniraient

$$\sin(0°,27) = 0,00424113652.$$

Depuis la découverte des logarithmes par Néper, la plupart des tables de sinus ne contiennent plus, au lieu des sinus eux-mêmes, que leurs logarithmes, ce qui est d'une très-grande utilité dans la pratique des calculs ; mais comme, en prenant le rayon du cercle égal à l'*unité*, tous les logarithmes des sinus auraient été négatifs, on a fait ce rayon égal à 10000000000 ou, ce qui est la même chose, on a multiplié par 10000000000 les sinus naturels calculés pour le rayon = 1. Ainsi, dans les tables usuelles, le logarithme du rayon est 10, et ce rayon, qui entre dans presque tous les calculs, ne peut pas être négligé ; mais cette considération n'entraînant aucune difficulté, nous pouvons nous contenter de renvoyer aux explications placées en tête des tables de Callet.

21. Les expressions théoriques primitives (l) des sinus et cosinus elliptiques deviennent indépendantes de la base a, lorsque cette base est la même que celle des logarithmes naturels, c'est-à-dire, lorsque le système correspondant des sinus est celui des sinus naturels ou circulaires. En effet, puisque d'après le numéro 12 on a

$$a^{\pi\sqrt{-1}} = 1$$

et qu'en faisant $a = e$, $La = 1$, ce qui fait disparaître a de la génération des fonctions sinus et cosinus, il vient aussi

$$e^{\sqrt{-1}} = 1^{\frac{1}{\pi}} = (1^m)^{\frac{1}{\pi}} = 1^{\frac{m}{\pi}}$$

m étant un nombre entier arbitraire, positif, négatif ou zéro. Substituant cette valeur dans les expressions (l), elles deviennent (r),

$$\sin x = \frac{1}{2\sqrt{-1}} \left\{ 1^{\frac{mx}{\pi}} - 1^{-\frac{mx}{\pi}} \right\}$$

$$\cos x = \frac{1}{2} \cdot \left\{ 1^{\frac{mx}{\pi}} + 1^{-\frac{mx}{\pi}} \right\}$$

Il est facile de reconnaître, sous cette forme, que les fonctions des sinus et cosinus, considérées dans toute leur généralité, admettent une infinité de valeurs différentes pour chaque valeur de la variable x, correspondantes à l'infinité des valeurs différentes qu'on peut donner au nombre arbitraire m. Ce n'est que lorsque $m = 1$ que les sinus sont ceux qu'on trouve dans la géométrie. Pour ce cas simple et particulier on a (s) :

$$\sin x = \frac{1}{2\sqrt{-1}} \left\{ 1^{\frac{x}{\pi}} - 1^{-\frac{\pi}{x}} \right\}$$

$$\cos x = \frac{1}{2} \left\{ 1^{\frac{x}{\pi}} + 1^{-\frac{x}{\pi}} \right\}$$

22. Il ne sera peut-être pas inutile de montrer comment on peut tirer des expressions théoriques (s) les générations techniques des sinus et cosinus. Pour cet effet, remarquons que, quelles que soient les quantités a et z, on a généralement, pour le développement de la fonction exponentielle a^z,

$$a^z = 1 + \frac{(La).z}{1} + \frac{(La)^2.z^2}{1.2} + \frac{(La)^3.z^3}{1.2.3} + \text{etc.}$$

La caractéristique L désignant le logarithme naturel de a. ($Voy.$ LOGARITHME, 15) Or, en appliquant ce développement aux exponentielles $1^{\frac{x}{\pi}}$, $1^{-\frac{x}{\pi}}$, on trouve

$$1^{\frac{x}{\pi}} = 1 + \frac{(L1)}{1}\cdot\left(\frac{x}{\pi}\right) + \frac{(L1)^2}{1.2}\cdot\left(\frac{x}{\pi}\right)^2 + \frac{(L1)^3}{1.2.3}\cdot\left(\frac{x}{\pi}\right)^3 + \text{etc.}$$

$$1^{-\frac{x}{\pi}} = 1 - \frac{(L1)}{1}\cdot\left(\frac{x}{\pi}\right) + \frac{(L1)^2}{1.2}\cdot\left(\frac{x}{\pi}\right)^2 - \frac{(L1)^3}{1.2.3}\cdot\left(\frac{x}{\pi}\right)^3 + \text{etc.}$$

ce qui donne, en substituant dans (s),

$$\sin x = \frac{1}{\sqrt{-1}}\left\{ \frac{L1}{1}\cdot\left(\frac{x}{\pi}\right) + \frac{(L1)^3}{1.2.3}\cdot\left(\frac{x}{\pi}\right)^3 + \frac{(L1)^5}{1.2.3.4.5}\cdot\left(\frac{x}{\pi}\right)^5 + \text{etc.}\dots\right\}$$

$$\cos x = 1 + \frac{(L1)^2}{1.2}\left(\frac{x}{\pi}\right)^2 + \frac{(L1)^4}{1.2.3.4}\cdot\left(\frac{x}{\pi}\right)^4 + \text{etc.}$$

Or, comme ces expressions dépendent non des racines réelles, mais bien des racines *imaginaires* de l'unité, dont le logarithme *imaginaire* est généralement (*voy.* LOGARITHMES 17)

$$L1 = m\pi\sqrt{-1}$$

faisant donc $L1 = \pi\sqrt{-1}$, pour ne considérer, comme ci-dessus, que les valeurs qui répondent à $m = 1$, nous obtiendrons définitivement

$$\sin x = x - \frac{x^3}{1.2.3} + \frac{x^5}{1.2.3.4.5} - \text{etc.}$$

$$\cos x = 1 - \frac{x^2}{1.2} + \frac{x^4}{1.2.3.4} - \text{etc.}$$

23. Reprenons le principe fondamental (o) de la théorie des sinus, et faisons $x = x_1 = x_2 = x_3 = x_4 = \text{etc.}$; en désignant par m le nombre des facteurs du premier nombre, nous obtiendrons (t)

$$(\cos x + \sin x.\sqrt{-1})^m = \cos mx + \sin mx.\sqrt{-1}$$

et, dans les cas de $\sin x$ négatif, (u)

$$(\cos x - \sin x.\sqrt{-1})^m = \cos mx - \sin mx.\sqrt{-1}$$

D'où, prenant la somme et la différence des égalités (t) et (u),

$$\cos mx = \frac{1}{2}\left\{ (\cos x + \sin x.\sqrt{-1})^m + (\cos x - \sin x.\sqrt{-1})^m \right\}$$

$$\sin mx = \frac{1}{2\sqrt{-1}}\left\{(\cos x+\sin x\sqrt{-1})^m - (\cos x-\sin x.\sqrt{-1})^m\right\}$$

Si l'on développe les binomes par la formule de Newton, il viendra, toute réduction faite (ν)

$$\sin mx = m(\cos x)^{m-1}.\sin x$$
$$-\frac{m(m-1)(m-2)}{1.2.3}(\cos x)^{m-3}.(\sin x)^3$$
$$+\frac{m(m-1)(m-2)(m-3)(m-4)}{1.2.3.4.5}(\cos x)^{m-5}.(\sin x)^5$$
$$-\text{ etc.}$$

$$\cos mx = (\cos x)^m - \frac{m(m-1)}{1.2}(\cos x)^{m-2}.(\sin x)^2$$
$$+\frac{m(m-1)(m-2)(m-3)}{1.2.3.4}(\cos x)^{m-4}.(\sin x)^4$$
$$-\text{ etc.}$$

formules qui donnent le sinus et le cosinus de l'arc multiple en fonctions du sinus et du cosinus de l'arc simple.

24. En faisant dans ces formules $m = 2$ on obtient

$$\sin 2x = 2\cos x.\sin x$$
$$\cos 2x = (\cos x)^2 - (\sin x)^2$$

et, si l'on pose $2x = z$, d'où $x = \frac{1}{2}z$, ces dernières deviennent

$$\sin z = 2.\cos \tfrac{1}{2}z.\sin \tfrac{1}{2}z$$
$$\cos z = (\cos \tfrac{1}{2}z)^2 - (\sin \tfrac{1}{2}z)^2$$

Ces expressions trouvent de nombreuses applications.

25. Si l'on remarque que l'on a, d'après la nature même des sinus (12)

$$(\cos \tfrac{1}{2}z)^2 + (\sin \tfrac{1}{2}z)^2 = 1$$

et que l'on compare cette égalité avec celle que nous venons de déduire

$$\cos z = (\cos \tfrac{1}{2}z)^2 - (\sin \tfrac{1}{2}z)^2$$

on en tirera (x)

$$\sin \tfrac{1}{2}z = \sqrt{\left[\tfrac{1}{2} - \tfrac{1}{2}\cos z\right]}$$

$$\cos \tfrac{1}{2}z = \sqrt{\left[\tfrac{1}{2} + \tfrac{1}{2}\cos z\right]}$$

égalités qui conduisent aux suivantes (z)

$$\sin \tfrac{1}{2}z = \tfrac{1}{2}\sqrt{[1+\sin z]} - \tfrac{1}{2}\sqrt{[1-\sin z]}$$

$$\cos \tfrac{1}{2}z = \tfrac{1}{2}\sqrt{[1+\sin z]} + \tfrac{1}{2}\sqrt{[1-\sin z]}$$

26. Les formules précédentes fournissent les moyens d'exprimer sous une forme finie les sinus des multiples de 3°, les seuls qu'on puisse assigner ainsi. Nous allons donner ces expressions qui sont particulièrement utiles dans la théorie des polygones et dans les problèmes mécaniques.

En faisant d'abord $z = 90°$, on a $\cos 90° = 0$, et substituant dans (x) on trouve

$$\cos 45° = \sin 45° = \sqrt{\tfrac{1}{2}} = \frac{1}{\sqrt{2}}$$

On sait que le côté de l'hexagone inscrit ou que la corde de 60° est égale au rayon du cercle; or la corde de 60° est le double du sinus de 30°; ainsi $\sin 30° = \tfrac{1}{2}$, et par conséquent $\cos 60° = \tfrac{1}{2}$. Cette valeur du cosinus de 60° nous va faire connaître celle du cosinus de 30° qui est la même chose que le sinus de 60°. Nous avons en effet

$$\cos 30° = \sqrt{\left[\tfrac{1}{2} + \tfrac{1}{2}.\tfrac{1}{2}\right]} = \frac{\sqrt{3}}{2},$$

et, conséquemment, $\sin 60° = \dfrac{\sqrt{3}}{2}$.

Ces valeurs peuvent nous donner immédiatement celles des sinus de 15° et de 75° en employant les théorèmes fondamentaux (q), car en vertu de ces théorèmes on a

$$\sin 15° = \sin(45°-30°) = \sin 45°.\cos 30° - \cos 45°.\sin 30°$$
$$= \frac{1}{\sqrt{2}}.\frac{\sqrt{3}}{2} - \frac{1}{\sqrt{2}}.\frac{1}{2} = \frac{1}{2\sqrt{2}}(\sqrt{3}-1)$$

$$\cos 15° = \cos(45°-30) = \cos 45°.\cos 30° + \sin 45°.\sin 30°$$
$$= \frac{1}{\sqrt{2}}.\frac{\sqrt{3}}{2} + \frac{1}{\sqrt{2}}.\frac{1}{2} = \frac{1}{2\sqrt{2}}(\sqrt{3}+1)$$

Le sinus de 18° est la moitié de la corde de 36° qui est le côté du décagone inscrit. Lorsque le rayon $= 1$, ce côté est (*voy.* Décagone)

$$\frac{\sqrt{5}-1}{2}$$

ainsi

$$\sin 18° = \frac{1}{4}(\sqrt{5}-1)$$

d'où

$$\cos 18° = \sqrt{[1-\sin^2.18°]} = \frac{1}{2\sqrt{2}}.\sqrt{(5+\sqrt{5})}$$

On peut tirer de ces valeurs celles des sinus de 9°, 27°, 36°, 54°, 63°, 72°, 81°, et par suite toutes celles dont nous allons présenter le tableau.

$$\sin \ 3° = \frac{\sqrt{3}+1}{8\sqrt{2}}(\sqrt{5}-1) - \frac{\sqrt{3}-1}{8}\sqrt{(5+\sqrt{5})}$$

$$\sin \ 6° = -\frac{1}{8}(\sqrt{5}+1) + \frac{\sqrt{3}}{4\sqrt{2}}\sqrt{(5-\sqrt{5})}$$

$$\sin \ 9° = \frac{1}{4\sqrt{2}}(\sqrt{5}+1) - \frac{1}{4}\sqrt{(5-\sqrt{5})}$$

$$\sin 12° = -\frac{\sqrt{3}}{8}(\sqrt{5}-1) + \frac{1}{4\sqrt{2}}\sqrt{(5+\sqrt{5})}$$

$$\sin 15° = \frac{1}{2\sqrt{2}}(\sqrt{3}-1)$$

$$\sin 18° = \frac{1}{4}(\sqrt{5}-1)$$

$$\sin 21° = -\frac{\sqrt{3}-1}{8\sqrt{2}}(\sqrt{5}+1) + \frac{\sqrt{3}+1}{8}\sqrt{(5-\sqrt{5})}$$

$$\sin 24° = \frac{\sqrt{3}}{8}(\sqrt{5}+1) - \frac{1}{4\sqrt{2}}\sqrt{(5-\sqrt{5})}$$

$$\sin 27° = -\frac{1}{4\sqrt{2}}(\sqrt{5}-1) + \frac{1}{4}\sqrt{(5+\sqrt{5})}$$

$$\sin 30° = \frac{1}{2}$$

$$\sin 33° = \frac{\sqrt{3}+1}{8\sqrt{2}}(\sqrt{5}-1) + \frac{\sqrt{3}-1}{8}\sqrt{(5+\sqrt{5})}$$

$$\sin 36° = \frac{1}{2\sqrt{2}}\sqrt{(5-\sqrt{5})}$$

$$\sin 39° = \frac{\sqrt{3}+1}{8\sqrt{2}}(\sqrt{5}+1) - \frac{\sqrt{3}-1}{8}\sqrt{(5-\sqrt{5})}$$

$$\sin 42° = -\frac{1}{8}(\sqrt{5}-1) + \frac{\sqrt{3}}{4\sqrt{2}}\sqrt{(5+\sqrt{5})}$$

$$\sin 45° = \frac{1}{\sqrt{2}}$$

SI

$$\sin 48° = \frac{\sqrt{3}}{8}(\sqrt{5}-1) + \frac{1}{4\sqrt{2}}\sqrt{(5+\sqrt{5})}$$

$$\sin 51° = \frac{\sqrt{3}-1}{8\sqrt{2}}(\sqrt{5}+1) + \frac{\sqrt{3}+1}{8}\sqrt{(5-\sqrt{5})}$$

$$\sin 54° = \frac{1}{4}(\sqrt{5}+1)$$

$$\sin 57° = -\frac{\sqrt{3}-1}{8\sqrt{2}}(\sqrt{5}-1) + \frac{\sqrt{3}+1}{8}\sqrt{(5+\sqrt{5})}$$

$$\sin 60° = \frac{\sqrt{3}}{2}$$

$$\sin 63° = \frac{1}{4\sqrt{2}}(\sqrt{5}-1) + \frac{1}{4}\sqrt{(5+\sqrt{5})}$$

$$\sin 66° = \frac{1}{8}(\sqrt{5}+1) + \frac{\sqrt{3}}{4\sqrt{2}}\sqrt{(5-\sqrt{5})}$$

$$\sin 69° = \frac{\sqrt{3}+1}{8\sqrt{2}}(\sqrt{5}+1) + \frac{\sqrt{3}-1}{8}\sqrt{(5-\sqrt{5})}$$

$$\sin 72° = \frac{1}{2\sqrt{2}}\sqrt{(5+\sqrt{5})}$$

$$\sin 75° = \frac{1}{2\sqrt{2}}(\sqrt{3}+1)$$

$$\sin 78° = \frac{1}{8}(\sqrt{5}-1) + \frac{\sqrt{3}}{4\sqrt{2}}\sqrt{(5+\sqrt{5})}$$

$$\sin 81° = \frac{1}{4\sqrt{2}}(\sqrt{5}+1) + \frac{1}{4}\sqrt{(5-\sqrt{5})}$$

$$\sin 84° = \frac{\sqrt{3}}{8}(\sqrt{5}+1) + \frac{1}{4\sqrt{2}}\sqrt{(5-\sqrt{5})}$$

$$\sin 87° = \frac{\sqrt{3}-1}{8\sqrt{2}}(\sqrt{5}-1) + \frac{\sqrt{3}+1}{8}\sqrt{(5+\sqrt{5})}$$

$$\sin 90° = 1$$

27. Les séries (u) et (v), qui donnent le sinus et le cosinus d'un arc multiple mx en fonctions des sinus et cosinus de l'arc simple x, renferment chacune à la fois ces sinus et cosinus, et l'on peut se proposer d'obtenir la même génération au moyen des fonctions du seul sinus ou du seul cosinus de x. Nous allons indiquer les procédés par lesquels on a résolu cette question.

Observons d'abord que z étant un nombre quelconque dont le sinus est donné, nous pouvons obtenir la génération de z en série, en prenant $\sin z$ pour mesure, car nous devons avoir généralement

$$z = A_0 + A_1 \sin z + A_2 (\sin z)^2 + A_3 (\sin z)^3 + \text{etc.}$$

puisqu'il est toujours possible de développer une fonction quelconque en série, procédant suivant les puissances progressives d'une autre fonction arbitraire des mêmes variables (*voy.* Série). Or, en faisant dans la loi fondamentale (*h*) des séries $Fx = z$ et $\varphi x = \sin z$, et construisant les différentielles qui entrent dans cette loi, on obtient pour les coefficiens A_0, A_1, A_2, etc., les valeurs

$$A_0 = 0, \quad A_1 = 1, \quad A_2 = 0, \quad A_3 = \frac{1}{2.3}, \quad A_4 = 0,$$

$$A_5 = \frac{1.3}{2.4.5}, \quad A_6 = 0, \quad A_7 = \frac{1.3.5}{2.4.6.7}, \quad A_8 = 0,$$

$$A_9 = \frac{1.3.5.7}{2.4.6.8.9}, \quad A_{10} = 0, \text{ etc.}$$

dont la loi est évidente, et l'on a ainsi (γ)

$$z = \sin z + \frac{1}{2.3}(\sin z)^3 + \frac{1.3}{2.4.5}(\sin z)^5 + \text{etc.}$$

expression que nous avons déduite ailleurs par un autre procédé. (*Voy.* Retour des suites.)

Ceci posé, si dans la formule du n° 20 on fait $x = nz$, il viendra

$$\sin nz = nz - \frac{n^3.z^3}{1.2.3} + \frac{n^5.z^5}{1.2.3.4.5} - \frac{n^7.z^7}{1.2.3.4.5.6.7} + \text{etc.}$$

et si dans cette dernière on substitue les valeurs de z, z^2, z^3, etc., tirées de (γ), on obtiendra, après toutes les réductions, (z)

$$\sin z = n \sin z - \frac{n(n^2-1)}{1.2.3}(\sin z)^3 + \frac{n(n^2-1)(n^2-9)}{1.2.3.4.5}(\sin z)^5 - \frac{n(n^2-1)(n^2-9)(n^2-25)}{1.2.3.4.5.6.7}(\sin z)^7 + \text{etc.}$$

Opérant de la même manière pour le cosinus de nz, on trouvera (α)

$$\cos nz = 1 - \frac{n^2}{1.2}(\sin z)^2 + \frac{n^2(n^2-4)}{1.2.3.4}(\sin z)^4 - \frac{n^2(n^2-4)(n^2-16)}{1.2.3.4.5.6}(\sin z)^6 + \frac{n^2(n^2-4)(n^2-16)(n^2-36)}{1.2.3.4.5.6.7.8}(\sin z)^8 + \text{etc.}$$

La série (z) a visiblement un nombre fini de termes, lorsque n est un nombre entier *impair*, et un nombre indéfini de termes dans tous les autres cas. Cependant lorsque n est entier et *pair*, on peut la transformer en une autre série dont le nombre des termes se réduit à $\frac{n}{2}$, mais qui est multipliée par $\cos z$ ou $\sqrt{[1-\sin^2 z]}$. En effet, désignons par S le second nombre de cette série, nous aurons l'identité

$$\sin nz = S.\frac{\cos z}{\cos z} = \frac{S.\sqrt{[1-\sin^2 z]}}{\sqrt{[1-\sin^2 z]}}$$

et en divisant S par le développement de $\sqrt{[1-\sin^2 z]}$, nous obtiendrons (z')

$$\sin nz = \sqrt{[1-\sin^2 z]}.\left\{ n\sin z - \frac{n(n^2-4)}{1.2.3}\sin^3 z \right.$$
$$+ \frac{n(n^2-4)(n^2-16)}{1.2.3.4.5}\sin^5 z$$
$$- \frac{n(n^2-4)(n^2-16)(n^2-36)}{1.2.3.4.5.6.7}\sin^7 z$$
$$\left. + \text{etc.} \dots \dots \dots \dots \right\}$$

série qui se compose d'un nombre fini de termes, lorsque n est *pair*.

La série (κ) se termine toujours quand n est entier et *pair*, et dans tous les autres cas elle est indéfinie. Mais en opérant sur elle comme nous venons de le faire pour la série (z), on la transforme en (z')

$$\cos nz = \sqrt{[1-\sin^2 z]}.\left\{ 1 - \frac{n^2-1}{1.2}\sin^2 z \right.$$
$$+ \frac{(n^2-1)(n^2-9)}{1.2.3.4}\sin^4 z$$
$$- \frac{(n^2-1)(n^2-9)(n^2-25)}{1.2.3.4.5.6.7.8}\sin^6 .z$$
$$\left. + \text{etc.} \dots \dots \dots \dots \right\}$$

dont le nombre des termes est fini lorsque n est entier et *impair*.

28. Si l'on veut avoir des séries qui procèdent par les puissances de $\cos z$, il faut substituer dans les précédentes $90° - z$ à la place de z, et l'on obtient, mais seulement dans le cas où n est un nombre entier, savoir :

Pour n, nombre *impair*

$$\sin nz = \pm\sqrt{[1-\cos^2 .z]}.\left\{ 1 - \frac{n^2-1}{1.2}\cos^2 .z \right.$$
$$+ \frac{(n^2-1)(n^2-9)}{1.2.3.4}\cos^4 .z$$
$$- \frac{(n^2-1)(n^2-9)(n^2-25)}{1.2.3.4.5.6}\cos^6 .z$$
$$\left. + \text{etc.} \dots \dots \dots \dots \right\}$$

$$\cos nz = \pm\left\{ n.\cos z - \frac{n(n^2-1)}{1.2.3}\cos^3.z \right.$$
$$+ \frac{n(n^2-1)(n^2-9)}{1.2.3.4.5}\cos^5.z$$
$$- \frac{n(n^2-1)(n^2-9)(n^2-25)}{1.2.3.4.5.6.7}\cos^7.z$$
$$\left. + \text{etc.}\ldots\ldots\ldots\ldots\ldots \right\}$$

Le signe $+$ a lieu lorsque n est de la forme $4m+1$, et le signe $-$, lorsqu'il est de la forme $4m-1$; m étant un nombre entier positif quelconque y compris zéro.

Pour n, nombre *pair*

$$\sin nz = \pm\sqrt{[1-\cos^2 z]}.\left\{ n.\cos z - \frac{n(n^2-4)}{1.2.3}\cos^3.z \right.$$
$$- \frac{n(n^2-4)(n^2-16)}{1.2.3.4.5}\cos^5.z$$
$$+ \frac{n(n^2-4)(n^2-16)(n^2-36)}{1.2.3.4.5.6.7}\cos^7.z$$
$$\left. - \text{etc.}\ldots\ldots\ldots\ldots\ldots \right\}$$

Le signe $+$ a lieu lorsque n est de la forme $4m+2$, et le signe $-$, lorsqu'il est de la forme $4m$.

$$\cos nz = \pm\left\{ 1 - \frac{n^2}{1.2}\cos^2.z + \frac{n^2(n^2-4)}{1.2.3.4}.\cos^4.z \right.$$
$$- \frac{n^2(n^2-4)(n^2-16)}{1.2.3.4.5.6}.\cos^6.z$$
$$\left. + \text{etc.}\ldots\ldots\ldots\ldots\ldots \right\}$$

le signe $+$ a lieu lorsque $n=4m$, et le signe $-$, quand $n=4m-2$.

29. Les formules qui expriment les puissances des sinus et cosinus d'un arc simple en fonctions des sinus et cosinus des arcs multiples ne sont pas moins importantes que les précédentes. Comme elles trouvent de nombreuses applications dans le calcul intégral, nous allons donner leur déduction. Nous savons que

$$\cos x = \frac{1}{2}\left\{ e^{x\sqrt{-1}} + e^{-x\sqrt{-1}} \right\}$$

posons $e^{x\sqrt{-1}}=p$, $e^{-x\sqrt{-1}}=q$, et nous aurons d'une part $p.q=1$, et de l'autre $\cos x=\frac{1}{2}(p+q)$, ou $2.\cos x=(p+q)$; ainsi

$$2^n.\cos^n.x = (p+q)^n = (q+p)^n$$

et conséquemment,

$$2^{n+1}.\cos^n.x = (p+q)^n + (q+p)^n$$

développant les binomes, nous obtiendrons

$$2^{n+1}.\cos^n.x = p^n+q^n + npq\,(p^{n-2}+q^{n-2})$$
$$+ \frac{n(n-1)}{1.2}p^2 q^2(p^{n-4}+q^{n-4})$$
$$+ \frac{n(n-1)(n-2)}{1.2.3}p^3 q^3(p^{n-6}+q^{n-6})$$
$$+ \text{etc.}$$

or, $pq = p^2 q^2 = p^3 q^3 = \text{etc.} = 1$, et l'on a en général

$$p^\mu+q^\mu = \cos\mu x + \sin\mu x\sqrt{-1} + \cos\mu x - \sin\mu x\sqrt{-1}$$
$$= 2\cos\mu x$$

donc

$$2^n\cos^n x = \cos nx + \frac{n}{1}\cos(n-2)x + \frac{n(n-1)}{1.2}\cos(n-4)x$$
$$+ \frac{n(n-1)(n-2)}{1.2.3}\cos(n-6)x + \text{etc.}$$

En partant de l'expression théorique primitive du sinus, on trouverait, par une marche semblable, lorsque n est un nombre *pair*,

$$2^n\sin^n.x = \pm\left\{ \cos nx - \frac{n}{1}\cos(n-2)x \right.$$
$$+ \frac{n(n-1)}{1.2}\cos(n-4)x$$
$$- \frac{n(n-1)(n-2)}{1.2.3}\cos(n-6)x$$
$$\left. + \text{etc.}\ldots\ldots\ldots\ldots \right\}$$

et lorsque n est un nombre *impair*,

$$2^{n-1}.\sin^n x = \pm\left\{ \sin nx - \frac{n}{1}\sin(n-2)x \right.$$
$$+ \frac{n(n-1)}{1.2}\sin(n-4)x$$
$$\left. - \frac{n(n-1)(n-2)}{1.2.3}\sin(n-6)x + \text{etc.} \right\}$$

Le signe $+$ a lieu lorsque n est un multiple de 4 dans la première formule, et lorsque $n-1$ est un multiple de 4 dans la seconde formule.

30. Examinons maintenant les fonctions qui résultent du rapport des sinus et cosinus comparés soit entre eux, soit avec le rayon ou l'unité. Nous avons vu (Sécante et Tangente) qu'on a généralement (β)

$$\frac{\sin x}{\cos x} = \text{tangente } x, \quad \frac{\cos x}{\sin x} = \text{cotangente } x$$

$$\frac{1}{\cos x} = \text{sécante} x, \quad \frac{1}{\sin x} = \text{cosécante} x$$

Il nous reste donc seulement à déduire des propriétés des sinus celle des tangentes et des sécantes.

Dans les cas généraux où x est 0, ou $\frac{\pi}{4}$, $\frac{\pi}{2}$, $\frac{3\pi}{4}$, π, il est facile de voir qu'on a , π désignant toujours la circonférence du cercle dont le rayon est l'unité ,

$$\text{tang. } 0 = \frac{\sin 0}{\cos 0} = \frac{0}{1} = 0$$

$$\text{tang. } \frac{\pi}{4} = \frac{\sin \frac{x}{4}}{\cos \frac{x}{4}} = \frac{1}{0} = \infty$$

$$\text{tang. } \frac{\pi}{2} = \frac{\sin \frac{x}{2}}{\cos \frac{\pi}{2}} = -\frac{0}{1} = 0$$

$$\text{tang. } \frac{3\pi}{4} = \frac{\sin \frac{3\pi}{4}}{\cos \frac{3\pi}{4}} = -\frac{1}{0} = -\infty$$

$$\text{tang. } \pi = \frac{\sin \pi}{\cos \pi} = \frac{0}{1} = 0$$

Ainsi, pour les valeurs des arcs depuis 0 jusqu'à $\frac{\pi}{4}$, les tangentes croissent de 0 à l'*infini*, de $\frac{\pi}{4}$ à $\frac{\pi}{2}$ elles décroissent de l'infini à zéro ; passé $\frac{\pi}{2}$ elles deviennent *négatives* et de $\frac{\pi}{2}$ à $\frac{3\pi}{4}$ elles croissent de 0 à l'infini ; enfin de $\frac{3\pi}{4}$ à π elles décroissent de nouveau depuis l'infini jusqu'à zéro , étant toujours négatives.

On trouverait de la même manière en désignant par *cot*, *séc* et *coséc*, les cotangentes, sécantes et cosécantes,

$$\text{cot } 0 = \infty, \quad \text{séc } 0 = 1, \quad \text{coséc } 0 = \infty$$

$$\text{cot } \frac{\pi}{4} = 0, \quad \text{séc } \frac{\pi}{4} = \infty, \quad \text{coséc } \frac{\pi}{4} = 1$$

$$\text{cot } \frac{\pi}{2} = -\infty, \quad \text{séc } \frac{\pi}{2} = -1, \quad \text{coséc } \frac{\pi}{2} = \infty$$

$$\text{cot } \frac{3\pi}{4} = 0, \quad \text{séc } \frac{3\pi}{4} = -\infty, \quad \text{coséc } \frac{3\pi}{4} = -1$$

$$\text{cot } \pi = \infty, \quad \text{séc } \pi = 1, \quad \text{coséc } \pi = -\infty$$

Il résulte de ces expressions que les tangentes et les cotangentes des arcs depuis 0 jusqu'à π peuvent représenter tous les nombres positifs et négatifs, depuis 0 jusqu'à l'infini, propriété très-importante et qui reçoit de nombreuses applications. Quant aux sécantes et aux cosécantes, elles peuvent également représenter tous les nombres positifs et négatifs , mais seulement depuis l'*unité* jusqu'à l'infini.

31. Ces fonctions ont, comme les sinus, la propriété de pouvoir toujours être représentées par celles d'entre elles qui se rapportent au premier quart du cercle, en les prenant avec un signe convenable , car en partant des expressions primitives (β), il est facile de voir qu'on a d'abord en général , x étant plus petit que π ,

$$\text{tang} (m\pi + x) = \text{tang } x, \quad \text{séc} (m\pi + x) = \text{séc } x,$$

$$\text{cot} (m\pi + x) = \text{cot } x, \quad \text{coséc} (m\pi + x) = \text{coséc } x,$$

et , ensuite, x étant plus petit que $\frac{\pi}{4}$,

$$\text{tang}\left(\frac{\pi}{4} + x\right) = -\cot x, \quad \text{séc}\left(\frac{\pi}{2} + x\right) = -\text{coséc} x,$$

$$\text{tang}\left(\frac{\pi}{2} + x\right) = +\text{tang} x, \quad \text{séc}\left(\frac{\pi}{2} + x\right) = +\text{séc } x,$$

$$\text{tang}\left(\frac{3\pi}{4} + x\right) = -\cot x, \quad \text{séc}\left(\frac{3\pi}{4} + x\right) = -\text{coséc} x,$$

$$\cot\left(\frac{\pi}{4} + x\right) = -\text{tang} x, \quad \text{coséc}\left(\frac{\pi}{4} + x\right) = -\text{séc } x,$$

$$\cot\left(\frac{\pi}{2} + x\right) = +\cot x, \quad \text{coséc}\left(\frac{\pi}{2} + x\right) = +\text{coséc} x,$$

$$\cot\left(\frac{3\pi}{4} + x\right) = -\text{tang} x, \quad \text{coséc}\left(\frac{3\pi}{4} + x\right) = -\text{séc } x.$$

On a en outre les relations fondamentales,

$$\text{tang}\left(\frac{\pi}{4} - x\right) = \cot x, \quad \text{séc}\left(\frac{\pi}{4} - x\right) = \text{coséc} x.$$

Toutes les autres propriétés et relations de ces fonctions étant, comme les précédentes, des conséquences directes de celles des sinus et cosinus, leur déduction ne présente aucune difficulté ; aussi nous allons nous contenter de rapporter les formules les plus usuelles.

32. En partant toujours des expressions primitives (β), si l'on veut obtenir l'expression de la tangente de la somme de deux arcs a et b, on trouve

$$\text{tang}(a+b) = \frac{\sin(a+b)}{\cos(a+b)} = \frac{\sin a.\cos b + \cos a.\sin b}{\cos a.\cos b - \sin a.\sin b}$$

et en divisant tout le second membre par $\cos a . \cos b$,

$$\operatorname{tang}(a+b) = \frac{\dfrac{\sin a . \cos b}{\cos a . \cos b} + \dfrac{\cos a . \sin b}{\cos a . \cos b}}{1 - \dfrac{\sin a . \sin b}{\cos a . \cos b}}$$

ce qui se réduit définitivement à (γ),

$$\operatorname{tang}(a+b) = \frac{\operatorname{tang} a + \operatorname{tang} b}{1 - \operatorname{tang} a . \operatorname{tang} b}.$$

Si au lieu de diviser par $\cos a . \cos b$ on avait divisé par $\sin a . \sin b$, on aurait obtenu

$$\operatorname{tang}(a+b) = \frac{\cot a + \cot b}{\cot a . \cot b - 1}$$

On trouverait de la même manière :

$$\operatorname{tang}(a-b) = \frac{\operatorname{tang} a - \operatorname{tang} b}{1 + \operatorname{tang} a . \operatorname{tang} b} = \frac{\cot b - \cot a}{1 + \cot a . \cot b}$$

Si l'on remarque qu'en général $\cot x = \dfrac{\cos x}{\sin x} = \dfrac{1}{\operatorname{tang} x}$,

on pourra conclure immédiatement

$$\cot(a+b) = \frac{1 - \operatorname{tang} a . \operatorname{tang} b}{\operatorname{tang} a + \operatorname{tang} b} = \frac{\cot a . \cot b - 1}{\cot a + \cot b}$$

$$\cot(a-b) = \frac{1 + \operatorname{tang} a . \operatorname{tang} b}{\operatorname{tang} a - \operatorname{tang} b} = \frac{\cot a . \cot b + 1}{\cot b - \cot a}$$

33. En employant de semblables opérations, on trouvera encore

$$\frac{\sin(a+b)}{\sin(a-b)} = \frac{\operatorname{tang} a + \operatorname{tang} b}{\operatorname{tang} a - \operatorname{tang} b} = \frac{\cot b + \cot a}{\cot b - \cot a}$$

$$\frac{\cos(a+b)}{\cos(a-b)} = \frac{\cot b - \operatorname{tang} a}{\cot b + \operatorname{tang} a} = \frac{\cot a - \operatorname{tang} b}{\cot a + \operatorname{tang} b}$$

et, enfin, combinant les tangentes avec les formules (p), on découvrira les théorèmes importans qui suivent,

$$\frac{\sin a + \sin b}{\sin a - \sin b} = \frac{\sin \frac{1}{2}(a+b) . \cos \frac{1}{2}(a-b)}{\cos \frac{1}{2}(a+b) . \sin \frac{1}{2}(a-b)}$$

$$= \frac{\operatorname{tang} \frac{1}{2}(a+b)}{\operatorname{tang} \frac{1}{2}(a-b)}$$

$$\frac{\sin a + \sin b}{\cos a + \cos b} = \frac{\sin \frac{1}{2}(a+b)}{\cos \frac{1}{2}(a+b)} = \operatorname{tang} \frac{1}{2}(a+b)$$

$$\frac{\sin a + \sin b}{\cos b - \cos a} = \frac{\cos \frac{1}{2}(a-b)}{\sin \frac{1}{2}(a-b)} = \cot \frac{1}{2}(a-b)$$

$$\frac{\sin a - \sin b}{\cos a + \cos b} = \frac{\sin \frac{1}{2}(a-b)}{\cos \frac{1}{2}(a-b)} = \operatorname{tang} \frac{1}{2}(a-b)$$

$$\frac{\sin a - \sin b}{\cos b - \cos a} = \frac{\cos \frac{1}{2}(a+b)}{\sin \frac{1}{2}(a+b)} = \cot \frac{1}{2}(a+b)$$

$$\frac{\cos a + \cos b}{\cos b - \cos a} = \frac{\cos \frac{1}{2}(a+b) . \cos \frac{1}{2}(a-b)}{\sin \frac{1}{2}(a+b) . \sin \frac{1}{2}(a-b)}$$

$$= \frac{\cot \frac{1}{2}(a+b)}{\operatorname{tang} \frac{1}{2}(a-b)}.$$

34. A l'aide de la formule (γ), on peut construire la tangente d'un arc multiple en fonctions de la tangente de l'arc simple, car en y faisant d'abord $a = b$, on trouve

$$\operatorname{tang} 2a = \frac{2 \operatorname{tang} a}{1 - \operatorname{tang}^2 . a}.$$

Puis, comme cette même formule donne généralement (δ),

$$\operatorname{tang}(a+ma) = \frac{\operatorname{tang} a + \operatorname{tang} ma}{1 - \operatorname{tang} a . \operatorname{tang} ma}$$

faisant $m = 2$, il vient, après la substitution de la valeur de $\operatorname{tang} 2a$,

$$\operatorname{tang} 3a = \frac{3 \operatorname{tang} a - \operatorname{tang}^3 . a}{1 - 3 \operatorname{tang}^2 . a}$$

faisant $m = 3$ dans (δ), il vient encore, après la substitution de la valeur de $\operatorname{tang} 3a$, et les réductions,

$$\operatorname{tang} 4a = \frac{4 \operatorname{tang} a - 4 \operatorname{tang}^3 . a}{1 - 6 \operatorname{tang}^2 a + \operatorname{tang}^4 . a}.$$

En opérant toujours de la même manière, on obtiendrait les expressions de $\operatorname{tang} 5a$, $\operatorname{tang} 6a$, etc. ; mais il n'est pas facile par ce moyen de découvrir la loi de ces expressions, pour lesquelles nous allons remonter à l'expression théorique primitive des tangentes.

35. Si l'on substitue dans la relation primitive $\operatorname{tang} x = \dfrac{\sin x}{\cos x}$ les expressions théoriques (h) du sinus et du cosinus, il vient

$$\operatorname{tang} x = \frac{1}{\sqrt{-1}} \left\{ \frac{e^{2x\sqrt{-1}} - 1}{e^{2x\sqrt{-1}} + 1} \right\}$$

Telle est l'expression théorique primitive de la fonction $\operatorname{tang} x$. Elle fournit en posant $x = mz$, (ι)

$$\operatorname{tang} mz = \frac{1}{\sqrt{-1}} \left\{ \frac{e^{2mz\sqrt{-1}} - 1}{e^{2mz\sqrt{-1}} - 1} \right\}$$

Or, nous avons vu (11) que

$$e^{z\sqrt{-1}} = \cos z + \sin z . \sqrt{-1}$$

$$e^{-z\sqrt{-1}} = \cos z - \sin z . \sqrt{-1}$$

divisant la première de ces égalités par la seconde, on trouve

$$e^{2z\sqrt{-1}} = \frac{\cos z + \sin z . \sqrt{-1}}{\cos z - \sin z . \sqrt{-1}},$$

et, en divisant les deux termes du second membre par $\cos z$,

$$e^{2z\sqrt{-1}} = \frac{1 + \tan g z . \sqrt{-1}}{1 - \tan g z . \sqrt{-1}}.$$

Cette dernière égalité élevée à la puissance m donne

$$e^{2mz\sqrt{-1}} = \left(\frac{1 + \tan g z \sqrt{-1}}{1 - \tan g z \sqrt{-1}} \right)^m$$

Ainsi, substituant cette expression dans (s) et faisant pour abréger $\tan g z = t$, il viendra

$$\tan g \, mz = \frac{1}{\sqrt{-1}} \cdot \frac{(1 + t\sqrt{-1})^m - (1 - t\sqrt{-1})^m}{(1 + t\sqrt{-1})^m + (1 - t\sqrt{-1})^m}$$

développant les binomes et réduisant, on obtiendra définitivement l'expression générale ,

$$\tan g \, mz = \frac{m \tan g z - \frac{m^{3|-1}}{1^{3|1}} \tan g^3 . z + \frac{m^{5|-1}}{1^{5|1}} \tan g^5 . z - \text{etc.}}{1 - \frac{m^{2|-1}}{1^{2|1}} . \tan g^2 . z + \frac{m^{4|-1}}{1^{4|1}} . \tan g .^4 z - \text{etc.}}$$

36. La génération technique en série de la tangente, au moyen de l'arc, a beaucoup occupé les géomètres. Le premier moyen qui se présente est de substituer dans la relation primitive

$$\tan g \, x = \frac{\sin x}{\cos x}$$

les séries (n° 20) qui donnent le sinus et le cosinus, et d'opérer la division ; on obtient de cette manière :

$$\tan g \, x = x + \frac{1}{3} x^3 + \frac{2}{3.5} x^5 + \frac{17}{3.3.5.7} x^7 + \frac{61}{3.3.5.7.9} x^9 + \frac{1382}{3.3.5.5.7.9.11} x^{11} + \text{etc.}$$

mais ce procédé très laborieux ne fait pas connaître la *loi* de la série , tandis qu'une application très-simple de la méthode des coefficiens indéterminés va nous rendre cette loi manifeste.

Puisque les puissances paires de x manquent dans cette série , posons

$$\tan g \, x = Ax + Bx^3 + Cx^5 + Dx^7 + Ex^9 + \text{etc.}$$

et comme $\cos x . \tan g x = \sin x$, en substituant, dans cette dernière égalité, les développemens aux fonctions, nous aurons :

$$(Ax + Bx^3 + Cx^5 + \text{etc...}) . \left(1 - \frac{x^2}{1.2} + \frac{x^4}{1.2.3.4} - \text{etc.}\right) =$$

$$= x - \frac{x^3}{1.2.3} + \frac{x^5}{1.2.3.4.5} - \frac{x^7}{1.2.3.4.5.6.7} + \text{etc}$$

Effectuant la multiplication des facteurs du premier membre et égalant ensuite les coefficiens des mêmes puissances de x dans les deux membres , nous obtiendrons

$$A = \frac{1}{1}$$

$$B = \frac{A}{1.2} - \frac{1}{1.2.3}$$

$$C = \frac{B}{1.2} - \frac{A}{1.2.3.4} + \frac{1}{1.2.3.4.5}$$

$$D = \frac{C}{1.2} - \frac{B}{1.2.3.4} + \frac{A}{1.2.3.4.5.6} - \frac{1}{1.2.3.4.5.6.7}$$

$$E = \frac{D}{1.2} - \frac{C}{1.2.3.4} + \frac{B}{1.2.3.4.5.6} - \frac{A}{1.2.3.4.5.5.7.8} + \frac{1}{1.2.3.4.5.6.7.8.9}$$

etc. = etc.

En divisant la série du cosinus par celle du sinus, il vient

$$\cot x = \frac{1}{x} - \frac{1}{3} x - \frac{1}{3.3.5} x^3 - \frac{2}{3.3.3.5.7} x^5 - \text{etc.}$$

ce qui fait connaître la forme de la série de la cotangente , et alors si on pose

$$\cot x = A' . \frac{1}{x} + B'x + C'x^3 + D'x^5 + E'x^7 + \text{etc.}$$

la méthode que nous venons de suivre nous fait découvrir la loi suivante qui lie les coefficiens A', B', C', etc.

$$\mathrm{A'} = 1$$

$$\mathrm{B'} = \frac{\mathrm{A'}}{1.2.3} - \frac{1}{1.2}$$

$$\mathrm{C'} = \frac{\mathrm{B'}}{1.2.3} - \frac{\mathrm{A'}}{1.2.3.4.5} + \frac{1}{1.2.3.4}$$

$$\mathrm{D'} = \frac{\mathrm{C'}}{1.2.3} - \frac{\mathrm{B'}}{1.2.3.4.5} + \frac{\mathrm{A'}}{1.2.3.4.5.6.7} - \frac{1}{1.2.3.4.5.6}$$

$$\mathrm{E'} = \frac{\mathrm{D'}}{1.2.3} - \frac{\mathrm{C'}}{1.2.3.4.5} + \frac{\mathrm{B'}}{1.2.3.4.5.6.7}$$

$$- \frac{\mathrm{A'}}{1.2.3.4.5.6.7.8.9}$$

$$+ \frac{1}{1.2.3.4.5.6.7.8}$$

etc. $=$ etc.

37. Les séries précédentes étant connues , il devient facile , par la méthode *du retour des suites* (*voy*. ce mot), de trouver celle qui donne la génération de l'arc au moyen des puissances progressives de la tangente ; série que l'on peut aussi obtenir par une simple application de la loi fondamentale des séries ; mais le procédé le plus simple est celui d'Euler que nous allons faire connaître. La caractéristique L désignant les logarithmes naturels, on sait que (*voy*. LOGARITHME)

$$\mathrm{L}(1+z) = z - \frac{z^2}{2} + \frac{z^3}{3} - \frac{z^4}{4} + \frac{z^5}{5} - \frac{z^6}{6} + \text{etc.}$$

en faisant x négative, on a aussi

$$\mathrm{L}(1-z) = - z - \frac{z^2}{2} - \frac{z^3}{3} - \frac{z^4}{4} - \frac{z^5}{5} - \frac{z^6}{6} - \text{etc.}$$

d'où, retranchant la seconde égalité de la première ,

$$\mathrm{L}(1+z) - \mathrm{L}(1-z) = \mathrm{L}\left[\frac{1+z}{1-z}\right] = 2\left\{z + \frac{z^3}{3} + \frac{z^5}{5} + \text{etc.}\right\}$$

ceci posé, nous avons

$$e^{x\sqrt{-1}} = \cos x + \sin x . \sqrt{-1}$$

et , en prenant les logarithmes ,

$$x . \sqrt{-1} = \mathrm{L}(\cos x + \sin x \sqrt{-1})$$

et encore ,

$$- x \sqrt{-1} = \mathrm{L}(\cos x - \sin x . \sqrt{-1})$$

retranchant la seconde égalité de la première, il vient

$$x = \frac{1}{2\sqrt{-1}} . \mathrm{L}\left[\frac{\cos x + \sin x . \sqrt{-1}}{\cos x - \sin x . \sqrt{-1}}\right]$$

or,

$$\frac{\cos x + \sin x . \sqrt{-1}}{\cos x - \sin x . \sqrt{-1}} = \frac{1 + \tan g x . \sqrt{-1}}{1 - \tan g x . \sqrt{-1}}$$

Ainsi, substituant, à la place de z, $\tan g x . \sqrt{-1}$ dans le développement de $\mathrm{L}\left[\frac{1+z}{1-z}\right]$, on obtiendra

$$x = \tan g\, x - \frac{\tan g^3 x}{3} + \frac{\tan g^5 x}{5} - \frac{\tan g^7 x}{7} + \text{etc.}$$

38. La série que nous venons de déduire conduit à celle que Leibnitz a donnée pour la valeur de la circonférence du cercle, car, en observant que la tangente de l'arc de 45°, ou de la *huitième* partie de la circonférence, est égale au rayon, si l'on y fait $\tan g x = 1$, ce qui rend $x = \frac{\pi}{8}$, elle devient

$$\frac{1}{8}\pi = 1 - \frac{1}{3} + \frac{1}{5} - \frac{1}{7} + \frac{1}{9} - \frac{1}{11} + \text{etc.}$$

On reconnaît que la tangente de 45° est égale à l'unité en partant des valeurs. (*Voy*. n° 26)

$$\sin 45° = \frac{1}{\sqrt{2}}, \cos 45° = \frac{1}{\sqrt{2}}$$

d'où

$$\tan g\, 45° = \frac{\sin 45°}{\cos 45°} = \frac{\sqrt{2}}{\sqrt{2}} = 1$$

39. En combinant, comme nous venons de le faire, les valeurs des sinus de la table du n° 25, on peut obtenir les expressions finies des tangentes ; voici celles de ces expressions qui peuvent être employées avec avantage ; les autres sont trop compliquées pour être utiles.

$$\tan g\, 15° = 2 - \sqrt{3}$$

$$\tan g\, 18° = \sqrt{\left[1 - \frac{2}{\sqrt{5}}\right]}$$

$$\tan g\, 30° = \frac{1}{\sqrt{3}}$$

$$\tan g\, 36° = \sqrt{[5 - 2\sqrt{5}]}$$

$$\tan g\, 45° = 1$$

$$\tan g\, 54° = \sqrt{\left[1 + \frac{2}{\sqrt{5}}\right]}$$

$$\tan g\, 60° = \sqrt{3}$$

$$\tan g\, 72° = \sqrt{[5 + 2\sqrt{5}]}$$

$$\tan g\, 75° = 2 + \sqrt{3}$$

La construction des tables des tangentes ne demande qu'une suite de divisions lorsqu'on a déjà construit celles des sinus et cosinus; on peut aussi les calculer directement par les formules précédentes, mais ces détails ne peuvent trouver place ici.

Quant aux *sécantes*, lorsqu'il s'en rencontre dans les calculs, ou les ramène aux sinus à l'aide des relations primitives.

$$\sec x = \frac{1}{\cos x}, \quad \operatorname{cosec} x = \frac{1}{\sin x}$$

comme on ramène aussi les *sinus-verses* aux sinus par les relations

$$\sin.\text{verse } x = 1 - \cos x, \quad \cos.\text{verse } x = 1 - \sin x$$

Nous devons renvoyer, pour tous les détails de cette théorie, à l'*Introduction à l'analyse des infiniment petits* d'Euler, et à la *Trigonométrie* de Cagnoli.

40. Pour terminer ce qui concerne les sinus *circulaires*, nous allons donner la déduction des expressions générales des différentielles de ces fonctions, en partant des expressions théoriques.

$$\sin x = \frac{1}{2\sqrt{-1}}\left\{e^{x\sqrt{-1}} - e^{-x\sqrt{-1}}\right\}$$

$$\cos x = \frac{1}{2}\left\{e^{x\sqrt{-1}} + e^{-x\sqrt{-1}}\right\}$$

Rappelons-nous d'abord que la différentielle première d'une quantité exponentielle a^z est (*Voy.* Diff. 32.)

$$d[a^z] = a^z.La.dz$$

d'où il résulte pour la différentielle de l'ordre m l'expression

$$d^m[a^z] = a^z.(La)^m.dz^m$$

Dans le cas de $a = e$, on a $La = 1$, et par suite,

$$d^m[e^z] = e^z dz^m$$

Si nous faisons $z = x\sqrt{-1}$, nous aurons aussi visiblement

$$d^m\left[e^{x\sqrt{-1}}\right] = e^{x\sqrt{-1}}.(\sqrt{-1})^m.dx^m$$

$$d^m\left[e^{-x\sqrt{-1}}\right] = (-1)^m.e^{x\sqrt{-1}}.(\sqrt{-1})^m.dx^m$$

Ainsi (μ)

$$d^m\sin x = \frac{(\sqrt{-1})^m}{2\sqrt{-1}.}\left\{e^{x\sqrt{-1}} - (-1)^m.e^{-x\sqrt{-1}}\right\}.dx^m$$

$$d^m\cos x = \frac{1}{2}(\sqrt{-1})^m.\left\{e^{x\sqrt{-1}} + (-1)^m.e^{-x\sqrt{-1}}\right\}.dx^m$$

Or, nous avons vu, n° 10, que π étant la circonférence du cercle dont le rayon est 1, on a

$$e^{\frac{\pi}{4}\sqrt{-1}} = +\sqrt{-1}, \quad e^{-\frac{\pi}{4}\sqrt{-1}} = -\sqrt{-1}$$

donc

$$e^{\frac{m\pi}{4}\sqrt{-1}} = (\sqrt{-1})^m$$

$$e^{-\frac{m\pi}{4}\sqrt{-1}} = (-1)^m.(\sqrt{-1})^m$$

substituant dans (μ) ces valeurs des puissances de $\sqrt{-1}$, il viendra

$$d^m\sin x = \frac{1}{2\sqrt{-1}}\left\{e^{(x+\frac{m\pi}{4})\sqrt{-1}} - e^{-(x+\frac{m\pi}{4})\sqrt{-1}}\right\}$$

$$d^m\cos x = \frac{1}{2}\left\{e^{(x+\frac{m\pi}{4})\sqrt{-1}} + e^{-(x+\frac{m\pi}{4})\sqrt{-1}}\right\}$$

c'est-à-dire, en vertu des expressions mêmes dont nous sommes partis,

$$d^m\sin x = \sin\left(x + \frac{m\pi}{4}\right).dx^m$$

$$d^m\cos x = \cos\left(x + \frac{m\pi}{4}\right).dx^m$$

Ces belles expressions sont dues à M. Wronski, qui a fait également connaître la loi des différentielles successives de la tangente. Nos limites ne nous permettent pas de rapporter cette dernière. (*Voy. Philos. de la Technie*, 2ᵉ sect., page 451.)

41. En remontant aux principes dont nous sommes partis pour déduire la théorie algébrique des sinus on voit que la question qui est l'objet de cette théorie est complètement satisfaite par la fonction exponentielle générale

$$\phi x = (a^m)^x$$

et que le cas particulier où l'on prend $m = \sqrt{-1}$ et $a = e$ n'est en réalité que le cas le plus simple des fonctions transcendantes auxquelles la transition de la *numération* aux *facultés* donne naissance. En effet, non-seulement on peut former une infinité de systèmes différens de sinus en prenant pour la base *a* des quantités arbitraires; mais la valeur $\sqrt{-1}$, que nous avons choisie pour *m*, afin de faire sortir la fonction a^{mx} de la classe des puissances susceptibles d'une détermination immédiate, est la plus simple des racines dites *imaginaires* que l'on peut employer pour obtenir ce résultat.

En prenant par exemple la racine générale $\sqrt[2n]{\pm 1}$, l'expression fondamentale

$$\varphi x = \left(a^{\sqrt[2n]{\pm 1}} \right)^x$$

conduirait à des fonctions transcendantes d'ordres de plus en plus élevés, dont nous ne pouvons ici que signaler l'existence.

Mais pour compléter au moins la partie élémentaire de cette théorie, il nous reste à examiner les fonctions qui résultent du cas en quelque sorte primitif où $n = 1$, et où l'on prend le signe $+$ sous le radical, c'est-à-dire, le cas où l'on a

$$\varphi x = \left(a^{\sqrt{+1}} \right)^x$$

Alors la fonction φx n'est plus une fonction *dérivée élémentaire* dans le sens que nous avons attaché à cette expression, puisqu'elle rentre dans la classe des puissances ordinaires, mais elle n'en a pas moins des propriétés très-remarquables qui doivent la rendre l'objet d'une considération particulière.

42. Si l'on remplace $\sqrt{-1}$ par $\sqrt{+1}$ dans la déduction que nous avons donnée (Philosophie, 62) des expressions théoriques primitives des sinus et cosinus elliptiques, et si l'on observe en outre que $\sqrt{+1} = \pm 1$, on obtiendra pour la nature de la fonction φx

$$\varphi x = Fx + fx \cdot \sqrt{+1}$$

les deux fonctions Fx, fx offrant les relations

$$Fx + fx = a^{+x}$$
$$Fx - fx = a^{-x}$$

qui conduisent aux expressions théoriques primitives de ces dernières fonctions, savoir :

$$Fx = \frac{1}{2} \left\{ a^{+x} + a^{-x} \right\}$$
$$fx = \frac{1}{2} \left\{ a^{+x} - a^{-x} \right\}$$

La dernière de ces fonctions est ce qu'on nomme *sinus hyperbolique*, et la première, ce qu'on nomme *cosinus*

hyperbolique. La quantité variable x est le double du secteur compris entre le premier axe et le rayon vecteur mené du centre au point de la courbe dont l'abscisse est égale à Fx et l'ordonnée égale à fx.

En prenant les secondes puissances de ces expressions, on obtient pour la liaison des sinus et cosinus hyperboliques

$$(Fx)^2 - (fx)^2 = 1.$$

41. Si l'on prend pour la base *a* le nombre *e*, base des logarithmes naturels, on obtient le système des *sinus* de l'hyperbole *équilatère*, système qui correspond à celui de l'ellipse équilatère ou du *cercle*. Ainsi désignant par les caractérisques *sh.* et *ch.* les sinus et cosinus de l'hyperbole équilatère, nous aurons pour les expressions théoriques primitives de ces fonctions (ν)

$$sh.\,x = \frac{e^x - e^{-x}}{2}$$

$$ch.\,x = \frac{e^x + e^{-x}}{2}$$

Il nous reste à démontrer qu'on retrouve effectivement de telles quantités dans la géométrie.

42. Soit BC (Pl. 57, fig. 9) une hyperbole équilatère dont le demi-axe transverse AB $= 1$. AC étant un rayon vecteur quelconque, si l'on compte les abscisses du centre A, AD sera l'abscisse et DC l'ordonnée qui correspondent au secteur hyperbolique ABC, ou, respectivement, le *cosinus* et le *sinus* de ce secteur.

Pour obtenir d'abord l'aire de ce secteur, observons qu'elle est égale au triangle ADC diminué de l'aire hyperbolique BCD, ou qu'on a

$$ABC = ADC - BCD.$$

Cette égalité donne, en prenant les différentielles,

$$d(ABC) = d(ADC) - d(BCD).$$

Or, désignant AD par x, et DC par y, nous avons

$$ADC = \tfrac{1}{2} AD \times DC = \tfrac{1}{2} x \cdot \sqrt{(x^2 - 1)},$$

car l'équation de l'hyperbole équilatère dont le demi-axe transverse est l'*unité* est $y^2 = x^2 - 1$. (*Voy.* Hyperbole.) Il en résulte

$$d(ADC) = \frac{2x^2 dx - dx}{2\sqrt{(x^2 - 1)}},$$

d'autre part (*voy.* Quadrature),

$$d(BCD) = y\,dx = dx \cdot \sqrt{(x^2 - 1)}.$$

Ainsi

$$d(\text{ABC}) = \frac{dx}{2\sqrt{(x^2-1)}}.$$

Intégrant les deux membres de cette dernière égalité, il vient

$$2.\text{ABC} = \int \frac{dx}{\sqrt{(x^2-1)}} = \text{L}[x+\sqrt{(x^2-1)}].$$

L désignant le logarithme naturel. Ainsi, exprimant par z le double du secteur ABC, nous aurons l'égalité

$$z = \text{L}[x+\sqrt{(x^2-1)}]$$

d'où, passant des logarithmes aux nombres,

$$e^z = x + \sqrt{(x^2-1)}.$$

En faisant z *négatif*, nous aurons évidemment encore

$$e^{-z} = x - \sqrt{(x^2-1)}$$

ces deux dernières égalités étant la même chose que

$$e^z = x + y$$
$$e^{-z} = x - y$$

on en tire

$$x = \frac{e^z - e^{-z}}{2}$$
$$y = \frac{e^z + e^{-z}}{2}$$

ou, comme ci-dessus,

$$\text{sh}.z = \frac{e^z - e^{-z}}{2}, \quad \text{ch}.z = \frac{e^z + e^{-z}}{2}.$$

En faisant z négatif, on a généralement

$$\text{sh}.(-z) = -\text{sh}.z, \quad \text{ch}.(-z) = \text{ch}.z.$$

43. D'après la nature de ces fonctions, leur loi fondamentale est donc

$$(\text{ch}.x_1 + \text{sh}.x_1).(\text{ch}.x_2+\text{sh}.x_2).(\text{ch}.x_3+\text{sh}.x_3)....\text{etc.}$$
$$= \text{ch}.(x_1+x_2+x_3+ \text{etc}...) + \text{sh}.(x_1+x_2+x_3+\text{etc}...)$$

et c'est de cette loi qu'on doit déduire toutes leurs propriétés.

D'abord dans le cas de $x_1 = x_2 = x_3 = \text{etc}... = x$, si nous désignons par m le nombre des facteurs du premier membre, il viendra

$$(\text{ch}.x + \text{sh}.x)^m = \text{ch}.mx + \text{sh}.mx,$$

et en faisant x négative

$$(\text{ch}.x - \text{sh}.x)^m = \text{ch}.mx - \text{sh}.mx$$

expressions semblables à celles des sinus circulaires et dont on peut déduire les séries qui donnent le sinus et le cosinus hyperboliques du secteur multiple en fonctions des sinus et cosinus du secteur simple.

44. x et z étant deux secteurs différens, on a, d'après la loi fondamentale,

$$(\text{ch}.x+\text{sh}.x).(\text{ch}.z+\text{sh}.z) = \text{ch}.(x+z) + \text{sh}.(x+z)$$
$$(\text{ch}.x-\text{sh}.x).(\text{ch}.z-\text{sh}.z) = \text{ch}.(x+z) - \text{sh}.(x+z)$$

Si, d'une part, on ajoute ces égalités ensemble et que, de l'autre, on retranche la seconde de la première, on obtiendra, après avoir développé les produits,

$$\text{sh}.(x+z) = \text{sh}.x.\text{ch}.z + \text{ch}.x.\text{sh}.z$$
$$\text{ch}.(x+z) = \text{ch}.x.\text{ch}.z + \text{sh}.x.\text{sh}.z$$

ce qui donne, en faisant z négatif

$$\text{sh}.(x-z) = \text{sh}.x.\text{ch}.z - \text{ch}.x.\text{sh}.z$$
$$\text{ch}.(x-z) = \text{ch}.x.\text{ch}.z - \text{sh}.x.\text{sh}.z$$

ces théorèmes sont analogues à ceux des sinus circulaires.

45. A la valeur $x = 0$ correspondent, dans les expressions primitives, les valeurs

$$\text{sh}.x = 0, \quad \text{ch}.x = 1$$

et il est facile d'en conclure qu'à partir de 0 jusqu'à l'*infini*, pour la valeur du secteur, le sinus hyperbolique croît de 0 à l'*infini* et le cosinus de l'*unité* à l'*infini*, ce qui rompt la ressemblance entre les sinus hyperboliques et les sinus circulaires. On a d'ailleurs encore les autres fonctions dérivées

$$\frac{\text{sh}.x}{\text{ch}.x} = \text{tang hyp}.x, \quad \frac{1}{\text{ch}.x} = \text{séc. hyp}.x$$
$$\frac{\text{ch}.x}{\text{sh}.x} = \text{cot. hyp}.x, \quad \frac{1}{\text{sh}.x} = \text{coséc. hyp}.x;$$

mais comme la théorie de toutes ces fonctions ne présente aucune difficulté, nous ne nous y arrêterons pas. Nous devons seulement faire remarquer que dans les sinus elliptiques, en général, la variable représente aussi un secteur; si, dans le cercle, et par suite dans les sinus circulaires, cette variable exprime un *arc*, c'est uniquement parce que dans cette dernière figure les secteurs sont proportionnels aux arcs.

46. L'analogie du cercle avec l'hyperbole équilatère conduit naturellement à la considération des *sinus hyperboliques*, comme à celle de la liaison qui existe en-

tre les logarithmes naturels et les *sinus circulaires*, mais la théorie purement algébrique que nous venons d'exposer a seule le mérite de montrer l'origine de ces fonctions importantes qui viennent clore la partie théorique élémentaire de la science des nombres et tracer la ligne de démarcation entre les *algorithmes élémentaires*, fondemens de toute conception mathématique, et les combinaisons de ces algorithmes, combinaisons dont le nombre est indéfini. C'est à Euler qu'on doit les premiers développemens de la théorie des sinus circulaires, théorie qu'il a pour ainsi dire épuisée dans son beau mémoire, *Subsidium calculi sinuum*, inséré dans le tome V des *Nouv. Mém. de St-Pétersbourg.* Quant aux *sinus hyperboliques*, il paraît qu'on doit à Lambert leur introduction dans la science; c'est lui du moins qui, dans ses *observations trigonométriques* (*Voy. Mém. de l'Acad. de Berlin*, 1768), a mis dans tout son jour l'extrême ressemblance qui existe entre les sinus et cosinus du cercle et les coordonnées de l'hyperbole; il la démontre par un parallélisme exact et presque une identité entre les formules des sinus, cosinus et tangentes circulaires, selon les différens cas ou rapports des arcs circulaires, et celles des sinus, cosinus et tangentes hyperboliques dans les cas analogues aux différens rapports des secteurs hyperboliques. On lui doit même des tables de sinus et cosinus hyperboliques et l'idée première d'une *trigonométrie hyperbolique* devant suppléer aux cas où la trigonométrie circulaire est insuffisante pour la solution de divers problèmes astronomiques. Ces aperçus ingénieux n'ont point encore reçu d'applications importantes.

SIPHON ou SYPHON. (*Méc.*) Instrument très-simple et très-connu dont on se sert spécialement pour transvaser les liquides. Il consiste en un tube recourbé de verre ou de métal, et dont une branche est plus longue que l'autre. On plonge la branche la plus courte dans le vase qui contient la liqueur, puis on aspire l'air dans l'autre branche. Alors l'écoulement commence et ne finit que lorsque l'extrémité de la courte branche ne plonge plus du tout dans la liqueur. Nous avons exposé au mot AIR les causes du jeu de cet instrument.

SIRIUS. (*Ast.*) Nom de la plus brillante des étoiles fixes. Elle est située dans la gueule du chien. Les Arabes la nommaient *aschère, scerce, alhabor, aliemini, lalaps*, les Grecs σειριος, αστεροκύων, et les Latins *canicula*.

SOLAIRE. (*Ast.*) Se dit adjectivement de ce qui a rapport au soleil. (*Voy.* SOLEIL et SYSTÈME. *Voy.* aussi ANNÉE.)

SOLEIL. (*Ast.*) Corps sphérique, lumineux par lui-même, centre et régulateur des mouvemens de la terre et des autres planètes.

Le soleil, source principale de la chaleur et de la lumière, et, comme tel, principe vivifiant de tout ce qui végète, est pour nous l'astre le plus important de l'Univers. L'éclat de ses rayons est insupportable pour l'œil nu, et ce n'est qu'en les affaiblissant par l'interposition d'un verre noirci à la fumée qu'il devient possible de le fixer; il nous apparaît alors comme un disque plat, illusion d'optique que le raisonnement redresse bientôt lorsqu'on sait que cette apparence est celle de tous les corps ronds vus de très-loin. Projeté sur la voûte céleste, ainsi que la lune, et d'une grandeur apparente qui diffère peu de celle de ce dernier astre, on pourrait imaginer au premier aspect que les distances de la terre à ces deux corps sont à peu près les mêmes, mais ce serait une nouvelle illusion, car la distance moyenne du soleil à la terre est environ 400 fois plus grande que celle de la lune.

En examinant le soleil avec des télescopes d'un pouvoir amplifiant suffisant et garnis de verres colorés, on découvre souvent sur son disque des taches noires d'une forme irrégulière et entourées d'une espèce de bordure moins sombre. Dans l'intervalle de quelques jours et même de quelques heures, ces taches s'élargissent ou se resserrent, changent de forme et disparaissent entièrement; les plus persistantes semblent traverser le disque du soleil, ce qui demande à peu près 14 jours. Arrivées à l'un des bords, elles cessent d'être visibles pour se remontrer 14 jours après vers le bord opposé. Ces phénomènes ont fait conjecturer au célèbre Herschell que le corps du soleil est un noyau obscur et solide dont quelques parties sont mises à découvert par suite des oscillations de l'atmosphère lumineuse qui l'entoure. Dans cette hypothèse, qui paraît réunir le plus de probabilités, les taches seraient le corps même du soleil, et leur mouvement apparent de translation serait causé par la rotation du soleil sur son axe. C'est en effet par l'observation de la durée uniforme de la marche révolutive de toutes les taches qu'on a pu conclure que le soleil tourne sur lui-même dans une période de 25 jours et demi. Delambre la fixe à 25j,0ɪ154, mais on ne peut regarder cette question comme déterminée avec une précision suffisante.

Quelquefois, dans le voisinage des grandes taches, on observe de larges espaces couverts de raies bien marquées, plus lumineuses que le reste. Ces raies se nomment *facules*; on peut les considérer comme les sommets de vagues immenses dans les régions lumineuses de l'atmosphère. Fréquemment des taches se forment près des facules, lorsqu'il n'y en avait pas auparavant. Les taches ne se manifestent que dans une région qui ne s'étend pas à plus de 30 degrés de part et d'autre de l'équateur solaire; circonstances qui s'accordent parfaitement avec l'origine que nous venons de leur assigner, car c'est nécessairement vers l'équateur solaire, où le mouvement de rotation est le plus rapide, que l'atmosphère doit éprouver les plus violentes agitations.

Les anciens, dont le génie a devancé sur beaucoup de points la marche lente des observations, ont bien pu conjecturer que les planètes sont des corps semblables à la terre et susceptibles comme elle d'être habités par des êtres organisés ; mais comme ils ont cru que le soleil était un globe de feu, l'imagination de leurs poètes pouvait seule le peupler de créatures sans analogues parmi nous. Aujourd'hui, si cette question ne peut encore admettre une solution satisfaisante, il est au moins possible de la discuter sans paradoxe, car les observations modernes fournissent des argumens que la raison peut employer.

Ainsi, en admettant, avec Laplace, que le noyau même du soleil est embrasé et que les taches ne sont que de vastes éruptions de feux faiblement représentées par nos volcans terrestres, on ne peut supposer qu'il renferme rien de vivant sous les conditions de notre existence physique ; cependant, si l'on croit pouvoir conclure, d'après d'assez fortes inductions, que la température de la surface visible du soleil est plus élevée que toutes les températures produites artificiellement, soit dans les fourneaux, soit par des procédés chimiques, il ne s'ensuit pas nécessairement que le corps du soleil doive être dans un état d'ignition. Et, d'après l'hypothèse d'Herschell, qui pense que les couches lumineuses de l'atmosphère sont soutenues fort au-dessus du noyau solide par d'autres couches nuageuses, séparées elles-mêmes du noyau par un milieu élastique transparent, il se peut que les couches nébuleuses soient douées d'un pouvoir réflecteur assez considérable pour protéger le corps du soleil contre le rayonnement de la lumière émanée des couches supérieures. Alors rien n'empêcherait de supposer que ce globe immense est habité par des êtres sinon entièrement semblables à l'homme, du moins vivans d'une vie subordonnée aux conditions de la sienne.

L'hypothèse qu'il règne dans la masse du soleil une chaleur très-intense est celle que l'on croit généralement la plus probable, et l'on se fonde sur ce que, d'après le peu de densité de cette masse, les parties centrales doivent être douées d'une grande élasticité pour pouvoir résister à l'énorme pression qu'elles supportent. Cependant on pourrait objecter que la densité connue du soleil est seulement la densité moyenne de son noyau et de son atmosphère réunis, et, par conséquent, que si cette atmosphère, comme tout porte à le croire, s'étend à une grande distance autour du noyau, ce noyau, dont les dimensions sont inconnues, peut avoir une densité égale et même supérieure à celle de la terre.

Toutes ces hypothèses, on doit le reconnaître, sont beaucoup plus ingénieuses que bien fondées, et c'est tout à fait gratuitement qu'on admet la haute température de l'atmosphère lumineuse du soleil, car de ce que les rayons solaires produisent la chaleur, il n'est rien moins que philosophique de conclure que le soleil lui-même est en ignition. L'eau qui enflamme la chaux vive, l'acide sulfurique qui allume l'allumette dite *oxigénée*, ne sont point en ignition et développent néanmoins le principe inconnu du feu que renferment ces corps. La plupart des combinaisons chimiques nous présentent également le phénomène d'une production de chaleur très-intense, quoique la température des substances qui agissent les unes sur les autres soit très-basse. Il en est ainsi des rayons solaires : les faits nous démontrent clairement qu'ils concourent au développement de la chaleur en se combinant avec le principe calorifique des corps exposés à leur action, mais que c'est à cette combinaison seule que la chaleur est due et qu'on ne doit pas plus l'attribuer uniquement aux rayons qu'aux corps seuls eux-mêmes. Ces considérations doivent nous faire rejeter comme un jeu de l'imagination tous les calculs par lesquels on a cru déterminer la température des diverses planètes ; température que l'on a supposée plus ou moins élevée suivant la distance au soleil, tandis qu'il suffit de certaines modifications dans les atmosphères pour rendre la température moyenne uniforme dans tout notre système. Mais quittons le champ des hypothèses physiques qui n'offre encore rien de bien satisfaisant, et abordons celui des phénomènes astronomiques où tout est précis, déterminé et certain.

Le soleil est le plus considérable de tous les corps célestes ; son volume surpasse de beaucoup la somme des volumes de toutes les planètes ; placé au foyer commun des ellipses que ces corps décrivent autour de lui, il paraît avoir, outre son mouvement de rotation sur lui-même, un mouvement de translation dans l'espace qui l'emporte, avec tout notre système planétaire, vers la constellation d'Hercule. (*Voy.* Étoile.)

La révolution annuelle de la terre autour du soleil produit à nos regards un mouvement apparent du soleil suivant l'orbite même que parcourt la terre. En effet, par suite du mouvement de la terre, le rayon mené de notre œil au centre du soleil change continuellement de direction et va marquer dans le ciel, parmi les étoiles, un point sans cesse différent. Ainsi, dans le cours d'une révolution complète, le soleil nous paraît avoir décrit d'occident en orient un grand cercle de la sphère céleste. Outre ce mouvement apparent qu'on nomme le *mouvement propre du soleil*, cet astre en a encore un autre qui n'est pas plus réel ; c'est le *mouvement commun*, dû à la rotation de la terre sur son axe, en vertu duquel tous les corps célestes semblent tourner en 24 heures d'orient en occident autour de la terre. On peut se représenter la combinaison de ces deux mouvemens en imaginant un cercle qui tourne autour de son centre de droite à gauche, tandis qu'un point placé sur la circonférence, et qui participe du mouvement général, se meut de gauche à droite sur cette circonférence.

Comme toutes les apparences dues au mouvement de la terre sont plus importantes pour l'astronomie et pour les sciences qui en dépendent que ce mouvement réel lui-même, on a particulièrement besoin de connaître à chaque instant le *lieu du soleil*, c'est-à-dire, le point du grand cercle de la sphère céleste où le projette le rayon visuel mené de notre œil à son centre; aussi dans la théorie on suppose que la terre est immobile au foyer de l'ellipse que le soleil semble parcourir, et l'on transporte à ce dernier les vitesses variables du mouvement de notre globe. Nous nous conformerons à cet usage dans ce qui va suivre.

L'orbite du soleil n'est pas le grand cercle de la sphère céleste que cet astre paraît décrire, quoique cette orbite et ce grand cercle soient désignés par le même nom d'écliptique; c'est une ellipse située dans le plan de ce grand cercle, et dont il est facile de déterminer les dimensions relatives, car le diamètre apparent du soleil variant continuellement de grandeur, il en résulte que cet astre est tantôt plus près et tantôt plus éloigné de la terre. On sait que le plus grand diamètre apparent (*voy.* ce mot) est de 32' 35", 6, et le plus petit de 31' 31". Ainsi, d'après les lois de l'optique, les distances devant être en raison inverse des diamètres, si nous désignons par D la plus grande distance du soleil à la terre, et par *d* la plus petite distance, nous aurons

$$D : d :: 32' \ 35", 6 : 31' \ 31"$$

$$:: 1955', 6 : 1891"$$

En représentant donc la plus grande distance par le nombre 1955, 6, la plus petite sera représentée par le nombre 1891, et, par conséquent, la distance moyenne par 1923, 3; ou, divisant ces trois nombres par 1923, 3, on aura, pour représenter respectivement la plus grande, la moyenne et la plus petite distance les nombres

$$1,016794 ; \ 1,00000 ; \ 0,983206.$$

Il est aisé d'en conclure qu'en prenant pour *unité* le demi-grand axe de l'ellipse, le demi-petit axe est égal à 0,999858, et l'excentricité à 0,016794.

Les rapports précédens ne nous apprennent rien sur les dimensions absolues de l'orbite solaire, l'observation seule de la parallaxe peut déterminer ces dimensions; or, on sait (*voy.* PARALLAXE) que cette parallaxe est d'environ 8", 6, et par suite que la distance m yenne

du soleil à la terre n'est pas moindre de 23984 fois la longueur du demi-diamètre de la terre, ce qui fait à peu près 34000000 de lieues.

Cette importante donnée nous fait encore connaître les dimensions propres du soleil, qui se déduisent immédiatement de sa distance et de l'angle qui mesure son diamètre apparent. Le diamètre réel de cet astre est de 320000 lieues, ou près de 4 fois la distance de la terre à la lune. Si l'on veut comparer les dimensions du soleil à celles de la terre, on trouve que le demi-diamètre solaire est au demi-diamètre de la terre comme $111 \frac{1}{2}$ est à 1, et que le volume de ce globe prodigieux équivaut à 1384472 fois celui de la terre.

La masse du soleil, déduite de la théorie de l'attraction, est représentée par le nombre 354936, la masse de la terre étant prise pour unité. En comparant la masse au volume, on obtient la *densité* (*voy.* ce mot); ainsi la densité moyenne du soleil est à celle de la terre comme 0,2543 est à 1.

Si l'orbite du soleil était un cercle et s'il le parcourait d'un mouvement uniforme, il suffirait de connaître sa situation à un instant déterminé pour pouvoir calculer ensuite sa situation à un autre instant quelconque, mais il n'en est point ainsi; l'observation montre que la vitesse de son mouvement est continuellement variable; par exemple, vers le 31 décembre, il parcourt en 24 heures un arc de 1° 1'9", 9 tandis que, vers le 1ᵉʳ juillet, l'arc qu'il décrit dans le même intervalle de temps n'est que de 0° 57' 11", 5. Il faut donc savoir réduire le mouvement moyen et uniforme que l'on prend pour base des calculs au mouvement réel et inégal; c'est ce que les astronomes font avec facilité à l'aide des *tables du soleil* où se trouvent toutes les circonstances de ces divers mouvemens. Nous ne pouvons ici qu'indiquer la base de ces opérations.

La durée d'une révolution complète du soleil ou son retour à la même étoile, ce qu'on nomme l'année sidérale, étant de 365ʲ 6ʰ 9' 10", 75 = 365ʲ, 2563744, et pendant cette durée le soleil parcourant les 360° de l'écliptique, si sa vitesse était uniforme il parcourrait en un jour 59' 8", 33022. Ainsi connaissant le *lieu* du soleil sur l'écliptique un jour donné, ce qu'on appelle l'*époque*, on aurait son lieu pour tous les jours suivans en ajoutant 59' 8" 33022 par chaque jour écoulé à partir de l'*époque*. Le lieu obtenu de cette manière ne serait pas le véritable, mais il servirait à le trouver en réduisant le mouvement circulaire au mouvement elliptique, comme nous l'avons exposé au mot *anomalie*. On prend ordinairement pour *époque* minuit, temps moyen, qui sépare une année de la précédente, c'est-à-dire, le minuit qui finit le 31 décembre et commence le 1ᵉʳ janvier; le lieu moyen ou, comme on le nomme, la *longitude moyenne* du soleil, étant connue pour cet instant, il est facile de calculer cette longitude moyenne pour un jour et un instant quelconques de l'année. La différence entre la longitude moyenne et la longitude du périgée de l'orbite solaire donne *l'anomalie moyenne*, et cette dernière sert à calculer *l'équation du centre*, ou ce qu'il faut ajouter à la longitude moyenne pour obtenir la *longitude vraie*. Il est en outre nécessaire de tenir compte des perturbations qui résultent de l'attraction des planètes, perturbations dont les effets sont calculés dans les tables.

D'après les derniers travaux de M. Bessel, la *longitude moyenne du soleil à l'époque* pour l'année 1800 $+ T$ est

$$280° \, 23' 35'' \, 525 + 27'', 605844 . T + 0'', 0001221805 . T^2$$
$$- M$$

T désigne le nombre des années au-dessus de 1800; pour avoir M on divise T par 4 et suivant que le *reste* de la division

$$\text{est } 0 \text{ on a } M = 59' \, 8'', \, 330$$
$$1 \dots M = 14 \quad 47, \, 083$$
$$2 \dots M = 29 \quad 34, \, 166$$
$$3 \dots M = 44 \quad 21 \quad 248$$

Selon le même savant, pour *l'époque* de 1800 $+$ T, la longitude du périgée est

$$279° \, 30' 8'', \, 39 + 61'', \, 5171 . T + 0,0002037965 . T^2$$

Lorqu'on connaît la *longitude vraie* on peut calculer aisément l'*ascension droite* et la *déclinaison* (*voy.* ces mots) en résolvant un triangle sphérique.

Voyez pour ce qui a rapport au soleil les mots ANNÉE, CALENDRIER, ÉCLIPTIQUE, ÉQUATION DU TEMPS, PARALLAXE, PASSAGES, PERTURBATIONS, SYSTÈME et ZODIACALE.

SOLIDE. (*Géom.*) Étendue qui a les trois dimensions, c'est-à-dire, longueur, largeur et épaisseur. C'est l'étendue de tous les corps que l'on désigne souvent aussi par le nom de *solides.*

Tout corps terminé par des surfaces planes s'appelle *solide polyèdre* ou simplement *polyèdre* (*voy.* ce mot).

De tous les solides terminés soit par des surfaces courbes, soit par des combinaisons de surfaces planes et courbes, la géométrie élémentaire ne considère que les trois corps nommés *cône*, *cylindre* et *sphère*. (*Voy.* ces mots.)

On nomme généralement *solide de révolution* tout solide que l'on peut concevoir comme engendré par la révolution d'un plan de figure quelconque autour d'un axe. Le *cône droit*, le *cylindre droit* et la *sphère* sont des solides de révolution.

Pour comparer les solides entre eux et déterminer de combien l'un est plus grand que l'autre, il est nécessaire de les rapporter à une *unité* de mesure; or cette unité doit être elle-même un *solide*, car l'*unité* prise pour terme de comparaison entre deux grandeurs quelconques de même nature ne saurait être d'une nature différente de celle de ces grandeurs. C'est ainsi que pour mesurer les lignes on choisit *une ligne*, et que pour mesurer les *surfaces* on choisit une *surface*. (*Voy.* AIRE.)

La grandeur d'un solide, ou ce qu'on nomme son *volume* ne peut donc être déterminé qu'en comparant ce volume à un autre *volume* connu. Le *cube* (*voy.* ce mot) étant le corps régulier le plus simple et le plus facile à construire, c'est celui qu'on a choisi pour servir d'*unité*. Ainsi on connaît le *volume* d'un corps lorsqu'on connaît le nombre de fois qu'il peut contenir le cube pris pour unité. Dans notre système métrique l'unité des solides est le *cube* dont le côté a un *mètre* de longueur.

Pour nous rendre compte de cette manière de mesurer, supposons que le cube *abcdefg* (Pl. 57, fig. 10) est l'unité de mesure, et proposons-nous de déterminer le *volume* du parallélipipède rectangle ABCDEFG. Le côté *ef* du cube étant l'*unité linéaire*, portons cette unité sur les côtés EF et FG de la base du parallélipipède, et supposons pour plus de simplicité que le côté EF contienne 6 fois exactement cette unité et que le côté FG la contienne 5 fois. La surface de la base du parallélipipède sera donc exprimée par $6 \times 5 = 30$, c'est-à-dire, elle contiendra 30 fois la base du cube, car cette base n'est autre chose que l'unité de surface (*voy.* AIRE). Sur chacun des 30 carrés de la base EG on peut placer le cube *abcdefg*; et si l'on suppose encore que la hauteur AE contienne 4 fois l'unité linéaire, il devient visible qu'en superposant sur ces 30 cubes une autre couche de 30 cubes, puis sur cette seconde une troisième, et sur cette troisième une quatrième, ces 4 couches de 30 cubes rempliront exactement le parallélipipède, de sorte que son volume sera représenté par le nombre $4 \times 30 = 120$. Si le cube *abcdefg* a pour côté un *mètre*, ou si c'est le mètre cube, le volume du parallélipipède sera donc de 120 mètres cubes.

En revenant maintenant sur l'opération qui nous a fait trouver le nombre 120, nous voyons qu'il a fallu mesurer, avec l'unité linéaire, les trois dimensions du parallélipipède; savoir, sa longueur EF, sa largeur FG et sa hauteur ou épaisseur AE; qu'en multipliant la longueur par la largeur nous avons obtenu le nombre qui exprime l'*aire* de la base et qu'enfin en multipliant cette *aire* par la hauteur, il en est résulté le nombre qui exprime le *volume*. Nous pouvons donc en conclure, car le raisonnement serait le même quels que soient les nombres qui expriment les mesures linéaires des dimensions, que *le volume d'un parallélipipède rectangle est égal au produit de ses trois dimensions*, ou, ce qui est la même chose, *au produit de sa base par sa hauteur*.

On démontre dans tous les traités de géométrie que

1° *Un parallélipipède quelconque est équivalent à un parallélipipède rectangle de même hauteur et de base équivalente*.

2° *Un parallélipipède quelconque peut toujours être décomposé en deux prismes triangulaires équivalens entre eux*.

3° *Deux prismes quelconques dont les bases sont équivalentes et qui ont même hauteur sont équivalens*.

4° *Deux pyramides quelconques qui ont des bases équivalentes et des hauteurs égales sont équivalentes*.

5° *Une pyramide triangulaire est le tiers d'un prisme de même base et de même hauteur*.

Il résulte de ces propositions que :

1° *Le volume d'un parallélipipède quelconque est égal au produit de sa base par sa hauteur*.

2° *Le volume d'un prisme quelconque est égal au produit de sa base par sa hauteur*.

3° *Le volume d'une pyramide quelconque est égal au tiers du produit de sa base par sa hauteur*.

Le cylindre pouvant être considéré comme un prisme dont la base est un polygone régulier d'un nombre indéfini de côtés, et le cône comme une pyramide dont la base est également un polygone d'un nombre indéfini de côtés, on peut encore conclure que :

1° *Le volume d'un cylindre est égal au produit de sa base par sa hauteur*.

2° *Le volume d'un cône est égal au tiers du produit de sa base par sa hauteur*.

Quant au volume de la sphère, *voyez* Sphère.

Ce qui précède est suffisant pour mesurer le volume de tout solide qu'on peut décomposer en prismes ou en pyramides. Les corps dont les surfaces sont remplies d'inégalités offrent des difficultés souvent insurmontables, mais on se contente d'obtenir approximativement leurs valeurs à peu près de la même manière qu'on obtient l'aire des figures dont les contours sont très-irréguliers. Cependant lorsqu'il s'agit de corps très-petits, les physiciens emploient le procédé suivant, susceptible d'une grande exactitude.

On prépare un vase cubique ou parallélipipède d'une capacité connue, et après l'avoir rempli d'eau on y plonge le corps qu'on veut mesurer. En plongeant, ce corps chasse un volume d'eau égal au sien; par conséquent en mesurant le volume de cette eau ainsi chassée, on a celui du corps. Mais comme il serait difficile de recueillir exactement l'eau qui tombe du vase, on dispose ordinairement sur sa hauteur une échelle dont les divisions font connaître le volume de l'eau comprise entre le fond et chacune d'elles; ainsi après avoir plongé le corps et fait écouler l'eau qu'il déplace on le retire, ce qui occasionne un vide égal en volume à l'eau écoulée ou au corps. Les divisions de l'échelle font connaître immédiatement ce volume.

Pour la mesure du volume des solides de révolution, *voy.* Cubature.

Solides semblables. Ce sont ceux dont les volumes sont différens, mais dans lesquels la relation des limites est la même. Par exemple deux polyèdres sont *semblables* lorsque tous leurs angles solides sont égaux et semblablement placés, et que leurs faces situées de la même manière sont semblables.

Deux polyèdres semblables sont entre eux comme les cubes de leurs côtés homologues.

Angle solide. C'est celui qui est formé par les intersections de plusieurs plans qui se rencontrent en un même point; ce point est le sommet de l'angle. Les divers sommets des polyèdres sont des angles solides.

Deux angles solides sont égaux lorsque les angles des plans qui les forment sont égaux et semblablement placés.

Problème solide. Les anciens donnaient ce nom aux problèmes qui conduisent à une équation du troisième degré.

SOLIDITÉ. (*Géom.*) Quantité d'espace occupée par un corps solide. La *solidité* et le *volume* sont la même chose.

SOLITAIRE. (*Ast.*) Nom d'une constellation méridionale introduite par Lemonnier. Elle est située entre la balance, le scorpion et l'hydre.

SOLSTICE. (*Ast.*) Moment où le soleil est à sa plus grande distance de l'équateur et arrivé à l'un des tropiques. On lui a donné ce nom, de *solis statio*, parce que le soleil quand il est proche du tropique paraît, durant quelques jours, conserver à très-peu près la même hauteur méridienne, et que la durée des jours avant et après le solstice est sensiblement la même. Le solstice arrive deux fois chaque année, savoir le 20 ou 21 juin, jour auquel le soleil arrive au premier point du signe du cancer ou de l'écrevisse, qui est le point où l'écliptique touche le tropique du cancer, et le 20 ou 21 décembre, jour auquel le soleil arrive au premier point du capricorne, qui est le point de l'écliptique qui touche le tropique du capricorne. (*Voy.* Armillaire.) C'est le premier de ces jours qui commence notre été; aussi le solstice qui lui correspond se nomme le *solstice d'été*. L'autre est celui où commence notre hiver; c'est pourquoi le solstice correspondant est appelé *solstice d'hiver.* Le contraire a lieu pour les habitans de l'hémisphère méridional.

SOLUTION. C'est en *mathématique* la réponse à une question ou la quantité qui satisfait aux conditions d'un problème. (*Voy.* RÉSOLUTION.)

SOMMATION. (*Alg.*) Opération qui a pour but de trouver la somme d'une suite de termes dont on connaît la loi. Elle est particulièrement l'objet d'une branche de calcul nommée *calcul sommatoire.*

Nous avons nommé, d'après M. Wronski, dans nos articles MATHÉMATIQUES et PHILOSOPHIE, *algorithme de la sommation* le premier mode élémentaire de la génération des quantités, dont la forme générale ou schématique est $A + B = C$.

SOMMATOIRE. *Calcul sommatoire.* (*Alg.*) Branche de l'algèbre qui a pour objet la sommation des termes des séries ou de toutes autres quantités liées par une loi.

Les premiers essais de sommation des séries paraissent dus à Leibnitz ; on les trouve dans un mémoire intitulé : *De proportione circuli ad quadratum circumscriptum in numeris rationalibus*, et publiés dans les *Actes de Leipsick* pour 1682. Cet écrit, qui renferme un grand nombre de propositions très-curieuses et alors très-inattendues, attira l'attention des géomètres sur ce genre de recherches dont l'importance se fit sentir de plus en plus, et bientôt le *calcul sommatoire* fut considéré comme une branche particulière de la science des nombres. Il n'est en réalité qu'une application du *calcul des différences.* Nous allons exposer ici ses lois générales.

1. Soient A, B, C, D, etc., une suite de quantités quelconques que nous pouvons toujours considérer comme les valeurs successives d'une fonction Fx, dans laquelle x reçoit successivement un même accroissement ξ, c'est-à-dire, supposons qu'en posant $Fx = A$, nous ayons $F(x+\xi) = B$, $F(x+2\xi) = C$, etc. D'après la nature des différences (*voy.* ce mot) nous aurons donc

$$\Delta Fx = \Delta A = F(x+z) - Fx = B - A$$
$$\Delta Fx(+\xi) = \Delta B = F(x+2\xi) - F(x+\xi) = C - B$$
$$\Delta F(x+2\xi) = \Delta C = F(x+3\xi) - F(x+2\xi) = D - C$$
$$\text{etc.} = \text{etc.}$$

En prenant l'accroissement ξ négatif, nous aurons

$$\Delta A = A - B$$
$$\Delta B = B - C$$
$$\Delta C = C - D$$
$$\text{etc.} = \text{etc.}$$

et, par suite

$$\Delta^2 A = \Delta A - \Delta B = A - 2B + C$$
$$\Delta^2 B = \Delta B - \Delta C = B - 2C + D$$
$$\Delta^2 C = \Delta C - \Delta D = C - 2D + E$$
$$\text{etc.} = \text{etc.}$$
$$\Delta^3 A = \Delta^2 A - \Delta^2 B = A - 3B + 3C - D$$
$$\Delta^3 B = \Delta^2 B - \Delta^2 C = B - 3C + 3D - E$$
$$\Delta^3 C = \Delta^2 C - \Delta^2 D = C - 3D + 3E - F$$
$$\text{etc.} = \text{etc.}$$

Il est facile, en poursuivant ces constructions, de conclure, par induction, qu'on a généralement (*a*)

$$\Delta^n A = A - nB + \frac{n(n-1)}{1.2} C - \frac{n(n-1)(n-2)}{1.2.3} D + \text{etc.}$$

Cette formule est identique avec celle que nous avons donnée (DIFF., 14) pour l'expression de la différence de l'ordre n d'une fonction quelconque φx.

2. La formule (*a*), subsistant pour toutes les valeurs de l'exposant n, devient, lorsqu'on fait n négatif

$$\Delta^{-n} A = A + nB + \frac{n(n+1)}{1.2} C + \frac{n(n+1)(n+1)}{1.2.3} D + \text{etc.}$$

série qui ne peut s'arrêter qu'autant que les termes A, B, C, etc. s'évanouissent quelque part eux-mêmes.

Or, la *différence* à exposant négatif Δ^{-n} est la même chose que la *somme* de l'ordre n; ainsi l'expression précédente peut encore s'écrire (*b*)

$$\Sigma^n A = A + nB + \frac{n(n+1)}{1.2}.C + \frac{n(n+1)(n+2)}{1.2.3} D + \text{etc.}$$

ce qui forme le théorème fondamental d'où dépendent toutes les sommations d'un ordre quelconque.

Ainsi pour trouver la somme de la série qui forme le second membre de l'expression (*b*), il n'y a qu'à trouver l'expression générale de la différence $\Delta^n A$ et mettre dans cette expression $- n$ à la place de $+ n$. Supposons, par exemple, que les quantités A, B, C, D, etc., soient les termes consécutifs de la progression géométrique $1, r, r^2, r^3, r^4$, etc., on aura

$$A = 1$$
$$\Delta A = 1 - r$$
$$\Delta^2 A = 1 - 2r + r^2 = (1-r)^2$$
$$\Delta^3 A = 1 - 3r + 3r^2 - r^3 = (1-r)^3$$
$$\text{etc.} = \text{etc.}$$

et, en général,

$$\Delta A = (1-r)^n$$

Faisant n négatif, il vient donc

$$(1-r)^{-n} = 1 + nr + \frac{n(n+1)}{1.2}r^2 + \frac{n(n+1)(n+2)}{1.2.3}r^3 + \text{etc.}$$

C'est en effet ce que donne le binome de Newton, dans le cas de l'exposant négatif.

3. En faisant $n = 1$, les expressions précédentes donnent

$$\Delta^{-1}A = \Sigma A = A + B + C + D + E + \text{etc.}$$

c'est-à-dire que $\Delta^{-1}A$ est la *somme* de tous les termes proposés. On obtiendra donc cette somme en faisant $n = -1$ dans l'expression de la différence $\Delta^n A$.

4. x désignant l'indice des termes d'une série, on nomme *terme sommatoire* une fonction de x, dans laquelle, si on substitue successivement à la place de x les nombres 1, 2, 3, 4, etc., on aura la somme d'autant de termes que le nombre substitué aura d'unités.

Exprimons par A_0, A_1, A_2, A_3, etc., les termes successifs d'une série dont le *terme général* est A_x, et par S_x le terme sommatoire de cette série. S_x doit être tel qu'on ait

$$S_0 = A_0$$
$$S_1 = A_0 + A_1$$
$$S_2 = A_0 + A_1 + A_2$$
$$\text{etc.} = \text{etc.}$$
$$S_x = A_0 + A_1 + A_2 + \text{etc.} \ldots + A_x$$

D'après cette construction on a

$$S_{x-1} + A_x = S_x$$

d'où

$$A_x = S_x - S_{x-1} = \Delta S_{x-1}$$

l'accroissement d'où dépend la différence étant 1.

En prenant la *somme* ou l'intégrale de l'égalité

$$\Delta S_{x-1} = A_x,$$

on obtient

$$S_{x-1} = \Sigma A_x + \text{const.}$$

et par suite (c)

$$S_x = \Sigma A_x + A_x + \text{const.}$$

Ainsi, le *terme sommatoire* s'obtient en ajoutant à l'intégrale finie du terme général ce terme général lui-même.

5. Appliquons ce théorème à la sommation des nom-

bres figurés. Soit d'abord la série des nombres naturels

$$1, 2, 3, 4, 5, 6, 7, 8, 9, \text{etc.}$$

x désignant toujours l'*indice* des termes, le terme général est simplement x, et l'on a

$$S_x = \Sigma x + x + \text{const.}$$

Or, l'accroissement des différences de x étant l'unité,

Σx est égale à $\frac{1}{2}x^2 - \frac{1}{2}x$ (*Voy.* INTÉGRAL, 3), d'où

$$S_x = \frac{1}{2}x^2 - \frac{1}{2}x + x = \frac{x(x+1)}{2},$$

il n'y a pas besoin d'ajouter de constante parce que Σx doit être 0 lorsque $x = 0$.

Ce terme sommatoire est en même temps le terme général de la série des nombres triangulaires

$$1, 3, 6, 10, 15, 20, 28, 36, \text{etc.}$$

car on sait que cette série est formée par les sommes successives des termes de la série des nombres naturels. Nous obtiendrons donc le terme sommatoire de la série des nombres triangulaires, en faisant dans (c)

$$A_x = \frac{x(x+1)}{2},$$

Ainsi, comme (INTÉGRAL, 3)

$$\Sigma \frac{x(x+1)}{2} = \frac{1}{2}\Sigma[x^2+x] =$$

$$\frac{1}{3}x^3 - \frac{1}{2}x^2 + \frac{1}{2.3}x + \frac{1}{2}x^2 - \frac{1}{2}x = \frac{1}{3}x^3 - \frac{1}{3}x,$$

nous aurons ici

$$S_x = \frac{1}{2.3}x^3 - \frac{1}{2.3}x + \frac{x(x+1)}{2} = \frac{x^3-x+3x(x+1)}{2.3}$$

$$= \frac{x(x+1)(x+2)}{2.3}$$

il n'y a pas besoin d'ajouter de constante.

Ce terme sommatoire est aussi le terme général de la série des *nombres pyramidaux* ou de la série des nombres figurés de troisième ordre ; ainsi, en opérant de la même manière, nous trouverons pour le terme sommatoire de cette dernière série l'expression

$$\frac{x(x+1)(x+2)(x+3)}{2.3.4}$$

d'où l'on pourra déduire le terme sommatoire de la série des nombres figurés du quatrième ordre, et ainsi de suite.

Pour considérer ce problème dans toute sa généralité, proposons-nous de trouver le terme sommatoire de la série dont le terme général est

$$\frac{x(x+i)(x+2i)\ldots\ldots(x+(\mu-1\,i)}{1.2.3\ldots\ldots\ldots\ldots\mu}$$

ou simplement

$$\frac{x^{\mu|i}}{1^{\mu|1}}$$

en nous servant de la notation des factorielles. (*Voy.* ce mot.)

Nous avons vu (Diff., 22) que la différence progressive de l'ordre n de la factorielle $x^{\mu|i}$ est

$$\Delta^n x^{\mu|i} = \mu^{n|-1}. i^n .(x+ni)^{\mu-n|i}$$

faisant donc dans cette expression $n = -1$, nous obtiendrons

$$\Delta^{-1} x^{\mu|i} = \Sigma x^{\mu|i} = \frac{(x-i)^{\mu+1|i}}{(\mu+1)i}.$$

Ainsi, désignant simplement le terme sommatoire cherché par S, il viendra

$$S = \frac{(x-i)^{\mu+1|i}}{1^{\mu|1}.(\mu+1)i} + \frac{x^{\mu|i}}{1^{\mu|1}}$$

$$= \frac{(x-i)^{\mu+1|i} + (\mu+1)i.x^{\mu|i}}{(\mu+1)i.1^{\mu|1}}.$$

Mais $(x - i)^{\mu+1|i} = (x-1).x^{\mu|1}$ et $x-1+(\mu+1)i = x + \mu i$; de plus $(x+\mu i).x^{\mu|i} = x^{\mu+1|i}$; donc on a définitivement

$$S = \frac{x^{\mu+1|i}}{1^{\mu+1|1}.i} + const.$$

En faisant dans cette expression $i = 1$, et supprimant la constante, on en tire les termes sommatoires de toutes les séries de nombres figurés. Il suffit pour cela de faire μ égal au nombre qui indique l'ordre de la série.

6. On peut déduire très-facilement des formules précédentes le terme sommatoire de la série générale inverse de celle que nous venons de traiter, c'est-à-dire, de la série dont le terme général est

$$\frac{1.2.3.4\ldots\mu}{x(x+i)(x+2i)\ldots(x+(\mu-1)i)} = \frac{1^{\mu|1}}{x^{\mu|i}}.$$

En effet, si dans $\Sigma x^{\mu|i}$ on fait μ négatif, on obtient

$$\Sigma x^{-\mu|i} = \Sigma \frac{1}{(x-\mu i)^{\mu|i}} = \frac{(x-i)^{-\mu+1|i}}{(1-\mu)i},$$

ou

$$\Sigma \frac{1}{(x-\mu i)^{\mu|i}} = \frac{1}{(1-\mu)i.(x-\mu i)^{\mu-1|i}}$$

substituant dans cette dernière expression x à $x-\mu i$, elle devient

$$\Sigma \frac{1}{x^{\mu|i}} = \frac{1}{(1-\mu)i.x^{\mu-1|i}}$$

Le terme sommatoire de la série proposée est donc

$$- \frac{1^{\mu|1}}{(\mu-1)i.x^{\mu-1|i}} + \frac{1^{\mu|1}}{x^{\mu|i}}$$

ou, en réduisant (d)

$$S = - \frac{1^{\mu|1}}{(\mu-1)i.(x+i)^{\mu-1|i}} + const.$$

S'il s'agissait de la série inverse des nombres *triangulaires* ou figurés du *second ordre* (e)

$$1,\ \frac{1}{3},\ \frac{1}{6},\ \frac{1}{10},\ \frac{1}{15},\ \frac{1}{20},\ \frac{1}{28},\ \text{etc.}$$

on ferait $\mu = 2$, et l'on aurait, i étant égal à 1,

$$S = - \frac{1.2}{x+1} + const.$$

comme on doit avoir $S = 1$ lorsque $x = 1$, on a pour déterminer la constante l'équation

$$1 = - \frac{1.2}{1+1} + const.$$

d'où, $const. = 2$, et par suite

$$S = 2 - \frac{2}{x+1} = \frac{2x}{x+1}$$

Cette valeur de S se réduisant à 2 lorsque x est *infini*, on voit que la somme totale de la série (e) prolongée à l'infini est égale à 2.

L'expression (d) ne peut servir pour obtenir le terme sommatoire de la série inverse des nombres naturels, car en y faisant $\mu = 1$, le facteur $1 - 1$ rend sa partie variable *infinie*. Cette série est du genre des séries dites *harmoniques*, qui ont été regardées pendant long-temps comme l'écueil de l'algèbre. Nous allons indiquer un procédé très-ingénieux, dû à Kramp, à l'aide duquel on peut sommer toutes les séries harmoniques.

7. Considérons la série de factorielles continuée jusqu'à l'infini

$$a^{n|r} + (a-r)^{n|r} + (a-2r)^{n|r} + (a-3r)^{n|r} + \text{etc.}\ldots\ldots$$

elle nous fournira les différences,

$$\Delta a^{n|r} = a^{n|r} - (a-r)^{n|r} = nr.a^{n-1|r}$$
$$\Delta^2 a^{n|r} \qquad n(n-1)r^2.a^{-2|r}$$
$$\Delta^3 a^{n|r} = n(n-1)(n-2)r^3.a^{n-3|r}$$
$$\text{etc.} = \text{etc.}$$

Ainsi, comme il faut ici considérer comme *négatif* l'accroissement des différences, nous aurons en général (*voy*. Diff., 22)

$$\Delta^\mu a^{n|r} = n^{\mu|1} r^\mu.a^{n-\mu|r}$$

et en faisant $\mu = 1$

$$\Sigma a^{n|r} = \frac{a^{n+1|r}}{(n+1)r},$$

c'est-à-dire, d'après le n° 3, que la somme de la série en question est, à l'infini, égale à $\frac{a^{n+1|r}}{(n+1)r}$.

Si l'on considère le terme du rang $m+1$, savoir $(a-mr)^{n|r}$ comme le premier de la série, la somme des termes de cette même série depuis $(a-mr)^{n|r}$ jusqu'à l'infini sera

$$\frac{(a-mr)^{n+1|r}}{(n+1)r}$$

et, par conséquent, la somme des m premiers termes, c'est-à-dire, depuis $a^{n|r}$ jusqu'à $(a-mr+r)^{n|r}$ inclusivement, sera égale à

$$\frac{1}{(n+1).r} [a^{n+1|r} - (a-mr)^{n+1|r}].$$

Si l'on veut prendre le dernier terme pour le premier et renverser la série, on posera $a-mr+r=x$, d'où $a=x+mr-r$, et l'on aura pour la somme de la série des m factorielles
$$x^{n|r} + (x+r)^{n|r} + (x+2r)^{n|r} + \text{etc.} \ldots (x+mr-r)^{n|r}$$
l'expression

$$\frac{1}{(n+1).r} \left[(x+mr-r)^{n+1|r} - (x-r)^{n+1|r} \right]$$

si l'on substitue $-n$ à $+n$, cette expression devient

$$\frac{1}{(n-1)r} \left[\frac{1}{(x-nr)^{n-1|r}} - \frac{1}{(x-nr+mr)^{n-1|r}} \right]$$

et elle représente alors la somme des m fractions depuis

$$\frac{1}{(x-nr)^{n|r}}, \text{ jusqu'à } \frac{1}{(x-nr+mr-r)^{n|r}}.$$

Remplaçant $x-nr$ par la seule lettre x et $n-1$ par n, on trouvera donc la somme des m fractions, depuis

$$\frac{1}{x^{n+1|r}} \text{ jusqu'à } \frac{1}{(x+mr-r)^{n+1|r}}, \text{ égale à } (f),$$

$$\frac{1}{nr} \left[\frac{1}{x^{n|r}} - \frac{1}{(x+mr)^{n|r}} \right]$$

et si l'on prend la somme de ces mêmes fractions à l'infini, elle aura une valeur finie, égale à

$$\frac{1}{nr.x^{n|r}}.$$

c'est ainsi que l'on trouve, par exemple, que la somme des fractions

$$\frac{1}{1.3} + \frac{1}{3.5} + \frac{1}{5.7} + \frac{1}{7.9} + \frac{1}{9.11} + \text{etc.} \ldots \text{à l'infini,}$$

est égale à $\frac{1}{2}$. Que la somme des fractions

$$\frac{1}{1.4.7} + \frac{1}{4.7.10} + \frac{1}{7.10.13} + \frac{1}{10.13.16} + \text{etc. à l'infini.}$$

est égale à $\frac{1}{24}$. Et ainsi des autres.

Lorsqu'on fait n infiniment petit les factorielles deviennent de simples puissances et l'on a d'un côté la *série harmonique*,

$$\frac{1}{x} + \frac{1}{x+r} + \frac{1}{x+2r} + \frac{1}{x+3r} + \frac{1}{x+4r} + \text{etc}$$

tandis que de l'autre l'expression (f) de ses m premiers termes se complique d'une quantité infiniment petite et devient indéterminée. Mais nous avons vu (Facultés) qu'en désignant par $\Delta \dfrac{r}{x+mr}$ la série

$$\theta_1 . \frac{r}{x+mr} + \theta_2 . \frac{r^2}{(x+mr)^2} + \theta_3 . \frac{r^3}{(x+mr)^3} + \text{etc.}$$

dans laquelle θ_1, θ_2, θ_3, etc. sont les nombres de Bernouilli, on a

$$(x+mr)^{\frac{1}{\infty}|r} = 1 + \frac{1}{\infty} \left\{ \operatorname{Log}(x+mr) - \Delta \frac{r}{x+mr} \right\}$$

Nous aurons donc aussi, en supposant n infiniment petit,

$$\frac{1}{x^{n|r}} = 1 - n \operatorname{Log} x + n . \Delta \frac{r}{x}$$

$$\frac{1}{(x+mr)^{n|r}} = 1 - n \operatorname{Log}(x+mr) + n \Delta \frac{r}{x+mr}$$

et en substituant ces valeurs dans (f) n disparaîtra. On obtient de cette manière pour la somme des m premiers termes de la série harmonique, l'expression (g)

$$\frac{1}{r}\left\{\ \mathrm{Log}\ \left(\frac{x+mr}{x}\right)+\mathrm{A}\,\frac{r}{x}-\mathrm{A}\,\frac{r}{x+mr}\right\}$$

La fonction $\mathrm{A}y$ égale à $\theta_1.y+\theta_2.y^2+\theta_3.y^3+$ etc. est très-convergente lorsque y est une petite fraction, et il suffit des deux premiers termes $\theta_1 y+\theta_2 y^2$ ou $\frac{1}{2}y.\left(1+\frac{1}{6}y\right)$ pour en trouver la valeur avec sept décimales exactes, pour peu que $\frac{1}{y}$ soit au-dessous de $\frac{1}{10}$. Ainsi pour rendre ce procédé parfaitement applicable à tous les cas, il faudra calculer à part les *dix* premiers termes de la série, les ajouter ensemble, et employer ensuite les formules pour trouver la somme des autres. (*Voy.* Kramp. *Arith. universelle.*)

Par exemple, on demande la somme des *cent* premiers termes de la série $1+\frac{1}{2}+\frac{1}{3}+\frac{1}{4}+$ etc.

La somme des 10 premiers termes de cette série est $2+\frac{2341}{2520}$, ou, en décimales, $2,9289682$, reste donc à déterminer la somme des 90 autres.

On fera dans (g) $x=11$, $r=1$ et $m=90$, et la somme demandée sera exprimée par

$$\mathrm{Log}\left(\frac{101}{11}\right)+\mathrm{A}\,\frac{1}{11}-\mathrm{A}\,\frac{1}{101}$$

réalisant les calculs, on trouve

$$\mathrm{Log}\ 101=4,6151205$$
$$\mathrm{Log}\ 11\ \ =2,3978953$$
$$\mathrm{A}\,\frac{1}{11}=0,0461433$$
$$\mathrm{A}\,\frac{1}{101}=0,0045124.$$

La somme des termes depuis $\frac{1}{11}$ jusqu'à $\frac{1}{100}$, sera donc $2,2588561$ et celle de tous les 100 termes $5,1878243$.

Jean Bernouilli a démontré le premier d'une manière très-ingénieuse, mais indirecte, que la somme totale de cette série est une quantité infiniment grande, vérité que d'autres géomètres ont démontrée depuis par d'autres procédés et qui paraissait alors très-singulière en ce que les termes vont continuellement en décroissant. Pour obtenir la somme de toute série harmonique continuée à l'infini, il faut dans l'expression (g) faire $m=\infty$, et comme alors $\log\left(\frac{x+mr}{x}\right)$ devient *infini* tandis que $\mathrm{A}\,\frac{r}{x}$ reste *fini* et que $\mathrm{A}\,\frac{r}{x+mr}$ disparaît, il en résulte que *la somme de toute série harmonique, continuée à l'infini, est elle-même infinie.*

8. Dans les formules précédentes, la valeur numérique de la fonction désignée par $\mathrm{A}y$, est tout aussi difficile à obtenir que celle de la *somme* dont elle fait partie, lorsque y n'est pas moindre que $\frac{1}{10}$ et l'expression (g) serait d'un faible secours si elle n'offrait elle-même un procédé très-simple pour trouver $\mathrm{A}y$ quel que soit y. En effet m étant un nombre arbitraire, si l'on fait $m=10$ et $x=1$ et qu'on désigne par S la somme des 10 fractions

$$1+\frac{1}{1+r}+\frac{1}{1+2r}+\frac{1}{1+3r}+\text{etc}\ldots+\frac{1}{1+9r}$$

on aura en vertu de (g)

$$S=\frac{1}{r}\left\{\mathrm{Log}(1+10r)+\mathrm{A}r-\mathrm{A}.\,\frac{r}{1+10r}\right\}$$

d'où l'on tire (h)

$$\mathrm{A}r=r S-\mathrm{Log}(1+10r)+\mathrm{A}\frac{r}{1+10r}$$

Ainsi, r étant un nombre quelconque, on obtiendra la valeur numérique de $\mathrm{A}r$ à l'aide de celle de $\mathrm{A}\frac{r}{1+10r}$, que les deux premiers termes de la série suffisent pour faire connaître avec sept décimales.

Proposons nous par exemple de trouver avec sept décimales la valeur numérique de $\mathrm{A}4$. Nous chercherons d'abord la somme des 10 fractions 1, $\frac{1}{5}$, $\frac{1}{9}$, etc... $\frac{1}{37}$, ce qui nous donnera $S=1,6262894$. Nous calculerons ensuite

$$\mathrm{A}\frac{r}{1+10r}=\mathrm{A}\frac{4}{41}=\frac{1}{2}.\frac{4}{41}.\left(1+\frac{1}{6}.\frac{4}{41}\right)=0,0495737,$$

quant au logarithme naturel de $1+10r$ ou de 41, les tables donnent $3,7135821$; ainsi substituant toutes ces valeurs dans (h) nous obtiendrons définitivement $\mathrm{A}4=2,8411592.$

Cherchons pour second exemple la valeur numérique de $\mathrm{A}\frac{4}{3}$. Nous avons d'après (h),

$$\mathrm{A}\frac{4}{3}=\frac{4}{3}S-\mathrm{Log}\frac{43}{3}+\mathrm{A}\frac{4}{43}.$$

Le produit $\frac{4}{3}$ S désignant la somme des fractions $\frac{4}{3} + \frac{4}{7} + \frac{4}{11} +$ etc. jusqu'à $\frac{4}{39}$, il viendra en réalisant les calculs $\frac{4}{3}$ S $= 3,4135340$. Nous trouverons de plus $\Delta \frac{4}{43} = 0,0472327$; et comme Log $\frac{43}{3} = 2,6625778$, il en résultera $\Delta \frac{4}{3} = 0,7981789$.

9. Si la somme de toute série harmonique, continuée à l'infini est une quantité infiniment grande, la *différence* de deux séries harmoniques continuées toutes deux à l'infini, est toujours une quantité finie. En effet, d'après ce qui précède, la somme de la série

$$\frac{r}{x} + \frac{r}{x+r} + \frac{r}{x+2r} + \frac{r}{x+3r} + \text{ etc. à l'infini,}$$

est

$$\text{Log}\left(\frac{x+mr}{x}\right) + \Delta \frac{r}{x}$$

et celle de toute autre série harmonique

$$\frac{r}{z} + \frac{r}{z+r} + \frac{r}{z+2r} + \frac{r}{z+3r} + \text{ etc. à l'infini,}$$

est également

$$\text{Log}\left(\frac{z+mr}{z}\right) + \Delta \frac{r}{z},$$

m étant une quantité infiniment grande.

La différence de ces deux séries, ou la série (i),

$$\frac{r}{x} - \frac{r}{z} + \frac{r}{x+r} - \frac{r}{z+r} + \frac{r}{x+2r} - \frac{r}{z-2z} + \text{ etc.}$$

aura donc pour somme (k)

$$\text{Log}\frac{z}{x} + \Delta \frac{r}{x} - \Delta \frac{r}{z}.$$

Cette dernière expression donne les moyens de déterminer avec la plus grande facilité les valeurs numériques d'une infinité de fonctions très-importantes. Nous l'appliquerons seulement à la série remarquable,

$$\frac{4}{1} - \frac{4}{3} + \frac{4}{5} - \frac{4}{7} + \frac{4}{9} - \frac{4}{11} + \text{ etc.}$$

qui exprime, comme on le sait, le rapport du diamètre à la circonférence.

Nous avons ici $r = 4$, $x = 1$, $z = 3$; ainsi, substituant dans (k), et désignant par π la valeur de la série, nous aurons

$$\pi = \text{Log } 3 + \Delta 4 - \Delta \frac{4}{3}$$

mais

$$\text{Log } 3 = 1,0986123$$
$$\Delta 4 = 2,8411592$$
$$\overline{\qquad\qquad 3,9397715}$$
$$\Delta \frac{4}{3} = 0,7981789$$
$$\overline{\qquad\qquad}$$

Donc, $\qquad \pi = 3,1415926$

Il faudrait ajouter ensemble près de 100000 termes de cette série pour obtenir une valeur de π aussi approchée que celle qui résulte de ce calcul si simple.

10. Ce n'est que dans un très-petit nombre de cas qu'on peut obtenir soit le *terme sommatoire*, soit la *somme* entière des séries sous une forme finie, et l'on voit que le problème général de la sommation des séries se ramène à celui de transformer une série donnée, dont la convergence n'est pas assez rapide pour faire connaître sa valeur numérique, en une autre série équivalente, dont la convergence soit telle qu'il suffise d'un petit nombre de termes pour déterminer sa valeur. Considéré de cette manière, ce problème a été l'objet des travaux des plus grands géomètres, et nous regrettons de ne pouvoir faire connaître les transformations ingénieuses à l'aide desquelles Moivre, Stirling, Euler, Herman, Maclaurin, Lagrange, Simpson et tant d'autres l'ont résolu de diverses manières. Nous croyons cependant devoir exposer un procédé singulièrement commode, dû à Hutton, pour sommer, par approximation, toutes les séries dont les termes sont alternativement positifs et négatifs.

Après avoir réduit en fractions décimales les dix à douze premiers termes de la série proposée, on les écrit les uns au-dessous des autres, ce qui forme une colonne que nous désignerons par A. A côté de la colonne A on en forme une seconde B composée successivement du premier terme de A, de la somme des deux premiers, de celle des 3 premiers et ainsi de suite. Une troisième colonne C se forme ensuite en prenant la moyenne proportionnelle arithmétique entre les deux premiers termes de B, puis entre le second et le troisième et ainsi de suite. Une quatrième colonne D se compose, de la même manière, des moyennes proportionnelles entre les termes de C. Enfin, on continue ces colonnes de moyennes proportionnelles, jusqu'à ce qu'on parvienne à une dernière colonne qui ne contiendra plus qu'un terme. Ce dernier terme sera une valeur approchée de la série, d'autant plus exacte qu'on aura employé un plus grand nombre de termes. Avec dix à douze seulement on obtient ordinairement six à sept décimales exactes. Voici un exemple de ces calculs sur la série traitée ci-dessus :

$$\tfrac{1}{4}\pi = 1 - \tfrac{1}{3} + \tfrac{1}{5} - \tfrac{1}{7} + \tfrac{1}{9} - \tfrac{1}{11} + \tfrac{1}{13} - \text{etc.}$$

qui est une de celles dont la convergence est la plus lente. Nous savons d'ailleurs que $\tfrac{1}{4}\pi = 0{,}785398\ldots$

A	B	C	D
+ 1,000000	1,000000		
— 0,333333	0,666667	0,833333	0,800000
+ 0,200000	0,866667	0,766667	0,780952
— 0,142857	0,723810	0,795238	0,787301
+ 0,111111	0,834921	0,779365	0.784415
— 0,090909	0,744012	0,789466	0,785969
+ 0,076923	0,820935	0,782473	0,785037
— 0,066667	0,754268	0,787601	0,785640
+ 0,058824	0,813092	0,783680	0,785228
— 0,052632	0,760460	0,786776	0,785540
+ 0,047690	0,808150	0,784305	

Arrivé à la colonne D, l'inspection de ses valeurs montre que les derniers termes convergent plus rapidement que les premiers ; alors, pour abréger, on se contentera de continuer le calcul sur les quatre derniers termes, ce qui donnera

D	E	F	G
0,785037			
0,785640	0,785338	0,785386	
0,785228	0,785434	0,785409	0,785397
0,785540	0,785384		

la valeur G est exacte jusqu'à la cinquième décimale. En prenant quelques termes de plus et plus de décimales on approcherait davantage.

Ce procédé peut s'appliquer avec succès à des séries même divergentes. La célèbre série *hyper-géométrique* d'Euler, $1 - 1 + 2 - 6 + 24 - 120 + \text{etc.}$, traitée de cette manière, donne $0{,}5963473 + \text{etc.}$ pour sa somme.

11. Considérons maintenant le problème de la sommation des séries d'une manière plus générale, et, désignant par fx une fonction quelconque de la variable x, proposons-nous de trouver la somme ou du moins la série sommatoire de la suite,

$$fx + f(x-r) + f(x-2r) + f(x-3r) + \text{etc.}$$

En vertu du théorème de Taylor, nous aurons

$$fx = fx$$

$$f(x-r) = fx - \frac{dfx}{dx}\cdot\frac{r}{1} + \frac{d^2fx}{dx^2}\cdot\frac{r^2}{1.2} - \text{etc.}$$

$$f(x-2r) = fx - \frac{dfx}{dx}\cdot\frac{2r}{1} + \frac{d^2fx}{dx^2}\cdot\frac{4r^2}{1.2} - \text{etc.}$$

$$f(x-3r) = fx - \frac{dfx}{dx}\cdot\frac{3r}{1} + \frac{d^2fx}{dx^2}\cdot\frac{9r^2}{1.2} - \text{etc.}$$

$$\text{etc.} = \text{etc.}$$

Si nous retranchons chacune de ces égalités de celle qui la précède, il viendra

$$\Delta fx = \frac{dfx}{dx}\cdot\frac{r}{1} - \frac{d^2fx}{dx^2}\cdot\frac{r^2}{1.2} + \frac{d^3fx}{dx^3}\cdot\frac{r^3}{1.2.3} - \text{etc.}$$

$$\Delta f(x-r) = \frac{dfx}{dx}\cdot\frac{r}{1} - \frac{d^2fx}{dx^2}\cdot\frac{3r^2}{1.2} + \frac{d^3fx}{dx^3}\cdot\frac{7r^3}{1.2.3} - \text{etc.}$$

$$\Delta f(x-2r) = \frac{dfx}{dx}\cdot\frac{r}{1} - \frac{d^2fx}{dx^2}\cdot\frac{5r^2}{1.2} + \frac{d^3fx}{dx^3}\cdot\frac{19r^3}{1.2.3} - \text{etc.}$$

$$\text{etc.} = \text{etc.}$$

Opérant de même sur ces dernières pour avoir les *secondes différences*, puis sur celles ci pour avoir les *troisièmes différences*, et ainsi de suite, on trouvera en rassemblant les résultats,

$$\Delta fx = \frac{dfx}{dx}\cdot r - \frac{1}{2}\frac{d^2fx}{dx^2}\cdot r^2 + \frac{1}{2.3}\cdot\frac{d^3fx}{dx^3}\cdot r^3 - \text{etc.}$$

$$\Delta^2 fx = \frac{d^2fx}{dx^2}\cdot r^2 - \frac{3}{3}\frac{d^3fx}{dx^3}\cdot r^3 + \frac{7}{3.4}\cdot\frac{d^4fx}{dx^4}\cdot r^4 - \text{etc.}$$

$$\Delta^3 fx = \frac{d^3fx}{dx^3}\cdot r^3 - \frac{6}{4}\frac{d^4fx}{dx^4}\cdot r^4 + \frac{25}{4.5}\cdot\frac{d^5fx}{dx^5}\cdot r^5 - \text{etc.}$$

$$\Delta^4 fx = \frac{d^4fx}{dx^4}\cdot r^4 - \frac{10}{5}\frac{d^5fx}{dx^5}\cdot r^5 + \frac{65}{5.6}\frac{d^6fx}{dx^6}\cdot r^6 - \text{etc.}$$

$$\text{etc.} = \text{etc.}$$

En examinant les numérateurs des coefficiens numériques de ces expressions, on voit qu'ils sont identiquement les mêmes que ceux des développemens des factorielles (*voy.* ce mot) à exposans négatifs, car ils sont formés, comme ces derniers, par les différences premières, secondes, troisièmes, etc., des puissances des nombres naturels 1, 2, 3, 4, etc. Désignant donc, comme nous l'avons déjà fait par (mIn) le coefficient général de la factorielle dont l'exposant est m, et par $(m'In)$ celui de la factorielle dont l'exposant est $-m$, nous aurons évidemment pour la différence de l'ordre m de la fonction fx l'expression

$$\Delta^m fx = \frac{d^m fx}{dx^m} \cdot r^m - \frac{(m'I_1)}{m+1} \cdot \frac{d^{m+1}fx}{dx^{m+1}} \cdot r^{m+1}$$

$$+ \frac{(m'I_2)}{(m+1)(m+2)} \cdot \frac{d^{m+2}fx}{dx^{m+2}} \cdot r^{m+2}$$

$$- \frac{(m'I3)}{(m+1)(m+2)(m+3)} \cdot \frac{d^{m+3}fx}{dx^{m+3}} \cdot r^{m+3}$$

$$+ \text{etc.} \dots\dots\dots\dots\dots$$

Si nous faisons $m = -1$, le second membre de cette égalité exprimera la somme de la série proposée ($voy.$ ci-dessus, n° 4), et comme le coefficient numérique $(m'In)$ devient (mIn) lorsqu'on change le signe de m, nous trouverons, en désignant par S la somme des fonctions (l).

$$fx + f(x-r) + f(x-2r) + f(x-3r) + \text{etc.}$$

$$S = \frac{1}{r} \int fx \, . \, dx + \frac{(1I_1)}{0} \cdot fx - \frac{(1I_2)}{0.1} \cdot \frac{dfx}{dx} \cdot r$$

$$+ \frac{(1I3)}{0.1.2} \cdot \frac{d^2 fx}{dx^2} \cdot r^2$$

$$- \frac{(1I4)}{0.1.2.3} \cdot \frac{d^3 fx}{dx^3} \cdot r^3$$

$$+ \text{etc.} \dots\dots\dots\dots\dots$$

Le coefficient (mIn) devenant zéro toutes les fois que m est plus petit que n ($voy.$ FACTORIELLES, 14) les quantités

$$\frac{(1I_1)}{0}, \quad \frac{(1I_2)}{0}, \quad \frac{(1I3)}{0}, \quad \frac{(1I4)}{0}, \quad \text{etc.}$$

sont de l'espèce de celles qui se réduisent à $\frac{0}{0}$ pour certaines valeurs de la variable qu'elles renferment, et elles sont comprises sous la forme générale

$$\frac{(mIn)}{m-1}$$

car elles sont en réalité ce que devient cette expression dans le cas de $m = 1$. Ainsi on obtiendra leur valeur, en considérant m comme la variable, et en différentiant

le numérateur et le dénominateur ($voy.$ DIFF., 47), ce qui donnera généralement

$$\frac{d(mIn)}{dm}$$

Ces coefficiens numériques sont donc, dans le cas de $m = 1$, les dérivées différentielles des coefficiens de la factorielle du degré m. Nous allons procéder à la détermination de ces dérivées différentielles dont l'importance se manifeste encore dans un grand nombre de questions intéressantes.

12. Si dans le développement de la factorielle générale $a^{m|r}$, nous faisons pour plus de simplicité $a = 1$, nous aurons ($voy.$ FACTORIELLES, 14)

$$1^{m|r} = 1 + (mI_1)r + (mI_2)r^2 + (mI3)r^3 + \text{etc.}$$

les coefficiens (mI_1), (mI_2), etc., ayant les valeurs (b) dans l'article cité.

En considérant m comme une quantité variable, nous obtiendrons, en différentiant les deux membres de cette égalité, (m)

$$d(1^{m|r}) = r \, . \, d(mI_1) + r^2 \, . \, d(mI_2) + r^3 \, . \, d(mI3) + \text{etc.}$$

Ainsi, en développant d'une autre manière $d(1^{m|r})$ en série procédant suivant les puissances progressives de r, la comparaison des coefficiens pourra nous offrir l'expression particulière des différentielles $d(mI_1)$, $d(mI_2)$, etc.

Or, si nous désignons par n l'accroissement infiniment petit ou la différentielle de m, l'accroissement correspondant subi par la factorielle est

$$1^{m+n|r} - 1^{m|r}$$

mais nous avons (FACTORIELLE, 3)

$$1^{m+n|r} = 1^{n|r} \, . \, (1+nr)^{m|r}$$

dont le premier facteur $1^{n|r}$ se réduit à $1 - n\Delta r$, à cause de $n = \frac{1}{\infty}$, ($voy.$ FACULTÉS) et dont le second $(1+nr)^{m|r}$, étant développé, donne

$$(1+nr)^{m|r} = (1+nr)^m + (mI_1) \, . \, (1+nr)^{m-1} \, . \, r$$

$$+ (mI_2)(1+nr)^{m-2} \, . \, r^2 + \text{etc.}$$

Remarquons maintenant que le développement de la puissance générale $(1+nr)^\mu$ se réduit à ses deux premiers termes $1 + \mu nr$, en négligeant les termes affectés des quantités infiniment petites des ordres supérieurs

n^2, n^3, etc., et, par conséquent, que l'on peut donner à cette dernière égalité la forme

$$(1+nr)^{m|r} = (1+nr).\{1+(mI_1).r+(mI_2).r^2 +\text{etc.}\}$$
$$- mr^2.\{(mI_1)+2(mI_2).r+3(mI_3).r^2+\text{etc.}\}$$

Désignons maintenant par Π la série

$$(mI_1) + 2(mI_2).r + 3(mI_3).r^2 + 4(mI_4).r^3 + \text{etc.}$$

et l'expression que nous venons de trouver sera identique avec

$$(1+nr)^{m|r} = (1+nr).1^{m|r} - mr^2.\Pi$$
$$= 1^{m|r} + (nr.1^{m|r} - r^2.\Pi)m$$

multipliant cette dernière par $1-n\Delta r$, nous aurons définitivement, en retranchant le terme affecté de la quantité infiniment petite du second ordre n^2

$$1^{m+n|r} = 1^{n|r}.(1+nr)^{m|r}$$
$$= 1^{m|r} + (mr.1^{m|r} - r^2\Pi)n - n.1^{m|r}.\Delta r$$

Ainsi, retranchant $1^{m|r}$ de part et d'autre et remplaçant n par dm, nous obtiendrons pour la différentielle de la factorielle $1^{m|r}$

$$d(1^{m|r}) = (mr.1^{m|r} - r^2.\Pi - 1^{m|r}.\Delta r).dm$$

Si nous remplaçons dans cette expression les quantités $1^{m|r}$, Π et Δr par leurs développemens

$$1^{m|r} = 1 + (mI_1).r + (mI_2).r^2 + (mI_3).r^3 + \text{etc.}$$
$$\Pi = (mI_1)+2(mI_2).r+3(mI_3).r^2 + 4(mI_4)r^3+ \text{etc.}$$
$$\Delta r = \theta_1.r + \theta_2.r^2 + \theta_3.r^3 + \theta_4.r^4 + \text{etc.}$$

Nous trouverons, en effectuant les produits et en ordonnant selon les puissances de r,

$$d(1^{m|r})= A_1 r.dm+A_2 r^2.dm+A_3 r^3 dm+A_4 r^4 dm + \text{etc.}$$

les quantités A_1, A_2, A_3, etc. étant

$$A_1 = m-\theta_1$$
$$A_2 = (m-1-\theta_1).(mI_1)-\theta_2$$
$$A_3 = (m-2-\theta_1).(mI_2)-\theta_2.(mI_1)-\theta_3$$
$$A_4 = (m-3-\theta_1).(mI_3)-\theta_2.(mI_2)-\theta_3(mI_1)-\theta_4$$
$$A_5 = (m-4-\theta_1).(mI_4)-\theta_2.(mI_3)-\theta_3(mI_2)-\theta_4(mI_1)-\theta_5$$
$$\text{etc.} = \text{etc.}$$

Comparant ce dernier développement avec le premier (m), on voit que $d(mI_1)=A_1.dm$, $d(mI_2)=A_2.dm$, $d(mI_3)=A_3.dm$, etc., ce qui donne pour la dérivée différentielle du coefficient général (mI_μ) l'expression (n)

$$\frac{d(mI_\mu)}{dm} = (m-(\mu-1)-\theta_1).(mI_\mu-1)-\theta_2.(mI_\mu-2)$$
$$- \theta_3.(mI_\mu-3)$$
$$- \theta_4.(mI_\mu-4)$$
$$- \text{etc.}\dots\dots$$
$$- \theta_{\mu-1}.(mI_1)$$
$$- \theta_\mu$$

On ne doit pas oublier que dans cette expression tous les termes affectés des nombres de Bernouilli à indices impairs, excepté le premier θ_1, disparaissent parce que tous ces nombres sont *zéro*.

13. Si dans l'expression précédente nous faisons $m = 1$, toutes les quantités (mI_1), (mI_2), etc. deviennent 0, et l'on a simplement

$$\frac{d(mI_\mu)}{dm} = - \theta_\mu$$

d'où, en général,

$$\frac{(1I_\mu)}{0} = - \theta_\mu$$

sauf la première quantité $\dfrac{(1I_1)}{0}$ qui est $1 - \theta_1 = \dfrac{1}{2}$.

Les autres sont donc, $\dfrac{(1I_2)}{0} = - \theta_2$, $\dfrac{(1I_3)}{0} = -\theta_3 = 0$,

$$\frac{(1I_4)}{0} = - \theta_4, \quad \frac{(1I_5)}{0} = 0, \quad \frac{(1I_6)}{0} = - \theta_6, \quad \frac{(1I_7)}{0} = 0,$$

$$\frac{(1I_8)}{0} = - \theta_8, \text{ etc. , etc.}$$

Substituant ces valeurs dans la série sommatoire (λ), elle devient (o)

$$S = \frac{1}{r}\int fx.dx+\frac{1}{2}fx+\theta_2.\frac{dfx}{dx}.\frac{r}{1}+\theta_4.\frac{d^3 fx}{dx^3}.\frac{r^3}{2.3}$$
$$+ \theta_6.\frac{d^5 fx}{dx^5} \cdot \frac{r}{2.3.4.5} + \text{etc.}$$

dans laquelle les nombres θ_2, θ_4, θ_6, etc. ont les valeurs connues

$$\theta_2 = + \frac{1}{12}, \quad \theta_4 = - \frac{1}{120}, \quad \theta_6 = + \frac{1}{152}, \quad \theta_8 = - \frac{1}{240} \text{ etc.}$$

(*Voy.* Facultés, 19.)

14. S'il s'agissait seulement d'obtenir la *somme* des m premiers termes de la série, depuis fx jusqu'à $f(x-(m-1)r)$, il faudrait évidemment retrancher de S la somme des termes depuis $f(x-mr)$ jusqu'à l'infini ; or, cette dernière somme, en la désignant par S', et en faisant pour abréger $x-mr=z$, est

$$S' = \frac{1}{r}\int fz.dz + \frac{1}{2}\,fz + \theta_2 . \frac{dfz}{dz} . \frac{r}{1} + \text{etc.}$$

Ainsi, la somme demandée, ou le *terme sommatoire* de la série, peut être mis sous la forme (p),

$$\frac{1}{r}\left[\int fx.dx - \int fz.dz\right] + \frac{1}{2}\left[fx - fz\right]$$
$$+ \theta_2 . r\left[\frac{dfx}{dx} - \frac{dfz}{dz}\right]$$
$$+ \frac{\theta_4 . r^3}{1.2.3}\left[\frac{d^3fx}{dx^3} - \frac{d^3fz}{dz^3}\right]$$
$$+ \frac{\theta_6 . r^5}{1.2.3.4.5}\left[\frac{d^5fx}{dx^5} - \frac{d^5fz}{dz^5}\right]$$
$$+ \text{etc.}\dots\dots\dots\dots$$

15. La suite décroissante

$$fx + f(x-r) + f(x-2r) + \text{etc.}\dots \text{ jusqu'a } f(x-mr+r)$$

est, en faisant $x-mr=z$, et en prenant le dernier terme pour le premier, la même chose que la suite croissante

$$f(z+r)+f(z+2r)+f(z+3r)+\text{etc.}\dots\text{jusqu'à } f(z+mr).$$

Ainsi pour obtenir la somme des m premiers termes de la série croissante

$$fz + f(z+r)+f(z+2r) + f(z+3r) + f(z+4r) + \text{etc.},$$

c'est-à-dire, des termes depuis fz jusqu'à $f(z+mr-r)$ inclusivement, il suffit d'ajouter à l'expression (p) le terme fz et de retrancher le terme $f(z+mr) = fx$; cette expression devient alors (q)

$$\frac{1}{r}\left[\int fx.dx - \int fz.dz\right] + \frac{1}{2}\left[fz - fx\right]$$
$$+ \theta_2 . r\left[\frac{dfx}{dx} - \frac{dfz}{dz}\right]$$
$$+ \frac{\theta_4 r^3}{2.3}\left[\frac{d^3fx}{dx^3} - \frac{d^3fz}{dz^3}\right]$$
$$+ \text{etc.}\dots\dots\dots$$

16. Appliquons cette dernière formule au cas remarquable où la fonction f désigne une puissance quelconque des variable x et z, c'est-à-dire, au cas où l'on demande l'expression de la somme des m puissances

$$z^\mu + (z+r)^\mu + (z+2r)^\mu + \text{etc. jusqu'à } . (z+mr-r)^\mu$$

Nous avons ici $x = z+mr$, et

$$fz = z^\mu, \quad fx = (z+mr)^\mu$$
$$\int fz.dz = \frac{z^{\mu+1}}{\mu+1}, \quad \int fx.dx = \frac{x^{\mu+1}}{\mu+1} = \frac{(z+mr)^{\mu+1}}{\mu+1}$$
$$\frac{d^n fx}{dx^n} = \mu^{n|-1}.x^{\mu-n} = \mu^{n|-1}.(z+mr)^{\mu-n},$$
$$\frac{d^n fz}{d} = \mu^{n|-1}.z^{\mu-n}$$

Substituant ces valeurs dans (q) il viendra pour la somme demandée (r)

$$\frac{1}{r(\mu+1)} . \left[(z+mr)^{\mu+1} - z^{\mu+1}\right] + \frac{1}{2}\left[z^\mu - (z+mr)^\mu\right]$$
$$+ \mu.\theta_2 . r\left[(z+mr)^{\mu-1} - z^{\mu-1}\right]$$
$$+ \frac{\mu(\mu-1)(\mu-2)}{1.2.3}.\theta_4 . r^3\left[(z+mr)^{\mu-3} - z^{\mu-3}\right]$$
$$+ \frac{\mu(\mu-1)(\mu-2)((\mu-3)(\mu-4)}{1.2.3.4.5}\theta_6 . r^5\left[(z+mr)^{\mu-5} - z^{\mu-5}\right]$$
$$+ \text{etc.}\dots\dots\dots\dots\dots$$

17. Si l'on fait successivement dans (r) $\mu=1$, $\mu=2$, $\mu=3$, etc., cette expression fera connaître la somme des m nombres en progression arithmétique,

$$z + (z+r) + (z+2r) + (z+3r) + \dots + (z+mr-r)$$

la somme des carrés de ces nombres, celle des cubes, etc.

Dans le cas de $\mu=1$, (r) se réduit à

$$\frac{1}{2r}\left[(z+mr)^2 - z^2\right] + \frac{1}{2}\left[z-(z+mr)\right] =$$
$$= \frac{2mr.z+m^2r^2}{2r} - \frac{mr}{2} = \frac{2mrz+m^2r^2-mr^2}{2r}$$
$$= \frac{1}{2}m[2z+mr-r],$$

c'est-à-dire que la somme des termes d'une progression arithmétique est égale à la moitié du produit du nombre des termes par la somme du premier et du dernier termes. Vérité connue d'ailleurs. (*Voy.* Prog. arith., 8.)

Dans le cas de $\mu=2$, on trouve, pour la somme des *carrés* de ces mêmes nombres, l'expression

$$\frac{m}{6}\left[6z^2 + (m-1)6r.z + (2m-1)(m-1).r^2\right]$$

Dans le cas de $\mu = 3$, on a pour la somme des *cubes*

$$\frac{1}{4r} . \left[(z+mr)^2.(z+mr-r)^2 - z.(z-r)^2\right]$$

et ainsi des autres.

18. Faisons dans l'expression générale (r) $z = 0$ et $r = 1$, elle nous donnera pour la somme des m premiers termes de la série des puissances

$$0 + 1^\mu + 2^\mu + 3^\mu + 4^\mu + \text{etc}\ldots + (m-1)^\mu$$

l'expression particulière

$$\frac{1}{\mu+1} . m^{\mu+1} - \theta_1 . m^\mu + \frac{\mu}{1}.\theta_2 . m^{\mu-1}$$

$$+ \frac{\mu(\mu-1)(\mu-2)}{1.2.3}\theta_4 . m^{\mu-3}$$

$$+ \frac{\mu(\mu-1)(\mu-2)(\mu-3)(\mu-4)}{1.2.3.4.5}\theta_6 . m^{\mu-5}$$

$$+ \frac{\mu(\mu-1)(\mu-2)(\mu-3)(\mu-4)(\mu-5)(\mu-6)}{1.2.3.4.5.6.7}\theta_8 . m^{\mu-7}$$

$$+ \text{etc}\ldots\ldots\ldots\ldots\ldots$$

$$+ (-1)^\mu . \theta_{\mu+1}$$

dans laquelle le terme $+(-1)^\mu.\theta_{\mu+1}$ résulte des *constantes* introduites par les intégrations. En désignant généralement par $\mathrm{M}(m)_\mu$ la somme des puissances μ, on trouve successivement

$$\mathrm{M}(m)_0 = m$$

$$\mathrm{M}(m)_1 = \tfrac{1}{2}m^2 - \theta_1 m$$

$$\mathrm{M}(m)_2 = \tfrac{1}{3}m^3 - \theta_1 m^2 + 2\theta_2 m$$

$$\mathrm{M}(m)_3 = \tfrac{1}{4}m^4 - \theta_1 m^3 + 3\theta_2 m^2$$

$$\text{etc.} = \text{etc.}$$

valeurs que nous avons employées à l'article FACULTÉS.

19. On peut appliquer les formules générales à la série réciproque des puissances

$$\frac{1}{z^\mu} + \frac{1}{(z+r)^\mu} + \frac{1}{(z+2r)^\mu} + \frac{1}{(z+3r)^\mu} + \text{etc.}$$

En faisant μ négatif, on obtient pour la somme de cette série continuée à l'infini

$$\frac{1}{(\mu-1).z^{\mu-1}.r} + \frac{1}{2z^\mu} + \frac{\mu\theta_2.r}{z^{\mu+1}} + \frac{\mu(\mu+1)(\mu+2)}{1.2.3} . \frac{\theta_4.r^3}{z^{\mu+3}}$$

$$+ \frac{\mu(\mu+1)(\mu+2)(\mu+3)(\mu+4)}{1.2.3.4.5} . \frac{\theta_6.r^5}{z^{\mu+5}}$$

$$+ \text{etc}\ldots\ldots\ldots$$

La convergente de cette série sommatoire dépendant du rapport de la différence r au premier terme z, on pourra la rendre aussi grande qu'on le voudra, en calculant à part la somme d'un certain nombre de termes de la série proposée, par exemple, depuis $\frac{1}{z^\mu}$ jusqu'à $\frac{1}{(z+mr-r)^\mu}$, puis en appliquant la formule à la somme des autres depuis $\frac{1}{(z+mr)^\mu}$ jusqu'à l'infini. Faisant $z+mr = x$, cette dernière somme sera (s),

$$\frac{1}{(\mu-1)x^{\mu-1}.r} + \frac{1}{2x^\mu} + \frac{\mu\theta_2.r}{x^{\mu+1}} + \text{etc.}$$

Proposons-nous, pour exemple, de trouver la valeur numérique de la série réciproque des *carrés*

$$\frac{1}{1} + \frac{1}{4} + \frac{1}{9} + \frac{1}{16} + \frac{1}{25} + \frac{1}{36} + \text{etc.}$$

continuée à l'infini. Nous avons ici $z = 1$, $r = 1$, $\mu = 2$. La somme des *neuf* premiers termes est $1,5397671$; et comme $x = z + mr = 1 + 9 = 10$, les termes de la série (s) deviendront

$$\begin{aligned}
\textit{premier terme} &= 0,1000000 \\
\textit{second terme} &= 0,0050000 \\
\textit{troisième terme} &= 0,0001666 \\
\textit{quatrième terme} &= 0,0000003
\end{aligned}$$

Ainsi on peut négliger les autres, si l'on ne demande pas plus de sept décimales. Ajoutant la somme $0,1051669$ de ces quatre termes avec celle des *neuf* termes de la série, on aura définitivement $1,6449340$ pour la somme de la série réciproque des carrés, continuée à l'infini.

20. On peut encore déduire de la formule (r) l'expression générale du logarithme naturel d'une factorielle quelconque $a^{m|r}$, expression très-utile dans un grand nombre de cas.

La factorielle $a^{m|r}$ étant identique avec le produit

$$a(a+r)(a+2r)\ldots(a+mr-r)$$

on a d'abord évidemment

$$\mathrm{Log}(a^{m|r}) = \mathrm{Log}\,a + \mathrm{Log}(a+r) + \mathrm{Log}(a+2r) + \text{etc}\ldots$$
$$+ \mathrm{Log}(a+mr-r)$$

mais on a aussi généralement, quelle que soit la quantité x,

$$\mathrm{Log}\, x = \infty\, \left(x^{\frac{1}{\infty}} - 1\right)$$

(*Voy.* LOGARITHMES, 6) ; désignant donc, pour faciliter l'impression, par n la quantité infiniment petite $\frac{1}{\infty}$, ce qui rendra réciproquement $\infty = \frac{1}{n}$, la somme des logarithmes prendra la forme

$$\mathrm{Log}(a^{m|r}) = \frac{1}{n}\left\{ a^n + (a+r)^n + \text{etc}....(a+mr-r)^n - m \right\}$$

Appliquant à cette suite la formule (r), en observant qu'on a généralement

$$z^n = 1 + n\,\mathrm{Log}\, z,$$

lorsque $n = \frac{1}{\infty}$, on trouvera pour les trois premiers termes de la série sommatoire

$$- m + \frac{1}{r}\left[(a+mr).\mathrm{Log}(a+mr) - a\,\mathrm{Log}\,a\right]$$
$$- \frac{1}{2}\,\mathrm{Log}\left(\frac{a+mr}{a}\right)$$

Quant aux termes suivans, si l'on désigne par la caractérisque Φ la fonction de x donnée par la série (t),

$$\Phi x = \theta_2 x + \frac{1}{3}\theta_4 x^3 + \frac{1}{5}\theta_6 x^5 + \frac{1}{7}\theta_8 x^7 + \text{etc.}$$

leur somme totale sera exprimée par $\Phi\dfrac{r}{a+mr} - \Phi\dfrac{r}{a}$. Le logarithme demandé sera donc (u)

$$\mathrm{Log}(a^{m|r}) = -m + \frac{1}{r}[(a+mr)\mathrm{Log}(a+mr) - a\,\mathrm{Log}\,a]$$
$$- \frac{1}{2}\,\mathrm{Log}\left(\frac{a+mr}{a}\right)$$
$$+ \Phi\frac{r}{a+mr}$$
$$- \Phi\frac{r}{a}.$$

21. Si l'on fait $a = 1$, ce qui rend ces formules plus simples sans en diminuer la généralité, il vient (v)

$$\mathrm{Log}(1^{m|r}) = -m + \left[\frac{1+mr}{r} - \frac{1}{2}\right]\mathrm{Log}(1+mr)$$
$$+ \Phi\frac{r}{1+mr} - \Phi r$$

expression dont on peut tirer les moyens de calculer facilement la valeur numérique de la fonction Φr, quelle que soit la quantité r. En effet, prenons à volonté le nombre m, il suffira de le supposer égal à 6, 8 ou 9 tout au plus ; nous aurons (x)

$$\Phi r = -m + \left[\frac{1+mr}{r} - \frac{1}{2}\right]\mathrm{Log}(1+mr) + \Phi\frac{r}{1+mr}$$
$$- \mathrm{Log}(1^{m|r})$$

et la fonction $\Phi\dfrac{r}{1+mr}$, dont le développement présente une série tellement convergente, que les deux premiers termes suffisent dans presque tous les cas pour déterminer sa valeur, fera connaître celle de Φr.

Cherchons pour exemple la valeur numérique de $\Phi 1$. Ayant ici $r = 1$, prenons $m = 9$, et nous aurons, à cause $19^{|1} = 362880 = 720 \times 504$,

$$\Phi 1 = -9 + \frac{19}{2}.\mathrm{Log}\,10 + \Phi\frac{1}{10} - \mathrm{Log}\,(362880).$$

La fonction $\Phi\dfrac{1}{10}$ est $\theta_2.\dfrac{1}{10} + \dfrac{1}{3}\theta_4.\dfrac{1}{1000} + \text{etc}...$ et comme $\theta_2 = \dfrac{1}{12}$, et $\theta_4 = -\dfrac{1}{120}$, il suffit de ces deux premiers termes pour nous faire connaître

$$\Phi\frac{1}{10} = 0,0083305$$

avec sept décimales exactes. Nous avons d'autre part :

$$
\begin{aligned}
\mathrm{Log}\,720 &= 6,2225763 \\
\mathrm{Log}\,504 &= 6,5792522 \\
\hline
\mathrm{Log}(19^{|1}) &= 12,8018275 \\
\mathrm{Log}\,10 &= 2,3025851 \\
\tfrac{19}{2}\,\mathrm{Log}\,10 &= 21,8745584
\end{aligned}
$$

à l'aide de ces données on obtient définitivement $\Phi 1 = 0,0810615$.

Prenons pour second exemple $\Phi\frac{2}{3}$. Faisant le nombre arbitraire $m = 6$, la formule (v) donne

$$\Phi\frac{2}{3} = -6 + 7\,\mathrm{Log}\,5 + \Phi\frac{2}{15} - \mathrm{Log}\left[\frac{5}{3}.\frac{7}{3}.\frac{9}{3}.\frac{11}{3}.\frac{13}{3}\right]$$

et l'on trouve en réalisant les calculs $\Phi\frac{2}{3} = 0,0538141$.

22. Les formules (u) et (v) ont le grand avantage de

faire obtenir avec facilité les valeurs numériques des factorielles à exposans fractionnaires, factorielles qui peuvent servir à donner la génération d'une foule de quantités transcendantes. Proposons-nous pour exemple la factorielle remarquable $1^{\frac{1}{2}|1}$. Nous avons ici $a = 1$, $r = 1$, $m = \frac{1}{2}$; ainsi, substituant dans (v), il viendra

$$\mathrm{Log}(1^{\frac{1}{2}|1}) = -\frac{1}{2} + \mathrm{Log}\,\frac{3}{2} + \Phi\,\frac{2}{3} - \Phi 1,$$

voici le calcul :

$$\mathrm{Log}\,3 = 1{,}0986123$$
$$\mathrm{Log}\,2 = 0{,}6931472$$

$$\mathrm{Log}\,\frac{3}{2} = 0{,}4054651$$

$$\Phi\,\frac{2}{3} = 0{,}0548141$$

$$0{,}4602792$$

$$\Phi\,1 = 0{,}6810615$$

$$0{,}3792177$$

$$\frac{1}{2} = 0{,}5000000$$

$$\mathrm{Log}(1^{\frac{1}{2}|1}) = -0{,}1207823$$

le nombre qui répond à ce logarithme étant $0{,}886227$, nous en conclurons

$$1^{\frac{1}{2}|1} = 0{,}886227$$

Ce nombre est la moitié de la racine carrée de $3{,}1415296$, ou du nombre qui exprime le rapport du diamètre à la circonférence. Nous avons démontré en effet que

$$\frac{1}{2}\sqrt{\pi} = \left(\frac{1}{2}\right)^{\frac{1}{2}|-1}$$

(voy. Cercle, 33); or, en vertu du théorème (voy. Factorielle, 2)

$$a^{m|r} = (a + (m-1)r)^{m|-r}$$

on a évidemment

$$1^{\frac{1}{2}|1} = \left(1 + \left(\frac{1}{2} - 1\right)\right)^{\frac{1}{2}|-1} = \left(\frac{1}{2}\right)^{\frac{1}{2}|-1}$$

23. Euler a obtenu, pour les séries réciproques des puissances des nombres naturels, des expressions singulières dépendantes du nombre $\pi = 3{,}1415926$. Il a

trouvé que la *somme* de toutes les séries continuées à l'infini et représentées sous la forme générale

$$1 + \frac{1}{2^n} + \frac{1}{3^n} + \frac{1}{4^n} + \frac{1}{5^n} + \frac{1}{6^n} + \text{etc.}$$

est toujours dans un rapport commensurable avec π^n, lorsque n est un nombre pair. Cette somme pour

$$n = 2, \text{ est} \ldots \ldots \frac{1}{1.2.3} \cdot \pi^2$$

$$n = 4, \ldots \ldots \frac{2^2}{1.2.3.4.5} \cdot \frac{1}{3}\,\pi^4$$

$$n = 6 \ldots \ldots \frac{2^4}{1.2.3.4.5.6.7} \cdot \frac{1}{3}\,\pi^6$$

$$n = 8 \ldots \ldots \frac{2^6}{1.2.3\ldots\ldots 9} \cdot \frac{3}{5}\,\pi^8$$

$$n = 10 \ldots \ldots \frac{2^8}{1.2.3\ldots\ldots 11} \cdot \frac{5}{3}\,\pi^{10}$$

$$n = 12 \ldots \ldots \frac{2^{10}}{1.2.3\ldots\ldots 13} \cdot \frac{691}{105} \cdot \pi^{12}$$

$$n = 14 \ldots \ldots \frac{2^{12}}{1.2.3\ldots\ldots 15} \cdot \frac{1}{35} \cdot \pi^{14}$$

$$n = 16 \ldots \ldots \frac{2^{14}}{1.2.3\ldots\ldots 17} \cdot \frac{3617}{15} \cdot \pi^{16}$$

$$n = 18 \ldots \ldots \frac{2^{16}}{1.2.3\ldots\ldots 19} \cdot \frac{43867}{21} \cdot \pi^{18}$$

$$n = 20 \ldots \ldots \frac{2^{18}}{1.2.3\ldots\ldots 21} \cdot \frac{1222277}{55} \cdot \pi^{20}$$

$$n = 22 \ldots \ldots \frac{2^{20}}{1^{23|1}} \cdot \frac{854513}{31} \cdot \pi^{22}$$

$$n = 24 \ldots \ldots \frac{2^{22}}{1^{25|1}} \cdot \frac{1181820455}{273} \cdot \pi^{24}$$

$$n = 26 \ldots \ldots \frac{2^{24}}{1^{27|1}} \cdot \frac{76977927}{1} \cdot \pi^{26}$$

La série très-irrégulière des coefficiens

$$1, \frac{1}{3}, \frac{1}{3}, \frac{3}{5}, \frac{5}{3}, \frac{691}{105}, \text{ etc.}$$

se représente dans d'autres circonstances. (*Voy.* Euler, *Introd. analy. infinitorum.*)

24. La sommation des séries présente un grand nombre de particularités qui ne peuvent trouver place dans cet article : nous devons nous borner maintenant

à indiquer à nos lecteurs les sources où ils doivent puiser. Ce sont : le *calcul différentiel* d'Euler ; l'*analyse des réfractions astronomiques* de Kramp ; *Miscel. analyt.* de Moivre ; *Methodus differentialis* de Stirling ; *De seriebus infinit.* de Jacques Bernouilli ; *Théorie des jeux de hasard* de Montmort ; *Meditationes analyt.* de Waring ; *Mathematical dissertations* de Simpson ; *Lucubrations* de Landen ; et le *Traité des différences et des séries* de Lacroix.

SOMME. (*Alg.*) Nom que l'on donne à la quantité résultante d'une *addition.* (*Voy.* ce mot.)

SOMMET. (*Géom.*) On désigne généralement sous ce nom le point le plus élevé d'une figure géométrique.

Le *sommet* d'un angle est le point commun des deux lignes qui le forment.

Le *sommet* d'un triangle est ordinairement le sommet de l'angle opposé au côté que l'on considère comme sa *base.*

Le *sommet* d'un solide est le sommet de l'angle solide opposé à sa base. Dans un polyèdre le *sommet* de chaque angle solide est considéré comme un *sommet* du corps.

Le *sommet* d'une courbe est en général le point où la courbe coupe l'axe des abscisses.

SON. (*Acoust.*) Résultat du mouvement vibratoire des corps transmis aux nerfs acoustiques, ou *forme* dont les organes de l'ouie revêtent les sensations qui leur sont propres. (*Voy.* ACOUSTIQUE.)

Les vibrations d'un corps élastique, causes premières du *son*, se communiquent à toutes les matières immédiatement contiguës et par suite à toutes celles qui se trouvent en contact avec ces premières. Pour qu'il y ait sensation d'un son, il faut qu'il existe une continuation de matière quelconque entre le corps vibrant et l'oreille. L'air atmosphérique est ordinairement le milieu qui transmet l'impression des vibrations aux organes de l'ouie, mais toutes les matières liquides ou solides peuvent remplir la même fonction.

La propagation du son, considérée sous le point de vue de la vitesse avec laquelle il parvient à l'oreille, a été l'objet des recherches d'un grand nombre de savans ; ils se sont accordés à reconnaître que dans cette propagation le mouvement est toujours uniforme, c'est-à-dire que les espaces parcourus sont proportionnels aux temps. Des sons forts ou faibles, comme aussi des sons graves et aigus, sont propagés de la même manière et avec la même vitesse. Quant à cette vitesse elle-même, les évaluations sont très-différentes. Roberval l'estimait à 560 pieds par seconde de temps, Mersenne à 1474, Duhamel à 1338, Newton à 968, et Derham, Flams-

teed et Halley à 1142 pieds. Cassini de Thury a trouvé par une longue suite d'expériences faites sous diverses conditions atmosphériques que la vitesse moyenne du son est de 1038 pieds de roi par seconde ; ce qui diffère peu des résultats de Derham, car le pied de roi est au pied anglais dans le rapport de 16 à 15. Dans les expériences faites avec beaucoup de soin par le major Muller, à Groningue, la vitesse s'est trouvée de 1040,3 pieds de roi par seconde. Plusieurs autres observations ont fait adopter pour la vitesse moyenne du son dans l'air atmosphérique le nombre de 1042 pieds ou $338\frac{1}{2}$ mètres par seconde. D'après cette donnée l'intervalle entre la lumière qu'on voit presque instantanément et le son peut servir à évaluer approximativement la distance dans une explosion quelconque, comme le serait par exemple un coup de canon.

Plusieurs géomètres dsitingués et particulièrement Poisson (*Journal de l'école polyt.*, tome VII) ont tenté de déterminer théoriquement la vitesse du son. Le résultat de ces recherches est qu'en désignant par d la densité de l'air et par gh son élasticité égale à la pression de la colonne barométrique de mercure dont la hauteur est h et la gravité g, la vitesse du son est

$$\sqrt{\frac{gh}{d}}.$$

Le calcul donne à peu près 288 mètres par seconde, ou environ un sixième de moins que les expériences. Cependant Poisson et Biot ont montré que si l'on fait entrer dans le calcul, suivant une idée de Laplace, le développement de chaleur qui se fait dans chaque compression de l'air et qui augmente l'élasticité, les résultats de la théorie peuvent concorder avec ceux des observations. D'après les recherches de Biot sur la propagation du son par les vapeurs, cette propagation est en effet toujours accompagnée d'un développement de chaleur. (*Voy. Mémoire de la société d'Arcueil*, tome 2.)

La vitesse du son dans l'air atmosphérique n'est modifiée que par ce qui produit un changement dans l'élasticité spécifique de l'air, c'est-à-dire, par ce qui fait varier le rapport de l'élasticité absolue à la densité. Telle est par exemple l'expansion de l'air par la chaleur, qui augmente l'élasticité spécifique en diminuant la densité, pendant que la pression reste la même. Aussi d'après les observations de Bianconi (*Comment. Bonon.*, vol. 11), la vitesse est plus grande en été qu'en hiver. L'intensité du son, et le degré de hauteur, n'influent pas sur sa vitesse. Sur les hautes montagnes et en général à une grande élévation la vitesse est la même que dans l'air inférieur. La direction même suivant laquelle le son est produit, n'apporte d'autre modification que celle de son intensité et l'on entend, par exemple, un coup de canon après le même intervalle de temps, quel que soit le côté vers lequel il est tiré. On a aussi observé la même vitesse dans un temps de brouillard ou de pluie que dans un beau temps.

La distance à laquelle un son transmis par l'air est encore perceptible à l'oreille ne peut être l'objet d'aucune évaluation moyenne, car elle dépend de son intensité et par conséquent de toutes les circonstances contingentes qui peuvent contribuer à modifier cette intensité, telles que la direction des vents, les échos, les montagnes, etc. On cite des exemples où l'on a entendu des sons à de très-grandes distances : à un siége de Gênes les coups de canon se firent entendre à une distance de 90 milles d'Italie. (*Transactions philos.* n. 113.) Chladni rapporte qu'étant à Wittemberg il entendit distinctement les coups de canon de la bataille d'Iéna, à une distance de 17 milles d'Allemagne (28 lieues), moins par l'air, à la vérité, que par les ébranlemens des corps solides, car il appuyait son oreille contre un mur.

Voyez pour la théorie de la propagation du son : Euler, *De motu aëris in tubis* ; le même, *Recherches sur la propagation du son* ; Lagrange, *Rech. sur la nature et la prop. du son*, tome 1 des *Mém. de Turin* ; Riccati, *Delle corde owero fibre elastiche*, Bologne 1767 ; Young, *Enquiry into the principal phœnomena of sounds an musical strings*, 1784 ; Lambert, *Sur la vitesse du son*, *Mém. de Berlin*, 1768 ; Trembley, *Observations sur le mouvement des fluides*, *Mém. de Berlin*, 1801 ; d'Alembert, *Traité de l'équilibre et du mouvement des fluides* ; Chladni, *Traité d'acoustique* ; Poisson, *Sur la théorie du son*, *Journal de l'école polytec.*, tome VII. Voyez aussi dans ce dictionnaire les mots : ACOUSTIQUE, ÉCHO et PORTEVOIX.

SOSIGÈNES. L'un des astronomes de l'école d'Alexandrie, qui furent appelés à Rome par Jules César, pour opérer la réforme du calendrier. Il n'est connu dans la science que par la part importante qu'il prit à ce travail, et l'on ignore absolument le lieu et l'époque de sa naissance. Ce fut lui qui détermina César à adopter l'année solaire ; il négligea les fractions de la limitation de cette année par Hipparque, et il la fixa à trois cent soixante-cinq jours six heures ; c'est le calendrier de Sosigènes que César fit adopter par le monde romain et qui a reçu le nom de *Julien*. (*Voy.* CALENDRIER.)

SOTHIAQUE. (*Ast.*) La période *sothiaque* ou caniculaire est une ancienne période de 1460 ans, qui ramenait le commencement des saisons aux mêmes jours de l'année égyptienne.

SOUNORMALE. (*Géom.*) On donne ce nom, dans la théorie des courbes, à la partie de l'axe comprise entre le pied de l'ordonnée et celui de la normale.

Soit AC une branche de courbe rapportée à l'axe AM (Pl. 57, fig. 11) : si, par un quelconque de ses points C dont CP est l'ordonnée, on lui-même la tangente CT, puisqu'on tire de ce même point C une perpendiculaire CD à la tangente, la partie PD de l'axe interceptée entre l'ordonnée CP et la perpendiculaire ou la *normale* CD sera la *sounormale*.

On peut obtenir l'expression générale de la *sounormale* dans une courbe quelconque, de la manière suivante : Menons d'abord une autre ordonnée P'C' prolongée jusqu'à ce qu'elle rencontre la tangente, et ensuite la droite C*m* parallèle à l'axe. Le triangle rectangle CPD sera semblable au triangle rectangle C*m*C' et nous aurons

$$CP : PD :: Cm : C'm$$

d'où

$$PD = \frac{CP \times C'm}{Cm}$$

Si nous supposons maintenant que PP' est infiniment petit ou la différentielle de l'abscisse AP, C'*m* sera la différentielle de l'ordonnée, et en faisant CP $= y$, C'$m = dy$ AP $= x$, C$m = $ PP' $= dx$ il viendra (*a*)

$$sounormale = \frac{y\,dy}{dx}$$

expression qui fera connaître la valeur de la *sounormale* dans une courbe quelconque en y substituant les valeurs de dy et de dx tirées de l'équation de la courbe.

Proposons, pour exemple, de chercher la valeur de la *sounormale* dans les sections coniques. L'équation du cercle, rapportée au sommet, étant

$$y^2 = 2ax - x^2$$

on en tire, en différentiant,

$$2y\,dy = 2a\,dx - 2x\,dx$$

d'où

$$\frac{dy}{dx} = \frac{a - x}{y}$$

substituant cette valeur dans (*a*) il vient

$$sounormale = a - x$$

Dans le cercle, la sounormale est donc toujours égale à la différence entre le rayon et l'abscisse.

L'équation de la parabole $y^2 = px$ fournit

$$\frac{dy}{dx} = \frac{p}{2y},$$

d'où

$$sounormale = \frac{p}{2}$$

ainsi dans cette courbe la sounormale est constante et égale à la *moitié du paramètre*.

L'équation de l'ellipse $y^2 = \frac{b^2}{a^2}(2ax - x^2)$, donnant

$$\frac{dy}{ax} = \frac{b^2(a-x)}{a^2 y}, \text{ on en conclut}$$

$$sounormale = \frac{b^2}{a^2}(a-x)$$

Enfin, de l'équation de l'hyperbole $y^2 = \frac{b^2}{a^2}(2ax + x^2)$, on tire de la même manière

$$sounormale = \frac{b^2}{a^2}(a+x).$$

Les mêmes triangles rectangles qui nous ont fourni l'expression générale de la sounormale peuvent nous donner celle de la *normale*, car ils offrent encore la proportion

$$CP : CD :: Cm : CC'$$

d'où

$$CD = \frac{CP \times CC'}{Cm}$$

Or, CC' est, dans l'hypothèse de PP' infiniment petit, la différentielle de l'arc de la courbe dont l'expression est $\sqrt{(dx^2 + dy^2)}$ (*voy.* RECTIFICATION) ; ainsi cette égalité est la même chose que

$$normale = \frac{y\sqrt{(dx^2 + dy^2)}}{dy}$$

$$= y\sqrt{\left[1 + \frac{dy^2}{dx^2}\right]}$$

En substituant dans cette expression la valeur de la seconde puissance de la dérivée différentielle de l'ordonnée d'une courbe, on aura la valeur de la *normale*. Pour le cercle, la dérivée différentielle de y, considérée comme fonction de x, étant

$$\frac{dy}{dx} = \frac{a-x}{y}, \text{ on a } \frac{dy^2}{dx^2} = \frac{(a-x)^2}{y^2}$$

et, par suite

$$normale = y\sqrt{\left[1 - \frac{(a-x)^2}{y^2}\right]}$$

$$= \sqrt{[y^2 - (a-x)^2]}$$

$$= \sqrt{[2ax - x^2 - (a-x)^2]}$$

$$= \sqrt{a^2} = a$$

c'est-à-dire que la *normale*, dans le cercle, est constante et égale au rayon. On sait en effet que la perpendiculaire menée à une tangente quelconque et au point de contact passe par le centre.

SOUPAPE. (*Méc.*) C'est le nom générique qu'on donne, dans les machines, à de petites portes destinées à permettre et à empêcher alternativement le passage de l'eau ou de tout autre fluide.

SOURD. (*Arith.*) Un nombre *sourd* est le même qu'un nombre *irrationnel* ou *incommensurable*, comme $\sqrt{2}$. Ce mot a vieilli.

SOUS CONTRAIRE. (*Géom.*) Deux triangles semblables ont une position *sous-contraire* lorsqu'ayant un sommet commun, leurs bases ne sont pas parallèles. Tels sont, par exemple, les deux triangles rectangles ABC, ADE. (Pl. 57, fig. 2.)

SOUS-DOUBLE. (*Arith.*) Une quantité est *sous-double* d'une autre, lorsqu'elle est sa moitié. Ainsi 4 est *sous-double* de 8, comme 8 est *double* de 4.

SOUS-DOUBLÉ. (*Arith.*) Deux quantités sont dites en *raison sous-doublée* de deux autres lorsque leur rapport est égal à celui des racines carrées de ces deux autres. Par exemple si l'on a la proportion

$$A : B :: \sqrt{C} : \sqrt{D}$$

on pourra dire que les quantités A et B sont en *raison sous-doublée* des quantités C et D.

SOUS-MULTIPLE. (*Alg.*) Toute quantité contenue un nombre exact de fois dans une autre quantité est un *sous-multiple* de cette dernière. 3, par exemple, est *sous-multiple* de 12. Tous les facteurs d'un nombre sont ses *sous-multiples*.

SOUSTRACTION. (*Arith. et Alg.*) Une des opérations fondamentales ou des *règles* primitives de la science des nombres. Elle a pour objet de construire un nombre qui soit égal à la différence de deux nombres donnés.

La *soustraction* est l'inverse de l'*addition*, car on doit toujours se représenter le plus grand des nombres proposés comme produit par l'addition du plus petit avec le nombre inconnu qu'il s'agit de trouver ; par exemple, chercher la différence des deux nombres 3o et 12 est évidemment la même chose que chercher le nombre dont l'addition avec 12 donne 3o pour résultat. Ainsi, désignant ce dernier par x, on peut dire indifféremment 3o *moins* 12 est égal à x, ou 3o est égal à 12 *plus* x. Il résulte de cette considération que le procédé qu'il faut employer pour faire la soustraction doit être l'inverse de celui qu'on suit dans l'addition ; en effet, pour obtenir la différence des deux nombres 85634, 89887, ou pour retrancher 85634 de 89887, on doit raisonner ainsi : 89887 peut être considéré comme formé par l'addition de 85634 avec le nombre cherché et alors ses unités, ses dixaines, ses centaines, etc. sont composées de la somme des unités, des dixaines, des centaines, etc., des deux nombres ajoutés ensemble ; donc en retranchant les unités de 85634 de celles de 89887, il doit nécessairement rester les unités du nombre cherché, et en retranchant les dixaines de 85634 des dixaines de 89887, il doit rester les dixaines de ce même nombre cherché, ainsi de suite. On peut aisément conclure, comme règle générale, que pour retrancher un nombre d'un autre, il faut retrancher les unités du premier de celles du second, puis les dixaines du premier des dixaines du second, les centaines des centaines, etc., etc. Bien entendu qu'il s'agit ici de nombres entiers dont les unités sont de même nature ; car, par la même raison que *deux kilogrammes* et *deux mètres* ne peuvent former un ensemble auquel on donne le nom de *quatre*, il serait impossible d'évaluer la différence de deux nombres dont les unités seraient d'une nature différente.

Pour effectuer une soustraction on écrira donc les deux nombres proposés l'un sous l'autre, en plaçant le plus petit sous le plus grand et en faisant correspondre les unités, les dixaines, les centaines, etc., de l'un avec les unités, les dixaines, les centaines, etc., de l'autre, comme il suit

$$89887$$
$$85634$$
$$\text{reste.....} \quad 4253$$

puis, commençant par les unités, on dira : 4 ôté de 7 reste 3, qu'on écrira dans le rang des unités ; passant aux dixaines, on dira : 3 ôté de 8 reste 5, qu'on écrira dans la colonne des dixaines ; passant aux centaines, on dira de même : 6 ôté de 8 reste 2, qu'on écrira. Pour les mille, on dira : 5 ôté de 9 reste 4, qu'on écrira encore ; et enfin, pour les dixaines de mille, on dira : 8 ôté de 8 reste o, qu'on se dispensera d'écrire parce qu'il n'y a plus rien à mettre après.

Ainsi, 4253 est le résultat, ou, comme on le nomme, le *reste* de la soustraction de 85634 de 89887, et ce nombre 4253, ainsi trouvé, est nécessairement celui dont l'addition avec 85634 forme 89887. L'addition de 4253 avec 85634 est le moyen de vérifier la soustraction, car si l'on ne s'est pas trompé dans cette dernière opération, on doit, en additionnant, reproduire 89887.

Il arrive souvent, lorsqu'on retranche un nombre d'un autre, que le chiffre inférieur dans une colonne est plus grand que le chiffre supérieur, et alors on est forcé d'*emprunter* sur le chiffre supérieur, à la gauche de celui sur lequel on opère, une unité, qui, valant dix unités pour la colonne en question, donne alors le moyen de retrancher le chiffre inférieur. C'est ce qu'un exemple va rendre sensible.

Soit par exemple 9886 à retrancher de 14743 ; après avoir écrit ces nombres l'un sous l'autre comme il est prescrit

$$14743$$
$$9886$$
$$\text{reste.....} \quad 4857$$

on opérera de cette manière : 6 étant plus grand que 3, on ajoutera à 3 *une dixaine* qu'on empruntera sur le chiffre 4 des dixaines, puis on dira : 6 ôté de 13 reste 7, qu'on écrira dans la colonne des unités. Passant aux dixaines, on ne dira plus : 8 ôté de 4, puisqu'on doit se rappeler que le chiffre supérieur 4 est diminué d'une unité par l'emprunt qu'on vient de faire, mais on dira : 8 ôté de 3, et comme on ne peut encore retrancher 8 de 3, on ôtera 8 de 13, en empruntant de nouveau une unité du chiffre 7 des centaines, unité qui vaut dix dixaines. Arrivé à la colonne des centaines et remarquant que le chiffre supérieur ne vaut plus que 6, et qu'il est plus petit que le chiffre inférieur 8, on empruntera une unité sur le chiffre des mille et on dira : 8 ôté de 16 reste 8. Enfin, arrivé à la colonne des mille, comme il ne reste plus que 3 mille, on prendra le chiffre 1 des dixaines de mille et on terminera en disant : 9 ôté de 13 reste 4. Le nombre cherché est donc 4857.

On peut voir encore facilement ici qu'en opérant, comme nous venons de le faire, nous avons exactement suivi une marche inverse de celle par laquelle on formerait le nombre 14743 par l'addition des deux nombres 9886, 4857, car après avoir ajouté les deux chiffres d'une même colonne il faudrait reporter la dixaine de la somme sur la colonne suivante.

S'il se trouvait un zéro dans les chiffres supérieurs ou même plusieurs zéros de suite, on procéderait comme il suit :

1° Soit à retrancher 258469 de 360584

$$360584$$
$$258469$$

reste.... 102115

Ayant généralement le soin de marquer d'un point les chiffres sur lesquels on emprunte pour se rappeler qu'ils sont diminués d'une unité, on dira : 9 ôté de 14, reste 5 ; 6 ôté de 7 reste 1 ; 4 ôté de 5 reste 1 ; 8 ôté de 10 reste 2 ; 5 ôté de 5 reste 0 ; et 2 ôté de 3 reste 1. Le résultat de l'opération est donc 102115.

2. Soit à retrancher 3985678699 de 5800430608.

$$5800430608$$
$$3985978699$$

reste.... 1814451909

Le premier chiffre 8 des unités étant plus petit que le chiffre inférieur 9, et le chiffre suivant des dixaines étant 0, il faut emprunter une unité sur le chiffre 6 des centaines, mais cette unité vaut dix dixaines et, comme on n'a besoin que d'une seule dixaine, on en laissera neuf au rang des dixaines, et l'on dira seulement : 9 ôté de 18 reste 9. Passant aux dixaines, et se rappelant qu'on a laissé 9 sur le zéro, on dira : 9 ôté de 9 reste 0. Le chiffre 6 des centaines supérieures ne valant plus que 5, on empruntera encore une dixaine sur le chiffre suivant 0, et à son défaut sur le chiffre d'ensuite 3, laissant alors 9 sur le 0, car c'est absolument la même chose que si on empruntait immédiatement 1 sur 30, il resterait 29 ; on dira donc : 6 de 15 reste 9 ; 8 de 9 reste 1 ; 7 de 12 reste 5 ; 9 de 13 reste 4, mais pour ce dernier comme il a fallu emprunter 1 sur 800, il reste aux chiffres supérieurs 799, c'est-à-dire que les deux 0 valent chacun 9 et que le 8 ne vaut plus que 7 ; on poursuivra donc en disant : 5 ôté de 9 reste 4 ; 8 ôté de 9 reste 1 ; 9 ôté de 17 reste 8 ; et enfin 3 ôté de 4 reste 1. Et ayant écrit bien exactement chaque reste dans la colonne dont il provient, on aura définitivement le nombre 1814451909 pour le *reste* général.

Ces exemples suffisent pour mettre la règle dans tout son jour.

La soustraction, comme l'addition, se divise en *simple* et en *complexe*, la soustraction simple est celle qu'on opère sur des nombres entiers, la soustraction complexe est celle qu'on opère sur des nombres composés de parties entières et de parties fractionnaires. Nous venons de traiter la première, nous allons maintenant examiner la seconde.

SOUSTRACTION COMPLEXE. Deux quantités composées d'unités de diverses dénominations étant données, trouver leur différence, tel est le but de cette opération.

Le procédé qu'il faut suivre étant une conséquence de celui de l'addition des quantités complexes, il suffira d'un seul exemple pour le faire comprendre. Soit 35° 24′ 21″ à retrancher de 40° 30′ 10″ ; ayant écrit les nombres proposés comme il suit :

$$40°\ 30'\ 10''$$
$$35\ \ 24\ \ 21$$

reste.... 5° 5′ 49″

C'est-à-dire, en plaçant exactement les unités de même espèces les unes sous les autres, on commencera par les unités de la plus petite dénomination et l'on dira : 1 ôté de 10 reste 9 qu'on écrira dans le rang des *secondes* ; passant aux dixaines de secondes, comme il ne reste rien au chiffre supérieur à cause de l'emprunt qui vient d'être fait, on empruntera une unité sur les 30 minutes, laquelle unité vaut 60 secondes ou 6 dixaines de secondes ; ainsi on dira : 2 de 6 reste 4, et l'on aura pour premier reste partiel 49″ ; on passera aux minutes dont il ne reste que 29, et l'on aura pour second reste partiel 5′ ; enfin on passera aux degrés et l'on trouvera pour troisième reste partiel 5° ; le reste général sera donc 5° 5′ 49″.

SOUSTRACTION DES FRACTIONS. Si les fractions ont le même dénominateur, on opérera la soustraction sur les numérateurs, et on donnera au reste le dénominateur commun. Dans le cas contraire, on commencera par réduire les fractions au même dénominateur, puis on opérera comme il vient d'être dit. Par exemple, si l'on veut retrancher $\frac{8}{17}$ de $\frac{11}{17}$, on retranchera simplement 8 de 11, et on donnera au reste 3 le dénominateur 17 ; on aura de cette manière

$$\frac{11}{17} - \frac{8}{17} = \frac{3}{17}$$

S'il s'agissait de retrancher $\frac{8}{17}$ de $\frac{11}{16}$, on réduirait ces fractions au même dénominateur, ce qui se fait en multipliant les deux termes de chacune par le dénominateur de l'autre, puis on ferait la soustraction sur les numérateurs. On aurait ainsi

$$\frac{11}{16} - \frac{8}{17} = \frac{187}{272} - \frac{128}{272} = \frac{59}{272},$$

(*voy.* FRACTION.) La soustraction s'opère sur les fractions décimales de la même manière que sur les nombres entiers ; il suffit de compléter par des zéros le nombre des chiffres décimaux dans les deux quantités proposées, et de procéder comme s'il n'y avait pas de virgule. On place ensuite la virgule avant le premier chiffre des entiers, s'il y a des entiers, ou à leur défaut avant le zéro qui tient leur place ; soit par exemple à retrancher d'une part 0,75 de 0,90357, et de l'autre 21,4538675 de 29,35. Voici les opérations :

$$0,90357 \qquad 29,3500000$$
$$0,75000 \qquad 21,4538675$$
$$\overline{0,15357} \qquad \overline{7,8961325}$$

Soustraction algébrique. Opération par laquelle on retranche une quantité exprimée par des lettres d'une autre quantité exprimée de la même manière.

Cette opération peut toujours se ramener aux règles prescrites pour l'addition en changeant le *signe* de la quantité qu'on veut soustraire. Par exemple, pour retrancher $a-b+c$, de $2a+b-c$, il faut nécessairement retrancher toutes les parties qui composent la première de ces quantités des parties qui composent la seconde ; ainsi il faut successivement retrancher de $2a + b - c$, $a - b$ et $+c$, il faut donc écrire

$$2a + b - c - a - (-b) - (+c)$$

mais $-(-b) = + b$ et $- (+c) = - c$, donc la quantité précédente est la même chose que

$$2a + b - c - a + b - c,$$

ce qui se réduit par l'addition et la soustraction des termes de même désignation à

$$a + 2b - 2c.$$

La règle est donc de disposer les quantités données comme si on voulait faire une addition, puis de changer tous les *signes* des termes de la quantité qu'on doit soustraire. Il ne reste plus en réalité qu'à opérer une simple addition d'après les règles prescrites pour cette opération. S'il s'agissait par exemple de soustraire $8b - 9a +6d - e$ de $7b - a + 3c - 4d$, on changerait les *signes* de la première quantité, ce qui donnerait, en écrivant les termes dans l'ordre alphabétique ,

$$- a + 7b + 3c - 4d$$
$$+ 9a - 8b \qquad - 6d + e$$
$$\overline{\text{somme.} + 8a - b + 3c - 10d + e}$$

La *somme* $8a - b + 3c - 10d + e$ est le *reste* de la soustraction ou la *différence* des quantités proposées. (*Voy.* Addition et Algèbre, 3.)

Soustraction des nombres irrationnels. On ne peut généralement que l'indiquer par le signe — ; par exemple, pour soustraire $\sqrt{2}$ de $\sqrt{5}$, on écrit $\sqrt{5}-\sqrt{2}$; ce n'est qu'en évaluant ces nombres par approximation qu'on peut ensuite obtenir approximativement leur différence. Dans tous les cas où il est possible d'opérer des transformations capables de ramener ces nombres à n'être que des multiples d'une même quantité irrationnelle , leur différence peut s'obtenir d'une manière exacte, car on a évidemment

$$M.\overset{m}{\sqrt{}}A - N.\overset{m}{\sqrt{}}A = (M-N)\overset{m}{\sqrt{}}A.$$

Cependant cette opération est plutôt une *réduction* qu'une véritable soustraction , car la valeur numérique du reste n'est connue qu'après l'extraction de la racine. Quoi qu'il en soit, on trouve de cette manière

$$\sqrt{18}-\sqrt{8} = 3\sqrt{2}-2\sqrt{2} = \sqrt{2}$$

$$\sqrt{27}-\sqrt{12} = 3\sqrt{3}-2\sqrt{3} = \sqrt{3}$$

$$\sqrt[3]{45}-\sqrt[3]{5} = 3\sqrt[3]{5}- \sqrt[3]{5} = 2\sqrt[3]{5}$$

$$\sqrt[3]{108a^2}-\sqrt[3]{32a} = 3a\sqrt[3]{4a}-8\sqrt[3]{4a} = (3a-8)\sqrt[3]{4a}$$

SOUS-TRIPLE. (*Alg.*) Deux quantités sont en raison *sous-triple* quand l'une est contenue *trois* fois dans l'autre. Par exemple, 2 est *sous-triple* de 6.

SOUS-TRIPLÉE. (*Alg.*) Un rapport *sous-triplé* e le rapport des racines cubes. Ainsi a et b sont en *raison sous-triplée* de e et d, si l'on a

$$a : b :: \sqrt[3]{c} : \sqrt[3]{d}$$

SOUSTYLAIRE. (*Gnom.*) Ligne droite perpendiculaire au style ou gnomon d'un cadran solaire, et placée dans un plan perpendiculaire à celui du cadran.

SOUTANGENTE. (*Géom.*) Partie de l'axe d'une courbe interceptée entre l'ordonnée et le point où la tangente rencontre l'axe.

TC (Pl. 57, fig. 11) étant tangente à la courbe AC, au point C, si on mène l'ordonnée CP, la portion TP de l'axe comprise entre le pied de l'ordonnée et le point T où la tangente coupe l'axe sera la *soutangente*.

Le problème célèbre de mener des tangentes aux courbes se réduit, comme nous le verrons mieux ailleurs (*voy.* Tangente), à celui de trouver la soutangente, car une fois le point T déterminé il suffit de faire passer une droite par les points T et C. Ayant mené l'ordonnée P'C' et tiré la droite Cm parallèle à l'axe , les deux triangles rectangles CPT et CmC' sont semblables et donnent

$$CP : TP :: C'm : Cm$$

d'où

$$TP = \frac{CP \times Cm}{C'm}$$

En supposant PP = Cm infiniment petit, on a Cm=dx, C'm=dy, et par conséquent (*a*),

$$\text{soutangente} = \frac{y\,dx}{dy}.$$

Pour avoir la valeur de la soutangente, il faut donc substituer dans cette expression la valeur de $\frac{dx}{dy}$ tirée de l'équation de la courbe.

Pour la parabole, par exemple, on tire de son équation $y^2 = px$, $\frac{dx}{dy} = \frac{2y}{p}$, et l'on a en substituant

$$\text{soutangente} = \frac{2y^2}{p}$$

ce qui se réduit, en remplaçant y^2 par sa valeur px, à

$$\text{soutangente} = 2x,$$

c'est-à-dire que la soutangente, dans la parabole, est double de l'abscisse ; ce qui fournit un moyen très simple de mener des tangentes à cette courbe. (*Voy.* Tangente.)

SOUTENDANTE. (*Géom.*) Nom que l'on donne quelquefois à la corde d'un arc de cercle. (*Voy.* Corde.)

SPARSILES. (*Ast.*) Les étoiles *sparsiles*, *sporades* ou *informes*, sont celles qui ne se trouvent comprises dans aucune constellation. (*Voy.* Informe.)

SPÉCIEUSE. Arithmétique spécieuse. Nom que les auteurs des siècles derniers donnaient à l'algèbre, parce que les quantités y sont représentées par des lettres que les premiers algébristes nommaient *species*, *espèces*.

SPECTRE COLORÉ. (*Opt.*) Nom que l'on donne à l'image oblongue et colorée du soleil, dont les rayons passent par l'angle d'un prisme dans une chambre obscure. (*Voy.* Optique.)

SPHÈRE. (*Géom.*) Solide terminé par une seule surface uniforme dont tous les points sont également éloignés d'un point pris dans l'intérieur du solide et qu'on nomme son *centre*. On peut le concevoir comme engendré par la révolution d'un demi-cercle autour de son diamètre ; alors ce diamètre se nomme l'*axe* de la sphère et ses deux extrémités prennent le nom de *pôles*.

Les propriétés principales de la sphère sont les suivantes :

1. Toutes les sections de la sphère par un plan sont des cercles. Si le plan passe par le centre, la section est dite un *grand cercle*. Tous les grands cercles de la sphère sont égaux.

2. Le volume d'une sphère est équivalent aux *deux tiers* de celui du cylindre circonscrit, c'est-à-dire, du cylindre dont la base est un grand cercle et qui a l'axe pour hauteur. Il est encore équivalent à un cône ou une pyramide qui aurait pour base la surface entière de la sphère, et pour hauteur la moitié de son axe ou son *rayon*.

3. La surface de la sphère est équivalente à quatre fois celle d'un de ses grands cercles. Elle est, par conséquent, encore équivalente à la surface d'un cercle qui aurait pour rayon l'axe ou le *diamètre* de la sphère.

4. Toutes les sphères sont des figures semblables.

5. Les volumes de deux sphères sont entre eux comme les cubes des rayons ou des diamètres.

On nomme *segment sphérique* toute portion de sphère séparée par un plan, et *zone sphérique* une partie de sphère comprise entre deux plans coupans et parallèles entre eux.

Si nous désignons par r le rayon d'une sphère, par c la circonférence d'un de ses grands cercles, par S sa surface et par V son volume, π désignant toujours le rapport du diamètre à la circonférence, ou la demi-circonférence dont le rayon est 1, les propriétés précédentes donneront lieu aux expressions

$$S = 2cr, \quad S = 4\pi r^2$$

$$V = \frac{1}{3}Sr, \quad V = \frac{4}{3}\pi r^3$$

Pour les évaluations numériques, en remplaçant π par sa valeur $3,1415926$, etc., on peut employer les formules

$$S = (12,56637).r^2, \quad S = (0,3183.)c^2$$

$$V = (4,18879).r^3, \quad V = (0,01688)c^3$$

Quant aux segmens et aux zones sphériques, en conservant les dénominations précédentes et en désignant de plus par R le rayon de la base d'un segment et par h sa hauteur, par R et R' les rayons des deux bases d'une zone et par h sa hauteur, on aura les formules suivantes :

Segment sphérique

$$\text{surface} = (6,283185).rh$$

$$\text{volume} = (0,523599).(3R^2h + h^3)$$

$$= (0,523599).(cr - 2h)$$

Zone sphérique

$$\text{surface} = (6,28318).rh$$

$$\text{volume} = (1,570796).(R^2 + R'^2 + \tfrac{1}{3}h^2)$$

Les rapports entre la sphère, le cône et le cylindre circonscrit ont été trouvés par Archimède, comme nous l'avons dit ailleurs. Une particularité très remarquable, c'est que le rapport des volumes de la sphère et du cylindre est le même que celui des surfaces de ces corps, c'est-à-dire, 2 : 3.

Sphère armillaire. (*Voy.* Armillaire.)

Sᴘʜèʀᴇ, *en astronomie*, c'est cet orbe immense ou étendue concave qui entoure notre globe et auquel les étoiles fixes semblent être attachées. Le diamètre de la terre est si petit quand on le compare au diamètre de la sphère céleste que le centre de cette sphère est partout où l'on se place. Dans tous les temps et dans tous les lieux, quelle que soit la position de la terre dans l'espace et celle des observateurs sur sa surface, on a toujours les mêmes apparences de la sphère, c'est-à-dire que les étoiles fixes paraissent occuper le même point sur la surface de cette sphère. Notre manière de juger de la situation des astres est de concevoir des lignes droites tirées de l'œil ou du centre de la terre au centre de l'astre, et qui continuent jusqu'à ce qu'elles coupent cette sphère ; les points où les lignes se terminent sont les *lieux* apparens de ces astres. Pour déterminer ces lieux, on a imaginé différens cercles fixes auxquels on les rapporte. (*Voy.* Aʀᴍɪʟʟᴀɪʀᴇ.)

SPHÉRIQUE. (*Géom. et ast.*) Se dit en général de tout ce qui a rapport à la sphère. Un triangle *sphérique* est une partie de la surface d'une sphère comprise entre trois arcs de grands cercles de la sphère qui se coupent deux à deux. Les propriétés de ces triangles sont l'objet de la *trigonométrie sphérique*. (*Voy.* Tʀɪɢᴏɴᴏᴍéᴛʀɪᴇ.)

SPHÉROIDE. (*Géom.*) Solide engendré par la révolution d'une courbe ovale autour de son axe. Si l'ovale est régulière, ou si c'est une ellipse, le *sphéroïde* se nomme aussi *ellipsoïde*.

On nomme *sphéroïde allongé* celui qui est engendré par la révolution de l'ovale autour de son grand axe, et *sphéroïde aplati* celui qui est produit par la révolution autour du petit axe. La figure de la terre paraît être celle d'un sphéroïde aplati. (*Voy.* Tᴇʀʀᴇ.)

Quand on a l'équation de l'ovale génératrice, on peut aisément obtenir la surface et le volume du sphéroïde par les méthodes exposées aux mots Cᴜʙᴀᴛᴜʀᴇ et Qᴜᴀᴅʀᴀᴛᴜʀᴇ.

SPIRALE. (*Géom.*) Ligne courbe d'une espèce circulaire qui s'éloigne de plus en plus d'un point, que l'on nomme son centre, tout en tournant autour de lui.

On distingue diverses espèces de spirales, parmi lesquelles la plus célèbre est celle de Conon ; elle est particulièrement connue sous le nom de *spirale d'Archimède*, parce que ce grand géomètre découvrit le premier ses propriétés. Nous allons exposer la construction de quelques-unes de ces courbes.

Sᴘɪʀᴀʟᴇ ᴅ'Aʀᴄʜɪᴍèᴅᴇ. Imaginons que le rayon AC du cercle C (Pl. 57, fig. 12) se meut uniformément autour du centre de manière que son extrémité A décrit la circonférence dans le même temps qu'un point, parti du centre, parcourt d'un mouvement uniforme le rayon AC ; le mouvement de ce point, en considérant sa trace sur le plan du cercle, engendrera une courbe C$mm'm''m'''$A qui est la *spirale d'Archimède*.

Après une première révolution du rayon CA, on peut en imaginer une seconde pendant laquelle le point continue à se mouvoir sur son prolongement, de manière à parcourir une longueur égale à AC pendant cette révolution ; et après cette seconde, une troisième, puis une quatrième et ainsi de suite, ce qui donne le moyen de prolonger la spirale à l'infini.

Pour décrire cette courbe par points, on divisera la circonférence du cercle en parties égales, en 10 par exemple, puis on divisera le rayon AB en 10 parties égales, et ayant mené par chacun des points de division p, p', p'' etc., de la circonférence les rayons cp, cp', cp'' etc., on portera sur le premier rayon Cp, de C en m, une des 10 parties du rayon AC ; sur le second rayon Cp', on prendra Cm' égal à 2 dixièmes du rayon ; sur le troisième rayon Cp'', on prendra Cm'' égal aux 3 dixièmes du rayon, et ainsi de suite. Les points m, m', m'', etc. appartiendront à la spirale.

D'après la construction de cette courbe, le rapport entre un quelconque de ses rayons vecteurs Cz et le rayon AC du cercle est le même que celui de l'arc correspondant A$p'x$ à la circonférence entière ; ainsi désignant par z le rayon vecteur, par r celui du cercle, par c sa circonférence et par v l'arc A$p'x$, on aura

$$z : r :: v : c$$

d'où

$$z = \frac{rv}{c}$$

Telle est l'équation de la spirale d'Archimède. En observant que $\frac{r}{c}$ est une quantité constante égale à $\frac{1}{2\pi}$, π exprimant le nombre 3,1415926 etc., on peut donner à cette équation la formule plus simple $z = av$, en se rappelant que $a = \frac{1}{2\pi}$.

La rectification de cette courbe ne peut être obtenue que par approximation, car en substituant dans l'expression

$$ds = \sqrt{[dz^2 + z^2 . dv^2]},$$

de laquelle dépend la rectification des courbes exprimées en coordonnées polaires (*voy.* Rᴇᴄᴛɪғɪᴄᴀᴛɪᴏɴ, 6), les valeurs de z et de dz^2 tirées de $z = av$, on trouve

$$ds = \sqrt{[a^2 dv^2 + a^2 v^2 dv^2]}$$
$$= adv . \sqrt{[1 + v^2]}$$

expression qui ne peut s'intégrer que par les séries ou

les logarithmes, et qui dépend évidemment de la rectification de la parabole. (*Voy.* Rectif., 41.)

La quadrature de la spirale dépend de celle du cercle et ne peut être obtenue aussi que par approximation, mais elle présente une particularité remarquable que nous devons signaler. Substituant dans l'expression générale

$$S = \frac{1}{2} \int z^2 dv$$

de la quadrature des courbes rapportées à des coordonnées polaires la valeur de dv prise dans l'équation $z = av$, il vient

$$S = \frac{1}{2} \int a^2 v^2 dv = \frac{1}{2} a^2 \int v^2 dv$$

$$= \frac{1}{6} a^2 v^3 + const$$

En prenant l'aire à partir de l'origine et remplaçant a^2 par sa valeur $\frac{1}{4\pi^2}$ on a donc pour l'aire de la spirale comprise entre la courbe et le rayon vecteur correspondant à l'arc v, l'expression

$$S = \frac{v^3}{24\pi^2}$$

Si l'on prend pour *unité* le rayon r du cercle, sa circonférence c sera exprimée par 2π, et si alors on fait l'arc v égal à 2π, on aura pour l'expression de la surface entière Cmm'm''m''m'''zA, $S = \frac{1}{3}\pi$. Or, dans ce cas, comme il s'agit d'unités carrées, π représente la surface du cercle ; ainsi *la surface de la spirale est le tiers de celle du cercle.*

Il s'agit simplement ici de la spirale de la première révolution ou, comme on la nomme, de la *première spire*. Pour les autres *spires*, il faut remarquer qu'à chaque nouvelle révolution du rayon du cercle il repasse sur les aires tracées par les révolutions précédentes, de sorte que ces aires s'ajoutent les unes aux autres ; ainsi, si l'on demandait l'aire qui se termine à la m ième révolution, il ne faudrait pas prendre l'intégrale depuis $v = 0$ jusqu'à $v = 2\pi$, mais bien depuis $v = (m-1).2\pi$ jusqu'à $v = m.2\pi$. On trouve de cette manière

$$S = \frac{m^3 - (m-1)^3}{3} \pi.$$

m désignant le nombre des *spires*. Ainsi, on a pour 2 spires, $S = \frac{7}{3}\pi$; pour 3, $= \frac{14}{3}\pi$; pour 4,

$S = \frac{37}{3}\pi$; etc. En comparant chacune de ces aires avec celle du cercle circonscrit correspondant qui est successivement π, 4π, 9π, 16π etc., on voit que l'aire de seconde révolution est au cercle circonscrit comme $7 : 13$, que celle de troisième révolution est au cercle circonscrit comme $19 : 27$, etc. Rapports trouvés par Archimède à l'aide de constructions géométriques si compliquées que Viète a mis en doute leur exactitude, et que Bouillaud a avoué ingénument qu'il ne les avait jamais bien comprises. Si l'on prend la différence entre l'aire de deux révolutions et l'aire d'une seule révolution, on obtient pour l'aire de la *seconde spire* considérée isolément 2π ; et en opérant de la même manière, on trouve que les aires des troisième, quatrième, etc., spires sont respectivement 4π, 6π, 8π, etc.; d'où résulte, en général, que l'aire de la m ième spire, c'est-à-dire, l'aire comprise entre la surface de la $(m-1)$ révolution et la m ième révolution, est égale à $(m-1)$ fois l'aire de la seconde spire. Propriété trouvée encore par Archimède.

Spirale logarithmique ou logistique. Elle diffère de la spirale d'Archimède en ce que ses rayons vecteurs Cm, Cm', Cm'', etc., au lieu de croître en progression arithmétique, croissent en progression géométrique.

Spirale parabolique ou hélicoïde. Si l'on imagine que l'axe d'une parabole commune ou apollonienne est roulée sur la circonférence d'un cercle (Pl. 24, fig. 7), l'origine étant au point B, toutes les ordonnées de la parabole Cm, Dn, Eo, etc., concourront vers le centre A et la courbe BmnFA qui passe par les extrémités de ces ordonnées sera l'*hélicoïde*.

En désignant par z un rayon vecteur Am, par v l'arc de cercle correspondant BC, et par p le paramètre de la parabole, la nature de cette courbe sera exprimée par l'équation $z^2 = pv$.

Spirale de *Pappus*. Courbe formée sur la surface de la sphère de la même manière que celle d'Archimède est engendrée sur un plan ; c'est-à-dire qu'un quart de grand cercle est supposé tourner uniformément autour de son rayon, tandis qu'un point le parcourt uniformément et décrit une ligne courbe sur la surface de la sphère. Cette spirale est évidemment une courbe à double courbure.

On a considéré encore une foule d'autres spirales pour lesquelles nous devons renvoyer à l'*Histoire de l'Acad. des sciences*, 1704.

SPIRIQUES. (*Géom.*) Les *lignes spiriques* sont des courbes inventées par Perseus, et qui résultent de la section, faite par un plan, du solide engendré par la révolution d'un cercle autour d'une de ses cordes, ou d'une de ses tangentes, ou même de quelque ligne extérieure. Ces courbes, d'une forme très-singulière, n'ont été l'objet d'aucune recherche ultérieure. (*Voy.* Montucla, *Hist. des Math.*, tom. 1.)

SPORADES. (*Voy.* Sparsiles et Informes.)

STATIONNAIRE. (*Ast.*) On dit qu'une planète est *stationnaire* lorsqu'elle paraît rester pendant quelque temps au même point du zodiaque. C'est une illusion d'optique produite par la combinaison des mouvemens réels de la terre et de la planète.

STATIQUE. (*Math. appl.*) L'une des branches fondamentales de la mécanique. Elle a pour objet les lois de l'équilibre des forces qui meuvent les corps.

La statique se divise en deux parties dont l'une considère l'équilibre dans les corps solides, et l'autre l'équilibre dans les corps fluides. La première conserve plus particulièrement le nom de *statique*, la seconde prend celui d'*hydrostatique*, (*voy.* Math. appl., Mécanique, et les divers articles qui concernent les machines simples : Levier, Plan incliné, Poulie, Treuil, Coin, Vis. *Voy.* aussi Force, Centre de gravité et Hydrostatique.)

STATISTIQUE. (*Math. appl.*) Science moderne qui a pour objet la description des forces productives d'un pays, l'inventaire de ses richesses, le mouvement de sa population, en un mot, tous les documens de l'économie politique.

STÉRÉOGRAPHIE. Art de dessiner la figure des solides sur un plan. C'est la perspective des solides. (*Voy.* Perspective.)

STÉRÉOGRAPHIQUE. (*Projection.*) (*Persp.*) *La projection stéréographique* est celle dans laquelle on imagine l'œil à la surface de la sphère. Nous avons donné au mot *projection* les principales propriétés de celle-ci qu'on emploie principalement pour la construction des mappemondes.

Notre intention était d'exposer ici les procédés de ces constructions, mais la nécessité où nous nous trouvons de ne pas dépasser les limites fixées à ce dictionnaire nous force à renvoyer nos lecteurs aux ouvrages spéciaux. (*Voy.* le *Traité de Topographie* de Puissant.)

STÉRÉOMÉTRIE. (*Géom.*) (de στερεὸς, *solide* et de μέτρον, *mesure*.) Partie de la géométrie qui a pour objet la mesure du volume des corps. (*Voy.* Solide.)

STÉRÉOTOMIE. (*Arch.*) Art de couper les pierres selon les différens usages auxquels elles sont destinées dans les constructions de l'architecture.

STIRLING (James.) Géomètre anglais d'un très-gand mérite, naquit à Oxford, vers la fin xviiᵉ siècle, et fit ses études à la célèbre université de cette ville. Il n'était encore qu'étudiant lorsqu'il publia son premier ouvrage sur les lignes du troisième ordre, et dans lequel il démontra que Newton avait omis quelques-unes de ces lignes. Ce livre est intitulé : *Sinæ tertii ordinis neutonianæ, sive illustratio tractatûs Neutoni de enumeratione linearum tertii ordinis*, Oxford, 1717, in-8°. Stirling fut peu de temps après admis dans le sein de la société royale de Londres. On a de ce géomètre : *Methodus differentialis, sive tractatus de summatione et interpolatione serierum infinitorum*, Londres, 1730, in-4°. Dans cet écrit, Stirling, tout en adoptant les principes de Moivre sur la théorie des séries, ajoute beaucoup à ses découvertes. *Figure de la terre et sur les variétés de la gravité à sa surface*, mémoire qui a été imprimé dans les Transactions philosophiques, vol. 53.

STONE (Edmond), géomètre écossais, né vers la fin du xviiᵉ siècle. Il était fils d'un jardinier du duc d'Argyle. Comme tous les hommes de génie, il triompha des difficultés qui s'opposaient à ses goûts dans l'étude des mathématiques. On dit qu'il parvint à apprendre, sans le secours d'aucun maître, le latin, le français et les élémens de la science, vers laquelle le portaient ses penchans. Le duc d'Argyle ayant trouvé dans les mains de son jardinier un ouvrage de Newton, dont celui-ci parcourait un commentaire, s'empressa de lui donner des maîtres, sous lesquels il fit de rapides progrès. Il vint à Londres, où il avait été devancé par sa renommée, et où la société royale l'admit parmi ses membres. Malheureusement Stone fut obligé pour vivre de donner des répétitions et de se mettre aux gages d'un libraire ; il ne put soutenir la réputation que lui avaient méritée ses premiers ouvrages. Il fut rayé de la liste des membres de la société royale, et mourut dans la misère en 1768. Outre quelques mémoires insérés dans les *Transactions philosophiques* du temps, on a de Stone : I. *Méthode des fluxions, tant directes que inverses*, Londres, 1730, in-4°. Cet ouvrage a été traduit en français, par Rondet, sous le titre d'*Analyse des infiniment petits*, etc. Paris, 1735, in-4°. II. *Dictionnaire des mathématiques*, 1726—1743, in-8°. III. *Some reflexions*, Londres, 1766, in-8°.

SUBLIME. Les géomètres du siècle dernier désignaient sous le nom de *géométrie sublime* l'application du calcul infinitésimal à la géométrie.

SUBSTITUTION. (*Alg.*) Remplacement, dans une formule algébrique, d'une quantité par une autre qui lui est égale, mais qui est exprimée d'une autre manière. Si l'on a par exemple, $y^2 = \sqrt{[a^2 - (2x + b^2)]}$, et

$x = \dfrac{a^2}{2}$, en remplaçant dans la première expression

x par $\dfrac{a^2}{2}$, on aura, par *substitution*,

$$y^2 = \sqrt{[a^2 - (a^2 + b^2)]} = \sqrt{(-b^2)}.$$

SUCCESSION *des signes*. (*Ast.*) On donne ce nom à l'ordre dans lequel les signes du zodiaque sont parcourus par le soleil, savoir : le *bélier*, le *taureau*, les *gémeaux*, etc. Tous les mouvemens des astres qui ont lieu selon la succession des signes sont dits *mouvemens directs*, ceux qui ont lieu en sens inverse sont dits *mouvemens rétrogrades*. (*Voy.* Signes et Zodiaque.)

SUD. (*Ast.*) Un des quatre *points cardinaux*. On le nomme aussi le *midi*. (*Voy.* ces mots.)

SUITE. (*Alg.*) (*Voy.* Série.)

SUPERFICIE. (*Géom.*) C'est la même chose qu'*aire*. Ainsi, pour désigner l'étendue renfermée par les trois côtés d'un triangle, on dit indifféremment la *superficie* ou l'*aire* d'un triangle. (*Voy.* Aire.)

SUPERPOSITION. (*Géom.*) Méthode de démonstration qu'on emploie dans la géométrie élémentaire pour démontrer l'égalité ou l'inégalité de deux figures. Elle consiste à supposer les deux figures appliquées l'une sur l'autre, de manière que deux de leurs parties qu'on sait être égales coïncident ou se confondent; puis on examine, par les directions des autres parties, si elles doivent également se confondre. Lorsque toutes les parties des deux figures coïncident exactement, on en conclut que ces figures sont égales.

SUPPLÉMENT. (*Géom.*) On nomme *supplément d'un angle* ce qui lui manque pour valoir deux angles droits, comme on nomme *supplément d'un arc* ce qui lui manque pour valoir une demi-circonférence. On dit aussi que deux angles dont la somme est égale à deux angles droits, ou que deux arcs dont la somme est égale à une demi circonférence, sont *supplément* l'un de l'autre. Le supplément d'un angle ou d'un arc de 120° degrés, par exemple, est un angle ou un arc de 60°.

SUPPUTATION. (*Arith.*) C'est l'action de compter ou d'évaluer la grandeur des quantités numériques en effectuant les diverses opérations de l'arithmétique.

SURFACE. (*Géom.*) Étendue qui n'a que deux dimensions, longueur et largeur; on peut la considérer comme la limite des solides. (*Voy.* Not. prél., 20)

Les surfaces sont *planes* ou *courbes*. La *surface plane*, qu'on nomme simplement *plan*, est celle sur laquelle on peut appliquer exactement une ligne droite dans tous les sens; il n'y a par conséquent qu'une seule espèce de surface plane. La *surface courbe* est celle sur laquelle on ne peut appliquer exactement une ligne droite dans tous les sens; il existe une infinité d'espèces différentes de surfaces courbes.

L'intersection de deux surfaces qui se rencontrent est une ligne dont la nature dépend de celles des surfaces et de la manière dont elles se coupent. Cette ligne est toujours droite lorsque les surfaces sont toutes deux planes.

1. Surfaces planes. Deux *plans* appliqués l'un sur l'autre coïncident exactement dans toutes leurs parties et se confondent.

Lorsque deux plans se coupent, leur inclinaison respective prend le nom d'*angle plan*; cet angle se mesure par l'angle que font entre elles les deux droites menées dans chacun de ces plans au même point de la commune intersection et perpendiculairement à cette intersection. Lorsque cet angle est droit les plans sont perpendiculaires entre eux.

2. Deux plans sont parallèles entre eux lorsqu'ils ne peuvent se rencontrer en les supposant prolongés indéfiniment.

Les intersections de deux plans parallèles par un troisième plan sont des droites parallèles entre elles.

3. Une droite est parallèle à un plan lorsqu'en faisant passer par cette droite un second plan qui coupe le premier, l'intersection des deux plans est parallèle à la droite.

4. Une droite est perpendiculaire à un plan lorsqu'elle est perpendiculaire à toutes les droites que l'on peut mener sur ce plan et qui passent par le point d'intersection.

5. La situation d'un plan, dans l'espace, est déterminée par celles de trois de ses points, car par trois points donnés on ne peut faire passer qu'un seul plan. Il est bien entendu que ces trois points ne doivent pas être en ligne droite.

Ainsi deux lignes droites qui se rencontrent, deux lignes parallèles entre elles, un arc de courbe quelconque décrit sur un plan, déterminent sa position parce qu'il en résulte toujours trois points qui ne sont pas en ligne droite.

Toutes les relations qui peuvent exister entre les plans et les lignes droites sont l'objet de la géométrie élémentaire; elles se déduisent sans difficulté des relations des lignes droites menées sur un même plan.

6. Dans la géométrie dite *analytique* (*Voy.* Application), on rapporte la position d'un plan dans l'espace à trois autres plans qui se coupent deux à deux et qu'on nomme *plans coordonnés*. La relation qui existe entre les distances d'un point quelconque du plan aux trois plans coordonnés est l'*équation* de ce plan; équation qui est toujours du premier degré et de la forme

$Ax + By + Cz + D = o$, A, B, C, D étant des quantités constantes et x, y, z représentant les distances variables.

Toutes les questions relatives au plan et à la ligne droite dans l'espace se résolvent par la combinaison des équations du plan et de la droite. (*Voy.* les *Traités d'appl. de l'algèbre à la géométrie.*)

7. SURFACES COURBES. Les seules surfaces courbes que l'on considère dans les élémens de géométrie sont les surfaces latérales du cylindre et du cône droits et la surface de la sphère. (*Voy.* CÔNE, CYLINDRE et SPHÈRE.)

Les surfaces courbes, en général, sont un des objets de la géométrie dite *analytique*; on les représente par l'équation qui exprime la relation générale des distances d'un quelconque de leurs points à trois plans coordonnés. Ainsi F désignant une fonction quelconque des variables x, y, z, l'équation $F(x, y, z) = o$ sera l'équation d'une surface, savoir : l'équation d'un *plan* si elle est du *premier degré*, et l'équation d'une surface courbe si elle passe le premier degré.

Les surfaces courbes se classent, comme les lignes, d'après le degré de leurs équations; ainsi on dit une *surface du second degré*, *du troisième degré*, etc., selon que l'équation qui la représente est du second, du troisième, etc., degré. La surface de la sphère, celle du cylindre, du cône, les surfaces engendrées par la révolution d'une section conique sont des *surfaces du second degré*. *Voy.* Biot. *Essai de géométrie analytique*; Bourdon, *Appl. de l'alg. à la géométrie*; Boucharlat, *Théorie des courbes et des surfaces du second ordre*; Leroy, *Analy. appl. à la géométrie des trois dimensions*; Monge, *Mém. de l'Acad. savans étrangers*, tome IX. Quant à la mesure des surfaces, *Voy.* AIRE et QUADRATURE.

SYMÉTRIQUE. (*Géom.*) *Polyèdres symétriques.* Nom donné par Legendre à deux polyèdres qui, ayant une base commune, sont construits semblablement l'un au-dessus du plan de cette base, l'autre au-dessous, avec cette condition que les sommets des angles solides homologues soient situés à égales distances du plan de la base, sur une même droite perpendiculaire à ce plan. Ces polyèdres ont toutes leurs parties semblables en sens inverse comme un objet et son image vue dans un miroir plan.

Deux polyèdres symétriques sont égaux en volume. (*Voy.* Legendre. *Géométrie.*)

Fonction symétrique. On donne ce nom, en algèbre, à toute fonction de plusieurs quantités dans laquelle ces quantités entrent d'une manière tellement identique, qu'on peut changer leur ordre ou les permuter l'une à la place de l'autre sans changer la valeur de la fonction. Par exemple, si l'on a les quatre quantités

a, b, c, d indépendantes entre elles, leur somme $a + b + c + d$, la somme de leurs puissances $a^n + b^n + c^n + d^n$, celle de leurs produits deux à deux $ab + ac + ad + bc + bd + cd$, etc., etc. sont des *fonctions symétriques* de ces quatre quantités.

Toutes les fonctions symétriques des mêmes quantités ont entre elles des relations déterminées qui permettent de les exprimer les unes au moyen des autres, ce qui fournit plusieurs théorèmes très-importans pour la théorie des équations. Nous allons donner la déduction de celui de ces théorèmes qu'on peut considérer comme le fondement de la théorie des fonctions symétriques.

Soient m quantités a, b, c, d, e, etc. ; désignons d'une part par A, leur somme, par A_2 la somme de leurs produits *deux à deux*, par A_3 celle de leurs produits *trois à trois*, etc., et en général par A_μ celle de leurs produits de μ à μ ; désignons d'autre part par S_1 la somme de ces mêmes quantités, par S_2 la somme de leurs secondes puissances, par S_3 celle de leurs troisièmes puissances, etc., et en général par S_μ celle de leurs puissances du degré μ.

Ceci posé, x étant une quantité variable quelconque, si nous formons le produit des μ facteurs $(1+ax)$, $(1+bx)$, $(1+cx)$, etc. nous aurons évidemment (*voy.* MULTIPLICATION, 16)

$$(1+ax).(1+bx).(1+cx).(1+dx)...\text{etc.} =$$
$$= 1 + A_1 x + A_2 x^2 + A_3 x^3 + \text{etc}....+ A_\mu x^\mu$$

Ainsi, désignant pour abréger le second membre de cette égalité par X et prenant les logarithmes naturels,

$$LX = L(1+ax) + L(1+bx) + L(1+cx) + \text{etc.}$$

Or, on a généralement, (*voy.* LOGARITHMES)

$$L(1+z) = z - \frac{z^2}{2} + \frac{z^3}{3} - \frac{z^4}{4} + \frac{z^5}{5} - \text{etc.}$$

et, par conséquent,

$$L(1+ax) = ax - \frac{1}{2}a^2 x^2 + \frac{1}{3}a^3 x^3 - \frac{1}{4}a^4 x^4 + \text{etc.}$$
$$L(1+bx) = bx - \frac{1}{2}b^2 x^2 + \frac{1}{3}b^3 x^3 - \frac{1}{4}b^4 x^4 + \text{etc.}$$
$$L(1+cx) = cx - \frac{1}{2}c^2 x^2 + \frac{1}{3}c^3 x^3 - \frac{1}{4}c^4 x^4 + \text{etc.}$$
$$L(1+dx) = dx - \frac{1}{2}d^2 x^2 + \frac{1}{3}d^3 x^3 - \frac{1}{4}d^4 x^4 + \text{etc.}$$
$$\text{etc.} = \text{etc.}$$

La somme de ces logarithmes sera donc égale à

$$S_1.x - \frac{1}{2}S_2.x^2 + \frac{1}{3}S_3.x^3 - \frac{1}{4}S_4.x^4 + \frac{1}{5}S_5.x^5 - \text{etc.}$$

et l'on aura généralement

$$lX = S_1 . x - \frac{1}{2} S_2 . x^2 + \frac{1}{3} S_3 . x^3 - \frac{1}{4} S_4 . x^4 + \text{etc.}$$

égalité qui devient, en différentiant ses deux membres,

$$\frac{dX}{X . dx} = S_1 - S_2 . x + S_3 . x^2 - S_4 . x^3 + S_5 . x^4 - \text{etc.}$$

Mais nous avons d'autre part, en remettant à la place de X le polynome qu'il représente et en effectuant la différentiation ,

$$\frac{dX}{dx} = A_1 + 2A_2 x + 3A_3 x^2 + 4A_4 x^3 + \text{etc.}$$

Il en résulte donc définitivement

$$\frac{A_1 + 2A_2 x + 3A_3 x^2 + 4A_4 x^3 + 5A_5 x^4 + \text{etc.}}{1 + A_1 x + A_2 x^2 + A_3 x^3 + A_4 x^4 + \text{etc.}} =$$

$$= S_1 - S_2 . x + S_3 . x^2 - S_4 . x^3 + S_5 . x^4 - \text{etc.}$$

Multipliant le second membre par le dénominateur du premier et égalant ensuite les coefficiens des mêmes puissances de x, on obtient (a),

$$S_1 = A_1$$
$$S_2 = A_1 . S_1 - 2A_2$$
$$S_3 = A_1 . S_2 - A_2 . S_1 + 3A_3$$
$$S_4 = A_1 . S_3 - A_2 . S_2 + A_3 . S_1 - 4A_4$$
$$\text{etc.} = \text{etc.}$$

Ces expressions importantes ont été données pour la première fois, sans démonstration , par Newton dans son *Arith. universelle.*

Si nous remplaçons, dans la polynome X , x par $\frac{1}{x}$, et si nous égalons le résultat à *zéro*, nous aurons l'équation

$$x^\mu + A_1 x^{\mu-1} + A_2 x^{\mu-2} + \text{etc.} \dots + A_\mu = 0$$

dont les racines seront $- a$, $- b$, $- c$, etc. Ainsi les expressions (a) fournissent les moyens d'obtenir successivement la somme des racines, celle de leurs carrés, celle de leurs cubes , etc. d'une équation dont les coefficiens sont connus.

Toutes les autres fonctions symétriques que l'on peut former avec les μ quantités a , b , c , d , etc., s'expriment sans difficulté à l'aide des sommes de puissances S_1, S_2, S_3, etc. , d'où résulte le théorème *que toute fonction symétrique rationnelle et entière des racines d'une équation peut, sans que l'on connaisse ces racines , être évaluée au moyen des coefficiens de l'équation.* Nous ne pouvons entrer dans les détails de cette théorie dont Lagrange a fait la base d'une méthode

pour obtenir l'expression théorique des racines des équations du troisième et du quatrième degré. Cette méthode, comme toutes celles connues jusqu'ici, échoue aux équations du cinquième degré.

En prenant à la place des quantités a, b, c, d, etc., la suite des nombres naturels 0, 1 , 2, 3 , etc., jusqu'à $m - 1$, et en exprimant alors généralement $S\mu$ par $M(m)\mu$ et $A\mu$ par $(mI\mu)$, on tire des expressions (a) les relations

$$(mI_1) = M(m)_1$$
$$2(mI_2) = M(m)_1 . (mI_1) - M(m)_2$$
$$3(mI_3) = M(m)_1 . (mI_2) - M(m)_2 . (mI_1) + M(m)_3$$

dont nous avons fait usage ailleurs. (*Voy.* Facultés, 18.)

SYNCRONE (de χρονος, temps, et de συν *ensemble.*) On se sert de ce mot en mécanique pour désigner les mouvemens qui s'exécutent en même temps et dans un même intervalle de temps.

Jean Bernouilli a nommé *courbe synchrone* une courbe telle que plusieurs corps pesans égaux entre eux , partant d'un même point et décrivant des courbes, arrivent aux différens points de celle-ci dans le même temps et dans le plus petit intervalle de temps possible. (*Voy. les actes de Leipsik*, 1697.)

SYCHRONISME. Expression dont on se sert pour désigner l'identité du temps pendant lequel plusieurs choses se font.

SYNODIQUE. (*Ast.*) Nom qu'on donne aux révolutions des planètes considérées relativement à leur conjonction avec le soleil; de sorte que le temps qui s'écoule entre une conjonction et la suivante s'appelle *révolution synodique*. La révolution synodique de la lune se nomme particulièrement *mois synodique*.

Cette expression vient du mot *synode*, de συνοδος, *assemblée*, qu'on donnait aux conjonctions des astres dans l'ancienne astronomie.

SYNTHÈSE. Méthode de raisonnement qui procède du connu à l'inconnu par voie de composition, ou en partant des élémens pour arriver au composé. Elle est l'inverse de l'*analyse* qui procède par voie de décomposition en redescendant du composé aux élémens. (*Voy.* Analyse.)

SYSTÈME. Dans le sens général, ce mot désigne un ensemble de connaissances dont les diverses parties sont liées entre elles et dépendent d'un seul principe. C'est de cette manière qu'on dit *un système de philosophie, un système d'astronomie, un système de physique*, etc.

La réunion des vérités qui concernent un des objets du savoir humain ne mérite proprement le nom de *science* que lorsqu'elle présente une *unité systématique* ou qu'elle forme un *système*. Le grand but de la raison est de découvrir le principe suprême d'où dérivent les principes généraux des diverses sciences, et de s'élever à la connaissance du *système absolu* qui doit enfin coordonner et établir définitivement toutes les vérités. (*Voy.* Philosophie.)

Système, *en astronomie.* Les astronomes désignent sous le nom de *système du monde* toute hypothèse sur l'ordre et l'arrangement des parties qui composent l'univers, à l'aide de laquelle on peut expliquer les phénomènes ou apparences des corps célestes.

Les plus célèbres *systèmes du monde* sont, dans l'ordre chronologique, celui de *Ptolémée*, celui de *Copernic* et celui *Tycho-Brahé*. Le système de Copernic n'est plus aujourd'hui une simple hypothèse, dont le premier mérite est d'être d'accord avec les faits, c'est une vérité appuyée de démonstrations géométriques rigoureuses et qui participe de la haute certitude des vérités mathématiques. Nous allons exposer en peu de mots les particularités de ces divers systèmes.

Système *de Ptolémée.* Ce système, dans lequel on suppose la terre immobile au centre de l'univers, compte parmi ses adhérens : Platon, Eudoxe, Aristote, Hipparque, Sosigènes, Vitruve, Pline, et enfin Ptolémée, dont on lui a donné le nom parce que l'*Almageste* de ce grand astronome est le seul ouvrage détaillé qui nous soit parvenu sur les connaissances astronomiques des anciens. Ptolémée place les planètes autour de la terre dans cet ordre : la Lune ☾, Mercure ☿, Vénus ♀, le Soleil ☉, Mars ♂, Jupiter ♃ et Saturne ♄. Tel est l'arrangement de la fig. 2, pl. 9.

On doit s'étonner que Ptolémée ait rejeté l'hypothèse des Égyptiens, rapportée par Macrobe, qui faisaient tourner Mercure et Vénus autour du soleil. Cette hypothèse, représentée Pl. 6, fig. 1, s'accordait beaucoup mieux que la sienne avec les apparences du mouvement de ces planètes, et elle avait été adoptée par plusieurs de ses prédécesseurs, au nombre desquels nous devons citer particulièrement Vitruve, qui l'expose dans le neuvième livre de son *architecture*.

Dans ce système de la terre immobile, toutes les planètes, toutes les étoiles fixes, tournent en 24 heures autour de la terre, et l'on ne peut qu'être épouvanté de l'effroyable rapidité de leurs mouvemens, car le Soleil doit parcourir plus de 2500 lieues en une *seconde* de temps, Saturne plus de 24000 lieues dans le même intervalle. Quant aux étoiles fixes placées près de l'équateur, en leur accordant une parallaxe sensible, elles devraient parcourir plus de *cinq cents millions de lieues en une seconde !*

Système *de Copernic.* Ce système, dans lequel la terre ainsi que toutes les autres planètes tournent autour du soleil, a été entrevu dès la plus haute antiquité. Quelques auteurs, entre autres Diogène de Laërce, attribuent à Philolaüs, disciple de Pythagore, l'idée de faire tourner la terre autour du soleil, mais il paraît que ce philosophe n'a eu que le mérite d'avoir le premier divulgué les enseignemens du maître, car Eusèbe affirme positivement que Philolaüs avait le premier exposé par écrit le système de Pythagore ; Plutarque nous apprend que Timée de Locres, aussi disciple de Pythagore, avait eu la même opinion ; et que lorsqu'il disait que les planètes étaient animées et qu'il les appelait les différentes mesures du temps, il entendait « que le soleil et » la lune, et les autres planètes servaient à mesurer le » temps par leurs révolutions, et que la terre ne devait » pas être imaginée toujours stable dans le même lieu, » mais mobile et dans un mouvement circulaire, comme » Aristarque de Samos et Séleucus l'ont enseigné de- » puis. » (Plutarque, tom. 2.)

Cet Aristarque de Samos vivait environ trois cents ans avant J.-C., et fut un des principaux défenseurs du mouvement de la terre. Archimède dans son livre *de Arenario* dit « qu'Aristarque, écrivant sur ce sujet » contre quelques philosophes de son temps, avait » placé le soleil immobile dans le centre d'une orbite » qu'il faisait parcourir à la terre par un mouvement » circulaire. » (*Voy.* Aristarque.)

Théophraste a écrit une histoire de l'astronomie qui n'est point parvenue jusqu'à nous, mais dans laquelle se trouvait rapporté, d'après une citation de Plutarque, que Platon, qui avait toujours enseigné que le soleil tournait autour de la terre, revint de cette erreur dans un âge plus avancé, et se repentit de n'avoir pas placé le soleil au centre du monde, comme le lieu qui convenait le plus à cet astre, et d'y avoir placé la terre contre l'ordre le plus naturel.

On ne peut douter que toutes ces idées ne servirent de guides à Copernic, lorsqu'il entreprit d'établir un système du monde plus conforme à la réalité des phénomènes que celui de Ptolémée, ébranlé chaque jour par les observations, mais ce serait étrangement méconnaître ce que la science doit à ce grand homme, si l'on supposait, comme ses détracteurs ont voulu le faire croire, qu'il n'a fait que reproduire une vérité oubliée depuis long-temps. Il y a certes bien loin de l'opinion des anciens dépouillée de preuves, et qu'on peut seulement considérer comme un pressentiment de la vérité, aux immenses travaux par lesquels Copernic entreprit de lui donner une base solide ; car, ainsi que nous l'avons dit ailleurs, Copernic consacra toute sa vie aux observations et aux études qui devaient confirmer ses découvertes, et il n'entreprit d'en exposer l'ensemble que lorsqu'il eut acquis la certitude complète de leur vérité. (*Voy.* Copernic.)

Les principaux traits du système de Copernic étant rapportés dans l'article que nous venons de citer, nous nous contenterons d'en exposer plus bas l'ensemble au mot *système solaire*.

Système *de Tycho-Brahé*. Regardant comme un très grand argument contre le système de Copernic quelques passages de l'Ecriture Sainte qu'il avait assez mal interprétés, Tycho-Brahé, trop bon observateur pour ne pas reconnaître que toutes les planètes tournent autour du soleil, entreprit de substituer au système de Ptolémée, désormais insoutenable, un système mixte dans lequel il place la terre immobile au centre de l'univers. Autour de la terre tourne d'abord la Lune, puis le soleil, autour duquel tournent Mercure, Vénus, Mars, Jupiter et Saturne, dans des orbites qui sont emportées avec lui dans sa révolution autour de la terre Cet arrangement, qui satisfaisait très-bien à tous les mouvemens apparens connus alors, exige la même rapidité de mouvemens que les hypothèses de Ptolémée et des Egyptiens, et ne peut plus d'ailleurs aujourd'hui s'accorder avec le phénomène de *l'aberration*. (*Voy.* ce mot.)

Système solaire. On désigne maintenant sous ce nom l'ensemble du soleil et des corps qui lui sont subordonnées. Le soleil est placé au centre de gravité du système autour duquel il tourne lui-même, tandis que toutes les planètes circulent autour de lui dans l'ordre suivant : 1 *Mercure*, 2 *Vénus*, 3 *la Terre*, 4 *Mars*, 5 *Vesta*, 6 *Junon*, 7 *Cérès*, 8 *Pallas*, 9 *Jupiter*, 10 *Saturne*, 11 *Uranus*. (*Voy.* ce divers mots.)

Outre leur mouvement de translation autour du soleil, toutes les planètes ont un mouvement de rotation sur elles mêmes. C'est ce mouvement de rotation de la terre, dont la durée est de 24 heures, qui produit l'apparence d'un mouvement général, en sens inverse, de toute la sphère céleste, comme c'est le mouvement de translation de la terre qui produit ces apparences bizarres des stations et des rétrogradations des planètes, que les anciens astronomes trouvaient inexplicables, et dont ils ne pouvaient se rendre compte que par un échafaudage de cercles tournant les uns sur les autres sans aucune cause raisonnable. (*Voy.* Terre.)

Les diverses particularités du *système solaire* font l'objet de plusieurs articles auxquels nous devons renvoyer. (*Voy.* Attraction, Gravité, Planète, Perturbation; *voy.* aussi les articles consacrés à chaque planète et Comète.) L'ensemble du système solaire est représenté pl. 9, fig. 3.

SYZIGIES. (*Ast.*) Terme dont on se sert pour indiquer la conjonction et l'opposition d'une planète avec le soleil. Ce terme s'emploie plus particulièrement en parlant de la lune. (*Voy.* Lune.)

T.

TABLE. On désigne généralement sous ce nom, en *mathématiques*, une suite de nombres arrangés méthodiquement soit pour faciliter l'évaluation numérique d'une fonction de quantités variables, soit pour donner immédiatement cette évaluation. C'est ainsi, par exemple, qu'on nomme *table de Pythagore* la suite des produits de *deux à deux* des nombres naturels 1, 2, 3, 4, 5, 6, 7, 8, 9, produits essentiels et sans lesquels on ne pourrait effectuer la multiplication des autres nombres. (*Voy.* Multiplication.)

Lorsqu'une *table* renferme particulièrement la suite des valeurs qu'on obtient pour une fonction en donnant des valeurs successives à la variable de cette fonction, on la dispose sur deux colonnes dont la première contient les valeurs de la variable, et la seconde les valeurs correspondantes de la fonction. Par exemple, si la fonction φx désigne le logarithme naturel ou *hyperbolique* de x, en faisant successivement $x=1$, $x=2$, $x=3$, etc., et en calculant d'après les procédés connus (*voy.* Logarithmes), les valeurs qui en résultent pour φx ou *logarithme* x, on formera une *table* des logarithmes naturels en disposant ces valeurs comme il suit :

Nombres.	Log. naturels.
1	0,0000000
2	0,6931472
3	1,0986123
4	1,3862943
5	1,6094379
6	1,7917594
7	1,9459101
8	2,0791415
9	2,1972245
10	2,3025851

Les tables les plus importantes pour l'astronomie et les sciences qui s'y rattachent sont les tables des logarithmes des *nombres* et des *sinus*, elles sont comprises parmi les *tables* dites *astronomiques* qui servent à calculer les lieux et les mouvemens des astres. Avant la découverte des logarithmes, les astronomes se servaient pour leurs calculs des tables des sinus naturels, dont les plus étendues sont celles de Rheticus, publiées en 1613, par Pitiscus. (*Voy.* sur ce sujet une note de M. de Prony, insérée dans les *Mém. de l'Institut*, et intitulée : *Eclaircissemens sur un point de l'histoire des tables trigonométriques.*) Ce grand travail suffirait pour immortaliser son auteur si l'histoire de la science ne devait encore le citer parmi les premiers propagateurs du véritable système du monde. (*Voy.* RHETICUS.)

Ce que nous avons dit au mot LOGARITHME sur les principales tables logarithmiques, publiées jusqu'à ce jour, nous dispense de parler ici de ces tables devenues l'instrument universel des calculs astronomiques et géodésiques, mais nous ne pouvons passer sous silence de vastes tables manuscrites à la construction de quelles se rattache une anecdote très-curieuse, et dont la publication intéresse l'honneur national. Voici le fait : lorsque le gouvernement français eut décrété l'établissement d'un nouveau système métrique, il devint nécessaire de composer des tables trigonométriques pour la division du quart de cercle en 100 degrés, comme aussi de rapporter à cette division toutes les autres tables astronomiques. M. de Prony, alors directeur du cadastre, fut chargé de cet immense travail, et il ne lui fut pas difficile de reconnaître que, même en s'associant trois ou quatre habiles coopérateurs, la plus grande durée présumable de sa vie ne lui suffirait pas pour remplir ses engagemens. Dans le moment où il était le plus préoccupé de cette difficulté qui lui paraissait insurmontable, M. de Prony vit sur l'étalage d'un libraire la belle édition anglaise de Smith, faite à Londres en 1776; il ouvrit le livre au hasard et tomba sur le premier chapitre qui traite de la division du travail et où la fabrication des épingles est citée pour exemple. A peine avait-il parcouru les premières pages, que par une espèce d'inspiration il conçut l'espérance de mettre les logarithmes en manufacture comme les épingles. Il faisait en ce moment à l'Ecole Polytechnique des leçons sur une partie de la science liée à ce genre de travail, le calcul des différences et ses applications à l'interpolation. Il alla passer quelques jours à la campagne et revint à Paris avec le plan de fabrication qui a été suivi dans l'exécution.

Quand on saura que ces tables, terminées dans un court espace de temps, embrassent dix-sept grands volumes in-folio, on pourra se faire une idée de ce travail qui forme *le monument de calcul le plus vaste et le plus imposant qui ait jamais été exécuté ou conçu.* (Rapport fait à l'Institut sur ces tables par *Lagrange, Laplace et Delambre.*) On trouve dans l'avertissement placé en tête des *tables de Callet* la nomenclature des différentes parties de cette belle opération, qui n'est point encore publiée malgré l'offre faite, il y a quelques années, par le gouvernement anglais au gouvernement français d'imprimer ces tables aux frais communs de la France et de l'Angleterre. De tels monumens assurent cependant à la nation chez laquelle ils sont créés, un des genres de gloire qu'elle doit le plus ambitionner ; il est infiniment à regretter qu'on laisse enfouie, en manuscrit, une production jugée sans égale par les Lagrange, les Laplace, et qu'on s'obstine ainsi à courir les chances de son irréparable perte, qui peut être occasionnée par un de ces accidens dont on a malheureusement tant d'exemples.

Les *tables astronomiques* proprement dites sont des suites de nombres qui indiquent les situations et les mouvemens des astres ou qui servent à les calculer. Les plus anciennes de cette espèce de tables sont celles que Ptolémée a données dans son Almageste, et qui furent ensuite rectifiées et augmentées par Alphonse, roi de Castille, en 1252, *voy.* ALPHONSE. Depuis la renaissance des sciences en Europe, et particulièrement depuis la restauration du véritable système du monde par Copernic, le nombre des tables astronomiques a toujours été en croissant, et le degré de perfection où elles ont été portées ne peut qu'exciter l'admiration. Nous allons indiquer succinctement, dans leur ordre chronologique les plus remarquables et les plus estimées de ces tables.

Copernic, après trente ans d'observations et de calcul, publia une nouvelle collection de tables des mouvemens célestes en 1543, dans son ouvrage à jamais mémorable *De revolutionibus orbium celestium.* Ces tables furent successivement corrigées et augmentées par les observations des autres astronomes, et devinrent les plus correctes de toutes celles qui parurent avant la publication des célèbres *tables rudolphines*, ouvrage de Tycho-Brahé et de Képler. Ces dernières furent publiées en 1627 à Lintz.

Les tables rudolphines, réimprimées à Paris en 1650, servirent de modèle à un grand nombre de tables dont les auteurs s'efforcèrent de rendre la forme plus commode. Telles sont entre autres :

Christiani Reinharti , *tabulæ astronomicæ*, 1630.
Philippi Lansbergii , *tabulæ motuum*, etc., 1632.
Ismael Bouillau , *astronomia philolaica*, 1645.
Marie Cunitz, *urania propitia*, 1650.
B. Riccioli , *tabulæ novæ astron.*, etc., 1665.

Les tables de Street, surnommées *tables carolines*, publiées d'abord à Londres en 1661, puis à Nuremberg en 1705, ont été considérées pendant long temps comme les plus parfaites; elles ont été employées généralement jusqu'à la publication des tables de Lahire, dont la supériorité était tellement incontestable que tous les astronomes en adoptèrent l'usage.

Les tables de Lahire parurent en 1687, et la suite en 1702, sous le titre de *tabulæ astronomicæ Ludovici magni*. Le premier rang leur fut enlevé par les tables que Cassini donna, en 1740, dans ses *élémens d'astronomie*.

Les tables de Halley, publiées à Londres en 1749, et à Paris en 1759, par les soins de Lalande, remplacèrent à leur tour celles de Cassini et demeurèrent les plus parfaites jusqu'à la publication des tables de Lalande en 1771.

Outre les tables dont nous venons de parler, nous devons encore en mentionner quelques autres, comme les *tables du soleil* de Lacaille ; les *tables de la lune* de Mayer, publiées par le bureau des longitudes, et les *tables de la lune* de Charles Mason, qui servent aux calculateurs du *nautical almanack*. Les tables les plus modernes, en France, sont les *tables du soleil* de Delambre ; celles de *la lune* de Burckhard ; les *tables de Jupiter et de Saturne* de Bouvard, et les *tables de la lune* suivant la division centésimale du cercle, par M. le baron Damoiseau.

TABLEAU. (*Persp.*) Surface plane sur laquelle on projette l'image d'un objet. (*Voy.* PERSPECTIVE.)

TACHES. (*Ast.*) On donne ce nom aux endroits obscurs qu'on remarque sur le disque lumineux du soleil, de la lune et de quelques planètes. (*Voy.* JUPITER, LUNE, MARS, SATURNE et SOLEIL.)

TANGENTE. (*Géom.*) Ligne droite qui touche un cercle ou toute autre ligne courbe, de manière à n'avoir qu'un seul point commun avec la courbe. Ce point se nomme le *point de contact*.

Dans la *géométrie élémentaire*, on ne considère que les tangentes du cercle dont la propriété principale est d'être perpendiculaires aux rayons menés aux points de contact. Pour démontrer cette propriété à l'aide des seules propositions exposées dans ce dictionnaire, considérons la droite CD qui touche au point C, le cercle ECB (Pl. 57, fig. 13) ; menons au point de contact le rayon AC, et par le centre A faisons passer une sécante quelconque ED. Il a été prouvé (CERCLE, 20) que le carré de la tangente CD est équivalent au rectangle formé entre la sécante entière ED et sa partie extérieure BD, c'est-à-dire que l'on a

$$\overline{CD}^2 = ED \times BD.$$

Or, les trois droites AC, AE, AB étant égales comme rayons d'un même cercle, nous avons

$$ED = AE + AD = AD + AC$$
$$BD = ED - EB = AD - AC$$

ainsi,

$$\overline{CD}^2 = (AD + AC) \times (AD - AC) = \overline{AD}^2 - \overline{AC}^2$$

d'où

$$\overline{AD}^2 = \overline{AC}^2 + \overline{CD}^2$$

Ainsi AD est l'*hypoténuse* d'un triangle rectangle dont AC et CD sont les deux autres côtés ; donc l'angle ACD est droit, et par conséquent *la tangente est perpendiculaire au rayon mené au point de contact*.

Le problème de mener d'un point donné une tangente à un cercle se réduit donc, lorsque ce point appartient à la circonférence, au problème très-simple d'élever une perpendiculaire à l'extrémité du rayon, que l'on mène préalablement du centre au point donné. Lorsque le point donné est situé hors du cercle, le problème ne présente encore aucune difficulté, car si D (Pl. 57, fig. 14) est ce point et A le centre du cercle, après avoir mené la droite AD et décrit sur cette droite comme diamètre un demi-cercle DCA, le point C où ce demi-cercle coupe le cercle donné sera le point de contact, et en menant la droite DC cette droite sera la tangente demandée. En effet, si l'on mène le rayon AC, on voit que l'angle DCA est droit. (ANGLE 19.) Il résulte de cette construction que d'un point donné hors d'un cercle on peut toujours lui mener deux tangentes égales AC et AC'.

Parmi les propriétés des tangentes du cercle, on doit remarquer les deux suivantes : I. Si de divers points de la circonférence d'un cercle (Pl. 57, fig. 15) on lui mène des tangentes CD, C'D', C"D", etc., et qu'on prenne CD = C'D' = C"D" = etc., tous les points D, D', D". etc., appartiendront à la circonférence d'un cercle décrit du même centre A. II. Si trois cercles A, B, C, ont des tangentes communes (Pl. 57, fig. 16), les points d'intersection M, N, D, seront en ligne droite.

Quant aux tangentes des autres courbes, voyez plus loin *méthode des tangentes*.

TANGENTE, en *trigonométrie*, c'est une droite qui touche l'extrémité d'un arc et qui est limitée par la sécante qui passe par l'autre extrémité. Telle est, par exemple, la droite BD (Pl. 57, fig. 3) ; cette droite est dite la *tangente de l'arc* BC, ou encore la *tangente de l'angle* CAB qui est mesuré par cet arc BC.

La *tangente* EF de l'arc EC, complément de l'arc CB, prend le nom de *cotangente* de l'arc CB. En général, la *cotangente* d'un arc est la même chose que la *tangente* du *complément* de cet arc.

On trouve sans difficulté, de la manière suivante, les rapports qui existent entre la *tangente* d'un arc et son *sinus*. Menons les droites que l'on voit dans la figure, et remarquons que les deux triangles semblables ADB et ACG donnent la proportion

$$AB : BD :: AG : GC$$

Or, en désignant l'arc CB par x, nous avons BD = tang x,

$AG = \cos x$, $CG = \sin x$, et, de plus, AB est le rayon du cercle que nous représenterons par r, la proportion précédente est donc la même chose que

$$r : \tang x :: \cos x : \sin x$$

d'où (a)

$$\tang x = \frac{r.\sin x}{\cos x}$$

En prenant le rayon du cercle pour unité, on a simplement $\tang x = \dfrac{\sin x}{\cos x}$.

Les triangles semblables AEF, AHC fourniraient de la même manière

$$\cot x = \frac{r.\cos x}{\sin x}$$

Comparant ces expressions de la *tangente* et de la *cotangente* d'un même arc, on en tire la relation générale

$$\tang x . \cot x = r^2$$

Toutes les propriétés des *tangentes* dépendant de celles des *sinus*, nous renverrons au mot sinus pour la théorie de ces lignes.

MÉTHODE DES TANGENTES. C'est la méthode de mener des tangentes aux courbes, ou de déterminer la grandeur de la tangente et de la soutangente, lorsque l'équation de la courbe est donnée. De toutes ses découvertes en géométrie, celle que Descartes estimait le plus est la règle générale qu'il a donnée pour la détermination des tangentes des courbes. « C'est ici, dit-il, le problème le plus utile et le plus général, non seulement que je sache, mais même que j'aie jamais désiré de savoir en géométrie. » Ce problème sert en effet aux déterminations les plus importantes de la théorie des courbes, et la solution de Descartes, quoique remplacée aujourd'hui par les méthodes plus promptes et plus commodes fournies par le calcul différentiel, n'en doit pas moins marquer dans l'histoire de la science comme une invention très-ingénieuse, et d'ailleurs comme la première de ce genre.

La méthode de Descartes repose sur le principe suivant : soit AEN (pl. 58, fig. 1) une branche de courbe rapportée à l'axe AM. D'un point C de l'axe soit décrit un cercle qui coupe la courbe au moins en deux points, B et b, desquels les ordonnées communes à la courbe et au cercle seront BP et bp. Imaginons maintenant que le rayon de ce cercle décroît, son centre restant immobile; il est évident que les deux points B et b se rapprocheront et finiront par se confondre en E, lorsque le cercle ne fera plus que toucher la courbe à ce point. Alors le rayon CE mené au point de contact E, sera en même

temps *normale* à la droite qui serait tangente au cercle et à la courbe à ce même point E. Ainsi le problème de déterminer la tangente d'une courbe se trouve ramené à celui de trouver la position de la normale qu'on lui tirerait d'un point quelconque pris sur l'axe. Pour résoudre ce dernier, Descartes recherche d'une manière générale quels seraient les points d'intersection de la courbe avec un cercle décrit d'un rayon déterminé, et d'un point de l'axe comme centre. Il parvient à une équation qui, dans le cas de deux intersections, doit contenir deux racines inégales qui expriment les distances des ordonnées de ces intersections au sommet de la courbe. Mais si ces points d'intersection viennent à se confondre, alors les deux ordonnées se confondant, leurs distances deviennent la même, et l'équation doit avoir deux racines égales. Il faut donc déterminer les coefficiens de l'équation, de manière à ce qu'elle ait deux racines égales, et c'est à quoi Descartes parvient en comparant l'équation proposée avec une autre équation fictive du même degré, où il y a deux valeurs égales ; ce qui lui donne la distance au sommet de l'ordonnée abaissée du point de contact. Ceci une fois déterminé, le reste s'en déduit sans difficulté, comme nous allons le montrer par un exemple.

Soit ABEN une parabole ; désignant AC par a, AP par x, et le rayon CB du cercle par r, nous aurons CP $= a - x$. Or, puisque l'ordonnée BP $= y$, appartient en même temps au cercle et à la parabole, on aura dans le cercle

$$y^2 = r^2 - \overline{CP}^2 = r^2 - (a - x)^2$$

et dans la parabole

$$y^2 = px$$

p désignant le paramètre de cette dernière courbe. On a donc aussi

$$r^2 - (a - x)^2 = px$$

d'où, en ordonnant par rapport à x, on tire l'équation

$$x^2 - (2a - p)x + a^2 - r^2 = 0$$

Cette équation, étant du second degré, admet deux valeurs pour x, qui correspondent aux distances AP et Ap; car nous aurions trouvé absolument la même chose en partant de l'autre intersection et en prenant l'ordonnée bp. Il s'agit maintenant de déterminer le rapport des grandeurs a, p, r, de manière à ce que BP se confonde avec bp, et que le cercle touche la parabole en dedans. Pour cet effet, formons une équation fictive du second degré, dont les deux racines soient égales entre elles, ce qui se réduit à développer la puissance $(x - m)^2 = 0$, car l'équation qui en résulte $x^2 - 2mx + m^2 = 0$ a évidemment ses deux racines égales à m. Mais en comparant avec la précédente, on voit que celle-ci ne peut avoir ses deux racines égales, à moins qu'on n'ait les relations $2m = 2a - p$, et $m^2 = a^2 - r^2$. La première condition nous donne, à cause de $x = m$,

$$2x = 2a - p, \text{ d'où } p = 2a - 2x, \text{ et } a - x = \tfrac{1}{2} p.$$

Or, par l'égalité des racines, x est devenu AQ, et conséquemment $a - x = \text{AC} - \text{AQ} = \text{CQ}$. Ainsi, dans la parabole, CQ, ou la *sounormale*, est égale à la moitié du paramètre. La valeur de la *sounormale* étant une fois connue, on en tire aisément celle de la *soutangente*, ainsi que les valeurs de la *normale* et de la *tangente*. Quelle que soit la courbe proposée, on parviendra toujours, par ce procédé, à l'expression de la *sounormale*.

Outre cette méthode des tangentes qu'il a exposée dans sa *Géométrie*, Descartes en donne une autre, dans sa correspondance, dont les principes sont peu différens. Il conçoit une ligne droite qui tourne autour d'un centre sur l'axe prolongé de la courbe. Elle la coupe d'abord en un certain nombre de points; mais à mesure qu'elle s'éloigne ou se rapproche de l'axe suivant les circonstances, les points d'intersection se rapprochent et coïncident; enfin elle touche la courbe proposée. Pour déterminer la situation qu'a la courbe dans ce dernier cas, Descartes procède à peu près comme dans sa première méthode. Il recherche d'abord l'équation générale, par laquelle cette ligne étant inclinée sous un angle donné avec l'axe, on trouverait ses points d'intersection avec la courbe. Ensuite, par le moyen d'une équation fictive qui a deux racines égales, il détermine cette inclinaison à être celle qu'il faut pour que la ligne soit tangente. Enfin il tire de là l'expression de la soutangente.

Une autre méthode des tangentes, non moins célèbre que celle de Descartes, est la méthode de Fermat, dans laquelle on a prétendu trouver l'origine du calcul différentiel. Voici le principe sur lequel elle est fondée.

Si la ligne BD (Pl. 58, fig. 2) est tangente à une courbe AbBb, il est évident que toute autre ordonnée que BC, comme bc par exemple, la rencontrera hors de la courbe en un point e. Ainsi le rapport de $\overline{\text{BC}}^2$ à $\overline{ec}^2$, qui est le même que celui de $\overline{\text{DC}}^2$ à $\overline{\text{D}c}$, sera plus petit que celui de $\overline{\text{BC}}^2$ à $\overline{b}c$, ou que celui de AC à Ac, en prenant une parabole pour exemple; mais si l'on suppose que ce rapport soit le même, et que la distance Cc s'anéantisse, les points b et B se confondront, et l'on aura une équation qui, traitée de la même manière que dans la méthode des *maximis* et *minimis*, donnera le rapport de CD à CA, ou de la soutangente à l'abscisse. Fermat, comme on le voit, faisait dépendre sa méthode des tangentes de sa méthode des maximis.

Les méthodes de Descartes et de Fermat reçurent successivement divers perfectionnemens par les travaux de Sluze, Hudde, Huygens, etc., que nous ne pouvons exposer ici. Cependant nous croyons devoir dire encore un mot sur la *méthode des tangentes*, de Barrow, dont l'analogie avec la méthode que l'on tire du calcul différentiel est beaucoup plus frappante que celle qu'on a prétendu reconnaître entre cette méthode et la méthode de Fermat. Barrow considère le triangle *différentiel* QQ'm (Pl. 57, fig. 17) formé par la différence mQ' des deux ordonnées infiniment proches PQ et PQ', leur distance Qm et le côté infiniment petit QQ' de la courbe. Ce triangle est semblable au triangle TPQ formé par l'ordonnée, la tangente et la soutangente. Il cherche donc, pour l'équation de la courbe, le rapport qu'ont ensemble ces deux côtés Qm et Q'm, ce qui lui fournit une équation de laquelle il tire le rapport de la soutangente à l'ordonnée, en négligeant les quantités infiniment petites.

Un exemple va faire comprendre ce procédé. Soit la courbe proposée une parabole dont l'équation est $y^2 = px$; désignons, comme Barrow, par e l'accroissement Qm, ou PP' de l'abscisse AP $= x$, et par a l'accroissement correspondant Q'm de l'ordonnée PQ $= y$. Or, y devenant $y + a$, et x devenant $x + e$, l'équation de la parabole donne

$$y^2 + 2ay + a^2 = px + pe$$

Retranchant de cette dernière les termes égaux $y^2 = px$, il vient

$$2ay + a^2 = pe;$$

a étant infiniment petit, son carré a^2 peut être entièrement négligé, et il en résulte simplement

$$2ay = pe, \text{ d'où } \frac{e}{a} = \frac{2y}{p}$$

Mais le rapport des quantités a et e est le même que celui de l'ordonnée y ou BP à la soutangente TP, donc

$$\frac{\text{TP}}{y} = \frac{2y}{p}$$

ainsi

$$\text{soutangente} = \frac{2y^2}{p} = \frac{2px}{p} = 2x$$

c'est-à-dire que dans la parabole, la soutangente est égale au double de l'abscisse.

Cette règle ne diffère évidemment de celle du calcul différentiel que par la notation, car elle est représentée, en dernière analyse, par la formule

$$\text{soutangente} = \frac{y \cdot e}{a}$$

ce qui est identique avec la formule différentielle

$$\text{soutangente} = \frac{y \cdot dx}{dy}$$

Il existe aussi une grande ressemblance entre la manière dont on prend la différentielle d'une quantité, et celle qu'emploie Barrow pour trouver le rapport des lettres e, a, et l'on ne peut s'empêcher de reconnaître qu'il a touché de très-près au calcul différentiel. Mais la nature des idées qui ont conduit Leibnitz et Newton à la découverte de ce calcul, ne permet pas de supposer qu'ils aient rien emprunté de Barrow.

Le problème des tangentes, considéré dans toute sa généralité, dépend de l'expression (a)

$$\text{soutangente} = \frac{ydx}{dy}$$

(*voy.* SOUTANGENTE). Car en substituant dans cette expression la valeur du rapport $\frac{dx}{dy}$, tiré de l'équation de la courbe, on obtient dans tous les cas la valeur de la soutangente. La grandeur de la tangente, comprise entre le point de contact et celui où elle coupe l'axe des x, est donnée par la formule (b)

$$\text{tangente} = y \sqrt{\left[1 + \frac{dx^2}{dy^2} \right]},$$

ce dont on peut s'assurer facilement en remarquant (Pl. 57, fig. 11) que la soutangente TP, l'ordonnée CP et la tangente TC forment un triangle rectangle.

Nous allons donner quelques applications de ces formules.

1. L'expression (a) se rapporte à des coordonnées x et y rectangulaires, et il faut lui faire subir une modification pour la rendre applicable aux courbes exprimées en coordonnées obliques ou polaires, si l'on ne veut transformer ces dernières coordonnées. Le cas des coordonnées obliques ne présentant aucune difficulté, nous nous contenterons d'examiner ici celui des coordonnées polaires.

Soit MN (Pl. 58, fig. 4) une branche de courbe dont le pôle est en A, désignons par z un rayon vecteur quelconque, AO, et par v l'arc ZQ qui mesure la distance angulaire de ce rayon vecteur à l'axe fixe AZ. Prenons maintenant une droite quelconque AX pour axe des abscisses rectangulaires, et abaissons du point O, OP perpendiculaire à cet axe; le pôle étant pris pour origine, AP sera l'abscisse, et PO l'ordonnée du point O, nous désignerons ces droites à l'ordinaire par x et y. Désignons de plus par m l'arc Zn qui mesure la distance angulaire de l'axe polaire AZ à l'axe des abscisses AX, et

alors l'arc nQ, qui mesure l'angle PAO, sera représenté par $v - m$. Ceci posé, le triangle rectangle APO nous fournit les deux relations (*voy.* TRIGONOMÉTRIE)

$$1 : \sin(v - m) :: \text{AO} : \text{OP} :: z : y$$
$$1 : \cos(v - m) :: \text{AO} : \text{A}p :: z : x$$

d'où

$$x = z \cdot \cos(v - m) \quad , \quad y = z \cdot \sin(v - m)$$

Différentiant ces deux expressions, et substituant dans (a) à la place de y, dx et dy les valeurs qui en résultent, nous obtiendrons, pour l'expression générale de la *soutangente* PT, l'expression (c)

$$\text{soutangente} = z\sin(v - m) \cdot \frac{dz \cdot \cos(v - m) - z \cdot dv \cdot \sin(v - m)}{dz \cdot \sin(v - m) + z \cdot dv \cdot \cos(v - m)}$$

2. En observant que la soutangente PT est comptée ici sur une droite AX dont la position est entièrement arbitraire, on pourra simplifier considérablement cette expression en déterminant la position de cette droite, de manière qu'elle soit, dans tous les cas, perpendiculaire au rayon vecteur du point de la courbe que l'on considère. En effet, si l'arc nQ $= v - m$ devient un quart de circonférence, on a d'abord $\sin(v - m) = 1$, $\cos(v - m) = 0$; de plus, l'ordonnée PO se confond avec le rayon vecteur AO, et la soutangente PT devient AT'. On a donc simplement dans ce cas, en ne tenant pas compte du signe, (d)

$$\text{soutangente} = \frac{z^2 \cdot dv}{dz}$$

Pour construire la tangente d'une courbe polaire à l'aide de cette expression, on mènera par le pôle une droite AT' perpendiculaire au rayon vecteur, puis on portera sur cette droite de A en T' la valeur de la soutangente donnée par la formule, et la droite menée par les points T' et O sera la tangente demandée. Quant à la grandeur de cette tangente, on a évidemment

$$\text{O}T' = \sqrt{[\overline{\text{AO}} + \overline{\text{AT'}}]}$$

ou (e)

$$\text{tangente} = z \cdot \sqrt{\left[1 + \frac{z^2 \cdot dv}{dz} \right]}.$$

Les *signes* dont les valeurs de la tangente et de la soutangente peuvent être affectées indiquent la position de ces lignes à la droite ou la gauche de l'*origine*.

3. Proposons-nous, pour exemple, de déterminer l'expression de la soutangente dans la *spirale d'Archimède*. L'équation de cette courbe étant (*voy.* SPIRALE),

$$z = \frac{v}{2\pi}$$

on en tire

$$dz = \frac{dv}{2\pi}$$

ce qui donne, en substituant cette expression de dz dans (d),

$$soutangente = z^2 . 2\pi.$$

ou, encore,

$$soutangente = \frac{v^2}{2\pi}.$$

Il résulte de cette dernière expression que lorsque $v = 2\pi$, c'est-à-dire, lorsque le point dont on demande la tangente est le dernier de la *première spire*, la soutangente est égale à 2π ou à la circonférence rectifiée du cercle circonscrit. Après un nombre de révolutions exprimé par m, l'arc v est $2m\pi$, et la soutangente devient $2m^2\pi$, c'est-à-dire m fois la circonférence $2m\pi$, ou m fois la circonférence dont le rayon est m. Comme nous avons pris pour unité le rayon du cercle circonscrit à la première spire, $2m\pi$ exprime la circonférence du cercle circonscrit à la $m^{ième}$ spire. Ainsi la soutangente du dernier point de la $m^{ième}$ spire est égale à m fois la circonférence du cercle qui embrasse les m spires. Cette belle propriété avait été découverte par Archimède.

4. La considération de l'angle que fait la tangente avec l'axe des abscisses, conduit à plusieurs particularités importantes que nous devons signaler ; mais remarquons, auparavant, que la définition vulgaire de la tangente, savoir : *une droite qui touche une courbe en un point sans la couper*, n'est exacte que pour les courbes du second degré, car dans toutes les courbes qui de concaves deviennent convexes, telle par exemple que la courbe MN (Pl. 57, fig. 19), la tangente d'un point A peut très-bien couper la courbe en un point B et encore en d'autres points. La tangente doit donc être simplement définie : *le prolongement de l'élément de la courbe*, car en considérant le point de contact comme une ligne droite infiniment petite ou comme l'*élément* de la courbe, la tangente est en effet la droite qui coïncide avec cet élément. C'est pourquoi l'angle que fait avec la tangente une droite menée au point de contact est pris pour l'angle de cette droite avec la courbe, et que l'on dit indifféremment que la *normale* est perpendiculaire à la tangente ou qu'elle est perpendiculaire à la courbe.

Dans le triangle rectangle CTP (Pl. 57, fig. 11) formé par la tangente CT, la soutangente TP et l'ordonnée CP, l'angle T de la tangente avec l'axe peut toujours être obtenu à l'aide des relations qui existe entre les côtés. On a d'abord

TA

$$1 : \tang T :: TP : CP$$

tang. désignant la *tangente trigonométrique* de l'angle T. Cette proportion donne

$$\tang T = \frac{CP}{TP}$$

et, comme $\frac{CP}{TP} = \frac{C'm}{Cm} = \frac{dy}{dx}$, il en résulte qu'on a

généralement pour l'expression de la tangente trigonométrique de l'angle fait par la tangente d'une courbe avec l'axe des x

$$\tang T = \frac{dy}{dx},$$

expression qui pour toutes les valeurs de x ou de y fait connaître l'angle T.

5. Parmi les diverses valeurs que peut admettre l'angle T, les plus remarquables sont celles qui répondent aux cas où la tangente est perpendiculaire ou parallèle à l'axe des abscisses. Dans le premier, l'angle T étant droit sa tangente trigonométrique est infiniment grande (*voy.* Sinus), et l'on a $\frac{dy}{dx} = \infty$, d'où $dx = 0$; dans le second, l'angle T est nul et sa tangente trigonométrique est zéro ; on a donc alors $\frac{dy}{dx} = 0$, d'où $dy = 0$.

Ainsi, pour déterminer le point d'une courbe dans lequel la tangente est perpendiculaire à l'axe des x, il faut tirer de son équation la valeur de dx et l'égaler à zéro, ce qui fournira une équation qui fera connaître l'abscisse ou l'ordonnée de ce point. En égalant de la même manière à zéro la valeur de dy tirée de l'équation de la courbe, on déterminera les coordonnées du point où la tangente est parallèle à l'axe. Prenons pour exemple le cercle dont l'équation rapportée à l'extrémité d'un diamètre est

$$y^2 = 2rx - x^2.$$

On tire successivement de cette équation

$$dy = \frac{r-x}{y} . dx, \quad dx = \frac{ydy}{r-x},$$

la première égalité donne $\frac{r-x}{y} dx = 0$, ou $r - x = 0$, d'où $x = r$; or, à la valeur de $x = r$ correspondent deux valeurs de y, savoir : $y = r$ et $y = -r$, ainsi dans les deux points du cercle dont les ordonnées passent par le centre, la tangente est parallèle à l'axe, ce qui est d'ailleurs évident. La seconde égalité donne $\frac{ydy}{r-x} = 0$ ou $y = 0$; et comme à cette valeur de y

correspondent deux valeurs de x, savoir : $x = 0$ et $x = 2r$, il en résulte qu'aux deux points où ces valeurs ont lieu la tangente est perpendiculaire à l'axe. Ces points sont l'*origine* et l'autre extrémité du diamètre.

6. En appliquant ces considérations à la parabole conique, on tire de son équation, $y^2 = px$, les valeurs

$$dy = \frac{pdx}{2y} \; , \; dx = \frac{2ydy}{p}$$

ce qui donne, d'une part, $p = 0$ et, de l'autre, $y = 0$. Mais la valeur $p = 0$ qui résulte de l'hypothèse $dy = 0$ est absurde, puisque le paramètre p n'est point une quantité variable, ainsi on ne peut supposer $dy = 0$, et il n'existe conséquemment aucun point de la courbe dont la tangente soit parallèle à l'axe. La seconde valeur $y = 0$ nous apprend que la tangente du sommet de la parabole est perpendiculaire à l'axe.

7. L'équation générale d'une ligne droite étant (*voy.* APPLICATION, II, 6),

$$y = ax + b$$

Si nous voulons lui faire exprimer la condition que la droite *touche* une courbe quelconque en un point dont les coordonnées sont x', y', il faudra remarquer qu'à ce point cette équation devient

$$y' = a x' + b ,$$

et, en outre, que la tangente trigonométrique a doit être égale à $\frac{dy'}{dx'}$ pour que la droite soit tangente. Les conditions du contact sont donc

$$y' = ax' + b , \; a = \frac{dy'}{dx'}$$

on en déduit (f)

$$y - y' = \frac{dy'}{dx'} (x - x')$$

Telle est l'*équation de la tangente.*

On tire immédiatement de l'expression (f) l'*équation de la normale*, car cette dernière ligne étant perpendiculaire à la tangente au point $x'y'$ son équation est (*voy.* APPL. II, 15) , (g) ,

$$y - y' = - \frac{dx'}{dy'} (x - x').$$

L'emploi des équations (f) et (g) est souvent plus commode que celui des expressions qu'on peut tirer des formules générales (a) et (b) ci-dessus, et des formules de l'article SOUNORMALE. En y faisant $y = 0$, pour déterminer l'intersection des droites avec l'axe des x, on obtient pour la tangente

$$x - x' = - \frac{y'dx'}{dy'}$$

et pour la normale,

$$x - x' = \frac{y'dy'}{dx'}$$

Or, pour interpréter ces résultats, remarquons, dans la figure 11, Pl. 57, que l'abscisse x, de la tangente, au point d'intersection T est AT, quantité qui doit être prise *négativement*, parce qu'elle est à la droite de l'origine A, tandis que l'abscisse x' du point de contact C est AP ; ainsi $x - x' = -$ AT $-$ AP $= -$ PT, d'où

$$\text{PT ou } soutangente = \frac{y'dx'}{dy'} .$$

Quant à la normale, l'abscisse x de son point d'intersection avec l'axe est ici AD, tandis que l'abscisse x' du point de contact est toujours AP, nous avons donc $x - x' =$ AD $-$ AP $=$ PD, d'où

$$\text{PD ou } sounormale = \frac{y'dy'}{dx'} .$$

Ces expressions de la soutangente et de la sounormale sont identiques avec celles que nous avons précédemment trouvées.

8. Les équations (f) et (g) sont particulièrement utiles dans les cas où l'on peut se proposer, soit de mener une tangente à une courbe d'un point donné hors de la courbe, soit de mener une tangente assujétie à certaines conditions, comme d'être parallèle à une droite donnée de position , ou de faire un angle donné avec l'axe des x, etc. , etc. En général , toutes les fois qu'il s'agit de déterminer le point de contact et non de partir de ce point, l'emploi des équations est plus direct et plus élégant que celui des expressions de la soutangente et de la sounormale. Nous avons montré ailleurs comment on tire de ces équations le moyen de déterminer les asymptôtes des courbes. (*Voy.* ASYMPTÔTES.)

MÉTHODE INVERSE DES TANGENTES. On désigne sous ce nom la méthode de trouver la nature ou l'équation d'une courbe par quelqu'une de ses propriétés, comme par le moyen de sa soutangente, ou de sa tangente, ou de sa normale, etc. La première question de ce genre fut proposée par Beaune, l'ami et le commentateur de Descartes. Comme sa solution dépend généralement de l'intégration d'une équation différentielle du premier ordre, les premiers géomètres qui se sont occupés de ces équations avaient appelé *méthode inverse des tangentes*, la partie du calcul intégral dont elles sont l'objet ; mais cette dénomination vicieuse n'est plus en usage. Nous allons développer, dans quelques exemples, les artifices de calcul à l'aide desquels on peut remonter à l'équation d'une courbe quand on connaît seulement une de ses propriétés caractéristiques.

2. *Trouver l'équation de la courbe dont la soutangente est* $= \dfrac{2y^2}{a}$

L'expression générale de la soutangente étant $\dfrac{ydx}{dy}$, posant l'équation

$$\frac{2y^2}{a} = \frac{ydx}{dy},$$

nous en tirerons

$$2ydy = adx$$

et, en intégrant,

$$y^2 = ax,$$

équation d'une parabole dont le paramètre est a.

2. *Trouver la courbe dans laquelle la sounormale est une quantité constante égale à* m.

L'expression générale de la sounormale étant $\dfrac{ydy}{dx}$ posons

$$m = \frac{ydy}{dx},$$

Nous en tirerons $mdx = ydy$, et, en intégrant, $mx = \frac{1}{2}y^2$, ou $y^2 = 2mx$. La courbe est donc encore une parabole dont le paramètre est $2m$.

3. *Trouver la courbe dont la normale est constante et égale à* n.

En égalant n à l'expression générale de la normale (*voy.* SOUNORMALE), on a

$$n = y\sqrt{\left[1 + \frac{dy^2}{dx^2}\right]}$$

équation dont on tire

$$dx = \frac{ydy}{\sqrt{[n^2 - y^2]}}$$

et

$$x = \int ydy(n^2 - y^2)^{-\frac{1}{2}} = (n^2 - y^2)^{\frac{1}{2}}$$

ou, définitivement,

$$y^2 = n^2 - x^2,$$

équation d'un cercle dont le rayon $= n$.

4. *Trouver la courbe dans laquelle la différence entre la sounormale et l'abscisse est constante et* $= a$.

La condition demandée étant exprimée par

$$\frac{ydy}{dx} - x = a;$$

nous en tirerons

$$ydy = adx + xdx,$$

et, en intégrant,

$$\tfrac{1}{2}y^2 = ax + \tfrac{1}{4}x^2,$$

ou

$$y^2 = 2ax + x^2,$$

équation d'une hyperbole équilatère rapportée au sommet et dont l'axe $= 2a$.

5. *Etant donné une infinité de paraboles coniques :* AM, A*m*, etc. *qui ont toutes leur sommet au point* A, (Pl. 57, fig. 18) *mais dont les paramètres sont différens, trouver une courbe* ON *qui les coupe toutes perpendiculairement.*

Menons une tangente TO à la parabole AM, au point d'intersection O, et de ce même point une tangente OQ à la courbe demandée. D'après la nature du problème, QO sera normale à la parabole AM, et la soutangente TP de la parabole sera en même temps sounormale de la courbe cherchée. Or la soutangente d'une parabole est égale au double de l'abscisse, ainsi il ne s'agit plus que de déterminer la courbe ON dont la sounormale soit égale à $2x$. Mais TP étant pris en sens inverse de PQ, nous ferons $2x$ négatif et nous poserons

$$- 2x = \frac{ydy}{dx},$$

d'où

$$ydy + 2xdx = 0.$$

Intégrant, nous aurons

$$\frac{y^2}{2} + x^2 = c$$

c désignant une constante arbitraire.

Cette expression mise sous la forme (h)

$$y^2 = 2(c - x^2).$$

nous montre que la courbe cherchée est une ellipse dont c est le carré de la moitié de l'axe des x, et dont le carré de la moitié de l'autre axe est double de c. Nous n'avons considéré qu'une seule des paraboles, mais il est évident que la courbe de l'équation (h) les coupe toutes de la même manière.

6. *Trouver la courbe dont la tangente est constante et* $= a$.

La valeur générale de la tangente étant

$$y \sqrt{\left[1 + \frac{dx^2}{dy^2} \right]}$$

nous avons l'équation

$$a = y \sqrt{\left[1 + \frac{dx^2}{dy^2} \right]}$$

de laquelle on tire

$$dx = \pm\, dy \cdot \frac{\sqrt{[a^2 - y^2]}}{y}.$$

Cette équation, dont on ne peut obtenir l'intégrale sous une forme finie, est celle d'une courbe nommée *tractrice* (*voy.* ce mot).

7. *Déterminer la nature de la courbe dans laquelle l'aire comptée à partir du sommet et comprise entre l'arc, l'abscisse et l'ordonnée est égale aux deux tiers du rectangle de l'abscisse et de l'ordonnée.*

L'expression générale de l'aire d'une courbe étant, (*voy.* QUADRATURE) $\int y\, dx$, nous avons ici

$$\int y\, dx = \tfrac{2}{3} x \cdot y$$

d'où l'on tire en différentiant

$$y\, dx = \tfrac{2}{3} x\, dy + \tfrac{2}{3} y\, dx$$

ce qui donne

$$\tfrac{1}{3} y\, dx = \tfrac{2}{3} x\, dy \text{ ou } y\, dx = 2x\, dy$$

qu'on peut mettre sous la forme

$$\frac{dy}{y} = \frac{dx}{2x}$$

On obtient en intégrant

$$\mathrm{Log}\, y = \tfrac{1}{2} \mathrm{Log}\, x = \mathrm{Log} \sqrt{x}$$

et, en passant des logarithmes aux nombres $y = \sqrt{x}$, d'où $y^2 = x$. C'est l'équation d'une parabole conique dont le paramètre est pris pour *unité*.

TARTAGLIA ou **TARTALEA** (Nicolo), géomètre italien du XVIe siècle, auteur d'un grand nombre d'écrits mathématiques qui ont joui long-temps d'une grande célébrité, et plus connu aujourd'hui dans l'histoire de la science par ses démêlés avec Cardan au sujet de la résolution des équations du troisième degré, dont l'un et l'autre se sont attribué la découverte. Le véritable nom de ce géomètre est Nicolo. Il était né à Brescia d'une famille pauvre et obscure. Obligé d'aider ses parens dans les humbles et pénibles travaux qui étaient leur seule ressource, et que la mort de son père vint rendre plus précaire encore, il était déjà avancé en âge qu'il ne savait pas même lire. Le surnom de Tartaglia ou de Tartaléa lui fut donné à cause de quelques blessures qu'il reçut à la tête, lors du sac de Brescia

par les Français, blessures qui le rendirent bègue. Sauvé de ce fâcheux accident, Tartaglia apprit à lire on ignore comment, mais il avoue lui-même dans un de ses ouvrages (*Quesitio ed invenzioni diverse*) qu'il fut obligé de voler son maître pour apprendre à écrire. Ce géomètre, dont l'enfance et la jeunesse furent si malheureuses, a négligé de faire connaître par quel moyen il parvint à triompher de tant d'obstacles et à acquérir enfin les connaissances importantes et élevées qui l'ont rendu si célèbre. Après s'être fait un nom dans sa patrie, il devint professeur de mathématiques à Venise où il vécut dans l'intimité des principales familles de cette république.

Nous avons rapporté ailleurs, avec quelques détails, l'histoire de sa querelle avec Cardan, à propos de la solution des équations du troisième degré, découverte dont la gloire est restée à ce dernier, peut-être injustement ; nous croyons inutile de revenir ici sur cette époque d'ailleurs intéressante de la vie de Tartaglia. (Voy. CARDAN et EQUATIONS.) Les autres principaux travaux mathématiques de ce géomètre sont : I. *Nuova scienza cioè invenzione, nuovamente trovata, utile per ciascuno speculaton matematico bombardiero, ed altri*, Venise, 1507, in-4°, souvent réimprimé. II. *Euclide diligentemente rassetato ed all' integrita resulto, secondo le due traduzioni di Campano ez Gamberto*, Venise 1543, in-1°. Cette première traduction d'Euclide, en italien, a été souvent réimprimée. III. *Archimedis opera emendata.* 1543, in-4°. IV. *Quesiti ed invenzioni diverse.* Venise, 1550, 1551, in-4°, avec un supplément. V. *General trattato de' numeri e misure*, etc. Venise, 1526. VI. *Tratatto di aritmetica*, ib. 1556. in-4°. VII. *Archimedis de insidientibus aquæ, libri duo*, ib. 1565, in-4°.

TAUREAU. (*Ast.*) Nom du second signe du zodiaque marqué ♉, ainsi que d'une constellation qui lui a donné son nom. On remarque particulièrement dans la constellation du taureau, composée de 141 étoiles dans le catalogue de Flamsteed, une belle étoile de première-grandeur, nommée *aldébaran* ; on la désigne quelquefois encore sous le nom de l'*œil du taureau*. Deux amas de petites étoiles situés l'un sur le dos et l'autre sur le front du taureau ont reçu les noms de *pléiades* et de *hyades*.

TAUTOCHRONE. (*Méc.*) (de ταυτὸς, *même*, et de χρόνος, *temps*). Expression dont on se sert pour désigner des effets dont la durée est la même, c'est-à-dire, qui commencent et qui finissent en temps égaux.

Les vibrations d'un pendule, lorsque leur amplitude est très-petite, sont des vibrations *tautochrones*. (*Voy.* PENDULE.)

COURBE TAUTOCHRONE. Courbe dont la propriété est

telle que si de l'un quelconque de ses points on laisse tomber un corps pesant le long de sa concavité, il arrivera toujours au point le plus bas dans le même intervalle de temps.

La nature de cette courbe a beaucoup occupé les géomètres du dernier siècle, et c'est une des plus brillantes découvertes de Huygens d'avoir reconnu que, lorsque le milieu dans lequel descend le corps pesant n'offre point de résistance, la *tautochrone* est une cycloïde. Les ingénieuses applications, faites par Huygens, de cette propriété de la cycloïde à la construction des horloges ont plus contribué à la perfection de ces utiles instrumens que tout ce qu'on avait fait jusqu'alors. (*Voy.* Pendule.)

Lorsqu'on veut tenir compte de la résistance des milieux, le problème de la *tautochrone* devient un des plus difficiles de la mécanique, non seulement par la complication que cette résistance apporte dans les évaluations de la vitesse, mais encore parce que la loi qu'elle suit dans les différens milieux est entièrement inconnue. En supposant la résistance proportionnelle à la vitesse, Newton a trouvé que la *tautochrone* est encore une cycloïde, mais cette hypothèse n'est point applicable physiquement, car la résistance qu'éprouve un corps mu dans un fluide est, dans certains cas, assez sensiblement proportionnelle au carré de la vitesse pour qu'on ait cru pouvoir adopter généralement ce dernier rapport. Euler et Jean Bernouilli sont les premiers qui résolurent le problème, dans l'hypothèse de la résistance en raison du carré de la vitesse, ils furent suivis par Fontaine, dont la solution présente l'avantage de pouvoir s'appliquer à diverses hypothèses de résistance, et enfin Lagrange, dans un mémoire inséré parmi ceux de l'académie de Berlin, 1765, semblait avoir épuisé la matière, lorsque d'Alembert reprenant la question sous une autre face, parvint à une formule d'une très-grande généralité qui donne la solution du problème, pour le cas où il s'agirait de faire les temps comme une fonction quelconque de l'arc ; ce qui renferme le tautochronisme même comme un cas particulier. (*Voy.* Euler, *Mém. de l'Acad. de Pétersbourg*, tom. IV, et *Mécanique*, tom. II. Jean Bernouilli, *Mém. de l'Acad. des sciences*, 1730. Fontaine, *Mém. de l'Acad. des sciences*, 1736. Lagrange, *Mém. de Berlin*, 1765 et 1770. D'Alembert, *Mém. de Berlin*, 1765.)

TAYLOR (Brook), célèbre géomètre anglais, naquit le 18 août 1685, à Edmonton, dans le comté de Middlesex. Dès l'année 1708, Taylor se révéla au monde savant par un mémoire sur *les centres d'oscillation*, qui a été publié depuis dans les *Transactions philosophiques*. La société royale de Londres, l'admit en 1712 au nombre de ses membres, et il présenta immédiate-

ment à ce corps savant divers mémoires remarquables *sur l'ascension de l'eau entre deux surfaces planes*, sur les centres d'oscillation et sur le célèbre problème de la *corde vibrante*, dont nous avons parlé ailleurs. Ces diverses productions, qui étaient le fruit de travaux aussi consciencieux que profonds, attirèrent à Taylor une haute considération dans la société royale, qui le nomma son secrétaire. L'ouvrage le plus important de ce géomètre est sans contredit le livre intitulé: *Methodus incrementorum directa et inversa*; c'est dans cet ouvrage, où Taylor a posé les lois principales du calcul des différences finies, que se trouve la célèbre formule à laquelle on a donné le nom de *Théorème de Taylor*. (*Voy.* Diff.)

Taylor, à qui l'on doit d'ailleurs une foule de propositions aussi neuves qu'originales, dans toutes les branches de la science, mourut encore dans la force de l'âge, le 29 décembre 1731.

TÉLESCOPE. Instrument d'optique, composé de plusieurs verres, ou de verres et de miroirs réunis, et qui a la propriété de faire voir distinctement des objets éloignés, qu'on n'apercevrait que confusément ou même qui seraient invisibles à la vue simple.

Nous avons rendu compte au mot Lunette de l'invention de cet instrument admirable dont l'influence sur les progrès de l'astronomie s'est déjà fait sentir d'une manière si remarquable, et dont les perfectionnemens futurs nous permettront sans doute un jour de pénétrer plus avant dans les merveilles des cieux. Nous allons donner ici une description succincte des diverses espèces de télescopes.

Les télescopes ont reçu différentes dénominations d'après le nombre et la forme de leurs verres et leurs usages particuliers, tels sont le *télescope de Galilée* ou de *Hollande*, le *télescope astronomique*, le *télescope terrestre*, le *télescope aérien*, le *télescope achromatique*, et le *télescope de réflexion* ou dioptrique et catadioptrique. Les cinq premiers compris, sous le nom général de *télescopes de réfractions*, sont plus particulièrement nommés *lunettes* en français ; leur théorie reposant sur les mêmes principes, l'exposition que nous allons faire de celle du *télescope astronomique* suffira pour donner une idée exacte des effets de ces instrumens.

Télescope astronomique. Lunette composée de deux verres convexes ou plan-convexes, dont l'un sert d'objectif et l'autre d'oculaire, placés aux deux extrémités d'un tube, et éloignés l'un de l'autre d'une distance égale à la somme de leurs distances focales. L'objectif C (Pl. 58, fig. 3), plan convexe des deux côtés, est un segment de sphère dont le rayon est plus grand que celui des segmens de sphère qui composent l'*oculaire* D, convexe des deux côtés.

La distance CD des deux verres étant égale à la somme de leurs distances focales, leurs foyers répondent aux mêmes points où se forme l'image *ab* de l'objet. Ainsi les pinceaux lumineux qui, partant de chaque point d'un objet très éloigné AB, doivent être considérés comme parallèles entre eux, arrivant à l'objectif C, vont se réunir au foyer F de ce verre où ils forment l'image *ab* de l'objet, laquelle est renversée, parce que les rayons qui viennent des extrémités de l'objet se sont croisés en passant par l'objectif C. L'oculaire D étant placé au-delà du foyer F du verre objectif à une distance FD égale à celle de son propre foyer, les pinceaux lumineux, après avoir formé l'image, éprouvent en traversant cet oculaire une nouvelle réfraction qui les fait converger vers un point E, et l'œil étant placé à ce point reçoit ces rayons de la même manière que si l'objet lui-même au lieu de son image était placé au foyer F. Il en résulte que l'image *ab* devient l'objet immédiat de la vision et que l'œil la voit sous l'angle GEH, lequel est d'autant plus grand que la distance focale CF du verre objectif est plus grande, et que celle FD du verre oculaire est plus petite. Or, la grandeur apparente d'un objet, d'après laquelle nous jugeons de sa distance, étant proportionnelle à l'angle visuel sous lequel il nous apparaît, l'objet AB paraîtra d'autant plus grand et d'autant plus près de l'œil que cet angle GEH sera plus grand.

Ce télescope augmente donc le diamètre apparent d'un objet autant de fois que la distance focale du verre objectif contient la distance focale du verre oculaire, de sorte que si cette première distance est, par exemple, vingt fois plus grande que la seconde, le diamètre apparent de l'objet deviendra vingt fois plus grand, ou, ce qui est la même chose, ce diamètre sera vu au travers du télescope de la grandeur qu'il le serait à la vue simple si l'objet n'était placé qu'à la vingtième partie de la distance où il est réellement de l'œil. On peut énoncer ce phénomène de la manière suivante : *le diamètre apparent d'un objet, vu par le télescope, est à son diamètre apparent à la vue simple, comme la distance focale de l'objectif est à la distance focale de l'oculaire.*

La distance focale d'un verre plan-convexe étant à peu près égale au double du rayon de la sphère dont ce verre est un segment, et la distance focale d'un verre convexe des deux côtés différant peu du rayon de la sphère dont les deux segmens qui le composent, supposés égaux entre eux, font partie; on peut aisément déterminer la distance de l'objectif à l'oculaire d'un télescope, ou ce que l'on nomme la longueur du télescope, d'après la nature des verres qu'on veut employer à sa construction (*voy.* Lentille;) comme aussi le

grossissement qu'il fera éprouver aux objets, c'est-à-dire son *amplification* (*voy.* ce mot).

Le télescope que nous venons de décrire a reçu le nom d'*astronomique*, parce qu'on ne s'en sert que pour les observations astronomiques où il est parfaitement indifférent de voir les objets droits ou renversés. En lui ajoutant deux autres verres nommés aussi *oculaires*, on fait éprouver aux rayons lumineux de nouvelles réfractions qui redressent l'image, et l'on a alors le *télescope terrestre*. Voyez ce que nous avons dit sur ce sujet, et sur le *télescope de Galilée*, au mot Lunette.

Télescope aérien. Ce télescope, inventé par Huygens, ne diffère du télescope astronomique que par la manière de monter les verres, lesquels n'étant pas placés dans un même tube permettent de donner à l'instrument une longueur qu'on ne pourrait obtenir avec un seul tube sans le rendre très-incommode et très-difficile à manier. Il se compose d'un mât AB, (Pl. 58, fig. 4) planté verticalement, dont la longueur est celle que devrait avoir le tube du télescope. Ce mât est aplani d'un côté sur lequel on fixe deux règles parallèles entre elles et éloignées l'une de l'autre d'un pouce et demi ($40\frac{1}{2}$ millimètres), de sorte qu'elles forment une rainure du haut en bas du mât, laquelle doit être tenue un peu plus large en dedans qu'en dehors. Au haut du mât est une roulette A, qui tourne sur son axe et sur laquelle passe une corde G deux fois aussi longue que le mât. Cette corde, de la grosseur du petit doigt, sert à élever l'appareil qui contient l'objectif ; elle est garnie à son extrémité en H d'un contre-poids égal à celui de l'appareil. Une pièce de bois, longue de deux pieds, est ajustée dans la rainure qu'elle peut parcourir dans toute sa longueur en glissant librement mais sans jeu ; à son milieu sont fixés deux bras L, *l*, qui soutiennent à angle droit un autre bras E, lequel porte une espèce de fourchette F, dans laquelle se meut librement un tube IK, auquel est fixé le verre objectif. Le tube IK est porté sur une règle de bois qui le déborde de 8 à 10 pouces, et à laquelle est attaché un fil de soie dont l'autre extrémité tient à l'appareil de l'oculaire. Ce second appareil se compose d'un tube Q fort court, fixé sur une règle QV qui est posée sur un axe R que l'astronome tient dans sa main ; l'extrémité V de la règle reçoit le bout du fil de soie qui s'enroule sur une petite cheville, de manière qu'on peut le ralonger ou le raccourcir à volonté. Le tube Q renferme l'oculaire qu'on recouvre d'un cercle percé d'un très-petit trou au milieu, afin d'écarter les rayons lumineux divergens qui pourraient fatiguer l'œil. Enfin, un support X est placé sur le sol pour que l'observateur, en appuyant son bras dessus, puisse tenir ferme l'oculaire.

Tel était le grand télescope d'Huygens avec lequel il découvrit l'anneau de Saturne et un de ses satellites.

Son objectif avait une distance focale de 12 pieds, et son oculaire une de trois pouces. Il se servit aussi d'un télescope de 23 pieds de long avec deux oculaires joints ensemble, ayant chacun un rayon de courbure de 9 lignes.

Le *télescope achromatique* est la même chose que le télescope astronomique ordinaire rendu plus parfait par la substitution des verres achromatiques aux verres ordinaires.

Télescope de réflexion. Le premier inventeur de cette espèce de télescope est le père Mersenne; mais les objections que lui fit Descartes, sur le plan de cet instrument qu'il lui avait soumis, l'empêchèrent d'en poursuivre l'exécution. Vingt ans après, en 1663, Jacques Gregory donna, dans son *optica promota*, la description d'un télescope de réflexion, et vers le même temps, en France, Cassegrain proposa un instrument à peu près semblable. Cependant s'il est incontestable que Newton n'a point eu le premier l'idée de l'instrument auquel on a donné son nom, il est tout aussi incontestable qu'il a le premier surmonté les difficultés contre lesquelles Gregory et Cassegrain échouèrent, et que non seulement il lui était réservé, par ses immortelles découvertes, de prouver les avantages du télescope de réflexion, mais encore qu'il en construisit un, d'un peu plus de six pouces de long, avec lequel il pouvait lire de plus loin qu'avec une bonne lunette d'approche ordinaire de quatre pieds. Ce succès de Newton, malgré tout ce qu'il était permis d'en espérer, n'excita pas d'abord l'émulation des opticiens, car ce ne fut qu'en 1719 que Hadley parvint à construire deux télescopes de réflexion de 5 pieds 2 pouces anglais, qui réussirent si bien qu'on voyait par leur moyen les satellites de Jupiter et de Saturne aussi distinctement qu'avec un télescope de 123 pieds. Hadley s'étant ensuite réuni à Bradley et à Molineux, dans le but de perfectionner les moyens de construction et de fournir aux plus habiles artistes anglais des procédés assez éprouvés pour leur ôter la crainte de se ruiner en essais infructueux, cette noble association réussit si complètement, qu'après avoir communiqué le résultat de ses recherches à Scusset, habile opticien, et à Hearne, ingénieur pour les instrumens de mathématiques, les télescopes de réflexion devinrent d'un usage aussi répandu que celui des télescopes ordinaires. Nous ne devons pas oublier que trois opticiens français, Paris et Gonichon, associés, et Passemant ont eu le courage de tenter la construction des télescopes de réflexion, et qu'ils ont réussi sans aucun des secours qu'avaient eus les opticiens anglais. Les premiers télescopes de Paris et Gonichon furent achevés vers 1733, et ceux de Passemant un an ou deux après.

Télescope de Newton. Il se compose d'un tube ABCD (Pl. 20, fig. 3), au fond duquel est un grand miroir concave GH de métal, vis-à-vis duquel et dans son axe on place un miroir plan Kk aussi de métal, d'une figure elliptique et incliné de 45° à l'axe du tube. Ce miroir plan doit être situé entre le grand miroir concave et son foyer, et à une distance de ce foyer qui soit égale à la distance du centre de ce petit miroir au foyer d'un verre oculaire O, lequel est placé dans un petit tube latéral.

D'après cette disposition, les faisceaux lumineux EG et FH qui viennent de l'objet sur le grand miroir GH, et qui après leur réflexion iraient dessiner une image renversée mn au foyer de ce grand miroir, sont reçus par le petit miroir plan Kk et réfléchis vers l'oculaire LL. Comme les miroirs plans ne changent rien à la position des rayons de lumière qu'ils réfléchissent, l'image en sq sera renversée comme elle l'eût été en mn.

L'amplification de ce télescope est égale au nombre de fois que la distance focale du grand miroir contient celle de l'oculaire.

L'oculaire du télescope de Newton étant placé sur le côté rend cet instrument très-incommode pour observer les astres près du zénith. Comme il est aussi très-difficile de trouver l'objet, on met sur le corps du télescope une petite lunette ordinaire qui a beaucoup de champ et dont l'axe est parallèle à celui de l'instrument. Cette lunette, qu'on nomme un *trouveur*, sert à placer le télescope dans la direction de l'objet qu'on veut observer.

Télescope de Grégory. Celui-ci se compose de deux miroirs concaves et d'un ou deux verres oculaires convexes ou plans convexes.

Le grand miroir concave LL de métal, percé d'un trou circulaire à son centre X, est placé au fond d'un tube ouvert (Pl. 20, fig. 4); vis-à-vis de ce miroir et vers l'autre extrémité du tube on place un second miroir concave EF de métal, parallèle au grand miroir, un peu plus large que l'ouverture X de ce miroir, et dont la concavité fait partie d'une sphère beaucoup plus petite que celle sur laquelle est formé le grand miroir. Ce petit miroir doit être placé au-delà du foyer du grand miroir à une distance telle que son propre foyer ne coïncide pas avec le foyer du grand miroir, mais qu'il en soit éloigné d'une quantité égale à la troisième proportionnelle entre les distances focales respectives des deux miroirs. A l'extrémité du grand tube, à laquelle est placé le grand miroir, et vis-à-vis le trou circulaire de ce miroir, on ajuste un autre petit tube MSSN dans lequel on place un et plus généralement deux verres oculaires MN, SS.

Dans cet instrument, les rayons lumineux qui viennent de l'objet, après avoir été réfléchis par le grand miroir LL, vont peindre à son foyer G une image renversée KH de l'objet au-delà de laquelle ils deviennent de nouveau divergens. Reçus par le petit miroir EF, ces rayons sont réfléchis convergens vers les oculaires, et devenus encore plus convergens par leur passage au travers de l'oculaire MN, ils vont dessiner en ZZ une image en sens contraire de la première KH; c'est cette dernière image qui, placée par la disposition des verres au foyer du second oculaire SS, devient l'objet immédiat de la vision.

L'amplification de ce télescope est égale au carré de la distance focale du grand miroir, divisé par le produit des distances focales du petit miroir et de l'oculaire.

La plus grande difficulté à vaincre pour obtenir de bons télescopes de réflexion est la construction des miroirs métalliques dont la courbe doit être d'une exactitude rigoureuse et le poli d'une excessive perfection. Ces miroirs sont faits d'après Hadley, avec un alliage de deux parties de cuivre, d'une de laiton et d'une d'étain. Passemant composait les siens de 20 parties de cuivre, 9 d'étain et 8 d'arsenic. On les polit avec l'émeri et la potée d'étain. De toutes les compositions, celle qui est la plus blanche, la plus dure et qui réfléchit le mieux la lumière est un alliage de 32 parties de cuivre, 15 d'étain, une de laiton, une d'argent et une d'arsenic. Mais elle n'est pas bonne pour les très-grands miroirs, parce qu'elle est trop cassante. Les miroirs de platine sont supérieurs à tous les autres.

Les télescopes de réflexion doivent à Herschell un degré de perfection incomparable avec tout ce qu'on avait fait avant lui. Lorsqu'il commença de s'occuper de la construction de ces instrumens, on n'en faisait pas dont l'amplification pût surpasser 400 fois le diamètre de l'objet; il obtint promptement une amplification double, triple et quadruple de celle-ci, et parvint même à construire un télescope newtonien de 7 pieds qui grossissait 2000 fois. Le plus remarquable des instrumens construits par Herschell est son grand télescope dont le roi d'Angleterre voulut supporter tous les frais; nous l'avons représenté dans la Pl. 20, fig. 5, tirée des *Transactions philosophiques*, de 1795, où il y en a une description de 65 pages avec 19 planches. On voit dans notre figure le massif circulaire I,I,I, sur lequel tourne la machine sur 24 rouleaux, 12 intérieurs et 12 extérieurs, par le moyen de deux cabestans; ce massif a 44 pieds de diamètre et 3 de fondation. Le pied formé de 4 échelles de 49 pieds qui supportent les moufles par le moyen desquels on élève le tube A; la place de l'observateur en C près de l'oculaire du télescope; E et D deux chambres de 12 pieds qui contiennent le pendule et le petit mouvement; vers la chambre E, les crics; il y en a pour monter la galerie B, pour avancer

la culasse où est le miroir, pour monter le télescope et pour le tourner. La culasse avance sur deux demi-cercles de fer et deux crémaillères. La machine entière tourne sur un axe au centre. Tout est énorme dans cette machine, le miroir a 4 pieds d'ouverture et pèse 1955 livres poids de marc. Elle est placée à Slough, dans une cour de 160 pieds.

Cette immense entreprise fut commencée à la fin de 1785, et terminée au commencement de 1787. Mais ce ne fut que le 27 août 1789 qu'Herschell fut entièrement satisfait de son instrument; le lendemain 28 il découvrit un sixième satellite de Saturne. Ce télescope n'a qu'un seul miroir, et l'oculaire est disposé de manière à s'appliquer immédiatement à la première image focale. Son pouvoir d'amplification augmente de plus de 6000 fois le diamètre apparent des objets.

Ce serait peut-être ici le lieu d'examiner les avantages et les inconvéniens des divers télescopes dont nous venons de parler, mais ces détails s'écartent de notre plan et d'ailleurs la place nous manque. Il a été question dans d'autres articles des lunettes achromatiques. (*Voy.* ACHROMATIQUE.)

TEMPS. Intuition pure et invariable qui accompagne toutes nos intuitions des objets tant externes qu'internes, et sans laquelle ces intuitions ne seraient pas possibles. (*Voy.* PHILOS. DES MATH., 15.)

Le *temps* se mesure, en *astronomie*, par les mouvemens apparens du soleil; la révolution diurne de cet astre, ou la partie du temps écoulée entre deux de ses passages consécutifs au méridien, forme le *jour*; sa révolution périodique, ou le nombre des jours qui s'écoulent entre l'instant où il occupe un point quelconque de l'écliptique, et celui où il est de retour au même point, après avoir parcouru l'écliptique entier, forme l'*année*. (*Voy.* ANNÉE et CALENDRIER.)

On distingue le temps en *temps civil* et en *temps astronomique*. L'usage des astronomes était jadis de placer le commencement du jour au moment du passage du soleil au méridien, de sorte que le jour dit astronomique se compte d'un midi à l'autre, mais cet usage est maintenant abandonné, et le commencement du jour est généralement fixé à *minuit*.

Le *temps astronomique* se distingue en *temps solaire vrai et moyen*, et en *temps sydéral*. Le temps solaire vrai est celui qu'on mesure par la révolution diurne du soleil, il se compte donc en jours solaires vrais qui sont inégaux entre eux; le temps solaire moyen est celui qu'on mesure par une révolution diurne du soleil dont la durée est moyenne entre les plus grandes et les plus petites révolutions diurnes de cet astre; il se compte ainsi en jours solaires moyens égaux entre eux. Le *temps sidéral* se mesure par le *jour sidéral* qui est la durée d'une révolution diurne de la sphère des étoiles fixes.

Le temps civil est la même chose que le temps solaire moyen. (*Voy.* pour les détails Equation du temps et Heure.)

TERME. (*Alg.*) Partie distincte d'une quantité réunie aux autres par les signes + ou —. Par exemple, si une quantité est exprimée par $Ax + By + C$, Ax, By et C sont les *termes* de cette quantité.

Une quantité qui n'est composée que d'un seul terme comme A, ou Ax, ou Ax^2y, etc., prend le nom de *monome*. On lui donne le nom de *binome* lorsqu'elle est composée de deux termes, comme $A+B$, ou $A+Bx$, ou x^2+xy, etc. Et en général on la désigne par le nom de *polynome*, quand elle est composée de plusieurs termes. (*Voy.* Polynome.)

On donne encore le nom de *termes* aux quantités que l'on compare entre elles pour former des rapports. Si l'on a, par exemple, $A : B = m$, A et B sont les *termes* du rapport m. De même, si les quantités A, B, C, D forment la proportion

$$A : B :: C : D,$$

ces quantités seront les *termes* de cette proportion, savoir : A, le *premier terme* ; B, le *second terme*, etc. (*Voy.* Proportion.)

TERRE. En *astronomie*, c'est une des planètes principales qui composent le système solaire, la troisième dans l'ordre des distances au soleil, et qui décrit autour de cet astre une orbite elliptique comprise entre les orbites de Vénus et de Mars. Les astronomes la désignent par le caractère ♁. En *géographie*, c'est le globe que nous habitons, composé de parties solides et de parties fluides.

La théorie de la terre a été considérée de tout temps comme une des branches les plus importantes des sciences physiques, ou du moins comme celle qui se rattache le plus intimement à l'existence matérielle de l'homme. On ne peut douter que les premiers efforts de cet esprit d'investigation qui distingue l'être raisonnable n'aient dû se porter particulièrement sur la demeure qui lui est imposée. Attaché par sa nature à cette demeure qu'il peut bien parcourir, mais qu'il ne peut quitter, son premier besoin intellectuel était d'en reconnaître la forme, d'en déterminer les limites, d'en étudier les accidens. Aussi dès la plus haute antiquité des tentatives furent faites pour mesurer les dimensions de la terre qu'on avait déjà reconnue être un globe ou un corps sphérique situé d'une manière isolée au sein de l'espace absolu ; et, si les résultats de ces premières mesures ne peuvent même pas passer aujourd'hui pour une approximation grossière, nous n'en devons pas moins

admirer le génie de ceux qui ont ébauché un problème dont toutes les forces réunies de la science moderne ne sont point encore capables de donner une solution rigoureuse.

La sphéricité ou la forme ronde de la terre se manifeste par plusieurs phénomènes physiques faciles à observer. Telle est, par exemple, la ligne circulaire qui termine l'horizon de tout spectateur dont la vue n'est point bornée par des montagnes ou des inégalités de terrain. En effet, lorsqu'on est au milieu d'une vaste plaine et qu'on regarde autour de soi il semble qu'on occupe le centre d'un cercle qui a pour circonférence la ligne où l'atmosphère paraît se confondre avec le sol. A mesure que l'on marche ou découvre une portion nouvelle de terrain, du côté vers lequel on se dirige, tandis que l'on cesse d'en apercevoir une portion égale du côté opposé ; mais il semble toujours que le point que l'on occupe est le centre d'une circonférence déterminée par la rencontre du sol avec l'atmosphère. Le même phénomène se remarque au sommet d'une haute montagne, seulement la circonférence de l'horizon visible est d'autant plus grande qu'on est plus élevé, et, quelle que soit l'étendue du terrain qu'on découvre, il affecte toujours une forme circulaire. Or, il est évident que de telles apparences ne pourraient avoir lieu si la surface de la terre, abstraction faite des inégalités du terrain, n'étaient pas une surface convexe dans tous les sens. C'est en mer surtout que cette courbure est le plus sensible. Tout le monde sait aujourd'hui que, lorsqu'un vaisseau commence à apercevoir la terre, les premiers objets visibles sont les parties les plus élevées du sol ou le sommet des édifices. Par exemple, de l'extrémité A d'un mât (Pl. 35, fig. 4) on découvre le sommet B d'un édifice avant qu'il soit possible d'en voir le pied D, que cache encore la convexité des eaux.

La forme ronde de l'ombre de la terre dans les éclipses de lune est un autre phénomène qui prouve sa sphéricité, et l'on dut s'en servir comme d'un moyen de démonstration dès qu'il fut avéré que ces éclipses ont pour cause le passage de la lune au travers de l'ombre projetée par la terre. (*Voy.* Eclipse.) Mais sans recourir à de tels argumens, qui supposent déjà des connaissances astronomiques assez étendues, il suffit des phénomènes de l'horizon visible et des différens aspects que présente la voûte céleste lorsqu'on change de lieu sur la terre, pour démontrer clairement que la terre est un corps sphérique. (*Voy.* Voute céleste.)

Les premiers observateurs s'aperçurent donc bien vite de la figure ronde de la terre, qu'ils durent dès lors considérer comme une sphère parfaite, car les inégalités de sa surface, comparées à son volume, sont à peine appréciables, mais la mesure de ses dimensions leur offrit des difficultés insurmontables, quoique le problème se réduise en dernier lieu, dans cette hypothèse de la terre exactement sphérique, à la détermination de la grandeur d'une partie aliquote d'un de ses grands cercles. Nous avons dit ailleurs que la position d'un point de la surface de la terre est entièrement fixée lorsqu'on connaît sa *longitude* et sa *latitude*, et que tous les points qui sont situés sur le même *méridien* terrestre ont la même longitude (*voy*. Latitude, Longitude et Méridien), tandis que leurs latitudes sont différentes ; ainsi on peut aisément comprendre que, pour trouver la longueur d'un méridien, il suffit de mesurer la distance de deux de ses points, ou, ce qui est la même chose, l'arc compris entre ces points, car le rapport de cet arc au méridien entier est toujours donné par le nombre de ses degrés qui est égal à la différence des latitudes des deux points. Supposons, par exemple, qu'en partant d'un point A, dont la latitude est de 24 degrés, nous ayons tracé sur la terre une ligne méridienne qui passe par un autre point B, dont la latitude est de 25 degrés ; la distance du point A au point B, ou l'arc du méridien terrestre compris entre A et B, sera donc de *un degré*, et sera par conséquent la trois cent soixantième partie d'un grand cercle entier de la terre. Ainsi, pour obtenir la grandeur de ce cercle en mesures usuelles telles que le mètre ou la toise, il ne nous restera plus qu'à mesurer avec un mètre ou une toise la distance des points A et B, et à multiplier par 360 le nombre de mètres ou de toises que nous aurons trouvé. Quelque simple que paraisse cette opération, elle exige, pour être exécutée avec une précision capable de donner une approximation suffisante, des moyens de calcul et des instrumens dont les anciens étaient dépourvus, et présente en outre des difficultés que ce qui va suivre fera connaître.

La première estimation de la grandeur de la terre est rapportée par Aristote dans son livre *de Cœlo* ; il y dit, *chapitre* IV, que les *anciens mathématiciens* ont trouvé que la circonférence de la terre est de 400000 stades. Mais, comme il n'explique nullement la longueur du *stade* dont il est question, et que, si l'on veut entendre le *stade* des Grecs en usage dans son temps, il en résulte pour le degré terrestre, composé de 1111 ⅑ stades, une valeur à peu près double de celle que nous donnent les mesures nouvelles ; on doit plutôt considérer cette estimation comme une conjecture vague que comme une véritable mesure. Cependant, lors de la grande querelle des *anciens* et des *modernes*, on a prétendu que les Chaldéens sont les anciens mathématiciens dont parle Aristote, et que la longueur de leur *stade* était de 51 toises 10 pouces, d'où l'on a conclu que les anciens avaient mesuré la terre avec autant d'exactitude que les modernes. Malheureusement pour cette prétention passablement ridicule, la longueur de 51 toises 10 pouces

ne résulte pas de la restitution des mesures chaldéennes à l'aide d'autres mesures contemporaines, mais bien de l'hypothèse gratuite que les 1111 ⅑ stades du degré terrestre sont équivalens aux 57060 toises trouvées par Picard pour la longueur du degré qu'il a mesuré.

Une mesure de la terre plus authentique est celle d'Eratosthènes ; ayant mesuré l'arc du méridien compris entre Syène et Alexandrie, et l'ayant trouvé de 7° ⅕, il en conclut que la circonférence de la terre avait 250000 stades, ce qui donne au degré terrestre 694 ⁴⁄₉ stades. Si l'on admet que le stade employé par Eratosthènes est le stade égyptien, son évaluation du degré serait trop faible d'au moins 20000 toises, tandis que si l'on suppose qu'il se servit du stade olympique, elle est trop forte d'au moins 6000 toises. Au reste, il paraît qu'Eratosthènes ne mesura pas la distance d'Alexandrie à Syène, et qu'il se contenta de l'estimer à 5000 stades, d'après la commune appréciation des voyageurs. Il se trompa en outre en supposant ces deux villes sous le même méridien, Syène est à plus de 3 degrés à l'est d'Alexandrie.

Nous passerons sous silence une autre mesure de la terre tentée par Posidonius, et qui ne présente aucune exactitude, pour arriver à la première tentative exécutée avec des moyens réellement scientifiques ; c'est la mesure d'un degré du méridien opérée par les astronomes arabes sous le règne de l'illustre Khalyfe El Mamoun. Ce prince, ayant résolu de mesurer la terre plus exactement que n'avaient fait les anciens, envoya des mathématiciens habiles dans une vaste plaine de la Mésopotamie appelée *Singiar* ; là ils se divisèrent en deux bandes dont l'une alla vers le nord et l'autre vers le midi, en mesurant, chacune la coudée à la main, une ligne méridienne géométriquement alignée. Ils s'écartèrent ainsi les uns des autres, jusqu'à ce que, mesurant la hauteur du pôle, ils se fussent éloignés d'un degré du lieu de leur départ, après quoi ils se réunirent et ils trouvèrent pour la valeur du degré terrestre, les uns 56 milles et les autres 56 milles ⅔, le mille étant composé de 4000 coudées. Après avoir discuté leurs mesures, ils adoptèrent la dernière.

La coudée dont il est ici question est, d'après Albufeda, la *coudée noire* qui comprenait 27 doigts, dont chacun était de la longueur de six grains d'orge mis côte à côte, tandis que d'après Almassoudi, autre auteur arabe, cette coudée aurait été établie, par le Khalyfe, de 27 doigts longs de 5 grains d'orge. Almassoudi prétend en outre que le degré terrestre fut fixé à 27 milles. D'après les expériences que Thévenot rapporte dans la relation de *son voyage d'Asie*, il faut 144 grains d'orge pour former l'étendue d'un pied et demi de Paris ; ainsi, en adoptant cette évaluation qui n'est rien moins que rigoureuse, le degré mesuré par les Arabes aurait été trouvé de 63750 toises selon Albufeda, et de 53123 toises selon Almassoudi.

Jusqu'au commencement du XVIIe siècle, on demeura sans aucune mesure de la terre sur laquelle il fût possible de faire quelque fonds, mais la tentative ingénieuse de Fernel (*voy.* ce mot) engagea plusieurs astronomes à y procéder enfin d'une manière plus géométrique et plus exacte. Snellius entra le premier dans la carrière, et s'il s'est trompé dans le calcul de ses triangles, ce qui lui fit trouver pour la longueur du degré une quantité moindre que celle qui résulte en réalité de son opération, il lui reste la gloire incontestable d'avoir inventé la méthode employée ensuite par les astronomes de toutes les nations, méthode dont nous allons donner ici une explication pour l'intelligence de ce qui va suivre.

Désignons par A, B, C, D, etc. (Pl. 58, fig. 5), une suite de lieux éminens comme des montagnes, des tours, des clochers, au travers desquels doit passer la méridienne. Ayant relevé avec un bon instrument les angles que font entre elles les lignes tirées de ces objets les uns aux autres, et formé par ce moyen une suite de triangles liés entre eux, qui se termine aux extrémités de la ligne à mesurer, on mesure l'angle que fait un des côtés de ces triangles avec la méridienne, ce qui donne le moyen de déterminer la position de tous les autres côtés par rapport à cette ligne. Ceci fait, on mesure, dans quelque endroit commode, comme une plaine, une longue base LM et par des opérations trigonométriques on en conclut la longueur d'un côté d'un des triangles voisins, AB par exemple. Ce côté étant une fois connu, il est facile de calculer la longueur de tous ceux de la suite des triangles, et, par leur position connue avec la méridienne, les parties de cette méridienne A*b*, B*c*, C*d*, etc., comprises entre les parallèles passant par A, B, C, D, etc. On a par l'addition de toutes ces parties la longueur de l'arc du méridien compris entre les parallèles des lieux extrêmes. Il ne reste donc qu'à mesurer la différence en latitude de ces lieux extrêmes, et l'on connaît par là à quelle portion du méridien répond la longueur trouvée d'où l'on conclut la longueur du degré et celle de la circonférence. Pour plus grande exactitude et comme moyen de vérification, on doit déterminer à l'extrémité de la suite de triangles, opposée à la base, une nouvelle base comme NO, et si la valeur mesurée de cette nouvelle base est la même que celle qui résulte du calcul, en la liant avec un dernier côté HI, on est assuré qu'il n'y a d'erreur nulle part.

C'est par cette méthode que Snellius mesura un arc de 1° 11′ 30′ sur la méridienne de Berg-op-Zoom, mais, ainsi que nous l'avons dit, il se trompa dans ses calculs, ce qui lui fit estimer le degré terrestre à 55021 toises. La mort l'empêcha de rectifier son erreur dont il s'était aperçu, et ce fut Muschenbroek, entre les

mains duquel ses manuscrits tombèrent, qui calcula de nouveau tous les triangles de Snellius, d'après les corrections qu'il y avait faites; il trouva par ce moyen 57033 toises pour la valeur du degré.

Cette rectification de la mesure de Snellius n'eut lieu qu'après la célèbre mesure opérée par Picard; dans l'intervalle, Riccioli avait entrepris une opération semblable, d'autres savans s'étaient également livrés à de grands travaux sur le même sujet, mais tous leurs résultats étaient tellement discordans que l'Académie des sciences crut devoir s'occuper sérieusement de cette question intéressante, et qu'elle chargea Picard, déjà célèbre par plusieurs observations très-délicates, de mesurer de nouveau un degré terrestre dans les environs de Paris. Il l'entreprit et l'exécuta dans les années 1669 et 1670. Cette mesure, opérée avec un degré de précision jusqu'alors inconnu, fixa la longueur du degré terrestre à 57060 toises. On a signalé depuis quelques légères erreurs dans les opérations, mais il est rigoureusement prouvé qu'elles peuvent entraîner tout au plus une différence d'une trentaine de toises sur la longueur du degré. On ne doit pas oublier que c'est en recommençant, avec le degré de Picard, tous ses calculs abandonnés sur la foi d'une fausse évaluation du degré terrestre, que Newton a été mis sur la voie de ses immortelles découvertes. (*Voy.* GRAVITÉ.)

La France venait de donner au monde savant la première détermination véritablement approchée de la grandeur de la terre, lorsque tout à coup la question vint se représenter sous une face nouvelle et bien autrement compliquée. Le roi sur la proposition de l'Académie des sciences, ayant envoyé Richer à Cayenne pour diverses observations astronomiques, ce savant remarqua que son horloge retardait tous les jours d'environ deux minutes et demie sur le temps moyen, quoiqu'il eût donné au pendule la même longueur qu'en France, et il fut obligé pour la régler de raccourcir ce pendule d'une ligne un quart. L'annonce de ce phénomène excita l'étonnement des astronomes et on le regardait comme très douteux lorsque, quelques années après, Varin et Deshayes, envoyés en divers lieux de la côte d'Afrique et de l'Amérique pour y observer, remarquèrent le même fait dans les lieux voisins de l'équateur; la quantité dont ils furent forcés de raccourcir leur pendule fut encore plus considérable que celle de Richer. Ces observations ne permettant plus de douter que la longueur du pendule à secondes ne variât sous les différentes latitudes, Huygens, qui par sa belle théorie des forces centrales eût pu annoncer le phénomène à priori, en rechercha les causes et reconnut promptement que la principale résidait dans la rotation de la terre sur son axe (*voy.* PENDULE). Mais ce qu'il y a de vraiment remarquable dans son travail, c'est qu'il fut conduit par la suite de ses réflexions à conclure que la terre n'est point exactement sphérique, comme on l'avait cru jusqu'alors, mais qu'elle est aplatie vers les pôles et renflée sous l'équateur. Il tenta même de calculer la quantité de l'aplatissement ou la différence entre le diamètre de l'équateur et celui des pôles et la trouva égale à $\frac{1}{578}$, c'est-à-dire, qu'en prenant le nombre 578 pour représenter le diamètre équatorial, celui des pôles serait représenté par 577.

Dans le même temps, Newton, par une application de sa nouvelle théorie de la gravitation, arrivait à la même conclusion, seulement il fixait la quantité de l'aplatissement à $\frac{1}{230}$, ce qui diffère beaucoup moins des évaluations modernes.

Dans l'hypothèse de la terre aplatie, un seul degré est insuffisant pour déterminer ses dimensions, et il devenait d'ailleurs intéressant de mesurer plusieurs degrés pour comparer les résultats de l'expérience à ceux de la théorie. Ces considérations frappèrent le gouvernement français, toujours prêt à favoriser le progrès des sciences, et il ordonna que non seulement la mesure de Picard serait vérifiée, en y employant tous les moyens nouveaux que la perfection sans cesse croissante des instrumens et des théories avaient fait découvrir, mais encore que la méridienne serait prolongée à travers la France jusqu'à Dunkerque vers le nord, et jusqu'à Collioure vers le midi ; ce qui comprenait une étendue d'environ 8 degrés. Lahire fut chargé de la partie du nord, et Dominique Cassini de celle du midi : il résulta de toutes ces opérations que la longueur moyenne du degré terrestre en France était de 57051 toises. Persuadés par un singulier paradoxe géométrique que si la terre est un sphéroïde aplati vers les pôles, les degrés terrestres doivent diminuer de longueur en allant de l'équateur vers les pôles, et ne se tenant peut-être pas assez en garde contre les illusions que ce préjugé pouvait faire naître, les auteurs de ces nouvelles mesures trouvèrent que les degrés terrestres diminuaient de longueur du midi au nord, et se hâtèrent de publier ce résultat avec d'autant plus de confiance qu'ils croyaient par là confirmer l'aplatissement de la terre regardé alors généralement comme très - probable.

Pendant plusieurs années on demeura convaincu que les observations s'accordaient avec la théorie, du moins quant à la conséquence générale, mais enfin les géomètres vinrent ébranler cette confiance en démontrant rigoureusement que cet accord prétendu des observations et de la théorie reposait sur un faux raisonnement et que, bien loin d'aller en décroissant de l'équateur au pôle, les degrés d'un sphéroïde aplati vers ses pôles devaient aller en croissant à partir de l'équateur. Le paralogisme géométrique sur lequel l'erreur se trouvait fondée est trop spécieux pour que nous n'en

donnions pas ici la solution, car il est encore beaucoup de personnes qu'il pourrait séduire puisqu'il a pu tromper des mathématiciens très instruits.

Si la terre était une sphère parfaite, le méridien terrestre serait une demi circonférence de cercle, et en le divisant en 180 degrés égaux, les rayons tirés des points de divisions au centre de la sphère formeraient 180 angles égaux, chacun d'un degré. Ces rayons, prolongés indéfiniment, diviseraient en 180 degrés égaux le méridien céleste, de sorte que les divisions du méridien terrestre seraient exactement correspondantes à celles du méridien céleste. Réciproquement, si l'on supposait d'abord le méridien céleste divisé en 180 degrés égaux, les droites, menées des points de divisions au centre de la terre, diviseraient le méridien terrestre en 180 degrés égaux. Tout ceci est évident. Or, on ne connaît le nombre des degrés d'un arc du méridien terrestre que par celui de l'arc correspondant du méridien céleste : si deux points A et B, par exemple, du méridien terrestre sont situés de telle manière que le zénith du point A soit éloigné du zénith du point B de la quantité d'un degré, ou que ces deux zéniths interceptent un arc d'un degré sur le méridien céleste, la distance de ces deux points sera d'un degré terrestre. On sait que le zénith d'un point de la terre est à l'extrémité de la verticale élevée de ce point, ou, en d'autres termes, qu'il est l'intersection du méridien céleste par la perpendiculaire élevée du point en question sur la surface de la terre, c'est-à-dire, sur le plan tangent à cette surface que l'on conçoit passer par le point. Ainsi c'est uniquement l'angle formé par les verticales de deux points de la surface de la terre qui détermine l'arc du méridien compris entre ces points, et s'il est très-vrai que dans le cas d'une sphère parfaite toutes les verticales concourent au centre, il n'en est plus de même dans le cas d'un sphéroïde aplati, comme aussi les degrés de ce sphéroïde ne peuvent plus être égaux entre eux et sont nécessairement plus grands dans la partie aplatie. C'est ce que nous allons rendre évident.

Soit ACDB (Pl. 58, fig. 6) une ellipse dont AB est le grand axe et CD le petit ; supposons que de chacun des points *m*, *n*, *o*, *p*, etc. de l'arc AC on ait mené des perpendiculaires aux tangentes à la courbe, dont ces points sont les *points de contact*, les intersections de toutes ces perpendiculaires engendreront la courbe EFGHI qui sera la *développée* du quart d'ellipse AC (*voy.* Développée), et chacune de ces perpendiculaires sera le rayon du *cercle osculateur* ou le rayon de courbure du point de l'ellipse auquel elle répond. Ceci posé, il est évident qu'en considérant la demi ellipse CAD comme un méridien terrestre, les zéniths des divers points *m*, *n*, *o*, *p*, etc. se trouveront sur le prolongement des perpendiculaires de la courbe à ces points. Ainsi, pour ne considérer que les arcs extrêmes, les zéniths des points C et r seront sur le méridien céleste en Z et Z', et les zéniths des points A et m en Z″ et Z‴; maintenant si les arcs célestes ZZ′ et Z″Z‴ sont égaux et chacun d'un degré, les angles des verticales savoir, Z″EZ‴ et ZIZ′ seront égaux et les arcs terrestres Am et Cz seront chacun d'un degré terrestre. Mais ces arcs Am et Cz pouvant être considérés comme appartenant à des cercles dont les rayons sont mE et CI, leurs longueurs sont proportionnelles à celles de ces rayons, puisqu'ils sont chacun la même partie aliquote de la circonférence dont ils font partie. Donc l'arc d'un degré terrestre Am, situé dans la partie allongée de l'ellipse, est plus petit que l'arc d'un degré terrestre Cz situé dans la partie aplatie, et il en résulte rigoureusement que, si la terre est aplatie vers les pôles, les degrés terrestres du méridien doivent être plus petits vers l'équateur que vers les pôles ou doivent aller continuellement en croissant à partir de l'équateur.

Voici maintenant la cause de l'erreur dont nous avons parlé. Ne remarquant pas que les perpendiculaires à l'ellipse ne sont pas comme celles du cercle qui concourent au centre, pour déterminer les degrés de l'ellipse, on décrivait sur son axe AB (Pl. 58, fig. 7) un cercle qu'on divisait en degrés, après quoi l'on tirait des rayons aux points de divisions, et comme l'angle d'un degré GCB vers la partie allongée intercepte un arc elliptique EB plus grand que l'arc EF intercepté par l'angle d'un degré ICH vers la partie aplatie, on en concluait que l'aplatissement de la terre vers les pôles entraînait un décroissement des degrés terrestres à partir de l'équateur.

Il suffisait de signaler une telle erreur pour qu'elle fût immédiatement reconnue, et les auteurs des nouvelles mesures se trouvèrent dans l'impossibilité de repousser les démonstrations qu'on leur opposait. Mais ne voulant pas abandonner des observations qu'ils regardaient comme très-certaines, ils se virent enfin contraints d'avancer que la terre était un sphéroïde allongé vers les pôles. De nouvelles mesures prises en 1733 et 1734, non plus sur le méridien, mais sur un cercle de latitude, semblèrent devoir fortifier cette singulière conclusion, et pendant l'espace d'environ quarante ans la terre demeura, pour la France, un sphéroïde allongé malgré Huygens et Newton.

On ne peut prévoir combien de temps encore ce scandale scientifique aurait duré si le gouvernement français n'avait enfin pris à cœur les objections que quelques géomètres renouvelaient de temps en temps contre un système qu'ils ne pouvaient concilier avec les lois de l'hydrostatique. Ils soutenaient qu'en supposant même que les observations faites en France eussent toute l'exactitude possible, les différences entre les degrés consécutifs étaient trop petites pour être parfaitement saisies, et qu'il était impossible de rien conclure de raisonnable avant d'avoir mesuré des degrés en des endroits très-éloignés les uns des autres. Des opérations nouvelles furent donc ordonnées, et, pour qu'elles fussent décisives on se décida à faire mesurer un degré près de l'équateur et un autre près du cercle polaire.

Godin, Bouguer et La Condamine partirent en 1735 pour le Pérou, et l'année suivante Maupertuis, Clairaut, Camus et Lemonnier, auxquels se joignirent l'abbé Outhier, correspondant de l'Académie, et l'astronome suédois Celsius, allèrent en Laponie. Les premiers, par suite de toutes les difficultés qu'ils rencontrèrent dans leur voyage, ne purent revenir en France qu'environ sept ans après leur départ; les seconds ne restèrent que seize mois absens. Tout ce que nous pouvons dire ici de ces belles expéditions, c'est qu'elles résolurent la question en faveur de l'aplatissement des pôles et que les Cassini eux-mêmes eurent le noble courage, après avoir vérifié toutes leurs anciennes mesures, de reconnaître publiquement qu'ils avaient commis quelques erreurs et que leurs nouveaux travaux concouraient à prouver que la terre est un sphéroïde aplati vers les pôles. La longueur du degré du méridien, mesuré à l'équateur, fut trouvée de 56753 toises, et celle du degré en Laponie, sous une latitude moyenne de 66° 20′, de 57422 toises. C'est dans la vérification des degrés de la France, faite par Cassini de Thury, aidé de Lacaille, qu'il fut constaté que la toise dont Picard s'était servi n'était pas la même que celle qui fut employée au Pérou et qui est devenue le module de toutes les mesures prises plus tard pour la détermination du mètre.

En rassemblant les résultats des opérations dont nous venons de parler, ainsi que de quelques autres, exécutées par des astronomes étrangers, à peu près vers le même temps, nous aurons le tableau suivant :

LATITUDE du MILIEU DU DEGRÉ.	LONGUEURS des DEGRÉS EN TOISES.	NOMS DES OBSERVATEURS.
0° 0°	56753	Bouguer, Godin, La Condamine, au Pérou.
33 18 A	57037	Lacaille, au Cap.
39 12	56888	Mason et Dixon, aux Etats-Unis.
43 1	56979	Boscovich et Maire, Etats-Romains.
44 44	57024	Beccaria, en Piémont.
45 0	57028	Cassini de Thury, Lacaille, France.
45 57	56881	Lisganig, Hongrie.
48 43	57086	Id.
49 23	57069	Picard (corrigé), France.
66 20	57422	Maupertuis, Lemonnier, Suède.

Tous ces degrés sont dans l'hémisphère boréal, sauf le second mesuré par Lacaille dans l'hémisphère austral. Nous devons faire observer en outre que l'exactitude des observations de Lisganig a été mise en doute.

Si l'aplatissement de la terre vers les pôles résulte positivement de ces mesures, il n'est guère possible d'en rien conclure sur la nature de la courbe du méridien ni sur la quantité de l'aplatissement, car en les combinant deux à deux, pour en déduire le rapport des axes de l'ellipsoïde supposé, on obtient des résultats entièrement discordans. Par exemple le degré du Pérou comparé à celui du cercle polaire donne pour l'aplatissement $\frac{1}{273}$, tandis que, comparé avec le degré de Picard, il donne $\frac{1}{314}$; le degré austral comparé à celui de l'équateur donne $\frac{1}{78}$. Euler (*Acad. de Berlin*, 1752), en discutant ces résultats, a trouvé que les degrés du Pérou, de la Laponie, et le degré austral se concilient assez heureusement avec la figure elliptique et donnent un aplatissement de $\frac{1}{230}$, mais le degré de la France se refuse absolument à cette conciliation.

Les différences qui se font remarquer dans ces rapports ont fait penser que les méridiens de la terre n'étaient pas des ellipses, ni même des courbes semblables. La mesure de Lacaille, du degré austral, mesure faite avec la plus stricte exactitude, semble annoncer en outre que l'aplatissement est plus considérable dans l'hémisphère austral que dans l'hémisphère boréal. Dans la grande mesure des douze degrés opérée par Delambre et Méchain, pour l'établissement du nouveau système métrique français (*voy.* MESURE), on remarque dans un certain nombre de ces degrés une marche irrégulière, des sauts brusques, qui s'écartent de la figure elliptique. Cependant on ne fera guère d'erreur bien sensible en considérant la totalité d'un méridien comme elliptique; c'est du moins ce qui résulte des mesures les plus nouvelles exécutées par les savans anglais, sur des bases plus larges et avec les précautions les plus minutieuses.

Comme nous ne pouvons entrer dans les détails de ces opérations, nous allons, pour terminer tout ce qui a rapport aux mesures des degrés terrestres, réunir dans un tableau, en les exprimant en mètres, celles que l'on regarde comme les plus exactes.

CONTRÉE.	AMPLITUDE de L'ARC MESURÉ.	LATITUDE du MILIEU DE L'ARC.	LONGUEUR du DEGRÉ EN MÈTRES.	NOMS DES OBSERVATEURS.
Suède.	1° 37 19″	66° 20′ 40″	111 488	Svanberg.
Russie.	3 35 05	58 17 37	111 362	Struve.
Angleterre.	3 57 13	52 35 45	111 241	Roy, Kater.
France.	8 20 00	46 52 02	111 211	Lacaille , Cassini.
France.	12 22 13	44 51 02	111 108	Delambre , Méchain.
Rome.	2 9 47	42 59 00	111 025	Boscovich.
Etats-Unis.	1 28 45	39 12 00	110 880	Mason , Dixon.
Cap.	1 13 17,5	33 18 30	111 163	Lacaille.
Inde.	15 57 40	16 08 22	110 653	Lambton , Everest.
Inde.	1 34 56	12 32 21	110 644	Lambton.
Pérou.	3 7 3	1 31 00	110 582	Bouguer , La Condamine.

L'ensemble de ces mesures donne les dimensions générales suivantes pour le globe terrestre :

    Diamètre équatorial... 12754863 mètres.

    Diamètre polaire....... 12712251

    Différence ou aplat.... 42612

Ainsi le rapport des deux diamètres de la terre est à peu près celui de 298 à 299, ou l'aplatissement est un peu plus grand que $\frac{1}{300}$.

Ce dernier résultat s'accorde trop exactement avec ceux qu'on obtient par d'autres moyens, dont nous allons parler, pour qu'il soit hors de doute que les dimensions de la terre sont connues aujourd'hui à un degré satisfaisant d'approximation. En effet, nous avons dit que, depuis l'expérience de Richer, il avait été généralement reconnu que le pendule à secondes varie de longueur sous les différentes latitudes et que la cause principale de cette variation est la rotation de la terre sur son axe, rotation qui doit donner aux corps situés à la surface une force centrifuge dont l'effet est de neutraliser une partie de la force de la pesanteur, en vertu de laquelle ces corps tendent vers le centre. Or, le mouvement d'un pendule est produit par la chute du corps pesant qui le compose, et, toutes choses égales d'ailleurs, la vitesse de la chute doit être évidemment d'autant plus grande que la force qui la détermine a plus d'intensité. Nous avons vu autre part (*voy.* PENDULE) que c'est la vitesse acquise dans la chute qui force, par la résistance du point de suspension, le pendule à remonter, de sorte que la durée d'une oscillation est intimement liée avec l'intensité de la force de la pesanteur et donne les moyens de la déterminer comparativement. Mais la force centrifuge due à la rotation de la terre et qui agit en sens inverse de la pesanteur est nécessairement la plus grande à l'équateur, et doit aller continuellement en décroissant de l'équateur vers le pôle, puisque les cercles décrits dans la même durée de 24 heures par les divers points d'un méridien terrestre sont d'autant plus petits que ces points sont plus près du pôle, où la force centrifuge devient nulle.

Ainsi, dans le cas où la terre serait une sphère parfaite, comme à tous les points de sa surface la force de la pesanteur serait la même, les modifications de cette force constante, par l'influence des diverses forces centrifuges, dont les corps placés à ces points sont animés, suivraient exactement les lois de l'accroissement régulier de la force centrifuge, depuis le pôle où elle est nulle, jusqu'à l'équateur où elle est la plus grande; et, d'après la théorie des forces centrales, connaissant le nombre des vibrations d'un pendule, d'une longueur invariable, sous une latitude donnée et pendant une durée quelconque, on pourrait calculer exactement le nombre des vibrations qu'il exécuterait pendant la même durée de temps sous toute autre latitude. Mais si la terre n'est point une sphère parfaite, les résultats de l'expérience ne pourront plus s'accorder avec ceux du calcul, et cette différence produite par l'influence de la forme particulière de la terre peut devenir, comme nous allons le voir, un moyen de déterminer cette forme.

La pesanteur ou la gravité d'un corps, abstraction faite de la force centrifuge, résulte, comme nous l'avons dit ailleurs, de l'attraction de la terre; cette attraction n'est pas une force simple, mais une force composée produite par les attractions réunies de toutes les particules de matière dont la terre est composée, car l'attraction en général n'est pas une tendance de la matière à se porter vers un centre particulier, mais c'est une propriété que possèdent toutes les particules matérielles de marcher à la rencontre les unes des autres, et de presser contre l'obstacle qui s'opposerait à cette réunion. Donc, si la terre était une sphère parfaite, l'attraction qu'elle exercerait sur un corps placé à sa surface au pôle ou à l'équateur serait toujours la même par une raison de symétrie, tandis qu'il est évident que si la terre a une toute autre figure, la même symétrie n'existant pas, le même résultat ne peut plus avoir lieu. Un corps situé sous l'équateur et un second corps parfaitement égal situé au pôle d'un sphéroïde aplati, se trouveront dans des conditions géométriques essentiellement différentes par rapport à la masse de ce sphéroïde, et il en résultera nécessairement une différence dans les forces attractives qui agissent sur les deux corps. Sans entrer dans de plus grands détails, on voit assez clairement que la force de la pesanteur ne peut être constante sur tous les points d'un méridien elliptique et qu'elle doit aller en décroissant du pôle où elle est la plus grande jusqu'à l'équateur où elle est la plus petite.

Il y a donc sur le sphéroïde aplati deux causes qui concourent à diminuer l'intensité de la force de la pesanteur, et conséquemment qui tendent à modifier la vitesse d'un même pendule qu'on transporte en des lieux différens. L'influence de l'une de ces causes, la force centrifuge, étant connue, si la modification totale est donnée par les expériences, il devient alors possible de déterminer l'influence de la seconde cause, et comme celle-ci dépend en dernier lieu de la différence des deux axes du sphéroïde, le pendule vient donc offrir un moyen précieux pour trouver cette différence ou la quantité de l'aplatissement de la terre.

D'après de nombreuses expériences faites sur la longueur du pendule à secondes, sous toutes les latitudes accessibles à l'homme, la différence totale de la pesanteur à l'équateur et au pôle est $\frac{1}{194}$ de la pesanteur au pôle; ainsi, comme la quantité dont la force centrifuge diminue la pesanteur à l'équateur est seulement $\frac{1}{289}$ (*voy.* CENTRAL), la différence de ces deux fractions, ou $\frac{1}{590}$, est la diminution de la pesanteur due à l'aplatissement de la terre, ce qui donne $\frac{1}{320}$ pour la valeur de cet aplatissement. M. Mathieu, par la comparaison des six mesures absolues du pendule, opérées sur la méridienne lors des grands travaux du nouveau système métrique, a conclu un aplatissement de $\frac{1}{29872}$.

Le problème de la figure de la terre n'a pas moins occupé les géomètres que les astronomes, et tandis que ces derniers s'efforçaient de le résoudre à l'aide d'opérations longues et pénibles, les premiers ne craignaient pas de l'aborder directement et demandaient sa solution

à une théorie encore dans l'enfance. Si jusqu'ici les théoriciens paraissent avoir été moins heureux que les expérimentateurs, on ne doit pas oublier que c'est la théorie qui a signalé la première l'aplatissement du globe terrestre, et que c'est d'elle seule que l'on doit attendre l'éclaircissement d'une question liée si intimement à la construction mécanique de l'univers. Nous avons dit plus haut que la découverte de l'aplatissement de la terre avait été faite en même temps par Huygens et Newton; comme le premier avait une idée beaucoup moins exacte de la cause et de la mesure de la pesanteur que Newton, son évaluation ne peut être mentionnée aujourd'hui que pour l'histoire de la science; cependant comme la base de son raisonnement est exactement la même que celle sur laquelle Newton fonde une évaluation très-différente, nous croyons devoir l'indiquer ici.

Qu'on imagine deux canaux tirés l'un du centre de la terre à un point de l'équateur, l'autre du même centre au pôle et rempli l'un et l'autre d'un même fluide. Ils seraient égaux en longueur, si la terre était en repos; mais la rotation de la terre diminue dans le premier de ces canaux le poids de chaque particule de fluide de la quantité de la force centrifuge que produit la rotation dans chacune d'elles. D'un autre côté, cette force centrifuge croît pour chaque particule en raison de sa distance au centre, c'est-à-dire, arithmétiquement. On a donc une somme de poids égaux, dont le plus éloigné est diminué de tout l'effort de la force centrifuge, tandis que le plus voisin du centre n'éprouve aucune diminution et que les poids intermédiaires en reçoivent de proportionnelles à leurs distances au centre; ainsi le poids total éprouve une diminution qui est la moitié de ce qu'elle serait si toutes les parties qui le composent étaient à la plus grande distance. Or, dans ce dernier cas, la diminution serait de $\frac{1}{289}$, car à l'équateur la force centrifuge est $\frac{1}{289}$ de celle de la gravité; ainsi le canal étendu du centre à l'équateur éprouvera une diminution de poids égale à *la moitié d'un deux cent quatre-vingt neuvième*, c'est-à-dire, $\frac{1}{578}$, et par conséquent pour contrebalancer celui qui est étendu du centre au pôle et sur lequel la rotation ne produit aucune diminution de poids, il devra avoir $\frac{1}{578}$ de longueur de plus. Donc le rapport du demi-axe, ou rayon polaire, au rayon équatorial doit être celui des nombres 578 et 579, d'où il résulte $\frac{1}{578}$ pour la quantité de l'aplatissement.

Mais la gravité sur la terre étant le résultat de l'attraction mutuelle de toutes les parties de la terre en raison inverse des carrés de leurs distances respectives, les particules plongées dans l'intérieur d'une sphère pèsent moins vers le centre que celles qui sont situées à sa surface, et il en est de même dans un sphéroïde peu différent de la sphère. Ainsi en considérant, comme Huygens, deux canaux qui se font équilibre, Newton tient compte de cette diminution de tendance ou de pesanteur vers le centre qui résulte pour chaque particule de sa situation dans l'intérieur de la sphère, et la rend plus sensible à l'effet de la force centrifuge, d'où résulte un plus grand alongement du canal équatorial. Quant à la détermination de la quantité de cet alongement, les moyens directs de calcul manquant à Newton, il y parvint par une méthode détournée, mais très ingénieuse, et trouve que le demi-axe étant représenté par 230, le rayon équatorial le sera par 231, c'est-à-dire que l'aplatissement est $\frac{1}{231}$.

Lorsque les mesures de Cassini, qui paraissaient contredire la théorie de Newton, eurent fait soutenir l'opinion opposée d'un alongement vers les pôles du sphéroïde terrestre, plusieurs grands géomètres reprirent en sous œuvre toute cette théorie, et, partant toujours de la considération des deux canaux en équilibre et de l'hypothèse que la terre avait été dans l'origine une masse fluide homogène, ils essayèrent de traiter le problème par des méthodes directes de calcul. Stirling (*Trans. philosoph.*, 1735), que nous devons citer le premier parmi ceux qui se livrèrent à ce genre de recherches, découvrit un théorème très-élégant au moyen duquel il arrive à une évaluation de l'aplatissement très peu différente de celle de Newton. Supposant un sphéroïde homogène engendré par la révolution d'une ellipse autour de son petit axe, Stirling examine quelle doit être la direction primitive ainsi que la quantité de la pesanteur à chacun de ses points. Trouvant que, dans un pareil sphéroïde en repos, une particule ne saurait rester sur la surface sans rouler du côté des pôles, et qu'ainsi un fluide, dont serait recouvert un tel sphéroïde à une petite profondeur, ne pourrait demeurer en équilibre, il conclut que ce sphéroïde doit avoir une rotation sur son axe pour que les corps pesans tendent perpendiculairement à sa surface et il détermine la vitesse du mouvement. Le calcul fait voir à Stirling qu'alors la force moyenne de la pesanteur sera à la force centrifuge, en un point quelconque, comme le produit du diamètre moyen par le sinus total est au produit des $\frac{4}{5}$ de la différence des axes de l'ellipsoïde par le cosinus de la latitude. C'est-à-dire qu'en désignant par D le diamètre moyen, par e la différence des axes, par R le rayon des tables des sinus, et par λ la latitude d'un point terrestre, le rapport de la force moyenne de la gravité à la force centrifuge sera pour ce point

$$\frac{5D.R}{4e.\cos \lambda}$$

Pour un point situé à l'équateur on a $\lambda = 0$,

$\cos \lambda = 1$; ainsi, prenant le diamètre D qui est alors le diamètre équatorial pour unité, le rapport de la gravité à la force centrifuge est à l'équateur $\frac{5}{4e}$; or, on sait que la dernière est sous l'équateur $\frac{1}{289}$ de la première; donc

$$\frac{5}{4e} = 289, \text{ d'où } e = \frac{5}{1156}$$

Il résulte de cette différence que si l'on représente le diamètre équatorial par le nombre 1156, le diamètre polaire le sera par le nombre 1151, c'est-à-dire, que ces diamètres sont entre eux comme ces nombres ou, plus simplement, comme les nombres 229 et 230, et que la quantité de l'aplatissement est $\frac{1}{230}$, ce qui ne diffère que d'une manière peu sensible du nombre $\frac{1}{231}$ trouvé par Newton à l'aide de sa méthode indirecte.

Stirling venait à peine de publier son théorème que Bouguer, Maclaurin et surtout Clairaut se livrèrent à un nouvel examen de la question en employant diverses hypothèses sur la composition de la terre et les densités de ses couches concentriques, Clairaut démontra que, quelle que soit la variation qui existe dans les densités des couches terrestres, l'aplatissement doit être plus petit que $\frac{1}{230}$, qui répond au cas de l'homogénéité, et en cela il se rapproche des expériences qui nous font évaluer à $\frac{1}{330}$ l'aplatissement de la terre. D'Alembert, Euler, Lagrange et Laplace vinrent ensuite généraliser de plus en plus la question en apportant les moyens puissans de calcul dont ils ont enrichi la science, et nous pouvons dire que tout ce qui était alors humainement possible a été fait par ces illustres géomètres. Mais malgré tant d'efforts le problème demeure encore sans solution, car les données physiques manquent complètement, et aucune des hypothèses avec lesquelles on a voulu l'attaquer n'est revêtue d'une probabilité assez élevée pour qu'on puisse s'y abandonner avec confiance. Pour être traité d'une manière directe et rigoureuse, ce problème exigerait qu'on connût la nature des forces élémentaires et primitives de la matière, ainsi que les lois que suivent ces forces dans leur équilibre pour constituer les trois états distincts de gazéité, de fluidité et de solidité sous lesquels la matière nous apparaît; sans cette connaissance, toutes les tentatives que l'on voudrait faire dans le but de reconnaître et d'expliquer la forme des corps célestes en général et de la terre en particulier ne pourront jamais conduire qu'à des résultats hypothétiques dont l'expérience seule peut constater le plus ou le moins de valeur, puisque la construction de ces corps, par l'équilibre de la matière, dépend évidemment de la construction de la matière elle-même. Nous devons donc plus particulièrement jusqu'ici no us en tenir, pour l'évaluation de l'aplatissement de la terre, aux résultats de la mesure des degrés du méridien et des observations du pendule, et adopter le nombre $\frac{1}{300}$ comme celui qui représente le mieux cet aplatissement.

Quoique le nombre $\frac{1}{300}$ soit assez considérable lorsqu'il s'agit des dimensions absolues du globe terrestre, il est presque impossible d'en tenir compte dans la construction des sphères qui servent à le représenter, car pour un sphéroïde dont le demi grand axe aurait, par exemple, 6 décimètres, l'aplatissement ne serait que de 2 millimètres, et une si petite quantité serait entièrement insensible à la vue, si l'on parvenait à la représenter avec exactitude. Il en est de même, à plus forte raison, des montagnes dont la plus haute ne dépasse pas de beaucoup, en ligne verticale, la longueur d'une lieue marine de 20 au degré; le diamètre de la terre contenant environ 2292 de ces lieues, on ne pourrait représenter une telle montagne sur un globe de 6 décimètres de diamètre que par une saillie à peine sensible au toucher, mais entièrement insensible à l'œil. On peut donc continuer à représenter la terre par une sphère parfaite, car les aspérités de sa surface comparées à son volume sont beaucoup moins considérables que les petites aspérités qui se rencontrent sur la peau d'une orange.

Si le problème de la figure de la terre est encore compliqué de difficultés insurmontables, il n'en est pas de même des questions relatives aux mouvemens dont ce globe est animé. Ici la marche de la science est certaine, ses procédés sont rigoureux et la théorie et les faits viennent se prêter un mutuel appui. Nous savons enfin que la terre n'est pas immobile au centre de l'Univers, comme on l'a cru pendant si long-temps, mais qu'elle est douée de deux mouvemens distincts dont l'un, sous le nom de mouvement *diurne*, est une rotation sur son axe qu'elle effectue en 23ʰ 56' 4", et dont l'autre, sous celui de mouvement *annuel*, est une révolution autour du soleil qu'elle accomplit dans la durée d'une année. Les diverses particularités de ces mouvemens ayant été déjà l'objet de plusieurs articles, nous devons nous borner ici à en présenter le résumé.

La terre décrit autour du soleil une ellipse dont il occupe l'un des foyers, et qui est située dans le plan de l'écliptique. Ce mouvement est prouvé théoriquement comme une conséquence nécessaire des lois de la gravitation universelle (*voy.* ATTRACTION et GRAVITÉ), et il se manifeste empiriquement dans le phénomène de l'aberration de la lumière (*voy.* ABERRATION). Sa durée périodique, qui détermine celle de l'année, est de 365ʲ 5ʰ 48' 51"; pendant ce temps le soleil, par une illusion optique, nous paraît parcourir l'écliptique d'Occident en Orient.

La moyenne distance de la terre au soleil étant supposée de 100000 parties, l'excentricité de son orbite, c'est-à-dire, la distance d'un des foyers de l'ellipse à son centre, est de 1679 de ces parties (*voy.* EXCENTRICITÉ); ainsi lorsque la terre est à son aphélie, ou au point de son orbite le plus éloigné du soleil, sa distance de cet astre est de 101679 parties, et lorsqu'elle est à son périhélie elle en est distante de 98321 de ces mêmes parties. Sa plus grande distance est donc à sa plus petite à peu près comme 30 est à 29.

Le mouvement de rotation de la terre sur son axe s'effectue d'Occident en Orient dans un intervalle de 23ʰ 56' 4". Comme dans cet intervalle la terre s'est avancée sur son orbite et que sa situation a changé par rapport au soleil, un même méridien terrestre ne se retrouve coïncider avec le soleil qu'après une rotation entière plus une petite partie de la rotation suivante, de sorte qu'en rapportant au soleil la rotation de la terre sur son axe, la durée de cette rotation est de 24 heures. C'est ce mouvement qui produit l'illusion d'un mouvement en sens inverse du soleil, des planètes et des étoiles fixes. Dans son double mouvement de rotation et de translation, la terre conserve toujours son axe dans une même direction : on nomme cette circonstance le parallélisme de l'axe de la terre. La rotation de la terre se manifeste dans l'expérience par la diminution de la pesanteur à l'équateur et par la déviation de la chute des corps. (*Voy.* DÉVIATION.)

Le centre de la terre ne quitte jamais le plan de l'écliptique avec lequel son axe fait un angle de 20 degrés et demi. Cette inclinaison étant constante, du moins à fort peu de choses près, il en résulte que le soleil ne répond jamais perpendiculairement deux instans de suite au même point de la surface de la terre. C'est ce qui occasionne le changement des saisons, ainsi que nous allons le faire voir.

La terre, dans sa révolution annuelle autour du soleil, ayant son axe de rotation AB (Pl. 54, fig. 12) incliné sur le plan de l'écliptique, a son mouvement de rotation dans le plan de l'équateur EQ, de sorte que chaque jour le soleil doit paraître décrire un cercle parallèle à cet équateur. Mais ces cercles changent continuellement, car lorsque la terre est en ♈, le soleil répond perpendiculairement à l'équateur et semble ce jour-là décrire l'équateur lui-même, tandis que, lorsque la terre est en ♋, le soleil répond perpendiculairement au cercle du tropique MN, qu'il doit alors paraître décrire. Dans les positions intermédiaires de la terre, le soleil semble parcourir des cercles intermédiaires entre l'équateur et le tropique. De ♋ à ♎ l'effet est tout opposé; le soleil, après avoir paru décrire le tropique MN, décrit chaque jour un cercle qui se rapproche de l'équateur jusqu'à ce que, la terre étant en ♎, il répond de nouveau perpendiculairement à l'équateur. De ♎ en ♑ les cercles décrits sont entre l'équateur et l'autre tropique TC, qui semble être décrit le jour où la terre arrive au point ♑. Enfin de ♑ en ♈ le soleil répond successivement aux cercles intermédiaires entre TC et EQ, et lorsque la terre, après une révolution, est de retour dans le signe du bélier, l'équateur semble être de nouveau décrit par le soleil.

Dans les deux positions extrêmes où le soleil répond perpendiculairement à l'équateur, la durée du jour est égale à celle de la nuit; dans toutes les autres ces durées sont inégales. L'inspection de la figure montre que les plus grands jours ont lieu pour un hémisphère lorsque le soleil répond à son cercle tropique. Dans nos contrées, le printemps commence lorsque la terre est dans la balance, et que par conséquent le soleil nous paraît dans le signe du bélier. Il en est de même pour toutes les autres saisons, la terre se trouve réellement dans le signe opposé diamétralement à celui que le soleil paraît occuper. La distance de la terre au soleil n'influe en aucune manières sur la chaleur des saisons, car c'est pendant l'hiver que la terre parcourt la partie de son orbite où se trouve le périhélie.

Voyez, pour tout ce qui a rapport à la terre, les mots Précession, Nutation, Perturbation, Année et Soleil. Quant aux ouvrages que l'on doit consulter au sujet de la détermination de sa figure, voici la liste des principaux : Maupertuis, *de la figure de la terre.* Bouguer, *figure de la terre.* La Condamine, *mesure des trois premiers degrés.* Cassini, *méridienne de Paris vérifiée.* Clairaut, *théorie de la figure de la terre.* D'Alembert, *recherches sur différens points du système du monde.* Lagrange, *Mém. de Berlin,* 1773. Laplace, *mécanique céleste.*

TÊTE DU DRAGON. (*Ast.*) Nom que l'on donne au nœud ascendant de la lune; on l'exprime par le caractère ☊.

TÉTRAGONE. (*Géom.*) Polygone de quatre côtés; on le nomme plus communément *quadrilatère.* (*Voy.* ce mot.)

TÉTRAÈDRE. (*Géom.*) C'est un des cinq solides réguliers. Il est compris sous quatre faces qui sont des triangles équilatéraux égaux. (*Voy.* POLYÈDRE et RÉGULIER.)

TÉTRAPASTON. (*Méc.*) Nom que les anciens donnaient à une machine composée de quatre poulies. (*Voy.* POULIE.)

THALÈS (de Milet). C'est à l'époque de la fondation de l'école ionienne, où ce célèbre philosophe exposa ses doctrines et ses travaux, qu'il faut placer le commencement de la première période de l'histoire authentique de la science, et celle des développemens rationnels de l'esprit humain; les connaissances vagues, les notions incomplètes que pouvaient posséder, avant ce temps, quelques nations, dont on a voulu reculer le berceau et la civilisation dans un passé sans limites ne constituaient point la science. Il fallut, pour mériter ce nom aux premières tentatives de l'intelligence, qu'elles fussent vivifiées et agrandies par le génie brillant de la Grèce. Thalès doit l'immortalité acquise à son nom à ses heureux et nobles efforts pour initier sa patrie à ce grand mouvement des idées qui, depuis lui, n'a pas cessé d'agiter le monde et de guider l'esprit humain de découvertes en découvertes.

Les historiens de l'antiquité et Diogène Laërce, qui fut spécialement le biographe de Thalès, fixent l'époque de la naissance de ce grand homme à l'an 640 avant J.-C. Suivant un grand nombre d'historiens, ce père de la philosophie grecque était Phénicien et ne vint à Milet, qu'étant déjà avancé en âge, mais le nom de cette dernière ville est demeuré attaché au sien, et nous nous conformons à l'usage, car ceci est fort important pour l'histoire de la science, à laquelle Thalès appartient spécialement. Son esprit ardent et appliqué à l'étude des grands phénomènes de la nature lui fit prendre en pitié, dit-on, les connaissances qu'il était possible d'acquérir dans son pays, et il résolut d'aller chercher en Egypte des enseignemens plus élevés et plus dignes de son génie. Ce qu'on a dit de Thalès, on l'a dit depuis de Pythagore et de Platon. Mais il est au moins extraordinaire que ces hommes, divinisés par la Grèce, dans son poétique enthousiasme pour les nobles et grandes choses qu'ils lui révélèrent, rapportèrent tous de l'Egypte un savoir que les prêtres si savans de ce pays n'avaient pas même acquis plusieurs siècles après. En effet, Plutarque rapporte que le roi Amasis fut dans l'admiration de voir Thalès mesurer les pyramides ou les obélisques par leur ombre, c'est-à-dire, probablement par le rapport qui existe entre les corps verticaux et leur ombre projetée sur un plan horizontal. Cette opération, dit l'historien des mathématiques, est la première ébauche connue de cette partie de la géométrie qui mesure les grandeurs inaccessibles par les rapports des côtés des triangles. Thalès était donc, au moins sur ce point, plus avancé que ses maîtres. Pythagore rapporta du même pays des idées sur le mouvement de la terre que, plus de mille ans après, Ptolémée n'annonça en passant dans l'Almageste que comme une vieille erreur de l'astronomie des Grecs, et dont l'Egypte s'était toujours bien gardée. Platon, qui appréciait les connaissances mathématiques, n'était pas lui-même un grand géomètre, dans le sens pratique de l'expression, mais il révéla à l'Egypte un grand nombre de problèmes géométriques enseignés depuis long-temps dans les écoles de la Grèce.

Quoi qu'il en soit de cette particularité historique sur laquelle nous avons insisté à dessein dans plusieurs articles de ce dictionnaire, ce n'est du moins qu'au retour de ses voyages que Thalès fonda l'école d'Ionie, dont l'étude des mathématiques prenait le principal enseignement. En faisant l'histoire spéciale de chaque branche de la science, nous avons eu soin de remonter à l'origine des connaissances et des premières recherches dont elles furent l'objet, et nous avons par conséquent mentionné la part que ces travaux de Thalès eurent à leur production ou à leur perfectionnement. (*Voyez* Ecole d'Alexandrie, Arithmétique, Astronomie, Géométrie, etc.) Thalès n'a point laissé d'écrits ou plutôt ceux qu'il a dû composer n'ont pu traverser l'abîme des temps et venir jusqu'à nous. On lui a attribué, peut-être avec raison, la plupart des doctrines principales qui furent enseignées après lui dans l'école dont il fut le fondateur, doctrines parmi lesquelles il faut distinguer la géométrie, plusieurs découvertes sur les propriétés du triangle et du cercle, et en astronomie la sphéricité de la terre et la vraie cause des éclipses de lune et de soleil. Thalès mourut dans un âge fort avancé, durant la LVIIIᵉ olympiade.

THÉODOLITE. (*Géodésie.*) Instrument dont on se sert pour mesurer les angles dans les opérations géodésiques. Son nom a été formé de θεομαι *voir*, et de οδος *distance*.

Il existe plusieurs espèces de *théodolites*, mais tous ces instrumens se composent en général d'un cercle gradué sur lequel tourne une alidade surmontée d'une lunette. Cette lunette est disposée de manière à pouvoir s'élever ou s'abaisser, et la quantité dont sa direction diffère de celle de la ligne horizontale se trouve indiquée sur un demi-cercle vertical. De cette manière, lorsque l'instrument est placé dans le plan de l'horizon, on peut mesurer tous les angles horizontaux et verticaux. La figure 7 de la planche 46 représente un *théodolite*.

THÉODOSE, géomètre célèbre de l'antiquité, né dans la Bithynie, suivant Vossius, dont l'opinion a été adoptée par tous les historiens de la science, est aussi nommé quelquefois Théodose de *Tripoli*, et confondu ainsi avec un philosophe sceptique de ce nom, qui vivait à la fin du dixième siècle de notre ère. Théodose le géomètre, contemporain des astronomes Sosigènes et Géminus de Rhodes, existait ainsi cinquante ans avant l'ère chrétienne. Parmi ceux de ses travaux qui sont venus jusqu'à nous, on doit citer un *Traité de la sphère*, qui a conservé à son auteur un rang distingué dans l'histoire de la science. Cet ouvrage est divisé en trois livres, dont les deux premiers offrent un exposé systématique des vérités trouvées avant Théodose dans cette branche de la science. Le troisième livre renferme plusieurs propositions fort remarquables, et d'une difficulté assez grande pour qu'elles aient été l'objet des commentaires de Pappus. Montucla regarde cet ouvrage de Théodose comme un des plus précieux monumens de la géométrie ancienne. Un astronome moderne en porte un jugement fort différent et très-sévère. Cependant le *Traité de la sphère* de Théodose a été long-temps un ouvrage classique en astronomie; traduit en arabe, il fut traduit ensuite de cette langue en latin par un géomètre italien et imprimé à Venise en 1518. Le texte grec a été publié, avec une version latine, par J. Pena, mathématicien français, et imprimé à Paris en 1558. Cet ouvrage a été successivement l'objet d'une étude sérieuse de la part de Maurolycus, de Clavius, du père Mersenne, d'Isaac Barrow, etc. Les autres opuscules de Théodose offrent aujourd'hui peu d'intérêt. On ne sait rien sur cet ancien géomètre. Strabon (Lib. XII) nous apprend seulement qu'il avait deux fils qui cultivaient les mathématiques avec succès.

THÉON, d'Alexandrie, l'un des plus illustres maîtres de cette grande et célèbre école, vivait durant la seconde moitié du IVᵉ siècle de notre ère, et il est l'un des derniers géomètres qui maintinrent, à Alexandrie, l'éclat que l'étude des sciences mathématiques y avait si long-temps jeté. Il observa, en 365, des éclipses de lune et de soleil; mais il nous laissa ignorer les moyens qu'il employa pour les calculer. Les seuls ouvrages qui nous restent de lui sont : un *Commentaire sur les élémens d'Euclide*, et un autre sur l'*Almageste*. Peut-être Théon est-il moins célèbre dans l'histoire de la science par ses travaux, fort estimables d'ailleurs et qui ont long-temps exercé la patience des plus savans commentateurs, que comme père de la savante et malheureuse Hypatia. On croit généralement que c'est pour elle et pour son fils Epiphane qu'il avait composé les ouvrages dont nous venons de parler. *Voy.* Hypatia et Ecole d'Alexandrie.

THÉORÈME. C'est, en mathématiques, une proposition qui énonce une vérité concernant la nature ou les propriétés d'un objet; par exemple, la proposition : la *somme des trois angles d'un triangle est équivalente à celle de deux angles droits* est un *Théorème*.

Un théorème est toujours une proposition synthétique, car il ajoute à la connaissance que nous avons déjà de l'objet des déterminations nouvelles de sa nature, il n'est donc jamais évident par lui-même comme un *axiome* qui est une simple proposition d'identité, et demande une démonstration pour devenir certain.

THÉORIE. Ce mot, qui est à peu près le synonyme de *spéculation*, s'applique généralement à tout ensemble de connaissances purement spéculatives, c'est-à-dire qui reposent sur des principes une fois posés et dont la combinaison peut conduire à la découverte d'autres connaissances indépendamment de l'expérience. Dans les arts, la *théorie* est considérée comme l'opposé de la *pratique* ou de *l'exécution*, parce que cette dernière exige une certaine habileté qui ne peut être que le résultat de l'expérience. Quant au véritable sens du mot *Théorie*, en mathématique, voyez l'article suivant.

TECHNIE (de τέχνη, *art*). Mot employé par M. Wronski pour désigner les branches des mathématiques qui ont pour objet spécial la mesure ou l'évaluation des quantités.

Dans la déduction philosophique à priori de toutes les parties de la science des nombres, donnée par M. Wronski (*Introd. à la Ph. des Math.*), ce savant montre qu'une quantité mathématique peut être envisagée sous deux points de vue essentiellement différens et fondés l'un et l'autre sur la nature même de l'intelligence humaine. D'après le premier de ces points de vue, on découvre la *nature* particulière ou la construction primitive d'une quantité. D'après le second, on découvre sa *mesure* ou son évaluation numérique. Nous avons déjà (*voy.* Math. 15 et Phil. 65) exposé les différences caractéristiques de ces deux manières de considérer les quantités. Ainsi nous pouvons nous contenter ici de les rappeler par un seul exemple. On sait que la base des logarithmes naturels ou hyperboliques est un nombre transcendant dont la *valeur* est donnée par la série indéfinie (*a*)

$$1 + \frac{1}{1} + \frac{1}{1.2} + \frac{1}{1.2.3} + \frac{1}{1.2.3.4} + \frac{1}{1.2.3.4.5} + \text{etc.}$$

de sorte qu'on obtient cette valeur par l'addition successive des termes qui la composent, ce qui fournit des évaluations d'autant plus approchées qu'on emploie un plus grand nombre de termes. Mais la quantité 2,718281828459… etc., à laquelle on parvient par ce moyen, nous fait bien connaître la *valeur numérique* ou le rapport de la base des logarithmes naturels avec l'unité, mais non ce qu'est cette base elle-même, sa *nature* ou sa construction primitive ; et, cependant, c'est cette construction primitive opérée par l'entendement qui crée la quantité en question, lui donne une forme particulière, distincte de celles de toutes les autres quantités, et la rend ainsi susceptible d'une évaluation numérique. Or, la *nature* de la base des logarithmes naturels (*voy.* Logarithmes, 13) est donnée par l'expression (*b*)

$$\left(1 + \frac{1}{\infty}\right)^{\infty}$$

qui, à son tour, nous fait bien connaître l'opération transcendante de la raison dans la construction primitive de cette base , mais non les moyens d'en évaluer la grandeur numérique ; de sorte que ce n'est que par une détermination secondaire, c'est-à-dire , par une transformation opérée sur l'expression (*b*), qu'on peut parvenir de cette expression à l'expression (*a*), qui fait connaître ces moyens d'évaluation et découvrir l'égalité

$$\left(1 + \frac{1}{\infty}\right)^{\infty} = 1 + \frac{1}{1} + \frac{1}{1.2} + \frac{1}{1.2.3} + \frac{1}{1.2.3.4} + \text{etc.}$$

dont les deux membres sont essentiellement hétérogènes.

La *nature* et la *mesure* des quantités mathématiques sont donc deux objets distincts et nécessaires des mathématiques en général , et dans chacune des branches de ces sciences il devient essentiel de distinguer ce qui appartient au premier de ces objets de ce qui appartient au second.

Appuyé sur ces principes incontestables, M. Wronski donne le nom de *théorèmes* aux propositions qui ont pour objet la *nature* des quantités mathématiques , et celui de *méthodes* aux propositions qui ont pour objet la *mesure* de ces quantités. Le système des théorèmes forme ainsi, en général, la Théorie mathématique, et le système des méthodes, la Technie mathématique.

En nous rapportant à ce que nous avons dit, Mathématiques 2, 15, 16, 17, 18, 19, 20 et 21 ; et Philosophie 52 , 65 ; nous pourrons encore définir la Théorie et la Technie mathématiques de la manière suivante :

La *théorie mathématique* a pour objet les *modes distincts et indépendans* de la génération et de la comparaison des quantités. La *Technie mathématique* a pour objet les *modes universels* de cette génération et de cette comparaison.

Nous allons présenter ici l'ensemble de la *Technie* de la science des nombres tel qu'il a été donné par M. Wronski dans ses divers ouvrages.

1. Une fonction théorique quelconque Fx étant donnée, la transformer en fonctions de *numération* ou de *facultés*, tel est le but général de la technie. Les deux formes générales de cette transformation, déduites Mathématiques 16, sont

$$Fx = A + \varphi x , \quad \text{et} \quad Fx = A . \varphi x$$

dont la première se rapporte à la transformation de la fonction Fx en fonctions de numération, et la seconde à la transformation de cette même fonction Fx en fonctions de facultés.

2. En partant de la première forme générale

$$Fx = A + \varphi x,$$

et en désignant par φx la fonction arbitraire qui doit servir de *mesure* à l'évaluation proposée de la fonction Fx, on reconnaît que la transformation en question est opérée par les deux *algorithmes techniques primitifs* connus sous les noms de *séries* et de *fractions continues*. La déduction de ces algorithmes techniques ayant été donnée (MATH., 17 et 18), nous rappellerons seulement ici leurs lois générales, du moins dans le cas, en quelque sorte primitif, où l'on conserve la même mesure φx à chaque transformation particulière.

3. Construisons avec les différentielles des divers ordres de la fonction proposée Fx et de sa mesure φx, les quantités

$$A_0 = F\dot x$$

$$A_1 = \frac{\boldsymbol{\varpi}[F\dot x]}{1 \cdot d\varphi\dot x} = \frac{dF\dot x}{d\varphi\dot x}$$

$$A_2 = \frac{\boldsymbol{\varpi}[d^1\varphi\dot x \cdot d^2 F\dot x]}{1 \cdot (1.2) \cdot (d\varphi\dot x)^3}$$

$$A_3 = \frac{\boldsymbol{\varpi}[d^1\varphi\dot x \cdot d^2\varphi\dot x^2 \cdot d^3 F\dot x]}{1 \cdot (1.2) \cdot (1.2.3) \cdot (d\varphi\dot x)^6}$$

$$A_4 = \frac{\boldsymbol{\varpi}[d^1\varphi\dot x \cdot d^2\varphi\dot x^2 \cdot d^3\varphi\dot x^3 \cdot d^4 F\dot x]}{1 (1.2)(1.2.3)(1.2.3.4) \cdot (d\varphi\dot x)^{10}}$$

etc. $=$ etc.

et, en général,

$$A_\mu = \frac{\boldsymbol{\varpi}[d^1\varphi\dot x \cdot d^2\varphi\dot x^2 \dots d^{\mu-1}\varphi\dot x^{\mu-1} \cdot d^\mu F\dot x]}{(1 \cdot 1^{1|2} \cdot 1^{3|1} \cdot 1^{4|1} \dots 1^{\mu|1}) \cdot (d\varphi\dot x)^{\frac{\mu(\mu+1)}{2}}}$$

dans lesquelles le point placé sur la variable x indique qu'il faut donner à cette variable, après les différentiations, la valeur qui rend $\varphi x = 0$. Quant aux fonctions désignées par la caractéristique $\boldsymbol{\varpi}$, nous avons expliqué leur construction au mot SÉRIE, 8.

A l'aide de ces quantités, la génération de la fonction Fx en *série* est

$$Fx = A_0 + A_1 \cdot \varphi x + A_2 \cdot \varphi x^2 + A_3 \cdot \varphi x^3 + A_4 \cdot \varphi x^4 + \text{etc.}$$

quelle que soit la fonction arbitraire φx.

4. Avec les quantités A_0, A_1, A_2, etc., dont nous venons de donner la construction, construisons maintenant de nouvelles quantités

$$B_3 = A_2 \cdot A_2 \quad - \quad A_1 \cdot A_3$$
$$B_4 = A_2 \cdot A_3 \quad - \quad A_1 \cdot A_4$$
$$B_5 = A_2 \cdot A_4 \quad - \quad A_1 \cdot A_5$$
$$\dots\dots\dots\dots\dots\dots$$
$$B_\mu = A_2 \cdot A_{\mu-1} - A_1 \cdot A_\mu$$

$$C_4 = B_3 \cdot A_3 \quad - \quad A_2 \cdot B_4$$
$$C_5 = B_3 \cdot A_4 \quad - \quad A_2 \cdot B_5$$
$$C_6 = B_3 \cdot A_5 \quad - \quad A_2 \cdot B_6$$
$$\dots\dots\dots\dots\dots\dots$$
$$C_\mu = B_3 \cdot A_{\mu-1} - A_2 \cdot B_\mu$$

$$D_5 = C_4 \cdot B_4 \quad - \quad B_3 \cdot C_5$$
$$D_6 = C_4 \cdot B_5 \quad - \quad B_3 \cdot C_6$$
$$D_7 = C_4 \cdot B_6 \quad - \quad B_3 \cdot C_7$$
$$\dots\dots\dots\dots\dots\dots$$
$$D_\mu = C_4 \cdot B_{\mu-1} - B_3 \cdot C_\mu$$

$$E_6 = D_5 \cdot C_5 \quad - \quad C_4 \cdot D_6$$
$$E_7 = D_5 \cdot C_6 \quad - \quad C_4 \cdot D_7$$
$$E_8 = D_5 \cdot C_7 \quad - \quad C_4 \cdot D_8$$
$$\dots\dots\dots\dots\dots\dots$$
$$E_\mu = D_5 \cdot C_{\mu-1} - C_4 \cdot D_\mu$$

$$F_7 = E_6 \cdot D_6 \quad - \quad D_5 \cdot E_7$$
$$F_8 = E_6 \cdot D_7 \quad - \quad D_5 \cdot E_8$$
$$F_9 = E_6 \cdot D_8 \quad - \quad D_5 \cdot E_9$$
$$\dots\dots\dots\dots\dots\dots$$
$$F_\mu = E_6 \cdot D_{\mu-1} - D_5 \cdot E_\mu$$

$$G_8 = F_7 \cdot E_7 \quad - \quad E_6 \cdot F_8$$
$$G_9 = F_7 \cdot E_8 \quad - \quad E_6 \cdot F_9$$
$$G_{10} = F_7 \cdot E_9 \quad - \quad E_6 \cdot F_{10}$$
$$\dots\dots\dots\dots\dots\dots$$
$$G_\mu = F_7 \cdot E_{\mu-1} - E_6 \cdot F_\mu$$

$$H_9 = G_8 \cdot F_8 \quad - \quad F_7 \cdot G_9$$
$$H_{10} = G_8 \cdot F_9 \quad - \quad F_7 \cdot G_{10}$$
$$H_{11} = G_8 \cdot F_{10} \quad - \quad F_7 \cdot G_{11}$$
$$\dots\dots\dots\dots\dots\dots$$
$$H_\mu = G_8 \cdot F_{\mu-1} - F_7 \cdot G_\mu$$

etc. $=$ etc.

et, formons ensuite les quantités générales

$$a_0 = A_0$$
$$a_1 = A_1$$
$$a_2 = -\frac{A_2}{A_1}$$
$$a_3 = \frac{B_3}{A_1 \cdot A_2}$$
$$a_4 = \frac{C_4}{A_2 \cdot B_3}$$

$$a_5 = \frac{D_5}{B_3 . C_4}$$

$$a_6 = \frac{E_6}{C_4 . D_5}$$

$$a_7 = \frac{F_7}{D_5 . E_6}$$

$$a_8 = \frac{G_8}{E_6 . F_7}$$

$$a_9 = \frac{H_9}{F_7 . G_8}$$

$$\text{etc.} = \text{etc.}$$

dont la loi est manifeste.

A l'aide de ces dernières quantités, la génération technique de la fonction Fx, en *fraction continue*, est

$$Fx = a_0 + \cfrac{a_1 . \varphi x}{1 + \cfrac{a_2 . \varphi x}{1 + \cfrac{a_3 . \varphi x}{1 + \cfrac{a_4 . \varphi x}{1 + \text{etc.}}}}}$$

expression que l'on peut encore mettre sous la forme

$$Fx = a_0 + \cfrac{\varphi x}{b_1 + \cfrac{\varphi x}{b_2 + \cfrac{\varphi x}{b_3 + \cfrac{\varphi x}{b_4 + \text{etc.}}}}}$$

en faisant

$$b_1 = \frac{1}{a_1}, \ b_2 = \frac{1}{a_2 . b_1}, \ b_3 = \frac{1}{a_3 . b_2}, \ b_4 = \frac{1}{a_4 . b_3}, \ \text{etc.}$$

et, en général,

$$b_\mu = \frac{1}{a_\mu . b_{\mu-1}}$$

Nous avons exposé ailleurs la déduction et la démonstration de ces lois. (*Voy.* Fractions continues et Séries), et nous n'avons sans doute pas besoin de faire observer ici qu'elles donnent d'une manière générale ou universelle la génération technique d'une fonction quelconque Fx d'un variable x, à l'aide d'une fonction entièrement arbitraire φx de la même variable. Les détails dans lesquels nous sommes entrés mettent dans tout son jour l'importance des algorithmes techniques primitifs des *séries* et des *fractions continues*, ainsi nous ne nous y arrêterons pas davantage pour procéder

à la déduction des algorithmes qui répondent à la seconde forme de transformation; ces algorithmes n'ayant point été l'objet d'articles particuliers réclament quelques développemens.

5. Dans la seconde forme générale de transformation (c)

$$Fx = A \times \Phi x$$

la quantité A peut être indifféremment considérée comme dépendante ou comme indépendante de la variable x, et c'est ce qui rend les transformations effectuées suivant cette seconde forme essentiellement différentes de celles de la première forme. Examinons d'abord le cas où le facteur A est fonction de Fx.

Lorsque le facteur A est dépendant de x, ce facteur est lui-même la *mesure générale* de la fonction Fx, de sorte qu'il doit être tel que la valeur de x qui rend Fx = o le rende aussi *zéro*, afin que le rapport

$$\frac{Fx}{A}$$

ne devienne pas indéfini et, par conséquent, que la fonction Φx qui est l'expression de ce rapport puisse être déterminée dans tous les cas. Cependant il est important de remarquer que la fonction de x qui forme le facteur A reste indéterminée quant à sa nature, quoiqu'elle soit déterminée par rapport à sa valeur, d'après la circonstance que nous venons de signaler, et que l'on peut ainsi faire dépendre cette fonction d'une fonction quelconque arbitraire φx prise pour mesure.

Désignons donc par $f_0 x$ la fonction représentée généralement par A et dépendante de la mesure φx, et nous aurons suivant la forme (c) la première transformation

$$Fx = f_0 x \times \Phi_0 x$$

Observons maintenant que la fonction $f_0 x$ doit être nécessairement de la forme $\varphi x - y_0$, y_0 désignant ici la valeur qui résulte pour la fonction arbitraire φx lorsqu'on donne à x la valeur qui rend Fx = o, car le rapport

$$\frac{Fx}{\varphi x - y_0},$$

ou la quantité $\Phi_0 x$, se trouve de cette manière parfaitement déterminable dans tous les cas.

Ainsi, comme tout ce que nous avons dit pour la fonction Fx s'applique exactement à la fonction $\Phi_0 x$ et que nous avons évidemment, pour seconde transformation, toujours suivant la forme (c),

$$\Phi_0 x = f_1 x \times \Phi_1 x$$

le facteur $f_1 x$, dépendant de la mesure φx, doit être

aussi de la même forme $\varphi x - y_1$, y_1 étant la valeur de φx lorsqu'on donne à la variable x la valeur qui rend $\Phi_0 x = 0$; cette seconde transformation donnera

$$\Phi_1 x = \frac{\Phi_0 x}{\varphi x - y_1}$$

ou

$$\Phi_1 x = \frac{Fx}{(\varphi x - y_0)(\varphi x - y_1)}$$

Opérant sur la fonction $\Phi_1 x$ comme nous l'avons fait sur les fonctions Fx et $\Phi_0 x$, en posant de nouveau

$$\Phi_1 x = f_2 x \times \Phi_2 x;$$

la fonction $f_2 x$ sera de la forme $\varphi x - y_2$, y_2 étant la valeur de φx qui correspond à la valeur de x donnée par la relation $\Phi_1 x = 0$, et nous aurons

$$\Phi_2 x = \frac{\Phi_1 x}{\varphi x - y_2}$$

d'où, encore,

$$\Phi_2 x = \frac{Fx}{(\varphi x - y_0)(\varphi x - y_1)(\varphi x - y_2)}$$

et la quantité $\Phi_2 x$ sera déterminable pour toutes les valeurs de x.

Procédant de la même manière dans l'évaluation générale des fonctions successives

$$\Phi_0 x, \quad \Phi_1 x, \quad \Phi_2 x, \quad \Phi_3 x, \quad \Phi_4 x, \text{ etc.}$$

Nous obtiendrons évidemment pour un indice quelconque μ la valeur (d)

$$\Phi_\mu x = \frac{Fx}{(\varphi x - y_0)(\varphi x - y_1)\dots(\varphi x - y_\mu)}$$

Mais dans cette évaluation successive des fonctions $\Phi_0 x$, $\Phi_1 x$, $\Phi_2 x$, etc. il est visible par la forme même (d) de ces quantités qu'on épuise de plus en plus l'influence de la variable x dans la fonction Fx, de sorte que l'on doit nécessairement arriver, du moins à l'infini, à une quantité $\Phi_\mu x$ telle que l'influence de la variable x y soit nulle ou du moins infiniment petite. Donc, en désignant seulement par Φ_μ cette dernière quantité, que l'on doit considérer comme une constante, nous aurons définitivement, en vertu de la formule (d), l'expression (e)

$$Fx = \Phi_\mu \{(\varphi x - y_0)(\varphi x - y_1)(\varphi x - y_2)\dots(\varphi x - y_\mu)\}$$

Telle est, surtout lorsque μ est infini, la génération technique ou l'évaluation de la fonction Fx par le moyen du troisième algorithme technique élémentaire

que M. Wronski nomme Produites continues. La valeur de la constante Φ_μ pourra toujours être déterminée par la relation particulière que donne l'expression générale (e) dans le cas de toute valeur déterminée de x.

6. La détermination des facteurs $\varphi x - y_0$, $\varphi x - y_1$, etc. qui donne en *produite continue* l'évaluation d'une fonction quelconque Fx, doit toujours être obtenue à l'aide de cette fonction et de sa mesure arbitraire φx, mais la loi de cette détermination ou la *loi fondamentale* de l'algorithme technique des produites continues n'est point encore donnée, M. Wronski avait annoncé qu'il la ferait connaître dans une suite de sa *Philosophie de la technie*; cette suite n'a point été publiée.

A défaut de cette loi fondamentale nous ferons observer que toute fonction Fx pouvant être développée en une série (f)

$$Fx = A_0 + A_1\varphi x + A_2\varphi x^2 + A_3\varphi x^3 + A_4\varphi x^4 + \text{etc.}$$

procédant suivant les puissances progressives d'une fonction arbitraire φx, cette série égalée à zéro forme une équation d'un degré infini qui admet un nombre infini de valeurs pour la fonction φx (*voy.* Mathématiques, 8). Ainsi désignant par y_0 une de ces valeurs de φx et par x_1 la valeur de x qui lui correspond, nous aurons d'une part $Fx_1 = 0$ et de l'autre le second nombre de l'expression (f) ou l'équation du degré infini sera exactement divisible par le facteur $\varphi x - y_0$, et plus généralement par le facteur

$$m_1\varphi x - m_1 y_0$$

m_1 étant une quantité constante. Opérant cette division nous trouverons

$$A_0 + A_1\varphi x + A_2\varphi x^2 + A_3\varphi x^3 + A_4\varphi x^4 + \text{etc.}\dots =$$
$$(m_1\varphi x - m_1 y_0)(B_0 + B_1\varphi x + B_2\varphi x^2 + B^3\varphi x^3 + \text{etc.}\dots)$$

en posant

$$B_0 = -\frac{A_0}{m_1 y_0} \qquad . \qquad B_1 = -\frac{A_1 + m_1 B_0}{m_1 y_0}$$

$$B_2 = -\frac{A_2 + m_1 B_1}{m_1 y_0}, \qquad B_3 = -\frac{A_3 + m_1 B_2}{m_1 y_0}$$

$$\text{etc., etc.}\dots\dots$$

Or, en désignant par y_1, y_2, y_3, etc. à l'infini les autres racines de l'équation infinie, comme nous aurons évidemment

$$A_0 + A_1\varphi x + A_2\varphi x^2 + A_3\varphi x^3 + A_4\varphi x^4 + \text{etc.}\dots =$$
$$(m_1\varphi x - m_1 y_0)(m_2\varphi x - m_2 y_1)(m_3\varphi x - m_3 y_2)\dots\dots, \text{ etc.}$$

Nous en conclurons

$$Fx = M\{(\varphi x - y_0)(\varphi x - y_1)(\varphi x - y_2)\dots\}$$

M désignant le produit des quantités constantes m_1, m_2, m_3, etc.

Ainsi, lorsque par la nature de la fonction Fx, l'équation $Fx = 0$ aura un nombre infini de racines et qu'on pourra connaître ces racines, on obtiendra immédiatement les valeurs y_0, y_1, y_2, etc. qui résultent pour φx de la substitution successive de chacune de ces racines à la place de x et l'on parviendra à l'évaluation de la fonction Fx en *produite continue*. C'est ce que l'exemple suivant fera mieux comprendre.

7. Soit *sin x* la fonction de x qu'il s'agit d'évaluer en produite continue au moyen de la mesure générale φx. En posant l'équation

$$\sin x = 0$$

on voit que cette équation est satisfaite lorsqu'on donne à x la valeur

$$x = m\pi, \text{ car } \sin m\pi =$$

m étant un nombre entier quelconque et π la demi circonférence du cercle dont le rayon est l'unité (*voy.* Sinus), x admet donc un nombre indéfini de valeurs correspondant à tous les nombres entiers positifs et négatifs que l'on peut prendre pour m, et la valeur générale y_μ de φx est

$$y_\mu = \varphi(\mu\pi).$$

Faisant donc successivement $\mu = 0$, $\mu = 1$, $\mu = -1$, $\mu = 2$, $\mu = -2$, etc. nous aurons (g)

$$\sin x = M\left\{ (\varphi x - \varphi(0))\,(\varphi x - \varphi(\pi))\,(\varphi x - \varphi(-\pi)) \times (\varphi x - \varphi(2\pi))\,(\varphi x - \varphi(-2\pi))\ldots\ldots \right\}$$

Pour déterminer la constante M donnons une valeur quelconque déterminée a à la variable x et nous obtiendrons

$$M = \frac{\sin a}{(\varphi a - \varphi(0))\,(\varphi a - \varphi(\pi))\,(\varphi a - \varphi(-\pi))\ldots \text{ etc.}}$$

Ainsi, substituant cette valeur dans (g), il viendra

$$\sin x = \frac{\sin a}{\varphi a - \varphi(0)} \cdot (\varphi x - \varphi(0))\,\frac{\varphi x - \varphi(\pi)}{\varphi a - \varphi(\pi)} \times$$
$$\times \frac{\varphi x - \varphi(-\pi)}{\varphi a - \varphi(-\pi)} \times$$
$$\times \frac{\varphi x - \varphi(2\pi)}{\varphi a - \varphi(2\pi)} \times$$
$$\times \frac{\varphi x - \varphi(-2\pi)}{\varphi a - \varphi(-2\pi)} \times$$
$$\times \ldots\ldots \text{ etc}$$

a étant une valeur arbitraire si l'on fait $a = 0$, le premier facteur

$$\frac{\sin a}{\varphi a - \phi(0)}$$

se réduit à $\frac{0}{0}$, et pour obtenir sa valeur, il faut prendre les différentielles de son numérateur et de son dénominateur par rapport à la variable a (*voy.* Différences, 47). On trouve de cette manière

$$\frac{\sin a}{\varphi a - \phi(0)} = \frac{\cos a}{\left(\dfrac{d\phi a}{da}\right)} = \frac{1}{\left(\dfrac{d\phi a}{da}\right)}$$

à cause de $\cos a = \cos 0 = 1$. Remettant donc x à la place de a et marquant par un point placé sur cette variable, $\dot{x}$, la valeur o qu'il faut lui donner après la différentiation, nous aurons définitivement (h)

$$\sin x = \frac{1}{\left(\dfrac{d\phi \dot{x}}{dx}\right)} \cdot (\phi x - \phi(0)) \cdot \frac{\phi x - \phi(\pi)}{\phi(0) - \phi(\pi)} \times$$
$$\times \frac{\phi x - \phi(-\pi)}{\phi(0) - \phi(-\pi)} \times$$
$$\times \frac{\phi x - \phi(2\pi)}{\phi(0) - \phi(2\pi)} \times$$
$$\times \ldots\ldots \text{ etc.}$$

8. L désignant le logarithme naturel, si nous prenons $L(1 + nx)$ pour la fonction arbitraire ϕx formant la mesure de l'évaluation, nous trouverons

$$\left(\frac{d\phi \dot{x}}{dx}\right) = \frac{n\,dx}{(1 + n\dot{x})\,dx} = n$$

et, par suite, (i)

$$\sin x = \frac{1}{n} \cdot L(1 + nx) \cdot \frac{L\left(\dfrac{1 + nx}{1 + n\pi}\right)}{L(1 + n\pi)} \times$$
$$\times \frac{L\left(\dfrac{1 + nx}{1 - n\pi}\right)}{L(1 - n\pi)} \times$$
$$\times \frac{L\left(\dfrac{1 + nx}{1 + 2n\pi}\right)}{L(1 + 2n\pi)} \times$$
$$\times \ldots\ldots \text{ etc.}$$

Tant que la quantité arbitraire n a une valeur finie, les facteurs de la *produite continue* renferment des quantités dites *imaginaires*, mais si l'on fait $n = \frac{1}{\infty}$, comme on a généralement (*voy.* Logarithme)

$$L\left(1 + \tfrac{1}{\infty}.X\right) = \infty\left(\left(1 + \tfrac{1}{\infty}X\right)^{\frac{1}{\infty}} - 1\right) = \tfrac{1}{\infty}.X$$

et, par conséquent,

$$L\left\{\frac{1 + \tfrac{1}{\infty}X}{1 + \tfrac{1}{\infty}Y}\right\} = \infty.(X-Y)$$

l'expression (i) devient dans ce cas

$$\sin x = x\left(1 - \tfrac{x}{\pi}\right)\left(1 + \tfrac{x}{\pi}\right)\left(1 - \tfrac{x}{2\pi}\right)\left(1 + \tfrac{x}{2\pi}\right)\dots\text{etc.}$$

C'est la première produite continue découverte par Jean Bernouilli. L'élégante déduction que nous venons d'en donner appartient à M. Wronski. (*Voy. Phil. de de la technie, première section.*)

9. Il existe une autre espèce de *produites continues* dans lesquelles les facteurs forment une progression arithmétique ; telle est, par exemple, la produite

$$2.4.6.8.10.12.14.\text{ etc}\dots\textit{à l'infini.}$$

Leur forme générale

$$x(x+r)(x+2r)(x+3r)(x+4r)\dots\textit{à l'infini,}$$

nous montre qu'elles sont identiques avec la factorielle

$$x^{m|r}$$

lorsque $m = \infty$. M. Wronski les nomme *produites continues factorielles.*

Ces produites factorielles ne peuvent généralement donner des valeurs déterminées que dans *leurs rapports*, et c'est ainsi que Wallis, qui les a considérées le premier, a trouvé pour le nombre π, ou la demi-circonférence dont le rayon est l'unité, l'expression remarquable

$$\tfrac{1}{2}\pi = \frac{2.2.4.4.6.6.8.8.10.10.\text{ etc.}}{1.3.3.5.5.7.7.9.9.11.\text{ etc.}}$$

On nous saura gré sans doute d'indiquer ici le moyen d'obtenir le *rapport* de ces produites factorielles.

10. La factorielle à exposant binome $a^{m+n|r}$ pouvant être décomposée en factorielles à exposans monomes les deux manières suivantes (*voy.* FACTORIELLES, 3)

$$a^{m+n|r} = a^{m|r}.(a+mr)^{n|r}$$

$$a^{m+n|r} = a^{n|r}.(a+nr)^{m|r},$$

il en résulte l'égalité

$$a^{m|r}.(a+mr)^{n|r} = a^{n|r}.(a+nr)^{m|r}$$

d'où l'on tire

$$\frac{a^{m|r}}{(a+nr)^{m|r}} = \frac{a^{n|r}}{(a+mr)^{n|r}}$$

Si nous faisons dans cette dernière $n = \infty$ et $m = \dfrac{p}{r}$, il viendra (k)

$$\frac{a^{\frac{p}{r}|r}}{(\infty r)^{\frac{p}{r}}} = \frac{a^{\infty|r}}{(x+p)^{\infty|r}}$$

car la base $a + nr$ devenant infinie, l'accroissement fini r n'exerce plus aucune influence sur les divers facteurs de la factorielle $(a+nr)^{m|r}$ qui se réduit alors à une simple puissance.

Pour toute autre base b et tout autre accroissement s, nous trouverons de la même manière

$$\frac{b^{\frac{q}{s}|r}}{(\infty s)^{\frac{q}{s}}} = \frac{b^{\infty|s}}{(b+q)^{\infty|s}}$$

ainsi divisant l'égalité (k) par cette dernière, nous obtiendrons

$$\frac{a^{\infty|r}.(b+q)^{\infty|s}}{b^{\infty|s}.(a+p)^{\infty|s}} = \frac{(\infty s)^{\frac{q}{s}}}{(\infty r)^{\frac{p}{r}}} \cdot \frac{a^{\frac{p}{r}|r}}{b^{\frac{q}{s}|s}}$$

ce rapport ne peut admettre des valeurs finies qu'autant qu'il existe entre les quantités p, q, r, s, la relation

$$qr = sp, \text{ ou } \frac{q}{s} = \frac{p}{r},$$

mais dans ce cas, en faisant $\dfrac{q}{s} = \dfrac{p}{r} = m$, on a

$$\frac{a^{\infty|r}.(b+q)^{\infty|s}}{b^{\infty|s}.(a+p)^{\infty|r}} = \left(\frac{s}{r}\right)^{m} \cdot \frac{a^{m|r}}{b^{m|s}}.$$

Lorsque les accroissemens s et r sont égaux, ce qui entraîne l'égalité des quantités p et q, cette dernière formule se réduit à

$$\frac{a^{\infty|r}.(b+p)^{\infty|r}}{b^{\infty|r}.(a+p)^{\infty|r}} = \frac{a^{\frac{p}{r}|r}}{b^{\frac{p}{r}|r}}$$

ce qui est la même chose que (i),

550 | TH

$$\frac{a(b+p)\,(a+r)\,(b+p+r)\,(a+2r)\,(b+p+2r)\ldots \text{etc.}}{b(a+p)\,(b+r)\,(a+p+r)\,(b+2r)\,(a+p+2r)\ldots \text{etc.}} =$$

$$= \frac{a^{\frac{p}{r}|r}}{b^{\frac{p}{r}|r}}$$

11. Appliquons ces formules à la produite continue de Wallis,

$$\tfrac{1}{2}\pi = \frac{2.2.4.4.6.6.8.8.10.10\ldots}{1.3.3.5.5.7.7.9.\ 9.11\ldots}$$

En comparant avec (l), nous aurons

$$a = 2,\quad b = 1,\quad p = 1.\quad r = 2,$$

d'où

$$\tfrac{1}{2}\pi = \frac{2^{\frac{1}{2}|2}}{1^{\frac{1}{2}|2}}.$$

Pour simplifier cette expression, observons que (*voy.* Factorielle),

$$2^{\frac{1}{2}|2} = 2^{\frac{1}{2}}.1^{\frac{1}{2}|1} = \sqrt{2}.(\tfrac{1}{2})^{\frac{1}{2}|-1}$$

$$1^{\frac{1}{2}|2} = \sqrt{2}.(\tfrac{1}{2})^{\frac{1}{2}|1}.$$

Nous aurons donc d'abord, en substituant (m),

$$\tfrac{1}{2}\pi = \frac{(\tfrac{1}{2})^{\frac{1}{2}|-1}}{(\tfrac{1}{2})^{\frac{1}{2}|1}}$$

mais on a généralement,

$$a^{m|r}.a^{m|-r} = a.(a-(m-1)r)^{2m-1|r}$$

et, par conséquent,

$$(\tfrac{1}{2})^{\frac{1}{2}|1}.(\tfrac{1}{2})^{\frac{1}{2}|-1} = \tfrac{1}{2}$$

d'où l'on tire

$$(\tfrac{1}{2})^{\frac{1}{2}|1} = \frac{1}{2(\tfrac{1}{2})^{\frac{1}{2}|-1}}$$

substituant dans (m), il viendra

$$\tfrac{1}{4}\pi = (\tfrac{1}{2})^{\frac{1}{2}|-1}.(\tfrac{1}{2})^{\frac{1}{2}|-1}$$

ce qui donne définitivement, en prenant la racine carrée des deux membres de cette dernière égalité,

$$\tfrac{1}{2}\sqrt{\pi} = (\tfrac{1}{2})^{\frac{1}{2}|-1},$$

c'est la belle expression de Vandermonde. (*Voy.* Cercle, 33.)

12. Examinons maintenant le second cas de la transformation générale,

$$Fx = A \times \Phi x,$$

celui où la quantité A est indépendante de la variable x. La condition de cette transformation est évidemment remplie par l'emploi de l'algorithme général des facultés, sous la forme générale (o),

$$Fx = (\psi x)^{\varphi x|\xi}$$

z et ξ étant deux quantités données, ψx désignant une fonction de z déterminée d'après la nature de la fonction Fx, et φx étant la fonction arbitraire qui sert de mesure ; car suivant cette génération technique de la fonction Fx, tous les facteurs ψx, $\psi(x+\xi)$, $\psi(x+\xi)$, etc., formant la faculté, sont indépendans de la variable x. Cette génération (o) constitue le quatrième et dernier algorithme technique, élémentaire, primitif, auquel M. Wronski a donné le nom de *facultés exponentielles*.

Dans le cas particulier où la mesure est la simple variable x, l'évaluation de la fonction Fx peut être généralement opérée sous la forme (p),

$$Fx = F(o) . \left(\frac{F(\dot{z}+1)}{F\dot{z}}\right)^{x|1}$$

le point placé sur $\dot{z}$ indiquant qu'il faut donner à cette variable auxiliaire la valeur *zéro*. En effet, nous avons d'après la nature des facultés,

$$\left(\frac{F(z+1)}{Fz}\right)^{x|1}$$

$$= \frac{F(z+1).F(z+2).F(z+3)\ldots F(z+x-1).F(z+x)}{Fz.F(z+1).F(z+2).F(z+3)\ldots F(z+x-1)}$$

$$= \frac{F(z+x)}{Fz}$$

ainsi la forme (p) se réduit à

$$Fx = F(o) . \frac{F(z+x)}{Fz}$$

et en faisant $z = o$, on a l'identité

$$Fx = F(o) . \frac{Fx}{F(o)} = Fx.$$

Mais la formule (p), qui se réduit à une simple identité lorsque x est un nombre entier, reçoit une signification déterminée, et son second membre n'est plus identique avec le premier, lorsque x est un nombre fractionnaire, irrationnel, ou *imaginaire*. Alors, en développant la faculté qui le compose, au moyen de la loi fondamentale des facultés (*voy.* Facultés, 17), on obtient pour la fonction Fx, des développemens entièrement différens de tous ceux qui résulteraient de l'emploi des trois autres algorithmes techniques. Nous ne pouvons entrer dans plus de détails sur cet algorithme

TH

des *facultés exponentielles* dont la loi fondamentale n'est point encore connue.

13. Les quatre algorithmes techniques élémentaires, les *séries*, les *fractions continues*, les *produites continues* et les *facultés exponentielles* sont les seuls algorithmes primitifs possibles. Mais il existe encore une classe d'algorithmes techniques dérivés qui forme ce qu'on appelle les *Méthodes d'interpolations*, et qui appartient ainsi à la partie élémentaire de la technie de l'algorithmie. Nous ne les mentionnons ici que pour compléter cette partie élémentaire, et nous renverrons aux articles où nous en avons déjà parlé (*voy.* Mathématiques, 21, et Interpolation), pour aborder immédiatement la partie systématique de la technie.

Nous avons vu (Math., 22, et Philos., 65) qu'il existe un algorithme technique systématique qui embrasse tous les algorithmes techniques élémentaires, et par conséquent toute la science des nombres; cet algorithme constitue la loi suprême de M. Wronski. Quelle que soit l'extrème importance de cette loi, comme nous l'avons déjà signalée plusieurs fois dans le cours de ce dictionnaire, nous devons nous borner ici à donner son exposition.

Soit Fx une fonction quelconque de la variable x, cette variable étant dépendante ou indépendante d'autres variables, et soient Ω_0, Ω_1, Ω_2, etc., des fonctions quelconques arbitraires de la même variable x, au moyen desquelles il s'agit d'opérer la génération universelle de la fonction Fx. Faisons $\Omega_0 = 1$, et construisons une suite de quantités Ξ_1. Ξ_2, etc. de la manière suivante :

$$\Xi_0 = Fx$$

$$\Xi_1 = \frac{\mathcal{W}[\Delta^1 Fx]}{\mathcal{W}[\Delta^1 \Omega_1]} = \frac{\Delta Fx}{\Delta \Omega_1}$$

$$\Xi_2 = \frac{\mathcal{W}[\Delta^1 \Omega_1 . \Delta^2 Fx]}{\mathcal{W}[\Delta^1 \Omega_1 . \Delta^2 \Omega_2]}$$

$$\Xi_3 = \frac{\mathcal{W}[\Delta^1 \Omega_1 . \Delta^2 \Omega_2 . \Delta^3 Fx]}{\mathcal{W}[\Delta^1 \Omega_1 . \Delta^2 \Omega_2 . \Delta^3 \Omega_3]}$$

etc. = etc.

et, en général, pour les indices autres que zéro,

$$\Xi_\mu = \frac{\mathcal{W}[\Delta^1 \Omega_1 . \Delta^2 \Omega_2 . \Delta^3 \Omega_3 \ldots \Delta^{n-1} \Omega_{\mu-1} . \Delta^\mu Fx]}{\mathcal{W}[\Delta^1 \Omega_1 . \Delta^2 \Omega_2 . \Delta^3 \Omega_3 \ldots \Delta^{\mu-1} \Omega_{\mu-1} . \Delta^\mu \Omega_\mu]}$$

les fonctions désignées par la caractéristique $\mathcal{W}$ étant celles dont nous avons enseigné la construction. (*Voy.* Série 8.)

Construisons, en second lieu, une autre suite de quantités,

$$\Phi(\rho)_0 = \Omega_\rho$$

$$\Phi(\rho)_1 = \frac{\mathcal{W}[\Delta^1 \Omega_\rho]}{\mathcal{W}[\Delta^1 \Omega_1]} = \frac{\Delta \Omega_\rho}{\Delta \Omega_1}$$

$$\Phi(\rho)_2 = \frac{\mathcal{W}[\Delta^1 \Omega_1 . \Delta^2 \Omega_\rho]}{\mathcal{W}[\Delta^1 \Omega_1 . \Delta^2 \Omega_2]}$$

$$\Phi(\rho)_3 = \frac{\mathcal{W}[\Delta^1 \Omega_1 . \Delta^2 \Omega_2 . \Delta^3 \Omega_\rho]}{\mathcal{W}[\Delta^1 \Omega_1 . \Delta^2 \Omega_2 . \Delta^3 \Omega_3]}$$

etc. = etc.

et en général, pour les indices autres que zéro,

$$\Phi(\rho)_\mu = \frac{\mathcal{W}[\Delta^1 \Omega_1 . \Delta^2 \Omega_2 \Delta^3 \Omega_3 \ldots \Delta^{\mu-1} \Omega_{\mu-1} . \Delta^\mu \Omega_\rho]}{\mathcal{W}[\Delta^1 \Omega_1 . \Delta^2 \Omega_2 . \Delta^3 \Omega_3 \ldots \Delta^{\mu-1} \Omega_{\mu-1} . \Delta^\mu \Omega_\mu]}$$

Avec ces dernières quantités formons les quantités générales suivantes,

$$\Psi(\mu)_1 = - \Phi(\mu+1)_\mu$$

$$\Psi(\mu)_2 = - \Phi(\mu+2)_\mu - \Psi(\mu)_1 . \Phi(\mu+2)_{\mu+1}$$

$$\Psi(\mu)_3 = - \Phi(\mu+3)_\mu - \Psi(\mu)_2 . \Phi(\mu+3)_{\mu+1}$$
$$- \Psi(\mu)_1 . (\mu+3)_{\mu+2}$$

$$\Psi(\mu)_4 = - \Phi(\mu+4)_\mu - \Psi(\mu)_3 . \Phi(\mu+4)_{\mu+1}$$
$$- \Psi(\mu)_2 . \Phi(\mu+4)_{\mu+2} - \Psi(\mu)_1 . \Phi(\mu+4)_{\mu+3}$$

etc. = etc.

construisons enfin la quantité générale,

$$A_\mu = \dot{\Xi}_\mu + \dot{\Psi}(\mu)_1 . \dot{\Xi}_{\mu+1} + \dot{\Psi}(\mu)_2 . \dot{\Xi}_{\mu+2} + \dot{\Psi}(\mu)_3 . \dot{\Xi}_{\mu+3} + \text{etc.}$$

dans laquelle le point placé sur les fonctions Ψ et Ξ indique une valeur quelconque déterminée de la variable x, et nous aurons pour la génération universelle de la fonction Fx,

$$Fx = A_0 . \Omega_0 + A_1 . \Omega_1 + A_2 . \Omega_2 + A_3 . \Omega_3 + \text{etc.}$$

Telle est dans sa plus grande simplicité, la *loi suprême* des mathématiques, M. Wronski en a donné dans la *première section de sa phil. de la technie*, une démonstration très remarquable sous le rapport des procédés entièrement nouveaux qui y sont employés. Nous devons renvoyer, pour tous les détails, aux ouvrages de ce savant.

THERMOMÈTRE. (*Phys. méc.*) (de θερμός, *chaud*, et de μετρόν *mesure*) Instrument destiné à mesurer les accroissemens et les diminutions de la chaleur des substances qu'on éprouve par son moyen.

La première invention de cet instrument, qui remonte à la fin de xvie siècle, est attribuée à un Hollandais nommé Drebbel. Il fut perfectionné ensuite par les académiciens de Florence dans le XVIIe siècle, mais ce n'est que long-temps après que Farenheit, à Dantzick, et Réaumur en France, découvrirent en même temps les principes exacts de sa construction.

Le thermomètre le plus en usage maintenant est celui qu'on nomme *thermomètre de Deluc*, parce que ce célèbre physicien en a fait l'objet d'un grand nombre de recherches. L'appareil dont il se compose et que nous allons décrire ne diffère pas de ceux de Farenheit et de Réaumur.

Ayant pris un tube de verre MN (Pl. 58, fig. 8), bien exactement calibré, qui porte à l'une de ses extrémités N une boule de verre NO, on chauffe cette boule, l'extrémité M du tube étant ouverte, afin de dilater l'air qu'il renferme, puis on le renverse et on le plonge par le bout M dans un verre plein de mercure. A mesure que l'air intérieur se condense en se refroidissant, le mercure monte dans le tube par la pression extérieure de l'atmosphère. Quand le tube et une partie de la boule sont remplis de mercure, on retourne l'instrument et on ferme hermétiquement l'extrémité ouverte à la lampe d'émailleur. Cette première construction étant faite, on plonge la boule dans l'eau bouillante et alors le mercure en se dilatant monte dans le tube jusqu'à un point B qu'on appelle *point d'ébullition* et auquel il demeure constamment tant que la boule de verre reste dans l'eau bouillante. On plonge ensuite la boule dans la glace fondante, le mercure descend jusqu'à un point A où il demeure constamment fixé tant que la glace n'est pas entièrement fondue. Ce point A se nomme *point de congélation naturelle*. La distance AB, entre les points ainsi déterminés, se nomme la *distance fondamentale*, c'est elle qui sert à construire l'échelle d'après laquelle on estime les degrés de la chaleur selon le plus ou le moins de hauteur de la colonne de mercure. Ainsi, après avoir attaché le tube sur une petite planche, on divise la distance fondamentale AB en 80 parties égales et l'on continue de marquer des divisions égales au-dessous de A et au-dessus de B, aussi loin que le tube peut s'étendre. En A on marque zéro et l'on commence à compter de ce point soit en allant vers le haut ou vers le bas. Dans l'usage populaire du thermomètre les degrés au-dessus de zéro se nomment les degrés de chaleur, et les degrés au-dessous les degrés de froid.

Le *thermomètre* dit *de Réaumur* renferme de l'esprit de vin coloré au lieu de mercure, mais son échelle est la même que celle dont nous venons de donner la construction. C'est Réaumur qui, le premier, marqua o le point de congélation et 80 celui d'ébullition.

Le *thermomètre de Farenheit* est de mercure comme celui de Deluc, seulement les échelles sont différentes;

la distance fondamentale AB y est divisée en 180 parties ou degrés et le *zéro* se trouve placé au-dessous de A à une distance égale à 32 de ces parties, de sorte que le point de congélation naturelle est marqué 32° et celui d'ébullition 212°. Le point *zéro* de ce thermomètre, se nomme *point de congélation artificielle*, parce qu'il correspond à un degré de froid obtenu par un mélange de neige et d'ammoniaque.

D'autres physiciens ont adopté des échelles différentes parmi lesquelles nous devons particulièrement distinguer celle du thermomètre suédois dit *thermomètre de Celsius*, adopté par les chimistes français sous le nom de *thermomètre centigrade*. La distance fondamentale étant divisée en 100 parties égales, le point d'ébullition est marqué 100° dans ce thermomètre et le point de congélation naturelle o.

Le thermomètre à mercure de Celsius, ou centigrade, et celui de Réaumur ou plutôt de Deluc, sont les seuls dont les savans français font usage. Les Anglais emploient le thermomètre de Farenheit. On peut aisément trouver la correspondance des degrés de ces divers instrumens, ou réduire le nombre des degrés indiqués par un de ces thermomètres aux nombres des degrés indiqués par les autres, dans les mêmes circonstances, à l'aide des relations très-simples qui suivent.

Soit R le nombre de degrés sur l'échelle de Deluc ou de Réaumur, F celui de l'échelle de Farenheit et C celui de l'échelle centigrade. On a

1°. Pour convertir les degrés Réaumur en degrés Farenheit :

$$\frac{9 \cdot R}{4} + 32 = F.$$

2°. Pour convertir les degrés Farenheit en degrés Réaumur :

$$\frac{4(F-32)}{5} = R.$$

3°. Pour convertir les degrés de Réaumur en degrés centigrades et *vice versa* :

$$\frac{5 \cdot R}{4} = C, \quad \frac{4 \cdot C}{5} = R.$$

4°. Pour convertir les degrés de Farenheit en degrés centigrades et *vice versa* :

$$\frac{5(F-32)}{9} = C, \quad \frac{9 \cdot C}{5} + 32 = F$$

On doit observer, dans l'emploi de ces formules, de donner le signe $+$ au nombre qui exprime les degrés dans une échelle quelconque, lorsque ces degrés sont au-dessus du zéro de l'échelle, et le signe $-$ lorsque les degrés sont au-dessous du zéro. Proposons-nous, par exemple, de trouver les nombres des degrés qui correspondent, dans les thermomètres de Deluc et de Celsius, à 25° du thermomètre de Farenheit. Faisons F=25 et nous aurons

$$\frac{4(25-32)}{9} = R = -3\frac{1}{9}, \quad \frac{5(25-32)}{9} = C = -3\frac{8}{9}$$

c'est-à-dire que 25° du thermomètre de Farenheit correspondent à $3°\frac{1}{9}$ au-dessous de *zéro* du thermomètre de Deluc, et à $3°\frac{8}{9}$ au-dessous de zéro du thermomètre de Celsius. S'il s'agissait de réduire $-10°\frac{1}{9}$ Réaumur en degrés centigrades et en degrés de Farenheit, on trouverait de la même manière, en faisant $R = -10\frac{1}{9}$

$$= -\frac{91}{9}$$

$$-\frac{\frac{91}{9}\cdot9}{4} + 32 = 32 - \frac{91}{4} = 9°\frac{1}{4} = F$$

$$\frac{\frac{91}{9}\cdot5}{4} = -\frac{91}{9}\cdot\frac{5}{4} = -\frac{455}{36} = -12°\frac{23}{36} = C.$$

D'où il suit que $10°\frac{1}{9}$ *au-dessous de zéro*, du thermomètre de Deluc équivalent à $9°\frac{1}{4}$, *au-dessous de zéro*, du thermomètre de Farenheit et à $12°\frac{23}{36}$ *au-dessous de zéro* du thermomètre centigrade.

La construction des thermomètres, pour rendre ces instrumens comparables entre eux, présente des difficultés et exige des précautions minutieuses dont il faut voir les détails dans les traités de physique.

Thermomètre a air. Il consiste en un tube MNO recourbé en N (*planche 58*, fig. 9) et terminé par une boule O. La boule est remplie en partie avec de l'air; le reste de l'espace contient du mercure, qui s'élève à peu près jusqu'à la moitié de la partie la plus alongée du tube. Lorsque l'air est chauffé en O, il se dilate et le mercure s'élève; lorsque l'air est refroidi, il redescend. Tel était en principe le thermomètre de Drebbel.

Dans le *thermomètre à air* de Lambert, la distance fondamentale entre les points de congélation naturelle et d'ébullition, déterminée comme nous l'avons indiqué ci dessus, est divisé en 370 parties.

Il y a une autre sorte de *thermomètre à air* dont on se ser. pour mesurer de très petits changemens de température. Il se compose, ainsi qu'un thermomètre ordinaire, d'un tube de verre terminé par une boule creuse, mais, au lieu d'y introduire du mercure, on se

coutente de séparer l'air intérieur de l'air extérieur pour connaître les variations de température par les changemens de volume de l'air intérieur. Pour cet effet, on prend la boule dans la main afin d'échauffer un peu l'air qui s'y trouve renfermé; cet échauffement l'ayant dilaté et en ayant chassé une partie, on met à l'orifice une petite goutte d'esprit de vin coloré, puis on laisse refroidir l'instrument en retirant la main. L'air intérieur se contracte en se refroidissant, et la petite goutte de liqueur entre dans le tube où elle monte et descend suivant que la masse d'air intérieur se dilate ou se resserre.

Lorsqu'au lieu d'un tube terminé par une seule boule, on se sert d'un tube qui porte une boule à chacune de ses extrémités et dans lequel on a introduit par un très-petit trou, que l'on ferme ensuite, une goutte d'esprit de vin coloré, l'instrument prend le nom de Thermoscope. La bulle colorée n'est alors influencée que par la différence de température des deux masses d'air qu'elle sépare et indique cette différence de température par la position qu'elle occupe dans le tube.

THERMOSCOPE. (*Phys. méc.*) Instrument destiné à faire connaître les changemens qui arrivent dans l'air par rapport à la chaleur et au froid. On le confond souvent avec le thermomètre. *Voy.* ci-dessus Thermomètre a air.

TIERCE. (*Géom.*) Nom que l'on donne à la soixantième partie d'une seconde dans la division sexagésimale du cercle. (*Voy.* Angle 15.)

On nomme aussi *tierce* la soixantième partie d'une seconde de temps. (*Voy.* Heure.)

Les *tierces*, soit de degré, soit d'heure, se marquent par trois petits traits ''' placés à la droite du chiffre qui en exprime le nombre, et un peu au-dessus : par exemple 14''', signifie 14 *tierces*.

TOISE. (*Arp.*) Mesure linéaire divisée en 6 parties nommées *pieds* et qui n'est plus en usage en France depuis l'établissement du *mètre*. (*Voy.* Mesure.)

TOISÉ. (*Arp.*) On a donné ce nom, d'après celui de la *toise*, qui était jadis l'unité des mesures linéaires, à la partie de la géométrie pratique qui a pour objet la mesure des surfaces et des solides. (*Voy.* Solide et Surface.)

TOPOGRAPHIE. (*Arp.*) (de τοπος *lieu* et de γράφω *je décris*.) Description de quelque lieu particulier ou d'une petite portion de la terre. La *topographie* est à la *géographie* ce que la partie est au tout.

TORRICELLI (Evangelista). Aussi grand géomètre que célèbre physicien, naquit le 15 octobre 1608 à Modigliana, dans la Romagne, suivant Beneventori, et à Piancaldoli, dans le diocèse d'Imola, suivant Lastrie. Il fut élevé à Faenza, où il étudia les mathématiques au collége des jésuites, et il révéla de bonne heure une étonnante aptitude pour ces hautes sciences. Un de ses oncles, religieux de l'ordre des Camaldules, par les soins duquel il recevait les bienfaits d'une excellente éducation, l'envoya à Rome dans la pensée que le jeune géomètre trouverait plus facilement les moyens d'y développer son précoce talent. Torricelli devint dans cette ville, l'ami de Castelli, ce disciple chéri de l'illustre Galilée, qui lui communiqua les travaux de son maître. Torricelli publia bientôt un traité remarquable sur *la chute accélérée des corps* et *la courbe décrite par les projectiles.* Dès ce moment il prit place parmi les géomètres distingués de ce temps, fertile en beaux génies, et il entra en relation avec les Roberval, les Fermat, les Mersenne, les Pascal, et s'occupant des différens problèmes qui exerçaient alors la sagacité et le zèle laborieux des mathématiciens, il donna la solution de ceux qui avaient arrêté les plus habiles, tels que le fameux problème sur l'aire et le centre de gravité de la cycloïde. Nous ne croyons pas devoir entrer dans l'examen des discussions et de la polémique, trop souvent violentes, auxquelles donnèrent lieu ces luttes scientifiques entre tant de nobles rivaux de gloire et de savoir.

La découverte qui assure au nom de Torricelli une glorieuse immortalité, est celle du baromètre, dont la science a fait depuis de si nombreuses et de si utiles applications. Comme Pascal, qui illustra cette découverte par les célèbres expériences du Puy-de-Dôme, Torricelli mourut à 39 ans. La perte de Galilée, quoique ce grand homme fût parvenu aux limites communes de la vie humaine, lui avait causé un profond chagrin, et cette tristesse profonde qui semble être la compagne inséparable du génie, ne l'abandonna pas depuis le jour où avec Viviani il avait fermé les yeux à son illustre maître. Les *OEuvres géométriques* de Torricelli ont été imprimées à Florence en 1644, in-8°. On trouve dans le tome iii des Mémoires de l'Académie des sciences, la lettre qu'il écrivit à Roberval sur le centre de gravité de la parabole et sur divers autres problèmes dont il donna la solution. Ses manuscrits ont été long-temps conservés à Florence dans la bibliothèque du palais de Médicis.

TOUCAN. (*Ast.*) Nom d'une constellation méridionale située entre le phénix et l'hydre. (*Voy.* CONSTELLATION.)

TOUCHANTE. (*Géom.*) Ligne droite qui touche

en un point une ligne courbe. On lui donne généralement aujourd'hui le nom de *tangente.* (*Voy.* TANGENTE.)

TRACTION. (*Méc.*) Action d'une force qui tire un corps mobile à l'aide d'un fil, d'une corde ou de tout autre intermédiaire. Par exemple le mouvement d'un chariot tiré par un cheval est un mouvement de *traction*, et l'effort du cheval pour le faire mouvoir est une force de *traction.*

TRACTRICE. (*Géom.*) Ligne courbe dont la propriété principale est d'avoir toutes ses tangentes égales entre elles.

On lui a donné le nom de *tractrice* parce qu'on peut la concevoir comme engendrée par l'extrémité d'un fil que l'on tire par son autre extrémité le long d'une ligne droite. (*Voy. les Mémoires de l'Académie*, 1736.)

TRAJECTOIRE ORTHOGONALE. (*Géom.*) Nom sous lequel on désigne une ligne courbe qui coupe à angle droit toute une famille d'autres courbes.

Le problème de trouver une telle courbe fut indiqué, pour la première fois, par Jean Bernouilli à Leibnitz, et devint l'occasion de la découverte faite par ce dernier d'une méthode particulière pour différentier sous le signe de l'intégration. Cette différentiation, que Leibnitz nomma *de curva in curvam*, parce que la quantité qui est constante dans une même courbe devient variable dans une suite de courbes du même genre, se résume en un théorème dont nous avons donné, INTÉGRAL, 57, la démonstration. Proposé ensuite comme défi aux géomètres anglais, ce problème acquit au commencement du XVIIIe siècle une célébrité que l'on pourrait trouver fort au-dessus de son importance réelle, si les immenses progrès de la science, à l'époque où tous les géomètres s'exerçaient à l'envi sur de semblables questions, ne venaient attester que dans la chaine immense des vérités il n'en est aucune qui doive demeurer stérile. C'est en 1715, dans les *Actes de Leipsick*, que se trouve formulée en ces termes l'attaque de Leibnitz : *Trouver la trajectoire orthogonale d'une suite de courbes de même nature, ayant même axe et même sommet ; par exemple, d'une suite d'hyperboles de même sommet et de même centre.*

La question fut promptement résolue non-seulement par divers géomètres anglais, mais encore par Nicolas Bernouilli, fils de Jean, qui débutait alors dans la carrière des mathématiques, et Leibnitz fut obligé de se concerter avec Jean Bernouilli pour ajouter au problème fondamental de nouvelles conditions capables d'en multiplier les difficultés. Jean Bernouilli indiqua alors cette question : *Sur un axe donné comme sommet décrire une suite de courbes dont la propriété soit telle, que le rayon osculateur soit coupé par son axe en une raison donnée, et ensuite construire la trajectoire qui coupera cette suite de lignes à angles droits.* Il entrait en outre dans les conditions du problème de le ramener au moins à une équation différentielle du premier degré susceptible de construction, au moyen des quadratures.

Cette dernière question, beaucoup plus compliquée que la première, fut successivement résolue par Taylor (*Transact. phil.*, 1717), Nicolas Bernouilli, fils de Jean (*Actes de Leipsick*, 1718, 1720), Nicolas Bernouilli, fils de Jacques (*Actes de Leipsick*, 1719) et Herman. La solution de Jean Bernouilli, qu'il avait communiquée à Leibnitz en lui adressant le problème, se trouve dans le tome II de ses œuvres; elle est remarquable par son extrême élégance. Il prouve que si le rapport du rayon osculateur à sa partie interceptée entre l'axe et la courbe est représenté par celui de 1 à n, l'équation de la courbe ayant la propriété demandée, sera

$$y = \int \frac{x^n dx}{\sqrt{(a^{2n} - x^{2n})}}$$

ce qui est l'équation d'un cercle si $n = 1$, et celle d'un cycloïde si $n = \frac{1}{2}$. En effet le rayon osculateur de la cycloïde est partagé en deux parties égales par l'axe, et, dans le cercle le rayon osculateur n'est autre que le rayon même du cercle, et, par conséquent, est égal à la partie de ce rayon intercepté entre l'axe et la courbe.

Pour donner au moins une idée de la solution du problème *des trajectoires orthogonales*, considérons une infinité de courbes mn, $m'n'$, $m''n''$, etc. (Pl. 58, fig. 10), formées par une loi commune et qui sont toutes coupées à angles droits par une courbe CD. Il est évident que si du point O où l'une de ces courbes mn, par exemple, est coupée par CD, · on mène la droite OT tangente à mn et la droite OQ tangente à CD, ces droites seront perpendiculaires l'une sur l'autre, de sorte que la tangente de l'une de ces courbes est normale à l'autre et réciproquement. Ayant menée l'ordonnée OP $= y$, ainsi qu'une autre ordonnée infiniment proche po', menons encore la droite OQ parallèle à l'axe, et nous aurons dans le triangle rectangle $o'Or$ à cause de la perpendiculaire Oq sur l'hypothénuse $o'r$,

$$qr : Oq :: Oq : o'q,$$

or, en considérant OP comme l'ordonnée de la courbe CD, qr est l'accroissement infiniment petit ou la différentielle de y, car $pr - OP = -qr$; comme en considérant OP seulement comme l'ordonnée de la courbe mn, $o'q$ est la différentielle de OP ou de y; de plus

$Oq = Pp = Ap - AP = x + dx - x = dx$. Ainsi, désignant $-qr$ par $-dy$ et $o'q$ par dy', pour ne pas confondre ces deux différentielles, la proportion ci-dessus est la même chose que

$$dy' : dx \qquad - dy,$$

$$\cdot\,\cdot = -\frac{dx^2}{dy}.$$

Ceci posé, la sounormale PT de la courbe ED a pour expression générale $\frac{y\,dy}{dx}$ qu'il faut prendre négativement parce qu'elle est située en sens inverse de la sounormale PQ de la courbe mn, et cette sounormale PT est en même temps la soutangente positive de mn. Ainsi, cherchant à l'aide de l'équation de la courbe donnée mn, l'expression de la soutangente PT, en égalant cette expression à $-\frac{y\,dy}{dx}$ ou formera l'équation qui fera connaître la courbe CD. Ou bien, ce qui est plus simple, cherchant la valeur de dy' que nous supposerons $= M\,dx$, et faisant

$$M\,dx = -\frac{dx^2}{dy},$$

cette équation donnera celle de la courbe. Il faut observer dans l'un et l'autre procédé d'éliminer le paramètre ou la constante de l'équation de la courbe mn afin que la trajectoire AB se rapporte à l'une quelconque des courbes mn, $m'n'$, etc., c'est-à-dire à toutes en même temps. Les exemples suivans vont éclairer cette théorie.

1. Soient les courbes AM, Am, etc. (pl. 57, fig. 18), une infinité de paraboles du même ordre, ayant même sommet et dont p est le paramètre qui varie d'une parabole à l'autre.

L'équation des paraboles de tous les ordres étant

$$y^m = p^{m-1}.x$$

différentions en regardant p comme constant, il viendra

$$m y^{m-1}\,dy' = p^{m-1}.dx$$

d'où

$$dy' = \frac{p^{m-1}.dx}{m y^{m-1}} = -\frac{dx^2}{dy}$$

ce qui donne la valeur de p^{m-1}.

$$p^{m-1} = -\frac{m y^{m-1}.dx}{dy}$$

mais, en vertu de l'équation des paraboles, $p^{m-1} = \dfrac{y^m}{x}$,

donc

$$\frac{y^m}{x} = - \frac{my^{m-1}.dx}{dy}$$

ou

$$y\,dy = - mx\,dx ,$$

et en intégrant

$$y^2 = - mx^2 + C$$

donnant à la constante arbitraire C la forme $m\,a^2$, pour rendre l'équation symétrique, nous aurons

$$y^2 = m\,(a^2 - x^2) ,$$

ce qui est l'équation d'une ellipse appollonienne dont le demi-grand axe $= a$ et le demi-petit axe $= a\sqrt{m}$. Ainsi prenant $\mathrm{AN} = a$, et élevant au point A la perpendiculaire $\mathrm{AB} = a\sqrt{m}$, si sur les deux demi-axes AN et AB nous décrivons l'ellipse NOB, cette courbe coupera toutes les paraboles AM, Am, etc., à angles droits.

2. Soient maintenant une infinité de cercles AMB, Amb, A$m'b'$, etc. (Pl. 58, fig. 11) qui aient un même sommet A, mais différens diamètres. Représentons le diamètre par $2p$, l'équation de ces cercles rapportée au sommet A sera

$$y^2 = 2px - x^2$$

dont la différentielle, en regardant p comme constant est

$$2y\,dy' = 2p\,dx - 2x\,dx ,$$

d'où

$$dy' = \frac{(p-x)dx}{2y} = - \frac{dx^2}{dy} ,$$

ce qui donne

$$p = x - \frac{2y\,dx}{dy}.$$

or, d'après l'équation du cercle,

$$p = \frac{y^2 + x^2}{2x}$$

ainsi

$$x - \frac{2y\,dx}{dy} = \frac{y^2 + x^2}{2x}$$

ou

$$dy = \frac{x^2 dy - 2yx\,dx}{y^2}$$

Intégrant cette expression il vient

$$y = - \frac{x^2}{y} + C$$

Ce qui se réduit à

$$x^2 = Cy - y^2 ,$$

équation d'un cercle qu'on peut construire comme il suit : Ayant élevé une perpendiculaire d'une grandeur arbitraire AC, au sommet A, sur cette droite comme diamètre on décrira le cercle EOA. Ce cercle coupera tous les cercles proposés à angles droits.

Cette méthode est générale lorsque les courbes proposées sont algébriques, mais lorsqu'elles sont transcendantes elle réussit rarement, et il faut alors avoir recours à d'autres procédés, dont l'exposition ne peut trouver place ici. Voyez le Mémoire de Nicolas Bernouilli : *Exercitatio geometrica de trajectoriis orthogonalibus*, etc. Actes de Leipsick, 1720.

Trajectoire réciproque. Nom donné par Jean Bernouilli à une courbe AB (Pl. 58, fig. 12) qui était placée dans une position renversée comme CD, coupe toujours sa première situation AB sous un angle constant, lorsqu'on la fait mouvoir parallèlement à elle-même. Parmi toutes les courbes qui ont cette propriété, on distingue la Cycloïde et la Logarithmique. La Cycloïde est une trajectoire réciproque orthogonale, et la Logarithmique une trajectoire réciproque orthogonale ou oblique, selon diverses circonstances.

TRAJECTOIRE. (*Méc.*) Nom que l'on donne à la courbe décrite par un mobile soumis à l'action de forces accélératrices. Telle est la route que parcourt un corps pesant lancé obliquement dans l'air.

Avant les sublimes découvertes de Newton, toute la théorie des mouvemens curvilignes se réduisait à ce que Galilée avait enseigné sur la courbure du chemin des projectiles, dans l'hypothèse d'une force accélératrice constante agissant dans des directions parallèles, et à ce que Huygens avait appris sur les forces centrales dans les mouvemens circulaires. Armé de la puissance nouvelle qu'il avait su puiser dans la science des nombres, Newton envisagea le problème du mouvement curviligne d'une manière bien autrement générale qu'on ne l'avait fait jusqu'à lui ; non seulement il parvint à assigner les lois suivant lesquelles il s'exécute, mais il eut encore la gloire d'en former la base du système physique de l'univers. La première partie de son célèbre ouvrage des *Principes de la Philosophie naturelle* est employée à l'exposition de ces lois, dont nous allons essayer de faire comprendre l'importance et la fécondité.

1. On sait que lorsqu'un mobile est lancé dans une certaine direction et avec une certaine vitesse par l'action d'une de ces forces qui agissent instantanément et

laissent ensuite le mobile se mouvoir librement, il doit décrire une ligne droite et continuer à se mouvoir à l'infini dans la même direction et avec la même vitesse, si rien ne vient troubler son mouvement. Mais si, outre l'action de cette force instantanée, il est soumis à l'action d'une autre force qui agit constamment sur lui et dans une direction différente de la première, il sera évidemment contraint de se détourner à chaque instant de cette première direction, et il décrira une courbe qui variera suivant l'intensité et la direction de la force qu'il éprouvera à chaque point, et suivant la vitesse et la direction primitive de sa projection. Tout cela a déjà été exposé ailleurs. (*Voy.* Mouvement.)

2. Supposons donc qu'un point matériel projeté dans la direction de la droite BM (Pl. 58, fig. 13) éprouve l'effet d'une force accélératrice qui l'attire ou le pousse vers un point fixe A. En vertu de l'action combinée des deux forces qui le mettent en mouvement il décrira la courbe BN, dont il s'agit de déterminer la nature. Pour cet effet, imaginons le point parvenu en z sur sa trajectoire, et prenant B pour origine du mouvement, menons la droite AX, sa perpendiculaire AY, et le rayon vecteur Az. Si nous considérons AX et AY comme les axes des coordonnées de la trajectoire, l'abscisse du point z sera AP et son ordonnée sera Pz.

Maintenant désignons par μ l'intensité de la force accélératrice à l'unité de distance, et comme il nous suffit ici d'examiner le cas où cette force agit en raison inverse du carré de la distance, son intensité à la distance Az $= z$ sera $\frac{\mu}{z^2}$. La force $\frac{\mu}{z^2}$ agissant dans la direction Az ses composantes Pz et Qz parallèles aux axes seront

$$\frac{\mu}{z^2} . \cos \text{AzP} , \quad \frac{\mu}{z^2} . \cos \text{QzA}$$

ou $\frac{\mu x}{z^3}$ et $\frac{\mu y}{z^3}$ à cause de

$$\cos \text{AzP} = \frac{\text{Pz}}{\text{Az}} = \frac{x}{z} , \quad \cos \text{QzA} = \frac{\text{Qz}}{\text{Az}} = \frac{y}{z} ,$$

et comme ces composantes tendent évidemment à diminuer les coordonnées x et y, il faudra leur donner le signe —.

Or, l'équation fondamentale du mouvement variable accéléré est $\varphi = \frac{d^2 e}{d t^2}$ (*voy* Accéléré), nous avons donc ici (*a*),

$$\frac{d^2 x}{d t^2} = - \frac{\mu x}{z^3} , \quad \frac{d^2 y}{d t^2} = - \frac{\mu y}{z^3} ,$$

dt étant toujours l'élément du temps.

3. Pour obtenir une intégrale première de ces deux équations, multiplions la première par y, la seconde par x et retranchons ensuite la seconde de la première il viendra

$$y . \frac{d^2 x}{d t^2} - x . \frac{d^2 y}{d t^2} = 0 ,$$

et, en multipliant par dt

$$y . \frac{d^2 x}{d t} - x . \frac{d^2 y}{d t} = 0 ,$$

intégrant par parties et réduisant on trouvera (*b*),

$$\frac{y dx - x dy}{d t} = c$$

c étant une constante que nous déterminerons plus loin.

4. Nous obtiendrons une autre intégrale première en multipliant la première des équations (*a*) par $2 dx$, la seconde par $2 dy$, et en prenant ensuite leur somme. On trouve d'abord de cette manière,

$$\frac{2 dx . d^2 x + 2 dy . d^2 y}{d t^2} = - \frac{2 \mu (x dx + y dy)}{z^3}$$

mais le second membre de cette dernière égalité contenant les trois variables x, y, z, on peut le simplifier en observant qu'on a la relation $x^2 + y^2 = z^2$ d'où l'on tire en différentiant $2 x dx + 2 y dy = 2 z dz$. Ainsi cette égalité est la même chose que

$$\frac{2 dx . d^2 x + 2 dy d^2 y}{d t^2} . + \frac{2 \mu dz}{z^2} = 0$$

et l'on trouve en intégrant (*c*)

$$\frac{dx^2 + dy^2}{d t^2} - \frac{2 \mu}{z} + b = 0$$

b désignant une constante.

5. En éliminant dt entre les équations (*b*) et (*c*) on obtiendrait l'équation de la trajectoire, mais les expressions deviennent plus simples en rapportant cette courbe à des coordonnées polaires. Par exemple, comptant l'angle du rayon vecteur à partir de l'axe AB, et désignant cet angle, ou zAB, par ϕ on aura $x = z . \cos \varphi$, $y = z . \sin \varphi$, d'où

$$dx = dz . \cos \phi - z . \sin \phi . d\phi$$
$$dy = dz . \sin \phi + z . \cos \phi . d\phi$$

substituant ces valeurs de x, y, dx, dy dans les équations (*b*) et (*c*) elles deviennent

$$1 \ldots z^2 . d\phi = c . dt$$

$$2\ldots\ldots\;\frac{dz^2+z^2\,d\varphi^2}{dt^2}-\frac{2\mu}{z}+b=0\,,$$

éliminant dt, on obtient

$$\frac{c^2\cdot dz^2}{z^4\cdot d\varphi^2}+\frac{c^2}{z^2}-\frac{2\mu}{z}+b=0$$

pour l'équation différentielle de la trajectoire.

6. On peut simplifier cette équation, ce qui facilite son intégration, en observant que si l'on pose

$$r=\frac{1}{z}\,,\ \text{on a}\ dr=\frac{dz}{z^2}.$$

Substituant, elle devient

$$c^2\cdot\frac{dr^2}{d\varphi^2}+c^2 r^2-2\mu r+b=0$$

Résolvant cette dernière par rapport à $d\varphi$ on a

$$d\varphi=\frac{c\cdot dr}{\sqrt{[2\mu r-b-c^2 r^2]}}$$

ce que l'on peut mettre sous la forme

$$d\varphi=\frac{\dfrac{c^2}{\sqrt{[\mu^2-bc^2]}}\cdot dr}{\sqrt{\left[1-\left(\dfrac{\mu-c^2 r}{\sqrt{[\mu^2-bc^2]}}\right)^2\right]}}$$

Intégrant cette dernière égalité, on obtient

$$\varphi=\omega+\text{arc}\left(\cos=\frac{\mu-c^2 r}{\sqrt{[\mu^2-bc^2]}}\right)$$

ω étant la constante arbitraire.

Réciproquement on aura

$$\cos(\varphi-\omega)=\frac{\mu-c^2 r}{\sqrt{[\mu^2-bc^2]}}$$

et, en remettant $\frac{1}{z}$ à la place de r,

$$\mu z-\sqrt{[\mu^2-bc^2]}\cdot\cos(\varphi-\omega)\cdot z-c^2=0.$$

Telle est définitivement l'équation polaire de la trajectoire dans l'hypothèse d'une force accélératrice agissant en raison inverse du carré de la distance.

7. Si l'on remarque qu'à cause de l'angle arbitraire ω on peut changer le signe de $\cos(\varphi-\omega)$, car cela revient à augmenter ω de deux angles droits, et qu'on a, après ce changement, en tirant la valeur de z, (d),

$$z=\frac{c^2}{mz+\sqrt{[\mu^2-bc^2]}\cdot\cos(\varphi-\omega)}.$$

la forme de cette valeur indique que la trajectoire est une section conique, ce dont on peut s'assurer facilement en examinant les équations polaires de ces courbes. Mais en transformant les coordonnées polaires en coordonnées rectangulaires, cette vérité devient encore plus manifeste.

8. Menons par le point **A**, centre de la force accélératrice les axes rectangulaires **AX'** et **AY'**, et supposons que l'axe **AX'** fait avec l'axe **AX** des coordonnées polaires un angle **XAX'** $=\omega$; désignons par x' et y' les coordonnées du mobile rapportées à ces nouveaux axes, et comme le rayon vecteur z fait avec l'axe **AX'** un angle $z\textbf{AX'}=\varphi-\omega$, nous aurons

$$x'=z.\cos(\varphi-\omega),\ y'=z.\sin(\varphi-\omega),\ z=\sqrt{[x'^2+y'^2]}$$

substituant dans (d), nous aurons après toutes les réductions (e),

$$\mu^2 y'^2+bc^2\,x'^2=c^4-2c^2 x'.\sqrt{\mu^2-bc^2}$$

équation qui appartient à l'ellipse, à l'hyperbole ou à la parabole selon que la constante b est positive, négative ou nulle. En outre, comme d'après cette équation le rayon vecteur $\sqrt{[x'^2+y'^2]}$ peut s'exprimer sous forme rationnelle en fonction de l'abscisse x', il en résulte, d'après la théorie des sections coniques, que l'origine des coordonnées x', y', ou que le point **A**, centre de la force accélératrice, est dans les trois cas l'un des foyers de la courbe.

9. Il est donc rigoureusement démontré *qu'un point matériel attiré vers un point fixe en raison inverse du carré des distances, décrit une section conique dont ce point est un des foyers.* La nature et les dimensions de la courbe dépendent des constantes arbitraires b et c, et ce n'est que par les conditions initiales du mouvement qu'on peut déterminer ces constantes, et par conséquent la courbe elle-même. Mais il nous suffit ici d'avoir établi cette proposition générale.

10. Reprenons maintenant l'équation (b) pour en obtenir la signification de la constante c. En intégrant on obtient (e),

$$\int[y\,dx-x\,dy]=ct+c'$$

c' étant une nouvelle constante arbitraire.

Observons que $y\,dx$ étant l'élément d'une surface courbe (*voy.* QUADRATURE), nous pouvons supposer que cette surface est comprise entre les abscisses $x=0$ et $x=\textbf{AP}$, alors l'expression $\int y\,dx$ sera représentée par l'aire **NAPZ**. Si nous retranchons de cette aire le triangle **APZ**, il nous restera,

$$\text{secteur }\textbf{NAZ}=\text{aire }\textbf{NAPZ}-\text{triangle }\textbf{APZ}$$

$$\text{secteur NAZ} = \int y\,dx - \frac{xy}{2}$$

différentiant, il vient après les réductions,

$$d(\text{secteur NAZ}) = \frac{y\,dx - x\,dy}{2}.$$

Intégrant de nouveau, on aura

$$2 \text{ secteurs NAZ} = \int [y\,dx - x\,dy]$$

Ainsi l'équation (e) revient à (f)

$$2 \text{ secteurs NAZ} = ct.$$

Nous supprimons la constante c' parce que nous pouvons supposer que le temps commence lorsque le secteur est nul.

Faisons $c = 2A$, il viendra simplement

$$\text{secteur NAZ} = A.t,$$

ce qui nous apprend que la surface du secteur décrit par le rayon vecteur est proportionnelle au temps que le mobile emploie à parcourir l'arc de la courbe. Cette propriété est connue sous le nom de *principes des aires*. Découverte par Keppler dans les mouvemens des planètes autour du soleil, il était réservé à Newton de la démontrer comme une conséquence de l'attraction que cet astre exerce sur tous les corps qui circulent autour de lui. (*Voy.* Aires proportionnelles.)

11. En faisant $t = 1$ dans l'équation (f) elle devient : $2 \text{ secteurs NAZ} = c$, ce qui fait reconnaître que la constance c exprime *le double du secteur décrit dans l'unité de temps.*

12. Le cas où le mobile décrit une ellipse étant le plus important, reprenons l'équation (e), et comme elle exprime cette courbe lorsque b est positif faisons seulement, pour simplifier, $\sqrt{(\mu^2 - bc^2)} = m$, elle deviendra (g),

$$\mu^2 y'^2 + bc^2 x'^2 = c^4 - 2c^2 m x'$$

et comme elle donne

$$y' = \pm \frac{c}{\mu} \cdot \sqrt{[c^2 - bx'^2 - 2mx']}$$

On voit que toutes les ordonnées rectangulaires positives sont égales aux ordonnées rectangulaires négatives correspondantes, ce qui indique que l'axe AX' ne peut être que le grand ou le petit axe de la courbe. Il est donc nécessairement le grand axe puisqu'il renferme le foyer.

Cette circonstance nous permet de simplifier encore l'équation (g) en la rapportant au centre de l'ellipse. Pour cet effet, faisons $x' = x + \alpha$ et disposons de

l'indéterminée α de manière qu'elle fasse disparaître le terme affecté de x' qui ne doit pas se trouver dans l'équation au centre. Faisant donc cette substitution, il vient, après avoir divisé par c^2, (h),

$$\frac{\mu^2}{c^2} \cdot y'^2 + bx^2 + 2b\alpha \left. \begin{cases} x + b\alpha^2 \\ + 2m \end{cases} \right\} \begin{aligned} &+ 2m\alpha \\ &- c^2 \end{aligned} \Big\} = 0,$$

égalant à zéro le coefficient de x, on a

$$\alpha = - \frac{m}{b}.$$

Cette valeur introduite dans (h) change cette équation en (i),

$$\frac{\mu^2}{c^2} \cdot y'^2 + bx^2 - \frac{m^2}{b} - c^2 = 0$$

mais $m = \sqrt{(\mu^2 - bc^2)}$, ainsi $\frac{m^2}{b} = \frac{\mu^2}{b} - c^2$, et (i) se réduit à

$$\frac{\mu^2}{c^2} \cdot y'^2 + b.x^2 - \frac{\mu^2}{b} = 0$$

et, en faisant disparaître les dénominateurs, on obtiendra,

$$b\mu^2.y^2 + bc^2.x^2 - c^2\mu^2 = 0.$$

Dans cette équation, l'origine des coordonnées est au centre, et par conséquent on peut obtenir les valeurs du grand et du petit axe, en supposant alternativement $y' = 0$ et $x = 0$. On trouve en faisant $x = 0$,

$$y' = \sqrt{\frac{c^2}{b}}$$

et en faisant $y' = 0$,

$$x = \frac{\mu}{b},$$

et comme alors x exprime le demi-grand axe et y le demi-petit axe, on a donc

$$\text{demi grand axe} = \frac{\mu}{b}, \quad \text{demi petit axe} = \sqrt{\frac{c^2}{b}}$$

mais π désignant la demi-circonférence du cercle dont le rayon est l'unité, l'aire d'une ellipse dont A et B sont les demi-axes principaux est πAB (*voy.* Quadrature); ainsi l'aire de l'ellipse décrite par le mobile est égale à

$$\frac{\pi.c\mu}{b\sqrt{b}}$$

ce qu'on peut mettre sous la forme

$$\frac{\pi.c}{\sqrt{\mu}} \cdot \left(\frac{\mu}{b}\right)^{\frac{3}{2}}$$

Or, nous avons vu (10) qu'en désignant par t le temps que le mobile met à décrire le secteur NAZ, l'équation (f) donnait

$$t = \frac{2 \ secteurs \ \mathrm{NAZ}}{c}.$$

Lorsque le temps t devient celui d'une révolution entière du mobile, le secteur NAZ devient la surface entière de l'ellipse, et l'on a par conséquent dans ce cas, en désignant par T le temps de la révolution complète,

$$\mathrm{T} = \frac{2\pi}{\sqrt{\mu}} \cdot \left(\frac{\mu}{b}\right)^{\frac{3}{2}}$$

ou bien

$$\mathrm{T} = \frac{2\pi}{\sqrt{\mu}} \cdot \mathrm{D}^{\frac{3}{2}}$$

en nommant D le demi grand axe $\frac{\mu}{b}$ de l'ellipse.

Pour un autre mobile soumis à la même force accélératrice attirant vers le même point, mais qui décrirait dans le temps T′ une autre ellipse dont le demi grand axe serait D′, on aurait aussi, évidemment,

$$\mathrm{T}' = \frac{2\pi}{\sqrt{\mu}} \cdot \mathrm{D}'$$

ainsi $\frac{2\pi}{\sqrt{\mu}}$ étant une quantité constante on a

$$\mathrm{T} : \mathrm{T}' :: \mathrm{D}^{\frac{3}{2}} : \mathrm{D}'^{\frac{3}{2}}$$

ou

$$\mathrm{T}^2 : \mathrm{T}'^2 :: \mathrm{D}^3 : \mathrm{D}'^3$$

c'est-à-dire que les carrés des temps des révolutions de deux mobiles qui décrivent des ellipses autour d'un même foyer, et par l'action d'une même force, sont entre eux comme les cubes des demi grands axes de ces ellipses.

13. Nous pouvons résumer la théorie précédente en trois points principaux : 1° Tout mobile qui, ayant un mouvement initial de projection, est soumis à l'action d'une force accélératrice, variable en raison inverse du carré de la distance, décrit autour du centre de cette force, comme foyer, une courbe conique ; 2° tout mobile qui, sous l'empire des mêmes conditions se meut sur une courbe conique, la parcourt de manière que les aires décrites par son rayon vecteur sont propor-

tionnelles aux temps employés à les décrire ; 3° lorsque plusieurs mobiles décrivent des ellipses autour d'un foyer commun, par l'action d'une même force, les carrés des temps de leurs révolutions sont entre eux comme les cubes de leurs moyennes distances.

Ces lois du mouvement curviligne étant celles que Keppler a déduites de l'expérience pour les mouvemens des planètes autour du soleil, Newton en a conclu que ces planètes sont soumises à l'action d'une force qui réside dans le soleil et qui agit en raison inverse du carré des distances ; et c'est ainsi qu'après avoir découvert d'abord que l'action de la pesanteur s'étend jusqu'à la lune (*voy.* Gravité), et force cet astre à circuler autour de la terre, il a pu s'élever jusqu'à reconnaître l'universalité de cette force, et lui faire régir tous les mouvemens planétaires. Mais pour légitimer cette conclusion, il ne suffit pas de prouver l'identité de ces mouvemens avec ceux qui résultent d'une hypothèse sur la nature de la force qui les produit, il faut encore, en partant de leurs lois empiriques, c'est-à-dire de leurs lois constatées d'une manière expérimentale, pouvoir déterminer la nature de cette force ; c'est ce que nous allons faire ici, pour rassembler tous les documens du système de la gravitation universelle.

14. Les trois lois de Keppler, constatées à posteriori, sont :

1° *Les planètes se meuvent dans des courbes planes et leurs rayons vecteurs décrivent, autour du centre du soleil, des aires proportionnelles au temps.*

2° *Les trajectoires ou les orbites des planètes sont des ellipses dont le centre du soleil occupe un foyer.*

3° *Les carrés des temps des révolutions des planètes autour du soleil sont entre eux comme les cubes des grands axes de leurs orbites, ou comme les cubes des moyennes distances*, le demi grand axe étant la même chose que la moyenne distance.

Ces trois lois concernent le mouvement du centre de gravité de chaque planète ; ainsi nous considérerons ces corps comme de simples points matériels mobiles, et tout ce que nous dirons sur la position ou la vitesse d'une planète devra se rapporter à son centre de gravité.

15. Soit F (Pl. 58, fig. 14) le foyer de l'orbite elliptique d'une planète, occupé par le centre du soleil, et soit M, le point de l'ellipse où se trouve la planète à un instant donné. Désignons le demi grand axe AO par a, le demi petit axe CO par b, la distance du centre O au foyer F par e, et le rayon vecteur FM par z. Si nous comptons pour plus de simplicité l'angle du rayon vecteur à partir du grand axe et que nous désignions cet angle MFB par φ, la grandeur du rayon vecteur en fonction de cet angle sera

$$z = \frac{b^2}{a + e.\cos\varphi}$$

car telle est l'*équation polaire* de l'ellipse. Mais pour diminuer le nombre des quantités constantes, mettons cette équation sous la forme (*k*),

$$z = \frac{a^2 - e^2}{a + e.\cos\varphi}$$

en nous rappelant que $b^2 = a^2 - e^2$. (*Voy.* ELLIPSE.)

Ceci posé, observons que, si après avoir décrit l'arc M*m* infiniment petit, et que nous pouvons par conséquent considérer comme une ligne droite, il n'existait aucune force qui vînt influencer la planète, elle continuerait à se mouvoir dans la direction de la droite M*m* et arriverait en *m'* après un intervalle de temps déterminé. Ainsi puisque la planète infléchit sa route et qu'au lieu de parcourir la droite *mm'* elle parcourt l'arc de courbe *mn*, il faut de toute nécessité qu'elle soit soumise à l'action d'une force accélératrice, et il est facile de reconnaître, d'après le principe des aires égales décrites par le rayon vecteur dans des temps égaux, que cette force agit constamment dans la direction du rayon vecteur, ou de la droite tirée à chaque instant du foyer F au point de la courbe occupé par la planète.

La force accélératrice dont nous venons de reconnaître l'existence est donc située au foyer F, c'est-à-dire, au centre du soleil, et nous ne pouvons considérer son action que comme celle du soleil lui-même sur la planète. Prenons maintenant pour axes rectangulaires des coordonnées FX et FY, ou le grand axe de l'ellipse et sa perpendiculaire au foyer, désignons F*q* par *x* et M*p* par *y*, et observons que puisque la force accélératrice, que nous désignerons par R, agit dans la direction MF, ses composantes parallèles aux axes des coordonnées seront dans les directions M*p* et M*q*, et qu'en représentant cette force par le rayon vecteur FM, M*p* et M*q* représenteront les composantes elles-mêmes. Or, nous avons

$$M p = FM \times \cos (FMp)$$

$$M q = FM \times \cos (FMq)$$

Ainsi les composantes de la force R sont : R$.\cos(FMp)$,

et R$.\cos(FMq)$, ou R$.\frac{x}{z}$, R$.\frac{y}{z}$, car

$$\cos (FMp) = \frac{Mp}{FM} = \frac{Fq}{FM} = \frac{x}{z}$$

$$\cos (FMq) = \frac{Mq}{FM} = \frac{y}{z}$$

mais la courbe étant concave vers le soleil, l'action de la

---

force, ainsi que celle de ses composantes, tendent à diminuer les coordonnées x et y et il faut prendre les expressions R$.\frac{x}{z}$ et R$.\frac{y}{z}$ avec le signe — .

16. L'équation générale d'une force accélératrice variée étant $\varphi = \frac{d^2 e}{dt^2}$, dans laquelle φ désigne l'intensité de la force, et e l'espace qu'elle fait parcourir dans le temps t (*voy.* ACCÉLÉRÉ), nous aurons donc pour les équations du mouvement de la planète,

$$\frac{d^2 x}{dt^2} = -R.\frac{x}{z}, \quad \frac{d^2 y}{dt^2} = -R.\frac{y}{z}.$$

Si nous multiplions la première de ces équations par $2dx$, la seconde par $2dy$, et que nous les ajoutions, il viendra

$$\frac{2dx.d^2 x + 2dy.d^2 y}{dt^2} = -2R.\left[\frac{xdx + ydy}{z}\right]$$

ce qui se réduit à

$$\frac{2dx.d^2 x + 2dy.d^2 y}{dt^2} = -2R.dz,$$

en observant que $x^2 + y^2 = z^2$, d'où $xdx + ydy = zdz$. Intégrant cette dernière expression, il vient (*l*)

$$\frac{dx^2 + dy^2}{dt^2} = b - 2\int R.dz$$

b désignant une constante arbitraire.

Mais nous avons aussi $x = z.\cos\varphi$, $y = z.\sin\varphi$, d'où l'on tire

$$dx^2 + dy^2 = dz^2 + z^2.d\varphi.$$

Ainsi nous pouvons donner à l'expression (*l*) la forme (*m*)

$$\frac{dz^2 + z^2.d\varphi}{dt^2} = b - 2\int R.dz$$

17. Pour éliminer de cette dernière équation le temps dt, remarquons que l'aire infiniment petite *m*FM décrite dans le temps dt par le rayon vecteur FM peut être confondue avec l'aire d'un secteur circulaire, ayant FM ou z pour rayon et M*m* ou $d\varphi$ pour arc. Cette aire a donc pour expression $\frac{1}{2} z^2.d\varphi$ (*voy.* SECTEUR); et si nous désignons par c le double de l'aire décrite par le rayon vecteur dans l'unité de temps, nous aurons en vertu de la première loi de Keppler (*n*),

$$z^2.d\varphi = c.dt.$$

18. Tirant de l'équation (*n*) la valeur de dt et la substituant dans l'équation (*m*), il viendra (*o*)

71

$$\frac{c^2}{z^4} \cdot \frac{dz^2}{d\varphi^2} + \frac{c^2}{z^2} = b - 2\int R \cdot dz$$

Cette équation serait celle de la trajectoire si la force R était donnée en fonction de z. Donc en la comparant avec l'équation (k) on doit pouvoir obtenir la détermination de cette force. Reprenons donc l'expression

$$z = \frac{a^2 - e^2}{a + e \cdot \cos\varphi}$$

et mettons-la sous la forme

$$\frac{1}{z} = \frac{a + e \cdot \cos\varphi}{a^2 - e^2} = \frac{a}{a^2 - e^2} + \frac{e \cdot \cos\varphi}{a^2 - e^2}.$$

En la différentiant nous obtiendrons

$$\frac{dz}{z^2} = \frac{e \cdot \sin\varphi \cdot d\varphi}{a^2 - e^2}$$

ou

$$\frac{1}{z^2} \cdot \frac{dz}{d\varphi} = \frac{e \cdot \sin\varphi}{a^2 - e^2}$$

ce qui donne, en élevant au carré (p),

$$\frac{1}{z^4} \cdot \frac{dz^2}{d\varphi^2} = \frac{e^2 \cdot \sin^2\varphi}{(a^2 - e^2)^2} = \frac{e^2(1 - \cos^2\varphi)}{(a^2 - e^2)^2}$$

$$= \frac{e^2}{(a^2 - e^2)^2} - \frac{e^2 \cdot \cos^2\varphi}{(a^2 - e^2)^2}.$$

Or, l'équation (k) donne

$$\frac{a^2 - e^2}{z} - a = e \cdot \cos\varphi$$

d'où, en élevant au carré,

$$e^2 \cdot \cos^2\varphi = \frac{(a^2 - e^2)^2}{z^2} - \frac{2a(a^2 - e^2)}{z} + a^2$$

et, en divisant par $(a^2 - e^2)^2$

$$\frac{e^2 \cdot \cos^2\varphi}{(a^2 - e^2)^2} = \frac{1}{z^2} - \frac{2a}{(a^2 - e^2)} \cdot \frac{1}{z} + \frac{a^2}{(a^2 - e^2)^2}$$

substituant dans (p), on obtient

$$\frac{1}{z^4} \cdot \frac{dz^2}{d\varphi^2} = \frac{e^2}{(a^2 - e^2)^2} - \frac{1}{z^2} + \frac{2a}{(a^2 - e^2)} \cdot \frac{1}{z} - \frac{a^2}{(a^2 - a^2)^2}$$

mettant cette valeur de $\frac{1}{z^4} \cdot \frac{dz^2}{d\varphi^2}$ dans l'équation (o)

elle devient

$$\frac{2ac^2}{(a^2 - e^2)} \cdot \frac{1}{z} - \frac{(a^2 - e^2)c^2}{(a^2 - e^2)^2} = b - \int R \cdot dz$$

TR

d'où l'on tire en différentiant

$$R = \frac{ac^2}{(a^2 - e^2)} \cdot \frac{1}{z^2},$$

ou, simplement (p),

$$R = \frac{\mu}{z^2}$$

en faisant

$$\mu = \frac{ac^2}{a^2 - e^2}$$

μ étant une quantité constante, il résulte de l'expression (p) que l'intensité de la force R, en vertu de laquelle une planète décrit une orbite elliptique autour du soleil, est en raison inverse du carré de son rayon vecteur.

19. Pour savoir maintenant si la quantité μ, qui exprime l'intensité de la force à l'unité de distance, et qui est donnée en fonction des quantités a, e et c, dont les valeurs changent pour chaque planète, varie elle-même en passant d'une planète à une autre, représentons par T le temps de la révolution d'une planète autour du soleil, alors cT sera le double de l'aire décrite pendant ce temps par son rayon vecteur ou le double de l'aire entière de l'ellipse, et, comme cette aire est égale à $\pi a \cdot \sqrt{a^2 - e^2}$, nous aurons

$$cT = 2\pi a \cdot \sqrt{a^2 - e^2}$$

d'où

$$c = \frac{2\pi a}{T} \cdot \sqrt{a^2 - e^2}$$

Substituant cette valeur de c dans celle de μ, on trouve

$$\mu = \frac{4\pi^2 \cdot a^3}{T^2}.$$

Toute autre planète, dont a' serait le demi grand aire T' le temps de la révolution et μ' l'intensité de la force accélératrice à l'unité de distance, nous donnerait évidemment de la même manière

$$\mu' = \frac{4\pi^2 \cdot a'^3}{T'^2}.$$

Mais en vertu de la troisième loi de Keppler,

$$T^2 : T'^2 :: a^3 : a'^3$$

donc

$$\frac{4\pi^2 \cdot a^3}{T^2} = \frac{4\pi^2 a'^3}{T'^2},$$

et, conséquemment $\mu = \mu'$. Ainsi l'intensité de la force accélératrice, qui retient les planètes dans leurs orbites, est la même pour tous ces corps, à l'unité de distance, et elle ne varie de l'un à l'autre qu'à raison de leurs distances, de sorte que s'ils étaient placés en repos autour du soleil, à des distances égales, ils tomberaient vers lui avec la même vitesse; d'où il résulte que la force qui les sollicite pénètre chacune de leurs molécules et qu'elle est *proportionnelle à leur masse.*

20. Les lois de Keppler conduisent ainsi directement à la connaissance de la force qui retient les planètes dans leurs orbites, et l'on voit que cette force est la même que celle qui fait tomber les corps à la surface de la terre : la PESANTEUR. (*Voy.* ce mot.) De plus, les mouvemens des satellites autour de leur planète principale étant assujettis aux mêmes lois, chaque planète principale est par rapport à son système de satellites ce qu'est le soleil par rapport à tous les corps, planètes et comètes qui circulent autour de lui. La pesanteur est donc une force qui réside dans toutes les particules matérielles des corps; c'est par son action que ces particules tendent incessamment à se réunir ou *s'attirent mutuellement,* et Newton s'est élevé à la connaissance d'une des lois fondamentales du monde matériel en signalant l'ATTRACTION UNIVERSELLE, en raison directe des masses et en raison inverse du carré des distances, comme un principe de la nature. Nous avons reconnu ailleurs l'existence de cette attraction en la déduisant à priori de l'idée même de la matière. (*Voy.* NATURE.)

21. Une analyse plus profonde des effets de la force de la gravité prouve que la troisième loi de Keppler n'est qu'une approximation, car l'intensité de cette force à l'unité de distance n'est pas rigoureusement la même pour chaque planète. Nous croyons devoir indiquer ici les modifications que cette circonstance apporte dans la comparaison du rapport des cubes des distances moyennes avec celui des carrés des temps des révolutions; modifications dont la plupart des auteurs de traités de mécanique et d'astronomie ne tiennent pas compte.

La force de la gravité agissant en raison directe des masses, prenons pour unité l'intensité de cette force exercée à l'unité de distance par l'unité de masse; la force du soleil qui agira sur un corps placé à cette unité de distance sera donc exprimée par la masse entière M de cet astre; mais la masse de la planète que le soleil attire étant m, en vertu de la loi d'*antagonisme* (*voy.* NATURE*)*, cette planète réagira sur le soleil et produira un effet exprimé par m; et comme les deux forces M et m tendent à rapprocher les deux astres l'un de l'autre, leur effet sera le même que si la force M + m était concentrée dans le soleil et agissait sur la planète à l'unité de distance. Ainsi désignant par μ l'intensité de la force de la gravité à l'unité de distance, nous aurons l'identité

$$\mu = M + m$$

Pour toute autre planète dont la masse est m', nous aurons de même

$$\mu' = M + m'$$

μ' désignant l'intensité de la force à l'unité de distance; et l'on voit que μ n'est point égal à μ'

Substituant donc à la place de μ, M + m, dans l'expression du numéro 19, nous aurons pour la planète m, (*q*)

$$T = \frac{2\pi}{\sqrt{M + m}} \cdot D^{\frac{3}{2}}$$

et pour la planète m'

$$T' = \frac{2\pi}{\sqrt{M + m'}} \cdot D^{\frac{3}{2}}$$

ce qui donne

$$(M + m) . T^2 : (M + m') . T'^2 :: D^3 : D'^3$$

Ce n'est donc qu'en considérant les facteurs M + m et M + m' comme égaux entre eux qu'on retrouve la troisième loi de Keppler; mais l'erreur qui en résulte est presque toujours insensible, car la quantité

$$\frac{M + m}{M + m'}$$

diffère très-peu de l'unité, parce que les masses des planètes sont très-petites comparativement à celle du soleil.

22. En mettant l'expression (*q*) sous la forme

$$T = \frac{2\pi . D^{\frac{3}{2}}}{M^{\frac{1}{2}}} \cdot \left(1 + \frac{m}{M}\right)^{-}$$

on obtient, en développant le binome et en négligeant les termes affectés des puissances de la très-petite quantité $\frac{m}{M}$,

$$T = \frac{2\pi . D^{\frac{3}{2}}}{M^{\frac{1}{2}}} \left(1 - \tfrac{1}{2}\frac{m}{M}\right)$$

expression dont nous avons fait usage pour déterminer les masses des satellites. (*Voy.* MASSE.)

23. Il résulte encore de la théorie de Newton que l'ellipse n'est pas la seule trajectoire que peuvent décrire des corps planétaires soumis à l'attraction du soleil, et quoiqu'on n'ait point encore observé jusqu'à ce jour de mouvemens hyperboliques, il est probable que certaines comètes se meuvent dans des trajectoires hyperboliques, de sorte qu'après une apparition dans la sphère d'activité du soleil elles doivent la quitter pour jamais. Si, comme tout concourt à le prouver, chaque

étoile fixe est le centre d'un système planétaire particulier, de telles comètes sont le lien de tous les systèmes et l'unité la plus majestueuse se révèle dans l'ensemble de l'Univers.

24. Les trajectoires des planètes ont lieu dans le vide, ou du moins le milieu dans lequel les planètes se meuvent ne fait éprouver aucune résistance sensible à leur mouvement. Il n'en est point ainsi des trajectoires des projectiles à la surface de la terre, et le problème de déterminer la courbe que décrit un corps pesant dans un milieu qui résiste présente des difficultés que la science moderne n'a pu encore entièrement surmonter. Cette question a déjà été examinée dans plusieurs articles de ce Dictionnaire et particulièrement au mot BALISTIQUE, auquel nous renverrons.

TRANSCENDANT. On donne ce nom à tous les produits de la raison humaine qui ne peuvent être réalisés sous les conditions du temps et de l'espace. (*Voy.* PHILOSOPHIE, 46.)

En mathématiques, on nomme *quantités transcendantes* celles dont la génération théorique implique l'infini, et dont il est conséquemment impossible d'obtenir la valeur numérique autrement que par approximation. Tels sont, par exemple, le nombre π dans la théorie des sinus, et le nombre e dans celle des logarithmes, c'est-à-dire, la circonférence du cercle dont le rayon est 1, et la base des logarithmes naturels. Tels sont encore les *différentielles*, les quantités dites *imaginaires* et même les *sinus* et les *logarithmes* dans tous les cas où ces nombres n'admettent point une expression numérique finie. En général, toute quantité qui renferme dans son expression théorique primitive des élémens *indéfinis* ou *imaginaires* est une *quantité transcendante*.

Les *équations transcendantes* sont celles dans lesquelles il entre des quantités transcendantes. (*Voy.* ÉQUATION, 44.)

TRANSFORMATION. (*Alg.*) Changement de forme que l'on fait subir à une expression algébrique sans altérer sa valeur. Par exemple, ayant l'expression

$$\frac{a^2 m + b^2 m}{a^4 - b^4}$$

si l'on observe que le dénominateur peut être considéré comme le produit des deux facteurs $a^2 + b^2$ et $a^2 - b^2$, parce que $(a^2 + b^2)(a^2 - b^2) = a^4 - b^4$, et que le numérateur est aussi le produit de deux facteurs m et $(a^2 + b^2)$, en retranchant le facteur commun aux deux termes de la fraction $(a^2 + b^2)$, on *transformera* l'expression proposée en cette autre plus simple :

$$\frac{m}{a^2 - b^2}.$$

Les *transformations* qu'on peut opérer sur les *équations* forment une partie très-importante de leur théorie. Comme nous avons déjà vu (ÉQUATION) que toute équation algébrique du degré m peut être ramenée à la forme générale (a)

$$x^m + A_1 x^{m-1} + A_2 x^{m-2} + \text{etc.} \ldots A_{m-1} . x + A_m = 0,$$

nous comprendrons les transformations ultérieures sous les quatre propositions suivantes :

1. *Transformer l'équation générale (a) en une autre qui ait un terme de moins.*

Faisons $x = y + u$, y représentant l'inconnue de l'équation demandée et u une quantité arbitraire qu'il s'agit de déterminer de manière à remplir la condition imposée. Substituant $y + u$ à la place de x, l'équation (a) devient, après avoir développé les diverses puissances du binome $y + u$, et ordonné les termes par rapport aux puissances de y, (b),

$$\left. \begin{array}{l} y^m + mu \\ \quad + A_1 \end{array} \right| \begin{array}{l} y^{m-1} + \dfrac{m(m-1)u^2}{1 \cdot 2} \\ \qquad + (m-1)A_1 u \\ \qquad + A_2 \end{array} \left| \begin{array}{l} y^{m-2} + \text{etc.} + u^m \\ \qquad + A_1 u^{m-1} \\ \qquad + A_2 u^{m-2} \\ \qquad + \text{etc.} \ldots \\ \qquad \ldots\ldots\ldots \\ \qquad + A_{m-1} u \\ \qquad + A_m \end{array} \right\} = 0$$

Maintenant, puisque la quantité u est arbitraire, on peut égaler à zéro un quelconque des coefficiens de cette équation, ce qui fera d'abord disparaître le terme affecté de ce coefficient et donnera ensuite le moyen de déterminer la valeur de u; de sorte qu'en substituant cette valeur dans l'équation transformée elle n'aura plus que des coefficiens déterminés.

S'agit-il par exemple de faire disparaître le second terme, on posera

$$mu + A_1 = 0,$$

d'où l'on tirera

$$u = -\frac{A_1}{m}$$

puis substituant dans (b) cette valeur de u, l'équation (b) prendra évidemment la forme

$$y^m + B_2 y^{m-2} + B_3 y^{m-3} + \text{etc.} \ldots + B_{m-1} y + B_m = 0$$

et les racines de cette dernière feront connaître celles de la proposée par la relation

$$x = y + u, \text{ ou } x = y - \frac{A_1}{m}$$

Cette transformation particulière étant une des plus usuelles, nous ferons observer qu'elle s'effectue en remplaçant la variable x de l'équation proposée par une autre variable *diminuée du coefficient du second terme divisé par le nombre qui exprime le degré de l'équation.* Soit, par exemple

$$x^3 - 5x^2 + 3x - 7 = 0$$

l'équation dont il s'agit de faire disparaître le second terme $- 5x^2$; nous ferons, parce que le coefficient 5 est négatif, $x = y + \frac{5}{3}$, et nous trouverons

$$x^3 = \left(y + \frac{5}{3}\right) = y^3 + 5y^2 + \frac{25}{3}y + \frac{25}{9}$$

$$-5x^2 = -5\left(y + \frac{5}{3}\right)^2 = \quad -5y^2 - \frac{50}{3}y - \frac{125}{3}$$

$$+3x = +3\left(y + \frac{5}{3}\right) = \quad\quad\quad +3y + 5$$

$$-7 = \cdots\cdots\cdots = \quad\quad\quad\quad -7$$

ce qui nous donnera, en prenant les sommes des coefficiens,

$$y^3 - \frac{16}{3}y - \frac{232}{9} = 0$$

S'il s'agissait de faire disparaître le troisième terme de l'équation générale (a), il faudrait poser

$$\frac{m(m-1)}{1 \cdot 2} u^2 + (m-1)A_1 u + A_2 = 0$$

et l'on aurait ainsi une équation du second degré à résoudre pour obtenir la valeur de u. La disparition du troisième terme conduirait de même à une équation du troisième degré; et, en général, celle du terme affecté de la puissance x^{m-n} à une équation du degré n. De sorte que si l'on voulait faire disparaître le dernier terme, on aurait à résoudre une équation du même degré que la proposée.

2. *Transformer une équation en une autre dont les racines soient plus grandes ou plus petites que celles de la proposée, d'une quantité donnée.*

Cette transformation s'effectue de la même manière que la précédente, car il est évident que si à la place de x dans l'équation générale (a) on substitue $y \pm d$, d étant une quantité déterminée, on obtiendra une équation en y dont chaque racine différera d'une des racines de l'équation (a) de la quantité $\pm d$. Proposons-nous, par exemple, de transformer l'équation

$$x^3 - 5x^2 + 8x - 4 = 0$$

en une autre, dont les racines soient plus petites que l'unité. Posons $x = y + 1$.

La proposée deviendra

$$(y+1)^3 - 5(y+1)^2 + 8(y+1) - 4 = 0,$$

et l'on obtiendra, après avoir développé les binomes et ordonné par rapport aux puissances de y,

$$y^3 - 2y^2 + y = 0,$$

équation dont une racine et évidemment $y = 0$. En divisant par y, il reste l'équation du second degré

$$y^2 - 2y + 1 = 0,$$

dont les racines sont $y = 1$ et $y = 1$. Ainsi les trois racines de la transformée sont 0, 1 et 1, et par conséquent celles de la proposée 1, 2 et 2.

3. *Transformer l'équation générale (a) en une autre dont les racines soient un multiple ou un sous-multiple déterminé de ses racines.*

Dans le cas du multiple, soit q le facteur donné. Posons $qx = y$ d'où $x = \frac{y}{q}$ et substituant $\frac{y}{q}$ à la place de x, l'équation (a) deviendra

$$\frac{y^m}{q^m} + A_1 \cdot \frac{y^{m-1}}{q^{m-1}} + A_2 \cdot \frac{y^{m-2}}{q^{m-2}} + \text{etc}\ldots A_{m-1} \cdot \frac{y}{q} + A_m = 0$$

multipliant tout par q^m, l'équation demandée sera

$$y^m + A_1 \cdot q y^{m-1} + A_2 \cdot q^2 y^{m-2} + \text{etc}\ldots + A_{m-1} \cdot q^{m-1} \cdot y + A_m q^m = 0$$

Les racines de cette dernière, divisées par q, donneront celles de l'équation (a).

Dans le cas du sous multiple, q étant toujours le facteur donné, posons $\frac{x}{q} = y$, d'où $x = qy$. et nous obtiendrons, en substituant,

$$q^m y^m + A_1 q^{m-1} y^{m-1} + A_2 q^{m-2} y^{m-2} + \text{etc}\ldots A_{m-1} q y + A_m = 0$$

qui, étant divisée par q^m, donne la transformée

$$y^m + \frac{A_1}{q} y^{m-1} + \frac{A_2}{q^2} y^{m-2} + \text{etc}\ldots \frac{A_{m-1}}{q^{m-1}} y + \frac{A_m}{q^m} = 0$$

Les racines de celle-ci multipliées par q feront connaître celles de la proposée.

4. *Transformer l'équation (a) en une autre dont les racines soient de signes contraires.*

Pour opérer cette transformation, il suffit évidemment de faire $x = -y$, car l'équation en y aura pour racines négatives les racines positives de la proposée et *vice versa*. Mais en substituant $-y$ à la place de x, les termes affectés des puissances impaires de $-y$ changeront seuls de signe. Ainsi il est facile de voir que pour rendre négatives les racines positives d'une équation proposée, et positives ses racines négatives, il faut simplement changer les signes des termes affectés des puissances impaires de x. Si l'on avait par exemple l'équation

$$x^5 - 4x^3 + 3x^2 - 8x + 9 = 0,$$

en donnant le signe $-$ aux termes qui renferment des puissances impaires de x, on aurait une transformée

$$-x^5 + 4x^3 + 3x^2 + 8x + 9 = 0$$

dont les racines seraient égales, mais de signes contraires à celles de la proposée. Comme en changeant tous les signes l'équation ne varie pas, cette dernière est la même chose que

$$x^5 - 4x^3 - 3x^2 - 8x - 9 = 0.$$

D'où l'on voit que lorsque l'équation est de degré impair on change le signe de ses racines en changeant le signe de ses termes affectés des puissances paires de x. On doit alors considérer le terme absolu comme affecté de x^0.

Nous avons employé plusieurs autres transformations aux mots ÉLIMINATION, ÉQUATION et RACINE.

TRANSFORMATION DES COORDONNÉES.

(*Géom.*) C'est l'opération par laquelle on change les axes des coordonnées d'une ligne ou d'une surface, et par conséquent ces coordonnées elles-mêmes.

La transformation des coordonnées est une des opérations les plus importantes de la géométrie dite *analytique*; elle facilite la recherche des propriétés des courbes, en donnant les moyens de les exprimer par les équations les plus simples, et fait souvent reconnaître immédiatement certaines de ces propriétés qu'on ne pourrait découvrir que très-difficilement par d'autres moyens. Le but de cette transformation est énoncé dans la proposition générale suivante : *L'équation d'une courbe, rapportée à deux axes quelconques, étant donnée, trouver l'équation de la même courbe rapportée à deux autres axes.* Nous allons traiter la question dans tous ses détails.

Soit MON (Pl. 58, fig. 15) une courbe quelconque dont l'équation $y = Fx$ est rapportée aux axes AX et AY, et soient A'X' et A'Y' deux nouveaux axes donnés

de position par rapport aux premiers. Les coordonnées AP et PO d'un point O de la courbe, suivant les premiers axes, étant désignées par x et y, et les coordonnées A'P' et P'O' du même point, suivant les derniers axes, étant désignées par x' et y', il s'agit de trouver l'expression de x et de y en fonctions de x' et de y', car les valeurs de x et y en x' et y' étant connues, il suffit de les substituer dans l'équation $y = Fx$ pour avoir l'équation de la courbe exprimée en x' et y', et conséquemment rapportée aux axes A'X' et A'Y'.

Or, la position du second système d'axes étant connue, menons par le point A', BY" parallèle à AX et A'X" parallèle à AX. Faisons AB $= a$, A'B $= b$; l'angle X'A'X" $= \alpha$, l'angle Y'A'X" $= \alpha'$, et l'angle Y"A'X" $=$ YAX $= \beta$. En menant P'E parallèle à AX et P'C parallèle à AY, nous aurons, (a),

$$AP = x = AB + BP = a + A'C + CD$$

$$PO = y = A'B + OD = b + CP' + EO,$$

mais les triangles A'CP', OP'E donnent (*voy.* TRIGONOMÉTRIE)

$$1^\circ \ldots \ A'C : A'P' :: \sin A'P'C : \sin A'CP'$$

$$2^\circ \ldots \ CP' : A'P' :: \sin P'A'C : \sin A'CP'$$

$$3^\circ \ldots \ P'E : OP' :: \sin P'OE : \sin P'EO$$

$$4^\circ \ldots \ EO : OP' :: \sin OP'E : \sin P'EO$$

ou, ce qui est la même chose,

$$1^\circ \ldots \ A'C : x' :: \sin(\beta - \alpha) : \sin \beta$$

d'où

$$A'C = \frac{x'.\sin(\beta - \alpha)}{\sin \beta}$$

$$2^\circ \ldots \ CP' : x' :: \sin \alpha : \sin \beta$$

d'où

$$CP' = \frac{x'.\sin \alpha}{\sin \beta}$$

$$3^\circ \ldots \ P'E : y' :: \sin(\beta - \alpha') : \sin \beta$$

d'où

$$P'E = \frac{y'.\sin(\beta - \alpha')}{\sin \beta}$$

$$4^\circ \ldots \ EO : y' :: \sin \alpha' : \sin \beta$$

d'où

$$EO = \frac{y'.\sin \alpha'}{\sin \beta}$$

Substituant les valeurs de A'C, CP', P'E, EO dans les expressions (a) de x et de y, nous obtiendrons

$$1\ldots\ x = a + \frac{x'\sin(\beta-\alpha) + y'\sin(\beta-\alpha')}{\sin\beta}$$

$$2\ldots\ y = b + \frac{x'\sin\alpha + y'\sin\alpha'}{\sin\beta}.$$

Ces valeurs de x et de y, substituées dans l'équation de la courbe, transformeront cette équation en une autre équivalente, qui ne contiendra plus que les variables x', y', et qui sera conséquemment rapportée aux nouveaux axes A'X', A'Y'.

Eu donnant aux droites a et b et aux angles α et α' des valeurs convenables, il est facile de déduire des formules générales (1) et (2) toutes les formules particulières correspondantes à toutes les positions des nouveaux axes. Ces formules particulières comprennent quatre cas principaux que nous allons indiquer.

I. *L'origine n'étant pas la même, les nouveaux axes sont parallèles aux anciens.* Dans ce cas, les nouveaux axes sont A'X″, A'Y″ et l'on a $\alpha = 0$, $\alpha' = \beta$; d'où

$$\sin(\beta-\alpha) = \sin\beta,\ \sin(\beta-\alpha') = 0,\ \sin\alpha = 0,\ \sin\alpha' = \sin\beta$$

Les formules (1) et (2) deviennent alors simplement

$$3\ldots\ x = x' + a$$
$$4\ldots\ y = y' + b.$$

II. *Les premiers axes étant rectangulaires, les seconds sont obliques.* Alors $\beta = 90°$, et l'on a

$$\sin\beta = 1,\ \sin(\beta-\alpha) = \cos\alpha,\ \sin(\beta-\alpha') = \cos\alpha'$$

et les formules deviennent

$$5\ldots\ x = x'\cos\alpha + y'\cos\alpha + a$$
$$6\ldots\ y = x'\sin\alpha + y'\sin\alpha' + b.$$

III. *Les deux systèmes d'axes sont rectangulaires.* On a dans ce cas

$$\beta = 90°,\ \alpha' = 90° + \alpha,\ \sin\beta = 1,\ \sin(\beta-\alpha) = \cos\alpha$$
$$\sin(\beta-\alpha') = \cos\alpha' = \cos(90°+\alpha) = -\sin\alpha,\ \sin\alpha' = \cos\alpha$$

ce qui donne

$$7\ldots\ x = x'\cos\alpha - y'\sin\alpha + a$$
$$8\ldots\ y = x'\sin\alpha + y'\cos\alpha + b$$

IV. *Les premiers axes sont obliques et les seconds sont rectangulaires.* Alors $\alpha' = 90° + \alpha$; d'où

$$\sin\alpha' = \cos\alpha,\ \sin(\beta-\alpha') = \sin(\beta - 90° - \alpha)$$
$$= -\sin[90° - (\beta-\alpha)] = -\cos(\beta-\alpha)$$

et les formules deviennent

$$9\ldots x = a + \frac{x'\sin(\beta-\alpha) - y'\cos(\beta-\alpha)}{\sin\beta}$$

$$10\ldots y = b + \frac{x'\sin\alpha + y'\cos\alpha}{\sin\beta}.$$

Dans toutes ces formules, a et b sont les coordonnées de l'origine des nouveaux axes par rapport aux anciens ; ainsi en faisant $a = 0$ et $b = 0$, on exprimera, dans les quatre cas ci-dessus, la circonstance que l'on veut seulement changer la direction des axes sans déplacer l'origine. Si l'on fait seulement $a = 0$, la nouvelle origine sera placée sur l'axe des y, comme, si l'on fait seulement $b = 0$, elle sera placée sur l'axe des x.

Nous allons montrer par un exemple comment on peut employer ces transformations pour simplifier l'équation d'une courbe. L'équation générale du cercle rapportée à des axes rectangulaires est (*voy.* APPLICATION, 24)

$$x^2 - 2qx + y^2 - 2py + q^2 + p^2 - r^2 = 0$$

dans laquelle r désigne le rayon, p la distance du centre à l'axe des y et q la distance du centre à l'axe des x. Pour rapporter cette équation à d'autres axes rectangulaires, substituons à la place de x et de y les valeurs données par les expressions (7) et (8), l'équation transformée sera

$$\left.\begin{array}{l} x'^2 + 2[(a-q)\cos\alpha + (b-p)\sin\alpha]x' \\ + y'^2 - 2[(a-q)\sin\alpha - (b-p)\cos\alpha]y' \\ + a^2 + b^2 + p^2 + q^2 - 2aq - 2bp - r^2 \end{array}\right\} = 0$$

Cette équation est à la vérité plus compliquée que la proposée, mais il y entre trois quantités arbitraires a, b et α dont on peut disposer à volonté pour la simplifier. Or, il est facile de voir qu'en faisant $a = q$ et $b = p$ non seulement les termes affectés de x' et de y' disparaissent, mais qu'elle se réduit à

$$x'^2 + y'^2 - r^2 = 0$$

à cause de $q^2 + a^2 = 2q^2$, $b^2 + p^2 = 2p^2$ et de $2aq = 2q^2$, $2bp = 2p^2$.

Or, en faisant $a = q$ et $b = p$, on a transporté l'origine au centre du cercle ; ainsi l'équation du cercle rapportée au centre est la plus simple de toutes. De plus, cette équation est toujours la même, quelle que soit la position des axes, pourvu qu'ils soient rectangulaires, car l'angle α reste indéterminé.

La transformation des coordonnées rectilignes en coordonnées polaires a été traitée au mot POLAIRE.

TRANSPOSITION. (*Alg.*) Expression dont on se sert pour désigner le changement de place que l'on fait éprouver à un terme d'une équation en le transportant d'un membre dans l'autre. Si l'on a par exemple l'équation $x^3 + 4x + 8 = 16$, et que l'on fasse passer le terme 8 du premier membre dans le second, ce qui rend l'équation $x^3 + 4x = 16 - 8$, on aura opéré une *transposition*. L'équation ne change pas, par de telles transpositions, pourvu qu'on observe de changer le signe des termes déplacés. (*Voy*. Equation, I.)

TRANSVERSALE. (*Géom*.) Se dit en général de toute ligne qui en coupe d'autres.

Géométrie des transversales. En adoptant la division de chacune des deux branches fondamentales des mathématiques en Théorie et Technie (*Voy*. Mathématiques et Philosophie), les propriétés des transversales et leur usage pour la solution des questions géométriques se trouvent naturellement classées dans la partie technique de la géométrie générale et constituent une branche élémentaire de cette Technie géométrique, dont l'objet général est comme nous l'avons dit ailleurs, la génération et la comparaison universelles de l'étendue.

A l'aide de cette classification, fondée à priori sur la nature même de l'intelligence humaine, chaque branche de la géométrie générale reçoit un but fixe et déterminé qui ne permet plus de la confondre avec les autres, et l'on peut enfin reconnaître l'unité systématique qui règne entre toutes ces branches, unité sans laquelle une réunion quelconque de connaissances ne peut former une véritable science. Or, en partant des principes qui servent de base à la déduction que nous avons donnée, au mot Mathématiques, des diverses branches de la *science des nombres*, il est facile de reconnaître que la *science de l'étendue* se divise également en plusieurs branches nécessaires et que la *méthode des transversales* est une de ces branches. Nous allons essayer de compléter ici l'aperçu qui se trouve au mot Géométrie, en indiquant le parallélisme intellectuel qui résulte, entre les parties de l'*algèbre* et celles de la *géométrie*, de leur commune origine.

I. La génération de l'étendue, comme celle des nombres, se présente sous deux aspects différens, l'un *individuel* qui nous fait connaître la nature particulière de l'espèce d'étendue engendrée, l'autre *universel* qui se rapporte à l'évaluation de cette étendue. Par exemple, si nous traçons sur un plan trois droites qui se coupent deux à deux, nous formerons une étendue nommée *triangle*, lequel sera équilatéral, isocèle ou scalène, suivant les relations d'égalité ou d'inégalité que nous aurons établies entre ses côtés. Dans chaque cas, nous devrons donc considérer une étendue d'une nature particulière et distincte donnée par les circonstances de sa génération. Si, au lieu de nous borner à cette construction individuelle, nous considérons les trois lignes droites d'une manière générale, c'est-à-dire en les rapportant à des axes coordonnés, et en les exprimant par leurs équations, la seule condition que ces droites se coupent deux à deux nous conduira à la génération du triangle général ou *schématique* (*voy*. Philosophie, 25), dont nous pourrons obtenir l'évaluation par des procédés universels ; ainsi les relations qui existent entre l'aire du triangle, ses angles et ses côtés, se trouveront fixées de la manière la plus générale. Ces deux aspects différens sous lesquels nous pouvons envisager la génération de l'étendue établissent nécessairement, dans la géométrie, deux branches essentielles et distinctes, dont l'une doit avoir pour objet la réunion de tous les modes individuels et indépendans de la génération et de la comparaison de l'étendue, et l'autre, tous les modes universels de cette génération et de cette comparaison. La première formera la Théorie géométrique et la seconde la Technie géométrique.

2. Examinons d'abord la théorie géométrique et remarquons qu'il faut distinguer, avant tout, parmi les modes individuels et indépendans de la génération de l'étendue, ceux qui constituent les *élémens* de toutes les constructions géométriques possibles de ceux qui constituent la *réunion systématique* de ces élémens. Or, le premier mode élémentaire qui se présente pour la génération de l'étendue, est la ligne droite : c'est une étendue qui n'a qu'une seule dimension, et dont toutes les parties ont une même direction. La *ligne droite* est évidemment le principe primitif de toute étendue, l'élément nécessaire sans lequel on ne pourrait la concevoir ; toutes ses parties sont semblables, ou plutôt sont elles-mêmes des lignes droites ; son caractère général est celui de l'*agrégation*, et elle est enfin pour la géométrie ce qu'est l'algorithme de la sommation pour l'algèbre. Un second mode élémentaire opposé vient nous présenter à son tour une génération tout à fait différente : c'est la ligne courbe ; l'étendue qu'elle engendre n'a encore qu'une seule dimension, mais sa direction varie à chaque point ; de sorte que, considérées dans toute leur généralité, la nature de la ligne courbe et celle de la ligne droite sont entièrement hétérogènes, et il est impossible de déduire l'une de ces lignes de l'autre. Pour remonter à l'origine intellectuelle de ces lignes, nous dirons que la première, la ligne droite, où se manifeste la *discontinuité*, est un produit de l'entendement, et que la seconde, la ligne courbe, où se manifeste la *continuité*, est un produit de la raison.

Comme moyen de transition de la ligne droite à la ligne courbe, un troisième mode primitif de génération vient enfin nous présenter l'angle ; c'est une étendue qui n'a toujours qu'une seule dimension, mais dont la direction varie de l'une de ses parties à l'autre. L'angle est un produit de la faculté du jugement et forme, en vertu de son origine intellectuelle, la neutralisation des deux modes primitifs et opposés de la génération de l'étendue.

La *ligne droite*, *l'angle* et la *ligne courbe*, tels sont donc les élémens primitifs de la génération de l'étendue, et il ne peut exister pour l'intelligence aucune espèce d'étendue que celle qui se trouve immédiatement fondée sur ces trois élémens, ou qui est dérivée de leur combinaison.

3. La combinaison des trois modes primitifs, que nous venons de signaler, donne naissance à l'étendue dérivée nommée SURFACE, laquelle a deux dimensions ; et par la réunion systématique des surfaces et des lignes on engendre l'étendue nommée *solide*, laquelle a trois dimensions. Ces déductions sont assez évidentes pour que nous ne croyions pas avoir besoin de nous y arrêter.

Les lignes, les surfaces et les solides sont les objets nécessaires de la *théorie géométrique*, et par conséquent ceux de toute la géométrie générale.

4. Le but de la technie est, comme nous l'avons dit plusieurs fois, la construction universelle des quantités soit numériques, soit géométriques, à l'aide d'autres quantités arbitraires de même espèce prises pour *mesures*, elle exige donc l'emploi de *moyens* propres à parvenir à cette construction universelle. Or, pour ce qui concerne la géométrie, ces *moyens* peuvent être de deux natures différentes ; les uns, comme *moyens primitifs*, sont puisés dans les lois de l'étendue elle-même ; les autres, comme *moyens dérivés*, sont tirés de l'application des lois générales des quantités à l'étendue. Les moyens primitifs ou géométriques sont les *intersections des lignes* et leurs *projections* ; les moyens dérivés ou algébriques sont la *construction des rapports* et la réduction de toute espèce d'étendue à l'étendue primitive et discontinue : la *ligne droite*, à l'aide des *coordonnées* ; chacun de ces moyens est l'objet d'une branche particulière de la géométrie. Ainsi la génération technique de l'étendue par le moyen de l'intersection des lignes est l'objet de la GÉOMÉTRIE DES TRANSVERSALES ; cette génération, par le moyen des *projections*, est l'objet de la GÉOMÉTRIE DESCRIPTIVE ; et, enfin, cette même génération, par le moyen élémentaire de *la construction des rapports*, et par le moyen systématique des *coordonnées*, est le double objet de la GÉOMÉTRIE dite ANALYTIQUE. (*Voy.* GÉOMÉTRIE.)

5. La géométrie des transversales a été réunie pour la première fois en corps de doctrine par Carnot, dans son ouvrage intitulé *géométrie de position* ; mais l'emploi de ces lignes ne paraît pas avoir été entièrement inconnu des Grecs, car il résulte des notes de Pappus sur le livre, malheureusement perdu, des *Porismes* d'Euclide, que ce grand géomètre s'était servi dans cet ouvrage des intersections des lignes et de certaines constructions générales, pour obtenir la solu-

tion de plusieurs problèmes très-compliqués. Plus tard, Ptolémée, dans son *Almageste*, a fait un usage direct des *transversales sphériques* pour résoudre quelques problèmes d'astronomie. Quoi qu'il en soit des notions plus ou moins étendues que les anciens ont pu avoir sur cette partie technique de la géométrie, elle ne date parmi nous que de l'ouvrage de Carnot, et ses développemens sont entièrement dus aux géomètres de notre époque. Nous allons faire connaître les propositions fondamentales des *transversales rectilignes*, et nous indiquerons quelques-unes des nombreuses applications qu'on peut en faire à la géométrie pratique.

6. PROPOSITION I. *Les trois côtés d'un triangle étant prolongés indéfiniment, si on mène une transversale qui les coupe tous trois, on aura sur chaque côté deux segmens tels que le produit de trois d'entre eux, non contigus, est égal au produit des trois autres.*

En effet, soit ABC (Pl. 58, fig. 16) un triangle quelconque, et M, N, O les points où la transversale coupe ses côtés ou leurs prolongemens. Chacun de ces points sera l'origine des deux segmens formés sur chaque côté par la transversale. Par exemple, pour le côté AB, les segmens seront MA, MB ; pour le côté AC, les segmens seront NA, NC ; et pour le côté BC, les segmens seront OB, OC. Ceci posé, par le sommet de l'un des angles du triangle, A par exemple, menons une parallèle au côté opposé BC, et qui rencontre en D la transversale ; les triangles semblables MAD, MBO donneront

$$MA : MB :: AD : BO$$

on aura encore, par les triangles semblables NAD, NCO,

$$NC : NA :: OC : AD.$$

Multipliant ces deux proportions terme par terme, puis formant le produit des extrêmes et celui des moyens de la proportion résultante, on obtiendra, en retranchant le facteur commun AD, (*a*)

$$MA.NC.OB = MB.NA.OC$$

C'est la proposition énoncée, car les trois facteurs de chaque produit sont des segmens non contigus.

7. *Corollaire* 1. Lorsque la transversale devient parallèle à l'un des côtés du triangle, on doit considérer le point où elle le rencontrait comme situé à l'infini ; alors les segmens qu'elle déterminait sur ce côté sont tous deux infiniment grands et par conséquent égaux. Supposons donc que la transversale soit parallèle à AB, et nous aurons

$$MA = MB = \infty,$$

retranchant ces facteurs égaux de l'égalité (*a*), il vient

$$NC.OB = NA.OC$$

ou,

$$NA : NC :: OB : OC.$$

Ainsi, dans ce cas, les deux points de division N et O déterminent sur les côtés AC et CB des segmens proportionnels, et il en résulte que *toute transversale parallèle à la base d'un triangle coupe les deux autres côtés, prolongés s'il est nécessaire en segmens proportionnels.*

8. *Corollaire* 2. Si la transversale passait au milieu d'un des côtés, de BC, par exemple, on aurait OB = OC, et l'égalité (a) donnerait

$$MA : MB :: NA : NC.$$

D'où il résulte encore que *toute transversale qui passe au milieu de la base d'un triangle coupe les côtés en segmens proportionnels.*

9. PROPOSITION II. *Si d'un point quelconque D pris sur le plan d'un triangle* ABC (Pl. 58, fig. 17 et 17 *bis*), *on mène, sur chacun des côtés, une transversale qui passe par le sommet de l'angle opposé, on obtiendra sur chaque côté, prolongé s'il est nécessaire, deux segmens tels que le produit de trois segmens non contigus est égal au produit des trois autres.*

Les segmens sont ici, soit que le point D soit pris dans l'intérieur du triangle ou qu'il soit pris au dehors, MA et MB pour le côté AB ; NA et NC pour le côté AC ; OB et OC pour le côté BC. Or, en considérant seulement le triangle ABO comme ayant ses trois côtés coupés par la transversale CM, nous avons, en vertu de la proposition précédente,

$$AM.OD.BC = MB.AD.OC,$$

de même, en considérant seulement le triangle ACO comme ayant ses trois côtés coupés par la transversale BN, nous avons par la même raison,

$$AD.NC.OB = AN.OD.BC.$$

Multipliant ces deux égalités terme par terme, et retranchant les facteurs communs, il vient (b)

$$MA.NC.OB = MB.NA.OC,$$

ce qui est la proposition énoncée.

10. *Corollaire* 1. Si l'une des trois transversales, OD par exemple, passe par le milieu du côté opposé au sommet de l'angle dont elle part, on aura

$$OB = OC$$

et l'égalité (b) se réduira à

$$MA.NC = MB.NA,$$

ou, ce qui est la même chose, à la proportion

$$MA : MB :: NA : NC,$$

c'est-à-dire, que dans ce cas, les deux autres transversales déterminent des segmens proportionnels sur les côtés qu'elles coupent. Donc si l'on menait une droite par les points M et N, cette droite serait parallèle à BC, car elle formerait un triangle AMN qui serait semblable au triangle ABC (*voy.* TRIANGLE), puisque ces deux triangles auraient un angle égal compris entre des côtés proportionnels.

Il résulte de ces considérations la proposition suivante : *la base d'un triangle étant partagée en deux parties égales par une droite tirée du sommet, si d'un point quelconque de cette droite on abaisse, sur chacun des autres côtés, une transversale passant par le sommet de l'angle opposé, les points où ces transversales rencontreront les côtés, ou leur prolongement, appartiendront à une droite parallèle à la base.*

11. *Corollaire* 2. Supposons qu'une des trois transversales, DC par exemple (Pl. 58, fig. 18), soit parallèle au côté AB opposé au sommet de l'angle par lequel elle passe ; les deux segmens MA et MB deviendront infiniment grands, et l'on aura MA = MB, ce qui rendra l'égalité (b)

$$NC.OB = NA.OC,$$

d'où

$$NA : NC :: OC : OB,$$

c'est-à-dire, encore, que les points d'intersection O et N des transversales déterminent sur les côtés AC et BC des segmens proportionnels. Donc si par ces points O et N on fait passer une transversale ON, elle partagera le côté AB en deux parties égales (n° 8); et, conséquemment,

Si d'un point quelconque d'une droite parallèle à la base d'un triangle on abaisse sur chaque côté une transversale passant par le sommet de l'angle opposé, les points où ces transversales rencontrent les côtés ou leur prolongement déterminent une droite qui partage la base en deux parties égales.

12. Les propositions I et II sont les fondemens de toute la géométrie des transversales rectilignes. Non seulement elles donnent les moyens de résoudre la plupart des problèmes géométriques à l'aide de la règle seule sans employer les arcs de cercle, mais leur application à l'arpentage rend inutile, dans un très-grand nombre de cas, l'emploi des instrumens pour mesurer les angles et n'exige que celui des jalons. Les questions suivantes vont donner des exemples de ces diverses applications.

PROBLÈME 1. *Par un point donné* M (Pl. 58, fig. 17) *mener une parallèle à la droite donnée* BC.

Ayant pris à volonté sur BC deux parties égales

BO et OC, on mènera les droites CM et BM, et l'on prolongera BM jusqu'à ce qu'elle rencontre en un point quelconque A la droite OA, menée d'une manière arbitraire par le point O, milieu de BC. On joindra les points A et C par la droite AC, puis de l'extrémité B ou fera passer une droite BN par le point d'intersection des droites MC et OA; le point N où cette droite rencontre AC appartiendra à la parallèle demandée, et le problème sera résolu en menant MN.

Cette construction repose sur le premier corollaire de la seconde proposition (n° 10).

Problème 2. *Partager une droite donnée DC en deux parties égales* (Pl. 58, fig. 18). Ayant mené une droite AB parallèle à DC, on tirera vers un point quelconque O les droites DO et CO qui coupent cette parallèle en A et en B. Puis par ces points et par les points D et C on fera passer les transversales AC et BD; la ligne ON, menée du point d'intersection des transversales au point O, divisera DC en deux parties égales. (*Corollaire 2. Prop. II, n° 11.*)

Problème 3. *Mesurer sur le terrain une ligne inaccessible AM* (Pl. 58. fig. 16). On prendra sur l'alignement de AM un point quelconque B, puis d'un autre point O pris arbitrairement sur le terrain, on fera passer par le point B une droite BO qu'on prolongera arbitrairement jusqu'en C. Ayant ensuite marqué le point N où les alignemens MO et AC se coupent, on mesurera NA, NC, AB, OB et OC, et la longueur de AM sera donnée par l'expression (*Prop.* 1, n. 8.)

$$MA.NC.OB = MB.NA.OC.$$

En effet, à cause de MB $=$ MA $+$ AB, cette expression donne

$$MA.NC.OB = MA.NA.OC + AB.NA.OC$$

d'où

$$MA = AB.\frac{NA.OC}{NC.OB - NA.OC}.$$

Problème 4. *Prolonger sur le terrain une ligne droite AB* (Pl. 58, fig. 16) *au-delà d'un obstacle, placé en A, qui ne permet pas de prendre un alignement.*

On choisira hors de AB un point C d'où l'on puisse découvrir les deux points A et B, puis on marquera sur les alignemens CA et CB les points N et O, tels que la droite NO puisse rencontrer AB sans être arrêtée par l'obstacle. Désignant par M le point de rencontre qu'il s'agit de déterminer, et considérant AB comme une transversale qui coupe les côtés du triangle NOC, on aura d'après la proposition I

$$MN.AC.BO = MO.AN.BC$$

ou

$$MN.AC.BO = (MN + NO).AN.BC$$

ce qui donne

$$MN = NO.\frac{AN.BC}{AC.BO - AN.BC}$$

Ayant donc mesuré les cinq lignes NO, AN, BC, AC, BO, et calculé la longueur de MN, on prendra, sur l'alignement de ON, cette longueur de N en M, et le point M ainsi déterminé sera sur l'alignement de AB. Un second point du même alignement, déterminé de la même manière, permettra donc de prolonger AB au-delà de l'obstacle.

13. Nous devons nous borner à ces exemples d'application qui donnent une idée suffisante de tout le parti qu'on peut tirer des transversales; mais nous regrettons de ne pouvoir signaler l'extrême facilité avec laquelle la considération *technique* de ces lignes fait découvrir certaines propriétés des figures géométriques, qui exigent des considérations *théoriques* très-compliquées. Nous ne pouvons également nous occuper ici des *transversales curvilignes* pour lesquelles on doit recourir aux ouvrages de Carnot : *Géométrie de position* et *Essai sur la théorie des transversales.* On doit à MM. Servois et Brianchon des applications très-ingénieuses des transversales rectilignes. MM. Chasles et Lamé se sont servis des transversales pour démontrer les propriétés des surfaces du second ordre; et l'on trouve enfin dans le *Journal de l'Ecole Polytechnique* et dans les *Annales des Mathématiques* un grand nombre de questions dont la solution atteste la fécondité et la simplicité des procédés techniques qui résultent de l'emploi de ces lignes. (*Voy.* ces ouvrages et l'*Application de la théorie des transversales,* par Brianchon, ainsi que les *Solutions peu connues de différens problèmes de géométrie pratique,* par M. Servois.)

TRANSVERSE. On nomme AXE TRANSVERSE, en *géométrie*, l'axe principal d'une section conique, celui qui passe par le foyer de la courbe. Dans l'ellipse, c'est le plus grand des diamètres, dans l'hyperbole c'est le plus petit. Dans la parabole il est, comme tous les autres diamètres, indéfini en longueur.

TRAPÈZE. (*Géom.*) C'est un quadrilatère qui a deux côtés parallèles. (*Voy.* QUADRILATÈRE et AIRE.)

TREUIL ou TOUR. (*Méc.*) Machine composée d'un cylindre et d'une roue qui ont le même axe et qui font corps ensemble. (Pl. 12, fig. 3.) L'axe commun a ses deux extrémités placées sur des appuis E, F. Autour du cylindre s'enroule une corde D à laquelle est attaché le fardeau qu'on veut élever. On imprime à la roue A un mouvement de rotation sur l'axe; elle fait tourner le cylindre, la corde s'enveloppe, et par-là on élève le fardeau. Le mouvement est donné à la roue soit à l'aide d'une corde qui est enveloppée sur cette roue et qu'une puissance tire, soit à l'aide de chevilles, comme dans la figure, dont on la garnit, et auxquelles on applique des forces. Quelquefois au lieu de roue on se sert de deux leviers qui traversent le cylindre.

L'axe du cylindre peut être indifféremment horizontal comme dans le *treuil* proprement dit, la *grue* (Pl. 12, fig. 4), etc., ou vertical, comme dans le *cabestan* (Pl. 12, fig. 5); les conditions d'équilibre sont toujours les mêmes. Pour reconnaître ces conditions, dépouillons le *treuil* de tout appareil extérieur et ne considérons qu'un cylindre AB (Pl. 39, fig. 1.), dont l'axe repose sur des appuis A et B et qui porte une roue m. La résistance Q ou le fardeau à soulever sera appliqué à la corde nQ qui s'enroule sur le cylindre, et la puissance P sera appliquée à la corde mP qui s'enroule sur la roue. On voit que la puissance et la résistance tendent à imprimer au cylindre deux mouvemens en sens inverse, et que ces deux forces agissent comme si elles étaient appliquées chacune directement à l'extrémité d'un bras de levier dont la longueur est égale, pour la résistance, au rayon du cylindre, et pour la puissance, au rayon de la roue. Il est donc facile de conclure, d'après la théorie du levier, que, pour qu'il y ait équilibre, *la puissance doit être à la résistance comme le rayon du cylindre est au rayon de la roue*. Ainsi l'effet utile de cette machine est d'autant plus grand que le rayon de la roue est plus grand par rapport à celui du cylindre.

Mais, pour tenir compte des frottemens qui sont assez considérables dans le treuil, soit A un tourillon (Pl. 39, fig. 15) tournant dans le palier MmN, et Rm la résultante des pressions qui s'exercent sur ce tourillon. Par l'effet du mouvement de rotation, le tourillon se place dans le palier de manière que la tangente mP, au point de contact, fait avec Rm un angle égal au complément de l'angle du frottement ; de sorte qu'en désignant par f le rapport du frottement à la pression, on a

$$\text{tang.}\, pm\text{R} = \frac{1}{f}, \quad \sin pm\text{R} = \frac{1}{\sqrt{1+f^2}}.$$

La pression normale exercée en m sera donc

$$\frac{\rho}{\sqrt{1+f^2}},$$

ρ désignant le rayon du tourillon; et la résistance du frottement dirigée suivant la tangente pm sera

$$\frac{f\rho}{\sqrt{1+f^2}},$$

laquelle doit être introduite dans le système avec les autres forces qui se font équilibre autour de l'axe A du tourillon.

L'application de ces considérations au treuil peut servir d'exemple pour le calcul de l'équilibre dans les machines de rotation. Reprenons donc le treuil de la fig. 1, Pl. 39, et désignons par

R, le rayon de la roue m,

r, le rayon du cylindre,

ρ et ρ', les rayons des tourillons A et B,

d, le diamètre de la corde soutenant le poids Q,

p, la distance mA,

q, la distance nA,

l, la longueur AB du cylindre,

λ, l'angle de la direction de la force P avec la verticale,

M, le poids du cylindre et de la roue, dont le centre de gravité est supposé dans l'axe du treuil,

g, la distance de ce centre de gravité au tourillon A,

N et N' les efforts exercés respectivement sur les tourillons A et B,

θ et θ', les angles des directions de ces efforts avec la verticale.

n, n' et μ les constantes qui entrent dans l'expression de la résistance des cordes et que l'on détermine par expérience pour chaque espèce de corde. (*Voy.* Corde.)

f, le rapport du frottement à la pression.

Faisons en outre, pour plus de simplicité,

$$f' = \frac{1}{\sqrt{1+f^2}}$$

Ceci posé, décomposons d'abord toutes les forces en d'autres qui leur soient parallèles et qui soient appliquées à chaque tourillon. Puis décomposons chaque force fournie par P en deux autres, l'une horizontale et l'autre verticale. Nous aurons de cette manière :

force verticale appliquée en A

$$= \text{M}.\frac{l-g}{l} + \text{Q}.\frac{l-q}{l} + \text{P}.\frac{l-p}{l}.\cos \lambda$$

force horizontale appliquée en A

$$= \text{P}.\frac{l-p}{l}.\sin \lambda.$$

force verticale appliquée en B

$$= \text{M}.\frac{g}{l} + \text{Q}.\frac{q}{l} + \text{P}.\frac{p}{l}.\cos \lambda$$

force horizontale appliquée en B

$$= .\frac{p}{l}.\sin \lambda$$

D'où nous tirerons

$$N = \frac{1}{l} \sqrt{\{[M(l-g)+Q(l-q)]^2}$$
$$+ 2[M(l-g)+Q(l-q)].P(l-p).\cos\lambda$$
$$+ P^2.(l-p)^2\}$$

$$N' = \frac{1}{l} \sqrt{\{[Mg+Qq]^2}$$
$$+2[Mg+Qq].Pl.\cos\lambda+P^2 p^2\}$$

$$\sin\theta = \frac{P(l-p)\sin\lambda}{N.l}$$

$$\sin\theta' = \frac{P.p.\sin\lambda}{N'l}.$$

En outre l'équation d'équilibre du treuil sera

$$PR = Qr+f'(N\rho+N'\rho')+\frac{d\mu}{2r}(n+n'Q)$$

laquelle donnera la valeur de P, après qu'on aura remplacé N et N' par leurs valeurs tirées des expressions précédentes.

Si les rayons des deux tourillons ρ et ρ' sont égaux, ces formules se simplifient et l'on peut se dispenser, pour évaluer l'effet du frottement, de calculer séparément les pressions N et N'. La somme de ces pressions est

$$N + N' = \sqrt{\{(M+Q)^2 + 2(M+Q)P.\cos\lambda + P^2\}}$$

et l'équation d'équilibre devient

$$PR = Qr+\rho.f'.\sqrt{\{(M+Q)^2+2(M+Q)P.\cos\lambda+P^2\}}$$
$$+ \frac{d\mu}{2r}.(n+n'Q)$$

Dans le cas où la force P serait verticale, on aurait $\lambda = 0$ et $\cos\lambda = 1$. L'équation d'équilibre devient alors

$$PR = Qr+\rho.f'(M+Q+P) + \frac{d\mu}{2r}(n+n'Q)$$

C'est en négligeant les effets du frottement et ceux de la raideur des cordes qu'on a simplement

$$PR = Qr,$$

c'est-à-dire, la proposition que la puissance est à la résistance comme le rayon du cylindre est à celui de la roue.

Dans cette machine on peut, comme nous l'avons dit, augmenter autant qu'on voudra l'avantage de la puissance sur la résistance, en faisant croître le rayon de la roue sans augmenter celui du cylindre. On peut encore produire le même effet en employant plusieurs treuils liés entre eux par des cordes qui aillent de la roue de l'un au cylindre de l'autre. Dans ce cas, en faisant abstraction des frottemens, il est facile de voir que pour qu'il y ait équilibre la puissance doit être à la résistance comme le produit des rayons de tous les cylindres est au produit des rayons de toutes les roues.

Au lieu d'employer des cordes, on peut encore, pour lier les treuils, faire usage d'un autre moyen qui ne change rien aux conditions d'équilibre. On arme la circonférence de chaque roue de dents saillantes également espacées, et l'on creuse dans chaque cylindre des rainures capables de les contenir. Puis on rapproche les treuils de manière que les dents des roues engrènent dans les rainures des cylindres, de sorte qu'en faisant tourner l'un des treuils sur son axe tous les autres soient mis en mouvement. Un tel système prend alors le nom de *roues dentées*, et l'on donne celui de *pignons* aux *cylindres*. Les figures 4 et 10 de la planche 17 représentent des systèmes de roues dentées. Dans tous les systèmes semblables, *la puissance est à la résistance comme le produit des rayons de tous les pignons est au produit des rayons de toutes les roues.*

Voyez, pour la théorie des engrenages, *le Traité élémentaire des machines* de M. Hachette, le tome 4 *du Cours de Mathématiques* de Camus, et le tome 1 de l'*Architecture hydraulique* de Bélidor.

TRIANGLE. (*Géom.*) Figure limitée par trois droites ou côtés qui se coupent deux à deux.

Si les trois côtés du triangle sont des lignes droites, on le nomme *triangle rectiligne*; s'ils sont des lignes courbes, *triangle curviligne*; et enfin *triangle mixtiligne* si les uns sont des lignes droites et les autres des lignes courbes.

Les triangles formés sur la surface de la sphère par l'intersection de trois de ses cercles prennent le nom de *triangles sphériques*.

La théorie des triangles rectilignes étant une des parties les plus importantes de la géométrie, nous allons présenter ici son ensemble.

1. Les triangles, comme toutes les autres figures géométriques, doivent être considérés sous le rapport de leur construction ou de leur *génération* et sous celui de leur relation réciproque ou de leur *comparaison*. Le triangle rectiligne, en général, est une étendue plane terminée ou circonscrite par trois droites qui se coupent deux à deux. Ces trois droites se nomment les *côtés du triangle*, et comme deux droites qui se coupent forment un angle il en résulte qu'un triangle a trois angles; c'est de cette circonstance qu'il tire son nom.

Dans tout triangle il y a donc six choses distinctes : trois côtés et trois angles; et la différence qui existe entre un triangle et un autre triangle ne peut résulter que de la différence de leurs côtés ou de leurs angles,

Les divers rapports que peuvent avoir respectivement entre eux les côtés et les angles d'un même triangle déterminent sa nature. Selon ces divers rapports les triangles reçoivent des dénominations particulières. Ainsi lorsque les trois côtés d'un triangle sont égaux, on le nomme *triangle équilatéral*; lorsque deux seulement de ses côtés sont égaux, on le nomme *triangle isocèle*; et si ses trois côtés sont inégaux, il reçoit le nom de *triangle scalène*. Telle est la classification des triangles considérés par rapport à leurs côtés.

Par rapport aux angles, on nomme *triangle rectangle* celui dont un des angles est droit; *triangle obtusangle* celui dont un des angles est obtus, et *triangle acutangle* celui dont les trois angles sont aigus.

2. On nomme indifféremment *sommet* d'un triangle le sommet d'un quelconque de ses angles; et alors le côté opposé à cet angle prend le nom de *base*. La distance du sommet à la base se nomme la *hauteur* du triangle. Comme on mesure généralement la distance d'un point à une droite par la perpendiculaire abaissée de ce point sur cette droite, on dit encore que la *hauteur* d'un triangle est la perpendiculaire abaissée du sommet sur la base. On prend ordinairement pour *base* d'un triangle isocèle le côté inégal aux deux autres.

3. La somme de deux des côtés d'un triangle est toujours plus grande que le troisième côté. Cette propriété est évidente et résulte de la notion primitive que la ligne droite est la plus courte entre deux points.

Les trois côtés d'un triangle n'ont point d'autre relation générale que celle d'être assujétis à cette condition. Leur somme peut être une quantité quelconque variable à l'infini, et sur une même droite on peut construire une infinité de triangles différens dont les deux autres côtés n'ont entre eux aucun rapport nécessaire de grandeur. Il n'en est pas de même des trois angles; leur somme est une quantité constante toujours égale à la somme de deux angles droits.

4. L'égalité de la somme des trois angles de tout triangle à deux angles droits est une proposition fondamentale dont nous n'avons à exposer ici que les conséquences, l'ayant démontrée ailleurs (*voy.* ANGLE, 8). Il en résulte, 1° qu'un triangle ne peut avoir qu'un seul angle droit et à plus forte raison qu'un seul angle obtus; 2° que les trois angles d'un triangle sont connus lorsqu'on en connaît deux seulement, car il suffit, pour obtenir le troisième, de retrancher la somme des deux angles connus de celle de deux angles droits; 3° que dans un triangle rectangle la somme des deux angles aigus est égale à un angle droit. Il suffit donc aussi de connaître un de ces angles pour que l'autre soit immédiatement connu; 4° enfin, que lorsque deux des angles d'un triangle sont respectivement égaux à deux des

angles d'un autre triangle, les troisièmes angles sont égaux.

5. Les propriétés les plus importantes qui résultent de la construction même des différens triangles et constituent leur *nature* font l'objet des théorèmes suivans.

THÉORÈME. *Dans un triangle isocèle les angles opposés aux côtés égaux ou, comme on le dit, les angles à la base, sont égaux.*

Soit BAC un triangle isocèle dont les côtés égaux sont AB et AC. Si avec AB comme rayon on décrit un cercle, ce cercle passera nécessairement par l'extrémité C du côté AC, de sorte que le côté BC

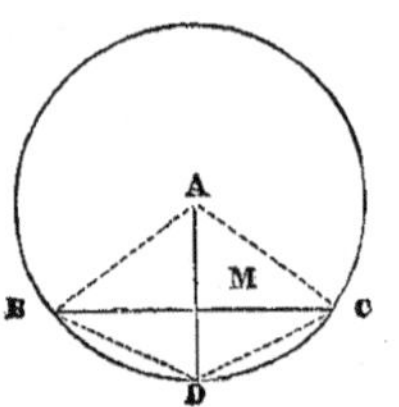

en deviendra une corde. Ceci posé, menons le rayon AD qui partage l'arc BDC en deux parties égales, et concevons le cercle replié en deux sur lui-même suivant la droite AD; l'arc DC se confondra alors avec l'arc BD, et comme ces arcs sont égaux, le point C tombera sur le point B. Ainsi, non seulement MC coïncidera avec MB, mais encore AC avec AB, puisque les extrémités de ces diverses droites se confondent. Donc l'angle ACM est égal à l'angle ABM. Donc les angles à la base d'un triangle isocèle sont égaux. La réciproque de cette proposition se démontre sans difficulté.

7. Il résulte de cette démonstration plusieurs conséquences importantes que nous devons signaler. 1° Puisque les deux triangles AMC et AMB se confondent, les angles au point M, c'est-à-dire, les angles AMB et AMC sont égaux; ainsi ces angles sont droits (ANGLE, 1). 2° Les angles BAM et MAC sont égaux. 3° Enfin BM est égal à MC. Donc, *la droite qui partage en deux parties égales l'angle au sommet d'un triangle isocèle est perpendiculaire à sa base, et partage en outre cette base en deux parties égales.*

8. Une conséquence directe du théorème précédent, c'est que *les trois angles d'un triangle équilatéral sont égaux.* En effet deux quelconques des angles d'un tel triangle sont égaux entre eux, puisqu'ils sont opposés à des côtés égaux; ainsi les trois angles sont égaux.

9. THÉORÈME. *Lorsque dans un triangle deux angles sont inégaux, le plus grand des deux est opposé au plus grand côté, et réciproquement.*

Soit dans le triangle ABC (Pl. 58, fig. 22) l'angle BCA plus grand que l'angle BAC, le côté AB sera plus grand que le côté BC. En effet, l'angle BCA étant plus grand que l'angle BAC, on peut supposer une droite CD menée de manière à faire avec le côté AC un angle DCA égal à l'angle BAC. Alors le triangle ADC ayant deux angles égaux sera isocèle (6) et les côtés AD et CD seront égaux ; mais on a

$$CD + DB > BC$$

et, par conséquent, puisque $CD = AD$

$$AD + DB > BC$$

donc AD plus DB ou AB est plus grand que BC.

La réciproque devient évidente.

10. Ce qui précède est suffisant pour nous permettre d'aborder la *comparaison théorique* des triangles. Or, cette comparaison peut s'effectuer sous trois conditions différentes. 1° Les triangles comparés sont tels que, l'étendue de leur surface étant la même, la relation de leurs limites soit aussi la même ; 2° ou bien, l'étendue de la surface étant encore la même, la relation des limites est différente ; et 3° enfin, l'étendue de la surface étant différente la relation des limites est la même. Dans le premier cas, les triangles sont dits *coïncidens* ; dans le second, *équivalens*, et dans le troisième, *semblables*. La coïncidence, l'*équivalence* et la *similitude* forment en général les trois parties de la *comparaison géométrique*.

11. Coïncidence. Deux triangles peuvent coïncider ou sont égaux : lorsque trois des six parties qui les constituent et au nombre desquelles il doit se trouver au moins un côté sont égales entre elles. Cette proposition générale de la coïncidence des triangles fournit les théorèmes suivans :

12. Théorème. *Deux triangles qui ont un angle égal compris entre deux côtés égaux chacun à chacun, sont égaux dans toutes leurs parties.*

Soient ABC et *abc* (Pl. 58, fig. 19) deux triangles dans lesquels l'angle A est égal à l'angle *a*, le côté AB égal au côté *ab* et le côté AC égal au côté *ac*. Ces deux triangles peuvent coïncider.

Car si l'on imagine le triangle *abc* transporté sur le triangle ABC de manière que l'angle *a* se confonde avec l'angle A, alors le côté *ab* prendra la direction du côté AB, et comme ces côtés sont égaux le point *b* tombera sur le point B. De même, le côté *ac* prendra la direction du côté AC et, à cause de l'égalité de ces côtés, le point *c* tombera sur le point C. Mais puisque les extrémités du côté *bc* se trouvent ainsi confondues avec celles du côté BC, ces côtés eux-mêmes ne peuvent que coïncider, et il en résulte que les deux triangles coïncident dans toutes leurs parties. Donc ces deux triangles sont égaux et les angles B et *b*, C et *c* ainsi que les côtés BC et *bc* sont respectivement égaux entre eux.

13. Théorème. *Deux triangles qui ont un côté égal adjacent à deux angles égaux chacun à chacun sont égaux.*

Soient BC et *bc* (Pl. 58, fig. 19) les côtés égaux et B et *b*, C et *c* les angles égaux. Si l'on transporte le triangle *abc* sur le triangle ABC de manière que le côté *bc* se confonde avec son égal BC, il est évident que, puisque l'angle *b* est égal à l'angle B, le côté *ba* prendra la direction du côté BA et que le point *a* devra tomber quelque part sur cette direction. De même l'angle *c* étant égal à l'angle C le côté *ca* prendra la direction du côté CA, et le point *a* devra également tomber quelque part sur la direction de CA. Mais ce point *a* devant tomber en même temps sur les deux côtés BA et CA ne peut tomber qu'au point A qui leur est commun ; ainsi les deux triangles coïncident exactement et sont égaux dans toutes leurs parties.

14. Théorème. *Deux triangles qui ont leurs trois côtés égaux chacun à chacun sont égaux.*

Soient les triangles (Pl. 58, fig. 19) ABC et *abc* dont les trois côtés sont respectivement égaux, savoir : AB = *ab*, AC = *ac*, BC = *bc*. Transportons le triangle *abc* sous le triangle ABC (Pl. 58, fig. 20) de manière que les deux côtés égaux *bc* et BC coïncident et que les autres côtés égaux AB et *ab*, AC et *ac* soient adjacens. Le point *a* tombera quelque part en *a'* et le triangle *abc* prendra la position *a'*BC. Si nous joignons les points A et *a'* par la droite A*a'*, les triangles AB*a'* et AC*a'* seront l'un et l'autre isocèles, puisque par hypothèse AB = B*a'* et AC = C*a'*. Donc les angles à la base de ces triangles sont respectivement égaux, c'est-à-dire,

$$\text{angle } BAa' = \text{angle } Ba'A$$
$$\text{angle } CAa' = \text{angle } Ca'A,$$

mais les deux angles BA*a'* et CA*a'* qui composent l'angle A étant égaux aux deux angles B*a'*A et C*a'*A qui composent l'angle *a'*, ces angles A et *a'* eux-mêmes sont égaux, ou, ce qui est la même chose, les angles A et *a* des triangles ABC et *abc* sont égaux. Donc, en vertu du théorème du n° 12, les deux triangles ABC et *abc* sont égaux.

15. Théorème. *Deux triangles rectangles qui ont l'hypothénuse et l'un des angles adjacens égaux chacun à chacun sont égaux.*

La somme des trois angles de tout triangle étant équivalente à celle de deux angles droits (*voy.* Angle 8), deux triangles rectangles ne peuvent avoir deux de leurs angles aigus égaux sans que les deux autres le soient aussi. On peut donc considérer les triangles proposés comme ayant un côté égal adjacent à deux angles égaux chacun à chacun ; ainsi la proposition énoncée se trouve démontrée par le théorème du n° 13.

16. Théorème. *Deux triangles rectangles qui ont deux côtés égaux chacun à chacun sont égaux.*

Nous avons seulement à examiner le cas où les côtés

égaux chacun à chacun sont l'hypothénuse et l'un des côtés de l'angle droit , car lorsque ces côtés égaux sont ceux de l'angle droit l'égalité des triangles résulte du théorème du n° 12. Soient donc ABC et *abc* (Pl. 58 , fig. 21) deux triangles rectangles dans lesquels les hypothénuses BC et *bc* sont égales, ainsi que les côtés AC et *ac*.

Du point O , milieu de l'hypothénuse CB, décrivons avec CO pour rayon une demi-circonférence de cercle CMAB; cette demi circonférence passera par le point A puisque l'angle CAB est droit (ANGLE 19). De même, du point *o* milieu de *cb* avec *oc* pour rayon décrivons une demi-circonférence qui passera par le point *a*. Or, ces deux demi-circonférences sont égales puisqu'elles ont des diamètres égaux ; ainsi les arcs CMA , *cma* soutendus par des cordes égales AC, *ac*, sont égaux (CERCLE 5), mais les angles CBA et *cba* ont pour mesures les moitiés de ces arcs (ANGLE 17) ; donc ces angles sont égaux.

Les troisièmes angles C et *c* des triangles proposés sont donc aussi égaux, et l'on peut simplement considérer ces triangles comme ayant un angle égal compris entre deux côtés égaux chacun à chacun , d'où résulte leur entière égalité d'après le théorème du n° 12.

17. THÉORÈME. *Deux triangles qui ont deux côtés et l'angle opposé à l'un d'eux égaux chacun à chacun sont égaux, si l'angle opposé à l'autre côté est de même nature dans les deux triangles.*

Soient ABC et *abc* deux triangles (Pl. 57; fig. 20.) dans lesquels les côtés AC et *ac* , CB et *cb* sont égaux ainsi que les angles A et *a* opposés aux côtés CB et *cb*. Ces triangles seront égaux si les angles B et *b* opposés aux côtés AC et *ac*, sont de même nature, c'est-à-dire s'ils sont tous deux aigus ou tous deux obtus.

Car, en abaissant des points C et *c* sur les côtés AB et *ab*, prolongés s'il est nécessaire , les perpendiculaire CD et *cd*, on formera deux triangles rectangles CDA et *cda* qui sont égaux (15), comme ayant leurs hypothénuses AC , *ac* égales ainsi que tous leurs angles ; l'angle aigu A étant égal à l'angle *a* , l'autre angle aigu ACD est égal à l'angle *acd* (4).

Il est facile de voir que les deux triangles rectangles CBD , *cbd* sont aussi égaux (16), car ils ont leurs hypothénuses CB et *cb* égales par hypothèse, et de plus leurs côtés CD et *cd* sont égaux , comme appartenant aux triangles égaux CDA , *cda*.

Mais, le triangle *abc* est formé de la somme des deux triangles rectangles *acd, cdb*, si l'angle *b* est aigu, et de leur différence, si l'angle *b* est obtus, et le triangle ABC est également formé de la somme des deux triangles rectangles ACD , CDB, si l'angle B est aigu, et de leur différence si cet angle est obtus. Donc lorsque ces angles B et *b* sont tous deux aigus ou tous deux obtus, les

triangles ABC et *abc*, étant la somme ou la différence de triangles égaux , sont égaux.

18. EQUIVALENCE. Deux triangles , et , en général, deux polygones quelconques sont dits *équivalens*, lorsque l'étendue de leur surface ou leur *aire* est la même, quoique la relation de leurs limites soit différente. Dans ce cas, les deux figures transportées l'une sur l'autre ne peuvent plus coïncider, et il faut avoir recours à d'autres procédés de raisonnement pour pouvoir démontrer l'égalité des surfaces. Or, nous avons établi (*voy.* AIRE) que :

1° *La surface d'un triangle est équivalente à la moitié de celle d'un rectangle de même base et de même hauteur.*

2° *L'aire d'un rectangle est représentée par le produit de sa base et de sa hauteur.*

Les conséquences de ces deux propositions forment les théorèmes suivans que nous pouvons nous contenter d'énoncer.

18. THÉORÈME. *Deux triangles de même base et de même hauteur sont équivalens.*

19. THÉORÈME. *L'aire d'un triangle est égale à la moitié du produit de sa base par sa hauteur.*

20. THÉORÈME. *Deux triangles de même base sont entre eux comme leurs hauteurs.*

21. THÉORÈME. *Deux triangles de même hauteur sont entre eux comme leurs bases.*

22. THÉORÈME. *Deux triangles quelconques sont entre eux comme les produits de leurs bases et de leurs hauteurs.*

23. Les théorèmes forment la base de toute l'*équivalence* des triangles dont les diverses propositions peuvent en être déduites avec facilité. Ainsi, par exemple, on démontre que *le carré construit sur l'hypothénuse d'un triangle rectangle est équivalent à la somme des carrés construits sur les deux autres côtés*, à l'aide de l'équivalence qui existe entre le triangle et la moitié du rectangle de même base et de même hauteur. Comme nous démontrerons plus loin, d'une autre manière, cette célèbre propriété du triangle rectangle et qu'il nous est impossible d'ailleurs de rapporter en détail toutes celles des triangles , nous terminerons cette partie de la *comparaison géométrique* par l'exposition du théorème suivant , essentiel pour ce qui va suivre.

24. *Deux triangles qui ont un angle égal de part et d'autre sont entre eux comme les produits des côtés qui forment ces angles.*

Soient ABC et *abc* deux triangles dont les angles A et *a* sont égaux. Prenons sur le côté AB une partie B*a'* égale à *ba* et sur le côté BC une partie B*b'* égale à bc, et menons la droite $a'b'$. Le triangle B$a'b'$ sera égal au triangle abc, car ces deux triangles ont un angle égal compris entre deux côtés égaux chacun à chacun (12). Ceci posé, menons la droite Ab' et remarquons que les deux triangles B$a'b'$ et BAb' ayant même hauteur sont entre eux comme leurs bases (21), ce qui donne

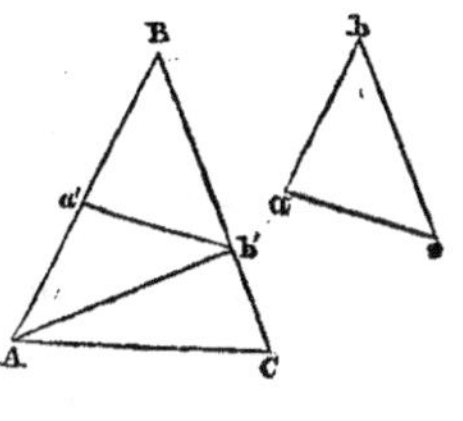

$$ABb' : Ba'b' \;::\; AB \;::\; a'B;$$

mais les deux triangles BAC et ABb' ont aussi même hauteur, et donnent par la même raison

$$BAC \;:\; ABb' \;::\; BC : Bb'.$$

Donc, multipliant ces deux proportions terme par terme, on obtient

$$BAC \times ABb' : ABb' \times Ba'b' \;::\; AB \times BC : a'B \times Bb'.$$

Ainsi, retranchant du premier rapport le facteur commun ABb', et remplaçant B$a'b'$ par son égal bac, et $a'B \times Bb'$ par $ab \times bc$, il vient

$$BAC : bac \;::\; AB \times Bc : ab \times bc,$$

ce qui est la proposition énoncée.

25. SIMILITUDE. On nomme *triangles semblables* ceux qui ont leurs trois angles égaux chacun à chacun, et dont les côtés homologues sont proportionnels. Par côtés homologues on entend les côtés opposés à des angles égaux. Les propositions principales de la *similitude* des triangles sont les suivantes :

26. THÉORÈME. *Deux triangles qui ont leurs trois angles égaux chacun à chacun sont semblables.*

Soient ABC et abc deux triangles dans lesquels l'angle A est égal à l'angle a, l'angle B égal à l'angle b et l'angle C égal à l'angle c. Ces triangles ont leurs côtés homologues proportionnels, et sont par conséquent semblables.

En effet, puisque les angles A et a sont égaux, les triangles ABC et abc sont entre eux comme les produits des côtés qui forment ces angles (24), et l'on a

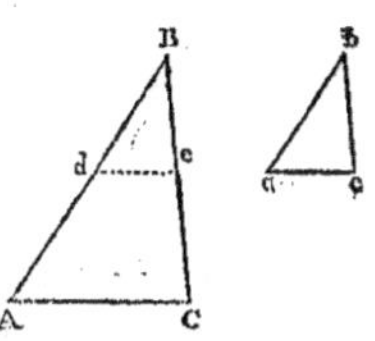

$$ABC \;:\; abc \;::\; AB \times AC : ab \times ac;$$

mais on a aussi, à cause de l'égalité des angles B et b,

$$ABC : abc \;::\; AB \times BC : ab \times bc,$$

et, à cause de celle des angles C et c,

$$ABC : abc \;::\; AC \times BC : ac \times bc.$$

Les premiers rapports étant les mêmes dans ces trois proportions, on en conclura successivement

$$AB \times AC : ab \times ac \;::\; AB \times BC : ab \times bc$$
$$AB \times BC : ab \times bc \;::\; AC \times BC : ac \times bc.$$

Divisant les antécédens de la seconde proportion par AB, et les conséquens par ab; puis les antécédens de la seconde proportion par BC et les conséquens par bc, on aura

$$AC : ac \;::\; BC : bc$$
$$AB : ab \;::\; AC : ac$$

c'est-à-dire, la suite de rapports égaux

$$AB : ab \;::\; AC : ac \;::\; BC : bc.$$

Donc les côtés homologues des triangles ABC et abc sont proportionnels, et ces triangles sont par conséquent semblables.

27. COROLLAIRE I. *Deux triangles qui ont leurs côtés respectivement parallèles sont semblables.*

Car, soient les deux triangles ABC, abc dont les côtés AB et ab, AC et ac, BC et bc sont parallèles, les angles A et a, B et b, C et c étant formés par des côtés

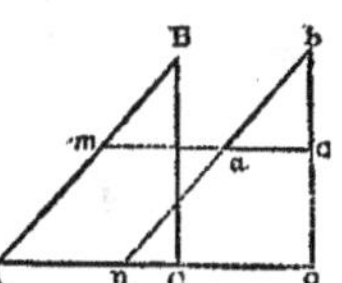

parallèles, il est facile de voir, en prolongeant les côtés comme ils le sont dans la figure, que ces angles sont respectivement égaux. En effet les deux angles A et a sont chacun égal à l'angle bno comme correspondans (ANGLE, 6), et les deux angles C et c sont chacun égal à l'angle o par la même raison. Donc A $= a$, C $= c$ et par suite (4) B $= b$.

28. COROLLAIRE II. *Deux triangles qui ont leurs côtés respectivement perpendiculaires sont semblables.*

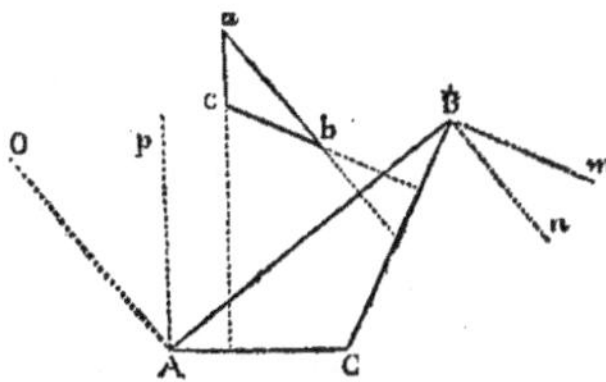

Soient ABC et abc deux triangles dont les côtés AB et ab, BC et bc, AC et ac sont respectivement perpendiculaires, les angles de ces triangles sont égaux chacun à chacun. Car, menant du point B la perpendiculaire Bm au côté BC et la perpendiculaire Bn au côté AB, ces perpendiculaires seront parallèles aux côtés ab et bc du triangle abc, puisque ces côtés sont eux-mêmes perpendiculaires à BC et AB. L'angle nBm sera donc égal à l'angle b. Mais les deux angles ABn, CBm sont égaux comme droits, et, si on leur retranche de chacun l'angle commun CBn, il reste les deux angles égaux ABC et nBm; donc l'angle ABC est égal à l'angle b.

Menant de même au point A les droites Ap et Ao, la première perpendiculaire sur AC et la seconde sur AB, ces droites seront parallèles aux côtés ac et ab du triangle abc, et l'angle oAp qu'elles forment sera égal à l'angle a. Mais si des deux angles droits oAB, pAc on retranche l'angle commun pAB, il reste les deux angles égaux oAp, BAC; donc l'angle a est égal à l'angle BAC. Donc les trois angles du triangle abc sont respectivement égaux aux trois angles du triangle ABC.

29. On doit observer que dans les triangles dont les côtés sont respectivement parallèles ou perpendiculaires, les angles égaux sont formés par deux côtés parallèles ou perpendiculaires chacun à chacun.

30. Corollaire III. *Deux triangles isocèles qui ont l'angle du sommet égal de part et d'autre sont semblables.*

En effet, la somme des angles à la base étant la même dans ces deux triangles, ces angles sont égaux chacun à chacun, puisqu'ils sont chacun la moitié de cette somme (5). Donc deux tels triangles ont leurs trois angles égaux chacun à chacun.

31. Lemme. *Si dans un triangle quelconque on mène une parallèle à l'un des côtés, elle partagera les deux autres côtés en parties proportionnelles, et de plus son rapport avec le côté parallèle sera le même que celui d'une quelconque des parties opposées avec le côté correspondant.*

Soit le triangle ABC (Fig. ci-dessus, n° 26); si on mène la droite de parallèle au côté AC, on formera le triangle Bde semblable au proposé, car ces deux triangles ont leurs trois angles égaux chacun à chacun, savoir : l'angle C commun et les angles A et Bde, B et deB égaux comme correspondans. Nous avons donc (26)

$$AC : de :: BC : Be :: AB : Bd$$

ce qui est la seconde partie de la proposition.

En ne considérant que les deux derniers rapports

$$AB : Bd :: BC : Be$$

on a, *dividendo* (voy. Proportion, 10),

$$AB - Bd : Bd :: BC - Be : Be,$$

ou

$$Ad : Bd :: Ce : Be$$

c'est la première partie de la proposition.

On démontre la réciproque de ce lemme par une réduction à l'absurde, savoir : « lorsqu'une droite coupe deux côtés d'un triangle en parties proportionnelles, elle est parallèle au troisième côté. »

32. Théorème. *Deux triangles qui ont un angle égal de part et d'autre, compris entre des côtés respectivement proportionnels, sont semblables.*

Soient ABC et abc, figure ci-dessus n° 26, deux triangles dans lesquels les angles B et b sont égaux et les côtés AB et BC, qui forment l'angle B, proportionnels aux côtés ab et bc qui forment l'angle b. Prenant sur AB une partie Bd égale à ab et sur BC une partie Be égale à bc et menant la droite de, le triangle Bde sera égal au triangle abc (12), puisque par construction ces deux triangles ont un angle égal compris entre deux côtés égaux chacun à chacun. Mais on a par hypothèse

$$AB : ab :: BC : bc.$$

donc on a aussi

$$AB : Bd :: BC : Be$$

et, par conséquent (31), la droite de est parallèle à AC. Ainsi le triangle Bde, ou son égal abc, est semblable à ABC.

33. Théorème. *Deux triangles qui ont leurs trois côtés proportionnels sont semblables.*

Soient ABC, abc (même figure) deux triangles dans lesquels on ait

$$AB : ab :: AC : ac :: BC : bc$$

prenant sur AB, Bd = ab et sur BC, Be = bc, et menant de, les deux triangles ABC et Bde seront semblables, puisqu'ils ont l'angle C commun et que les côtés Bd et Be qui forment cet angle, dans le triangle Bde, sont, par construction, proportionnels aux côtés AB et BC qui le forment dans le triangle ABC. On a donc

$$AC : de :: AB : Bd$$

ou, parce que Bd = ab,

$$AC : de :: AB : ab$$

Or, par hypothèse,

$$AC : ac :: AB : ab$$

Ainsi, comparant cette proposition à la précédente, de = ac. Les deux triangles abc et Bde ont donc leurs trois côtés égaux chacun à chacun et sont par conséquent égaux (14); mais le triangle Bde est semblable au triangle ABC, donc aussi le triangle abc est semblable à ABC.

34. Parmi toutes les propositions qui dérivent de ces théorêmes fondamentaux, nous démontrerons encore les suivantes dont nous avons fait plusieurs fois usage dans le cours de ce Dictionnaire.

Théorême. *Dans un triangle rectangle, si du sommet de l'angle droit on abaisse une perpendiculaire sur l'hypothénuse, cette perpendiculaire partagera le triangle en deux autres qui lui seront semblables.*

Soit le triangle ABC rectangle en B, abaissons du sommet de l'angle droit la perpendiculaire BD sur l'hypothénuse AC, nous formerons deux triangles, également rectangles, ABD, BDC, qui seront semblables entre eux et au proposé ABC.

En effet, les deux triangles ABC et ABD étant tous deux rectangles, l'un en B et l'autre en D, et ayant l'angle A commun, ont leurs trois angles égaux chacun à chacun (4), et sont par conséquent semblables (26).

Les deux triangles ABC et BDC, également tous deux rectangles, l'un en B et l'autre en D, et ayant l'angle C commun, ont leurs trois angles égaux chacun à chacun. Ces triangles sont donc semblables.

Enfin les triangles ABD et BDC étant chacun semblables au triangle ABC sont semblables entre eux.

35. La comparaison des côtés homologues de ces trois triangles conduit à des conséquences très-importantes. On a évidemment

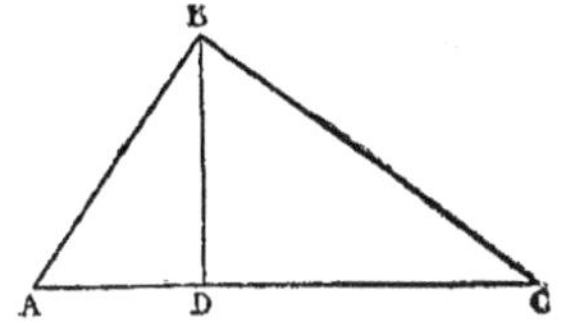

1° Pour les triangles ABC, ABD,

$$AC : AB :: AB : AD.$$

2° Pour les triangles ABC, BDC,

$$AC : BC :: BC : DC.$$

3° Pour les triangles ABD, BDC,

$$AD : BD :: BD : DC.$$

Les deux premières proportions nous apprennent d'abord que dans le triangle ABC « chaque côté de l'angle droit est moyen proportionnel entre l'hypothénuse et le segment adjacent. » Il résulte de la dernière que « la perpendiculaire abaissée sur l'hypothénuse est moyenne proportionnelle entre les deux segmens qu'elle détermine. »

36. Les proportions 1 et 2 donnent

$$\overline{AB}^2 = AC \times AD$$

$$\overline{BC}^2 = AC \times DC$$

Si l'on ajoute ces égalités, il vient

$$\overline{AB}^2 + \overline{BC}^2 = AC \times AD + AC \times DC = AC \times (AD + DC)$$

ou

$$\overline{AB}^2 + \overline{BC}^2 = \overline{AC}^2,$$

c'est-à-dire que « le carré de l'hypothénuse est équivalent à la somme des carrés des deux autres côtés. C'est le célèbre théorème de Pythagore que l'on démontre par des constructions géométriques, dans l'*équivalence* des figures.

37. Ce n'est pas seulement dans le triangle rectangle qu'il existe une relation déterminée entre les carrés des côtés, il en est de même dans tous les triangles, seulement cette relation diffère selon la nature des triangles. Considérons, par exemple, le triangle ACB de la figure 20, pl. 57, obtus en B, et sur la base AB duquel, suffisamment prolongée, on a abaissé la perpendiculaire CD; cette perpendiculaire détermine deux triangles rectangles ACD, BCD, dont les hypothénuses sont AC et CB, et, d'après ce qui précède, on a

$$\overline{AC}^2 = \overline{AD}^2 + \overline{CD}^2$$

$$\overline{CD}^2 = \overline{CB}^2 - \overline{BD}^2$$

substituant dans la première égalité la valeur de $\overline{CD}^2$ donnée par la seconde, il vient

$$\overline{AC}^2 = \overline{AD}^2 + \overline{CB}^2 - \overline{BD}^2$$

mais $AD = AB + BD$ et par suite

$$\overline{AD}^2 = \overline{AB}^2 + \overline{BD}^2 + 2AB \times BD$$

substituant de nouveau cette valeur de $\overline{AD}^2$ dans celle de $\overline{AC}^2$, on obtient

$$\overline{AC}^2 = \overline{AB}^2 + \overline{BD}^2 + 2AB \times BD,$$

c'est-à-dire que « le carré d'un côté opposé à un angle obtus est équivalent à la somme des carrés des deux autres côtés et du double du rectangle formé entre l'un de ces côtés et le segment déterminé sur son prolongement par la perpendiculaire abaissée de l'extrémité de l'autre. »

Si au lieu de considérer le triangle ACB obtus en B, on avait considéré le triangle ACB aigu en B, et dans

lequel la perpendiculaire CD coupe le côté AB en deux
segmens intérieurs AD, DB, on aurait eu AD = AB
— BD, et par suite

$$\overline{AC}^2 = \overline{AB}^2 + \overline{CB}^2 - 2AB \times BD$$

c'est-à-dire que « le carré d'un côté opposé à un angle
aigu est équivalent à la somme des carrés des deux autres côtés diminuée du double du rectangle formé entre
l'un de ces derniers côtés et son segment adjacent à l'angle aigu. » Lequel segment est toujours déterminé par
la perpendiculaire abaissée de l'extrémité de l'autre de
ces côtés.

Ainsi dans tout triangle le carré d'un côté est plus
grand, égal ou plus petit que la somme des carrés des
deux autres côtés suivant que l'angle opposé est obtus,
droit ou aigu.

Les triangles rectilignes sont les seuls dont on s'occupe dans la géométrie élémentaire. Nous examinerons
ailleurs les triangles sphériques. (*Voy.* Trigonométrie.)

TRIANGLE BORÉAL. (*Ast.*) Nom d'une constellation
située au-dessus du Bélier. A côté de cette constellation,
qui est une des 48 de Ptolémée, Hévélius en a formé
une nouvelle qu'il a nommée le *petit triangle*. Dans l'hémisphère austral il existe aussi une constellation qui
porte le nom de *triangle*. (*Voy.* Constellation.)

TRIANGLE ARITHMÉTIQUE. On donne ce nom
à l'arrangement en forme de triangle des nombres figurés des divers ordres. (*Voy.* Figuré.) Pascal a fait un
traité sur les propriétés, aujourd'hui insignifiantes, du
Triangle arithmétique.

TRIANGULAIRE. Se dit adjectivement de tout ce
qui a rapport aux triangles. On nomme *nombres triangulaires* une espèce de nombres *polygones* dont les unités peuvent être disposées en forme de triangle. (*Voy.*
Polygones.)

TRIDENT. (*Géom.*) Courbe du troisième ordre
nommée aussi *parabole de Descartes.* Le nom de *trident*
lui vient de sa forme. (*Voy. l'analyse des lignes courbes*
de Cramer.)

TRIGONOMÉTRIE (de τρίγωνος, *triangle*, et de
μέτρον, *mesure*). Branche de la géométrie générale qui
a pour objet la mesure des triangles ou la détermination de quelques-unes de leurs parties par le moyen des
autres.

La *trigonométrie* est une science d'une très-haute importance pour l'astronomie, la navigation, l'arpentage,
la gnomonique, etc., et l'on ne peut douter que les
mathématiciens de toutes les époques ne s'en soient oc-

cupés; cependant son origine est des plus incertaines.
Quoiqu'on ait des indices que les Égyptiens n'ont point
ignoré ses principes élémentaires, ce n'est que chez les
Grecs qu'on retrouve ses premières traces. On doit à
Hipparque, d'après le rapport de Théon, un traité en
douze livres sur les *cordes des arcs du cercle*, qui paraît un véritable traité de trigonométrie; mais le plus
ancien ouvrage existant sur ce sujet est le *Traité de la
sphère* de Théodose.

Les grands perfectionnemens apportés dans la *trigonométrie* par les travaux de Néper et surtout par la théorie des sinus due à Euler en font presque une science
toute moderne, dont nous allons résumer les propositions fondamentales.

La trigonométrie se divise en *rectiligne* et en *sphérique*. La trigonométrie rectiligne considère les triangles rectilignes ou ceux qui sont formés sur un plan
par l'intersection de trois droites, et la trigonométrie
sphérique considère les triangles sphériques ou ceux
qui sont formés sur la surface de la sphère par l'intersection de trois grands cercles.

I. Trigonométrie rectiligne. Trois des six choses
qui composent un triangle, au nombre desquelles doit
se trouver au moins un côté, étant données, déterminer les trois autres, tel est le problème général de la
trigonométrie. La solution de ce problème général repose sur un très-petit nombre de principes qui permettent d'embrasser sans difficulté tous les cas particuliers. Examinons d'abord, comme les plus simples, les
triangles rectangles, et soit ABC un tel triangle. Si
nous prenons sur le côté AB une partie AD pour représenter le rayon du cercle dont la circonférence doit
servir à mesurer les angles et qu'avec ce rayon nous
décrivions l'arc DF, cet arc sera la mesure de l'angle A,
et si l'on mène les perpendiculaires FE et DH, la première sera le *sinus* et la
seconde la *tangente* de
cet arc DF ou de l'an-
gle A (*voy.* Sinus
et Tangente). Or les
trois triangles rectangles
AEF, ADH, ABC sont
semblables entre eux
(*voy.* Triangle, 26) et
donnent, savoir :

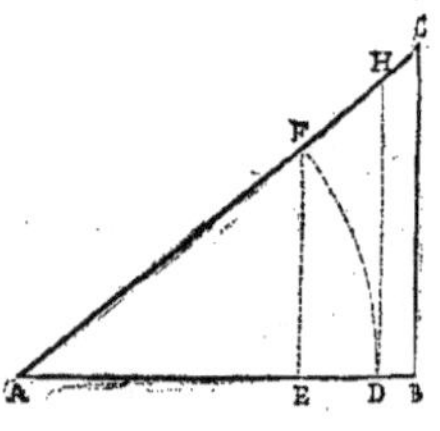

Les triangles ABC, AEF

$$AC : BC :: AF : EF$$

Les triangles ABC, ADH

$$AB : BC :: AD : DH$$

mais AF = AD = rayon du cercle = R, EF = sin A,

DH $=$ tang A, ainsi ces deux proportions peuvent encore s'écrire

$$1\ldots\ldots \mathrm{AC} : \mathrm{BC} :: \mathrm{R} : \sin \mathrm{A}$$
$$2\ldots\ldots \mathrm{AB} : \mathrm{BC} :: \mathrm{R} : \text{tang } \mathrm{A}$$

1. La première de ces proportions donne le principe fondamental suivant : « Dans tout triangle rectangle, l'hypothénuse est à l'un des deux autres côtés comme le rayon est au sinus de l'angle opposé à ce côté. »

2. De la seconde proportion résulte cet autre principe fondamental : « Dans tout triangle rectangle un des côtés de l'angle droit est à l'autre côté comme le rayon est à la tangente de l'angle adjacent à ce premier côté. »

3. Le rayon que nous avons exprimé ici par R est celui des tables des sinus; on peut pour plus de simplicité le faire égal à l'unité, et alors les deux proportions donnent

$$\mathrm{BC} = \mathrm{AC} . \sin \mathrm{A}$$
$$\mathrm{BC} = \mathrm{AB} . \text{tang } \mathrm{A}$$

ce que l'on peut énoncer ainsi :

1° L'un quelconque des côtés de l'angle droit est égal à l'hypothénuse multipliée par le sinus de l'angle opposé à ce côté.

2° L'un quelconque des côtés de l'angle droit est égal à la tangente de l'angle aigu qui lui est adjacent multipliée par l'autre côté.

Comme dans tout triangle rectangle l'un des angles aigus est le complément de l'autre, on peut remplacer dans ces relations le sinus de l'angle opposé par le cosinus de l'angle adjacent et la tangente de l'angle adjacent par la cotangente de l'angle opposé.

4. Nous ferons observer ici que dans toutes les formules trigonométriques où l'on a fait le rayon égal à l'unité il devient essentiel de rétablir ce rayon lorsqu'on veut réaliser les calculs numériques en se servant de tables des sinus calculées pour un rayon déterminé. Or, ce rétablissement du rayon des tables est l'objet d'une règle très simple qui consiste à rendre homogènes tous les termes des formules. Par exemple l'expression

$$\mathrm{BC} = \mathrm{AC} . \sin \mathrm{A}$$

en vertu de laquelle une ligne est égale au produit de deux lignes, lequel produit représente une surface, serait un véritable non-sens géométrique, s'il n'était pas sous-entendu qu'elle est identiquement la même chose que l'expression

$$\mathrm{BC} . \mathrm{R} = \mathrm{AC} . \sin \mathrm{A}$$

dans laquelle R représente l'*unité*. Or, lorsque ce rayon

n'est plus l'*unité*, comme c'est le cas des tables trigonométriques où il est 10000000000 , on le rétablit dans les formules en rendant tous les termes de même dimension ou homogènes. C'est ainsi que l'expression

$$\sin^2 \mathrm{A} = 1 - \cos^2 \mathrm{A}$$

devient

$$\sin^2 \mathrm{A} = \mathrm{R}^2 - \cos^2 \mathrm{A}$$

par le rétablissement du rayon ; et que l'expression

$$a = b \sin \mathrm{A} - \frac{\mathrm{C}.\cos \mathrm{B}}{b^2}$$

devient

$$a = \frac{b . \sin \mathrm{A}}{\mathrm{R}} - \frac{\mathrm{R}.\mathrm{C}.\cos \mathrm{B}}{b^2}$$

par le même moyen. (*Voy.* Dimension.)

5. Tous les problèmes qu'on peut se proposer sur le calcul des parties inconnues d'un triangle rectangle par le moyen des parties données se réduisent aux quatre cas suivants :

Ier *cas*. On connaît l'hypothénuse et un autre côté. Désignons par a, b, c, les trois côtés du triangle, et par A, B, C, les angles respectivement opposés à ces côtés; prenons A pour l'angle droit, et conséquemment a pour l'hypothénuse.

b étant le côté donné avec l'hypothénuse a, on aura pour déterminer l'angle B la proportion

$$a : b :: \mathrm{R} : \sin \mathrm{B},$$

ce qui donne, en employant les tables de logarithmes et en se rappelant que Log R $=$ 10,

$$\text{Log} . \sin \mathrm{B} = 10 + \text{Log } b - \text{Log } a$$

Connaissant l'angle B, on a immédiatement C$=90°-$B. Quant au troisième côté c, on peut le calculer directement par la propriété connue (*voy.* Triangle, 36)

$$a^2 = b^2 + c^2, \text{ d'où } c = \sqrt{[a^2 - b^2]}$$

et l'on a, en se servant des logarithmes ,

$$\text{Log } c = \tfrac{1}{2} \{ \text{Log}(a+b) + \text{Log}(a-b) \}$$

On peut encore trouver ce côté, après que B est déterminé, par la proportion

$$b : c :: \mathrm{R} : \cot \mathrm{B}$$

d'où

$$\text{Log} c = \text{Log} b + \text{Log} . \cot \mathrm{B} - 10.$$

IIe *cas*. On connaît les deux côtés de l'angle droit. On aura l'angle B par la proportion

$$c : b :: \mathrm{R} : \text{tang } \mathrm{B}$$

d'où

$$\mathrm{Log.\,tang\,B} = 10 + \mathrm{Log}\,b - \mathrm{Log}\,c$$

L'angle C sera donné par la relation $C = 90° - B$. Quant à l'hypothénuse, comme la propriété directe $a = \sqrt{[b^2 + c^2]}$ ne se prête pas facilement au calcul logarithmique, il sera plus simple de l'obtenir par la proportion

$$a : b :: R : \sin B$$

qui donne, lorsque l'angle B est connu,

$$a = 10 + \mathrm{Log}\,b - \mathrm{Log.\sin}\,B.$$

IIIe *cas*. On connaît l'hypothénuse et un angle aigu.

Ici les trois angles sont donnés et les côtés b et c se calculeront par les formules

$$\mathrm{Log}\,b = \mathrm{Log}\,a + \mathrm{Log.\sin}\,B - 10$$
$$\mathrm{Log}\,c = \mathrm{Log}\,a + \mathrm{Log.\sin}\,C - 10$$

IVe *cas*. On connaît l'un des côtés de l'angle droit, b par exemple, et un angle aigu.

Les trois angles sont encore donnés, et l'on aura l'hypothénuse et l'autre côté par les proportions

$$\sin B : R :: b : a$$
$$R : \mathrm{tang}\,C :: b : c$$

ou par les égalités correspondantes

$$a = 10 + \log b - \sin B$$
$$c = \log b + \log \mathrm{tang}\,C - 10$$

Nous croyons inutile de donner des exemples numériques de l'emploi de ces formules.

6. La résolution des triangles obliquangles repose également sur deux principes fondamentaux dont voici l'énoncé :

1° Dans tout triangle rectiligne les sinus des angles sont entre eux comme les côtés opposés à ces angles.

2° Dans tout triangle rectiligne le carré de l'un quelconque des côtés est égal à la somme des carrés des deux autres côtés, moins deux fois le produit de ces deux côtés et du cosinus de l'angle qu'ils forment. (On suppose le rayon égal à l'unité.)

Pour démontrer le premier principe, considérons un triangle quelconque ABD, du sommet duquel nous abaisserons sur la base la perpendiculaire AC. Cette perpendiculaire forme deux triangles rectangles ACD, ACB, dans lesquels on a, d'après ce qui précède (1)

$$\mathrm{AB} : \mathrm{AC} :: R : \sin B$$
$$\mathrm{AD} : \mathrm{AC} :: R : \sin D$$

Or, les moyens de ces deux proportions étant respectivement égaux, les extrêmes donnent

$$\mathrm{AB} : \mathrm{AD} :: \sin D : \sin B$$

En abaissant la perpendiculaire du sommet de l'angle B sur le côté AD, on trouverait de la même manière

$$\mathrm{AB} : \mathrm{BD} :: \sin D : \sin A$$

On a donc généralement

$$\mathrm{AB} : \mathrm{AD} : \mathrm{BD} :: \sin D : \sin B : \sin A.$$

Si, au lieu de tomber dans l'intérieur du triangle, la perpendiculaire tombait en dehors, on aurait visiblement les mêmes résultats.

Quant au second principe, on a, d'après un théorème démontré ailleurs (*voy.* Triangle, 37),

$$\overline{\mathrm{AD}}^2 = \overline{\mathrm{AB}}^2 + \overline{\mathrm{BD}}^2 - 2\mathrm{BD} \times \mathrm{BC}$$

mais le triangle rectangle ABC donne (3) $\mathrm{BC} = \mathrm{AB} \times \cos B$; donc, en substituant,

$$\overline{\mathrm{AD}}^2 = \overline{\mathrm{AB}}^2 + \overline{\mathrm{BD}}^2 - 2\mathrm{BD} \times \mathrm{AB} \times \cos B.$$

Il est facile de voir que si l'angle B était obtus, cas où la perpendiculaire tombe hors du triangle, on obtiendrait encore le même résultat.

7. En désignant par a, b, c, les trois côtés d'un triangle rectiligne quelconque, et par A, B, C, les angles qui leur sont respectivement opposés, nous aurons les deux principes fondamentaux

$$(m) \ldots \, a : b : c :: \sin A : \sin B : \sin C$$
$$(n) \ldots\ldots\ldots\, c^2 = a^2 + b^2 - 2ab.\cos C$$

desquels nous allons déduire la solution de tous les cas particuliers.

Nous ferons observer en passant que, pour tenir compte du rayon des tables dans la seconde expression, il faut rendre ses termes homogènes, et qu'elle devient alors

$$c^2 = a^2 + b^2 - \frac{2ab.\cos C}{R}$$

8. On peut encore ramener à quatre tous les cas particuliers de solution des triangles en général.

Ier *cas*. Deux côtés a et b sont donnés avec l'angle A opposé à l'un d'eux.

Pour trouver d'abord l'angle B opposé à l'autre côté b, on aura la proportion

$$a : b :: \sin A : \sin B,$$

et, par logarithmes,

$$\mathrm{Log.\sin}\,B = \mathrm{Log}\,b + \mathrm{Log.\sin}\,A - \mathrm{Log}\,a$$

On doit observer ici que les tables trigonométriques ne donnent jamais pour l'arc correspondant à un sinus donné qu'un arc moindre qu'un quart de la circonférence, et que ce sinus peut indifféremment correspondre à cet arc ou à son supplément, parce qu'on a généralement $\sin M = \sin (180° - M)$. Il devient donc essentiel de savoir quelle doit être la nature de l'angle B cherché, car s'il est aigu sa valeur est directement donnée par les tables, tandis que s'il est obtus il faut prendre le supplément de l'arc des tables. Or, si l'on ne connaissait pas directement la nature de cet angle, on pourrait la déterminer dans certains cas à l'aide des considérations suivantes : si l'angle donné A est obtus, B doit être aigu ; si l'angle donné A étant aigu, le côté a est plus grand que b, l'angle B ne peut être qu'aigu. Ce n'est donc que lorsque A est aigu, et a plus petit que b, que B peut être obtus et qu'il y a indécision.

L'angle B étant connu, on aura l'angle C par la relation $C = 180° - A - B$, puis on calculera le troisième côté C par la proportion

$$\sin A : \sin C :: a : c.$$

IIe *cas*. Un côté a est donné avec deux angles.

Le troisième angle se trouve donné médiatement et l'on calcule les deux autres côtés par les proportions

$$\sin A : \sin B :: a : b$$

$$\sin A : \sin C :: a : c$$

ou par les égalités correspondantes

$$\text{Log} b = \text{Log} a + \text{Log} . \sin B - \text{Log} . \sin A$$

$$\text{Log} c = \text{Log} a + \text{Log} . \sin C - \text{Log} . \sin A.$$

IIIe *cas*. Deux côtés a et b sont donnés avec l'angle compris C.

Pour trouver d'abord les deux autres angles, il faut observer que leur somme est connue puisqu'elle est égale à $180° - C$, et que le problème se réduit ainsi à chercher leur différence, parce que deux quantités dont on connaît la somme et la différence se déterminent par une règle très-simple. (*Voy.* Equation, 10.)

Or, en vertu du principe (m), nous avons

$$a : b :: \sin A : \sin B$$

d'où, par composition de rapport,

$$a + b : a - b :: \sin A + \sin B : \sin A - \sin B,$$

mais on sait que (*voy.* Sinus, 33)

$$\frac{\sin A + \sin B}{\sin A - \sin B} = \frac{\tan g \frac{1}{2}(A+B)}{\tan g \frac{1}{2}(A-B)}.$$

Donc, en substituant, on a la proportion

$$a + b : a - b :: \tan g \tfrac{1}{2}(A+B) : \tan g \tfrac{1}{2}(A-B)$$

au moyen de laquelle on pourra calculer la demi-différence $\frac{1}{2}(A-B)$. Connaissant cette demi-différence, ou aura le plus grand des angles, en l'ajoutant à la demi-somme et le plus petit en la retranchant.

On simplifie les calculs en observant que

$$\tan g \tfrac{1}{2}(A+B) = \tan g \tfrac{1}{2}(180° - C) = \tan g (90° - \tfrac{1}{2}C)$$
$$= \cot \tfrac{1}{2} C$$

Ainsi, en désignant la demi-différence $\frac{1}{2}(A-B)$ par Δ, il vient

$$\tan g \, \Delta = \frac{a-b}{a+b} \cdot \cot \tfrac{1}{2} C$$

Après avoir calculé l'angle Δ par cette formule, on trouve ensuite A et B par les relations

$$A = 90° - \tfrac{1}{2}C + \Delta$$
$$B = 90° - \tfrac{1}{2}C - \Delta$$

Nous supposons $a > b$ d'où $A > B$.

Les angles A et B étant ainsi déterminés, on aura le troisième côté c par la proportion

$$\sin A : \sin C :: a : c.$$

IVe *cas*. Les trois côtés sont donnés.

En vertu du principe (n) l'angle C opposé au côté c sera donné par l'expression

$$\cos C = \frac{a^2 + b^2 - c^2}{2ab}$$

qu'il s'agit de transformer en une autre plus commode pour le calcul. Or, on a généralement (*voy.* Sinus, 25)

$$2 \sin^2 \tfrac{1}{2} z = 1 - \cos z$$

et, par conséquent, ici

$$2 \sin^2 \tfrac{1}{2} C = 1 - \frac{a^2 + b^2 - c^2}{2ab}$$
$$= \frac{2ab - a^2 - b^2 + c^2}{2ab}$$
$$= \frac{(c+a-b)(c+b-a)}{2ab}$$

d'où

$$\sin \tfrac{1}{2} C = \sqrt{\left[\frac{(c+a-b)(c+b-a)}{4ab} \right]}$$

Si nous désignons par s la demi-somme des trois côtés $a+b+c$, nous aurons

$$c + a - b = 2s - 2b, \quad c + b - a = 2s - 2a$$

et la dernière expression prendra la forme

$$\sin \tfrac{1}{2} C = \sqrt{\left[\frac{(s-a)(s-b)}{ab} \right]}$$

que l'on peut aisément calculer par logarithmes.

On aura évidemment de même pour les deux autres angles A et B les expressions semblables

$$\sin \tfrac{1}{2} A = \sqrt{\left[\frac{(s-b)(s-c)}{bc}\right]}$$

$$\sin \tfrac{1}{2} B = \sqrt{\left[\frac{(s-a)(s-c)}{ac}\right]}$$

On peut trouver d'autres formules analogues pour résoudre la question. Par exemple, en partant de l'expression connue (*voy.* Sinus, 25)

$$2\cos^2 \tfrac{1}{2} z = 1 + \cos z$$

on a

$$2\cos^2 \tfrac{1}{2} C = 1 + \frac{a^2+b^2-c^2}{2ab}$$
$$= \frac{2ab+a^2+b^2-c^2}{2ab}$$
$$= \frac{(a+b)^2-c^2}{2ab}$$
$$= \frac{(a+b+c)(a+b-c)}{2ab}$$

d'où enfin

$$\cos \tfrac{1}{2} C = \sqrt{\left[\frac{s.(s-c)}{ab}\right]}$$

Cette dernière expression doit être préférée à la précédente lorsque l'angle C est très-obtus.

En multipliant l'expression de $\cos \tfrac{1}{2} C$ par celle de $\sin \tfrac{1}{2} C$, et en observant que $2\sin\tfrac{1}{2}C.\cos\tfrac{1}{2}C = \sin C$ (*voy.* Sinus, 24), on obtient encore :

$$\sin C = \frac{2}{ab} \sqrt{[s(s-a)(s-b)(s-c)]}$$

formule moins simple que les deux autres, mais non moins remarquable.

9. Il nous reste à donner la détermination de l'*aire* du triangle par le moyen de quelques-unes de ces parties. Pour cet effet, rappelons-nous que l'aire d'un triangle quelconque est égale à la moitié du produit de sa base par sa hauteur. Ainsi, en désignant cette aire par S et prenant pour exemple le triangle de la figure précédente, nous aurons

$$S = \tfrac{1}{2} BD \times AC,$$

mais le triangle rectangle ABC donne AC = AB.sin B ; donc, en substituant ,

$$S = \tfrac{1}{2} BD \times AB \times \sin B$$

c'est-à-dire que « l'aire d'un triangle est égale à la

moitié du produit de deux quelconques de ses côtés et du sinus de l'angle qu'ils forment. »

En reprenant les notations précédentes nous aurons

$$S = \tfrac{1}{2} ab . \sin C$$

Si dans cette expression nous substituons celle de sin C trouvée dans le numéro précédent, il viendra

$$S = \sqrt{[s(s-a)(s-b)(s-c)]}$$

formule qui donne l'aire du triangle par le moyen des trois côtés et que nous avons démontrée ailleurs d'une manière directe (*voy.* Application, 20).

Dans le cas où l'on connaîtrait seulement un côté c et les deux angles adjacens A et B, l'aire serait donnée par la formule

$$S = 1 . \frac{c^2.\sin A. \sin B}{\sin(A+B)}$$

qu'on obtient en cherchant l'expression de la hauteur du triangle en fonction de la base et des angles adjacens.

10. Pour donner quelques exemples de l'application de ces formules, proposons de déterminer les angles d'un triangle dont les trois côtés ont pour longueurs données 1200^m, 860^m et 780^m. Posant $a = 1200^m$, $b = 860^m$, $c = 780^m$, nous trouverons successivement

$$s=\tfrac{1}{2}(a+b+c)=1420,\ s-a=220,\ s-b=560,\ s-c=640$$

Observons maintenant que pour rendre la formule

$$\sin \tfrac{1}{2} C = \sqrt{\left[\frac{(s-a)(s-b)}{ab}\right]}$$

calculable par logarithmes il faut rendre ses membres homogènes en y introduisant le rayon R des tables ; or cette formule est la même chose que

$$\sin^2 \tfrac{1}{2} C = \frac{(s-a)(s-b)}{ab}$$

dont le premier membre a deux dimensions, tandis que la dimension du second est nulle; il faut donc la mettre sous la forme

$$\sin^2 \tfrac{1}{2} c = R^2 . \frac{(s-a)(s-b)}{ab}$$

et l'on a, en employant les logarithmes, à cause de $\log R^2 = 2 \log R = 20$,

$$\log.\sin \tfrac{1}{2} C = \tfrac{1}{2}[20+\log(s-a)+\log(s-b)-\log a-\log b]$$

Voici le calcul

$$\log R^2 = 20,0000000$$
$$\log (s-a) = 2,3424227$$
$$\log (s-b) = 2,7481880$$

1ʳᵉ somme..... $= 25,0906107$

$$\log a = 3,0791812$$
$$\log b = 2,9344984$$

2ᵉ somme...... $6,0136796$

1ʳᵉ somme..... $25,0906107$
2ᵉ somme..... $6,0136796$

Différence..... $19,0769311$

moitié ou log sin $\frac{1}{2} c = 9,5384655$

D'où $\frac{1}{2}$ C $= 20°\ 12'\ 47'',\ 4$, et C $= 40°\ 25'\ 34'',\ 8$.

On peut ne faire qu'une seule addition en se servant des *complémens arithmétiques* (*voy.* ce mot), mais il faut alors avoir le soin de retrancher de la dernière caractéristique autant de *dixaines* qu'on a employé de complémens. Voici le calcul de l'angle B fait de cette manière. On a ici

$$\log \sin \tfrac{1}{2} B = \tfrac{1}{2}[20+\log(s-a)+\log(s-c)-\log a-\log c]$$

et par suite

$$20 = 20,0000000$$
$$\log (s-a) = 2,3424227$$
$$\log (s-c) = 2,8061800$$
$$compl.\ \log a = 6,9208188$$
$$compl.\ \log b = 7,1079054$$

somme..... $39,1773269$

$$-\ 20,$$

$$19,1773269$$

moitié ou log sin $\frac{1}{2}$ B $= 9,5886634$

d'où $\frac{1}{2}$ B $= 22°\ 49'\ 14'',\ 7$, et B $= 45°\ 38'\ 29'',\ 4$.

On voit qu'en calculant cette formule par les *complémens arithmétiques* on peut se dispenser de tenir compte du rayon, car on retranche à la fin les deux dixaines que ce rayon y introduit.

Connaissant les angles C et B on peut obtenir l'angle A en retranchant leur somme de 180°; mais il vaut mieux calculer directement cet angle, ce qui donne un moyen de vérification, puisqu'on doit trouver ensuite

A + B + C $= 180°$. Appliquant la même formule on a

$$\log (s-b) = 2,7481880$$
$$\log (s-c) = 2,8061800$$
$$compl.\ \log b = 7,0655016$$
$$compl.\ \log c = 7,1079054$$

somme.... $19,7277750$

moitié ou log. sin $\frac{1}{2}$ A $= 9,8638875$

d'où $\frac{1}{2}$ A $= 46°\ 57'\ 57'',\ 9$ et A $= 93°\ 55'\ 55'',\ 8$.

Rassemblant ces résultats et prenant leur somme, on trouve

$$A = 93°\ 55',\ 55'',\ 8$$
$$B = 45\ \ 38\ \ 29,\ 4$$
$$C = 40\ \ 25\ \ 34,\ 8$$

somme.... $180°\ 0'\ 0''$

11. Supposons maintenant que dans le même triangle on connaisse seulement les côtes a et b avec l'angle compris C et que l'on veuille calculer les autres parties.

On a donc $a = 1200^m$, $b = 860^m$ et C $= 40°\ 25'\ 34'',\ 8$. Pour déterminer les angles A et B nous emploierons la formule du III⁰ *cas*

$$\tan \Delta = \frac{a-b}{a+c} \cdot \cot \tfrac{1}{2} C$$

dans laquelle $\Delta = \frac{1}{2}$ (A—B).

Les membres étant homogènes il n'y a pas besoin d'introduire le rayon et en prenant les logarithmes on a

$$\log.\ \tan \Delta = \log(a-b) + \log \cot \tfrac{1}{2} C - \log(a+b)$$

or, $a-b = 1200 - 860 = 340$, $a+b = 1200 + 860 = 2060$, $\frac{1}{2}$ C $= 20°\ 12'\ 47'',\ 4$; ainsi réalisant les calculs indiqués, on obtiendra

$$\log (a-b) = 2,5314789$$
$$\log.\ \cot \tfrac{1}{2} C = 10,4339289$$

somme..... $12,9654078$
$$\log (a+b) = 3,3138672$$

diff. ou log tang $\Delta = 9,6515406$

d'où $\Delta = 24°\ 8'\ 43'',\ 12$. A l'aide de cette valeur de Δ, on obtient

$$A = 90° - \tfrac{1}{2} C + \Delta = 93°\ 55'\ 55'',\ 72$$
$$B = 90° - \tfrac{1}{2} C - \Delta = 45\ \ 38\ \ 29,\ 48$$

74

Ces valeurs de A et de B ne diffèrent de celles obtenues ci-dessus que dans les *centièmes* de secondes , et cette différence résulte d'une part des limites des tables des logarithmes, et de l'autre de ce que nous nous sommes bornés dans les calculs précédens aux *dixièmes* de seconde.

Pour obtenir maintenant le troisième côté C , nous nous servirons de la proportion

$$\sin A : \sin C :: a : c,$$

et nous trouverons

$$\text{Log } a = 3{,}0791812$$
$$\text{Log..sin C} = 9{,}8118897$$
$$\text{somme......} \quad 13{,}8910709$$
$$\text{Log sin A} = 9{,}9989764$$
$$\textit{diff.} \text{ ou Log} c = 2{,}8920945$$

d'où $c = 780$ mètres.

12. La surface du même triangle en fonction des côtés a et b et de l'angle compris C étant (n° 9),

$$S = \tfrac{1}{2}\, ab.\sin C$$

Pour la rendre homogène, comme S, exprimant une surface, a 2 dimensions, nous poserons $S = \tfrac{1}{2} \dfrac{ab \sin C}{R}$

ou, par logarithmes ,

$$\text{Log S} = \text{Log} a + \text{Log} c + \text{Log.sin C} - \text{Log} 2 - 10.$$

On trouvera, en réalisant les calculs ,

$$\text{Log } a = 3{,}0791812$$
$$\text{Log } b = 2{,}9344984$$
$$\text{Log.sin } c = 9{,}8118897$$
$$\text{somme....} \quad 15{,}8255693$$
$$\text{Log} 2 + 10 = 10{,}3010300$$
$$\textit{diff.} \text{ ou Log S} = 5{,}5245393$$

d'où $S = 334610$ mètres carrés, à un dixième de mètre carré près.

13. Pour obtenir la même surface à l'aide des trois côtés, il faut employer la formule

$$S = \sqrt{[s.(s-a)(s-b)(s-c)]} .$$

qui donne, en logarithmes ,

$$\text{Log S} = \tfrac{1}{2} \{ \text{Log} s + \text{Log}(s-a) + \text{Log}(s-b) + \text{Log}(s-c)\}$$

on a ici $s = 1420$, $s - a = 220$, $s - b = 500$, $s - c = 640$, et l'on trouve en réalisant les calculs

$$\text{Log } s = 3{,}1522873$$
$$\text{Log}(s-a) = 2{,}3424227$$
$$\text{Log}(s-b) = 2{,}7481880$$
$$\text{Log}(s-c) = 2{,}8061800$$
$$\textit{somme.......} \quad 11{,}0490780$$
$$\textit{moitié} \text{ ou Log S} = 5{,}5245390$$

d'où , comme ci-dessus, $S = 334610$ mètres carrés.

II. TRIGONOMÉTRIE SPHÉRIQUE. On nomme *triangle sphérique* toute partie de la surface d'une sphère limitée par trois arcs de cercle tracés sur cette surface; mais on ne considère généralement que ceux de ces triangles qui sont formés par des arcs de grands cercles.

Les côtés des triangles sphériques sont de cette manière des arcs qui appartiennent à des cercles égaux et on les évalue en degrés , minutes , etc., tout comme leurs angles , lesquels se mesurent par l'inclinaison respective des plans des côtés qui les forment.

14. Tous les plans des grands cercles d'une sphère passant par son centre, on peut se représenter un triangle sphérique ABC comme la base curviligne d'une pyramide triangulaire dont le sommet O est au centre de la sphère, alors les côtés AC, AB, BC du triangle sont respectivement les mesures des angles plans qui composent l'angle solide du sommet de la pyramide et les angles du triangle sont les mêmes que ceux des faces de cet angle solide.

15. Comme l'angle de deux plans se mesure par l'angle rectiligne de deux droites perpendiculaires à l'un quelconque des points de l'intersection des plans et menées l'une dans un plan et l'autre dans l'autre, on peut dire, généralement, qu'un angle sphérique est le même que l'angle rectiligne formé par les tangentes de ses côtés à leur point d'intersection ou au sommet.

16. La somme des angles plans qui composent un angle solide étant toujours moindre que quatre angles droits, il en résulte que la somme des trois côtés d'un triangle sphérique est toujours plus petite qu'une circonférence entière, ou que 360°, en adoptant la division sexagésimale du cercle, la seule encore généralement en usage.

17. Il n'en est pas de même des angles d'un triangle sphérique que de ceux d'un triangle rectiligne, non seulement leur somme n'est pas constamment égale à deux angles droits, mais encore elle dépasse toujours

cette quantité, de sorte que la connaissance de deux angles est insuffisante pour déterminer le troisième.

La somme des trois angles d'un triangle sphérique varie entre les limites de deux et de six angles droits, c'est-à-dire, qu'elle est toujours plus grande que 180° et plus petite que 540°.

18. Lorsqu'un triangle sphérique a un de ses angles droits, il prend le nom de *triangle rectangle*, comme on nomme aussi *hypothénuse* le côté opposé à cet angle. Mais un triangle sphérique peut être doublement et triplement rectangle, et il en résulte alors les particularités suivantes.

Si les trois angles d'un triangle sphérique sont droits, les plans des grands cercles qui le forment sont respectivement perpendiculaires l'un sur les deux autres, alors les trois angles plans qui composent l'angle solide du sommet de la pyramide (14) sont droits, et conséquemment les trois côtés du triangle sphérique sont des quarts de circonférence. Ainsi lorsque les trois angles ont chacun 90°, les trois côtés ont aussi chacun 90°, et tout est déterminé dans le triangle.

Si deux angles seulement sont droits, le plan de leur côté commun est perpendiculaire à la fois sur les plans des deux autres côtés, de sorte que l'angle solide au sommet de la pyramide se trouve composé de deux angles plans droits et d'un troisième angle égal au troisième angle du triangle sphérique. Dans ce cas donc les côtés du triangle sont respectivement égaux aux angles qui leur sont opposés, et tout se trouve encore déterminé.

19. Connaissant trois des six choses qui composent un triangle sphérique, déterminer les trois autres, tel est le problème général de la *trigonométrie sphérique*; il ne diffère de celui de la trigonométrie rectiligne qu'en ce qu'il n'est pas besoin que parmi les trois choses données se trouve au moins un des côtés. Les divers cas qu'il présente peuvent être embrassés par une seule formule dont la déduction ne présente aucune difficulté.

Soit ABC un triangle sphérique quelconque, et O le centre de la sphère sur laquelle il est tracé. Du centre O, menons par les sommets du triangle les droites indéfinies OF, OE et OD. Prenons OF à volonté, et du point F menons sur OF deux perpendiculaires l'une

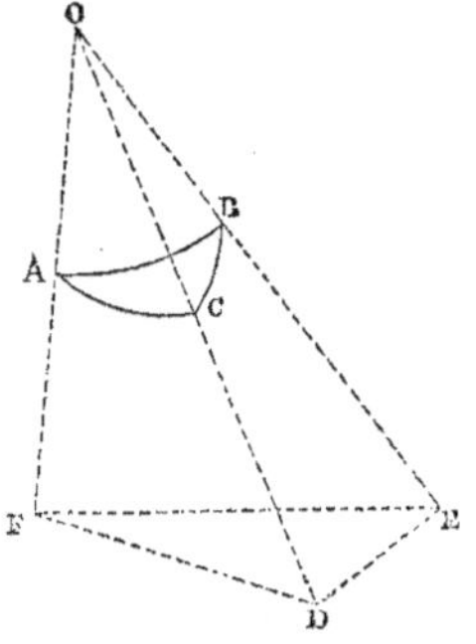

FE dans le plan de AOB, et l'autre FD dans le plan de AOC. Ces perpendiculaires, prolongées suffisamment, rencontreront OE et OD en des points E et D que nous joindrons par la droit DE.

D'après cette construction, l'angle DFE des deux perpendiculaires mesure l'angle des plans AOC et AOB; il est donc le même que l'angle A du triangle sphérique.

Mais dans les triangles rectilignes FDE, ODE on a (7)

$$\frac{\cos \text{EFD}}{\text{R}} = \frac{\overline{\text{FE}}^2 + \overline{\text{FD}}^2 - \overline{\text{DE}}^2}{2\,\text{FE}.\text{FD}}$$

$$\frac{\cos \text{EOD}}{\text{R}} = \frac{\overline{\text{OE}}^2 + \overline{\text{OD}}^2 - \overline{\text{DE}}^2}{2\,\text{OE}.\text{OD}}$$

Prenant dans la seconde expression la valeur de $\overline{\text{DE}}^2$ et la substituant dans la première, il viendra (p)

$$\cos \text{EFD} = \frac{\text{OE}.\text{OD}.\cos\,\text{EOD} - \overline{\text{OF}}^2.\text{R}}{\text{FE}.\text{FD}}$$

en observant que

$$\overline{\text{OE}}^2 - \overline{\text{FE}}^2 = \overline{\text{OF}}^2, \quad \overline{\text{OD}}^2 - \overline{\text{FD}}^2 = \overline{\text{OF}}^2$$

Représentons maintenant par A, B, C, les trois angles du triangle sphérique, et par a, b, c les côtés opposés, et remarquons que

$$\text{EFD} = \text{A}, \text{EOD} = \text{BC} = a, \text{FOD} = \text{AC} = b, \text{FOE} = \text{AB} = c$$

Ceci posé, les triangles rectilignes fournissent

$$\text{OE} : \text{FE} :: \text{R} : \sin\text{FOE} :: \text{R} : \sin c$$
$$\text{OD} : \text{FD} :: \text{R} : \sin\text{FOD} :: \text{R} : \sin b$$
$$\text{OF} : \text{FE} :: \cos\text{FOE} : \sin\text{FOE} :: \cos c : \sin c$$
$$\text{OF} : \text{FD} :: \cos\text{FOD} : \sin\text{FOD} :: \cos b : \sin b$$

ainsi

$$\text{OE} = \frac{\text{R}.\text{FE}}{\sin c}, \text{OD} = \frac{\text{R}.\text{FD}}{\sin b}, \text{ d'où } \text{OE}.\text{OD} = \frac{\text{R}^2.\text{FE}.\text{FD}}{\sin b.\sin c}$$

$$\text{OF} = \frac{\text{FE}.\cos c}{\sin c}, \text{ OF} = \frac{\text{FD}.\cos b}{\sin b}, \text{ d'où}$$

$$\overline{\text{OF}}^2 = \frac{\text{FE}.\text{FD}.\cos c.\cos b}{\sin c.\sin b},$$

substituant dans l'expression (p), il vient

$$\cos \text{A} = \frac{\text{R}^2.\cos a}{\sin b.\sin c} - \frac{\text{R}.\cos b.\cos c}{\sin b.\sin c}$$

ou simplement, en faisant R = 1 (q),

$$\cos A = \frac{\cos a - \cos b . \cos c}{\sin b . \sin c}.$$

On obtiendrait évidemment, pour les deux autres angles B et C, les expressions semblables (q),

$$\cos B = \frac{\cos b - \cos a . \cos c}{\sin a . \sin c}$$

$$\cos C = \frac{\cos c - \cos a . \cos b}{\sin a . \sin b}.$$

Or, considérant comme inconnues trois des six quantités qui entrent dans ces expressions, on a ainsi trois équations qui suffisent dans tous les cas pour obtenir leur détermination complète.

20. Avant de passer aux applications, tirons de ces formules la relation qui existe entre les côtés et les angles opposés. Dans l'expression fondamentale (*voy.* Sinus, 30)

$$\sin A = \sqrt{[1 - \cos^2 A]}$$

si l'on substitue la valeur de $\cos^2 A$ prise dans l'expression (q), il vient

$$\sin A = \sqrt{\left[\frac{\sin^2 b . \sin^2 c - (\cos a - \cos b . \cos c)^2}{\sin^2 b . \sin^2 c}\right]}$$

Observant que $\sin^2 b . \sin^2 c = (1 - \cos^2 b)(1 - \cos^2 c)$, et développant les produits, on obtient

$$\sin A = \frac{1}{\sin b . \sin c} . \sqrt{[1 - \cos^2 a - \cos^2 b - \cos^2 c}$$
$$+ 2 \cos a . \cos b . \cos c]$$

et, en divisant les deux membres par $\sin a$,

$$\frac{\sin A}{\sin a} = \frac{1}{\sin a . \sin b . \sin c} \sqrt{[1 - \cos^2 a - \cos^2 b}$$
$$- \cos^2 c + 2 \cos a . \cos b . \cos c]$$

ou simplement

$$\frac{\sin A}{\sin a} = M$$

en désignant par M le second membre.

Opérant de la même manière sur $\sin B$ et $\sin C$, on trouverait

$$\frac{\sin B}{\sin b} = M, \quad \frac{\sin C}{\sin c} = M,$$

d'où

$$\frac{\sin A}{\sin a} = \frac{\sin B}{\sin b} = \frac{\sin C}{\sin c}$$

c'est à-dire, que *les sinus des angles sont entre eux comme les sinus des côtés opposés.* Propriété analogue à celle des triangles rectilignes.

21. Pour appliquer les principes précédens aux triangles sphériques rectangles, nous supposerons que A est un angle droit, et par conséquent que a est l'hypothénuse : or, B et C représentant les deux autres angles que l'on nomme *obliques* pour les distinguer de l'angle droit, quoiqu'ils puissent être droits eux-mêmes, nous avons, d'après la dernière proposition,

$$\sin A : \sin B :: \sin a : \sin b$$
$$\sin A : \sin C :: \sin a : \sin c \,;$$

ou, parce que A étant de 90°, $\sin A = R$,

$$R : \sin B :: \sin a : \sin b$$
$$R : \sin C :: \sin a : \sin c \,;$$

d'où il suit que *dans tout triangle sphérique rectangle, le rayon est au sinus d'un angle oblique comme le sinus de l'hypothénuse est au sinus du côté opposé à cet angle.*

Ainsi deux de ces trois choses, l'hypothénuse, un angle oblique et le côté qui lui est opposé, étant données, il suffira de résoudre cette proportion pour déterminer la troisième. On a donc pour les trois cas qui se présentent ici les expressions

$$\sin B = \frac{R . \sin b}{\sin a}$$

$$\sin a = \frac{R . \sin b}{\sin B}$$

$$\sin b = \frac{\sin a . \sin B}{R}$$

dans lesquelles B représente l'un quelconque des deux angles obliques.

22. Lorsque $A = 90°$, on a $\cos A = 0$, et l'expression (q) devient

$$0 = \frac{\cos a - \cos b . \cos c}{\sin b . \sin c}$$

d'où

$$\cos a - \cos b . \cos c = 0, \quad \cos a = \cos b . \cos c.$$

En rétablissant le rayon, la dernière égalité devient

$$R . \cos a = \cos b . \cos c,$$

ce qui est la même chose que la proportion

$$R : \cos b :: \cos c : \cos a.$$

Ainsi, « dans tout triangle sphérique rectangle, le rayon est au cosinus d'un des côtés de l'angle droit, comme le cosinus de l'autre côté est au cosinus de l'hypothénuse. »

Deux des côtés d'un triangle sphérique rectangle

étant donnés, on peut donc toujours déterminer le troisième.

23. Si dans l'égalité $\cos a = \cos b . \cos c$ nous substituons la valeur de $\cos c$,

$$\cos c = \cos a . \cos b + \sin a . \sin b . \cos C$$

tirée de la troisième des expressions (q), nous obtiendrons

$$\cos a = \cos a . \cos^2 b + \sin a . \sin b . \cos c . \cos C$$

ce qui donne, en transposant $\cos a . \cos^2 b$,

$$(1 - \cos^2 b) \cos a = \sin a . \sin b . \cos b . \cos C$$

et, en divisant par $\sin a . \sin b$,

$$\frac{(1 - \cos^2 b) . \cos a}{\sin a . \sin b} = \cos b . \cos C$$

Or, $1 - \cos^2 b = \sin^2 b$ et $\frac{\cos a}{\sin a} = \cot a$, ainsi cette dernière égalité se réduit à

$$\sin b . \cot a = \cos b . \cos C,$$

ce que l'on peut mettre sous la forme

$$\frac{\sin b}{\cos b} = \frac{\cos C}{\cot a},$$

d'où enfin,

$$\tang b = \tang a . \cos C.$$

En rendant cette égalité homogène, elle devient

$$R . \tang b = \tang a . \cos C,$$

et donne la proportion

$$R : \cos C :: \tang a : \tang b,$$

c'est-à-dire, « dans tout triangle sphérique rectangle le rayon est au cosinus d'un angle oblique comme la tangente de l'hypothénuse est à la tangente du côté adjacent à cet angle.

24. On déduirait par des procédés semblables trois autres principes nécessaires pour la résolution des triangles sphériques et dont voici les énoncés :

1° Le sinus d'un angle oblique est au cosinus de l'autre angle oblique comme le rayon est au cosinus du côté opposé à cet autre angle oblique.

2° Le rayon est à la tangente d'un angle oblique comme le sinus du côté adjacent est à la tangente du côté opposé.

3° La tangente d'un angle oblique est à la cotangente de l'autre angle oblique comme le rayon est au cosinus de l'hypothénuse.

A l'aide de ces trois principes et des trois précédens, deux quelconques des cinq choses qui composent un triangle sphérique rectangle étant données (nous ne tenons pas compte de l'angle droit qui est toujours connu), ou pourra calculer les trois autres. Nous devons faire observer que lorsque la valeur de la quantité cherchée est donnée par son sinus seulement, comme le même sinus correspond à deux angles supplémens l'un de l'autre, il faut pouvoir déterminer la nature de cet angle par les grandeurs des autres données, sans cela le choix entre ses deux valeurs demeure entièrement incertain. C'est ce que l'on nomme les *cas ambigus* ou *douteux*. Ils sont indiqués dans le tableau suivant qui présente l'ensemble de la solution des triangles sphériques rectangles.

TABLEAU

De tous les cas de solution d'un triangle sphérique rectangle

L'hypothénuse est représentée par a, les deux côtés obliques par b et c, et les deux angles obliques qui leur sont respectivement opposés par B et C.

Données.		Cherchées.	Formules.
a, B	b.	1......... $\sin b^*$	$= \sin a . \sin B^*$
	c.	2.........$\tang c$	$= \tang a . \cos B$
	C.	3.........$\cot C$	$= \cos a . \tang B$
a, C	c.	4......... $\sin c^*$	$= \sin a . \sin C^*$
	b.	5.........$\tang b$	$= \tang a . \cos C$
	B.	6.........$\cot B$	$= \cos a . \tang C$
a, c	b.	7......... $\cos b$	$= \dfrac{\cos a}{\cos c}$
	B.	8......... $\cos B$	$= \tang c . \cot a$
	C.	9......... $\sin C^*$	$= \dfrac{\sin c^*}{\sin a}$
a, b	c.	10......... $\cos c$	$= \dfrac{\cos a}{\cos b}$
	C.	11......... $\cos C$	$= \tang b . \cot a$
	B.	12......... $\sin B^*$	$= \dfrac{\sin b^*}{\sin a}$
c, C cas douteux.	a.	13......... $\sin a$	$= \dfrac{\sin c}{\sin C}$
	b.	14......... $\sin b$	$= \tang c . \cot C$
	B.	15......... $\sin B$	$= \dfrac{\cos C}{\cos c}$
b, B cas douteux.	a.	16......... $\sin a$	$= \dfrac{\sin b}{\sin B}$
	c.	17......... $\sin c$	$= \tang b . \cot B$
	C.	18......... $\sin C$	$= \dfrac{\cos B}{\cos c}$
c, B	a.	19......... $\cot a$	$= \cos B . \cot c$
	b.	20......... $\tang b$	$= \tang B . \sin c$
	C.	21......... $\cos C$	$= \sin B . \cos c$

$$b, C \begin{cases} a. \ 22 \ldots\ldots\ldots \cot a = \cos C . \cot b \\ c. \ 23 \ldots\ldots\ldots \tan c = \tan C . \sin b \\ B. \ 24 \ldots\ldots\ldots \cos B = \sin C . \cos b \end{cases}$$

$$b, c \begin{cases} a. \ 25 \ldots\ldots\ldots \cos a = \cos b . \cos c \\ B. \ 26 \ldots\ldots\ldots \cot B = \sin c . \cot b \\ C. \ 27 \ldots\ldots\ldots \cot C = \cot c . \sin b \end{cases}$$

$$B, C \begin{cases} a. \ 28 \ldots\ldots\ldots \cos a = \cot B . \cot C \\ b. \ 29 \ldots\ldots\ldots \cos b = \dfrac{\cos B}{\sin C} \\ c. \ 3o \ldots\ldots\ldots \cos c = \dfrac{\cos C}{\sin B} \end{cases}$$

Pour calculer ces formules par les logarithmes, il faut les rendre homogènes en y introduisant le rayon, ce qui se fait en divisant par R les seconds membres qui sont des *produits*, et en multipliant par R ceux qui sont des *quotiens*.

Les arcs marqués d'un astérisque sont de même nature. Par exemple la formule $\sin b^* = \sin a . \sin B^*$ indique que l'arc b cherché est plus grand ou plus petit qu'un angle droit, selon que B est lui-même plus grand ou plus petit que 90°. Dans les trente cas possibles il n'y en a donc réellement que six de douteux. Cette indication est fondée sur ce que dans tout triangle sphérique rectangle un angle oblique et le côté qui lui est opposé, sont toujours de la même espèce, c'est-à-dire, tous deux plus grands ou tous deux plus petits que 90°.

En examinant le tableau précédent on voit que les trente cas qu'il présente se réduisent aux cinq cas généraux suivans dont les données sont :

1. L'hypothénuse et un angle oblique.
2. L'hypothénuse et un côté oblique.
3. Les deux côtés obliques.
4. Un côté oblique et un angle oblique.
5. Les deux angles obliques.

On peut même encore embrasser ces cinq cas généraux par une analogie ou proportion très-élégante due à Néper, et nous devons nous étonner que les auteurs modernes des traités de trigonométrie ne fassent pas mention d'un principe qui a l'avantage de ramener toute la solution des triangles sphériques rectangles à un seul cas général que son élégante symétrie permet de graver facilement dans la mémoire. Voici ce principe.

Dans un triangle chaque partie est nécessairement *comprise* entre deux autres qui lui sont ou immédiatement *conjointes* ou qui en sont *séparées* par celles-ci. Le côté a par exemple est *compris* entre les deux angles *conjoints* B et C ou bien entre les côtés b et c, *séparés* par ces angles conjoints. Chaque côté a donc ainsi deux angles pour parties *conjointes* et deux côtés pour parties *séparées*, tandis que chaque angle a deux côtés

pour parties *conjointes* et deux angles pour parties *séparées*. Mais quand il s'agit d'un triangle rectangle il ne faut pas tenir compte de l'angle droit, et en appliquant cette subdivision des parties *conjointes* et des parties *séparées*, on doit considérer les cinq parties de ces triangles, autres que l'angle droit, liées immédiatement entre elles comme si l'angle droit n'existait pas. De cette manière chaque côté de l'angle droit a pour parties *conjointes* l'angle oblique adjacent et l'autre côté, et pour parties *séparées*, l'hypothénuse et l'angle oblique opposé. En général a, b, c, étant toujours les trois côtés, et B, C les angles obliques, les parties *conjointes* et les parties *séparées* de chacune de ces cinq parties sont :

	conjointes.	séparées.
Pour a.....	B, C.....	b, c
b.....	C, c.....	a, B
c.....	b, B.....	a, C
B.....	a, c.....	C, b
C.....	a, b.....	B, c

Voici maintenant la loi entièrement générale qui lie toute partie *comprise* à ses *conjointes* et à ses *séparées*.

Le *cosinus* d'une partie *comprise* est toujours égal au produit soit des *cotangentes* des parties *conjointes*, soit des *sinus* des parties *séparées*.

Quand les côtés de l'angle droit interviennent dans la formule il faut au lieu de ces côtés employer leurs *complémens*, et dès lors à leurs *sinus, cosinus* et *cotangentes* substituer leurs *cosinus, sinus* et *tangentes*. Ainsi pour le côté a, par exemple, les parties *conjointes* donnent

$$\cos a = \cot B . \cot C$$

et les parties séparées

$$\cos a = \cos b . \cos c.$$

En appliquant de même ce principe à toutes les parties, on obtiendra dix équations qui fourniront les trente formules de la table, en prenant successivement, dans chacune, pour inconnue, une des trois quantités qu'elle renferme.

25. Tous les cas de la solution des triangles sphériques en général peuvent être ramenés à quatre cas généraux essentiellement différens qui sont :

1° Les trois côtés sont donnés.
2° Deux côtés sont donnés avec un angle.
3° Deux angles sont donnés avec un côté.
4° Les trois angles sont donnés.
Nous allons les examiner successivement.

26. Les trois côtés a, b, c d'un triangle sphérique

quelconque étant donnés, on déterminerait un des angles, A par exemple, à l'aide de l'expression fondamentale (q)

$$\cos A = \frac{\cos a - \cos b . \cos c}{\sin b . \sin c}$$

Mais comme cette formule est peu commode pour le calcul logarithmique, on doit lui faire subir une transformation. Substituons cette valeur de $\cos A$ dans l'expression

$$2 \sin^2 \tfrac{1}{2} A = 1 - \cos A$$

nous aurons

$$2 \sin^2 \tfrac{1}{2} A = 1 - \frac{\cos a - \cos b . \cos c}{\sin b . \sin c}$$

$$= \frac{\sin b . \sin c - \cos a + \cos b . \cos c}{\sin b . \sin c}$$

Mais $\sin b . \sin c + \cos b . \cos c = \cos(b - c)$ (Sinus, 16), et l'on a en général (Sinus, 17)

$$\cos q - \cos p = 2 \sin \tfrac{1}{2} (p + q) . \sin \tfrac{1}{2} (p - q)$$

Ainsi,

$$\cos(b - c) - \cos a = 2 \sin \tfrac{1}{2} (a + b - c) . \sin \tfrac{1}{2} (a - b + c)$$

et, par conséquent,

$$\sin \tfrac{1}{2} A = \sqrt{\left\{ \frac{\sin \tfrac{1}{2} (a + b - c) . \sin \tfrac{1}{2} (a - b + c)}{\sin b . \sin c} \right\}}$$

En rendant cette formule homogène et prenant les logarithmes, il vient

$$\text{Log} . \sin \tfrac{1}{2} A = 10 + \tfrac{1}{2} \{ \text{Log} . \sin \tfrac{1}{2} (a + b - c)$$
$$+ \text{Log} \tfrac{1}{2} (a - b + c) - \text{Log} b - \text{Log} c \}$$

Comme on peut désigner successivement chacun des angles par A, en faisant le côté opposé $= a$ et les deux autres $= b$, $= c$, on pourra évidemment calculer de la même manière les trois angles du triangle.

27. Deux côtés a et b étant donnés avec un angle, la détermination des deux autres angles et du troisième côté dépend de la position de l'angle connu qui peut être soit opposé à l'un des côtés connus, soit compris entre ces deux côtés. Ce cas général se subdivise donc en deux cas particuliers.

I. Soient donnés les côtés a et b avec l'angle A opposé à l'un d'eux. La détermination de l'angle B opposé au côté b est tirée de la proportion (20)

$$\sin a : \sin b : : \sin A : \sin B ,$$

d'où

$$\sin B = \frac{\sin b . \sin A}{\sin a}$$

ce qui peut être calculé directement par les logarithmes.

Pour déterminer l'angle C, il faut obtenir une relation entre les côtés a et b et l'angle compris C, à l'aide des expressions fondamentales (q).

Or, la première et la dernière de ces expressions étant mises sous la forme

$$\cos A . \sin b . \sin c = \cos a - \cos b . \cos c$$
$$\cos C . \sin b . \sin a = \cos c - \cos b . \cos a,$$

si on élimine $\cos c$ entre ces deux équations, il vient

$$\cos A . \sin c + \cos C . \sin a = \cos a . \cos b ;$$

puis mettant dans cette dernière la valeur de

$$\sin c = \frac{\sin a . \sin c}{\sin A}$$

tirée de la proportion fondamentale

$$\sin a : \sin c : : \sin A : \sin C ,$$

on obtient (r)

$$\cot A . \sin C + \cos C . \cos b = \cot a . \sin b$$

ce qui est la relation demandée. Pour pouvoir tirer de cette expression la valeur de l'angle C, il faut avoir recours à un artifice de calcul en déterminant un angle auxiliaire φ tel qu'on ait

$$\tan \varphi = \cos b . \tan A ,$$

car cet angle φ étant connu, on a

$$\tan A = \frac{\tan \varphi}{\cos b} = \frac{\sin \varphi}{\cos b . \cos \varphi}$$

ou

$$\cot A = \frac{\cos b . \cos \varphi}{\sin \varphi} .$$

Substituant cette valeur de $\cot A$ dans (r), cette équation devient

$$\frac{\cos b}{\sin \varphi} \left\{ \cos \varphi . \sin C + \sin \varphi . \cos C \right\} = \cot a . \sin b$$

mais (Sinus, 16), $\cos \varphi \sin C + \sin \varphi . \cos C = \sin (C + \varphi)$, donc définitivement

$$\sin (C + \varphi) = \frac{\tan b . \sin \varphi}{\tan a}$$

expression qui fait connaître la valeur de $C + \varphi$ et par conséquent celle de C.

Ainsi, pour nous résumer, les données étant a, b et A, on commencera par calculer φ à l'aide de la relation

$$\text{Log} \tan \varphi = \text{Log} \cos b + \text{Log} \tan A - 10 ,$$

puis on trouvera la somme $C + \varphi$ par celle-ci

$$\text{Log} \sin (C + \varphi) = \text{Log} \tang b + \text{Log} \sin \varphi - \text{Log} . \tang a.$$

Quant au troisième côté c, on le calculera par la proportion entre les sinus des angles et les sinus des côtés opposés qui donne

$$\sin c = \frac{\sin a . \sin C}{\sin A}$$

II. Soient donnés les côtés a et b avec l'angle compris C.

En tirant de l'équation (r) la valeur de $\cot A$, on a

$$\cot A = \frac{\cot a . \sin b - \cos C . \cos b}{\sin C}$$

qui pourrait servir à calculer l'angle A à l'aide d'un angle auxiliaire. Comme aussi pour calculer l'angle B, également à l'aide d'un auxiliaire, on aurait l'équation semblable

$$\cot B = \frac{\cos b . \sin a - \cos C . \cos a}{\sin C}$$

mais il est beaucoup plus prompt de se servir, dans ce cas, des formules connues sous le nom d'*analogies de Néper* et dont nous parlerons plus loin. Elles donnent ici

$$\tang \tfrac{1}{2} (A+B) = \cot \tfrac{1}{2} C . \frac{\cos \tfrac{1}{2} (a-b)}{\cos \tfrac{1}{2} (a+b)}$$

$$\tang \tfrac{1}{2} (A-B) = \cot \tfrac{1}{2} C . \frac{\sin \tfrac{1}{2} (a-b)}{\sin \tfrac{1}{2} (a+b)}$$

Ayant donc calculé par ce moyen la demi-somme $\tfrac{1}{2} (A+B)$ et la demi-différence $\tfrac{1}{2} (A - B)$ des angles A et B, on a immédiatement l'angle A, en ajoutant cette demi-différence avec cette demi-somme, et l'angle B en retranchant la demi-différence de la demi-somme.

Les angles A et B étant connus, on calculera c par la proportion

$$\sin A : \sin C :: a : c,$$

ou bien on le déterminera directement en tirant $\cos c$ de la troisième des expressions (q), ce qui donne

$$\cos c = \cos a . \cos b + \sin a . \sin b . \cos C.$$

Faisant donc choix d'un angle auxiliaire φ, tel que

$$\tang \varphi = \frac{\cos C . \tang b}{R}$$

on aura, en opérant comme ci-dessus,

$$\cos c = \frac{\cos b}{\cos \varphi} . \cos (a-\varphi).$$

Il est toujours utile de calculer les mêmes parties

d'un triangle de deux manières différentes, quand ce ne serait que pour vérifier l'exactitude des résultats.

28. Deux angles et un côté étant donnés, il se présente encore deux cas particuliers : 1° Le côté est adjacent aux deux angles, 2° il est opposé à l'un d'eux.

I. Soient donnés les angles A et B avec le côté adjacent c.

Les deux autres côtés a et b peuvent être aisément calculés par les analogies de Néper ;

$$\tang \tfrac{1}{2} (a+b) = \tang \tfrac{1}{2} c . \frac{\cos \tfrac{1}{2} (A-B)}{\cos \tfrac{1}{2} (A+B)}$$

$$\tang \tfrac{1}{2} (a-b) = \tang \tfrac{1}{2} c . \frac{\sin \tfrac{1}{2} (A-B)}{\sin \tfrac{1}{2} (A+B)}$$

qui donnent leur demi-somme et leur demi-différence.

Quant au troisième angle C, ayant pris un angle auxiliaire φ, tel que

$$\cot \varphi = \frac{\cos c . \tang B}{R}$$

on aura

$$\cos C = \cos B . \frac{\sin (A-\varphi)}{\sin \varphi}.$$

Connaissant les côtés a et b, on peut aussi calculer cet angle C par la proportion

$$\sin a : \sin c :: \sin A : \sin C.$$

II. Soient donnés les angles A et B avec le côté a opposé à l'un d'eux.

Pour calculer le côté b, on a la proportion

$$\sin A : \sin B :: \sin a : \sin b.$$

On calculera le côté c par la formule

$$\sin (c-\varphi) = \frac{\tang B . \sin \varphi}{\tang A},$$

dans laquelle l'angle auxiliaire φ est donné par la relation

$$\tang \varphi = \frac{\cos B . \tang a}{R} .$$

Enfin, le troisième angle C sera calculé par la formule

$$\sin (C-\varphi) = \frac{\cos A . \cos \varphi}{R},$$

dans laquelle l'angle auxiliaire φ résulte de la relation

$$\cot \varphi = \frac{\cos a . \tang B}{R} .$$

29. Les trois angles étant donnés, pour déterminer le côté a, par exemple, on a la formule (s)

$$\sin \tfrac{1}{2} a = \sqrt{\left[\frac{-\cos\tfrac{1}{2}(A+B+C).\cos\tfrac{1}{2}(B+C-A)}{\sin B.\sin C}\right]}$$

qu'on peut également appliquer aux deux côtés b et c à l'aide de la remarque que nous avons faite (26) sur la formule qui donne un angle par les trois côtés.

Quant à la déduction de cette formule, on la tire des expressions fondamentales (q) par des transformations analogues à celles que nous avons déjà employées dans ce qui précède, transformations que facilite extrêmement la considération des propriétés du *triangle po‑laire*, dont les auteurs des traités de trigonométrie font un grand usage. Voici quel est ce triangle polaire : ABC étant un triangle sphérique quelconque, imagi‑nons un second triangle A′B′C′, dont les sommets A′, B′, C′ soient les pôles des grands cercles dont les côtés a, b, c du triangle ABC font partie ; alors les sommets A, B, C de celui-ci seront respectivement les pôles des côtés a', b', c' du triangle A′B′C′, et il est fa‑cile de voir 1° que les angles A′, B′, C′ du triangle po‑laire A′B′C′ sont les supplémens des côtés a, b, c du triangle ABC ; 2° réciproquement que les angles A, B, C du triangle ABC sont les supplémens des côtés a', b', c' du triangle polaire A′B′C′. On a donc ainsi

$$A' = 180° - a, \; B' = 180° - b, \; C' = 180° - C, \; a' = 180° - A,$$
$$b' = 180° - B, \quad c' = 180° - C.$$

Ces relations donnent les moyens de transformer très-facilement les expressions fondamentales (q), comme nous allons en donner un exemple.

L'expression (q) appliquée au triangle A′B′C′ devient

$$\cos A' = \frac{\cos a' - \cos b'.\cos c'}{\sin b'.\sin c'},$$

ainsi, mettant à la place de A′, a', b', c' leurs valeurs ci-dessus, il vient

$$\cos(180° - a) = \frac{\cos(180° - A) - \cos(180° - B).\cos(180° - C)}{\sin(180° - B).\sin(180° - C)}$$

Or, en général, $\cos(180° - x) = -\cos x$, $\sin(180° - x) = \sin x$; donc cette dernière expression est la même chose que (t)

$$\cos a = \frac{\cos A + \cos B.\cos C}{\sin B.\sin C},$$

on obtiendrait de la même manière,

$$\cos b = \frac{\cos B + \cos A.\cos C}{\sin A.\sin C},$$

$$\cos c = \frac{\cos C + \cos A.\cos B}{\sin A.\sin B},$$

formules qui donnent les côtés en fonctions des angles

comme les formules (q) donnent les angles en fonctions des côtés. On peut à la vérité déduire directement ces dernières formules des expressions (q), mais d'une ma‑nière beaucoup moins simple.

Maintenant il est évident qu'en opérant sur l'expres‑sion (t) comme nous l'avons fait au n° 26 sur l'expres‑sion (q), nous obtiendrons la formule (s).

30. Les formules de Néper, dont nous avons fait usage aux n°ˢ 27 et 28, se déduisent aisément des ex‑pressions (q) ; on les préfère à l'emploi des angles auxi‑liaires dans tous les cas où elles peuvent être em‑ployées, et elles sont en effet plus directes et plus élé‑gantes. L'emploi de l'angle auxiliaire rend inutile la considération de la perpendiculaire à l'aide de laquelle on ramène la solution d'un triangle obliquangle à celle d'un triangle rectangle, et l'ensemble de cette solution se trouve assez complètement donné dans ce qui pré‑cède pour nous dispenser de le résumer dans un ta‑bleau. Il existe encore un grand nombre de formules particulières dont l'application peut faciliter la solu‑tion de certains cas, surtout lorsque quelques parties du triangle proposé sont très-petites par rapport aux autres, mais nous devons renvoyer à la *Trigonométrie* de Cagnoli ; c'est le traité le plus complet qui existe sur cette branche importante de la géométrie.

Comme pour les triangles rectangles, toutes les fois que la quantité cherchée est donnée par son sinus il y a indécision dans le choix qu'on peut faire des deux arcs qui lui répondent, cependant on diminue beau‑coup le nombre de ces *cas douteux* par les trois règles suivantes :

1° Si la somme de deux côtés est moindre que 180°, l'angle opposé au plus petit est aigu ;

2° Si la somme de deux côtés est plus grande que 180°, l'angle opposé au plus grand est obtus ;

3° Quand la somme de deux côtés est égale à 180°, la somme des angles opposés est de même égale à 180°.

Il faut en outre faire scrupuleusement attention aux *signes* des lignes trigonométriques, qui sont *positives* ou *négatives* selon la grandeur des arcs auxquelles elles se rapportent ; par exemple, si le résultat d'un calcul donne $\cos A = -m$, et qu'à la valeur m, abstraction faite du signe, réponde dans les tables des sinus un arc α, comme, généralement, $\cos(90° + z) = -\cos z$, l'arc A n'est point alors $= \alpha$, mais bien $= 90° + \alpha$. Il faut consulter l'article SINUS pour tout ce qui concerne les *signes*. Quant à la réalisation des calculs numériques, elle s'effectue de la même manière que pour les for‑mules de la trigonométrie rectiligne ; ainsi nous pouvons nous contenter d'en présenter un seul exemple.

31. Connaissant les latitudes et longitudes de deux villes, on demande la grandeur de l'arc du grand cercle

terrestre qu'elles comprennent, ou, ce qui est la même chose, leur plus courte distance.

Soit A la ville de Paris, dont la longitude est o et la latitude 48° 50′ 13″, et B la ville de Marseille, dont la longitude est 3° 1′ 54″ et la latitude 43° 17′ 50″. Imaginons un triangle sphérique formé par le pôle boréal et les deux lieux A et B. Dans ce triangle on connaît l'angle au pôle qui est la différence en longitude des deux points A et B, et les deux côtés compris AC et BC qui sont les complémens des latitudes des points A et B. On a donc, en se servant de la notation consacrée :

$$C = 3° 1′ 54$$
$$b = 90° - 48° 50′ 13″ = 41° 9′ 47″$$
$$a = 90° - 43\ 17\ 50 = 46\ 42\ 10$$

et il s'agit de calculer le côté c.

Ce problème rentre dans le IIe cas du numéro 27; ainsi il faut d'abord calculer un angle auxiliaire φ par la formule

$$\tan g\varphi = \frac{\cos C . \tan g b}{R}$$

ce qui donne

$$\mathrm{Log}.\cos C = 9, 9993918$$
$$\mathrm{Log}.\tan g b = 9, 9416582$$
$$\overline{\hspace{3cm}}$$
$$19, 9410500$$
$$-\quad 10, 0000000$$
$$\overline{\hspace{3cm}}$$
$$\mathrm{Log}.\tan g\varphi = 9, 9410500$$

d'où $\varphi = 41° 7′ 24″$.

Substituons cette valeur de φ dans la formule

$$\mathrm{Cos}\, c = \frac{\cos b}{\cos\varphi} . \cos (a-\varphi),$$

et, comme $a - \varphi = 5° 34′ 46″$, nous aurons

$$\mathrm{Log}\cos b = 9, 8767024$$
$$\mathrm{Log}\cos (a-\varphi) = 9, 9979380$$
$$\overline{\hspace{3cm}}$$
$$19, 8746404$$
$$\mathrm{Log}.\cos\varphi = 9, 8769654$$
$$\overline{\hspace{3cm}}$$
$$\mathrm{Log}\cos c = 9, 9976750$$

ce qui fait connaître $c = 5° 55′ 24″$.

En prenant pour la longueur du degré terrestre celle du degré moyen de la France, qui est 111108 mètres (*voy.* TERRE), on a donc 658130 mètres pour la distance de Paris à Marseille.

On trouve dans le *Traité de géodésie* de M. Puissant

toutes les formules trigonométriques employées dans la géodésie et l'astronomie. Nous renverrons donc, pour les détails, à cet ouvrage ainsi qu'à celui de Cagnoli déjà cité.

TRILATÈRE. Se dit, en *géométrie*, d'une figure qui a trois côtés. Ce mot n'est plus usité : une telle figure se nomme un *triangle*.

TRINOME. (*Alg.*) Quantité composée de trois termes (*voy.* POLYNOME).

TRIPARTITION. Partage en trois parties égales d'une grandeur quelconque (*voy.* TRISECTION).

TRIPLE. On nomme *raison triplée* le rapport qu'il y a entre les cubes de deux nombres.

Il ne faut pas confondre une *raison triplée* avec une *raison triple*, car cette dernière n'est que le rapport d'un nombre à un autre qu'il contient trois fois. Par exemple, le rapport de 3 à 1 est une raison triple, tandis que celui de 8 à 1 est la raison triplée des nombres 2 et 1.

TRISECTION. Division d'une grandeur en trois parties égales.

Ce terme est spécialement consacré en géométrie pour désigner la division d'un angle en trois parties égales, problème devenu très-célèbre parce qu'il ne peut être résolu géométriquement, c'est-à-dire avec la règle et le compas. On peut comparer le problème de la *trisection de l'angle* à ceux de la *duplication du cube* et de la *quadrature du cercle* sur lesquels on s'est exercé vainement pendant deux mille ans, en voulant les faire dépendre de conditions incompatibles avec leur nature. La solution de celui-ci dépend d'une équation du troisième degré qu'on peut construire par diverses courbes. Voyez à ce sujet un ouvrage de M. Garnier, intitulé *Trisection de l'angle*.

TRIPASTON. Nom que les anciens donnaient à une machine formée par l'assemblage de trois poulies (*voy.* MOUFFLE).

TROCHOIDE. Nom de la courbe plus généralement connue sous celui de CYCLOÏDE.

TROIS. RÈGLE DE TROIS. Opération de l'arithmétique qui consiste à calculer un des termes d'une proportion au moyen de trois autres.

La *règle de trois* se compose d'une multiplication et d'une division, et ne présente d'autre difficulté que celle d'établir convenablement la proportion entre les quantités que l'on veut comparer; car, une fois cette proportion établie, si le terme cherché est un *moyen*, on l'obtient en divisant le produit des extrêmes par le moyen connu , et, si c'est un extrême, en divisant le produit des moyens par l'extrême connu (*voy.* Proposition).

Pour établir une proportion entre quatre quantités, on doit observer 1° de composer chaque rapport de quantités de la même espèce; 2° de n'égaler entre eux que deux rapports directement égaux, c'est-à-dire, dont l'un ne soit pas l'inverse de l'autre. Avec cette attention il n'est pas nécessaire de s'occuper de la place qu'occupe le terme cherché dans la proposition, et toutes les considérations de *règle de trois directe* et de *règle de trois inverse*, dont les auteurs de traités d'arithmétique compliquent la question, deviennent complètement inutiles.

Les deux questions suivantes vont indiquer la marche qu'on doit suivre dans tous les cas.

1. 3o aunes d'étoffe ont coûté 55 fr. 5o c., on demande combien coûteront 55 aunes de la même étoffe?

Plus il y a d'étoffe, plus le prix doit être considérable; ainsi les nombres d'aunes doivent être en rapport direct des prix qu'ils coûtent. Désignant donc par x le prix cherché, on dit : le rapport de 3o aunes à 55 aunes est le même que celui de 55 fr. 5o c., prix de 3o aunes à x, prix de 55 aunes; ainsi, posant la proportion

$$3o : 55 :: 55,5o : x,$$

il s'agit de calculer un *extrême*. On a donc

$$x = \frac{55 \times 55,5o}{3o},$$

réalisant d'abord la multiplication, puis divisant le produit par 3o, on trouve $x = $ 101 fr. 75 c. 55 aunes coûteront donc 101 francs 55 centimes.

2. Un certain ouvrage a été terminé en 5 jours par 8 ouvriers, on demande combien de temps mettront 11 ouvriers, travaillant de la même manière, pour terminer le même ouvrage ?

Ici, plus il y a d'ouvriers, moins de temps il faudra; ainsi le rapport du nombre des ouvriers, c'est-à-dire celui des nombres 8 : 11 est l'inverse de celui des jours de travail ou de celui des nombres 5 : x; il faut donc renverser ce dernier rapport et écrire la proportion

$$8 : 11 :: x : 5;$$

il s'agit alors de calculer un *moyen*, et l'on a

$$x = \frac{5 \times 8}{11},$$

multipliant 5 par 8 et divisant le produit 4o par 11, on trouve $x = 3\frac{7}{11}$, c'est-à-dire qu'il faudra 3 jours

et environ 7 heures aux onze ouvriers pour exécuter l'ouvrage que 8 ont terminé en 5 jours.

On reconnaît que les choses comparées sont en *rapport direct* lorsque l'accroissement des unes détermine l'accroissement des autres; dans le cas contraire, c'est-à-dire lorsque l'accroissement des unes entraîne le décroissement des autres, le *rapport* est *inverse*, et il faut le renverser, comme nous venons de le faire, pour poser la proportion.

Lorsque la solution d'une question exige le concours de plusieurs proportions, la règle prend le nom de *règle de trois composée*; cependant, en composant les rapports, on peut toujours la ramener à une règle de trois simple. C'est ce que l'exemple suivant fera comprendre.

2o ouvriers travaillant 8 heures par jour ont creusé en 12 jours un fossé de 2oo mètres cubes, on demande combien de jours ils mettraient pour creuser un fossé de 35o mètres cubes, en travaillant 1o heures par jour?

En analysant cette question, on reconnaît, avant tout, que puisque le nombre des ouvriers ne varie pas, il ne doit pas entrer dans les rapports, et qu'on peut considérer le travail comme opéré par un seul homme. Ainsi, en ne considérant pas d'abord la différence des heures de travail, et en désignant par x le nombre des jours qu'il faudrait pour creuser 35o mètres cubes, on voit que ce nombre doit être plus grand que 2o, car plus il y a d'ouvrage, plus il faut de temps, toutes choses égales d'ailleurs : le rapport entre les travaux est donc directement égal à celui des temps pendant lesquels on peut les exécuter, et l'on a la proportion

$$2oo : 35o :: 12 : x,$$

d'où l'on tire

$$x = \frac{12 \times 35o}{2oo} = 21.$$

Donc, si ces ouvriers travaillaient le même nombre d'heures chaque jour, il leur faudrait 21 jours pour creuser le fossé de 35o mètres cubes; mais ce n'est plus 8 heures qu'ils travaillent par jour, comme dans le premier ouvrage, c'est 1o heures; il est donc évident que, puisqu'ils travaillent plus long-temps chaque jour, il leur faudra moins de jours. Ainsi, désignant par y le nombre des jours dans cette dernière condition, ce nombre doit être à 21 dans le rapport inverse des nombres d'heures 8 : 1o; c'est-à-dire qu'on a la seconde proportion

$$8 : 1o :: y : 21 ,$$

d'où l'on tire

$$y = \frac{8 \times 21}{1o} = 16\frac{8}{1o},$$

ainsi le nombre des jours cherché est $16\frac{8}{1o}$

Examinons maintenant comment, en composant les rapports, on aurait pu se dispenser de résoudre deux proportions. Travailler 8 heures par jour pendant 12 jours, c'est la même chose que travailler pendant 12 fois 8 heures ou 96 heures ; de même travailler 10 heures par jour pendant x jours, c'est travailler pendant x fois 10 heures ou 10 x heures : les temps des travaux sont donc 96 et 10 x ; et, comme ces temps sont en rapport direct des ouvrages, on a la proportion

$$200 : 350 :: 96 : 10\ x,$$

de laquelle on peut tirer la valeur de l'*extrême* 10 x, et qui donne

$$10\ x = \frac{350 \times 96}{200} = 168 ;$$

mais puisqu'on connaît la valeur de 10 x, en la divisant par x on aura celle de x ; ainsi

$$x = \frac{168}{10} = 16\ \frac{8}{10}$$

comme ci-dessus.

Il n'est aucune règle de trois composée qu'on ne puisse ramener de la même manière à une règle de trois simple.

TRONQUÉ. (*Géom.*) On nomme *pyramide tronquée* et *cône tronqué* une pyramide et un cône dont on a retranché la partie supérieure. (*Voy.* Côné et Pyramide.)

TROPIQUES. (*Ast.*) Nom de deux petits cercles de la sphère céleste parallèles à l'équateur et passant par les points solsticiaux. (*Voy.* Armillaire, 19.)

TSCHIRNHAUSEN (Ehrenfried Walther de), gentilhomme allemand qui s'est rendu célèbre par ses travaux géométriques et ses découvertes en dioptrique, est né le 13 avril 1651, dans une terre de la Haute-Lusace qui appartenait à sa famille. Son éducation fut conforme à la haute position sociale de ses parens, et il acheva ses études à l'Université de Leyde. Jeune encore, Tschirnhausen servit quelque temps en qualité de volontaire, mais il ne tarda pas à se livrer entièrement à l'étude des sciences, pour lesquelles il avait manifesté de bonne heure une prédilection et une aptitude particulières. Dans un des voyages qu'il fit à Paris, il révéla ses talens par la communication qu'il fit à l'Académie des sciences d'un mémoire sur le phosphore. Peu de temps après il fit connaître sa découverte des verres brûlans qui ont retenu le nom de *caustiques de Tschirnhausen*. Successivement associé et membre de l'Académie des sciences, il se distingua par la continuation de ses travaux en dioptrique et inventa le miroir

convexe des deux côtés, qui a été si utile à l'avancement de cette branche de la science. En 1701 il vint à Paris pour prendre part aux travaux de l'Académie et présenta à l'une des séances de ce corps savant : *une méthode pour trouver les rayons des développées, les tangentes, les quadratures et les rectifications de plusieurs courbes, sans y supposer aucune grandeur infiniment petite.* Il n'est pas inutile de faire observer ici que Tschirnhausen, dont les connaissances en géométrie étaient d'ailleurs remarquables, pensait que la méthode des infiniment petits n'était point nécessaire à la science, et qu'on pouvait facilement y suppléer par des procédés beaucoup moins compliqués. C'est dominé par cette idée erronée qu'il soumit à l'Académie, en 1702, un nouveau mémoire dans lequel il proposait une *Méthode pour trouver les touchantes des courbes mécaniques, sans supposer aucune grandeur infiniment petite.* Ces Mémoires, qui excitèrent l'attention des géomètres, sont au moins fort curieux. Tschirnhausen mourut en Saxe le 11 octobre 1708.

TYCHO-BRAHÉ. Ce grand observateur, dont les travaux ont été si utiles aux progrès de l'astronomie moderne, naquit le 13 décembre 1546, dans la terre de Knudstorp, en Scanie, d'une famille illustre de Danemarck. Comme tous les hommes de génie, il révéla de bonne heure le goût qui l'entraînait vers l'étude de la science qu'il devait un jour illustrer. Dès qu'il eut acquis assez de connaissances en mathématiques, il se livra avec ardeur, mais en secret, à l'observation des astres, occupation que ses nobles parens trouvaient *frivole* et indigne d'un homme de sa naissance. Malgré le rang élevé où la providence l'avait fait naître, on sait que Tycho-Brahé ne put échapper dans sa patrie aux persécutions que la calomnie et l'envie suscitent trop souvent au mérite qui s'acquiert par de laborieuses études, et qu'il fut enfin obligé d'accepter l'asile que lui fit offrir l'empereur Rodolphe II.

Tycho-Brahé a apporté de notables améliorations dans la théorie de la lune ; on lui doit la découverte de deux nouvelles inégalités, la *variation* et l'*équation* annuelle ; on lui doit d'avoir déterminé avec beaucoup de précision l'inégalité principale de l'inclinaison de l'orbite lunaire, par rapport au plan de l'écliptique. Le premier, ce célèbre astronome introduisit dans le calcul astronomique l'effet de la réfraction. Il proposa les premiers élémens de la théorie des comètes, qu'on persistait à regarder comme de simples météores, malgré les considérations à priori si remarquables de Sénèque, sur les mouvemens propres de ces astres.

Au malheur d'avoir méconnu le véritable système du monde, Tycho-Brahé ajouta le malheur plus grand pour sa mémoire d'en proposer un qui n'était ni celui des

Egyptiens, ni celui de Ptolémée, ni celui de Copernic, mais qui empruntait à chacun d'eux quelque chose. (*Voy.* Système.) Cette hypothèse qui était au moins ingénieuse à une époque où les vraies lois du mouvement n'étaient pas révélées, et qui supposait dans son auteur des connaissances extraordinaires en astronomie, est aujourd'hui oubliée, ou du moins l'exposition des idées sur lesquelles elle repose ne sert qu'à démontrer avec plus d'évidence la réalité du mouvement de la terre.

Une des gloires de Tycho-Brahé est d'avoir été le maître et le protecteur de l'immortel Keppler, qui, malgré son respect pour lui et l'admiration que lui causaient ses nombreux et utiles travaux, sut se préserver de ses erreurs, tout en s'appuyant sur ses observations, pour démontrer les lois générales du mouvement des astres.

Tycho-Brahé mourut à Prague, le 14 octobre 1601. On voit encore dans une église de cette ville le monument qui fut élevé en son honneur, et où ses dépouil- les mortelles furent déposées avec une pompe extraordinaire. Il n'a laissé qu'un petit nombre d'écrits, dont les principaux sont : I. *Astronomiæ instauratæ mechanica*, Wandesburg, 1598, in-folio ; Nuremberg, 1602. II. *Progymnasmata*, Uraniemborg, 1587-1589, 2 vol. in-8°. C'est dans ce dernier ouvrage que Tycho-Brahé a consigné ses observations sur la théorie de la terre et sur celle des comètes. III. *Epistolarum astronomicarum libri duo*, Francfort, 1610, in-4°. IV. *Oratio de disciplinis mathematicis*, Copenhague, 1610, in-8°. Les observations de Tycho ont servi de base aux *Tabulæ Rudolphinæ*, données par Keppler, et à toutes les autres tables célestes, publiées depuis le commencement du XVII° siècle ; elles ont été recueillies avec soin par ses disciples et publiées sous ce titre : *Historia celestis XX libris*, 1666. Voyez l'oraison funèbre de Tycho-Brahé, par Jessenius, Nembourg, 1601, in-4°, et la vie de ce grand astronome, écrite par Gassendi, Paris, 1654, in-4°.

U.

UNIFORME. (*Méc.*) Le mouvement *uniforme* est celui d'un mobile qui parcourt des espaces égaux en temps égaux. (*Voy.* Mouvement.)

UNITÉ. Quantité prise pour terme de comparaison entre des objets de même nature, et que l'on considère individuellement sans avoir égard aux parties dont elle peut être composée. (*Voy.* Arithmétique, 2.)

UNIVERSEL. Cadran universel. (*Gnom.*) De tous les cadrans portatifs et qui n'ont pas besoin d'être orientés, celui-ci est le plus simple et le plus facile à construire. Ayant décrit, sur un carton, avec un rayon arbitraire AC, une circonférence de cercle (Pl. 42, fig. 8), on la divise en douze parties égales, puis on joint deux à deux les points de division par des lignes parallèles qui deviennent les lignes horaires de la figure. A l'extrémité A du diamètre AS perpendiculaire à toutes ces lignes, on mène la droite AB, qui fait, avec le diamètre AS, un angle BAS égal à la latitude du lieu pour lequel on veut construire le cadran, puis on prolonge cette ligne jusqu'à ce qu'elle rencontre la droite BC qui passe par le centre. Au point d'intersection B, on mène à AB une perpendiculaire, sur laquelle on marque, à la droite et à la gauche du point B, les points d'intersection que pourraient déterminer toutes les droites menées du point A, et faisant avec AB des angles de 1, 2, 3, 4, etc. degrés. Par exemple, la droite AD qui fait avec AB un angle BAD de 10 degrés, détermine la division marquée 10. L'instrument étant achevé comme la figure l'indique, on tire à sa partie supérieure une droite parallèle au diamètre AS, puis on place aux deux extrémités de cette droite, et perpendiculairement au plan du cadran, deux pinules percées toutes deux d'un trou circulaire, afin qu'on puisse viser une étoile, ou dont une seule C porte un trou, si l'on veut ne se servir que du soleil ; l'autre doit être alors croisée par deux lignes dont le point d'intersection correspond au trou de la première.

Pour se servir de ce cadran, on adapte aux divisions supérieures un fil DM qui porte un plomb à son extrémité inférieure, et dans lequel est enfilée une petite perle qu'on peut faire glisser à volonté. Ayant donc fixé, à la division qui correspond à la déclinaison du soleil, l'extrémité supérieure du fil, et placé la perle de manière qu'en tendant le fil et le faisant passer par le point A, la perle couvre ce point, on présente verticalement l'instrument aux rayons du soleil, en tournant du côté de cet astre la pinule C, de manière à ce que le rayon lumineux qui passe par le trou de cette pinule tombe sur le point correspondant de l'autre pinule. Alors le fil DM prend, par le poids de son plomb, une position verticale, et la perle M marque l'heure par sa position sur les lignes horaires. Par exemple, dans la figure elle coupe la ligne marquée V, VII, et elle indique ainsi V heures après midi, ou VII heures avant, car les chiffres du haut marquent les heures du soir, et ceux du bas les heures du matin : quand la perle tombe entre deux lignes elle indique les instans intermédiaires. On peut aisément estimer à l'œil les fractions d'heure, et d'ailleurs rien n'empêche de multiplier les lignes horaires. En divisant le cercle en 24 parties, on a les lignes horaires de demi-heure en demi-heure, et ainsi de suite.

Avec deux pinules trouées par lesquelles on vise une étoile, le fil étant fixé à la déclinaison de l'étoile, on trouverait de la même manière l'heure de cette étoile, qu'on réduirait ensuite en heure solaire par la différence des longitudes du soleil et de l'étoile.

URANOGRAPHIE. Partie de l'astronomie qui a pour objet la description du ciel. On nomme les cartes célestes, *cartes uranographiques*.

URANUS. (*Ast.*) Nom d'une planète de notre système solaire, la plus éloignée du soleil de toutes celles qu'on connaît jusqu'à ce jour. Elle a été découverte par Herschel, le 13 mars 1781.

Nommée d'abord *georgium sidus* (l'astre de Georges), en l'honneur du souverain dont la protection éclairée avait encouragé les travaux de l'astronome, on la désigna ensuite par le nom d'Herschel, mais l'amour de l'analogie a fait généralement adopter celui d'*Uranus*. Le disque de cette planète, qu'on ne peut apercevoir qu'avec de bons télescopes, est d'un éclat uniforme et ne présente aucune tache discernable, de sorte qu'on ne connaît point encore la durée de sa rotation.

Le diamètre d'Uranus est de 13,934 lieues; son volume est 77 fois plus grand que celui de la terre, et sa masse est 19,8, celle de la terre étant 1. La densité de cette planète est donc à peu près 0,26, et ne diffère que de très-peu de celle du soleil.

Uranus décrit son orbite autour du soleil dans la longue période de 30688 j. 713, environ 84 ans. Sa plus grande distance du soleil est de 787 661 512 lieues de 2000 toises, et sa plus petite de 717 418 832 lieues; sa distance de la terre varie entre 826 875 829 et 687 204 515 lieues.

Voici les élémens d'Uranus au premier janvier 1801.

Demi grand axe, celui de la terre étant 1.	19,1823900
Excentricité en parties du demi grand axe.	0,0466794
Diamètre équatorial, celui de la terre étant 1.	4,3320000
Période sidérale moyenne........	30686 j., 8208296
Inclinaison à l'écliptique.........	0°46'28",4
Longitude du nœud ascendant.....	72 59 35, 3
Longitude du périhélie..........	167 31 16, 1
Longitude moyenne de l'époque...	177 48 23, 0

Uranus est accompagné de six satellites qui présentent une particularité remarquable dans leur mouvement. (*Voy.* Satellites.) Ils ont tous été découverts par Herschel, le second et le quatrième le 11 janvier 1787, et les quatre autres dans les années 1790 et 1794. Ces derniers n'ont point été revus depuis.

V.

VANDERMONDE, géomètre distingué, et l'un des plus remarquables de ceux qui ont déterminé quelques progrès dans la science durant la seconde moitié du xviiie siècle, naquit à Paris en 1735. Cet homme, d'un génie si supérieur, a été oublié par la renommée, comme ses travaux et ses découvertes par les géomètres qui s'en sont prévalus. Il était fils d'un médecin de Landrecies; il fit ses études à Paris, où il étudia les mathématiques, pour lesquelles il révéla de bonne heure la plus heureuse disposition, sous la direction de Fontaine et de Dionis du Séjour. Il eut l'occasion, dans la société de ces hommes célèbres, de se lier avec la plupart des membres de l'Académie des sciences, par qui son mérite fut bientôt apprécié, et en 1771 il fut appelé à siéger dans le sein de cette illustre compagnie. Dès ce moment il prit une part active à ses travaux, et publia successivement un grand nombre de mémoires fort remarquables sur diverses branches de la science. Malheureusement il n'a publié aucun traité important par son étendue, et la plupart de ses productions sont éparses dans les recueils scientifiques du temps. Parmi celles qui lui ont le plus mérité les éloges que nous venons de donner à sa mémoire, on cite ses travaux sur *la résolution des équations*, sur *les irrationnelles*, sur *l'élimination des inconnues, dans les quantités algébriques*. Nous devons dire aussi qu'on n'a point assez attaché d'importance à son ingénieuse théorie des *Puissances du second ordre*, qui, reproduite plus tard par Kramp, sous le nom de *Factorielles*, et généralisée ensuite par M. Wronski, sous celui de *Facultés*, est appelée à exercer une grande influence sur l'avenir de la science. (*Voy.* Factorielles.) On doit aussi à Vandermonde une théorie remarquable sur la composition musicale, et l'on trouve dans les annales de chimie *l'Avis aux ouvriers sur la fabrication de l'acier*, composé, en 1793, par ordre de la convention nationale, auquel il concourut avec Monge et Berthollet. Nous regrettons de dire que l'imagination vive et exaltée de ce savant géomètre l'entraîna dans la plupart des excès que commirent, au nom de la liberté, les hommes qui, durant les jours les plus désastreux de la révolution française, semblèrent prendre à tâche de faire exécrer le principe pour lequel ils combattaient. Vandermonde, qui avait été nommé professeur d'économie politique à l'école normale, fut compris parmi les savans qui, en 1795, firent partie de la première classe de l'Institut. Il mourut à Paris, le 1er janvier 1796; ce fut le célèbre Carnot qui lui succéda.

VAPEUR. Machines a vapeur. Appareils mis en jeu par la force élastique de l'eau vaporisée, et dont la destination est de communiquer le mouvement à toute espèce de machines.

L'emploi de la vapeur comme force mécanique ne remonte pas à plus d'un siècle ; son application aux machines locomotives date seulement de 1802, et déjà cet agent a exercé sur les progrès de l'industrie une influence qui ne permet plus de leur assigner des limites. Aujourd'hui, mus par la *vapeur*, des milliers de métiers façonnent à vil prix les étoffes les plus précieuses, d'énormes fardeaux parcourent avec une effrayante célérité les chemins de fer qu'elle a servi à forger, et l'Océan, devenu tributaire de sa puissance, se voit sillonné en tout sens par des vaisseaux que ne peuvent plus arrêter ni les courans, ni la tempête.

Toutes ces merveilles, accomplies dans un si court espace de temps, ne sont cependant qu'une faible partie de celles que l'on doit espérer d'une force modifiable à l'infini et susceptible d'être appliquée dans tous les temps et dans tous les lieux. Aussi pouvons-nous annoncer, sans témérité, qu'un jour viendra où, devenue le moteur universel, la *vapeur* poussera la charrue, creusera les mines, épuisera les eaux stagnantes, et remplacera enfin le bras de l'homme dans tous les travaux grossiers et pénibles. Peut-être la verra-t-on encore diriger dans les airs ces légers aérostats, maintenant l'objet d'une curiosité stérile, et appelés dès lors à changer les relations commerciales des peuples.

La conquête d'un agent si puissant est un trop beau titre de gloire pour que nous devions nous étonner de la voir réclamée avec tant de véhémence par la nation qui, jusqu'à cette époque, en a fait les plus nombreuses applications ; mais quels que soient, sous ce dernier rapport, les justes titres de l'Angleterre à la reconnaissance du monde civilisé, ses prétentions exclusives sont inadmissibles, et nous croyons devoir constater ici les droits de la France, établis d'ailleurs de la manière la plus positive, par M. Arago, dans sa notice sur les machines à vapeur, insérée dans l'*Annuaire du bureau des longitudes* de l'année 1829, et reproduite dans celui de cette année avec de nouveaux argumens qui n'admettent pas de réplique. Nous allons seulement poser la question, les chiffres répondront ensuite.

Toute invention technologique peut être considérée sous trois points de vue différens : 1° sous celui du principe théorique qui lui sert de base; 2° sous celui de sa conception primitive; et 3° sous celui de sa réalisation définitive ou de sa construction matérielle. La découverte du principe théorique précède nécessairement la conception de la machine, comme cette conception précède elle-même sa réalisation. Si ces trois élémens distincts ne sont pas l'œuvre d'un seul homme, la priorité scientifique appartient évidemment à celui qui a découvert le principe, mais la priorité technologique, qui constitue le véritable titre à l'invention, appartient à celui qui a conçu la machine. La réalisation de cette machine, ses divers perfectionnemens, les moyens nouveaux employés pour lui faire atteindre son but, quels que soient l'habileté et le génie qu'ils ont pu exiger, ne constituent que des titres secondaires, capables de donner à leurs auteurs une part plus ou moins grande dans la gloire de l'invention, mais qui ne sauraient jamais détruire le titre principal.

En appliquant ces considérations aux machines à vapeur, on reconnaît d'abord que la force mécanique de la vapeur de l'eau a été signalée par Aristote et employée par Héron d'Alexandrie, 120 ans avant l'ère chrétienne, pour mettre en mouvement un appareil de son invention ; de sorte que la découverte du principe théorique qui sert de base à ces machines semble se rattacher aux premiers progrès des sciences physiques, quoique l'application industrielle de la force de la vapeur ait une origine bien plus récente. Cette application industrielle se trouve indiquée pour la première fois d'une manière authentique dans l'ouvrage de Salomon de Caus, intitulé les *Raisons des forces mouvantes*, et imprimé à Francfort en 1615. Ce n'est qu'en 1663 qu'une application semblable fut signalée par le marquis de Worcester, dans son ouvrage : *Century of inventions*. L'idée émise par le marquis de Worcester, d'élever l'eau à l'aide de la vapeur, est identiquement la même que celle de Salomon de Caus publiée quarante-huit ans auparavant. Ainsi, jusqu'à ce que des documens irrécusables soient produits pour constater les droits d'un autre inventeur, il n'est pas possible de refuser, dans la question des machines à vapeur, la priorité scientifique à Salomon de Caus.

En 1688, Papin a donné, dans les *Actes de Leipsick*, la description d'une machine dont il est important de bien comprendre les effets pour se rendre compte de ceux des machines à vapeur actuelles. Qu'on imagine un cylindre vertical (Pl. 30, fig. 4) ouvert à sa partie supérieure, et dont la partie inférieure, exactement fermée, porte une soupape susceptible de s'ouvrir de bas en haut. Qu'on imagine en outre un piston mobile P qui se meut librement dans le cylindre, tout en le bouchant hermétiquement. Si la soupape est ouverte, les pressions extérieures et intérieure de l'air atmosphérique se faisant équilibre, le piston P descendra dans le cylindre, mais seulement en vertu de son propre poids, et il suffira d'un effort très-peu supérieur à ce poids pour faire remonter le piston jusqu'au haut du cylindre. Parvenu ainsi à l'extrémité de sa course, si l'on ferme la soupape et qu'on abandonne le piston à lui-même, la résistance de l'air intérieur l'empêchera de redescendre, tandis qu'il est évident que, si par un moyen quelconque, on anéantit tout à coup l'air intérieur, la pression de l'air extérieur, agissant sur le piston avec tout le poids de la colonne atmosphérique dont il est la base, le fera nécessairement descendre; et si on le suppose attaché à l'un des bras d'un levier dont l'autre supporte un poids Q égal à celui de la colonne atmosphérique, il entraînera évidemment ce poids dans sa chute.

Imaginons maintenant qu'à l'instant où le piston touche le fond du cylindre on ouvre la soupape, l'atmosphère, par sa pression égale en tous sens, viendra agir sous le piston et fera équilibre à la pression qui agit dessus : alors non seulement le poids Q le fera remonter à l'extrémité supérieure du cylindre; mais, abstraction faite de ce poids, il suffira, comme nous l'avons dit plus haut, d'un très-petit effort pour produire cet effet. On pourra donc soulever toujours le piston avec une petite force, tandis que sa descente pourra entraîner les plus grands poids. En effet le poids de la colonne atmosphérique est égal à celui de la colonne de mercure de même base à laquelle elle fait équilibre, c'est-à-dire à celui d'une colonne de mercure de 76 centimètres de hauteur (28 pouces 1 ligne). (*Voy.* Hydrostatique, 17.) Donc, en admettant que le piston ait un mètre de diamètre, le poids de la colonne atmosphérique qui agit sur lui est égal au poids d'un cylindre de mercure dont le volume est $\pi.(o^m,5)^2.(o^m 76)$ mètres cubes (*voy.* Cylindre), ou $0,5969$ mètre cube; et comme les poids du mètre cube de mercure $= 13598$ kilogrammes, celui du cylindre de mercure sera de 8117 kilogrammes : ainsi chaque descente du piston pourra soulever 8117 kilogrammes.

Parmi les divers moyens proposés par Papin pour produire le vide sous le piston, celui de la vapeur de l'eau est indiqué, comme le plus efficace, dans son *Recueil de diverses pièces touchant quelques nouvelles inventions*, imprimé à Cassel, en 1695 : et l'on trouve de plus, dans cet ouvrage, la description d'un petit appareil que Papin avait construit quelques années auparavant, appareil qui présente la première réalisation matérielle des machines à vapeur; car de l'eau renfermée dans le cylindre même y est vaporisée et condensée, et, par cette action alternative, fait successivement monter et descendre le piston.

En comparant les dates citées jusqu'ici avec celles des inventions dont nous allons parler, il résulte rigoureusement que la conception primitive de la machine à vapeur, dite *machine atmosphérique*, appartient à Papin.

La priorité scientifique et la priorité technologique étant ainsi assurées à deux français, Salomon de Caus et Papin, notre impartialité nous fait un devoir de déclarer que là se borne la part que la France peut réclamer dans l'invention des machines à vapeur, et qu'arrivés à la réalisation définitive de ces machines, il ne nous reste plus à citer que des noms anglais.

C'est en 1705 que Newcomen et Cauley, simples ouvriers à Darmouth, dans le Devonshire, réalisèrent complètement l'ingénieuse idée de Papin, du mouvement d'un piston dans un cylindre par l'action alternative de la vapeur, et leur machine connue sous le nom de *machine de Newcomen* ou *de machine atmosphérique* est la première dont les services réels ont commencé la nouvelle ère de l'industrie. Sept ans auparavant, en 1698, le capitaine Savery avait construit une machine sur les mêmes principes; mais ses tentatives n'ayant eu qu'un succès incomplet, il finit par s'associer avec Newcomen et Cauley pour l'exploitation de la patente qui leur fut concédée. Nous allons indiquer succinctement la disposition et le jeu, tant de la machine de Newcomen que des principales machines perfectionnées construites depuis.

Dans la machine de Newcomen (Pl. 40, fig. 4), le piston P et le poids Q sont attachés à deux chaînes suspendues au bras du balancier AB. Quand le vide est fait sous le piston P, la pression atmosphérique maintient ce piston au bas du cylindre où il se meut. La vapeur fournie par une chaudière extérieure venant à affluer sous le piston, le poids Q descend librement quand la tension de la vapeur fait équilibre à la pression atmosphérique. Le piston étant arrivé au haut de sa course, un jet d'eau froide condense la vapeur dans le cylindre, le vide se forme et le piston redescend.

Cette machine, ne pouvant que soulever un contre-poids et le laisser retomber alternativement, n'a été employée qu'à mouvoir des pompes. La condensation faite dans le cylindre même a l'inconvénient d'y causer un refroidissement considérable qui diminue la force élastique de la vapeur affluente.

Les premières machines de l'illustre James Watt, dont les nombreuses inventions sont autant de progrès pour l'emploi de la vapeur, datent de 1769. Elles diffèrent de la précédente en ce que le cylindre est fermé par le haut et que ce n'est plus la pression atmosphérique qui fait descendre le piston. Pour le faire baisser quand le vide est formé sous lui, on fait affluer la vapeur par la soupape *m*. (Pl. 40, fig. 5.) Parvenu au bas de sa course, on fait alors affluer la vapeur par la soupape *n*. Le piston étant également pressé sur ses deux faces, remonte par l'action du contre-poids Q.

On condense ensuite la vapeur sous le piston et le jeu recommence. — Le couvercle du cylindre est percé à son centre d'un trou circulaire garni d'étoupes grasses au travers desquelles passe la tige du piston.

Cette machine qui ne peut, comme celle de Newcomen, que soulever un contre-poids et le laisser retomber, offre d'ailleurs un grand perfectionnement dans les circonstances de la condensation, laquelle ne se fait plus dans le cylindre principal, mais dans un autre cylindre nommé *condenseur*, plongé dans une cuve d'eau froide et dans lequel un robinet qu'on referme ensuite laisse passer la vapeur; de cette manière le cylindre principal se trouve constamment maintenu à la température de la vapeur.

Pour faire produire à sa machine un autre genre de travail que l'élévation de l'eau par le moyen des pompes, Watt substituait à la chaîne BQ une verge métallique BC (Pl. 4o, fig. 8) qui, agissant sur une manivelle, imprimait un mouvement de rotation à un axe chargé d'un volant. Cette transformation du mouvement alternatif en mouvement circulaire et continu fut indiquée pour la première fois par M. K. Fitzgerald (*Transactions de la Société royale*, 1758); mais Watt la réalisa et l'introduisit généralement par l'invention d'une manivelle spéciale nommée *roue planétaire* ou *mouche*. Comme la vapeur n'agit sur le piston que pendant sa descente, pour régulariser l'action exercée sur le volant on place en B un contre-poids égal à la moitié de la force avec laquelle le piston est poussé.

L'objet des secondes machines de Watt, dites *à double effet*, étant de supprimer le contre-poids B et de donner au piston une force ascendante égale à sa force descendante, il devenait nécessaire, 1° que la vapeur fût condensée alternativement de chaque côté du piston; 2° qu'en montant, le piston pût pousser l'extrémité A du balancier au moyen d'une verge rigide qui se maintînt toujours exactement verticale. Après avoir tenté divers moyens de remplir cette dernière condition, Watt a employé ce qu'on nomme le *parallélogramme*, combinaison de verges (Pl. 4o, fig. 9) unies par des articulations telle que l'extrémité supérieure de la verge du piston, sans cesser de pousser le balancier, décrit une courbe très-peu différente d'une ligne droite. Quant au jeu du piston, la vapeur affluente par le haut du cylindre le fait descendre pendant que le bas seul est mis en communication avec le condenseur; arrivé au terme de sa course, le haut du cylindre est mis seul à son tour en communication avec le condenseur, et la vapeur affluente par le bas fait remonter le piston. Deux robinets, dont l'un s'ouvre pendant que l'autre se ferme, produisent cette condensation alternative.

Le principal perfectionnement apporté à ces machi-

nes a été de faire produire le mouvement de rotation immédiatement par la tige du piston sans l'intermédiaire d'un balancier. Le mouvement alternatif du piston imprime un mouvement circulaire alternatif à l'axe C (Pl. 4o, fig. 7), lequel porte un levier qui par le moyen d'une manivelle fait prendre à l'axe du volant un mouvement continu.

Une autre invention très-ingénieuse de Watt est celle d'empêcher l'accélération du mouvement du piston en mettant à profit la force expansive de la vapeur avant sa condensation. Pour cet effet, il interrompt la communication de la chaudière avec le corps de pompe quand le piston a parcouru les deux tiers de sa course; le tiers restant est alors parcouru par la force qui résulte de l'expansion de la vapeur introduite; de sorte que le mouvement du piston devient sensiblement uniforme, et l'on évite ces chocs brusques qui causent des ébranlemens nuisibles à la machine. Cette application de la *détente de la vapeur*, qui a fait donner le nom de *machines à détente* aux appareils dans lesquels elle est employée, constitue un des progrès les plus importans des machines à vapeurs à condensation.

Nous n'avons parlé jusqu'ici que des pièces principales qui composent une machine à vapeur, mais s'il ne nous est pas possible de décrire en détail les moyens mécaniques, successivement perfectionnés, employés jusqu'à ce jour, soit pour produire la vapeur, soit pour la transmettre et régulariser son action, la description suivante d'une machine construite d'après le système de Watt va suppléer à ces détails et faire comprendre le mécanisme général de ces appareils.

CD (Pl. 22, fig. 1) est la chaudière dans laquelle l'eau est convertie en vapeur par la chaleur du foyer D. Elle est quelquefois faite de cuivre, mais le plus souvent de fer, son fond est concave et on fait circuler la flamme le long des côtés. Dans quelques-unes la flamme est conduite par des tuyaux à travers l'eau, de manière que la plus grande surface possible soit exposée à l'action du feu. Quand les fourneaux sont construits de la manière la plus judicieuse, huit pieds carrés de la surface de la chaudière recevant l'action du feu ou de la flamme peuvent convertir un pied cube d'eau en vapeur dans l'espace d'une heure; la vapeur produite dans la chaudière est environ 1800 fois plus rare que l'eau et elle est conduite par le tuyau à vapeur CE dans le cylindre G où elle agit sur le piston q et communique le mouvement au grand balancier AB. Mais avant de décrire le mode de transmettre le mouvement, nous devons parler de l'ingénieuse méthode employée par Watt pour alimenter régulièrement la chaudière avec de l'eau et la maintenir au même niveau OP, circonstance absolument nécessaire pour que la quantité et l'élasticité de la vapeur dans la chaudière soient toujours les mêmes. La bâche *u* placée au-dessus de la chaudière est fournie d'eau par la citerne à eau chaude *h* au moyen de la pompe *z* et du tuyau *f*. Au fond de cette bâche *u* est ajusté le tuyau *ur* qui est immergé dans l'eau OP et est recourbé à son extrémité inférieure afin d'empêcher l'entrée de la vapeur. Un support courbé *ud'*, attaché au côté de la bâche, soutient le petit levier *a'b'* qui se meut autour de *d'* comme centre. L'extrémité *b'* de ce levier porte au moyen du fil métallique *b'*P une pierre P qui est suspendue juste au-dessous de la surface de l'eau dans la chaudière, et l'autre extrémité *a'* est liée par le fil de fer *a'u* avec une soupape au bas de la bâche *u* qui ferme le haut du tuyau *ur*. On voit qu'à mesure que l'eau diminue dans la chaudière par l'émission de la vapeur la pierre P doit descendre en proportion. Mais en descendant elle soulève le bras du levier *d'a'*, la soupape du tuyau *ur* s'ouvre et introduit dans la chaudière une quantité d'eau égale à celle qui s'est évaporée. Une nouvelle évaporation fait de nouveau plonger la pierre, la soupape s'ouvre et l'eau entre de nouveau, et ainsi en continuant.

Afin de connaître la hauteur exacte de l'eau dans la chaudière, deux robinets *k* et *l* sont employés; le premier descend jusqu'à une petite distance du niveau de l'eau et le second un peu au-dessus de ce niveau. Si l'eau est à la hauteur convenable, en ouvrant le robinet *k*, il sortira de la vapeur et le robinet *l* donnera de l'eau, en conséquence de la pression de la vapeur. Mais si l'eau sort par les deux robinets, il y en a trop dans la chaudière, et si la vapeur sort par les deux, c'est l'eau qui manque.

Comme la chaudière serait en danger d'éclater si la vapeur devenait trop forte, on y place une soupape de sûreté *x* qui est chargée de manière que son poids ajouté à celui de l'atmosphère puisse excéder la pression de la vapeur arrivée à une force suffisante. Dès que la force expansive arrive à un degré qui pourrait mettre la chaudière en danger, sa pression devenue plus forte que celle du poids et de l'atmosphère fait ouvrir la soupape et la vapeur s'échappe jusqu'à ce que l'équilibre soit rétabli. En ouvrant la soupape de sûreté on peut arrêter la machine. On emploie quelquefois ce moyen : alors on fixe une chaîne au levier de la soupape, la chaîne passe sur deux poulies et vient aboutir à portée de l'ouvrier qui en la tirant fait ouvrir la soupape.

Du dôme de la chaudière part le tuyau à vapeur CE qui porte la vapeur dans le haut du cylindre G au moyen de la soupape *a*, et dans le bas de ce même cylindre par la soupape *c*. La branche du tuyau qui s'étend de *a* à *c* est enlevée dans la fig. 1re, afin de faire voir la soupape *b*; mais elle est distinctement visible dans la figure 2, qui est une vue latérale des tuyaux et des soupapes. Le cylindre G est quelquefois renfermé dans une enveloppe de bois, pour empêcher qu'il ne soit refroidi par l'air ambiant, et quelquefois dans une enveloppe métallique, afin de l'entourer de vapeur amenée du tuyau EC par le tuyau EG, en tournant un robinet. Mais il n'y a aucun avantage à employer ce dernier moyen, la consommation de vapeur est la même. Après que la vapeur qui à été admise au-*dessus* du piston *q* par la soupape *a* et au *dessous* par la soupape *c* a rempli le but qu'on se proposait, d'abaisser et d'élever le piston, et conséquemment le grand balancier AB, elle s'échappe par les soupapes d'écoulement *b* et *d*, fig. 1 et 2, et se rend dans le condenseur *i* où elle est condensée en eau par le moyen d'une injection. L'eau émise dans le condenseur est emportée avec l'air qu'elle contient dans la citerne à eau chaude *h* par la pompe à air *e* qui fonctionne par la verge du piston TI, attachée au grand balancier AB. De la citerne à eau chaude *h*, cette eau est portée par la pompe *z* et le tuyau *f* dans la petite bâche *u*, afin d'alimenter la chaudière. La pompe *g*, mue par le balancier, amène l'eau qui sert à l'injection dans le condenseur *i*, et son excédant recouvrant la pompe à air la défend de l'air extérieur. Les soupapes d'introduction et d'expulsion de vapeur *a*, *b*, *c*, *d*, sont ouvertes et fermées par des tringles *a*M, *d*M, *c*N, *b*N, qui sont mues par la tige TI du piston de la pompe à air. Toutes ces tiges traversent une boîte à cuir solidement fixée aux couvercles des cylindres, et elles sont tournées et polies avec soin. L'extrémité V de la tige R est fixée à un mécanisme qu'on appelle le parallélogramme, et qui est construit de manière à ce que la tige VR puisse toujours monter et descendre dans une position verticale ou perpendiculaire.

Afin de convertir le mouvement alternatif du balancier en mouvement circulaire, Watt fixa une tringle forte et inflexible AU à l'extrémité du grand balancier; à l'extrémité inférieure de cette tringle il fixa une roue dentée U attachée de manière à ne pas tourner sur son axe. Cette roue engraine dans une autre semblable S dont elle ne peut se séparer, de sorte que dans le travail la première tourne autour de la seconde. On appelle cet appareil le soleil et la planète. Sur l'axe de la roue S est placé le grand volant F qui régularise le mouvement du balancier. Cet appareil a été abandonné par Watt, dès qu'il a pu y substituer une manivelle pour laquelle on avait pris un brevet avant lui.

Après avoir décrit les différentes parties de la machine, il est bon de voir sa manière de fonctionner : supposons que le piston est en haut du cylindre comme il est représenté dans la figure (Pl. 22), et que la soupape supérieure d'introduction *a* soit ouverte, ainsi que la soupape inférieure d'expulsion *d*, tandis que les soupapes opposées *c* et *b* sont fermées ; alors la vapeur de la chaudière jaillira par le tuyau CE et la soupape *a* dans la partie supérieure du cylindre, et par son élasticité chassera le piston jusqu'en bas. Mais quand le piston *q* est amené au bas du cylindre, l'extrémité B du grand balancier est tirée en bas par le parallélogramme TV : son autre extrémité A s'élève, et la roue U ayant parcouru la demi-circonférence de S aura poussé en avant le volant F et fait mouvoir tout le mécanisme qui en dépend. Quand le piston *q* a atteint le bas du cylindre, la tige TI de la pompe à air rencontrant le coude M de la tige de la soupape *a* l'a fermée, et aussi la soupape d'expulsion *d*, tandis que par la rencontre de l'autre coude N elle a fait ouvrir la soupape d'expulsion *b* et la soupape d'introduction *c*; en conséquence, la vapeur qui est au-dessus du piston se précipite par la soupape d'expulsion *b* dans le condenseur *i*, où elle est condensée en eau par le jet qui arrive au milieu, tandis que dans le même temps une nouvelle quantité de vapeur de la chaudière arrive par la soupape ouverte *c* dans le cylindre et force le piston de remonter, lequel faisant élever une extrémité du grand balancier et abaissant l'autre, force la roue U de parcourir l'autre demi-circonférence de S, et fait faire une autre révolution complète au volant et au mécanisme qu'il met en mouvement. Et l'opération peut continuer ainsi tant que la machine est en bon état.

Les machines de Newcomen et celles de Watt n'exigent pas que la vapeur qui les met en jeu exerce sur le piston une force supérieure à la pression de l'atmosphère ; les premières machines dites à *haute pression* sont dues à MM. Trevitheck et Vivian, qui obtinrent en 1802 une patente dont l'objet principal est le transport des voitures sur les chemins de fer. La machine de Trevitheck n'offre pas de combinaisons essentiellement différentes de celle à *double effet* de Watt, quant à la manière dont le mouvement du piston est produit et transmis à l'axe du volant. Mais la vapeur y est employée tout autrement, car après avoir agi sous une pression qui surpasse souvent cinq fois celle de l'atmosphère, elle s'échappe dans l'air sans être condensée. Cette combinaison permet de renfermer la machine dans un *moindre espace* et de la rendre plus *légère*, tout en lui faisant développer une force supérieure ; conditions essentielles pour pouvoir l'appliquer comme moteur aux voitures et autres machines de transport.

D'autres machines à *haute pression*, dans lesquelles la vapeur est condensée après son action, et qui, par conséquent, ne sauraient être appliquées aux appareils locomotifs, ont été construites en 1804, par M. Woolf. Ces machines, qui se sont beaucoup multipliées en France, offrent les perfectionnemens suivans : 1° La

chaudière est formée de trois cylindres en fer fondu très-épais, dont la plus grande partie de la surface reçoit l'action du feu ; elle est beaucoup plus durable que les chaudières en tôle ou en cuivre laminé des anciennes machines. 2° Les pistons sont entièrement en fer fondu. Les pièces en contact avec le cylindre sont des segmens mobiles, dont les joints se croisent et qu'un ressort presse contre la surface du cylindre. Ces pistons sont bien préférables aux anciens formés de filasse pénétrée de graisse qui retenaient mal la vapeur ou occasionnaient un grand frottement. 3° La vapeur est reçue successivement dans deux cylindres de diamètres inégaux. Elle est formée sous la pression de quatre atmosphères et agit d'abord sous le petit piston. Elle passe ensuite dans le second cylindre et agit à la fois sur les deux pistons pendant le reste de la course commune, puis elle se rend dans le condenseur où elle est anéantie. L'invention des deux cylindres, qui a pour but d'employer simultanément les deux actions dues à la pression et à la dilatation de la vapeur, appartient à Hornblower et date de 1781.

Les machines à vapeur avaient déjà exercé leur puissante influence sur l'industrie bien avant qu'on se fût occupé de la détermination des lois qui régissent leur force motrice, car ce n'est qu'en 1790 que deux savans français, Prony et Bétancourt, entreprirent enfin d'évaluer cette force d'une manière générale dans ses degrés variables d'intensité. La formule par laquelle Prony représenta les résultats des expériences, faites dans une étendue de quatre atmosphères, a suffi pendant long-temps aux besoins industriels, et ce n'est que trente ans après que d'autres savans français et anglais traitèrent la même question entre des limites beaucoup plus éloignées. En 1824, le gouvernement français ayant engagé l'Académie des sciences à s'occuper de recherches expérimentales sur les lois de la force expansive de la vapeur d'eau à différentes températures. cette société nomma une commission composée de MM. Arago, Dulong, Ampère, Girard et de Prony. MM. Arago et Dulong, spécialement chargés de l'exécution des expériences, s'acquittèrent de cette tâche longue, pénible et périlleuse, de manière à mériter la reconnaissance du monde savant. Après avoir créé des appareils très-supérieurs à tous ceux imaginés jusqu'alors, ils ont pu vérifier la loi de Mariotte jusqu'à vingt-sept atmosphères, et constater par le fait les températures correspondantes aux tensions de la vapeur, depuis une jusqu'à vingt-quatre atmosphères. Ces beaux résultats sont consignés dans le rapport de M. Dulong, lu à l'Académie le 30 novembre 1829, et publié en 1831, dans le *tome* x *des Mémoires de l'Institut*. Des expériences semblables faites par le professeur Arzbelger, à Vienne, ont donné des résultats qui ne diffèrent de ceux de MM. Arago et Dulong que dans les températures très-élevées. Nous allons, autant que nos limites nous le permettent, indiquer les principes sur lesquels on fonde l'évaluation de la force réelle d'une machine à vapeur.

La mesure d'une force mécanique quelconque consiste dans la détermination du poids que cette force peut élever à une hauteur donnée, prise pour unité, dans un temps donné, également pris pour unité. Par exemple, le *mètre* étant l'unité de hauteur et la *seconde sexagésimale* l'unité de temps, une force capable d'élever 100 kilogrammes à un mètre, dans une seconde, sera *double* de celle capable d'élever 50 kilogrammes dans le même temps, ou *moitié* de celle capable d'élever 200 kilogrammes en une seconde, à un mètre de hauteur. Ainsi pour comparer deux forces dont l'une peut élever un poids p à une hauteur h dans une seconde, et dont l'autre peut élever un poids p' à une hauteur h' dans le même temps, on doit observer que l'intensité de la première force est représentée par le produit ph, celle de la seconde par le produit $p'h'$, et, par conséquent, que le rapport de ces forces est le même que celui des quantités ph et $p'h'$, ou $\frac{ph}{p'h'}$. Dans l'origine, on a pris la force du cheval pour terme de comparaison de la force des machines à vapeur, et de là vient l'habitude que l'on a encore aujourd'hui de désigner par un nombre de chevaux la force présumée d'une machine, mais ce terme de comparaison est beaucoup trop vague pour qu'on n'en ait pas reconnu bien vite l'insuffisance; aussi a-t-on successivement proposé deux unités abstraites qui atteignent toutes deux le même but. La première, sous le nom de *dynamode*, est la force susceptible d'élever un poids de 1000 kilogrammes à un mètre de hauteur en une seconde de temps ; la seconde, sous celui de *dyname*, est la force capable d'élever un poids de 75 kilogrammes à la même hauteur et dans le même temps. Cette dernière unité représentant, à très-peu près, la force moyenne d'un cheval, on doit désirer de la voir généralement adopter, parce qu'elle joint à l'avantage d'une détermination précise celui de ne pas trop s'écarter des usages reçus.

En prenant le *dynamode* pour unité, voici, d'après M. de Prony (*voy. Annales des mines*, tom. VIII, 1830), comment on peut calculer l'effet d'une machine à vapeur *à détente* et à un seul cylindre. Soient :

Diamètre du piston. . . . . $= D$

Surface de sa base. . . . . $= \Omega$

Longueur de sa course totale . . . . $= Z$

Partie de cette longueur que le piston parcourt

sans détente. . . . . $= \dfrac{Z}{K}$

Durée d'une course totale. . . . . $= T$

Nombre d'atmosphères mesurant la tension de la vapeur dans la chaudière. . . . . $= a$

Nombre d'atmosphères mesurant la pression constante qui s'exerce sur une des bases du piston en sens contraire de son mouvement. . . . . $= a'$

Nombre d'atmosphères représentant la pression moyenne du piston considérée dans l'étendue d'une course. . . . . $= q$

Poids dont l'élévation à 1 mètre de hauteur, dans une seconde de temps, représente l'effet utile de la machine. . . . . $= Q$

Nombre de kilogrammes mesurant la pression d'une atmosphère sur une surface de 1 mètre carré $= 10334$ kil., 5. . . . . $= \Pi$

En faisant abstraction de la perte de force due aux frottemens ou autres circonstances de la construction de la machine, ce qu'on nomme les *déchets* de l'effet utile, on aura pour les efforts exercés sur le piston dans l'étendue d'une course, 1° a atmosphères dans la première partie $\frac{1}{K}.Z$ de cette course ; 2° $\frac{aZ}{Kz}$ atmosphères, dans la seconde partie où la détente a lieu, Z étant l'espace parcouru depuis l'origine de la course, et la pression étant supposée varier dans cette seconde partie suivant la loi de Mariotte. 3° — a' atmosphères dans l'étendue entière de la course.

Prenant les sommes respectives des produits de ces efforts par les élémens d'espaces parcourus, la première de 0 à $\frac{Z}{K}$, la seconde de $\frac{Z}{K}$ à Z ; la troisième de 0 à Z ; on a pour la somme totale, toutes réductions faites,

$$Z\left\{ \frac{a}{K}(1 + LK) - a' \right\}$$

la caractéristique L désignant le logarithme naturel.

Ce produit est proportionnel à l'effet utile, dû à une course, en faisant toujours abstraction des déchets, et son second facteur donne la *pression moyenne* qui a ainsi pour valeur

$$\frac{a}{K}(1 + LK) - a'.$$

Pour introduire dans cette formule la correction relative aux déchets qui diminuent le produit de la machine, on a considéré la somme de ces déchets comme égale au produit de la pression a qui a lieu dans la chaudière, par un nombre α plus petit que l'unité, et dont l'expérience doit donner la valeur. La pression moyenne, exprimée en atmosphères, sera donc

$$q = \frac{a}{K}(1 + LK) - a' - \alpha a$$

ou (1)

$$q = a\left[\frac{1+LK}{K} - \alpha\right] - a'$$

Pour avoir cette expression moyenne en poids absolu, il faut la multiplier par la surface Ω de la base du piston, et par le poids Π qui mesure la pression d'une atmosphère sur une surface d'un mètre carré, et pour compléter l'évaluation de l'effet utile en y introduisant le rapport de l'espace parcouru par le piston au temps, il faut en définitive multiplier q par le facteur $\frac{\Pi\Omega Z}{T}$.

ce qui donne pour la valeur de Q (2)

$$Q = \frac{\Pi\Omega Z}{T}\left\{a\left[\frac{1+LK}{K} - \alpha\right] - a'\right\}$$

Si l'on remarque qu'on a $\Omega = \pi.(\tfrac{1}{2}D)^2$. (*voy.* CERCLE, 31), ou $\Omega = (0,7853982).D^2$ et, par conséquent, $\Pi\Omega = (10334^{kil.},5).(0,7853982).D^2 = (8116^{kil.},68).D^2$; on peut donner à l'équation précédente la forme (3)

$$Q = \frac{(8116^{kil.},68).D^2.Z}{T}\left\{a\left[\frac{1+LK}{K} - \alpha\right] - a'\right\}$$

Soit maintenant, μ le nombre des courses nécessaire pour donner un *dynamode*, on aura

$$\frac{1}{\mu} = (0,001).\Pi\Omega Z\left\{a\left[\frac{1+LK}{K} - \alpha\right] - a'\right\}$$

Le poids (4)

$$\Omega\Pi Z\left\{a\left[\frac{1+LK}{K} - \alpha\right] - a'\right\}$$

dont l'élévation à un mètre de hauteur représente l'effet mécanique résultant d'une course du piston, correspond à la dépense d'un volume $\frac{\Omega Z}{K}$ de vapeur prise à la tension qu'elle a dans la chaudière; pour trouver le poids qui, élevé à un mètre de hauteur, représenterait l'effet mécanique résultant de la dépense d'un mètre cube de cette vapeur, il faut multiplier l'expression (4) par

$$\frac{1}{\frac{\Omega Z}{K}} \overset{\text{mètre cube.}}{=} \frac{K}{\Omega Z}$$

et le poids cherché, désigné par P, a pour valeur (5),

$$P = \Pi\left\{(1+LK - \alpha K)a - a'K\right\}$$

La valeur de P étant liée à celle de K, si l'on considère cette dernière quantité comme la variable indépendante, sa valeur tirée de l'équation différentielle

$$\frac{dP}{dK} = 0$$

et substituée dans l'équation (5) rendra P un maximum (*voy.* ce mot). Or, en différentiant l'équation (5), on obtient

$$\frac{dP}{dK} = \Pi\left\{\left[\frac{1}{K} - \alpha\right]a - a'\right\}$$

ce qui donne, en égalant à zéro (6),

$$K = \frac{a}{\alpha a - a'}.$$

Telle est donc la valeur que doit avoir le facteur K pour que l'effet produit soit un maximum.

Si l'on met l'équation (2) sous la forme

$$Q = \frac{\Omega\Pi Z}{T}\left\{\frac{a}{K}.LK - \left(\alpha a + a' - \frac{a}{K}\right)\right\}$$

on voit que le terme soustractif $\alpha a + a' - \frac{a}{K}$ se réduit à zéro en y substituant à la place de K sa valeur donnée par l'expression (6), et qu'ainsi les équations (2) et (3) se réduisent à

$$(7)\ \cdots\ Q = \frac{\Pi\Omega Z a}{KT}.LK$$

$$(8)\ \cdots\ Q = \frac{(816^{kil.},68)ZD^2.a}{KT}.LK$$

Expressions dans lesquelles il faut donner à K la valeur (6).

On peut tirer de ces formules la règle de calcul donnée par Tredgold, dans son *Traité des machines à vapeur*, en prenant comme il l'a fait la *minute* pour unité de temps. En effet, substituant à $\frac{Z}{T}$ une vitesse v rapportée à la minute pour unité de durée, et désignant alors par Q' le poids élevé à 1 mètre de hauteur dans une minute de temps, si nous désignons de plus par d le nombre de centimètres contenus dans la longueur du diamètre du piston, et par p la pression absolue que supporte chaque centimètre *circulaire* sur la paroi intérieure de la chaudière, nous aurons, parce que le nombre des centimètres *circulaires* contenus dans l'aire d'un cercle est égal au nombre des centimètres *carrés* contenus dans le carré circonscrit à ce cercle,

$$p = (0^{kil.},811668).a,\ pd^2 = (8116^{kil.},68).a.D^2.$$

Le poids $0^{kil.},811668$ mesure la pression d'une atmosphère sur un centimètre *circulaire*. Posant enfin, comme Tredgold, $\alpha = 0,4$ et $a' = 1$ atmosphère, et substituant ces valeurs et celles de

$$a = \frac{p}{0^{kil},811668} , \quad \Pi\Omega = (0^{kil},811668).d^1$$

dans l'équation (2) elle devient

$$Q' = vd^1 \left\{ p \left[\frac{1 + LK}{K} - 0,4 \right] - 0,81167 \right\}$$

c'est la règle de Tredgold.

En observant que le nombre a d'atmosphères correspond à la pression qu'exercerait une colonne de mercure d'une hauteur $= (0^m,76).a$, si l'on désigne cette hauteur par H, et qu'on fasse

$$G = (0^m,76).q , \quad \alpha = 0,368 , \quad (0^m,76)a' = 0^m,1$$

l'équation (1) devient, en substituant ces valeurs ,

$$G = H \left(\frac{1 + LK}{K} - 0,368 \right) - 0,1$$

$$= \frac{H}{K} \left(1 + LK - \frac{(0,368)H + 0^m,1}{H} .K \right)$$

formule donnée par M. Navier pour évaluer la pression moyenne du piston dans l'étendue d'une course.

La valeur du coefficient de correction α dépend évidemment en partie du plus ou moins de perfection de la machine, aussi lui a-t-on assigné des grandeurs très-différentes. Tredgold l'a trouvé égal à 0,392 ou 0,4 en nombre rond, tandis que M. de Prony, d'après des expériences faites avec beaucoup de soin, sur une machine très-bien construite, le fait égal à 0,15. Ces évaluations, si peu concordantes, font penser à M. de Prony qu'on ne peut considérer α comme une quantité invariable et qu'on doit toujours, dans les projets de machines, employer la relation donnée par l'équation (6).

La grande perte de force des machines actuelles, dont le produit réel ne dépasse pas la moitié de la force de la vapeur employée, a fait chercher les moyens de substituer à leur mouvement alternatif un mouvement continu provenant d'un mouvement continu de la vapeur; mais les appareils très-ingénieux qu'on a imaginés dans ce but, tels que celui de M. Cartwrigt, et plus récemment celui de M. Dietz, n'ont point encore présenté une perfection suffisante pour les faire adopter, et l'on s'en tient généralement aux anciennes machines à piston. En 1829, M. Wronski a publié un ouvrage sur les *machines à vapeur*, dans lequel, après avoir signalé les progrès successifs de ces machines, il annonce avoir découvert un nouveau système d'appareils capable d'amener l'emploi de la vapeur, comme moteur mécanique, à son plus haut degré de perfection. Depuis, en 1835, dans un autre ouvrage, intitulé : *Nouveau système de machines à vapeur*, ce savant a fait connaître les lois mathématiques qui servent de base à

sa découverte. Nous ne pouvons que renvoyer nos lecteurs à ces ouvrages, qui présentent des aperçus tellement neufs sur la théorie des fluides, et sur les forces mécaniques en général, qu'il nous serait impossible d'en donner une idée exacte sans entrer dans des détails beaucoup trop longs pour la place qui nous reste.

Voyez pour la description complète et détaillée des principales machines à vapeur le tome 2 de la *Nouvelle architecture hydraulique* de M. de Prony; l tome 3 de la *Richesse minérale* de M. de Villefosse; l *Traité des machines à vapeur* de Tredgold, traduit de l'anglais avec des notes, par M. Millet; et le *Manuel de l'ingénieur mécanicien*, traduit de l'anglais, d'Olivier Evans, par M. Doolityle.

VARIABLE. (*Alg.*) On nomme *quantités variables* les quantités qui admettent plusieurs valeurs ou qui sont susceptibles de croître ou de décroître. On les appelle ainsi par opposition aux quantités constantes qui sont celles qui ne changent pas. Par exemple, dans l'équation d'une courbe telle que $y^2 = px$, x et y sont des *quantités variables*, parce qu'elles admettent des valeurs différentes pour chaque point de la courbe, tandis que p est une quantité constante, parce qu'elle reste la même pour tous ces points.

VARIATION DE LA LUNE. On donne ce nom, en *astronomie*, à la troisième inégalité de la lune, découverte par Tycho-Brahé. (*Voy.* Lune.)

VARIATION. Méthode des variations. (*Alg.*) On désigne sous ce nom un calcul particulier découvert par Lagrange, et qui forme une des branches du calcul général des différences.

x et y étant deux quantités variables liées par une équation, que nous représenterons par $y = \varphi x$, dans laquelle φx désigne une fonction quelconque de x, si l'on conçoit que la relation primitive de ces quantités change de manière qu'on n'ait plus $y = \varphi x$, mais $y = \psi x$, ψx étant une autre fonction de la variable indépendante x, la *différence* entre la valeur primitive de y et sa valeur après le changement de relation, ou $\psi x - \varphi x$, est ce qu'on nomme la *variation* de y. On exprime cette espèce de *différence* par la caractéristique δ, de sorte que δy signifie la *variation* de y, et que l'on a

$$\delta y = \psi x - \varphi x.$$

Pour rendre ceci plus sensible, considérons la demi-ellipse AEB (Pl. 22, fig. 12) dont $Fh = y$ est l'ordonnée correspondante à l'abscisse $AF = x$. En supposant que le petit axe de cette courbe croisse d'une quantité infiniment petite et que la demi-ellipse devienne ACB qui diffère infiniment peu de la courbe primitive

AEB, à la même abscisse AF répondra une ordonnée FC plus grande que l'ordonnée primitive Fh, d'une quantité Ch qui sera la *variation* de Fh ou de y. Cette *différentielle* particulière de y ne résulte donc plus d'un *accroissement* de la variable indépendante à laquelle y est lié, mais du changement survenu dans la relation primitive de ces deux quantités, et il devient important de ne pas confondre l'accroissement de y produit par ce changement de relation avec celui que reçoit cette variable par suite d'un accroissement correspondant de x. Cependant on voit, en définitive, que la conception première d'une *variation* est identiquement la même que celle d'une *différence*, savoir : l'*accroissement* que reçoit une quantité variable. Seulement cet accroissement est *déterminé* comme *différence*, tandis qu'il est *indéterminé* comme *variation*, et c'est par cette considération, purement logique, que le *calcul*, nommé inexactement *méthode des variations*, constitue une branche distincte du calcul des *différences*.

Ne pouvant donner ici une exposition du calcul des variations, nous croyons devoir au moins faire connaître le théorème fondamental qui lui sert de base. Reprenons donc l'expression $\delta y = \psi x - \varphi x$, et observons que la différence $\psi x - \varphi x$ est nécessairement une fonction de x, et par conséquent aussi une fonction de y, par suite de la liaison primitive qui existe entre ces variables : ainsi, désignant par θ cette dernière fonction, nous aurons $\psi x - \varphi x = \theta y$, ou

$$1\ldots\ \delta y = \theta y$$

En vertu de cette loi, si nous faisons $y + dy = y'$, nous aurons de même,

$$\delta y' = \theta y',$$

et nous obtiendrons, en retranchant l'égalité (1) de cette dernière

$$\delta y' - \delta y = \theta y' - \theta y = d(\theta y) = d\delta y.$$

Or, $\delta y' = \delta(y+dy) = \delta y + \delta dy$; donc, définitivement,

$$\delta dy = d\delta y,$$

c'est-à-dire, « la variation de la différentielle d'une quantité est égale à la différentielle de la variation de cette quantité. »

Il est facile de conclure que l'on a généralement

$$\delta d^m y = d^m \delta y$$

et, dans le cas de m négative, ce qui change d en $\int$,

$$\delta \int^m y = \int^m \delta y.$$

Il résulte de ce théorème fondamental qu'on peut toujours transporter la caractéristique δ après les caractéristiques d et $\int$ et *vice versa*.

Le célèbre problème des *isopérimètres* (*voy.* ce mot) a été l'occasion de la découverte du calcul des variations. Euler avait déjà généralisé la méthode des *maximis*, sur laquelle repose la solution de ce problème, lorsque Lagrange lui fit part des nouveaux résultats qu'il venait d'obtenir. Avec un désintéressement dont l'histoire des sciences n'offre malheureusement que peu d'exemples, non seulement cet illustre géomètre s'empressa de reconnaître la supériorité des procédés de Lagrange sur les siens, mais il ne dédaigna pas de les développer et de les expliquer à commencer des premiers élémens. Ce fut lui qui leur donna le nom de *méthode des variations*, car Lagrange, satisfait de s'être frayé une nouvelle route, n'avait donné aucune désignation particulière à son calcul, qu'il a depuis appliqué à de hautes questions de mécanique.

Les premiers essais de Lagrange ont été publiés dans le tome II des *Mémoires de Turin*, 1762 ; et les développemens d'Euler, dans les *Mémoires de Pétersbourg*, 1764, et dans un *appendice* au tome III de son *calcul intégral*. De toutes les expositions qui ont été faites du calcul des variations, la plus claire et la plus complète est celle qui se trouve dans le *Traité du calcul différentiel* de Lacroix.

VARIÉ. Mouvement varié. (*Méc.*) On désigne sous ce nom tout mouvement qui n'est point uniforme. (*Voy.* Mouvement.)

VARIGNON (Pierre), l'un des mathématiciens célèbres du xviie siècle et du commencement du xviiie, naquit à Caen, en 1654. Il étudiait la philosophie, lorsqu'un Euclide lui tomba sous la main et décida de son avenir scientifique. Les ouvrages de Descartes, qu'il étudia ensuite avec ardeur, le maintinrent dans ces dispositions en lui faisant prendre en pitié la philosophie scholastique dont ce grand homme avait brisé pour toujours le joug despotique. Varignon vint à Paris en 1686 avec l'abbé de St-Pierre, dont la libéralité le mit à même de se livrer exclusivement à ses goûts. Son premier ouvrage fut intitulé : *Projet d'une nouvelle mécanique* ; il eut un grand succès et valut à son auteur une place à l'Académie des sciences et une chaire au collège Mazarin. Dans cet écrit, Varignon révèle cette tendance de son génie qui le porta à généraliser les problèmes mathématiques, et qui lui fit accueillir avec enthousiasme et l'un des premiers en France la géométrie alors nouvelle des *infiniment petits*. Ce savant mathématicien, dont quelques principes sur la théorie de la mécanique sont encore suivis comme une règle fondamentale dans cette branche de la science, mourut à Paris, au mois de décembre 1722. Ses autres écrits sont à peu près oubliés ; on en trouvera néanmoins la liste dans les *Mémoires de l'Académie des sciences*, pour l'année 1720.

VECTEUR. (*Voy.* Rayon vecteur.)

VENT. Moulins a vent. (*Méc.*) Machines mises en mouvement par l'action du vent.

Ces machines, destinées généralement à pulvériser les grains, se composent d'une *meule* tournant dans une caisse cylindrique ; et à laquelle l'action du vent est transmise par le moyen d'un *volant*. Ce volant est la pièce essentielle, il est composé de quatre grandes ailes revêtues de toile, et qui forment une espèce de croix qui traverse le bout de *l'arbre* ou axe de rotation. Le vent en frappant les ailes les force à tourner, et le mouvement se communique à la meule à l'aide de roues d'engrenage. Les moulins à vent paraissent avoir été inventés en Hollande, dans le VIIIe ou IXe siècle, mais on n'a aucunes notions précises sur leur origine.

La force motrice du vent peut être également employée pour faire mouvoir des machines destinées à d'autres usages, et dans tous les cas elle est transmise à ces machines par le moyen des roues. On se sert pour cet effet de roues de deux espèces : les unes ont leur axe horizontal et parallèle à la direction du vent ; les autres ont cet axe vertical et perpendiculaire à la direction du vent. Les conditions de l'établissement de ces deux espèces de roues sont fondées sur des considérations différentes que nous allons exposer.

1. *Des moulins à vent à axe horizontal.* Ces moulins sont ceux qu'on emploie presque partout et qui peuvent produire les plus grands effets. La roue ou *volant* est formée par quatre rayons, sur chacun desquels est placée une *aile* qui reçoit obliquement l'action du vent. La figure de cette aile est ordinairement rectangulaire. Elle est formée par une surface gauche légèrement concave, et dont les élémens forment avec l'axe de la roue et la direction du vent des angles d'autant plus grands qu'ils sont plus éloignés de cet axe. Il est visible qu'on augmentera toujours la quantité d'action qu'un moulin pourra transmettre, en augmentant l'aire des ailes. La question qu'on peut se proposer est, en supposant l'aire des ailes ou la longueur du rayon donnée, de déterminer la figure de ces ailes et la vitesse du mouvement, par la condition que la roue transmette la plus grande quantité d'action possible. La solution de cette question est essentiellement fondée sur la connaissance de l'action d'un courant d'air sur des plaques minces, ou plutôt sur des surfaces minces légèrement concaves, qu'il frapperait obliquement, et qui cèderaient à son action, en prenant un mouvement de rotation autour d'un axe. Comme on est encore bien éloigné de connaître la nature de l'action dont il s'agit, la recherche des lois de

l'établissement des moulins à vent ne peut donc être, quant à présent, qu'une recherche purement expérimentale.

2. Pour donner toutefois une idée des notions théoriques les plus plausibles qui puissent être établies sur ce sujet, l'axe de la roue étant supposé dans la direction du vent, nommons :

v la vitesse du vent.

φ l'angle formé par le plan de l'aile avec la direction du vent.

V la vitesse circulaire du centre de l'aile.

Ω l'aire de l'aile.

P l'effort exercé par le vent, tangentiellement à la circonférence passant par le centre de Ω.

Π le poids de l'unité de volume de l'air.

K coefficient numérique, à déterminer par l'observation.

On aura : vitesse du vent estimée perpendiculairement à l'aile.................... $v \sin \varphi$.

Vitesse de l'aile estimée dans la même direction.................... $V \cos \varphi$.

Vitesse relative avec laquelle le vent frappe l'aile.................... $v \sin\varphi - V\cos\varphi$.

Supposons qu'ici, comme dans le choc direct, l'effort exercé est proportionnel à la hauteur due à la vitesse relative ; on aura pour cet effort

$$K\Pi\Omega . \frac{(v\sin\varphi - V\cos\varphi)^2}{2g},$$

et pour la composante dans le sens du mouvement circulaire,

$$P = K\Pi\Omega . \frac{(v\sin\varphi - V\cos\varphi)^2}{2g} . \cos\varphi$$

d'où

$$PV = K\Pi\Omega . \frac{(v\sin\varphi - V\cos\varphi)^2 V\cos\varphi}{2g}.$$

Cette expression de la quantité d'action transmise doit être rendue un maximum. En faisant d'abord varier V, on aura

$$V = \tfrac{1}{3} v \, \text{tang}.\varphi, \quad \text{d'où} \quad PV = \tfrac{4}{27} K\Pi\Omega \frac{v^3 \sin^3\varphi}{2g}.$$

faisant ensuite varier φ, il vient

$$\sin\varphi = 1, \quad \text{d'où} \quad V = \infty, \quad PV = \tfrac{4}{27} K\Pi\Omega \frac{v^3}{2g}.$$

Ainsi l'effet maximum aurait lieu lorsque le plan de l'aile serait perpendiculaire à la direction du vent et la vitesse de la roue infinie. Ces résultats, par les raisons énoncées ci-dessus, ne méritent pas une entière confiance, quoique beaucoup moins éloignés de la vérité que toutes les autres considérations théoriques présentées sur le même sujet dans divers ouvrages.

2. Les résultats fondés sur l'observation et l'expérience d'après lesquels l'établissement des moulins à vent doit être fait sont principalement dus à Coulomb. (*Mémoires de l'Académie des sciences*, 1781), et à Smeaton (*Recherches expérimentales sur l'eau et le vent*, *traduction de M. Girard.*) Ces résultats peuvent être résumés comme il suit :

1° *Figure des ailes.* Les ailes étaient supposées rectangulaires, la figure la plus avantageuse est celle de l'aile dite à la *hollandaise,* offrant au vent une surface légerement concave et dont les élémens transversaux ont les inclinaisons suivantes.

Le rayon de l'aile étant divisé en 6 parties $\frac{4}{6}$, le premier élément en comptant de l'axe est désigné par 1. Celui correspondant à l'extrémité de l'aile est désigné par 6 (les nombres expriment des degrés sexagésimaux.)

NUMÉROS DES ÉLÉMENS.	1	2	3 milieu de l'aile.	4	5	6 extrémité.
ANGLE FAIT AVEC L'AXE.	72°	71°	72°	74°	77° $\frac{1}{2}$	83°
ANGLE FAIT AVEC LE PLAN DU MOUVEMENT.	18°	19°	18°	16°	12° $\frac{1}{2}$	7°

La largeur de l'aile ne doit pas surpasser le $\frac{1}{4}$ de sa longueur. Elle en est ordinairement le $\frac{1}{5}$ ou le $\frac{1}{6}$ On doit plutôt diminuer l'angle des élémens avec le plan du mouvement que l'augmenter.

Si, renonçant à la figure rectangulaire, on veut former l'aile de manière qu'en employant la même surface de toile le moulin transmette la plus grande quantité d'action, la figure qui réussit le mieux en grand est celle d'une aile élargie (Pl. 40, fig. 2) formée en plaçant à l'extrémité du rayon un barreau égal au $\frac{1}{7}$ du rayon, et partagé au point où il le coupe dans le rapport de 3 à 2. Les inclinaisons des élémens transversaux doivent être réglées d'après la table précédente.

2° *Vitesse des ailes par rapport à celle du vent.* Les ailes étant disposées de l'une ou de l'autre manière indiquée ci-dessus, on doit, pour en obtenir le maximum d'effet, maintenir leur vitesse de rotation dans un rapport constant avec celle du vent. Cette vitesse de rotation à l'extrémité de l'aile doit être égale à 2, 7 ou 2, 6 fois celle du vent. (Ce résultat, établi par Smeaton d'après les expériences en petit, s'accorde exactement avec les observations de Coulomb, sur les moulins de la Belgique.)

3° *Quantité d'action transmise par les ailes.* Les ailes étant disposées comme il a été dit ci-dessus, et leur vitesse maintenue par rapport à celle du vent dans le rapport qui vient d'être énoncé, la quantité d'action transmise est proportionnelle à l'aire des ailes. Elle croît un peu moins rapidement que le cube de la vitesse du vent, en sorte que, la vitesse du vent devenant double, il s'en faut de $\frac{1}{20}$ que la quantité d'action transmise devienne octuple. Négligeant cette différence, on écrira entre la quantité d'action transmise en une seconde par une aile de moulin et les élémens de cette quantité, l'équation

$$2,27 \, v . P = n \Omega v^3$$

laquelle, pour satisfaire aux expériences de Coulomb et de Smeaton, doit devenir

$$2,27 . v . P = 0,13 \Omega v^3 .$$

équation dans laquelle Ω est l'aire d'une aile exprimée en mètres carrés ;

v la vitesse du vent exprimée en mètres ;

P l'effort exercé sur une aile par l'action du vent, dans le sens du mouvement circulaire, supposé appliqué à l'extrémité de l'aile, exprimé en kilogramme ;

n un coefficient numérique, déterminé par l'observation.

Cette détermination néglige la considération de la variation de la densité de l'air atmosphérique, à laquelle on n'a pas eu égard dans les observations.

3. Les moulins à vent à axe horizontal offrent divers inconvéniens, dont les principaux sont : 1° la nécessité de faire varier leur vitesse quand celle du vent varie; 2° la nécessité de les orienter; 3° le danger qu'ils courent quand la vitesse ou la direction du vent change brusquement.

On peut remédier aux inconvéniens de la variation de la vitesse par les moyens connus, employés pour faire en sorte que des axes se transmettent le mouvement de rotation avec des vitesses dont les rapports puissent varier. Les moulins sont souvent disposés de manière à s'orienter d'eux-mêmes. On emploie à cet effet une queue placée dans le prolongement de l'axe du volant , et portant un plan vertical, sur lequel le vent agit comme sur une girouette. Un moyen plus avantageux consiste dans l'emploi d'un petit moulin , placé aussi à l'extrémité d'une queue, dans le plan vertical passant par l'axe du volant. Ce moulin auxiliaire, toutes les fois qu'il n'est pas dans la direction du vent , fait tourner un axe , et par suite un pignon engrenant dans une crémaillère circulaire fixe. Il en résulte le mouvement nécessaire pour orienter le système mobile dont le volant et le petit moulin font partie. On remédie aux effets de la violence du vent, en serrant la toile dont les ailes sont couvertes. On pourrait employer des dispositions d'après lesquelles cette manœuvre serait opérée par le mouvement même du moulin, lorsque la vitesse dépasserait une limite donnée.

4. *Des moulins à vent à axe vertical*. Les dispositions de ces moulins sont plus variées que celles des précédens. On peut distinguer :

1° Ceux dont les ailes sont formées de plusieurs volets mobiles sur des axes verticaux , lesquels présentent leur largeur au vent quand ils doivent recevoir son action, et leur épaisseur quand ils doivent s'y soustraire.

2° Ceux dont les ailes sont fixes et protégées dans leur retour contre l'action du vent par une enveloppe cylindrique. Ils doivent être orientés comme les moulins à axe horizontal.

3° Les moulins dits *panemones* , dont la surface des ailes est une sorte de conoïde présentant alternativement à la direction du vent sa concavité et sa convexité. Le mouvement est imprimé au moulin en raison de la différence de l'action du vent sur les deux faces des ailes.

Chacune de ces dispositions offre divers inconvéniens, et toutes, à dimensions égales, ne peuvent transmettre qu'une faible partie de la quantité d'action qui serait transmise par un moulin à axe horizontal. On n'a pas publié d'observations propres à faire apprécier exactement leurs effets.

5. Parmi les moulins à vent à axe vertical , on peut distinguer le suivant (Pl. 40, fig. 3) , dont la disposition ingénieuse n'est point décrite dans les traités de mécanique ou collections de machines connues. L'axe passe au travers d'un cylindre vertical susceptible de tourner, et portant à son extrémité supérieure une roue dentée. Ce cylindre est fixe pendant que le moulin travaille. L'axe du moulin porte quatre bras. Les ailes sont fixées sur les roues extrêmes. Ces roues ont un diamètre double de celui de la roue fixe. Le diamètre des roues intermédiaires est arbitraire. Les situations des ailes entre elles et par rapport à la direction du vent étant une fois fixées, le mouvement du moulin ne les changera pas. On orientera facilement le moulin, et on réglera l'effort qu'il pourra recevoir du vent, en faisant tourner le cylindre auquel la roue dentée fixe

est adaptée. Cet appareil, inventé par J. Jackson, est décrit dans le *Reportory of arts*, tom. 8, 1806.

Il est reconnu que la vitesse du vent la plus favorable pour le travail des moulins est de 18 à 20 pieds par seconde. D'après les expériences de Borda , on peut poser comme principes , 1° que les impulsions du vent sont proportionnelles aux carrés des vitesses ; 2° qu'elles croissent dans un plus grand rapport que les aires des surfaces exposées à l'action du vent ; 3° que la pression du vent qui parcourt 20 pieds par seconde , contre une surface plane d'un pied carré placée perpendiculairement à la direction du courant, est équivalente au poids d'une livre ; 4° que l'impulsion contre un plan double en surface est plus que double du poids observé.

Voyez pour tout ce qui concerne l'emploi du vent comme moteur mécanique : *Description de l'art de construire les moulins* , par Beyer; *Collection des machines approuvées par l'Académie*, tomes 1 , 6 et 7; *Annales des arts et manufactures*, tomes 20 et 41 ; et le *Traité de la composition des machines*, par Borgnis.

VENTILATEUR. (*Méc.*) Appareil qui sert à renouveler l'air dans les lieux bas et fermés. Le ventilateur proprement dit n'est qu'un soufflet, mais on obtient aussi le renouvellement de l'air à l'aide de fourneaux d'appel qui établissent un courant. *Voy*. les *Mémoires de l'Académie des sciences*, 1768; *l'Art d'exploiter les mines de charbon de terre*, par Morand; et les *Annales des mines*, 1802.

VÉNUS. (*Ast.*) C'est la plus brillante des planètes de notre système et la seconde dans l'ordre des distances au soleil. On la désigne par le caractère ♀.

Vénus est située entre Mercure et la terre. Elle décrit autour du soleil une orbite presque circulaire dont l'excentricité n'est qu'à peu près la sept millième partie de son demi grand axe. La constitution physique de cette planète doit se rapprocher beaucoup de celle de la terre, car ces deux corps offrent des points frappans de ressemblance dans leurs volumes , leurs densités et la durée de leurs rotations.

Le diamètre de Vénus est de 3138 lieues de 2000 toises, et par conséquent diffère peu de celui de la terre. Si pour exprimer en nombres les rapports des dimensions de Vénus aux dimensions de la terre on prend cette dernière pour unité, on trouve que le diamètre de Vénus est 0,97 et son volume 0,93. Sa masse, déduite de la théorie, étant représentée par 0,88, il en résulte que sa densité moyenne est égale à 0,95 ou qu'elle est à peu de chose près égale à la densité de la terre. Vénus est en outre entourée d'une atmosphère dont la puissance réfractive ne paraît pas différer de celle de la nôtre et sa rotation sur elle-même s'effectue en 23ʰ 21′ 7″, 2.

L'orbite de Vénus étant renfermée dans celle de la terre, cette planète nous présente les mêmes apparences que Mercure (*voy.* ce mot), c'est-à-dire qu'elle semble osciller autour du soleil dont elle ne s'écarte jamais de plus de 48°. Sa plus grande distance angulaire ou son *élongation* varie entre 45° et 48°

Vénus a des phases comme la lune. On la voit quelquefois passer sur le disque du soleil où elle projette une petite tache noire. (*Voy.* Passage.)

Voici ses élémens rapportés au premier janvier 1801.

Demi grand axe, celui de la terre étant 1	0,7233316
Excentricité en partie du demi grand axe	0,0068607
Diamètre équatorial, celui de la terre étant 1......................	0,9750000
Période sidérale moyenne en jours moyens..................1......	224ʲ,7007869
Inclinaison de l'orbite..............	3° 23′ 28″, 5
Longitude du nœud ascendant.......	74 54 12, 9
Longitude du périhélie............ 128	43 53, 1
Longitude moyenne de l'époque...... 11	33 30, 0

VERNIER, espèce de division employée dans les instrumens de mathématiques pour obtenir les subdivisions exactes des degrés du cercle. On lui donne communément le nom de *Nonius*, mais c'est par erreur. Le procédé de Nonius diffère complètement de celui de Pierre Vernier, adopté aujourd'hui généralement. Tous les graphomètres et tous les cercles destinés à la mesure des angles portent un *vernier*, dont l'usage est si simple que nous ne croyons pas avoir besoin d'en donner ici l'explication.

VERRE ARDENT. (*Opt.*) Verre convexe des deux côtés, qui a la propriété de rassembler les rayons du soleil en un petit espace qu'on nomme son *foyer*. Si l'on expose à ce foyer des corps inflammables, ils s'y embrasent promptement, et lorsque le verre est très grand et qu'en même temps il fait partie d'une plus petite sphère, on peut obtenir par son moyen un degré de chaleur capable de fondre les métaux. (*Voy.* Dioptrique et Lentille.)

VERSE. (*Voy.* Sinus verse et cosinus verse.)

VERSEAU. (*Ast.*) Nom du onzième signe du zodiaque, représenté par le caractère ♒, et d'une constellation composée de 48 étoiles. Nous avons expliqué ailleurs pourquoi les constellations zodiacales ne correspondent plus avec les *signes* qui portent leurs noms. (*Voy.* Balance.)

VERTICAL. (*Géom.*) Se dit en général de ce qui est perpendiculaire à l'horizon, ou parallèle à la ligne d'aplomb.

En *astronomie*, on nomme *cercle vertical* le grand cercle de la sphère céleste qui passe par le zénith, par le nadir et par un point quelconque de l'horizon. C'est l'arc du cercle vertical compris entre l'horizon et le centre d'un astre qui mesure la hauteur de cet astre. (*Voy.* Hauteur.)

VESTA. (*Ast.*) Nom d'une des quatre petites planètes découvertes depuis le commencement de ce siècle. (*Voy.* Cérès, Junon et Pallas.)

Ayant déjà donné, aux mots auxquels nous renvoyons, des détails historiques sur ces quatre nouvelles planètes, nous nous contenterons ici de dire que Vesta a été découverte par Olbers le 29 mars 1807.

Vesta a l'apparence d'une étoile de cinquième ou de sixième grandeur et peut être vue à l'œil nu lorsque le ciel est pur. Sa lumière est plus intense et plus blanche que celle des trois autres. Son orbite coupe l'orbite de Pallas, mais non pas dans les mêmes points où elle est coupée par l'orbite de Cérès.

D'après les observations de Schroeter, le diamètre apparent de Vesta est seulement 0″,488; c'est la moitié de ce qu'il a trouvé pour le diamètre apparent du quatrième satellite de Saturne.

M. Burckart a émis l'opinion que Le Monier avait observé cette planète comme une étoile fixe. Il est de fait qu'une petite étoile portée dans le catalogue de cet astronome ne s'est plus retrouvée depuis à la place qu'il lui avait assignée.

Voici les élémens les plus récens de Vesta. Ils se rapportent au premier janvier 1820.

Demi grand axe, celui de la terre étant 1	2,3678700
Excentricité en parties du demi grand axe...........................	0,0891300
Période sidérale moyenne en jours moyens........................	1325ʲ,7431оо
Inclinaison de l'orbite..............	7° 8′ 9″, 0
Longitude du nœud ascendant........	103 13 18, 2
Longitude du périhélie............	249 33 24, 4
Longitude moyenne de l'époque......	278 30 0, 4

VIBRATION. (*Méc.*) Mouvement régulier d'un corps qui oscille autour d'un centre. (*Voy.* Lame élastique, Pendule et Oscillation.)

VIERGE. (*Ast.*) Nom du sixième signe du zodiaque marqué ♍, et d'une constellation composée de 110 étoiles. (*Voy.* Balance.)

VIÈTE (François). Cet illustre et grand géomètre naquit à Fontenay-le-Comte en 1540. Nous ne possédons aucuns détails sur ses premières années et sur son éducation, et, malgré la célébrité qui est attachée à son nom, sa vie privée est demeurée à peu près inconnue. On sait seulement qu'il occupa à Paris des fonctions publiques, dont les devoirs ne pouvaient le distraire de l'étude des mathématiques. Tous ses biographes rapportent, d'après l'historien de Thou, qu'il se livrait avec tant d'application et d'ardeur à ses recherches scientifiques, qu'on le vit quelquefois passer trois jours de suite sans quitter la table sur laquelle il travaillait, et où il prenait à peine quelques alimens. Nous avons exposé ailleurs (*voy.* ALGÈBRE) les découvertes dont ce grand homme a enrichi la science, et nous avons eu souvent l'occasion, dans le cours de cet ouvrage, de rappeler ses titres à l'admiration et à la reconnaissance de la postérité. Viète joignait à une connaissance profonde de la science, pour laquelle ses travaux marquent une période de rénovation et de progrès, une grande érudition. On lui reproche même d'avoir trop parsemé ses livres de mots grecs francisés qui en rendent la lecture difficile; mais c'était là une habitude de son temps qui ne saurait en rien diminuer sa gloire ni le mérite de ses ouvrages. Cet illustre géomètre était doué d'une perspicacité remarquable qui lui permit de faire des applications aussi heureuses que difficiles des théories de la science; on en cite une qui mérite surtout d'être rapportée. Durant les longues guerres de la France avec l'Espagne, des lettres de la cour de Madrid à ses gouverneurs, dit Montucla, ayant été interceptées, ce fut à Viète qu'on eut recours pour les déchiffrer. Il y parvint en effet malgré l'extrême complication du chiffre et l'on ne manqua pas en Espagne de l'accuser de sortilége. Viète était un homme d'un caractère simple et modeste, ses écrits furent rares même de son temps, car il avait l'habitude de les faire imprimer lui-même et de n'en tirer qu'un petit nombre d'exemplaires qu'il distribuait à ses amis. Il mourut à Paris, à l'âge de 60 ans, au mois de décembre de l'année 1600. Alexandre Anderson a publié, après sa mort, quelques-uns de ses manuscrits, mais la plupart de ses écrits réunis par François Schooten, Jacques Galius et le père Mersenne, furent imprimés de nouveau et publiés à Leyde, en 1646.

VIS. (*Méc.*) Une des sept machines considérées comme simples. C'est un cylindre droit K (Pl. 17, fig. 6 et 7) sur la surface duquel on a creusé une gorge en spirale. La partie saillante se nomme le *filet de la vis*, et la distance qui règne verticalement entre deux points du filet ou la largeur de la gorge prend le nom de *pas de la vis*.

Lorsque le filet se termine en tranchant, comme dans la *figure* 7, la vis est dite à *filet angulaire*. Cette construction, qui donne beaucoup de force à la base du filet, est préférée pour toutes les vis d'assemblages, et généralement pour les vis en bois. Lorsque la coupe des filets présente, comme dans la *figure* 6, la forme d'un parallélogramme, la vis est dite à *filet carré*. On construit de cette manière les grandes vis en fer qu'on exécute au tour.

On nomme *écrou* la pièce MN dans laquelle on fait entrer la *vis*, et dont la concavité renferme une *rainure* creuse semblable au filet; lorsque la vis est entrée dans l'écrou, la rainure est exactement remplie par le filet, de sorte que la vis ne peut prendre d'autre mouvement que de s'avancer dans le sens de sa longueur, en tournant sur elle-même.

Dans l'usage de cette machine, l'une des deux pièces est fixe et l'autre est mobile; ainsi, suivant les circonstances, la vis est fixe et c'est l'écrou qui marche en tournant autour de son axe, ou bien l'écrou est fixe et c'est la vis qui se meut. Ces deux cas reviennent au même pour les conditions d'équilibre. En supposant que la vis K soit fixe et que l'écrou MN soit chargé d'un poids P auquel doit faire équilibre une puissance Q appliquée à l'extrémité d'un bras de levier, on démontre, dans tous les traités de statique, que pour qu'il y ait équilibre il faut que *la puissance soit à la résistance comme le pas de la vis est à la circonférence que la puissance tend à décrire*. Cette machine est donc d'autant plus avantageuse que le pas de la vis a moins de hauteur et que le point d'application de la puissance est plus éloigné de l'axe.

La courbe régulière que forme le filet sur la surface du cylindre fondamental se nomme une *hélice*.

La VIS SANS FIN ne diffère de la vis ordinaire que parce qu'elle ne se meut pas dans un écrou et que son action devient ainsi continue. C'est une machine dont le cylindre tourne toujours du même sens sur des pivots B et C (Pl. 15, fig. 9); son filet mène en tournant une roue FD, dont il engrène les dents, laquelle porte à son centre un axe cylindrique où s'enveloppe une corde destinée à élever un fardeau. Une très-petite force appliquée à la manivelle AB peut enlever un très-grand poids W.

Toutes les espèces de vis sont des machines composées du *levier* et du *plan incliné*; aussi leur théorie n'est qu'une conséquence de celles de ces dernières.

VIS D'ARCHIMÈDE. (*Méc.*) Machine très-ingénieuse propre à élever l'eau, inventée par Archimède. Elle se compose d'un cylindre AB (Pl. 15, fig. 10) qui tourne sur deux pivots et autour duquel on a roulé en spirale un canal creux CFHGFD. On incline ce cylindre à l'horizon sous un angle d'environ 45°, et l'on fait plonger dans l'eau l'orifice C du canal. Si par le moyen d'une manivelle IK, ou par tout autre mécanisme on fait tourner la *vis*, l'eau monte dans le canal, se porte successivement de spire en spire et va se décharger par l'autre extrémité D du canal.

Dans cette machine l'eau monte par la même force qui tend à la faire descendre ; c'est-à-dire, par son propre poids. En effet, la particule d'eau qui est dans la partie inférieure de la vis, en E par exemple, n'y peut pas demeurer lorsqu'on tourne la vis, parce que sa pesanteur l'oblige d'aller au point suivant, qui dans ce moment-là se trouve plus bas que le point E, étant passé sous la vis, mais qui en même temps se trouve dans un point plus élevé que celui où était le point E lorsqu'il était encore par dessous ; de sorte qu'à chaque instant cette particule d'eau se trouve dans des points de plus en plus élevés, et elle y est réellement portée par sa pesanteur. Or ce que nous disons de cette particule d'eau, on peut le dire de toutes les autres ; ainsi dès que l'eau est parvenue à l'orifice supérieur D, elle doit continuellement s'écouler, tant que la vis tourne et que son extrémité inférieure plonge. Cette machine est très-utile pour élever une grande quantité d'eau avec une très-petite force. On s'en est servi avec un grand succès pour vider des lacs et des étangs.

Lorsqu'il s'agit d'élever l'eau à une hauteur considérable, une seule vis n'est pas suffisante, parce que cette vis devant être inclinée ne peut porter l'eau à une grande élévation sans devenir elle-même très-longue et par là très-pesante, et sans courir les risques de se courber et de perdre son équilibre ; mais on peut alors, avec une seconde vis, élever l'eau qu'une première a apportée dans un réservoir, et ainsi de suite. Daniel Bernouilli a donné dans son Hydrodynamique une théorie développée de la *vis d'Archimède* et des effets qu'elle peut produire. (*Voy.* aussi la *Nouvelle architecture hydraulique* de M. de Prony.)

VISION. (*Opt.*) Sensation particulière à l'organe de la vue, produite par l'impression des objets éclairés sur l'œil.

Les phénomènes de la *vision*, ses causes, la manière dont elle s'exécute, forment un des points les plus importans de la physique pure et sont par conséquent autant d'objets étrangers à notre Dictionnaire. Mais les lois que suit la lumière dans ses divers modes de propagation constituent une des branches des mathématiques appliquées nommée *Optique générale*, laquelle se subdivise en plusieurs autres branches que nous avons examinées successivement. Nous renverrons donc aux mots Dioptrique, Catoptrique, Lumière et Optique.

VITESSE. (*Méc.*) Rapidité plus ou moins grande avec laquelle un mobile parcourt un espace déterminé. Par exemple, si deux mobiles parcourent le même espace l'un en une heure et l'autre en deux, la vitesse du premier sera deux fois plus grande que celle du second.

On mesure, en général, la *vitesse* par l'*espace* parcouru dans l'*unité* de temps ; ainsi lorsqu'un mobile parcourt, dans cette unité, un espace double, triple, etc. de celui qu'un autre mobile parcourt dans le même temps, on dit que sa vitesse est double, triple, etc. de la vitesse de ce second mobile.

Dans le *mouvement uniforme* (*voy.* ce mot) la vitesse est constamment la même, et comme elle fait parcourir au mobile des espaces égaux en temps égaux, on la représente par le quotient de l'espace divisé par le temps. Si nous désignons, en effet, par E l'espace décrit par un mobile dans un temps T, le quotient $\frac{E}{T}$ représente l'espace décrit dans l'unité de temps, et en désignant par V la vitesse, les deux quantités V et $\frac{E}{T}$ sont identiques. Il est bien entendu que par ce quotient de l'*espace* divisé par le *temps* on entend celui des nombres qui expriment les rapports de l'espace et du temps à leurs unités respectives. Par exemple si l'espace est de 8 mètres et le temps de 2 secondes, la vitesse est $\frac{8}{2} = 4$, c'est-à-dire, 4 mètres par seconde.

Dans le *mouvement varié*, la vitesse augmente ou diminue successivement et alors, pour la mesurer, on prend un intervalle infiniment petit et l'on appelle, à chaque instant, *vitesse* du mobile, le rapport de l'espace infiniment petit parcouru dans cet instant à la durée de ce même instant. (*Voy.* Accéléré.)

On distingue la vitesse en *vitesse absolue* et *vitesse relative*. La vitesse absolue d'un mobile est sa vitesse réelle et effective ; c'est-à-dire celle qui sert à mesurer la quantité dont il se rapproche ou s'éloigne des objets qui sont considérés comme fixes dans l'espace. La vitesse relative de deux mobiles est celle qui sert à mesurer la quantité dont ces mobiles se rapprochent ou s'éloignent l'un de l'autre dans un temps donné. (*Voy.* Mouvement.)

VOIE LACTÉE. (*Ast.*) Espèce de ceinture ou de zone lumineuse qui fait le tour du ciel. (*Voy.* Étoile et Nébuleuse,

VOLANT. (*Méc.*) Nom générique qu'on donne dans les machines, à des parties qui ont un mouvement très-rapide de rotation.

On nomme *volant régulateur* une roue pesante que l'on fait mouvoir avec rapidité et qui sert à maintenir l'uniformité du mouvement lorsque le moteur ou la résistance est de nature à éprouver des variations momentanées. L'emploi de ce moyen mécanique, généralement très avantageux, est soumis à des conditions pour lesquelles on doit consulter l'*Architecture hydraulique* de Bélidor, tome 1, avec les notes de M. Navier.

VOLUME. (*Géom.*) Espace qu'un corps occupe. *Voy.* Solide.)

VOUTE CÉLESTE. (*Ast.*) On donne ce nom à la surface concave que le ciel nous présente et sur laquelle tous les astres semblent situés.

L'extrême éloignement des corps célestes ne nous permettant pas d'apercevoir les différences de leurs distances à la terre, les rayons visuels menés de notre œil à chacun de ces corps nous semblent tous égaux et le ciel nous apparaît comme une surface sphérique qui s'appuie sur le plan de l'horizon. Si l'épaisseur de la terre ne nous empêchait pas de voir la partie opposée du ciel, ce ciel tout entier nous apparaîtrait comme une immense sphère dont nous occuperions le centre. Tant que nous restons au même point de la surface de la terre, nous voyons chaque jour se lever et se coucher les mêmes étoiles ; seulement le soleil, par son mouvement propre apparent, ne nous permet d'apercevoir que celles qui se trouvent dans l'hémisphère opposé à celui dans lequel il se trouve ; mais pendant la durée d'une de ses révolutions nous ne revoyons jamais que les étoiles que nous avons déjà vues, et l'aspect général du ciel demeure constamment le même. Si, au contraire, nous changeons de lieu en nous avançant vers le Nord, par exemple, nous découvrons de nouvelles étoiles, tandis que nous cessons d'apercevoir vers le Midi quelques-unes de celles qui s'y trouvaient auparavant. Le même phénomène se présente en sens contraire en allant du Nord au Sud ; de sorte qu'en changeant de lieu sur la terre et marchant ainsi du Sud au Nord ou du Nord au Sud, l'aspect général du ciel se trouve changé. Ces apparences indiquent de la manière la plus évidente la forme arrondie de la terre que tant d'autres phénomènes rendent encore manifeste. (*Voy.* Terre.)

W.

WALLIS (Jean), l'un des plus célèbres géomètres du XVIIe siècle, et le plus illustre de ceux qui, en Angleterre, précédèrent Newton, naquit à Ashfort, dans le comté de Kent, le 23 novembre 1616. Après ses premières études il s'adonna successivement à la théologie et à la philosophie ; mais son génie l'appelait à étudier les mathématiques, et ses progrès y furent aussi rapides qu'importans. En 1646 il fut pourvu de la chaire de géométrie, fondée à l'université d'Oxford par le chevalier Saville ; il y professa jusqu'à sa mort. Le principal ouvrage de Wallis est sans contredit son *Arithmétique des infinis*, qui fut publié pour la première fois en 1655. Entrant en maître dans la carrière ouverte par Cavalleri, Fermat, Descartes et Roberval, il fit dans ce livre une application plus spéciale encore que celle qu'avaient tentée ces grands géomètres du calcul à la méthode des indivisibles. Les travaux de Wallis, qui ont été retracés dans un grand nombre d'articles de ce Dictionnaire, marquent dans l'histoire de la science une période de brillans progrès, et assurent à son nom une glorieuse immortalité. La vie de Wallis fut douce et paisible ; entièrement voué à l'étude, il se tint éloigné des événemens politiques de son temps et il acheva à Oxford, le 28 octobre 1703, une carrière dont l'amour de la science avait seul rempli le cours. On a de lui une Grammaire anglaise et un Traité sur l'art d'apprendre à parler aux sourds et muets, outre un grand nombre d'écrits sur des matières théologiques et philosophiques ; mais ses véritables titres de gloire sont ses écrits mathématiques, qui furent réunis et imprimés peu de temps avant sa mort, sous ce titre : *Joannis Wallisii geometriæ professoris saviliani, in celeberrimâ academiâ oxoniensi, opera mathematica* ; Oxford, 1697—1699 ; 3 vol. in-f°.

WEGA. (*Ast.*) Nom de la belle étoile de la Lyre.

WREN (Christophe, le Chevalier), savant mathématicien anglais, né en 1632, mort en 1723, est célèbre dans l'histoire de la science par ses découvertes, ses travaux et l'universalité de ses talens. Toutes les branches de la science ont été l'objet de ses études ; à la fois géomètre, astronome, mécanicien et architecte, il doit être compté parmi les hommes qui ont le plus contribué au progrès de la science et à l'illustration de leur pays. L'espace nous manque même pour le simple énoncé de ses nombreux travaux ; nous nous bornerons à rappeler que le premier il trouva la rectification absolue de la cycloïde et qu'il eut l'honneur de concourir avec Huygens et Wallis à la découverte des lois du choc des corps. Comme astronome, il a rectifié ou inventé un grand nombre d'instrumens et publié des observations suivies sur Saturne, une théorie de la libration de la lune et des essais pour déterminer la parallaxe des fixes. Comme architecte, il suffit de rappeler qu'il fut le constructeur de l'église de St-Paul de Londres. Il a laissé de nombreux écrits dont la plupart se retrouvent dans les *Transactions philosophiques* du temps.

Z.

ZÉNITH. (*Ast.*) Point du ciel qui répond verticalement au-dessus de notre tête.

Si l'on conçoit une ligne droite perpendiculaire au point de l'horizon qu'on occupe, le point où cette droite rencontre la voûte céleste sera le *zénith* du lieu, et si on là suppose prolongée au-dessous de l'horizon, le point opposé du ciel sera le *nadir* de ce même lieu. Cette droite pourra être considérée comme l'*axe* de l'horizon, et le *zénith* et le *nadir* comme ses *pôles*. (*Voy.* Armillaire.) On voit aisément qu'un observateur, à chaque pas qu'il fait, change de zénith et de nadir de même qu'il change d'horizon.

Si la terre était exactement sphérique, notre zénith serait le nadir de nos antipodes, et notre nadir leur zénith; mais cette opposition n'est réelle que pour les lieux situés sous l'équateur et sous les pôles; dans tous les autres, la perpendiculaire à l'horizon ne passe pas par le centre de la terre, et les deux points de la surface terrestre qu'elle rencontre ne sont pas diamétralement opposés.

Le mot *zénith* est arabe et vient de *semt*, qui signifie *le point*.

ZODIACALE. Lumière zodiacale. Auréole lumineuse que l'on aperçoit dans le ciel en certains temps de l'année après le coucher du soleil ou avant son lever; sa forme est celle d'une lentille très-aplatie, placée obliquement sur l'horizon et dont la pointe atteint très-loin dans le ciel (*voy.* Pl. 18, fig. 4). Elle a été remarquée pour la première fois par Cassini, le 18 mars 1683.

Cette lumière, blanchâtre comme celle de la voie lactée, accompagne toujours le soleil, et dans les éclipses totales on l'aperçoit autour de son disque comme une chevelure lumineuse. Elle est constamment dirigée dans le sens de l'équateur solaire; c'est ce qui fait qu'elle n'est pas visible dans toutes les saisons, parce que cet équateur est diversement incliné à l'horizon, selon les diverses positions du soleil sur l'écliptique. A Paris, ce n'est que dans les derniers jours de février et les premiers de mars, qu'on peut espérer de l'apercevoir au moment où le crépuscule du soir finit, c'est-à-dire, vers 7 heures ½ du soir; si toutefois le ciel est bien pur et si la lune n'est pas sur l'horizon. La Caille a observé que sous la zône torride la lumière zodiacale est constamment visible et très-apparente.

D'après Mairan, la lumière zodiacale n'est que l'atmosphère même du soleil extrêmement allongée dans le sens de son équateur. D'après d'autres physiciens, c'est un anneau lumineux qui entoure le soleil de la même manière que l'anneau de Saturne entoure cette planète. Des hypothèses plus modernes rattachent ce phénomène à ceux de l'électricité.

L'épithète de *zodiacale* a été donnée à cette lumière parce qu'elle est toujours comprise dans la zône céleste nommée zodiaque.

ZODIAQUE. Zône céleste d'environ 18 degrés de largeur, qui fait le tour du ciel. Elle est partagée en deux parties égales par l'écliptique et comprend tous les points du ciel où les anciennes planètes peuvent paraître, puisque la latitude de ces différentes planètes, soit vraie, soit apparente, n'est jamais guère de plus de 8 degrés.

L'origine du zodiaque remonte aux premiers temps de l'astronomie; dès qu'on eut reconnu la route apparente du soleil sur la sphère céleste et qu'on eut fixé la situation de cette route par rapport aux groupes d'étoiles qu'elle traverse, on s'aperçut bientôt que toutes les planètes alors connues ne s'écartaient jamais, dans leurs mouvemens, que d'une petite distance à la droite ou à la gauche de cette route, et la zône dans laquelle ces mouvemens s'effectuent reçut le nom de *zodiaque*, de ζώδιον, animal, parce que les groupes d'étoiles ou *constellations* qui la composent avaient été figurés par des animaux.

L'*écliptique* ou la route annuelle du soleil ayant été divisée en douze portions égales que l'on avait nommées *signes*, on avait aussi partagé les étoiles du zodiaque en douze constellations correspondantes; de sorte que les signes et leurs constellations portaient les mêmes noms et, il devenait facile de reconnaître le passage du soleil dans les différens signes, passage qui règle l'ordre des saisons, par l'observation des étoiles des constellations. Mais depuis l'époque où ces divisions ont été établies, l'état du ciel a beaucoup changé. L'équinoxe du printemps, point où l'écliptique coupe l'équateur et qui est pris pour origine des signes, a rétrogradé sur l'écliptique, par l'effet de la précession des équinoxes (*voy.* ce mot), et les mêmes groupes d'étoiles ne correspondent plus aux divisions de l'écliptique, dont le point de départ est toujours l'équinoxe variable du printemps. L'astronomie moderne a conservé les anciennes divisions et même les noms des douze ignes; mais il ne faut pas confondre les douze signes du zodiaque avec les douze constellations qui leur répondaient il y a 2254 ans, car maintenant la *constellation* du *bélier* se trouve dans le *signe* des *poissons* et ainsi de suite; tout a rétrogadé d'un signe. Voyez, pour les noms des signes et les caractères par lesquels on les représente, le mot Armillaire, 15.

L'époque précise de l'invention du zodiaque est entièrement inconnue, et il parait en outre qu'il n'a pas toujours renfermé le même nombre de constellations qu'aujourd'hui. Cependant toutes les inductions par lesquelles on a voulu prouver son extrême antiquité, et par suite celle de la présence de l'homme sur la terre, ne reposent sur rien de fondé et se trouvent même contredites par tous les faits géologiques et par les traditions de tous les peuples.

ZONE. (*Géom.*) Portion de la surface d'une sphère comprise entre deux cercles parallèles.

En *géographie*, toute la surface de la terre est divisée en cinq bandes circulaires appelées *zónes terrestres*. De ces cinq zónes, l'une s'étend à 23° 28' de part et d'autre de l'équateur et a par conséquent 46° 56' de largeur : on la nomme *zóne torride*; elle comprend tous les pays situés entre les deux tropiques et dans lesquels on peut avoir le soleil au zénith. Deux autres de ces zónes se nomment *zónes tempérées*; l'une est située dans l'hémisphère boréal et l'autre dans l'hémisphère austral. La première s'étend depuis le tropique du cancer jusqu'au cercle polaire arctique, et la seconde depuis le tropique du capricorne jusqu'au cercle polaire antarctique. Elles ont chacune 43° 4' de largeur et comprennent tous les pays qui n'ont jamais le soleil à leur zénith, mais qui le voient tous les jours. Les deux dernières zónes se nomment *zónes glaciales*; l'une est située au Nord et l'autre au Midi. La première s'étend depuis le cercle polaire arctique jusqu'au pôle boréal, et la seconde depuis le cercle polaire antarctique jusqu'au pôle austral. Elles ont chacune 46° 56' de largeur. Les pays qu'elles renferment ont des jours et des nuits dont la durée comprend plusieurs révolutions diurnes de la terre et est d'autant plus longue qu'ils sont plus rapprochés du pôle. Sous le pôle même le soleil demeure six mois au-dessus de l'horizon et six mois au-dessous. La situation des zónes terrestres par rapport à la direction des rayons solaires donne lieu à plusieurs phénomènes physiques pour lesquels on doit recourir aux traités de géographie.

ZOOLIQUE. Moteur zoolique. (*Méc.*) (de ζῶον, animal.) Nom que l'on donne à un moteur animé. On nomme aussi *machine zoolique* toute machine mise en mouvement par des hommes ou par des animaux.

FIN.

TABLE DES MATIÈRES

CONTENUES DANS LA SECONDE PARTIE.

L'article fortification est de M. de Lespin, les biographies de M. A. Barginet, de Grenoble, et les autres articles de M. de Montferrier.

Le premier nombre indique la page, le second la colonne.

FIN DE LA TABLE.

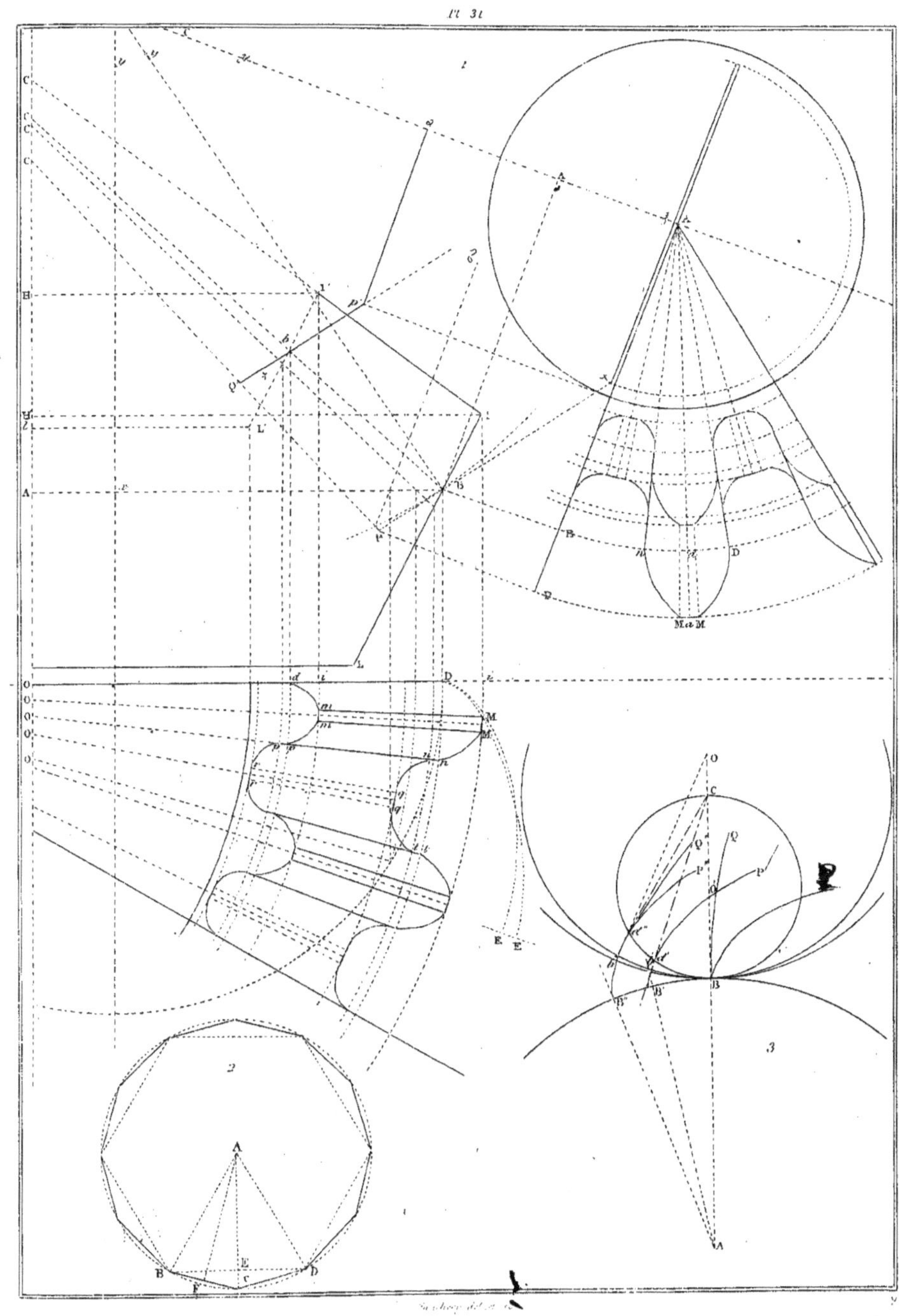
Pl. 31
1
2
3
Bonati.

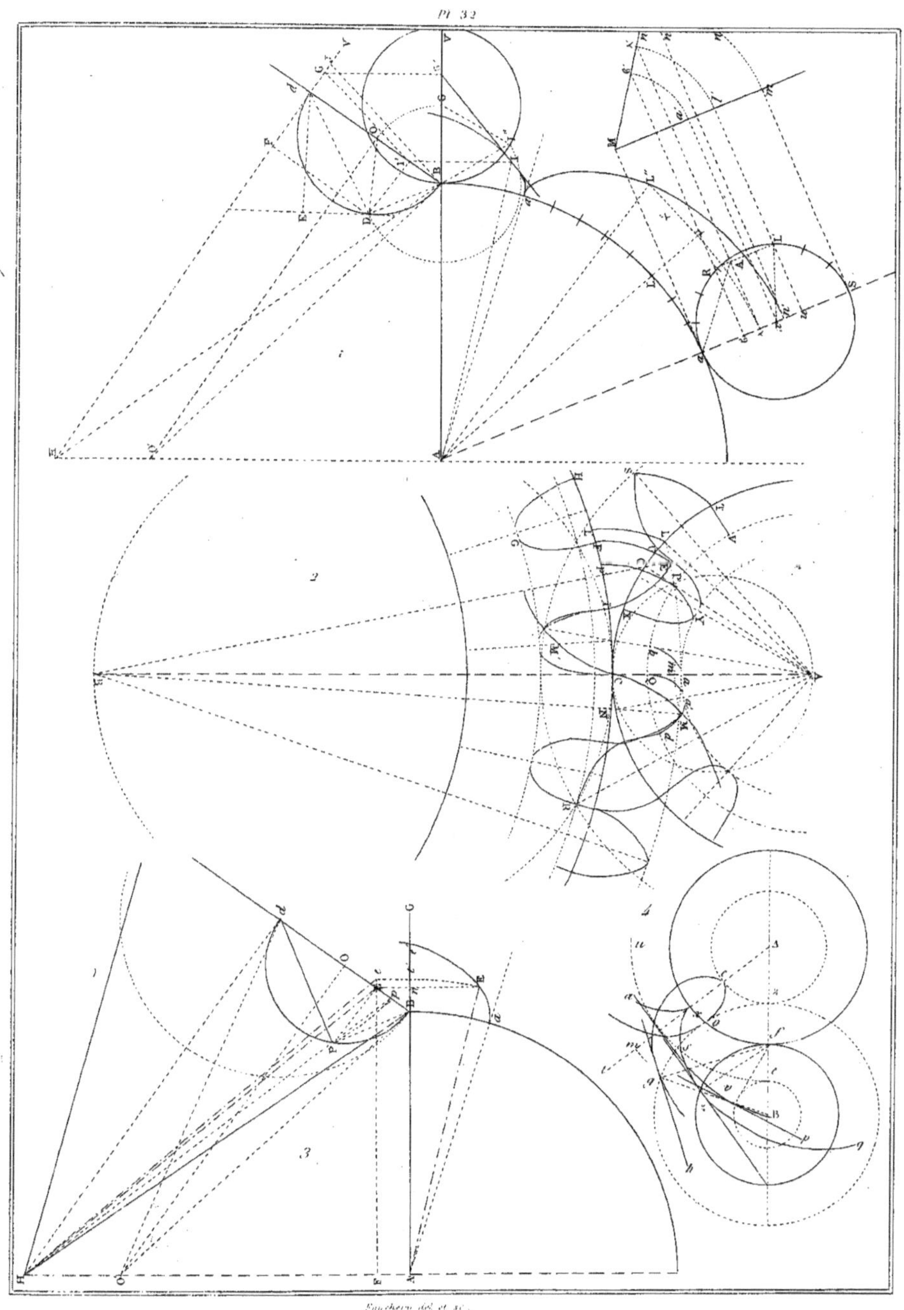

Faucheux del. et sc.

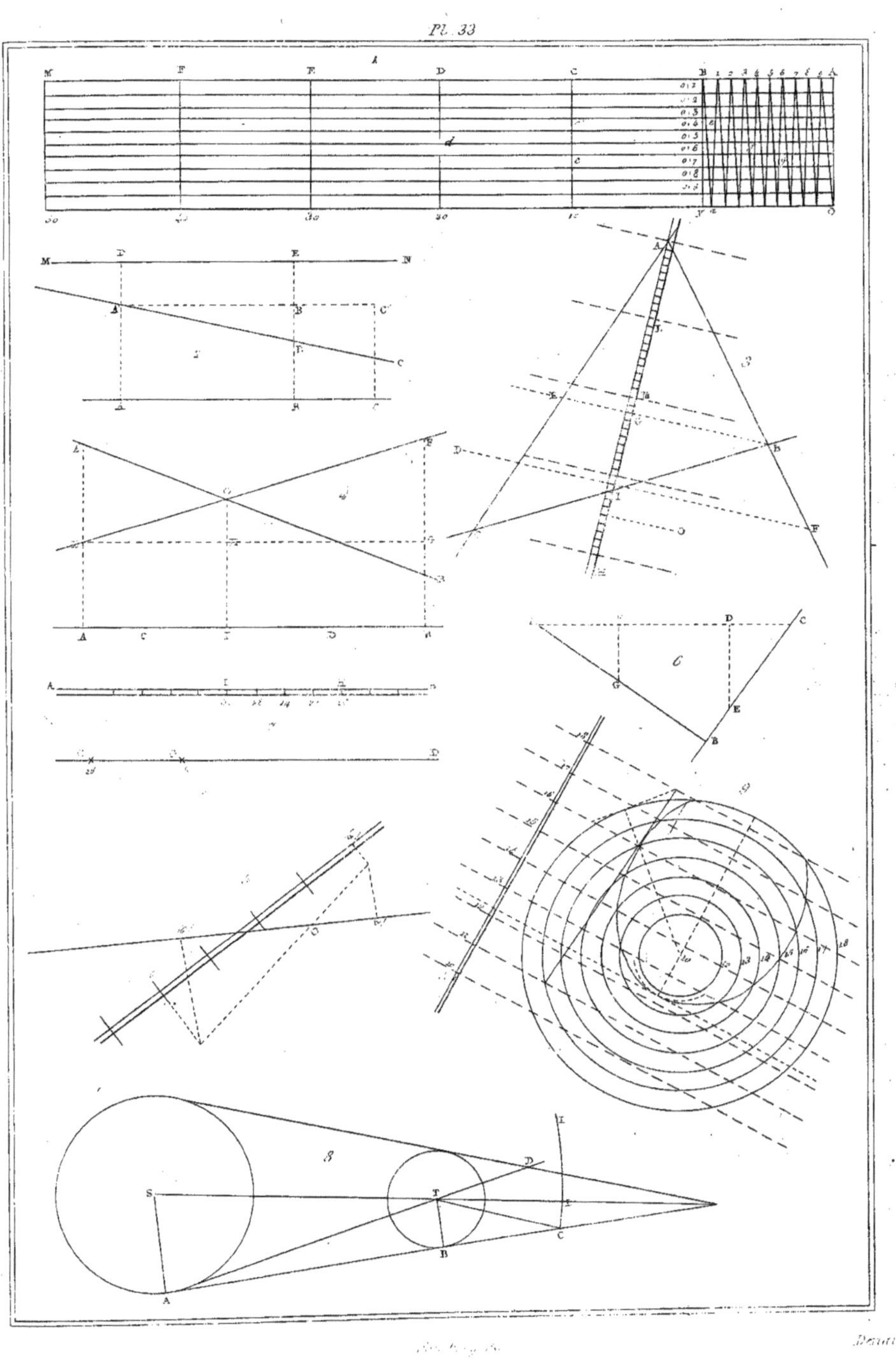

Pl. 33

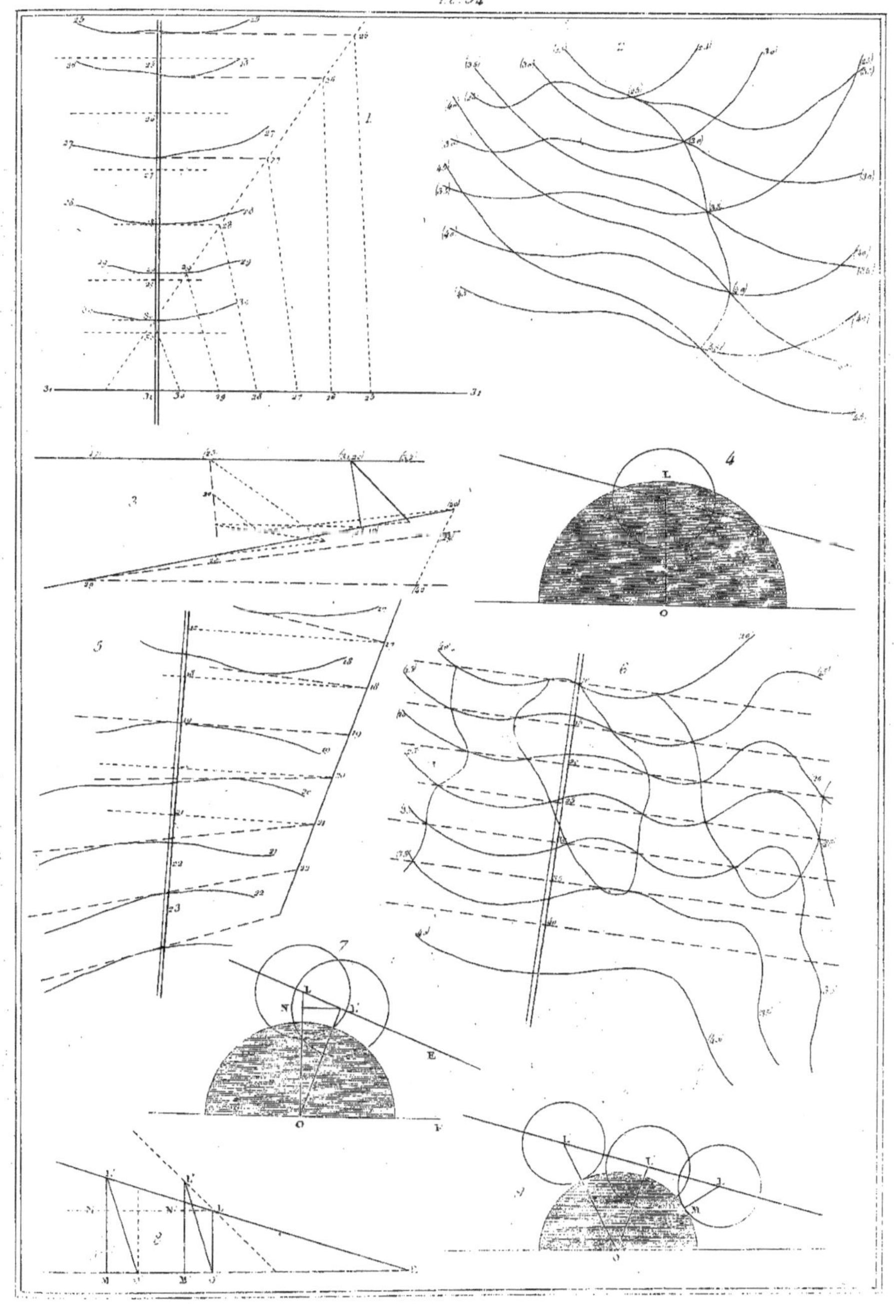

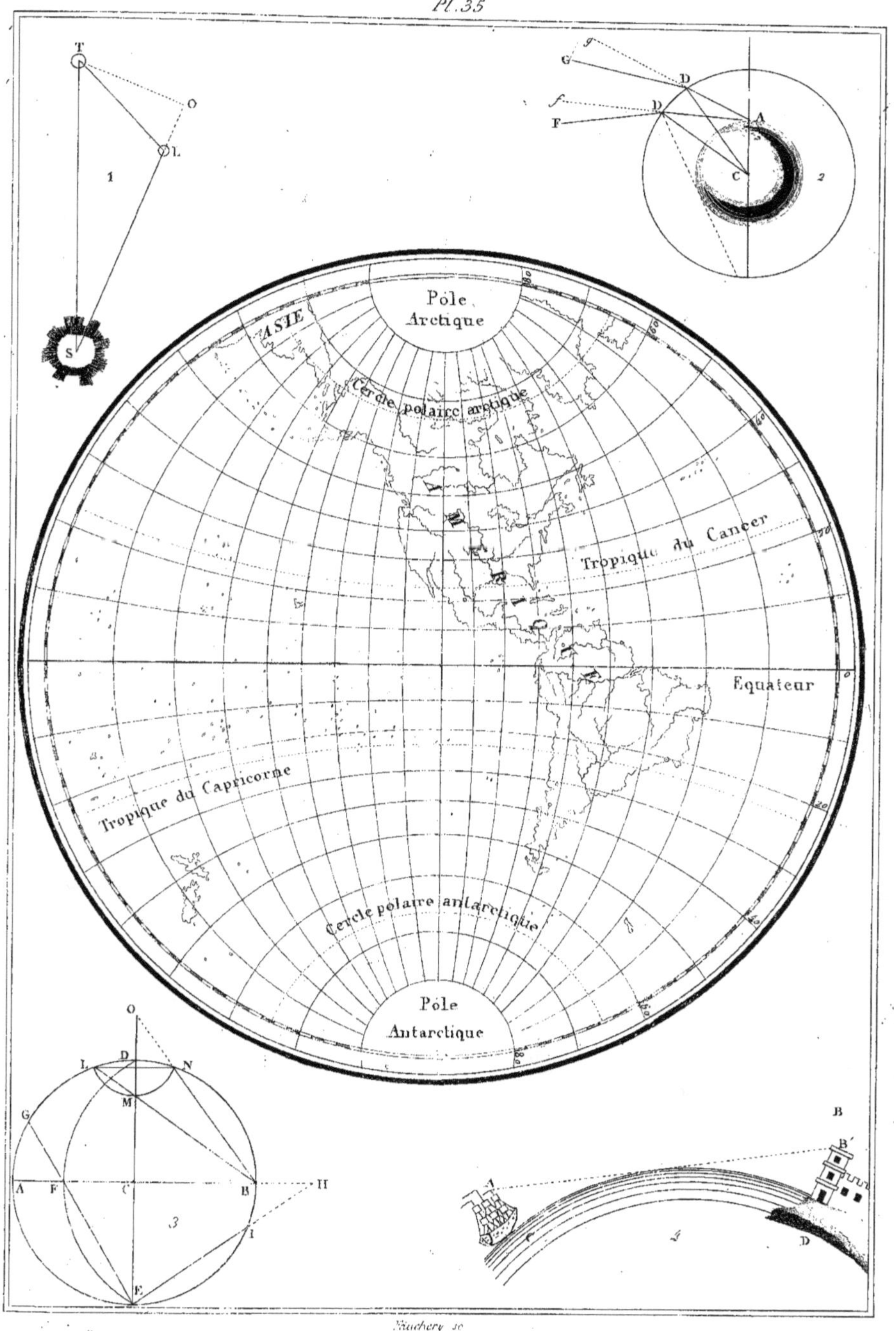

Pl. 35
T
O
L
1
S
ASIE
Pôle Arctique
Cercle polaire arctique
Tropique du Cancer
AMÉRIQUE
Equateur
Tropique du Capricorne
Cercle polaire antarctique
Pôle Antarctique
g
G
D
f
F
D
A
C
2
O
L
D
N
M
G
A
F
B
H
3
I
E
B
B'
A
D
4
Vauchery sc.

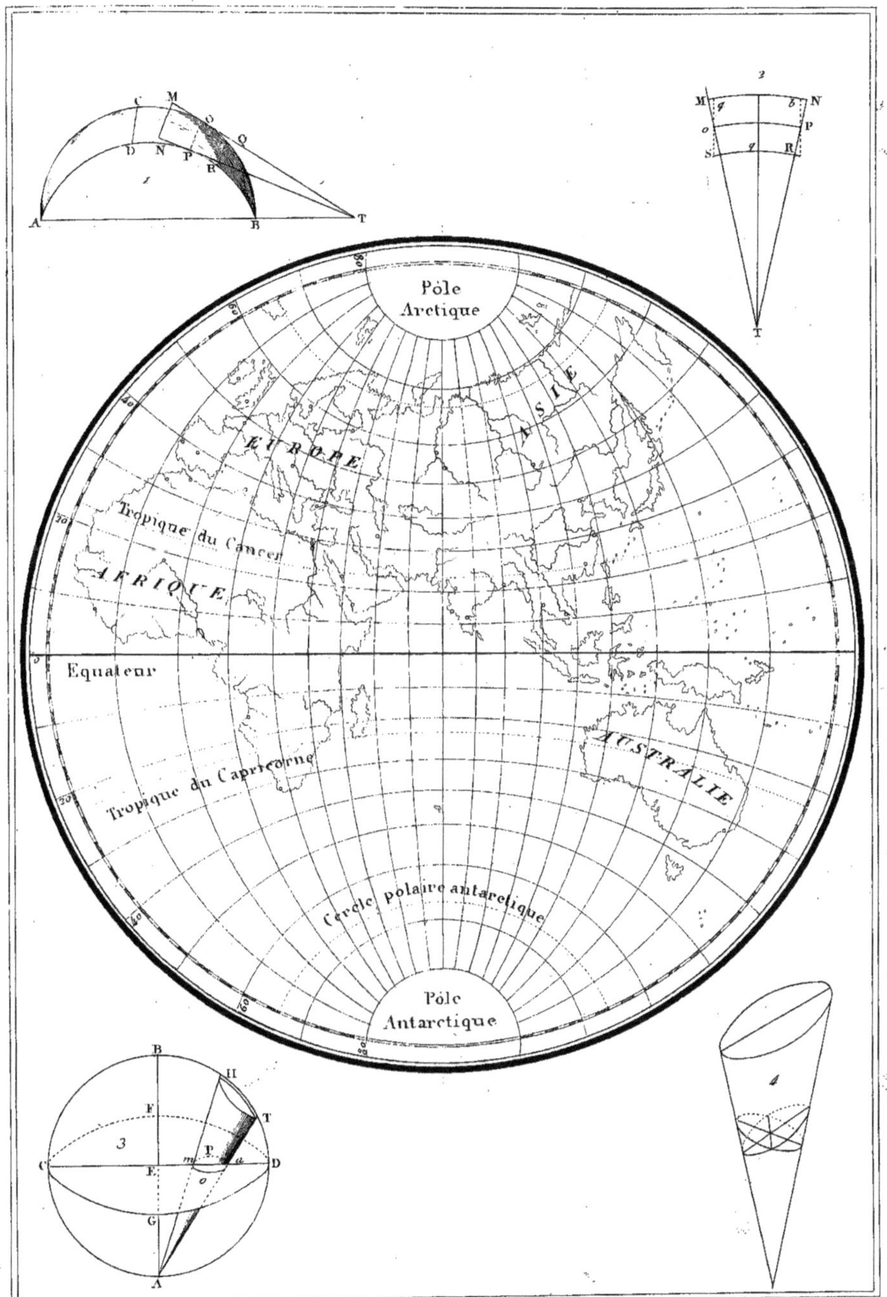
M
N
O
P
S
R
T
Pôle
Arctique
EUROPE
ASIE
Tropique du Cancer
AFRIQUE
Equateur
AUSTRALIE
Tropique du Capricorne
Cercle polaire antarctique
Pôle
Antarctique
A
B
C
D
M
N
O
P
T
Q
B
H
F
T
C
F
m
P
a
D
G
A
o
3
4

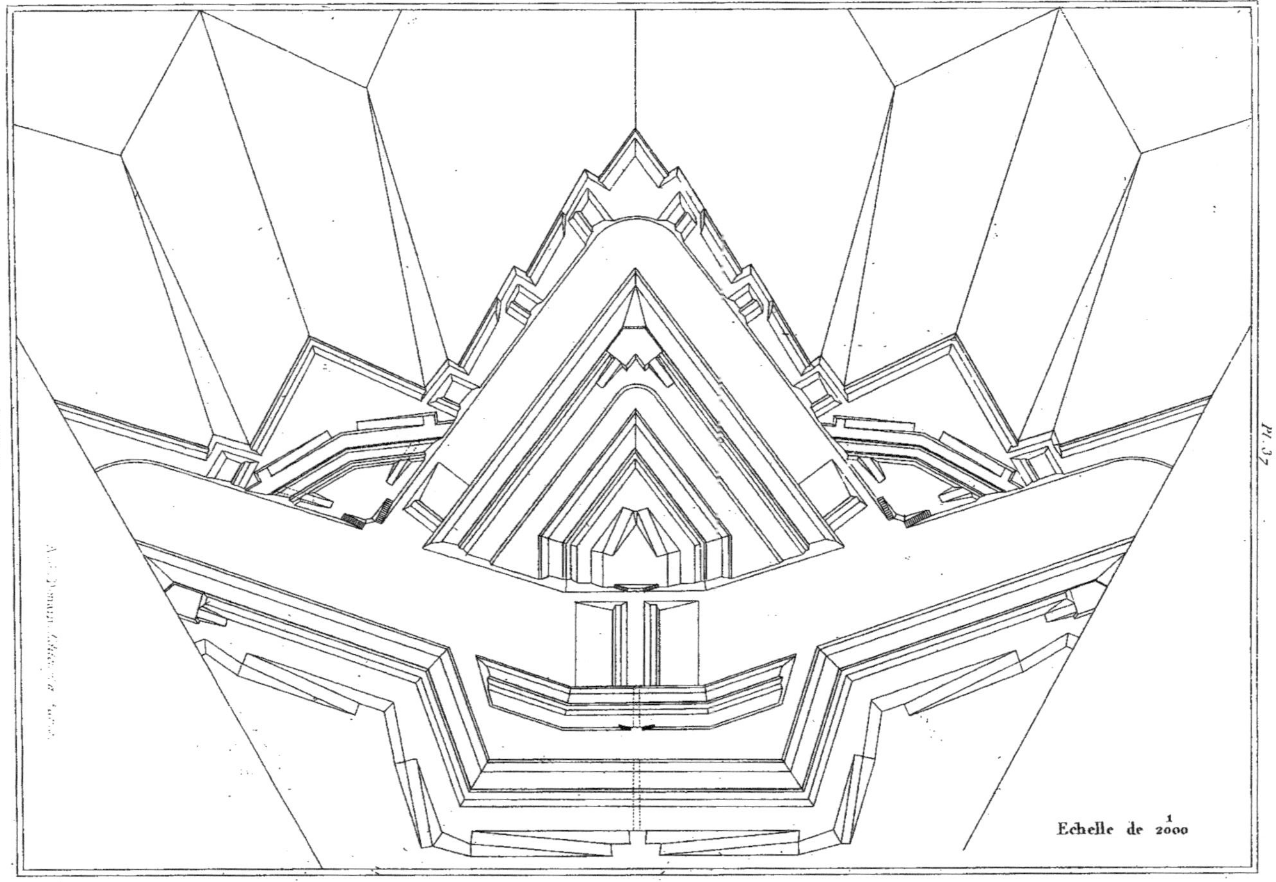

Pl. 37
Echelle de 1/2000

Profil A 1

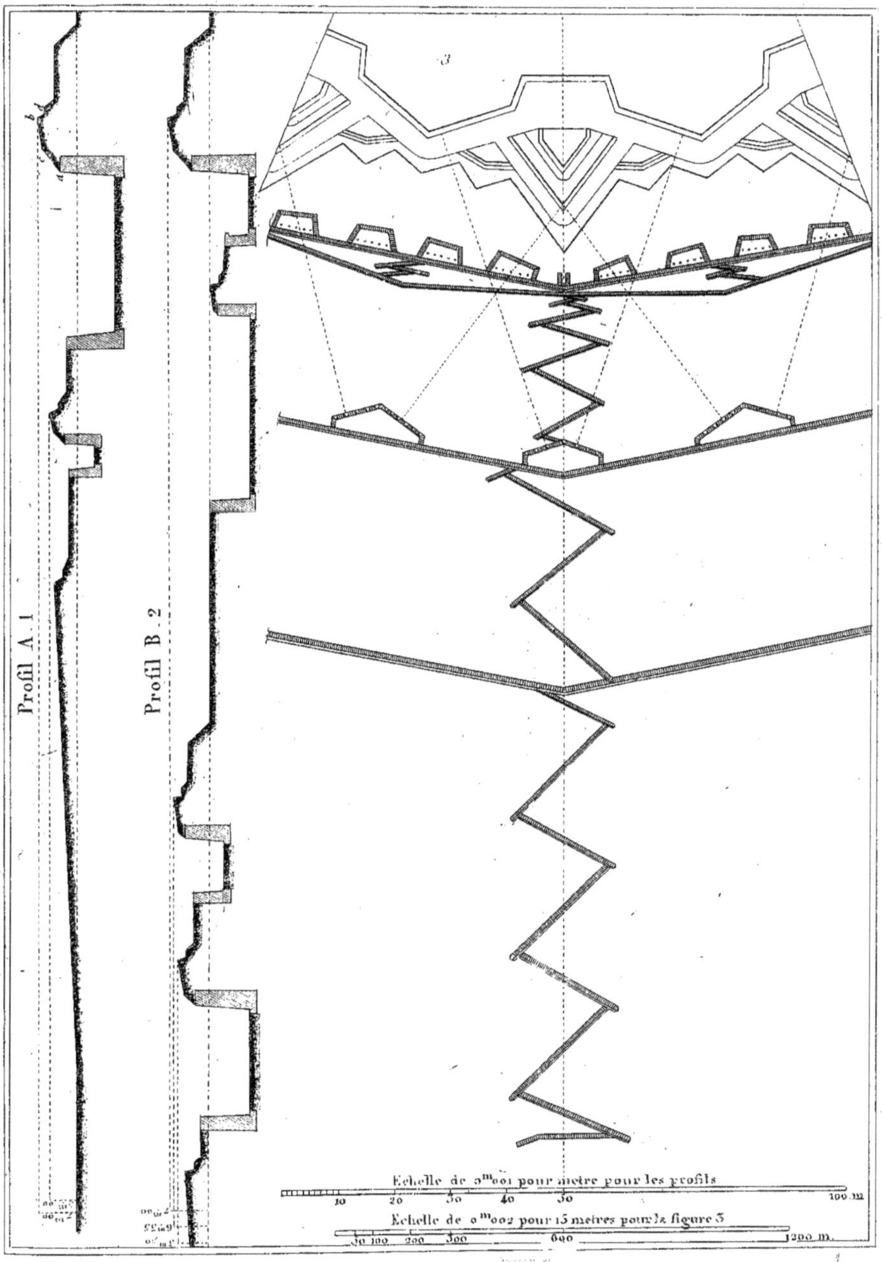

Pl. 38
3
Profil A.1
Profil B.2
Echelle de 0^m,001 pour metre pour les profils
10   20   30   40   50   100 m
Echelle de 0^m,002 pour 15 metres pour la figure 3
50 100   200   300   600   1200 m

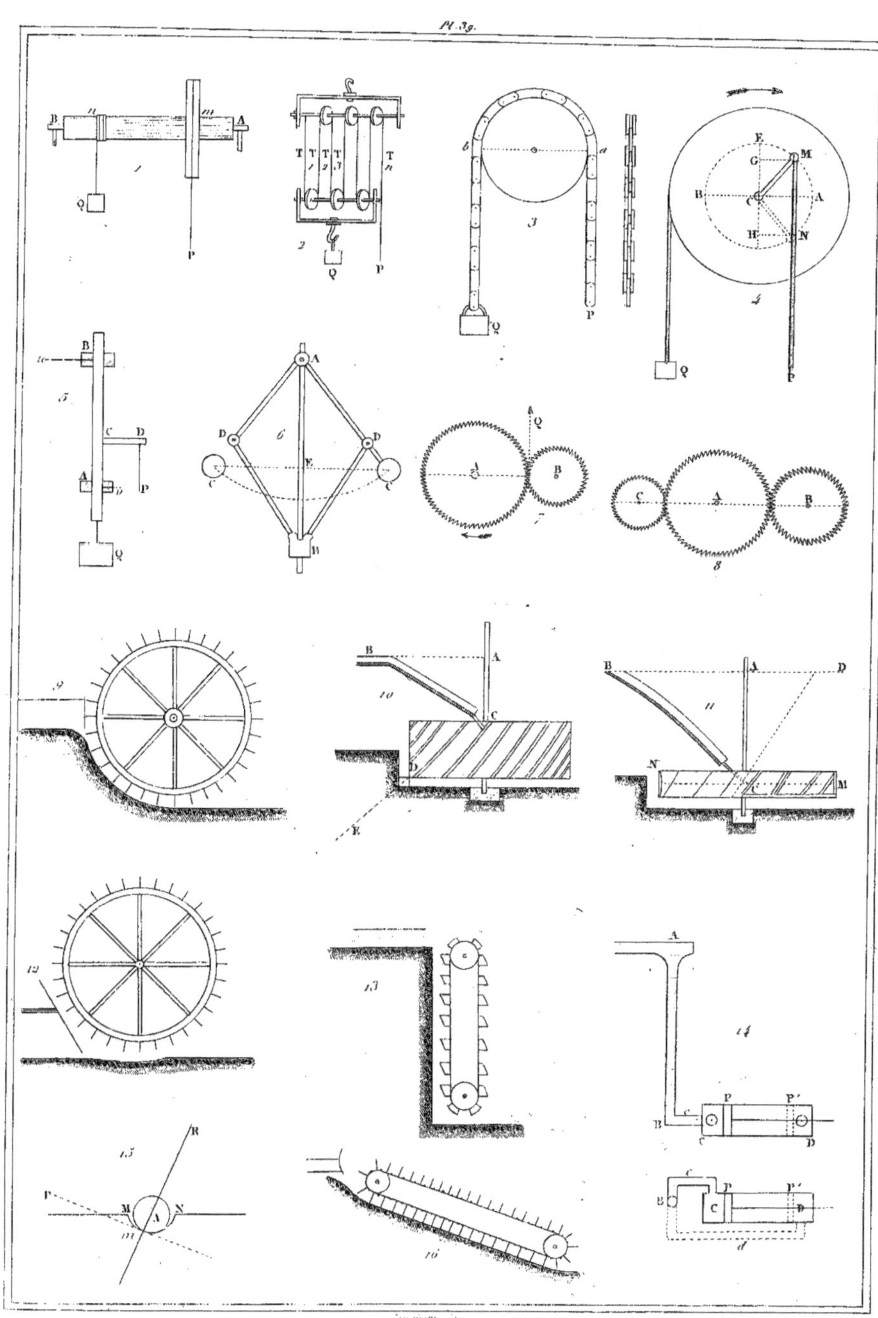

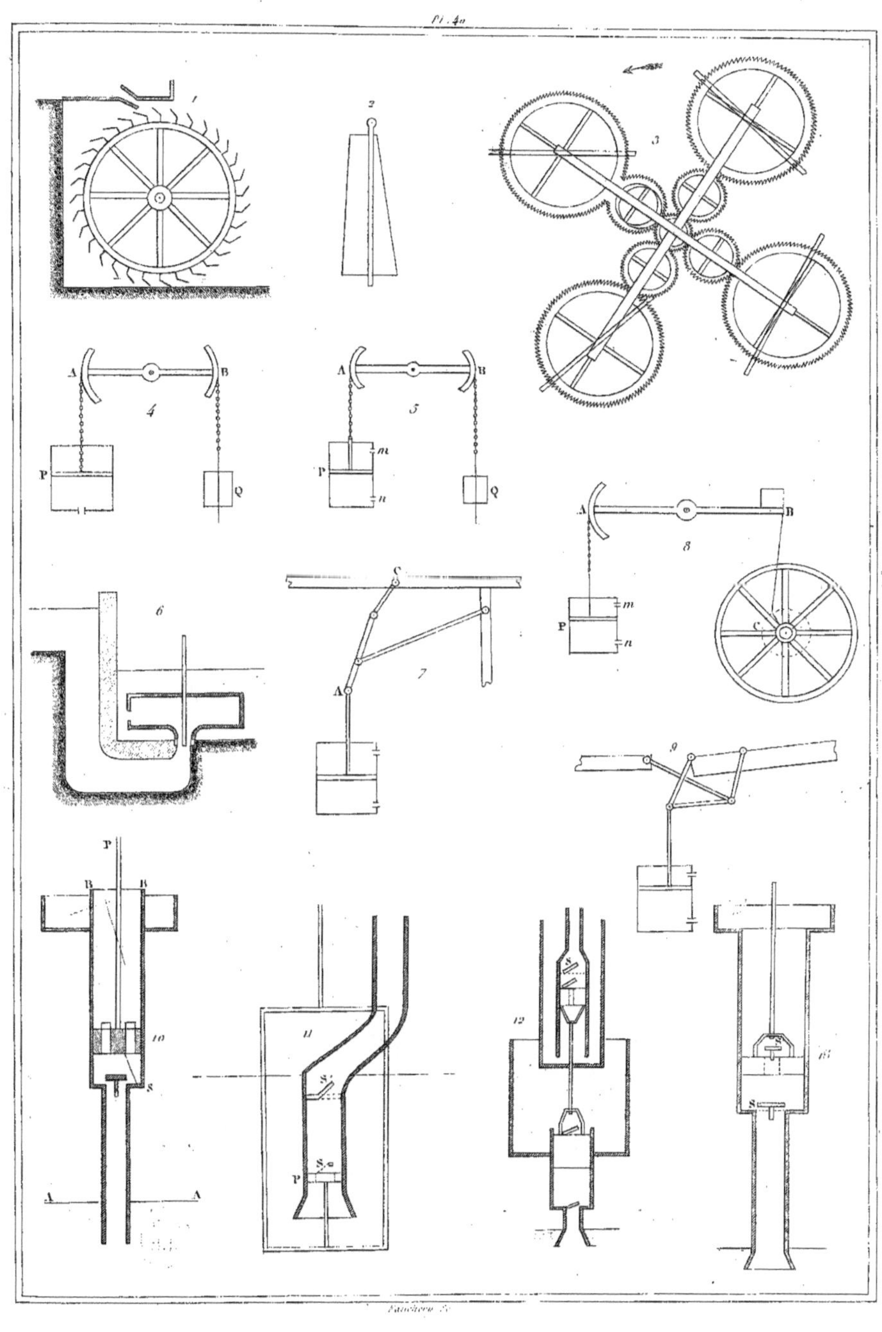

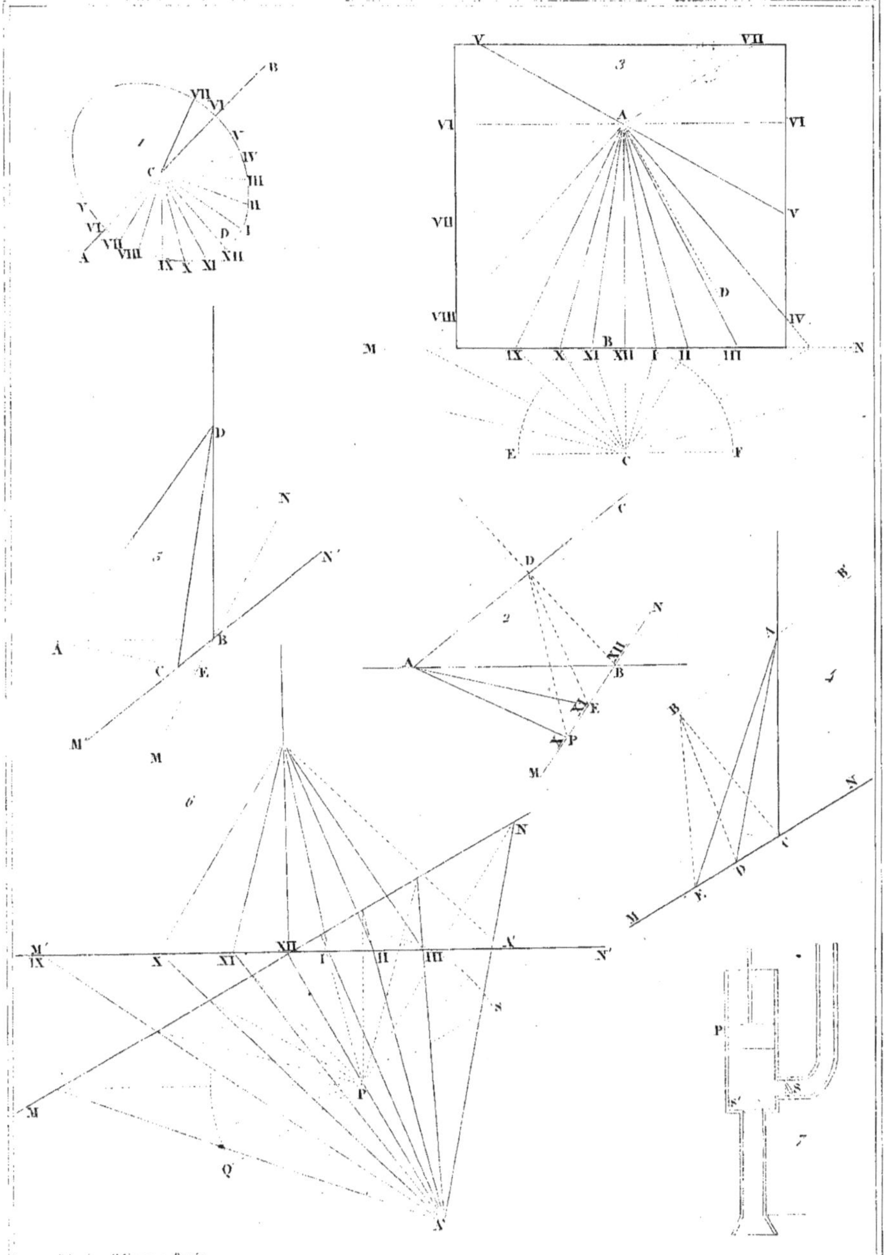

Dénain Éditeur à Paris

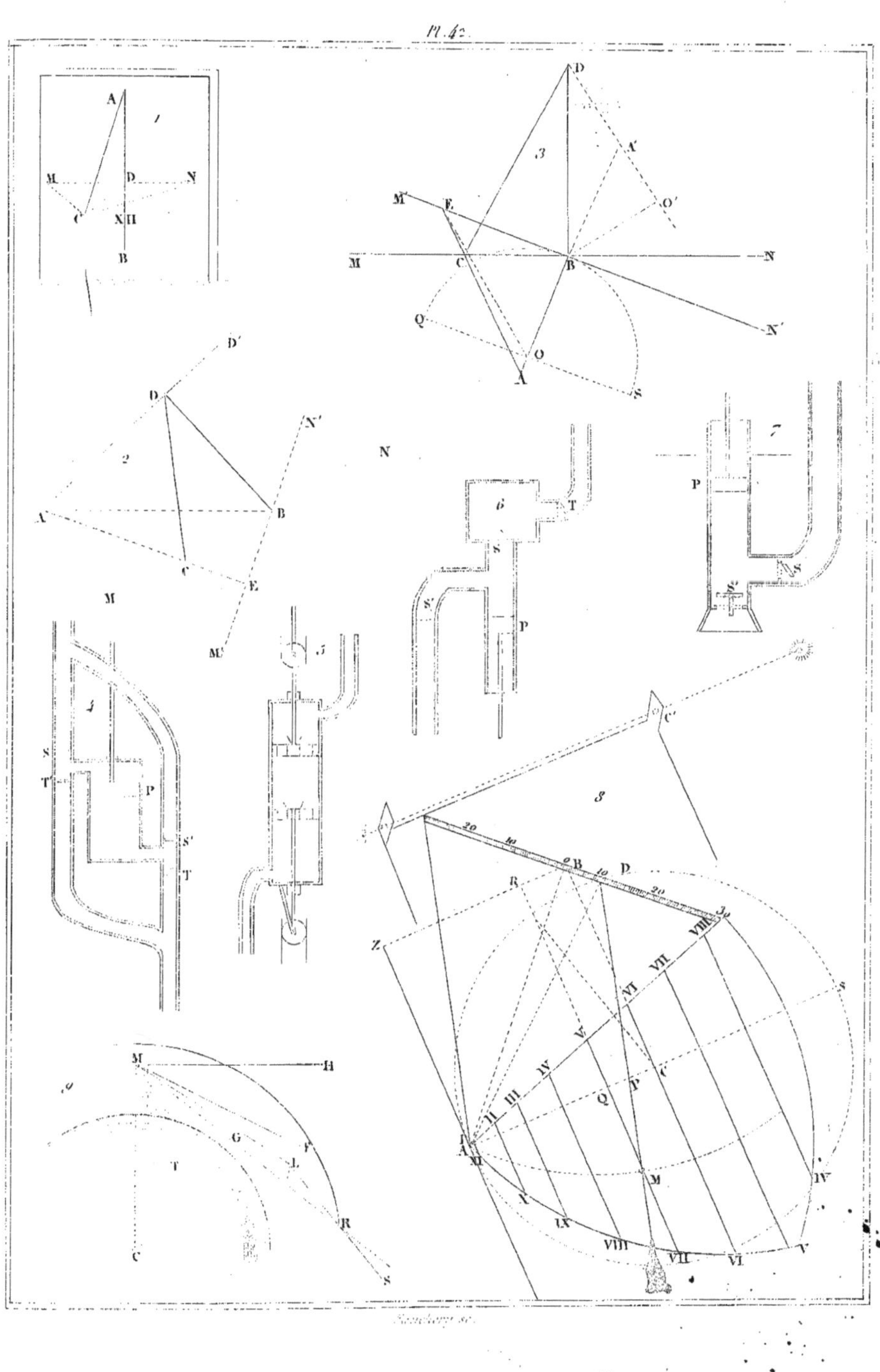
Pl. 42

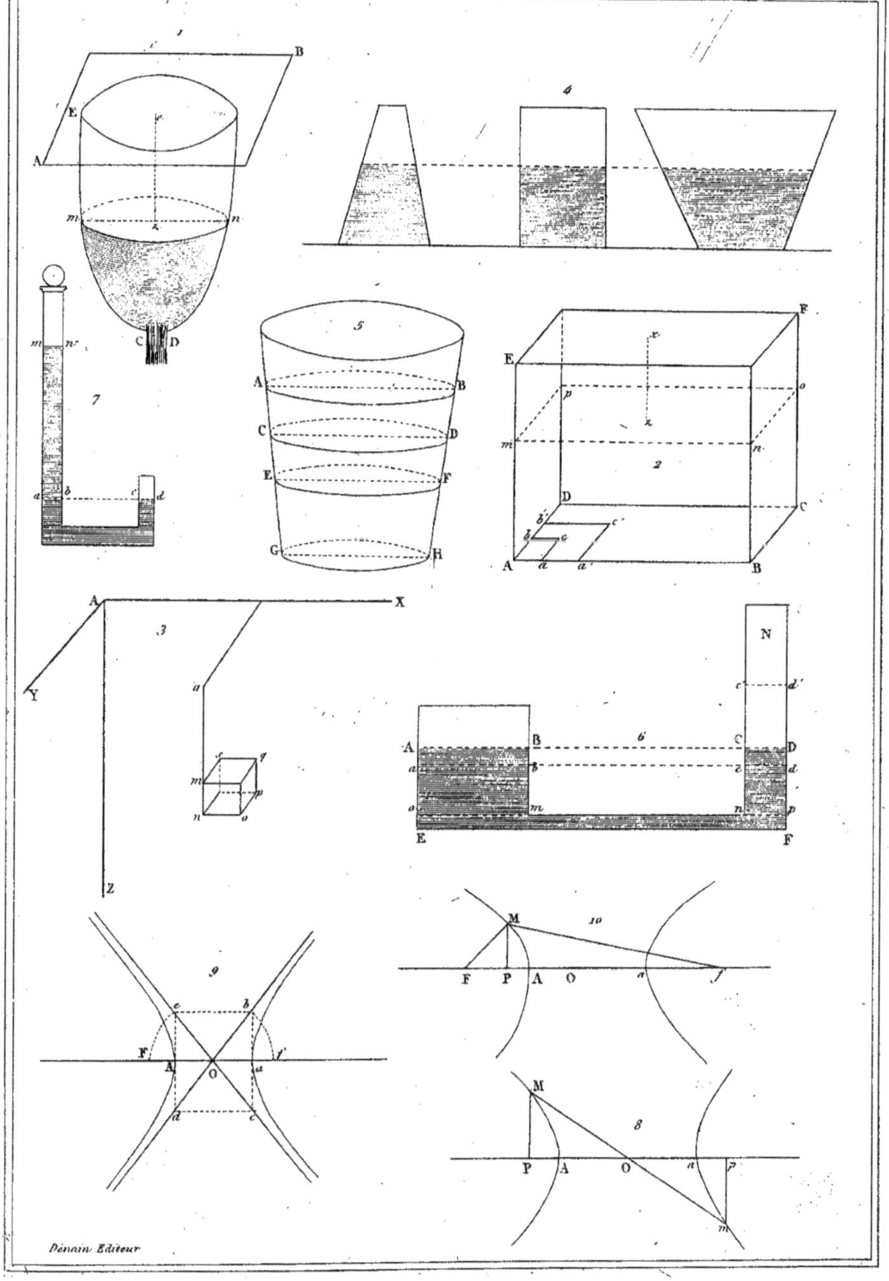

1
B
E
A
m
n
C D
7
4
5
A B
C D
E F
G H
E F
x
p o
m n
2
D C
b
c
A a a B
3
A X
Y
Z
a
q
m p
n o
N
c d
A B 6 C D
a b c d
o m n p
E F
9
e b
F A O a l
a c
10
M
F P A O a f
M
8
P A O a p
m

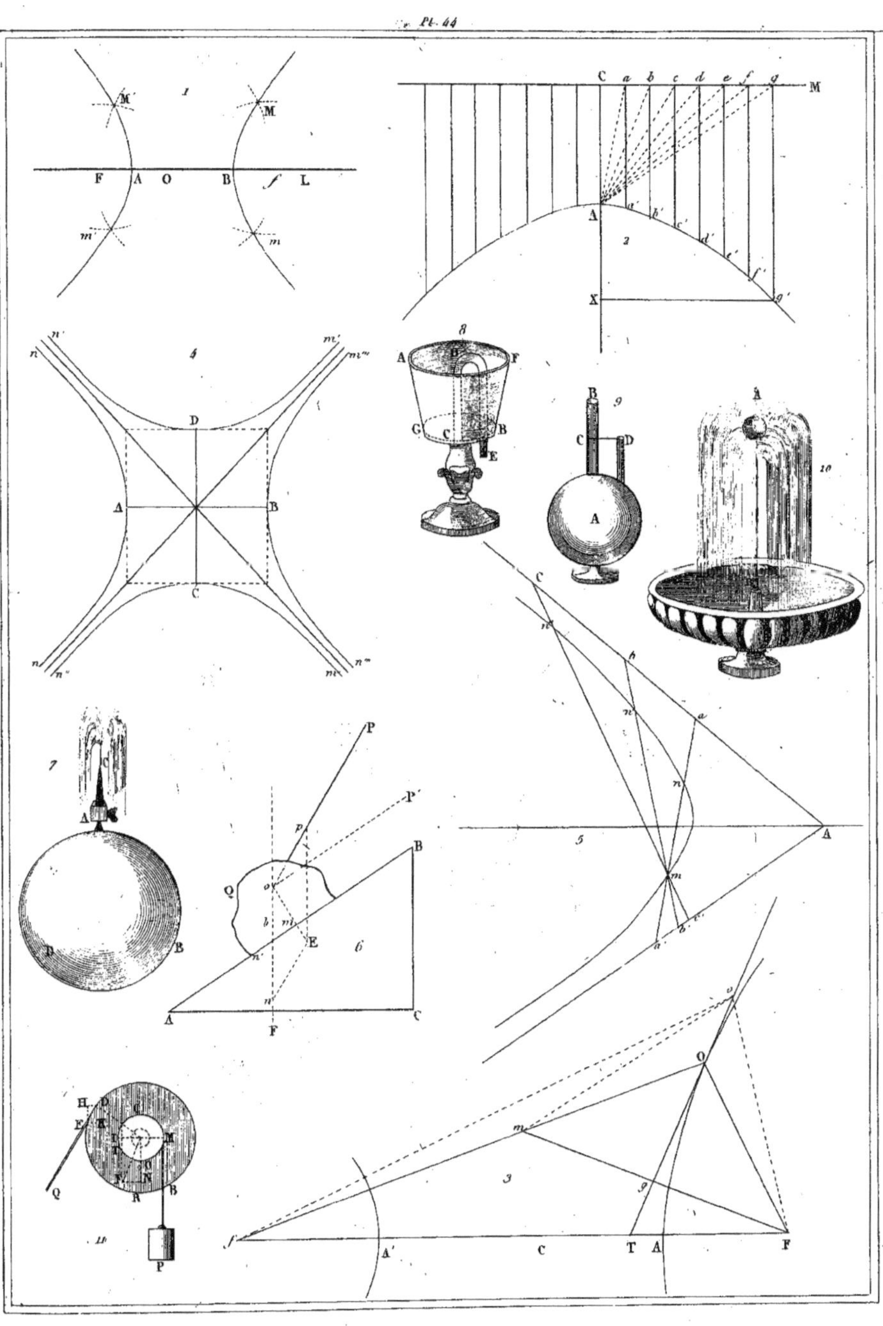

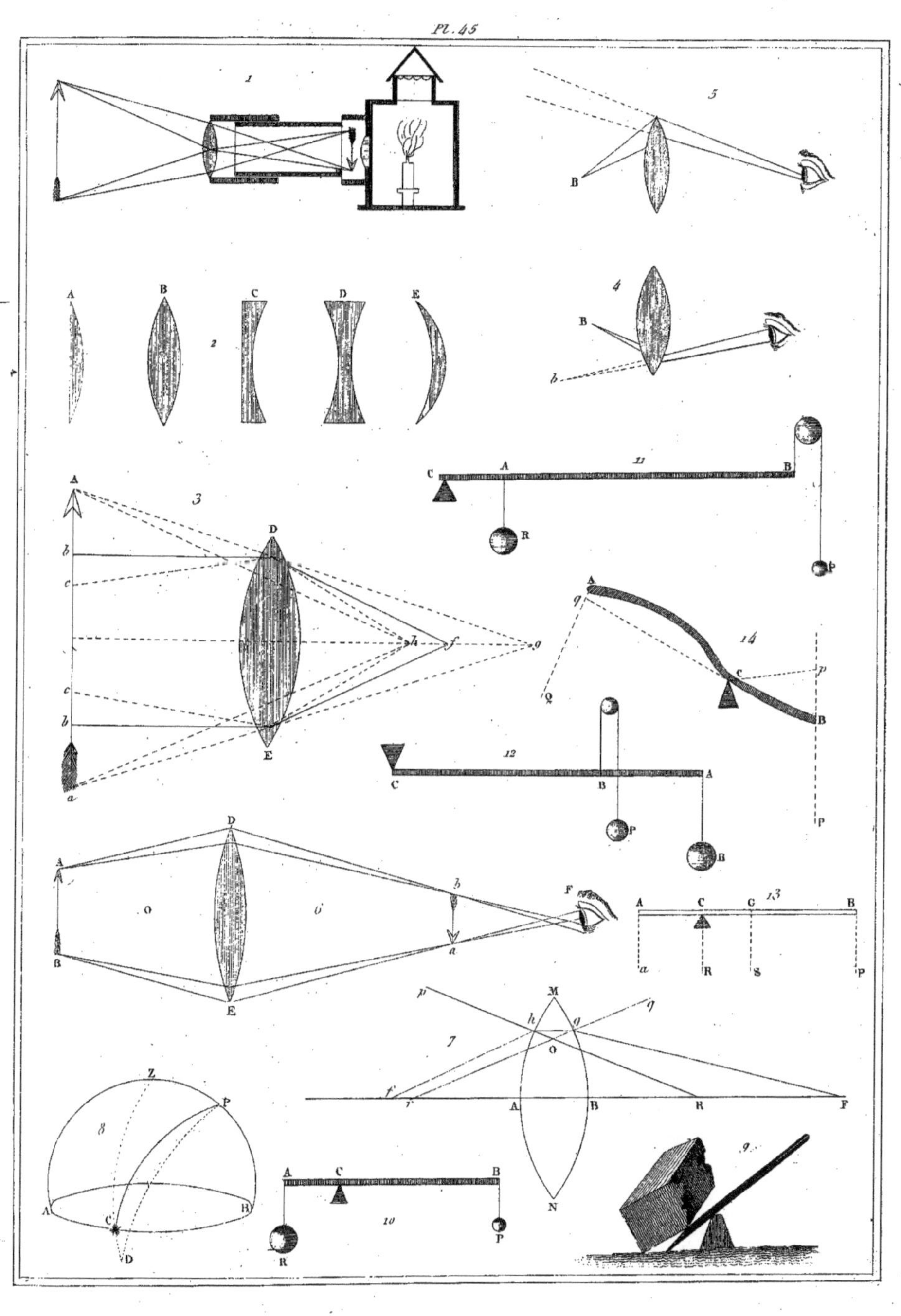

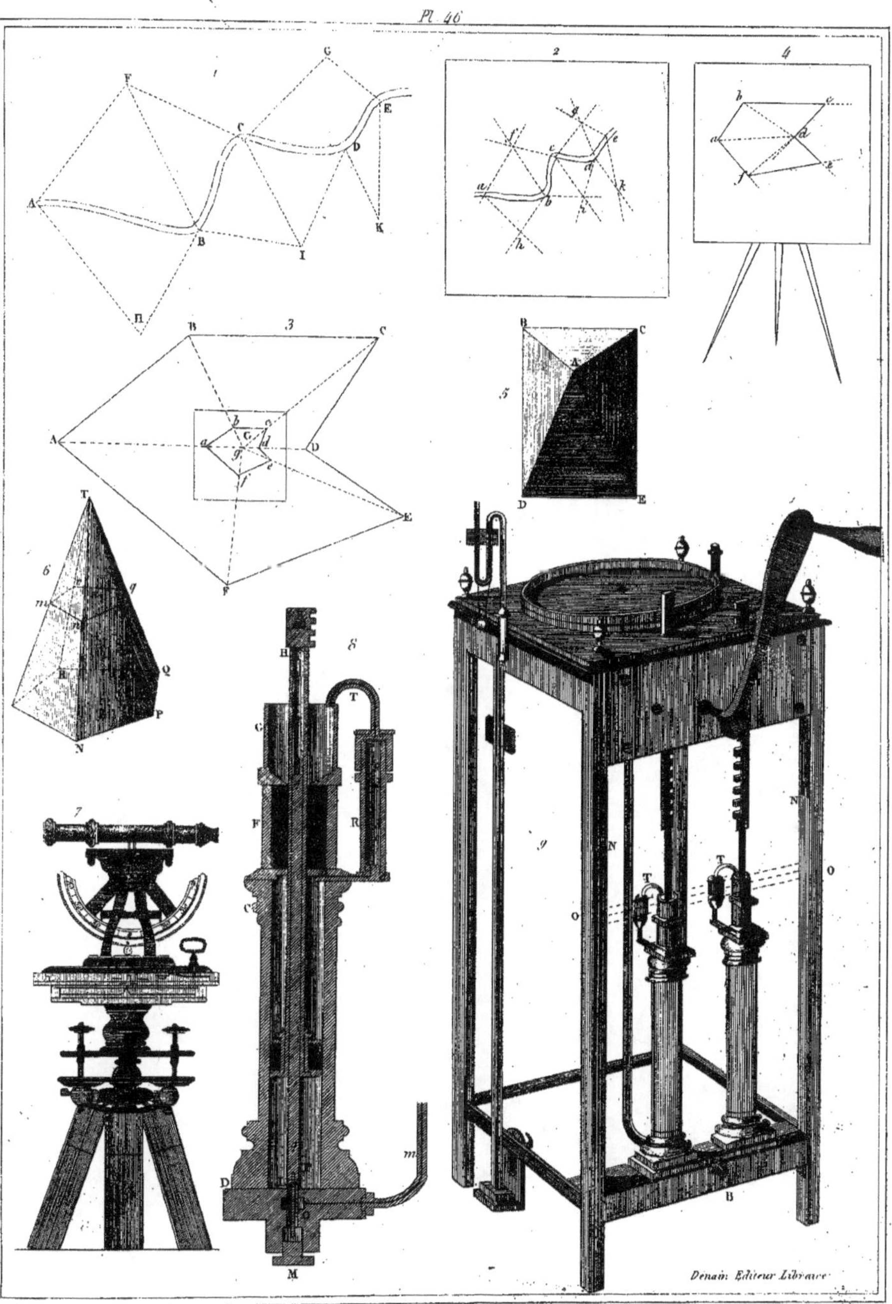

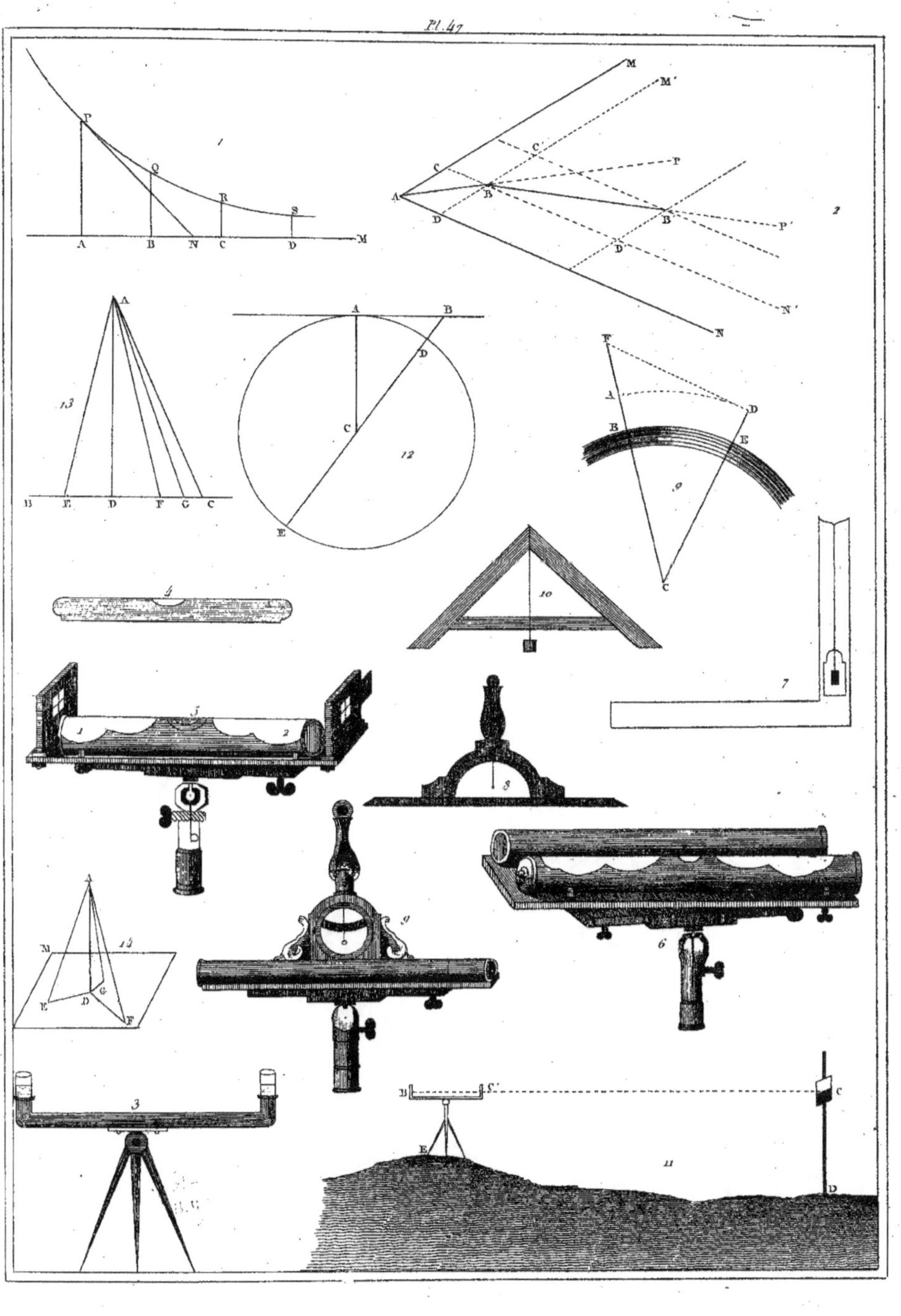

Pl.47

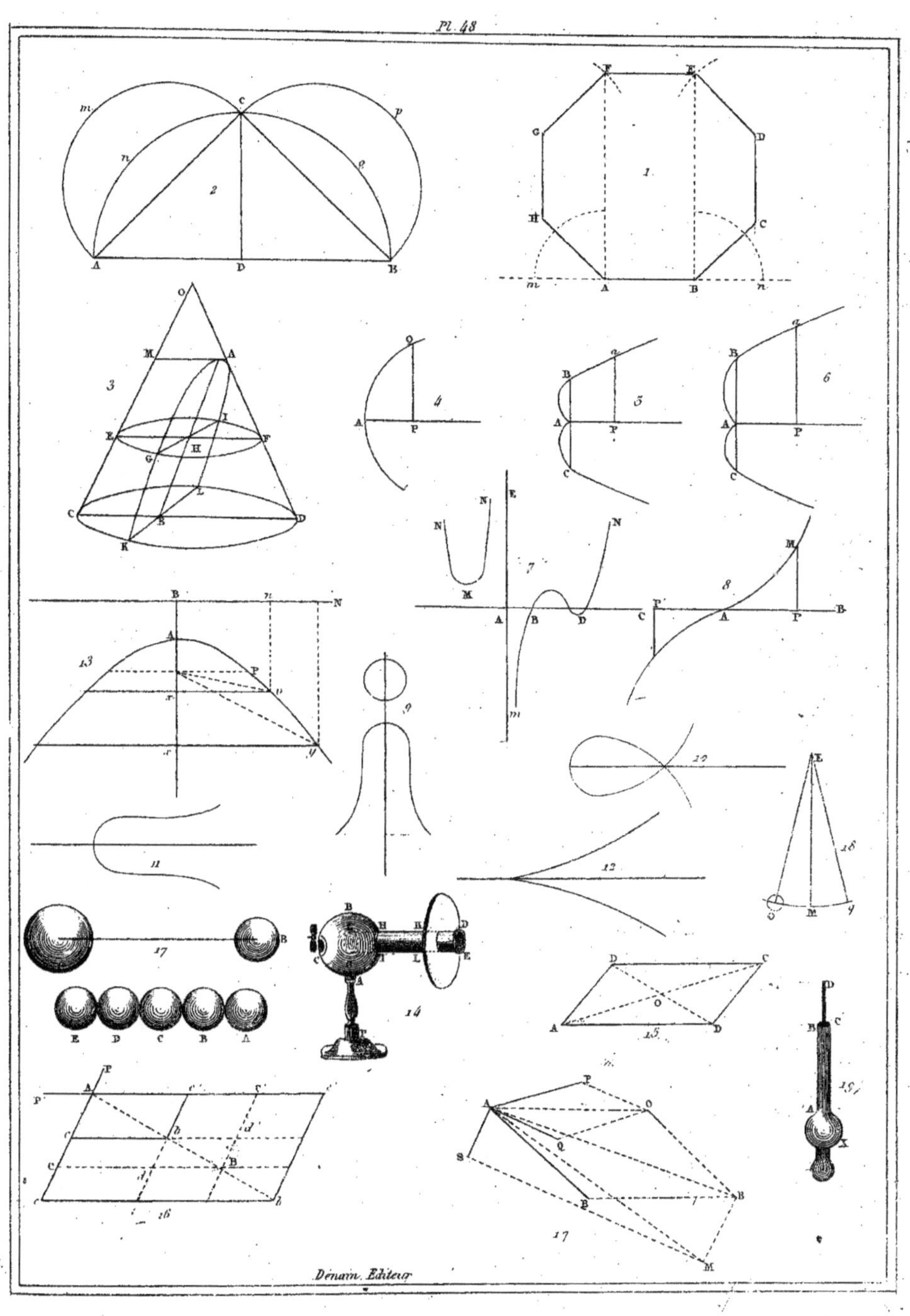

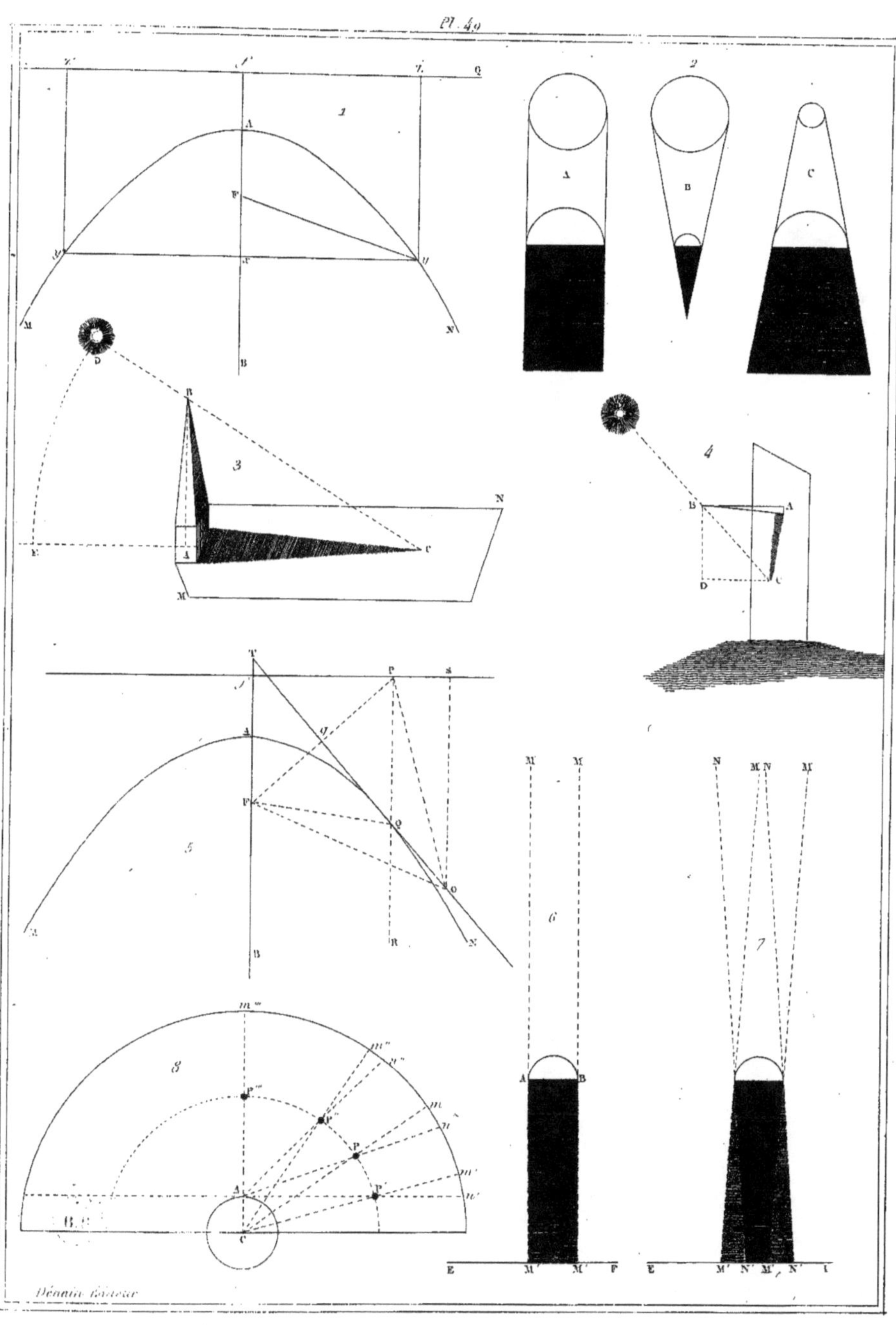
Pl. 49
Dessin linéaire

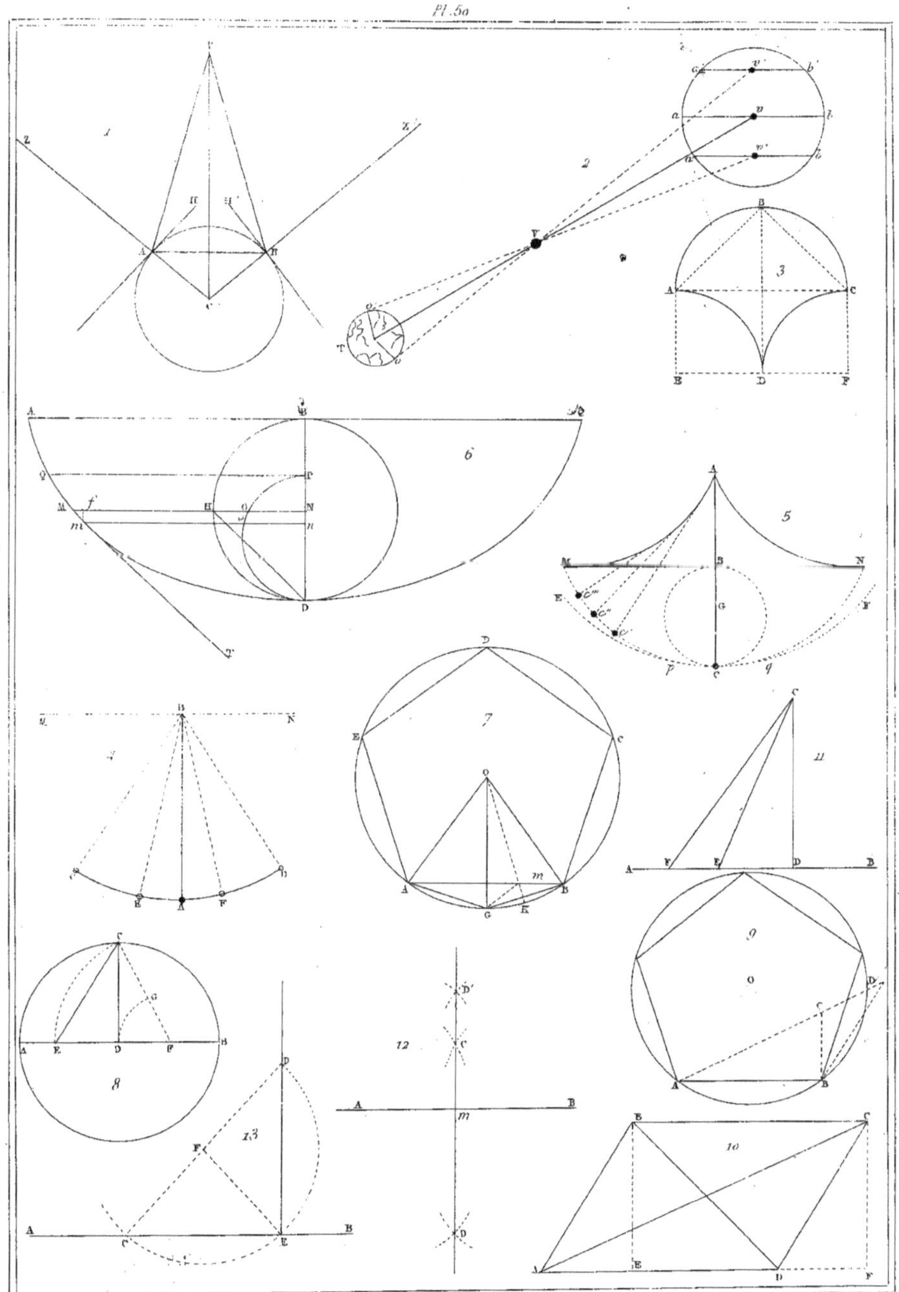

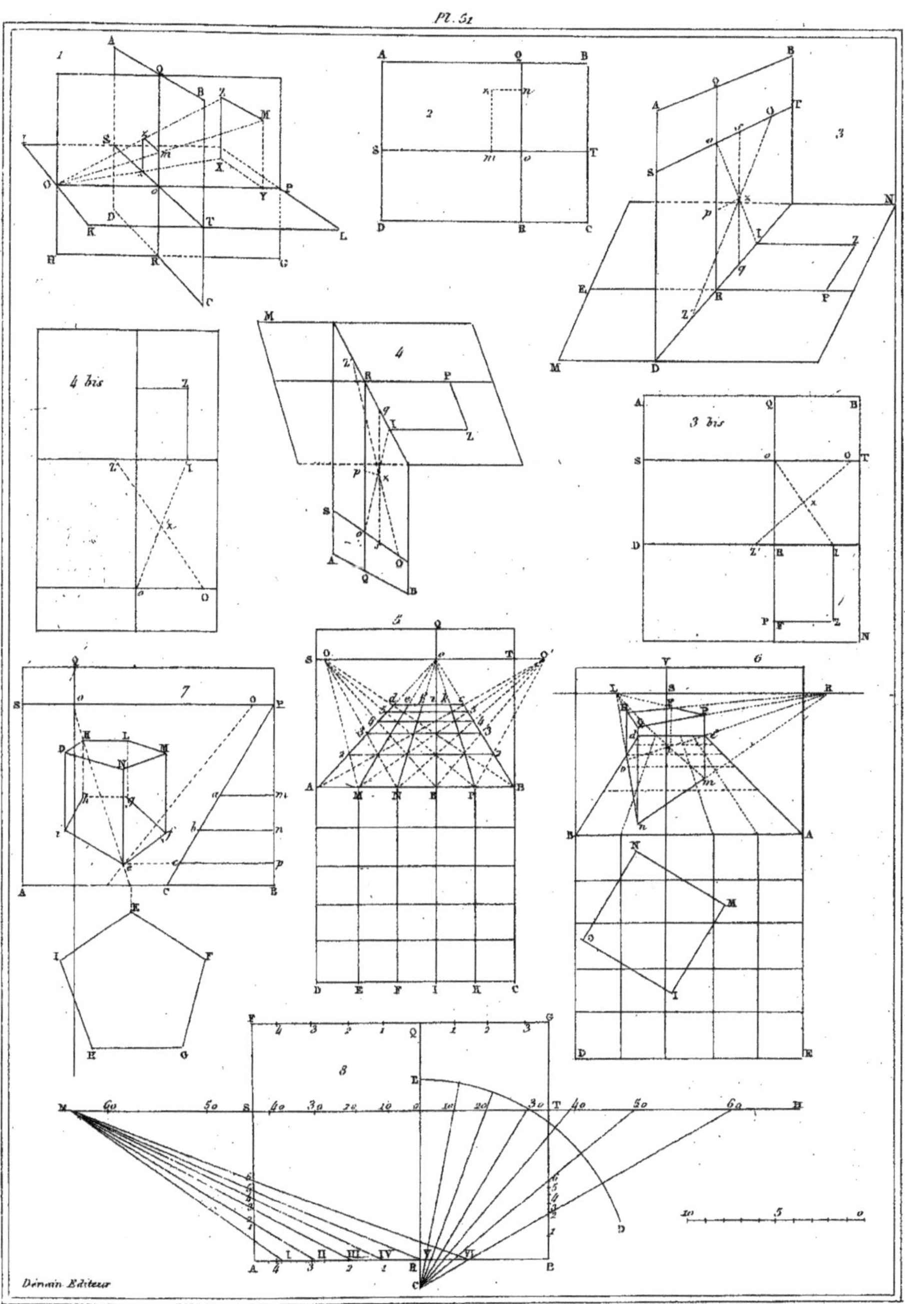

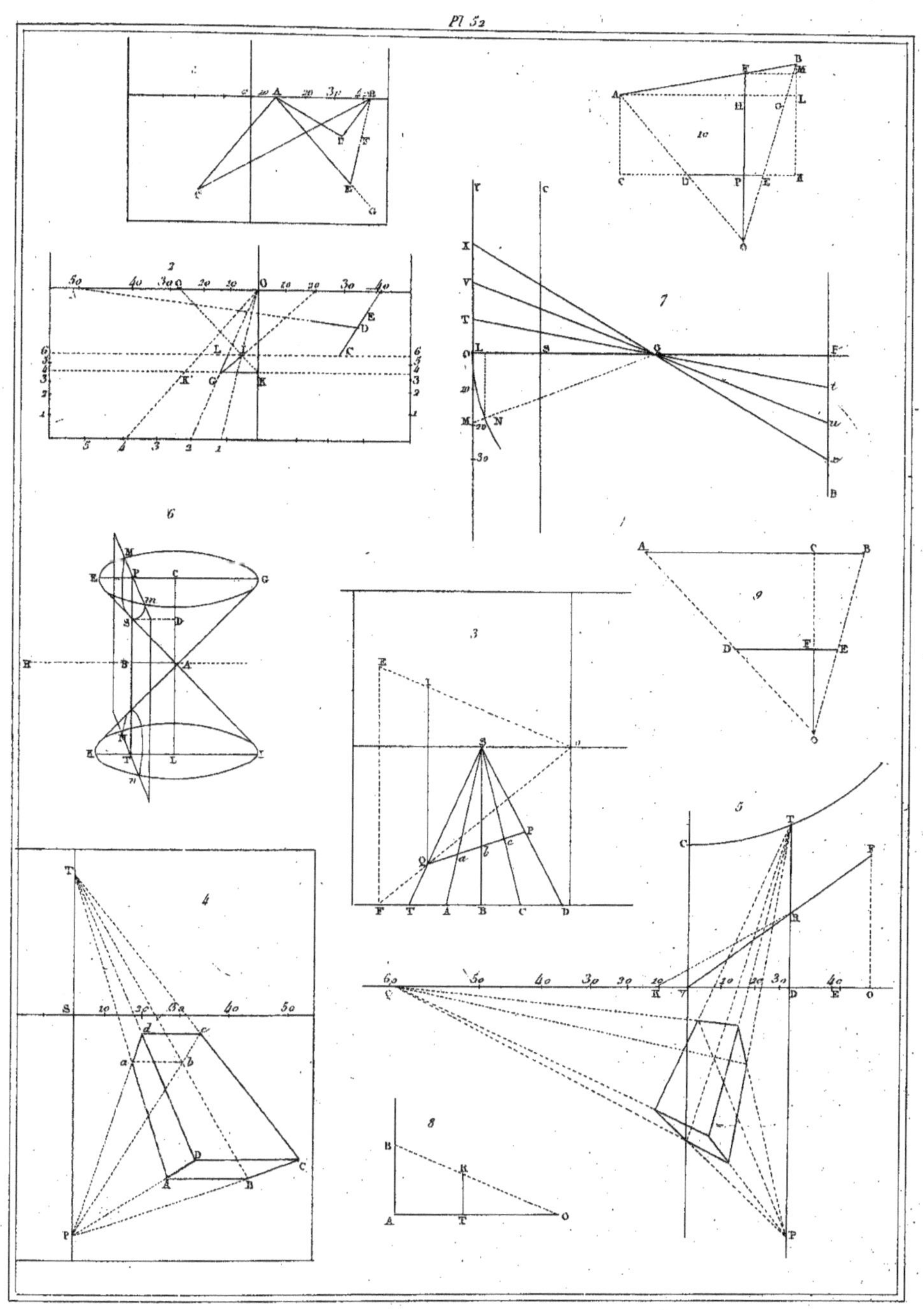

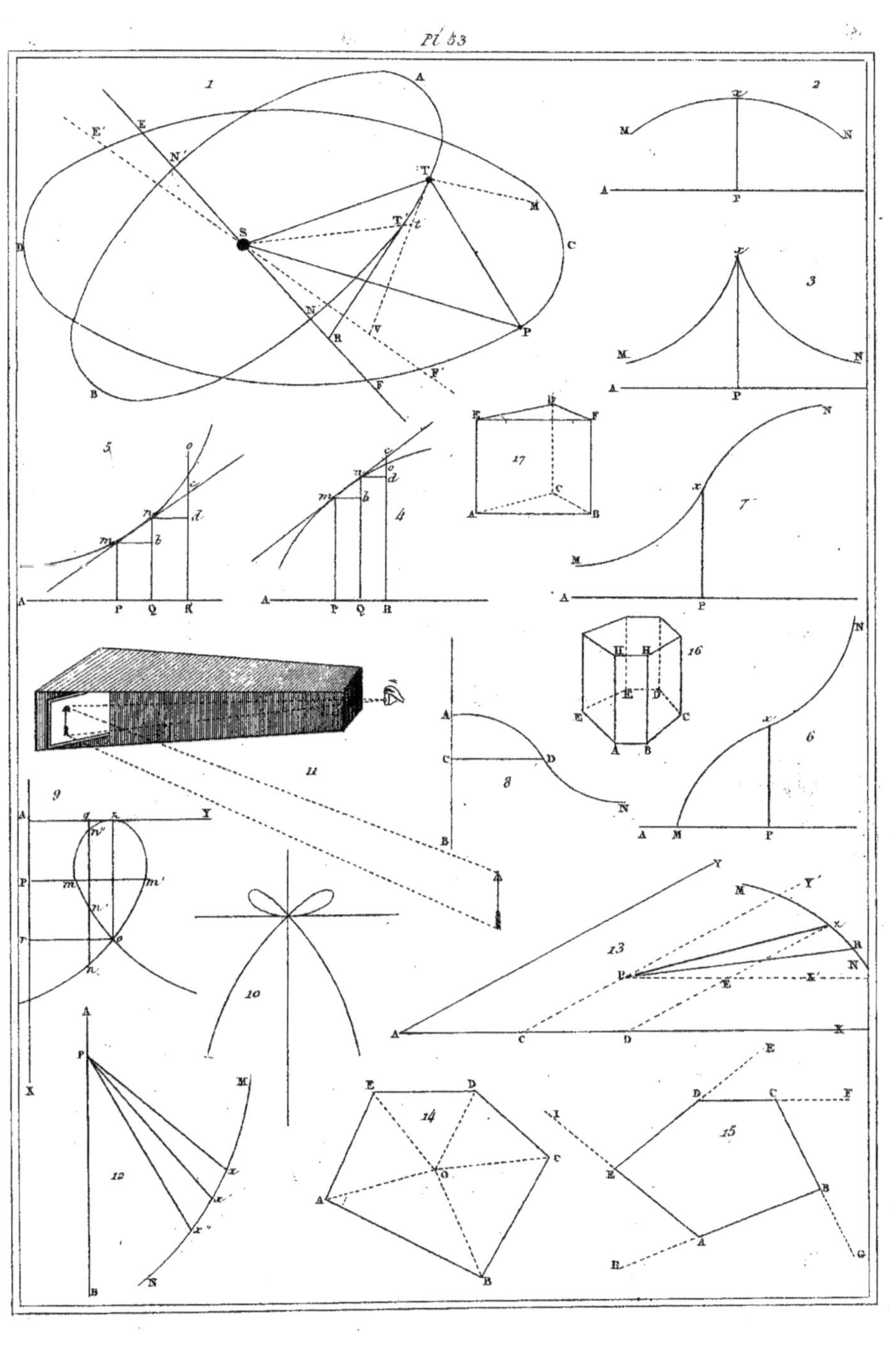
Pl. 53

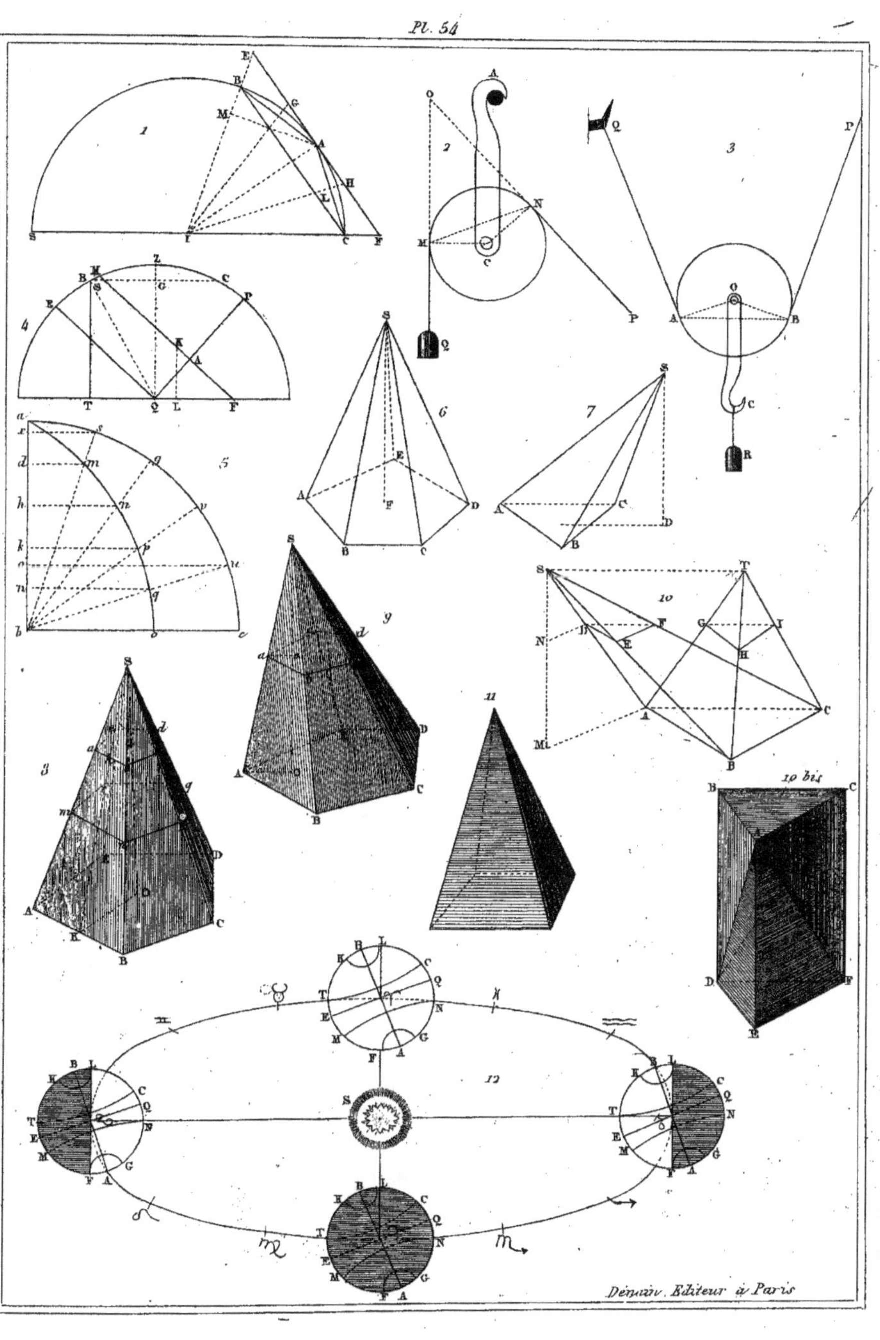

Pl. 54

Denain, Editeur à Paris

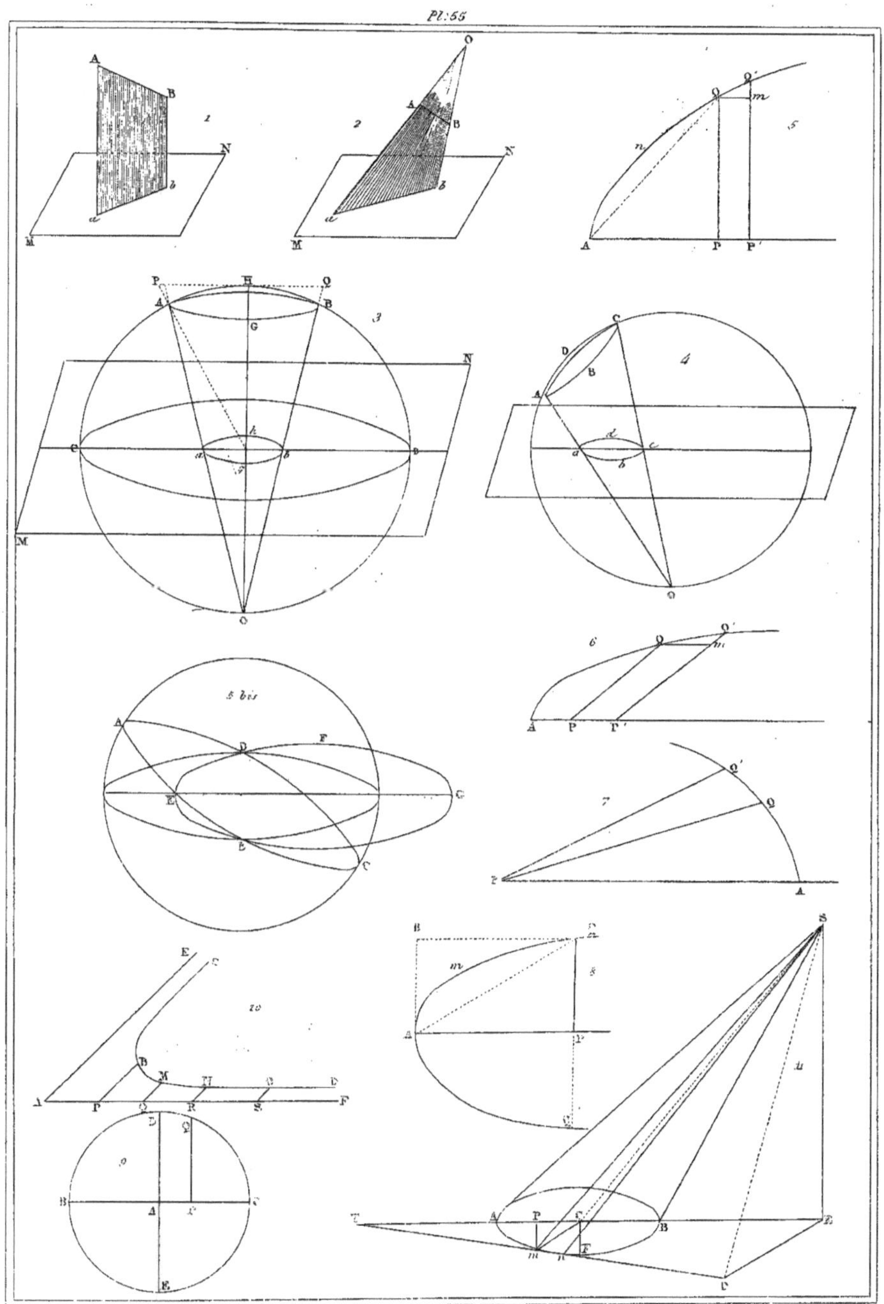

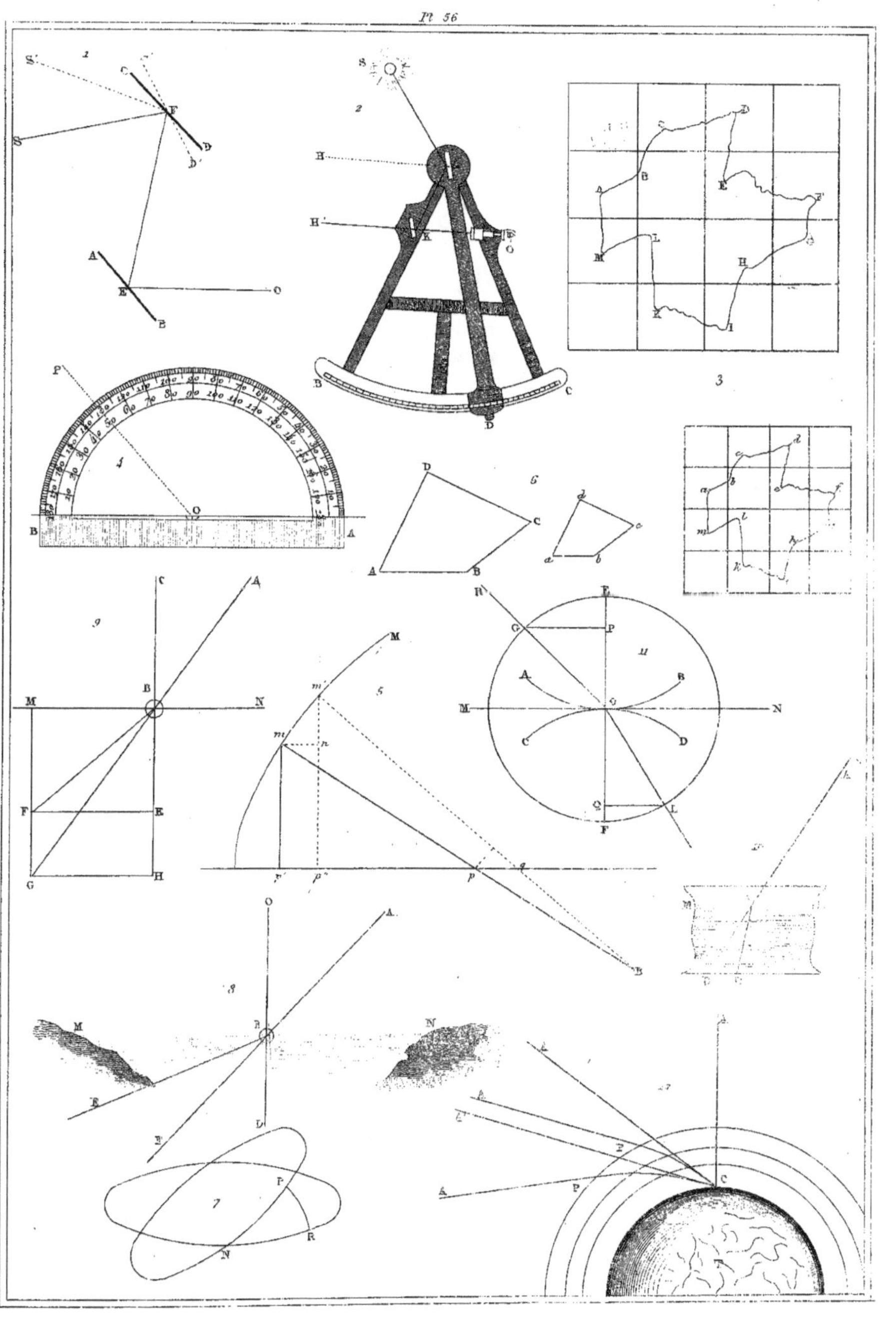
Pl. 56

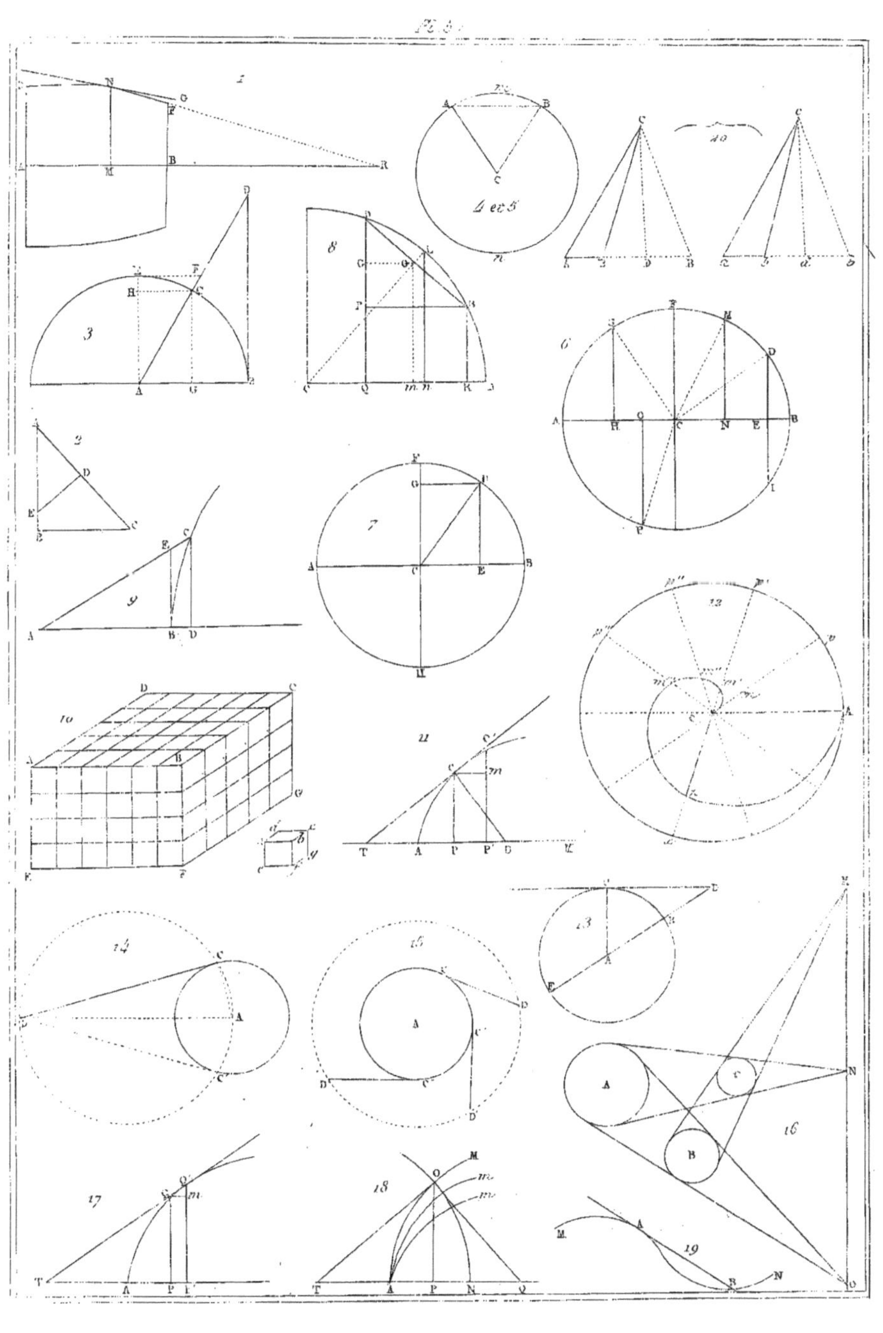

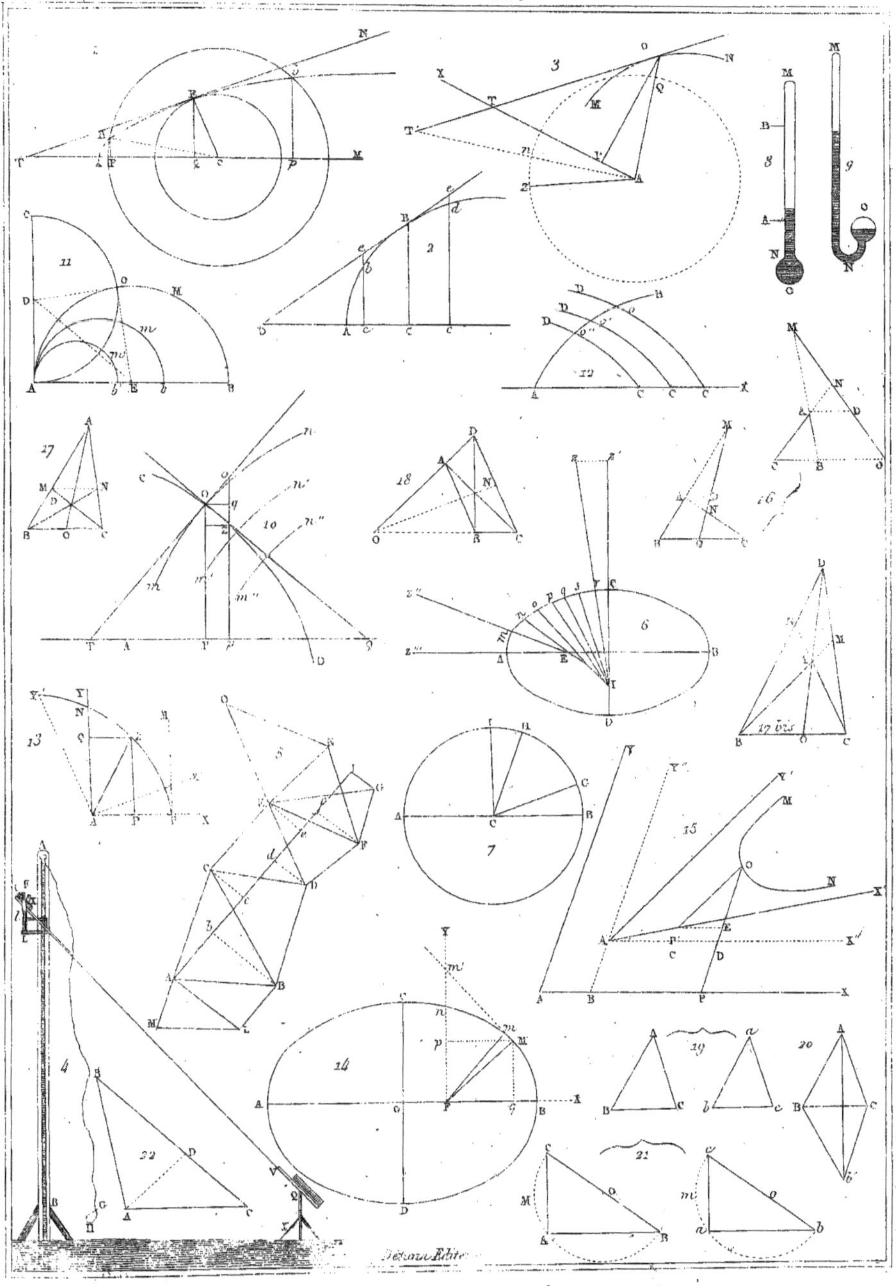

www.ingramcontent.com/pod-product-compliance
Lightning Source LLC
LaVergne TN
LVHW021917170726
843501LV00001BA/57